Vorlesungen über höhere Mathematik

Von

Dr. phil. Adalbert Duschek

o. Professor der Mathematik an der Technischen Hochschule Wien

Dritter Band

Gewöhnliche und partielle Differentialgleichungen. Variationsrechnung. Funktionen einer komplexen Veränderlichen

Mit 107 Textabbildungen

Springer-Verlag Wien GmbH 1953

ISBN 978-3-662-37446-7   ISBN 978-3-662-38205-9 (eBook)
DOI 10.1007/978-3-662-38205-9

Vorwort.

Alles ist von Wichtigkeit,
alles ist nicht gar so wichtig.
Nur die rechte Sichtigkeit
und Du wandelst richtig.

Christian Morgenstern.

Ein Buch wie dieses ist in doppelter Hinsicht ein Kompromiß. Erstens ist es ein Kompromiß zwischen dem Maß an Strenge, das der Mathematiker liebt, und dem, das man dem Physiker und Techniker billigerweise zumuten darf; wie in den beiden ersten Bänden habe ich mich bemüht, vor allem die grundlegenden Begriffe und Aussagen möglichst klar und scharf herauszuarbeiten, während späterhin die Beweise mancher Sätze entweder gar nicht oder in einer Form gebracht werden, die keinen Anspruch auf volle Strenge erheben kann. Daß ich bei manchen Formulierungen die Voraussetzungen enger gefaßt habe, als es in einer für Mathematiker gedachten Darstellung zweckmäßig und üblich ist, bedarf wohl keiner weiteren Begründung.

Zweitens ist das Buch ein Kompromiß hinsichtlich der Auswahl des Stoffes. Daß die drei Hauptthemen des Buches, Differentialgleichungen, Variationsrechnung und Funktionentheorie, zum unentbehrlichen Rüstzeug des Physikers und wissenschaftlich arbeitenden Technikers gehören, ist unbestritten. Strittig mag nur der Umfang sein, der einerseits durch den Plan des ganzen Werkes, anderseits aber zweifellos auch durch die subjektive Meinung des Verfassers bedingt ist. Jeden zufriedenzustellen mag wohl so gut wie ausgeschlossen sein. Ein abschließendes Urteil darüber, ob es mir gelungen ist, eine zweckmäßige Auswahl zu treffen, wird allerdings erst nach dem Erscheinen des vierten und letzten Bandes möglich sein.

Die meisten Werke, deren Ziele so weit gesteckt sind wie die des vorliegenden, sind das Ergebnis der Zusammenarbeit mehrerer Verfasser. Das Resultat muß dann zwangläufig ziemlich inhomogen werden, einem schillernden Mosaik vergleichbar, mit Überschneidungen da und Lücken dort. Macht sich ein einzelner an eine solche Aufgabe, so wird das Ergebnis zwar weniger schillern, aber dafür homogener sein. Beides hat wohl seine Vor- und Nachteile. Jedenfalls ist im zweiten Fall der Verfasser gezwungen, über Dinge zu schreiben, die seinem eigenen Arbeitsgebiet mehr oder weniger fern liegen, wo ihm daher die souveräne Beherrschung der Materie fehlt. Aber gerade bei einem Buch, das ein wirkliches *Lehr*-Buch sein will und sich nicht an den Spezialisten wendet, kann es im günstigsten Fall wohl sein, daß das nur ein Nachteil für den Verfasser, aber nicht für den Leser ist.

Aus dem Gesagten folgt mit Notwendigkeit, was aber doch ausdrücklich festgestellt sei: Daß ein Buch wie dieses dem Verfasser keine Extratouren persönlicher Vorlieben erlaubt und daher durchaus im Rahmen der vorhandenen und bewährten Literatur zu bleiben hat. Was die Differentialgleichungen betrifft, so muß ich in diesem Zusammenhang ganz besonders auf KAMKES „Differentialgleichungen der reellen Funktionen" verweisen. Ich glaube, daß heute eine Darstellung, die ernst genommen sein will, an KAMKES Arbeit einfach nicht vorbeigehen kann, auch dann nicht, wenn sie sich ein wesentlich anderes Ziel gesetzt hat. Dazu kommt, daß ich — bedingt durch den Plan des ganzen Werkes — zwangläufig zur selben Beschränkung des Stoffes im Großen komme, die sich KAMKE freiwillig gibt: Zur Beschränkung auf das Reelle und auf die Diskussion von Anfangswertaufgaben; Randwertaufgaben werden nur gelegentlich gestreift und an einzelnen Beispielen, am häufigsten natürlich in der Variationsrechnung, behandelt. Aber KAMKE hat sein Buch für den Mathematiker geschrieben; dem Physiker bringt es zu viel — an minuziöser Strenge — und zugleich zu wenig: Es ist wohl fast selbstverständlich, daß ich beispielsweise den Begriff des allgemeinen Integrals nicht völlig unter den Tisch fallen lassen konnte und bei den partiellen Differentialgleichungen erster Ordnung die Theorie des vollständigen Integrals sogar ziemlich ausführlich bringen mußte.

In dem Abschnitt über Variationsrechnung habe ich mich grundsätzlich mit der Diskussion der notwendigen Bedingungen begnügt, obwohl vom Hilbertschen Unabhängigkeitssatz nur mehr ein verhältnismäßig kleiner Schritt zu den hinreichenden Bedingungen von WEIERSTRASS geführt hätte. Ziemlich ausführlich und bis zu einem gewissen Abschluß sind die Extremalenfelder und die Hamilton-Jacobische Theorie behandelt. Ein kleiner Exkurs über allgemeine Koordinaten und den Riemannschen Raum, im wesentlichen aus der Tensorrechnung von A. HOCHRAINER und mir übernommen, hat sich hier halbwegs zwanglos einfügen lassen.

Über den letzten Abschnitt, die Funktionentheorie, ist wenig zu sagen. Hier gibt es eine Fülle ausgezeichneter Monographien und daher ausgefahrene Geleise, die eine neue Darstellung wohl fast nur mehr im Rahmen eines umfassenderen Werkes rechtfertigen. Immerhin werden sich in Auswahl und Anordnung sowie in Einzelheiten doch einige neue, allerdings nicht sehr bedeutungsvolle Gesichtspunkte feststellen lassen, die im einzelnen aufzuzählen sich hier wohl erübrigt. Die Darstellung gipfelt in einer vielleicht etwas knapp gehaltenen, aber doch, wie ich hoffe, halbwegs umfassenden Darlegung der elliptischen Funktionen und Integrale.

Zum Schluß noch einige Hinweise für den Leser. Das Buch setzt selbstverständlich eine gute Kenntnis der Differential- und Integralrechnung voraus, ist aber trotz vieler Hinweise auf die beiden ersten Bände, die lediglich der Bequemlichkeit derjenigen dienen, die diese besitzen, von ihnen durchaus unabhängig und für sich lesbar. Jeder der drei großen Abschnitte, in die das Buch zerfällt, beginnt in einer gewissen Breite und Ausführlichkeit, aber in dem Maß, als die Darstellung in die Tiefe vordringt, werden die Anforderungen an die selbständige Mitarbeit des Lesers größer. Man möge aber nicht den Mut verlieren, wenn man da und dort eine Entwicklung nicht auf den ersten Anhieb völlig versteht, sondern zunächst einmal weiterlesen und sich den betreffenden Abschnitt wieder und dafür gründlicher vornehmen, wenn zum erstenmal darauf zurückverwiesen wird. Manches wird der Anfänger bei einem ersten Studium zunächst einmal ganz überschlagen können, wie z. B. die Beweise der Sätze in den Ziffern 5 und 6 von § 3, die Ziffern 7 und 8 von § 12 usw. Mit zwei Ausnahmen finden sich am Schluß jedes Paragraphen einige Übungsaufgaben mit mehr oder weniger ausführlichen Lösungen am Schluß des Bandes; ich empfehle aber sehr, die Lösung nur zur Kontrolle des eigenen Resultates oder zumindest erst dann anzusehen, wenn man wirklich nicht mehr weiter kann. Einige etwas schwierigere Aufgaben sind wieder durch einen Stern gekennzeichnet.

Dem Buch ist ein kleines Literaturverzeichnis (LV) beigefügt, das vor allem die wichtigsten im deutschen Sprachgebiete verbreiteten Werke enthält; das Verzeichnis macht natürlich keinerlei Anspruch auf Vollständigkeit und soll nur einige Anregungen zur Weiterbildung und Vertiefung des Wissens über das hier Gebrachte hinaus vermitteln.

Für aufopfernde Hilfe bei der sauren Arbeit des Korrekturenlesens, für viele wertvolle Hinweise und Verbesserungsvorschläge habe ich den Herren Dr. W. EBERL, Professor Dr. H. HORNICH, Dr. L. PECZAR, Privatdozent Dr. L. SCHMETTERER sowie meiner Frau, die wieder das ganze Manuskript geschrieben hat, herzlich zu danken. Mein Dank gebührt auch der Druckerei für ihre ausgezeichnete Arbeit und dem Verlag für sein großzügiges Eingehen auf meine Wünsche.

Wien, im Frühjahr 1953.

A. Duschek.

Inhaltsverzeichnis.

III. Partielle Differentialgleichungen.

Seite

IV. Variationsrechnung.

VI. Spezielle Funktionen.

Seite

I. Gewöhnliche Differentialgleichungen erster Ordnung.

§ 1. Einleitende Bemerkungen über Differentialgleichungen im allgemeinen.

1. Der Begriff der Differentialgleichung. Es ist im Verlauf dieser Vorlesungen einige Male vorgekommen, daß uns die Diskussion einer bestimmten Frage auf eine Differentialgleichung geführt hat. Zum ersten Male geschah das im Zusammenhang mit dem unbestimmten Integral (Band I, § 15, 7) einer gegebenen stetigen oder zumindest stückweise stetigen und beschränkten Funktion $f(x)$, das durch die Differentialgleichung

$$y' = f(x) \tag{1}$$

erklärt werden kann. Bei der Untersuchung der Exponentialfunktion sind wir auf die Differentialgleichung des organischen Wachsens

$$y' = k\,y \tag{2}$$

(Band I, § 22, 8) gestoßen, und anläßlich der Untersuchungen über die Kurvenintegrale der Ebene habe ich Differentialgleichungen der Form

$$P(x, y) + Q(x, y)\,y' = 0 \tag{3}$$

(Band II, § 17, 4) ziemlich eingehend diskutiert. Alle diese Differentialgleichungen sind Sonderfälle einer Relation

$$F(x, y, y') = 0 \tag{4}$$

zwischen der unabhängigen Veränderlichen x, der abhängigen Veränderlichen y und ihrer Ableitung y'. (1) und (2) sind dabei nach y' aufgelöst, in (1) kommt die abhängige Veränderliche y, in (2) die unabhängige Veränderliche x nicht vor, während (3) nur wegen seiner Linearität in y' ein Spezialfall von (4) ist.

Ich erinnere ferner an das Beispiel von Band II, § 16, 3: Wenn man die Funktion

$$y(x) = \frac{1}{n!} \int\limits_{0}^{x} (x - t)^n\, f(t)\, dt$$

$n + 1$-mal nach x differenziert, so erhält man

$$y^{(n+1)}(x) = f(x), \tag{5}$$

also eine Relation zwischen der $n + 1$-ten Ableitung der abhängigen Veränderlichen y und der unabhängigen Veränderlichen x, die so wie (1) in expliziter Form gegeben ist.

Etwas völlig anderes war die Eulersche Differentialgleichung

$$\frac{\partial y}{\partial x_1}\, x_1 + \frac{\partial y}{\partial x_2}\, x_2 + \ldots + \frac{\partial y}{\partial x_n}\, x_n = k\,y \tag{6}$$

der homogenen Funktionen (Band II, § 10, 2), die eine Relation zwischen den n unabhängigen Veränderlichen x_i, der abhängigen Veränderlichen y und ihren n partiellen Ableitungen ist.

Nimmt man noch den Fall hinzu, daß statt einer auch mehrere Funktionen y auftreten, so kommt man zu folgender allgemeiner Definition: *Eine Differential-gleichung ist eine Relation zwischen irgendwelchen unabhängigen und abhängigen Veränderlichen und den Ableitungen der letzteren.*

Man unterscheidet zwei große Gruppen von Differentialgleichungen, je nach der Zahl der *unabhängigen* Veränderlichen: gibt es nur eine solche, so spricht man von einer *gewöhnlichen Differentialgleichung*, gibt es mehr als eine, so spricht man von einer *partiellen Differentialgleichung*. (1) bis (5) sind gewöhnliche Differentialgleichungen, (6) ist eine partielle Differentialgleichung. Man spricht von einer (gewöhnlichen oder partiellen) Differentialgleichung *n-ter Ordnung*, wenn mindestens eine Ableitung n-ter Ordnung, aber keine von mehr als n-ter Ordnung in der Differentialgleichung vorkommt. (1) bis (4) und (6) sind Differentialgleichungen erster Ordnung, (5) ist eine Differentialgleichung $n + 1$-ter Ordnung.

Jede Funktion y, die einer gegebenen Differentialgleichung genügt, d. h. in die Differentialgleichung eingesetzt, diese zu einer Identität macht, heißt eine *Lösung* oder ein *Integral* der Differentialgleichung. Das Wort Integral ist hier in allgemeinerem Sinn verstanden als bei der Ausführung eines Integrations-prozesses. Es ist ja keineswegs so, daß sich jede Lösung einer Differentialgleichung durch Integrationen gewinnen läßt; wenn das der Fall ist, so sagt man, man habe die Lösung auf eine oder mehrere *Quadraturen* zurückgeführt. Das gilt z. B. immer bei der Differentialgleichung (1), deren Lösungen

$$y = \int f(x)\, dx + C \tag{7}$$

sich durch eine Quadratur, d. h. durch Berechnung des unbestimmten Integrals auf der rechten Seite, ermitteln lassen.

2. Differentialgleichungen und Funktionalgleichungen. Nach der obigen Definition erscheint der Begriff der Differentialgleichung als die Verallgemeinerung des Begriffs des funktionalen Zusammenhangs zwischen irgendwelchen Ver-änderlichen, der durch eine Relation zwischen den Veränderlichen selbst (also ohne die Ableitungen der abhängigen Veränderlichen) gegeben ist. Ein funktionaler Zusammenhang zwischen zwei Veränderlichen — ich will mich im folgenden auf diesen einfachsten Fall beschränken — ist durch eine Gleichung

$$F(x, y) = 0 \tag{8}$$

gegeben. Man nennt (8) in diesem Zusammenhang eine *Funktionalgleichung* oder eine *endliche Gleichung*[1]. Wir wissen, daß (8) unter gewissen Voraussetzungen jede der beiden Veränderlichen als Funktion der anderen definiert, d. h. es ist uns überlassen, welche wir als abhängige und welche wir als unabhängige Ver-änderliche erklären wollen. Die „Lösung" der Funktionalgleichung (8) ist je

---

[1] Die letztere Bezeichnung erscheint von unserem Standpunkt nicht sehr glücklich, sie ist aber historisch durchaus verständlich und hebt den Gegensatz zu „Differential"-Gleichung hervor. Man hat früher die Differentialgleichungen fast immer mit Differentialen und nicht mit Ableitungen geschrieben, gelegentlich tut man das auch heute, wogegen natürlich gar nichts einzuwenden ist. Solange man Differentiale für „unendlich kleine" Größen hielt, eine Differentialgleichung also für eine Relation zwischen solchen unendlich kleinen Größen, solange war es ganz naheliegend, die Funktionalgleichung (8) im Gegensatz dazu als endliche Gleichung, d. h. als Gleichung zwischen endlichen Größen zu bezeichnen.

nachdem $y = y(x)$ oder $x = x(y)$; unter gewissen einschränkenden Voraussetzungen ist jede dieser beiden Funktionen die Umkehrfunktion der anderen.

Betrachten wir an Stelle von (8) die Differentialgleichung (4), also $F(x, y, y') = 0$ so erscheint zwar durch die Schreibweise x als unabhängige und $y = y(x)$ als abhängige Veränderliche festgelegt. Beachten wir aber, daß die Ableitung der inversen Funktion $x = x(y)$ durch

$$\frac{dx}{dy} = \frac{1}{\dfrac{dy}{dx}} = \frac{1}{y'}$$

gegeben ist, so können wir die Relation (4) auch in der Form

$$F\left(x, y, \frac{1}{\dfrac{dx}{dy}}\right) = G\left(x, y, \frac{dx}{dy}\right) = 0$$

mit x als abhängiger und y als unabhängiger Veränderlicher schreiben.

Man kann (8) aber auch als Relation zwischen zwei abhängigen Veränderlichen x und y auffassen, während die unabhängige Veränderliche, etwa t, in (8) eben nicht vorkommt, so wie in (2) die unabhängige Veränderliche x nicht enthalten ist. Dann definiert (8) die unendlich vielen Parameterdarstellungen $x(t)$, $y(t)$ unseres funktionalen Zusammenhangs. Man kann eine der beiden Funktionen, etwa $x(t)$, willkürlich wählen, dann ist y durch (8) als Funktion von x, etwa $y = y(x)$ und weiter als zusammengesetzte Funktion $y(x(t))$ definiert.

So ist z. B. durch $x^2 + y^2 = 1$ sowohl $x = \sqrt{1 - y^2}$ als auch $y = \sqrt{1 - x^2}$, aber auch die Parameterdarstellung $x = \cos t$, $y = \sin t$ oder $x = \sqrt{t}$, $y = \sqrt{1 - t}$ usw. definiert.

Auch hier ist ein analoger Vorgang bei der Differentialgleichung möglich. Wegen $y' = \dfrac{dy}{dt} : \dfrac{dx}{dt}$ wird

$$F(x, y, y') = F\left(x, y, \frac{dy}{dt} : \frac{dx}{dt}\right) = G\left(x, y, \frac{dx}{dt}, \frac{dy}{dt}\right) = 0$$

eine Differentialgleichung für die Parameterdarstellung $x(t)$, $y(t)$ der Lösung $y(x)$ der ursprünglichen Differentialgleichung.

Man kann im ersten Fall die Gesamtheit der möglichen Parameterdarstellungen durch eine zweite Relation, die auch den Parameter t enthalten kann,

$$\Phi(t, x, y) = 0, \tag{9}$$

einschränken, ohne bei einiger Vorsicht befürchten zu müssen, daß die beiden Gleichungen (8) und (9) einen Widerspruch enthalten. Man hat also dann ein System von zwei Funktionalgleichungen für die beiden Funktionen x und y. Selbstverständlich kann dann auch die Funktion F in (8) ebenso wie Φ die Variable t als Argument enthalten. Diesem System von Funktionalgleichungen entspricht ein *System von zwei Differentialgleichungen*

$$G\left(t, x, y, \frac{dx}{dt}, \frac{dy}{dt}\right) = 0, \qquad \Psi\left(t, x, y, \frac{dx}{dt}, \frac{dy}{dt}\right) = 0$$

für die beiden Funktionen $x(t)$ und $y(t)$.

Ganz allgemein wird also für Funktionalgleichungen wie für Differentialgleichungen gelten, daß man so viele Gleichungen vorschreiben kann, als abhängige Veränderliche vorhanden sind. Hat man weniger Gleichungen, so wird sich die Mannigfaltigkeit der Lösungen vergrößern. Alles das ist natürlich nur ganz im groben gesagt. Man vergleiche etwa den Satz über implizite Funktionen in Band II, § 9, 6, der eine Aussage über die Existenz von Lösungen der einfachsten Funktionalgleichung $F(x, y) = 0$ darstellt[1].

3. Naturgesetze und Differentialgleichungen. Die Fallgesetze von GALILEI[2] und die Keplerschen Gesetze der Planetenbewegung sind Naturgesetze. Sie wurden auf Grund unmittelbarer Beobachtungen der Naturvorgänge aufgestellt und beschreiben diese Vorgänge in ihrem gesamten Ablauf, aber sie sind durchaus spezielle Gesetze, die sich auf ganz bestimmte Bewegungsvorgänge beziehen. NEWTON hat mit Hilfe seiner neuen „Fluxionsrechnung", d. h. der Differentialrechnung, ein allgemeines Bewegungsgesetz aufgestellt, nämlich das Grundgesetz

$$m\,\ddot{x}_i = K_i. \tag{10}$$

Ich habe in Band I, § 25, 4, gezeigt, wie aus diesem Gesetz die Galileischen Fallgesetze (besser Wurfgesetze) gewonnen werden können und werde später (§ 20, 9) dasselbe für die Keplerschen Gesetze zeigen. Das Newtonsche Grundgesetz (10) ist aber von völlig anderer Struktur wie die speziellen Gesetze GALILEIS und KEPLERS. Es beschreibt nicht einen Bewegungsvorgang in seinem ganzen Verlauf — was auch gerade wegen seiner Allgemeinheit völlig unmöglich wäre —, sondern es gibt nur eine Aussage über die Beschleunigung $\ddot{x}_i$, also über die zeitliche Änderung der Geschwindigkeit eines Körpers von der Masse m, der sich unter dem Einfluß einer Kraft K_i im leeren Raum bewegt. Über K_i selbst ist dabei keine weitere Voraussetzung gemacht, K_i ist der Feldvektor irgendeines Kraftfeldes, das im allgemeinen nicht nur räumlich, sondern auch zeitlich veränderlich sein kann.

Alle allgemeinen Gesetze der neueren Physik erscheinen ebenso wie das Gesetz (10) und das Gesetz (2) des organischen Wachsens in der Form von Differentialgleichungen, also von Relationen zwischen irgendwelchen physikalischen Größen und ihren räumlichen und zeitlichen Änderungen, wobei eben als Maße für diese Änderungen die Differentialquotienten auftreten. Zur Anwendung der Naturgesetze auf spezielle Vorgänge und zu deren vollständiger Beschreibung, so wie wir a. a. O. aus (10) die Bewegung eines Körpers unter dem Einfluß der Schwerkraft ermittelt haben, ist aber nötig, daß sowohl über die in den Differentialgleichungen als Koeffizienten vorkommenden Funktionen, wie z. B. die Koordinaten K_i des Kraftfeldes, bestimmte Annahmen gemacht werden als auch, daß gewisse *Anfangs-* oder *Randbedingungen* (Ziffer 4 und 5) vorgeschrieben werden. In unserem Beispiel hatten wir angenommen, daß die K_i Konstanten sind, während die Anfangsbedingungen darin bestanden, daß der betrachtete Massenpunkt zur Zeit $t = 0$ seine Bewegung in einem gegebenen Punkt und mit einer gegebenen Anfangsgeschwindigkeit beginnen sollte.

---

[1] Die Differentialgleichung $|y'| + 1 = 0$ hat ebensowenig eine Lösung wie die Funktionalgleichung $|x| + |y| + 1 = 0$. Man beachte ferner, daß n Gleichungen zwischen n Veränderlichen im allgemeinen überhaupt keine Funktionalgleichungen, sondern *Bestimmungsgleichungen* sind, deren Lösung keine (veränderlichen) Funktionen, sondern Konstanten sind. Anderseits sind auch Identitäten, wie z. B. $(x + y)^2 - (x - y)^2 - 4\,x\,y = 0$, keine Funktionalgleichungen.

[2] GALILEO GALILEI, geb. 1564 in Pisa, gest. 1642 in Arcetri bei Florenz, kann als einer der Begründer der neuzeitlichen Physik angesehen werden. Er war der erste, der physikalische Gesetze mathematisch formulierte, das Experiment als wichtigstes Hilfsmittel der Forschung erkannte und systematisch benützte. Neben den Fallgesetzen geht auf ihn das Trägheitsgesetz zurück, und auch das Newtonsche Grundgesetz (10) ist im wesentlichen bereits von GALILEI formuliert worden. Eine Reihe wichtiger astronomischer Entdeckungen, die er mit einem von ihm konstruierten und verbesserten (aber nicht erfundenen) Fernrohr machte, brachten ihn in Konflikt mit der Inquisition, die ihn schließlich als alten und schwerkranken Mann dazu zwang, seine Lehren öffentlich abzuschwören. Das vielzitierte Wort „Und sie bewegt sich doch" ist nur eine hübsche Erfindung der Nachwelt.

4. Die Struktur der Lösungen gewöhnlicher Differentialgleichungen. Bei allen gewöhnlichen Differentialgleichungen, die wir bisher diskutiert haben, hat es sich gezeigt, daß die Lösung von einer willkürlichen, d. h. ohne zusätzliche Annahme nicht näher bestimmbaren Konstanten abhängt. Schreiben wir z. B. die Lösung der Differentialgleichung (1) in der Form

$$y = \int_a^x f(x)\,dx + C, \qquad (11)$$

so ist C der Wert, den y an der Stelle $x = a$ annimmt. Wir wissen aber noch mehr: *Jede* Lösung der Differentialgleichung (1) ist in der Form (11) darstellbar, es gibt keine anderen Lösungen. Es hat daher einen guten Grund, daß man (11) die *allgemeine Lösung* oder das *allgemeine Integral* von (1) nennt. Ganz ähnlich liegen die Dinge bei dem allgemeinen Integral

$$y = C\,e^{k\,x} \qquad (12)$$

von (2); ich habe a. a. O. gezeigt, daß auch hier jede Lösung von (2) in der Form (12) enthalten ist. Sowohl (11) wie (12) kann man geometrisch als einparametrige Kurvenscharen deuten; jede einzelne Kurve der Schar heißt eine *Integralkurve* der betreffenden Differentialgleichung. Verlangen wir, daß die Lösung an einer Stelle $x = a$ einen bestimmten Wert $y = b$ annimmt, so heißt das geometrisch, daß wir eine Integralkurve suchen, die durch den Punkt mit den Koordinaten (a, b) geht. Mit anderen Worten, wir schreiben der Lösung eine bestimmte *Anfangsbedingung* $y(a) = b$ vor. Dadurch ist die Konstante C bestimmt: Im Falle (11) wird $C = b$, im Falle (12) ergibt sich C aus der Bedingung $b = C\,e^{k\,a}$ als $C = b\,e^{-k\,a}$, so daß $y = b\,e^{k\,(x-a)}$ wird. Man spricht dann von einer *partikulären Lösung* oder von einem *partikulären Integral* der betreffenden Differentialgleichung.

Dasselbe gilt auch noch für die viel allgemeineren Gleichungen (3), die mit der *expliziten Differentialgleichung erster Ordnung*

$$y' = f(x, y) \qquad (13)$$

identisch sind [es ist $f(x, y) = -\dfrac{P\,(x,\,y)}{Q\,(x,\,y)}$]. Ich habe seinerzeit gezeigt (vgl. auch im folgenden § 2, 2), daß *jede* Lösung der *exakten* Differentialgleichung $P\,dx + Q\,dy = 0$, bei der $P_y = Q_x$ ist, die Form

$$\Phi(x, y) = C \qquad (14)$$

mit der willkürlichen Konstanten C hat und daß (14) im selben Sinn wie oben das allgemeine Integral der exakten Differentialgleichung ist. Das gilt natürlich auch für alle Gleichungen (3) — oder (13) —, die sich mit Hilfe eines integrierenden Faktors (§ 2, 2) in exakte Differentialgleichungen verwandeln lassen. Aber die Existenz von integrierenden Faktoren ist für uns noch durchaus nicht sichergestellt. Erst der allgemeine Existenzsatz für die Lösungen der Gleichungen (13), den ich in § 3 formulieren und beweisen werde, wird uns die endgültige Antwort auf die Frage, ob sich *sämtliche* Lösungen in der Gestalt (14) des allgemeinen Integrals darstellen lassen, und zwar im bejahenden Sinn geben.

Ganz anders liegen die Dinge aber merkwürdigerweise bei der allgemeinen *impliziten Differentialgleichung erster Ordnung* (4), also $F(x, y, y') = 0$. Nach dem Satz über implizite Funktionen (Band II, § 9, 6), läßt sich (4) nach y' auflösen und damit auf die Form (13) bringen, wenn $F_{y'}(x, y, y') \neq 0$ ist. Diese Auflösung wird im allgemeinen nicht eindeutig sein [sicher eindeutig ist sie, wenn F in y' linear ist, also die Form (3) hat], sondern es wird mehrere, unter

Umständen sogar unendlich viele Auflösungen der Form (13) geben, deren jede durch Integration eine einparametrige Kurvenschar liefert. Aber mit diesen Kurvenscharen müssen noch nicht alle Lösungen der Differentialgleichung $F(x, y, y') = 0$ erschöpft sein. Einen Anhaltspunkt dafür gewinnen wir, wenn wir den umgekehrten Weg einschlagen und von der Gleichung

$$\Phi(x, y, C) = 0 \tag{15}$$

einer beliebigen einparametrigen Kurvenschar ausgehen. Solange $\Phi_y \neq 0$ ist, definiert (15) für jeden Wert von C eine explizite Funktion $y(x)$, die (15) zu einer Identität in x macht. Differentiation nach x gibt

$$\Phi_x(x, y, C) + \Phi_y(x, y, C)\, y' = 0, \tag{16}$$

und wenn wir aus (15) und (16) den Parameter C eliminieren, so wird das Resultat eine gewöhnliche Differentialgleichung erster Ordnung

$$F(x, y, y') = 0 \tag{17}$$

sein. Jede Kurve der Schar (15) ist eine Lösung der Differentialgleichung (17), aber wir sind keineswegs sicher, daß auch umgekehrt jede Lösung von (17) in der Schar (15) enthalten ist. Wir können vielmehr sofort eine Kurve angeben, die Integralkurve von (17) ist, ohne in (15) enthalten zu sein, und zwar ist das — sofern es eine solche gibt — die Einhüllende $\mathfrak{H}$ (Band II, § 13, 6) der Schar (15), die in jedem Punkt eine bestimmte Kurve von (15) berührt und für die in diesem Punkt (16) und damit auch (17) gilt. $\mathfrak{H}$ heißt eine *singuläre Lösung* oder ein *singuläres Integral* der Differentialgleichung (17). Es ist nun ziemlich allgemein üblich, jeden Ausdruck (15), der noch von einer willkürlichen Konstanten C abhängt, als *allgemeines Integral* der Differentialgleichung (17) zu bezeichnen, wenn sich nur durch den eben geschilderten Eliminationsprozeß (17) aus (15) herleiten läßt. Aber das Beispiel zeigt, daß (15) keineswegs alle Lösungen von (17) enthalten muß, ja, wir sind nicht einmal sicher, ob es in diesem Sinn nicht sogar mehrere, voneinander völlig verschiedene allgemeine Integrale einer Differentialgleichung geben kann. Es ist bis heute nicht gelungen, eine in jeder Hinsicht befriedigende Definition des Begriffes des allgemeinen Integrals der impliziten Differentialgleichung (17) zu geben. Ich werde im folgenden das *allgemeine Integral im engeren Sinn*, das alle Lösungen enthält vom *allgemeinen Integral im weiteren Sinn*, das nicht alle Lösungen enthält, unterscheiden. Ein *partikuläres Integral* entsteht stets aus dem allgemeinen Integral einer Differentialgleichung durch spezielle Wahl der Integrationskonstanten.

Ich gehe nun einen Schritt weiter und betrachte die Differentialgleichung

$$y'' = f(x) \tag{18}$$

als einfaches Beispiel einer Differentialgleichung zweiter Ordnung. $f(x)$ sei stetig in einem Intervall $[a, b]$ und $y(x)$ irgendeine Lösung von (18). Dann folgt aus (18) wegen

$$y'' = \frac{d}{dx}\, y'$$

durch Integration

$$y' = \int\limits_a^x f(x)\, dx + A$$

mit der willkürlichen Konstanten A und daraus weiter

$$y = \int\limits_a^x dx \int\limits_a^x f(x)\, dx + A(x - a) + B'$$

mit der willkürlichen Konstanten B' oder für $-aA + B' = B$

$$y = \int_a^x dx \int_a^x f(x)\, dx + A\,x + B, \qquad (19)$$

und zwar muß offenbar *jede* Lösung von (18) in (19) enthalten sein. Daher ist (19) das *allgemeine Integral* (im engeren Sinn) von (18). Jede Lösung, die sich aus (19) durch spezielle Wahl der Konstanten A und B ergibt, ist ein *partikuläres Integral*. Da das allgemeine Integral von zwei willkürlichen Konstanten abhängt, wird man, um ein partikuläres Integral festzulegen, zwei Bedingungen brauchen. So kann man z. B. von der Lösung $y(x)$ verlangen, daß an der Stelle x_0 aus $[a, b]$ sowohl y als auch y' gegebene Werte $y_0 = y(x_0)$ und $y_0' = y'(x_0)$ annehmen; man spricht dann von *Anfangsbedingungen*. Man kann der Lösung aber auch vorschreiben, in zwei verschiedenen Punkten x_1 und x_2 gegebene Werte $y_1 = y(x_1)$ und $y_2 = y(x_2)$ anzunehmen; in diesem Fall spricht man von *Randbedingungen*.

Es sei etwa $y'' = \cos x$ gegeben; dann wird $y' = \sin x + A$, $y = -\cos x + A\,x + B$. Ich suche die Lösung, bei der an der Stelle $x = 0$ sowohl y als auch y' verschwinden (Anfangsbedingungen). Das gibt $A = 0$ und $B = 1$, also $y = 1 - \cos x$. Ich suche zweitens die Lösung, die 0 und π zu Nullstellen hat, für die also $y(0) = y(\pi) = 0$ ist (Randbedingungen) und erhalte $A = -\dfrac{2}{\pi}$, $B = 1$ und daher $y = -\cos x - \dfrac{2x}{\pi} + 1$.

Wir können also vermuten, daß das allgemeine Integral einer gewöhnlichen Differentialgleichung zweiter Ordnung von zwei willkürlichen Konstanten abhängen, also geometrisch durch eine zweiparametrige Kurvenschar dargestellt sein wird. Um einen besseren Einblick zu gewinnen, schlage ich wieder den umgekehrten Weg ein und gehe von einer zweiparametrigen Kurvenschar

$$\Phi(x, y, A, B) = 0 \qquad (20)$$

aus. Zweimalige Differentiation nach x gibt

$$\Phi_x(x, y, A, B) + \Phi_y(x, y, A, B)\, y' = 0$$

und

$$\Phi_{xx}(x, y, A, B) + 2\,\Phi_{xy}(x, y, A, B)\, y' + \Phi_{yy}(x, y, A, B)\, y'^2 +$$

$$+ \Phi_y(x, y, A, B)\, y'' = 0;$$

die Elimination der beiden Konstanten A und B aus diesen drei Gleichungen gibt eine Beziehung

$$F(x, y, y', y'') = 0, \qquad (21)$$

also eine Differentialgleichung zweiter Ordnung. Jede Kurve der Schar (20) ist eine Lösung dieser Gleichung; kann man zeigen, daß auch umgekehrt jede Lösung von (21) in der Schar (20) enthalten ist, so ist (20) das allgemeine Integral von (21). Jede Lösung, die sich aus (20) durch spezielle Wahl der Konstanten (etwa auf Grund von Anfangs- oder Randbedingungen) ergibt, ist ein partikuläres Integral. Es kann vorkommen, daß die Elimination der Konstanten aus den drei obigen Gleichungen nicht eine Differentialgleichung zweiter, sondern nur erster Ordnung gibt. Das wird sicher dann der Fall sein, wenn (20) nur scheinbar von zwei Konstanten abhängt, also z. B. die Form $\Phi(x, y, \varphi(A, B)) = 0$ hat und somit tatsächlich nur eine einparametrige Schar mit dem Parameter $C = \varphi(A, B)$ ist.

Im allgemeinen wird man aus einer n-parametrigen Kurvenschar durch n-malige Differentiation nach x und Elimination der n Konstanten aus den $n + 1$ so erhaltenen Gleichungen eine gewöhnliche Differentialgleichung n-ter

Ordnung erhalten, deren allgemeines Integral durch die ursprüngliche Kurvenschar dargestellt ist und daher von n willkürlichen Konstanten abhängt. Eine sehr wichtige Klasse von Differentialgleichungen, mit der wir uns im folgenden ausführlich beschäftigen müssen, bilden die sogenannten *linearen Differentialgleichungen*, womit gemeint ist, daß die Gleichung *in der abhängigen Veränderlichen y und in allen ihren Ableitungen linear* ist und somit die Form

$$y^{(n)} + f_1(x)\, y^{(n-1)} + \cdots + f_n(x)y = g(x) \tag{22}$$

hat. Das allgemeine Integral ist dann linear in allen n willkürlichen Konstanten:

$$y = y_0(x) + C_1 y_1(x) + C_2 y_2(x) + \cdots + C_n y_n(x); \tag{23}$$

es umfaßt *alle* Lösungen von (22) und ist somit das allgemeine Integral im engeren Sinn.

5. Das Auftreten willkürlicher Funktionen in den Lösungen partieller Differentialgleichungen. Ich beschränke mich hier darauf, Ihnen an einigen Beispielen zu zeigen, wie sich der Begriff der allgemeinen Lösung bei partiellen Differentialgleichungen gestaltet.

Als erstes Beispiel betrachten wir die Eulersche Differentialgleichung (6) für zwei unabhängige Veränderliche

$$x \frac{\partial z}{\partial x} + y \frac{\partial z}{\partial y} = k\,z. \tag{24}$$

Wir wissen, daß jede Lösung dieser Differentialgleichung eine in x und y homogene Funktion vom Grad k ist, daß umgekehrt jede vom Grad k homogene Funktion von x und y der Differentialgleichung (24) genügt; jede solche Funktion läßt sich in der Form

$$z(x, y) = x^k z\left(\mathrm{I}, \frac{y}{x}\right) = x^k \varphi\left(\frac{y}{x}\right), \quad (x > 0) \tag{25}$$

schreiben. Dabei ist $\varphi(u)$ eine völlig willkürliche Funktion von $u = \frac{y}{x}$. Es ist also *jede* Lösung von (24) in der Form (25) darstellbar, (25) heißt das *allgemeine Integral* von (24) (im engeren Sinn). An Stelle der willkürlichen Konstanten in der allgemeinen Lösung einer gewöhnlichen Differentialgleichung tritt hier eine willkürliche Funktion.

Als zweites Beispiel nehmen wir die sehr einfache Differentialgleichung

$$\frac{\partial z}{\partial x} = f(x, y). \tag{26}$$

$f(x, y)$ sei in einem achsenparallelen Rechteck $\mathfrak{B}$ der x,y-Ebene stetig. Ist $z(x, y)$ eine Lösung von (26), d. h. gilt in $\mathfrak{B}$

$$\frac{\partial z(x, y)}{\partial x} = f(x, y),$$

so folgt durch Integration, wenn a eine geeignet gewählte feste Zahl ist, bei festgehaltenem y

$$\int_a^x \frac{\partial z(x, y)}{\partial x}\, dx = z(x, y) - z(a, y) = \int_a^x f(x, y)\, dx;$$

es ist also

$$z(x, y) = \int_a^x f(x, y)\, dx + z(a, y). \tag{27}$$

Anderseits ist mit $z(x, y)$ auch $z(x, y) - \varphi(y)$ für jede Wahl der Funktion $\varphi(y)$ eine Lösung von (26), weil

$$\frac{\partial}{\partial x}\left[z(x, y) - \varphi(y)\right] = \frac{\partial z(x, y)}{\partial x} = f(x, y)$$

ist. Somit ist

$$\int\limits_a^x f(x, y)\, dx + \varphi(y) \tag{28}$$

mit der willkürlichen Funktion $\varphi(y)$ *das allgemeine Integral* von (26) *im engeren Sinn*, weil nach (27) *jede* Lösung $z(x, y)$ in der Form (28) darstellbar ist, und zwar mit der besonderen Wahl $\varphi(y) = z(a, y)$ der Funktion $\varphi(y)$.

Als letztes Beispiel sei die Gleichung zweiter Ordnung

$$\frac{\partial^2 z}{\partial x\, \partial y} = f(x, y) \tag{29}$$

gegeben, $z(x, y)$ sei eine Lösung. Ich setze

$$\frac{\partial z(x, y)}{\partial y} = w(x, y),$$

dann genügt $w(x, y)$ der Differentialgleichung (26), und wegen (28) ist

$$w(x, y) = \frac{\partial z(x, y)}{\partial y} = \int\limits_a^x f(x, y)\, dx + \varphi(y)$$

mit einer willkürlichen Funktion $\varphi(y)$. Das ist aber wieder eine Differentialgleichung vom Typus (26); es folgt also weiter

$$z(x, y) = \int\limits_b^y \left(\int\limits_a^x f(x, y)\, dx\right) dy + \int\limits_b^y \varphi(y)\, dy + \psi(x)$$

mit einer zweiten willkürlichen Funktion $\psi(x)$. Da $\int\limits_b^y \varphi(y)\, dy = \chi(y)$ als Integral einer willkürlichen Funktion selbst eine willkürliche Funktion ist, können wir schließlich

$$z(x, y) = \int\limits_a^x dx \int\limits_b^y f(x, y)\, dy + \psi(x) + \chi(y) \tag{30}$$

schreiben. Jede Lösung von (29) hat diese Form, (30) ist im engeren Sinn das allgemeine Integral von (29), das von *zwei* willkürlichen Funktionen abhängt.

Ganz ähnlich findet man für die Differentialgleichung

$$\frac{\partial^2 z}{\partial x^2} = f(x, y)$$

das allgemeine Integral

$$z(x, y) = \int\limits_a^x dx \int\limits_a^x f(x, y)\, dx + x\,\varphi(y) + \psi(y),$$

wieder mit den beiden willkürlichen Funktionen $\varphi(y)$ und $\psi(y)$.

Es hat also durchaus den Anschein, daß die willkürlichen Funktionen in den Lösungen der partiellen Differentialgleichungen eine ähnliche Rolle spielen wie die willkürlichen Konstanten in den Lösungen der gewöhnlichen Differentialgleichungen, doch wollen wir uns hier mit dieser einigermaßen fragmentarischen Feststellung begnügen.

Aufgaben.

Es sind die Differentialgleichungen aufzustellen für
1. alle Kurven der Form $y = A \cos \omega x + B \sin \omega x$ (ω fest),
2. alle Parabeln, deren Achsen parallel zur y-Achse sind,
3. alle Kegelschnitte, die zu den Koordinatenachsen symmetrisch sind,
4. alle Kreise der Ebene,
5. alle Parabeln der Ebene,
6. alle Kegelschnitte der Ebene,
7. alle Drehflächen mit der z-Achse als Drehachse.

§ 2. Elementare Lösungsmethoden.

1. Das Richtungsfeld einer gewöhnlichen Differentialgleichung. Ich beschränke mich hier zunächst auf die explizite Differentialgleichung

$$y' = f(x, y), \qquad (1)$$

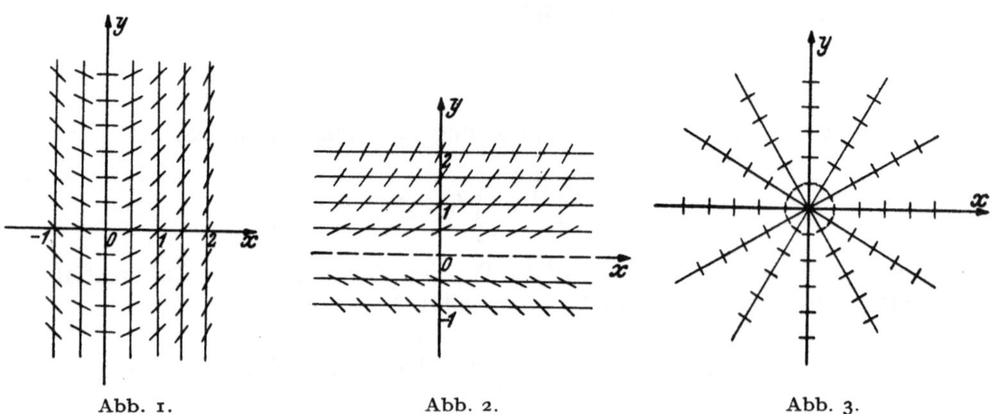

Abb. 1.   Abb. 2.   Abb. 3.

wo $f(x, y)$ in einem Bereich $\mathfrak{B}$ der x,y-Ebene eindeutig und stetig ist. Durch (1) ist jedem Punkt von $\mathfrak{B}$ ein Wert y' zugeordnet. Wir bestimmen durch

$$\tan \varphi = f(x, y)$$

einen Winkel φ und legen durch den Punkt (x, y) eine Gerade mit dem Neigungswinkel φ. Dieses geometrische Gebilde, das aus einem Punkt P und einer Richtung durch P besteht, heißt ein *Linienelement* und P sein *Träger*. Die Differentialgleichung bestimmt also zu jedem Punkt P von $\mathfrak{B}$ ein Linienelement, dessen Träger P ist; die Gesamtheit aller Linienelemente der Differentialgleichung (1) heißt ein *Richtungsfeld*.

Ich gebe Ihnen gleich einige Beispiele solcher Richtungsfelder für spezielle Formen der Funktion $f(x, y)$:

1. $f(x, y) = x$, also $y' = x$ oder $\tan \varphi = x$. Da hier die Richtung nur von x, nicht von y abhängt, gehört zu allen Punkten jeder zur y-Achse parallelen Geraden dieselbe Richtung (Abb. 1).

2. $f(x, y) = y$, also $y' = y$ oder $\tan \varphi = y$. Die Punkte der Geraden $y = $ konst. sind Träger von Linienelementen gleicher Richtung (Abb. 2).

3. $f(x, y) = -\dfrac{x}{y}$, also $y' = -\dfrac{x}{y}$; y' hat auf jeder Geraden durch den Ursprung einen konstanten Wert, und zwar stehen die Linienelemente auf dieser Geraden jeweils senkrecht (Abb. 3).

Man kann ganz allgemein nach den Kurven fragen, die der Ort von Linienelementen gleicher Richtung sind. Diese Kurven heißen *Isoklinen* und sind durch die Gleichung

$$f(x, y) = c$$

definiert, die sich aus (1) für $y' = c$ ergibt.

Ist

$$y = \varphi(x) \tag{2}$$

eine stetig differenzierbare Lösung von (1), so gilt

$$\varphi'(x) \equiv f(x, \varphi(x)),$$

und daraus folgt unmittelbar, daß in jedem Punkt die Tangente der Integralkurve (2) die durch das Richtungsfeld in diesem Punkt gegebene Richtung hat. Die Kurve „paßt", wie man zu sagen pflegt, auf das Richtungsfeld. Daraus können wir sofort ein graphisches *Näherungsverfahren* zur Lösung von Differentialgleichungen der Form (1) entnehmen: Wir beginnen in irgendeinem Punkt P_1 von $\mathfrak{B}$ und gehen ein kleines Stück auf dem zugehörigen Linienelement weiter in einen Punkt P_2, dann ein Stück in der Richtung des Linienelementes von P_2 in einen Punkt P_3 usw. Wir bekommen so ein Polygon, das die Integralkurve durch P_1 um so besser approximiert, je kleiner die einzelnen Schritte sind. Wir sehen auch sofort noch eine Bestätigung der Tatsache, daß eine Integralkurve eindeutig bestimmt ist, wenn wir von ihr verlangen, daß sie durch einen bestimmten Punkt hindurchgehen soll und daß die allgemeine Lösung daher aus einer einparametrigen Kurvenschar besteht, also von einem willkürlichen Parameter (Integrationskonstanten) abhängt. Das ist alles nur ganz vorläufig und im groben gesagt; nähere Ausführungen folgen in § 4.

Die Voraussetzung, daß $f(x, y)$ in $\mathfrak{B}$ überall stetig ist, erscheint besonders vom geometrischen Standpunkt aus einigermaßen zu eng. Geht nämlich $f(x, y)$ für $(x, y) \longrightarrow (x_0, y_0)$ etwa gegen $+\infty$, so liegt hier das Linienelement parallel zur y-Achse. Nimmt man an Stelle von (1) die in y' lineare Differentialgleichung

$$P(x,y) + Q(x, y)\, y' = 0,$$

so ist $f(x, y) = -\dfrac{P(x, y)}{Q(x, y)}$ und die Unendlichkeitsstellen von $f(x, y)$ sind durch die Nullstellen von $Q(x, y)$ erfaßt. Man kann $P(x, y)$ und $Q(x, y)$ als stetig in $\mathfrak{B}$ voraussetzen, ohne dadurch die geometrisch mit den anderen völlig gleichberechtigten, zur y-Achse parallelen Linienelemente auszuschließen.

Noch eine andere Frage wird durch den Begriff des Richtungsfeldes nahegelegt. Wenn wir in jedem Punkt des Feldes die zugehörige Richtung durch einen festen Winkel α drehen, so bekommen wir ein neues Richtungsfeld, dessen Differentialgleichung sich sofort angeben läßt. Ist φ der Winkel, den die Richtung des gegebenen Feldes mit der x-Achse im Punkt (x, y) einschließt, so ist $y' = = \tan \varphi$ und die Richtung des gedrehten Feldes wird ($\tan \alpha = a$)

$$\bar{y}' = \tan (\varphi + \alpha) = \frac{y' + a}{1 - a\,y'} = \frac{f(x, y) + a}{1 - a\,f(x, y)}.$$

Faßt man das als Differentialgleichung

$$y' = \frac{f(x, y) + a}{1 - a\,f(x, y)} \tag{3}$$

auf, so werden ihre Lösungen alle Integralkurven des ursprünglichen Feldes unter dem festen Winkel α schneiden; man nennt solche Kurven *isogonale*

Trajektorien der ursprünglichen Kurvenschar. Für $\alpha \to \frac{\pi}{2}$ wird $a = \tan \alpha \to \infty$ und aus (3) wird

$$y' = -\frac{1}{f(x, y)},\tag{4}$$

die Differentialgleichung der *orthogonalen Trajektorien* der ursprünglichen Schar.

Beispiel: Die Differentialgleichung $y' = -\frac{x}{y}$ hat, wie ein Blick auf das Richtungsfeld zeigt, die allgemeine Lösung $x^2 + y^2 = A^2$, die Schar aller Kreise mit dem Mittelpunkt im Ursprung; Differentiation nach x gibt tatsächlich $2x + 2yy' = 0$, also die Differentialgleichung. Die Differentialgleichung der orthogonalen Trajektorien ist $y' = \frac{y}{x}$, ihr Richtungsfeld zeigt Abb. 4 und ihr allgemeines Integral ist, wie man wieder aus dem Richtungsfeld entnimmt, die Schar $y = Cx$ der Geraden durch den Ursprung, die alle Kreise $x^2 + y^2 = A^2$ senkrecht schneiden.

Abb. 4.

2. Die exakten Differentialgleichungen. Ich habe diese Gleichungen in Band II, § 17 ausführlich diskutiert und fasse im folgenden die Resultate kurz zusammen. Eine Differentialgleichung der Form

$$P(x, y)\,dx + Q(x, y)\,dy = 0,\tag{5}$$

wo P und Q in einem gemeinsamen, einfach zusammenhängenden Bereich $\mathfrak{B}$ definiert und stetig differenzierbar sind, heißt *exakt*, wenn in $\mathfrak{B}$ die *Integrabilitätsbedingung*

$$\frac{\partial P}{\partial y} - \frac{\partial Q}{\partial x} = 0\tag{6}$$

erfüllt ist; die linke Seite ist dann und nur dann das totale Differential einer Funktion $f(x, y)$:

$$df(x, y) = P(x, y)\,dx + Q(x, y)\,dy.$$

Die Funktion f läßt sich durch das von einem beliebigen, in $\mathfrak{B}$ wählbaren Punkt P_0 mit den Koordinaten x_0, y_0 bis zu dem Punkt P mit den Koordinaten x, y erstreckte, vom Weg zwischen P_0 und P unabhängige Kurvenintegral berechnen:

$$f(x, y) = \int_{P_0}^{P} (P\,dx + Q\,dy);$$

wählt man als Weg zwischen P_0 und P insbesondere den aus den beiden Strecken $\overline{P_0 P_1}$ und $\overline{P_1 P}$, wo P_1 entweder der Punkt (x_0, y) oder der Punkt (x, y_0) ist, bestehenden Haken, so wird

$$f(x, y) = \int_{x_0}^{x} P(u, y_0)\,du + \int_{y_0}^{y} Q(x, v)\,dv\tag{7}$$

und das allgemeine Integral im engeren Sinn ist

$$f(x, y) = C\tag{8}$$

mit der willkürlichen Konstanten C. Wegen

$$\frac{\partial f}{\partial x} = P, \qquad \frac{\partial f}{\partial y} = Q\tag{9}$$

ergibt sich aus (8) durch Differentiation nach x sofort wieder (5). Die Kurvenschar (8) ist die Schar der Schichtenlinien der Fläche $z = f(x, y)$.

Da sich alle in den folgenden Ziffern 3 bis 6 behandelten Differentialgleichungen durch geeignete Umformungen in Gleichungen vom Typus (5), (6) verwandeln lassen, sind auch alle allgemeinen Integrale *im engeren Sinn* zu verstehen.

Ist (5) nicht exakt, so kann man versuchen, sie durch Multiplikation mit einem sogenannten integrierenden Faktor $\mu(x, y)$ exakt zu machen. Für μ folgt statt (6) dann die partielle Differentialgleichung erster Ordnung

$$\frac{\partial(\mu P)}{\partial y} - \frac{\partial(\mu Q)}{\partial x} = -Q\,\frac{\partial \mu}{\partial x} + P\,\frac{\partial \mu}{\partial y} + \mu\left(\frac{\partial P}{\partial y} - \frac{\partial Q}{\partial x}\right) = 0, \tag{10}$$

deren Lösung im allgemeinen natürlich schwieriger sein wird als die der ursprünglichen Gleichung. Da es sich aber nur darum handelt, irgendein partikuläres Integral von (10) zu finden, wird das Verfahren des integrierenden Faktors doch unter Umständen nützlich sein. In manchen Fällen gibt es integrierende Faktoren, die nur von einer der beiden Veränderlichen abhängen; wenn z. B. Q und $\dfrac{\partial P}{\partial y} - \dfrac{\partial Q}{\partial x}$ nur von x abhängen, kann man $\dfrac{\partial \mu}{\partial y} = 0$ annehmen und hat dann mit $\dfrac{\partial \mu}{\partial x} = \dfrac{d\mu}{dx}$ in

$$-Q\,\frac{d\mu}{dx} + \mu\left(\frac{\partial P}{\partial y} - \frac{\partial Q}{\partial x}\right) = 0$$

eine gewöhnliche homogene lineare Differentialgleichung, deren Lösung keine Schwierigkeiten mehr bereitet (Ziffer 5).

3. Die Differentialgleichung mit getrennten Variablen. Sie hat die Form

$$\boxed{y' = f(x) \cdot g(y),} \tag{11}$$

wo $f(x)$ in $[a_1, a_2]$ und $g(y)$ in $[b_1, b_2]$ stetig sind. Ist außerdem $g(y) \neq 0$ in $[b_1, b_2]$, so können wir (11) als exakte Differentialgleichung in der Form

$$f(x)\,dx - \frac{1}{g(y)}\,dy = 0$$

schreiben; die Integrabilitätsbedingung (6) gibt

$$\frac{\partial}{\partial y}\,f(x) = -\frac{\partial}{\partial x}\,\frac{1}{g(y)}$$

und ist erfüllt, da links und rechts Null steht. Also ist nach (7)

$$\Phi(x, y) = \int\limits_{x_0}^{x} f(x)\,dx - \int\limits_{y_0}^{y} \frac{dy}{g(y)} = C \tag{12}$$

die allgemeine Lösung von (11). Für $C = 0$ ergibt sich insbesondere die partikuläre Lösung durch den Punkt x_0, y_0, der im Rechteck $a_1 \leq x_0 \leq a_2$, $b_1 \leq y_0 \leq b_2$ beliebig angenommen werden kann. Es scheint dadurch der folgende einfache Rechnungsgang zulässig. Man geht von (11) durch Multiplikation beider Seiten mit $\dfrac{dx}{g(y)}$ über zu

$$\frac{dy}{g(y)} = f(x)\,dx$$

und integriert beiderseits zwischen den Grenzen x_0 und x. Bei dem Integral links ist zu beachten, daß $y = \varphi(x)$ eine Funktion von x ist, für die $y_0 = \varphi(x_0)$ gilt. Durch die Substitution $y = \varphi(x)$ kann man aber in dem Integral

$$\int\limits_{x_0}^{x} \frac{\varphi'(x)\,dx}{g(\varphi(x))}$$

y selbst als Integrationsveränderliche einführen. Die Grenzen werden dabei y_0 und y, so daß wir wieder zu dem obigen Ergebnis (12) kommen. Selbstverständlich kann man von vornherein unbestimmte Integrale verwenden.

Verschwindet $g(y)$ für eine Stelle y_0 aus $[b_1, b_2]$, so geht für $y = y_0$ die Differentialgleichung (11) über in $y' = 0$, und die Gerade $y = y_0$ ist eine Lösung der Differentialgleichung. Ist $g(y) \equiv 0$ in $[b_1, b_2]$, so lautet (11) $y' = 0$ und alle Geraden $y = c$ sind Lösungen, d. h. $y = c$ ist das allgemeine Integral der Differentialgleichung $y' = 0$.

Alle Differentialgleichungen, die ich in diesem Paragraphen noch behandeln werde, lassen sich durch geeignete Substitutionen, entweder für die unabhängige oder für die abhängige Veränderliche oder für beide, auf Differentialgleichungen mit getrennten Variablen zurückführen. Die Lösungen dieser Differentialgleichungen lassen sich stets durch Quadraturen darstellen, und wir werden uns bei unseren allgemeinen Entwicklungen im folgenden zufrieden geben, wenn uns eine solche Darstellung der Lösungen durch Quadraturen gelungen ist. Daß damit über die Darstellbarkeit der Lösungen durch die uns bekannten elementaren Funktionen noch nichts ausgesagt ist, ja, daß es nur ein Ausnahmefall sein wird, wenn sich die Lösungen durch elementare Funktionen ausdrücken lassen, brauche ich wohl nicht mehr hervorzuheben.

Was die Existenz der Lösungen anbelangt, so werde ich in diesem Paragraphen, auch wenn ich dies nicht immer ausdrücklich betone, stets von der Annahme ausgehen, daß überhaupt eine Lösung $y = y(x)$ der vorgelegten Differentialgleichung existiert und dann aus der Differentialgleichung die Darstellung dieser Lösung durch Quadraturen ermitteln. Man kann in jedem Fall die Existenz hinterher dadurch sicherstellen, daß man sich von der so bestimmten Funktion $y(x)$ überzeugt, daß sie wirklich der Differentialgleichung genügt.

Beispiele:

1. $(x^2 + 1)\, y' = y^2 + 1$. Trennung der Veränderlichen gibt

$$\frac{dx}{x^2 + 1} = \frac{dy}{y^2 + 1},$$

also

$$\arctan x - \arctan y = C.$$

Schreibt man $C = \arctan c$, so folgt

$$\arctan \frac{x - y}{1 + x y} = \arctan c$$

oder

$$\frac{x - y}{1 + x y} = c \quad \text{bzw.} \quad y = \frac{x - c}{1 + c x}.$$

Die partikuläre Lösung durch $(0, 0)$ ergibt sich für $c = 0$ und ist die Gerade $y = x$.

2. $y' = -\dfrac{x}{y}$ (Ziffer 1, Beispiel 3). Trennung der Veränderlichen gibt

$$x\, dx + y\, dy = 0,$$

also

$$x^2 + y^2 = C.$$

Die Integralkurven sind Kreise um $(0, 0)$, wie man dem Richtungsfeld von Abb. 3 unmittelbar entnehmen kann.

4. Differentialgleichungen, die in x und y homogen sind. Damit sind Differentialgleichungen gemeint, bei denen die linke Seite von (5), d. h. die beiden

Funktionen $P(x, y)$ und $Q(x, y)$ in x und y homogen vom gleichen Grad sind, also in der Form

$$P(x, y) = x^k P\left(1, \frac{y}{x}\right), \quad Q(x, y) = x^k Q\left(1, \frac{y}{x}\right)$$

darstellbar sind. Dann wird

$$y' = -\frac{P(x, y)}{Q(x, y)} = -\frac{P\left(1, \frac{y}{x}\right)}{Q\left(1, \frac{y}{x}\right)}$$

oder

$$\boxed{y' = f\left(\frac{y}{x}\right),}\qquad\qquad (13)$$

wo $f\left(\frac{y}{x}\right)$ in x und y homogen vom Grad Null ist. Ist $y = y(x)$ ein Integral dieser Gleichung, so genügt die Funktion

$$u(x) = \frac{y(x)}{x}$$

wegen

$$y' = u + xu'$$

der Differentialgleichung

$$xu' = f(u) - u;$$

hier lassen sich die Veränderlichen ohne weiteres trennen, und wir erhalten

$$\int \frac{du}{f(u) - u} = \ln |x| + C.$$

Setzen wir

$$\int \frac{du}{f(u) - u} = F(u),$$

so ist

$$\boxed{F\left(\frac{y}{x}\right) = \ln |x| + C}$$

das allgemeine Integral von (13).

Beispiele:

1. Das Beispiel 2 von Ziffer 3 ist eine homogene Differentialgleichung; die Substitution $y = u\,x$ gibt

$$u'\,x = -u - \frac{1}{u} = -\frac{u^2 + 1}{u},$$

also

$$\frac{u\,du}{u^2 + 1} = -\frac{dx}{x}.$$

Integration gibt

$$\frac{1}{2} \ln (u^2 + 1) = -\ln |x| + \frac{1}{2} \ln C,$$

wobei ich die Konstante gleich in der bequemeren Form $\frac{1}{2} \ln C$ (statt C) schreibe, so daß

$$(u^2 + 1)\,x^2 = C$$

oder

$$x^2 + y^2 = C$$

das allgemeine Integral ist wie oben.

2. Es sind die Kurven zu bestimmen, bei denen der Abschnitt der Tangente auf der Ordinatenachse gleich dem Abstand des Berührungspunktes vom Ursprung ist. Die Differentialgleichung ist

$$y - x\,y' = \sqrt{x^2 + y^2}$$

oder

$$y' = \frac{y}{x} - \sqrt{1 + \frac{y^2}{x^2}}.$$

Die Substitution $y = u\,x$ gibt

$$u'\,x + u = u - \sqrt{1 + u^2},$$

also

$$\frac{du}{\sqrt{1 + u^2}} = - \frac{dx}{x}.$$

Durch Integration folgt

$$\ln\left(u + \sqrt{1 + u^2}\right) = - \ln|x| + \ln C$$

oder

$$x^2 = C^2 - 2\,C\,y.$$

Das ist eine Schar konfokaler Parabeln mit dem Brennpunkt im Ursprung und der y-Achse als Achse.

Die Differentialgleichung

$$\boxed{y' = f\left(\frac{a_1\,x + b_1\,y + c_1}{a_2\,x + b_2\,y + c_2}\right)} \tag{14}$$

läßt sich, von einigen gleich zu besprechenden Ausnahmefällen abgesehen, auf eine homogene zurückführen. Das ist unmittelbar klar, wenn $c_1 = c_2 = 0$ ist, da dann

$$f\left(\frac{a_1\,x + b_1\,y}{a_2\,x + b_2\,y}\right) = f\left(\frac{a_1 + b_1\,\dfrac{y}{x}}{a_2 + b_2\,\dfrac{y}{x}}\right) = f_1\left(\frac{y}{x}\right)$$

ist. Sind aber c_1 und c_2 nicht beide Null, so ist es naheliegend, durch eine Koordinatentransformation in der x, y-Ebene den Schnittpunkt der beiden Geraden

$$a_1\,x + b_1\,y + c_1 = 0, \quad a_2\,x + b_2\,y + c_2 = 0 \tag{15}$$

zum Ursprung eines neuen Koordinatensystems zu machen. Sind die beiden Geraden nicht parallel, ist also

$$\begin{vmatrix} a_1\,b_1 \\ a_2\,b_2 \end{vmatrix} \neq 0,$$

so haben die Gleichungen (15) eine eindeutig bestimmte Lösung p, q und die Parallelverschiebung des Koordinatensystems

$$x = \xi + p, \quad y = \eta + q$$

führt (14) über in

$$\frac{d\eta}{d\xi} = f\left(\frac{a_1\,\xi + b_1\,\eta}{a_2\,\xi + b_2\,\eta}\right).$$

Die linke Seite ergibt sich dabei auf Grund der Substitution nach der Kettenregel

$$y' = \frac{dy}{dx} = \frac{dy}{d\eta}\,\frac{d\eta}{d\xi}\,\frac{d\xi}{dx} = \frac{d\eta}{d\xi}.$$

Sind aber die beiden Geraden (15) parallel, ist also

$$\begin{vmatrix} a_1\,b_1 \\ a_2\,b_2 \end{vmatrix} = 0, \tag{16}$$

so haben die Gleichungen (15) entweder überhaupt keine Lösung oder unendlich viele. In letzterem Fall ist aber $a_1\,x + b_1\,y + c_1 = \lambda\,(a_2\,x + b_2\,y + c_2)$, wobei λ ein fester Faktor ist. Die beiden Geraden fallen zusammen und es wird

$$f\left(\frac{a_1\,x + b_1\,y + c_1}{a_2\,x + b_2\,y + c_2}\right) = f(\lambda)$$

konstant, also $y = f(\lambda)\, x + C$ die allgemeine Lösung. Es bleibt nur noch der Fall zu behandeln, daß die Gleichungen (15) keine Lösung haben. Aus (16) folgt aber dann

$$\frac{a_1}{a_2} = \frac{b_1}{b_2} = \lambda$$

und daher

$$\frac{a_1\, x + b_1\, y + c_1}{a_2\, x + b_2\, y + c_2} = \frac{\lambda\,(a_2\, x + b_2\, y + c_2) + c_1 - \lambda\, c_2}{a_2\, x + b_2\, y + c_2} = \lambda + \frac{c_1 - \lambda\, c_2}{a_2\, x + b_2\, y + c_2}.$$

Führt man an Stelle von y als neue abhängige Veränderliche

$$u = a_2\, x + b_2\, y + c_2$$

ein, so wird

$$u' = a_2 + b_2\, y'$$

und

$$f\left(\frac{a_1\, x + b_1\, y + c_1}{a_2\, x + b_2\, y + c_2}\right) = f\left(\lambda + \frac{c_1 - \lambda\, c_2}{u}\right) = f_1(u)$$

eine Funktion von u allein. Die Differentialgleichung (14) geht über in die Differentialgleichung

$$\frac{u' - a_2}{b_2} = f_1(u),$$

in der sich die Veränderlichen ohne weiteres trennen lassen. Man kann hier $b_2 \neq 0$ voraussetzen, da die Annahme $b_2 = 0$ sofort auf $b_1 = 0$ führen würde, dann wäre aber

$$f\left(\frac{a_1\, x + c_1}{a_2\, x + c_2}\right) = h(x)$$

eine Funktion von x allein und die Differentialgleichung von der Form $y' = h(x)$.

Beispiele:

1.
$$y' = \frac{2\, x - y + 1}{x - 2\, y + 1}.$$

Die Gleichungen

$$2\, x - y + 1 = 0, \qquad x - 2\, y + 1 = 0$$

haben die Lösung $x = -\dfrac{1}{3},\ y = +\dfrac{1}{3}$, die Transformation

$$\xi = x + \frac{1}{3}, \qquad \eta = y - \frac{1}{3}$$

führt die gegebene Differentialgleichung über in

$$\frac{d\eta}{d\xi} = \frac{2\, \xi - \eta}{\xi - 2\, \eta}$$

und die Substitution $\eta = u\, \xi$ führt diese über in

$$\frac{(2\, u - 1)\, du}{u^2 - u + 1} = -2\, \frac{d\xi}{\xi},$$

also ist

$$\ln(u^2 - u + 1) = \ln \frac{C}{\xi^2}$$

oder

$$x^2 - x\, y + y^2 + x - y = A,$$

wo $A = C - \dfrac{1}{3}$ gesetzt ist. Die Gleichung kann auch als exakte Differentialgleichung behandelt werden.

2.
$$y' = \frac{2\, x - 4\, y + 1}{x - 2\, y + 1} = 2 - \frac{1}{u},$$

wenn $x - 2y + 1 = u$ gesetzt wird. Aus $1 - 2y' = u'$ folgt dann $u' = \dfrac{2}{u} - 3$, also

$$\int \frac{u\,du}{2 - 3u} = x + c$$

oder

$$e^{3\,(4x - 2y)}\,(3x - 6y + 1)^2 = C.$$

5. Die lineare Differentialgleichung. So werden die Differentialgleichungen bezeichnet, die in y *und* y', also in der unbekannten Funktion *und* ihrer Ableitung linear sind[1]. Man schreibt sie gewöhnlich in der Form

$$\boxed{y' + f(x)\,y = g(x),} \tag{17}$$

wo $f(x)$ und $g(x)$ in einem Intervall $[a, b]$ definiert und stetig sein sollen. $g(x)$ wird hier mit einem aus der Theorie der Planetenbewegung entnommenen Ausdruck als *Störungsfunktion* bezeichnet. Die linearen Differentialgleichungen spielen in den Anwendungen eine bedeutende Rolle. Die Gleichung (17) heißt insbesondere *homogen* (aber jetzt in einem anderen Sinn als in Ziffer 4, nämlich homogen in y und y'), wenn $g(x) \equiv 0$ ist. In einer solchen homogenen Differentialgleichung

$$\eta' + f(x)\,\eta = 0 \tag{18}$$

lassen sich die Veränderlichen x und η sofort trennen; es ist

$$\frac{d\eta}{\eta} + f(x)\,dx = 0$$

und $(\exp u = e^u)$

$$\eta(x) = C \exp\left(-\int f(x)\,dx\right)$$

das allgemeine Integral von (18). Es sei nun $y_0(x)$ ein beliebiges partikuläres Integral von (17). *Dann ist*

$$\boxed{y = \eta(x) + y_0(x)} \tag{19}$$

das allgemeine Integral von (17); denn ist $y(x)$ irgendeine Lösung von (17), so ist $\bar{\eta} = y(x) - y_0(x)$ eine Lösung von (18), d. h. $\bar{\eta} = \bar{C} \exp\left(-\int f(x)\,dx\right)$ mit einem bestimmten Wert $\bar{C}$ und $y(x) = \bar{\eta} + y_0$ von der Form (19). (19) umfaßt also alle Lösungen von (17) und es gilt der wichtige Satz:

Das allgemeine Integral einer linearen Differentialgleichung ist die Summe aus dem allgemeinen Integral der zugehörigen homogenen Differentialgleichung und einem partikulären Integral der vollständigen Gleichung.

Offen ist noch die Frage, wie man ein partikuläres Integral y_0 von (17) erhalten kann. Es gibt dafür eine Methode, die man als *Variation der Konstanten* bezeichnet und die auch in allgemeineren Fällen zum Ziel führt. Es handelt sich dabei darum, daß man an Stelle der Konstanten C im allgemeinen Integral der homogenen Gleichung eine Funktion $u(x)$ setzt und diese so zu bestimmen sucht, daß

$$y_0 = u(x) \exp\left(-\int f(x)\,dx\right)$$

ein partikuläres Integral der vollständigen Gleichung wird. Differentiation gibt

$$y_0' = u' \exp\left(-\int f\,dx\right) - u f \exp\left(-\int f\,dx\right)$$

---

[1] Man hat die nur in y' linearen Differentialgleichungen $P(x, y) + Q(x, y)\,y' = 0$ (Ziffer 2) und die schlechthin als lineare Differentialgleichungen bezeichneten, in y und y' linearen Gleichungen, die ein Sonderfall der ersten sind, wohl zu unterscheiden. Die in y', aber nicht in y linearen Gleichungen nennt man gelegentlich auch *quasilinear*.

und in (17) eingesetzt

$$u' \exp\left(-\int f\,dx\right) = g(x)$$

oder

$$u' = g \exp \int f\,dx.$$

Es ist also

$$u = \int g \exp\left(\int f\,dx\right) dx.$$

Da es sich nur um ein partikuläres Integral handelt, brauchen wir hier keine Integrationskonstante zu schreiben[1]. Es folgt

$$y_0 = \exp\left(-\int f\,dx\right) \cdot \int g \exp\left(\int f\,dx\right) dx$$

und daher

$$y = \exp\left(-\int f\,dx\right) \cdot \left[C + \int g \exp\left(\int f\,dx\right) dx\right]$$

als allgemeines Integral von (17). Ich empfehle Ihnen aber dringend, diese Formel nicht auswendig zu lernen, sondern sich die Methode zu merken, die auf einem einfachen Gedanken, eben der Variation der Konstanten, beruht und das Gedächtnis weiter nicht belastet, was man von dem obigen, etwas verwickelten Ausdruck nicht behaupten kann.

Das allgemeine Integral (19) oder

$$y(x) = C\,\varphi(x) + y_0(x) \tag{19'}$$

ist eine lineare Funktion der Integrationskonstanten C. Diese Tatsache ist charakteristisch für die linearen Differentialgleichungen, denn Differentiation von (19') und Elimination von C führt auf eine lineare Differentialgleichung. Man kann daraus noch eine weitere bemerkenswerte Folgerung ziehen. Sind nämlich $y_i = C_i \varphi + y_0$ für $i = 1, 2, 3$ drei partikuläre Integrale von (17) mit den bestimmten Werten C_i der Integrationskonstanten, so ist

$$\frac{y_3(x) - y_1(x)}{y_2(x) - y_1(x)} = \frac{C_3 - C_1}{C_2 - C_1}, \tag{20}$$

d. h. *das Teilverhältnis von drei partikulären Lösungen von* (17) *ist konstant und stimmt mit dem Teilverhältnis der entsprechenden Werte der Integrationskonstanten überein.* Man kann das auch direkt daraus schließen, daß (19') für jedes x eine lineare, d. h. affine Transformation zwischen C und y darstellt und daß das Teilverhältnis eine affine Invariante (Band II, § 12, 6) ist. Kennt man zwei partikuläre Integrale $y_1(x)$ und $y_2(x)$ von (17), so kann man das allgemeine Integral $y(x)$ in der Form

$$\frac{y(x) - y_1(x)}{y_2(x) - y_1(x)} = C$$

oder

$$y(x) = C\,[y_2(x) - y_1(x)] + y_1(x)$$

ohne weitere Rechnung anschreiben.

Die *Bernoullische Differentialgleichung*

$$\boxed{y' + f(x)\,y = g(x)\,y^n, \quad n \neq 1,} \tag{21}$$

(ist n nicht ganz, so muß man noch $y > 0$ voraussetzen) läßt sich auf eine lineare zurückführen, wenn man $z = \dfrac{1}{y^{n-1}}$ als neue unbekannte Funktion einführt. Dividiert man nämlich (21) durch y^n, so folgt

$$\frac{y'}{y^n} + \frac{f(x)}{y^{n-1}} = g(x);$$

nun ist aber $y' y^{-n}$ bis auf einen Zahlenfaktor die Ableitung von $z = y^{1-n}$, und zwar ist

$$z' = (1 - n)\, \frac{y'}{y^n},$$

so daß wir an Stelle von (21) die lineare Differentialgleichung

$$z' + (1 - n)\, f(x)\, z = (1 - n)\, g(x)$$

erhalten. Man beachte, daß für $n = 1$ (21) zu $y' + [f(x) - g(x)]\, y = 0$, also homogen wird.

Ein Beispiel einer linearen Differentialgleichung habe ich schon in Band I, § 22, 11 diskutiert. Es handelte sich um die Aufgabe, den Stromverlauf in einem aus Ohmschem Widerstand R und Selbstinduktion L, bzw. aus Ohmschem Widerstand R und Kapazität C aufgebauten Stromkreis zu untersuchen, wenn er an eine Gleichspannung E geschaltet wird. Die Differentialgleichung war im ersten Fall

$$L\, \frac{di}{dt} + R\, i = E,$$

also eine lineare Differentialgleichung, die sich bei konstantem E leicht auf eine homogene Gleichung (18) zurückführen läßt. Ich will nun annehmen, E sei eine Wechselspannung mit der Amplitude E_0 und der (Kreis-)Frequenz ω:

$$E = E_0 \sin \omega\, t.$$

Das allgemeine Integral der homogenen Gleichung

$$L\, \frac{di_1}{dt} + R\, i_1 = 0$$

ist

$$i_1 = A\, e^{-\frac{R}{L} t}$$

mit der Integrationskonstanten A. Für das partikuläre Integral der vollständigen Gleichung machen wir den Ansatz (Variation der Konstanten)

$$i_2 = u\, e^{-\frac{R}{L} t}.$$

Das gibt nach kurzer Rechnung

$$u = \frac{E_0\, R}{R^2 + \omega^2 L^2}\, e^{\frac{R}{L} t} \left(\sin \omega\, t - \frac{\omega L}{R} \cos \omega\, t \right)$$

und daher

$$i_2 = \frac{E_0\, R}{R^2 + \omega^2 L^2} \left(\sin \omega\, t - \frac{\omega L}{R} \cos \omega\, t \right).$$

Ich setze

$$\frac{R\, E_0}{R^2 + \omega^2 L^2} = a \cos \gamma, \qquad \frac{\omega L\, E_0}{R^2 + \omega^2 L^2} = a \sin \gamma,$$

dann ist

$$a = \frac{E_0}{\sqrt{R^2 + \omega^2 L^2}}, \quad \tan \gamma = \frac{\omega L}{R}$$

und

$$i_2 = \frac{E_0}{\sqrt{R^2 + \omega^2 L^2}} \sin (\omega\, t - \gamma).$$

Das allgemeine Integral der vollständigen Gleichung ist daher

$$i = i_2 + i_1 = \frac{E_0}{\sqrt{R^2 + \omega^2 L^2}} \sin(\omega t - \gamma) + A e^{-\frac{R}{L} t}.$$

Soll für $t = 0$ auch $i = 0$ sein, so ist

$$A = \frac{E_0}{\sqrt{R^2 + \omega^2 L^2}} \sin \gamma$$

und daher

$$i = \frac{E_0}{\sqrt{R^2 + \omega^2 L^2}} \left(\sin(\omega t - \gamma) + \sin \gamma \, e^{-\frac{R}{L} t} \right).$$

γ ist ein fester Winkel zwischen 0 und $\dfrac{\pi}{2}$; der erste Teil von i stellt eine Sinusschwingung

dar, die gegenüber der Schwingung der aufgeprägten Spannung die Phasenverschiebung γ
aufweist. Der zweite Teil gibt einen
zwischen 0 und 1 liegenden Zusatz,
der mit zunehmender Zeit gegen Null
geht. Der Strom folgt also nach einiger
Zeit, nachdem der mit dem Ein-
schalten einsetzende Einschwingvorgang abgelaufen ist, praktisch einer
reinen Sinusschwingung der Form i_2,
die sich aus der allgemeinen Lösung
für $A = 0$ ergibt und von der Anfangsbedingung (Zeitpunkt des Ein-
schaltens) unabhängig ist (Abb. 5,

$$\frac{E_0}{\sqrt{R^2 + \omega^2 L^2}} = 1 \text{ gesetzt). Man nennt}$$

die Lösung i_2 die *stationäre* Lösung
(in einem anderen Sinn, als wir das
Wort stationär z. B. in der Theorie

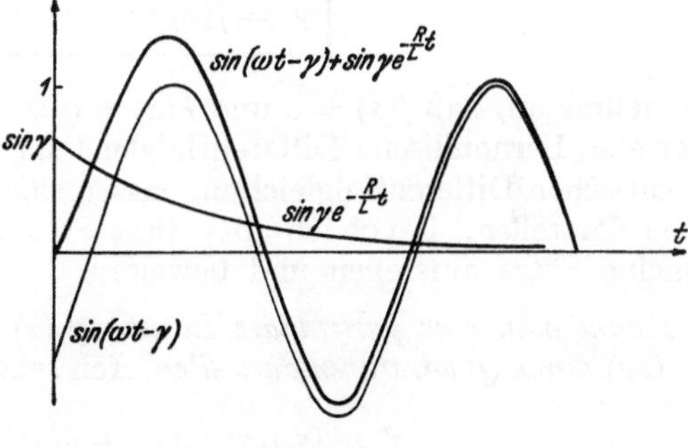

Abb. 5.

der Extrema verwendet haben). Der Strom i_2 ist in der Phase gegenüber E um den Winkel γ
verschoben, er eilt, wie man sagt, der Spannung um γ nach. Für den Grenzfall $R = 0$ wird
$\gamma = \dfrac{\pi}{2}$, die Phasenverschiebung also ein rechter Winkel.

Für den aus Kapazität und Ohmschem Widerstand R bestehenden Kreis gilt

$$E = i R + \frac{1}{C} \int i \, dt,$$

also

$$\frac{di}{dt} + \frac{1}{R C} i = \frac{1}{R} \frac{dE}{dt} = \frac{\omega E_0}{R} \cos \omega t.$$

Wir erhalten zunächst als allgemeines Integral der homogenen Gleichung

$$i_1 = A e^{-\frac{t}{C R}}$$

und für das partikuläre Integral der vollständigen Gleichung den Ansatz

$$i_2 = u e^{-\frac{t}{C R}}.$$

Eine einfache Rechnung gibt

$$i_2 = \frac{\omega C E_0}{\sqrt{\omega^2 R^2 C^2 + 1}} \sin(\omega t + \gamma)$$

mit

$$\tan \gamma = \frac{1}{\omega R C}.$$

Also ist

$$i = i_2 + i_1 = \frac{\omega C E_0}{\sqrt{\omega^2 R^2 C^2 + 1}} \sin(\omega t + \gamma) + A e^{-\frac{t}{R C}}.$$

Soll wieder für $t = 0$ auch $i = 0$ sein, so folgt

$$A = - \frac{\omega\,C\,E_0}{\sqrt{\omega^2\,R^2\,C^2 + 1}}\,\sin\gamma$$

und

$$i = \frac{\omega\,C\,E_0}{\sqrt{\omega^2\,R^2\,C^2 + 1}}\left(\sin(\omega\,t + \gamma) - \sin\gamma\,e^{-\frac{t}{R\,C}}\right).$$

Auch hier ist der Strom i gegenüber der Spannung E in der Phase verschoben, aber um den Winkel $-\gamma$, man sagt, der Strom eilt der Spannung um γ voraus. Im Grenzfall $R = 0$ wird auch hier $\gamma = \dfrac{\pi}{2}$.

6. Die Riccatische Differentialgleichung. Es handelt sich um eine Verallgemeinerung der linearen Differentialgleichungen in dem Sinn, daß y' jetzt nicht eine lineare, sondern eine quadratische Funktion von y ist:

$$\boxed{y' = f(x)\,y^2 + g(x)\,y + h(x).} \tag{22}$$

Ich nehme an, daß $f(x) \neq 0$ und $h(x) \neq 0$ ist, da wir sonst entweder eine lineare oder eine Bernoullische Differentialgleichung vor uns hätten. Die Lösungen der Riccatischen Differentialgleichung lassen sich nur in Sonderfällen durch Quadraturen darstellen. Bevor ich aber diese Sonderfälle diskutiere, will ich einige allgemeine Sätze aufstellen und beweisen.

Kennt man eine partikuläre Lösung $y_1(x)$, so läßt sich die allgemeine Lösung von (22) durch Quadraturen darstellen. Ich setze $y = y_1 + z$ in (22) ein und erhalte

$$z' = [2\,f(x)\,y_1(x) + g(x)]\,z + f(x)\,z^2,$$

also eine Bernoullische Differentialgleichung, womit die Behauptung bewiesen ist.

Jede Lösung einer Riccatischen Differentialgleichung ist auch Lösung einer bestimmten linearen und homogenen Differentialgleichung zweiter Ordnung. Multiplizieren wir (22) mit $f(x)$, so folgt — unter Weglassung des Argumentes x —

$$f\,y' = f^2\,y^2 + f\,g\,y + f\,h.$$

Wenn wir $z = f\,y$ an Stelle von y als neue unbekannte Funktion einführen, so ergibt sich wegen

$$z' = f\,y' + f'\,y = f\,y' + \frac{f'}{f}\,z$$

die Differentialgleichung

$$z' - z^2 = \left(\frac{f'}{f} + g\right)z + h\,f.$$

Ich führe nun weiter an Stelle von z eine neue Funktion u ein, die mit z durch die Relation

$$z = - \frac{u'}{u}$$

zusammenhängt. Dann wird

$$z' - z^2 = - \frac{u''}{u} + \frac{u'^2}{u^2} - \frac{u'^2}{u^2} = - \frac{u''}{u}$$

und unsere Differentialgleichung geht über in

$$u'' - \left(\frac{f'}{f} + g\right)u' + h\,f\,u = 0.$$

Das ist aber eine homogene lineare Differentialgleichung zweiter Ordnung[1]. Ihr allgemeines Integral hat, wie ich in § 6, 3 zeigen werde, stets die Form

$$u = C_1 u_1 + C_2 u_2,$$

wo u_1 und u_2 zwei linear unabhängige partikuläre Integrale sind. Es folgt

$$z = -\frac{u'}{u} = -\frac{C_1 u_1' + C_2 u_2'}{C_1 u_1 + C_2 u_2} = -\frac{A u_1' + u_2'}{A u_1 + u_2},$$

wo $C_1 : C_2 = A$ gesetzt ist, und

$$y = \frac{z}{f} = -\frac{A u_1' + u_2'}{A f u_1 + f u_2}$$

als allgemeines Integral von (22). Die besondere Art, wie hier das allgemeine Integral von der Integrationskonstanten abhängt — es ist ja y eine linear gebrochene Funktion von A —, ist charakteristisch für die Riccatische Differentialgleichung. Ich zeige, daß jeder Ausdruck der Form

$$\boxed{y = \frac{A \varphi_1 + \varphi_2}{A \psi_1 + \psi_2},} \tag{23}$$

wo A eine willkürliche Konstante, $\varphi_1, \varphi_2, \psi_1$ und ψ_2 stetig differenzierbare Funktionen von x sind, das allgemeine Integral einer Riccatischen Differentialgleichung ist. Aus (23) oder

$$A (\psi_1 y - \varphi_1) + \psi_2 y - \varphi_2 = 0$$

folgt durch Differentiation

$$A(\psi_1 y' + \psi_1' y - \varphi_1') + \psi_2 y' + \psi_2' y - \varphi_2' = 0;$$

Elimination von A gibt

$$(\psi_1 y - \varphi_1)(\psi_2 y' + \psi_2' y - \varphi_2') - (\psi_2 y - \varphi_2)(\psi_1 y' + \psi_1' y - \varphi_1') = 0$$

oder

$$(\varphi_1 \psi_2 - \varphi_2 \psi_1) y' = (\psi_1 \psi_2' - \psi_2 \psi_1') y^2 - (\varphi_1 \psi_2' - \varphi_1' \psi_2 + \psi_1 \varphi_2' - \varphi_2 \psi_1') y +$$
$$+ (\varphi_1 \varphi_2' - \varphi_1' \varphi_2) = 0,$$

also eine Riccatische Differentialgleichung.

Aus (23) läßt sich eine Folgerung ziehen, die ganz analog ist zu der in Ziffer 5 angegebenen Beziehung für die Lösungen linearer Differentialgleichungen. (23) ist für jedes x eine linear gebrochene, d. h. projektive Transformation zwischen A und y. Nach Band II, § 12, 7 ist das Doppelverhältnis eine projektive Invariante; sind also

$$y_i(x) = \frac{A_i \varphi_1 + \varphi_2}{A_i \psi_1 + \psi_2}, \quad i = 1, 2, 3, 4,$$

vier partikuläre Integrale von (22) mit den besonderen Werten A_i der Integrationskonstanten, so muß

$$\frac{y_3 - y_1}{y_3 - y_2} : \frac{y_4 - y_1}{y_4 - y_2} = \frac{A_3 - A_1}{A_3 - A_2} : \frac{A_4 - A_1}{A_4 - A_2}$$

sein, d. h. *das Doppelverhältnis von vier partikulären Integralen einer Riccatischen Gleichung ist konstant, und zwar gleich dem Doppelverhältnis der vier entsprechenden Werte der Integrationskonstanten,* was sich durch einfaches Ausrechnen auch unmittelbar bestätigen läßt. Kennt man also drei partikuläre Integrale $y_i(x)$,

---

[1] Sonderfall der Gleichung § 1, (22) für $n = 2$ und $g(x) \equiv 0$.

$i = 1, 2, 3$ einer Riccatischen Gleichung, so kann man ihr allgemeines Integral $y(x)$ sofort anschreiben:

$$\frac{y(x) - y_1(x)}{y(x) - y_2(x)} = C \; \frac{y_3(x) - y_1(x)}{y_3(x) - y_2(x)} = C \, y_0(x)$$

oder

$$y(x) = \frac{C \, y_0(x) \, y_2(x) - y_1(x)}{C \, y_0(x) - 1}.$$

Ich komme nun zu dem Sonderfall der Riccatischen Differentialgleichung, der als *spezielle Riccatische Gleichung* bezeichnet wird und die Form

$$\boxed{y' = a \, y^2 + b \, x^\alpha} \tag{24}$$

mit konstantem α, a und b hat. Für $\alpha = 0$ ergibt sich eine Differentialgleichung mit getrennten Veränderlichen. Ein anderer, einfach zu erledigender Sonderfall ist $\alpha = -2$, also

$$y' = a \, y^2 + \frac{b}{x^2}.$$

Diese Gleichung geht durch die Substitution $y = \dfrac{1}{z}$, $y' = -\dfrac{z'}{z^2}$ über in

$$-\frac{z'}{z^2} = \frac{a}{z^2} + \frac{b}{x^2}$$

oder

$$z' = -a - b \left(\frac{z}{x}\right)^2,$$

also in eine in x und z homogene Differentialgleichung (Ziffer 4), die durch die Substitution $z = u \, x$ weiter zu behandeln ist.

Die spezielle Riccatische Differentialgleichung ist ferner für alle α, die sich in der Form

$$\alpha = -\frac{4 \, k}{2 \, k - 1}, \quad k = 0, \pm 1, \pm 2, \ldots \tag{25}$$

darstellen lassen, durch Quadraturen lösbar. Für $k \to \infty$ geht $\alpha \to -2$, es ergibt sich also der oben betrachtete Sonderfall. Liouville[1] hat gezeigt, daß diese Fälle die einzigen sind, in denen die spezielle Riccatische Gleichung durch Quadraturen lösbar ist, doch will ich hier auf die Wiedergabe dieses Beweises verzichten.

Ist $k > 0$, so führt die Substitution

$$y = \frac{z}{x^2} - \frac{1}{a \, x}, \quad y' = \frac{z'}{x^2} - \frac{2 \, z}{x^3} + \frac{1}{a \, x^2}$$

auf

$$z' = a \, \frac{z^2}{x^2} + b \, x^{\alpha + 2}$$

und die weitere Substitution

$$\xi = x^{\alpha + 3}, \quad \eta = \frac{1}{z}$$

wegen

$$z' = \frac{dz}{dx} = \frac{dz}{d\eta} \frac{d\eta}{d\xi} \frac{d\xi}{dx} = -\frac{1}{\eta^2} \frac{d\eta}{d\xi} (\alpha + 3) \, x^{\alpha + 2}$$

auf

$$\frac{d\eta}{d\xi} = -\frac{b}{\alpha + 3} \eta^2 - \frac{a}{\alpha + 3} \, \xi^{-\frac{\alpha + 4}{\alpha + 3}},$$

---

[1] Joseph Liouville, geb. 1809 in St. Omer, gest. 1882 in Paris, bedeutender französischer Mathematiker, Begründer des „Journal des mathématiques pures et appliquées". Liouville wirkte an der Sorbonne, seine wichtigsten Arbeitsgebiete waren Zahlen- und Funktionentheorie.

also wieder eine Riccatische Gleichung. Der Exponent von ξ

$$-\frac{\alpha+4}{\alpha+3} = -\frac{4\,(k-1)}{2\,(k-1)-1}$$

hat dieselbe Form (25), aber mit dem um 1 kleineren Wert $k-1$ gebildet. Man hat also das Verfahren k-mal zu wiederholen, um zu $k = \alpha = 0$ und damit zu einer durch Quadraturen lösbaren Differentialgleichung zu kommen.

Ist aber $k < 0$, so hat man das Verfahren umzukehren. Man setzt in

$$y' = a\,y^2 + b\,x^\alpha$$

zunächst

$$\xi = x^{-\alpha-1}, \quad z = \frac{1}{y}$$

und erhält

$$\frac{dz}{d\xi} = \frac{a}{\alpha+1}\,\xi^{-\frac{\alpha+2}{\alpha+1}} + \frac{b}{\alpha+1}\,\xi^{-2}z^2;$$

die weitere Substitution

$$z = \xi^2\,\eta + (\alpha+1)\,\frac{\xi}{b}, \quad \frac{dz}{d\xi} = \xi^2\,\frac{d\eta}{d\xi} + 2\,\xi\,\eta + \frac{\alpha+1}{b}$$

gibt schließlich

$$\frac{d\eta}{d\xi} = \frac{b}{\alpha+1}\,\eta^2 + \frac{a}{\alpha+1}\,\xi^{-\frac{3\alpha+4}{\alpha+1}}.$$

Der Exponent von ξ ist hier

$$-\frac{3\alpha+4}{\alpha+1} = -\frac{4k+4}{2k+1} = -\frac{4\,(k+1)}{2\,(k+1)-1},$$

also wieder von der Form (25), aber mit $k+1$ statt k. — k-malige Wiederholung gibt $\alpha = k = 0$.

Beispiel:

$$y' = y^2 + \frac{1}{x^4};$$

man setzt

$$y = \frac{z}{x^2} - \frac{1}{x}$$

und erhält

$$z' = \frac{z^2+1}{x^2}.$$

Die zweite Substitution $\xi = \frac{1}{x}$, $\eta = \frac{1}{z}$ ist hier überflüssig, da man durch Trennung der Veränderlichen direkt zu

$$\operatorname{arctan} z = -\frac{1}{x} + \operatorname{arctan}\frac{1}{C}$$

oder

$$z = \frac{1 - C\tan\dfrac{1}{x}}{\tan\dfrac{1}{x} + C}$$

kommt; es folgt schließlich

$$y = \frac{1}{x^2}\,(z-x) = \frac{1}{x^2}\left(\frac{1 - C\tan\dfrac{1}{x}}{\tan\dfrac{1}{x} + C} - x\right) = \frac{1 - (C+x)\tan\dfrac{1}{x} - C\,x}{x^2\left(\tan\dfrac{1}{x} + C\right)}.$$

7. Die implizite Differentialgleichung. Über die allgemeine Form der impliziten Differentialgleichung erster Ordnung

$$F(x, y, y') = 0 \tag{26}$$

habe ich in § 1, 4 schon einiges gesagt. Ich will hier zunächst einige einfache und leicht lösbare Sonderfälle behandeln, nämlich die, wo eine der beiden Veränderlichen x oder y nicht vorkommt, so daß es sich um eine Differentialgleichung

$$F(x, y') = 0 \text{ oder } F(y, y') = 0$$

handelt. In beiden Fällen ergeben sich durch Auflösung nach y' Typen, die sofort integrierbar sind. Mitunter läßt sich aber die Auflösung nach x bzw. y leichter durchführen als die nach y'. Dann kann man $z(x) = y'(x)$ als neue abhängige Veränderliche einführen und erhält im ersten Fall

$$x = f(y') = f(z)$$

und daher durch die Substitution $x = f(z)$

$$y = \int z(x)\, dx = \int z\, f'(z)\, dz + C;$$

die beiden Gleichungen sind eine Parameterdarstellung des allgemeinen Integrals. Im zweiten Fall ist

$$y = g(y') = g(z)$$

und

$$x = \int dx = \int \frac{dx}{dy}\, dy = \int \frac{1}{z}\, g'(z)\, dz + C$$

(Substitution $y = g(z)$), also wieder eine Parameterdarstellung des allgemeinen Integrals.

Beispiele:

1. $y'^2 = x$; es folgt

$$x = z^2$$

und

$$y = \int z\, dx = \int z \cdot 2\, z \cdot dz = 2\, \frac{z^3}{3} + C$$

oder

$$y = \frac{2}{3}\, \sqrt{x^3} + C.$$

2. $y'^2 = y$ gibt

$$y = z^2$$

und

$$x = \int \frac{dx}{dy}\, \frac{dy}{dz}\, dz = \int \frac{1}{z}\, 2\, z\, dz = 2\, z + C,$$

also

$$y = \frac{1}{4}\, (x - C)^2.$$

Manchmal führt auch die schon in § 1, 2 erwähnte Vertauschung von abhängiger und unabhängiger Veränderlicher zu einer einfacheren Integration. Ich will nur ein einfaches Beispiel dafür geben:

Gegeben sei

$$x\, y'(x \sin y - y) = 1;$$

daraus wird

$$\frac{dx}{dy} = x^2 \sin y - x\, y,$$

eine Bernoullische Differentialgleichung für die Funktion $x(y)$, die nach Ziffer 5 zu lösen ist.

Ein auch an sich recht interessantes Verfahren ist die *Integration durch Differentiation*. Ist $y(x)$ eine Lösung von (26), so ergibt sich durch Differentiation von (26) nach x

$$F_x + F_y\, y' + F_{y'}\, y'' = 0. \tag{27}$$

Läßt sich aus (26) und (27) etwa y in einfacher Weise eliminieren, so erhält man eine Gleichung der Form

$$y'' = f(x, y')$$

oder, $y' = z$ gesetzt,

$$z' = f(x, z),$$

also eine explizite Differentialgleichung; ist ihr allgemeines Integral

$$\varphi(x, z) = C,$$

so hat man nur z aus dieser Gleichung und $F(x, y, z) = 0$ zu eliminieren, um das allgemeine Integral von (26) zu erhalten. Läßt sich x aus (26) und (27) eliminieren, so ergibt sich eine Differentialgleichung zweiter Ordnung

$$y'' = g(y, y'),$$

in der aber x nicht vorkommt und die sich daher durch die Substitution $y' = z$ und Einführung von y als unabhängiger Veränderlicher (vgl. § 5, 5) wegen

$$y'' = \frac{dz}{dx} = \frac{dz}{dy}\frac{dy}{dx} = \frac{dz}{dy}\, z$$ auf die Differentialgleichung erster Ordnung

$$\frac{dz}{dy} = \frac{1}{z}\, g(y, z)$$

zurückführen läßt. Beispiele für die Anwendung dieses Verfahrens folgen in Ziffer 9.

Ich komme nun zur direkten Behandlung der allgemeinen Gleichung (26). $F(x, y, y')$ sei in einem Bereich $\mathfrak{B}$ der x, y-Ebene und für alle y' stetig und nach y' stetig differenzierbar. Gibt es dann eine Stelle (x_0, y_0) in $\mathfrak{B}$ und einen Wert $y' = y_0'$, so daß

$$F(x_0, y_0, y_0') = 0, \quad F_{y'}(x_0, y_0, y_0') \neq 0$$

ist, so existiert nach dem Satz über implizite Funktionen in einer Umgebung $\mathfrak{U}$ von (x_0, y_0, y_0') eine eindeutig definierte Funktion

$$y' = f(x, y),$$

für die

$$y_0' = f(x_0, y_0)$$

und in $\mathfrak{U}$

$$F(x, y, f(x, y)) \equiv 0$$

gilt. Um einen bestimmten Fall vor Augen zu haben, nehme ich nun weiter an, daß wir zu der Stelle (x_0, y_0) im ganzen n verschiedene Werte $y_1', y_2', \ldots, y_n'$ für y' finden können, für die immer

$$F(x_0, y_0, y_i') = 0, \quad F_{y'}(x_0, y_0, y_i') \neq 0$$

ist. Dann existieren in einer Umgebung $\mathfrak{U}$ (die man als Durchschnitt der n Umgebungen $\mathfrak{U}_1, \ldots, \mathfrak{U}_n$ entsprechend den n verschiedenen Werten y_i' erhält) n verschiedene Funktionen

$$y' = f_i(x, y) \tag{28}$$

mit

$$y_i' = f_i(x_0, y_0)$$

und

$$F(x, y, f_i(x, y)) \equiv 0, \quad i = 1, 2, \ldots, n.$$

Sind

$$\varphi_i(x, y) = C_i \tag{29}$$

die allgemeinen Integrale von (28), so kann man das allgemeine Integral von (26) in der Form

$$(\varphi_1 - C_1)\,(\varphi_2 - C_2)\,\cdots\,(\varphi_n - C_n) = 0$$

schreiben. Dabei entspricht jeder Lösung ein verschwindender Faktor dieser Gleichung und nur eine Konstante C_i; wir erhalten also n Lösungen mit je einer Konstanten (und nicht etwa eine n-dimensionale Mannigfaltigkeit von Lösungen, wie bei einer Differentialgleichung n-ter Ordnung). Man kann daher das allgemeine Integral einfacher, aber völlig gleichbedeutend auch in der Gestalt

$$(\varphi_1 - C)\,(\varphi_2 - C)\,\cdots\,(\varphi_n - C) = 0 \tag{30}$$

schreiben.

Beispiel: Gegeben sei die in y' quadratische Gleichung ($P \neq 0,\ Q^2 - P R \neq 0$)

$$P\,y'^2 + 2\,Q\,y' + R = 0, \tag{31}$$

wo $P,\ Q$ und R in einem Bereich $\mathfrak{B}$ stetige Funktionen von x und y sind. Auflösung nach y' gibt

$$y' = f(x, y) = \frac{-Q + W}{P}, \quad y' = g(x, y) = \frac{-Q - W}{P} \tag{32}$$

mit $W = + \sqrt{Q^2 - P R}$; die Integration der beiden Differentialgleichungen (32) gibt

$$\varphi(x, y) = C_1 \quad \text{und} \quad \psi(x, y) = C_2$$

und damit wird das allgemeine Integral von (31)

$$(\varphi - C_1)\,(\psi - C_2) = 0.$$

Ich rechne zurück zur Differentialgleichung. Zweimalige Differentiation nach x gibt mit der abgekürzten Bezeichnung $\varphi' = \varphi_x + \varphi_y\,y'$ usw.

$$(\varphi - C_1)\,\psi' + (\psi - C_2)\,\varphi' = 0,$$
$$(\varphi - C_1)\,\psi'' + (\psi - C_2)\,\varphi'' = -\,2\,\varphi'\,\psi'$$

und somit, da sicher $\Delta = \varphi'\,\psi'' - \varphi''\,\psi' \neq 0$ ist[1],

$$\varphi - C_1 = -\,\frac{2\,\varphi'^2\,\psi'}{\Delta}, \quad \psi - C_2 = \frac{2\,\varphi'\,\psi'^2}{\Delta}$$

und

$$(\varphi - C_1)\,(\psi - C_2) = -\,\frac{4}{\Delta^2}\,(\varphi'\,\psi')^3 = 0$$

oder

$$\varphi'\,\psi' = 0, \tag{33}$$

also nur eine Differentialgleichung erster Ordnung. Daß (33) mit (31) übereinstimmt, ist leicht nachzuweisen; wegen $\varphi' = \varphi_x + \varphi_y\,y'$, $\psi' = \psi_x + \psi_y\,y'$ wird gemäß (32)

$$f(x, y) = -\,\frac{\varphi_x}{\varphi_y}, \quad g(x, y) = -\,\frac{\psi_x}{\psi_y}$$

und daher $\varphi_x = \lambda\,(Q - W)$, $\varphi_y = \lambda\,P$, $\psi_x = \mu\,(Q + W)$, $\psi_y = \mu\,P$; setzt man in (33) ein und multipliziert aus, so ergibt sich ohne Schwierigkeit (31).

Man kann daraus noch einen Schluß ziehen, der für die konkrete Durchführung der Rechnung nicht unwichtig ist. Die beiden Auflösungen (32) unterscheiden sich nur durch die Vorzeichen von $W = \sqrt{Q^2 - P R}$. Läßt man das Vorzeichen der Wurzel unbestimmt, so ändert sich formal an der ersten Gleichung (32) überhaupt nichts, obwohl sie jetzt beide Gleichungen (32) umfaßt. Dann muß aber auch ihr allgemeines Integral in ähnlicher Weise die Integrale beider Gleichungen umfassen.

Ist in (31) etwa $P = 1$, $Q = 0$, $R = -\,4\,x^2$, also die Differentialgleichung $y'^2 = 4\,x^2$ gegeben, so erhält man durch Integration von $y' = \pm\,2\,x$ sofort $y = \pm\,x^2 + C$ oder

---

[1] $\Delta = 0$ gibt $\dfrac{d}{dx}\,\dfrac{\psi'}{\varphi'} = 0$, also $\psi' = \alpha\,\varphi'$ und $\psi = \alpha\,\varphi + \beta$. Dann sind aber die beiden Integrale nicht wesentlich verschieden und die linke Seite der Differentialgleichung (31) entgegen der Voraussetzung $Q^2 - P R \neq 0$ ein vollständiges Quadrat.

$(y - C)^2 = x^4$, während die getrennte Behandlung der beiden Auflösungen $y' = 2x$ und $y' = -2x$ auf das allgemeine Integral $(y - x^2 - C)(y + x^2 - C) = 0$ führt, was mit dem Obigen übereinstimmt.

Auch die beiden Beispiele vom Beginn der Ziffer, nämlich $y'^2 = x$ und $y'^2 = y$ lassen sich sehr bequem auf diese Art lösen. Das erste gibt $y' = \sqrt{x}$, also $y = \frac{2}{3}\sqrt{x^3} + C$, das zweite $y' = \sqrt{y}$ oder nach Trennung der Veränderlichen $\dfrac{y'}{\sqrt{y}} = 1$, also $x = 2\sqrt{y} + C$ oder $y = \frac{1}{4}(x - C)^2$ wie früher.

8. Singuläre Integrale. Wir stellen uns nun die Frage, ob die Gleichung (26) außer den Lösungen (30) noch weitere Lösungen hat. Ein Beispiel dafür sind die Lösungen, die ich in § 1, 4 als *singuläre Integrale* bezeichnet habe. Ich will gleich vorausschicken, daß die Theorie dieser singulären Integrale so verwickelt ist, daß eine auch nur halbwegs vollständige Diskussion über den Rahmen dieser Vorlesungen weit hinausginge. Ich will Ihnen aber wenigstens zeigen, wo die Schwierigkeiten auftreten und Fragen offen bleiben.

Ich werde in § 3, 4 zeigen, daß jede in y' lineare Differentialgleichung, also jede explizite Differentialgleichung der Form $y' = f(x, y)$, ein allgemeines Integral *im engeren Sinn* der Form $\Phi(x, y) = C$ besitzt. Nehme ich dieses Ergebnis vorweg, so sind (29) für $i = 1, 2, \ldots, n$ die n allgemeinen Integrale im engeren Sinn der Differentialgleichungen (28). Zur Aufstellung der Gleichungen (28) mußten wir aber eine zusätzliche Voraussetzung machen, nämlich $F_{y'}(x, y, y') \neq 0$. Wir verfolgen daher die Annahme $F_{y'}(x, y, y') = 0$ weiter.

Die Entwicklungen werden etwas übersichtlicher, wenn wir in (26) y', das hier in erster Linie die Rolle eines unabhängigen Parameters übernimmt, mit einem anderen Buchstaben, etwa p, bezeichnen. Dann wird (26)

$$\boxed{F(x, y, p) = 0} \tag{34}$$

und die oben erwähnte Bedingung

$$\boxed{F_p(x, y, p) = 0.} \tag{35}$$

Alle Linienelemente (x, y, p), die diesen beiden Gleichungen genügen, pflegt man *singuläre Linienelemente* zu nennen, im Gegensatz zu den bisher betrachteten *regulären Linienelementen*, für die $F = 0$, $F_p \neq 0$ ist[1]. (34) ist die Schar der Isoklinen der Differentialgleichung (26) mit dem Scharparameter p, (35) ist die Hüllkurvenbedingung gemäß Band II, § 13, 6. Elimination von p aus (34) und (35) gibt die Diskriminantenkurve $\mathfrak{C}$ der Isoklinenschar (34), die man hier als *Diskriminantenkurve der Differentialgleichung* (26) bezeichnet. Es kann nun sein, daß $\mathfrak{C}$ oder eine Teilkurve $\mathfrak{H}$ von $\mathfrak{C}$ die Eigenschaft hat, daß in jedem Punkt P ihre Tangentenrichtung mit der Richtung des singulären Linienelements in P übereinstimmt; dann ist $\mathfrak{H}$ eine Integralkurve, und zwar eine *singuläre Integralkurve* von (26), weil sie ja gerade wegen (35) nicht in (30) enthalten ist.

---

[1] Hier tritt die erste Schwierigkeit auf. Ein einfaches Beispiel: $F(x, y, p) = (x - p)^2 = 0$, $F_p(x, y, p) = -2(x - p)$. Hier gibt es überhaupt keine regulären Linienelemente, während die mit $F = 0$ völlig gleichbedeutende Differentialgleichung $x - p = x - y' = 0$ nur reguläre Linienelemente hat. Man hat daher neuerdings andere Definitionen der regulären und singulären Linienelemente gegeben, wonach z. B. $F = 0$, $F_p \neq 0$ nur eine hinreichende Bedingung für reguläre, $F = F_p = 0$ nur eine notwendige Bedingung für singuläre Linienelemente ist. Vgl. KAMKE, LV 20.

Zur Elimination von p werden wir (35) nach p auflösen, wozu

$$F_{pp}(x, y, p) \neq 0 \tag{36}$$

sein muß. Gilt also (36), so wird $p = p(x, y)$, und in (34) eingesetzt, gibt das die Gleichung

$$D(x, y) = F(x, y, p(x, y)) = 0 \tag{37}$$

der Diskriminantenkurve. Ihre Tangentenrichtung y' bestimmt sich aus

$$D_x + D_y y' = F_x + F_y y' + F_p(p_x + p_y y') = 0 \tag{38}$$

oder wegen (35)

$$F_x + F_y y' = 0. \tag{39}$$

Für eine singuläre Lösung stimmt aber, wie ich schon erwähnt habe, y' mit der durch (34) und (35) gegebenen Richtung p des singulären Linienelementes in (x, y) überein; es muß also neben (39) auch

$$\boxed{F_x + F_y\, p = 0} \tag{40}$$

gelten. Subtraktion von (39) und (40) gibt

$$F_y(y' - p) = 0; \tag{41}$$

daraus folgt aber nur dann mit Sicherheit $y' = p$, wenn

$$F_y(x, y, p) \neq 0 \tag{42}$$

ist. Eine singuläre Lösung muß also jedenfalls den drei Gleichungen (34), (35) und (40) genügen. Ist die Ungleichung (42) nicht erfüllt, also längs eines Teiles von $\mathfrak{C}$ auch $F_y(x, y, p) = 0$, so folgt aus (40) auch $F_x(x, y, p) = 0$, d. h. dieser Teil von $\mathfrak{C}$ ist der Ort singulärer Punkte der Isoklinen; er wird in der Regel nicht zur singulären Lösung gerechnet.

In § 1, 4 sind wir auf Grund einer ganz anderen Überlegung, nämlich vom allgemeinen Integral her, zum Begriff des singulären Integrals als Hüllkurve der Integralkurven gekommen und nicht wie jetzt als Hüllkurve der Isoklinen. Ich nehme an, es sei

$$\Phi(x, y, c) = 0 \tag{43}$$

das allgemeine Integral von (26). Für die Hüllkurve gilt

$$\Phi_c(x, y, c) = 0. \tag{44}$$

Schließen wir noch die Punkte aus, für die auch

$$\Phi_{cc}(x, y, c) = 0$$

ist, so können wir aus (44) $c = c(x, y)$ berechnen und erhalten durch Einsetzen in (43) die *Diskriminantenkurve* $\overline{\mathfrak{C}}$ *des allgemeinen Integrals* mit der Gleichung

$$\overline{D}(x, y) = \Phi(x, y, c(x, y)) = 0. \tag{45}$$

Aus $\overline{\mathfrak{C}}$ schließen wir weiter alle singulären Punkte der Integralkurven (43) aus, für die also

$$\Phi_x(x, y, c) = \Phi_y(x, y, c) = 0 \tag{46}$$

ist. Der übrigbleibende Teil $\overline{\mathfrak{H}}$ von $\overline{\mathfrak{C}}$ ist jedenfalls eine Integralkurve von (26). Es sei $P_0 = (x_0, y_0)$ ein Punkt von $\overline{\mathfrak{H}}$, ferner sei $c_0 = c(x_0, y_0)$; die Integralkurve

$$\Phi(x, y, c_0) = 0$$

geht dann sicher durch P_0 und hat dort die Richtung y_0', die sich aus

$$\Phi_x(x_0, y_0, c_0) + \Phi_y(x_0, y_0, c_0)\, y_0' = 0 \tag{47}$$

ergibt und für die $F(x_0, y_0, y_0') = 0$ ist, weil sonst $\Phi(x, y, c_0) = 0$ kein Integral von (26) wäre; d. h. das Linienelement (x_0, y_0, y_0') ist ein Linienelement der gegebenen Differentialgleichung (26). Derselbe Wert y_0' ergibt sich aber auch aus (45); es ist ja die Tangentenrichtung y' der Kurve $\mathfrak{H}$ gegeben durch

$$\overline{D}_x + \overline{D}_y\, y' = \Phi_x + \Phi_y\, y' + \Phi_c(c_x + c_y\, y') = 0,$$

was wegen (44) im Punkt (x_0, y_0) mit (47) übereinstimmt und $y' = y_0'$ ergibt[1].

Man kommt zu einer weiteren Aussage, wenn man zusätzliche Voraussetzungen über die Differenzierbarkeit der Lösung macht. Ich nehme wieder die beiden Kurven $\overline{D}(x, y) = 0$ und $\Phi(x, y, c_0) = 0$ in einer Umgebung $\mathfrak{U}$ des Punktes P_0. Beide Kurven genügen, wie eben gezeigt wurde, der Differentialgleichung (26), daher ist auch

$$F_x + F_y\, y' + F_{y'}\, y'' = 0,$$

und zwar für beide Kurven. Im Punkt P_0 stimmen die beiden Werte von y' überein, aber im allgemeinen nicht die Werte von y''. Subtraktion der beiden Gleichungen, einmal für $\overline{D} = 0$, einmal für $\Phi = 0$ genommen, gibt also für den Punkt P_0

$$F_{y'}\,(y_1'' - y_2'') = 0,$$

wo y_1'' für $\overline{D} = 0$, y_2'' für $\Phi = 0$ genommen ist. Ist $y_1'' \neq y_2''$, so folgt $F_{y'} = 0$ in P_0, d. h. $\overline{D}(x, y) = 0$ *ist ein singuläres Integral von (26)*.

Als Beispiel betrachte ich wieder die Differentialgleichung (31) von Ziffer 7, die wir mit p statt y' schreiben (P, Q, R Funktionen von x und y, $P \neq 0$)

$$F(x, y, p) = P\,p^2 + 2\,Q\,p + R = 0.$$

Es wird

$$F_p(x, y, p) = 2\,(P\,p + Q) = 0,$$

also

$$p = -\frac{Q}{P}$$

und

$$F\left(x, y, -\frac{Q}{P}\right) = -\frac{1}{P}\,(Q^2 - P\,R) = 0,$$

d. h. wir kommen gerade auf den früher ausgeschlossenen Fall $Q^2 - P\,R = 0$ der Doppelwurzel y' von (31). Aus (32) folgt wegen $W = 0$ sofort $y' = -\dfrac{Q}{P} = p$. Die Diskriminantenkurve ist also gegeben durch

$$W^2 = Q^2 - P\,R = 0, \tag{48}$$

die Bedingung (40) wird zu

$$P\,\frac{\partial W^2}{\partial x} - Q\,\frac{\partial W^2}{\partial y} = 0, \tag{49}$$

nur jene Teile von (48), die dieser Bedingung genügen, bilden eventuell eine singuläre Lösung von (31).

---

[1] Hier ist die zweite wesentliche Schwierigkeit: Während die erste Überlegung auf die drei Bedingungen (34), (35) und (40) führte, haben wir hier bloß zwei Bedingungsgleichungen für die singulären Lösungen, nämlich (43) und (44), von allen Ungleichungen, die nur in einzelnen Punkten nicht erfüllt sind, abgesehen. Es hat daher den Anschein, als ob die erste Überlegung nur ausnahmsweise, die zweite dagegen in der Regel auf eine singuläre Lösung führen würde. Die Erklärung liegt einerseits darin, daß die Existenz eines allgemeinen Integrals der Form $\Phi(x, y, c) = 0$ schon eine einschränkende Annahme über die Differentialgleichung (26) bedeutet (vgl. das erste Beispiel in Ziffer 9, wo neben dem allgemeinen Integral noch $y = 0$ eine Integralkurve ist, die weder ein partikuläres noch ein singuläres Integral ist!), anderseits darin, daß die beiden Definitionen tatsächlich nicht äquivalent sind, wie das letzte der folgenden Beispiele (Abb. 7) zeigt, wo die x-Achse zwar Hüllkurve der partikulären Lösungen ist, aber nicht Hüllkurve der Isoklinen.

Untersuchen wir noch die am Anfang und am Ende von Ziffer 7 behandelten Differentialgleichungen auf singuläre Lösungen! Die erste war die Gleichung $y'^2 = x$. Differentiation nach y' gibt $2\,y' = 0$, also als Diskriminantenkurve die y-Achse $x = 0$ (es ist $P = 1$, $Q = 0$, $R = -x$). Die linke Seite von (49) wird daher $1 \cdot 1 = 1 \neq 0$, die Diskriminantenkurve ist keine singuläre Lösung, sondern der Ort der Spitzen der Integralkurven (Abb. 6). Das zweite Beispiel $y'^2 = y$ gibt wieder $2\,y' = 0$ und als Diskriminantenkurve die x-Achse $y = 0$ (es ist $P = 1$, $Q = 0$, $R = -y$). Die linke Seite von (49) wird $1 \cdot 0 + 0 \cdot 1 = 0$, (49) ist also erfüllt, $y = 0$ ist ein singuläres Integral (Abb. 7), die x-Achse ist ersichtlich Hüllkurve der Parabeln·

$$y = \frac{1}{4}\,(x - c)^2.$$

Die Isoklinen bestehen im ersten Fall aus zur y-Achse parallelen Geraden $x = p^2$, die alle in der rechten Halbebene $x \geq 0$ liegen, im zweiten Fall aus den zur x-Achse parallelen Geraden $y = p^2$ der oberen Halbebene. Die Diskriminantenkurven $x = 0$ bzw. $y = 0$ kann man vernünftigerweise in keinem der beiden Fälle als „Hüllkurven" der Geradenscharen bezeichnen.

Zum Schluß noch zwei ergänzende Bemerkungen. Die erste betrifft die durch (46) gegebenen singulären Punkte der Integralkurven. Man kann sich leicht überlegen, daß diese Singularitäten (wie im Fall der Differentialgleichung $y'^2 = x$) *Spitzen* sein werden. Der Einfachheit wegen nehme ich an, daß (26) ein Polynom n-ten Grades in y' ist. Das geometrische Bild einer solchen Differentialgleichung ist ein Richtungsfeld, bei dem es in jedem Punkt im allge

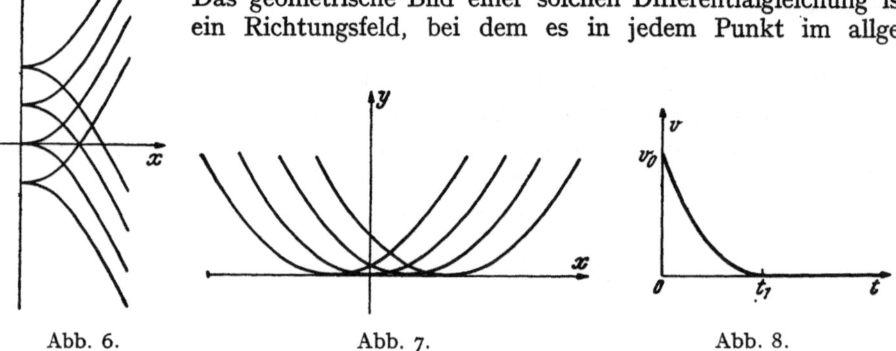

Abb. 6.   Abb. 7.   Abb. 8.

meinen n verschiedene, reelle oder imaginäre Richtungen gibt und das durch Übereinanderlegung der einfachen Richtungsfelder der n Differentialgleichungen (28) entsteht. Fallen aber in einem Punkt P zwei (oder mehrere) dieser Linienelemente zusammen, so bilden diese ein singuläres Linienelement in P, das entweder dadurch zustande kommen kann, daß Integralkurven in P einander berühren (von denen die eine die singuläre Lösung sein kann, wie im Falle $y'^2 = y$) oder aber, daß eine Integralkurve in P zwei zusammenfallende Tangenten, also eine Spitze hat (wie im Fall $y'^2 = x$). Die Diskriminantenkurve wird also im allgemeinen entweder die Einhüllende oder der Ort von Spitzen der Integralkurven sein.

Für die Differentialgleichung $F = y^2(1 + y'^2) - 1 = 0$ wird $F_{y'} = 2\,y^2\,y' = 0$, also ist entweder $y = 0$, was keine Lösung ist, oder $y' = 0$, was auf die singuläre Lösung $y^2 = 1$ oder $y = \pm 1$ führt. Das allgemeine Integral ist $(x - c)^2 + y^2 = 1$, also eine Schar von Kreisen mit dem Radius 1 und dem Mittelpunkt auf der x-Achse. In den Punkten der x-Achse $y = 0$ berühren sich je zwei Kreise, aber die (singulären) Linienelemente sind senkrecht zur x-Achse.

Die zweite Bemerkung ist ebenso kurz wie wichtig. Hat eine Differentialgleichung ein singuläres Integral, so bestehen die Lösungen nicht nur aus dem allgemeinen und aus dem singulären Integral, sondern auch aus den Kombinationen der beiden, die man bekommt, wenn man eine reguläre Lösung bis zu ihrem Berührungspunkt mit der singulären Lösung verfolgt, dann auf der singu lären Lösung weitergeht und eventuell in einem anderen Punkt wieder auf eine reguläre Lösung übergeht.

Solche zusammengestückelte Lösungen können auch physikalisch bedeutsam sein, wie das folgende Beispiel zeigt: Ein Körper bewege sich unter dem Einfluß einer Reibungskraft, die der Wurzel aus der Geschwindigkeit proportional ist. Die Bewegung beginne zur Zeit $t = 0$ mit der Geschwindigkeit v_0. Sie genügt der Differentialgleichung $\dot{v} = - k\,\sqrt{v}$, $k > 0$ oder $\dot{v}^2 - k^2\,v = 0$, die nicht wesentlich verschieden ist von der oben betrachteten Gleichung $y'^2 = y$. Integration gibt

$$\int_{v_0}^{v} \frac{dv}{\sqrt{v}} = - k\,t \quad \text{oder} \quad 2\,\sqrt{v} = 2\,\sqrt{v_0} - k\,t;$$

bezeichnet $t_1 = \dfrac{2\,\sqrt{v_0}}{k}$ den Zeitpunkt, in dem die Bewegung aufhört, so folgt die Bewegung im Zeitintervall $0 \leqq t \leqq t_1$ der regulären Lösung $v = \dfrac{k^2}{4}\,(t_1 - t)^2$, aber dann, für $t \geqq t_1$, der singulären Lösung $v = 0$ (Abb. 8).

9. Die Differentialgleichungen von d'Alembert und Clairaut[1]. Das in Ziffer 7 erwähnte Verfahren der *Integration durch Differentiation* wird sich vor allem dann als fruchtbar erweisen, wenn die gegebene Differentialgleichung in x oder y linear ist, weil dann die Elimination von x bzw. y besonders leicht und einfach durchführbar ist. Unter diesen Differentialgleichungen spielen nun die in x *und* y linearen Gleichungen, die man als *d'Alembertsche*, manchmal auch als *Lagrangesche Differentialgleichungen* bezeichnet, eine besondere Rolle. Man kann sie in der Form

$$\boxed{y = f(y')\,x + g(y')} \tag{50}$$

schreiben; $f(y')$ und $g(y')$ seien dabei in einem Intervall $\mathfrak{J}$ stetig differenzierbar. Die Isoklinen $y' = c$ sind Gerade. Wir denken uns für y eine Lösung $y(x)$ eingesetzt und erhalten durch Differentiation nach x

$$y' = f(y') + [f'(y')\,x + g'(y')]\,y'' \tag{51}$$

und daraus für $y'(x) = z(x)$

$$z - f(z) = [f'(z)\,x + g'(z)]\,z';$$

diese Gleichung enthält y nicht mehr, so daß sich jede Elimination erübrigt. Geht man zur inversen Funktion $x(z)$ über, so ergibt sich die lineare Differentialgleichung für $x(z)$

$$(z - f(z))\,\frac{dx}{dz} - f'(z)\,x = g'(z),$$

die nach Ziffer 5 zu lösen ist und

$$x = \varphi(z, C)$$

geben möge. Dann ist wegen (50)

$$y = f(z)\,\varphi(z, C) + g(z),$$

und die beiden letzten Gleichungen geben zusammen eine Parameterdarstellung der allgemeinen Lösung von (50).

---

[1] JEAN LE ROND D'ALEMBERT, französischer Mathematiker, geb. in Paris 1717, gest. ebenda 1783. Grundlegende Arbeiten auf fast allen Gebieten der Analysis; d'Alembertsches Prinzip in der Mechanik.

ALEXIS CLAUDE CLAIRAUT, französischer Astronom und Mathematiker, geb. in Paris 1713, gest. ebenda 1765. Untersuchungen über die Erdgestalt, Mondtheorie, Kometenbewegung usw.

Wir fragen nach singulären Lösungen. Differentiation von (50) nach y' gibt die Bedingung

$$f'(y')\, x + g'(y') = 0. \tag{52}$$

Dann folgt aus (51) für die singulären Linienelemente von (50)

$$y' = f(y'). \tag{53}$$

Ist $y' = k$ eine Lösung dieser Gleichung, so gibt (50)

$$y = k\, x + g(k);$$

diese Geraden — es gibt ebenso viele, als (53) verschiedene Lösungen hat — sind zugleich Isoklinen und Integralkurven von (50), aber sie sind, da (52) im allgemeinen nur in einem Punkt erfüllt ist, keine singulären Lösungen und müssen auch durchaus nicht im allgemeinen Integral enthalten sein (vgl. das folgende Beispiel).

Von besonderer Bedeutung wird aber der Sonderfall sein, wo (53) identisch erfüllt ist; die Differentialgleichung geht über in

$$y = x\, y' + g(y') \tag{54}$$

und wird als *Clairautsche Differentialgleichung* bezeichnet. (51) wird zu

$$(x + g'(y'))\, y'' = 0. \tag{55}$$

Das gibt entweder

$$y'' = 0,$$

also

$$y' = c$$

und daher aus (54)[1]

$$y = c\, x + g(c) \tag{56}$$

als allgemeines Integral von (54). *Die Integralkurven sind also lauter Gerade und zugleich die Isoklinen.* (55) ist aber auch erfüllt, wenn

$$x = -\, g'(y')$$

ist; dann gibt (54)

$$y = -\, y'\, g'(y') + g(y'),$$

beide Gleichungen zusammen sind eine Parameterdarstellung einer Kurve $\mathfrak{C}$, die nichts anderes sein kann als ein *singuläres Integral.* Tatsächlich gibt die Differentiation von (54) nach y' den Faktor von y'' in (55). Bemerkenswert ist, daß das allgemeine Integral existiert, auch wenn die Funktion $g(x)$ unstetig ist (nur beschränkt muß sie sein), das singuläre Integral aber nur, wenn $g(x)$ differenzierbar ist. Das allgemeine Integral (56) besteht aus den sämtlichen Tangenten von $\mathfrak{C}$.

In Band II, § 13, 6, habe ich gezeigt, daß die Hüllkurve einer einparametrigen Geradenschar nicht nur aus der Kurve $\mathfrak{C}$ besteht, deren Tangenten die Geradenschar bilden, sondern daß auch die Wendetangenten von $\mathfrak{C}$ zur Einhüllenden zu rechnen sind. Das gilt natürlich auch für die Lösungen der Clairautschen Differentialgleichung, aber da alle Tangenten, auch die Wendetangenten von $\mathfrak{C}$, zum allgemeinen Integral gehören, sind die letzteren im Sinne unserer Definition nicht als singuläre Integrale anzusehen, obwohl sie, wie man leicht nachrechnet, der Bedingung $x + g'(y') = 0$ genügen.

---

[1] Integriert man nochmals, so ergibt sich $y = c\, x + b$ mit einer zweiten Integrationskonstanten b. Vergleich mit (54) zeigt sofort, daß $b = g(c)$ sein muß, womit man wieder auf (56) kommt.

Beispiele: I.
$$y = 2\,x\,y' - y'^2$$

ist eine d'Alembertsche Gleichung. Differentiation gibt

$$y' = 2\,y' + 2\,(x - y')\,y''$$

oder, $y' = z$ gesetzt,

$$z\,\frac{dx}{dz} + 2\,(x - z) = 0$$

oder

$$\frac{dx}{dz} + \frac{2}{z}\,x = 2.$$

Aus der homogenen Gleichung

$$\frac{d\xi}{dz} + \frac{2}{z}\,\xi = 0$$

erhält man

$$\xi = \frac{C}{z^2};$$

das gibt für die inhomogene den Ansatz

$$x_0 = \frac{u}{z^2}$$

und daraus

$$\frac{du}{dz} = 2\,z^2,$$

also

$$u = \frac{2}{3}\,z^3$$

und

$$x = \frac{u}{z^2} + \frac{C}{z^2} = \frac{2}{3}\,z + \frac{C}{z^2}.$$

Aus der Differentialgleichung folgt dann

$$y = \frac{1}{3}\,z^2 + 2\,\frac{C}{z}.$$

Die Isoklinen

$$y = 2\,c\,x - c^2$$

sind die Tangenten der Parabel

$$y = x^2$$

im Punkt (c, c^2). Die Gleichung $y' = f(y')$ wird hier $y' = 2\,y'$ und hat außer $y' = 0$ keine Lösung, d. h. nur $y = 0$ ist eine Isokline, die zugleich Integralkurve ist, *ohne aber in der obigen allgemeinen Lösung enthalten zu sein.*

Die Gleichung ist quadratisch in y' und läßt sich also auch nach Ziffer 7 und 8 behandeln; die Auflösung nach y' führt auf $y' = x + \sqrt{x^2 - y}$, eine Gleichung, die durch die Substitution $y = z^2$ in eine in x und z homogene Gleichung übergeht (vgl. Aufgabe 7). Die Diskriminantenkurve wird $x^2 - y = 0$, die Bedingung (49) ist aber nur im Punkt $x = y = 0$ erfüllt.

2.
$$y = x\,y' + \sqrt{y'}$$

ist eine Clairautsche Differentialgleichung. Differentiation nach x gibt

$$\left(x + \frac{1}{2\,\sqrt{y'}}\right) y'' = 0,$$

also das allgemeine Integral

$$y = c\,x + \sqrt{c}$$

und

$$x = -\frac{1}{2\,\sqrt{y'}},$$

$$y = -\frac{1}{2\,\sqrt{y'}}\,y' + \sqrt{y'} = \frac{\sqrt{y'}}{2}$$

oder

$$y = -\frac{1}{4\,x}$$

als singuläres Integral. Man beachte, daß das Vorzeichen von $\sqrt{y'}$ durch die Beziehung $x = -\,\mathrm{I} : 2\,\sqrt{y'}$ festgelegt ist.

10. Singuläre Punkte einer Differentialgleichung. Ich knüpfe an die beiden homogenen Differentialgleichungen $x\,y' = y$ und $y\,y' = -\,x$ an, deren Integralkurven die Geraden $y = C\,x$ durch den Ursprung o bzw. die Kreise $x^2 + y^2 = C$ mit dem Mittelpunkt o sind. In beiden Fällen zeigen die Integralkurven und auch das Richtungsfeld in o ein auffallendes Verhalten, das von dem in anderen Punkten völlig verschieden ist. In beiden Fällen ist y' in o unbestimmt und in jeder Umgebung von o nimmt y' alle Werte zwischen $-\infty$ und $+\infty$ an. Punkte, in denen y' unbestimmt ist, nennen wir *singuläre Punkte* der betreffenden Differentialgleichung. Ein singulärer Punkt P_0 heißt *isoliert*, wenn es eine Umgebung von P_0 gibt, in der kein anderer singulärer Punkt liegt.

Ich will mich im folgenden darauf beschränken, eine spezielle Differentialgleichung, die aber doch allgemein genug ist, um alle typischen Fälle singulärer Punkte zu umfassen, vollständig zu diskutieren. Ähnlich wie die singulären Punkte einer ebenen Kurve erweisen sich auch die singulären Punkte einer Differentialgleichung als sehr aufschlußreich für den Verlauf der Integralkurven[1].

Ich betrachte zunächst die in y' lineare Differentialgleichung

$$F(x, y, y') = P(x, y) + Q(x, y)\,y' = 0. \tag{57}$$

Für sie sind alle Schnittpunkte der beiden Kurven

$$P(x, y) = 0, \quad Q(x, y) = 0 \tag{58}$$

singulär. Sie sind zugleich die Träger singulärer Linienelemente, denn aus $F_{y'}(x, y, y') = Q(x, y) = 0$ folgt wegen (57) auch $P(x, y) = 0$; während aber sonst die Richtung des singulären Linienelementes in der Regel eindeutig bestimmt ist, ist y' hier völlig unbestimmt. Ich nehme nun weiter an, daß P und Q in x und y linear und homogen sind und schreibe die Differentialgleichung in der Form

$$y' = \frac{\alpha\,x + \beta\,y}{\gamma\,x + \delta\,y}, \quad \alpha\,\delta - \beta\,\gamma \neq 0; \tag{59}$$

sie hat einen einzigen singulären Punkt im Ursprung[2]. Wir behandeln die Gleichung gemäß Ziffer 4 mit der Substitution $y = u\,x$ und erhalten

$$x\,u' = \frac{\alpha + (\beta - \gamma)\,u - \delta\,u^2}{\gamma + \delta\,u}. \tag{60}$$

Von entscheidendem Einfluß auf die Gestalt der Integralkurven sind die Nullstellen des Zählers auf der rechten Seite; die Gleichung

$$\alpha + (\beta - \gamma)\,u - \delta\,u^2 = 0 \tag{61}$$

---

[1] Eine Bemerkung, die für das Folgende nicht unwichtig ist: Die Geradenschar $y = C\,x$ besteht aus sämtlichen Geraden durch o ohne die y-Achse $x = 0$, die sich für keinen endlichen Wert von C aus der obigen Gleichung der Schar ergibt. Man muß also, wenn man wirklich alle Integralkurven der Differentialgleichung $x\,y' = y$ erfassen will, die sich für $C \to \infty$ ergebende Grenzkurve hinzunehmen. Anders liegen die Dinge bei dem zweiten obigen Beispiel. Hier liegen die Kreise mit wachsendem C schließlich außerhalb jedes endlichen Bereichs der x, y-Ebene und werden im Grenzfall völlig uninteressant; man kann zwar sagen, daß der Kreis $x^2 + y^2 = C$ für $C \to \infty$ mit der unendlich fernen Geraden der Ebene zusammenfällt, aber diese Aussage hat hier keinerlei Bedeutung. Der Fall $C \to \infty$ wird eben nur dann von Bedeutung, wenn es zu jedem noch so großen C einen ganz im Endlichen gelegenen Bereich gibt, der von der entsprechenden Integralkurve durchsetzt wird.

[2] Wäre $\alpha\,\delta - \beta\,\gamma = 0$, so wäre $y' = \dfrac{\alpha}{\gamma}$ konstant und $y = \dfrac{\alpha}{\gamma}\,x + C$ eine Schar paralleler Geraden; die Differentialgleichung hat (im Endlichen) keinen singulären Punkt.

heißt *charakteristische Gleichung* der Differentialgleichung (59). Die folgende Diskussion der Lösungen von (59) basiert im wesentlichen auf einer Diskussion der quadratischen Gleichung (61). Ihre Diskriminante ist

$$D = (\beta - \gamma)^2 + 4\,\alpha\,\delta. \tag{62}$$

I. $D > 0$, (61) hat *zwei verschiedene reelle Wurzeln* u_1 und u_2. Das allgemeine Integral von (59) ist

$$(y - u_2\,x)^{k_2} = C(y - u_1\,x)^{k_1}, \tag{63}$$

wo zur Abkürzung[1]

$$k_1 = \frac{\gamma + \delta\,u_1}{\delta\,(u_2 - u_1)}, \quad k_2 = \frac{\gamma + \delta\,u_2}{\delta\,(u_2 - u_1)} = k_1 + 1$$

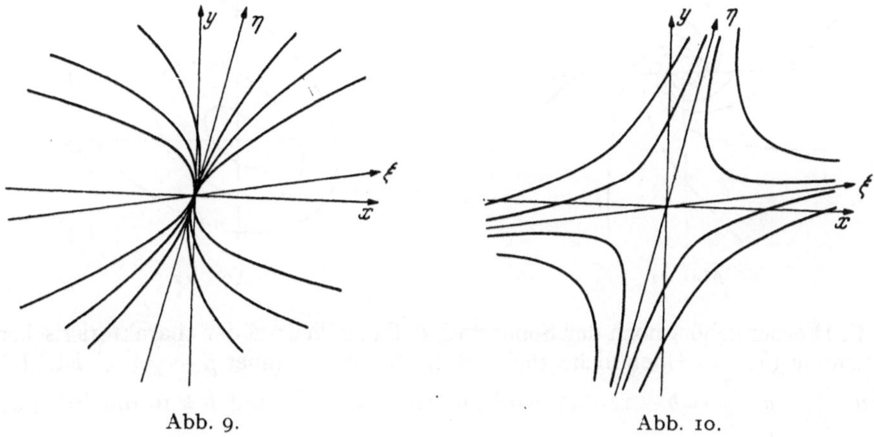

Abb. 9.   Abb. 10.

gesetzt ist. Hier ergeben sich zwei verschiedene Typen von singulären Punkten, je nach den Vorzeichen der beiden Exponenten k_1 und k_2.

A. $k_1 k_2 > 0$, *die beiden Exponenten haben dasselbe Vorzeichen.* Es sei zunächst $k_1 > 0$, dann ist $k_2 > 1$. Die affine Transformation

$$y - u_1\,x = \xi, \quad y - u_2\,x = \eta \tag{64}$$

führt (63) über in

$$\eta = \overline{C}\,\xi^{\frac{k_1}{k_2}} = \overline{C}\,\xi^{1 - \frac{1}{k_2}}, \quad \overline{C} = C^{\frac{1}{k_2}}, \; C > 0. \tag{65}$$

Unter den Integralkurven (63) gibt es zwei Gerade $y = u_1 x$ *und* $y = u_2 x$; *alle anderen berühren die Gerade* $y = u_1 x$ *im Ursprung,* was unmittelbar aus (65) wegen $\dfrac{k_1}{k_2} < 1$ zu entnehmen ist. Die beiden Geraden ergeben sich für $C = 0$ und $C = \infty$. Die affine Transformation (64) läßt selbstverständlich alle Berührungseigenschaften ungeändert. Sind beide Exponenten negativ (es genügt die Annahme $k_2 < 0$, dann ist auch $k_1 = k_2 - 1 < 0$), so kommt man durch (64) wohl wieder auf (65), aber der Exponent von ξ ist jetzt $\dfrac{k_1}{k_2} > 1$ und daher *berühren die nichtgeradlinigen Integralkurven jetzt die Gerade* $y = u_2 x$ *im Ursprung.* Ein singulärer Punkt, durch den alle Integralkurven hindurchgehen, heißt ein *Knotenpunkt* (Abb. 9).

---

[1] Es kann weder k_1 noch k_2 verschwinden; denn wäre etwa $k_1 = 0$, so wäre $\gamma + \delta u_1 = 0$, d. h. $u_1 = -\dfrac{\gamma}{\delta}$, was aber sofort auf $\alpha\,\delta - \beta\,\gamma = 0$ führt.

B. $k_1 k_2 < 0$, *die Exponenten haben verschiedenes Vorzeichen.* Der Exponent von ξ in (65) ist jetzt negativ. *Unter den Integralkurven (63) gibt es wieder die beiden Geraden $y = u_1 x$ und $y = u_2 x$, alle anderen haben aber eine hyperbelähnliche Gestalt und gehen nicht durch den Ursprung.* In der Umgebung des Ursprungs ergibt sich also ein Bild wie in Abb. 10, das mit dem Bild der Schichtenlinien einer Fläche in einem Sattelpunkt übereinstimmt. Man nennt daher diese Art singulärer Punkte einer Differentialgleichung ebenfalls *Sattelpunkte.*

Die geraden Integralkurven ergeben sich hier beide für $C = 0$; sie sind Asymptoten aller anderen Integralkurven.

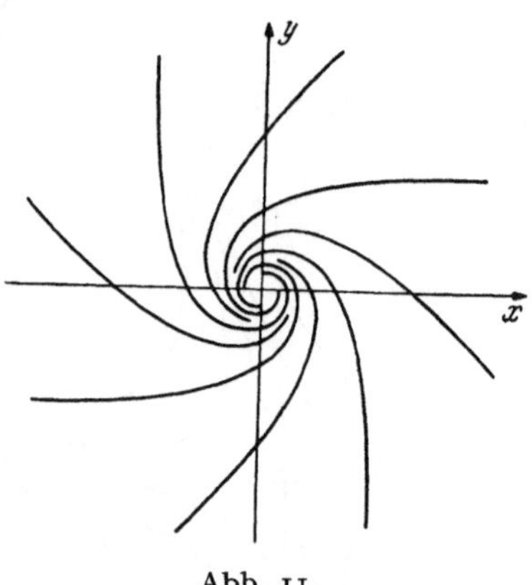

Abb. 11.

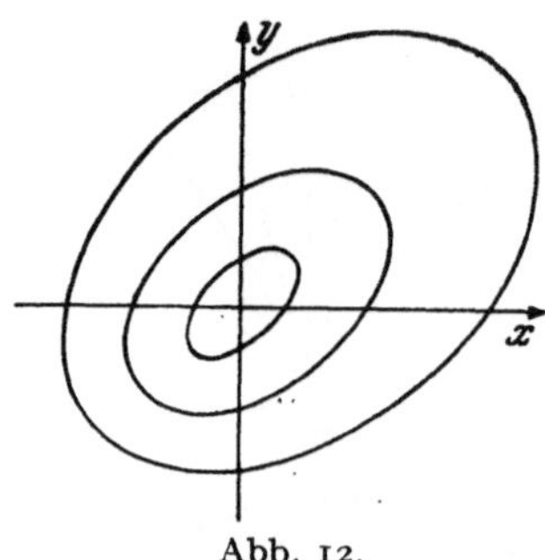

Abb. 12.

C. Hierher gehört noch der Sonderfall, daß eine Wurzel der charakteristischen Gleichung (61) ins Unendliche rückt, d. h. daß $\delta = 0$ (aber $\beta - \gamma \neq 0$) ist. Ich setze $\dfrac{\alpha}{\gamma} = a$, $\dfrac{\beta}{\gamma} = b + 1$. (60) wird zu $x u' = a + b u$ mit $b \neq 0$, die Integralkurven sind

$$a x + b y = C x^{b+1},$$

also zwei Gerade $a x + b y = 0$ und $x = 0$ für $C = 0$ und $C = \infty$; alle anderen Kurven berühren die Gerade $a x + b y = 0$ im Ursprung, der ein *Knotenpunkt* ist.

II. $D < 0$, (61) *hat zwei konjugiert imaginäre Wurzeln $p \pm q\,j$.* Das allgemeine Integral von (59) ist

$$\sqrt{(y - p\,x)^2 + q^2\,x^2}\,\exp\left(k \arctan \frac{y - p\,x}{q\,x}\right) = C, \quad k = 2\,\frac{\gamma + p\,\delta}{q\,\delta}. \tag{66}$$

Die affine Transformation

$$\xi = q\,x, \quad \eta = y - p\,x$$

und der Übergang zu Polarkoordinaten $\xi = r \cos \varphi$, $\eta = r \sin \varphi$ in der ξ,η-Ebene ergibt

$$r\,e^{k\varphi} = C; \tag{67}$$

das sind für $k \neq 0$ logarithmische Spiralen, für die der Ursprung ein asymptotischer Punkt (Band II, § 13, 2) ist[1]. *Die Integralkurven (66) sind affine Bilder von logarithmischen Spiralen und haben ebenfalls den Ursprung als asymptotischen Punkt.* Der singuläre Punkt heißt *Strudelpunkt* (Abb. 11).

Ist dagegen $k = 0$, so werden (67) Kreise und (66) *Ellipsen,* der singuläre Punkt heißt *Wirbelpunkt* (Abb. 12). $k = 0$ gibt nach (66) $p = -\dfrac{\gamma}{\delta}$ oder wegen $p = \dfrac{\beta - \gamma}{2\,\delta}$

$$\beta + \gamma = 0.$$

---

[1] Es ist $\lim\limits_{\varphi \to \infty} r = 0$, wenn $k > 0$ und $\lim\limits_{\varphi \to -\infty} r = 0$, wenn $k < 0$ ist.

In beiden Fällen geht keine Integralkurve durch den singulären Punkt und es gibt keine Geraden unter ihnen.

III. $D = 0$, (61) *hat eine Doppelwurzel* u_1. Das allgemeine Integral von (59) ist

$$(y - u_1 x) (\ln |y - u_1 x| + C) = \sigma x, \quad \sigma = \frac{\gamma}{\delta} + u_1 \neq 0.$$

Die affine Transformation

$$\sigma x = \xi, \quad y - u_1 x = \eta$$

gibt

$$\eta (\ln |\eta| + C) = \xi.$$

Unter den Integralkurven gibt es nur eine Gerade $\eta = y - u_1 x = 0$ (für $C = \infty$), *alle anderen Integralkurven gehen durch den Ursprung und berühren dort die Gerade* $\eta = 0$; wir haben also wieder einen *Knotenpunkt*. Hierher gehört auch der Sonderfall, daß *die charakteristische Gleichung überhaupt keine Lösung hat* ($\beta = \gamma$, $\delta = 0$, $\alpha \neq 0$); dann wird (60) zu $x u' = \frac{\alpha}{\gamma}$ mit dem allgemeinen Integral

$$y = x \left(\frac{\alpha}{\gamma} \ln |x| + C \right).$$

Ein weiterer Sonderfall ist der, daß *die charakteristische Gleichung (61) identisch erfüllt* ist ($\alpha = \beta - \gamma = \delta = 0$). Dann wird (59) zu $y' = \frac{y}{x}$ mit dem allgemeinen Integral $y = C x$; *alle Integralkurven sind Gerade durch den singulären Punkt*, der auch in diesem Ausnahmefall als *Knotenpunkt* bezeichnet wird.

Aufgaben.

1. Man suche die allgemeinen und die den angegebenen Anfangsbedingungen (A.-B.) genügenden partikulären Integrale sowie eventuelle singuläre Integrale der folgenden Differentialgleichungen:

a) $x y' = y$,   A.-B.: $(1, 1)$;

b) $y y' = x$,   A.-B.: $(1, 1)$;

c) $x y y' = y^2 - x^2$,   A.-B.: $(1, 1)$;

d) $(x^2 + y^2) dx - 2 x y \, dy = 0$,   A.-B.: $(1, 1)$;

e) $(3 x + 5 y + 6) y' = 7 y + x + 2$,   A.-B.: $(0, 0)$;

f) $(2 x + 4 y + 3) y' = 2 y + x + 1$,   A.-B.: $(0, 0)$;

g) $(1 + x^2) y' + 2 x y = \cos x$,   A.-B.: $(0, 1)$;

h) $x^2 y' - x y + y^2 = 0$ als homogene und als Bernoullische Differentialgleichung; A.-B.: $(1, 1)$;

i) $y' + y + \frac{1}{y} = 0$,   A.-B.: $(0, 0)$;

j) $y - x y' - y' + y'^2 = 0$,   A.-B.: $(1, 1)$;

k) $y - x y' + \sin y' = 0$,   A.-B.: $\left(\frac{2}{\pi}, 0 \right)$;

l) $y' (y' + y) = x (x + y)$,   A.-B.: $(0, 0)$.

2. Es sind die Kurven zu bestimmen, bei denen der Abschnitt der Tangente auf der Ordinatenachse gleich $x - y$ ist.

3. Es sind die Kurven zu bestimmen, bei denen der Abschnitt der Tangente auf der Ordinatenachse gleich dem Abstand des Berührungspunktes vom Ursprung ist.

4. Man zeige, daß man die allgemeine Riccatische Differentialgleichung stets auf die Form $z' = z^2 + \varphi(x)$ bringen kann. Man suche zu diesem Zweck zunächst eine Substitution $y = u \bar{y}$, durch die $\bar{y}'$ und $\bar{y}^2$ gleiche Koeffizienten erhalten; die zweite dann noch nötige Substitution ist leicht anzugeben.

5. $(y + 1) dx - (2 x y + 2 x + y^3 + 1) dy = 0$.

6. Man zeige: Damit die Differentialgleichung $y' = f(x, y)$ einen integrierenden Faktor

der Form $\mu(y)$ hat, ist notwendig und hinreichend, daß $f(x, y)$ ein Produkt $\varphi(x)\,\psi(y)$ einer Funktion von x allein mit einer Funktion von y allein ist.

7. Die Differentialgleichung

$$y' = x + \sqrt{x^2 - y}$$

geht durch die Substitution $y = z^2$ in eine in x und z homogene Gleichung über. Man zeige, daß das sich auf diese Art ergebende allgemeine Integral mit dem in Ziffer 9, Beispiel 1 angegebenen Integral übereinstimmt.

8. Man bestimme die orthogonalen Trajektorien der Parabelschar $y = c\,x^n$ (n fest, Parameter c).

9. Ebenso für die Schar der Kreise durch die festen Punkte $(-a, 0)$ und $(a, 0)$.

10. Ebenso für die konfokalen Kegelschnitte $(a, b$ fest$)$

$$\frac{x^2}{a^2 - \lambda} + \frac{y^2}{b^2 - \lambda} = 1.$$

§ 3. Das Existenztheorem.

1. **Vorbemerkungen.** Bei den bisher diskutierten Differentialgleichungen hat sich die Frage nach der Existenz der Lösungen dadurch von selbst erledigt, daß wir in jedem einzelnen Fall die Lösungen durch Quadraturen darstellen konnten, so daß mit der Stetigkeit oder zumindest Integrierbarkeit der verschiedenen Integranden auch die Existenz der Lösungen der betreffenden Differentialgleichungen gegeben war. Diese elementar integrierbaren Fälle stellen aber nur einen verschwindenden Bruchteil der überhaupt denkbaren Differentialgleichungen erster Ordnung dar. Ich will daher die Frage nach der Existenz der Lösungen in allgemeinerer Form beantworten, nämlich für die allgemeine explizite Differentialgleichung

$$\boxed{y' = f(x, y);} \tag{1}$$

was die implizite Differentialgleichung $F(x, y, y') = 0$ betrifft, wollen wir uns hier mit den Ergebnissen von § 2, Ziffer 7 bis 9 zufrieden geben. Die Untersuchung hat vor allem grundsätzliche Bedeutung, doch führt sie darüber hinaus zu einigen gerade für die Anwendungen wichtigen Konsequenzen. Sie zerfällt in zwei Teile: Zuerst werde ich zeigen, daß man unter gewissen Voraussetzungen über die Funktion $f(x, y)$ stets eine Kurve $y = \varphi(x)$ angeben kann, die durch einen beliebig vorgegebenen Punkt $P_0 = (x_0, y_0)$ des Definitionsbereichs von $f(x, y)$ hindurchgeht und eine Integralkurve von (1) ist *(Existenzsatz)*, und dann daß die so gewonnene Lösung auch die einzige ist, die der Anfangsbedingung $\varphi(x_0) = y_0$ genügt *(Eindeutigkeitssatz)*.

Die erwähnten Voraussetzungen über $f(x, y)$ sind im Lauf der Jahre immer mehr eingeschränkt worden. Den ersten Beweis des Existenzsatzes gab 1826 CAUCHY unter der Annahme, daß $f(x, y)$ stetig und beschränkt ist und eine *beschränkte Ableitung nach y* besitzt. Fünfzig Jahre später zeigte LIPSCHITZ[1], daß es genüge, an Stelle der Beschränktheit der Ableitung die des *Differenzenquotienten nach y* zu fordern. Damit ist gemeint, daß es eine Konstante $M > 0$ gibt, so daß für alle Punktepaare (x, y_1) und (x, y_2) eines gewissen Bereichs $\mathfrak{B}$

$$\boxed{|f(x, y_2) - f(x, y_1)| \leq M\,|y_2 - y_1|}$$

gilt; man sagt dann, daß *die Funktion $f(x, y)$ in $\mathfrak{B}$ eine Lipschitzbedingung erfüllt*. Man sagt ferner, daß *eine Funktion $f(x, y)$ in einem Punkt $P_0 = (x_0, y_0)$ eine Lipschitzbedingung erfüllt*, wenn es eine Umgebung $\mathfrak{U}$ von P_0 gibt, so daß $f(x, y)$ in $\mathfrak{U}$ eine Lipschitzbedingung erfüllt.

---

[1] RUDOLF O. LIPSCHITZ, geb. 1832, gest. 1903 in Bonn, wirkte in Bonn. Wichtige Beiträge zur Analysis.

Der Beweis von LIPSCHITZ wurde von PICARD (1890) und LINDELÖF (1894) auf die heute fast allgemein und auch im folgenden verwendete Form gebracht[1]. Der große Vorzug des Picardschen Beweises liegt darin, daß er zugleich ein praktisch brauchbares Näherungsverfahren zur numerischen Integration von Differentialgleichungen der Form (1) liefert.

Im selben Jahr 1890 konnte PEANO[2] den Beweis unter der bloßen Voraussetzung der Stetigkeit und Beschränktheit von $f(x, y)$ geben. Während aber die Lipschitzbedingung auch für die Eindeutigkeit der Lösung für eine gegebene Anfangsbedingung hinreicht, ist das nicht mehr der Fall, wenn bloß die Stetigkeit vorausgesetzt ist. Das zeigt schon das einfache Beispiel

$$y' = \sqrt{|y|} \geqq 0.$$

Hier gehören zur Anfangsbedingung (0, 0) *zwei Lösungen*, nämlich $y = 0$ und[3]

$$y = \frac{x^2}{4} \text{ für } x \geqq 0, \quad y = -\frac{x^2}{4} \text{ für } x \leqq 0.$$

Um die Eindeutigkeit sicherzustellen, braucht man also über die Stetigkeit und Beschränktheit von $f(x, y)$ hinaus noch eine zusätzliche Bedingung. Eine Bedingung, die allgemeiner ist als die von LIPSCHITZ, hat 1926 der japanische Mathematiker NAGUMO angegeben[4].

Besitzt die Funktion $f(x, y)$ in einem Bereich $\mathfrak{B}$ eine beschränkte Ableitung nach y (Cauchysche Bedingung), so genügt sie auch einer Lipschitzbedingung, denn aus dem Mittelwertsatz folgt

$$|f(x, y_2) - f(x, y_1)| = |f_y(x, \overline{y})| \cdot |y_2 - y_1| \leqq M |y_2 - y_1|,$$

wenn $\overline{y}$ ein Wert zwischen y_1 und y_2 und $|f_y(x, y)| \leqq M$ in $\mathfrak{B}$ ist.

2. Das Verfahren der sukzessiven Approximationen. Die Funktion $f(x, y)$ auf der rechten Seite von (1) sei in dem Rechteck $\mathfrak{R}$

$$|x - x_0| < a, \quad |y - y_0| < b$$

---

[1] EMILE PICARD, geb. 1856 in Paris, gest. ebenda 1941, wirkte in Paris und Toulouse. Arbeitsgebiete: Analysis, insbesondere Funktionentheorie und mathematische Physik.

LORENS LEONARD LINDELÖF, finnischer Mathematiker, geb. 1827 in Kariva Ikalis, gest. 1908 in Helsingfors (Helsinki). Wichtige Untersuchungen zur Funktionentheorie.

[2] GIUSEPPE PEANO, einer der bedeutendsten italienischen Mathematiker. Geb. 1858 in Cuneo, gest. 1932 in Turin, wirkte in Turin. Grundlegende Untersuchungen über die Grundlagen der Mathematik und Logik, Mengenlehre und Analysis.

[3] Ist $y \geqq 0$, also $|y| = y$, so folgt $\int\limits_0^y \frac{dy}{\sqrt{y}} = \int\limits_0^x dx$ und daher $2\sqrt{y} = x$ oder $y = \frac{x^2}{4}$; für

$y \leqq 0$ ist $|y| = -y$ und $-\int\limits_0^{y} \frac{d(-y)}{\sqrt{-y}} = \int\limits_0^x dx$, also $-2\sqrt{-y} = x$ oder $y = -\frac{x^2}{4}$. Die

Bedingung $y' \geqq 0$ ist im ersten Fall wegen $y' = \frac{x}{2}$ nur für $x \geqq 0$, im zweiten wegen $y' = -\frac{x}{2}$ nur für $x \leqq 0$ erfüllt. Die Lipschitzbedingung ist im Punkt (0, 0) nicht erfüllt, denn für $y_1 = 0$, $y_2 = y$ wird

$$\left| \frac{f(x, y_2) - f(x, y_1)}{y_2 - y_1} \right| = \frac{\sqrt{|y|}}{|y|} = \frac{1}{\sqrt{|y|}},$$

also größer als jede Zahl $M > 0$, wenn nur $|y|$ hinreichend klein genommen wird; der Differenzenquotient ist nicht beschränkt.

[4] Näheres bei E. KAMKE, LV 20.

beschränkt und stetig und erfülle in $\Re$ eine Lipschitzbedingung. Es gibt also zwei positive Konstante A und M, so daß die beiden Ungleichungen

$$|f(x, y)| \leqq A \tag{2}$$

und

$$|f(x, y_2) - f(x, y_1)| \leqq M\,|y_2 - y_1| \tag{3}$$

für alle Punkte (x, y) bzw. für alle Punktepaare (x, y_1) und (x, y_2) von $\Re$ erfüllt sind. $\Re$ selbst muß dabei nicht beschränkt sein, d. h. es kann eine der Zahlen a und b oder beide gleich $+\infty$ sein. Ferner sei[1]

$$\alpha = \mathrm{Min}\left(a, \frac{b}{A}\right). \tag{4}$$

Ich konstruiere nun mit Hilfe eines Iterationsverfahrens, das hier als *Verfahren der sukzessiven Approximationen* bezeichnet wird, eine Funktion $y = \varphi(x)$, die in $|x - x_0| < \alpha$ stetig differenzierbar ist, der Anfangsbedingung $\varphi(x_0) = y_0$ und der Differentialgleichung (1) genügt, so daß in $|x - x_0| < \alpha$ identisch

$$\varphi'(x) \equiv f(x, \varphi(x)) \tag{5}$$

gilt. Es sei $\varphi_0(x)$ eine beliebige stetige Funktion, für die

$$\varphi_0(x_0) = y_0 \quad \text{und} \quad |\varphi_0(x) - y_0| < b$$

ist; ich nehme im folgenden $\varphi_0(x) \equiv y_0$, was offenbar die einfachste Annahme ist[2]. Ferner setze ich

$$\varphi_1(x) = y_0 + \int\limits_{x_0}^{x} f(x, y_0)\,dx,$$

$$\varphi_2(x) = y_0 + \int\limits_{x_0}^{x} f(x, \varphi_1(x))\,dx$$

und allgemein

$$\varphi_\nu(x) = y_0 + \int\limits_{x_0}^{x} f(x, \varphi_{\nu-1}(x))\,dx \tag{6}$$

usw. und erhalte so eine Folge von stetig differenzierbaren Funktionen $\varphi_\nu(x)$, von der ich zeige, daß sie in jedem abgeschlossenen Teilintervall von $|x - x_0| < \alpha$ *absolut* und *gleichmäßig* gegen eine Grenzfunktion $\varphi(x)$ konvergiert, die eine Lösung von (1) mit den oben angegebenen Eigenschaften ist. Aus (6) entnimmt man unmittelbar, daß alle Funktionen $\varphi_\nu(x)$ in $|x - x_0| < \alpha$ stetig differenzierbar sind und der Anfangsbedingung $\varphi_\nu(x_0) = y_0$ genügen. Ist eine von ihnen, z. B. $\varphi_n(x)$, bereits eine Lösung von (1), so genügt $\varphi_n(x)$ der Identität (5), und nach (6) wird

$$\varphi_{n+1}(x) = y_0 + \int\limits_{x_0}^{x} \varphi_n{}'(x)\,dx = y_0 + \varphi_n(x) - \varphi_n(x_0) = \varphi_n(x),$$

d. h. alle folgenden $\varphi_{n+p}(x)$ mit $p > 0$ werden identisch gleich $\varphi_n(x)$.

Alle Kurven $y = \varphi_\nu(x)$ liegen im Rechteck $\Re$. Zum Beweis verwende ich die vollständige Induktion. Die Behauptung ist sicher richtig für die Strecke $y = y_0$,

---

[1] Min $(x_1, x_2, \ldots, x_n)$ bedeutet die kleinste der n Zahlen $x_1, x_2, \ldots, x_n$.

[2] Mit einer anderen Annahme über $\varphi_0(x)$ kann man zwar die Konvergenz des Verfahrens verbessern, doch wird die folgende Abschätzung etwas komplizierter.

$|x - x_0| < \alpha$; ich nehme an, sie sei richtig für $y = \varphi_{\nu-1}(x)$ und zeige, daß sie dann auch für $y = \varphi_\nu(x)$ gilt. Aus (6) und (2) folgt dann[1]

$$|\varphi_\nu(x) - y_0| = \left| \int_{x_0}^x f(x, \varphi_{\nu-1}(x))\, dx \right| \leq A \left| \int_{x_0}^x dx \right| = A\,|x - x_0|; \tag{7}$$

wegen $|x - x_0| < \alpha$ und (4) ist

$$|\varphi_\nu(x) - y_0| < b,$$

was zu beweisen war. Man sieht, welche Aufgabe die Bedingung (4) erfüllt: Sie bewirkt, daß alle Kurven $y = \varphi_\nu(x)$ und damit auch die Grenzkurve $y = \varphi(x)$ ganz im Rechteck $\Re$ liegen.

Für $\nu = 1$ folgt aus (7)

$$|\varphi_1(x) - y_0| \leq A\,|x - x_0|;$$

wegen (3) wird weiter

$$|\varphi_2(x) - \varphi_1(x)| = \left| \int_{x_0}^x [f(x, \varphi_1(x)) - f(x, y_0)]\, dx \right| \leq M \left| \int_{x_0}^x |\varphi_1(x) - y_0|\, dx \right| \leq$$

$$\leq M\,A \left| \int_{x_0}^x |x - x_0|\, dx \right| = M\,A\, \frac{|x - x_0|^2}{2}.$$

Allgemein gilt

$$|\varphi_\nu(x) - \varphi_{\nu-1}(x)| \leq M^{\nu-1} A\, \frac{|x - x_0|^\nu}{\nu!}, \tag{8}$$

was ich wieder durch vollständige Induktion beweise. Ich nehme also

$$|\varphi_{\nu-1}(x) - \varphi_{\nu-2}(x)| \leq M^{\nu-2} A\, \frac{|x - x_0|^{\nu-1}}{(\nu-1)!}$$

als richtig an und erhalte wegen (3)

$$|\varphi_\nu(x) - \varphi_{\nu-1}(x)| = \left| \int_{x_0}^x [f(x, \varphi_{\nu-1}(x)) - f(x, \varphi_{\nu-2}(x))]\, dx \right| \leq$$

$$\leq M \left| \int_{x_0}^x |\varphi_{\nu-1}(x) - \varphi_{\nu-2}(x)|\, dx \right| \leq \frac{M^{\nu-1} A}{(\nu-1)!} \left| \int_{x_0}^x |x - x_0|^{\nu-1}\, dx \right| =$$

$$= M^{\nu-1} A\, \frac{|x - x_0|^\nu}{\nu!},$$

also gerade (8). Ich schreibe nun die Grenzfunktion $\varphi(x)$ als Summe einer unendlichen Reihe in der Gestalt

$$\varphi(x) = \lim_{\nu \to \infty} \varphi_\nu(x) = y_0 + \sum_{\nu=1}^\infty [\varphi_\nu(x) - \varphi_{\nu-1}(x)]; \tag{9}$$

---

[1] Man beachte: Es ist

$$\left| \int_a^b f(x)\, dx \right| \leq \int_a^b |f(x)|\, dx,$$

wenn $b \geq a$ und

$$\left| \int_a^b f(x)\, dx \right| \leq - \int_a^b |f(x)|\, dx,$$

wenn $b \leq a$ ist; beide Formeln kann man in die eine

$$\left| \int_a^b f(x)\, dx \right| \leq \left| \int_a^b |f(x)|\, dx \right|$$

zusammenfassen.

diese Reihe konvergiert wegen (8) in jedem abgeschlossenen Teilintervall von $|x - x_0| < \alpha$ absolut und gleichmäßig, womit die *Existenz* und *Stetigkeit* einer der Anfangsbedingung $\varphi(x_0) = y_0$ genügenden Lösung $\varphi(x)$, $|x - x_0| < \alpha$ der Differentialgleichung (1) nachgewiesen ist.

Für die Grenzfunktion $\varphi(x)$ folgt aus (6) für $v \to \infty$

$$\varphi(x) = y_0 + \int_{x_0}^{x} f(x, \varphi(x))\, dx. \tag{10}$$

Eine solche Funktionalgleichung heißt eine *Integralgleichung*. Sie ist mit der Differentialgleichung (1) zusammen mit der Anfangsbedingung äquivalent; für $x = x_0$ folgt sofort $\varphi(x_0) = y_0$, während sich (5) durch Differentiation von (10) ergibt. Damit ist auch die *Differenzierbarkeit* der Lösung $\varphi(x)$ in $|x - x_0| < \alpha$ bewiesen.

Schließlich zeige ich, daß die durch (10) definierte Funktion $y = \varphi(x)$ die *einzige* Lösung von (1) ist, die der Anfangsbedingung $\varphi(x_0) = y_0$ genügt. Ich nehme an, es existiere im Intervall $|x - x_0| < \alpha$ eine zweite[1] stetig differenzierbare Lösung $y = \psi(x)$ von (1) mit $\psi(x_0) = y_0$ und $|\psi(x) - y_0| < b$. Ich setze

$$D = \text{Max}\, |\psi(x) - \varphi(x)| \tag{11}$$

für $|x - x_0| \leqq \beta < \text{Min}\left(\alpha, \dfrac{1}{M}\right)$. Dann folgt aus (1) und (3)

$$|\psi'(x) - \varphi'(x)| = |f(x, \psi(x)) - f(x, \varphi(x))| \leqq M\, |\psi(x) - \varphi(x)| \leqq M\, D$$

und daher

$$|\psi(x) - \varphi(x)| \leqq \left| \int_{x_0}^{x} |\psi'(x) - \varphi'(x)|\, dx \right| \leqq M\, D\, |x - x_0| \leqq M\, D\, \beta < D.$$

Das ist aber ein Widerspruch zu (11), denn nach (11) ist an mindestens einer Stelle x_1 in $|x - x_0| \leqq \beta$

$$|\psi(x_1) - \varphi(x_1)| = D.$$

In $|x - x_0| \leqq \beta$ muß also $\psi(x) \equiv \varphi(x)$ sein. Man überzeugt sich leicht, daß diese Identität im ganzen Intervall $|x - x_0| < \alpha$ gelten muß. Man setzt zu diesem Zweck $x_1 = x_0 + \beta$, $\varphi(x_1) = \psi(x_1) = y_1$ und wiederholt den Schluß für das Intervall $|x - x_1| \leqq \beta_1$, wo $x_1 + \beta_1 < x_0 + \alpha$ und $\beta_1 < \dfrac{1}{M}$ ist, wodurch die Identität der beiden Lösungen für das Intervall $[x_0 - \beta, x_1 + \beta_1]$ nachgewiesen ist. Verfährt man ebenso beim linken Endpunkt $x_0 - \beta$, so kommt man schließlich nach einer endlichen Anzahl von Wiederholungen in beliebige Nähe der Intervallgrenzen $x_0 - \alpha$ und $x_0 + \alpha$.

3. Das Existenztheorem. Ergänzungen. Als Ergebnis von Ziffer 2 können wir den folgenden *Existenz- und Eindeutigkeitssatz* formulieren:

Ist $f(x, y)$ in dem Rechteck $\Re$

$$|x - x_0| < a, \quad |y - y_0| < b$$

stetig und beschränkt und erfüllt sie in $\Re$ eine Lipschitzbedingung, so existiert in einem gewissen Intervall $|x - x_0| < \alpha \leqq a$ genau eine Integralkurve der Differentialgleichung $y' = f(x, y)$, die durch den Punkt (x_0, y_0) hindurchgeht.

Wesentlich allgemeiner ist die folgende, zweite Form des Existenztheorems:
Ist $f(x, y)$ in einem beliebigen, d. h. nicht notwendig beschränkten Bereich $\mathfrak{B}$ stetig

---

[1] Existiert $\psi(x)$ nur in einem Intervall $|x - x_0| < \alpha' < \alpha$, so ist im folgenden α durch α' zu ersetzen.

und erfüllt sie in jedem inneren Punkt von $\mathfrak{B}$ eine Lipschitzbedingung (Ziff. 1),
*so gibt es durch jeden inneren Punkt von $\mathfrak{B}$ genau eine Integralkurve der Differential-
gleichung* $y' = f(x, y)$.

Ist nämlich $P_0 = (x_0, y_0)$ irgendein innerer Punkt von $\mathfrak{B}$, so gibt es eine ganz
in $\mathfrak{B}$ enthaltene beschränkte und abgeschlossene Umgebung $\mathfrak{R}'$

$$|x - x_0| \leqq a, \quad |y - y_0| \leqq b$$

von P_0, in der $f(x, y)$ beschränkt ist und die so gewählt werden kann, daß in der
offenen Umgebung $\mathfrak{R}$

$$|x - x_0| < a, \quad |y - y_0| < b$$

die Funktion $f(x, y)$ eine Lipschitzbedingung erfüllt. Aus der ersten Form des
Theorems folgt dann die Existenz einer Integralkurve durch P_0.

Die Voraussetzung, daß $f(x, y)$ in jedem Punkt von $\mathfrak{B}$ eine Lipschitzbedingung
erfüllt, ist allgemeiner als die, daß $f(x, y)$ in $\mathfrak{B}$ eine Lipschitzbedingung erfüllt.
Während nämlich im ersten Fall die Konstante M mit den Punkten (x_0, y_0)
variieren kann, bedeutet die zweite Formulierung, daß man im ganzen Bereich $\mathfrak{B}$
mit einer einheitlichen Konstanten M das Auslangen findet.

Eine wichtige Ergänzung des Existenztheorems ist der folgende Satz über
die *Fortsetzbarkeit der Integralkurven*:

*Genügt die stetige Funktion $f(x, y)$ in jedem Punkt von $\mathfrak{B}$ einer Lipschitz-
bedingung, so läßt sich jede Integralkurve $\mathfrak{C}$ von $y' = f(x, y)$ bis in beliebige Nähe
des Randes von $\mathfrak{B}$ fortsetzen.*

Es sei $\mathfrak{C}$ die zum Anfangspunkt $P_0 = (x_0, y_0)$ im Intervall $|x - x_0| < \alpha$ er-
mittelte Integralkurve mit der Gleichung $y = \varphi(x)$. Ist $\alpha = +\infty$, so ist der
Satz offenbar bereits bewiesen. Ist α endlich, so folgt aus der Stetigkeit von $\varphi(x)$
die Existenz des linksseitigen Grenzwertes[1] y_1 am oberen Intervallrand $x_1 =$
$= x_0 + \alpha$
$$y_1 = \lim_{x \to x_1 - 0} \varphi(x).$$

Ist der Punkt $P_1 = (x_1, y_1)$ ein Randpunkt von $\mathfrak{B}$, so ist der Satz bewiesen. Ist
P_1 aber ein innerer Punkt von $\mathfrak{B}$, so folgt aus dem Existenztheorem, daß es in
einem Intervall $|x - x_1| < \alpha_1$ eine Integralkurve $\mathfrak{C}_1$ gibt, die in $(x_1 - \alpha_1, x_1)$
mit $\mathfrak{C}$ zusammenfällt (Eindeutigkeit der Lösung!) und daher in $[x_1, x_1 + \alpha_1)$
eine stetig differenzierbare Fortsetzung von $\mathfrak{C}$ nach rechts ist. Diesen Schluß
kann man wiederholen, bis man an den Rand von $\mathfrak{B}$ gelangt ist. Ganz analog
ergibt sich die Fortsetzung nach links, wenn α endlich und der Punkt P_2 mit
den Koordinaten $x_2 = x_0 - \alpha$,
$$y_2 = \lim_{x \to x_2 + 0} \varphi(x)$$
ein innerer Punkt von $\mathfrak{B}$ ist.

Ausdrücklich erwähnen möchte ich noch, obwohl das schon aus den ein-
leitenden Bemerkungen von Ziffer 1 hervorgeht, daß die Bedingungen (2) und (3)
hinreichend, aber nicht notwendig für die Existenz der Lösungen sind. Selbst
die elementaren Integrationsmethoden tragen in einigen Fällen weiter als der
Existenzsatz. So konnten wir die Existenz von Lösungen der Differentialgleichung
mit getrennten Veränderlichen $y' = f(x)\,g(y)$ und der Differentialgleichung

$$y' = f\!\left(\frac{a_1 x + b_1 y + c_1}{a_2 x + b_2 y + c_2}\right)$$

unter der bloßen Voraussetzung der Stetigkeit der Funktionen rechts nachweisen.
Zweifellos bedeutet daher der Peanosche Existenzsatz mit der bloßen Voraus-

---

[1] Wegen der gleichmäßigen Konvergenz der Reihe (9) kann es sich dann nur um einen
eigentlichen Grenzwert handeln.

setzung der Stetigkeit von $f(x, y)$ einen sehr wesentlichen Fortschritt gegenüber dem von LIPSCHITZ, aber auch die Stetigkeit von $f(x, y)$ ist keine notwendige Bedingung, wie man an dem Beispiel der Differentialgleichung $y' = [x]$ erkennt[1].

Schließlich ist noch eine Bemerkung am Platz über die Forderung der Beschränktheit von $f(x, y)$. So verständlich diese Forderung vom Standpunkt der Analysis ist, so wenig gerechtfertigt erscheint sie, wenn wir die Diskussion mehr geometrisch, vom Richtungsfeld her betrachten. Ein Unendlichwerden von $f(x, y)$ muß ja keine Singularität des Richtungsfeldes bedeuten, sondern eben nur, daß im betreffenden Punkt das Linienelement parallel zur y-Achse ist. In manchen Fällen wird es gelingen, durch eine Drehung des Koordinatensystems etwaige Unendlichkeitsstellen von $f(x, y)$ zu beseitigen, nämlich dann, wenn im Richtungsfeld nicht von vornherein alle Richtungen zwischen $-\infty$ und $+\infty$ vertreten sind. Wirksamer ist es aber, die Differentialgleichung $y' = f(x, y)$ durch Einführung eines Parameters t in ein System von zwei Differentialgleichungen überzuführen, wie ich es schon in § 1, 2 angedeutet habe. Es sei $g(x, y)$ eine in $\mathfrak{B}$ beschränkte und stetige Funktion derart, daß $f(x, y)\, g(x, y)$ überall in $\mathfrak{B}$ beschränkt ist. Setzt man dann

$$\frac{dx}{dt} = g(x, y),$$

so wird diese Differentialgleichung zusammen mit

$$\frac{dy}{dt} = \frac{dy}{dx}\,\frac{dx}{dt} = f(x, y)\, g(x, y)$$

ein System von Differentialgleichungen mit beschränkten und stetigen rechten Seiten. Über Systeme von Differentialgleichungen, insbesondere über die Verallgemeinerung des Existenzsatzes, vgl. §§ 5 und 9.

4. Das allgemeine Integral. Der Existenz- und Eindeutigkeitssatz gibt uns die Möglichkeit, den Begriff des allgemeinen Integrals der Gleichung $y' = f(x, y)$ präziser als bisher zu definieren und dabei gleichzeitig eine Aussage über die Art der Abhängigkeit von der Integrationskonstanten zu machen. Es sei $\mathfrak{R}$ ein ganz in $\mathfrak{B}$ enthaltenes Rechteck $a_1 \leqq x \leqq a_2$, $b_1 \leqq y \leqq b_2$ und die Zahl $B \geqq 0$ so gewählt, daß in $\mathfrak{R}$

$$f(x, y) + B \geqq 0$$

ist. Ich betrachte die Differentialgleichung

$$\bar{y}' = f(x, y) + B; \tag{12}$$

für sie ist $\bar{y}' \geqq 0$ und daher alle Lösungen in $\mathfrak{R}$ monoton wachsend. Wir denken uns die Lösungen gemäß Ziffer 3 bis zum Rand von $\mathfrak{R}$ fortgeführt. Wegen der Monotonie erhalten wir sämtliche Integralkurven von (12) in $\mathfrak{R}$, wenn wir den Anfangspunkt (x_0, y_0) die vom Punkt (a_1, b_2) nach (a_2, b_1), also die von links oben nach rechts unten führende Diagonale von $\mathfrak{R}$ durchlaufen lassen. Umgekehrt kann jede Integralkurve (wegen der Monotonie der Lösungen) diese Diagonale nur in einem einzigen Punkt schneiden. Die Punkte der Diagonale lassen sich durch eine Parameterdarstellung $x_0 = x_0(C)$, $y_0 = y_0(C)$ mit dem Parameter C darstellen. Da das Integral $\bar{y} = \bar{\varphi}(x)$ von (12) ebenso wie das Integral $y = \varphi(x)$ von $y' = f(x, y)$ nach seiner Herleitung auch vom Anfangspunkt (x_0, y_0) abhängt, also genauer $\bar{y} = \bar{\varphi}(x, x_0, y_0)$, bzw. $y = \varphi(x, x_0, y_0)$ mit $\bar{\varphi}(x_0, x_0, y_0) =$

---

[1] $[x]$ bedeutet die größte in x enthaltene ganze Zahl; ist n ganz, so ist $[x] = n$, wenn $n \leqq x < n + 1$ ist, vgl. Band I, § 3, 1.

$= \varphi(x_0, x_0, y_0) = y_0$ zu schreiben ist, lassen sich die sämtlichen Integralkurven von (12) durch die Punkte der Diagonale in der Gestalt

$$\bar{y} = \bar{\varphi}(x, x_0(C), y_0(C)) = \bar{\psi}(x, C)$$

schreiben. Aus $y' = \bar{y}' - B$ folgt $y = \bar{y} - B\,x + A$; da $y = \bar{y} = y_0(C)$ ist für $x = x_0(C)$, ist $A = B\,x_0(C)$. Somit ergeben sich die *sämtlichen* Integrale von $y' = f(x, y)$ in der Gestalt

$$y = \bar{\psi}(x, C) - B[x - x_0(C)]. \tag{13}$$

Diesen Ausdruck erkläre ich jetzt als das *allgemeine Integral* der Gleichung $y' = f(x, y)$, das somit einfach die Gesamtheit aller partikulären Integrale ist. Die Kurvenschar (13) überdeckt das Rechteck $\Re$ schlicht, d. h. durch jeden Punkt von $\Re$ geht eine und nur eine Integralkurve von $y' = f(x, y)$. Da zu jeder Integralkurve von (12) ein und nur ein Wert von C gehört, läßt sich (13) eindeutig nach C auflösen, so daß wir *das allgemeine Integral von y' stets in der Gestalt*

$$\Phi(x, y) = C \tag{14}$$

schreiben können; dabei ist Φ eine in $\Re$ eindeutige, stetige und stetig differenzierbare Funktion der beiden Veränderlichen x und y. Durch Fortsetzung der einzelnen Integralkurven über $\Re$ hinaus läßt sich das Ergebnis auf den ganzen Bereich $\mathfrak{B}$ ausdehnen. *Das allgemeine Integral einer Differentialgleichung $y' = f(x, y)$ ist somit, wenn $f(x, y)$ den Voraussetzungen des Existenztheorems genügt, stets ein allgemeines Integral im engeren Sinn.*

5. Verhalten der Lösungen bei kleinen Änderungen der Differentialgleichung. Wir stellen uns die Frage, was mit der der Anfangsbedingung (x_0, y_0) genügenden Lösung der Differentialgleichung (1) geschieht, wenn die Differentialgleichung, also die Funktion auf der rechten Seite, verändert wird. Diese Frage ist von einiger Bedeutung für die Anwendungen, denn man wird sehr oft nur durch mehr oder minder weitgehende Vernachlässigungen zu Ansätzen kommen, die einer Rechnung überhaupt zugänglich sind. Dann rechnet man aber von vornherein nicht mit der richtigen, sondern mit einer nur angenähert richtigen Differentialgleichung, statt mit der Differentialgleichung $y' = f(x, y)$ mit einer Differentialgleichung

$$\bar{y}' = f(x, \bar{y}) + h(x, \bar{y}). \tag{15}$$

Die Funktion $f(x, y)$ sei dabei in dem Rechteck $\Re$

$$|x - x_0| < a, \qquad |y - y_0| < b$$

beschränkt und stetig und erfülle in $\Re$ eine Lipschitzbedingung; $h(x, y)$ sei in $\Re$ beschränkt, so daß in $\Re$

$$|h(x, y)| \leqq \varepsilon$$

gilt. Schließlich sei $\bar{\varphi}(x)$ eine strenge Lösung von (15) mit der Anfangsbedingung $\bar{\varphi}(x_0) = y_0$. Ich nehme $\bar{\varphi}(x)$ als erste Näherungslösung $\varphi_0(x)$ von $y' = f(x, y)$ und führe das Verfahren der sukzessiven Approximationen mit der Funktion $f(x, y)$ durch, was ebenso wie bei der Annahme $\varphi_0(x) = y_0$ von Ziffer 2 zur Lösung der Differentialgleichung führt.

Das gibt zunächst

$$\varphi_1(x) = y_0 + \int_{x_0}^{x} f(x, \bar{\varphi}(x))\, dx,$$

während sich die Funktion $\bar{\varphi}(x)$, wenn wir ebenso bei der Differentialgleichung (15) verfahren, immer wieder reproduziert, da sie hier die strenge Lösung ist:

$$\bar{\varphi}(x) = y_0 + \int_{x_0}^{x} f(x, \bar{\varphi}(x))\, dx + \int_{x_0}^{x} h(x, \bar{\varphi}(x))\, dx. \tag{16}$$

Somit wird

$$|\bar{\varphi}(x) - \varphi_1(x)| = \left| \int_{x_0}^{x} h(x, \bar{\varphi}(x))\, dx \right| \leq \varepsilon\, |x - x_0|;$$

wegen (3) ist

$$|f(x, \bar{\varphi}(x)) - f(x, \varphi_1(x))| \leq M\, |\bar{\varphi}(x) - \varphi_1(x)| \leq \varepsilon\, M\, |x - x_0|$$

und daher

$$|\bar{\varphi}(x) - \varphi_2(x)| = \left| \int_{x_0}^{x} (f(x, \bar{\varphi}) + h(x, \bar{\varphi}) - f(x, \varphi_1))\, dx \right| \leq$$

$$\leq \varepsilon\, M \left| \int_{x_0}^{x} |x - x_0|\, dx \right| + \left| \int_{x_0}^{x} h(x, \bar{\varphi})\, dx \right| \leq$$

$$\leq \varepsilon\, M \frac{|x - x_0|^2}{2} + \varepsilon\, |x - x_0|.$$

Ich behaupte, daß

$$|\bar{\varphi}(x) - \varphi_\nu(x)| \leq \varepsilon\, M^{\nu-1} \frac{|x - x_0|^\nu}{\nu!} + \varepsilon\, M^{\nu-2} \frac{|x - x_0|^{\nu-1}}{(\nu-1)!} + \cdots +$$

$$+ \varepsilon\, M \frac{|x - x_0|^2}{2} + \varepsilon\, |x - x_0| \tag{17}$$

gilt und führe den Beweis durch vollständige Induktion. Aus (3), (16) und (17) folgt

$$|\bar{\varphi}(x) - \varphi_{\nu+1}(x)| = \left| \int_{x_0}^{x} [f(x, \bar{\varphi}) + h(x, \bar{\varphi}) - f(x, \varphi_\nu)]\, dx \right| \leq$$

$$\leq M \left| \int_{x_0}^{x} |\bar{\varphi}(x) - \varphi_\nu(x)|\, dx \right| + \varepsilon\, |x - x_0| \leq$$

$$\leq M \left(\varepsilon\, M^{\nu-1} \frac{|x - x_0|^{\nu+1}}{(\nu+1)!} + \varepsilon\, M^{\nu-2} \frac{|x - x_0|^\nu}{\nu!} + \cdots + \varepsilon \frac{|x - x_0|^2}{2} \right) + \varepsilon\, |x - x_0|,$$

also wieder die Ungleichung (17), nur mit $\nu + 1$ statt ν. Für $\nu \to \infty$ wird

$$\lim_{\nu \to \infty} (\bar{\varphi}(x) - \varphi_\nu(x)) = \bar{\varphi}(x) - \varphi(x)$$

und aus (17) folgt

$$\boxed{\ |\bar{\varphi}(x) - \varphi(x)| \leq \frac{\varepsilon}{M} \left(e^{M|x - x_0|} - 1 \right).\ } \tag{18}$$

Für $\varepsilon \to 0$ wird $\lim\limits_{\varepsilon \to 0} \bar{\varphi}(x) = \varphi(x)$, d. h. *die Lösung hängt stetig von der Differentialgleichung ab*. Ist ε klein, so unterscheiden sich die Differentialgleichungen (1) und (15) nur wenig und man kann $\bar{\varphi}(x)$ als Näherungslösung für $\varphi(x)$ verwenden; eine obere Grenze für den dabei begangenen Fehler gibt die Abschätzung (18).

Man kann an Stelle der beiden Differentialgleichungen (1) und (15) etwas allgemeiner eine Differentialgleichung

$$y' = f(x, y, \lambda) \tag{19}$$

betrachten, deren rechte Seite noch von einem Parameter λ stetig abhängt und die Abhängigkeit der Lösungen $\varphi(x, \lambda)$ von diesem Parameter λ untersuchen. Entsteht (1) aus (19) etwa für $\lambda = \lambda_0$, so kann man wegen der Stetigkeit von $f(x, y, \lambda)$ in einer Umgebung der Stelle λ_0

$$f(x, y, \lambda) = f(x, y, \lambda_0) + h(x, y, \lambda)$$

setzen, wo $\lim\limits_{\lambda \to \lambda_0} h(x, y, \lambda) = 0$ ist und hat damit den Anschluß an (15) gewonnen. *Die Lösung $\varphi(x, \lambda)$ von (19) mit der Anfangsbedingung $\varphi(x_0, \lambda) = y_0$ ist also eine stetige Funktion von λ.*

Ferner gilt: *Besitzt $f(x, y, \lambda)$ stetige Ableitungen nach y und λ, so existiert auch die Ableitung $\dfrac{\partial \varphi(x, \lambda)}{\partial \lambda}$ und ist eine stetige Funktion von x und λ.* Ich will den Beweis dieses Satzes hier nur andeuten, zumal ich auf einen wichtigen Sonderfall davon gleich zurückkomme. Jede Lösung von (19) genügt der Identität

$$\frac{d}{dx}\, \varphi(x, \lambda) \equiv f(x, \varphi(x, \lambda), \lambda);$$

daraus folgt für den Differenzenquotienten

$$\frac{d}{dx}\, \frac{\varphi(x, \lambda + \Delta\lambda) - \varphi(x, \lambda)}{\Delta\lambda} = \frac{d}{dx}\, \frac{\Delta\varphi}{\Delta\lambda} = \frac{1}{\Delta\lambda}\, [f(x, \varphi + \Delta\varphi, \lambda + \Delta\lambda) - f(x, \varphi, \lambda)] =$$

$$= \frac{1}{\Delta\lambda}\, [f(x, \varphi + \Delta\varphi, \lambda + \Delta\lambda) - f(x, \varphi, \lambda + \Delta\lambda) + f(x, \varphi, \lambda + \Delta\lambda) - f(x, \varphi, \lambda)] =$$

$$= \frac{\partial f}{\partial y}\, (x, \varphi + \vartheta_1 \Delta\varphi, \lambda + \Delta\lambda) \cdot \frac{\Delta\varphi}{\Delta\lambda} + \frac{\partial f}{\partial \lambda}\, (x, \varphi, \lambda + \vartheta_2 \Delta\lambda)$$

mit $0 < \vartheta_1 < 1$, $0 < \vartheta_2 < 1$. Für $\Delta\lambda \to 0$ wird daraus, die Existenz und Stetigkeit von $\dfrac{\partial \varphi}{\partial \lambda}$ zunächst vorausgesetzt,

$$\frac{d}{dx}\, \frac{\partial \varphi}{\partial \lambda} = \frac{\partial f}{\partial y}\, \frac{\partial \varphi}{\partial \lambda} + \frac{\partial f}{\partial \lambda};$$

ich betrachte daher die lineare Differentialgleichung

$$\frac{dz}{dx} = \frac{\partial f}{\partial y}\, z + \frac{\partial f}{\partial \lambda} \tag{20}$$

für die Funktion $z = z(x, \lambda)$, deren Lösung nach § 2, 5 durch

$$z(x, \lambda) = \exp \int f_y\, dx \cdot \left[C + \int f_\lambda \exp \left(- \int f_y\, dx \right) dx \right]$$

gegeben und somit eine stetige Funktion der beiden Veränderlichen x und λ ist. Den Nachweis, daß wirklich $z(x, \lambda) = \dfrac{\partial \varphi}{\partial \lambda}\, (x, \lambda)$ ist, übergehe ich. Ähnlich zeigt man, daß die Lösung n-mal nach dem Parameter differenzierbar ist, wenn $f(x, y, \lambda)$ stetige Ableitungen nach y und λ bis einschließlich der n-ten Ordnung besitzt.

6. Die Abhängigkeit der Lösungen von den Anfangsbedingungen. Selbstverständlich wird die Lösung der Differentialgleichung $y' = f(x, y)$ nicht nur von der Funktion $f(x, y)$, sondern auch von der Anfangsbedingung (x_0, y_0) abhängen. Ich denke mir der Einfachheit wegen zunächst x_0 fest und nur y_0 veränderlich; dann ist die Lösung genauer $\varphi(x, y_0)$ mit $\varphi(x_0, y_0) = y_0$ zu schreiben. Wir stellen uns die Frage, ob $\varphi(x, y_0)$ eine stetige Funktion von y_0 ist. Es sei wie bisher $\varphi(x)$ die Lösung von (1) mit der Anfangsbedingung $\varphi(x_0) = y_0$, $\overline{\varphi}(x)$ die Lösung von (1) mit der Anfangsbedingung $\overline{\varphi}(x_0) = y_0 + \eta$; ich denke mir also y_0 selbst fest und bezeichne mit η die Änderung von y_0, wobei $|\eta| \leqq \varepsilon$ sei. Wir betrachten die beiden Folgen von Näherungslösungen

$$\varphi_\nu(x) = y_0 + \int_{x_0}^{x} f(x, \varphi_{\nu-1}(x))\, dx, \qquad \bar{\varphi}_\nu(x) = y_0 + \eta + \int_{x_0}^{x} f(x, \bar{\varphi}_{\nu-1}(x))\, dx.$$

Dann ist

$$|\bar{\varphi}_\nu(x) - \varphi_\nu(x)| = \left| \eta + \int_{x_0}^{x} [f(x, \bar{\varphi}_{\nu-1}) - f(x, \varphi_{\nu-1})]\, dx \right| \leqq$$

$$\leqq \varepsilon + M \left| \int_{x_0}^{x} |\bar{\varphi}_{\nu-1}(x) - \varphi_{\nu-1}(x)|\, dx \right|.$$

Wiederholte Anwendung dieser Rekursionsformel gibt

$$|\bar{\varphi}_\nu(x) - \varphi_\nu(x)| \leqq \varepsilon + \varepsilon M |x - x_0| + \ldots + \varepsilon M^\nu \frac{|x - x_0|^\nu}{\nu!};$$

für $\nu \to \infty$ folgt daraus die Abschätzung für die Lösungen selbst

$$\boxed{|\bar{\varphi}(x) - \varphi(x)| \leqq \varepsilon\, e^{M\,|x - x_0|}.} \tag{21}$$

Für $\varepsilon \to 0$ wird $\bar{\varphi}(x) \to \varphi(x)$, d. h. *die Lösung $\varphi(x, y_0)$ ist eine stetige Funktion der Anfangsbedingung y_0.*

Man kann zu diesem Ergebnis auch von der Ungleichung (18) aus kommen, wenn man durch die Substitution $y = z + \eta$ die Änderung der Anfangsbedingung in eine Änderung der Funktion $f(x, y)$ verwandelt; η ist dabei wie oben von x und y unabhängig. Dann erhalten wir aus (1) die Differentialgleichung

$$z' = f(x, z + \eta) = f(x, z) + h(x, z, \eta) \tag{22}$$

mit $\lim\limits_{\eta \to 0} h(x, z, \eta) = 0$. Ich nehme η so klein, daß $|\eta| < \varepsilon$ und $|h(x, z, \eta)| \leqq \varepsilon M$ wird. Die Lösung $\psi(x)$ von (22) genüge dann der Anfangsbedingung $\psi(x_0) = y_0$, die Lösung $\bar{\varphi}(x) = \psi(x) + \eta$ von (1) der Anfangsbedingung $\bar{\varphi}(x_0) = y_0 + \eta$. Aus (18) folgt, da jetzt ε durch εM zu ersetzen ist,

$$|\psi(x) - \varphi(x)| \leqq \varepsilon\, (e^{M|x - x_0|} - 1)$$

und daher

$$|\bar{\varphi}(x) - \varphi(x)| = |\psi(x) + \eta - \varphi(x)| \leqq \varepsilon\, e^{M\,|x - x_0|},$$

also wieder (21).

Die Lösung $\varphi(x, y_0)$ ist nicht nur eine stetige Funktion von y_0, sie besitzt auch eine stetige Ableitung $\dfrac{\partial \varphi}{\partial y_0}$, wenn f_y existiert und stetig ist. Man kann das zwar unmittelbar aus den Überlegungen von Ziffer 5 schließen[1], ich will aber hier, da die Frage von einiger Bedeutung ist, einen direkten Beweis geben.

Aus der Integralgleichung (7), die ich hier in der Gestalt

$$\varphi(x, y_0) = y_0 + \int_{x_0}^{x} f(x, \varphi(x, y_0))\, dx \tag{23}$$

---

[1] Daß der Parameter y_0 nicht als Argument der Funktion $f(x, y)$ vorkommt, spielt keine Rolle. Die in Ziffer 5 verwendete Identität $\dfrac{d}{dx}\, \varphi(x, \lambda) = f(x, \varphi(x, \lambda), \lambda)$ vereinfacht sich hier zu $\dfrac{d}{dx}\, \varphi(x, y_0) = f(x, \varphi(x, y_0))$; es ist einleuchtend, daß man jetzt nur die Existenz und Stetigkeit von f_y fordern muß.

schreibe, folgt durch Differentiation nach y_0, die Existenz der Ableitung $\dfrac{\partial \varphi}{\partial y_0}$ zunächst wieder vorausgesetzt,

$$\frac{\partial \varphi(x, y_0)}{\partial y_0} = 1 + \int\limits_{x_0}^{x} f_y(x, \varphi(x, y_0)) \frac{\partial \varphi(x, y_0)}{\partial y_0}\, dx.$$

Ich betrachte daher die Integralgleichung

$$z(x, y_0) = 1 + \int\limits_{x_0}^{x} f_y(x, \varphi(x, y_0))\, z(x, y_0)\, dx, \tag{24}$$

die mit der *linearen homogenen Differentialgleichung*

$$\frac{dz}{dx} = f_y(x, \varphi(x, y_0)) \cdot z \tag{25}$$

und der Anfangsbedingung

$$z(x_0, y_0) = 1 \tag{26}$$

gleichbedeutend ist. Zu zeigen ist noch, daß die Lösung

$$z(x, y_0) = \exp \int\limits_{x_0}^{x} f_y(x, \varphi(x, y_0))\, dx \tag{27}$$

von (25) und (26) wirklich die Ableitung der Lösung $\varphi(x, y_0)$ von (1) ist. Ich stelle $\varphi(x, y_0)$ wieder durch das Verfahren der sukzessiven Approximationen dar, wobei ich als erste Näherung $\varphi_0(x, y_0) = y_0$, also die Parallele zur x-Achse nehme. Dann folgt aus

$$\varphi_1(x, y_0) = y_0 + \int\limits_{x_0}^{x} f(x, y_0)\, dx$$

durch Differentiation nach y_0

$$\frac{\partial \varphi_1}{\partial y_0} = 1 + \int\limits_{x_0}^{x} f_y(x, y_0)\, dx$$

und durch Differentiation von (6)

$$\frac{\partial \varphi_\nu}{\partial y_0} = 1 + \int\limits_{x_0}^{x} f_y(x, \varphi_{\nu-1}(x, y_0)) \frac{\partial \varphi_{\nu-1}}{\partial y_0}\, dx. \tag{28}$$

Es sei nun im Rechteck $\overline{\mathfrak{R}}$: $|x - x_0| \leqq \bar{\alpha} < \alpha$, $|y - y_0| \leqq \bar{\beta} < b$ (über die Bedeutung von α und b vgl. Ziffer 2)

$$\varDelta_\nu = \mathrm{Max}\left| z - \frac{\partial \varphi_\nu}{\partial y_0} \right|$$

und $H > 0$ so gewählt, daß

$$|z| < H, \quad |f_y(x, y)| < H$$

ist. Dann wird wegen (24) und (28)

$$z - \frac{\partial \varphi_\nu}{\partial y_0} = \int\limits_{x_0}^{x} \left[f_y(x, \varphi)\, z - f_y(x, \varphi_{\nu-1}) \frac{\partial \varphi_{\nu-1}}{\partial y_0} \right] dx;$$

ich subtrahiere und addiere im Integranden $f_y(x, \varphi_{\nu-1})\, z$; das gibt weiter

$$z - \frac{\partial \varphi_\nu}{\partial y_0} = \int\limits_{x_0}^{x} \left\{ z\, [f_y(x, \varphi) - f_y(x, \varphi_{\nu-1})] + \left(z - \frac{\partial \varphi_{\nu-1}}{\partial y_0} \right) f_y(x, \varphi_{\nu-1}) \right\} dx.$$

Nun ist wegen der Stetigkeit von $f_y(x, y)$ und wegen $\varphi_{\nu-1} \to \varphi$ für ein beliebiges $\varepsilon > 0$

$$|f_y(x, \varphi) - f_y(x, \varphi_{\nu-1})| < \varepsilon,$$

wenn nur $\nu > n$ hinreichend groß gewählt ist. Also wird

$$\left| z - \frac{\partial \varphi_{n+1}}{\partial y_0} \right| < \varepsilon H |x - x_0| + \Delta_n H |x - x_0| = (\varepsilon + \Delta_n) H |x - x_0|,$$

$$\left| z - \frac{\partial \varphi_{n+2}}{\partial y_0} \right| < \varepsilon H |x - x_0| + (\varepsilon + \Delta_n) H^2 \frac{|x - x_0|^2}{2}$$

und allgemein

$$\left| z - \frac{\partial \varphi_{n+p}}{\partial y_0} \right| < \varepsilon H |x - x_0| + \varepsilon H^2 \frac{|x - x_0|^2}{2} + \cdots + (\varepsilon + \Delta_n) H^p \frac{|x - x_0|^p}{p!}.$$

Die Ungleichung bleibt richtig, wenn wir rechts $p \to \infty$ gehen lassen, dann wird

$$\lim_{p \to \infty} \Delta_n H^p \frac{|x - x_0|^p}{p!} = 0;$$

hier steht auf der rechten Seite die um ε verminderte Exponentialreihe, also ist

$$\left| z - \frac{\partial \varphi_{n+p}}{\partial y_0} \right| < \varepsilon \left(e^{H|x - x_0|} - 1 \right) \leqq \varepsilon \left(e^{H\bar\alpha} - 1 \right)$$

gleichmäßig in $|x - x_0| \leqq \bar\alpha$ und daher

$$\lim_{\nu \to \infty} \frac{\partial \varphi_\nu}{\partial y_0} = \frac{\partial \varphi}{\partial y_0} = z(x, y_0),$$

was zu beweisen war. In derselben Weise schließt man aus der Existenz und Stetigkeit von $\dfrac{\partial^k f}{\partial y^k}$ die Existenz und Stetigkeit von $\dfrac{\partial^k \varphi}{\partial y_0^{\,k}}$.

Ich betrachte nun noch die Abhängigkeit von x_0 und schreibe die Lösung daher jetzt ganz ausführlich $y = \varphi(x, x_0, y_0)$ mit $y_0 = \varphi(x_0, x_0, y_0)$. Dann folgt aus (23), wo nur das Argument x_0 zu ergänzen ist, durch Differentiation nach x_0 (Existenz der Ableitung wieder vorausgesetzt)

$$\omega(x, x_0, y_0) = - f(x_0, \varphi(x_0, x_0, y_0)) + \int_{x_0}^{x} f_y(x, \varphi(x, x_0, y_0))\, \omega(x, x_0, y_0)\, dx,$$

eine Integralgleichung für die Funktion

$$\omega(x, x_0, y_0) = \frac{\partial \varphi}{\partial x_0}(x, x_0, y_0), \tag{29}$$

die somit der Differentialgleichung

$$\frac{d\omega}{dx} = f_y(x, \varphi(x, x_0, y_0))\, \omega$$

und der Anfangsbedingung

$$\omega(x_0, x_0, y_0) = - f(x_0, \varphi(x_0, x_0, y_0)) = - f(x_0, y_0)$$

äquivalent ist. Den wie oben zu erbringenden Nachweis, daß für die Lösung

$$\omega(x, x_0, y_0) = - f(x_0, y_0) \exp \int_{x_0}^{x} f_y(x, \varphi(x, x_0, y_0))\, dx \tag{30}$$

wirklich (29) gilt, übergehe ich. Aus (29) und (30) folgt wegen (27)

$$\boxed{\frac{\partial \varphi}{\partial x_0}(x, x_0, y_0) = - f(x_0, y_0) \frac{\partial \varphi}{\partial y_0}(x, x_0, y_0).} \tag{31}$$

Aufgaben.

1. Welchen der drei Bedingungen von PEANO, CAUCHY und LIPSCHITZ genügen die folgenden Differentialgleichungen in den angegebenen Bereichen?

a) $y' = \operatorname{sign} x\, y,$ $-1 \leqq x \leqq +1,$ $-1 \leqq y \leqq +1;$

b) $y' = \sqrt{x + y},$ $0 \leqq x \leqq 1,$ $0 \leqq y \leqq 1;$

c) $y' = \sqrt{x^2 + y^2},$ $-1 \leqq x \leqq +1,$ $-1 \leqq y \leqq +1;$

d) $y' = \dfrac{y^2}{1 + x^2},$ $-\infty < x < +\infty,$ $-1 \leqq y \leqq +1.$

2. Man bestimme die Konstanten a, b, A, M und α in den Fällen von Aufgabe 1, in denen die Lipschitzbedingung erfüllt ist.

3.
$$y' = \frac{4\,y\,x^3}{y^2 + x^4};$$

für $x = y = 0$ sei der Wert der rechten Seite 0, sie ist dann überall in $|x| \leqq a$, $|y| \leqq b$ stetig, erfüllt aber in $(0, 0)$ keine Lipschitzbedingung. Man zeige, daß durch den Ursprung unendlich viele Lösungen hindurchgehen.

4. Man gebe eine obere Schranke A für den Unterschied zwischen den durch den Punkt $(0, 0)$ hindurchgehenden Lösungen von $y' = x\,y$ und $y' = \dfrac{x\,y + x\,y^3 + 1}{1 + y^2}$ innerhalb des Rechtecks $-2 \leqq x \leqq 2$, $-1 \leqq y \leqq 1$ an.

5. $f(x, y)$ erfülle in $|x - x_0| \leqq a$, $|y - y_0| \leqq b$ eine Lipschitzbedingung mit der möglichst klein gewählten Konstanten M. Wenn $f_y(x, y)$ an allen Stellen des Rechtecks existiert, ist M auch die kleinstmögliche Schranke von $|f_y(x, y)|$.

§ 4. Graphische und numerische Lösungsmethoden.

1. Graphische Integration. Ich habe hier nur einige Bemerkungen zu dem schon in § 2, 1 erwähnten Verfahren der graphischen Integration hinzuzufügen.

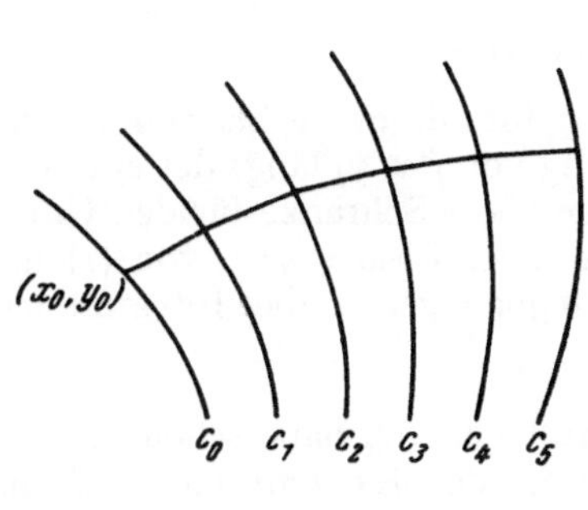

Abb. 13.

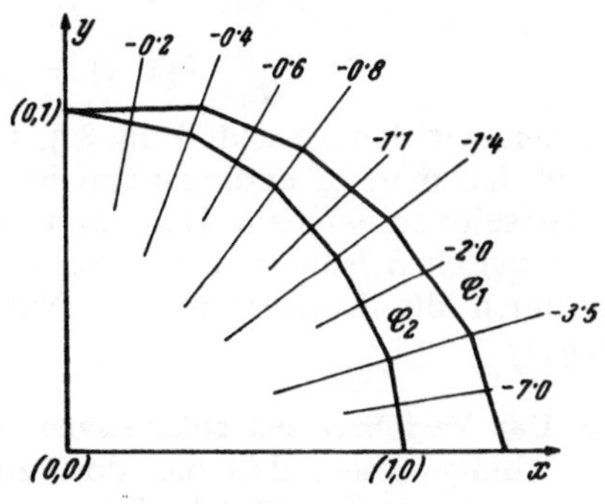

Abb. 14.

Man denke sich in der x,y-Ebene die Isoklinen $f(x, y) = c$ der Differentialgleichung $y' = f(x, y)$ gezeichnet (Abb. 13) und den Anfangspunkt (x_0, y_0) markiert, er möge auf der Isokline $c = c_0$ liegen. Ich lege durch (x_0, y_0) eine Gerade mit der Richtung c_0 bis zur nächsten Isokline $c = c_1$, gehe von dort in der Richtung $c = c_1$ weiter bis zur Isokline $c = c_2$ usw. Es ist aber klar, daß hier die Abweichung der Näherung von der richtigen Lösung immer größer werden kann, wenn sich die Fehler verstärken. Bis zu einem gewissen Grad kann man dem begegnen, indem man die Isoklinen möglichst dicht zeichnet. Besser ist es aber, von (x_0, y_0) aus nicht in der Richtung c_0, sondern in der Richtung $\bar{c}_0$, wo $\bar{c}_0$ ein Mittelwert zwischen c_0 und c_1, z. B. $\bar{c}_0 = \dfrac{c_0 + c_1}{2}$ ist, weiterzugehen bis zum

Schnittpunkt mit der Isokline $c = c_1$, von dort in der Richtung $\bar{c}_1$, z. B. wieder $\bar{c}_1 = \dfrac{c_1 + c_2}{2}$ bis zum Schnittpunkt mit $c = c_2$ zu gehen usw. Man kommt auf diese Weise mitunter zu recht guten Näherungslösungen.

Als Beispiel ist in Abb. 14 die Integration der Differentialgleichung $y' = -\dfrac{x}{y}$ mit der Anfangsbedingung (o, 1) auf beide Arten durchgeführt. Benützt wurden dabei die Isoklinen o, $-0{\cdot}4$, $-0{\cdot}8$, $-1{\cdot}4$ und $-3{\cdot}5$. $\mathfrak{C}_1$ ist das Näherungspolygon nach dem ersten Verfahren; man sieht, daß es tatsächlich recht bald stark von der richtigen Lösung, dem Kreis $x^2 + y^2 = 1$, abweicht. Für das zweite Näherungspolygon $\mathfrak{C}_2$ wurden die Fortschreitungsrichtungen von den dazwischenliegenden Isoklinen $-0{\cdot}2$, $-0{\cdot}6$, $-1{\cdot}1$, -2 und -7 genommen. Bei dem in Abb. 14 verwendeten Maßstab und der Zeichengenauigkeit unterscheidet sich $\mathfrak{C}_2$ praktisch kaum von dem der richtigen Lösung eingeschriebenen Polygon.

Der Satz von § 3, 5 erlaubt es, die Konvergenz der Näherungspolygone gegen die strenge Lösung der Differentialgleichung

$$y' = f(x, y) \tag{1}$$

nachzuweisen. Jedes Näherungspolygon ist die Bildkurve einer stetigen, aber nur stückweise differenzierbaren Funktion $\bar{y} = \bar{\varphi}(x)$, die Lösung einer Differentialgleichung

$$\bar{y}' = g(x, \bar{y}) \tag{2}$$

mit einer unstetigen rechten Seite ist. Man kann die Funktion $g(x, y)$ etwa dadurch definieren, daß man überall im Bereich $\mathfrak{B}$ $g(x, y) = f(x, y)$ setzt mit Ausnahme der Punkte des Näherungspolygons, wo man für $g(x, y)$ den Richtungskoeffizienten der betreffenden Polygonseite nimmt[1] oder daß man zwischen je zwei, den Richtungskoeffizienten der Polygonseiten entsprechenden Isoklinen $g(x, y)$ konstant wählt. Schreiben wir dann an Stelle von (2)

$$\bar{y}' = f(x, \bar{y}) + h(x, \bar{y})$$

mit
$$h(x, \bar{y}) = g(x, \bar{y}) - f(x, \bar{y}),$$

so haben wir den Anschluß an § 3, 5 gefunden; für die obere Schranke ε von $|h(x, y)|$ hat man dabei die maximale Schwankung von $f(x, y)$ längs der einzelnen Polygonseite zu nehmen. Dann gibt § 3 (18) eine obere Schranke für den Unterschied zwischen Näherungspolygon $\bar{\varphi}(x)$ und strenger Lösung $\varphi(x)$ von (1) und zeigt auch die Konvergenz der Näherungspolygone gegen die Integralkurve $y = \varphi(x)$.

2. Das Verfahren der sukzessiven Approximationen. Ich habe schon in § 3, 1 darauf hingewiesen, daß das dort zum Nachweis der Existenz einer Lösung $y = \varphi(x)$ der Differentialgleichung (1) verwendete Iterationsverfahren zugleich eine sehr brauchbare Methode zur numerischen Integration von (1) darstellt. Die Konvergenz der Näherungsfunktionen $\varphi_\nu(x)$ gegen die Grenzfunktion $\varphi(x)$, die die strenge Lösung von (1) ist, wird dabei im allgemeinen eine sehr gute sein, denn die Majorante § 3, (9) ist die Reihe für die Exponentialfunktion

$$\sum_{\nu=1}^{\infty} M^{\nu-1} A \frac{|x - x_0|^\nu}{\nu!} = \frac{A}{M}(e^{M|x - x_0|} - 1),$$

d. h. die $\varphi_\nu(x)$ konvergieren mindestens so gut wie die Teilsummen der Exponentialreihe. Ich gebe noch eine Abschätzung des Fehlers, den man begeht,

---

[1] In den Ecken des Polygons kann man den Richtungskoeffizienten der einen oder anderen Polygonseite wählen.

wenn man $\varphi(x)$ durch $\varphi_\nu(x)$ ersetzt. Ich schreibe die Abschätzung (9) von § 3 für die nächsten ϱ Werte des Index an:

$$|\varphi_{\nu+1}(x) - \varphi_\nu(x)| \leqq A\,M^\nu \frac{|x - x_0|^{\nu+1}}{(\nu+1)!},$$

$$\dotfill$$

$$|\varphi_{\nu+\varrho}(x) - \varphi_{\nu+\varrho-1}(x)| \leqq A\,M^{\nu+\varrho-1} \frac{|x - x_0|^{\nu+\varrho}}{(\nu+\varrho)!}.$$

Addition gibt

$$|\varphi_{\nu+\varrho}(x) - \varphi_\nu(x)| \leqq$$

$$\leqq A\,M^\nu \frac{|x - x_0|^{\nu+1}}{(\nu+1)!} \left[1 + \frac{M\,|x - x_0|}{\nu+2} + \cdots + \frac{M^{\varrho-1}\,|x - x_0|^{\varrho-1}}{(\nu+2)\cdots(\nu+\varrho)} \right],$$

$$< A\,M^\nu \frac{|x - x_0|^{\nu+1}}{(\nu+1)!} \left[1 + M\,|x - x_0| + \cdots + \frac{M^{\varrho-1}\,|x - x_0|^{\varrho-1}}{(\varrho-1)!} \right]$$

und daraus folgt für $\varrho \to \infty$

$$\boxed{\; |\varphi(x) - \varphi_\nu(x)| < A\,M^\nu \frac{|x - x_0|^{\nu+1}}{(\nu+1)!}\, e^{M\,|x - x_0|}. \;} \tag{3}$$

Für genügend große ν wird die rechte Seite und damit der Unterschied zwischen strenger Lösung $\varphi(x)$ und Näherungslösung $\varphi_\nu(x)$ beliebig klein.

Die Abschätzung (3) zeigt allerdings auch, daß die Güte der Konvergenz fraglich wird, wenn M sehr groß ist. M ist ein Maß dafür, wie rasch die y'-Werte auf den Parallelen zur y-Achse variieren. Einen Überblick kann man bekommen, wenn man sich äquidistante Isoklinen zeichnet. Werden diese von einer solchen Parallelen in rascher Folge geschnitten, so wird M groß sein. Man kann unter Umständen diese Dinge günstiger gestalten, wenn man das Koordinatensystem so dreht, daß die Isoklinen möglichst parallel zur y-Achse verlaufen. Dabei ergibt sich aber eine andere Schwierigkeit: Überall dort, wo die Isoklinen parallel zur y-Achse liegen, geht $M \to \infty$. Man muß sich also in einem solchen Fall mit einem Kompromiß begnügen oder, wie in § 3, 3 gezeigt wurde, zu einem System von zwei Differentialgleichungen übergehen (§ 5, 4).

Beispiel: Es sei die Differentialgleichung $y' = x^2 + y$ mit der Anfangsbedingung $(0, 0)$ zu lösen. Ich setze $\varphi_0(x) = 0$, dann wird

$$\varphi_1(x) = \int_0^x x^2\,dx = \frac{x^3}{3},$$

$$\varphi_2(x) = \int_0^x \left(x^2 + \frac{x^3}{3} \right) dx = \frac{x^3}{3} + \frac{x^4}{3 \cdot 4},$$

$$\varphi_3(x) = \int_0^x \left(x^2 + \frac{x^3}{3} + \frac{x^4}{3 \cdot 4} \right) dx = \frac{x^3}{3} + \frac{x^4}{3 \cdot 4} + \frac{x^5}{3 \cdot 4 \cdot 5}.$$

Man zeigt durch vollständige Induktion, daß

$$\varphi_\nu(x) = \frac{x^3}{3} + \frac{x^4}{3 \cdot 4} + \cdots + 2\frac{x^{\nu+2}}{(\nu+2)!} =$$

$$= 2 \left(1 + x + \frac{x^2}{2!} + \frac{x^3}{3!} + \cdots + \frac{x^{\nu+2}}{(\nu+2)!} \right) - 2 - 2x - x^2.$$

Also ist

$$\varphi(x) = \lim_{\nu \to \infty} \varphi_\nu(x) = 2\,e^x - 2 - 2\,x - x^2,$$

was man auch durch direkte Lösung der Differentialgleichung nach § 2,5 bestimmen kann.

3. Integration durch Reihen. Es handelt sich hier um ein sehr wichtiges Verfahren zur Integration von Differentialgleichungen, das allerdings voraussetzt, daß alle vorkommenden Funktionen *regulär* oder *analytisch*, d. h. durch konvergente Potenzreihen darstellbar sind. Eine Funktion von zwei Veränderlichen wird dabei durch eine sogenannte Doppelreihe

$$f(x, y) = \sum_{\mu,\,\nu = 0}^{\infty} a_{\mu\,\nu}\, x^\mu\, y^\nu \tag{4}$$

dargestellt. Solche Reihen ergeben sich aus der Taylorschen Formel (Band II, § 11), wenn $\lim\limits_{n \to \infty} R_n = 0$ ist, was auch hier eine notwendige und hinreichende Konvergenzbedingung ist. Auch sonst sind die Konvergenzeigenschaften der Doppelreihen völlig analog denen der einfachen Reihen, nur daß der Begriff der absoluten Konvergenz eine noch größere Rolle spielt als dort. Man kann das schon aus dem Satz über Reihenmultiplikation (Band II, § 2) erkennen, der ja zunächst auf eine Doppelreihe führt und absolute Konvergenz der Faktoren zur Voraussetzung hat. Der Fundamentalsatz über Potenzreihen (Band II, § 5, 1) erfährt hier aus demselben Grund eine gewisse Modifikation; man kann aus der Konvergenz von (4) in einem Punkt (ξ, η) nicht auf die Konvergenz im Bereich $|x| \leq |\xi|$, $|y| \leq |\eta|$ schließen, wie es diesem Satz entsprechen würde. Konvergiert dagegen (4) im Punkt (ξ, η) *absolut*, so konvergiert (4) für alle $|x| \leq |\xi|$, $|y| \leq |\eta|$, und zwar ebenfalls absolut, was sich sofort daraus ergibt, daß dann $\sum\limits_{\mu,\,\nu=0}^{\infty} |a_{\mu\,\nu}|\,|\xi|^\mu |\eta|^\nu$ eine Majorante von (4) ist. Eine wichtige Rolle spielt ferner der Umordnungssatz. Man kann die Summation in (4) auf verschiedene Arten ausführen, z. B. indem man (4) als Potenzreihe in x auffaßt, deren Koeffizienten Potenzreihen in y sind, was auf

$$f(x, y) = \sum_{\mu=0}^{\infty} \left(\sum_{\nu=0}^{\infty} a_{\mu\,\nu}\, y^\nu \right) x^\mu$$

führt, wofür man in der Regel kürzer

$$f(x, y) = \sum_{\mu=0}^{\infty} \sum_{\nu=0}^{\infty} a_{\mu\,\nu}\, x^\mu\, y^\nu$$

schreibt, oder umgekehrt

$$f(x, y) = \sum_{\nu=0}^{\infty} \left(\sum_{\mu=0}^{\infty} a_{\mu\,\nu}\, x^\mu \right) y^\nu = \sum_{\nu=0}^{\infty} \sum_{\mu=0}^{\infty} a_{\mu\,\nu}\, x^\mu\, y^\nu$$

(Potenzreihe in y mit Koeffizienten, die Potenzreihen in x sind) oder schließlich die Form

$$f(x, y) = \sum_{\varrho=0}^{\infty} \sum_{\nu+\mu=\varrho} a_{\mu\,\nu}\, x^\mu\, y^\nu = a_{00} + (a_{01}\, x + a_{10}\, y) + (a_{20}\, x^2 + a_{11}\, x\, y + a_{02}\, y^2) +$$
$$+ (a_{30}\, x^3 + a_{21}\, x^2\, y + a_{12}\, x\, y^2 + a_{03}\, y^3) + \cdots,$$

die eine der Taylorschen Entwicklung entsprechende Zusammenfassung der Glieder gleichen Grades ist.

In der Differentialgleichung (1) sei jetzt $f(x, y)$ eine in dem Rechteck $\Re$ $|x - x_0| \leqq a$, $|y - y_0| \leqq b$ reguläre Funktion, die Entwicklung

$$f(x, y) = \sum_{\mu, \nu} a_{\mu \nu} (x - x_0)^\mu (y - y_0)^\nu \tag{5}$$

konvergiere in $\Re$ absolut. Nach dem obigen Satz genügt es, vorauszusetzen, daß $\sum\limits_{\mu, \nu} |a_{\mu \nu}| \, a^\mu b^\nu$ konvergiert. Wir suchen wieder die partikuläre Lösung durch (x_0, y_0). Ist $\alpha = \mathrm{Min}\,(a, \frac{b}{A})$, wo

$$A = \mathrm{Max}\,|f(x, y)|$$

in $\Re$ ist, so folgt aus dem Existenz- und Eindeutigkeitssatz von § 3, 3, daß dann eine und nur eine Lösung $y = \varphi(x)$ existiert, die der Anfangsbedingung $\varphi(x_0) = y_0$ genügt. Die Lipschitzbedingung ist erfüllt, da f_y in $\Re$ existiert und ebenfalls regulär ist; wir haben für die Konstante M nur

$$M = \mathrm{Max}\,|f_y(x, y)|$$

zu nehmen. Auch *die Lösung $\varphi(x)$ ist regulär*; wenn wir nämlich die erste Näherungslösung $\varphi_0(x)$ regulär annehmen [z. B. wieder die Konstante $\varphi_0(x) \equiv y_0$], so sind alle folgenden Näherungslösungen $\varphi_\nu(x)$ wegen

$$\varphi_\nu'(x) = f(x, \varphi_{\nu-1}(x))$$

ebenfalls regulär und daher auch die Grenzfunktion $\varphi(x)$.

Wir können daher das Verfahren zur Lösung der Differentialgleichung sehr vereinfachen, indem wir, da die Existenz einer solchen Lösung sichergestellt ist, für $\varphi(x)$ einen Ansatz

$$y = \varphi(x) = \sum_{\lambda = 0}^{\infty} c_\lambda (x - x_0)^\lambda$$

mit unbestimmten Koeffizienten c_ν machen und mit diesem Ansatz in die Differentialgleichung (1) hineingehen. Wegen $\varphi(x_0) = y_0$ ist $c_0 = y_0$, also

$$y - y_0 = \sum_{\lambda = 1}^{\infty} c_\lambda (x - x_0)^\lambda. \tag{6}$$

In (5) eingesetzt, gibt das die Entwicklung

$$f(x, \varphi(x)) = \sum_{\mu = 0}^{\infty} \sum_{\nu = 0}^{\infty} a_{\mu \nu} (x - x_0)^\mu \left(\sum_{\lambda = 1}^{\infty} c_\lambda (x - x_0)^\lambda \right)^\nu,$$

die sich durch einfache (erlaubte) Umordnungen in die Form

$$f(x, \varphi(x)) = \sum_{\varrho = 0}^{\infty} d_\varrho (x - x_0)^\varrho \tag{7}$$

bringen läßt. Differentiation von (6) gibt

$$y' = \varphi'(x) = \sum_{\lambda = 1}^{\infty} \lambda \, c_\lambda (x - x_0)^{\lambda - 1}$$

und dann der Vergleich mit (7)

$$\lambda c_\lambda - d_{\lambda-1} = 0 \quad (\lambda = 1, 2, \ldots).$$

Als Beispiel sei die Differentialgleichung

$$y' = x^2 + y^2$$

gegeben, also eine Riccatische Gleichung, die aber nicht zu den elementar lösbaren Fällen gehört. Gesucht sei die Lösung durch (0, 0). Macht man den Ansatz (6), so sieht man bald, daß die Reihe für y mit $\dfrac{x^3}{3}$ beginnt und weiter, daß überhaupt nur Potenzen der Form $x^{4\nu+3}$ auftreten, so daß man den Ansatz gleich in der Form

$$y = \sum_{\nu=0}^{\infty} c_\nu\, x^{4\nu+3}$$

machen kann; es folgt

$$y' = \sum_{\nu=0}^{\infty} (4\nu+3)\, c_\nu\, x^{4\nu+2} = x^2 + \left(\sum_{\nu=0}^{\infty} c_\nu\, x^{4\nu+3} \right)^2$$

oder

$$3\,c_0\,x^2 + 7\,c_1\,x^6 + 11\,c_2\,x^{10} + 15\,c_3\,x^{14} + \ldots = x^2 + c_0^2\,x^6 + 2\,c_0\,c_1\,x^{10} + (2\,c_0\,c_2 + c_1^2)\,x^{14} + \ldots$$

und daraus

$$c_0 = \frac{1}{3}, \quad c_1 = \frac{1}{3^2 \cdot 7}, \quad c_2 = \frac{2}{3^3 \cdot 7 \cdot 11}, \quad c_3 = \frac{13}{3^3 \cdot 7^2 \cdot 11 \cdot 15}, \ldots$$

also ist

$$y = \frac{1}{3}\,x^3 + \frac{1}{63}\,x^7 + \frac{2}{2079}\,x^{11} + \frac{13}{218\,295}\,x^{15} + \ldots$$

die gesuchte Lösung.

Man kann schließlich die Koeffizienten der Taylorentwicklung der gesuchten Lösung $y(x)$ durch $x = x_0$, $y = y_0$ auch direkt aus der Differentialgleichung bestimmen. Aus $y' = f(x, y)$ folgt für $y = y(x)$ durch sukzessive Differentiation

$$y'' = f_x + f_y\,y' = f_x + f_y\,f, \quad y''' = f_{xx} + 2\,f_{xy}\,f + f_{yy}\,f^2 + (f_x + f_y\,f)\,f_y, \ldots;$$

trägt man hier $x = x_0$, $y = y_0$ ein und bezeichnet man die sich so ergebenden Werte der Ableitung mit $y_0^{(\nu)}$, so wird

$$y(x) = \sum_{\nu=0}^{\infty} \frac{y_0^{(\nu)}}{\nu!}\,(x - x_0)^\nu.$$

4. Das Verfahren von Runge-Kutta. Es handelt sich hier um ein für die numerische Rechnung sehr brauchbares Näherungsverfahren, das letzten Endes auf eine Verallgemeinerung der Simpsonschen Formel (Band I, § 35, 3) hinausläuft. Ich will mich damit begnügen, Ihnen die Formeln anzuschreiben und die Durchführung des Verfahrens an einem Beispiel zu illustrieren; auf die Begründung, die einen erheblichen und nicht sehr instruktiven Rechenaufwand erfordert, verzichte ich[1].

---

[1] Man findet sie z. B. in dem Buch von C. Runge und H. König, Vorlesungen über numerisches Rechnen (Berlin 1924).

Gesucht sei also wieder die der Anfangsbedingung $\varphi(x_0) = y_0$ genügende Lösung $y = \varphi(x)$ der Differentialgleichung $y' = f(x, y)$. Dann ist

$$\boxed{\varphi(x_0 + h) = y_0 + \frac{1}{6}(k_1 + 2\,k_2 + 2\,k_3 + k_4),} \tag{8}$$

wo

$$\left.\begin{aligned}
k_1 &= h\,f(x_0,\, y_0),\\
k_2 &= h\,f\!\left(x_0 + \frac{h}{2},\, y_0 + \frac{k_1}{2}\right),\\
k_3 &= h\,f\!\left(x_0 + \frac{h}{2},\, y_0 + \frac{k_2}{2}\right),\\
k_4 &= h\,f(x_0 + h,\, y_0 + k_3).
\end{aligned}\right\} \tag{9}$$

Der so ermittelte Wert $\varphi(x_0 + h)$ der Lösung an der Stelle $x_0 + h$ stimmt bis einschließlich der Glieder vierter Ordnung in h mit der Taylorschen Entwicklung

$$\varphi(x_0 + h) = y_0 + y_0'\,h + \frac{y_0''}{2!}\,h^2 + \cdots$$

überein. Eine Fehlerabschätzung kann man daher durch Berechnung der Glieder fünfter Ordnung gewinnen. Wesentlich einfacher ist es aber, *das Verfahren ein zweites Mal mit der doppelten Intervallbreite 2 h zu wiederholen*. Der Fehler der ersten Rechnung ist dann rund $\frac{1}{15}$ des Unterschieds der beiden Resultate.

Hat die Differentialgleichung die Form $y' = f(x)$ mit einer von y unabhängigen rechten Seite, so geht (8), (9) unmittelbar in die Simpsonsche Formel

$$\varphi(x_0 + h) = y_0 + \frac{h}{6}\left[f(x_0) + 4\,f\!\left(x_0 + \frac{h}{2}\right) + f(x_0 + h)\right]$$

über.

Für die Rechnung ist es zweckmäßig, sich ein Schema zurechtzulegen, etwa in der folgenden Gestalt:

x	y	$f(x, y)$	$k = h\,f(x, y)$	
x_0	y_0	$f(x_0,\, y_0)$	k_1	$\frac{1}{2}(k_1 + k_4)$
$x_0 + \dfrac{h}{2}$	$y_0 + \dfrac{k_1}{2}$	$f\!\left(x_0 + \dfrac{h}{2},\, y_0 + \dfrac{k_1}{2}\right)$	k_2	$k_2 + k_3$
$x_0 + \dfrac{h}{2}$	$y_0 + \dfrac{k_2}{2}$	$f\!\left(x_0 + \dfrac{h}{2},\, y_0 + \dfrac{k_2}{2}\right)$	k_3	$\frac{1}{2}(k_1 + 2\,k_2 + 2\,k_3 + k_4)$
$x_0 + h$	$y_0 + k_3$	$f(x_0 + h,\, y_0 + k_3)$	k_4	$\frac{1}{6}(k_1 + 2\,k_2 + 2\,k_3 + k_4)$

Die letzte Spalte enthält dabei die notwendigen Nebenrechnungen. Wiederholt man das Verfahren dann mit den Werten

$$x_1 = x_0 + h, \quad y_1 = y_0 + \frac{1}{6}(k_1 + 2\,k_2 + 2\,k_3 + k_4),$$

so erhält man den Funktionswert $\varphi(x_0 + 2h)$ an der Stelle $x_0 + 2h$ usw.

Beispiel: Die Gleichung $y' = f(x, y) = x^2 + y^2$, $x_0 = y_0 = 0$ (Ziffer 3). Mit $h = 0.2$ ergibt sich für das Intervall $[0, 1.2]$ der folgende Rechnungsgang:

x	y	$f(x, y)$	k	
0·0	0	0	0	0·00400
0·1	0	0·01	0·002	0·00400
0·1	0·001	0·01000	0·00200	0·00800
0·2	0·00200	0·04000	0·00800	0·00267
0·2	0·00267	0·04001	0·00800	0·02004
0·3	0·00667	0·09004	0·01801	0·03604
0·3	0·01167	0·09014	0·01803	0·05608
0·4	0·02069	0·16043	0·03209	0·01869
0·4	0·02136	0·16046	0·03209	0·05256
0·5	0·03741	0·25140	0·05028	0·10071
0·5	0·04650	0·25216	0·05043	0·15327
0·6	0·07179	0·36515	0·07303	0·05109
0·6	0·07245	0·36525	0·07305	0·10353
0·7	0·10898	0·50188	0·10038	0·20138
0·7	0·12264	0·50504	0·10101	0·30492
0·8	0·17346	0·67009	0·13402	0·10164
0·8	0·17409	0·67031	0·13406	0·17926
0·9	0·24112	0·86814	0·17363	0·34924
0·9	0·26090	0·87807	0·17561	0·52850
1·0	0·34970	1·12229	0·22446	0·17617
1·0	0·35026	1·12268	0·22454	0·29733
1·1	0·46253	1·42393	0·28479	0·57533
1·1	0·49265	1·45270	0·29054	0·87266
1·2	0·64080	1·85062	0·37012	0·29089
1·2	0·64114			

Mit $h = 0.4$ wiederholt:

x	y	$f(x, y)$	k	
0·0	0·0	0	0	0·03205
0·2	0·0	0·04	0·016	0·03203
0·2	0·008	0·04006	0·01603	0·06408
0·4	0·01603	0·16026	0·06410	0·02136
0·4	0·02136	0·16046	0·06418	0·16580
0·6	0·05345	0·36286	0·14514	0·29267
0·6	0·09393	0·36882	0·14753	0·45847
0·8	0·16889	0·66852	0·26741	0·15282
0·8	0·17418	0·67034	0·26814	0·50297
1·0	0·30825	1·09502	0·43801	0·89984
1·0	0·39319	1·15459	0·46184	1·40282
1·2	0·63602	1·84452	0·73781	0·46761
1·2	0·64179			

Die Differenz der beiden Resultate ist 0·00065, $\dfrac{1}{15}$ davon gibt also rund 4 Einheiten der letzten Stelle als maximalen Fehler. Die Reihe von Ziffer 3 gibt unter Verwendung der angeschriebenen vier Glieder an der Stelle $x = 1.2$ den Wert 0·64094, der aber wegen der nicht mehr sehr guten Konvergenz etwas zu klein ist.

Aufgaben.

1. Man ermittle auf graphischem Weg die durch den Punkt $(0, 0)$ bestimmte Lösung von $y' = x^2 + y^2$ und beurteile die Güte der Näherung durch Vergleich mit dem im Beispiel zu Ziffer 3 erhaltenen Resultat.

2. Die Gaußsche Transzendente $\Theta(x) = \dfrac{2}{\sqrt{\pi}} \int\limits_0^x e^{-t^2}\, dt$ (Band II, S. 234) kann durch

Auflösung einer Differentialgleichung mit Hilfe einer Reihenentwicklung berechnet werden; man setzt dazu $\int\limits_0^x e^{-t^2}\,dt = e^{-x^2}\,y$; die Berechnung ist nach dem Verfahren von PICARD durchzuführen.

3. Man löse $y' = x^2 + y^2$, $x_0 = y_0 = 0$ durch sukzessive Differentiationen (Ziffer 3, Schluß).

4. Welche Näherungslösung ergibt sich durch die ersten drei Schritte des Picardschen Verfahrens für:

$$y' = x^2 - y^2, \quad x_0 = y_0 = 0.$$

5. Durch $y_{n+1} = \int\limits_0^x \dfrac{x^2}{y_n^2 + 1}\,dx$, $y_0 = 0$, ist eine Folge von Funktionen $y_n(x)$ definiert. Wie heißt die Grenzfunktion dieser Folge?

II. Gewöhnliche Differentialgleichungen höherer Ordnung.

§ 5. Allgemeines.

1. Differentialgleichungen höherer Ordnung und Systeme von Differentialgleichungen erster Ordnung. Eine Differentialgleichung n-ter Ordnung sei in der expliziten Form

$$y^{(n)} = f(x, y, y', y'', \ldots, y^{(n-1)}) \tag{1}$$

gegeben; f sei dabei eine stetige Funktion der $n + 1$ Argumente $x, y, \ldots, y^{(n-1)}$. Es sei $y = y(x)$ eine Lösung von (1), d. h. eine mindestens n-mal stetig differenzierbare Funktion von x, die, in (1) eingesetzt, diese Gleichung zu einer Identität in x macht. Ich schreibe $y_1(x)$ statt $y(x)$ und setze

$$y' = y_2, \; y'' = y_3, \ldots, y^{(n-1)} = y_n \tag{2}$$

oder

$$y_1' = y_2, \; y_2' = y_3, \ldots, y'_{n-1} = y_n; \tag{3}$$

aus (1) wird dann

$$y_n' = f(x, y_1, y_2, \ldots, y_n). \tag{4}$$

(3) und (4) sind zusammen ein spezielles System von n Differentialgleichungen erster Ordnung für die n Funktionen $y_1, y_2, \ldots, y_n$. Jede Lösung $y(x)$ von (1) genügt wegen (2) dem System (3), (4), und umgekehrt gibt es zu jeder Lösung $y_i(x)$, $i = 1, 2, \ldots, n$ des Systems (3), (4) eine Lösung $y = y_1(x)$ von (1). Die Gleichung (1) und das System (3), (4) sind also völlig äquivalent. Aber auch ein ganz allgemeines System linearer Differentialgleichungen

$$\left.\begin{aligned} y_1' &= f_1(x, y_1, y_2, \ldots, y_n) \\ y_2' &= f_2(x, y_1, y_2, \ldots, y_n) \\ &\cdots\cdots\cdots\cdots\cdots\cdots\cdots \\ y_n' &= f_n(x, y_1, y_2, \ldots, y_n) \end{aligned}\right\} \tag{5}$$

läßt sich unter gewissen Voraussetzungen in eine Differentialgleichung n-ter Ordnung überführen. Ist $y_i(x)$, $i = 1, 2, \ldots, n$, eine Lösung von (5), so genügt jede dieser n Funktionen für sich einer Differentialgleichung n-ter Ordnung. Setzen wir die $y_i(x)$ in (5) ein, so erhalten wir n Identitäten in x. Differenzieren wir die erste dieser Identitäten $n-1$-mal, alle übrigen $n-2$-mal nach x, so gibt das insgesamt ein System von $n(n-1)+1$ Gleichungen, aus denen man die $n(n-1)$ Funktionen

$$y_2, \ldots, y_n, y_2', \ldots, y_n', \ldots, y_2^{(n-1)}, \ldots, y_n^{(n-1)}$$

eliminieren kann und so eine einzige Gleichung der Gestalt (1) für die Funktion y_1 erhält. Die erwähnten Voraussetzungen bestehen darin, daß diese Elimination wirklich durchführbar ist. Nehmen wir etwa den Fall $n=2$, also das System

$$y' = f(x, y, z), \quad z' = g(x, y, z), \tag{6}$$

so folgt durch Differentiation der ersten Gleichung

$$y'' = f_x(x, y, z) + f_y(x, y, z)\, y' + f_z(x, y, z)\, z'; \tag{7}$$

hier wird man z' aus der zweiten Gleichung (6) einsetzen, muß aber dann noch z eliminieren, und zwar mittels der ersten Gleichung (6), wozu eben $f_z \neq 0$ sein muß. Ist dann $z = \varphi(x, y, y')$, so wird (7) eine gewöhnliche Differentialgleichung zweiter Ordnung für die Funktion $y(x)$.

Es ist wichtig zu bemerken, daß ein *lineares System*, in dem die Funktionen f_i auf der rechten Seite von (5) linear in den y_i sind, auf diese Art *stets auf eine lineare Differentialgleichung n-ter Ordnung führt*.

Die Äquivalenz von Systemen und Differentialgleichungen höherer Ordnung würde es von einem grundsätzlichen Standpunkt durchaus rechtfertigen, wenn wir uns im folgenden auf die Untersuchung nur der einen oder anderen Art von Differentialgleichungen beschränkten. Aber mit einer solchen Beschränkung würde man der Fülle der Probleme, sowohl rein mathematischer Natur als auch solcher der Anwendungen, die auf einzelne Differentialgleichungen oder auf Systeme führen, nicht gerecht werden. Dazu kommt noch, und das ist vielleicht das Wichtigste, daß man durch eine derartige Beschränkung stets ärmer an Methoden zur Lösung der Probleme wird; manche Aufgaben lassen sich leichter auf die eine, manche leichter auf die andere Art behandeln.

Ich werde mich im folgenden oft auf Differentialgleichungen zweiter Ordnung und auf Systeme von zwei Differentialgleichungen vom Typus (6) beschränken, die besonders in den Anwendungen eine ganz überragende Rolle spielen. An Stelle des Systems (6) werden wir allerdings des öfteren auch ein System von drei Differentialgleichungen erster Ordnung betrachten, zu dem man von (6) aus auf dem schon mehrmals erwähnten Weg der Einführung einer neuen Veränderlichen t (eines Parameters) kommt. Man setzt

$$\dot{x} = \frac{dx}{dt} = F(x, y, z),$$

$$\dot{y} = \frac{dy}{dx}\frac{dx}{dt} = f(x, y, z)\, F(x, y, z) = G(x, y, z), \tag{8}$$

$$\dot{z} = \frac{dz}{dx}\frac{dx}{dt} = g(x, y, z)\, F(x, y, z) = H(x, y, z).$$

Dieses System ist dadurch besonders charakterisiert, daß rechts die unabhängige Veränderliche t überhaupt nicht vorkommt. Ein solches System ist auch umgekehrt stets einem System (6) von nur zwei Gleichungen äquivalent, und wir werden sehr bald sehen (Ziffer 5), daß eine Differentialgleichung dritter Ordnung, in der die unabhängige Veränderliche nicht vorkommt, in eine Differentialgleichung zweiter Ordnung übergeführt werden kann. Dem System (8) entspricht aber eine Differentialgleichung dritter Ordnung, in der t nicht vorkommt. Eine große Anzahl von Problemen der Anwendungen führt auf Systeme der Form (8).

2. Geometrische Deutung und graphische Lösungsverfahren. Das System (8) läßt sich unmittelbar geometrisch deuten. Ich nehme an, die drei Funktionen seien in einem Bereich $\mathfrak{B}$ des Raums eindeutig definiert. Dann ist durch (8) in jedem Punkt P von $\mathfrak{B}$ ein Vektor $(\dot{x}, \dot{y}, \dot{z})$ bestimmt, den wir als den (nicht normierten) Tangentenvektor einer Raumkurve $\mathfrak{C}$ deuten. Jedem Punkt P ist damit eine Richtung oder ein *Linienelement* zugeordnet. Wir bekommen ein *räumliches Richtungsfeld*, das durchaus analog ist zum ebenen Richtungsfeld, das wir in § 2, 1 zur geometrischen Deutung der Differentialgleichung erster Ordnung benützt haben. Wie dort vermuten wir, daß durch jeden Punkt P_0 von $\mathfrak{B}$ eine Kurve $\mathfrak{C}$ geht, die auf das Richtungsfeld paßt, d. h. in jedem ihrer Punkte die durch (8) gegebene Richtung hat und somit eine Integralkurve des Systems (8) ist. Wir vermuten weiter, daß $\mathfrak{C}$ durch Anfangsbedingungen $x(t_0) = x_0$, $y(t_0) = y_0$, $z(t_0) = z_0$, wo x_0, y_0, z_0 die Koordinaten von P_0 sind, wenigstens unter gewissen Voraussetzungen eindeutig bestimmt sein wird. Der Übergang von (8) zu (6) bedeutet nur die Wahl eines speziellen Parameters $t = x$; es wird dann $F(x, y, z) = 1$ und (8) geht unmittelbar in (6) über. Die Lösungen von (6) haben dann die Form $y = y(x)$, $z = z(x)$ und stellen also wieder die Kurve $\mathfrak{C}$ dar; die Anfangsbedingungen sind $y(x_0) = y_0$, $z(x_0) = z_0$.

Die Differentialgleichung zweiter Ordnung

$$y'' = f(x, y, y') \tag{9}$$

führt auf das System $y' = z$, $z' = f(x, y, z)$; ist $y(x)$, $z(x)$ eine Lösung zur Anfangsbedingung $y(x_0) = y_0$, $z(x_0) = z_0$, so ist $y(x)$ eine Lösung von (9), und als Anfangsbedingung ergeben sich die beiden Gleichungen $y(x_0) = y_0$, $y'(x_0) = y_0' = z_0$, d. h. eine Integralkurve $y = y(x)$ ist bestimmt, wenn an einer Stelle x_0 nicht nur der Funktionswert y_0, sondern auch der Wert der Ableitung $y'(x_0) = y_0'$ vorgeschrieben ist.

Durch den Punkt $P_0 = (x_0, y_0)$ der Ebene gehen also unendlich viele Integralkurven von (9) in den verschiedenen, nur durch den Bereich $\mathfrak{B}$ eventuell beschränkten Richtungen y'. Zu jeder solchen Richtung durch P_0 liefert die Differentialgleichung (9) einen Wert von y'' und legt dadurch die Krümmung

$$\varkappa = \frac{y''}{\sqrt{(1 + y'^2)^3}}$$

der Integralkurve fest, die durch P_0 geht und dort die Richtung y' hat. An Stelle des Richtungsfeldes erhalten wir also hier ein sogenanntes *Krümmungsfeld*. Daraus ergibt sich wieder ein graphisches Näherungsverfahren zur Lösung der Differentialgleichung (9) bei gegebenen Anfangsbedingungen (x_0, y_0, y_0'): Man ermittelt nach den Formeln (Band II, § 13, 4)

$$\xi = x - \frac{1 + y'^2}{y''}\, y', \qquad \eta = y + \frac{1 + y'^2}{y''}$$

den Krümmungsmittelpunkt zum Punkt P_0, zur Richtung y_0' und zu dem sich aus der Differentialgleichung ergebenden Wert $y_0'' = f(x_0, y_0, y_0')$ der zweiten Ableitung, und geht auf dem damit bestimmten Krümmungskreis der Integralkurve ein kleines Stück weiter in einen Punkt P_1 mit den Koordinaten (x_1, y_1). Hat der Kreis dort die Richtung y_1' und ist $y_1'' = f(x_1, y_1, y_1')$, so kann man den Krümmungskreis in P_1 konstruieren, geht auf ihm wieder ein Stück weiter in einen Punkt P_2 usw.

Daß diese geometrische Deutung unter Umständen einigen Wert zur Ermittlung der Lösung einer Differentialgleichung haben kann, zeigt das Beispiel

$$y'' = 2\,\frac{(1 + y'^2)\,(x\,y' - y)}{x^2 + y^2}.$$

Für die Krümmungsmittelpunkte (ξ, η) der Integralkurven durch den Punkt (x, y) erhält man

$$\xi = \frac{(x^2 - y^2)\, y' - 2\, x\, y}{2\,(x\, y' - y)}, \quad \eta = \frac{x^2 - y^2 + 2\, x\, y\, y'}{2\,(x\, y' - y)}.$$

Eliminiert man aus diesen beiden Gleichungen y', so folgt für den Ort der Krümmungsmittelpunkte der Integralkurven durch $P = (x, y)$

$$2\, x\, \xi + 2\, y\, \eta = x^2 + y^2,$$

also die Gleichung einer Geraden, die nichts anderes ist als die Symmetrale der beiden Punkte $O = (0, 0)$ und P (sie hat die Richtung $-\dfrac{x}{y}$ und geht durch den Punkt $\xi = \dfrac{x}{2}$, $\eta = \dfrac{y}{2}$). Die Krümmungskreise aller Integralkurven durch P gehen also auch durch den Ursprung. Man sieht nun sofort ein, daß diese Kreise die Integralkurven durch P sind. Denn wenn wir einen dieser Kreise festhalten und P auf ihm wandern lassen, so ergibt sich stets derselbe Krümmungskreis, d. h. dieser Kreis „paßt" auf das Krümmungsfeld. Die sämtlichen Integralkurven unserer Differentialgleichung sind also die sämtlichen Kreise durch den Ursprung, und daher ist das allgemeine Integral

$$(x - a)^2 + (y - b)^2 = a^2 + b^2$$

mit den willkürlichen Konstanten a und b, was man leicht durch zweimalige Differentiation und Elimination von a und b bestätigen kann.

3. Existenz und Eindeutigkeit der Lösungen. Ich beschränke mich auf den Fall $n = 2$, also auf das System (6). Die beiden Funktionen f und g seien in dem Quader $\mathfrak{Q}$

$$|x - x_0| < a, \quad |y - y_0| < b, \quad |z - z_0| < b \tag{10}$$

(wobei auch $a = +\infty$, $b = +\infty$ sein kann) *stetig und beschränkt*, so daß in $\mathfrak{Q}$

$$|f(x, y, z)| \le A, \quad |g(x, y, z)| \le A \tag{11}$$

ist. Ferner mögen f und g eine *Lipschitzbedingung*, die hier die Gestalt

$$\left. \begin{aligned} |f(x, y_2, z_2) - f(x, y_1, z_1)| &\le M\,(|y_2 - y_1| + |z_2 - z_1|), \\ |g(x, y_2, z_2) - g(x, y_1, z_1)| &\le M\,(|y_2 - y_1| + |z_2 - z_1|) \end{aligned} \right\} \tag{12}$$

hat, für alle Punktepaare (x, y_1, z_1) und (x, y_2, z_2) von $\mathfrak{Q}$ erfüllen. Weiters sei

$$\alpha = \mathrm{Min}\left(a, \frac{b}{A}\right). \tag{13}$$

Ich konstruiere wieder mit Hilfe sukzessiver Approximationen eine Integralkurve $y = \varphi(x)$, $z = \psi(x)$, die in $|x - x_0| < \alpha$ definiert und stetig differenzierbar ist, der Anfangsbedingung $\varphi(x_0) = y_0$, $\psi(x_0) = z_0$ und in $|x - x_0| < \alpha$ den Identitäten

$$\varphi'(x) \equiv f(x, \varphi(x), \psi(x)), \quad \psi'(x) \equiv g(x, \varphi(x), \psi(x)) \tag{14}$$

genügt. Ich gehe dabei von zwei beliebigen, in $|x - x_0| < \alpha$ stetigen Funktionen $\varphi_0(x)$ und $\psi_0(x)$ aus, die der Anfangsbedingung

$$\varphi_0(x_0) = y_0, \quad \psi_0(x_0) = z_0$$

und den Ungleichungen

$$|\varphi_0(x) - y_0| < b, \quad |\psi_0(x) - z_0| < b$$

genügen. Insbesondere kann man $\varphi_0(x) \equiv y_0$, $\psi_0(x) \equiv z_0$ nehmen. Durch

$$\begin{aligned} \varphi_\nu(x) &= y_0 + \int_{x_0}^{x} f(x, \varphi_{\nu-1}(x), \psi_{\nu-1}(x))\, dx, \\ \psi_\nu(x) &= z_0 + \int_{x_0}^{x} g(x, \varphi_{\nu-1}(x), \psi_{\nu-1}(x))\, dx \end{aligned} \tag{15}$$

sind dann zwei Funktionenfolgen definiert, die in jedem abgeschlossenen Teilintervall von $|x - x_0| < \alpha$ absolut und gleichmäßig gegen die Grenzfunktionen $\varphi(x)$ und $\psi(x)$ konvergieren. Alle Funktionen $\varphi_\nu(x)$ und $\psi_\nu(x)$ sind dabei in $|x - x_0| < \alpha$ stetig differenzierbar und genügen der Anfangsbedingung $\varphi_\nu(x_0) = y_0$, $\psi_\nu(x_0) = z_0$.

Der Beweis ist völlig analog zu § 3, 2 und soll daher nur kurz angedeutet werden. Wegen (12) und (15) gilt

$$|\varphi_\nu(x) - \varphi_{\nu-1}(x)| = \left| \int_{x_0}^{x} [f(x, \varphi_{\nu-1}, \psi_{\nu-1}) - f(x, \varphi_{\nu-2}, \psi_{\nu-2})] \, dx \right| \le$$
$$\le M \left| \int_{x_0}^{x} [|\varphi_{\nu-1}(x) - \varphi_{\nu-2}(x)| + |\psi_{\nu-1}(x) - \psi_{\nu-2}(x)|] \, dx \right| \tag{16}$$

und eine entsprechende Abschätzung für $|\psi_\nu(x) - \psi_{\nu-1}(x)|$; ferner wird

$$|\varphi_1(x) - \varphi_0(x)| = |\varphi_1(x) - y_0| = \left| \int_{x_0}^{x} f(x, y_0, z_0) \, dx \right| \le A |x - x_0|$$

und daher wegen (16)

$$|\varphi_2(x) - \varphi_1(x)| \le 2 A M \frac{|x - x_0|^2}{2!}.$$

Allgemein gilt

$$|\varphi_\nu(x) - \varphi_{\nu-1}(x)| \le \frac{A}{2 M} \frac{(2 M |x - x_0|)^\nu}{\nu!}$$

und entsprechend

$$|\psi_\nu(x) - \psi_{\nu-1}(x)| \le \frac{A}{2 M} \frac{(2 M |x - x_0|)^\nu}{\nu!};$$

daher konvergieren die Reihen

$$y_0 + \sum_{\nu=1}^{\infty} [\varphi_\nu(x) - \varphi_{\nu-1}(x)] = \lim_{\nu \to \infty} \varphi_\nu(x) = \varphi(x),$$

$$z_0 + \sum_{\nu=1}^{\infty} [\psi_\nu(x) - \psi_{\nu-1}(x)] = \lim_{\nu \to \infty} \psi_\nu(x) = \psi(x)$$

absolut und gleichmäßig in jedem abgeschlossenen Teilintervall von $|x - x_0| < \alpha$. Für $\nu \to \infty$ wird aus (15) das System von zwei Integralgleichungen

$$\varphi(x) = y_0 + \int_{x_0}^{x} f(x, \varphi(x), \psi(x)) \, dx,$$

$$\psi(x) = z_0 + \int_{x_0}^{x} g(x, \varphi(x), \psi(x)) \, dx,$$

aus denen insbesondere die Existenz und Stetigkeit der Ableitungen $\varphi'(x)$ und $\psi'(x)$ unmittelbar zu entnehmen ist.

Es sei nun $\bar{\varphi}(x)$, $\bar{\psi}(x)$ eine zweite in $|x - x_0| < \alpha'$ stetige Lösung von (6) mit $\bar{\varphi}(x_0) = y_0$, $\bar{\psi}(x_0) = z_0$. Ich setze

$$D = \operatorname{Max} [|\bar{\varphi}(x) - \varphi(x)| + |\bar{\psi}(x) - \psi(x)|] \tag{17}$$

in $|x - x_0| \le \beta$, wo $\beta < \operatorname{Min}\left(\alpha, \alpha', \frac{1}{2 M}\right)$ ist. Dann ist nach (6) und (12)

$$|\bar{\varphi}'(x) - \varphi'(x)| = |f(x, \bar{\varphi}, \bar{\psi}) - f(x, \varphi, \psi)| \le M [|\bar{\varphi} - \varphi| + |\bar{\psi} - \psi|] \le M D$$

und daher

$$\left|\overline{\varphi}(x) - \varphi(x)\right| = \left|\int_{x_0}^{x} \left|\overline{\varphi}'(x) - \varphi'(x)\right| \, dx\right| \leqq M D \left|x - x_0\right| \leqq M D \beta < \frac{D}{2}.$$

Ebenso zeigt man

$$\left|\overline{\psi}(x) - \psi(x)\right| < \frac{D}{2}.$$

Nach (17) ist aber an mindestens einer Stelle x_1 mit $\left|x_1 - x_0\right| \leqq \beta$

$$\left|\overline{\varphi}(x_1) - \varphi(x_1)\right| + \left|\overline{\psi}(x_1) - \psi(x_1)\right| = D,$$

so daß in $\left|x - x_0\right| \leqq \beta$ die Identitäten $\overline{\varphi}(x) \equiv \varphi(x)$ und $\overline{\psi}(x) \equiv \psi(x)$ bestehen. Wie in § 3, 2, zeigt man, daß sie im ganzen Intervall $\left|x - x_0\right| < a$ gelten müssen. Wir haben also das *Existenztheorem für das System (6):*

Sind die beiden Funktionen $f(x, y, z)$ und $g(x, y, z)$ in dem Quader $\mathfrak{Q}$

$$\left|x - x_0\right| < a, \quad \left|y - y_0\right| < b, \quad \left|z - z_0\right| < b$$

stetig und beschränkt, erfüllen sie ferner in $\mathfrak{Q}$ eine Lipschitzbedingung, so existiert eine und nur eine in einem gewissen Intervall $\left|x - x_0\right| < \alpha \leqq a$ definierte und stetig differenzierbare Integralkurve $y = \varphi(x)$, $z = \psi(x)$ des Systems $y' = f(x, y, z)$, $z' = g(x, y, z)$, die durch den Punkt (x_0, y_0, z_0) hindurchgeht.

Wie in § 3, 3 folgt daraus die allgemeinere Fassung des Theorems:

Sind die beiden Funktionen $f(x, y, z)$ und $g(x, y, z)$ in einem beliebigen, nicht notwendig beschränkten Bereich $\mathfrak{B}$ stetig und erfüllen sie in jedem inneren Punkt von $\mathfrak{B}$ eine Lipschitzbedingung, so geht durch jeden inneren Punkt von $\mathfrak{B}$ eine und nur eine Integralkurve des Systems $y' = f(x, y, z)$, $z' = g(x, y, z)$.

Schließlich gilt über die Fortsetzbarkeit der Integralkurve:

Genügen die beiden Funktionen f und g den obigen Voraussetzungen, so läßt sich jede Integralkurve bis in beliebige Nähe des Randes von $\mathfrak{B}$ stetig differenzierbar fortsetzen.

Für eine Differentialgleichung

$$y'' = f(x, y, y') \tag{9}$$

zweiter Ordnung folgt daraus unmittelbar das *Existenztheorem:*

Ist die Funktion $f(x, y, z)$ in einem gewissen Bereich $\mathfrak{B}$ des x,y,z-Raums beschränkt und stetig und erfüllt sie in jedem inneren Punkt von $\mathfrak{B}$ eine Lipschitzbedingung

$$\left|f(x, y_2, z_2) - f(x, y_1, z_1)\right| \leqq M \left(\left|y_2 - y_1\right| + \left|z_2 - z_1\right|\right),$$

so gibt es zu jeder Anfangsbedingung x, y_0, $y_0' = z_0$ eine und nur eine, bis in beliebige Nähe des Randes von $\mathfrak{B}$ fortsetzbare und zweimal stetig differenzierbare Lösung $y = \varphi(x)$, für die $\varphi(x_0) = y_0$, $\varphi'(x_0) = y_0'$ ist.

Die Überlegungen von § 3, 4 bis 6 lassen sich unmittelbar auf Systeme und auf Gleichungen höherer Ordnung übertragen. Als wichtigstes Ergebnis vermerke ich, daß die Lösungen stetig von den rechten Seiten und von den Anfangsbedingungen abhängen und daß sie reguläre Funktionen sind, wenn die rechten Seiten der Differentialgleichungen reguläre Funktionen ihrer Argumente sind.

4. Näherungsverfahren. Die numerischen Verfahren zur Lösung einer Differentialgleichung erster Ordnung von § 4 lassen sich ebenfalls auf Systeme ohne weiteres übertragen, vor allem gilt das für das Verfahren der sukzessiven Approximationen und für die Reihenentwicklung. Die letztere läßt sich auch direkt für die Differentialgleichung zweiter Ordnung $y'' = f(x, y, y')$ verwenden, wenn f eine reguläre Funktion ihrer Argumente ist. Man setzt $y = \sum\limits_{\nu=0}^{\infty} c_\nu (x - x_0)^\nu$ mit zunächst unbestimmten Koeffizienten an; c_0 und c_1 ergeben sich aus den Anfangsbedingungen, und zwar ist $c_0 = y_0$, $c_1 = y_0'$. Entwickelt man f in eine (dreifache) Reihe nach Potenzen von $x - x_0$, $y - y_0$, $y' - y_0'$ und setzt

$$y - y_0 = \sum_{\nu=1}^{\infty} c_\nu (x - x_0)^\nu, \qquad y' - y_0' = \sum_{\nu=2}^{\infty} \nu\, c_\nu (x - x_0)^{\nu-1}$$

ein, so ergibt sich für die rechte Seite eine Reihenentwicklung $\sum\limits_{\nu=0}^{\infty} a_\nu (x - x_0)^\nu$, wobei die Koeffizienten a_ν von den c_ν abhängen. Einsetzen in die Differentialgleichung gibt dann

$$\sum_{\nu=2}^{\infty} \nu\,(\nu - 1)\, c_\nu (x - x_0)^{\nu-2} = \sum_{\nu=0}^{\infty} a_\nu (x - x_0)^\nu$$

und daraus durch Koeffizientenvergleich

$$(\nu + 1)\,(\nu + 2)\, c_{\nu+2} = a_\nu,$$

woraus man der Reihe nach für $\nu = 0, 1, 2, \ldots$ die Koeffizienten $c_2, c_3, \ldots$ erhält.

Beispiel: Es sei die *Besselsche Differentialgleichung*[1]

$$y'' + \frac{1}{x}\, y' + y = 0$$

vorgelegt. Der Ansatz[2]

$$y = \sum_{\nu=0}^{\infty} c_\nu x^\nu$$

führt wegen

$$\frac{1}{x}\, y' = \sum_{\nu=1}^{\infty} \nu\, c_\nu x^{\nu-2} = \frac{c_1}{x} + \sum_{\nu=0}^{\infty} (\nu + 2)\, c_{\nu+2}\, x^\nu, \quad y'' = \sum_{\nu=0}^{\infty} (\nu + 1)\,(\nu + 2)\, c_{\nu+2}\, x^\nu$$

auf

$$\frac{c_1}{x} + \sum_{\nu=0}^{\infty} \left[(\nu + 2)^2\, c_{\nu+2} + c_\nu \right] x^\nu = 0.$$

Also ist $c_1 = 0$ und $c_{\nu+2} = -\dfrac{c_\nu}{(\nu + 2)^2}$, $\nu = 0, 1, 2, \ldots$.

Ich nehme $c_0 = 1$ (der allgemeinere Ansatz $c_0 = A$ führt nur zu einer Multiplikation der Reihe mit der Konstanten A); das gibt eine Lösung

$$y_1 = J_0(x) = 1 - \frac{x^2}{2^2} + \frac{x^4}{2^2\, 4^2} - \frac{x^6}{2^2\, 4^2\, 6^2} + - \ldots = \sum_{\nu=0}^{\infty} \frac{(-1)^\nu\, x^{2\nu}}{2^2\, 4^2\, \ldots\, (2\nu)^2} =$$

$$= \sum_{\nu=0}^{\infty} \frac{(-1)^\nu}{(\nu!)^2} \left(\frac{x}{2} \right)^{2\nu}.$$

---

[1] Friedrich Wilhelm Bessel, geb. Minden 1784, gest. in Königsberg 1846, wirkte in Königsberg. Bahnbrechende astronomische und geodätische Untersuchungen.

[2] Hier wird an der Stelle $x = 0$ entwickelt, wo

$$f(x, y, y') = -\frac{1}{x}\, y' - y$$

nicht regulär ist; in einem solchen Fall *kann* der Ansatz zu einer Lösung führen, muß es aber nicht.

J_0 heißt die *Besselsche Funktion erster Art vom Index Null*. Über die zweite Lösung vgl. § 6, 4, Beispiel 2.

Für das Verfahren von RUNGE-KUTTA gebe ich wieder nur die Formeln ohne Begründung. Gesucht sei wieder eine Lösung $y = \varphi(x)$, $z = \psi(x)$ des Systems $y' = f(x, y, z)$, $z' = g(x, y, z)$ mit der Anfangsbedingung $\varphi(x_0) = y_0$, $\psi(x_0) = z_0$. Dann ist

$$\varphi(x_0 + h) = y_0 + \frac{1}{6}(k_1 + 2\,k_2 + 2\,k_3 + k_4),$$

$$\psi(x_0 + h) = z_0 + \frac{1}{6}(l_1 + 2\,l_2 + 2\,l_3 + l_4),$$

wobei

$$k_1 = h\,f(x_0, y_0, z_0), \qquad\qquad l_1 = h\,g(x_0, y_0, z_0),$$

$$k_2 = h\,f\!\left(x_0 + \frac{h}{2}, y_0 + \frac{k_1}{2}, z_0 + \frac{l_1}{2}\right), \qquad l_2 = h\,g\!\left(x_0 + \frac{h}{2}, y_0 + \frac{k_1}{2}, z_0 + \frac{l_1}{2}\right),$$

$$k_3 = h\,f\!\left(x_0 + \frac{h}{2}, y_0 + \frac{k_2}{2}, z_0 + \frac{l_2}{2}\right), \qquad l_3 = h\,g\!\left(x_0 + \frac{h}{2}, y_0 + \frac{k_2}{2}, z_0 + \frac{l_2}{2}\right),$$

$$k_4 = h\,f(x_0 + h, y_0 + k_3, z_0 + l_3), \qquad l_4 = h\,g(x_0 + h, y_0 + k_3, z_0 + l_3).$$

Wiederholt man das Verfahren dann mit den Anfangswerten $x_1 = x_0 + h$, $y_1 = \varphi(x_0 + h) = \varphi(x_1)$, $z_1 = \psi(x_0 + h) = \psi(x_1)$, so erhält man die Näherungswerte $\varphi(x_0 + 2\,h)$, $\psi(x_0 + 2\,h)$ der Lösungen an der Stelle $x_0 + 2\,h$ usw. Zur Fehlerabschätzung ist es auch hier empfehlenswert, das Verfahren mit der doppelten Intervallbreite zu wiederholen. Der Fehler des ersten Verfahrens ist dann rund $\dfrac{1}{15}$ der Differenz der beiden Resultate.

x	y	$-z$	$-\dfrac{z}{x}$	$+x\,y$	$-k = -\dfrac{h\,z}{x}$	$-l = +h\,x\,y$		
0·0	1·00000	0·00000	0·00000	0·00000	0·00000	0·00000	0·01000	0·01960
0·1	1·00000	00000	00000	0·10000	00000	0·02000	2000	4000
0·1	1·00000	0·01000	0·10000	10000	0·02000	2000	0·03000	0·05960
0·2	0·98000	02000	10000	19600	2000	3920	0·01000	0·01987
0·2	0·99000	0·01987	0·09933	0·19800	0·01987	0·03960	0·02955	0·05809
0·3	98007	03967	13222	29402	2644	5880	5929	11741
0·3	97678	04927	16423	29303	3285	5861	0·08884	0·17550
0·4	95715	07848	19620	38286	3924	7657	0·02961	0·05850
0·4	0·96039	0·07837	0·19592	0·38416	0·03918	0·07683	0·04827	0·09303
0·5	94080	11679	23358	47040	4672	9408	9688	18778
0·5	93703	12541	25082	46852	5016	9370	0·14515	0·28081
0·6	91023	17207	28678	54614	5736	10923	0·04838	0·09360
0·6	0·91201	0·17197	0·28662	0·54721	0·05732	0·10944	0·06555	0·12234
0·7	88335	22669	32384	61834	6477	12367	13157	24682
0·7	87963	23380	33400	61574	6680	12315	0·19712	0·36916
0·8	84521	29512	36890	67617	7378	13523	0·06571	0·12305
0·8	0·84630	0·29502	0·36878	0·67704	0·07376	0·13541	0·08089	0·14416
0·9	80942	36272	40302	72848	8060	14570	16235	29078
0·9	80600	36787	40876	72540	8175	14508	0·24324	0·43494
1·0	76455	44010	44010	76455	8802	15291	0·08108	0·14498
1·0	0·76522	0·44000	0·44000	0·76522	0·08800	0·15304	0·09384	0·15702
1·1	72122	51652	46956	79334	9391	15867	18833	31669
1·1	71826	51933	47212	79009	9442	15802	0·28217	0·47371
1·2	67080	59802	49835	80496	9967	16099	0·09406	0·15790
1·2	0·67116	0·59790						

Beispiel: Es sei die Differentialgleichung des obigen Beispiels

$$y'' + \frac{1}{x} y' + y = 0$$

für die Anfangswerte $x_0 = 0$, $y_0 = 1$, $y_0' = 0$ zu integrieren. Setzt man, etwas abweichend von dem oben gegebenen Ansatz, $z = x\,y'$, so wird $z' = x\,y'' + y' = -x\,y$, und man erhält an Stelle der obigen Gleichung das System

$$y' = \frac{z}{x}, \quad z' = -x\,y$$

und die Anfangswerte $x_0 = 0$, $y_0 = 1$, $z_0 = 0$. Wir nehmen $h = 0\cdot2$; den Gang der Rechnung gibt die vorstehende Tabelle[1].

Führt man dieselbe Rechnung mit der doppelten Intervallbreite $0\cdot4$ aus, so erhält man an der Stelle $x = 1\cdot2$ die Werte $y = 0\cdot67123$, $z = -0\cdot59715$. Demnach hat y an der Stelle $1\cdot2$ einen Fehler von etwa einer halben, z einen Fehler von etwa 5 Einheiten der letzten Stelle, wozu natürlich die Abrundungsfehler treten.

5. Elementar integrierbare Fälle. *Fehlt in der Differentialgleichung*

$$F(x, y, y', y'') = 0 \tag{18}$$

eine der beiden Variablen x oder y, so läßt sich die Gleichung auf eine Gleichung erster Ordnung zurückführen. Fehlt y, so setzt man $y' = z$ und erhält sofort eine Gleichung erster Ordnung für die Funktion $z(x)$. Fehlt x, so führt man y als unabhängige und $y' = z$ als abhängige Veränderliche ein; man erhält

$$y'' = \frac{dz}{dx} = \frac{dz}{dy}\frac{dy}{dx} = z\,\frac{dz}{dy},$$

also aus der Gleichung zweiter Ordnung $G(y, y', y'') = 0$ die Gleichung erster Ordnung $G\left(y, z, z\,\dfrac{dz}{dy}\right) = 0$.

Allgemeiner gilt, daß sich auf diese Art die Ordnung einer Differentialgleichung

$$F(x, y, y', \ldots, y^{(n)}) = 0 \tag{19}$$

um eins erniedrigen läßt, wenn x oder y fehlen.

Ist (18) in y, y', y'' *homogen* vom Grad k, so kann man an Stelle von (18)

$$y^k F\left(x, 1, \frac{y'}{y}, \frac{y''}{y}\right) = 0$$

schreiben; setzt man $y' = u\,y$, so wird $y'' = u'\,y + u\,y' = y\,(u' + u^2)$, und man erhält eine Gleichung erster Ordnung

$$F(x, 1, u, u' + u^2) = 0$$

für die Funktion $u(x)$. Ist $k > 0$, so tritt daneben noch $y = 0$ als Lösung auf. Im allgemeinen Fall (19) ergibt sich auf diese Art, wenn F homogen in y, y', $\ldots$, $y^{(n)}$ ist, eine Ordnungserniedrigung um eins.

Ferner gilt: *Kommt in (18) nur eine der drei Variablen x, y, y' vor, so läßt sich ihre Lösung durch Quadraturen ausdrücken.* Kommt nur x vor, so löst man $(F_{y''} \neq 0)$ nach y'' auf und erhält aus $y'' = f(x)$ durch zweimalige Integration das allgemeine Integral. Kommt nur y vor, so erhält man aus

$$y'' = f(y)$$

durch Multiplikation mit y'

$$y'\,y'' = f(y)\,y',$$

daraus

$$\frac{1}{2}\left(\frac{dy}{dx}\right)^2 = \int f(y)\,dy = \frac{1}{2}g(y) + \frac{1}{2}A$$

---

[1] Entnommen aus Runge-Kutta, Numerisches Rechnen, S. 313. Negative Vorzeichen sind aus Raumgründen in den Kopf der Tabelle genommen.

und weiter durch Trennung der Veränderlichen

$$x = \int \frac{dy}{\sqrt{g(y) + A}} + B.$$

Kommt schließlich nur y' vor, so erhält man aus $y'' = f(y')$ für $y' = z$

$$x = \int \frac{dz}{f(z)} = g(z) + A$$

oder $z = \varphi(x - A)$ und $y = \int \varphi(x - A)\, dx + B$.

Beispiel: $yy'' = 2\, y'^2$; $y' = z$ gibt $y\, z\, \dfrac{dz}{dy} = 2\, z^2$, also entweder $z = 0$, d. h. $y = C$ oder

$$\frac{dz}{z} = 2 \cdot \frac{dy}{y}, \quad z = -A\, y^2 = y', \quad \frac{dy}{y^2} = -A\, dx, \quad y = \frac{1}{A\, x + B}.$$

6. Die Differentialgleichung der Kettenlinie. In zwei Punkten O und A sei ein Seil (eine Kette) von der Länge l und dem konstanten Gewicht γ pro Längeneinheit befestigt. Wir versuchen, die Gestalt des Seiles zu ermitteln, die es unter dem Einfluß der Schwerkraft annimmt. Wir legen durch O und A eine senkrechte Ebene und wählen in ihr ein Cartesisches Koordinatensystem mit dem Ursprung in O und der y-Achse vertikal nach oben; (a, b) seien die Koordinaten von A. Ist $y = \varphi(x)$ die Gleichung der Kurve *(Kettenlinie)* $\mathfrak{C}$, die die Gestalt des Seiles wiedergibt, so muß

$$\varphi(0) = 0, \quad \varphi(a) = b \tag{20}$$

sein. Damit stoßen wir zum erstenmal auf eine Randwertaufgabe, bei der die Integralkurve nicht durch eine Anfangsbedingung, sondern durch Randbedingungen in der Weise festgelegt wird, daß sie durch zwei gegebene Punkte hindurchgehen soll. Solche Randwertaufgaben müssen durchaus nicht immer lösbar sein. In unserem Fall ist es allerdings aus physikalischen Gründen völlig klar, daß immer eine Lösung existiert, wenn nur die Bedingung $l \geqq \sqrt{a^2 + b^2}$ erfüllt ist. Neben (20) muß die Funktion $\varphi(x)$ noch die Bedingung

$$l = \int_0^a \sqrt{1 + y'^2}\, dx \tag{21}$$

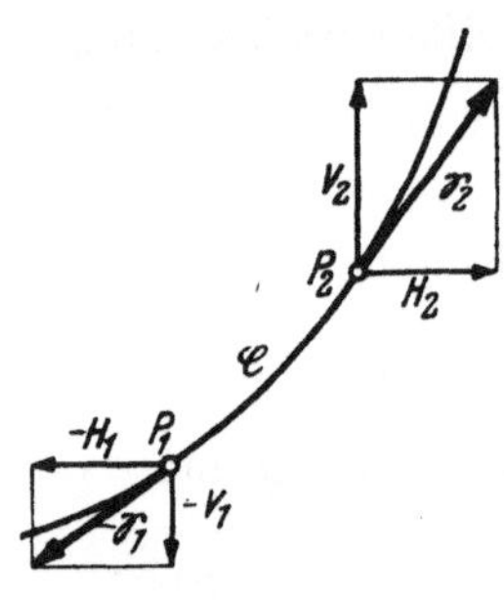

Abb. 15.

erfüllen. Das Gewicht des Seiles wird

$$G = \gamma\, l = \gamma \int_0^a \sqrt{1 + y'^2}\, dx.$$

Jedem Punkt P von $\mathfrak{C}$ ordnen wir eine *Spannung* $\mathfrak{S}$ zu als jene Kraft, die in P zur Erhaltung der Gestalt von $\mathfrak{C}$ zwischen O und P notwendig ist, wenn man das Seil in P zerschneidet. Diese Spannung $\mathfrak{S}$ hat die Richtung des Tangentenvektors von $\mathfrak{C}$ in P. Die Spannung in P, die das Stück von $\mathfrak{C}$ zwischen P und A im Gleichgewicht erhält, ist dann $-\mathfrak{S}$. Ich bezeichne ferner mit H und V die horizontale bzw. vertikale Projektion von $\mathfrak{S}$.

Es seien nun P_1 und P_2 zwei Punkte von $\mathfrak{C}$ mit den Koordinaten (x_1, y_1) bzw. (x_2, y_2). Das Stück von $\mathfrak{C}$ zwischen P_1 und P_2 wird im Gleichgewicht erhalten durch eine Spannung $-\mathfrak{S}_1$ mit den Projektionen $-H_1, -V_1$ in P_1 und eine Spannung $\mathfrak{S}_2$ mit den Projektionen H_2 und V_2 in P_2 (Abb. 15). Es gelten dann die Gleichgewichtsbedingungen

$$H_2 - H_1 = 0, \quad V_2 - V_1 = \gamma \int_{x_1}^{x_2} \sqrt{1 + y'^2}\, dx. \tag{22}$$

Aus der ersten Gleichung folgt, daß die Horizontalspannung H längs der ganzen Kurve $\mathfrak{C}$ konstant ist, aus der zweiten ergibt sich

$$\frac{V_2 - V_1}{x_2 - x_1} = \frac{\gamma}{x_2 - x_1} \int_{x_1}^{x_2} \sqrt{1 + y'^2}\, dx$$

und daraus für $x_2 \to x_1$

$$\frac{dV}{dx} = \gamma \sqrt{1 + y'^2},$$

wo die Koordinaten von P_1 jetzt mit (x, y) bezeichnet sind. Da $\mathfrak{S}$, wie erwähnt, tangential zu $\mathfrak{C}$ liegt, ist in jedem Punkt von $\mathfrak{C}$

$$V = H\,y'$$

und daher

$$y'' = \frac{\gamma}{H}\,\sqrt{1 + y'^2} = \lambda\,\sqrt{1 + y'^2}, \tag{23}$$

wo zur Abkürzung $\gamma = \lambda H$ gesetzt ist. Die Differentialgleichung (23) enthält neben y'' nur y' und ist daher nach Ziffer 5 durch Quadraturen lösbar. Ich setze $y' = z$, dann ist

$$z' = \lambda\,\sqrt{1 + z^2}$$

und

$$\int \frac{dz}{\sqrt{1 + z^2}} = \operatorname{arsh} z = \lambda\,x + A\,;$$

es folgt

$$z = \operatorname{sh}(\lambda\,x + A),$$

so daß

$$y = \int z\,dx = \frac{1}{\lambda}\,\operatorname{ch}(\lambda\,x + A) + B \tag{24}$$

das allgemeine Integral von (23) ist. Die Konstanten A und B sind nun so zu bestimmen, daß die Randbedingungen erfüllt sind:

$$\begin{aligned}
\operatorname{ch} A + \lambda\,B &= 0 \\
\operatorname{ch}(\lambda\,a + A) + \lambda\,B &= \lambda\,b.
\end{aligned} \tag{25}$$

Subtraktion gibt

$$2\,\operatorname{sh}\!\left(\frac{\lambda\,a}{2} + A\right) \operatorname{sh}\frac{\lambda\,a}{2} = \lambda\,b, \tag{26}$$

während aus (21) wegen (23)

$$\lambda\,l = \int_0^a y''\,dx = y'(a) - y'(0) = \operatorname{sh}(\lambda\,a + A) - \operatorname{sh} A$$

oder

$$2\,\operatorname{ch}\!\left(\frac{\lambda\,a}{2} + A\right) \operatorname{sh}\frac{\lambda\,a}{2} = \lambda\,l \tag{27}$$

folgt. Quadrieren und Subtrahieren von (26) und (27) gibt

$$4\,\operatorname{sh}^2\frac{\lambda\,a}{2} = \lambda^2\,(l^2 - b^2)$$

oder für $\dfrac{\lambda\,a}{2} = \varrho$

$$\frac{\operatorname{sh}\varrho}{\varrho} = \frac{1}{a}\,\sqrt{l^2 - b^2} > 1.$$

Da für $\varrho \geqq 0$ die Funktion $\dfrac{\operatorname{sh}\varrho}{\varrho}$ vom Wert 1 an monoton wächst, hat diese Gleichung genau eine Wurzel $\varrho = \varrho_0 > 0$. Daraus findet man zunächst $\lambda = \dfrac{2\,\varrho_0}{a}$ und damit die Horizontal-spannung $H = \dfrac{\gamma\,a}{2\,\varrho_0}$. Division von (26) und (27) gibt

$$\operatorname{th}(\varrho_0 + A) = \frac{b}{l} < 1$$

und daraus wegen der Monotonie von $\operatorname{th} x$ genau einen Wert $\varrho_0 + A \geqq 0$, daraus A und schließlich aus (25) die zweite Konstante B. Ist $b = 0$, so wird $A = -\dfrac{\lambda\,a}{2}$ und $\mathfrak{C}$ symmetrisch zur Geraden $x = \dfrac{a}{2}$.

Aufgaben.

1. Man leite aus folgenden Systemen erster Ordnung Differentialgleichungen· für bloß eine unbekannte Funktion her und löse diese:

a) $y' = e^z$, $z' = e^{-y}$;
b) $x\,y' - z = 0$, $1 + y' + z' = 0$.

2. Man löse durch sukzessive Approximationen:

a) $y' = (y + z)\, x$, $\quad z' = (y - x)\, z$; $\quad y(0) = 0$, $\quad z(0) = 1$;

b) $y'' + 3\, x\, y' - 6\, y = 0$, $\quad y(0) = 1$, $\quad y'(0) = 1$.

3. Man löse die Gleichungen von Aufgabe 2 durch Reihenentwicklung, 2 b auch durch sukzessive Differentiationen.

4. Man löse durch Reihenentwicklung:

a) $y'' + x\, y = 0$, $\quad y(0) = 1$, $\quad y'(0) = 0$;

b) $x\, y'' + (x + 1)\, y' + 2\, y = 0$, $\quad y(0) = 1$, $\quad y'(0) = -2$.

Man bestimme in beiden Fällen eine Rekursionsformel für die Koeffizienten der Reihenentwicklung.

5. a) $y'' = y'^2$, $\qquad$ b) $y'^2\, y''^2 - 3\, y'\, y'' + 2 = 0$,

$\quad$ c) $y'' = 2\, y^3$, $\qquad$ d) $y''\, y^3 = 1$,

$\quad$ e) $y'' = y\, y'$, $\qquad$ f) $y\, y'' = y'$.

§ 6. Die allgemeine lineare Differentialgleichung.

1. Allgemeines. Existenz der Lösungen. Eine Differentialgleichung n-ter Ordnung heißt *linear*, wenn sie in $y, y', \ldots, y^{(n)}$ linear ist. Sie kann dann in der Gestalt

$$y^{(n)} + f_1(x)\, y^{(n-1)} + \cdots + f_{n-1}(x)\, y' + f_n(x)\, y = h(x) \tag{1}$$

geschrieben werden. Die Koeffizienten $f_1(x), \ldots, f_n(x)$ und $h(x)$ seien in dem Intervall $a < x < b$ *stetig*. Ist $h(x) \equiv 0$ in (a, b), so heißt (1) *homogen*, sonst *inhomogen*. $h(x)$ wird oft als *Störungsfunktion* bezeichnet.

Für die linke Seite von (1) werde ich im folgenden oft die Abkürzung

$$L(y) = y^{(n)} + f_1(x)\, y^{(n-1)} + \cdots + f_{n-1}(x)\, y' + f_n(x)\, y \tag{2}$$

verwenden. L ist dabei als *linearer Differentialoperator n-ter Ordnung* anzusehen. Man kann in leichtverständlicher Symbolik

$$L = D^n + f_1(x)\, D^{n-1} + \cdots + f_{n-1}(x)\, D + f_n(x) \tag{3}$$

schreiben, wo D das Differentiationssymbol

$$D = \frac{d}{dx}$$

bedeutet. Gelegentlich werde ich, um die Ordnung der Differentialgleichung hervorzuheben, auch L_n statt L schreiben.

Eine wichtige Folgerung ergibt sich hier aus dem Existenztheorem von § 5, 3. Ich nehme zunächst den Fall $n = 2$. Da die Funktion $f(x, y, z)$ hier die besondere Gestalt

$$f(x, y, z) = -f_1(x)\, z - f_2(x)\, y + h(x)$$

hat und die Funktionen f_1, f_2 und h in (a, b) voraussetzungsgemäß stetig sind, ist der Bereich $\mathfrak{B}$ jetzt durch die Ungleichungen

$$a < x < b, \quad -\infty < y < +\infty, \quad -\infty < z < +\infty$$

gegeben. Da ferner die partiellen Ableitungen

$$f_y(x, y, z) = -f_2(x), \quad f_z(x, y, z) = -f_1(x)$$

in $\mathfrak{B}$ überall existieren und stetig sind, genügt $f(x, y, z)$ in jedem Punkt von $\mathfrak{B}$ einer Lipschitzbedingung. Es sind somit alle Voraussetzungen des Existenztheorems erfüllt und zu jeder Anfangsbedingung x_0, y_0, y_0', wo $a < x_0 < b$ sein muß, während y_0 und y_0' völlig willkürlich sind, existiert eine und nur eine

Integralkurve $y = \varphi(x)$ mit $\varphi(x_0) = y_0$, $\varphi'(x_0) = y_0'$. Dabei ist die Funktion $\varphi(x)$ im ganzen Intervall (a, b) definiert und zweimal stetig differenzierbar[1].

Die Verallgemeinerung für beliebige n liegt auf der Hand. Es gilt der allgemeine Existenz- und Eindeutigkeitssatz:

Sind die Funktionen $f_\nu(x)$, $\nu = 1, 2, \ldots, n$ und $h(x)$ in einem Intervall (a, b) stetig, so gibt es zu jedem System von Anfangswerten $x_0, b_0, b_1, \ldots, b_{n-1}$, die bis auf die Bedingung $a < x_0 < b$ völlig willkürlich wählbar sind, eine und nur eine Integralkurve $y = \varphi(x)$ der Differentialgleichung n-ter Ordnung

$$L_n(y) = y^{(n)} + f_1(x)\, y^{(n-1)} + \ldots + f_n(x)\, y = h(x),$$

die der Anfangsbedingung

$$\varphi^{(\nu)}(x_0) = b_\nu, \quad \nu = 0, 1, \ldots, n-1$$

genügt. Die Funktion $\varphi(x)$ ist dabei im Intervall (a, b) definiert und n-mal stetig differenzierbar.

Mitunter kann die Tatsache von Bedeutung sein, daß man — ähnlich wie man jedes Polynom auf eine „reduzierte Form" (Band I, § 37, 5) bringen kann — in einer linearen Differentialgleichung n-ter Ordnung stets das zweithöchste Glied durch eine einfache Substitution wegschaffen kann, vorausgesetzt, daß $f_1(x)$ in (a, b) eine stetige Ableitung $n-1$-ter Ordnung besitzt. Setzt man

$$y = u \exp\left(-\frac{1}{n} \int f_1\, dx\right) = u\, v,$$

so wird

$$y^{(n)} = u^{(n)}\, v + \binom{n}{1} u^{(n-1)}\, v' + \ldots + u\, v^{(n)} = u^{(n)} \exp\left(-\frac{1}{n} \int f_1\, dx\right) -$$

$$- f_1\, u^{(n-1)} \exp\left(-\frac{1}{n} \int f_1\, dx\right) + \binom{n}{2} u^{(n-2)}\, v'' + \ldots + u\, v^{(n)},$$

$$f_1\, y^{(n-1)} = f_1\, u^{(n-1)} \exp\left(-\frac{1}{n} \int f_1\, dx\right) + \binom{n-1}{1} f_1\, u^{(n-2)}\, v' + \ldots + f_1\, u\, v^{(n-1)}$$

usw. und daraus folgt

$$L(y) = [u^{(n)} + g_2(x)\, u^{(n-2)} + \ldots + g_n(x)\, u] \exp\left(-\frac{1}{n} \int f_1\, dx\right),$$

also die Differentialgleichung

$$u^{(n)} + g_2(x)\, u^{(n-2)} + \ldots + g_n(x)\, u = h(x) \exp\left(\frac{1}{n} \int f_1\, dx\right),$$

wo der Koeffizient $g_1(x)$ von $u^{(n-1)}$ in (a, b) identisch verschwindet. Die Koeffizienten $g_2, \ldots, g_n$ hängen mit den ursprünglichen Koeffizienten in einfacher Weise zusammen und sind wie diese in (a, b) stetig.

2. Lineare Abhängigkeit von Funktionen einer Veränderlichen. Die Wronskische Determinante. n Funktionen $y_1(x), y_2(x), \ldots, y_n(x)$ der Veränderlichen x, die in einem gemeinsamen Intervall (a, b) definiert sind, heißen in (a, b) *linear abhängig*, wenn es n Konstanten $C_1, C_2, \ldots, C_n$ gibt, die nicht alle gleich Null sind, so daß für alle x aus (a, b) die Identität

$$\boxed{C_1\, y_1(x) + \ldots + C_n\, y_n(x) \equiv 0} \tag{4}$$

besteht. Im anderen Fall, d. h. wenn die Identität (4) nur mit lauter verschwindenden Konstanten C_i zu erfüllen ist, heißen die $y_\nu(x)$ *linear unabhängig*.

---

[1] Aus § 5, 3 folgt zunächst nur, daß sich jede Lösung $y = \varphi(x)$ bis an den Rand von $\mathfrak{B}$ fortsetzen läßt. Das könnte hier auch so zu verstehen sein, daß $\lim\limits_{x \to \xi} \varphi(x) = \infty$ ist an einer Stelle ξ in (a, b); aus der gleichmäßigen Konvergenz der Reihe für $\varphi(x)$ (§ 5, 3) folgt aber unmittelbar, daß das nicht möglich ist.

Sind n Funktionen in (a, b) linear abhängig, so sind sie es auch in jedem Teilintervall von (a, b). Für linear unabhängige Funktionen besteht dagegen ein analoger Satz nicht; so sind z. B. $y_1 = x$, $y_2 = |x|$ in $(-\infty, +\infty)$ linear unabhängig, aber sowohl in $(-\infty, 0]$ als auch in $[0, +\infty)$ linear abhängig. Sind die n Funktionen $y_\nu(x)$ in (a, b) $n - 1$-mal differenzierbar, so folgt durch Differentiation von (4)

$$\left.\begin{array}{l} C_1\, y_1' + C_2\, y_2' + \cdots + C_n\, y_n' = 0, \\ \cdots\cdots\cdots\cdots\cdots\cdots\cdots\cdots\cdots\cdots \\ C_1\, y_1^{(n-1)} + C_2\, y_2^{(n-1)} + \cdots + C_n\, y_n^{(n-1)} = 0. \end{array}\right\} \tag{5}$$

(4) und (5) sind zusammen für jedes x aus (a, b) ein System von n homogenen linearen Gleichungen für die Konstanten C_ν, dessen Determinante

$$W(y_1, \ldots, y_n) = \begin{vmatrix} y_1 & y_2 & \cdots\, y_n \\ y_1' & y_2' & \cdots\, y_n' \\ \cdots\cdots\cdots\cdots\cdots\cdots\cdots \\ y_1^{(n-1)} & y_2^{(n-1)} & \cdots\, y_n^{(n-1)} \end{vmatrix} \tag{6}$$

die *Wronskische Determinante*[1] der Funktionen y_ν heißt. Sind die Funktionen y_ν in (a, b) linear abhängig, so hat das System (4), (5) für jedes x aus (a, b) eine nicht triviale Lösung C_ν, also ist $W \equiv 0$ in (a, b). Das Verschwinden der Wronskischen Determinante ist jedenfalls eine notwendige Bedingung für die lineare Abhängigkeit der $y_\nu(x)$. Daß sie nicht hinreicht, sieht man an dem Beispiel $(n = 2)$

$$y_1 = x^2, \quad y_2 = 0 \quad \text{für} \quad x \leqq 0,$$
$$y_1 = 0, \quad y_2 = x^2 \quad \text{für} \quad x \geqq 0;$$

die beiden Funktionen y_1 und y_2 sind in $(-\infty, +\infty)$ sicher linear unabhängig, obwohl $W(y_1, y_2)$ für alle x verschwindet.

3. Die Struktur der Lösungen der homogenen Gleichung. Ist C eine Konstante und sind $y(x)$ und $z(x)$ zwei n-mal stetig differenzierbare Funktionen, so folgen aus der Linearität des Operators L die beiden Relationen

$$L(C\, y) = C\, L(y) \tag{7}$$

und

$$L(y + z) = L(y) + L(z). \tag{8}$$

Ich bezeichne im folgenden mit $y_1(x)$, $y_2(x)$, $\ldots$, $y_p(x)$ irgendwelche (partikuläre) Lösungen der homogenen Gleichung $L(y) = 0$ und mit $C_1, C_2, \ldots, C_p$ beliebige Konstanten. Die Koeffizienten $f_1(x), f_2(x), \ldots, f_n(x)$ von $L(y)$ seien wie in Ziffer 1 in (a, b) stetig, die Lösungen $y_i(x)$ sind dann in (a, b) n-mal stetig differenzierbar. Aus (7) und (8) folgt allgemein

$$L(C_1\, y_1 + C_2\, y_2 \cdots + C_p\, y_p) = C_1\, L(y_1) + C_2\, L(y_2) + \cdots + C_p\, L(y_p),$$

d. h. *mit $y_i(x)$ ist auch*

$$y(x) = C_1\, y_1(x) + C_2\, y_2(x) + \cdots + C_p\, y_p(x) \tag{9}$$

---

[1] JAN HOENE-WRONSKI, geb. um 1775 in Posen, gest. 1853 in Paris, war Artillerieoffizier unter KOCSIUSKO und später Privatgelehrter.

eine Lösung von $L(y) = 0$. Es sei nun x_0 eine Stelle aus (a, b). Das System homogener linearer Gleichungen

$$\left.\begin{array}{l}
C_1\,y_1(x_0) + \cdots + C_p\,y_p(x_0) = 0, \\[4pt]
C_1\,y_1'(x_0) + \cdots + C_p\,y_p'(x_0) = 0, \\[4pt]
\cdots\cdots\cdots\cdots\cdots\cdots\cdots\cdots\cdots\cdots\cdots \\[4pt]
C_1\,y^{(n-1)}(x_0) + \cdots + C_p\,y_p^{(n-1)}(x_0) = 0
\end{array}\right\} \tag{10}$$

hat im Falle $p > n$ sicher eine *nichttriviale Lösung* $C_1, \ldots, C_p$. Die nach (9) mit diesen Werten der C_j gebildete Funktion $y(x)$ ist eine Lösung von $L(y) = 0$, und zwar genügt sie wegen (10) den Anfangsbedingungen $y^{(i)}(x_0) = 0$, $i = 0, 1, \ldots$ $\ldots, n-1$. Eine Lösung mit diesen Anfangsbedingungen ist auch $y \equiv 0$; wegen der Eindeutigkeit der Lösung zu gegebenen Anfangsbedingungen muß also $y(x) \equiv 0$ sein in (a, b). Aus (9) folgt aber dann, *daß je* p *Lösungen von* $L_n(y) = 0$ *im Fall* $p > n$ *linear abhängig sind*, d. h. es ist

$$C_1\,y_1(x) + \cdots + C_p\,y_p(x) \equiv 0 \ \text{ für } \ p > n \tag{11}$$

mit nicht durchwegs verschwindenden C_i.

Damit komme ich zum Fall $p = n$. Läßt sich zeigen, daß jede homogene Gleichung n-ter Ordnung $L_n(y) = 0$ genau n linear unabhängige Lösungen hat, so ist (9) mit $p = n$ und mit unbestimmten Konstanten C_i geschrieben, offenbar das *allgemeine Integral* von $L_n(y) = 0$, und zwar *im engeren Sinn* (§ 1, 4), da jede weitere (partikuläre) Lösung in der Form (9) darstellbar ist, weil ja nach dem eben bewiesenen Satz die $n + 1$ Lösungen $y, y_1, \ldots, y_n$ linear abhängig sein müssen.

Ich knüpfe zunächst an Ziffer 2 an. Ich habe dort gezeigt, daß das Verschwinden der Wronskischen Determinante W eines Systems von n beliebigen, nur $n - 1$-mal differenzierbaren Funktionen $y_i(x)$ eine notwendige, aber im allgemeinen nicht hinreichende Bedingung für die lineare Abhängigkeit der $y_i(x)$ ist. Sind die $y_i(x)$ aber Lösungen einer Gleichung $L_n(y) = 0$, so ist das Verschwinden von W nicht nur notwendig, sondern auch hinreichend für die lineare Abhängigkeit. Es gilt folgender Satz:

n Lösungen $y_i(x)$ einer homogenen Gleichung n-ter Ordnung $L_n(y) = 0$ sind dann und nur dann linear abhängig, wenn auch nur in einem Punkt x_0 von (a, b)

$$W(x_0) = 0 \tag{12}$$

ist; es ist dann stets

$$W(x) \equiv 0 \tag{13}$$

in (a, b).

Der Beweis ist einfach: Sind die $y_i(x)$ in (a, b) linear abhängig, so gilt (13), wie ich in Ziffer 2 gezeigt habe. Gilt umgekehrt (12), so hat das Gleichungssystem (10) mit $p = n$ eine nicht triviale Lösung C_i, für die (9) identisch verschwindet; denn in x_0 verschwindet (9), $p = n$, samt allen Ableitungen $n - 1$-ter Ordnung; zu diesen Anfangswerten gehört die Lösung $y_i(x) \equiv 0$, die nach dem Eindeutigkeitssatz auch die einzige ist. Es ist also

$$C_1\,y_1(x) + C_2\,y_2(x) + \cdots + C_n\,y_n(x) \equiv 0$$

in (a, b), woraus die lineare Abhängigkeit der $y_i(x)$ und somit wieder (13) folgt. *Es ist also in (a, b) für je n Lösungen von $L_n(y) = 0$ entweder überall $W \neq 0$ oder $W \equiv 0$.*

Diese Tatsache läßt sich mittels einer von LIOUVILLE entdeckten Relation in besonders sinnfälliger Weise zum Ausdruck bringen. Differenziert man $W(x)$, so erhält man zunächst eine Summe von n Determinanten, in denen jeweils die

Elemente einer Zeile von W durch ihre Ableitungen ersetzt sind. Alle Summanden mit Ausnahme des letzten enthalten aber dann zwei gleiche Zeilen und verschwinden, so daß

$$W'(x) = \begin{vmatrix} y_1(x) & \dots\dots & y_n(x) \\ y_1'(x) & \dots\dots & y_n'(x) \\ \dots\dots\dots\dots\dots \\ y_1^{(n-2)}(x) & \dots & y_n^{(n-2)}(x) \\ y_1^{(n)}(x) & \dots\dots & y_n^{(n)}(x) \end{vmatrix}$$

ist. In der letzten Zeile ersetze ich die $y_i^{(n)}$ durch die sich aus $L_n(y_i) = 0$ ergebenden Ausdrücke

$$y_i^{(n)} = - f_1(x)\, y_i^{(n-1)} - f_2(x)\, y_i^{(n-2)} - \dots - f_n(x)\, y_i,$$

multipliziere dann die i-te Zeile, $i = 1, 2, \dots, n-1$, von $W'(x)$ mit $f_{n-i+1}(x)$ und addiere sie alle zur n-ten Zeile. Das gibt

$$W'(x) = \begin{vmatrix} y_1(x) & \dots\dots & y_n(x) \\ y_1'(x) & \dots\dots & y_n'(x) \\ \dots\dots\dots\dots\dots\dots \\ y_1^{(n-2)}(x) & \dots\dots & y_n^{(n-2)}(x) \\ - f_1(x)\, y_1^{(n-1)}(x) & \dots & - f_1(x)\, y_n^{(n-1)}(x) \end{vmatrix} = - f_1(x)\, W(x),$$

d. h. die Wronskische Determinante genügt der linearen homogenen Differentialgleichung erster Ordnung

$$W' = - f_1(x)\, W,$$

deren allgemeines Integral nach § 2, 5

$$\boxed{W(y_1, \dots, y_n) = A \, \exp\left(- \int f_1(x)\, dx\right)} \tag{14}$$

mit der Integrationskonstanten A ist. Verschwindet W an einer Stelle x_0 von (a, b), so muß $A = 0$ und daher $W \equiv 0$ sein in (a, b).

Unmittelbar folgt daraus, daß n Lösungen $y_i(x)$ von $L_n(y)$ linear unabhängig sind — man spricht dann von einem *Fundamentalsystem* von Lösungen — wenn auch nur an einer Stelle (a, b) die Wronskische Determinante $W(y_1, \dots, y_n) \neq 0$ ist. Zum Nachweis der Existenz von Fundamentalsystemen konstruiere ich ein spezielles, das aus n Lösungen $\overset{0}{y}_i$ besteht, die zu den Anfangsbedingungen

$$x_0, \quad \overset{0}{y}_i{}^{(j-1)}(x_0) = \delta_{ij} \ (i, j = 1, 2, \dots, n) \tag{15}$$

gehören, wo δ_{ij}, das Kroneckersche Delta, durch $\delta_{ij} = 1$ für $i = j$, $\delta_{ij} = 0$ für $i \neq j$ definiert ist. Die Wronskische Determinante $W\big(\overset{0}{y}_1, \dots, \overset{0}{y}_n\big)$ hat somit an der Stelle x_0 den Wert

$$W\big(\overset{0}{y}_1(x_0), \dots, \overset{0}{y}_n(x_0)\big) = \mathrm{Det}\, \delta_{ij} = 1 \neq 0,$$

also *sind die* $\overset{0}{y}_i(x)$ *ein Fundamentalsystem* und

$$\boxed{y(x) = C_1\, \overset{0}{y}_1(x) + C_2\, \overset{0}{y}_2(x) + \dots + C_n\, \overset{0}{y}_n(x)} \tag{16}$$

mit unbestimmten Konstanten C_i ist das *allgemeine Integral* von $L_n(y) = 0$. Jede weitere (partikuläre) Lösung $\bar{y}(x)$ *ist in (16) enthalten* und ergibt sich aus (16) mit speziellen Werten der C_i. Den Beweis habe ich schon oben angedeutet; $n + 1$ Lösungen sind nach (11) linear abhängig, es ist

$$c\,\bar{y}(x) + c_1\,\overset{0}{y_1}(x) + \ldots + c_n\,\overset{0}{y_n}(x) \equiv 0;$$

hier muß aber $c \neq 0$ sein, weil die $\overset{0}{y_i}(x)$ linear unabhängig sind, also gilt (16) für $\bar{y}(x) = y(x)$ mit $C_i = -\dfrac{c_i}{c}$. Daraus folgt weiter, daß

$$y_i(x) = \sum_{j=1}^{n} C_{ij}\,\overset{0}{y_j}(x), \quad i = 1, 2, \ldots, n \tag{17}$$

ebenfalls *ein Fundamentalsystem* ist, wenn nur Det $C_{ij} \neq 0$ ist. Denn es ist

$$W(y_1, \ldots, y_n) = \mathrm{Det}\sum_{j=1}^{n} C_{ij}\,\overset{0}{y_j}{}^{(k-1)} = \mathrm{Det}\,C_{ij}\cdot\mathrm{Det}\,\overset{0}{y_j}{}^{(k-1)} =$$

$$= \mathrm{Det}\,C_{ij}\cdot W\!\left(\overset{0}{y_1}, \ldots, \overset{0}{y_n}\right) \neq 0.$$

Zu jeder Differentialgleichung $L_n(y) = 0$ gibt es unendlich viele Fundamentalsysteme. Je zwei dieser Fundamentalsysteme lassen sich durch eine homogene lineare Transformation (17) ineinander überführen. Den leicht zu erbringenden Nachweis der letzten Behauptung übergehe ich.

Sind umgekehrt n in einem Intervall (a, b) n-mal stetig differenzierbare Funktionen $y_1(x)$, $y_2(x)$, $\ldots$, $y_n(x)$ mit $W(y_1, y_2, \ldots, y_n) \neq 0$ gegeben, so gibt es *eine und nur eine Differentialgleichung $L_n(y) = 0$, für die die $y_i(x)$ ein Fundamentalsystem bilden*, und zwar ist

$$L_n(y) = \frac{W(y, y_1, \ldots, y_n)}{W(y_1, \ldots, y_n)} = 0. \tag{18}$$

Zum Beweis entwickle ich

$$W(y, y_1, \ldots, y_n) = \begin{vmatrix} y & y_1 & \ldots & y_n \\ y' & y_1' & \ldots & y_n' \\ \ldots & \ldots & \ldots & \ldots \\ y^{(n)} & y_1^{(n)} & \ldots & y_n^{(n)} \end{vmatrix} \tag{19}$$

nach den Elementen der ersten Spalte, von unten beginnend:

$$W(y, y_1, \ldots, y_n) = W(y_1, \ldots, y_n)\,y^{(n)} + W_1\,y^{(n-1)} + \ldots + W_n\,y. \tag{20}$$

Aus (19) entnimmt man, daß y_i eine Lösung von (18) ist, denn für $y = y_i$ enthält (19) zwei gleiche Spalten und verschwindet daher. Aus (20) folgt, daß der Koeffizient von $y^{(n)}$ in (18) gleich 1 ist, während die übrigen Koeffizienten $\dfrac{W_i}{W}$ stetige Funktionen von x sind. Gäbe es schließlich eine zweite, von (18) verschiedene Gleichung $L_n{}^*(y) = 0$ mit dem Fundamentalsystem $y_i(x)$, so wäre die Gleichung $L_n{}^*(y) - L_n(y) = (L_n{}^* - L_n)(y) = 0$ höchstens von der Ordnung $n - 1$, hätte aber n linear unabhängige Lösungen, was ein Widerspruch dazu wäre, daß eine Gleichung k-ter Ordnung nicht mehr als k linear unabhängige Lösungen haben kann.

Die Gleichung (18) ergibt sich natürlich auch nach § 1, 4 aus der n-parametrigen Kurvenschar

$$y = C_1\,y_1(x) + C_2\,y_2(x) + \ldots + C_n\,y_n(x)$$

durch n-malige Differentiation und Elimination der C_i. Faßt man die sich so ergebenden $n + 1$ Gleichungen als lineare homogene Gleichungen für die Unbekannten $-1, C_1, \ldots, C_n$ auf, so haben diese eine nicht triviale Lösung und ihre Determinante muß daher verschwinden; diese Determinante ist aber gerade $W(y, y_1, \ldots, y_n)$. Division durch den Koeffizienten $W(y_1, \ldots, y_n)$ von $y^{(n)}$ gibt dann gerade (18).

4. Integration der homogenen Gleichung. Reduktionsverfahren von d'Alembert. Zur tatsächlichen Berechnung von Integralen einer homogenen Differentialgleichung $L(y) = 0$ steht uns vor allem das Verfahren der sukzessiven Approximationen und, falls die Koeffizienten $f_i(x)$ analytische Funktionen sind, das Verfahren der Reihenentwicklung zur Verfügung. Ist das allgemeine Integral gesucht, so wird man zunächst, und zwar zweckmäßigerweise von den einfachen Anfangsbedingungen (15) ausgehend, ein Fundamentalsystem $\overset{0}{y}_i(x)$ ermitteln und hat dann in (16) das allgemeine Integral. Über zwei besondere, elementar integrierbare Fälle, nämlich die Gleichungen mit konstanten Koeffizienten und die Eulerschen Gleichungen, vgl. § 7.

Kennt man ein partikuläres Integral $y_1(x)$ von $L_n(y) = 0$, das in (a, b) nicht verschwindet, so kann man mit Hilfe des folgenden, von d'ALEMBERT angegebenen Verfahrens *die Ordnung von L_n um eine Einheit erniedrigen*. Man setzt

$$\boxed{y = y_1(x) \int u \, dx;} \qquad (21)$$

dann wird nach der Leibnizschen Produktformel (Band I, § 18, 4)

$$y^{(\nu)} = \sum_{\lambda = 0}^{\nu - 1} \binom{\nu}{\lambda} y_1^{(\lambda)} u^{(\nu - \lambda - 1)} + y_1^{(\nu)} \int u \, dx$$

und daher

$$L_n\left(y_1 \int u \, dx\right) = y_1 u^{(n-1)} + g_1(x) u^{(n-2)} + \cdots + g_{n-1}(x) u + L_n(y_1) \int u \, dx;$$

. hier ist voraussetzungsgemäß $L_n(y_1) = 0$, $y_1 \neq 0$ in (a, b) und daher

$$L_{n-1}(u) = \frac{1}{y_1} L_n\left(y_1 \int u \, dx\right) = 0 \qquad (22)$$

eine Differentialgleichung $n-1$-ter Ordnung für u. Kennt man noch ein zweites partikuläres Integral $y_2(x)$ von $L_n(y) = 0$, so ist $u_1 = \left(\frac{y_2}{y_1}\right)'$ ein partikuläres Integral von (22), so daß eine weitere Reduktion auf eine Differentialgleichung $n-2$-ter Ordnung möglich ist usw. Ist die ursprünglich gegebene Differentialgleichung von zweiter Ordnung und ist ein partikuläres Integral y_1 bekannt, so ist (22) eine lineare Differentialgleichung erster Ordnung, die nach § 2, 5 durch Quadraturen lösbar ist.

Beispiele: 1. Die Gleichung

$$L_2(y) = y'' + \frac{(2x + 1) y'}{2x(x + 1)} - \frac{y}{4x(x + 1)} = 0$$

hat das partikuläre Integral $y_1 = \sqrt{x}$, wie man durch Einsetzen bestätigt. Ich setze

$$y = \sqrt{x} \int u \, dx$$

und erhalte für u die homogene Gleichung erster Ordnung

$$2x(x + 1) u' + (4x + 3) u = 0.$$

Trennung der Veränderlichen und Integration gibt

$$u = \frac{1}{x\sqrt{x(x+1)}},$$

$$\int u\,dx = -2\sqrt{\frac{x+1}{x}},$$

so daß

$$y_2 = \sqrt{x+1}$$

ein zweites partikuläres Integral ist (von dem Faktor -2 kann abgesehen werden). Daher ist

$$y = A\sqrt{x} + B\sqrt{x+1}$$

mit den unbestimmten Konstanten A und B das allgemeine Integral von $L_2(y) = 0$. Die Koeffizienten von $L_2(y)$ sind in $(-\infty, -1)$, $(-1, 0)$, $(0, +\infty)$ stetig. y ist zwar für alle x stetig, aber y' und y'' sind in 0 und -1 unstetig.

2. Eine zweite Lösung der Besselschen Differentialgleichung (§ 5, 4, Beispiel) kann man ebenfalls mittels des Ansatzes $y_2 = u\,y_1$ bekommen; man findet die Differentialgleichung $(u' = v)$

$$v' + v\left(2\,\frac{y_1'}{y_1} + \frac{1}{x}\right) = 0,$$

also

$$v = \frac{1}{x\,y_1^2}$$

und

$$y_2 = Y_0(x) = y_1\int\limits_1^x \frac{dx}{x\,y_1^2} = y_1\ln x + \sum_{\nu=1}^{\infty} a_\nu\,x^{2\nu}.$$

Eine etwas umständlichere Rechnung gibt dann noch

$$a_\nu = \frac{(-1)^{\nu-1}\,x^{2\nu}}{2^2\,4^2\,\ldots\,(2\,\nu)^2}\left(1 + \frac{1}{2} + \ldots + \frac{1}{\nu}\right);$$

$Y_0(x)$ heißt die Besselsche Funktion zweiter Art vom Index Null. Über die *allgemeine Besselsche Differentialgleichung* $x^2\,y'' + x\,y' + (x^2 - n^2)\,y = 0$ und die zugehörigen Besselschen Funktionen vom (nicht notwendig ganzzahligen) Index n vgl. Band IV.

5. Das allgemeine Integral der inhomogenen Gleichung. Die Variation der Konstanten. Es sei jetzt die inhomogene Gleichung

$$L_n(y) = y^{(n)} + f_1(x)\,y^{(n-1)} + \ldots + f_n(x)\,y = h(x) \tag{23}$$

vorgelegt, die Koeffizienten und $h(x)$ seien in (a, b) stetig. Neben (23) betrachte ich noch die homogene Gleichung

$$L_n(\eta) = \eta^{(n)} + f_1(x)\,\eta^{(n-1)} + \ldots + f_n(x)\,\eta = 0. \tag{24}$$

(Es ist zweckmäßig, die Lösungen der homogenen Gleichung mit einem anderen Buchstaben zu bezeichnen als die der inhomogenen, wenn man beide Gleichungen gleichzeitig behandelt.) $\eta_1(x), \ldots, \eta_n(x)$ sei ein Fundamentalsystem von (24).

Es sei $y_0(x)$ ein partikuläres Integral von (23), also

$$L_n(y_0) = h(x)$$

und $\eta(x)$ irgendeine Lösung von (24), also $L_n(\eta) = 0$. Dann ist wegen (8)

$$L_n(y_0 + \eta) = L_n(y_0) + L_n(\eta) = h(x),$$

also ist $y_0 + \eta$ ebenfalls eine Lösung von (23). Nimmt man für η insbesondere das allgemeine Integral von (24)

$$\eta(x) = C_1\,\eta_1(x) + \ldots + C_n\,\eta_n(x), \tag{25}$$

so enthält $y_0 + \eta$ die n unbestimmten Konstanten $C_1, \ldots, C_n$. Es wird also offenbar

$$\boxed{y(x) = y_0(x) + \eta(x)} \tag{26}$$

bereits das allgemeine Integral von (23) sein, doch muß ich dazu noch nachweisen, daß jede weitere Lösung $\bar{y}_0(x)$ von (23) in (26) enthalten ist. Aus

$$L_n(\bar{y}_0) = h(x)$$

folgt

$$L_n(\bar{y}_0) - L_n(y_0) = L_n(\bar{y}_0 - y_0) = h(x) - h(x) = 0,$$

d. h. $\bar{y}_0 - y_0$ ist ein Integral von (24) und daher in (25) mit bestimmten Werten der C_i enthalten, also ist

$$\bar{y}_0 = y_0 + C_1\eta_1 + \cdots + C_n\eta_n,$$

was aber mit (26) übereinstimmt. Somit gilt gemäß (26):

Das allgemeine Integral der inhomogenen Gleichung ist die Summe von einem partikulären Integral der inhomogenen Gleichung und dem allgemeinen Integral der zugehörigen homogenen Gleichung.

Kennt man aber das allgemeine Integral der homogenen Gleichung, so läßt sich die Ermittlung eines partikulären Integrals der inhomogenen Gleichung auf bloße Quadraturen zurückführen, und zwar geschieht das, wie schon bei den linearen Gleichungen erster Ordnung in § 2, 5, mit Hilfe der Methode der *Variation der Konstanten.* Diese Methode besteht darin, daß man in (25) die Konstanten C_i durch Funktionen $u_i(x)$ der unabhängigen Veränderlichen x ersetzt, also für $y_0(x)$ den Ansatz

$$y_0(x) = u_1\eta_1 + u_2\eta_2 + \cdots + u_n\eta_n \tag{27}$$

macht und in die Differentialgleichung (23) einsetzt. Da sich auf diese Art nur *eine* Gleichung für die n Funktionen u_i ergibt, kann man $n-1$ weitere Gleichungen willkürlich hinzufügen, was man natürlich dazu benützen wird, die ganze Rechnung möglichst zu vereinfachen. Man differenziert (27) n-mal und setzt in y_0', y_0'', $\ldots$ $\ldots$, $y_0^{(n-1)}$ jeweils den Teil der sich auf der rechten Seite ergebenden Summe, der die Ableitungen u_i' der u_i enthält, gleich Null, so daß man schließlich auch für $L_n(y_0)$ einen Ausdruck erhält, der nur erste Ableitungen der u_i enthält. Die Rechnung gestaltet sich also so:

$$\left.\begin{aligned}
y_0' &= \sum u_i\eta_i', & \sum u_i'\eta_i &= 0, \\
y_0'' &= \sum u_i\eta_i'', & \sum u_i'\eta_i' &= 0, \\
&\cdots\cdots\cdots\cdots & &\cdots\cdots\cdots \\
y_0^{(n-1)} &= \sum u_i\eta_i^{(n-1)}, & \sum u_i'\eta_i^{(n-2)} &= 0, \\
y_0^{(n)} &= \sum u_i\eta_i^{(n)} + \sum u_i'\eta_i^{(n-1)}, & \sum u_i'\eta_i^{(n-1)} &= h(x).
\end{aligned}\right\} \tag{28}$$

Dabei ergibt sich die letzte Gleichung aus

$$L_n(y_0) = \sum u_i L_n(\eta_i) + \sum u_i'\eta_i^{(n-1)} = \sum u_i'\eta_i^{(n-1)} = h(x)$$

wegen $L_n(\eta_i) = 0$. Die Gleichungen in der zweiten Spalte von (28) sind ein System von nicht homogenen linearen Gleichungen für die Unbekannten u_i', dessen Determinante gerade die Wronskische Determinante $W(\eta_1, \eta_2, \ldots, \eta_n)$ des Fundamentalsystems η_i und daher sicher von Null verschieden ist. Die Gleichungen sind also eindeutig nach den u_i' auflösbar und geben

$$u_i' = \frac{W_i}{W}h(x),$$

wo[1]

$$W_i = (-1)^{n+i} W(\eta_1, \ldots, \eta_{i-1}, \eta_{i+1}, \ldots, \eta_n)$$

---

[1] Nach der Cramerschen Regel; die Zählerdeterminante bei u_i' entsteht aus W dadurch, daß man die i-te Spalte durch die rechten Seiten der Gleichungen ersetzt; da rechts aber **nur**

ist, und somit wird wegen (27)

$$y_0(x) = \sum_{i=1}^{n} \eta_i \int \frac{W_i}{W} h \, dx.$$

Beispiel: Gegeben sei die Differentialgleichung

$$y'' + \frac{(2x+1)\,y'}{2x(x+1)} - \frac{y}{4x(x+1)} = \frac{3(35x^2+5x+1)}{2\sqrt{x(x+1)}}.$$

Das allgemeine Integral der zugehörigen homogenen Gleichung ist (vgl. das Beispiel zu Ziffer 4)

$$\eta = A\sqrt{x} + B\sqrt{x+1}.$$

Ich setze also für ein partikuläres Integral der inhomogenen Gleichung

$$y_0 = u\sqrt{x} + v\sqrt{x+1},$$

das gibt für u' und v' die beiden Gleichungen

$$\sqrt{x}\,u' + \sqrt{x+1}\,v' = 0,$$

$$\sqrt{x+1}\,u' + \sqrt{x}\,v' = 3(35x^2+5x+1),$$

also

$$u' = 3(35x^2+5x+1)\sqrt{x+1}, \quad v' = -3(35x^2+5x+1)\sqrt{x}$$

und

$$u = 2\sqrt{(x+1)^3}\,(15x^2-9x+7), \quad v = -2\sqrt{x^3}\,(15x^2+3x+1).$$

Somit wird

$$y_0 = 2\sqrt{x(x+1)}\,(3x^2-3x+7)$$

und das allgemeine Integral

$$y = y_0 + \eta = 2\sqrt{x(x+1)}\,(3x^2-3x+7) + A\sqrt{x} + B\sqrt{x+1}.$$

Aufgaben.

1. $y'' + f(x)\,y' + g(x)\,y = 0$ in eine Differentialgleichung zu transformieren, in der die erste Ableitung der unbekannten Funktion fehlt.

2. Sind die Funktionen $x \ln x$, x, x^{-2} linear abhängig?

3. Mit Verwendung des Ergebnisses von Aufgabe 2 ermittle man die Differentialgleichung, der die genannten drei Funktionen genügen.

4. $x\,y''' - y'' + x\,y' - y = 0$ hat die Lösungen $y_1 = \cos x$, $y_2 = \sin x$. Wie lautet das allgemeine Integral?

5. $y'' = (1 + 2\tan^2 x)\,y$ hat die Lösung $y_1 = \dfrac{1}{\cos x}$. Wie lautet das allgemeine Integral?

6. Man löse — vgl. Aufgabe 4 —

$$x\,y''' - y'' + x\,y' - y = x^3$$

durch Variation der Konstanten.

7. $x\,y'' - (x+a+n)\,y' + n\,y = 0$ hat als Lösung ein Polynom $P(x)$ vom Grad n. Man bestimme $P(x)$ und das allgemeine Integral.

8. $x(1-x)\,y'' + \left(\dfrac{3}{2} - 2x\right)y' - \dfrac{1}{4}\,y = 0$ hat als Lösung $x^{-\frac{1}{2}}$; das allgemeine Integral ist zu ermitteln.

---

in der letzten Zeile nicht Null, sondern $h(x)$ steht, gibt die Entwicklung nach der i-ten Spalte $(-1)^{n+i}\,h(x)\,\overline{W}_i$, wo $\overline{W}_i$ aus W durch Streichung der letzten Zeile und i-ten Spalte entsteht, so daß $W_i = (-1)^{n+i}\,\overline{W}_i$ das algebraische Komplement von $\eta_i^{(n-1)}$ in W, und $\overline{W}_i$ die Wronskische Determinante $W(\eta_1, \ldots, \eta_{i-1}, \eta_{i+1}, \ldots, \eta_n)$ der $n-1$ Funktionen $\eta_1, \ldots \ldots, \eta_{i-1}, \eta_{i+1}, \ldots, \eta_n$ ist.

§ 7. Die lineare Differentialgleichung mit konstanten Koeffizienten.

1. Die homogene Gleichung. Es sei die Differentialgleichung n-ter Ordnung

$$L_n(y) = y^{(n)} + a_1\, y^{(n-1)} + \cdots + a_{n-1}\, y' + a_n\, y = 0 \tag{1}$$

mit konstanten Koeffizienten $a_1, a_2, \ldots, a_n$ vorgelegt. Aus dem Existenzsatz von § 6, 1 folgt, daß die Lösungen einer solchen Gleichung für alle x stetig, eindeutig und (mindestens) n-mal stetig differenzierbar sind. Unter allen Funktionen, die uns bisher bekanntgeworden sind, haben aber nur die Polynome, die Exponentialfunktionen und die aus ihnen abgeleiteten Funktionen, die Kreis- und Hyperbelfunktionen, diese Eigenschaft. Ein Polynom in x vom Grad n ist aber stets Lösung einer ganz speziellen Differentialgleichung der Gestalt (1), nämlich $y^{(n)} = 0$. Es ist also zu vermuten, daß die Lösungen von (1) entweder Exponentialfunktionen oder Produkte aus Exponentialfunktionen und Polynomen sind. Das bestätigt uns auch der Fall $n = 1$

$$y' + a\, y = 0$$

mit dem allgemeinen Integral

$$y = C\, e^{-a\, x}.$$

Ich versuche also, mit dem Ansatz $y = e^{r\, x}$, wo r zunächst unbestimmt ist, in die Gleichung (1) hineinzugehen. Das gibt

$$L_n(e^{r\, x}) = r^n e^{r\, x} + a_1 r^{n-1} e^{r\, x} + \cdots + a_{n-1} r\, e^{r\, x} + a_n e^{r\, x} = 0$$

oder

$$\boxed{L_n(e^{r\, x}) = e^{r\, x} P_n(r) = 0,} \tag{2}$$

wo

$$P_n(r) = r^n + a_1 r^{n-1} + \cdots + a_{n-1} r + a_n = 0 \tag{3}$$

eine algebraische Gleichung n-ten Grades für r ist, die als *charakteristische Gleichung* von (1) bezeichnet wird.

Ich nehme zunächst an, daß die Wurzeln $r_1, r_2, \ldots, r_n$ von (3) alle verschieden sind. Dann sind

$$y_1 = e^{r_1\, x}, \qquad y_2 = e^{r_2\, x}, \ldots, \qquad y_n = e^{r_n\, x} \tag{4}$$

n verschiedene Integrale von (1). Ich zeige, daß sie linear unabhängig sind und bilde zu diesem Zweck die Wronskische Determinante. Wegen $y_i^{(j)} = r_i^j e^{r_i\, x}$ wird

$$W(y_1, \ldots, y_n) = e^{-a_1 x}\, V, \tag{5}$$

wo $a_1 = -(r_1 + r_2 + \cdots + r_n)$ der Koeffizient von $y^{(n-1)}$ in (1) und V die sogenannte *Vandermondesche Determinante*

$$V = \begin{vmatrix} 1 & 1 & \ldots 1 \\ r_1 & r_2 & \ldots r_n \\ r_1^2 & r_2^2 & \ldots r_n^2 \\ \cdot & \cdot & \ldots \\ r_1^{n-1} & r_2^{n-1} & \ldots r_n^{n-1} \end{vmatrix} \tag{6}$$

der Wurzeln $r_1, r_2, \ldots, r_n$ ist. V ist in den r_i ein homogenes Polynom (Form) vom Grad $\binom{n}{2} = \dfrac{n(n-1)}{2}$ und in den r_i alternierend, d. h. jede Vertauschung zweier Zahlen r_i und r_k bewirkt einen Vorzeichenwechsel von V. Subtrahiert man die erste Spalte von allen folgenden, so entstehen in der ersten Zeile $n-1$ Nullen und in allen übrigen Zeilen Differenzen der Form $r_i^j - r_1^j$ ($j = 1, 2, \ldots, n-1$). Man kann also aus jeder Spalte einen Faktor $r_i - r_1$ herausheben, d. h. V enthält alle Faktoren

$$r_2 - r_1, \qquad r_3 - r_1, \qquad \ldots, \qquad r_n - r_1. \tag{7}$$

Hätte man in (6) die zweite Spalte von den übrigen subtrahiert, so hätten sich in gleicher Weise die Faktoren

$$r_1 - r_2, \qquad r_3 - r_2, \qquad \ldots, \qquad r_n - r_2$$

ergeben, von denen der erste schon in (7) vorkommt, während die übrigen neu sind, aber jedenfalls auch Faktoren von V sein müssen. Fährt man so fort, so kommt man schließlich zu der Feststellung, daß V alle Faktoren der Form $r_i - r_k$ mit $k < i$ enthalten muß, also selbst die Gestalt

$$\begin{aligned}
V = A\,(r_2 - r_1)\,(r_3 - r_1)\,(r_4 - r_1) \,\ldots\, (r_n - r_1) \\
\cdot (r_3 - r_2)\,(r_4 - r_2) \,\ldots\, (r_n - r_2) \\
\cdot (r_4 - r_3) \,\ldots\, (r_n - r_3) \\
\cdots\cdots\cdots\cdots\cdots \\
\cdot (r_n - r_{n-1})
\end{aligned} \tag{8}$$

hat. Jeder einzelne Faktor rechts ist — bis auf das noch unbestimmte A — eine spezielle Linearform in den r_i. Insgesamt stehen $\binom{n}{2}$ Faktoren da, also muß A eine Konstante sein, und zwar ist $A = 1$, wie man leicht überlegt, wenn man das Glied in der Hauptdiagonale von V, nämlich $r_2 r_3^2 r_4^3 \ldots r_n^{n-1}$, mit dem Produkt aller Minuenden in (8), nämlich $A\, r_2 r_3^2 r_4^3 \ldots r_n^{n-1}$, vergleicht. Solange alle Wurzeln verschieden sind, ist sicher $V \neq 0$, d. h. wegen (5) $W \neq 0$. Die n Integrale (4) bilden ein *Fundamentalsystem*, und das allgemeine Integral von (1) ist

$$\boxed{y = C_1 e^{r_1 x} + C_2 e^{r_2 x} + \ldots + C_n e^{r_n x}} \tag{9}$$

mit unbestimmten Konstanten C_i.

Die Wurzeln r_i können natürlich zum Teil oder alle imaginär sein, und zwar müssen sie, da die a_i reell sind, in konjugiert imaginären Paaren auftreten. Das gibt das überraschende Ergebnis, daß die reelle Differentialgleichung (1) imaginäre Lösungen haben kann, doch kann man die letzteren mit Hilfe der Eulerschen Gleichung

$$e^{jx} = \cos x + j \sin x$$

in eine reelle Form bringen. Es sei etwa $r_1 = \alpha + \beta j$, $r_2 = \alpha - \beta j$ ein Paar konjugiert imaginärer Wurzeln. Dann ist

$$e^{(\alpha \pm \beta j)x} = e^{\alpha x}(\cos \beta x \pm j \sin \beta x) = e^{\alpha x}\cos \beta x \pm j\, e^{\alpha x}\sin \beta x.$$

Aus $(L = L_n)$

$$L(e^{(\alpha \pm \beta j)x}) = L(e^{\alpha x}\cos \beta x) \pm j\, L(e^{\alpha x}\sin \beta x) = 0$$

folgt aber

$$L(e^{\alpha x}\cos \beta x) = 0, \qquad L(e^{\alpha x}\sin \beta x) = 0,$$

d. h. $e^{\alpha x}\cos \beta x$ und $e^{\alpha x}\sin \beta x$ *sind Lösungen von (1)*, durch sie kann man die konjugiert imaginären Lösungen $e^{(\alpha + \beta j)x}$ und $e^{(\alpha - \beta j)x}$ ersetzen. Man kommt so auf jeden Fall zu n linear unabhängigen *reellen* Lösungen von (1) und auch das allgemeine Integral (9) läßt sich damit in eine reelle Form bringen.

Es bleibt nur noch der Fall zu erledigen, daß die charakteristische Gleichung (3) mehrfache Wurzeln hat. Es sei etwa r_1 eine m-fache Wurzel von (3). Dann ist

$$P_n(r_1) = 0, \qquad P_n'(r_1) = 0, \qquad \ldots, \qquad P_n^{(m-1)}(r_1) = 0. \tag{10}$$

Aus (2) folgt durch Differentiation nach r

$$\frac{\partial}{\partial r}\, L(e^{r\,x}) = L\!\left(\frac{\partial}{\partial r}\, e^{r\,x}\right) = L(x\, e^{r\,x}) = x\, e^{r\,x}\, P_n(r) + e^{r\,x}\, P_n'(r) \tag{11}$$

und allgemein

$$\frac{\partial^k}{\partial r^k} L(e^{r\,x}) = L(x^k\, e^{r\,x}) = \sum_{\nu=0}^{k} \binom{k}{\nu} x^\nu\, e^{r\,x}\, P_n^{(k-\nu)}(r).$$

Gilt also (10), so ist

$$L(e^{r_1\,x}) = L(x\, e^{r_1\,x}) = \ldots = L(x^{m-1}\, e^{r_1\,x}) = 0$$

und *neben $e^{r_1\,x}$ sind auch*

$$x\, e^{r_1\,x}, \qquad x^2\, e^{r_1\,x}, \qquad \ldots, \qquad x^{m-1}\, e^{r_1\,x}$$

Integrale von (1); *sie sind linear unabhängig*, weil ein Polynom in x nur dann identisch verschwindet, wenn sämtliche Koeffizienten Null sind. Die Anzahl dieser Gleichungen ist gleich der Vielfachheit m der Wurzel r_1.

Gibt es mehrfache imaginäre Wurzeln $\alpha + \beta j$, so muß auch die konjugiert imaginäre Wurzel $\alpha - \beta j$ in derselben Vielfachheit auftreten, und man kann wie oben schließen, daß neben $e^{\alpha\,x} \cos\beta\, x$ und $e^{\alpha\,x} \sin\beta\, x$ auch $x^\nu\, e^{\alpha\,x} \cos\beta\, x$ und $x^\nu\, e^{\alpha\,x} \sin\beta\, x$, $\nu = 1, 2, \ldots, m-1$, Integrale von (1) sind, wenn $\alpha \pm \beta j$ m-fache Wurzeln von (3) sind. Auf diese Art sind wir in der Lage, auch bei mehrfachen reellen oder imaginären Wurzeln stets ein Fundamentalsystem der Differentialgleichung (1) anzugeben.

Beispiel: Zur Differentialgleichung

$$y^{(8)} - 5\, y^{(7)} + 11\, y^{(6)} - 17\, y^{(5)} + 21\, y^{(4)} - 19\, y''' + 13\, y'' - 7\, y' + 2\, y = 0$$

gehört die charakteristische Gleichung

$$r^8 - 5\, r^7 + 11\, r^6 - 17\, r^5 + 21\, r^4 - 19\, r^3 + 13\, r^2 - 7\, r + 2 = 0$$

mit den Wurzeln $\pm j$, $\pm j$, 1, 1, 1, 2, also ist

$$y = (C_1\, x + C_2) \cos x + (C_3\, x + C_4) \sin x + (C_5\, x^2 + C_6\, x + C_7)\, e^x + C_8\, e^{2\,x}$$

das allgemeine Integral.

2. Die inhomogene Gleichung. Da die Integration der homogenen Gleichung mit konstanten Koeffizienten in Ziffer 1 vollständig erledigt werden konnte, läßt sich die Integration einer inhomogenen Gleichung

$$L(y) = y^{(n)} + a_1\, y^{(n-1)} + \ldots + a_{n-1}\, y' + a_n\, y = h(x), \tag{12}$$

wo die Störungsfunktion $h(x)$ in einem Intervall (a, b) stetig ist, mit Hilfe der Methode der Variation der Konstanten von § 6, 5 stets auf Quadraturen zurückführen.

In einigen besonderen Fällen führt ein Ansatzverfahren, das durch die besondere Form der allgemeinen Lösung der homogenen Gleichung nahegelegt wird, wesentlich einfacher zum Ziel:

1. $h(x)$ sei ein Polynom vom Grad k

$$h(x) = c_0\, x^k + c_1\, x^{k-1} + \ldots + c_{k-1}\, x + c_k.$$

Da sich durch Differentiation eines Polynoms stets wieder ein Polynom ergibt (von einem jeweils um 1 kleineren Grad), wird ein partikuläres Integral von (12) in der Gestalt

$$y_0 = A_0 x^k + A_1 x^{k-1} + \ldots + A_k$$

anzusetzen sein; durch Einsetzen in (12) und Vergleich der Koeffizienten auf beiden Seiten lassen sich die A_ν eindeutig berechnen.

2. $h(x)$ habe die Gestalt

$$h(x) = P_k(x)\, e^{\alpha x},$$

wo $P_k(x)$ ein Polynom vom Grad k ist. Der Ansatz für y_0 ist

$$y_0 = (A_0 x^k + A_1 x^{k-1} + \ldots + A_k)\, e^{\alpha x}.$$

3. $h(x)$ habe die Gestalt

$$h(x) = P_h(x)\, \cos \alpha\, x + P_l(x)\, \sin \alpha\, x,$$

wo $P_h(x)$ und $P_l(x)$ Polynome in x vom Grad h bzw. l sind. Für y_0 hat man den Ansatz

$$y_0 = (A_0 x^k + A_1 x^{k-1} + \ldots + A_k)\, \cos \alpha\, x +$$
$$+ (B_0 x^k + B_1 x^{k-1} + \ldots + B_k)\, \sin \alpha\, x$$

zu machen, wobei jetzt k die größere (genauer: die nicht kleinere) der beiden Zahlen h und l ist.

Alle die oben erwähnten Fälle von Störungsfunktionen, denen durch ein Ansatzverfahren beizukommen ist, sind so beschaffen, daß sie ohne weiteres auch selbst partikuläre Integrale der homogenen Gleichung sein können. Ist das der Fall, dann versagt das Ansatzverfahren in der obigen Form. Doch kommt man immer noch zum Ziel, wenn man den Grad der Polynome erhöht. Ich zeige das nur für den Fall der Gleichung

$$L(y) = a\, e^{\alpha x}$$

mit $L(e^{\alpha x}) = 0$, d. h. $P(\alpha) = 0$. Wäre $P(\alpha) \neq 0$, so würde der Ansatz $y_0 = A\, e^{\alpha x}$ zum Ziel führen. Ich setze jetzt[1] $y_0 = A\, x\, e^{\alpha x}$ und finde wegen (11)

$$L(y_0) = A\, L(x\, e^{\alpha x}) = A\, [x\, e^{\alpha x}\, P(\alpha) + e^{\alpha x}\, P'(\alpha)] = a\, e^{\alpha x}.$$

Ist $P'(\alpha) \neq 0$, so folgt aus $P(\alpha) = 0$

$$A = \frac{a}{P'(\alpha)}.$$

Ist $P'(\alpha) = 0$, so ist α mindestens eine Doppelwurzel der charakteristischen Gleichung. Für eine k-fache Wurzel α hätte man

$$y = A\, x^k\, e^{\alpha x}$$

zu setzen.

Vereinfachungen lassen sich auch manchmal durch Benützung des folgenden, fast selbstverständlichen Satzes erzielen: Ist $h(x)$ eine Summe

$$h(x) = h_1(x) + h_2(x) + \ldots + h_m(x)$$

von m in (a, b) stetigen Funktionen und sind y_{0i} partikuläre Integrale der Differentialgleichungen

$$L(y) = h_i(x) \qquad (i = 1, 2, \ldots, m),$$

so ist

$$y_0 = \sum_{i=1}^{m} y_{0i}$$

ein partikuläres Integral von (12).

---

[1] Nicht $y_0 = (A\, x + B)\, e^{\alpha x}$, der Summand $B\, e^{\alpha x}$ wäre ja wieder ein Integral der homogenen Gleichung und ist daher überflüssig!

Beispiel: $y'' + y = 2\,x\,e^x + \cos x$; ich löse die drei Gleichungen

$$\eta'' + \eta = 0, \quad y_1'' + y_1 = 2\,x\,e^x, \quad y_2'' + y_2 = \cos x.$$

Das allgemeine Integral der ersten ist

$$\eta = C_1 \cos x + C_2 \sin x,$$

ein partikuläres Integral der zweiten ergibt sich aus dem Ansatz $y_{01} = (A\,x + B)\,e^x$ durch Einsetzen und Koeffizientenvergleich als

$$y_{01} = (x - 1)\,e^x;$$

in der dritten Gleichung ist aber die Störungsfunktion $\cos x$ ein partikuläres Integral der homogenen; ich setze also

$$y_{02} = A\,x \cos x + B\,x \sin x$$

und erhalte

$$y_{02}'' + y_{02} = -\,2\,A \sin x + 2\,B \cos x = \cos x,$$

also $A = 0$, $B = \dfrac{1}{2}$ und daher $y_{02} = \dfrac{1}{2}\,x \sin x$. Selbstverständlich führt auch die Methode der Variation der Konstanten, wenn auch etwas unbequemer, zum Ziel. Aus

$$y_{02} = u \cos x + v \sin x$$

folgen die Gleichungen

$$u' \cos x + v' \sin x = 0, \quad -\,u' \sin x + v' \cos x = \cos x,$$

daraus weiter

$$u' = -\sin x \cos x, \quad v' = \cos^2 x,$$

also

$$u = \frac{1}{4} \cos 2\,x, \quad v = \frac{x}{2} + \frac{1}{4} \sin 2\,x$$

und

$$y_{02} = \frac{1}{4} \cos x + \frac{x}{2} \sin x,$$

wo man aber $\dfrac{1}{4} \cos x$ als Lösung der homogenen Gleichung weglassen kann. Das allgemeine Integral der gegebenen Gleichung wird daher

$$y = \eta + y_{01} + y_{02} = C_1 \cos x + C_2 \sin x + (x - 1)\,e^x + \frac{x}{2} \sin x.$$

3. Die Eulersche Gleichung. Es handelt sich hier um eine lineare Differentialgleichung mit nicht konstanten Koeffizienten, die sich aber durch eine einfache Substitution auf eine Gleichung mit konstanten Koeffizienten zurückführen läßt. Ich schreibe sie in der Gestalt

$$x^n\,y^{(n)} + a_1\,x^{n-1}\,y^{(n-1)} + \cdots + a_{n-1}\,x\,y' + a_n\,y = g(x), \qquad (13)$$

die für $x \neq 0$ durch Division durch x^n sofort in die in § 6 verwendete allgemeine Gestalt der linearen Differentialgleichung mit dem Koeffizienten 1 bei $y^{(n)}$ übergeht. Die Substitution $(x > 0)$

$$t = \ln x \qquad (14)$$

führt (13) über in eine Gleichung mit konstanten Koeffizienten. Zum Nachweis beachte man

$$\frac{dy}{dx} = \frac{dy}{dt}\frac{dt}{dx} = \frac{dy}{dt}\frac{1}{x},$$

$$\frac{d^2 y}{dx^2} = \frac{d^2 y}{dt^2}\frac{1}{x^2} - \frac{dy}{dt}\frac{1}{x^2} = \left(\frac{d^2 y}{dt^2} - \frac{dy}{dt}\right)\frac{1}{x^2}$$

usw. Man kann also vermuten, daß die ν-te Ableitung von der Form

$$\frac{d^\nu y}{dx^\nu} = \varphi_\nu\!\left(\frac{d^\nu y}{dt^\nu},\ \frac{d^{\nu-1} y}{dt^{\nu-1}},\ \ldots,\ \frac{dy}{dt}\right)\frac{1}{x^\nu} \qquad (15)$$

sein wird, wo φ_ν eine lineare Funktion ihrer Argumente mit konstanten Koeffizienten ist. Nochmalige Differentiation nach x gibt

$$\frac{d^{\nu+1}y}{dx^{\nu+1}} = \frac{d\varphi_\nu}{dt} \cdot \frac{1}{x^{\nu+1}} - \nu\,\varphi_\nu\,\frac{1}{x^{\nu+1}} = \left(\frac{d\varphi_\nu}{dt} - \nu\,\varphi_\nu\right)\frac{1}{x^{\nu+1}} =$$

$$= \varphi_{\nu+1}\left(\frac{d^{\nu+1}y}{dt^{\nu+1}}, \ldots, \frac{dy}{dt}\right)\frac{1}{x^{\nu+1}}.$$

Das ist aber wieder eine Gleichung von derselben Gestalt wie (15); ist φ_ν eine lineare Funktion mit konstanten Koeffizienten, so ist es auch $\dfrac{d\varphi_\nu}{dt}$ und ebenso die Differenz $\dfrac{d\varphi_\nu}{dt} - \nu\,\varphi_\nu$. Es resultiert also wirklich eine Differentialgleichung

$$\frac{d^n y}{dt^n} + b_1 \frac{d^{n-1}y}{dt^{n-1}} + \ldots + b_n\, y = g(e^t) \tag{16}$$

mit konstanten Koeffizienten b_i, die lineare Funktionen der Koeffizienten a_i in (13) sind. Der Ansatz $\eta = e^{rt}$ für die homogene Gleichung

$$\frac{d^n \eta}{dt^n} + b_1 \frac{d^{n-1}\eta}{dt^{n-1}} + \ldots + b_n\,\eta = 0 \tag{17}$$

geht wegen (14) über in den Ansatz $\eta = x^r$ für die zu (13) gehörige homogene Gleichung

$$x^n \frac{d^n \eta}{dx^n} + a_1\,x^{n-1}\frac{d^{n-1}\eta}{dx^{n-1}} + \ldots + a_n\,\eta = 0;$$

wegen $\eta^{(\nu)} = r\,(r-1)\,\ldots\,(r-\nu+1)\,x^{r-\nu}$ erhält man

$$x^r\,[r\,(r-1)\,\ldots\,(r-n+1) + a_1 r\,(r-1)\,\ldots\,(r-n+2) + \ldots + a_n] = x^r P(r) = 0$$

oder wegen $x^r \neq 0$

$$P(r) = 0, \tag{18}$$

was genau mit der charakteristischen Gleichung von (17) übereinstimmt. Hat sie n verschiedene Wurzeln $r_1, \ldots, r_n$, so bilden die partikulären Integrale x^{r_i} ein Fundamentalsystem und das allgemeine Integral der homogenen Gleichung ist

$$\eta = C_1\,x^{r_1} + C_2\,x^{r_2} + \ldots + C_n\,x^{r_n}.$$

Imaginäre Wurzeln treten wieder in konjugierten Paaren auf. Ist $\alpha \pm i\,\beta$ ein solches Paar imaginärer Wurzeln von (18), so kann man die zugehörigen partikulären Integrale in der reellen Form

$$x^\alpha \cos(\beta \ln x), \quad x^\alpha \sin(\beta \ln x)$$

schreiben. Eine m-fache Wurzel r von (18) gibt die m Lösungen

$$x^r, \quad \frac{\partial x^r}{\partial r} = x^r \ln x, \quad \frac{\partial^2 x^r}{\partial r^2} = x^r\,(\ln x)^2, \ldots, \quad \frac{\partial^{m-1}x^r}{\partial r^{m-1}} = x^r\,(\ln x)^{m-1}.$$

Beispiel: Es sei die Gleichung

$$x^3\,y''' - 3\,x^2\,y'' + 7\,x\,y' - 8\,y = x^2$$

vorgelegt. Der Ansatz $\eta = x^r$ gibt die charakteristische Gleichung

$$r^3 - 6\,r^2 + 12\,r - 8 = (r-2)^3 = 0$$

mit der dreifachen Wurzel $r = 2$. Also ist

$$\eta = x^2\,[A + B \ln x + C\,(\ln x)^2]$$

das allgemeine Integral der homogenen Gleichung. Für das partikuläre Integral der inhomogenen Gleichung können wir nach der Bemerkung am Schluß von Ziffer 2 den Ansatz

$$y_0 = A x^2 (\ln x)^3$$

machen, der auf $6 A x^2 = x^2$, also $A = \dfrac{1}{6}$ führt und das allgemeine Integral

$$y = \eta + y_0 = x^2 \left[A + B \ln x + C (\ln x)^2 + \frac{1}{6} (\ln x)^3 \right]$$

gibt.

Aufgaben.

Es sind die allgemeinen Integrale der folgenden Gleichungen anzugeben:

1. a) $y'''' + 4 y = 0$,
   b) $y'''' + 2 y'' + y = 0$.

2. a) $y'' + 2 y' + y = x^2$,
   b) $y''' - y'' + y' - y = 2 e^x - 4 \cos x$,
   c) $y'' + 3 y' + 2 y = \dfrac{1}{1 + e^x}$,
   d) $y'' + y = \cot x$.

3. a) $y'' + 4 y = x \cos 2 x$,
   b) $y'' - 2 y' + y = (1 + x + x^2) e^x$
   c) $y''' - y' = e^x$.

4. a) $y'' - y' = x \sin x$,
   b) $y'' + y = \sin 2 x$,
   c) $y'' - 4 y' + 4 y = x^2$,
   d) $y'' + 13 y' + 40 y = 0$,
   e) $y'' + 6 y' + 34 y = 0$.

5. a) $y'' - 3 y' + 2 y = e^{2 x}$,
   b) $y'' - y = e^x$,
   c) $y'' + y = 5 \sin x$.

6. a) $x^2 y'' + x y' + 4 y = 0$,
   b) $x^3 y''' + x^2 y'' - 6 x y' + 6 y = x^4 \sin x$,
   c) $x y''' - y'' + x y' - y = 0$.

§ 8. Die Schwingungsgleichung.

1. Mechanische Schwingungen. Die linearen Differentialgleichungen zweiter Ordnung spielen in den physikalischen Anwendungen eine bedeutende Rolle. Das hängt einerseits damit zusammen, daß das Newtonsche Grundgesetz (§ 1, 3)

$$K_i = m \ddot{x}_i \tag{1}$$

ein System von Differentialgleichungen zweiter Ordnung ist und anderseits mit dem Satz vom Vektorparallelogramm, demzufolge sich mehrere auf einen Punkt wirkende Kräfte additiv zu einer Resultierenden zusammensetzen. Ich nehme ein einfaches, aber prinzipiell sehr wichtiges Beispiel: Ein Punkt mit der Masse m bewege sich auf einer Geraden. Auf ihn wirke eine von der Zeit abhängige äußere Kraft $f(t)$, ferner eine elastische Kraft, die den Punkt in die Ruhelage $x = 0$ zurückzuführen sucht, dem Abstand von dieser proportional ist und daher die Form $- k x$ hat, und schließlich eine Reibungskraft, die zur Geschwindigkeit proportional ist und daher die Form $- r \dot{x}$ hat ($k \geqq 0, r \geqq 0$). Dann folgt aus (1) für $K_1 = K$, $K_2 = K_3 = 0$, $x_1 = x$, $x_2 = x_3 = 0$

$$m \ddot{x} = K = f(t) - k x - r \dot{x}$$

oder

$$m \ddot{x} + r \dot{x} + k x = f(t),$$

also eine lineare Differentialgleichung zweiter Ordnung mit konstanten Koeffizienten, die als *Schwingungsgleichung* bezeichnet wird. Ich setze zur Vereinfachung

$$\frac{r}{m} = 2\,a \gtreqless 0, \quad \frac{k}{m} = b \gtreqless 0, \quad \frac{1}{m}\,f(t) = h(t);$$

dann geht die Gleichung über in

$$\ddot{x} + 2\,a\,\dot{x} + b\,x = h(t). \tag{2}$$

Ist $h(t) = 0$, so spricht man von einer *freien*, sonst von einer *erzwungenen Schwingung*. Die allgemeine Lösung von (2) hat die Form

$$x(t) = \xi(t) + x_0(t), \tag{3}$$

wo

$$\xi(t) = e^{-a t}\,(C_1\,e^{\sqrt{a^2-b}\,t} + C_2\,e^{-\sqrt{a^2-b}\,t}) \tag{4}$$

die allgemeine Lösung der homogenen Gleichung

$$\ddot{\xi} + 2\,a\,\dot{\xi} + b\,\xi = 0$$

und $x_0(t)$ irgendeine partikuläre Lösung von (2) ist. Anfangsbedingungen zur Bestimmung der Konstanten C_1 und C_2 können wir stets in der Form annehmen, daß zur Zeit $t = 0$ die Werte $x(0)$ und $\dot{x}(0)$, also Lage und Geschwindigkeit des Punktes gegeben sind.

Ist die Diskriminante

$$D = a^2 - b$$

der charakteristischen Gleichung

$$r^2 + 2\,a\,r + b = 0$$

positiv, $D > 0$, so stellt (4) keine Schwingung, sondern einen aperiodisch abklingenden Vorgang dar, d. h. es ist

$$\lim_{t \to \infty} \xi(t) = 0;$$

man beachte dabei, daß die beiden Exponenten $(-a + \sqrt{a^2-b})\,t$ und $(-a - \sqrt{a^2-b})\,t$ beide negativ sind, wenn $t > 0$ ist. Dasselbe gilt, wenn $D = 0$ ist; die charakteristische Gleichung hat dann die Doppelwurzel $r = -a$, und an Stelle von (4) tritt

$$\xi(t) = e^{-a t}(C_1\,t + C_2).$$

Der Fall $D \geqq 0$ kann nur eintreten, wenn $a = \dfrac{r}{2\,m} \geqq \sqrt{\dfrac{k}{m}}$ ist, wenn also die Reibung genügend groß ist.

Der wichtigste Fall ist also der mit $D < 0$; ich schreibe dann (4) in der reellen Form

$$\xi(t) = e^{-a t}(A \cos \beta t + B \sin \beta t) = C\,e^{-a t}\sin(\beta t + \gamma), \tag{5}$$

wo $\beta = \sqrt{b - a^2} > 0$ ist und A, B bzw. C, γ die Integrationskonstanten sind. Die Lösung $\xi(t)$ der homogenen Gleichung stellt jetzt eine Sinusschwingung mit der Frequenz β, der Phasenverschiebung γ und der Amplitude $C\,e^{-a t}$ dar, d. h. die Amplituden der Schwingungen nehmen ab, wenn $a > 0$ ist und sind konstant im Fall $a = 0$. Im ersten Fall spricht man von einer *gedämpften Schwingung*, im zweiten Fall, wo die Reibungskraft Null ist, von einer *ungedämpften Schwingung*; wegen $a = 0$ ist $\beta = \sqrt{b}$ die Frequenz der ungedämpften Schwingung.

Bei einer erzwungenen Schwingung tritt zu der Lösung (5) der homogenen Gleichung nach (3) noch eine partikuläre Lösung $x_0(t)$ der vollständigen Gleichung hinzu. Ist die Störungsfunktion $h(t)$ selbst eine periodische Funktion — dieser Fall ist für die Anwendungen von besonderer Wichtigkeit —, so ist, wie ich in Ziffer 3 zeigen werde, $x_0(t)$ ebenfalls periodisch und stellt daher ebenso wie (5) einen Schwingungsvorgang dar. Beide überlagern sich gemäß (3); während aber (5) nach einiger Zeit (wenn $a > 0$ ist) praktisch abgeklungen ist, geht die Schwingung $x_0(t)$ ungeändert weiter. Man bezeichnet deshalb $x_0(t)$ oft auch als die *stationäre Lösung* und den komplizierteren Schwingungsvorgang, der sich gemäß (3) und (5) von $t = 0$ an für kleinere Werte von t abspielt, als *Einschwingvorgang*.

2. Elektrische Schwingungen. Es sei ein elektrischer Schwingungskreis, bestehend aus einer Selbstinduktion L, einer Kapazität (Kondensator) C und einem Ohmschen Widerstand R gegeben, der von einer Stromquelle (z. B. einem Wechselstromgenerator) gespeist wird (Abb. 16). Die (vom Generator) erzeugte elektromotorische Kraft sei E, der Strom im Kreis i. Dann gilt nach der Kirchhoffschen Spannungsregel für den Kreis

$$E + U_L + U_C + U_R = 0,$$

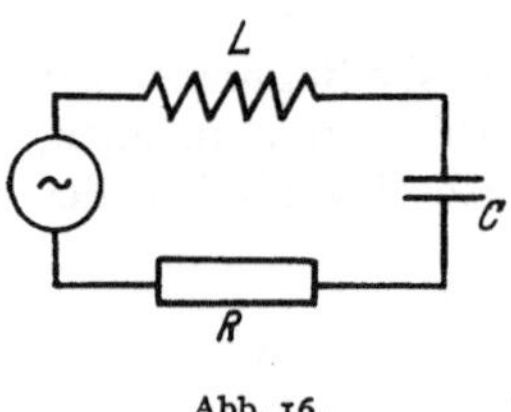

Abb. 16.

wo U_L, U_C, U_R die Spannungen an der Selbstinduktion L, am Kondensator C und am Widerstand R sind. Nun gilt bekanntlich[1]

$$U_R = -Ri, \quad U_L = -L\frac{di}{dt}, \quad U_C = -\frac{1}{C}\int i\,dt;$$

mit Hilfe dieser Beziehungen kann man entweder alle Spannungen durch den Strom i ausdrücken oder aber alle Spannungen bis auf eine, z. B. $u = U_C$, eliminieren. Im ersten Fall erhält man

$$E - L\frac{di}{dt} - \frac{1}{C}\int i\,dt - Ri = 0$$

oder durch Differentiation nach t

$$\frac{d^2i}{dt^2} + \frac{R}{L}\frac{di}{dt} + \frac{1}{CL}i = \frac{1}{L}\frac{dE}{dt}. \tag{6}$$

Im zweiten Fall erhalten wir aus $i = -C\frac{du}{dt}$, $U_R = CR\frac{du}{dt}$, $U_L = CL\frac{d^2u}{dt^2}$.

$$\frac{d^2u}{dt^2} + \frac{R}{L}\frac{du}{dt} + \frac{1}{CL}u = -\frac{E}{CL},$$

also eine Differentialgleichung mit denselben Koeffizienten, aber einer anderen Störungsfunktion. Die Diskussion von (6) entspricht völlig der von (2). Die Dämpfung des Kreises ist durch den Ohmschen Widerstand R, die Störungsfunktion durch die aufgedrückte Spannung E gegeben. Ist R entsprechend groß, so gibt die Lösung der homogenen Gleichung keine Schwingung, sondern einen aperiodisch abklingenden Strom (oder Spannung). (6) geht für

$$\frac{R}{L} = 2a, \quad \frac{1}{CL} = b, \quad \frac{1}{L}\frac{dE}{dt} = h(t)$$

in (2) über.

---

[1] Im Kondensator ist der Strom proportional der Abnahme der Ladung, also $i = -\dfrac{dQ}{dt}$, die Ladung Q ist aber $Q = CU_C$, also ist $i = -C\dfrac{dU_C}{dt}$ oder $U_C = -\dfrac{1}{C}\int i\,dt$.

3. Periodische Störungsfunktionen. $h(t)$ lasse sich durch eine gleichmäßig konvergente Fourierreihe darstellen, also

$$h(t) = \frac{1}{2} a_0 + \sum_{v=1}^{\infty} (a_v \cos v\, t + b_v \sin v\, t). \tag{7}$$

Es sei nun y_v ein Integral der Differentialgleichung

$$\ddot{y}_v + 2\, a\, \dot{y}_v + b\, y_v = a_v \cos v\, t + b_v \sin v\, t, \quad v = 1, 2, \ldots,$$

bzw.

$$\ddot{y}_0 + 2\, a\, \dot{y}_0 + b\, y_0 = \frac{a_0}{2}.$$

Das gibt

$$y_0 = \frac{a_0}{2\, b}$$

und

$$y_v = A_v \cos v\, t + B_v \sin v\, t;$$

für die Koeffizienten A_v und B_v erhält man nach einfacher Rechnung

$$A_v = -\frac{(v^2 - b)\, a_v + 2\, a\, v\, b_v}{(v^2 - b)^2 + 4\, a^2\, v^2}, \qquad B_v = \frac{2\, a\, v\, a_v - (v^2 - b)\, b_v}{(v^2 - b)^2 + 4\, a^2\, v^2}.$$

Wenn die Reihe

$$y = \sum_{v=0}^{\infty} y_v$$

samt ihren ersten und zweiten Ableitungen gleichmäßig konvergiert, so stellt sie ein partikuläres Integral der Differentialgleichung (2) mit der Störungsfunktion (7) dar. Ich nehme an, daß $h(t)$ in $[-\pi, +\pi]$ stückweise glatt, d. h. stückweise stetig und stetig differenzierbar ist. Dann ist nach Band II, § 6 die Fourierreihe (7) absolut und gleichmäßig konvergent. Ferner habe ich in Band II, § 6, 4 gezeigt, daß die Reihen

$$\sum_{v=0}^{\infty} a_v \quad \text{und} \quad \sum_{v=0}^{\infty} b_v$$

absolut konvergieren. Ich setze nun mit $\varrho_v > 0$

$$v^2 - b = \varrho_v \cos \varphi_v,$$

$$2\, a\, v = \varrho_v \sin \varphi_v.$$

Dann wird

$$\varrho_v^2 = (v^2 - b)^2 + 4\, a^2\, v^2$$

gerade der Nenner in den obigen Ausdrücken für A_v und B_v. ϱ_v^2 ist ein Polynom vierten Grades in v, und es gibt sicher eine positive Zahl M, so daß, wenigstens von einem gewissen v an[1]

$$\varrho_v > M\, v^2$$

---

[1] Es ist

$$\varrho_v^2 = v^4 + 2\, (2\, a^2 - b)\, v^2 + b^2 > v^4,$$

wenn $b \leqq 2\, a^2$ ist; ist aber $b > 2\, a^2$, so wird

$$\varrho_v^2 > v^4 - 2\, (b - 2\, a^2)\, v^2 = v^2\, (v^2 - 2\, b + 4\, a^2) > \frac{1}{4}\, v^4,$$

wenn $v^2 - 2\, b + 4\, a^2 > \frac{1}{4}\, v^2$, also $v^2 > \frac{8}{3}\, (b - 2\, a^2)$ ist.

ist. Es wird dann

$$A_\nu = - \frac{1}{\varrho_\nu} \left(a_\nu \cos \varphi_\nu + b_\nu \sin \varphi_\nu \right),$$

$$B_\nu = \frac{1}{\varrho_\nu} \left(a_\nu \sin \varphi_\nu - b_\nu \cos \varphi_\nu \right),$$

daher

$$|A_\nu| \leqq \frac{1}{\varrho_\nu} \left(|a_\nu| + |b_\nu| \right) < \frac{|a_\nu| + |b_\nu|}{M \, \nu^2}$$

und

$$|B_\nu| < \frac{|a_\nu| + |b_\nu|}{M \, \nu^2},$$

also

$$|y_\nu| < |A_\nu| + |B_\nu| < 2 \, \frac{|a_\nu| + |b_\nu|}{M \, \nu^2}.$$

Es ist also nicht nur die Reihe $y = \sum y_\nu$, sondern auch die Reihen

$$\dot{y} = \sum \dot{y}_\nu = \sum \left(\nu \, B_\nu \cos \nu \, t - \nu \, A_\nu \sin \nu \, t \right)$$

und

$$\ddot{y} = \sum \ddot{y}_\nu = - \sum \left(\nu^2 \, A_\nu \cos \nu \, t + \nu^2 \, B_\nu \sin \nu \, t \right)$$

in $[-\pi, \pi]$ absolut und gleichmäßig konvergent.

4. Die Resonanzkurve. Ich lege der weiteren Diskussion wieder die Gleichung (2) zugrunde, nehme aber an, daß die Störungsfunktion jetzt die spezielle Form

$$h(t) = c \sin \omega \, t$$

hat, also eine reine Sinusschwingung mit der Kreisfrequenz ω darstellt. Man kann diese Form aus der etwas allgemeineren

$$h(t) = c \sin (\omega \, t + \delta) \tag{8}$$

stets durch eine Verschiebung des Nullpunktes der Zeitzählung $\omega \, t + \delta = \omega \, \bar{t}$ erreichen. (2) lautet dann

$$\ddot{x} + 2 \, a \, \dot{x} + b \, x = c \sin \omega \, t. \tag{9}$$

Für die stationäre Lösung, d. h. für das partikuläre Integral $x_0(t)$ von (9) machen wir nach § 7, 2 den Ansatz

$$x_0(t) = A \sin \omega \, t + B \cos \omega \, t$$

und finden

$$A = \frac{(b - \omega^2) \, c}{(b - \omega^2)^2 + 4 \, a^2 \, \omega^2}, \qquad B = \frac{-2 \, a \, \omega \, c}{(b - \omega^2)^2 + 4 \, a^2 \, \omega^2},$$

also

$$x_0(t) = \frac{c}{(b - \omega^2)^2 + 4 \, a^2 \, \omega^2} \left[(b - \omega^2) \sin \omega \, t - 2 \, a \, \omega \cos \omega \, t \right]$$

oder

$$x_0(t) = \frac{c}{\sqrt{(b - \omega^2)^2 + 4 \, a^2 \, \omega^2}} \sin (\omega \, t - \gamma) = c \, V \sin (\omega \, t - \gamma); \tag{10}$$

dabei ist

$$\gamma = \arctan \frac{2 \, a \, \omega}{b - \omega^2}$$

die *Phasenverschiebung* von $x_0(t)$ gegenüber $h(t)$ und

$$V = \frac{1}{\sqrt{(b - \omega^2)^2 + 4 \, a^2 \, \omega^2}}$$

der *Verzerrungsfaktor*, der die Veränderung der Amplitude von $x_0(t)$ gegenüber der Amplitude c von $h(t)$ angibt. Die Frequenzen der Störungsfunktion (aufgeprägten Schwingung) und der stationären Lösung $x_0(t)$ stimmen überein, was schließlich schon aus Ziffer 3 zu entnehmen war.

Für eine Reihe wichtiger physikalischer und technischer Aufgaben ist die Untersuchung des Verzerrungsfaktors V von größter Bedeutung. Da wir c von ω unabhängig angenommen haben, werden in der „Erregerschwingung" $h(t)$ die verschiedenen Frequenzen ω stets dieselbe Amplitude c haben; V hängt aber von ω ab, also werden die Schwingungen der physikalischen Anordnung, z. B. des elektrischen Schwingungskreises, dessen physikalische Eigenschaften sich in der Differentialgleichung (9) ausdrücken, frequenzabhängige Amplituden haben. Das ist aber, wenn es sich um die Übertragung akustischer Schwingungen durch mechanische oder elektrische Systeme handelt, eine höchst unangenehme Eigenschaft, die sich in unerwünschten Lautstärke-verschiebungen oder Verzerrungen — daher der Name Verzerrungsfaktor — äußert. Glücklicherweise ist das menschliche Ohr gegenüber Lautstärkeschwankungen nicht übermäßig empfindlich, so daß es durch geeignete Wahl der Apparatekonstanten a und b gelingt, V wenigstens für die hörbaren Frequenzen, die etwa zwischen 50 und

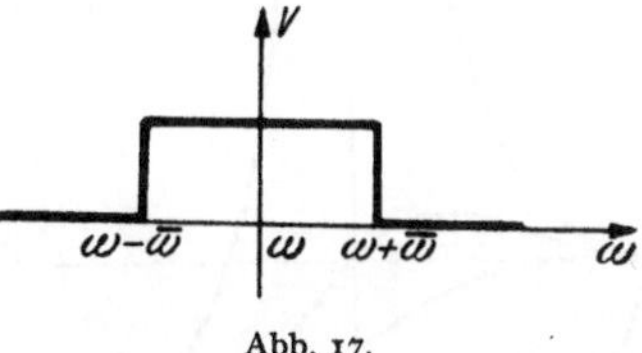

Abb. 17.

20000 Hertz liegen (oder ω zwischen 310 und 25000), praktisch konstant zu halten. Ein etwas anders geartetes Problem tritt auf der Hochfrequenzseite der Rundfunkempfänger auf. Bekanntlich strahlt ein Rundfunksender eine niederfrequent „modulierte", d. h. von niederfrequenten (akustischen) Schwingungen überlagerte hochfrequente Trägerwelle aus. Die Überlagerung ergibt Kreisfrequenzen zwischen $\omega - \bar\omega$ und $\omega + \bar\omega$, wenn ω die Trägerwelle und $\bar\omega$ die höchste akustische Frequenz ist. Man hat hier, um möglichst viele Rundfunksender im Bereich der Mittelwellen von 200 bis 600 m, d. h. $1{\cdot}5 \cdot 10^6$ bis $5 \cdot 10^5$ Hertz (oder ω zwischen $9{\cdot}4 \cdot 10^6$ und $3{\cdot}1 \cdot 10^6$) unterzubringen, auf den internationalen Konferenzen $\bar\omega$ sehr stark, auf weniger als ein Viertel des eigentlich erforderlichen Wertes reduziert. Auf jeden Fall ergibt sich ein vom Sender ausgestrahltes Frequenzband einer gewissen Breite, das vom Empfänger gleichmäßig aufgenommen und verstärkt werden soll, während alle Frequenzen außerhalb des Bandes soweit als möglich zu unterdrücken sind. Der ideale Empfänger hat also eine Resonanzkurve der in Abb. 17 gezeigten Gestalt, wenn er auf die Trägerfrequenz ω eingestellt ist.

Allgemein bezeichnet man als *Resonanzkurve* die Kurve mit der Gleichung

$$V = V(\omega) = \frac{1}{\sqrt{(b - \omega^2)^2 + 4\,a^2\,\omega^2}}. \tag{11}$$

Die sogenannte *Eigenfrequenz* ω_1 des Systems, d. h. die Frequenz bei freien Schwingungen, ergibt sich aus der Lösung (5) der zugehörigen homogenen Gleichung als

$$\omega_1 = \sqrt{b - a^2}.$$

Ist die Dämpfung (Reibung, Ohmscher Widerstand) $a = 0$, so ist

$$\omega_0 = \sqrt{b}$$

die *Eigenfrequenz des ungedämpften Systems*. Über den Verlauf von (11) lassen sich zunächst die folgenden einfachen Aussagen machen: Es ist

$$\lim_{\omega \to \infty} V(\omega) = 0,$$

und zwar verschwindet $V(\omega)$ im Unendlichen von der Größenordnung $\frac{1}{\omega^2}$, da der Ausdruck unter der Wurzel ein Polynom vierten Grades ist. Ferner ist

$$V(0) = \frac{1}{b},$$

d. h. bei einer erregenden Kraft von der Periode $\omega = 0$ und der Amplitude 1[1], also bei einer konstanten Kraft vom Betrag 1, wird sich das schwingende System

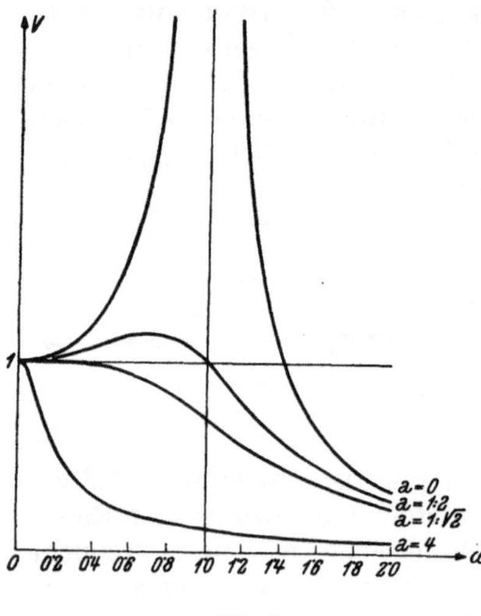

Abb. 18.

auf einen bestimmten konstanten, zu $\frac{1}{b}$ proportionalen Wert einstellen. Wir fragen uns weiter nach einem eventuellen Extremum von V. Da $V'(\omega)$ nur dann verschwindet, wenn die Ableitung des Radikanden verschwindet, ergibt sich als notwendige Bedingung

$$(-b + \omega^2 + 2\,a^2)\,\omega = 0,$$

also entweder $\omega = 0$ oder $\omega = \omega_2 = \sqrt{b - 2\,a^2}$. ω_2 ist nur reell, wenn $b - 2\,a^2 \geq 0$ ist. Der Wert des Extremums ist also entweder $V(0) = \frac{1}{b}$ oder

$$V(\omega_2) = \frac{1}{2\,a\,\sqrt{b - a^2}} = \frac{1}{2\,a\,\omega_1}.$$

Bei einem ungedämpften Schwingungssystem $(a = 0)$ ist V an der Stelle ω_2 unstetig, und das ist der eigentliche Fall der *Resonanz* schlechthin; die Störungsfunktion ist ein Integral der homogenen Gleichung. Bei geringer Dämpfung wird V an der Stelle ω_2 ein sehr ausgeprägtes Maximum haben, das mit wachsendem a immer flacher wird und ganz verlorengeht, wenn $a = \sqrt{\dfrac{b}{2}}$ ist. Die Abb. 18 zeigt den Verlauf von $V(\omega)$ unter der Annahme $b = 1$ für verschiedene Werte von a; die Kurven mit $0 < a \leq \dfrac{1}{\sqrt{2}}$ haben ein Maximum an der Stelle $\omega = \omega_2$ und ein Minimum an der Stelle $\omega = 0$, die Kurven mit $a \geq \dfrac{1}{\sqrt{2}}$ ein Maximum an der Stelle $\omega = 0$.

Man sieht aus der Abbildung, daß die Kurven mit $a = \dfrac{1}{\sqrt{2}}$ und $a = \dfrac{1}{2}$ für kleinere Werte von ω angenähert horizontal verlaufen, also eine gute Verzerrungsfreiheit geben. Kommt es aber überhaupt nicht auf Verzerrungsfreiheit an, wie z. B. bei Telegraphieempfängern, so wird man durch den Aufbau möglichst verlustfreier Kreise, bei denen a klein ist, einen möglichst großen Wert des Maximums von V und damit eine möglichst große Empfindlichkeit des Gerätes zu erreichen suchen. Die Forderungen nach Verzerrungsfreiheit und großer Empfindlichkeit, wie sie z. B. bei Rundfunkempfängern gestellt werden, scheinen also nicht vereinbar zu sein. Trotzdem ist man durch besondere Schaltungen, auf die ich hier natürlich nicht näher eingehen kann, in der Lage, beiden Forderungen in hohem Maße gerecht zu werden.

Die Tatsache, daß bei kleinem a Schwingungen mit sehr großer Amplitude auftreten, wenn die erregende Frequenz mit der Resonanzfrequenz ω_1 überein-

---

[1] Wir müssen hier die allgemeinere Form (8) für $h(t)$ annehmen und $c \sin \delta = 1$ wählen.

stimmt, hat die Militärbehörden zu der Verfügung veranlaßt, daß Fußtruppen über Brücken nicht im Schritt marschieren dürfen[1]. Wenn nämlich der Rhythmus der Schritte mit der Eigenfrequenz der Brücke übereinstimmt — und jede Brücke hat als mechanisches System eine bestimmte Eigenfrequenz —, so kann die Brücke unter ungünstigen Umständen bis zur Einsturzgefahr beansprucht werden.

5. Die komplexe Rechnung in der Elektrotechnik. Obwohl alle elektrischen Ströme und Spannungen natürlich durchaus reell sind, rechnet man in der Wechselstromtechnik mit komplexen Strömen, Spannungen und Widerständen. Die Veranlassung dazu sind einerseits die merkwürdigen Phasenverschiebungen zwischen Strom und Spannung, die auftreten, wenn in den Stromkreisen Selbstinduktionen oder Kapazitäten vorhanden sind, und anderseits die Tatsache, daß man reine Sinusschwingungen — und besonders die in der Starkstromtechnik vorkommenden Ströme und Spannungen können als solche angesehen werden — recht bequem, wie wir es schon in Band I, § 23, 4 getan haben, von der Kreisbewegung her darstellen kann. Diese Kreisbewegung läßt sich aber in der Gaußschen Zahlenebene sehr einfach durch eine komplexe Zahl von konstantem Betrag, aber zeitlich variablem Winkel, in der Form

$$\mathfrak{A} = A\,(\cos \omega\, t + j \sin \omega\, t) = A\,e^{j\,\omega\,t}$$

zum Ausdruck bringen. Gewöhnlich stellt man sich dann diese komplexe Zahl durch ihren Ortsvektor dar, d. h. durch die gerichtete Strecke vom Ursprung zum Punkt mit den Koordinaten $A \cos \omega\, t$, $A \sin \omega\, t$ und bezeichnet sie wie oben mit einem großen gotischen Buchstaben[2]. An Stelle einer Spannung

$$U = U_0 \sin \omega\, t$$

und eines Stromes

$$J = J_0 \sin (\omega\, t - \gamma)$$

betrachtet man also eine komplexe Spannung

$$\mathfrak{U} = U_0\,e^{j\,\omega\,t}$$

und einen komplexen Strom

$$\mathfrak{J} = J_0\,e^{j\,(\omega\,t - \gamma)},$$

die als Funktionen der Zeit (Zeitvektoren) mit konstanter Winkelgeschwindigkeit um den Ursprung des Koordinatensystems rotieren und dabei miteinander den festen, d. h. von der Zeit unabhängigen Winkel γ einschließen. Selbstverständlich sind diese komplexen Ausdrücke reine Rechengrößen; die tatsächlichen Werte ergeben sich durch Projektion auf die imaginäre Achse (oder auf irgendeine Gerade durch den Ursprung). Man geht nun gewöhnlich noch einen Schritt weiter und nimmt die Vektoren als fest an und läßt dafür eine Gerade mit konstanter Winkelgeschwindigkeit $-\omega$ (also im entgegengesetzten Sinn) um den Ursprung rotieren und projiziert die Vektoren auf diese Gerade, die als *Zeitlinie* bezeichnet wird. Man bekommt auf diese Art eine äußerst anschauliche Darstellung der mitunter recht verwickelten Verhältnisse in Wechselstromkreisen, aber natürlich immer unter der Voraussetzung gleicher Frequenz bei allen Größen, weshalb diese Darstellung eben besonders in der Starkstromtechnik gebräuchlich ist, die ja stets dieselbe Frequenz (50 oder $16^2/_3$ Hertz) verwendet.

---

[1] Ich erinnere mich, daß bei der alten österreichischen Armee eine solche Vorschrift in Geltung war.

[2] Ich mache aber ausdrücklich darauf aufmerksam, daß es sich hier um keine Vektorrechnung in der Ebene handelt, sondern nur um das Rechnen mit komplexen Zahlen, das ganz anderen Gesetzen gehorcht.

Mit der praktischen Brauchbarkeit allein ist es aber nicht getan. Man muß, wenn man ein solches Rechenverfahren benützt, sich zunächst vor allem überlegen, ob es den Problemen auch wirklich adäquat ist und nicht irgendwo einmal auf Widersprüche führen kann. Wir haben gesehen, daß der Ausgangspunkt für alle diese Schwingungsaufgaben die lineare Differentialgleichung zweiter Ordnung mit konstanten Koeffizienten ist, und es ist daher naheliegend, die Rechtfertigung der komplexen Rechenmethode von hier aus zu versuchen[1]. Ich schreibe die Differentialgleichung als Stromgleichung in der allgemeinen Form

$$a_1 \frac{d^2 i}{dt^2} + a_2 \frac{di}{dt} + a_3\, i = b_1 \frac{du}{dt} + b_2\, u, \tag{12}$$

wo die Koeffizienten Konstanten sind und u die aufgeprägte Spannung des Kreises ist; die Störungsfunktion kann, wie wir in Ziffer 2 gesehen haben, von u und $\frac{du}{dt}$ mit irgendwelchen Koeffizienten abhängen. Die linke Seite ist ebenso wie die rechte ein linearer homogener Differentialausdruck; ich schreibe an Stelle von (12)

$$L(i) = L_1(u). \tag{13}$$

Für jeden solchen linearen Differentialausdruck gilt für beliebige c_1, c_2 nach § 6, 3

$$L(c_1\, i_1 + c_2\, i_2) = c_1\, L(i_1) + c_2\, L(i_2). \tag{14}$$

Ist i_1 eine Lösung von (13) für $u = u_1$ und i_2 eine Lösung für $u = u_2$, so ist wegen (14) $c_1\, i_1 + c_2\, i_2$ die Lösung von (13) für $u = c_1\, u_1 + c_2\, u_2$. Ich setze nun

$$u_1 = U_0 \cos\,(\omega\, t + \psi), \qquad u_2 = U_0 \sin\,(\omega\, t + \psi)$$

und nehme

$$c_1 = 1, \qquad c_2 = j,$$

dann wird

$$\mathfrak{u} = u_1 + j\, u_2 = U_0\, e^{j\,\omega\, t}\, e^{j\,\psi}.$$

Die allgemeine Lösung von (13) für $u = u_1$ hat die Form

$$i_1 = J_0 \cos\,(\omega\, t + \varphi) + A\, e^{\alpha\, t} + B\, e^{\beta\, t},$$

und da u_2 aus u_1 entsteht, indem man $\omega\, t$ durch $\omega\, t - \frac{\pi}{2}$ oder t durch $t - \frac{\pi}{2\,\omega}$ ersetzt, ist

$$i_2 = J_0 \sin\,(\omega\, t + \varphi) + A\, e^{\alpha\left(t - \frac{\pi}{2\,\omega}\right)} + B\, e^{\beta\left(t - \frac{\pi}{2\,\omega}\right)}$$

die allgemeine Lösung von (13) für $u = u_2$ und weiter

$$\mathfrak{i} = i_1 + j\, i_2 = J_0\, e^{j\,\omega\, t}\, e^{j\,\varphi} + A'\, e^{\alpha\, t} + B'\, e^{\beta\, t}$$

die allgemeine Lösung von (13) für $u = u_1 + j\, u_2$.

Nun ist

$$L(e^{\alpha\, t}) = L(e^{\beta\, t}) = 0,$$

da α und β die Wurzeln der charakteristischen Gleichung, $e^{\alpha\, t}$ und $e^{\beta\, t}$ partikuläre Integrale der homogenen Gleichung $L(i) = 0$ sind. Setzen wir also den obigen Ausdruck für i in (13) ein, so folgt wegen (14)

$$J_0\, e^{j\,\varphi}\, L(e^{j\,\omega\, t}) = U_0\, e^{j\,\psi}\, L_1(e^{j\,\omega\, t}). \tag{15}$$

---

[1] Ich folge hier einem Gedankengang von Herrn A. HOCHRAINER. Die Beschränkung auf Differentialgleichungen zweiter Ordnung ist dabei nicht wesentlich, man kann ebensogut von Differentialgleichungen beliebiger Ordnung ausgehen.

Dabei ist

$$L(e^{j\omega t}) = [a_1\,(j\,\omega)^2 + a_2\,(j\,\omega) + a_3]\,e^{j\omega t} = \mathfrak{A}\,e^{j\omega t},$$

$$L_1(e^{j\omega t}) = [b_1\,(j\,\omega) + b_2]\,e^{j\omega t} = \mathfrak{B}\,e^{j\omega t},$$

so daß wir an Stelle von (15) nach Kürzen durch $e^{j\omega t}$ auch

$$J_0\,e^{j\varphi}\,\mathfrak{A} = U_0\,e^{j\psi}\,\mathfrak{B}$$

schreiben können, wo $\mathfrak{A}$ und $\mathfrak{B}$ zwei komplexe Konstanten sind und $\mathfrak{B} \neq 0$ angenommen werden kann, da sonst $b_1 = b_2 = 0$, die Differentialgleichung (12) also von vornherein eine homogene wäre. Ich setze nun noch

$$\mathfrak{J} = J_0\,e^{j\varphi}, \qquad \mathfrak{U} = U_0\,e^{j\psi}, \qquad \frac{\mathfrak{A}}{\mathfrak{B}} = \mathfrak{Z};$$

dann gilt

$$\mathfrak{J}\cdot\mathfrak{Z} = \mathfrak{U}. \tag{16}$$

$\mathfrak{Z}$ ist dabei ein komplexer Ausdruck, der nur von den Koeffizienten a und b, also von den Widerständen, Selbstinduktionen und Kapazitäten des Kreises und von der Frequenz ω abhängt und als *komplexer Widerstand* des Kreises bezeichnet wird. Für den komplexen Strom i und die komplexe Spannung u gilt dann

$$i = \mathfrak{J}\,e^{j\omega t}, \qquad u = \mathfrak{U}\,e^{j\omega t}.$$

$\mathfrak{J}$ und $\mathfrak{U}$ sind die in der komplexen Rechnung verwendeten Symbole für Strom und Spannung und hängen von den Phasen φ und ψ ab. Für sie gilt das Gesetz (16), das aber nichts anderes ist als das Ohmsche Gesetz, das somit auch für die in der komplexen Rechnung verwendeten symbolischen Größen gilt. Der Widerstand $\mathfrak{Z}$ ist reell, wenn $L = 0$ und $C = \infty$ ist, er hat die Form $\mathfrak{Z} = i\,\omega\,L$, wenn $R = 0$ und $C = \infty$ ist und schließlich die Form $\mathfrak{Z} = -\dfrac{i}{\omega\,C}$, wenn $R = L = 0$ ist (vgl. Band I, § 22, 11).

Daß für die komplexen Symbole auch die Kirchhoffschen Sätze und das Überlagerungsprinzip gelten, läßt sich aus (14) unmittelbar nachweisen. Damit ist aber die Gültigkeit der die ganze Starkstromtechnik beherrschenden Sätze nachgewiesen und der komplexen Rechnung die volle Rechtfertigung gegeben.

Aufgaben.

1. $y'' + n^2\,y = \cos m\,x$, insbesondere für $m = n$.

2. $y'' - y = h(x)$, wenn $h(x)$ mit $2\,\pi$ periodisch und $h(x) = 1$ für $0 < x \leqq \pi$, $h(x) = -1$ für $-\pi < x \leqq 0$ ist.

§ 9. Systeme linearer Differentialgleichungen.

1. Allgemeines. Existenz der Lösungen. Ein System von Differentialgleichungen erster Ordnung

$$y_i' = f_i(x,\,y_1,\,y_2,\,\ldots,\,y_n), \qquad i = 1,\,2,\,\ldots,\,n \tag{1}$$

heißt *linear*, wenn die f_i lineare Funktionen der y_j sind, d. h. wenn es die Gestalt

$$\boxed{y_i' = \sum_{j=1}^{n} f_{ij}(x)\,y_j + h_i(x), \qquad i = 1,\,2,\,\ldots,\,n} \tag{2}$$

hat. Die Koeffizienten f_{ij} und h_i seien in einem gemeinsamen Intervall $a < x < b$ stetige Funktionen der Veränderlichen x.

Das System (2) heißt insbesondere *homogen*, wenn in (a, b) alle $h_i(x) \equiv 0$ sind; ist das nicht der Fall, ist also mindestens eine der n Funktionen $h_i(x) \not\equiv 0$, so spricht man von einem *inhomogenen System*.

Die rechten Seiten des linearen Systems (2) haben in dem durch die Ungleichungen

$$a < x < b, \qquad -\infty < y_i < +\infty, \qquad i = 1, 2, \ldots, n, \tag{3}$$

gegebenen Bereich $\mathfrak{B}$ des $n + 1$-dimensionalen Raums der $x, y_1, \ldots, y_n$ überall stetige Ableitungen nach den y_i und erfüllen daher in jedem Punkt von $\mathfrak{B}$ eine Lipschitzbedingung. Aus den Existenzsätzen von § 3, 3 folgt daher, daß durch jeden Punkt $\overset{0}{x}, \overset{0}{y_i}$ von $\mathfrak{B}$ genau eine Integralkurve $y_i = \varphi_i(x)$ hindurchgeht, für die also

$$\varphi_i(\overset{0}{x}) = \overset{0}{y_i} \tag{4}$$

ist und die sich bis an den Rand von $\mathfrak{B}$ fortsetzen läßt. Ähnlich wie in § 6, 1 kann man dann zeigen, daß die Funktionen $\varphi_i(x)$ im ganzen Intervall (a, b) stetig und stetig differenzierbar sind. Den Beweis übergehe ich, da er fast wörtlich gleich dem a. a. O. gegebenen wäre. Es ist ja überhaupt so, daß die Eigenschaften der linearen Systeme weitgehend analog zu denen der linearen Differentialgleichungen höherer Ordnung sind.

2. Die Struktur der Lösungen des homogenen Systems. Ich definiere zunächst: Die p Systeme von je n Funktionen

$$\overset{k}{\varphi_1}(x), \overset{k}{\varphi_2}(x), \ldots, \overset{k}{\varphi_n}(x), \qquad k = 1, 2, \ldots, p \tag{5}$$

heißen *linear abhängig* in (a, b), wenn es p Zahlen $C_1, C_2, \ldots, C_p$ gibt, die *nicht alle gleich Null* sind, so daß in (a, b) die Identitäten

$$\sum_{k=1}^{p} C_k \overset{k}{\varphi_i}(x) = 0, \qquad i = 1, 2, \ldots, n \tag{6}$$

gelten; sind diese Identitäten nur mit $C_1 = C_2 = \ldots = C_p = 0$ erfüllbar, so heißen die p Systeme (5) in (a, b) *linear unabhängig*. Für $p = 1$ wird aus (6) $C_1 \overset{1}{\varphi_i}(x) \equiv 0$ mit $C_1 \neq 0$, d. h. ein einziges Funktionensystem $\overset{1}{\varphi_i}(x)$ ist dann und nur dann linear abhängig, wenn alle Funktionen in (a, b) identisch verschwinden.

Für $p = n$ ist das identische Verschwinden der Determinante

$$\Delta(x) = \mathrm{Det}\,\overset{k}{\varphi_i}(x) \tag{7}$$

in (a, b) offenbar eine notwendige Bedingung für die lineare Abhängigkeit von n Systemen von je n Funktionen.

Daß die Bedingung (7) im allgemeinen nicht hinreicht, zeigt das einfache Beispiel ($n = 2$)

$$\overset{1}{\varphi_1} = x, \qquad\qquad \overset{1}{\varphi_2} = 0;$$

$$\overset{2}{\varphi_1} = x^2, \qquad\qquad \overset{2}{\varphi_2} = 0.$$

Hier ist $\Delta(x) \equiv 0$, aber $C_1 x + C_2 x^2 \equiv 0$ ist nur mit $C_1 = C_2 = 0$ erfüllbar, d. h. die beiden Systeme sind trotz des identischen Verschwindens ihrer Determinante linear unabhängig.

Es sei nun jedes der p Funktionssysteme (5) eine Lösung des Systems homogener Differentialgleichungen

$$y_i' = \sum_{j=1}^{n} f_{ij}(x)\, y_j, \qquad i = 1, 2, \ldots, n, \tag{8}$$

so daß in (a, b) die Identitäten

$$\overset{k}{\varphi_i}{}'(x) = \sum_{j=1}^{n} f_{ij}(x)\, \overset{k}{\varphi_j}(x), \qquad i = 1, 2, \ldots, n;\ k = 1, 2, \ldots, p \tag{9}$$

erfüllt sind. Dann gilt: $p > n$ *Lösungen von (8) sind linear abhängig*. Denn ist x_0 ein beliebiger Wert aus (a, b) und $p > n$, so haben für $x = x_0$ die n Gleichungen (6) für die p Unbekannten C_k sicher eine nichttriviale Lösung. Die mit diesen Werten der C_k gebildeten n Funktionen

$$\Phi_i(x) = \sum_{k=1}^{p} C_k\, \overset{k}{\varphi_i}(x) \tag{10}$$

sind wegen

$$\Phi_i'(x) = \sum_{k=1}^{p} C_k\, \overset{k}{\varphi_i}{}'(x) = \sum_{k=1}^{p} C_k \sum_{j=1}^{n} f_{ij}(x)\, \overset{k}{\varphi_j}(x) = \sum_{j=1}^{n} f_{ij}(x) \sum_{k=1}^{p} C_k\, \overset{k}{\varphi_j}(x) =$$

$$= \sum_{j=1}^{n} f_{ij}(x)\, \Phi_j(x)$$

ebenfalls eine Lösung von (8), die zu den Anfangswerten x_0, $\overset{0}{y_j} = \Phi_i(x_0) = 0$ gehört. Zu diesen Anfangswerten gehört aber auch die Lösung $y_i \equiv 0$, also muß wegen der Eindeutigkeit auch $\Phi_i(x) \equiv 0$ sein. Aus (10) folgt dann die Behauptung.

Damit komme ich zum Fall $p = n$. n Lösungen (5) von (8) bilden ein sogenanntes *Fundamentalsystem* von Lösungen, wenn sie linear unabhängig sind. Im Gegensatz zum allgemeinen Fall ist das Verschwinden der Determinante (7) nicht nur notwendig, sondern auch hinreichend für die lineare Abhängigkeit von Lösungen eines Systems linearer Differentialgleichungen. Es gilt der Satz:

Die n Integrale

$$\overset{k}{y_i} = \overset{k}{\varphi_i}(x), \qquad i, k = 1, 2, \ldots, n$$

des Systems

$$y_i' = \sum_{j=1}^{n} f_{ij}(x)\, y_j, \qquad i = 1, 2, \ldots, n$$

sind linear abhängig, wenn an einer Stelle x_0 des Intervalls (a, b)

$$\Delta(x_0) = \mathrm{Det}\, \overset{k}{\varphi_i}(x_0) = 0 \tag{11}$$

ist; es ist dann stets

$$\Delta(x) = \mathrm{Det}\, \overset{k}{\varphi_i}(x) \equiv 0 \tag{12}$$

in (a, b). Die Determinante $\Delta(x)$ verschwindet in (a, b) also entweder identisch oder überhaupt nicht. Sind die $\overset{k}{\varphi_i}(x)$ linear abhängig, so gilt (12), wie oben gezeigt wurde. Gilt umgekehrt (11), so hat das System (6) mit $p = n$ und $x = x_0$ eine nichttriviale Lösung C_i, für die (10) identisch verschwindet, woraus die lineare Abhängigkeit und (12) folgt.

Für $\Delta(x)$ gilt eine Relation, die zu der Liouvilleschen Formel von § 6, 3 völlig analog ist: Differentiation von $\Delta(x)$ gibt

$$\Delta'(x) = \sum_{i=1}^{n} \Delta_i(x),$$

wo Δ_i aus Δ dadurch entsteht, daß in der i-ten Spalte die Funktionen $\overset{k}{\varphi_i}$ durch ihre Ableitungen $\overset{k}{\varphi_i}'(k = 1, 2, \ldots, n)$ ersetzt sind. Trägt man für diese $\overset{k}{\varphi_i}'$ ihre Ausdrücke (9) ein, so wird Δ_i eine Summe von n Determinanten, die aber alle bis auf eine verschwinden, weil proportionale Spalten auftreten; es wird

$$\Delta_i(x) = \begin{vmatrix} \overset{1}{\varphi_1} \cdots \overset{1}{\varphi_{i-1}} & \overset{1}{f_{ii}\varphi_i} & \overset{1}{\varphi_{i+1}} \cdots \overset{1}{\varphi_n} \\ \cdots\cdots\cdots\cdots\cdots\cdots\cdots\cdots \\ \overset{n}{\varphi_1} \cdots \overset{n}{\varphi_{i-1}} & \overset{n}{f_{ii}\varphi_i} & \overset{n}{\varphi_{i+1}} \cdots \overset{n}{\varphi_n} \end{vmatrix} = f_{ii}(x)\,\Delta(x)$$

und daher

$$\Delta'(x) = \sum_{i=1}^{n} f_{ii}(x) \cdot \Delta(x) = F(x) \cdot \Delta(x)$$

oder (Formel von LIOUVILLE)

$$\Delta(x) = A\, e^{\int F(x)\,dx} \tag{13}$$

Wegen der Stetigkeit von $F(x) = \sum_{i=1}^{n} f_{ii}(x)$ folgt aus $\Delta(x_0) = 0$ sofort $A = 0$ und damit $\Delta(x) \equiv 0$.

Zum Nachweis der Existenz von Fundamentalsystemen konstruiere ich ein spezielles, das zu den Anfangsbedingungen $\overset{k}{\varphi_i}(x_0) = \delta_{ik}$ gehört. Hier ist

$$\Delta(x_0) = \mathrm{Det}\, \delta_{ik} = 1;$$

die zu diesen Anfangsbedingungen eindeutig bestimmten Lösungen $\overset{k}{\varphi_i}(x)$ sind linear unabhängig und bilden daher ein Fundamentalsystem. Jede weitere Lösung $y_i(x)$ muß dann von diesem Fundamentalsystem linear abhängig sein, d. h. es ist

$$y_i(x) = \sum_{k=1}^{n} C_k \overset{k}{\varphi_i}(x). \tag{14}$$

Somit ist (14), mit unbestimmten Konstanten C_k geschrieben, das *allgemeine Integral* des Systems (8).

Zur tatsächlichen Durchführung der Integration eines Systems (8) steht uns das Verfahren der sukzessiven Approximationen und, wenn die $f_{ij}(x)$ reguläre Funktionen sind, das Verfahren der Reihenentwicklung zur Verfügung. Ist das allgemeine Integral gesucht, so wird man zunächst, am besten von den Anfangsbedingungen $\overset{k}{\varphi_i}(x_0) = \delta_{ik}$ ausgehend, ein Fundamentalsystem ermitteln, das dann unmittelbar zum allgemeinen Integral (14) führt. Über den elementar integrierbaren Fall der linearen Systeme mit konstanten Koeffizienten vgl. Ziffer 4.

Auch das *Reduktionsverfahren von d'Alembert* läßt sich auf lineare Systeme übertragen. Ist ein (nicht triviales) Integral $\varphi_1(x), \ldots, \varphi_n(x)$ von (8) bekannt und ist etwa $\varphi_1(x) \neq 0$ in (a, b), so setzt man

$$y_1 = \varphi_1 u_1, \qquad y_i = \varphi_i u_1 + u_i, \qquad i = 2, 3, \ldots, n \tag{15}$$

in (8) ein; wegen

$$y_1' = \varphi_1 u_1' + \varphi_1' u_1, \qquad y_i' = \varphi_i u_1' + \varphi_i' u_1 + u_i', \qquad i = 2, 3, \ldots, n$$

und

$$\varphi_i' = \sum_{j=1}^{n} f_{ij}\,\varphi_j, \qquad i = 1, 2, \ldots, n$$

folgt aus (8)

$$\left. \begin{aligned} \varphi_1 u_1' &= \sum_{j=2}^{n} f_{1j}\,u_j, \\ \varphi_i u_1' + u_i' &= \sum_{j=2}^{n} f_{ij}\,u_j, \qquad i = 2, 3, \ldots, n. \end{aligned} \right\} \tag{16}$$

Multiplikation der ersten Gleichung (16) mit $-\dfrac{\varphi_i}{\varphi_1}$ und Addition zu den folgenden gibt

$$u_i' = \sum_{j=2}^{n} \left(f_{ij} - \frac{\varphi_i}{\varphi_1} f_{1j} \right) u_j, \qquad i = 2, 3, \ldots, n,$$

also ein System von nur mehr $n-1$ Differentialgleichungen für die $n-1$ unbekannten Funktionen u_i. Aus der ersten Gleichung (16) ergibt sich dann u_1 durch eine bloße Quadratur und aus (15), wenn man die Integrationskonstanten unbestimmt läßt, das allgemeine Integral von (8).

Beispiel: Gegeben sei das System

$$y_1' = -\frac{1}{2x}\, y_1 + \frac{1}{2x^2}\, y_2, \qquad y_2' = \frac{1}{2}\, y_1 + \frac{1}{2x}\, y_2, \qquad x \neq 0.$$

Man errät leicht, daß $\varphi_1 = 1$, $\varphi_2 = x$ eine Lösung ist. Nach (15) setzt man

$$y_1 = u_1, \qquad y_2 = x\,u_1 + u_2,$$

also ist

$$y_1' = u_1', \qquad y_2' = u_1 + x\,u_1' + u_2'.$$

Durch Einsetzen in die gegebenen Gleichungen folgt

$$u_1' = \frac{1}{2x^2}\, u_2, \qquad u_2' = 0$$

und daher zunächst $u_2 = 2A$. Damit wird

$$u_1 = A \int x^{-2}\, dx + B = -Ax^{-1} + B$$

und

$$y_1 = -\frac{A}{x} + B, \qquad y_2 = A + Bx$$

das allgemeine Integral. $\overset{1}{\varphi_1} = 1$, $\overset{1}{\varphi_2} = x$; $\overset{2}{\varphi_1} = -\dfrac{1}{x}$, $\overset{2}{\varphi_2} = 1$ sind ein fundamentales Lösungssystem.

3. Inhomogene Systeme. Variation der Konstanten. Vorgelegt sei das inhomogene System (2), also

$$y_i' = \sum_{j=1}^{n} f_{ij}(x)\, y_j + h_i(x), \qquad i = 1, 2, \ldots, n \tag{17}$$

mit in (a, b) stetigen Funktionen $f_{ij}(x)$ und $h_i(x)$. Ferner sei ein Fundamentalsystem

$$\overset{k}{\eta_i} = \overset{k}{\varphi_i}(x), \qquad i, k = 1, 2, \ldots, n \tag{18}$$

von Lösungen des zugehörigen homogenen Systems

$$\eta_i' = \sum_{j=1}^{n} f_{ij}(x)\, \eta_j \tag{19}$$

bekannt, so daß sein allgemeines Integral

$$\eta_i = \sum_{k=1}^{n} C_k \overset{k}{\varphi_i}(x) \tag{20}$$

ist. Wie in § 6, 5 versuchen wir, daraus eine Lösung des inhomogenen Systems (17) zu gewinnen, indem wir an Stelle der Konstanten C_k Funktionen $u_k(x)$ setzen, also das Verfahren der Variation der Konstanten anwenden. Wir setzen

$$y_i = \sum_{k=1}^{n} u_k(x) \overset{k}{\varphi_i}(x), \qquad y_i' = \sum_{k=1}^{n} u_k'(x) \overset{k}{\varphi_i}(x) + \sum_{k=1}^{n} u_k(x) \overset{k}{\varphi_i}'(x)$$

in (17) ein und erhalten, da die $\overset{k}{\varphi_i}$ den Gleichungen (19) genügen,

$$\sum_{k=1}^{n} u_k'(x) \overset{k}{\varphi_i}(x) + \sum_{k=1}^{n} u_k(x) \sum_{j=1}^{n} f_{ij}(x) \overset{k}{\varphi_j}(x) = \sum_{j=1}^{n} f_{ij}(x) \sum_{k=1}^{n} u_k(x) \overset{k}{\varphi_j}(x) + h_i(x).$$

Wegen der Vertauschbarkeit der Summationen fallen die mittleren Ausdrücke weg und es bleibt

$$\sum_{k=1}^{n} u_k'(x) \overset{k}{\varphi_i}(x) = h_i(x). \tag{21}$$

Da die $\overset{k}{\varphi_i}(x)$ ein Fundamentalsystem sind, ist

$$\Delta(x) = \mathrm{Det}\, \overset{k}{\varphi_i}(x) \neq 0$$

in (a, b), also läßt sich (21) eindeutig nach den $u_k'(x)$ auflösen, und es folgt

$$u_k(x) = \int \frac{\Delta_k(x)}{\Delta(x)}\, dx + C_k,$$

wo $\Delta_k(x)$ aus $\Delta(x)$ entsteht, indem man die k-te Spalte von $\Delta(x)$ durch die rechten Seiten $h_i(x)$ ersetzt (Cramersche Regel). Somit ist

$$y_i = \sum_{k=1}^{n} \overset{k}{\varphi_i}(x) \int \frac{\Delta_k(x)}{\Delta(x)}\, dx + \sum_{k=1}^{n} C_k \overset{k}{\varphi_i}(x)$$

das allgemeine Integral von (17). Es gilt also auch hier, daß das allgemeine Integral von (17) sich additiv aus einem partikulären Integral von (17) und dem allgemeinen Integral η_i des zugehörigen homogenen Systems (19) zusammensetzt:

$$\boxed{y_i = \overset{0}{y_i} + \eta_i,}$$

wo η_i durch (20) gegeben und

$$\overset{0}{y_i} = \sum_{k=1}^{n} \overset{k}{\varphi_i}(x) \int_{x_0}^{x} \frac{\Delta_k(x)}{\Delta(x)}\, dx$$

ist.

Beispiel:

$$y_1' = -\frac{1}{2x} y_1 + \frac{1}{2x^2} y_2 + x, \qquad y_2' = \frac{1}{2} y_1 + \frac{1}{2x} y_2 + x^2;$$

das zugehörige homogene System habe ich im Beispiel zu Ziffer 2 behandelt; also ist

$$\overset{0}{y_1} = -\frac{u}{x} + v, \qquad \overset{0}{y_2} = u + x v$$

zu setzen. Durch Einsetzen in die obigen Gleichungen folgt

$$-\frac{u'}{x} + v' = x, \qquad u' + x\,v' = x^2$$

oder

$$u' = -\frac{x^2 - x^2}{2} = 0, \qquad v' = \frac{x + x}{2} = x,$$

also

$$u = 0, \qquad v = \frac{x^2}{2}, \qquad \overset{0}{y}_1 = \frac{x^2}{2}, \qquad \overset{0}{y}_2 = \frac{x^3}{2}$$

und

$$y_1 = \frac{x^2}{2} - \frac{A}{x} + B, \qquad y_2 = \frac{x^3}{2} + A + B\,x$$

als allgemeines Integral.

4. Lineare Systeme erster Ordnung mit konstanten Koeffizienten. Ich behandle zunächst das *homogene* System

$$\boxed{\;y_i' = \sum_{j=1}^{n} a_{ij}\, y_j, \quad i = 1, 2, \ldots, n\;} \qquad (22)$$

mit konstanten Koeffizienten a_{ij}. Die unabhängige Veränderliche x (in den Anwendungen ist x meistens die Zeit) kommt explizit nicht vor, man kann ein System (22) daher stets in ein System von $n-1$ Gleichungen mit $n-1$ Unbekannten überführen, indem man etwa y_n als neue unabhängige Veränderliche einführt; das neue System ist dann allerdings nicht mehr linear, sondern linear gebrochen.

Sind in (22) alle $a_{ij} = 0$ mit Ausnahme der in der Hauptdiagonale stehenden, so liegt ein sogenanntes *Diagonalsystem*

$$z_i' = \lambda_i\, z_i \qquad (23)$$

vor mit der allgemeinen Lösung

$$z_i = C_i\, e^{\lambda_i x}.$$

Ein System von Fundamentallösungen ist daher

$$\overset{k}{z}_i = \delta_{ik}\, e^{\lambda_i x}$$

oder ausführlicher

$$\overset{1}{z}_1 = e^{\lambda_1 x}, \qquad \overset{1}{z}_2 = 0, \qquad \ldots, \qquad \overset{1}{z}_n = 0,$$

$$\overset{2}{z}_1 = 0, \qquad \overset{2}{z}_2 = e^{\lambda_2 x}, \qquad \ldots, \qquad \overset{2}{z}_n = 0,$$

$$\cdots\cdots\cdots\cdots\cdots\cdots\cdots\cdots\cdots\cdots\cdots$$

$$\overset{n}{z}_1 = 0, \qquad \overset{n}{z}_2 = 0, \qquad \ldots, \qquad \overset{n}{z}_n = e^{\lambda_n x}.$$

Es ist naheliegend, zu versuchen, das allgemeine System (22) durch eine lineare Transformation

$$y_i = \sum_k \overset{k}{c}_i\, z_k \qquad (24)$$

in ein Diagonalsystem überzuführen. Einsetzen in (22) gibt

$$\sum_k \overset{k}{c}_i\, z_k' = \sum_j \sum_k a_{ij}\, \overset{k}{c}_j\, z_k$$

oder wegen (23)

$$\sum_j \sum_k a_{ij}\, \overset{k}{c}_j\, z_k = \sum_j \sum_k \delta_{ij}\, \overset{k}{c}_j\, \lambda_k\, z_k.$$

Diese Gleichungen müssen Identitäten in z_k sein, d. h. es muß

$$\boxed{\sum_j (a_{ij} - \lambda_k \delta_{ij})\, \overset{k}{c}_j = 0} \tag{25}$$

gelten; die $\overset{k}{c}_j$ sind somit nichts anderes als die Eigenrichtungen des Tensors a_{ij} (Band II, § 28). (25) ist ein System von linearen homogenen Gleichungen für die $\overset{k}{c}_j$, das nur dann eine nicht triviale Lösung hat, wenn die Determinante der Koeffizienten verschwindet; die λ_k sind also die Wurzeln (charakteristischen Zahlen) der *charakteristischen Gleichung*

$$\boxed{\mathrm{Det}\,(a_{ij} - \lambda\, \delta_{ij}) = 0.} \tag{26}$$

Ich nehme zunächst an, (26) habe n verschiedene reelle Wurzeln $\lambda_1, \lambda_2, \ldots, \lambda_n$, dann bekommen wir aus (25) n linear unabhängige — bei symmetrischen $a_{ij} = a_{ji}$ sogar orthogonale — Eigenrichtungen $\overset{k}{c}_j$ (Det $\overset{k}{c}_j \neq 0$). Dann ist

$$\overset{k}{y}_i = \sum_j \overset{j}{c}_i\, \overset{k}{z}_j = \sum_j \overset{j}{c}_i\, \delta_{jk}\, e^{\lambda_j x} = \overset{k}{c}_i\, e^{\lambda_k x} \tag{27}$$

ein *Fundamentalsystem von Lösungen* des Systems (22) und

$$\boxed{y_i = \sum_k C_k\, \overset{k}{y}_i = \sum_k C_k\, \overset{k}{c}_i\, e^{\lambda_k x}} \tag{28}$$

mit willkürlichen Konstanten C_k *das allgemeine Integral.*

Als Beispiel sei das System

$$y_1' = y_1 + 2\, y_2, \qquad y_2' = 2\, y_1 + y_2$$

vorgelegt. Die charakteristische Gleichung ist

$$\begin{vmatrix} 1 - \lambda & 2 \\ 2 & 1 - \lambda \end{vmatrix} = \lambda^2 - 2\,\lambda - 3 = 0$$

mit den Wurzeln $\lambda_1 = -1$, $\lambda_2 = 3$. Somit ist

$$\begin{matrix} e^{-x}, & 0, \\ 0, & e^{3x} \end{matrix}$$

ein Fundamentalsystem des zugehörigen Diagonalsystems. Die Transformationskoeffizienten $\overset{k}{c}_i$ bekommen wir aus (25), also aus

$$2\,\overset{1}{c}_1 + 2\,\overset{1}{c}_2 = 0, \qquad -2\,\overset{2}{c}_1 + 2\,\overset{2}{c}_2 = 0,$$

$$2\,\overset{1}{c}_1 + 2\,\overset{1}{c}_2 = 0, \qquad 2\,\overset{2}{c}_1 - 2\,\overset{2}{c}_2 = 0,$$

mit $\overset{1}{c}_1 = -\overset{1}{c}_2 = 1$, $\overset{2}{c}_1 = \overset{2}{c}_2 = 1$. Somit ist

$$\overset{1}{y}_1 = e^{-x}, \quad \overset{1}{y}_2 = -e^{-x}; \quad \overset{2}{y}_1 = e^{3x}, \quad \overset{2}{y}_2 = e^{3x}$$

ein Fundamentalsystem von Lösungen und

$$y_1 = A\,e^{-x} + B\,e^{3x}, \quad y_2 = -A\,e^{-x} + B\,e^{3x}$$

das allgemeine Integral des gegebenen Systems.

Nimmt man $y_1 = x$ als unabhängige Veränderliche und setzt man $y_2 = y$, so findet man die Differentialgleichung $\dfrac{dy}{dx} = \dfrac{2x + y}{x + 2y}$ mit der Lösung $(x + y)(x - y)^3 = C$; wie hängt diese mit dem obigen allgemeinen Integral zusammen?

Ist a_{ij} symmetrisch, so hat nach Band II, § 28 die charakteristische Gleichung lauter reelle Wurzeln; wenn mehrfache Wurzeln auftreten, so läßt sich immer ein (orthogonales) n-Bein von Eigenvektoren $\overset{k}{c_i}$ angeben, weil die Determinante (26), wenn λ eine p-fache Wurzel ist, den Rang $n - p$ hat und demgemäß (25) p linear unabhängige Lösungen besitzt (Band II, § 26, 2). Man kommt also in diesem Fall immer zu einem fundamentalen Lösungssystem $\overset{k}{y_i}$ von (22).

Beispiel: $\dot{x} = y + z,\ \ \dot{y} = x + z,\ \ \dot{z} = x + y;$
die charakteristische Gleichung ist

$$\begin{vmatrix} -\lambda & 1 & 1 \\ 1 & -\lambda & 1 \\ 1 & 1 & -\lambda \end{vmatrix} = -(\lambda + 1)^2\,(\lambda - 2) = 0$$

mit der Doppelwurzel -1 und der einfachen Wurzel 2. Für die $\overset{1}{c_i}$ und $\overset{2}{c_i}$ hat man je dreimal die Gleichung

$$\overset{1}{c_1} + \overset{1}{c_2} + \overset{1}{c_3} = 0$$

mit den beiden unabhängigen Lösungen $\overset{1}{c_i} = (1,\, 0,\, -1)$ und $\overset{2}{c_i} = (0,\, 1,\, -1)$; für $\overset{3}{c_i}$ ergibt sich

$$-2\,\overset{3}{c_1} + \overset{3}{c_2} + \overset{3}{c_3} = 0,$$
$$\overset{3}{c_1} - 2\,\overset{3}{c_2} + \overset{3}{c_3} = 0,$$
$$\overset{3}{c_1} + \overset{3}{c_2} - 2\,\overset{3}{c_3} = 0,$$

die offenbar durch $\overset{3}{c_i} = (1,\, 1,\, 1)$ erfüllt sind. Somit ist, wenn t die unabhängige Veränderliche ist,

$$\left(e^{-t},\ 0,\ -e^{-t}\right),\quad \left(0,\ e^{-t},\ -e^{-t}\right),\quad \left(e^{2t},\ e^{2t},\ e^{2t}\right)$$

ein Fundamentalsystem und

$$x = A\,e^{-t} + C\,e^{2t},\quad y = B\,e^{-t} + C\,e^{2t},\quad z = -(A + B)\,e^{-t} + C\,e^{2t}$$

das allgemeine Integral.

Ist a_{ij} nicht symmetrisch, so kann (26) sowohl imaginäre Wurzeln haben als auch p-fache Wurzeln, für die der Rang von (26) größer als $n - p$ ist (vgl. die Beispiele am Schluß von Band II, § 28, 3).

Der Fall einfacher imaginärer Wurzeln ist leicht zu erledigen, denn neben $\lambda_1 = \alpha + j\beta$ tritt stets auch, da die Koeffizienten in (26) reell sind, die konjugiert imaginäre Wurzel auf, etwa $\lambda_2 = \alpha - j\beta$. Die zugehörigen Eigenrichtungen $\overset{1}{c_i}$ und $\overset{2}{c_i}$ sind dann ebenfalls konjugiert imaginär, $\overset{1}{c_i} = a_i + j\,b_i$, $\overset{2}{c_i} = a_i - j\,b_i$ und an Stelle der Lösungen $\overset{1}{y_i} = (a_i + j\,b_i)\,e^{(\alpha + j\beta)x}$, $\overset{2}{y_i} = (a_i - j\,b_i)\,e^{(\alpha - j\beta)x}$ kann man die reellen Lösungen $\overset{1}{y_i}{}^* = \Re(\overset{1}{y_i}) = e^{\alpha x}\,(a_i \cos\beta x - b_i \sin\beta x)$ und $\overset{2}{y_i}{}^* = \Im(\overset{1}{y_i}) = e^{\alpha x}\,(b_i \cos\beta x + a_i \sin\beta x)$ nehmen.

Beispiel: $y_1' = y_2,\ \ y_2' = y_3,\ \ y_3' = y_1.$ Die charakteristische Gleichung ist

$$\begin{vmatrix} -\lambda & 1 & 0 \\ 0 & -\lambda & 1 \\ 1 & 0 & -\lambda \end{vmatrix} = -\lambda^3 + 1 = 0$$

mit den Wurzeln $\lambda_1 = 1$, $\lambda_2 = -\dfrac{1}{2}\,(1 - j\sqrt{3})$, $\lambda_3 = -\dfrac{1}{2}\,(1 + j\sqrt{3})$. Für λ_1 ergeben sich die Gleichungen

$$-\overset{1}{c_1} + \overset{1}{c_2} = 0,\quad -\overset{1}{c_2} + \overset{1}{c_3} = 0,\quad \overset{1}{c_1} - \overset{1}{c_3} = 0,$$

also $\overset{1}{c_i} = (1, 1, 1)$; für λ_2 ist

$$\frac{1}{2}\left(1 - j\sqrt{3}\right)\overset{2}{c_1} + \overset{2}{c_2} = 0, \quad \frac{1}{2}\left(1 - j\sqrt{3}\right)\overset{2}{c_2} + \overset{2}{c_3} = 0, \quad \overset{2}{c_1} + \frac{1}{2}\left(1 - j\sqrt{3}\right)\overset{2}{c_3} = 0,$$

also

$$\overset{2}{c_i} = \left(1, -\frac{1}{2}\left(1 - j\sqrt{3}\right), -\frac{1}{2}\left(1 + j\sqrt{3}\right)\right) = \left(1, e^{\frac{2\pi}{3}j}, e^{-\frac{2\pi}{3}j}\right)$$

und daher das allgemeine Integral

$$y_i = A\,\overset{1}{c_i}\,e^{\lambda_1 x} + B\,\Re\!\left(\overset{2}{c_i}\,e^{\lambda_2 x}\right) + C\,\Im\!\left(\overset{2}{c_i}\,e^{\lambda_2 x}\right)$$

oder ausführlich

$$y_1 = A\,e^x + B\,e^{-\frac{x}{2}}\cos\frac{x}{2}\sqrt{3} + C\,e^{-\frac{x}{2}}\sin\frac{x}{2}\sqrt{3},$$

$$y_2 = A\,e^x + B\,e^{-\frac{x}{2}}\cos\left(\frac{x}{2}\sqrt{3} + \frac{2\pi}{3}\right) + C\,e^{-\frac{x}{2}}\sin\left(\frac{x}{2}\sqrt{3} + \frac{2\pi}{3}\right),$$

$$y_3 = A\,e^x + B\,e^{-\frac{x}{2}}\cos\left(\frac{x}{2}\sqrt{3} - \frac{2\pi}{3}\right) + C\,e^{-\frac{x}{2}}\sin\left(\frac{x}{2}\sqrt{3} - \frac{2\pi}{3}\right).$$

Es sei nun λ_1 eine p-fache reelle Wurzel von (26), aber die Gleichungen (25) geben für $k = 1$ nur q, $1 \leq q < p$ linear unabhängige Eigenlösungen, also weniger als wir für die Ermittlung eines Fundamentalsystems brauchen. Der Zusammenhang mit den Differentialgleichungen höherer Ordnung (§ 7, 1) legt es nahe, für die zugehörige Fundamentallösung einen Ansatz

$$\overset{k}{y_i} = \overset{k}{p_i}(x)\,e^{\lambda_1 x}, \quad k = 1, 2, \ldots, p$$

zu versuchen, wo die $\overset{k}{p_i}(x)$ Polynome in x vom Grad $k - 1$ (höchstens) sind, also

$$\overset{1}{p_i} = \overset{1}{c_i}, \quad \overset{2}{p_i} = \overset{2}{c_{0i}}\,x + \overset{2}{c_{1i}}, \quad \overset{3}{p_i} = \overset{3}{c_{0i}}\,x^2 + \overset{3}{c_{1i}}\,x + \overset{3}{c_{2i}}, \quad \ldots$$

mit unbestimmten Koeffizienten, die man dann am besten durch direktes Einsetzen in die Differentialgleichungen (22) ermittelt. Den Beweis, daß man dadurch stets zu p linear unabhängigen Lösungen von (22) kommt, übergehe ich. Ist $\lambda_1 = \alpha + j\beta$ eine p-fache komplexe Wurzel, so ist auch $\lambda_2 = \alpha - j\beta$ eine p-fache Wurzel von (26). Dann sind wie oben

$$\overset{k}{y_i} = \Re\!\left(\overset{k}{p_i}(x)\,e^{\lambda_1 x}\right), \quad \overset{p+k}{y_i} = \Im\!\left(\overset{k}{p_i}(x)\,e^{\lambda_1 x}\right), \quad k = 1, 2, \ldots, p$$

$2p$ linear unabhängige reelle Lösungen von (22).

Beispiel:

$$\begin{aligned}
y_1' &= y_1 && - 2\,y_3 + && y_4 \\
y_2' &= && -2\,y_2 && + y_4 \\
y_3' &= y_1 + 2\,y_2 - && y_3 \\
y_4' &= && -5\,y_2 && + 2\,y_4.
\end{aligned}$$

Die charakteristische Gleichung ist $(\lambda^2 + 1)^2 = 0$ mit den Wurzeln $j, j, -j, -j$. Der erste Ansatz für eine Lösung ist

$$a\,e^{jx}, \quad b\,e^{jx}, \quad c\,e^{jx}, \quad d\,e^{jx};$$

man findet $a = 1 + j$, $b = 0$, $c = 1$, $d = 0$ und daher zwei reelle Lösungen

$$\cos x - \sin x, \quad 0, \quad \cos x, \quad 0;$$

$$\cos x + \sin x, \quad 0, \quad \sin x, \quad 0.$$

Der zweite Ansatz ist dann $(a\,x + \alpha)\,e^{j\,x}$, $(b\,x + \beta)\,e^{j\,x}$, $(c\,x + \gamma)\,e^{j\,x}$, $(d\,x + \delta)\,e^{j\,x}$; man erhält

$$a = 1 + j, \quad b = 0, \quad c = 1, \quad d = 0, \quad \alpha = -\frac{1}{3}, \quad \beta = \frac{2}{3}, \quad \gamma = 0, \quad \delta = \frac{2}{3}\,(2 + j)$$

und daher die Lösungen

$$\left(x - \frac{1}{3}\right)\cos x - x \sin x, \quad \frac{2}{3}\cos x, \quad x \cos x, \quad \frac{2}{3}\,(2\cos x - \sin x),$$

$$x \cos x + \left(x - \frac{1}{3}\right)\sin x, \quad \frac{2}{3}\sin x, \quad x \sin x, \quad \frac{2}{3}\,(\cos x + 2\sin x),$$

die zusammen mit den beiden obigen ein Fundamentalsystem bilden. Das allgemeine Integral wird somit

$$y_1 = \left[(C + D)\,x + A + B - \frac{C}{3}\right]\cos x + \left[(-C + D)\,x - A + B - \frac{1}{3}\,D\right]\sin x,$$

$$y_2 = \frac{2}{3}\,C \cos x + \frac{2}{3}\,D \sin x,$$

$$y_3 = (C\,x + A)\cos x + (D\,x + B)\sin x,$$

$$y_4 = \frac{2}{3}\,(2\,C + D)\cos x + \frac{2}{3}\,(-C + 2\,D)\sin x.$$

Ist ein inhomogenes System

$$y_i{}' = \sum_j a_{ij}\,y_j + h_i(x) \tag{29}$$

gegeben, so wird man zunächst das homogene System

$$\eta_i{}' = \sum_j a_{ij}\,\eta_j \tag{30}$$

lösen; dann ist

$$\boxed{y_i = \eta_i + \overset{0}{y_i}} \tag{31}$$

das allgemeine Integral von (29), wenn η_i das allgemeine Integral von (30) und $\overset{0}{y_i}$ irgendein partikuläres Integral von (29) ist (Ziffer 3). Zur Ermittlung von $\overset{0}{y_i}$ steht uns das allgemeine Verfahren der Variation der Konstanten (Ziffer 3) zur Verfügung. Bei manchen einfachen Störungsfunktionen $h_i(x)$ kommt man auch mit Ansatzverfahren analog zu den bei den linearen Differentialgleichungen höherer Ordnung (§ 7, 2) verwendeten einfacher zum Ziel.

Beispiel: $y_1{}' = 4\,y_1 + y_2 - 36\,x$, $y_2{}' = -2\,y_1 + y_2 - 2\,e^x$.

Die charakteristische Gleichung ist $\lambda^2 - 5\,\lambda + 6 = 0$ mit den Wurzeln 2 und 3;

$$\eta_1 = A\,e^{2\,x} + B\,e^{3\,x}, \quad \eta_2 = -2\,A\,e^{2\,x} - B\,e^{3\,x}$$

ist das allgemeine Integral der homogenen Gleichung. Der Ansatz

$$\overset{0}{y_1} = a\,x + b + c\,e^x, \quad \overset{0}{y_2} = \alpha\,x + \beta + \gamma\,e^x$$

führt durch einfache Rechnung auf das allgemeine Integral

$$y_1 = A\,e^{2\,x} + B\,e^{3\,x} + 6\,x - 1 - e^x, \quad y_2 = -2\,A\,e^{2\,x} - B\,e^{3\,x} + 12\,x + 10 + 3\,e^x$$

der inhomogenen Gleichung.

5. Die Operatorenrechnung von Heaviside und die linearen Systeme höherer Ordnung. Ich möchte an dieser Stelle ein Verfahren erwähnen, das auf den englischen Physiker HEAVISIDE[1] zurückgeht und unter dem Namen Operatorenrechnung Eingang in die Literatur gefunden hat. Das Verfahren beruht auf dem einigermaßen kühnen Gedanken, mit dem Differentiationssymbol $D = \dfrac{d}{dx}$ zu rechnen, als ob es eine gewöhnliche, reelle oder allgemeiner komplexe Variable wäre. Indem wir diesen Gedanken akzeptieren, erübrigt sich die Angabe von Rechenregeln für die im folgenden benützten Operatoren $f(D)$ mit einem Polynom f. In Wirklichkeit ist D natürlich ein *Operator*, ein Auftrag, an dem dahinter stehenden analytischen Ausdruck eine bestimmte Operation, nämlich die Differentiation nach x, vorzunehmen. Die Lösung linearer Differentialgleichungen und linearer Systeme beliebiger Ordnung mit konstanten Koeffizienten wird dadurch im wesentlichen auf algebraische Operationen zurückgeführt. Seine volle Wirksamkeit erreicht das Verfahren allerdings erst bei der Lösung gewisser partieller Differentialgleichungen. Sein Nachteil ist, daß es in seiner mathematischen Begründung auf recht schwachen Füßen steht, so daß eine allzu weitherzige Anwendung zu direkt falschen Ergebnissen führen kann. In neuerer Zeit ist die Operatorenrechnung durch die Laplacetransformation abgelöst worden, die auf sicherem mathematischem Fundament ruht und weiterreicht als der Heavisidekalkül. Ich werde die Laplacetransformation in Band IV ausführlicher behandeln.

Die Operatorenrechnung, soweit ich sie hier auseinandersetze, beruht auf folgendem einfachen Satz: Ist $y(x)$ eine n-mal differenzierbare Funktion und λ eine Konstante, so ist

$$\boxed{D^n\, e^{-\lambda x}\, y = e^{-\lambda x}\, (D - \lambda)^n\, y\,;} \tag{32}$$

die Bedeutung von $(D - \lambda)^n$ ergibt sich dabei durch formale Anwendung des binomischen Satzes. Die Formel ist richtig für $n = 0$, ich nehme an, sie sei richtig für n und zeige, daß sie dann auch für $n + 1$ richtig ist. Es ist unter Verwendung von (32)

$$D^{n+1}\, e^{-\lambda x}\, y = D\,(D^n\, e^{-\lambda x}\, y) = D\,[e^{-\lambda x}\,(D - \lambda)^n\, y] =$$

$$= -\lambda\, e^{-\lambda x}\,(D - \lambda)^n\, y + e^{-\lambda x}\, D\,(D - \lambda)^n\, y = e^{-\lambda x}\,(D - \lambda)^{n+1}\, y,$$

bei der Anwendung der Produktregel wurde D hier wieder als Operator aufgefaßt, d. h. die Differentiation $D\, e^{-\lambda x} = -\lambda\, e^{-\lambda x}$ ausgeführt.

Es sei nun wie in § 6, (2) und (3) eine homogene lineare Differentialgleichung n-ter Ordnung mit konstanten Koeffizienten

$$L(y) = (D^n + a_1 D^{n-1} + \ldots + a_{n-1} D + a_n)\, y = f(D)\, y = 0 \tag{33}$$

vorgelegt. Ihre charakteristische Gleichung ist $f(\lambda) = 0$. Ist $f(\lambda) = (\lambda - \lambda_1)^{n_1} \cdot (\lambda - \lambda_2)^{n_2} \ldots (\lambda - \lambda_r)^{n_r}$ mit den (reellen oder imaginären) Wurzeln $\lambda_1, \ldots, \lambda_r$, wobei n_i die Vielfachheit von λ_i ist ($n_1 + n_2 + \ldots + n_r = n$), so kann man formal auch

$$f(D) = (D - \lambda_1)^{n_1}\, (D - \lambda_2)^{n_2} \ldots (D - \lambda_r)^{n_r} \tag{34}$$

schreiben. Da D ein Differentiationssymbol ist, kann man $D^{-1} = \dfrac{1}{D}$ als unbestimmte Integration auffassen; es ist dann $D^{-1}\, 0 = C$ (konstant) und

$$D^{-n}\, 0 = P_{n-1}(x)$$

---

ein Polynom vom Grad $n - 1$ (höchstens) mit willkürlichen Koeffizienten als Lösung der Differentialgleichung $D^n y = y^{(n)} = 0$.

Ich betrachte weiter eine Differentialgleichung (33), deren charakteristische Gleichung die n-fache Wurzel λ hat; sie hat die Form

$$(D - \lambda)^n y = 0.$$

Wenden wir darauf den Operator $(D - \lambda)^{-n}$ an, so folgt ihre allgemeine Lösung

$$y = (D - \lambda)^{-n} 0.$$

Nun ist nach (32)

$$(D - \lambda)^n y = e^{\lambda x} D^n e^{-\lambda x} y$$

und aus $(D - \lambda)^n y = 0$ folgt $D^n e^{-\lambda x} y = 0$, also

$$e^{-\lambda x} y = D^{-n} 0 = P_{n-1}(x)$$

und somit

$$y = e^{\lambda x} P_{n-1}(x);$$

d. h. es ist

$$\boxed{(D - \lambda)^{-n} 0 = e^{\lambda x} P_{n-1}(x).} \tag{35}$$

Die Lösung der allgemeinen Differentialgleichung (33) vollzieht sich nun so, daß man den symbolischen Ausdruck

$$\frac{1}{f(D)} = \frac{1}{(D - \lambda_1)^{n_1} \dots (D - \lambda_r)^{n_r}}$$

in Partialbrüche zerlegt:

$$\frac{1}{f(D)} = \sum_{i=1}^{r} \left[\frac{A_{i1}}{D - \lambda_i} + \frac{A_{i2}}{(D - \lambda_i)^2} + \dots + \frac{A_{i\,n_i}}{(D - \lambda_i)^{n_i}} \right] = \sum_{i=1}^{r} \sum_{\alpha=1}^{n_i} \frac{A_{i\alpha}}{(D - \lambda_i)^{\alpha}}, \tag{36}$$

woraus sich nach (35) das allgemeine Integral in der Form

$$\boxed{y = P_1(x)\, e^{\lambda_1 x} + P_2(x)\, e^{\lambda_2 x} + \dots + P_r(x)\, e^{\lambda_r x}} \tag{37}$$

ergibt, worin die $P_i(x)$ Polynome in x vom Grad $n_i - 1$ (höchstens) mit willkürlichen Koeffizienten, den Integrationskonstanten, sind. Die Zahl der willkürlichen Konstanten ist $\sum n_i = n$. Die Partialbruchzerlegung (36) braucht man dabei nicht wirklich auszuführen, sie dient nur zum Nachweis der Gestalt (37) des allgemeinen Integrals von (33). Man hat nur die Zerlegung von $f(D)$ in die Faktoren $(D - \lambda_i)^{n_i}$, d. h. die Wurzeln der charakteristischen Gleichung zu ermitteln, die zu den einzelnen Wurzeln λ_i gehörigen Lösungen

$$y_i = (D - \lambda_i)^{-n_i} 0 = P_i(x)\, e^{\lambda_i x},$$

also die allgemeine Lösung der Differentialgleichungen $(D - \lambda_i)^{n_i} y_i = 0$ aufzusuchen und diese zu addieren.

Es sei nun ein System von Differentialgleichungen

$$\sum_{j=1}^{m} L_{ij}(y_j) = 0, \quad i = 1, 2, \dots, m \tag{38}$$

vorgelegt, wo die $L_{ij} = f_{ij}(D) = \overset{0}{a}_{ij} D^n + \overset{1}{a}_{ij} D^{n-1} + \dots + \overset{n}{a}_{ij}$ Polynome in

D vom Grad n sind. (38) ist ein System von m linearen Differentialgleichungen n-ter Ordnung für die Funktionen $y_1, \ldots, y_m$, das wir auch in der Form

$$\sum_{j=1}^{m} f_{ij}(D)\, y_j = 0 \tag{39}$$

schreiben. Es sei $F(D) = \operatorname{Det} f_{ij}(D)$ und $F_{ij}(D)$ das algebraische Komplement von f_{ij} in F. Ich multipliziere (39) mit $F_{ik}(D)$ und summiere über i; das gibt (Band II, § 25, 5)

$$\sum_{i,\,j=1}^{m} f_{ij}(D)\, F_{ik}(D)\, y_j = F(D) \sum_{j=1}^{m} \delta_{jk}\, y_j = F(D)\, y_k = 0.$$

Die Differentialgleichung

$$F(D)\, y_j = 0 \tag{40}$$

ist von der Ordnung $n\,m$; ihre charakteristische Gleichung

$$F(\lambda) = 0$$

stimmt für $n = 1$, $\overset{0}{a}_{ij} = \delta_{ij}$, in welchem Fall (39) in das System erster Ordnung (22) übergeht, mit der charakteristischen Gleichung (26) überein, ist somit eine Verallgemeinerung von (26) und wird als *charakteristische Gleichung* des Systems (39) bezeichnet. Sind $\lambda_1, \lambda_2, \ldots, \lambda_r$ ihre Wurzeln und $n_1, n_2, \ldots, n_r$ bzw. ihre Vielfachheiten $\left(\sum n_i = n\,m\right)$, so ergeben sich aus (40) Lösungen von der Form (37), d. h.

$$y_j = P_{j1}(x)\, e^{\lambda_1 x} + P_{j2}(x)\, e^{\lambda_2 x} + \ldots + P_{jr}(x)\, e^{\lambda_r x},$$

deren Koeffizienten jetzt aber nicht ganz willkürlich sind, sondern so zu bestimmen sind, daß die y_j den gegebenen Gleichungen (39) genügen.

Man kann natürlich ein System (39) ähnlich wie in § 5, 1 entweder in eine Differentialgleichung $n\,m$-ter Ordnung überführen und in der Tat ist (40) gerade diese eine Differentialgleichung (die verschiedenen Lösungen y_j unterscheiden sich ja nur durch die verschiedenen Koeffizienten in den $P_{jk}(x)$), oder aber in ein System von $n\,m$ Differentialgleichungen erster Ordnung für die Funktionen $y_j, y_j', \ldots, y_j^{(n-1)}$. In der Regel zieht man jedoch auch hier eine direkte Behandlung der Systeme (39) vor, die bei gewissen physikalischen Anwendungen unmittelbar auftreten, so z. B. bei der Behandlung gekoppelter Schwingungen.

Beispiel:

$$2\,y_1'' + y_1 + 2\,y_2' - \sqrt{5}\,y_2 = 0,$$
$$2\,y_1' + \sqrt{5}\,y_1 + 2\,y_2'' + 11\,y_2 = 0.$$

Die charakteristische Gleichung ist

$$\begin{vmatrix} 2\,\lambda^2 + 1 & 2\,\lambda - \sqrt{5} \\ 2\,\lambda + \sqrt{5} & 2\,\lambda^2 + 11 \end{vmatrix} = 4\,(\lambda^4 + 5\,\lambda^2 + 4) = 0$$

mit den Wurzeln j, $-j$, $2j$, $-2j$. Der Ansatz

$$y_i = a_i\, e^{j x} + b_i\, e^{-j x} + c_i\, e^{2 j x} + d_i\, e^{-2 j x} \quad (i = 1, 2)$$

gibt die Gleichungen

$$a_1 + (\sqrt{5} - 2\,j)\,a_2 = 0, \qquad\qquad b_1 + (\sqrt{5} + 2\,j)\,b_2 = 0,$$
$$(\sqrt{5} + 2\,j)\,a_1 + \qquad 9\,a_2 = 0, \qquad (\sqrt{5} - 2\,j)\,b_1 + \qquad 9\,b_2 = 0,$$
$$7\,c_1 + (\sqrt{5} - 4\,j)\,c_2 = 0, \qquad\qquad 7\,d_1 + (\sqrt{5} + 4\,j)\,d_2 = 0,$$
$$(\sqrt{5} + 4\,j)\,c_1 + \qquad 3\,c_2 = 0, \qquad (\sqrt{5} - 4\,j)\,d_1 + \qquad 3\,d_2 = 0,$$

woraus man $a_1 = b_1 = c_1 = d_1 = 1$, $a_2 = -\dfrac{\sqrt{5} + 2\,j}{9}$, $b_2 = -\dfrac{\sqrt{5} - 2\,j}{9}$, $c_2 = -\dfrac{\sqrt{5} + 4\,j}{3}$,

$d_2 = -\dfrac{\sqrt{5} - 4\,j}{3}$ und nach Trennung in Real- und Imaginärteil die Fundamentallösungen

$$\overset{1}{y_1} = \cos x, \qquad \overset{2}{y_1} = \sin x, \qquad \overset{3}{y_1} = \cos 2\,x, \qquad \overset{4}{y_1} = \sin 2\,x,$$

$$\overset{1}{y_2} = -\left(\frac{\sqrt{5}}{9}\cos x - \frac{2}{9}\sin x\right), \qquad \overset{2}{y_2} = -\left(\frac{2}{9}\cos x + \frac{\sqrt{5}}{9}\sin x\right),$$

$$\overset{3}{y_2} = -\left(\frac{\sqrt{5}}{3}\cos 2\,x - \frac{4}{3}\sin 2\,x\right), \qquad \overset{4}{y_2} = -\left(\frac{4}{3}\cos 2\,x + \frac{\sqrt{5}}{3}\sin 2\,x\right)$$

erhält. Das allgemeine Integral ist also

$$y_1 = 9\,A\cos x + 9\,B\sin x + 3\,C\cos 2\,x + 3\,D\sin 2\,x,$$
$$y_2 = -A\,(\sqrt{5}\cos x - 2\sin x) - B\,(2\cos x + \sqrt{5}\sin x) -$$
$$- C\,(\sqrt{5}\cos 2\,x - 4\sin 2\,x) - D\,(4\cos 2\,x + \sqrt{5}\sin 2\,x).$$

6. Fortsetzung. Inhomogene Gleichungen. In der inhomogenen linearen Gleichung

$$f(D)\,y = h(x) \tag{41}$$

sei $f(D)$ wie in (33) erklärt und $h(x)$ stetig in einem Intervall (a, b), das den Nullpunkt enthält (das kann man stets erreichen, indem man x durch $x + x_0$ ersetzt). Unsere Aufgabe ist, ein partikuläres Integral $\overset{0}{y}$ zu ermitteln. Man kann formal wieder

$$\overset{0}{y} = \frac{1}{f(D)}\,h(x)$$

schreiben; die Partialbruchzerlegung

$$\frac{1}{f(D)} = \sum_{i=1}^{r} \sum_{\alpha=1}^{n_i} \frac{A_{i\alpha}}{(D - \lambda_i)^{\alpha}} \tag{42}$$

gibt rechts Ausdrücke von der Form $(D - \lambda)^{-n}\,h(x)$, die sich mit Hilfe eines Integrals leicht in geschlossener Form darstellen lassen. Es sei $\overset{0}{y_n} = (D - \lambda)^{-n}\,h(x)$ eine partikuläre Lösung der Differentialgleichung $(D - \lambda)^n\,y = h(x)$. Für $n = 1$ ist

$$\overset{0}{y_1} = (D - \lambda)^{-1}\,h(x) = e^{\lambda x}\int_0^x e^{-\lambda x}\,h(x)\,dx = e^{\lambda x}\,J_1$$

($§ 2, 5$). Ich behaupte, daß allgemein

$$\overset{0}{y_n} = (D - \lambda)^{-n}\,h(x) = e^{\lambda x}\int_0^x dx_1 \int_0^{x_1} dx_2 \ldots \int_0^{x_{n-1}} e^{-\lambda x_n}\,h(x_n)\,dx_n = e^{\lambda x}\,J_n \tag{43}$$

ist und beweise diese Formel durch vollständige Induktion, d. h. ich nehme an, daß (43) richtig sei; dann ist

$$(D-\lambda)^{-n-1}\,h(x) = (D-\lambda)^{-1}\left[(D-\lambda)^{-n}\,h(x)\right] = (D-\lambda)^{-1}\,e^{\lambda x}\,J_n =$$

$$= e^{\lambda x}\int_0^x e^{-\lambda x}\,e^{\lambda x}\,J_n\,dx = e^{\lambda x}\int_0^x J_n\,dx = e^{\lambda x}\,J_{n+1};$$

das ist aber wieder (43) mit $n+1$ statt n, womit die Behauptung bewiesen ist. Nach Band II, § 16, 3 ist[1]

$$J_n = \frac{1}{(n-1)!}\int_0^x (x-t)^{n-1}\,e^{-\lambda t}\,h(t)\,dt,$$

so daß sich (43) auch in der Form

$$\overset{0}{y}_n = (D-\lambda)^{-n}\,h(x) = \frac{e^{\lambda x}}{(n-1)!}\int_0^x (x-t)^{n-1}\,e^{-\lambda t}\,h(t)\,dt \tag{44}$$

schreiben läßt. Aus (42) ergibt sich dann die gesuchte partikuläre Lösung von (41)

$$\overset{0}{y} = \frac{1}{f(D)}\,h(x) = \sum_{i=1}^{r}\sum_{\alpha=1}^{n_i}\frac{A_{i\alpha}}{(D-\lambda_i)^{\alpha}}\,h(x) =$$

$$= \sum_{i=1}^{r}\sum_{\alpha=1}^{n_i}\frac{A_{i\alpha}}{(\alpha-1)!}\,e^{\lambda_i x}\int_0^x (x-t)^{\alpha-1}\,e^{-\lambda_i t}\,h(t)\,dt \tag{45}$$

und somit nach (37) das allgemeine Integral

$$y = \frac{1}{f(D)}\,h(x) = \sum_{i=1}^{r}P_i(x)\,e^{\lambda_i x} + \sum_{i=1}^{r}\sum_{\alpha=1}^{n_i}\frac{A_{i\alpha}}{(\alpha-1)!}\,e^{\lambda_i x}\int_0^x (x-t)^{\alpha-1}\,e^{-\lambda_i t}\,h(t)\,dt,$$

$$\tag{46}$$

wo die $P_i(x)$ wieder Polynome vom Grad n_i-1 (höchstens) mit willkürlichen Koeffizienten sind. Hat die Störungsfunktion $h(x)$ die Gestalt

$$h(x) = p(x)\,e^{a x}, \tag{47}$$

wo p ein Polynom in x und a eine beliebige (reelle oder imaginäre) Zahl ist, so lassen sich die Integrale

$$\int_0^x (x-t)^{\alpha-1}\,e^{(a-\lambda)t}\,p(t)\,dt$$

elementar auswerten; der Integrand ist ja von der Form $e^{b t}\,q(t)$ mit einem Polynom $q(t)$. Damit sind gerade die Fälle erschöpft, wo ein Ansatz für das partikuläre Integral $\overset{0}{y}$ in einfacher Weise zum Ziele führt. Die beiden Formen $h(x) = p(x)\cos\beta x$ und $h(x) = p(x)\sin\beta x$ ergeben sich aus (47) für imaginäres a durch Trennung von Real- und Imaginärteil.

Ich komme nun zu den allgemeinen inhomogenen Systemen

$$\sum_{j=1}^{m} f_{ij}(D)\,y_j = h_i(x), \quad i = 1, 2, \ldots, m. \tag{48}$$

---

[1] Differentiation gibt $J_n' = J_{n-1}$, daher $J_n^{(n)} = e^{-\lambda x}\,h(x)$ und nun umgekehrt

$$J_n^{(n-1)} = \int_0^x e^{-\lambda x}\,h(x)\,dx, \quad J_n^{(n-2)} = \int_0^x dx\int_0^x e^{-\lambda x}\,h(x)\,dx$$

usw., was also, wenn man noch die Integrationsveränderlichen mit $x_1, x_2, \ldots, x_n$ statt alle mit x bezeichnet, auf (43) führt.

Wir lösen diese Gleichungen nach den y_j auf, als ob es sich um ein gewöhnliches System linearer Gleichungen handelte. Es sei wieder $F(D) = \mathrm{Det}\, f_{ij}(D)$ und $F_{ij}(D)$ das algebraische Komplement von $f_{ij}(D)$ in $F(D)$. Dann ist nach der Cramerschen Regel (Band II, § 26, 1)

$$y_j = \sum_{i=1}^{m} \frac{F_{ij}(D)}{F(D)}\, h_i(x) = \frac{1}{F(D)}\, H_j(x),$$

wobei

$$H_j(x) = \sum_{i=1}^{m} F_{ij}(D)\, h_i(x)$$

gesetzt ist, so daß sich die $H_j(x)$ durch Differentiationsprozesse aus den $h_i(x)$ ergeben. Die Partialbruchzerlegung (42) von $\frac{1}{F(D)}$ ergibt dann die gesuchten partikulären Integrale $\overset{0}{y}_j$ gemäß (45), wo nur rechts $h(x)$ durch $H_j(x)$ zu ersetzen ist.

Beispiel:

$$2\, y_1'' + y_1 + 2\, y_2' - \sqrt{5}\, y_2 = \cos x,$$
$$2\, y_1' + \sqrt{5}\, y_1 + 2\, y_2'' + 11\, y_2 = \sin x,$$

oder

$$(2\, D^2 + 1)\, y_1 + (2\, D - \sqrt{5})\, y_2 = \cos x,$$
$$(2\, D + \sqrt{5})\, y_1 + (2\, D^2 + 11)\, y_2 = \sin x.$$

Das allgemeine Integral des homogenen Systems wurde in Ziffer 5 ermittelt, es handelt sich also noch um ein partikuläres Integral des inhomogenen. Auflösung nach y_1, y_2 gibt

$$y_1 = \frac{1}{F(D)} \begin{vmatrix} \cos x & 2\, D - \sqrt{5} \\ \sin x & 2\, D^2 + 11 \end{vmatrix} = \frac{1}{F(D)}\, (7 \cos x + \sqrt{5} \sin x),$$

$$y_2 = \frac{1}{F(D)} \begin{vmatrix} 2\, D^2 + 1 & \cos x \\ 2\, D + \sqrt{5} & \sin x \end{vmatrix} = \frac{1}{F(D)}\, (- \sqrt{5} \cos x + \sin x)$$

mit

$$F(D) = 4\, (D^4 + 5\, D^2 + 4) = 4\, (D^2 + 1)\, (D^2 + 4),$$

so daß sich die Partialbruchzerlegung

$$\frac{1}{F(D)} = \frac{j}{48} \left(- \frac{2}{D - j} + \frac{2}{D + j} + \frac{1}{D - 2j} - \frac{1}{D + 2j} \right)$$

ergibt. Ich fasse nun zusammen:

$$\frac{1}{F(D)}\, (\cos x + j \sin x) = \frac{1}{F(D)}\, e^{jx} = \frac{j}{48} \left(- \frac{2}{D - j} + \frac{2}{D + j} + \frac{1}{D - 2j} - \frac{1}{D + 2j} \right) e^{jx}$$

und daher nach (44)

$$\frac{1}{F(D)}\, e^{jx} = \frac{1}{48} \left(- 2\, j\, x\, e^{jx} - e^{-jx} - \frac{1}{3} e^{jx} + e^{2jx} + \frac{1}{3}\, e^{-2jx} \right)$$

und

$$\frac{1}{F(D)} \cos x = \frac{1}{48} \left(2\, x \sin x - \frac{4}{3} \cos x + \frac{4}{3} \cos 2\, x \right),$$

$$\frac{1}{F(D)} \sin x = \frac{1}{48} \left(- 2\, x \cos x + \frac{2}{3} \sin x + \frac{2}{3} \sin 2\, x \right)$$

und daraus

$$\overset{0}{y}_1 = - \frac{1}{24} \left[x\, (\sqrt{5} \cos x - 7 \sin x) + \frac{1}{3}\, (14 \cos x - \sqrt{5} \sin x) - \frac{1}{3}\, (14 \cos 2\, x + \sqrt{5} \sin 2\, x) \right],$$

$$\overset{0}{y}_2 = - \frac{1}{24} \left[x\, (\cos x + \sqrt{5} \sin x) - \frac{1}{3}\, (2 \sqrt{5} \cos x + \sin x) + \frac{1}{3}\, (2 \sqrt{5} \cos 2\, x - \sin 2\, x) \right].$$

Aufgaben.

1. $\quad y_1' = \dfrac{x}{x^2 - 1}\, y_1 - \dfrac{1}{x^2 - 1}\, y_2, \qquad y_2' = -\dfrac{1}{x^2 - 1}\, y_1 + \dfrac{x}{x^2 - 1}\, y_2.$

2. $\quad y_1' = \dfrac{5\,x^2 + 1}{x\,(x^2 + 1)}\, y_1 - \dfrac{1 + 3\,x^2}{x^2}\, y_2 + x,$

$$y_2' = \dfrac{6\,x^2 + 2}{(x^2 + 1)^2}\, y_1 - \dfrac{5\,x^2 + 1}{x\,(x^2 + 1)}\, y_2 + \dfrac{1}{x}, \qquad x > 0;$$

man ermittle ein Integral der homogenen Gleichung durch einen Potenzreihenansatz $y_1 = \sum a_\nu\, x^\nu$, $y_2 = \sum b_\nu\, x^\nu$, ein zweites durch das Reduktionsverfahren von D'ALEMBERT (Ziffer 2) und schließlich ein partikuläres Integral der inhomogenen Gleichung durch Variation der Konstanten[1].

3. $y_1' = 3\,y_2 - 4\,y_3, \qquad y_2' = -\,y_3, \qquad y_3' = -\,2\,y_1 + y_2.$

4. $y_1' + 5\,y_1 + y_2 = 1 + x^2, \qquad y_2' - y_1 + 3\,y_2 = e^{2\,x}.$

5. $y_1' + 5\,y_1 + y_2 = e^x, \qquad y_2' - y_1 + 3\,y_2 = e^{2\,x}.$

6. $y_1' = 6\,y_1 - 8\,y_2 + 3\,y_3 + e^x, \qquad y_2' = 5\,y_1 - 3\,y_2 + 5\,y_3 + x\,e^{-x},$

$$y_3' = y_1 + 3\,y_2 + 4\,y_3 + x^2.$$

7. $y_1'' - 2\,y_1' - 2\,y_2' + y_1 = \cos 2\,x, \qquad y_2'' + y_1' + 2\,y_2' + 5\,y_1 + 6\,y_2 = \sin x.$

8. Man ermittle die Lösungen der Aufgaben 3 bis 7 mit Hilfe der Operatorenrechnung.

III. Partielle Differentialgleichungen.

§ 10. Vorbemerkungen.

1. Funktionaldeterminanten und Abhängigkeit von Funktionen. Sind $u(x, y)$ und $v(x, y)$ zwei in einem Bereich $\mathfrak{B}$ der x, y-Ebene definierte, eindeutige und stetig differenzierbare Funktionen, so vermitteln die Gleichungen

$$u = u(x, y), \qquad v = v(x, y), \tag{1}$$

wenn wir u, v ebenso wie x, y als rechtwinkelige Cartesische Koordinaten in einer Ebene deuten, eine Abbildung der x, y-Ebene auf diese u, v-Ebene. Genauer gesagt, wird der Bereich $\mathfrak{B}$ der x, y-Ebene auf einen bestimmten, durch den Wertevorrat der beiden Funktionen u und v gegebenen Bereich $\overline{\mathfrak{B}}$ der u, v-Ebene eindeutig abgebildet. Mit diesen Abbildungen haben wir uns in Band II, § 12 ziemlich ausführlich beschäftigt. Es hat sich dabei gezeigt, daß für die Eigenschaften der Abbildung die Funktionaldeterminante

$$\Delta = \frac{\partial(u, v)}{\partial(x, y)} = \begin{vmatrix} u_x & u_y \\ v_x & v_y \end{vmatrix} \tag{2}$$

eine entscheidende Rolle spielt. Ich wiederhole die wichtigsten Ergebnisse: Ist $\Delta \neq 0$ an einer Stelle, so lassen sich die beiden Gleichungen (1) in einer gewissen Umgebung dieser Stelle nach x und y eindeutig auflösen, d. h. es existiert die inverse Transformation

$$x = x(u, v), \qquad y = y(u, v). \tag{3}$$

Für die Funktionaldeterminante von (3)

$$\Delta' = \frac{\partial(x, y)}{\partial(u, v)} = \begin{vmatrix} x_u & x_v \\ y_u & y_v \end{vmatrix}$$

---

[1] KAMKE, LV 20.

gilt dann

$$\frac{\partial(x, y)}{\partial(u, v)} \frac{\partial(u, v)}{\partial(x, y)} = 1.\tag{4}$$

Die Funktionen $x(u, v)$ und $y(u, v)$ sind ebenso oft stetig differenzierbar wie die Funktionen $u(x, y)$ und $v(x, y)$. Man erhält ihre Ableitungen, wenn man (1) in (3) einsetzt und die so entstehenden Identitäten nach x und y differenziert:

$$\frac{\partial x}{\partial x} = 1 = x_u u_x + x_v v_x, \qquad \frac{\partial x}{\partial y} = 0 = x_u u_y + x_v v_y,$$

$$\frac{\partial y}{\partial x} = 0 = y_u u_x + y_v v_x, \qquad \frac{\partial y}{\partial y} = 1 = y_u u_y + y_v v_y;$$

aus diesen Gleichungen folgt

$$x_u = \frac{1}{\varDelta} v_y, \quad x_v = -\frac{1}{\varDelta} u_y, \quad y_u = -\frac{1}{\varDelta} v_x, \quad y_v = \frac{1}{\varDelta} u_x.\tag{5}$$

Sind u und v zweimal stetig differenzierbar, so lassen sich daraus $x_{uu}, x_{uv}, \ldots$ berechnen usw.

Sind J und $\overline{J}$ die Flächeninhalte zweier einander entsprechender Figuren der x,y- und u,v-Ebene, so ist, wenn die erste sich auf einen Punkt zusammenzieht,

$$\lim_{J \to 0} \frac{\overline{J}}{J} = \frac{\partial(u, v)}{\partial(x, y)},\tag{6}$$

d. h. die Funktionaldeterminante ist „im Kleinen" (d. h. in erster Annäherung für kleine Figuren) ein Maß für die Verzerrung der Flächeninhalte bei der Abbildung.

Ist $\varDelta = 0$ in einzelnen Punkten oder längs einzelner Kurven der x,y-Ebene, so kann man über die Eindeutigkeit der inversen Transformation nichts aussagen. Ist aber $\varDelta \neq 0$ im Teilbereich $\mathfrak{B}_1$ von $\mathfrak{B}$ und $\overline{\mathfrak{B}}_1$ der entsprechende Bereich der u,v-Ebene, so ist die Abbildung von $\mathfrak{B}_1$ auf $\overline{\mathfrak{B}}_1$ umkehrbar eindeutig. Man vergleiche die Aufgaben 1 und 2 am Schluß des Paragraphen.

Ist $\varDelta = 0$ in allen Punkten eines (zweidimensionalen) Teilbereichs $\mathfrak{A}$ von $\mathfrak{B}$, so existiert eine nicht konstante, (genauer: in keinem Teilbereich von $\mathfrak{A}$ konstante) stetig differenzierbare Funktion $F(u,v)$, so daß

$$F(u(x, y), v(x, y)) \equiv 0\tag{7}$$

ist für alle Punkte von $\mathfrak{A}$ und der Bereich $\mathfrak{A}$ wird abgebildet auf die Kurve $F(u, v) = 0$ der u,v-Ebene. Die beiden Funktionen $u(x, y)$ und $v(x, y)$ heißen in $\mathfrak{A}$ voneinander *abhängig*. Besteht umgekehrt eine Identität (7), so folgt durch Differentiation

$$F_u u_x + F_v v_x = 0, \qquad F_u u_y + F_v v_y = 0;$$

sind F_u und F_v nicht beide Null, so muß $\varDelta = 0$ sein.

Allgemein heißen n stetig differenzierbare Funktionen $u_1(x_j), u_2(x_j), \ldots, u_n(x_j)$ von n unabhängigen Veränderlichen x_j $(j = 1, 2, \ldots, n)$ *abhängig* in einem n-dimensionalen Bereich $\mathfrak{A}$ des Raumes der x_j, wenn es eine stetig differenzierbare Funktion $F(u_1, u_2, \ldots, u_n)$ gibt, so daß

$$F(u_1(x_j), u_2(x_j), \ldots, u_n(x_j)) \equiv 0\tag{8}$$

für alle Punkte von $\mathfrak{A}$ gilt. Notwendig und hinreichend dafür ist, daß die Funktionaldeterminante

$$\varDelta = \frac{\partial(u_1, u_2, \ldots, u_n)}{\partial(x_1, x_2, \ldots, x_n)} = \operatorname{Det} \frac{\partial u_i}{\partial x_j}$$

in allen Punkten von $\mathfrak{A}$ verschwindet. $\varDelta = 0$ besagt, daß die n Gradienten-vektoren $\dfrac{\partial u_1}{\partial x_j}$, $\dfrac{\partial u_2}{\partial x_j}$, $\ldots$, $\dfrac{\partial u_n}{\partial x_j}$ der Funktionen $u_1, u_2, \ldots, u_n$ linear abhängig sind, d. h. daß sie höchstens einen Vektorraum $V^{(n-1)}$ aufspannen (Band II, § 27, 4). Die Folgerung ist sehr plausibel, daß der Bereich $\mathfrak{A}$ dann auf einen höchstens $n-1$-dimensionalen Bereich, also auf ein Stück einer höchstens $n-1$-dimensionalen Mannigfaltigkeit des u_i-Raums abgebildet wird.[1]

Für n Funktionen

$$u_i(x_1, x_2, \ldots, x_p), \qquad i = 1, 2, \ldots, n, \tag{9}$$

die in einem Bereich $\mathfrak{B}$ des p-dimensionalen Raumes der $x_1, \ldots, x_p$ stetig differenzierbar sind, gilt:

Ist $p < n$, so sind die n Funktionen (9) *immer abhängig.* Um das einzusehen, nehmen wir noch $n - p$ Variable $x_{p+1}, \ldots, x_n$ hinzu, die in den u_i nicht als Argumente auftreten, so daß

$$\frac{\partial u_i}{\partial x_j} = 0, \quad i = 1, 2, \ldots, n; \quad j = p + 1, p + 2, \ldots, n \tag{10}$$

gilt; in der Funktionaldeterminante $\varDelta$ sind dann die letzten $n-p$ Spalten lauter Nullen, es ist also $\varDelta = 0$.

Ist $p \geqq n$, so sind die Funktionen (9) *voneinander unabhängig, wenn der Rang der Funktionalmatrix gleich n ist.* Dabei hat die Matrix (10) den Rang r, wenn es eine Unterdeterminante r-ter Ordnung gibt, die nicht identisch verschwindet. Wir denken uns die Numerierung der Variablen x_j so gewählt, daß $\dfrac{\partial(u_1, u_2, \ldots, u_n)}{\partial(x_1, x_2, \ldots, x_n)}$ an der Stelle $x_i = a_i$ $(i = 1, 2, \ldots, n)$ von Null verschieden ist. Wir erteilen nun den restlichen x_i feste Werte $x_i = a_i$ $(i = n + 1, \ldots, p)$ und betrachten im n-dimensionalen Raum der $x_1, \ldots, x_n$ eine Kugel $\mathfrak{K}$ mit dem Mittelpunkt $a_1, \ldots, a_n$, die ganz in $\mathfrak{B}$ enthalten ist. Die Funktionen

$$u_i(x_1, \ldots, x_n, a_{n+1}, \ldots, a_p) \tag{11}$$

sind dann im Inneren von $\mathfrak{K}$ unabhängig. Wären sie in $\mathfrak{B}$ abhängig, so würde eine Identität der Form (8) gelten. Setzt man in dieser $x_j = a_j$ $(j = n + 1, \ldots, p)$, so gibt das unmittelbar einen Widerspruch zur eben bewiesenen Unabhängigkeit der Funktionen (11) in $\mathfrak{K}$.

2. Hüllflächen ein- und zweiparametriger Flächenscharen. Es sei durch

$$\boxed{F(x, y, z, \alpha) = 0,} \tag{12}$$

wo F eine in einem Bereich $\mathfrak{B}$ des Raums und für alle $\alpha_1 < \alpha < \alpha_2$ stetig differenzierbare Funktion ihrer vier Argumente ist, eine einparametrige Flächenschar im Raum gegeben. Wie bei den analogen Betrachtungen über Kurvenscharen (Band II, § 13, 6), kann man zunächst aus Beispielen entnehmen, daß es unter Umständen eine Fläche gibt, die alle Flächen der Schar (12) berührt. So berühren z. B. alle Kugeln der Schar

$$(x - \alpha)^2 + y^2 + z^2 = 1$$

den Zylinder $y^2 + z^2 = 1$. Man nennt eine Fläche, die alle Flächen (12) berührt, eine *Hüllfläche, Einhüllende* oder *Enveloppe* der Schar (12).

---

[1] Über den Beweis vgl. z. B. KAMKE, LV 20, § 29.

Ich betrachte zwei Flächen der Schar (12), die durch die zunächst fest zu denkenden Werte α und $\alpha + h$ des Parameters gegeben sind:

$$F(x, y, z, \alpha) = 0, \qquad F(x, y, z, \alpha + h) = 0. \tag{13}$$

Bei genügend kleinem h ist nach dem Mittelwertsatz

$$F(x, y, z, \alpha + h) = F(x, y, z, \alpha) + h F_\alpha(x, y, z, \alpha + \delta h), \quad 0 < \delta < 1.$$

Wegen (13) folgt

$$h F_\alpha(x, y, z, \alpha + \delta h) = 0,$$

also wegen $h \neq 0$

$$F_\alpha(x, y, z, \alpha + \delta h) = 0$$

und daraus für $h \to 0$

$$\boxed{F_\alpha(x, y, z, \alpha) = 0,} \tag{14}$$

d. h., daß sich die Schnittkurve der beiden Flächen (13) für $h \to 0$ einer Grenzlage nähert, die durch die Gleichungen (12) und (14) bestimmt ist und als *Charakteristik* der Schar (12) bezeichnet wird. Läßt man nun α wieder variieren, so ergibt sich im Raum eine einparametrige Schar stetig veränderlicher Kurven (Charakteristiken), also eine bestimmte Fläche im Raum. Man nennt diese Fläche die *Diskriminantenfläche* der Schar (12). Ihre Gleichung ergibt sich durch Elimination von α aus (12) und (14). Im obigen Beispiel erhält man $F_\alpha = -2(x - \alpha)$, also aus $F_\alpha = 0$ sofort $x = \alpha$ und daher die Hüllfläche $y^2 + z^2 = 1$; hier ist die Diskriminantenfläche mit der Einhüllenden identisch. Die Charakteristiken sind die Kreise $x = \alpha$, $y^2 + z^2 = 1$.

Man sieht leicht ein, daß die Einhüllende, sofern sie überhaupt existiert, entweder mit der Diskriminantenfläche übereinstimmt oder ein Teil derselben ist. Ich nehme an, die Schar (12) habe eine Hüllfläche $\Phi(x, y, z) = 0$ und es sei

$$x = x(t, \alpha), \qquad y = y(t, \alpha), \qquad z = z(t, \alpha) \tag{15}$$

für ein bestimmtes α die Kurve, längs welcher die Einhüllende $\Phi = 0$ die Fläche (12) berührt. Läßt man auch α variieren, so ist (15) nichts anderes als eine Parameterdarstellung der Hüllfläche $\Phi = 0$. Die Kurve (15) liegt also sowohl auf der Fläche (12) als auch auf der Fläche $\Phi = 0$ und die Tangentenebenen dieser beiden Flächen stimmen in allen Punkten von (15) überein. Setzt man (15) in (12) ein, so resultiert eine Identität in t und α, durch deren Differentiation nach α

$$F_x x_\alpha + F_y y_\alpha + F_z z_\alpha + F_\alpha = 0 \tag{16}$$

folgt. Dabei ist (F_x, F_y, F_z) der Gradient von F, also ein Vektor in der Normalenrichtung der Fläche $F = 0$, und $(x_\alpha, y_\alpha, z_\alpha)$ der Tangentenvektor der Hüllfläche an die Kurve $t = $ konst. Diese beiden Vektoren müssen aufeinander senkrecht stehen, also gilt die Berührungsbedingung

$$F_x x_\alpha + F_y y_\alpha + F_z z_\alpha = 0. \tag{17}$$

Eine zweite Berührungsbedingung

$$F_x x_t + F_y y_t + F_z z_t = 0 \tag{18}$$

ergibt sich unmittelbar durch Differentiation der obigen Identität nach t. (16) und (17) zusammen ergeben wieder (14), womit gezeigt ist, daß jede Hüllfläche zugleich Diskriminantenfläche ist. Daß die Umkehrung nicht gilt, erkennt man daran, daß die Bedingung (17) auch erfüllt ist, wenn $F_x = F_y = F_z = 0$ ist, d. h. wenn die Flächen (12) singuläre Punkte besitzen. Der Ort solcher singulären Punkte von (12), der natürlich auch selbst eine Fläche sein kann, ist stets Teil der Diskriminantenfläche.

Beispiele:

1. $F(x, y, z, \alpha) = (x - \alpha)^2 + y^2 + z^2 = 1$, $F_\alpha = -2\,(x - \alpha)$, $x = \alpha$, daraus wie oben $\Phi(x, y, z) = y^2 + z^2 - 1 = 0$ oder in Parameterdarstellung (Charakteristiken!)

$$x = \alpha, \qquad y = \cos t, \qquad z = \sin t. \tag{19}$$

Es ist also $(x_\alpha, y_\alpha, z_\alpha) = (1, 0, 0)$, $(x_t, y_t, z_t) = (0, -\sin t, \cos t)$. (17) und (18) werden dann wegen (19)

$$F_x\, x_\alpha + \ldots = 2\,(x - \alpha) \cdot 1 + 2\,y \cdot 0 + 2\,z \cdot 0 = 2\,(x - \alpha) = 0,$$

$$F_x\, x_t + \ldots = 2\,(x - \alpha) \cdot 0 - 2\,y \sin t + 2\,z \cos t = 0.$$

2. Die Kegelschar $F(x, y, z, \alpha) = (x - \alpha)^2 - y^2 - z^2 = 0$; $F_\alpha = -2\,(x - \alpha) = 0$ gibt wieder $x = \alpha$ und $\Phi = y^2 + z^2 = 0$, also nur $y = z = 0$ als Ort der Kegelscheitel, aber keine (reelle) Hüllfläche.

3. Die Kegelschar $F(x, y, z, \alpha) = (x - \alpha)^2 + y^2 - z^2 = 0$, $F_\alpha = -2\,(x - \alpha) = 0$ gibt $x = \alpha$ und $y^2 - z^2 = 0$ oder $z = \pm y$, zwei Ebenen als Hüllflächen, deren Schnitt die Gerade $y = z = 0$ ist (Ort der Kegelscheitel).

4. Die Schar $F(x, y, z, \alpha) = (x - \alpha)^2 - y^2 = 0$, $F_\alpha = -2\,(x - \alpha)$, $x = \alpha$ und daher $\Phi(x, y, z) = y = 0$. Diese Ebene ist aber keine Hüllfläche, sondern nur Diskriminantenfläche, sie ist der Ort der singulären Punkte der Schar. Jede Fläche der Schar ist eine Fläche zweiter Ordnung, die in die zwei Ebenen $x - y - \alpha = 0$ und $x + y - \alpha = 0$ zerfällt, die sich längs der Geraden $x = \alpha$, $y = 0$ schneiden (singuläre Gerade der Fläche), und der Ort dieser Geraden ist die Ebene $y = 0$. Von einer „Berührung" einer der beiden Ebenen $x - y - \alpha = 0$ oder $x + y - \alpha = 0$ mit der Ebene $y = 0$ kann natürlich keine Rede sein.

Es sei nun eine zweiparametrige Flächenschar

$$\boxed{F(x, y, z, \alpha, \beta) = 0} \tag{20}$$

vorgelegt. Ich komme damit zu Überlegungen, die kein Analogon bei den Kurvenscharen haben. Ein Beispiel für eine solche Schar ist die Schar der Tangentenebenen

$$\zeta - \varphi = (\xi - x)\,\varphi_x + (\eta - y)\,\varphi_y \tag{21}$$

einer Fläche $\mathfrak{F}$ mit der Gleichung $z = \varphi(x, y)$. Hier sind x und y die Parameter α und β, während ξ, η, ζ an Stelle der Koordinaten x, y, z in (20) treten. Alle Ebenen (21) berühren die Fläche $\mathfrak{F}$, die also die Hüllfläche der zweiparametrigen Schar (21) ist. Wir erteilen α und β in (20) zwei feste Werte und betrachten zwei weitere Flächen

$$F(x, y, z, \alpha + h, \beta) = F(x, y, z, \alpha, \beta) + h\,F_\alpha(x, y, z, \alpha + \vartheta_1 h, \beta) = 0,\, 0 < \vartheta_1 < 1$$

und

$$F(x, y, z, \alpha, \beta + k) = F(x, y, z, \alpha, \beta) + k\,F_\beta(x, y, z, \alpha, \beta + \vartheta_2 k) = 0, \quad 0 < \vartheta_2 < 1.$$

Wegen (20) wird daraus nach Kürzen durch h und k und für $h \to 0$, $k \to 0$

$$\boxed{F_\alpha(x, y, z, \alpha, \beta) = 0, \quad F_\beta(x, y, z, \alpha, \beta) = 0.} \tag{22}$$

Ist $F_{\alpha\alpha} F_{\beta\beta} - F_{\alpha\beta}{}^2 \neq 0$ und eliminiert man aus den Gleichungen (20) und (22) die beiden Parameter α und β, so ergibt sich im allgemeinen die Gleichung $\Phi(x, y, z) = 0$ einer Fläche, die wieder als Diskriminantenfläche der Schar (20) bezeichnet wird und die die Hüllfläche, sofern sie existiert, enthält. Die Diskriminantenfläche ergibt sich auf Grund obiger Überlegung als Ort der Grenzlagen der Schnittpunkte von je drei gegeneinanderrückenden Flächen der Schar (20).

Bei der Ebenenschar (21) ergibt die Differentiation nach x und y

$$-\varphi_x = (\xi - x)\,\varphi_{xx} + (\eta - y)\,\varphi_{xy} - \varphi_x,$$

$$-\varphi_y = (\xi - x)\,\varphi_{xy} + (\eta - y)\,\varphi_{yy} - \varphi_y$$

und somit, wenn $\varphi_{xx}\varphi_{yy} - \varphi_{xy}^2 \neq 0$ ist, wenn es sich also nicht um einen parabolischen Punkt von $\mathfrak{F}$ handelt, $x = \xi$, $y = \eta$ und daher $\zeta - \varphi(\xi, \eta) = 0$; die Fläche $\mathfrak{F}$ ist Diskriminantenfläche und zugleich Hüllfläche der Schar (21). In einem parabolischen Punkt mit $\varphi_{xx}\varphi_{yy} - \varphi_{xy}^2 = 0$, in dem nicht $\varphi_{xx} = \varphi_{xy} = \varphi_{yy} = 0$ ist, kann man mit einem willkürlichen Parameter t

$$\xi = x + t\,\varphi_{xy}, \qquad \eta = y - t\,\varphi_{xx}, \qquad \zeta = z + t\,(\varphi_x\varphi_{xy} - \varphi_y\varphi_{xx}) \qquad (23)$$

— die dritte Gleichung folgt dabei aus (21) — setzen. Das ist aber die Parameterdarstellung einer Geraden, deren Richtung die eine im parabolischen Punkt existierende Asymptotenrichtung (Band II, § 11, 5) ist. Auf Grund unserer Überlegung muß sie als Bestandteil der Diskriminantenfläche angesehen werden. Im allgemeinen wird es, wenn $\varphi_{xx}\varphi_{yy} - \varphi_{xy}^2 = 0$ für einen Punkt der x,y-Ebene erfüllt ist, eine Kurve von parabolischen Punkten auf $\mathfrak{F}$ geben, die das Gebiet der elliptischen Punkte von jenem der hyperbolischen Punkte trennt. (23) ist dann eine einparametrige Schar von Geraden oder, was auf dasselbe hinauskommt, die Parameterdarstellung einer sogenannten *Regelfläche* $\mathfrak{R}$, wie man eine Fläche bezeichnet, die der Ort von ∞^1 Geraden ist. Die Fläche $\mathfrak{R}$ ist Teil der Diskriminantenfläche, $\mathfrak{F}$ selbst ist ebenfalls Teil der Diskriminantenfläche und zugleich Hüllfläche der Schar (21). Eine besondere Rolle spielen Flächen, die aus lauter parabolischen Punkten bestehen, wo somit $\varphi_{xx}\varphi_{yy} - \varphi_{xy}^2 \equiv 0$ für alle x, y eines bestimmten Bereichs $\mathfrak{A}$ ist. Eine derartige Fläche ist entweder die Tangentenfläche einer Raumkurve (d. h. die von den Tangenten der Kurve beschriebene Fläche) oder ein Kegel oder ein Zylinder; $\mathfrak{F}$ und $\mathfrak{R}$ sind hier identisch.[1]

Ein weiteres Beispiel einer zweiparametrigen Flächenschar ist die Schar der Kugeln

$$(x - \alpha)^2 + (y - \beta)^2 + z^2 = 1;$$

hier wird $F_\alpha = -2\,(x - \alpha)$, $F_\beta = -2\,(y - \beta)$, also ist $\alpha = x$, $\beta = y$ und daher die Hüllfläche $z^2 = 1$, die aus den beiden Ebenen $z = 1$ und $z = -1$ besteht.

Man kann aus der zweiparametrigen Schar (20) eine einparametrige herausgreifen, indem man zwischen den Parametern α und β irgendeine willkürlich wählbare Relation annimmt, die ich der Einfachheit wegen gleich in der Form $\beta = \psi(\alpha)$ schreibe. Je nach der Wahl dieser Funktion $\psi(\alpha)$ ergeben sich verschiedene einparametrige Flächenscharen, die aber alle in (20) enthalten sind. Aus (20) folgt wegen $\beta = \psi(\alpha)$

$$\Phi(x, y, z, \alpha) = F(x, y, z, \alpha, \psi(\alpha)) = 0.$$

Für die Einhüllende (d. h. genauer für die Diskriminantenfläche) gilt

$$\Phi_\alpha(x, y, z, \alpha) = F_\alpha + F_\beta\,\psi'(\alpha) = 0.$$

Alle diese Hüllflächen bilden selbst wieder eine Flächenschar, die aber im allgemeinen nicht durch eine endliche Zahl von Parametern beschrieben werden kann, weil sie ja von einer willkürlichen Funktion $\psi(\alpha)$ abhängt. Ist $\psi(\alpha)$ in einem gewissen Intervall durch eine Potenzreihe $\psi(\alpha) = \sum\limits_{\nu=0}^{\infty} c_\nu\,\alpha^\nu$ darstellbar, so hängt die Schar der Hüllflächen von unendlich vielen Parametern $c_0, c_1, \ldots, c_\nu, \ldots$ ab. Sicher ist aber, daß diese Hüllflächenschar selbst wieder die Hüllfläche (20), (22) der ursprünglichen zweiparametrigen Schar zur Einhüllenden hat.

Man kann sich das an der obigen Kugelschar leicht verdeutlichen. Die Mittelpunkte aller dieser Kugeln sind Punkte der Ebene $z = 0$; $\beta = \psi(\alpha)$ bedeutet also, daß wir eine einparametrige Kugelschar wählen, deren Mittelpunkte auf der Kurve $y = \psi(x)$ liegen, die

---

[1] Näheres darüber z. B. bei DUSCHEK-HOCHRAINER, LV 6, Band II.

Einhüllende ist eine sogenannte *Röhrenfläche* oder *Kanalfläche*. Man denke etwa an einen Gummischlauch mit kreisförmigem Querschnitt, den wir so verbiegen, daß die Mittellinie mit der Kurve $y = \psi(x)$ zusammenfällt. Alle Kanalflächen, die sich so für die verschiedenen Funktionen $\psi(x)$ ergeben, berühren aber die Hüllfläche $z = \pm 1$ der ursprünglichen Schar.

3. Flächenelement und Streifen. Es handelt sich hier um zwei einfache Begriffe, die für die geometrische Deutung der partiellen Differentialgleichungen grundlegend sind und die ich schon hier kurz erörtern möchte, um später den Gang der Entwicklung nicht unterbrechen zu müssen.

Eine partielle Differentialgleichung erster Ordnung mit zwei unabhängigen Veränderlichen ist eine Gleichung, in der neben den beiden unabhängigen Veränderlichen x und y noch eine unbekannte Funktion $z = f(x, y)$ und ihre beiden partiellen Ableitungen

$$p = \frac{\partial z}{\partial x} = f_x(x, y) \quad \text{und} \quad q = \frac{\partial z}{\partial y} = f_y(x, y)$$

vorkommen; sie hat also die Form

$$\boxed{F(x, y, z, p, q) = 0;} \tag{24}$$

dabei soll die Funktion F der fünf Veränderlichen x, y, z, p, q stetig und stetig differenzierbar sein in einem Bereich $\mathfrak{B}_5$ des x,y,z,p,q-Raumes[1]. Eine Fläche $z = f(x, y)$ heißt eine *Integralfläche* und die Funktion $f(x, y)$ ein *Integral* oder eine *Lösung* der Differentialgleichung (24), wenn in einem Bereich $\mathfrak{B}_2$ die Identität

$$F(x, y, f(x, y), f_x(x, y), f_y(x, y)) = 0$$

erfüllt ist.

Das *Flächenelement* ist das Analogon zu dem in § 2, 1 eingeführten Linienelement. Es besteht aus einem Punkt $P = (x, y, z)$ des R_3 als *Träger* und einer durch P gehenden Ebene, die man mit Hilfe zweier Stellungsparameter p und q in der Form

$$\boxed{\zeta - z = (\xi - x)\, p + (\eta - y)\, q} \tag{25}$$

schreiben kann. Der (nicht normierte) Normalenvektor von (25) ist also $(p, q, -1)$, so daß (25) für die verschiedenen Werte von p und q alle Ebenen des R_3 mit Ausnahme der zur z-Achse parallelen umfaßt. Ist $z = f(x, y)$ eine stetig differenzierbare Fläche $\mathfrak{F}$ des R_3, so ist (25) Tangentenebene von $\mathfrak{F}$ in einem Punkt $x, y, z = f(x, y)$ von $\mathfrak{F}$, wenn $p = f_x(x, y)$ und $q = f_y(x, y)$ ist. Denkt man sich in (25) den Punkt P festgehalten, so ist (25) eine zweiparametrige Schar von Ebenen, die alle durch den Punkt P hindurchgehen (und deren Hüllfläche sich somit auf P reduziert); die Parameter der Schar sind p und q. In der Geometrie heißt die Gesamtheit aller Ebenen des R_3 durch einen Punkt ein *Ebenenbündel*. Wir nennen auch (25) mit festen x, y, z ein Ebenenbündel, obwohl darin die zur z-Achse parallelen Ebenen fehlen, die sich in der Form

$$(\xi - x)\, p + (\eta - y)\, q = 0 \tag{26}$$

darstellen lassen und ein sogenanntes *Ebenenbüschel* (Gesamtheit aller Ebenen durch eine Gerade) bilden. (26) hängt nur scheinbar von zwei Parametern ab; man kann, wenn $q \neq 0$ ist, $p = -\lambda q$ setzen und erhält dann statt (26)

$$\eta - y = \lambda(\xi - x),$$

---

[1] Wir haben im folgenden zu betrachten: Erstens die x,y-Ebene R_2, zweitens den dreidimensionalen x,y,z-Raum R_3 und drittens den fünfdimensionalen x,y,z,p,q-Raum R_5. Bereiche in diesen Räumen werde ich durch Indizes, die die Dimensionen angeben, kennzeichnen. $\mathfrak{A}_2, \mathfrak{B}_2$ usw. sind Bereiche des R_2, $\mathfrak{A}_3, \mathfrak{B}_3$ Bereiche des R_3, $\mathfrak{A}_5, \mathfrak{B}_5$ usw. Bereiche des R_5.

also eine einparametrige Ebenenschar im R_3. Nimmt man in (25), wieder bei festem $P = (x, y, z)$, q als Funktion von p, $q = q(p)$, so wird (25) eine einparametrige Schar von Ebenen durch P, die im allgemeinen einen Kegel mit der Spitze in P umhüllen. Ist $q(p)$ eine lineare Funktion

$$a\,p + b\,q = c, \tag{27}$$

so artet dieser Kegel in eine Gerade aus, d. h. die Ebenenschar (25) ist ein Ebenenbüschel. Differenziert man nämlich (25) und (27) nach p, so folgt

$$\xi - x + (\eta - y)\frac{dq}{dp} = 0, \quad a + b\frac{dq}{dp} = 0,$$

also

$$\frac{\xi - x}{a} = \frac{\eta - y}{b},$$

so daß wegen (25) und (27)

$$\frac{\xi - x}{a} = \frac{\eta - y}{b} = \frac{\zeta - z}{c}$$

die Doppelgleichung und

$$\xi = x + t\,a, \qquad \eta = y + t\,b, \qquad \zeta = z + t\,c$$

eine Parameterdarstellung der Achse des Ebenenbüschels (25), (27) wird. Sie geht durch den Punkt (x, y, z) und hat die Richtung (a, b, c).

Ich setze nun die fünf Veränderlichen x, y, z, p, q gleich stetig differenzierbaren Funktionen eines Parameters u

$$x = x(u), \qquad y = y(u), \qquad z = z(u), \qquad p = p(u), \qquad q = q(u). \tag{28}$$

Wir deuten diese Gleichungen im R_3. Die ersten drei geben die Parameterdarstellung einer Kurve $\mathfrak{C}$ des R_3. Die beiden letzten besagen, daß durch jeden Punkt von $\mathfrak{C}$ eine bestimmte Ebene (25) zu legen ist, so daß wir im ganzen eine einparametrige Schar von Ebenen des R_3 erhalten. Diese Ebenenschar heißt ein *Streifen*, wenn alle Ebenen Tangentenebenen irgendeiner durch $\mathfrak{C}$ hindurchgehenden Fläche $\mathfrak{F}$ mit der Gleichung $z = f(x, y)$ sind. Dazu ist nötig, daß die Identitäten

$$\left.\begin{array}{l} z(u) = f(x(u), y(u)) \\ p(u) = f_x(x(u), y(u)) \\ q(u) = f_y(x(u), y(u)) \end{array}\right\} \tag{29}$$

gelten. Differentiation der ersten Identität nach u gibt (Punkte bedeuten Ableitungen nach u)

$$\dot{z}(u) = f_x(x(u), y(u))\,\dot{x}(u) + f_y(x(u), y(u))\,\dot{y}(u)$$

oder, wegen der zweiten und dritten Identität (29) und unter Weglassung der Argumente,

$$\boxed{\dot{z} = p \cdot \dot{x} + q \cdot \dot{y}.} \tag{30}$$

(30) heißt die *Streifenbedingung*. Sie ist von der besonderen Form der Funktion $f(x, y)$, also von der Fläche $\mathfrak{F}$ selbst völlig unabhängig und ist jedenfalls eine notwendige Bedingung, damit die fünf Funktionen (28) einen Streifen definieren. Man kann leicht zeigen, daß sie auch hinreichend ist, d. h. man kann eine Fläche angeben, die durch $\mathfrak{C}$ hindurchgeht und deren Tangentenebenen längs $\mathfrak{C}$ gerade die Flächenelemente (28) sind (vgl. Aufgabe 4).

Aufgaben.

Man untersuche die Abbildungen

1. $u = x^2 - y^2,\quad v = x + y;$

2. $u = x^2 - y^2,\quad v = 2xy;$

3. $u = x^3 - y^3,\quad v = x + y.$

4. Man ermittle die Einhüllende $\mathfrak{H}$ der Ebenenschar (28), (30) und zeige, daß die Tangentenebenen von $\mathfrak{H}$ längs der Kurve $\mathfrak{C}$ mit der Parameterdarstellung $x(u)$, $y(u)$, $z(u)$ die Flächenelemente (28) sind.

§ 11. Lineare partielle Differentialgleichungen erster Ordnung.

1. Definitionen. Unter einer *linearen partiellen Differentialgleichung erster Ordnung* versteht man ganz allgemein eine Gleichung

$$\boxed{\sum_{i=1}^{n} P_i(x_1, x_2, \ldots, x_n, z)\, p_i = R(x_1, x_2, \ldots, x_n, z);} \tag{1}$$

dabei ist zur Abkürzung $p_i = \dfrac{\partial z}{\partial x_i}$ gesetzt. Von den Funktionen P_i und R nehme ich an, daß sie in einem Bereich $\mathfrak{B}_{n+1}$ des $(n+1)$-dimensionalen Raums der Variablen $x_1, x_2, \ldots, x_n, z$ stetig differenzierbar sind[1]. Die Bezeichnung „linear" ist hier anders zu verstehen als bei den gewöhnlichen Differentialgleichungen; während man eine gewöhnliche Differentialgleichung nur dann als linear bezeichnet, wenn sie in der unbekannten Funktion und ihren Ableitungen linear ist, genügt hier, wie man aus (1) entnimmt, die Linearität in den Ableitungen der unbekannten Funktion z allein. Man nennt daher mitunter die Gleichungen (1) auch *quasilinear*.

Die Differentialgleichung (1) heißt *homogen*, wenn $R(x_1, \ldots, x_n, z) \equiv 0$ ist und wenn die P_i nicht von z, sondern nur von $x_1, x_2, \ldots, x_n$ abhängen. Eine homogene Gleichung hat also die Form

$$\boxed{\sum_{i=1}^{n} P_i(x_1, \ldots, x_n)\, p_i = 0.} \tag{2}$$

Hier ist die Bezeichnung enger als bei den gewöhnlichen Differentialgleichungen, da die unbekannte Funktion in (2) explizit überhaupt nicht vorkommt.

Unter einem Integral von (1) oder (2) versteht man jede stetig differenzierbare Funktion $z = \varphi(x_1, \ldots, x_n)$, die, in (1) bzw. (2) eingesetzt, diese Gleichung zu einer Identität macht. Auch in dieser Definition liegt ein gewisser Unterschied gegenüber den gewöhnlichen Differentialgleichungen. Während bei der Differentialgleichung $y' = f(x, y)$ mit stetigem $f(x, y)$ aus der Existenz eines Integrals $y = \varphi(x)$ die Stetigkeit seiner Ableitung unmittelbar aus der Differentialgleichung folgt, ist bei einer partiellen Differentialgleichung eine analoge Aussage nicht möglich.

Für $n = 2$ wird aus (1) und (2)

$$P(x, y, z)\, p + Q(x, y, z)\, q = R(x, y, z),$$

bzw.

$$P(x, y)\, p + Q(x, y)\, q = 0. \tag{3}$$

---

[1] Der Index n bei $\mathfrak{B}_n$ gibt dabei die Dimension des Bereichs an. $\mathfrak{B}_1$ ist ein Intervall, $\mathfrak{B}_2$ ein zweidimensionaler Bereich usw. vgl. die Fußnote S. 120.

2. Die homogene Gleichung mit zwei unabhängigen Veränderlichen. Ich beginne mit dem einfachsten Fall der Gleichung (3). P und Q seien in einem Bereich $\mathfrak{B}_2$ der x,y-Ebene stetig differenzierbar. Mit $\mathfrak{B}_3$ bezeichne ich den zylindrischen Bereich im Raum, der über $\mathfrak{B}_2$ parallel zur z-Achse errichtet ist und sich beiderseits ins Unendliche erstreckt. Wir verschaffen uns zunächst einen Überblick über die Flächenelemente der Differentialgleichung (3). Dabei heißt

$$\zeta - z = (\xi - x)\, p + (\eta - y)\, q \tag{4}$$

ein Flächenelement von (3), wenn x, y, z, p, q der Gleichung (3) genügen. Da (3) in p und q linear ist, bilden nach § 10, 3 alle Flächenelemente von (3) in einem festen Punkt (x, y, z) ein Ebenenbüschel, dessen Achse durch die Gleichung

$$(\xi - x)\, Q = (\eta - y)\, P, \quad \zeta - z = 0 \tag{5}$$

oder in Parameterdarstellung

$$\xi = x + u\, P, \quad \eta = y + u\, Q, \quad \zeta = z \tag{6}$$

gegeben ist. Es gibt also in jedem Punkt von $\mathfrak{B}_3$ eine ausgezeichnete, zur x,y-Ebene parallele Richtung (6). Die Differentialgleichung (3) definiert somit in $\mathfrak{B}_3$ ein räumliches *Richtungsfeld*, das aber in allen Ebenen $z = $ konst. völlig gleiches Aussehen hat, da P und Q nur von x und y abhängen. In jeder solchen Ebene haben wir also ein ebenes Richtungsfeld wie in § 2, 1. Die Integralkurven dieses Feldes genügen dem System von Differentialgleichungen

$$\boxed{\dot{x}(u) = P, \quad \dot{y}(u) = Q, \quad \dot{z}(u) = 0.} \tag{7}$$

Ihre Lösungen, also die Kurven

$$x = x(u), \quad y = y(u), \quad z = c \tag{8}$$

heißen die *Charakteristiken* von (3); ihre Richtungen stimmen in jedem Punkt mit den Richtungen der Geraden (6) überein.

Es sei nun $z = \varphi(x, y)$ ein *Integral* oder, geometrisch gesprochen, eine *Integralfläche* $\mathfrak{F}$ von (3). Dann gilt: *die Schichtenlinien einer Integralfläche sind Charakteristiken (8) und umgekehrt.* Ich zeige zuerst, daß jede Charakteristik (8), die mit $\mathfrak{F}$ einen Punkt $x_0, y_0, z_0 = \varphi(x_0, y_0)$ gemeinsam hat, ganz auf $\mathfrak{F}$ liegt und daher Schichtenlinie von $\mathfrak{F}$ ist. Denn ist $x_0 = x(u_0)$, $y_0 = y(u_0)$, so ist

$$\frac{d}{du}\, \varphi(x(u), y(u)) = \varphi_x\, \dot{x}(u) + \varphi_y\, \dot{y}(u) = P\, \varphi_x + Q\, \varphi_y = 0,$$

da ja φ ein Integral von (3) ist. Daraus folgt aber

$$\varphi(x(u), y(u)) = c = \varphi(x(u_0), y(u_0)) = \varphi(x_0, y_0) = z_0.$$

Ich betrachte als Beispiel die Differentialgleichung der Drehflächen (§ 1, Aufgabe 7) mit der z-Achse als Drehachse

$$y\, p - x\, q = 0.$$

Die charakteristischen Gleichungen (7) werden hier $\dot{x} = y$, $\dot{y} = -x$; also ist $x\, \dot{x} + y\, \dot{y} = 0$ oder $\dfrac{d}{du}\, (x^2 + y^2) = 0$. Es sind also die Kreise $x^2 + y^2 = a^2$, $z = c$ mit konstanten a und c die Charakteristiken unserer Differentialgleichung und die Schichtenlinien der Drehflächen.

Nach § 5, 3 geht durch jeden Punkt x_0, y_0 von $\mathfrak{B}_2$ genau eine Lösung

$$x = x(u, x_0, y_0), \quad y = y(u, x_0, y_0)$$

von (7), also durch jeden Punkt x_0, y_0, z_0 des über $\mathfrak{B}_2$ errichteten Bereichs $\mathfrak{B}_3$ ($-\infty < z_0 < +\infty$) genau eine Charakteristik

$$x = x(u, x_0, y_0), \quad y = y(u, x_0, y_0), \quad z = z_0. \tag{9}$$

Es sei nun $\varphi(x, y)$ eine beliebige, in $\mathfrak{B}_2$ stetig differenzierbare Funktion mit der Eigenschaft, daß die Fläche $z = \varphi(x, y)$ in jedem Punkt $x_0, y_0, z_0 = \varphi(x_0, y_0)$ die Charakteristik durch x_0, y_0, z_0 in einer gewissen Umgebung $\alpha < u < \beta$ von x_0, y_0, z_0 ganz enthält. Ich zeige, daß dann $\varphi(x, y)$ *ein Integral von (3) ist.* In $[\alpha, \beta]$ gilt die Identität

$$\varphi(x(u), y(u)) = z_0;$$

Differentiation nach u gibt

$$\varphi_x(x(u), y(u))\, \dot{x}(u) + \varphi_y(x(u), y(u))\, \dot{y}(u) = 0$$

und insbesonders für den dem Punkt x_0, y_0 entsprechenden Wert u_0 des Parameters u

$$\varphi_x(x_0, y_0)\, P(x_0, y_0) + \varphi_y(x_0, y_0)\, Q(x_0, y_0) = 0,$$

d. h. φ genügt für jeden Punkt (x_0, y_0) von $\mathfrak{B}_2$ der Differentialgleichung (3) und ist somit ein Integral derselben.

3. Fortsetzung. Konstruktion einer Lösung durch eine gegebene Kurve. Allgemeines Integral. Die letzten Überlegungen von Ziffer 2 zeigen uns einen Weg zur Konstruktion von Integralen der Gleichung (3), wobei die folgende Diskussion keinen Anspruch auf volle Strenge erhebt. Ich fasse nochmals kurz zusammen: Durch jeden Punkt von $\mathfrak{B}_3$ geht genau eine Charakteristik. Anderseits ist jede Fläche, die in jedem Punkt ein Stück einer Charakteristik enthält[1], eine Integralfläche. Man wird also Integralflächen aus Charakteristiken, genauer aus einparametrigen Scharen von Charakteristiken aufbauen können. Man braucht dazu nur den Anfangspunkt x_0, y_0, z_0 längs einer in $\mathfrak{B}_3$ verlaufenden Kurve $\mathfrak{C}_0$, die aber keine Charakteristik sein darf[2], variieren zu lassen. Sei etwa

$$x_0 = x_0(v), \quad y_0 = y_0(v), \quad z_0 = z_0(v) \tag{10}$$

die Parameterdarstellung von $\mathfrak{C}_0$. Die Funktionen $x_0(v)$, $y_0(v)$, $z_0(v)$ seien dabei in einem Intervall $v_1 < v < v_2$ stetig differenzierbar. Damit gibt (9)

$$x = x(u, x_0(v), y_0(v)) = x(u, v), \quad y = y(u, x_0(v), y_0(v)) = y(u, v), \quad z = z_0(v), \tag{11}$$

also die Parameterdarstellung der durch die Kurve $\mathfrak{C}_0$ eindeutig bestimmten Integralfläche von (3). Die Kurven $v = $ konst. auf der Fläche (11) sind die Charakteristiken, den Parameter u kann man — durch geeignete Wahl der Konstanten — so bestimmen, daß die Kurve $u = 0$ die gegebene Kurve (10) ist.

Eliminiert man aus (11) die Parameter u, v, so ergibt sich die Gleichung der Integralfläche in der expliziten Form $z = \varphi(x, y)$. Diese Elimination ist stets möglich, denn erstens kennt man unendlich viele Werte, die die Gleichungen (11) erfüllen, nämlich alle Punkte der Kurve $\mathfrak{C}_0$ oder $u = 0$, und zweitens können längs $\mathfrak{C}_0$ nicht alle Determinanten der Matrix

$$\begin{pmatrix} x_u & y_u & 0 \\ x_v & y_v & z_v \end{pmatrix}$$

verschwinden, d. h. es gibt mindestens einen Punkt $(0, v_0)$ auf $\mathfrak{C}_0$, für den die obige Matrix den Rang 2 hat, und wegen der Stetigkeit der Funktionen $x_u, \ldots, z_v$ eine gewisse Umgebung von $(0, v_0)$, in der der Rang überall gleich zwei ist. Hätte

---

[1] Damit ist gemeint, daß die durch den betreffenden Punkt eindeutig bestimmte Charakteristik in einer Umgebung dieses Punktes ganz auf der Fläche liegt.

[2] Damit ist nur ausgeschlossen, daß $\mathfrak{C}_0$ in ihrem Gesamtverlauf mit einer Charakteristik zusammenfällt, jedoch *nicht*, daß $\mathfrak{C}_0$ in irgendeinem Punkt die zugehörige Charakteristik berührt, nicht einmal, daß $\mathfrak{C}_0$ in einem gewissen Teilbereich mit einer Charakteristik zusammenfällt.

nämlich die Matrix längs $\mathfrak{C}_0$ überall den Rang 1, so würde das heißen, daß der Tangentenvektor $(x_u, y_u, 0)$ der Charakteristik überall dieselbe Richtung hat wie der Tangentenvektor (x_v, y_v, z_v) der Kurve $\mathfrak{C}_0$, in Widerspruch zur Annahme, daß $\mathfrak{C}_0$ keine Charakteristik ist.

Damit ist nicht nur die Existenz von Lösungen der Differentialgleichung (3) in Evidenz gesetzt[1], sondern auch das *Anfangswertproblem* gelöst: Es gibt genau eine Integralfläche durch die gegebene Anfangskurve $\mathfrak{C}_0$, solange $\mathfrak{C}_0$ keine Charakteristik ist. Das entspricht genau der eindeutigen Bestimmung der Lösung einer gewöhnlichen Differentialgleichung erster Ordnung $y' = f(x, y)$ durch einen Anfangspunkt (x_0, y_0). Man sieht unmittelbar ein, daß durch eine Charakteristik immer unendlich viele Integralflächen gehen; man kann *die Charakteristiken geradezu als jene Kurven definieren, durch die die Integralfläche nicht eindeutig bestimmt ist.*

Kennt man eine Integralfläche von (3), etwa die oben ermittelte Fläche $z = = \varphi(x, y)$, so lassen sich sofort unendlich viele Integralflächen angeben. Ist nämlich $\Phi(w)$ eine beliebige, nicht konstante und stetig differenzierbare Funktion von w, so ist auch

$$z = \Phi(\varphi(x, y)) \tag{12}$$

ein Integral von (3), wie immer Φ gewählt ist. Denn es wird

$$\frac{\partial z}{\partial x} = p = \Phi'(\varphi)\,\varphi_x, \qquad \frac{\partial z}{\partial y} = q = \Phi'(\varphi)\,\varphi_y$$

und damit

$$P\,p + Q\,q = \Phi'(\varphi)\,(P\,\varphi_x + Q\,\varphi_y) = 0.$$

Aber noch mehr: Jede Integralfläche von (3) läßt sich in der Form (12) darstellen. Es gilt nämlich der Satz: *Verschwinden die beiden Funktionen $P(x, y)$ und $Q(x, y)$ in keinem zweidimensionalen Teilbereich $\mathfrak{A}_2$ ihres Definitionsbereichs $\mathfrak{B}_2$ identisch, so sind je zwei nicht konstante Integrale $\varphi(x, y)$ und $\psi(x, y)$ voneinander abhängig.* Voraussetzungsgemäß gilt

$$P\,\varphi_x + Q\,\varphi_y = 0, \quad P\,\psi_x + Q\,\psi_y = 0.$$

Wäre nun in einem Punkt P_0 von $\mathfrak{B}_2$ die Funktionaldeterminante

$$\varDelta = \frac{\partial(\varphi, \psi)}{\partial(x, y)} \neq 0,$$

so würde dies wegen der Stetigkeit der Ableitungen in einer gewissen Umgebung $\mathfrak{U}$ von P_0 gelten und in $\mathfrak{U}$ wäre dann entgegen unserer Voraussetzung $P \equiv 0$, $Q \equiv 0$. Es ist also $\varDelta \equiv 0$ in $\mathfrak{B}_2$, d. h. φ und ψ sind abhängig und es existiert eine Funktion $\Phi(w)$, so daß $\psi(x, y) \equiv \Phi(\varphi(x, y))$. (12) enthält somit alle Integrale von (3) und ist daher — im engeren Sinn — das *allgemeine Integral* von (3).

Beispiele:

1. Wir haben in Ziffer 2 schon die Charakteristiken der Differentialgleichung $y\,p - x\,q = 0$ der Drehflächen ermittelt, nämlich die Kreise $x^2 + y^2 = a^2$, $z = c$ oder in Parameterdarstellung $x = a\cos u$, $y = a\sin u$, $z = c$. Die Charakteristik durch den Punkt x_0, y_0, z_0 ist dann, wenn zur Abkürzung $r_0{}^2 = x_0{}^2 + y_0{}^2$ gesetzt wird, $x = r_0\cos u$, $y = r_0\sin u$, $z = z_0$. Ich

---

[1] Eine Bemerkung über die Voraussetzungen, die dazu noch nötig sind: Die Funktion $z = \varphi(x, y)$, die sich aus (11) durch Elimination der Parameter u, v ergibt, muß stetige Ableitungen nach x und y haben. Wir müssen also nicht nur die Kurve $\mathfrak{C}_0$ (10) als stetig differenzierbar annehmen, sondern auch, daß die Lösungen der charakteristischen Gleichungen von den Anfangsbedingungen x_0, y_0, z_0 stetig und stetig differenzierbar abhängen. Dazu ist nach § 3, 6 notwendig und hinreichend, daß P und Q nicht nur stetig sind, sondern auch stetige Ableitungen nach y haben. Ich komme darauf von einem anderen Gesichtspunkt aus nochmals zurück.

suche nun die Drehfläche durch die Anfangskurve $y_0 = 0$, $z_0 = f(x_0)$ oder $x_0 = v$, $y_0 = 0$, $z_0 = f(v)$. Damit wird (11)

$$x = v \cos u, \qquad y = v \sin u, \qquad z = f(v).$$

Elimination von u und v gibt $x^2 + y^2 = v^2$, also $z = f\left(\sqrt{x^2 + y^2}\right) = g(x^2 + y^2)$. Für $f(v) = v^2$ ergibt sich das Drehparaboloid $z = x^2 + y^2$. Das allgemeine Integral ist also $z = \Phi(x^2 + y^2)$ mit der willkürlichen Funktion $\Phi(w)$.

2. $f(x, y)$ sei eine gegebene, stetig differenzierbare Funktion. Die Differentialgleichung

$$f_y\, p - f_x\, q = 0$$

ist dann nichts anderes als die Funktionaldeterminante aus f und der unbekannten Funktion $\varphi(x, y)$. Die charakteristischen Gleichungen sind

$$\dot{x} = f_y, \qquad \dot{y} = -f_x,$$

aus ihnen folgt $f_x\, \dot{x} + f_y\, \dot{y} = 0$, d. h. $f(x, y)$ ist selbst ein Integral und daher $z = \Phi(f(x, y))$ das allgemeine Integral. Natürlich ist das kein Beweis des Satzes über die Funktionaldeterminante aus § 10, 1, denn ohne diesen Satz wären wir ja nicht sicher, daß $\Phi(f)$ wirklich alle Lösungen der Differentialgleichung umfaßt, d. h. daß zwei Funktionen, deren Funktionaldeterminante verschwindet, auch immer abhängig sind.

Ist mindestens einer der Koeffizienten P und Q im ganzen Bereich von Null verschieden, so kann man durch diesen Koeffizienten dividieren. Es sei etwa $P \neq 0$ und $Q : P = f(x, y)$ gesetzt, dann wird aus (3)

$$p + f(x, y)\, q = 0 \tag{13}$$

und die charakteristischen Gleichungen werden $\dot{x} = 1$, $\dot{y} = f(x, y)$. Man kann dann $x = u$ nehmen; die zweite Gleichung wird

$$y' = \frac{dy}{dx} = f(x, y). \tag{14}$$

Es sei $y = \varphi(x, x_0, y_0)$ die eindeutig bestimmte Lösung $\mathfrak{C}$ durch den Anfangspunkt x_0, y_0, so daß

$$y_0 = \varphi(x_0, x_0, y_0)$$

ist. Ich denke mir x und y festgehalten und betrachte die Abhängigkeit der Funktion φ von x_0 und y_0. Die Kurve, die auf diese Art durch die Gleichung $y = \varphi(x, x_0, y_0)$ in der x,y-Ebene definiert ist, stimmt mit $\mathfrak{C}$ überein. Vertauscht man x, y mit x_0, y_0, so folgt, daß $y_0 = \varphi(x_0, x, y)$ die Auflösung von $y = \varphi(x, x_0, y_0)$ nach y_0 ist. Ist $f(x, y)$ in $\mathfrak{B}_2$ nach y stetig differenzierbar, so ist nach § 3, 6 die Funktion $\varphi(x, x_0, y_0)$ nach x_0 und y_0 stetig differenzierbar, und es gilt

$$\frac{\partial \varphi}{\partial x_0} + f(x_0, y_0)\, \frac{\partial \varphi}{\partial y_0} = 0,$$

d. h. die Funktion $\psi(x_0, y_0) = \varphi(x, x_0, y_0)$ ist bei festem x ein *Integral* von (13) und wegen $P : Q = f$ auch von (3). Damit ist ein unmittelbarer Zusammenhang zwischen den Lösungen der homogenen partiellen Differentialgleichung und der gewöhnlichen Differentialgleichung (14) hergestellt. Ist $Q \neq 0$ in $\mathfrak{B}_3$, so wird man (3) durch Q dividieren und bekommt $g(x, y)\, p + q = 0$ mit den charakteristischen Gleichungen $\dot{x} = g(x, y)$, $\dot{y} = 1$. Man wird also $y = u$ nehmen und hat dann an Stelle von (14) die Gleichung $\frac{dx}{dy} = g(x, y)$.[1]

4. Die allgemeine homogene Gleichung. Es handelt sich jetzt darum, die bisherigen Ergebnisse auf den Fall von n unabhängigen Veränderlichen zu verallgemeinern. Wir betrachten also die Differentialgleichung

$$\sum_{i=1}^{n} P_i(x_1, x_2, \ldots, x_n)\, p_i = 0, \tag{15}$$

---

[1] Ein strenger Beweis bei KAMKE, LV 20, § 30.

wo die $P_i(x)$ in einem Bereich $\mathfrak{B}_n$ stetig differenzierbar sind. Der Einfachheit wegen bezeichne ich im folgenden die n Argumente $x_1, x_2, \ldots, x_n$ mit dem einen Buchstaben x_k, schreibe also $P_i(x_k)$ statt $P_i(x_1, x_2, \ldots, x_n)$. Überlegungen, die völlig analog zu denen von Ziffer 2 sind, führen auf die *charakteristischen Gleichungen*

$$\dot{x}_i = P_i(x_k), \quad \dot{z} = 0. \tag{16}$$

Jedes Integral

$$x_i = x_i(u), \quad z = c \tag{17}$$

dieses Systems gewöhnlicher Differentialgleichungen heißt eine *Charakteristik* von (16); es geht durch jeden Punkt $(\overset{0}{x}_i, z)$ des $n + 1$-dimensionalen Bereichs $\mathfrak{B}_{n+1}$, der sich für alle Punkte von $\mathfrak{B}_n$ und beliebige z ergibt, genau eine Charakteristik.

Es sei $z = \varphi(x_k)$ ein Integral von (15) und $\varphi(x_k)$ stetig differenzierbar nach allen Argumenten. Dann folgt

$$\frac{d}{du}\,\varphi(x_k(u)) = \sum_{i=1}^{n} \varphi_{x_i}(x_k(u))\,\dot{x}_i(u) = \sum_{i=1}^{n} \varphi_{x_i}(x_k(u))\,P_i(x_k(u)) = 0,$$

d. h. *jedes Integral von (15) ist längs jeder Charakteristik konstant.* Umgekehrt ist *jede stetig differenzierbare Funktion $\varphi(x_k)$, die längs jeder Charakteristik konstant ist, ein Integral von (15).* Denn aus $\varphi(x_k(u)) = $ konst. folgt durch Differentiation nach u

$$\sum_{i=1}^{n} \varphi_{x_i}(x_k(u))\,\dot{x}_i(u) = 0;$$

ist (17) die Charakteristik durch den Punkt $\overset{0}{x}_i$ und $x_i(u_0) = \overset{0}{x}_i$, so folgt weiter, da für die Charakteristik (16) gilt,

$$\sum_{i=1}^{n} \varphi_{x_i}(\overset{0}{x}_k)\,P_i(\overset{0}{x}_k) = 0,$$

und da das für jeden Punkt $\overset{0}{x}_i$ von $\mathfrak{B}_n$ gilt, ist $\varphi(x_k)$ ein Integral von (15).

Auch der Begriff des allgemeinen Integrals läßt sich verallgemeinern. Ich zeige zunächst, daß je n *Integrale von (15) abhängig sind*, wenn in keinem Teilbereich $\mathfrak{A}_n$ von $\mathfrak{B}_n$ alle Funktionen $P_i(x)$ identisch verschwinden. Die n Integrale $\varphi_j(x_k)$ genügen in $\mathfrak{B}_n$ den Gleichungen

$$\sum_{i=1}^{n} \frac{\partial \varphi_j(x_k)}{\partial x_i}\,P_i(x_k) = 0.$$

Wäre die Funktionaldeterminante $\dfrac{\partial(\varphi_1, \ldots, \varphi_n)}{\partial(x_1, \ldots, x_n)} \neq 0$ in einem Punkt P von $\mathfrak{B}_n$, so wäre sie wegen der Stetigkeit der $\dfrac{\partial \varphi_k}{\partial x_i}$ auch in einer gewissen Umgebung $\mathfrak{U}_n$ von P nicht Null und in $\mathfrak{U}_n$ müßte dann entgegen der Voraussetzung $P_i(x_k) \equiv 0$ sein $(i = 1, 2, \ldots, n)$.

$n - 1$ Integrale bilden ein *Fundamentalsystem* von Integralen der Gleichung (15), wenn die Matrix

$$\begin{pmatrix} \dfrac{\partial \varphi_1}{\partial x_1}, & \cdots\cdots\cdots, & \dfrac{\partial \varphi_1}{\partial x_n} \\[2mm] \cdots\cdots\cdots\cdots\cdots \\[2mm] \dfrac{\partial \varphi_{n-1}}{\partial x_1}, & \cdots, & \dfrac{\partial \varphi_{n-1}}{\partial x_n} \end{pmatrix} \tag{18}$$

in jedem Teilbereich $\mathfrak{U}_n$ von $\mathfrak{B}_n$ den Rang $n-1$ hat. Dann sind nach § 10, 1 die $n-1$ Funktionen $\varphi_1, \ldots, \varphi_{n-1}$ voneinander unabhängig.

Hat man ein Fundamentalsystem von Integralen $\varphi_1(x_k), \ldots, \varphi_{n-1}(x_k)$, so ist

$$\boxed{\varphi_n(x_k) = \Phi(\varphi_1(x_k), \ldots, \varphi_{n-1}(x_k))} \tag{19}$$

das *allgemeine Integral* von (15), und zwar im engeren Sinn, d. h. *jedes* Integral von (15) ist dann in der Form (19) darstellbar. $\Phi(w_1, \ldots, w_{n-1})$ ist dabei eine willkürliche, stetig differenzierbare Funktion der $n-1$ Argumente $w_1, \ldots, w_{n-1}$. Das folgt unmittelbar aus dem eben bewiesenen Satz, daß je n Integrale von (15) abhängig sind.

Zu zeigen ist noch, daß jede stetig differenzierbare und vom Fundamentalsystem abhängige Funktion φ_n ein Integral von (15) ist. Da für eine solche Funktion die Funktionaldeterminante $\dfrac{\partial(\varphi_1, \ldots, \varphi_n)}{\partial(x_1, \ldots, x_n)} \equiv 0$ ist in $\mathfrak{B}_n$, existieren in jedem Punkt x_i von $\mathfrak{B}_n$ die Zahlen (Funktionen) $\lambda_i(x_k)$, $i = 1, 2, \ldots, n$, die nicht alle zugleich verschwinden, so daß

$$\lambda_1{}^2 + \lambda_2{}^2 + \cdots + \lambda_n{}^2 \neq 0 \tag{20}$$

und

$$\sum_{i\,=1}^{n} \lambda_i(x_k) \frac{\partial \varphi_i}{\partial x_j} \equiv 0, \quad 1 = 1, 2, \ldots, n \tag{21}$$

ist. Ich multipliziere (21) mit $P_j(x_k)$ und addiere alle so entstandenen Identitäten. Da $\varphi_1(x_k), \ldots, \varphi_{n-1}(x_k)$ der Gleichung (15) genügen, bleibt

$$\lambda_n(x_k) \sum_j P_j(x_k) \frac{\partial \varphi_n}{\partial x_j} \equiv 0.$$

Wäre nun die Summe nicht identisch Null, so gäbe es einen Punkt P und wegen der Stetigkeit der Funktionen $P_j(x)$ und $\dfrac{\partial \varphi_n}{\partial x_j}$ eine ganze Umgebung $\mathfrak{U}_n$ von P, in der die Summe nicht Null wäre; somit müßte in $\mathfrak{U}_n$

$$\lambda_n(x_k) \equiv 0,$$

ferner wegen (20)

$$\lambda_1{}^2 + \lambda_2{}^2 + \cdots + \lambda_{n-1}{}^2 \neq 0 \tag{22}$$

sein und aus (21) würde

$$\lambda_1 \frac{\partial \varphi_1}{\partial x_1} + \lambda_2 \frac{\partial \varphi_2}{\partial x_1} + \cdots + \lambda_{n-1} \frac{\partial \varphi_{n-1}}{\partial x_1} \equiv 0$$

$$\cdots \cdots \cdots \cdots \cdots \cdots \cdots \cdots \cdots$$

$$\lambda_1 \frac{\partial \varphi_1}{\partial x_n} + \lambda_2 \frac{\partial \varphi_2}{\partial x_n} + \cdots + \lambda_{n-1} \frac{\partial \varphi_{n-1}}{\partial x_n} \equiv 0$$

folgen. Wegen (22) hätte dieses System linearer homogener Gleichungen für $\lambda_1, \ldots, \lambda_{n-1}$ eine nicht triviale Lösung, also hätte die Matrix (18) einen kleineren Rang als $n-1$ in Widerspruch zur Annahme, daß $\varphi_1, \ldots, \varphi_{n-1}$ ein Fundamentalsystem ist.

Bei diesen ganzen Überlegungen ist aber die Frage nach der Existenz von Lösungen der Differentialgleichung (15) und erst recht die Frage nach der Existenz eines Fundamentalsystems von Lösungen offen. Ich zeige zunächst, daß man mit Hilfe der Charakteristiken (17) zu einem gewissen Anfangsgebilde stets ein Integral von (15) konstruieren kann. Im R_{n+1} der x_i, z stellt jedes Integral $z = \varphi(x_k)$ eine n-dimensionale Mannigfaltigkeit oder Hyperfläche $\mathfrak{B}_n$ des R_{n+1} dar. Um eine solche $\mathfrak{B}_n$ aus Kurven aufzubauen, braucht man eine $n-1$-parametrige Kurvenschar, das Anfangsgebilde muß also eine $n-1$-dimensionale Mannigfaltigkeit $\mathfrak{B}_{n-1}$ des R_n sein, die in Parameterdarstellung

$$\overset{0}{x_i} = \overset{0}{x_i}(v_1, v_2, \ldots, v_{n-1}), \quad \overset{0}{z} = \overset{0}{z}(v_1, v_2, \ldots, v_{n-1}), \quad i = 1, 2, \ldots, n \tag{23}$$

gegeben sei, wobei die $\overset{0}{x_i}(v_1, \ldots, v_{n-1})$ und $\overset{0}{z}(v_1, \ldots, v_{n-1})$ in einem gewissen Bereich $\mathfrak{B}_{n-1}$ stetig differenzierbare Funktionen der Parameter $v_1, \ldots, v_{n-1}$ seien; $\mathfrak{B}_{n-1}$ möge dabei so bestimmt sein, daß die $\mathfrak{B}_{n-1}$ ganz im Bereich $\mathfrak{B}_{n+1}$ liegt, d. h. daß der Wertevorrat der Funktionen (23) dem Bereich $\mathfrak{B}_{n+1}$ angehört. Ferner setze ich voraus, daß diese $\mathfrak{B}_{n-1}$ keinen Teil einer Charakteristik (17) ganz enthalte. Ich will noch etwas näher erklären, was diese Voraussetzung bedeutet. Ich betrachte die Kurven auf der $\mathfrak{B}_{n-1}$, längs denen nur einer der Parameter v_α $(\alpha = 1, 2, \ldots, n-1)$ variiert, während die übrigen konstant sind. Diese Kurven heißen die Parameterlinien auf der $\mathfrak{B}_{n-1}$ und durch jeden Punkt der $\mathfrak{B}_{n-1}$ gehen $n-1$ solche Parameterlinien[1]. Die Tangentenvektoren an diese Parameterlinien (z. B. an die v_α-Linie, längs welcher nur v_α variiert und alle übrigen Parameter konstant sind) sind dann die Vektoren des R_{n+1} mit den Koordinaten

$$\frac{\partial x_1}{\partial v_\alpha}, \frac{\partial x_2}{\partial v_\alpha}, \ldots, \frac{\partial x_n}{\partial v_\alpha}, \frac{\partial z}{\partial v_\alpha}, \quad \alpha = 1, 2, \ldots, n-1. \tag{24}$$

Diese $n-1$ Vektoren spannen in jedem Punkt P der $\mathfrak{B}_{n-1}$ einen Vektorraum $V^{(n-1)}$ auf. Die Charakteristik durch einen Punkt der $\mathfrak{B}_{n-1}$ ist nach (17)

$$x_i = x_i(u, \overset{0}{x_1}, \ldots, \overset{0}{x_n}, \overset{0}{z}) = x_i(u, \overset{0}{x_k}, \overset{0}{z}), \quad z = \overset{0}{z}; \tag{25}$$

für $u = 0$ möge sich dabei der Punkt P ergeben, also

$$\overset{0}{x_i} = x_i(0, \overset{0}{x_k}, \overset{0}{z}), \quad z = \overset{0}{z}. \tag{26}$$

Der Tangentenvektor an die Charakteristik im Punkt P hat dann die Koordinaten

$$\frac{\partial x_i}{\partial u}(0, \overset{0}{x_k}, \overset{0}{z}), \quad \frac{\partial z}{\partial u} = 0, \quad i = 1, 2, \ldots, n. \tag{27}$$

Meine Voraussetzung ist sicher dann erfüllt, wenn dieser Tangentenvektor nicht überall längs der $\mathfrak{B}_{n-1}$ dem Vektorraum $V^{(n-1)}$ angehört, d. h. wenn die Matrix

$$\begin{pmatrix} \dfrac{\partial x_1}{\partial v_1}, & \cdots\cdots, & \dfrac{\partial x_n}{\partial v_1}, & \dfrac{\partial z}{\partial v_1} \\ & \cdots\cdots\cdots\cdots\cdots & & \\ \dfrac{\partial x_1}{\partial v_{n-1}}, & \cdots, & \dfrac{\partial x_n}{\partial v_{n-1}}, & \dfrac{\partial z}{\partial v_{n-1}} \\ \dfrac{\partial x_1}{\partial u}, & \cdots\cdots, & \dfrac{\partial x_n}{\partial u}, & 0 \end{pmatrix} \tag{28}$$

nicht längs der ganzen $\mathfrak{B}_{n-1}$ einen kleineren Rang hat als n; es gibt dann mindestens einen Punkt auf der $\mathfrak{B}_{n-1}$ und damit eine ganze Umgebung $\mathfrak{U}_{n-1}$ von P, so daß die Matrix (28) in $\mathfrak{U}_{n-1}$ den Rang n hat.

Trage ich nun in (25) die Parameterdarstellung (23) der $\mathfrak{B}_{n-1}$ für die $\overset{0}{x_i}, \overset{0}{z}$ ein, so ergibt sich

$$x_i = x_i(u, \overset{0}{x_k}(v_1, \ldots, v_{n-1}), \overset{0}{z}(v_1, \ldots, v_{n-1})) = x_i(u, v_1, \ldots, v_{n-1}),$$

$$z = \overset{0}{z}(v_1, \ldots, v_{n-1}). \tag{29}$$

---

[1] Man denke dabei an die Parameterlinien einer Fläche $\mathfrak{F}$ mit der Parameterdarstellung $x_i = x_i(u, v)$ für $n = 3$ oder allgemeiner für $n \geqq 3$. Durch jeden Punkt von $\mathfrak{F}$ geht je eine u-Linie ($v = $ konst.) und v-Linie ($u = $ konst.).

Das ist aber bereits die Parameterdarstellung der gesuchten Integralhyperfläche durch die $\mathfrak{B}_{n-1}$ (23). Die Elimination der n Parameter $u, v_1, \ldots, v_{n-1}$, die nach unseren Feststellungen über die Matrix (28) sicher möglich ist, gibt dann das Integral in der Form $z = \varphi(x_1, \ldots, x_n)$. Die Existenz und Stetigkeit der Ableitungen $\dfrac{\partial \varphi}{\partial x_i}$ folgt wie in Ziffer 3 aus unseren Voraussetzungen über die Funktionen $P_i(x_k)$. Damit ist wieder das Anfangswertproblem gelöst und die Existenz von Lösungen der Differentialgleichung (15) nachgewiesen, aber noch nicht die Existenz eines Fundamentalsystems von Lösungen.

Ich zeige nun, *daß sich die Differentialgleichung (15) auf eine andere mit einer geringeren Zahl von unabhängigen Veränderlichen zurückführen läßt, wenn Integrale von (15) bekannt sind.* Sind etwa

$$\varphi_1(x_k), \varphi_2(x_k), \ldots, \varphi_m(x_k) \tag{30}$$

$m < n-1$ unabhängige Integrale von (15), so denken wir uns zunächst die Veränderlichen x_i so numeriert, daß die Funktionaldeterminante

$$\frac{\partial(\varphi_1, \ldots, \varphi_m)}{\partial(x_1, \ldots, x_m)} \neq 0 \tag{31}$$

ist und führen durch die Transformation

$$\bar{x}_1 = \varphi_1(x_k), \quad \bar{x}_2 = \varphi_2(x_k), \ldots, \bar{x}_m = \varphi_m(x_k), \quad \bar{x}_{m+1} = x_{m+1}, \ldots, \bar{x}_n = x_n \tag{32}$$

die neuen unabhängigen Veränderlichen $\bar{x}_i$ ein. Damit wird

$$p_\alpha = \frac{\partial z}{\partial x_\alpha} = \sum_{\beta=1}^{m} \frac{\partial z}{\partial \bar{x}_\beta} \frac{\partial \varphi_\beta}{\partial x_\alpha}, \quad \alpha = 1, 2, \ldots, m,$$

$$p_\alpha = \sum_{\beta=1}^{m} \frac{\partial z}{\partial \bar{x}_\beta} \frac{\partial \varphi_\beta}{\partial x_\alpha} + \frac{\partial z}{\partial \bar{x}_\alpha}, \quad \alpha = m+1, \ldots, n,$$

und daher

$$\sum_{i=1}^{n} P_i(x_k)\, p_i = \sum_{i=1}^{n} P_i(x_k) \sum_{\beta=1}^{m} \frac{\partial z}{\partial \bar{x}_\beta} \frac{\partial \varphi_\beta}{\partial x_i} + \sum_{\alpha=m+1}^{n} P_\alpha(\bar{x}_k) \frac{\partial z}{\partial \bar{x}_\alpha} = 0.$$

Hier verschwindet aber die erste Summe rechts

$$\sum_{i=1}^{n} P_i \sum_{\beta=1}^{m} \frac{\partial z}{\partial \bar{x}_\beta} \frac{\partial \varphi_\beta}{\partial x_i} = \sum_{\beta=1}^{m} \frac{\partial z}{\partial \bar{x}_\beta} \sum_{i=1}^{n} P_i \frac{\partial \varphi_\beta}{\partial x_i} = 0,$$

weil die φ_β Integrale von (15) sind, und es bleibt

$$\sum_{\alpha=m+1}^{n} P_\alpha(\bar{x}_k) \frac{\partial z}{\partial \bar{x}_\alpha} = 0, \tag{33}$$

eine homogene lineare Differentialgleichung mit den $n-m$ unabhängigen Veränderlichen $\bar{x}_{m+1}, \ldots, \bar{x}_n$; die $\bar{x}_1, \ldots, \bar{x}_m$ treten in den Koeffizienten und daher auch in den Lösungen von (33) nur mehr als Parameter auf.

Mit Hilfe dieses Reduktionssatzes ist die Existenz von Fundamentalsystemen leicht nachzuweisen. Ich benütze dazu die vollständige Induktion. Die Behauptung ist nach Ziffer 2 sicher richtig für $n = 2$, da dann das Fundamentalsystem aus einer einzigen nicht konstanten Lösung besteht. Ich nehme an, die Behauptung sei richtig für $n-1$ unabhängige Veränderliche und zeige, daß sie dann auch für n unabhängige Veränderliche gilt. Ich nehme im obigen Reduktionssatz $m = 1$; $\varphi_1(x)$ mit $\dfrac{\partial \varphi_1}{\partial x_1} \neq 0$ sei die bekannte Lösung von (15). Das System (33) bezieht sich dann auf die $n - 1$ unabhängigen Veränderlichen $\bar{x}_2, \ldots, \bar{x}_n$, während $\bar{x}_1$ nur als Parameter auftritt, was natürlich belanglos ist. Es sei

$$\bar{\varphi}_2(\bar{x}_k), \bar{\varphi}_3(\bar{x}_k), \ldots, \bar{\varphi}_{n-1}(\bar{x}_k)$$

ein Fundamentalsystem von Lösungen der Gleichung (33); ich denke mir die Veränderlichen $\bar{x}_2, \ldots, \bar{x}_n$ so numeriert, daß

$$\frac{\partial(\bar{\varphi}_2, \ldots, \bar{\varphi}_{n-1})}{\partial(\bar{x}_2, \ldots, \bar{x}_{n-1})} \neq 0$$

ist. Durch die Transformation (32), die jetzt

$$\bar{x}_1 = \varphi_1(x_k), \quad \bar{x}_2 = x_2, \ldots, \bar{x}_n = x_n$$

lautet, mögen die Funktionen $\bar{\varphi}_2(\bar{x}_k), , \ldots, \bar{\varphi}_{n-1}(\bar{x}_k)$ in die Funktionen $\varphi_2(x_k), \ldots, \varphi_{n-1}(x_k)$ übergehen. Dann wird

$$\frac{\partial(\varphi_1, \varphi_2, \ldots, \varphi_{n-1})}{\partial(x_1, x_2, \ldots, x_{n-1})} = \frac{\partial(\bar{x}_1, \bar{\varphi}_2, \ldots, \bar{\varphi}_{n-1})}{\partial(\bar{x}_1, \bar{x}_2, \ldots, \bar{x}_{n-1})} \frac{\partial(\bar{x}_1, \bar{x}_2, \ldots, \bar{x}_{n-1})}{\partial(x_1, x_2, \ldots, x_{n-1})} =$$

$$= \frac{\partial(\bar{\varphi}_2, \ldots, \bar{\varphi}_{n-1})}{\partial(\bar{x}_2, \ldots, \bar{x}_{n-1})} \frac{\partial \varphi_1}{\partial x_1} \neq 0,$$

d. h. $\varphi_1, \varphi_2, \ldots, \varphi_{n-1}$ sind ein Fundamentalsystem von (15).

Beispiele:

1. $(y + z)\,\dfrac{\partial w}{\partial x} + (z + x)\,\dfrac{\partial w}{\partial y} + (x + y)\,\dfrac{\partial w}{\partial z} = 0;$

die charakteristischen Gleichungen

$$\dot{x} = y + z, \quad \dot{y} = z + x, \quad \dot{z} = x + y$$

haben wir bereits in § 9, 4 (Beispiel) gelöst und

$$x = A\,e^{-u} + C\,e^{2u}, \quad y = B\,e^{-u} + C\,e^{2u}, \quad z = -(A + B)\,e^{-u} + C\,e^{2u}$$

als allgemeines Integral gefunden; dazu tritt hier noch $w = D$. Suchen wir etwa die Lösung durch die Anfangsebene $x = v_1$, $y = v_2$, $z = 0$, $w = v_1 - v_2$ (da hier $n = 3$ ist, ist die $\mathfrak{B}_{n-1}$ des Textes eine Fläche $\mathfrak{B}_2$ und da die Parameterdarstellung linear in v_1 und v_2 ist, ist diese $\mathfrak{B}_2$ eine Ebene), so folgt $A + C = v_1$, $B + C = v_2$, $-A - B + C = 0$, $D = v_1 - v_2$ und daher die Parameterdarstellung des Integrals

$$x = \frac{1}{3}\,[(2\,v_1 - v_2)\,e^{-u} + (v_1 + v_2)\,e^{2u}], \quad y = \frac{1}{3}\,[(-v_1 + 2\,v_2)\,e^{-u} + (v_1 + v_2)\,e^{2u}],$$

$$z = \frac{1}{3}\,[-(v_1 + v_2)\,e^{-u} + (v_1 + v_2)\,e^{2u}], \quad w = v_1 - v_2,$$

daraus $v_1 = e^u\,(x - z)$, $v_2 = e^u\,(y - z)$, ferner $x + y + z = (x + y - 2\,z)\,e^{3u}$ und

$$w = \sqrt[3]{\frac{x + y + z}{x + y - 2\,z}}\,(x - y)$$

als das gesuchte Integral durch die Ebene $z = 0$, $w = x - y$.

Wir suchen weiter ein Fundamentalsystem von Lösungen, also zwei Funktionen $\varphi_1(x, y, z)$ und $\varphi_2(x, y, z)$, die längs der Charakteristiken konstant sind. Man findet leicht

$$z - y = -(A + 2\,B)\,e^{-u}, \quad x - z = (2\,A + B)\,e^{-u}, \quad y - x = (B - A)\,e^{-u},$$

also ist z. B. $\dfrac{z - y}{y - x} = \dfrac{A + 2\,B}{A - B}$ konstant und wir können $\varphi_1 = \dfrac{z - y}{y - x}$ nehmen; die

übrigen Quotienten, z. B. $\dfrac{x - z}{y - x}$, sind von φ_1 abhängig und daher unbrauchbar. Jedoch wird $(x + y + z)\,(y - x)^2 = 3\,C\,(A - B)^2$, also $\varphi_2 = (x + y + z)\,(y - x)^2$ und damit

$$w = \Phi\left(\frac{z - y}{y - x}, (x + y + z)\,(y - x)^2\right)$$

mit der willkürlichen Funktion $\Phi(\xi, \eta)$ als allgemeines Integral. Das obige partikuläre Integral ergibt sich daraus für $\Phi(\xi, \eta) = \sqrt[3]{\dfrac{\eta}{2\,\xi + 1}}$.

2.
$$\frac{\partial w}{\partial x} + x\,z\,\frac{\partial w}{\partial y} - x\,y\,\frac{\partial w}{\partial z} = 0.\,[1]$$

Die charakteristischen Gleichungen sind ($x = u$; Striche bedeuten Ableitungen nach x)
$$y' = x\,z, \quad z' = -x\,y, \quad w' = 0.$$

Ein Integral ist leicht zu finden: Es ist $y\,y' + z\,z' = 0$, also $\varphi_1 = y^2 + z^2$. Um ein zweites zu finden, verwenden wir das Reduktionsverfahren und setzen
$$\bar{x} = x, \quad \bar{y} = y^2 + z^2, \quad \bar{z} = z.$$

Es wird
$$\frac{\partial w}{\partial x} = \frac{\partial w}{\partial \bar{x}}, \quad \frac{\partial w}{\partial y} = 2\,y\,\frac{\partial w}{\partial \bar{y}} = 2\,\sqrt{\bar{y} - \bar{z}^2}\,\frac{\partial w}{\partial \bar{y}}, \quad \frac{\partial w}{\partial z} = 2\,\bar{z}\,\frac{\partial w}{\partial \bar{y}} + \frac{\partial w}{\partial \bar{z}}$$

und somit die Differentialgleichung ($\bar{y} \geqq \bar{z}^2$, d. h. $y \geqq 0$)
$$\frac{\partial w}{\partial \bar{x}} - \bar{x}\,\sqrt{\bar{y} - \bar{z}^2}\,\frac{\partial w}{\partial \bar{z}} = 0$$

mit der charakteristischen Gleichung
$$\frac{d\bar{z}}{d\bar{x}} = -\bar{x}\,\sqrt{\bar{y} - \bar{z}^2}\,;$$

hier ist $\bar{y}$ ein Parameter, also ist
$$\arcsin \frac{\bar{z}}{\sqrt{\bar{y}}} + \frac{\bar{x}^2}{2}$$

konstant, daher auch der Sinus dieses Ausdrucks
$$\frac{\bar{z}}{\sqrt{\bar{y}}} \cos \frac{\bar{x}^2}{2} + \sqrt{1 - \frac{\bar{z}^2}{\bar{y}}} \sin \frac{\bar{x}^2}{2}.$$

Geht man zu den alten Variablen zurück, so wird daraus
$$\varphi = \frac{1}{\sqrt{y^2 + z^2}} \left(y \sin \frac{x^2}{2} + z \cos \frac{x^2}{2} \right).$$

Man könnte diesen Ausdruck bereits für φ_2 nehmen, kann φ aber noch vereinfachen, wenn man bedenkt, daß auch jede stetig differenzierbare Funktion von φ und φ_1 ein Integral ist; nimmt man insbesondere
$$\varphi_2 = \varphi\,\sqrt{\varphi_1} = y \sin \frac{x^2}{2} + z \cos \frac{x^2}{2},$$

so sind φ_1, φ_2 ein Fundamentalsystem und
$$w = \Phi(\varphi_1, \varphi_2) = \Phi\left(y^2 + z^2,\ y \sin \frac{x^2}{2} + z \cos \frac{x^2}{2} \right)$$

das allgemeine Integral.

5. Die inhomogene Gleichung. Ich beginne wieder mit dem einfachsten Fall der Gleichung

$$\boxed{P(x, y, z)\,p + Q(x, y, z)\,q = R(x, y, z);} \tag{34}$$

P, Q und R seien dabei in einem räumlichen Bereich $\mathfrak{B}_3$ stetig differenzierbare Funktionen und wie bisher $p = \dfrac{\partial z}{\partial x}$, $q = \dfrac{\partial z}{\partial y}$. Die Ebene

$$(\xi - x)\,p + (\eta - y)\,q = \zeta - z \tag{35}$$

ist ein Flächenelement von (34), wenn p und q der Gleichung (34) genügen. Die sämtlichen Flächenelemente in einem festen Punkt x, y, z des $\mathfrak{B}_3$ bilden nach § 10, 3 ein Ebenenbüschel, dessen Achse in Parameterdarstellung durch

$$\xi = x + u\,P, \quad \eta = y + u\,Q, \quad \zeta = z + u\,R \tag{36}$$

---

[1] **Kamke**, LV 20, § 31.

gegeben ist. Es gibt also in jedem Punkt von $\mathfrak{B}_3$ eine ausgezeichnete Richtung, nämlich die Richtung der Geraden (36), und somit ein räumliches Richtungsfeld (§ 5, 2), das aber im Gegensatz zu dem von § 11, 2 ganz allgemeiner Art ist. Das System gewöhnlicher Differentialgleichungen

$$\boxed{\dot{x}(u) = P, \quad \dot{y}(u) = Q, \quad \dot{z}(u) = R,} \tag{37}$$

das zu diesem Richtungsfeld gehört und das man wie in § 11, 2 durch einen Grenzübergang aus (36) erhält, heißt das System der charakteristischen Gleichungen von (34) und jede Lösung von (37)

$$x = x(u), \quad y = y(u), \quad z = z(u), \tag{38}$$

eine *Charakteristik* von (34).

Zu demselben System charakteristischer Gleichungen führt aber auch (abgesehen von $w = $ konst.) die homogene Gleichung

$$P\frac{\partial w}{\partial x} + Q\frac{\partial w}{\partial y} + R\frac{\partial w}{\partial z} = 0. \tag{39}$$

Ist $w = \varphi(x, y, z)$ ein Integral von (39), so ist

$$\varphi(x, y, z) = C \tag{40}$$

mit einer beliebigen Konstanten C ein Integral von (34) in impliziter Form. Ist in einem Punkt (x_0, y_0, z_0) von $\mathfrak{B}_3$

$$\varphi_z(x_0, y_0, z_0) \neq 0, \tag{41}$$

so existiert nach dem Satz über implizite Funktionen[1] in einer gewissen Umgebung $\mathfrak{U}_2$ des Punktes x_0, y_0 der x,y-Ebene eine Funktion $z = \psi(x, y)$, so daß in $\mathfrak{U}_2$

$$\varphi(x, y, \psi(x, y)) \equiv C$$

ist; Differentiation gibt

$$\varphi_x + \varphi_z\psi_x = 0, \quad \varphi_y + \varphi_z\psi_y = 0.$$

Multipliziert man diese beiden Gleichungen mit P und Q, so folgt

$$P\varphi_x + Q\varphi_y + (P\psi_x + Q\psi_y)\varphi_z = 0$$

und daher wegen (39) und (41)

$$P\psi_x + Q\psi_y = R,$$

d. h. ψ ist ein Integral von (34).

Hat man ein Fundamentalsystem von Lösungen $\varphi_1(x, y, z)$, $\varphi_2(x, y, z)$ von (39), so daß

$$\boxed{\varphi_1(x, y, z) = A, \qquad \varphi_2(x, y, z) = B} \tag{42}$$

unabhängige Integrale von (34) sind, so ist

$$\Phi(\varphi_1, \varphi_2) = 0 \tag{43}$$

das *allgemeine Integral* von (34), wenn Φ eine willkürliche, stetig differenzierbare Funktion ist. Das folgt unmittelbar daraus, daß

$$w = \Phi(\varphi_1, \varphi_2)$$

das allgemeine Integral von (39) ist, und aus dem eben bewiesenen Satz; nur kann man hier, da Φ eine willkürliche Funktion ist, in (43) auf der rechten Seite ohne weiteres Null statt einer Konstanten C schreiben.

---

[1] Man bestimmt noch C aus $C = \varphi(x_0, y_0, z_0)$.

Die beiden Gleichungen (42) stellen, jede für sich genommen, je eine einparametrige Schar von Flächen im R_3 dar, die den Bereich $\mathfrak{B}_3$ schlicht überdecken, so daß durch jeden Punkt von $\mathfrak{B}_3$ genau eine Fläche aus jeder Schar geht. Die Schnittkurve zweier Flächen aus verschiedenen Scharen ist dann eine Charakteristik, so daß (42) zugleich das allgemeine Integral von (37) ist, wie es sich aus (38) durch Elimination des Parameters u ergibt. Daß hier nur zwei Konstanten auftreten, hat seinen Grund darin, daß in (37) der Parameter u nicht explizit vorkommt (§ 5, 1), so daß sich das System (37) auf ein System von zwei Differentialgleichungen reduzieren läßt; man braucht ja nur, wenn etwa $P \neq 0$ ist, die zwei letzten Gleichungen durch die erste dividieren und erhält

$$\frac{\dot{y}}{\dot{x}} = \frac{dy}{dx} = \frac{Q(x,\,y,\,z)}{P(x,\,y,\,z)} = f(x,\,y,\,z), \qquad \frac{\dot{z}}{\dot{x}} = \frac{dz}{dx} = \frac{R(x,\,y,\,z)}{P(x,\,y,\,z)} = g(x,\,y,\,z).$$

Ein partikuläres Integral von (34) durch eine vorgegebene Kurve $\mathfrak{C}_0$ des R_3 ergibt sich wie in Ziffer 3 dadurch, daß man durch jeden Punkt von $\mathfrak{C}_0$ die Charakteristik legt; die Integralfläche ist dann durch diese einparametrige Schar von Charakteristiken definiert. Selbstverständlich darf auch hier wieder $\mathfrak{C}_0$ selbst keine Charakteristik sein, weil durch eine Charakteristik unendlich viele Integralflächen hindurchgehen, eine Charakteristik als Anfangskurve also keine Integralfläche eindeutig festlegt.

Die allgemeine inhomogene Gleichung (1) mit n unabhängigen Veränderlichen, das heißt

$$\sum_{i=1}^{n} P_i(x_k,\,z)\,\frac{\partial z}{\partial x_i} = R(x_k,\,z), \tag{44}$$

ist äquivalent mit der homogenen Differentialgleichung mit $n + 1$ unabhängigen Veränderlichen $x_k,\,z$

$$\sum_{i=1}^{n} P_i(x_k,\,z)\,\frac{\partial w}{\partial x_i} + R(x_k,\,z)\,\frac{\partial w}{\partial z} = 0. \tag{45}$$

Man bekommt aus jedem Integral

$$w = \varphi(x_1,\,x_2,\,\ldots,\,x_n,\,z) \tag{46}$$

von (45), für das $\varphi_z \neq 0$ ist, ein Integral von (44), indem man $w = $ konst. setzt und (46) nach z auflöst. Ich kann mir daher weitere Ausführungen zur Gleichung (44) ersparen.

Beispiele:

1. Die uns schon wohlbekannte Differentialgleichung der homogenen Funktionen

$$x\,\frac{\partial z}{\partial x} + y\,\frac{\partial z}{\partial y} = k\,z, \tag{47}$$

$(x,\,y) \neq (0,\,0)$. Das zugehörige System ist

$$\dot{x} = x, \quad \dot{y} = y, \quad \dot{z} = k\,z.$$

Die Lösung mit den Anfangswerten $u = 0$, $x = x_0$, $y = y_0$, $z = z_0$ ist

$$x = x_0\,e^u, \quad y = y_0\,e^u, \quad z = z_0\,e^{ku}. \tag{48}$$

Elimination von u gibt, wenn noch $y_0 = A\,x_0$, $z_0 = B\,x_0^{\,k}$ gesetzt wird, das allgemeine Integral

$$y = A\,x, \quad z = B\,x^k \tag{49}$$

und daraus mit $B = \Phi(A)$ das allgemeine Integral von (47)

$$z = x^k\,\Phi\!\left(\frac{y}{x}\right)$$

mit der willkürlichen Funktion Φ (§ 1, 5). Die Charakteristiken (48) oder (49) sind Parabeln k-ter Ordnung in Ebenen durch die z-Achse. Will man etwa die partikuläre Lösung durch den Kreis $x = \cos v$, $y = \sin v$, $z = 1$ ermitteln, so hat man in (48) nur $x_0 = \cos v$, $y_0 = \sin v$, $z_0 = 1$ zu setzen; das gibt

$$x = e^u \cos v, \qquad y = e^u \sin v, \qquad z = e^{k u}$$

oder nach Elimination der Parameter $z = (x^2 + y^2)^{\frac{k}{2}}$. Dasselbe hätte man natürlich auch aus (49) erhalten können: $z = 1$ gibt $B = x^{-k}$, $x^2 + y^2 = 1$ gibt $1 + A^2 = x^{-2}$, also $B =$

$$= (1 + A^2)^{\frac{k}{2}} \quad \text{und} \quad z = x^k \left(1 + \frac{y^2}{x^2}\right)^{\frac{k}{2}}.$$

2. $\dfrac{1}{x} \dfrac{\partial z}{\partial x} - \dfrac{1}{y} \dfrac{\partial z}{\partial y} = x^2 + y^2.$

Die Differentialgleichungen der Charakteristiken sind

$$x\,\dot x = 1, \quad y\,\dot y = -1, \quad \dot z = x^2 + y^2$$

mit den Anfangsbedingungen 0, x_0, y_0, z_0. Integriert geben zunächst die beiden ersten $x = \sqrt{x_0^2 + 2u}$, $y = \sqrt{y_0^2 - 2u}$, daher $x^2 + y^2 = x_0^2 + y_0^2$. Damit wird die dritte Gleichung $\dot z = x_0^2 + y_0^2$, also $z = (x_0^2 + y_0^2)\,u + z_0$. Setzt man $x_0^2 + y_0^2 = 2A$ und $-A\,x_0^2 + z_0 = B$, so gibt die Elimination von u

$$x^2 + y^2 = 2A, \quad z = A\,x^2 + B \quad (A \geqq 0)$$

und aus $B = \Phi(2A)$ folgt das allgemeine Integral

$$z = \frac{1}{2}\,x^2\,(x^2 + y^2) + \Phi(x^2 + y^2)$$

mit der willkürlichen Funktion Φ. Soll insbesondere die Lösung durch $x = 0$, $y = z = v$ ermittelt werden, so erhält man die Parameterdarstellung

$$x = \sqrt{2u}, \quad y = \sqrt{v^2 - 2u}, \quad z = u\,v^2 + v$$

oder nach Elimination von u und v

$$x = \frac{1}{2}\,x^2\,(x^2 + y^2) + \sqrt{x^2 + y^2}.$$

6. Überbestimmte Systeme partieller Differentialgleichungen. Wir betrachten zwei Gleichungen

$$F(x, y, z, p, q) = 0, \qquad G(x, y, z, p, q) = 0$$

und fragen uns, unter welchen Voraussetzungen eine gemeinsame Lösung $z = \varphi(x, y)$, $p = \dfrac{\partial z}{\partial x}$, $q = \dfrac{\partial z}{\partial y}$ existiert. Der Einfachheit wegen nehme ich an, daß die beiden Gleichungen sich nach p und q auflösen lassen, so daß

$$\boxed{p = f(x, y, z), \qquad q = g(x, y, z)} \tag{50}$$

ist; f und g seien dabei in einem Bereich $\mathfrak{B}_3$ stetig differenzierbare Funktionen. Man spricht von einem *überbestimmten System*, um anzudeuten, daß für *eine* unbekannte Funktion *zwei* Gleichungen vorliegen. Ein spezielleres Problem dieser Art habe ich schon ausführlich diskutiert, nämlich zwei Differentialgleichungen

$$p = f(x, y), \qquad q = g(x, y),$$

wo in den rechten Seiten z nicht vorkommt; das ist das Problem der exakten Differentialgleichung (§ 2, 2 und Band II, § 17, 4), bei der das Bestehen der Integrabilitätsbedingung $f_y - g_x = 0$ eine notwendige und hinreichende Bedingung für die Existenz und Eindeutigkeit einer gemeinsamen Lösung $\varphi(x, y)$ ist.

Im allgemeineren Fall (50) liegen die Dinge ganz ähnlich. Ist $z = \varphi(x, y)$ eine gemeinsame Lösung der beiden Gleichungen (50) — man überlegt leicht, daß φ unter den angegebenen Voraussetzungen über f und g in $\mathfrak{B}_3$ zweimal stetig differenzierbar ist —, so ist

$$\varphi_x = f(x, y, \varphi), \qquad \varphi_y = g(x, y, \varphi) \tag{51}$$

und daher

$$\varphi_{xy} = f_y + f_z \varphi_y, \qquad \varphi_{yx} = g_x + g_z \varphi_x.$$

Wegen $\varphi_{xy} = \varphi_{yx}$ ist

$$f_y + f_z \varphi_y = g_x + g_z \varphi_x$$

oder wegen (50)

$$\boxed{f_y + f_z\, g = g_x + g_z\, f.} \tag{52}$$

Man nennt (52) die *Integrabilitätsbedingung* der beiden Gleichungen (50). Sie ist sicher eine notwendige Bedingung für die Existenz einer Lösung $z = \varphi(x, y)$; ich zeige, daß sie auch hinreichend ist. Ich gehe dabei ähnlich vor wie bei der Behandlung der exakten Differentialgleichungen. Es sei zunächst

$$\zeta_1(x) = \psi(x, x_0, y_0, z_0) \tag{53}$$

die Lösung der gewöhnlichen Differentialgleichung

$$\frac{d\zeta_1}{dx} = f(x, y_0, \zeta_1) \tag{54}$$

zu den Anfangsbedingungen $x = x_0$, $\zeta_1 = z_0$. Ich habe dabei in der ersten Gleichung (50) $y = y_0$ gesetzt, (x_0, y_0, z_0) sei ein beliebiger innerer Punkt des Bereichs $\mathfrak{B}_3$ und es gilt

$$\zeta_1(x_0) = z_0 = \psi(x_0, x_0, y_0, z_0). \tag{55}$$

    Zweitens sei

$$\zeta_2(x, y) = \chi(x, y, y_0, \zeta_1) \tag{56}$$

eine Lösung der gewöhnlichen Differentialgleichung

$$\frac{d\zeta_2}{dy} = g(x, y, \zeta_2) \tag{57}$$

bei festem x zu den Anfangswerten $y = y_0$, $\zeta_2 = \zeta_1 = \psi(x, x_0, y_0, z_0)$. x ist bei der Behandlung der Differentialgleichung (57) und in der Lösung (56) ein Parameter.

Nach den Ergebnissen von § 3, 5 hängt χ von diesem Parameter x stetig ab und ist nach x stetig differenzierbar, weil g eine stetig differenzierbare Funktion von x ist. Aus $\chi_y = g(x, y, \chi)$ folgt durch Differentiation nach x nach § 3, 5, (20)

$$\chi_{yx} = \chi_{xy} = g_x(x, y, \chi) + g_z(x, y, \chi)\, \chi_x. \tag{58}$$

Aus (55) und (56) folgt noch

$$\zeta_1 = \chi(x, y_0, y_0, \zeta_1) = \psi(x, x_0, y_0, z_0). \tag{59}$$

Ich setze nun

$$\boxed{\varphi(x, y) = \chi(x, y, y_0, \zeta_1)} \tag{60}$$

und behaupte, daß $z = \varphi(x, y)$ auch eine Lösung der ersten Gleichung (50) ist, d. h. daß

$$h(x, y) = \varphi_x(x, y) - f(x, y, \varphi(x, y)) \tag{61}$$

identisch verschwindet. Für $y = y_0$ folgt aus (60) wegen (59)

$$\varphi(x, y_0) = \chi(x, y_0, y_0, \zeta_1) = \psi(x, x_0, y_0, z_0) = \zeta_1 \tag{62}$$

und daher aus (61)

$$h(x, y_0) = \varphi_x(x, y_0) - f(x, y_0, \varphi(x, y_0)) = \psi_x(x, x_0, y_0, z_0) - f(x, y_0, \psi(x, x_0, y_0, z_0)),$$

also, da $\psi(x, x_0, y_0, z_0)$ eine Lösung von (54) ist,

$$h(x, y_0) = 0 \tag{63}$$

für alle x (d. h. für alle Punkte x, y_0, z_0 des Bereichs $\mathfrak{B}_3$). Ferner folgt aus (61), (52), (58) und (60)

$$\begin{aligned}
h_y(x, y) &= \varphi_{xy}(x, y) - f_y(x, y, \varphi) - f_z(x, y, \varphi)\, \varphi_y(x, y) = \\
&= \varphi_{yx}(x, y) - f_y(x, y, \varphi) - f_z(x, y, \varphi)\, g(x, y, \varphi) = \\
&= g_x(x, y, \varphi) + g_z(x, y, \varphi)\, \varphi_x(x, y) - g_x(x, y, \varphi) - g_z(x, y, \varphi)\, f(x, y, \varphi) = \\
&= g_z(x, y, \varphi)\, h(x, y).
\end{aligned}$$

Also ist

$$h(x, y) = h(x, y_0) \exp \int\limits_{y_0}^{y} g_z(x, y, \varphi)\, dy$$

und daher wegen (63)

$$h(x, y) \equiv 0,$$

was zu beweisen war. Daß die so konstruierte Lösung des Systems (50) auch die einzige ist, die zu den Anfangsbedingungen (x_0, y_0, z_0) gehört, folgt aus den Sätzen über die eindeutige Bestimmung der Lösungen der gewöhnlichen Differentialgleichungen (54) und (57) bei gegebenen Anfangsbedingungen.

Der Satz läßt sich für Systeme

$$\frac{\partial z}{\partial x_i} = f_i(x_1, \ldots, x_n, z), \quad i = 1, 2, \ldots, n \tag{64}$$

von n Gleichungen mit n unabhängigen Veränderlichen verallgemeinern; die Funktionen f_i seien dabei in einem Bereich $\mathfrak{B}_{n+1}$ stetig differenzierbar. Die Integrabilitätsbedingung (52) wird jetzt

$$\boxed{\frac{\partial f_i}{\partial x_k} + \frac{\partial f_i}{\partial z}\, f_k = \frac{\partial f_k}{\partial x_i} + \frac{\partial f_k}{\partial z}\, f_i,} \tag{65}$$

was im ganzen $\frac{1}{2} n\,(n-1)$ Gleichungen gibt $(i < k,\ i, k = 1, 2, \ldots, n)$. Der Vorgang ist ähnlich wie oben; ich wähle einen Anfangspunkt $(\overset{0}{x_i}, \overset{0}{z})$ in $\mathfrak{B}_{n+1}$ und beginne mit der gewöhnlichen Differentialgleichung

$$\frac{d\zeta_1}{dx_1} = f_1(x_1, \overset{0}{x_2}, \ldots, \overset{0}{x_n}, \zeta_1);$$

es sei

$$\zeta_1(x_1) = \psi_1(x_1, \overset{0}{x_1}, \ldots, \overset{0}{x_n}, \overset{0}{z})$$

eine Lösung zu den Anfangsbedingungen $x_1 = \overset{0}{x_1},\ \zeta_1 = \overset{0}{z}$. Somit ist

$$\zeta_1(\overset{0}{x_1}) = \overset{0}{z} = \psi_1(\overset{0}{x_1}, \overset{0}{x_1}, \ldots, \overset{0}{x_n}, \overset{0}{z}).$$

Als nächste löse ich die gewöhnliche Differentialgleichung

$$\frac{d\zeta_2}{dx_2} = f_2(x_1, x_2, \overset{0}{x_3}, \ldots, \overset{0}{x_n}, \zeta_2)$$

bei festem x_1 (d. h. x_1 ist ein Parameter) mit den Anfangsbedingungen $x_2 = \overset{0}{x_2}$, $\zeta_2 = \zeta_1$; die Lösung sei

$$\zeta_2(x_1, x_2) = \psi_2(x_1, x_2, \overset{0}{x_2}, \ldots, \overset{0}{x_n}, \zeta_1),$$

wobei

$$\zeta_2(x_1, \overset{0}{x_2}) = \zeta_1(x_1) = \psi_2(x_1, \overset{0}{x_2}, \overset{0}{x_2}, \ldots, \overset{0}{x_n}, \zeta_1) = \psi_1(x_1, \overset{0}{x_1}, \ldots, \overset{0}{x_n}, \overset{0}{z})$$

und

$$\zeta_2(\overset{0}{x_1}, \overset{0}{x_2}) = \zeta_1(\overset{0}{x_1}) = \overset{0}{z}$$

ist. Ich fahre so fort und habe als letzte die gewöhnliche Differentialgleichung

$$\frac{d\zeta_n}{dx_n} = f_n(x_1, \ldots, x_n, \zeta_n) \tag{66}$$

und ihre Lösung

$$\zeta_n(x_1, \ldots, x_n) = \psi_n(x_1, \ldots, x_n, \overset{0}{x_n}, \zeta_{n-1})$$

zu den Anfangsbedingungen $x_n = \overset{0}{x_n}$, $\zeta_n = \zeta_{n-1}$. Es ist also

$$\zeta_n(x_1, \ldots, x_{n-1}, \overset{0}{x_n}) = \zeta_{n-1}(x_1, \ldots, x_{n-1}) = \psi_{n-1}(x_1, \ldots, x_{n-1}, \overset{0}{x_{n-1}}, \overset{0}{x_n}, \zeta_{n-2}) \tag{67}$$

oder allgemein

$$\zeta_n(x_1, \ldots, x_i, \overset{0}{x_{i+1}}, \ldots, \overset{0}{x_n}) = \zeta_i(x_1, \ldots, x_i) = \psi_i(x_1, \ldots, x_i, \overset{0}{x_i}, \ldots, \overset{0}{x_n}, \zeta_{i-1})$$

und insbesondere

$$\zeta_n(\overset{0}{x_1}, \ldots, \overset{0}{x_n}) = \zeta_0 = \overset{0}{z}.$$

Ich behaupte, daß

$$z = \varphi(x_1, \ldots, x_n) = \zeta_n(x_1, \ldots, x_n) = \psi_n(x_1, \ldots, x_n, \overset{0}{x_n}, \zeta_{n-1})$$

eine Lösung des Systems (64) ist. Zum Beweis verwende ich die vollständige Induktion. Da der Satz oben für $n = 2$ bewiesen wurde, habe ich zu zeigen, daß aus der Annahme, er sei für $n - 1$ unabhängige Veränderliche richtig, seine Richtigkeit für n unabhängige Veränderliche folgt. φ ist sicher ein Integral der letzten Gleichung (66), d. h. es ist

$$\frac{\partial \varphi}{\partial x_n}(x_1, \ldots, x_n) = f_n(x_1, \ldots, x_n, \varphi(x_1, \ldots, x_n)) \tag{68}$$

eine Identität in den x_i. Differentiation gibt

$$\frac{\partial}{\partial x_i} \frac{\partial \varphi}{\partial x_n} = \frac{\partial^2 \varphi}{\partial x_i \, \partial x_n} = \frac{\partial f_n}{\partial x_i} + \frac{\partial f_n}{\partial z} \frac{\partial \varphi}{\partial x_i}. \tag{69}$$

Da der Satz für $n - 1$ Veränderliche gilt, ist

$$\varphi(x_1, \ldots, x_{n-1}, \overset{0}{x_n}) = \zeta_{n-1}(x_1, \ldots, x_{n-1}) = \psi_{n-1}(x_1, \ldots, x_{n-1}, \overset{0}{x_{n-1}}, \overset{0}{x_n}, \zeta_{n-2}) \tag{70}$$

die Lösung des Systems

$$\frac{\partial z}{\partial x_i} = f_i(x_1, \ldots, x_{n-1}, \overset{0}{x_n}, z), \quad i = 1, 2, \ldots, n - 1 \tag{71}$$

mit den Anfangswerten $\overset{0}{x_1}, \ldots, \overset{0}{x_{n-1}}, \overset{0}{z}$. Ich betrachte die Differenz

$$h_i(x_1, \ldots, x_n) = \frac{\partial \varphi}{\partial x_i}(x_1, \ldots, x_n) - f_i(x_1, \ldots, x_n, \varphi), \quad (i < n). \tag{72}$$

Für sie gilt

$$h_i(x_1, \ldots, x_{n-1}, \overset{0}{x}_n) =$$

$$= \frac{\partial \varphi}{\partial x_i}(x_1, \ldots, x_{n-1}, \overset{0}{x}_n) - f_i(x_1, \ldots, x_{n-1}, \overset{0}{x}_n, \varphi(x_1, \ldots, x_{n-1}, \overset{0}{x}_n))$$

oder wegen (67) und (70)

$$h_i(x_1, \ldots, x_{n-1}, \overset{0}{x}_n) = \frac{\partial \zeta_{n-1}}{\partial x_i} - f_i(x_1, \ldots, x_{n-1}, \overset{0}{x}_n, \zeta_{n-1}) \equiv 0 \qquad (73)$$

für alle $x_1, \ldots, x_{n-1}$. Anderseits folgt aus (72) durch Differentiation nach x_n wegen (68)

$$\frac{\partial h_i}{\partial x_n} = \frac{\partial^2 \varphi}{\partial x_i \partial x_n} - \frac{\partial f_i}{\partial x_n} - \frac{\partial f_i}{\partial z} \frac{\partial \varphi}{\partial x_n} = \frac{\partial^2 \varphi}{\partial x_i \partial x_n} - \frac{\partial f_i}{\partial x_n} - \frac{\partial f_i}{\partial z} f_n$$

oder wegen (69) und (65)

$$\frac{\partial h_i}{\partial x_n} = \frac{\partial f_n}{\partial x_i} + \frac{\partial f_n}{\partial z} \frac{\partial \varphi}{\partial x_i} - \frac{\partial f_n}{\partial x_i} - \frac{\partial f_n}{\partial z} f_i = \frac{\partial f_n}{\partial z}\left(\frac{\partial \varphi}{\partial x_i} - f_i\right) = \frac{\partial f_n}{\partial z} h_i;$$

also ist

$$h_i(x_1, \ldots, x_n) = h_i(x_1, \ldots, x_{n-1}, \overset{0}{x}_n) \exp \int_{\overset{0}{x}_n}^{x_n} \frac{\partial f_n}{\partial z}\, dx_n$$

und daher wegen (73)

$$h_i(x_1, \ldots, x_n) \equiv 0,$$

d. h. φ ist auch eine Lösung der ersten $n-1$ Gleichungen (64).

Aufgaben.

Man bestimme das allgemeine und das zu den angegebenen Anfangsbedingungen gehörige partikuläre Integral der folgenden Gleichungen:

1. $p - zq = 0$, A.-B.: $x = 0$, $y = z^2$.

2. $x\dfrac{\partial w}{\partial x} + y\dfrac{\partial w}{\partial y} + (x^2 + y^2)\dfrac{\partial w}{\partial z} = 0$, A.-B.: $z = 0$, $w = x + y$.

3. $xp - q = y + z$, A.-B.: $x = y$, $z = 1$.

4. $(z^2 - 2yz - y^2)p + x(y + z)q = x(v - z)$, A.-B.: $y = 1$, $z = \dfrac{x^2}{2} + 1$.

§ 12. Die allgemeine partielle Differentialgleichung erster Ordnung.

1. Geometrische Deutung und Charakteristiken. Es sei eine Differential-gleichung

$$\boxed{F(x, y, z, p, q) = 0} \qquad (1)$$

vorgelegt, wobei F eine in einem Bereich $\mathfrak{B}_5$ des R_5 zweimal stetig differenzierbare Funktion der fünf Veränderlichen x, y, z, p, q ist. Wir deuten uns die Gleichung (1) wie bisher im R_3 der x, y, z und fassen demgemäß p und q als Stellungsparameter einer Ebene (Flächenelements im Punkt x, y, z)

$$\zeta - z = (\xi - x)p + (\eta - y)q \qquad (2)$$

durch den Punkt x, y, z auf. Halten wir diesen Punkt fest, so ist (1) eine Relation zwischen p und q und (2) wird eine einparametrige Ebenenschar, die nach § 10, 3 einen Kegel umhüllt, der als *Mongescher Kegel* oder *Elementarkegel* der Differentialgleichung (1) bezeichnet wird.

Es ist naheliegend, zu versuchen, eine Integralfläche von (1) in ähnlicher Weise wie bei den linearen Gleichungen mit Hilfe geeigneter Kurven, der Charakteristiken, aufzubauen. Dazu müssen wir vor allem den Begriff der Charakteristik für den Fall der Gleichung (1) verallgemeinern. Während bei den linearen Gleichungen (1), (2) ein Ebenenbüschel war, dessen Achse in jedem Punkt eines gewissen Bereichs $\mathfrak{B}_3$ die Richtung der Charakteristik eindeutig festlegte, gibt es jetzt in jedem Punkt unendlich viele zunächst durchaus gleichberechtigte Richtungen, nämlich die Erzeugenden des Elementarkegels, der sich als Hüllfläche der Ebenenschar (1), (2) ergibt. Es sei $z = \varphi(x, y)$ eine Integralfläche $\mathfrak{F}$ von (1), also eine Fläche, deren Tangentenebenen Flächenelemente der Differentialgleichung (1) sind. In jedem Punkt $x, y, z = \varphi(x, y)$ von $\mathfrak{F}$ berührt $\mathfrak{F}$ den Elementarkegel dieses Punktes, d. h. genauer, die Tangentenebene von $\mathfrak{F}$ in (x, y, z) ist zugleich Tangentenebene des Elementarkegels und berührt diesen längs einer ganzen Erzeugenden. Es gibt somit in jedem Punkt von $\mathfrak{F}$ eine ausgezeichnete Richtung, also ein Richtungsfeld auf der Fläche $\mathfrak{F}$ und als Integral dieses Feldes eine einparametrige Kurvenschar auf $\mathfrak{F}$, durch die wir uns umgekehrt $\mathfrak{F}$ erzeugt denken können. Wir werden also diese Kurven als die die Fläche $\mathfrak{F}$ aufbauenden Charakteristiken ansehen können. Längs jeder solchen Charakteristik sind aber nicht nur x, y, z, sondern auch p und q als Funktionen eines Kurvenparameters u festgelegt, d. h. wir haben nicht allein eine Kurve, sondern vielmehr einen *Streifen*

$$x = x(u), \qquad y = y(u), \qquad z = z(u), \qquad p = p(u), \qquad q = q(u) \qquad (3)$$

vor uns. Daß es sich wirklich um einen Streifen handelt, folgt daraus, daß alle Elemente (3) Elemente der Fläche $\mathfrak{F}$ sind.

Das Ergebnis dieser Überlegung ist also, daß wir im Fall der Gleichung (1) nicht charakteristische Kurven, sondern *charakteristische Streifen* zu untersuchen haben. Auf diese Art ergibt sich aber eine Auswahl aus den unendlich vielen Richtungen, die in einem Punkt x, y, z durch die Erzeugenden des Elementarkegels gegeben sind, weil in jedem Punkt die Streifenbedingung (30) von § 10, 3 erfüllt sein muß.

Wir ermitteln zunächst den Elementarkegel des Punktes x, y, z. Er ist die Hüllfläche der Schar (2) mit der Nebenbedingung (1) für die Parameter p und q. (1) definiert — immer bei festem x, y, z — etwa q als Funktion $q = q(p)$ von p, wenn $F_q \neq 0$ ist[1]. Wir denken uns $q = q(p)$ in (1) und (2) eingesetzt und differenzieren nach p. Das gibt

$$F_p + F_q \frac{dq}{dp} = 0$$

und

$$\xi - x + (\eta - y) \frac{dq}{dp} = 0.$$

Somit sind

$$\xi = x + u F_p, \qquad \eta = y + u F_q, \qquad \zeta = z + u(p F_p + q F_q)$$

die Erzeugenden des Elementarkegels in (x, y, z) bei variablem p und $q = q(p)$; die dritte Gleichung folgt dabei aus (2). Zu dem so definierten Richtungsfeld gehört das System von Differentialgleichungen

$$\dot{x} = F_p, \qquad \dot{y} = F_q, \qquad \dot{z} = p F_p + q F_q; \qquad (4)$$

---

[1] Ich nehme selbstverständlich an, daß in $\mathfrak{B}_5$ nicht $F_p \equiv 0$ und $F_q \equiv 0$ ist. Dann gibt es mindestens einen Punkt, in dem F_p und F_q nicht beide Null sind. Ist $F_q = 0$, $F_p \neq 0$, so gibt es eine Auflösung nach p, $p = p(q)$, mit der sich wie oben rechnen läßt.

die Punkte bedeuten dabei Ableitungen nach dem Parameter u. Die Streifenbedingung (§ 10, 3)
$$\dot{z} = p\,\dot{x} + q\,\dot{y}$$

ist dann wegen (4) bereits erfüllt. Ich komme zu der zweiten Bedingung, daß nämlich unsere Streifen aus *Integralelementen* aufgebaut sein sollen. Die Integralfläche $z = \varphi(x, y)$ sei zweimal stetig differenzierbar. Dann gilt die Identität

$$F(x, y, \varphi(x, y),\ \varphi_x(x, y),\ \varphi_y(x, y)) = 0. \tag{5}$$

Differentiation nach x und y gibt

$$F_x + F_z\,\varphi_x + F_p\,\varphi_{xx} + F_q\,\varphi_{xy} = 0, \quad F_y + F_z\,\varphi_y + F_p\,\varphi_{yx} + F_q\,\varphi_{yy} = 0.$$

Trägt man hier die Funktionen (3) ein, so folgt wegen (4) und $\varphi_x = p(u)$, $\varphi_y = q(u)$

$$F_x + F_z\,p + p_x\,\dot{x} + p_y\,\dot{y} = 0, \qquad F_y + F_z\,q + q_x\,\dot{x} + q_y\,\dot{y} = 0$$

oder

$$F_x + F_z\,p + \dot{p} = 0, \qquad F_y + F_z\,q + \dot{q} = 0.$$

Die fünf Funktionen (3) heißen ein *charakteristischer Streifen* der Differentialgleichung (1), wenn die beiden obigen Gleichungen und die drei Gleichungen (4), also zusammen die Gleichungen

$$\boxed{\begin{aligned}
\dot{x}(u) &= F_p, & \dot{y}(u) &= F_q, & \dot{z}(u) &= p(u)\,F_p + q(u)\,F_q \\
\dot{p}(u) &= -F_x - p(u)\,F_z, & \dot{q}(u) &= -F_y - q(u)\,F_z
\end{aligned}} \tag{6}$$

erfüllt sind. Sie bilden ein System gewöhnlicher Differentialgleichungen für die Funktionen (3) und heißen *die charakteristischen Gleichungen* von (1). Dabei sind als Argumente in die Ableitungen der Funktion $F(x, y, z, p, q)$ die Funktionen (3) eingetragen.

Mit Hilfe des Systems (6) lassen sich die charakteristischen Streifen der Gleichung (1) ohne Kenntnis eines Integrals bestimmen. Die allgemeine Lösung enthält fünf Konstante, von denen aber wegen der Streifenbedingung und wegen der Willkürlichkeit des Parameters u nur drei wesentlich sind; es gibt also ∞^3 charakteristische Streifen.

Ein Streifen heißt ein *Integralstreifen* von (1), wenn alle Flächenelemente (3) Integralelemente sind. In den Gleichungen (6) kommt die Funktion $\varphi(x, y)$ nicht mehr vor, es ist daher keineswegs sicher, daß jeder charakteristische Streifen auch ein Integralstreifen ist. Man beachte, daß sich alle Gleichungen (6) ergeben, wenn wir auf der rechten Seite von (5) an Stelle der Null eine beliebige Konstante schreiben. Wenn aber ein charakteristischer Streifen auch nur ein einziges Integralelement enthält, dann ist er ein Integralstreifen. Setzt man nämlich (3) in (1) ein, so folgt wegen (6)

$$\frac{d}{du}F(x, y, z, p, q) = F_x\,\dot{x} + F_y\,\dot{y} + F_z\,\dot{z} + F_p\,\dot{p} + F_q\,\dot{q} =$$

$$= F_x F_p + F_y F_q + F_z F_p\,p + F_z F_q\,q - F_x F_p - F_z F_p\,p - F_y F_q - F_z F_q\,q = 0,$$

d. h. *die Funktion F ist längs jedes charakteristischen Streifens konstant.* Enthält also der charakteristische Streifen ein Integralelement, so ist für dieses $F = 0$ und daher die Konstante selbst Null, der charakteristische Streifen besteht aus lauter Integralelementen und ist daher ein Integralstreifen.

Für spezielle Formen der Differentialgleichung (1) kann sich die Zahl der Gleichungen (6) verringern. Handelt es sich etwa um eine sogenannte explizite Differentialgleichung

$$p = f(x, y, z, q), \tag{7}$$

so wird die erste Gleichung (6) $\dot{x}(u) = 1$; man kann daher $x = u$ setzen. Aus (6) wird

$$y'(x) = -f_q, \qquad z'(x) = f - q\,f_q, \qquad q'(x) = f_y + q\,f_z, \tag{8}$$

da die vierte Gleichung (6) wegen

$$p(x) = f(x, y(x), z(x), q(x)) \tag{9}$$

und (8) von selbst erfüllt ist. Man muß also die Bedingung (9) zur Definition des charakteristischen Streifens hinzunehmen. Dann ist aber jeder charakteristische Streifen zugleich ein Integralstreifen. Entsprechendes gilt für die Differentialgleichungen der Form $q = g(x, y, z, p)$.

Bei der linearen Gleichung $P\,p + Q\,q = R$ werden die ersten drei Gleichungen (6) zu

$$\dot{x}(u) = P, \qquad \dot{y}(u) = Q, \qquad \dot{z}(u) = p\,P + q\,Q = R.$$

Das sind aber gerade die drei Gleichungen (37) von § 11, die hier zur Bestimmung der drei Funktionen $x(u)$, $y(u)$, $z(u)$ ausreichen, so daß man die beiden letzten Gleichungen (6) weglassen kann. Mit anderen Worten, zur Konstruktion der Integralfläche braucht man keinen charakteristischen Streifen, sondern nur eine charakteristische Kurve. Im allgemeinen Fall bilden die drei ersten Gleichungen (6) für sich noch kein System, weil darin noch die beiden unbekannten Funktionen $p(u)$ und $q(u)$ vorkommen, zu deren Bestimmung die beiden letzten Gleichungen (6) nötig sind.

2. Eine andere Deutung der charakteristischen Gleichungen und der Begriff des Vorintegrals. Die fünf Gleichungen (6) lassen sich aber auch noch anders deuten. Sie sind nach § 11, 4 zusammen mit $w = $ konst. die charakteristischen Gleichungen der homogenen Differentialgleichung

$$\boxed{\,F_p\,\frac{\partial w}{\partial x} + F_q\,\frac{\partial w}{\partial y} + (p\,F_p + q\,F_q)\,\frac{\partial w}{\partial z} - (F_x + p\,F_z)\,\frac{\partial w}{\partial p} - (F_y + q\,F_z)\,\frac{\partial w}{\partial q} = 0.\,}$$

$$\tag{10}$$

Hier sind x, y, z, p, q unabhängige, w die abhängige Veränderliche. Die geometrische Deutung der Gleichung (10) haben wir also in dem R_6 der Veränderlichen x, y, z, p, q, w vorzunehmen; da für uns aber w, das längs jeder Charakteristik konstant ist, völlig uninteressant ist, können wir die Deutung im R_5 der Veränderlichen x, y, z, p, q durchführen. Die Gleichungen (3), die im R_3 einen charakteristischen Streifen definieren, sind im R_5 eine charakteristische Kurve. Jedes Integral von (10)

$$w = \varphi(x, y, z, p, q)$$

gibt dann zusammen mit $w = $ konst., etwa $w = a$, eine Hyperfläche $\mathfrak{W}_4$

$$\varphi(x, y, z, p, q) = a \tag{11}$$

des R_5. Jede solche Funktion φ, also jedes Integral von (10) heißt ein *Vorintegral* von (1) und ist längs jeder Charakteristik konstant; umgekehrt ist nach § 11, 4 *jede längs einer Charakteristik (3) von (10) konstante Funktion $\varphi(x, y, z, p, q)$ ein Integral von (10) und daher ein Vorintegral von (1).*

Ein Vorintegral von (1) ist die Funktion $F(x, y, z, p, q)$, die linke Seite von (1) selbst. Ich habe ja in Ziffer 1 gezeigt, daß F längs jeder Charakteristik konstant ist. Daß F ein Integral von (10) ist, ergibt sich unmittelbar aus (10) für $w = F$. Man nennt F das *triviale Vorintegral* der Gleichung (1).

Bei der linearen Gleichung werden $F_p = P$, $F_q = Q$ und $p\,F_p + q\,F_q = R$ von p und q unabhängig, so daß man $\dfrac{\partial w}{\partial p} = \dfrac{\partial w}{\partial q} = 0$ nehmen kann. Damit geht aber (10) in die Gleichung (39) von § 11 über und die Vorintegrale werden zu Integralen linearer Gleichungen. Kennt man zwei solche Integrale, so kennt man alle Charakteristiken der linearen Gleichung. In ähnlicher Weise könnte man im allgemeinen Fall schließen, wenn man vier Vorintegrale kennt. Ich werde aber zeigen, daß man auch hier bereits aus der Kenntnis zweier Vorintegrale unter gewissen Voraussetzungen die Charakteristiken und damit alle Lösungen der Gleichung (1) bekommen kann (Ziffer 4).

3. Konstruktion einer Integralfläche durch eine gegebene Kurve. Wir stellen uns wieder die Aufgabe, durch eine gegebene Kurve

$$x = x(v), \quad y = y(v), \quad z = z(v) \tag{12}$$

eine Integralfläche der Gleichung (1) zu legen. Wir müssen dabei annehmen, daß die drei Funktionen $x(v)$, $y(v)$, $z(v)$ in einem Intervall $\alpha \leqq v \leqq \beta$ stetig differenzierbar sind.

Der erste Schritt zur Lösung dieser Aufgabe besteht darin, durch die Kurve (12) einen Integralstreifen zu legen, also zwei weitere Funktionen $p(v)$, $q(v)$ so zu ermitteln, daß

$$F(x(v),\, y(v),\, z(v),\, p(v),\, q(v)) = 0 \tag{13}$$

und die Streifenbedingung (§ 10, 3)

$$\boxed{-\,p(v)\,\dot{x}(v) - q(v)\,\dot{y}(v) + \dot{z}(v) = 0} \tag{14}$$

erfüllt sind (die Punkte bedeuten dabei Ableitungen nach v). Die gesuchten Funktionen ergeben sich also durch Auflösung der beiden Gleichungen (13) und (14) nach p und q; da x, y, z die gegebenen Funktionen (12) sind, werden die Lösungen p und q ebenfalls Funktionen von v sein. Nach den Sätzen über implizite Funktionen (Band II, § 9) existiert aber eine Lösung dann und nur dann, wenn es erstens überhaupt ein Wertsystem v_0, $x_0 = x(v_0)$, $y_0 = y(v_0)$, $z_0 = z(v_0)$, $p_0 = p(v_0)$, $q_0 = q(v_0)$ gibt, das den beiden Gleichungen genügt, und wenn zweitens für diese Werte die Funktionaldeterminante

$$F_p\,\dot{y}(v) - F_q\,\dot{x}(v) \neq 0 \tag{15}$$

ist; (15) gilt dann aus Stetigkeitsgründen immer auch in einer gewissen Umgebung der Stelle v_0. Ein solches Wertsystem $x_0, \ldots, q_0$ kann man bekommen, indem man an den Elementarkegel des Punktes x_0, y_0, z_0 eine Tangentenebene legt, die Stellungsparameter dieser Ebene sind dann die Werte p_0, q_0. Aber es ist in keiner Weise sicher, daß sich an den Elementarkegel des Punktes x_0, y_0, z_0 überhaupt eine Tangentenebene legen läßt. Natürlich ist es auch möglich, daß sich mehrere Tangentenebenen an den Elementarkegel legen lassen; dann gibt es mehrere Integralstreifen durch (12), und wir können uns nach Belieben für einen davon entscheiden. Die Bedingung (15) besagt wegen (6), daß die Anfangskurve (12) keine Erzeugende des zugehörigen Elementarkegels berühren darf. Die Bedingung (15) ist sicher dann nicht erfüllt, wenn an der betrachteten Stelle

$$F_p = F_q = 0 \tag{16}$$

ist. In Analogie zu dem in § 2, 8 eingeführten Begriff des singulären Linienelements einer gewöhnlichen Differentialgleichung erster Ordnung nennen wir jedes Flächenelement (x, y, z, p, q), für das (16) gilt, ein *singuläres Flächenelement* der Differentialgleichung (1). Wir müssen also, um weiterzukommen, die zusätzliche Annahme machen, daß die Gleichungen (13) und (14) eine Lösung v_0, x_0, ..., q_0 besitzen, für die (15) gilt. Dann existieren in einer gewissen Umgebung von v_0 neben den Funktionen (12) noch die beiden eindeutig bestimmten und stetig differenzierbaren Funktionen $p(v)$ und $q(v)$, die zusammen mit (12) einen Integralstreifen bilden.

Der zweite Schritt ist einfacher, weil er keine Komplikationen mehr bringt. Die charakteristischen Differentialgleichungen (6) haben zu jedem System von Anfangswerten x_0, y_0, z_0, p_0, q_0 eine eindeutig bestimmte Lösung

$$x = x(u, x_0, y_0, z_0, p_0, q_0), \ldots, q = q(u, x_0, y_0, z_0, p_0, q_0), \tag{17}$$

d. h. durch jedes Anfangselement x_0, ..., q_0 ist ein charakteristischer Streifen eindeutig bestimmt, der dieses Anfangselement enthält. Wir konstruieren nun für alle Elemente $x(v)$, ..., $q(v)$ des Anfangsstreifens, d. h. des eben durch (12) gelegten Integralstreifens, die charakteristischen Streifen. Wir bekommen sie, indem wir in (17) die x_0, ..., q_0 durch $x(v)$, ..., $q(v)$ ersetzen. Das gibt für die einparametrige Schar von charakteristischen Streifen eine Darstellung der Form

$$x = x(u, v), \quad y = y(u, v), \quad z = z(u, v), \quad p = p(u, v), \quad q = q(u, v) \tag{18}$$

wobei sich für $v = $ konst. die einzelnen charakteristischen Streifen und für $u = 0$ der Anfangsstreifen ergibt. Da alle charakteristischen Streifen ein Integralelement enthalten, sind sie alle zugleich Integralstreifen. Ich behaupte, daß die drei ersten Gleichungen (18) bereits eine Parameterdarstellung der gesuchten Integralfläche durch (12) sind. Da wir unter einer Integralfläche von (1) eine Fläche $z = \varphi(x, y)$ verstehen, die der Gleichung (1) genügt, so muß sich durch Elimination der Parameter u, v aus (18) eine Gleichung dieser Form ergeben. Nun ist die Funktionaldeterminante $\dfrac{\partial(x, y)}{\partial(u, v)}$ längs (12), also für $u = 0$, sicher von Null verschieden. Also lassen sich die beiden ersten Gleichungen (18) eindeutig nach u, v auflösen, und das gibt, in die dritte Gleichung eingesetzt, $z = \varphi(x, y)$. Zu zeigen ist noch, daß die beiden Funktionen $p(u, v)$ und $q(u, v)$, wenn auch hier $u = u(x, y)$, $v = v(x, y)$ eingetragen wird, mit $p = \varphi_x$, $q = \varphi_y$ übereinstimmen, d. h. daß die beiden Gleichungen

$$z_u = p\,x_u + q\,y_u, \quad z_v = p\,x_v + q\,y_v \tag{19}$$

erfüllt sind. Das trifft für die erste Gleichung wegen (6) von selbst zu. Die zweite Gleichung ist wegen (14) für $u = 0$ erfüllt. Ich setze

$$H(u, v) = z_v - p\,x_v - q\,y_v$$

und bilde[1]

$$H_u = z_{uv} - p_u\,x_v - p\,x_{uv} - q_u\,y_v - q\,y_{uv},$$

sowie aus der ersten Gleichung (19)

$$z_{uv} - p_v\,x_u - p\,x_{uv} - q_v\,y_u - q\,y_{uv} = 0.$$

Subtraktion gibt

$$H_u = p_v\,x_u - p_u\,x_v + q_v\,y_u - q_u\,y_v$$

oder wegen (6)

$$H_u = F_p\,p_v + F_q\,q_v + (F_x + p\,F_z)\,x_v + (F_y + q\,F_z)\,y_v.$$

---

[1] Da wir F als zweimal stetig differenzierbar vorausgesetzt haben und $x_u = F_p$ ist [erste Gleichung (6)], folgt, daß auch $\dfrac{\partial}{\partial v}\,x_u = x_{uv}$ stetig ist. Ferner ist x_v laut Voraussetzung stetig und daraus folgt nach dem Satz von Schwarz (Band II, § 9, 3) die Existenz und Stetigkeit von $\dfrac{\partial}{\partial u}\,x_v = x_{vu} = x_{uv}$. Ebenso sind $y_{uv} = y_{vu}$ und $z_{uv} = z_{vu}$ stetig.

Da alle charakteristischen Streifen (18) Integralstreifen sind, ist $F(x(u, v), \ldots,$ $q(u, v)) \equiv 0$. Differentiation nach v gibt

$$F_x x_v + F_y y_v + F_z z_v + F_p p_v + F_q q_v = 0;$$

subtrahiert man das von H_u, so folgt schließlich

$$H_u = F_z(p\, x_v + q\, y_v - z_v) = -F_z H.$$

Also ist

$$H(u, v) = H(0, v)\, \exp\left(-\int\limits_0^u F_z\, du\right)$$

und da $H(0, v) = 0$ ist wegen (14), ist $H(u, v) \equiv 0$, d. h. die oben erhaltene Fläche $z = \varphi(x, y)$ ist eine Integralfläche.

Über das allgemeine Integral der Gleichung (1) läßt sich kaum etwas Brauchbares aussagen. Unsere Überlegungen liefern uns keinen Anhaltspunkt dafür, wie man überhaupt zu einem von einer willkürlichen Funktion abhängigen Integral kommen könnte und selbst wenn das in einem Sonderfall gelingen sollte, so ist man keineswegs sicher, daß es alle Integrale enthält. Ich erinnere Sie nur an die Schwierigkeiten, die uns der Begriff des allgemeinen Integrals schon bei der gewöhnlichen impliziten Differentialgleichung bereitet hat und wie wenig befriedigend sich die Dinge schon dort gestalten ließen. Ich komme darauf in Ziffer 5 noch einmal zurück.

Beispiele:

1. $F(x, y, z, p, q) = p - q^2 = 0$ mit der Anfangsbedingung $x = v$, $y = v^2$, $z = v^3$. Die Differentialgleichungen (6) werden hier

$$\dot{x}(u) = 1, \quad \dot{y}(u) = -2q, \quad \dot{z}(u) = p - 2q^2, \quad \dot{p}(u) = 0, \quad \dot{q}(u) = 0. \qquad (A)$$

Wir legen durch die Anfangskurve einen Integralstreifen, indem wir zwei Funktionen $p(v)$ und $q(v)$ ermitteln, für die $F = 0$ und die Streifenbedingung, die hier

$$-p - 2v q + 3v^2 = 0$$

lautet, erfüllt ist. Wegen $p = q^2$ folgt daraus $q^2 + 2v q - 3v^2 = 0$, also ist entweder

$$p(v) = v^2, \quad q(v) = v \qquad (B)$$

oder

$$p(v) = 9v^2, \quad q(v) = -3v, \qquad (C)$$

d. h. durch unsere Anfangskurve lassen sich zwei Integralstreifen legen, es werden also auch zwei Integralflächen durch diese Kurve gehen. Ich nehme zunächst die Lösung (B) mit den Anfangsbedingungen

$$x(v) = v, \quad y(v) = v^2, \quad z(v) = v^3, \quad p(v) = v^2, \quad q(v) = v$$

für $u = 0$. Integration der Gleichungen (A) (man beginnt natürlich mit p und q) gibt

$$x = u + v, \quad y = -2uv + v^2, \quad z = -uv^2 + v^3, \quad p = v^2, \quad q = v;$$

die ersten drei Gleichungen sind bereits eine Parameterdarstellung der Integralfläche; die Elimination von u und v gibt nach einfacher Rechnung

$$z = \frac{1}{27}\left[2x^3 + 9xy + 2\sqrt{(x^2 + 3y)^3}\right].$$

Gehen wir vom Integralstreifen (C) aus, so geben die Gleichungen (A)

$$x = u + v, \quad y = 6uv + v^2, \quad z = -9uv^2 + v^3, \quad p = 9v^2, \quad q = -3v;$$

die drei ersten Gleichungen sind eine Parameterdarstellung der zweiten Integralfläche mit der expliziten Gleichung

$$z = \frac{1}{25}\left[54x^3 - 45xy + 2\sqrt{(9x^2 - 5y)^3}\right].$$

2. $F = z - pq = 0$, Anfangsbedingung $x = 0$, $y = v$, $z = v^2$;

$$\dot{x}(u) = -q, \quad \dot{y}(u) = -p, \quad \dot{z}(u) = -2pq = -2z, \quad \dot{p}(u) = -p, \quad \dot{q}(u) = -q. \qquad (D)$$

Anfangsstreifen: $x(v) = 0$, $y(v) = v$, $z(v) = v^2$, $p(v) = \dfrac{v}{2}$, $q(v) = 2\,v$. Integration von (D) mit diesen Anfangsbedingungen für $u = 0$ gibt zunächst $z = v^2\,e^{-2u}$, $p = \dfrac{v}{2}\,e^{-u}$, $q = 2\,v\,e^{-u}$, dann

$$x = 2\,v\,(e^{-u} - 1),\quad y = \frac{v}{2}\,(e^{-u} + 1),$$

also $e^{-u} = \dfrac{4\,y + x}{4\,y - x}$, $v = y - \dfrac{x}{4}$ und $z = \left(\dfrac{x}{4} + y\right)^2$

4. Über die Integration der charakteristischen Gleichungen.

Es sei wieder eine partielle Differentialgleichung

$$\boxed{F(x, y, z, p, q) = 0} \tag{20}$$

vorgelegt, deren linke Seite in einem Bereich $\mathfrak{B}_5$ nach allen fünf Veränderlichen x, y, z, p, q zweimal stetig differenzierbar ist. Zu ihr gehören die charakteristischen Gleichungen (6), d. h.

$$\begin{aligned}
\dot{x}(u) &= F_p, \quad \dot{y}(u) = F_q, \quad \dot{z}(u) = p\,F_p + q\,F_q, \\
\dot{p}(u) &= -\,F_x - p\,F_z, \quad \dot{q}(u) = -\,F_y - q\,F_z,
\end{aligned} \tag{21}$$

die zugleich — abgesehen von $w = $ konst. — die charakteristischen Gleichungen der linearen homogenen Differentialgleichung

$$F_p\,\frac{\partial w}{\partial x} + F_q\,\frac{\partial w}{\partial y} + (p\,F_p + q\,F_q)\,\frac{\partial w}{\partial z} - (F_x + p\,F_z)\,\frac{\partial w}{\partial p} - (F_y + q\,F_z)\,\frac{\partial w}{\partial q} = 0 \tag{22}$$

sind. Eine in $\mathfrak{B}_5$ stetig differenzierbare Funktion $G(x, y, z, p, q)$ ist dann und nur dann ein Vorintegral von (20), wenn in $\mathfrak{B}_5$

$$[F, G] \equiv 0 \tag{23}$$

ist, wobei der *Jacobische Klammerausdruck*[1] auf der linken Seite von (23) durch

$$\boxed{[F, G] = (F_x + p\,F_z)\,G_p + (F_y + q\,F_z)\,G_q - (G_x + p\,G_z)\,F_p - (G_y + q\,G_z)\,F_q} \tag{24}$$

erklärt ist. Gilt (23), so sagt man, F und G liegen zueinander in *Involution*. Der Klammerausdruck (24) stimmt aber bis auf die Reihenfolge der einzelnen Glieder mit der linken Seite der Differentialgleichung (22) für die Funktion $w = G$ überein, woraus unmittelbar die Behauptung folgt, d. h. G ist ein Vorintegral, und es ist

$$\boxed{G(x, y, z, p, q) = a} \tag{25}$$

für jeden charakteristischen Streifen.

Ich nehme nun an, daß sich die beiden Gleichungen (20) und (25) nach p und q auflösen lassen. Dann ist

$$\frac{\partial(F, G)}{\partial(p, q)} \neq 0 \tag{26}$$

und es ergeben sich zwei Differentialgleichungen von der in § 11, 6 (50) untersuchten Art, deren rechte Seiten den Identitäten

$$F(x, y, z, f, g) \equiv 0,\quad G(x, y, z, f, g) \equiv a$$

---

[1] Nach Karl Gustav Jacobi, geb. 1804 in Potsdam, gest. 1851 in Berlin, wirkte in Berlin und Königsberg. Bahnbrechende Untersuchungen auf fast allen Gebieten der Analysis.

in einem in $\mathfrak{B}_5$ enthaltenen Teilbereich $\mathfrak{B}_3$ genügen. Differenziert man diese nach x, y, z, und trägt man die sich so ergebenden Ausdrücke in (23) ein, so folgt für f und g gerade die Integrabilitätsbedingung § 11 (52). Man kann also im allgemeinen, wenn (26) gilt, auf Grund der Kenntnis eines zweiten Vorintegrals die Integration der charakteristischen Gleichungen (21) auf die des Systems § 11 (50) zurückführen, also im wesentlichen auf die Integration von zwei gewöhnlichen Differentialgleichungen erster Ordnung.

Kennt man neben F und G noch ein drittes in $\mathfrak{B}_5$ stetig differenzierbares Vorintegral $H(x, y, z, p, q)$ von (20), das mit G in Involution liegt:

$$[G, H] \equiv 0, \tag{27}$$

so reduziert sich das Integrationsproblem der Gleichung (20) auf reine Eliminationsprozesse. Es sei x_0, y_0, z_0, p_0, q_0 ein Flächenelement, für das die Gleichungen (20), (25) und

$$\boxed{H(x, y, z, p, q) = b} \tag{28}$$

erfüllt sind; ist für dieses Element

$$\varDelta = \frac{\partial(F, G, H)}{\partial(z, p, q)} \neq 0, \tag{29}$$

so gilt (29) wegen der Stetigkeit der Funktionaldeterminante auch in einer gewissen Umgebung von $x_0, \ldots, q_0$ und es existieren als Auflösung der drei Gleichungen (20), (25) und (28) nach z, p, q

$$z = \varphi(x, y), \quad p = \psi(x, y), \quad q = \chi(x, y), \tag{30}$$

von denen die erste ein Integral von $F = 0$ ist. Um diese Behauptung zu beweisen, habe ich zu zeigen, daß $\varphi_x = p$, $\varphi_y = q$, und $p_y = q_x$ ist, letzteres wegen $\varphi_{xy} = \varphi_{yx}$. Ich setze (30) in (20), (25) und (28) ein und differenziere die sich so ergebenden Identitäten

$$F(x, y, \varphi, \psi, \chi) = 0, \quad G(x, y, \varphi, \psi, \chi) = a, \quad H(x, y, \varphi, \psi, \chi) = b$$

nach x und y. Das gibt

$$\left.\begin{aligned}
F_x + F_z \varphi_x + F_p \psi_x + F_q \chi_x = 0, \quad F_y + F_z \varphi_y + F_p \psi_y + F_q \chi_y = 0, \\
G_x + G_z \varphi_x + G_p \psi_x + G_q \chi_x = 0, \quad G_y + G_z \varphi_y + G_p \psi_y + G_q \chi_y = 0, \\
H_x + H_z \varphi_x + H_p \psi_x + H_q \chi_x = 0, \quad H_y + H_z \varphi_y + H_p \psi_y + H_q \chi_y = 0.
\end{aligned}\right\} \tag{31}$$

Ich multipliziere nun die zweite und dritte Gleichung links mit H_p bzw. $-G_p$, die zweite und dritte Gleichung rechts mit H_q bzw. $-G_q$ und addiere alle vier. Es folgt

$$(G_x + G_z \varphi_x) H_p + (G_y + G_z \varphi_y) H_q - (H_x + H_z \varphi_x) G_p - (H_y + H_z \varphi_y) G_q +$$
$$+ (\psi_y - \chi_x)(G_p H_q - G_q H_p) = 0$$

oder

$$[G, H] + (\varphi_x - \psi)(G_z H_p - G_p H_z) + (\varphi_y - \chi)(G_z H_q - G_q H_z) +$$
$$+ (\psi_y - \chi_x)(G_p H_q - G_q H_p) = 0;$$

wegen (27) bleibt

$$(\varphi_x - \psi)(G_z H_p - G_p H_z) + (\varphi_y - \chi)(G_z H_q - G_q H_z) +$$
$$+ (\psi_y - \chi_x)(G_p H_q - G_q H_p) = 0. \tag{32}$$

Ähnlich findet man aus der ersten und dritten Zeile von (31), indem man links mit $-H_p$ bzw. F_p, rechts mit $-H_q$ bzw. F_q multipliziert und addiert, wegen $[F, H] = 0$ (H ist ein Vorintegral!)

$$(\varphi_x - \psi)(H_z F_p - H_p F_z) + (\varphi_y - \chi)(H_z F_q - H_q F_z) +$$
$$+ (\psi_y - \chi_x)(H_p F_q - H_q F_p) = 0 \tag{33}$$

und aus der ersten und zweiten Zeile von (31), wenn man links mit G_p bzw. $-F_p$, rechts mit G_q bzw. $-F_q$ multipliziert und addiert, wegen $[F, G] = 0$

$$(\varphi_x - \psi)(F_z G_p - F_p G_z) + (\varphi_y - \chi)(F_z G_q - F_q G_z) +$$
$$+ (\psi_y - \chi_x)(F_p G_q - F_q G_p) = 0. \tag{34}$$

(32), (33) und (34) bilden ein System homogener linearer Gleichungen für die Differenzen $\varphi_x - \psi$, $\varphi_y - \chi$, $\psi_y - \chi_x$; die Koeffizienten sind die algebraischen Komplemente der Funktionaldeterminante $\Delta = \dfrac{\partial(F, G, H)}{\partial(z, p, q)}$ und die Gleichungsdeterminante somit die Determinante Δ_1 dieser algebraischen Komplemente. Für sie gilt wegen (29)[1]

$$\Delta_1 = \Delta^2$$

und daher $\Delta_1 \neq 0$. Das System (32), (33), (34) hat nur die triviale Lösung $\varphi_x = \psi = p$, $\varphi_y = \chi = q$, $\psi_y = \chi_x$, d. h. $z = \varphi(x, y)$ ist eine Lösung der Gleichung (20).

Damit ist also gezeigt, daß man tatsächlich ein Integral der Gleichung (20) allein durch Eliminationsprozesse finden kann, wenn man neben F zwei weitere untereinander und von F unabhängige Vorintegrale G und H kennt, für die $[G, H] = 0$ ist. Über die besondere Form des sich so ergebenden Integrals und über die Möglichkeit, Integralflächen durch vorgegebene Kurven zu legen, werde ich in der folgenden Ziffer noch einiges zu sagen haben. Hinsichtlich der praktischen Rechnung möchte ich vorläufig nur bemerken, daß es hier mitunter recht zweckmäßig ist, die charakteristischen Gleichungen in der übersichtlichen und vom Parameter u freien Form

$$\frac{dx}{F_p} = \frac{dy}{F_q} = \frac{dz}{p\,F_p + q\,F_q} = \frac{dp}{-F_x - p\,F_z} = \frac{dq}{-F_y - q\,F_z} \tag{35}$$

zu schreiben; in einfachen Fällen lassen sich daraus Vorintegrale unmittelbar ablesen.

Beispiele (vgl. die Beispiele in Ziffer 3):

1. $F = p - q^2$. Die charakteristischen Gleichungen in der Form (35)

$$dx = -\frac{dy}{2\,q} = \frac{dz}{p - 2\,q^2}, \quad dp = dq = 0,$$

lassen sofort die Vorintegrale p, q, $2\,q\,x + y$, $(p - 2\,q^2)\,x - z$, $(p - 2\,q^2)\,y + 2\,q\,z$ erkennen. Man beachte, daß wegen der beiden letzten Gleichungen p und q Konstante sind! Die beiden ersten Vorintegrale sind von F nicht unabhängig (drei Funktionen von nur zwei Veränderlichen!), während p und q mit keinem der folgenden in Involution liegen. Nehmen wir

$$G = 2\,q\,x + y, \quad H = (p - 2\,q^2)\,x - z,$$

---

[1] Ist $A = \operatorname{Det} a_{ij}$ und A_{ij} das algebraische Komplement von a_{ij} in A, so gilt (Band II, § 25, 5) $\sum\limits_{j=1}^{n} a_{ij}\,A_{kj} = A\,\delta_{ik}$; daraus folgt, daß das Produkt von A mit $A_1 = \operatorname{Det} A_{ij}$ nach dem Multiplikationssatz $A\,A_1 = \operatorname{Det} A\,\delta_{ij} = A^n$ oder, wenn $A \neq 0$ ist, $A_1 = A^{n-1}$ ist. Im Text ist $n = 3$.

so ist $[G, H] = 0$ und die Elimination von p und q aus $F = 0$, $G = 2\,q\,x + y = a$, $H =$
$= (p - 2\,q^2)\,x - z = - q^2\,x - z = b$ gibt

$$z = - \frac{(a - y)^2}{4\,x} - b.$$

2. $F = z - p\,q$. Aus $\dfrac{dx}{q} = \dfrac{dy}{p} = \dfrac{dz}{2\,p\,q} = \dfrac{dp}{p} = \dfrac{dq}{q}$ findet man leicht die Vorintegrale

$\dfrac{p}{q}$, $q - x$, $p - y$. Es ist $\left[\dfrac{p}{q},\ q - x\right] = \dfrac{1}{q} \neq 0$, $\left[\dfrac{p}{q},\ p - y\right] = - \dfrac{p}{q^2} \neq 0$, aber $[q - x,$
$p - y] = 0$. Also $G = q - x = a$, $H = p - y = b$ und daher aus F

$$z = (x + a)\,(y + b).$$

5. Das vollständige Integral. Das zweite in Ziffer 4 gezeigte Verfahren zur
Ermittlung eines Integrals der Differentialgleichung (20) durch Elimination
von z, p, q aus den drei Gleichungen (20), (25) und (28) liefert ein Integral stets
noch in Abhängigkeit von den beiden Konstanten a und b, die in (25) und (28)
auftreten; es hat daher die Form

$$\boxed{z = V(x, y, a, b).} \tag{36}$$

Man nennt (36) ein *vollständiges Integral* von (20), weil alle ∞^4 Integralelemente
der Differentialgleichung (20) in den Flächenelementen der zweiparametrigen
Flächenschar (36) enthalten sind und umgekehrt. Denn wenn ein Flächen-
element x_0, y_0, z_0, p_0, q_0 gegeben ist, das der Gleichung (20) genügt, also ein
Integralelement ist, so findet man aus (25) und (28) sofort die entsprechenden
Werte $a_0 = G(x_0, y_0, z_0, p_0, q_0)$, $b_0 = H(x_0, y_0, z_0, p_0, q_0)$, und es ist

$$z_0 = V(x_0, y_0, a_0, b_0), \quad p_0 = V_x(x_0, y_0, a_0, b_0), \quad q_0 = V_y(x_0, y_0, a_0, b_0).$$

Dasselbe gilt aber auch für das erste Verfahren der Ziffer 4. Die Elimination
von p und q aus den beiden Gleichungen (20) und (25) gibt zwei Differentialgleichungen der Gestalt (§ 11, 6)

$$p = f(x, y, z, a), \quad q = g(x, y, z, a); \tag{37}$$

es wird also ihre Lösung $z = \varphi(x, y, a)$ ebenfalls noch von a abhängen. Aber
mit φ ist stets auch $\varphi + b$ ein Integral von (37), so daß wir statt (36) die etwas
speziellere Form

$$z = \varphi(x, y, a) + b \tag{38}$$

erhalten. Ist ein der Gleichung (20) genügendes Flächenelement $x_0, \ldots, q_0$
gegeben, so findet man a_0 wie oben aus (25) und aus (38)

$$b_0 = z_0 - \varphi(x_0, y_0, a_0).$$

Allgemein heißt jede zweimal stetig differenzierbare[1] Funktion (36) ein
vollständiges Integral von (20), wenn man durch Elimination von a und b aus den
drei Gleichungen

$$\boxed{z = V(x, y, a, b), \quad p = V_x(x, y, a, b), \quad q = V_y(x, y, a, b)} \tag{39}$$

---

[1] Es genügt, die Existenz und Stetigkeit der partiellen Ableitungen erster Ordnung und
von $V_{xx}, V_{xy}, V_{yy}, V_{xa}, V_{ya}, V_{xb}, V_{yb}$ vorauszusetzen. Diese Voraussetzungen sind erfüllt, wenn V nach Ziffer 4 ermittelt wurde und V, G, H in $\mathfrak{B}_5$ stetig differenzierbar sind.
Man kann das leicht nachweisen, wenn man die Identitäten $F(x, y, V, V_x, V_y) \equiv 0$,
$G(x, y, V, V_x, V_y) \equiv a$, $H(x, y, V, V_x, V_y) \equiv b$ nach x, y, a, b differenziert; man erhält für
die obigen Ableitungen von V lineare Gleichungen mit nicht verschwindender Determinante,
aus denen sich diese Ableitungen wegen (24) als stetige Funktionen der Ableitungen von
F, G und H ergeben.

die Differentialgleichung (20) und nur diese erhält. Hat man V aus drei Vorintegralen (20), (25) und (28) ermittelt, so sind (25) und (28) das Resultat der Elimination von a und b aus zwei der drei Gleichungen (39), während F sich durch Einsetzen von (25) und (28) in die noch übrige Gleichung (39) ergeben muß. Dasselbe gilt auch für das erste Verfahren der Ziffer 4, das das vollständige Integral in der Form (38) liefert; hier ist also an Stelle von (39)

$$z = \varphi(x, y, a) + b, \quad p = \varphi_x(x, y, a), \quad q = \varphi_y(x, y, a); \tag{40}$$

es ist also offenbar (25) das Resultat der Auflösung der zweiten oder dritten Gleichung (40) nach a; in die dritte oder zweite Gleichung eingesetzt, gibt das entweder $p = \varphi_x(x, y, G)$ oder $q = \varphi_y(x, y, G)$, was dann mit (20) übereinstimmen muß. *Die Matrix*

$$\begin{pmatrix} V_a & V_{xa} & V_{ya} \\ V_b & V_{xb} & V_{yb} \end{pmatrix} \tag{41}$$

hat also stets den Rang 2. Im allgemeinen Fall folgt das aus der Voraussetzung, daß sich aus (39) die Parameter a und b eliminieren lassen.

Die Bedeutung des vollständigen Integrals liegt vor allem in der Tatsache, daß es alle Flächenelemente der Differentialgleichung (20) enthält. Es muß also möglich sein, aus (39) sowohl die Charakteristiken zu gewinnen, als auch die Aufgabe zu lösen, die Integralfläche durch einen gegebenen Integralstreifen zu ermitteln.

Ich habe schon darauf hingewiesen, daß

$$z = V(x, y, a, b) \tag{42}$$

eine zweiparametrige Flächenschar ist. Wir bekommen eine einparametrige Schar

$$z = V(x, y, a, \omega(a)),$$

wenn wir $b = \omega(a)$ setzen, wo ω eine willkürliche Funktion von a ist. Die Hüllfläche dieser Schar hängt von der willkürlichen Funktion ω ab. Man kann, je nach Wahl von $\omega(a)$, alle Flächenelemente der Differentialgleichung erfassen, und das ist der Grund, weshalb man die Hüllfläche mitunter auch als allgemeines Integral bezeichnet. Viel Sinn hat dieser Begriff hier aber nicht, weil es ausgeschlossen ist, dieses allgemeine Integral wirklich anzuschreiben, wie es etwa noch bei der linearen Differentialgleichung § 11, (12) möglich war. Die Bedingungsgleichung

$$V_a + V_b\,\omega'(a) = 0$$

können wir, da wir der Ableitung $\omega'(a)$ jeden beliebigen Wert erteilen können — ω ist ja eine willkürlich wählbare Funktion von a —, in der Form

$$\boxed{V_a + V_b\,c = 0} \tag{43}$$

mit einem dritten Parameter c schreiben. Die zwei Gleichungen (42) und (43) geben eine dreiparametrige Kurvenschar im Raum, die, wie ich gleich zeigen werde, *zusammen mit den beiden letzten Gleichungen (39) die sämtlichen charakteristischen Streifen der Differentialgleichung (20) gibt.*

Zuvor aber noch eine wichtige Bemerkung. (43) ist auch erfüllt, wenn

$$V_a = V_b = 0 \tag{44}$$

ist. Aus diesen beiden Gleichungen und (42) lassen sich im allgemeinen die Parameter a und b eliminieren. Man erhält dann nach § 10, 2 die Hüllfläche der zweiparametrigen Schar (42), die nicht in dem oben definierten allgemeinen Integral enthalten ist und, sofern sie überhaupt existiert, ein *singuläres Integral* von (20) ist. Setzt man nämlich (42) in (20) ein und differenziert die so entstehende, für alle x, y, a, b eines gewissen Bereichs gültige Identität

$$F(x, y, V, V_x, V_y) = 0 \tag{45}$$

nach a und b, so folgt

$$F_z\, V_a + F_p\, V_{xa} + F_q\, V_{ya} = 0, \quad F_z\, V_b + F_p\, V_{xb} + F_q\, V_{yb} = 0. \tag{46}$$

Nun wird im allgemeinen $V_{xa}\, V_{yb} - V_{ya}\, V_{xb} \neq 0$ sein, weil die Matrix (41) den Rang 2 hat. Dann folgt aber aus (46) und (44) $F_p = F_q = 0$, d. h. die Hüllfläche der zweiparametrigen Schar besteht aus lauter singulären Elementen und ist daher ein singuläres Integral.

Ich komme nun zu dem angekündigten Nachweis, daß (39) und (43) alle charakteristischen Streifen von (20) geben. Wenn dies der Fall ist, müssen sich aus (39) und (43) die Differentialgleichungen der charakteristischen Streifen herleiten lassen. Es sei $x(u), y(u), z(u), p(u), q(u)$ ein charakteristischer Streifen, bezogen auf einen geeignet gewählten Parameter, über den ich gleich noch verfügen werde. Ich multipliziere die zweite Gleichung (46) mit c und addiere sie zur ersten, dann folgt wegen (43)

$$(V_{xa} + c\, V_{xb})\, F_p + (V_{ya} + c\, V_{yb})\, F_q = 0, \tag{47}$$

anderseits folgt aus (43) durch Differentiation nach u, also längs unseres Streifens

$$(V_{ax} + c\, V_{bx})\, \dot{x} + (V_{ay} + c\, V_{by})\, \dot{y} = 0 \tag{48}$$

und daraus wegen $V_{ax} = V_{xa}$ usw., wenn wir über den Parameter u geeignet verfügen,

$$\dot{x} = F_p, \quad \dot{y} = F_q. \tag{49}$$

Ferner gibt (42)

$$\dot{z} = V_x\, \dot{x} + V_y\, \dot{y}$$

oder wegen (39) und (49)

$$\dot{z} = p\, F_p + q\, F_q. \tag{50}$$

Ich differenziere schließlich die Identität (45) nach x und y, das gibt

$$F_x + F_z\, V_x + F_p\, V_{xx} + F_q\, V_{xy} = 0, \quad F_y + F_z\, V_y + F_p\, V_{yx} + F_q\, V_{yy} = 0$$

und wegen (39), (49) und $\dot{p} = V_{xx}\, \dot{x} + V_{xy}\, \dot{y}$, $\dot{q} = V_{yx}\, \dot{x} + V_{yy}\, \dot{y}$

$$F_x + p\, F_z + V_{xx}\, \dot{x} + V_{xy}\, \dot{y} = F_x + p\, F_z + \dot{p} = 0,$$

bzw.

$$F_y + q\, F_z + V_{yx}\, \dot{x} + V_{yy}\, \dot{y} = F_y + q\, F_z + \dot{q} = 0,$$

also

$$\dot{p} = -F_x - p\, F_z, \quad \dot{q} = -F_y - q\, F_z. \tag{51}$$

(49), (50) und (51) sind die fünf charakteristischen Gleichungen (21)[1].

---

[1] Man kann den Nachweis auch führen, indem man zeigt, daß $\dfrac{V_a}{V_b}$ längs jedes charakteristischen Streifens konstant, also ein Vorintegral von (20) ist. Zu diesem Zweck multipliziert man (46) mit V_b bzw. V_a und subtrahiert; das gibt

$$F_p\, (V_b\, V_{xa} - V_a\, V_{xb}) + F_q\, (V_b\, V_{ya} - V_a\, V_{yb}) = 0$$

oder wegen (21), d. h. $F_p = \dot{x}, F_q = \dot{y}$

$$\frac{\partial}{\partial x}\frac{V_a}{V_b}\, \dot{x} + \frac{\partial}{\partial y}\frac{V_a}{V_b}\, \dot{y} = \frac{d}{du}\frac{V_a}{V_b} = 0,$$

also $\dfrac{V_a}{V_b} =$ konst.; setzt man $\dfrac{V_a}{V_b} = -c$, so ergibt sich genau (43).

Damit sind wir auch in der Lage, mit Hilfe eines vollständigen Integrals (39) durch einen gegebenen Anfangsstreifen

$$x_0(v),\ y_0(v),\ z_0(v),\ p_0(v),\ q_0(v) \tag{52}$$

eine Integralfläche zu legen. Ich habe schon zu Beginn dieser Ziffer gezeigt, daß man die Parameter a und b stets so bestimmen kann, daß die Fläche $z = V(x, y, a, b)$ ein vorgegebenes Flächenelement $x_0,\ y_0,\ z_0,\ p_0,\ q_0$ enthält, d. h. durch den Punkt $x_0,\ y_0,\ z_0$ hindurchgeht und dort die Ebene $p_0,\ q_0$ berührt. Wir haben jetzt also aus (39) a und b als Funktionen von v zu bestimmen und diese Werte in $z = V(x, y, a, b)$ einzutragen; es ergibt sich eine einparametrige Flächenschar $z = V(x, y, a(v), b(v))$, deren Einhüllende die gesuchte Integralfläche durch den Streifen (52) ist. Die Bestimmung von $a(v)$ und $b(v)$ wird besonders einfach, wenn man zwei Vorintegrale (25) und (28) kennt, man hat dann nur

$$a(v) = G(x(v),\ \ldots,\ q(v)),\quad b(v) = H(x(v),\ \ldots,\ q(v))$$

zu setzen.

Ich nehme wieder die beiden Beispiele von Ziffer 3:

1. $F = p - q^2$. Wir hatten in Ziffer 4 die beiden Vorintegrale $G = 2\,x\,q + y = a$, $H = (p - 2\,q^2)\,x - z = b$. Für den Anfangsstreifen $x_0 = v$, $y_0 = v^2$, $z_0 = v^3$, $p_0 = v^2$, $q_0 = v$ folgt sofort $a(v) = 3\,v^2$, $b(v) = -\,2\,v^3$ und daher aus dem vollständigen Integral

$$z = -\frac{(a - y)^2}{4\,x} - b \quad \text{die einparametrige Schar}$$

$$z = -\frac{(3\,v^2 - y)^2}{4\,x} + 2\,v^3.$$

Differentiation nach v gibt $v = 0$, was keine Lösung bedeutet, oder $-\,3\,v^2 + 2\,v\,x + y = 0$, also $v = \frac{1}{3}\left(x + \sqrt{x^2 + 3\,y}\right)$ und damit

$$z = \frac{1}{27}\left[2\,x^3 + 9\,x\,y + 2\,\sqrt{(x^2 + 3\,y)^3}\right].$$

Für den zweiten Anfangsstreifen $x_0 = v$, $y_0 = v^2$, $z_0 = v^3$, $p_0 = 9\,v^2$, $q_0 = -\,3\,v$ ergibt sich in derselben Weise das zweite Integral durch die Kurve v, v^2, v^3.

2. $F = z - p\,q$. In Ziffer 4 hatten wir $G = q - x = a$, $H = p - y = b$ und das vollständige Integral $z = (x + a)\,(y + b)$. Für den Anfangsstreifen $x_0 = 0$, $y_0 = v$, $z_0 = v^2$, $p_0 = \frac{v}{2}$, $q_0 = 2\,v$ folgt $a = 2\,v$, $b = -\,\frac{v}{2}$, daher $z = (x + 2\,v)\left(y - \frac{v}{2}\right)$, $v = y - \frac{x}{4}$ und schließlich $z = \left(\frac{x}{4} + y\right)^2$.

6. Einige Sonderfälle.

A. Die *Clairautsche Differentialgleichung*

$$z = p\,x + q\,y + f(p, q). \tag{53}$$

Die charakteristischen Gleichungen sind

$$\dot{x} = x + f_p,\quad \dot{y} = y + f_q,\quad \dot{z} = p\,x + q\,y + p\,f_p + q\,f_q,\quad \dot{p} = 0,\quad \dot{q} = 0.$$

$p = a$ und $q = b$ sind voneinander und von $F = p\,x + q\,y + f(p, q) - z$ unabhängige Vorintegrale. Also ist die zweiparametrige Ebenenschar

$$z = a\,x + b\,y + f(a, b) \tag{54}$$

ein vollständiges Integral. Das singuläre Integral ergibt sich aus $x + f_a = 0$, $y + f_b = 0$. Man kann $x = -\,f_a$, $y = -\,f_b$, $z = f(a, b) - a\,f_a - b\,f_b$ als Parameterdarstellung des singulären Integrals nehmen. Das vollständige Integral besteht aus allen Tangentenebenen der singulären Integralfläche.

Ist z. B. $f(a, b) = a\,b$, also $f_a = b$, $f_b = a$, so ergibt sich das singuläre Integral aus $a = -\,y$, $b = -\,x$, also $z = -\,x\,y$.

B. Die sogenannte *Gleichung mit getrennten Veränderlichen.*

$$f(x, p) = g(y, q). \tag{55}$$

Die charakteristischen Gleichungen sind

$$\dot{x} = f_p, \quad \dot{y} = -g_q, \quad \dot{z} = p\,f_p - q\,g_q, \quad \dot{p} = -f_x, \quad \dot{q} = g_y,$$

daher ist $f_x\,\dot{x} + f_p\,\dot{p} = 0$, also $f(x, p) = a$ ein Vorintegral. Man hat also die beiden Gleichungen

$$f(x, p) = a, \quad g(y, q) = a$$

nach p und q aufzulösen:

$$p = \varphi(x, a), \quad q = \psi(y, a);$$

aus der ersten folgt $z = \int \varphi(x, a)\, dx + \chi(y)$. Differentiation nach y gibt $q = \chi'(y) = \psi(y, a)$, also $\chi(y) = \int \psi(y, a)\, dy + b$ und somit das vollständige Integral

$$z = \int \varphi(x, a)\, dx + \int \psi(y, a)\, dy + b. \tag{56}$$

C. Ein Sonderfall von (55):

$$p\,f(x) = q\,g(y);$$

$$z = a \int \frac{dx}{f(x)} + a \int \frac{dy}{g(y)} + b$$

ist ein vollständiges Integral.

D. Die Gleichung

$$p = f(x, q).$$

Die charakteristischen Gleichungen sind

$$\dot{x} = 1, \quad \dot{y} = -f_q, \quad \dot{z} = p - q\,f_q, \quad \dot{p} = f_x, \quad \dot{q} = 0,$$

also ist $q = a$ ein Vorintegral. Aus $p = f(x, a)$ folgt $z = \int f(x, a)\, dx + \chi(y)$, $q = a = \chi'(y)$, also $\chi(y) = a\,y + b$ und daher

$$z = \int f(x, a)\, dx + a\,y + b$$

als vollständiges Integral.

E. Die Gleichung

$$F(z, p, q) = 0.$$

Die charakteristischen Gleichungen sind

$$\dot{x} = F_p, \quad \dot{y} = F_q, \quad \dot{z} = p\,F_p + q\,F_q, \quad \dot{p} = -p\,F_z, \quad \dot{q} = -q\,F_z.$$

Es ist $p\,\dot{q} - q\,\dot{p} = 0$, also $\frac{q}{p} = a$ ein Vorintegral. $F(z, p, p\,a)$ nach p aufgelöst sei $p = f(z, a)$; dann ist $\int \frac{dz}{f(z, a)} = x + \psi(y)$, $\psi'(y) = \frac{1}{f(z, a)}\,q = \frac{q}{p} = a$, $\psi(y) = a\,y + b$ und

$$\int \frac{dz}{f(z, a)} = x + a\,y + b$$

ein vollständiges Integral.

F. Die Gleichung

$$F(x, y, p, q) = 0,$$

in der z nicht explizit vorkommt. Die charakteristischen Gleichungen

$$\dot{x} = F_p, \quad \dot{y} = F_q, \quad \dot{z} = p\,F_p + q\,F_q, \quad \dot{p} = -F_x, \quad \dot{q} = -F_y$$

sind insofern bemerkenswert, als man z aus der dritten durch eine Quadratur bekommt, wenn man die vier anderen, die von z unabhängig sind, gelöst hat.

7. Die allgemeine Gleichung mit n unabhängigen Veränderlichen. Die folgenden Überlegungen sind eine Verallgemeinerung der bisherigen Ergebnisse auf den Fall von beliebig vielen unabhängigen Veränderlichen. Ich werde mich dabei kurz fassen und die Beweise überall dort übergehen, wo sie sich unmittelbar aus dem Fall $n = 2$ ergeben. Ich betrachte also die Differentialgleichung

$$F(x_1, \ldots, x_n, z, p_1, \ldots, p_n) = 0 \tag{57}$$

oder kurz

$$F(x_k, z, p_k) = 0,$$

wo F in einem Bereich $\mathfrak{B}_{2n+1}$ des R_{2n+1} eine zweimal stetig differenzierbare Funktion der $2n + 1$ Veränderlichen x_k, z, p_k ist. Unter einem *Flächenelement* verstehen wir einen Punkt des R_{2n+1}, unter einem *Integralelement* einen Punkt, der der Gleichung (57) genügt. Der Gleichung (57) ordnen wir die charakteristischen Gleichungen

$$\dot{x}_i = \frac{\partial F}{\partial p_i}, \quad \dot{z} = \sum p_i \frac{\partial F}{\partial p_i}, \quad \dot{p}_i = -\frac{\partial F}{\partial x_i} - p_i \frac{\partial F}{\partial z} \tag{58}$$

zu. Man kann sie durch geometrische Überlegungen in ähnlicher Weise begründen wie die Gleichungen (6) im Fall $n = 2$. Man deutet dabei die Flächenelemente im R_{n+1} der x_i, z als Punkte dieses Raums mit einer durch sie gehenden Hyperebene. Jede Lösung

$$x_i = x_i(u), \quad z = z(u), \quad p_i = p_i(u) \tag{59}$$

von (58) heißt (im R_{n+1} gedeutet) ein *charakteristischer Streifen* von (57), und wenn alle Flächenelemente (59) Integralelemente sind, ein *Integralstreifen* von (57). Man zeigt wie in Ziffer 1, daß F längs jedes charakteristischen Streifens konstant ist. Enthält also ein charakteristischer Streifen ein einziges Integralelement, so ist er ein Integralstreifen, da dann die Konstante gleich Null sein muß.

Die Gleichungen (58) sind zugleich, abgesehen von $w = $ konst., die charakteristischen Gleichungen der homogenen linearen Differentialgleichung

$$\sum_{i=1}^{n} \left[\frac{\partial F}{\partial p_i} \frac{\partial w}{\partial x_i} + p_i \frac{\partial F}{\partial p_i} \frac{\partial w}{\partial z} - \left(\frac{\partial F}{\partial x_i} + p_i \frac{\partial F}{\partial z} \right) \frac{\partial w}{\partial p_i} \right] = 0. \tag{60}$$

Jede Lösung $w = \varphi(x_k, z, p_k) = a = $ konst. von (60) ist zugleich eine Lösung von (58) und heißt ein *erstes* oder *Vorintegral* von (57), F selbst wird wieder als triviales Vorintegral bezeichnet.

Unter einem *m-dimensionalen Streifen* $\mathfrak{S}_m$ im R_{n+1} versteht man eine m-dimensionale Mannigfaltigkeit $\mathfrak{F}_m$ des R_{2n+1}

$$x_i = x_i(v_1, \ldots, v_m), \quad z = z(v_1, \ldots, v_m), \quad p_i = p_i(v_1, \ldots, v_m), \tag{61}$$

für die die *Streifenbedingungen*

$$\frac{\partial z}{\partial v_\alpha} = \sum_{i=1}^{n} p_i \frac{\partial x_i}{\partial v_\alpha}, \quad \alpha = 1, 2, \ldots, m \tag{62}$$

erfüllt sind[1]. Er ist ein *m-dimensionaler Integralstreifen*, wenn die Funktionen (61), in (57) eingesetzt, diese Gleichung zu einer Identität machen.

Wir stellen uns die Aufgabe (Ziffer 3), durch eine gegebene $n - 1$-dimensionale Mannigfaltigkeit $\mathfrak{F}_{n-1}$ des R_{n+1} eine Integralfläche $\mathfrak{F}_n$ (n-dimensionale Hyperfläche des R_{n+1}) zu legen. Ein Integral (Integralfläche) von (57) ist dabei eine

---

[1] Lateinische Indizes sollen immer von 1 bis n laufen, während griechische Indizes einen anderen Variabilitätsbereich haben, der jeweils besonders angegeben wird.

Funktion $z = \varphi(x_i)$, die, in (57) eingesetzt, diese zu einer Identität macht. Zusammen mit ihren Tangentenhyperebenen ist eine Integralfläche also ein n-dimensionaler Integralstreifen $\mathfrak{S}_n$. Die Anfangs-$\mathfrak{F}_{n-1}$ sei durch die Parameterdarstellung $\overset{0}{x}_i = \overset{0}{x}_i(v_1, \ldots, v_{n-1})$, $\overset{0}{z} = \overset{0}{z}(v_1, \ldots, v_{n-1})$ gegeben. Wir haben sie wie in Ziffer 3 zunächst zu einem Integral-$\mathfrak{S}_{n-1}$ zu ergänzen, d. h. wir haben aus (57) und den Gleichungen (62) mit $m = n - 1$ die Funktionen $p_i(v_1, \ldots, v_{n-1})$ zu berechnen. Diese Berechnung wird nicht immer und vor allem nicht immer eindeutig möglich sein. Eine notwendige Bedingung ist, daß die Funktionaldeterminante aus (57) und (62)

$$\left| \begin{array}{ccc} \dfrac{\partial F}{\partial p_1} & \cdots & \dfrac{\partial F}{\partial p_n} \\[2ex] \dfrac{\partial x_1}{\partial v_1} & \cdots & \dfrac{\partial x_n}{\partial v_1} \\[2ex] \cdots & \cdots & \cdots \\[2ex] \dfrac{\partial x_1}{\partial v_{n-1}} & \cdots & \dfrac{\partial x_n}{\partial v_{n-1}} \end{array} \right| \neq 0 \tag{63}$$

ist. Hat man einen Integral-$\mathfrak{S}_{n-1}$ durch die Anfangs-$\mathfrak{F}_{n-1}$ ermittelt, so ergibt sich die Integralfläche, indem man in die Lösung

$$x_i = x_i(u, \overset{0}{x}_k, \overset{0}{z}, \overset{0}{p}_k), \quad z = z(u, \overset{0}{x}_k, \overset{0}{z}, \overset{0}{p}_k) \tag{64}$$

von (58), die für $u = 0$ zu den Anfangswerten $\overset{0}{x}_i$, $\overset{0}{z}$, $\overset{0}{p}_i$ gehört, für diese Anfangswerte die Parameterdarstellung des Anfangs-$\mathfrak{S}_{n-1}$ einsetzt. Dann werden die x_i und z in (64) Funktionen $x_i(v_1, \ldots, v_{n-1}, u)$, $z(v_1, \ldots, v_{n-1}, u)$ der n Parameter v_α, u. Setzt man noch $u = v_n$, so wird die Funktionaldeterminante

$$\text{Det } \frac{\partial x_i}{\partial v_j}$$

wegen (63) von Null verschieden. Die Gleichungen $x_i = x_i(v_k)$ lassen sich nach den v_j auflösen und ergeben, in $z = z(v_k)$ eingesetzt, das Integral in expliziter Form $z = \varphi(x_k)$. Der Nachweis, daß φ wirklich der Differentialgleichung (57) genügt, ist wie in Ziffer 3 zu führen.

Ich komme nun zur Integration der charakteristischen Gleichungen (58) mit Hilfe von Vorintegralen. Ich setze zur Abkürzung für eine beliebige stetig differenzierbare Funktion $\omega(x_k, z)$

$$\frac{d\omega}{dx_i} = \frac{\partial\omega}{\partial x_i} + p_i \frac{\partial\omega}{\partial z}, \tag{65}$$

wenn $z = z(x_k)$ und $p_i = \dfrac{\partial z}{\partial x_i}$ ist. Dann ist

$$[G, H] = \sum_i \left(\frac{dG}{dx_i} \frac{\partial H}{\partial p_i} - \frac{\partial G}{\partial p_i} \frac{dH}{dx_i} \right) = - [H, G]$$

der *Jacobische Klammerausdruck* entsprechend (24). Ist $[G, H] = 0$, so sagt man, daß G und H *in Involution liegen*. Die Gleichung (60) läßt sich damit kurz

$$[F, w] = 0$$

schreiben; jede Funktion, die mit F in Involution liegt, ist ein Vorintegral von $F = 0$ und für jede solche Funktion w gilt längs jedes charakteristischen Streifens $w = $ konst.

Es gilt: *Die involutorische Beziehung* $[F, G] = 0$ *zwischen zwei Funktionen F und G ist gegenüber jeder Koordinatentransformation invariant.* Es sei $x_i = x_i(y_1, \ldots, y_n)$ eine umkehrbar eindeutige Transformation und $z(x_i(y_j)) = \bar{z}(y_j)$, $q_i = \dfrac{\partial \bar{z}}{\partial y_i} = \sum\limits_k \dfrac{\partial z}{\partial x_k} \dfrac{\partial x_k}{\partial y_i} = \sum\limits_k p_k \dfrac{\partial x_k}{\partial y_i}$, $F(x_k, z, p_k) = \bar{F}(y_k, \bar{z}, q_k)$, dann ist wegen $p_k = \sum\limits_j q_j \dfrac{\partial y_j}{\partial x_k}$

$$\frac{d\bar{F}}{dy_i} = \sum_k \frac{dF}{dx_k} \frac{\partial x_k}{\partial y_i}, \quad \frac{\partial \bar{F}}{\partial q_i} = \sum_k \frac{\partial F}{\partial p_k} \frac{\partial p_k}{\partial q_i} = \sum_k \frac{\partial F}{\partial p_k} \frac{\partial y_i}{\partial x_k}$$

und daher

$$[\bar{F}, \bar{G}] =$$

$$= \sum_i \left(\frac{d\bar{F}}{dy_i} \frac{\partial \bar{G}}{\partial q_i} - \frac{\partial \bar{F}}{\partial q_i} \frac{d\bar{G}}{dy_i} \right) = \sum_{i,k,l} \left(\frac{dF}{dx_k} \frac{\partial x_k}{\partial y_i} \frac{\partial G}{\partial p_l} \frac{\partial y_i}{\partial x_l} - \frac{\partial F}{\partial p_k} \frac{\partial y_i}{\partial x_k} \frac{dG}{dx_l} \frac{\partial x_l}{\partial y_i} \right) =$$

$$= \sum_{k,l} \left(\frac{dF}{dx_k} \frac{\partial G}{\partial p_l} \delta_{kl} - \frac{\partial F}{\partial p_k} \frac{dG}{dx_l} \delta_{kl} \right) = \sum_k \left(\frac{dF}{dx_k} \frac{\partial G}{\partial p_k} - \frac{\partial F}{\partial p_k} \frac{dG}{dx_k} \right) = [F, G],$$

aus $[F, G] = 0$ folgt daher

$$[\bar{F}, \bar{G}] = 0 \tag{66}$$

und umgekehrt.

Ich schreibe F_0 statt F und nehme an, ich hätte noch weitere $n - 1$ voneinander und von $F_0 = 0$ unabhängige Vorintegrale

$$F_1 = a_1, \ F_2 = a_2, \ \ldots, F_{n-1} = a_{n-1},$$

die mit $F = F_0$ und untereinander in Involution liegen, so daß die Gleichungen

$$[F_\alpha, F_\beta] = 0, \ \alpha, \beta = 0, 1, \ldots, n - 1 \tag{67}$$

gelten. Ich nehme ferner an, daß die Funktionaldeterminante

$$\frac{\partial(F_0, F_1, \ldots, F_{n-1})}{\partial(p_1, p_2, \ldots, p_n)} \neq 0$$

sei. Dann lassen sich die n Gleichungen $F_0 = 0$, $F_\alpha = a_\alpha$, $\alpha = 1, 2, \ldots, n - 1$, nach den p_i auflösen und geben

$$p_i = f_i(x_k, z, a_\alpha), \tag{68}$$

ein System überbestimmter Differentialgleichungen wie (37); die a_α sind dabei willkürliche Parameter. Die Integrabilitätsbedingungen

$$\frac{df_i}{dx_k} = \frac{df_k}{dx_i}$$

sind wegen (67) erfüllt, wie man unmittelbar nachrechnet. Nach Ziffer 4 gibt es also genau eine Lösung

$$z = V(x_1, \ldots, x_n, a_1, \ldots, a_n) = V(x_k, a_k),$$

die für $x_i = \overset{0}{x}_i$ den Wert $z = a_n$ annimmt[1].

Man nennt jede zweimal stetig differenzierbare Funktion $V(x_k, a_k)$ ein vollständiges Integral von (57), wenn man durch Elimination der Parameter a_i aus den Gleichungen

$$z = V(x_k, a_k), \quad p_i = \frac{\partial V}{\partial x_i}(x_k, a_k) \tag{69}$$

---

[1] Genauer hat daher V die Form $V(x_1, \ldots, x_n, a_1, \ldots, a_{n-1}) + a_n$ entsprechend (40).

die Differentialgleichung $F = 0$ und nur diese erhält. (69) kann man somit, zusammen mit $x_i = x_i$, als Parameterdarstellung der Integralelemente von (57) auffassen, d. h. alle Flächenelemente (69) sind Integralelemente von (57), und umgekehrt sind alle Integralelemente von (57) in (69) enthalten.

Ich nehme nun weiter an, ich hätte neben $F = F_0$ noch n weitere untereinander und von F_0 unabhängige Vorintegrale

$$F_i(x_k, z, p_k) = a_i, \quad i = 1, 2, \ldots, n \tag{70}$$

ermittelt, die alle untereinander in Involution liegen, so daß (67) für $\alpha, \beta = 0, 1, \ldots, n$ erfüllt ist und für die die Funktionaldeterminante

$$\frac{\partial(F_0, F_1, \ldots, F_n)}{\partial(z, p_1, \ldots, p_n)} \neq 0 \tag{71}$$

ist. Dann lassen sich die $n + 1$ Gleichungen $F_0 = 0$, $F_i = a_i$ nach z, p_i auflösen:

$$z = V(x_k, a_k), \quad p_i = \psi_i(x_k, a_k),$$

wobei $V(x_k, a_k)$ wieder ein vollständiges Integral von (57) ist. Zum Nachweis zeigt man ähnlich wie in Ziffer 4, daß

$$\frac{\partial V}{\partial x_i} = \psi_i, \quad \frac{\partial \psi_i}{\partial x_k} = \frac{\partial \psi_k}{\partial x_i}$$

ist. Im Falle $n = 2$ war damit alles erledigt. Jetzt haben wir das wenig befriedigende Ergebnis, daß wir imstande sind, aus $n - 1$ oder n Vorintegralen das vollständige Integral zu ermitteln, aber die Frage bleibt offen, welche Schlüsse man aus der Kenntnis von $m < n - 1$ Vorintegralen ziehen kann. Ich komme darauf in Ziffer 8 zurück.

Zunächst noch ein paar Worte über die Lösung der Anfangswertaufgabe mit Hilfe eines vollständigen Integrals $z = V(x_k, a_k)$. Geometrisch ist das vollständige Integral eine n-parametrige Schar von Hyperflächen $\mathfrak{F}_n$ des R_{n+1}. Setzt man $a_n = \omega(a_1, \ldots, a_{n-1})$, so entsteht daraus eine $n - 1$-parametrige Schar, deren Einhüllende man dann gelegentlich als allgemeines Integral bezeichnet. Um sie zu ermitteln, hat man aus $z = V(x_k, a_k)$ und

$$\frac{\partial V}{\partial a_\alpha} + \frac{\partial V}{\partial a_n} \frac{\partial \omega}{\partial a_\alpha} = 0, \quad \alpha = 1, 2, \ldots, n - 1$$

die Parameter a_i zu ermitteln. Ich wähle insbesondere $a_n = \omega(a_\alpha) = c_1 a_1 + {} + c_2 a_2 + \cdots + c_{n-1} a_{n-1}$, dann wird $\frac{\partial \omega}{\partial a_\alpha} = c_\alpha$ und die Bedingungsgleichungen werden

$$\frac{\partial V}{\partial a_\alpha} + c_\alpha \frac{\partial V}{\partial a_n} = 0, \quad \alpha = 1, 2, \ldots, n - 1. \tag{72}$$

Man kann nun wie in Ziffer 5 zeigen, daß (69) und (72) *alle charakteristischen Streifen von* (57) *ergeben*, indem man aus ihnen die charakteristischen Differentialgleichungen herleitet. Ich übergehe diesen Nachweis und zeige noch, daß man auch mit Hilfe des vollständigen Integrals das Anfangswertproblem, durch einen gegebenen Integral-$\mathfrak{S}_{n-1}$

$$\overset{0}{x_i} = \overset{0}{x_i}(v_1, \ldots, v_{n-1}), \quad \overset{0}{z} = \overset{0}{z}(v_1, \ldots, v_{n-1}), \quad \overset{0}{p_i} = \overset{0}{p_i}(v_1, \ldots, v_{n-1}) \tag{73}$$

eine Integral-$\mathfrak{F}_n$ zu legen, lösen kann. Man bestimmt dazu aus (69) die a_i als Funktionen der v_α und trägt diese Funktionen in $z = V(x_k, a_k)$ ein, so daß man eine $n - 1$-parametrige Flächenschar $z = V(x_k, a_k(v_\alpha))$ erhält, deren Einhüllende die gesuchte Integral-$\mathfrak{F}_n$ durch den Streifen (73) ist. Die Bestimmung der $a_i(v_\alpha)$

wird besonders einfach, wenn man n Vorintegrale $F_i(x_k, z, p_k) = a_i$ kennt, da man dann nur (73) in (70) einzusetzen hat.

8. Ermittlung eines vollständigen Integrals aus m Vorintegralen. Es seien

$$F_\alpha(x_k, z, p_k) = a_\alpha, \quad \alpha = 0, 1, \ldots, m \tag{74}$$

$m + 1$ $(m < n)$ Vorintegrale von (57), die zu je zweien in Involution liegen, so daß

$$[F_\alpha, F_\beta] = 0, \quad \alpha, \beta = 0, 1, \ldots, m \tag{75}$$

gilt. F_0 sei dabei die linke Seite von (57) selbst, also $a_0 = 0$. Ferner habe die Matrix

$$\frac{\partial F_\alpha}{\partial p_i}, \quad \alpha = 0, 1, \ldots, m; \quad i = 1, 2, \ldots, n$$

den Rang $m + 1$, so daß nach § 10, 1 die Vorintegrale (74) alle voneinander unabhängig sind. Ich denke mir die p_i so numeriert, daß insbesondere

$$\frac{\partial(F_0, F_1, \ldots, F_m)}{\partial(p_1, p_2, \ldots, p_{m+1})} \neq 0 \tag{76}$$

ist. Dann lassen sich die Gleichungen (74) nach $p_1, \ldots, p_{m+1}$ auflösen:

$$p_\lambda = f_\lambda(x_i, z, p_{m+2}, \ldots, p_n), \quad \lambda = 1, 2, \ldots, m + 1. \tag{77}$$

Für $m = n - 1$ erhält man daraus das System (68), das bei festen $a_1, \ldots, a_{n-1}$ eine einparametrige Schar von Integralen besitzt, so daß sich im ganzen eine n-parametrige Schar von Integralen, also ein vollständiges Integral als Lösung ergibt. Ich zeige nun, daß das System (77) ganz allgemein bei festen $a_1, \ldots, a_m$ eine $n - m$-parametrige Schar von Lösungen hat, so daß sich im ganzen wieder eine n-parametrige Schar, also ein vollständiges Integral ergibt. Der erste Schritt besteht im Nachweis, daß die Integrabilitätsbedingungen von (77) erfüllt sind; ich kann sie in der Form

$$[h_\lambda, h_\mu] = 0 \tag{78}$$

schreiben, wo

$$h_\lambda(x_i, z, p_i) = p_\lambda - f_\lambda(x_i, z, p_\varrho), \quad \lambda = 1, 2, \ldots, m + 1; \varrho = m + 2, \ldots, n \tag{79}$$

ist. Ich setze (77) in (74) ein und differenziere die so entstandenen Identitäten unter Benützung der Schreibweise (65)

$$\frac{dF_\alpha}{dx_i} + \sum_{\lambda=1}^{m+1} \frac{\partial F_\alpha}{\partial p_\lambda} \frac{df_\lambda}{dx_i} = 0, \quad \alpha = 0, 1, \ldots, m,$$

$$\frac{\partial F_\alpha}{\partial p_\varrho} + \sum_{\lambda=1}^{m+1} \frac{\partial F_\alpha}{\partial p_\lambda} \frac{\partial f_\lambda}{\partial p_\varrho} = 0, \quad \alpha = 0, 1, \ldots, m; \quad \varrho = m + 2, \ldots, n,$$

oder wegen (79)

$$\frac{dF_\alpha}{dx_i} = \sum_{\lambda=1}^{m+1} \frac{\partial F_\alpha}{\partial p_\lambda} \frac{dh_\lambda}{dx_i}, \quad \alpha = 0, 1, \ldots, m, \tag{80}$$

$$\frac{\partial F_\alpha}{\partial p_i} = \sum_{\mu=1}^{m+1} \frac{\partial F_\alpha}{\partial p_\mu} \frac{\partial h_\mu}{\partial p_i}, \quad \alpha = 0, 1, \ldots, m; \tag{81}$$

daß (81) auch für $i = 1, \ldots, m + 1$ gilt, sieht man folgendermaßen:

$$\frac{\partial F_\alpha}{\partial p_\lambda} = \sum_{\mu=1}^{m+1} \frac{\partial F_\alpha}{\partial p_\mu} \frac{\partial p_\mu}{\partial p_\lambda} = \sum_{\mu=1}^{m+1} \frac{\partial F_\alpha}{\partial p_\mu} \delta_{\mu\lambda} = \sum_{\mu=1}^{m+1} \frac{\partial F_\alpha}{\partial p_\mu} \frac{\partial h_\mu}{\partial p_\lambda};$$

wegen (80), (81) und (75) folgt leicht

$$[F_\alpha, F_\beta] = \sum_{i=1}^{n} \left(\frac{dF_\alpha}{dx_i} \frac{\partial F_\beta}{\partial p_i} - \frac{\partial F_\alpha}{\partial p_i} \frac{dF_\beta}{dx_i} \right) = \sum_{\lambda, \mu = 1}^{m+1} \frac{\partial F_\alpha}{\partial p_\lambda} \frac{\partial F_\beta}{\partial p_\mu} [h_\lambda, h_\mu] = 0.$$

Das ist für $\alpha = 0, 1, \ldots, m$ und festes β ein System von $m + 1$ homogenen linearen Gleichungen für die Unbekannten

$$X_\lambda = \sum_{\mu=1}^{m+1} \frac{\partial F_\beta}{\partial p_\mu} [h_\lambda, h_\mu],$$

das wegen (76) nur die triviale Lösung $X_\lambda = 0$ hat. $X_\lambda = 0$ ist aber für $\beta = 0, 1, \ldots, m$ bei festem λ ein System von $m + 1$ linearen homogenen Gleichungen für die Unbekannten

$$Y_\mu = [h_\lambda, h_\mu],$$

das wieder wegen (76) nur die triviale Lösung $Y_\mu = 0$ hat, also gilt (78), was zu beweisen war.

Die Aufgabe, ein von $n - m$ weiteren Parametern $(a_1, \ldots, a_m$ sind bereits in den Funktionen f_λ enthalten) abhängiges Integral zu finden, löst man nun mit Hilfe von zwei Kunstgriffen. Der erste besteht in der Wahl gewisser Anfangsbedingungen, die natürlich die neuen Parameter $a_{m+1}, \ldots, a_n$ enthalten müssen und die man in möglichst einfacher Weise annehmen wird, etwa in der Form, daß für $x_\lambda = \overset{0}{x}_\lambda$ $(\lambda = 1, 2, \ldots, m + 1)$

$$z = a_{m+1} + a_{m+2} x_{m+2} + \cdots + a_n x_n \tag{82}$$

wird. Der zweite Kunstgriff besteht in einer Transformation der Gleichungen (77), indem an Stelle der x_i neue Veränderliche y_i eingeführt werden:

$$x_1 = \overset{0}{x}_1 + y_1, \quad x_2 = \overset{0}{x}_2 + y_1 y_2, \quad x_3 = \overset{0}{x}_3 + y_1 y_3, \quad \ldots, \quad x_{m+1} = \overset{0}{x}_{m+1} + y_1 y_{m+1},$$

$$x_{m+2} = y_{m+2}, \ldots, x_n = y_n, \quad q_i = \frac{\partial z}{\partial y_i}; \tag{83}$$

dann ergibt sich (82) für $y_1 = 0$, also für $x_1 = \overset{0}{x}_1$. Das System (77) geht über in

$$\left.\begin{aligned}
q_1 &= \sum_{j=1}^{n} p_j \frac{\partial x_j}{\partial y_1} = f_1 + f_2 y_2 + \cdots + f_{m+1} y_{m+1} = g_1(y_i, z, q_\varrho), \\
q_2 &= f_2 y_1 = g_2(y_i, z, q_\varrho) \\
&\cdots\cdots\cdots\cdots\cdots\cdots\cdots\cdots \qquad\qquad \varrho = m + 2, \ldots, n, \\
q_{m+1} &= f_{m+1} y_1 = g_{m+1}(y_i, z, q_\varrho)
\end{aligned}\right\} \tag{84}$$

Ich suche eine Lösung der ersten Gleichung (84) zu den Anfangsbedingungen $\overset{0}{y}_1 = 0$ und (82). Diese Anfangs-$\mathfrak{F}_{n-1}$ ist in Parameterdarstellung

$$\overset{0}{y}_1 = 0, \quad \overset{0}{y}_\alpha = v_{\alpha-1}, \quad \overset{0}{z} = a_{m+1} + \sum_{\varrho = m + 2}^{n} a_\varrho v_{\varrho-1}, \quad \alpha = 2, 3, \ldots, n; \tag{85}$$

sie wird entsprechend (82) und (83) durch $q_\lambda = 0$, $\lambda = 1, \ldots, m+1$, $q_\varrho = a_\varrho$, $\varrho = m+2, \ldots, n$, zu einem Integralstreifen $\mathfrak{S}_{n-1}$ ergänzt. Die charakteristischen Gleichungen von

$$F = q_1 - g_1(y_i, z, q_\varrho) = 0$$

sind

$$\dot{y}_1 = 1, \quad \dot{y}_2 = \ldots = \dot{y}_{m+1} = 0, \quad \dot{y}_\varrho = -\frac{\partial g_1}{\partial q_\varrho}, \quad \varrho = m+2, \ldots, n,$$

$$\dot{z} = q_1 - \sum_{\varrho=m+2}^{n} q_\varrho \frac{\partial g_1}{\partial q_\varrho}, \quad \dot{q}_i = \frac{dg_1}{dy_i}. \tag{86}$$

Somit ist

$$y_1 = u, \quad y_\alpha = v_{\alpha-1}, \quad y_\varrho = v_{\varrho-1}\,\varphi_\varrho(u, v_{\alpha-1}), \quad z = \overset{0}{z}\,\varphi(u, v_{\alpha-1}),$$

$$\alpha = 2, 3, \ldots, m+1, \quad \varrho = m+2, \ldots, n, \tag{87}$$

wo $\varphi_\varrho(0, v_{\alpha-1}) = \varphi(0, v_{\alpha-1}) = 1$ ist, die gesuchte Lösung.

Ich zeige, daß (87) *auch eine Lösung der übrigen m Gleichungen (84)* ist. Aus der Invarianz (66) der involutorischen Beziehung (78) folgt

$$[q_1 - g_1, q_\alpha - g_\alpha] = 0, \quad \alpha = 2, 3, \ldots, m+1.$$

Führt man die Differentiationen aus, so ergibt sich wegen (84)

$$\sum_{i=1}^{n} \left[\frac{\partial(q_1 - g_1)}{\partial q_i} \frac{d(q_\alpha - g_\alpha)}{dy_i} - \frac{d(q_1 - g_1)}{dy_i} \frac{\partial(q_\alpha - g_\alpha)}{\partial q_i} \right] =$$

$$= \sum_{i=1}^{n} \left[\left(\delta_{1i} - \frac{\partial g_1}{\partial q_i} \right) \left(-\frac{dg_\alpha}{dy_i} \right) + \frac{dg_1}{dy_i} \left(\delta_{\alpha i} - \frac{\partial g_\alpha}{\partial q_i} \right) \right] =$$

$$= -\frac{dg_\alpha}{dy_1} + \sum_{\varrho=m+2}^{n} \frac{\partial g_1}{\partial q_\varrho} \frac{dg_\alpha}{dy_\varrho} + \frac{dg_1}{dy_\alpha} - \sum_{\varrho=m+2}^{n} \frac{dg_1}{dy_\varrho} \frac{\partial g_\alpha}{\partial q_\varrho} = \frac{dg_1}{dy_\alpha} - \frac{dg_\alpha}{du} = 0, \tag{88}$$

da wegen (86)

$$\frac{dg_\alpha}{du} = \sum_{i=1}^{n} \frac{dg_\alpha}{dy_i} \dot{y}_i = \frac{dg_\alpha}{dy_1} + \sum_{\varrho=m+2}^{n} \left(\frac{dg_\alpha}{dy_\varrho} \dot{y}_\varrho + \frac{\partial g_\alpha}{\partial q_\varrho} \dot{q}_\varrho \right) =$$

$$= \frac{dg_\alpha}{dy_1} - \sum_{\varrho=m+2}^{n} \left(\frac{dg_\alpha}{dy_\varrho} \frac{\partial g_1}{\partial q_\varrho} - \frac{\partial g_\alpha}{\partial q_\varrho} \frac{dg_1}{dy_\varrho} \right)$$

ist. (86) und (88) ergeben

$$\dot{q}_\alpha = \frac{dg_1}{dy_\alpha} = \frac{dg_\alpha}{du},$$

also

$$q_\alpha = g_\alpha + C_\alpha,$$

da aber für $u = 0$ sowohl $q_\alpha = 0$ wie $g_\alpha = 0$ ist, folgt $C_\alpha = 0$; es sind also alle Gleichungen (84) erfüllt.

Die Funktionen g_α in (84) und daher auch die Funktionen φ_ϱ und φ in (87) hängen von den m Konstanten a_α (74) ab; das Integral, das sich aus (87) durch Elimination der Parameter $u, v_1, \ldots, v_{n-1}$ (die auch allgemein ohne weiteres durchführbar ist) und Rücktransformation auf die unabhängigen Veränderlichen x_j ergibt, hat also die Form

$$z = V(x_1, \ldots, x_n, a_1, \ldots, a_n) = V(x_k, a_k). \tag{89}$$

Es ist noch zu zeigen, daß (89) wirklich ein vollständiges Integral ist, d. h. daß sich durch Elimination der Konstanten a_i aus (89) und aus

$$p_i = \frac{\partial V}{\partial x_i}\,(x_k, a_k) \tag{90}$$

die Differentialgleichung $F(x_k, z, p_k) = 0$ ergibt. (89) und die letzten $n - m - 1$ Gleichungen (90) sind, wie man aus (85) und (87) unmittelbar entnimmt, in $a_{m+1}, a_{m+2}, \ldots, a_n$ linear. Die Gleichungsdeterminante ist für $u = 0$ und daher in einer Umgebung des Anfangsstreifens sicher von Null verschieden (sie hat, wie man ohne große Schwierigkeiten finden kann, den Wert 1) und daher lassen sich diese Gleichungen nach $a_{m+1}, \ldots, a_n$ auflösen. Trägt man diese Werte in die ersten $m + 1$ Gleichungen (90) ein, so hängen diese nur mehr von $a_1, \ldots, a_m$ ab. Diese Gleichungen stimmen, da V ein Integral von (77) ist, mit (77) überein, die ihrerseits wieder das Resultat der Auflösung von (74) nach $p_1, \ldots, p_{m+1}$ sind. Die Elimination von $a_1, \ldots, a_m$ aus (77) muß also umgekehrt die Gleichungen (74) ergeben, deren erste die gegebene Differentialgleichung $F(x_k, z, p_k) = 0$ ist.

Der entscheidende Schritt in dieser Überlegung war die Integration der partiellen Differentialgleichung $q_1 = g_1(y_i, z, q_\varrho)$. In dieser Gleichung sind $y_2, y_3, \ldots, y_{m+1}$ lediglich Parameter, es ist also eine Differentialgleichung mit nur $n - m$ unabhängigen Veränderlichen $y_1, y_{m+2}, \ldots, y_n$. Darin besteht die Vereinfachung, die man durch die Kenntnis der m Vorintegrale $F_1 = a_1, \ldots, F_m = a_m$ der ursprünglichen Differentialgleichung $F = 0$ erzielen kann.

Aufgaben.

Man ermittle zunächst nach dem Verfahren von Ziffer 2 die partikulären Integrale der folgenden Differentialgleichungen zu den angegebenen Anfangsbedingungen (A.-B.), dann vollständige Integrale und daraus nochmals nach dem Verfahren von Ziffer 5 die partikulären Integrale.

1. $p = \sin(x\,q)$,   A.-B.: $x = 0$, $z = 2\,y$;

2. $p^2 - q^2 = 2\,z$,   A.-B.: $x = 0$, $z = (1 + y)^2$;

3. $p^2 = q^3$,   A.-B.: $y = 0$, $z = a^3\,x + b$ $(a, b$ fest$)$;

4. $\dfrac{1}{x}\,e^p - q - y = 0$,   A.-B.: $y = z = 0$;

5. $p\,q = z^2$,   A.-B.: $x = 0$, $z = e^{-2\,y}$.

§ 13. Partielle Differentialgleichungen zweiter Ordnung.

1. Streifen zweiter Ordnung und charakteristische Streifen. Eine partielle Differentialgleichung zweiter Ordnung mit zwei unabhängigen Veränderlichen hat die allgemeine Form

$$F(x, y, z, p, q, r, s, t) = 0, \tag{1}$$

wo

$$p = \frac{\partial z}{\partial x}, \quad q = \frac{\partial z}{\partial y}, \quad r = \frac{\partial^2 z}{\partial x^2}, \quad s = \frac{\partial^2 z}{\partial x\,\partial y}, \quad t = \frac{\partial^2 z}{\partial y^2}$$

gesetzt ist. F sei in einem Bereich $\mathfrak{B}_8$ des Raumes R_8 der $x, y, \ldots, t$ stetig differenzierbar.

Die acht Zahlen $x, \ldots, t$ bestimmen ein *Flächenelement zweiter Ordnung*

$$\zeta - z = (\xi - x)\,p + (\eta - y)\,q + \frac{1}{2}\,[(\xi - x)^2\,r + 2\,(\xi - x)\,(\eta - y)\,s + (\eta - y)^2\,t], \tag{2}$$

mit anderen Worten, das Taylorpolynom zweiter Ordnung im Punkt (x, y, z) (Band II, § 11, 5). Geometrisch ist (2) die Gleichung eines Paraboloids, das durch den Punkt x, y, z hindurchgeht und dort die Tangentenebene p, q hat. Denken wir uns das Flächenelement erster Ordnung x, y, z, p, q, also Punkt und Tangentenebene festgehalten, so gibt es ∞^3 Paraboloide mit diesem Flächenelement erster Ordnung und ∞^2 Paraboloide, wenn wir noch die Differentialgleichung (1) berücksichtigen. Nennen wir ein Element zweiter Ordnung ein *Integralelement zweiter Ordnung*, wenn es der Gleichung (1) genügt, so gibt es bei festem Element erster Ordnung noch ∞^2 Integralelemente.

Unter einem *Streifen zweiter Ordnung* versteht man acht Funktionen

$$x = x(u), \quad y = y(u), \quad z = z(u), \quad p = p(u), \quad q = q(u), \quad r = r(u), \quad s = s(u), \quad t = t(u), \tag{3}$$

die noch gewissen Bedingungen genügen müssen. Die erste ist die uns schon bekannte Streifenbedingung (§ 10, 3)

$$\boxed{\dot{z} = p\,\dot{x} + q\,\dot{y}.} \tag{4}$$

Zu ihr gesellen sich jetzt noch zwei weitere, die man ebenso wie (4) erhält, wenn man annimmt, daß (3) die Elemente zweiter Ordnung einer Fläche $z = \varphi(x, y)$ sind, nämlich

$$\boxed{\dot{p} = r\,\dot{x} + s\,\dot{y}, \quad \dot{q} = s\,\dot{x} + t\,\dot{y}.} \tag{5}$$

Der Streifen (3), (4), (5) heißt ein *Integralstreifen*, wenn alle Elemente (3) der Differentialgleichung (1) genügen. Im allgemeinen wird man, wenn ein Streifen erster Ordnung, also die ersten fünf Funktionen (3) gegeben sind, die drei restlichen aus (1), (4) und (5) berechnen können, d. h. man wird den gegebenen Streifen erster zu einem Integralstreifen zweiter Ordnung ergänzen können. Eine notwendige und hinreichende Bedingung dafür ist, daß es in (3) überhaupt ein Integralelement gibt, also einen Wert u_0, so daß $x_0 = x(u_0), \ldots, t_0 = t(u_0)$ ein Integralelement ist, und zweitens, daß die Funktionaldeterminante von (1) und (5) nach r, s, t, also

$$\Delta = \begin{vmatrix} \dot{x} & \dot{y} & 0 \\ 0 & \dot{x} & \dot{y} \\ R & S & T \end{vmatrix} = R\,\dot{y}^2 - S\,\dot{x}\,\dot{y} + T\,\dot{x}^2 \tag{6}$$

für $u = u_0$ von Null verschieden ist. Dabei ist zur Abkürzung

$$R = \frac{\partial F}{\partial r}, \quad S = \frac{\partial F}{\partial s}, \quad T = \frac{\partial F}{\partial t} \tag{7}$$

gesetzt. Dann ist $\Delta \neq 0$ in einer gewissen Umgebung von u_0, und in dieser Umgebung ist die Ergänzung des Streifens erster Ordnung zu einem Streifen zweiter Ordnung möglich.

Eine Ausnahme bilden jene Streifen, längs welcher identisch in u

$$\Delta = R\,\dot{y}^2 - S\,\dot{x}\,\dot{y} + T\,\dot{x}^2 = 0 \tag{8}$$

gilt, sie werden hier als *charakteristische Streifen* bezeichnet. Da $\Delta = 0$ eine quadratische Gleichung ist, wird es im allgemeinen zwei Scharen charakteristischer Streifen geben. Durch einen gegebenen Streifen erster Ordnung wird sich im allgemeinen ein charakteristischer Streifen zweiter Ordnung legen lassen, den man bekommt, wenn man r, s, t aus (5) und (8) berechnet, aber es wird im allgemeinen nicht möglich sein, durch den gegebenen Streifen erster Ordnung einen charakteristischen Integralstreifen zweiter Ordnung zu legen, da für einen solchen die drei Funktionen r, s, t den vier Gleichungen (1), (5) und (8) zu genügen hätten.

Man kann zeigen, daß sich *durch jeden nicht charakteristischen Integralstreifen genau eine Integralfläche* $z = \varphi(x, y)$ von (1) legen läßt, wenn man annimmt, daß F eine reguläre Funktion ist, d. h. in der Umgebung jedes Punktes von $\mathfrak{B}_8$ in konvergente Potenzreihen nach den Veränderlichen $x, \ldots, t$ entwickelbar ist. Ich übergehe den Beweis dieses Satzes, der im Grunde nur deshalb von Bedeutung ist, weil er das Einzige ist, was sich über die Integrale der allgemeinen Gleichung (1) aussagen läßt. Eine allgemeine Integrationstheorie, etwa von der Art, wie sie in § 12 für die Gleichungen erster Ordnung entwickelt wurde, fehlt bei den Gleichungen zweiter Ordnung bis heute. Ich wende mich daher der Diskussion eines Sonderfalles zu, der gerade die in der Physik besonders wichtigen partiellen Differentialgleichungen zweiter Ordnung umfaßt.

2. Die lineare Gleichung zweiter Ordnung. Darunter versteht man Gleichungen von der Form

$$A\,r + 2\,B\,s + C\,t + D\,p + E\,q + F\,z + G = 0, \tag{9}$$

wo die Koeffizienten A, B, $\ldots$, G nur von x und y abhängen und in einem Bereich der x,y-Ebene definiert und stetig sind. Man beachte, daß es sich hier um Gleichungen handelt, die *auch in z linear* sind.

Die Gleichung (8) für die charakteristischen Streifen geht über in

$$\varDelta = A\,\dot{y}^2 - 2\,B\,\dot{x}\,\dot{y} + C\,\dot{x}^2 = 0; \tag{10}$$

da A, B, C voraussetzungsgemäß stetige Funktionen nur von x und y allein sind, ist (10) eine gewöhnliche Differentialgleichung erster Ordnung, die in der x,y-Ebene zwei Kurvenscharen definiert, die man als *Charakteristiken* der Gleichung (9) bezeichnet. Sie sind die Projektionen der Trägerkurven $x(u)$, $y(u)$, $z(u)$ der charakteristischen Streifen auf die x,y-Ebene. Differentialgleichungen der Form (10) habe ich in den Beispielen zu § 2, 7 und 8 ausführlich diskutiert; ich fasse kurz zusammen: In einem Punkt x, y von $\mathfrak{B}_2$ gibt es im allgemeinen zwei Linienelemente, die reell oder imaginär sind, je nachdem

$$W^2 = B^2 - A\,C \tag{11}$$

> 0 oder < 0 ist; x, y heißt je nachdem *hyperbolischer* oder *elliptischer* Punkt. Ist $W^2 = 0$ in x, y, so gibt es nur ein Linienelement, der Punkt heißt *parabolisch*. Die Bedingung $W^2 = 0$ definiert im allgemeinen eine Kurve in der x,y-Ebene, die aus parabolischen Punkten besteht und das Gebiet der elliptischen Punkte von dem der hyperbolischen trennt.

Ist $W^2 > 0$, $W^2 < 0$ bzw. $W^2 = 0$ im ganzen Bereich $\mathfrak{B}_2$, so heißt die Differentialgleichung (9) selbst *hyperbolisch, elliptisch* oder *parabolisch*. Die Charakteristiken sind im ersten Fall zwei reelle, im zweiten Fall zwei konjugiert imaginäre einparametrige Kurvenscharen, während im dritten Fall nur eine einzige reelle einparametrige Schar von Charakteristiken existiert.

Es liegt — vor allem im Fall der hyperbolischen Differentialgleichung — nahe, durch eine Transformation

$$x = x(\xi, \eta), \quad y = y(\xi, \eta) \quad \text{bzw.} \quad \xi = \xi(x, y), \quad \eta = \eta(x, y) \tag{12}$$

die Charakteristiken in achsenparallele Gerade $\xi = $ konst., $\eta = $ konst. überzuführen. Man kommt auf diese Art zu gewissen Normalformen der drei Typen von Differentialgleichungen.

Dazu ist aber zuerst zu zeigen, daß bei einer Koordinatentransformation (12) die Charakteristiken von (9) in die Charakteristiken der transformierten Gleichung übergehen. Wir haben dazu nur die Transformationsgleichungen für die Koeffizienten A, B, C der Glieder zweiter Ordnung in (9) aufzustellen; ich will die einfache Rechnung im folgenden nur andeuten. Zunächst ist wegen (12)

$$p = z_x = z_\xi\, \xi_x + z_\eta\, \eta_x, \quad q = z_y = z_\xi\, \xi_y + z_\eta\, \eta_y.$$

Differenziert man diese Gleichungen nochmals und setzt die sich so ergebenden Ausdrücke für r, s, t, in (9) ein, so folgen für die Koeffizienten der transformierten Gleichung

$$\overline{A}\, z_{\xi\xi} + 2\,\overline{B}\, z_{\xi\eta} + \overline{C}\, z_{\eta\eta} + \overline{D}\, z_\xi + \overline{E}\, z_\eta + \overline{F}\, z + \overline{G} = 0 \tag{13}$$

die Transformationsgleichungen

$$\begin{aligned}
\overline{A} &= A\, \xi_x{}^2 + 2\, B\, \xi_x\, \xi_y + C\, \xi_y{}^2, \\
\overline{B} &= A\, \xi_x\, \eta_x + B(\xi_x\, \eta_y + \xi_y\, \eta_x) + C\, \xi_y\, \eta_y, \\
\overline{C} &= A\, \eta_x{}^2 + 2\, B\, \eta_x\, \eta_y + C\, \eta_y{}^2.
\end{aligned} \right\} \tag{14}$$

Anderseits wird bei Berücksichtigung der Formeln (5) von § 10, 1, wo nur ξ, η statt u, v zu schreiben ist,

$$\begin{aligned}
\varDelta = A\, \dot{y}^2 - 2\, B\, \dot{x}\, \dot{y} + C\, \dot{x}^2 &= A\, (y_\xi\, \dot{\xi} + y_\eta\, \dot{\eta})^2 - 2\, B\, (x_\xi\, \dot{\xi} + x_\eta\, \dot{\eta})\, (y_\xi\, \dot{\xi} + y_\eta\, \dot{\eta}) + \\
&+ C\, (x_\xi\, \dot{\xi} + x_\eta\, \dot{\eta})^2 = \overline{A}\, \dot{\eta}^2 - 2\, \overline{B}\, \dot{\xi}\, \dot{\eta} + \overline{C}\, \dot{\xi}^2 = \overline{\varDelta},
\end{aligned}$$

d. h. $\varDelta$ ist *eine Invariante aller Transformationen* (12), womit die Behauptung bewiesen ist.

Sollen also die Charakteristiken die Geraden $\xi = $ konst., $\eta = $ konst. sein, so muß die Differentialgleichung $\overline{\varDelta} = 0$ in $\dot{\xi}\, \dot{\eta} = 0$ übergehen, d. h. es muß $\overline{A} = \overline{C} = 0$, $\overline{B} \neq 0$ sein. Dann folgt aus (14), daß die beiden Funktionen $\xi(x, y)$ und $\eta(x, y)$ die beiden Lösungen der quadratischen Differentialgleichung

$$A\, \varphi_x{}^2 + 2\, B\, \varphi_x\, \varphi_y + C\, \varphi_y{}^2 = 0$$

sind, die aber wegen $\varphi_x\, \dot{x} + \varphi_y\, \dot{y} = 0$ mit (10) übereinstimmt. Damit wird die transformierte Gleichung (13) nach Division durch $\overline{B} \neq 0$, und wenn wir an Stelle von ξ, η wieder x, y schreiben

$$\boxed{\dfrac{\partial^2 z}{\partial x\, \partial y} + a\, \dfrac{\partial z}{\partial x} + b\, \dfrac{\partial z}{\partial y} + c\, z + d = 0.} \tag{15}$$

Das ist die *Normalform der hyperbolischen Differentialgleichung*. Sie gilt auch für elliptische Differentialgleichungen, wird aber nicht benützt, weil hier die Transformation (12) und daher auch die Koeffizienten a, b, c, d in (15) imaginär werden. Man kommt zu einer reellen Normalform, wenn man die Charakteristiken nicht in die Geraden $\xi = $ konst., $\eta = $ konst., sondern in die Geraden $\xi + j\, \eta = $ konst., $\xi - j\, \eta = $ konst. transformiert; d. h. daß die Gleichung $\overline{\varDelta} = 0$ die Form $C_0\, (\dot{\xi}^2 + \dot{\eta}^2) = 0$ bekommt, also $\overline{A} = \overline{C} = C_0 \neq 0$, $\overline{B} = 0$ ist. Dann bekommt man an Stelle von (15) die in der Regel verwendete *Normalform der elliptischen Differentialgleichung*

$$\boxed{\dfrac{\partial^2 z}{\partial x^2} + \dfrac{\partial^2 z}{\partial y^2} + a'\, \dfrac{\partial z}{\partial x} + b'\, \dfrac{\partial z}{\partial y} + c'\, z + d' = 0.}$$

Im parabolischen Fall $B^2 - A\, C = 0$ ist $\varDelta = 0$ ein vollständiges Quadrat; die Differentialgleichung der Charakteristiken kann in der Form

$$\sqrt{A}\, \dot{y} - \sqrt{C}\, \dot{x} = 0$$

geschrieben werden; man kann also in (12) $\xi(x, y)$ willkürlich lassen, jedoch so, daß $\overline{A} \neq 0$ wird und $\eta(x, y)$ so bestimmen, daß $\overline{C} = 0$ wird; dann ist wegen $\overline{W} = \overline{B}^2 - \overline{A}\,\overline{C} = 0$ von selbst auch $\overline{B} = 0$, und man erhält nach Division durch $\overline{A}$ die *Normalform der parabolischen Differentialgleichung*

$$\boxed{\frac{\partial^2 z}{\partial x^2} + a'' \frac{\partial z}{\partial x} + b'' \frac{\partial z}{\partial y} + c'' z + d'' = 0.}$$

Mitunter verwendet man an Stelle von (15) auch

$$\frac{\partial^2 z}{\partial x^2} - \frac{\partial^2 z}{\partial y^2} + a_1 \frac{\partial z}{\partial x} + b_1 \frac{\partial z}{\partial y} + c_1 z + d_1 = 0 \tag{16}$$

als Normalform der hyperbolischen Gleichung. Sie ergibt sich, wenn man an Stelle von $x = $ konst. und $y = $ konst. die Geradenscharen $x + y = $ konst., $x - y = $ konst. als Charakteristiken einführt.

Ich erwähne, daß die vorstehenden Überlegungen auch für die etwas allgemeinere Gleichung

$$A(x, y)\, r + 2\, B(x, y)\, s + C(x, y)\, t + H(x, y, z, p, q, r) = 0$$

unverändert richtig bleiben. Das gilt insbesondere für die Unterscheidung der drei Fälle hyperbolischer, elliptischer und parabolischer Differentialgleichungen, die nur durch die Koeffizienten A, B, C bestimmt sind.

In den folgenden Ziffern 3 bis 5 werde ich einige einfache Methoden angeben, die zu einer direkten Ermittlung von Integralen gewisser spezieller Differentialgleichungen zweiter Ordnung führen. In § 14 komme ich dann zu einer etwas ausführlicheren Diskussion der hyperbolischen Differentialgleichungen, während die Behandlung der elliptischen und parabolischen Gleichungen dem vierten Band vorbehalten bleibt. Besonders die ersteren erfordern Hilfsmittel aus der Theorie der Funktionen einer komplexen Veränderlichen, die ich im zweiten Teil dieses Bandes entwickeln werde. Übrigens wird dabei die einfachste Differentialgleichung vom elliptischen Typus, die Laplacesche Gleichung, der wir schon einige Male begegnet sind, eine wichtige Rolle spielen.

Beispiel: Die Differentialgleichung $r + y\,t = 0$ ist elliptisch, hyperbolisch oder parabolisch, je nachdem $y > 0$, $y < 0$ oder $y = 0$ ist. Um sie in den ersten beiden Fällen auf die Normalform zu bringen, ist die Differentialgleichung der Charakteristiken

$$\dot{y}^2 + y\,\dot{x}^2 = 0$$

zu lösen; das gibt

$$\frac{\dot{y}}{\dot{x}} = y' = \sqrt{-y}.$$

Ich behandle zunächst den Fall $y > 0$, $y' = \pm j \sqrt{y}$, $\sqrt{y} > 0$ genommen. Das gibt $x \pm 2\, j \sqrt{y} = c$ als Gleichung der imaginären Charakteristiken. Für die Transformation können wir

$$\xi = x, \quad \eta = 2\sqrt{y}$$

nehmen (dann werden die transformierten Charakteristiken $\xi \pm j\,\eta = c$). Es folgt $r = z_{\xi\xi}$,

$$t = \frac{1}{y}\, z_{\eta\eta} - \frac{1}{2\sqrt{y^3}}\, z_\eta = \frac{1}{y} \left(z_{\eta\eta} - \frac{1}{\eta}\, z_\eta \right) \quad \text{und damit die transformierte Gleichung}$$

$$z_{\xi\xi} + z_{\eta\eta} - \frac{1}{\eta}\, z_\eta = 0.$$

Ist $y < 0$, so werden die Charakteristiken $x \pm 2 \sqrt{-y} = c$ (Parabeln), die Transformation

$$\xi = x + 2\sqrt{-y}, \quad \eta = x - 2\sqrt{-y}$$

und

$$4\, z_{\xi\eta} + \frac{2}{\xi - \eta}\, (z_\xi - z_\eta) = 0$$

die transformierte Gleichung.

3. Die homogene lineare Differentialgleichung mit konstanten Koeffizienten. Sind in (9) die Koeffizienten $A, B, C, \ldots, F$ konstant und $G = 0$, so liegt es nahe, mit dem Ansatz

$$z = e^{\alpha x + \beta y} \tag{17}$$

in die Gleichung (9) hineinzugehen. Wegen

$$p = \alpha z, \qquad q = \beta z, \qquad r = \alpha^2 z, \qquad s = \alpha \beta z, \qquad t = \beta^2 z$$

kann man dann die Gleichung durch $z \neq 0$ kürzen und erhält eine Bedingung für die Zahlen α und β, nämlich

$$A\,\alpha^2 + 2\,B\,\alpha\,\beta + C\,\beta^2 + D\,\alpha + E\,\beta + F = 0, \tag{18}$$

die im allgemeinen zu jedem α zwei Lösungen $\beta = \beta_1(\alpha)$ und $\beta = \beta_2(\alpha)$ hat. Dann ist für ein beliebiges α

$$z = C_1(\alpha)\, e^{\alpha x + \beta_1(\alpha) y} + C_2(\alpha)\, e^{\alpha x + \beta_2(\alpha) y} = e^{\alpha x}\,[C_1(\alpha)\, e^{\beta_1(\alpha) y} + C_2(\alpha)\, e^{\beta_2(\alpha) y}], \tag{19}$$

wo $C_1(\alpha)$ und $C_2(\alpha)$ zwei willkürliche Funktionen von α sind, eine Lösung von (9).

Ist in (9) auch $D = E = F = 0$, so hat die Gleichung die Form

$$A\,r + 2\,B\,s + C\,t = 0 \tag{20}$$

und aus (18) wird

$$A\,\alpha^2 + 2\,B\,\alpha\,\beta + C\,\beta^2 = 0, \tag{21}$$

also $\beta = \lambda_1\,\alpha$ oder $\beta = \lambda_2\,\alpha$, wenn λ_1 und λ_2 die Wurzeln der Gleichung $A + 2\,B\,\lambda + C\,\lambda^2 = 0$ sind. Dann kann man die Lösung

$$z = C_1(\alpha)\, e^{\alpha\,(x + \lambda_1 y)} + C_2(\alpha)\, e^{\alpha\,(x + \lambda_2 y)} = e^{\alpha x}\,[C_1(\alpha)\, e^{\lambda_1 \alpha y} + C_2(\alpha)\, e^{\lambda_2 \alpha y}]$$

oder

$$z = C_1(\alpha)\, z_1{}^\alpha + C_2(\alpha)\, z_2{}^\alpha$$

schreiben, wo

$$z_1 = e^{x + \lambda_1 y}, \qquad z_2 = e^{x + \lambda_2 y}$$

gesetzt ist. Wählt man für α insbesondere die Folge der natürlichen Zahlen ν, setzt man $C_1(\nu) = a_\nu$, $C_2(\nu) = b_\nu$ und beachtet man, daß wegen der Homogenität der Gleichung auch die Summe mehrerer Integrale ein Integral von (20) ist, so folgt, daß

$$z = \sum_{\nu = 1}^{\infty} (a_\nu z_1{}^\nu + b_\nu z_2{}^\nu)$$

ein Integral ist, sofern nur die willkürlichen Koeffizienten a_ν und b_ν der Einschränkung unterworfen werden, daß die beiden Potenzreihen $\sum a_\nu z_1{}^\nu$ und $\sum b_\nu z_2{}^\nu$ in einem gemeinsamen Gebiet der x,y-Ebene konvergent sind. Da man aber durch konvergente Potenzreihen jede beliebige reguläre Funktion darstellen kann, liegt es weiter nahe, zunächst einmal versuchsweise den Ansatz

$$\boxed{\,z = f(z_1) + g(z_2) = \varphi(x + \lambda_1 y) + \psi(x + \lambda_2 y)\,} \tag{22}$$

zu machen, wo φ und ψ zwei willkürliche, zweimal stetig differenzierbare Funktionen sind. Dann wird — unter Weglassung der Argumente —

$$p = \varphi' + \psi', \qquad q = \lambda_1 \varphi' + \lambda_2 \psi',$$

$$r = \varphi'' + \psi'', \qquad s = \lambda_1 \varphi'' + \lambda_2 \psi'', \qquad t = \lambda_1{}^2 \varphi'' + \lambda_2{}^2 \psi''.$$

Setzt man in (20) ein, so erhält man wegen (21)

$$(A + 2\,B\,\lambda_1 + C\,\lambda_1{}^2)\,\varphi'' + (A + 2\,B\,\lambda_2 + C\,\lambda_2{}^2)\,\psi'' = 0,$$

d. h. (22) ist wirklich ein Integral von (20), wie immer die beiden zweimal stetig differenzierbaren Funktionen φ und ψ gewählt werden.

4. Die Methode der partikulären Lösungen von D. Bernoulli. Der Ansatz $z = e^{\alpha x + \beta y} = e^{\alpha x} \cdot e^{\beta y}$, den wir in der vorigen Ziffer zur Lösung homogener linearer Gleichungen mit konstanten Koeffizienten verwendet haben, führt naturgemäß zunächst zu Lösungen (19), die ein Produkt je einer Funktion von x bzw. y allein sind. Der von D. BERNOULLI zum ersten Male verwendete Ansatz

$$\boxed{z = \varphi(x)\,\psi(y)} \tag{23}$$

führt auch in allgemeineren Fällen mitunter auf partikuläre Lösungen. Aus (23) folgt

$$p = \varphi'\psi, \qquad q = \varphi\psi', \qquad r = \varphi''\psi, \qquad s = \varphi'\psi', \qquad t = \varphi\psi''.$$

Setzt man in die Differentialgleichung $F(x, y, z, p, q, r, s, t) = 0$ ein und gelingt es dann, diese Gleichung durch eine Art Trennung der Veränderlichen auf die Form

$$f(x, \varphi, \varphi', \varphi'') = g(y, \psi, \psi', \psi'') = \lambda \tag{24}$$

zu bringen, so daß f und g zusammengesetzte Funktionen von x bzw. y allein sind, so muß der gemeinsame Wert λ von f und g eine Konstante sein. Denn durch Differentiation nach x und y folgt ja sofort

$$\lambda_x = \frac{dg}{dx} = 0, \qquad \lambda_y = \frac{df}{dy} = 0.$$

Daher folgen aus (24) die zwei gewöhnlichen Differentialgleichungen zweiter Ordnung

$$f(x, \varphi, \varphi', \varphi'') = \lambda, \qquad g(y, \psi, \psi', \psi'') = \lambda$$

für φ und ψ und jedes Paar von Lösungen dieser Gleichungen gibt wegen (23) eine partikuläre Lösung der partiellen Differentialgleichung $F = 0$. Es ist klar, daß dieses Verfahren nur in Ausnahmefällen funktionieren wird, doch gehören einige in der Physik wichtige partielle Differentialgleichungen zu diesen Ausnahmefällen.

Beispiele:

1. Es sei die Differentialgleichung

$$x^2\,r = y\,q \tag{25}$$

vorgelegt. Sie ist zwar linear (parabolisch), hat aber nicht konstante Koeffizienten. Der Ansatz (23) führt unmittelbar auf

$$x^2\,\varphi''\,\psi = y\,\varphi\,\psi'$$

oder nach Division durch $\varphi\,\psi$

$$\frac{x^2\,\varphi''}{\varphi} = \frac{y\,\psi'}{\psi} = \lambda,$$

man hat also die beiden gewöhnlichen Differentialgleichungen

$$\frac{\varphi''}{\varphi} = \frac{\lambda}{x^2}, \qquad \frac{\psi'}{\psi} = \frac{\lambda}{y} \tag{26}$$

mit der willkürlichen Konstanten λ zu lösen. In der ersten setzt man

$$\frac{\varphi'}{\varphi} = u, \qquad \frac{\varphi''}{\varphi} = u' + u^2$$

und erhält die Riccatische Differentialgleichung (§ 2, 6)

$$u' = -u^2 + \frac{\lambda}{x^2},$$

die aber durch die Substitution $u = \frac{1}{v}$ in die in x und v homogene Gleichung

$$v' = 1 - \lambda\frac{v^2}{x^2}$$

übergeht. Die weitere Substitution

$$v = t\,x, \qquad v' = t'\,x + t$$

gibt

$$x\,t' = 1 - t - \lambda\,t^2$$

und daher

$$\frac{t - t_2}{t - t_1} = A\,x^{\lambda\,(t_1 - t_2)} = A\,x^{\sqrt{1 + 4\lambda}},$$

wo t_1 und t_2 die Wurzeln von

$$\lambda\,t^2 + t - 1 = 0$$

sind. Man erhält schließlich

$$u = \frac{\varphi'}{\varphi} = \frac{1 - A\,x^{\sqrt{1 + 4\lambda}}}{x\left(t_2 - A\,t_1\,x^{\sqrt{1 + 4\lambda}}\right)}$$

und

$$\varphi = B_1 \exp \int u\,dx$$

Die zweite Gleichung (26) gibt

$$\psi = C_1\,y^\lambda,$$

und somit ist

$$z = B\,y^\lambda \exp \int u\,dx + C$$

mit den vier willkürlichen Konstanten λ, A, $B = B_1\,C_1$, C die allgemeinste Lösung von (25) in der Form $z = \varphi\,\psi$; die additive Konstante C kann man nachträglich hinzufügen, da $z = C$ ebenfalls eine Lösung von (25) ist.

2. Bei der Gleichung

$$A\,r + 2\,B\,s + C\,t + D\,p + E\,q + F\,z = 0$$

mit konstanten Koeffizienten gibt der Ansatz (23)

$$A\,(u' + u^2) + 2\,B\,u\,v + C\,(v' + v^2) + D\,u + E\,v + F = 0, \tag{27}$$

wo $u(x) = \dfrac{\varphi'}{\varphi}$, $v(y) = \dfrac{\psi'}{\psi}$ gesetzt ist. Eine Lösung ist $u' = v' = 0$, also $u = \alpha$, $v = \beta$ mit der aus (27) folgenden Bedingung (18) zwischen α und β.

5. Die Kaskadenmethode von Laplace bei hyperbolischen Differentialgleichungen.

Die hyperbolische Gleichung in der Normalform (15)

$$\frac{\partial^2 z}{\partial x\,\partial y} + a\,\frac{\partial z}{\partial x} + b\,\frac{\partial z}{\partial y} + c\,z + d = 0$$

mit stetig differenzierbaren Koeffizienten a, b, c, d läßt sich in der Form

$$\frac{\partial}{\partial x}\left(\frac{\partial z}{\partial y} + a\,z\right) + b\left(\frac{\partial z}{\partial y} + a\,z\right) - h\,z + d = 0 \tag{28}$$

schreiben, wo

$$h = \frac{\partial a}{\partial x} + a\,b - c$$

ist. Setzt man noch

$$\frac{\partial z}{\partial y} + a\,z = z_1, \tag{29}$$

so folgt die Differentialgleichung

$$\frac{\partial z_1}{\partial x} + b\,z_1 - h\,z + d = 0. \tag{30}$$

Ist $h = 0$, so ist (30) eine gewöhnliche lineare Differentialgleichung für z_1, in der y nur als Parameter vorkommt und deren Lösung man durch Quadraturen findet. Ist $h \neq 0$, so eliminiert man z aus (29) und (30) und erhält dadurch wieder eine hyperbolische Differentialgleichung, die man wieder auf die Form (28) bringt usw., so lange, bis man auf eine Gleichung mit $h = 0$ kommt. Da das aber nur ausnahmsweise der Fall sein wird, ist die Anwendungsmöglichkeit dieses Verfahrens recht beschränkt. An Stelle von (28) kann man auch die Form

$$\frac{\partial}{\partial y}\left(\frac{\partial z}{\partial x} + b\,z\right) + a\left(\frac{\partial z}{\partial x} + b\,z\right) - k\,z + d = 0$$

mit

$$k = \frac{\partial b}{\partial y} + a\,b - c$$

herstellen, mit der man analog verfahren kann.

Beispiel: Die Gleichung

$$\frac{\partial^2 z}{\partial x\,\partial y} + x\,\frac{\partial z}{\partial x} + y\,\frac{\partial z}{\partial y} + (1 + x\,y)\,z = 0$$

gibt

$$\frac{\partial z_1}{\partial x} + y\,z_1 = 0,$$

also

$$z_1 = \psi'(y)\,e^{-x\,y}$$

mit der willkürlichen Funktion $\psi'(y)$; aus

$$\frac{\partial z}{\partial y} + x\,z = z_1 = \psi'(y)\,e^{-x\,y}$$

folgt

$$z = e^{-x\,y}\,[\varphi(x) + \psi(y)]$$

mit der zweiten willkürlichen Funktion $\varphi(x)$.

6. Adjungierte Differentialausdrücke und die Greensche Formel. Es sei

$$\boxed{L(u) = A\,\frac{\partial^2 u}{\partial x^2} + 2\,B\,\frac{\partial^2 u}{\partial x\,\partial y} + C\,\frac{\partial^2 u}{\partial y^2} + D\,\frac{\partial u}{\partial x} + E\,\frac{\partial u}{\partial y} + F\,u} \tag{31}$$

ein *linearer homogener Differentialausdruck zweiter Ordnung*. Die Koeffizienten A, B, C, D, E, F und die Variable u seien in einem *abgeschlossenen* und *einfach zusammenhängenden*, von einer stückweise glatten Kurve $\mathfrak{C}$ berandeten Bereich $\mathfrak{B}$ zweimal[1] stetig differenzierbare Funktionen von x und y. Es sei ferner $v(x, y)$ eine weitere in $\mathfrak{B}$ zweimal stetig differenzierbare Funktion; ich bilde $v\,L(u)$ und suche diesen Ausdruck so umzuformen, daß er die Gestalt $u\,M(v)$ erhält, wo $M(v)$ ein anderer Differentialausdruck zweiter Ordnung ist. Es wird z. B. das erste Glied

$$v\,A\,\frac{\partial^2 u}{\partial x^2} = \frac{\partial}{\partial x}\left(v\,A\,\frac{\partial u}{\partial x}\right) - \frac{\partial(v\,A)}{\partial x}\,\frac{\partial u}{\partial x} = \frac{\partial}{\partial x}\left(v\,A\,\frac{\partial u}{\partial x}\right) - \frac{\partial}{\partial x}\left(u\,\frac{\partial(v\,A)}{\partial x}\right) + u\,\frac{\partial^2(v\,A)}{\partial x^2}$$

und ähnlich

$$v\,B\,\frac{\partial^2 u}{\partial x\,\partial y} = \frac{\partial}{\partial x}\left(v\,B\,\frac{\partial u}{\partial y}\right) - \frac{\partial}{\partial y}\left(u\,\frac{\partial(v\,B)}{\partial x}\right) + u\,\frac{\partial^2(v\,B)}{\partial x\,\partial y} =$$

$$= \frac{\partial}{\partial y}\left(v\,B\,\frac{\partial u}{\partial x}\right) - \frac{\partial}{\partial x}\left(u\,\frac{\partial(v\,B)}{\partial y}\right) + u\,\frac{\partial^2(v\,B)}{\partial x\,\partial y},$$

$$v\,C\,\frac{\partial^2 u}{\partial y^2} = \frac{\partial}{\partial y}\left(v\,C\,\frac{\partial u}{\partial y}\right) - \frac{\partial}{\partial y}\left(u\,\frac{\partial(v\,C)}{\partial y}\right) + u\,\frac{\partial^2(v\,C)}{\partial y^2},$$

$$v\,D\,\frac{\partial u}{\partial x} = \frac{\partial}{\partial x}\,(u\,v\,D) - u\,\frac{\partial(v\,D)}{\partial x},$$

$$v\,E\,\frac{\partial u}{\partial y} = \frac{\partial}{\partial y}\,(u\,v\,E) - u\,\frac{\partial(v\,E)}{\partial y}.$$

---

[1] Diese Voraussetzungen lassen sich etwas einschränken. Man sieht leicht, daß alle folgenden Überlegungen gültig bleiben, wenn D und E in $\mathfrak{B}$ einmal stetig differenzierbar sind und F in $\mathfrak{B}$ stetig ist.

Ich setze

$$P = v\left(A\,\frac{\partial u}{\partial x} + B\,\frac{\partial u}{\partial y}\right) - u\left(\frac{\partial(v\,A)}{\partial x} + \frac{\partial(v\,B)}{\partial y}\right) + D\,u\,v, \qquad (32)$$

$$Q = v\left(B\,\frac{\partial u}{\partial x} + C\,\frac{\partial u}{\partial y}\right) - u\left(\frac{\partial(v\,B)}{\partial x} + \frac{\partial(v\,C)}{\partial y}\right) + E\,u\,v; \qquad (33)$$

dann wird

$$v\,L(u) - u\,M(v) = \frac{\partial P}{\partial x} + \frac{\partial Q}{\partial y}, \qquad (34)$$

wo

$$M(v) = \frac{\partial^2(A\,v)}{\partial x^2} + 2\,\frac{\partial^2(B\,v)}{\partial x\,\partial y} + \frac{\partial^2(C\,v)}{\partial y^2} - \frac{\partial(D\,v)}{\partial x} - \frac{\partial(E\,v)}{\partial y} + F\,v \qquad (35)$$

ist. $M(v)$ heißt der zu $L(u)$ *adjungierte Differentialausdruck zweiter Ordnung*.

Ich erinnere an den Gaußschen Integralsatz für die Ebene (Band II, § 18, 11):

$$\iint\limits_{\mathfrak{B}}\left(\frac{\partial P}{\partial x} + \frac{\partial Q}{\partial y}\right) dx\,dy = \oint\limits_{\mathfrak{C}} (P\,dy - Q\,dx).$$

Wegen (34) wird daraus

$$\iint\limits_{\mathfrak{B}} [v\,L(u) - u\,M(v)]\,dx\,dy = \oint\limits_{\mathfrak{C}} (P\,dy - Q\,dx). \qquad (36)$$

Diese Formel wird als *verallgemeinerte Greensche Formel* bezeichnet; sie ist in der Tat eine Verallgemeinerung der zweiten Greenschen Formel (Band II, § 18, 12)

$$\iint\limits_{\mathfrak{B}} (v\,\Delta u - u\,\Delta v)\,dx\,dy = \oint\limits_{\mathfrak{C}}\left[\left(v\,\frac{\partial u}{\partial x} - u\,\frac{\partial v}{\partial x}\right) dy - \left(v\,\frac{\partial u}{\partial y} - u\,\frac{\partial v}{\partial y}\right) dx\right],$$

wo $L(u) = \Delta u = \dfrac{\partial^2 u}{\partial x^2} + \dfrac{\partial^2 u}{\partial y^2} = M(u)$ der Laplacesche Differentialausdruck ist. Man nennt Δu einen *sich selbst adjungierten Differentialausdruck*.

Wir stellen uns noch die Frage, wann überhaupt ein Differentialausdruck sich selbst adjungiert ist. Aus (31) und (35) erkennt man unmittelbar, daß die Koeffizienten der zweiten Ableitungen in $L(u)$ und $M(u)$ übereinstimmen, es handelt sich also nur um die Koeffizienten der ersten und nullten Ableitungen. Diese sind in $M(u)$

$$\left(2\,\frac{\partial A}{\partial x} + 2\,\frac{\partial B}{\partial y} - D\right)\frac{\partial u}{\partial x} + \left(2\,\frac{\partial B}{\partial x} + 2\,\frac{\partial C}{\partial y} - E\right)\frac{\partial u}{\partial y} +$$

$$+ \left(\frac{\partial^2 A}{\partial x^2} + 2\,\frac{\partial^2 B}{\partial x\,\partial y} + \frac{\partial^2 C}{\partial y^2} - \frac{\partial D}{\partial x} - \frac{\partial E}{\partial y} + F\right) u.$$

Setzt man also

$$\frac{\partial A}{\partial x} + \frac{\partial B}{\partial y} = D, \qquad \frac{\partial B}{\partial x} + \frac{\partial C}{\partial y} = E \qquad (37)$$

so stimmen die Koeffizienten von $\dfrac{\partial u}{\partial x}$ und $\dfrac{\partial u}{\partial y}$ in $L(u)$ und $M(u)$ überein, aber, wie man sofort sieht, auch der Koeffizient von u selbst. Daher ist

$$L^*(u) = A\,\frac{\partial^2 u}{\partial x^2} + 2\,B\,\frac{\partial^2 u}{\partial x\,\partial y} + C\,\frac{\partial^2 u}{\partial y^2} + \left(\frac{\partial A}{\partial x} + \frac{\partial B}{\partial y}\right)\frac{\partial u}{\partial x} +$$

$$+ \left(\frac{\partial B}{\partial x} + \frac{\partial C}{\partial y}\right)\frac{\partial u}{\partial y} + F\,u$$

oder

$$L^*(u) = \frac{\partial}{\partial x}\left(A\,\frac{\partial u}{\partial x} + B\,\frac{\partial u}{\partial y}\right) + \frac{\partial}{\partial y}\left(B\,\frac{\partial u}{\partial x} + C\,\frac{\partial u}{\partial y}\right) + F\,u \qquad (38)$$

der allgemeinste sich selbst adjungierte Differentialausdruck. Für einen solchen vereinfacht sich (36) wegen (37) zu

$$\int\!\!\int_{\mathfrak{B}} [v\,L^*(u) - u\,L^*(v)]\,dx\,dy = \oint_{\mathfrak{C}}\left\{\left[v\left(A\,\frac{\partial u}{\partial x} + B\,\frac{\partial u}{\partial y}\right) - u\left(A\,\frac{\partial v}{\partial x} + B\,\frac{\partial v}{\partial y}\right)\right]dy - \right.$$

$$\left. - \left[v\left(B\,\frac{\partial u}{\partial x} + C\,\frac{\partial u}{\partial y}\right) - u\left(B\,\frac{\partial v}{\partial x} + C\,\frac{\partial v}{\partial y}\right)\right]dx\right\}. \qquad (39)$$

Aufgaben.

1. Man transformiere in die Normalform:

    a) $r + x\,t = 0$,   b) $x^2\,r - y^2\,t = 0$,   c) $y^2\,r + x^2\,t = 0$,   d) $x^2\,r - 2\,x\,s + t = 0$.

2. Man suche eine Lösung von $r - 4\,s + 3\,t = 0$, die durch die beiden Geraden $x = z = 0$ und $z - 1 = x - y = 0$ hindurchgeht.

3. a) $r - a^2\,t = x$,   b) $r + t = \cos m\,x \cos n\,y$.

4. Man löse mit der Kaskadenmethode

$$s + y \ln x\,p + \frac{y}{x \ln x}\,q + \frac{y\,(1 + y)}{x}\,z - \frac{1}{(\ln x)^y} = 0.$$

5. $$L(u) = \sum_{i,j=1}^{n} a_{ij}\,\frac{\partial^2 u}{\partial x_i\,\partial x_j} + \sum_{i=1}^{n} b_i\,\frac{\partial u}{\partial x_i} + c\,u, \qquad a_{ij} = a_{ji},$$

ist ein linearer Differentialausdruck in n Veränderlichen x_i. Wie lautet der adjungierte Differentialausdruck, wie verallgemeinert sich (34) und wann ist $L(u)$ sich selbst adjungiert?

§ 14. Die hyperbolische Differentialgleichung.

1. Die beiden Arten von Anfangsbedingungen. Ich schreibe die hyperbolische Gleichung in der Normalform

$$s + a\,p + b\,q + c\,z = h, \qquad (1)$$

die sich von § 13, (15) nur unwesentlich unterscheidet; a, b, c und h seien in dem Rechteck $\mathfrak{R}$

$$\alpha < x < \beta, \qquad \gamma < y < \delta \qquad (2)$$

stetig differenzierbar[1]. *Die Charakteristiken von (1) sind die achsenparallelen Geraden $x = $ konst., $y = $ konst.*

Es gibt hier zwei Arten von Anfangsbedingungen, zu denen stets eindeutig bestimmte Lösungen existieren. Auf die einen habe ich bereits in § 13, 1 hingewiesen: Es ist eine Integralfläche $z = \varphi(x, y)$ durch den Streifen erster Ordnung

$$x = x(u), \quad y = y(u), \quad z = z(u), \quad p = p(u), \quad q = q(u), \quad u_1 < u < u_2 \qquad (3)$$

zu legen; dabei soll die Projektion $\mathfrak{C}$ der Trägerkurve auf die x, y-Ebene $x = x(u)$, $y = y(u)$ nirgends eine Charakteristik berühren, d. h. es soll überall in (u_1, u_2)

$$|\dot{x}| > 0, \qquad |\dot{y}| > 0 \qquad (4)$$

sein. Der Streifen (3) läßt sich dann zu einem Integralstreifen zweiter Ordnung ergänzen, indem man $s(u)$ aus (1), $r(u)$ und $t(u)$ aus den beiden Streifenbedingungen (5) von § 13 berechnet. Längs der Kurve $\mathfrak{C}$ sind durch (3) nicht nur die Werte z der gesuchten Lösung, sondern auch die Werte der Ableitungen $p = z_x$,

---

[1] Vgl. die Fußnote S. 169.

$q = z_y$ vorgeschrieben. Man nennt derartige Anfangsbedingungen in der üblichen Terminologie *Anfangsbedingungen zweiter Art*. Sie lassen sich noch in einer etwas anderen Weise formulieren. Da wegen (4) $x(u)$ und $y(u)$ im engeren Sinn monoton sind[1], kann man u sowohl als stetige Funktion $u(x)$ von x als auch als stetige Funktion $u(y)$ von y darstellen und somit $p(u) = p(u(x)) = p(x)$ und $q(u) = q(u(y)) = q(y)$ schreiben; diese beiden Funktionen mögen nun an Stelle der beiden letzten Gleichungen (3) in der Form

$$p(x) = f'(x), \qquad q(y) = g'(y)$$

gegeben sein. Dann ergibt die Streifenbedingung § 13, (4)

$$\dot{z}(u) = p(u)\, \dot{x}(u) + q(u)\, \dot{y}(u) = f'(x)\, \dot{x}(u) + g'(y)\, \dot{y}(u) =$$
$$= \frac{d}{du}\, [f(x(u)) + g(y(u))]$$

und es wird längs $\mathfrak{C}$

$$z(u) = f(x(u)) + g(y(u))$$

bis auf eine Konstante, die man sich aber in eine der Funktionen f oder g hineingenommen denken kann. Die Anfangsbedingung (3) läßt sich dann dahin formulieren, daß die Integralfläche $z = \varphi(x, y)$ längs $\mathfrak{C}$ die durch $z = f(x) + g(y)$ bestimmten Flächenelemente haben soll, d. h. daß längs $\mathfrak{C}$

$$z = f(x) + g(y), \qquad p = f'(x), \qquad q = g'(y) \tag{5}$$

gelten soll. $\mathfrak{C}$ selbst ist natürlich nach wie vor durch die Parameterdarstellung $x = x(u)$, $y = y(u)$ mit der Bedingung (4) zu erklären.

Die *Anfangsbedingungen erster Art* bestehen darin, daß die Integralfläche $z = \varphi(x, y)$ durch zwei sich schneidende Raumkurven gehen soll, die *über Charakteristiken liegen*, womit gemeint ist, daß ihre Projektionen in die x,y-Ebene Charakteristiken sind. Im Fall (1) sind diese Raumkurven ebene Kurven, die durch

$$y = y_0, \qquad z = f(x) \qquad \text{und} \qquad x = x_0, \qquad z = g(y) \tag{6}$$

mit der Bedingung

$$f(x_0) = g(y_0) \tag{7}$$

gegeben sind. $f(x)$ und $g(y)$ sind dabei in $\mathfrak{R}$ stetig differenzierbar. Daß solche Anfangsbedingungen auftreten, ist nicht so überraschend, als es fürs erste erscheinen mag. Man kann zeigen, daß durch eine über einer Charakteristik liegende Kurve stets unendlich viele Integralflächen gehen. Unter diesen ist dann eine Fläche eindeutig bestimmt, wenn man von ihr verlangt, durch eine zweite, die erste schneidende und ebenfalls über einer Charakteristik liegende Kurve hindurchzugehen. Wir wollen uns das an dem speziellen Fall der Differentialgleichung $s = 0$ mit dem allgemeinen Integral

$$z = \varphi(x) + \psi(y)$$

klarmachen. Durch die Kurve $y = y_0$, $z = f(x)$ gehen unendlich viele Integralflächen, nämlich alle Flächen

$$z = f(x) + \psi(y) - \psi(y_0);$$

---

[1] Eine Funktion $f(x)$ heißt *monoton wachsend im weiteren Sinn*, wenn für je zwei Zahlen x_1 und $x_2 > x_1$ des Definitionsbereichs $f(x_1) \leqq f(x_2)$ ist; gilt in keinem Punktepaar das Gleichheitszeichen, so heißt $f(x)$ *monoton wachsend im engeren Sinn*. Man unterscheidet die beiden Fälle oft auch durch die Redeweise *monoton nicht abnehmend* bzw. *monoton wachsend* (wobei dann kein weiterer Zusatz nötig ist).

soll eine von ihnen durch die zweite Kurve $x = x_0$, $z = g(y)$ gehen, so wird

$$\psi(y) - \psi(y_0) = g(y) - f(x_0),$$

und man erhält die *eindeutig bestimmte Lösung*

$$z = f(x) + g(y) - f(x_0). \tag{8}$$

2. Existenzsätze. Man kann bei beiden Arten von Anfangsbedingungen die Existenz der Lösungen durch ein Verfahren sukzessiver Approximationen nachweisen, das dem Verfahren von § 3, 2 nachgebildet ist. Ich will mich aber im folgenden darauf beschränken, die Beweise nur zu skizzieren und verweise wegen der Einzelheiten auf die Literatur[1].

Ich beginne mit den *Anfangsbedingungen erster Art*. Das abgeschlossene Rechteck $\Re_0$

$$\alpha_0 \leqq x \leqq \beta_0, \qquad \gamma_0 \leqq y \leqq \delta_0$$

sei in $\Re$ enthalten und (x_0, y_0) ein Punkt von $\Re_0$. In $\Re_0$ sind die Koeffizienten a, b, c, h sowie $f(x)$ und $g(y)$ aus (6) samt ihren Ableitungen beschränkt. Als erste Näherungsfunktion $\varphi_0(x, y)$ wähle ich die Lösung (8) der Differentialgleichung $s = 0$ mit den Anfangsbedingungen (6) und (7), also

$$\varphi_0(x, y) = f(x) + g(y) - f(x_0); \tag{9}$$

die Näherungslösung $\varphi_n(x, y)$, $n \geqq 1$, sei als Lösung der Differentialgleichung

$$\frac{\partial^2 \varphi_n}{\partial x \, \partial y} + a \frac{\partial \varphi_{n-1}}{\partial x} + b \frac{\partial \varphi_{n-1}}{\partial y} + c \, \varphi_{n-1} = h,$$

wieder mit den Anfangsbedingungen (6) und (7) erklärt; es folgt

$$\varphi_n(x, y) = \varphi_0(x, y) - \int_{x_0}^{x} \int_{y_0}^{y} \left(a \frac{\partial \varphi_{n-1}}{\partial x} + b \frac{\partial \varphi_{n-1}}{\partial y} + c \, \varphi_{n-1} - h \right) dx \, dy. \tag{10}$$

Durch Differentiation ergeben sich daraus noch Ausdrücke für die Ableitungen $\frac{\partial \varphi_n}{\partial x}$ und $\frac{\partial \varphi_n}{\partial y}$. Man kann nun — ganz ähnlich wie in § 3 — zeigen, daß die Folgen $\{\varphi_n\}$, $\left\{ \frac{\partial \varphi_n}{\partial x} \right\}$, $\left\{ \frac{\partial \varphi_n}{\partial y} \right\}$ in dem Rechteck $\Re_0$ *gleichmäßig gegen ihre Grenzfunktionen* $\varphi(x, y)$, $\frac{\partial \varphi}{\partial x}(x, y)$, $\frac{\partial \varphi}{\partial y}(x, y)$ konvergieren. Für die erste folgt aus (10) für $n \to \infty$ die Integralgleichung

$$\varphi(x, y) = \varphi_0(x, y) - \int_{x_0}^{x} \int_{y_0}^{y} \left(a \frac{\partial \varphi}{\partial x} + b \frac{\partial \varphi}{\partial y} + c \, \varphi - h \right) dx \, dy, \tag{11}$$

während sich für die Ableitungen entsprechende Darstellungen sowohl durch den Grenzübergang $n \to \infty$ aus den Ausdrücken für $\frac{\partial \varphi_n}{\partial x}$ und $\frac{\partial \varphi_n}{\partial y}$ als auch durch Differentiation von (11) ergeben. Da $\Re_0$ ein beliebiges, ganz in $\Re$ enthaltenes abgeschlossenes Teilrechteck war, folgt, daß $\varphi(x, y)$ *in $\Re$ existiert und stetig differenzierbar ist und* — wie sich aus (9) und (10) unmittelbar ergibt — *den vorgeschriebenen Anfangsbedingungen* (6) *und* (7) *genügt*.

Ich zeige nun noch, daß die so ermittelte Lösung φ die einzige mit diesen Eigenschaften ist. Es seien $\varphi_1(x, y)$ und $\varphi_2(x, y)$ zwei Lösungen zu den Randbedingungen (6), (7) und es sei

---

[1] Z. B. KAMKE, LV 20, § 38.

$$\Phi(x, y) = |\varphi_1 - \varphi_2| + \left|\frac{\partial \varphi_1}{\partial x} - \frac{\partial \varphi_2}{\partial x}\right| + \left|\frac{\partial \varphi_1}{\partial y} - \frac{\partial \varphi_2}{\partial y}\right| \geqq 0,$$

ferner A die obere Grenze der Koeffizienten a, b, c, h in dem Rechteck $\mathfrak{R}_0$,

$$\gamma = \text{Min}\left(1, \frac{1}{6\,A}\right)$$

und

$$M = \text{Max}\,\Phi(x, y)$$

in dem Quadrat $\mathfrak{Q}_1$

$$|x - x_0| \leqq \gamma, \qquad |y - y_0| \leqq \gamma.$$

Dann ist in $\mathfrak{Q}_1$, wie man aus der aus (11) folgenden Integraldarstellung der Differenzen $\varphi_1 - \varphi_2, \dfrac{\partial \varphi_1}{\partial x} - \dfrac{\partial \varphi_2}{\partial x}, \dfrac{\partial \varphi_1}{\partial y} - \dfrac{\partial \varphi_2}{\partial y}$ sofort entnimmt,

$$\Phi \leqq A\,M\,(|x - x_0|\,|y - y_0| + |y - y_0| + |x - x_0|) \leqq$$

$$\leqq A\,M\left(1 \cdot \frac{1}{6\,A} + \frac{1}{6\,A} + \frac{1}{6\,A}\right) = \frac{M}{2}.$$

Das gilt insbesondere auch in dem Punkt von $\mathfrak{Q}_1$, wo $\Phi = M$ ist, so daß $M \leqq \dfrac{M}{2}$ und daher $M = 0$ oder $\varphi_1 \equiv \varphi_2$ folgt, und zwar zunächst für das Quadrat $\mathfrak{Q}_1$. Aber von $\mathfrak{Q}_1$ kann man sofort weiter schließen auf ein Quadrat $\mathfrak{Q}_2$, das aus $\mathfrak{Q}_1$ etwa durch Parallelverschiebung um die Strecke γ in der positiven x-Richtung erfolgt und dessen Mittellinien die Geraden $x = x_0 + \gamma = x_1$, $y = y_0$ sind; längs der ersteren ist $\varphi_1 = \varphi_2$ auf Grund des eben bewiesenen Satzes, längs der letzteren auf Grund der Anfangsbedingungen (6) und (7), so daß $\varphi_1 \equiv \varphi_2$ ist auch in $\mathfrak{Q}_2$. Ebenso kann man schließen, daß $\varphi_1 \equiv \varphi_2$ ist in dem Quadrat $\mathfrak{Q}_3$ mit den Mittellinien $x = x_0$, $y = y_0 + \gamma = y_1$, ferner in dem Quadrat $\mathfrak{Q}_4$ mit den Mittellinien $x = x_1$, $y = y_1$ usw. Auf diese Art kann man das ganze Rechteck durch endlich viele gleiche Quadrate $\mathfrak{Q}_1, \mathfrak{Q}_2, \ldots, \mathfrak{Q}_k$ überdecken, so daß $\varphi_1 \equiv \varphi_2$ in $\mathfrak{R}_0$ und damit auch in $\mathfrak{R}$ ist.

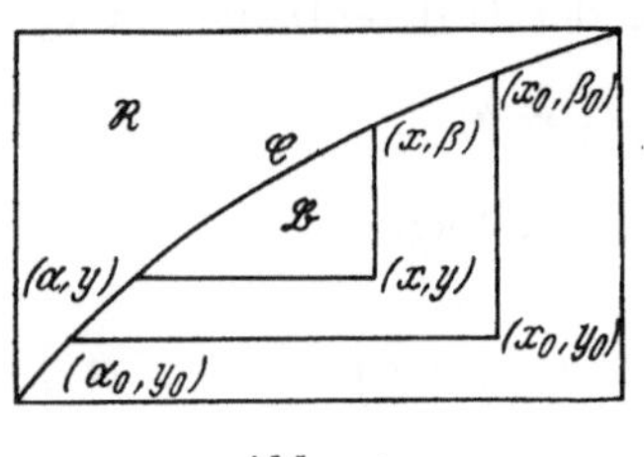

Abb. 19.

Ganz ähnlich verläuft der Beweis für die *Anfangsbedingungen zweiter Art*. Es sei $\mathfrak{R}$ das kleinste achsenparallele Rechteck, das die Kurve $\mathfrak{C}$

$$x = x(u), \qquad y = y(u), \qquad u_1 < u < u_2$$

— vgl. (3) — ganz enthält und $P = (x, y)$ ein Punkt von $\mathfrak{R}$, der nicht auf $\mathfrak{C}$ liegt. Dann ist durch $\mathfrak{C}$ und die beiden Charakteristiken durch P ein abgeschlossener Bereich $\mathfrak{B}$ begrenzt (Abb. 19). Die Schnittpunkte von $\mathfrak{C}$ mit den beiden Charakteristiken durch P bezeichne ich mit (x, β) und (α, y). Als erste Näherungsfunktion nehme ich

$$\varphi_0(x, y) = f(x) + g(y);$$

sie ist in $\mathfrak{R}$ stetig differenzierbar und nimmt längs $\mathfrak{C}$ die vorgeschriebenen Randwerte (5) an. Die folgenden Näherungsfunktionen sind dann entsprechend (10) durch

$$\varphi_n(x, y) = \varphi_0(x, y) - \iint\limits_{\mathfrak{B}} \left(a\frac{\partial \varphi_{n-1}}{\partial x} + b\frac{\partial \varphi_{n-1}}{\partial y} + c\,\varphi_{n-1} - h\right) dx\,dy \qquad (12)$$

definiert. φ_n ist in $\mathfrak{R}$ stetig differenzierbar; ihre Ableitungen ergeben sich aus (12) durch Differentiation[1]. Man kann dann wieder zeigen, daß die Folgen $\{\varphi_n\}$, $\left\{\dfrac{\partial \varphi_n}{\partial x}\right\}$ und $\left\{\dfrac{\partial \varphi_n}{\partial y}\right\}$ in einem abgeschlossenen Bereich $\mathfrak{B}_0$, der durch den Punkt (x_0, y_0) ebenso bestimmt ist wie $\mathfrak{B}$ durch den Punkt (x, y), gleichmäßig gegen ihre Grenzfunktionen $\varphi(x, y)$, $\dfrac{\partial \varphi}{\partial x}(x, y)$, $\dfrac{\partial \varphi}{\partial y}(x, y)$ konvergieren. Für $n \to \infty$ geht (12) über in

$$\varphi(x, y) = \varphi_0(x, y) - \iint\limits_{\mathfrak{B}} \left(a\,\frac{\partial \varphi}{\partial x} + b\,\frac{\partial \varphi}{\partial y} + c\,\varphi - h\right) dx\,dy. \tag{13}$$

Die so ermittelte Lösung $\varphi(x, y)$ ist in $\mathfrak{R}$ stetig differenzierbar und genügt den vorgeschriebenen Anfangsbedingungen. Daß sie die einzige ist, zeigt man ähnlich wie oben zuerst für Rechtecke $\mathfrak{R}_1$, die von $\mathfrak{C}$ diagonal geschnitten werden und deren Seiten γ, δ der Bedingung

$$\gamma,\, \delta \leq \mathrm{Min}\left(1,\, \frac{1}{6\,A}\right)$$

genügen. Damit ist eine abgeschlossene Umgebung von $\mathfrak{C}$ bestimmt, in der überall $\varphi_1 \equiv \varphi_2$ ist. Man wiederholt diese Überlegung für die Ränder $\mathfrak{C}_1$ und $\mathfrak{C}_2$ dieser Umgebung usw., bis das ganze Rechteck $\mathfrak{R}$ durch solche Umgebungen, in denen überall $\varphi_1 \equiv \varphi_2$ gilt, überdeckt ist.

3. Die Riemannsche Integrationsmethode. Für die linke Seite von (1) gehen die Ausdrücke (31) und (35) von § 13 über in

$$L(u) = \frac{\partial^2 u}{\partial x\,\partial y} + a\,\frac{\partial u}{\partial x} + b\,\frac{\partial u}{\partial y} + c\,u \tag{14}$$

und

$$M(v) = \frac{\partial^2 v}{\partial x\,\partial y} - \frac{\partial(a\,v)}{\partial x} - \frac{\partial(b\,v)}{\partial y} + c\,v. \tag{15}$$

Die zu (1) *adjungierte Differentialgleichung*

$$M(v) = 0 \tag{16}$$

ist wieder vom hyperbolischen Typus. Nach Ziffer 2 existiert zu den Anfangs-

---

[1] Ist $y = y(x)$ die explizite Darstellung von $\mathfrak{C}$, ξ ein Wert zwischen α und x und liegt der **Punkt** P unterhalb $\mathfrak{C}$, so ist

$$\iint\limits_{\mathfrak{B}} \sigma(x, y)\,dx\,dy = \int\limits_{\alpha}^{x} d\xi \int\limits_{y}^{y(\xi)} \sigma(\xi, y)\,dy = -\int\limits_{\alpha}^{x} d\xi \int\limits_{y(\xi)}^{y} \sigma(\xi, y)\,dy$$

und daher

$$\frac{\partial}{\partial x} \iint\limits_{\mathfrak{B}} \sigma(x, y)\,dx\,dy = -\int\limits_{\beta}^{y} \sigma(x, y)\,dy.$$

Liegt P oberhalb $\mathfrak{C}$, so ist

$$\iint\limits_{\mathfrak{B}} \sigma(x, y)\,dx\,dy = \int\limits_{x}^{\alpha} d\xi \int\limits_{y(\xi)}^{y} \sigma(\xi, y)\,dy = -\int\limits_{\alpha}^{x} d\xi \int\limits_{y(\xi)}^{y} \sigma(\xi, y)\,dy$$

und

$$\frac{\partial}{\partial x} \iint\limits_{\mathfrak{B}} \sigma(x, y)\,dx\,dy = -\int\limits_{\beta}^{y} \sigma(x, y)\,dy.$$

Entsprechend rechnet man die Ableitung nach y.

bedingungen (6), (7) genau eine Lösung von (16); ich schreibe im folgenden ξ, η statt x_0, y_0. Die Lösung $v(x, y; \xi, \eta)$ von (16), die sich für

$$\bar{f}(x) = \exp \int_{\xi}^{x} b(x, \eta)\, dx, \qquad \bar{g}(y) = \exp \int_{\eta}^{y} a(\xi, y)\, dy$$

ergibt, heißt die *Greensche* oder *Riemannsche Funktion* der Differentialgleichung (1). Es ist also

$$v(x, \eta; \xi, \eta) = \exp \int_{\xi}^{x} b(x, \eta)\, dx = \bar{f}(x), \quad v(\xi, y; \xi, \eta) = \exp \int_{\eta}^{y} a(\xi, y)\, dy = \bar{g}(y); \quad (17)$$

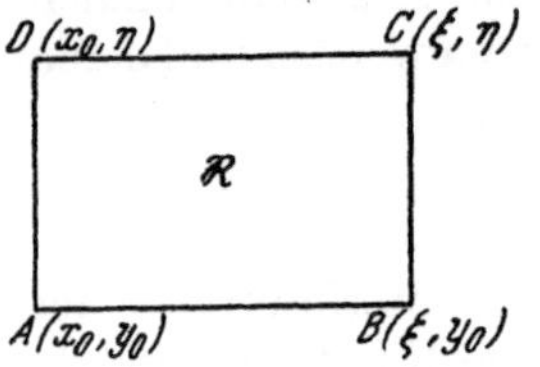

daraus folgt, daß längs $y = \eta$

$$\frac{\partial v}{\partial x} = b\, v \tag{18}$$

und längs $x = \xi$

$$\frac{\partial v}{\partial y} = a\, v \tag{19}$$

ist. Ich wende auf das Rechteck $\mathfrak{R}$ der Abb. 20 die Greensche Formel (36) von § 13 an; $u(x, y)$ sei dabei die Lösung von (1) oder

$$L(u) = h$$

zu den Anfangsbedingungen (6), (7). Wegen

$$P = \frac{1}{2} v \frac{\partial u}{\partial y} - \frac{1}{2} u \frac{\partial v}{\partial y} + a\, u\, v = \frac{1}{2} \frac{\partial(u\, v)}{\partial y} - u \left(\frac{\partial v}{\partial y} - a\, v \right) =$$

$$= -\frac{1}{2} \frac{\partial(u\, v)}{\partial y} + v \left(\frac{\partial u}{\partial y} + a\, u \right),$$

$$Q = \frac{1}{2} v \frac{\partial u}{\partial x} - \frac{1}{2} u \frac{\partial v}{\partial x} + b\, u\, v = \frac{1}{2} \frac{\partial(u\, v)}{\partial x} - u \left(\frac{\partial v}{\partial x} - b\, v \right) =$$

$$= -\frac{1}{2} \frac{\partial(u\, v)}{\partial x} + v \left(\frac{\partial u}{\partial x} + b\, u \right)$$

und (18), (19) folgt

$$\iint_{\mathfrak{R}} h\, v\, dx\, dy = -\int_{A}^{B} Q\, dx + \int_{B}^{C} P\, dy - \int_{C}^{D} Q\, dx + \int_{D}^{A} P\, dy =$$

$$= \frac{1}{2} [u\, v]_{A}^{B} - \int_{A}^{B} v(u_x + b\, u)\, dx + \frac{1}{2} [u\, v]_{B}^{C} - \frac{1}{2} [u\, v]_{C}^{D} - \frac{1}{2} [u\, v]_{D}^{A} +$$

$$+ \int_{D}^{A} v\, (u_y + a\, u)\, dy = [u\, v]_{A}^{C} - \int_{A}^{B} v\, (u_x + b\, u)\, dx - \int_{A}^{D} v\, (u_y + a\, u)\, dy$$

oder wegen $v(\xi, \eta; \xi, \eta) = 1$

$$\boxed{\begin{aligned} u(\xi, \eta) = u(x_0, y_0)\, v(x_0, y_0; \xi, \eta) + \int_{x_0}^{\xi} [v\, (u_x + b\, u)]_{y_0}\, dx + \\ + \int_{y_0}^{\eta} [v\, (u_y + a\, u)]_{x_0}\, dy + \int_{x_0}^{\xi} \int_{y_0}^{\eta} h(x, y)\, v(x, y;\ \xi, \eta)\, dx\, dy; \end{aligned}}$$

$$\tag{20}$$

dabei ist

$$[v\, (u_x + b\, u)]_{y_0} = v(x, y_0;\ \xi, \eta)\, [\bar{f}'(x) + b(x, y_0)\, f(x)]$$

und
$$[v\,(u_y + a\,u)]_{x_0} = v(x_0,\, y;\, \xi,\, \eta)\,[g'(y) + a(x_0,\, y)\,g(y)],$$

so daß (20) *eine Darstellung des Integrals von* (1) *zu den Anfangswerten* (6), (7) *ist, die auf der rechten Seite nur diese Anfangswerte und die Greensche Funktion* $v(x,\, y;\, \xi, \eta)$ *benützt; kennt man diese, so ist damit das Anfangswertproblem erster Art gelöst.* Der Vorteil der Methode liegt darin, daß es in vielen Fällen einfacher ist, die Greensche Funktion zu ermitteln als direkt die Lösung $u(x,\, y)$.

Ich komme nun zur *Anfangsbedingung zweiter Art.* Es sei $u(x, y)$ die Lösung von (1), die längs der Kurve $\mathfrak{C}$ die Werte $u = f(x) + g(y)$ annimmt, $v(x, y;\, \xi, \eta)$ die Greensche Funktion wie oben. Ich wende die Greensche Formel auf den Bereich $\mathfrak{B}$ der Abb. 21a an und erhalte

$$\iint\limits_{\mathfrak{B}} h\,v\,dx\,dy = -\int\limits_{A}^{B} Q\,dx + \int\limits_{B}^{C} P\,dy + \int\limits_{C}^{A} (P\,dy - Q\,dx) =$$

$$= -\frac{1}{2}\,[u\,v]_A^B + \frac{1}{2}\,[u\,v]_B^C + \int\limits_{\dot C}^{A} (P\,dy - Q\,dx)$$

oder

$$\boxed{\begin{aligned} u(\xi, \eta) &= \frac{1}{2}\,u(\alpha, \eta)\,v(\alpha, \eta;\, \xi, \eta) + \frac{1}{2}\,u(\xi, \beta)\,v(\xi, \beta;\, \xi, \eta) - \\ &\quad - \int\limits_{A}^{C} (P\,dy - Q\,dx) - \iint\limits_{\mathfrak{B}} h(x,\, y)\,v(x,\, y;\, \xi, \eta)\,dx\,dy; \end{aligned}}$$

$$(21)$$

dabei ist längs $\mathfrak{C}$

$$P(x,\, y,\, \xi,\, \eta) = \frac{1}{2}\,v\,g'(y) + [f(x) + g(y)]\left(a\,v - \frac{1}{2}\,v_y\right)$$

und

$$Q(x,\, y,\, \xi,\, \eta) = \frac{1}{2}\,v\,f'(x) + [f(x) + g(y)]\left(b\,v - \frac{1}{2}\,v_x\right);$$

da ferner $A(\alpha, \eta)$ und $C(\xi, \beta)$ Punkte von $\mathfrak{C}$ und somit $u(\alpha, \eta) = f(\alpha) + g(\eta)$, $u(\xi, \beta) = f(\xi) + g(\beta)$ ist, gibt (21) eine Darstellung des Integrals zu den an-

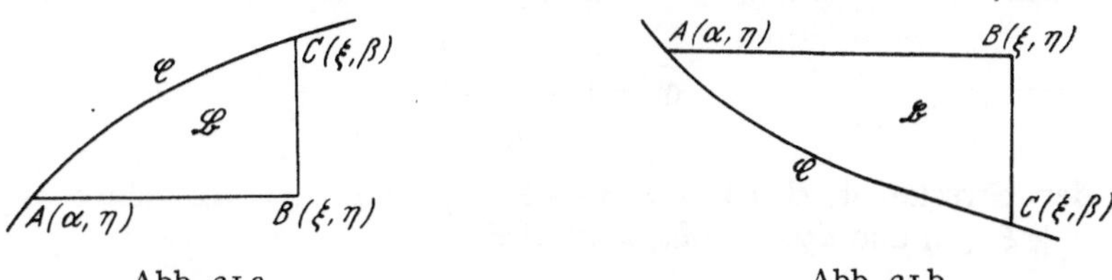

Abb. 21a.   Abb. 21b.

gegebenen Anfangsbedingungen durch die Anfangswerte und die Greensche Funktion $v(x,\, y;\, \xi,\, \eta)$. Ich bemerke, daß sich das Vorzeichen des Doppelintegrals umkehrt, wenn die Kurve $\mathfrak{C}$, die wegen (4) auf jeden Fall monoton ist, fällt und nicht wie in Abb. 21a steigt. Dann wird nämlich (Abb. 21b)

$$\iint\limits_{\mathfrak{B}} = \int\limits_{C}^{B} P\,dy - \int\limits_{B}^{A} Q\,dx + \int\limits_{A}^{C} (P\,dy - Q\,dx) =$$

$$= \frac{1}{2}\,[u\,v]_A^B + \frac{1}{2}\,[u\,v]_C^B + \int\limits_{A}^{C} (P\,dy - Q\,dx),$$

also

$$u(\xi, \eta) = \frac{1}{2}\, u(\alpha, \eta)\, v(\alpha, \eta; \xi, \eta) + \frac{1}{2}\, u(\xi, \beta)\, v(\xi, \beta; \xi, \eta) -$$

$$- \int\limits_{A}^{C} (P\, dy - Q\, dx) + \iint\limits_{\mathfrak{B}} h(x, y)\, v(x, y; \xi, \eta)\, dx\, dy. \qquad (22)$$

Die Methode läßt sich ohneweiters auf die *zweite Normalform der hyperbolischen Gleichung*

$$L(u) = \frac{\partial^2 u}{\partial x^2} - \frac{\partial^2 u}{\partial y^2} + a\, \frac{\partial u}{\partial x} + b\, \frac{\partial u}{\partial y} + c\, u = h$$

mit den Charakteristiken $y \pm x =$ konst. übertragen. Ich beschränke mich·dabei auf Anfangswerte zweiter Art, d. h. daß die Lösung $u(x, y)$ längs einer Kurve $\mathfrak{C}$, die von jeder Charakteristik in genau einem Punkt geschnitten wird, den gegebenen Wert $f(x) + g(y)$ annimmt. Es sei $v(x, y; \xi, \eta)$ die Lösung der adjungierten Differentialgleichung

$$M(v) = \frac{\partial^2 v}{\partial x^2} - \frac{\partial^2 v}{\partial y^2} - \frac{\partial(a\, v)}{\partial x} - \frac{\partial(b\, v)}{\partial y} + c\, v = 0,$$

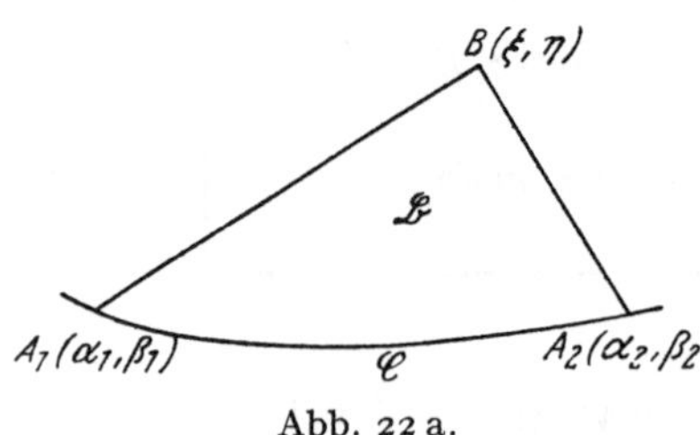

Abb. 22 a.

die längs der Charakteristiken durch den Punkt (ξ, η) bestimmte Werte annimmt, über die ich gleich verfügen werde. Ich wende den Greenschen Satz auf das Dreieck der Abb. 22 a an und erhalte

$$\iint\limits_{\mathfrak{B}} h\, v\, dx\, dy = \oint (P\, dy - Q\, dx); \qquad (23)$$

dabei ist

$$P = v\, \frac{\partial u}{\partial x} - u\, \frac{\partial v}{\partial x} + a\, u\, v = \frac{\partial(u\, v)}{\partial x} - u\,(2\, v_x - a\, v),$$

$$Q = -v\, \frac{\partial u}{\partial y} + u\, \frac{\partial v}{\partial y} + b\, u\, v = -\frac{\partial(u\, v)}{\partial y} + u\,(2\, v_y + b\, v).$$

Das Integral über den Rand von $\mathfrak{B}$ zerlege ich wieder in die drei Teile

$$\oint = \int\limits_{A_1}^{A_2} + \int\limits_{A_2}^{B} - \int\limits_{A_1}^{B}.$$

Längs der Strecke $A_1 B$ ist $y = x - \xi + \eta$ und $dy = dx$, längs $A_2 B$ ist $y = -x + \xi + \eta$ und $dy = -dx$, also wird

$$\int\limits_{A_1}^{B} (P\, dx - Q\, dy) = \int\limits_{A_1}^{B}\left[\frac{\partial(u\, v)}{\partial x}\, dx + \frac{\partial(u\, v)}{\partial y}\, dy\right] - \int\limits_{A_1}^{B} u\,(2\, v_x + 2\, v_y - a\, v + b\, v)\, dx,$$

$$\int\limits_{A_2}^{B} (P\, dy - Q\, dx) = -\int\limits_{A_2}^{B}\left[\frac{\partial(u\, v)}{\partial x}\, dx + \frac{\partial(u\, v)}{\partial y}\, dy\right] + \int\limits_{A_2}^{B} u\,(2\, v_x - 2\, v_y - a\, v - b\, v)\, dx.$$

Ich wähle nun die Anfangswerte von $v(x, y; \xi, \eta)$ so, daß längs $\overline{A_1 B}$

$$v(x, x - \xi + \eta; \xi, \eta) = \exp \frac{1}{2} \int\limits_{\xi}^{x} (a - b)\, dx$$

(wo in a und b ebenfalls $y = x - \xi + \eta$ zu setzen ist) und daher

$$v_x + v_y = \frac{1}{2}(a - b)\,v$$

sowie längs $\overline{A_2 B}$

$$v(x, -x + \xi + \eta, \xi, \eta) = \exp \frac{1}{2} \int\limits_{\xi}^{x} (a + b)\,dx$$

(wo in a und b ebenfalls $y = -x + \xi + \eta$ zu setzen ist) und daher

$$v_x - v_y = \frac{1}{2}(a + b)\,v$$

wird. Dann folgt aus (23)

$$\iint\limits_{\mathfrak{B}} h\,v\,dx\,dy = -4\,[u\,v]_B + 2\,[u\,v]_{A_1} + 2\,[u\,v]_{A_2} + \int\limits_{A_1}^{A_2} (P\,dy - Q\,dx)$$

oder wegen $v(\xi, \eta; \xi, \eta) = 1$

$$u(\xi, \eta) = \frac{1}{2}\,[u\,v]_{A_1} + \frac{1}{2}\,[u\,v]_{A_2} + \frac{1}{4} \int\limits_{A_1}^{A_2} (P\,dy - Q\,dx) - \frac{1}{4} \iint\limits_{\mathfrak{B}} h \cdot v\,dx\,dy, \qquad (24)$$

und das ist die gesuchte Lösung zu den gegebenen Anfangswerten. Liegt die Kurve $\mathfrak{C}$ so wie in Abb. 22b angedeutet, so ist wieder beim Doppelintegral das Vorzeichen zu wechseln, dagegen ändert sich das Vorzeichen nicht, wenn man mit dem Punkt $B(\xi, \eta)$ in beiden Fällen auf die andere Seite der Kurve $\mathfrak{C}$ geht.

Zum Schluß noch eine Bemerkung über die Anfangsbedingungen zweiter Art! Die Voraussetzung, daß die Kurve $\mathfrak{C}$ von den Charakteristiken — in unserem Fall also von den achsenparallelen Geraden — nur in je einem Punkt geschnitten wird, ist bei manchen Problemen nicht erfüllt. Nehmen wir etwa den in Abb. 23 gezeichneten Fall, daß $\mathfrak{C}$ an einer Stelle u_0 ein Maximum hat, $\dot{y}(u_0) = 0$, $\ddot{y}(u_0) < 0$ ist. Dann kann man die Lösung sowohl für das Rechteck $\mathfrak{R}_1$ als auch für das Rechteck $\mathfrak{R}_2$ konstruieren, aber die Frage ist offen, ob diese beiden Lösungen und ihre Ableitungen dann längs der Geraden $A\,B$ stetig ineinander übergehen.

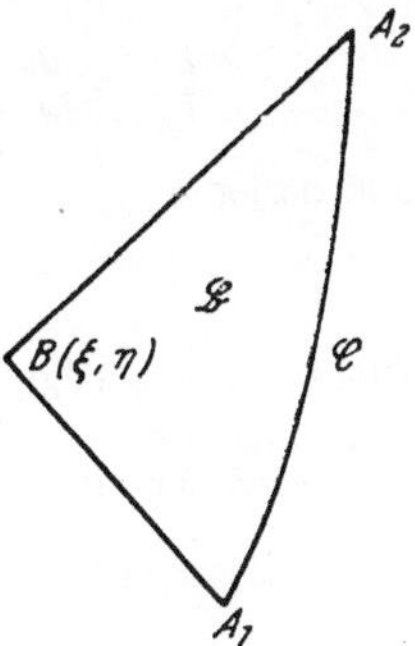

Abb. 22 b.

Tatsächlich muß das nicht der Fall sein, wenn die Randwerte längs $\mathfrak{C}_1$ und $\mathfrak{C}_2$ willkürlich, wenn auch mit stetigem Übergang in B vorgeschrieben sind. Man kann aber zeigen, daß man einen stetigen Anschluß der beiden Lösungen längs $A\,B$ immer dann erzielen kann, wenn man etwa längs $\mathfrak{C}_1$ wie früher z, p und q vorschreibt, längs $\mathfrak{C}_2$ aber nur z mit stetigem Übergang in B. Die Werte von p und q längs $\mathfrak{C}_2$ können dann so gewählt werden, daß längs $A\,B$ alle Bedingungen erfüllt sind[1].

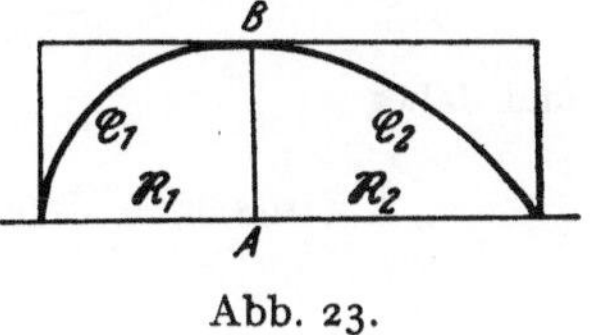

Abb. 23.

Beispiele:

1. Die Gleichung $\dfrac{\partial^2 u}{\partial x\,\partial y} = 0$ sei mit der Anfangsbedingung $u = \varphi(x)$, $u_x - u_y = \psi(x)$ längs $y = x$ zu lösen[2]. Die adjungierte Differentialgleichung ist $\dfrac{\partial^2 v}{\partial x\,\partial y} = 0$; wegen $a = b = $

---

[1] Vgl. FRANK-MISES, LV 9, Band I, XVIII, § 4, 7.

[2] Setzt man $f(x) = \dfrac{1}{2}\Big[\varphi(x) + \int \psi(x)\,dx\Big]$, $g(y) = \dfrac{1}{2}\Big[\varphi(y) - \int \psi(y)\,dy\Big]$, so sind die Anfangsbedingungen auf die bisher verwendete Form $u = f(x) + g(y)$ gebracht; wegen $y = x$ wird $u(x, x) = \varphi(x)$, $u_x(x, x) - u_y(x, x) = \psi(x)$.

$= c = h = 0$ ist $v = 1$ sowohl längs $x = \xi$ als auch längs $y = \eta$, also ist $v(x, y; \xi, \eta) \equiv 1$ die Greensche Funktion. Es wird $P = \dfrac{1}{2}\, u_y$, $Q = \dfrac{1}{2}\, u_x$ und aus (21) folgt

$$u(\xi, \eta) = \frac{1}{2}\, u(\xi, \xi) + \frac{1}{2}\, u(\eta, \eta) - \frac{1}{2} \int\limits_{\eta}^{\xi} [u_y(y, y)\, dy - u_x(x, x)\, dx] =$$

$$= \frac{1}{2}\left[\varphi(\xi) + \varphi(\eta) + \int\limits_{\xi}^{\eta} \psi(x)\, dx\right].$$

2. Wir verallgemeinern das Beispiel 1 und suchen eine Lösung der Differentialgleichung

$$\frac{\partial^2 u}{\partial x\, \partial y} + c\, u = 0, \qquad c \text{ konst.,}$$

mit denselben Anfangsbedingungen $u = \varphi(x)$, $u_x - u_y = \psi(x)$ längs $y = x$. Die Greensche Funktion $v(x, y; \xi, \eta)$ genügt der adjungierten Differentialgleichung

$$\frac{\partial^2 v}{\partial x\, \partial y} + c\, v = 0$$

mit den Anfangsbedingungen $v = 1$ für $x = \xi$ und $y = \eta$. v ist also sicher eine in $x - \xi$ und $y - \eta$ symmetrische Funktion. Wir versuchen, v als Funktion von

$$z = \sqrt{(x - \xi)\,(y - \eta)}$$

darzustellen. Es wird

$$\frac{\partial v}{\partial x} = \frac{dv}{dz}\,\frac{\partial z}{\partial x}, \qquad \frac{\partial^2 v}{\partial x\, \partial y} = \frac{d^2 v}{dz^2}\,\frac{\partial z}{\partial x}\,\frac{\partial z}{\partial y} + \frac{dv}{dz}\,\frac{\partial^2 z}{\partial x\, \partial y} = \frac{1}{4}\,\frac{d^2 v}{dz^2} + \frac{1}{4\,z}\,\frac{dv}{dz}$$

und daher

$$\frac{d^2 v}{dz^2} + \frac{1}{z}\,\frac{dv}{dz} + 4\,c\,v = 0.$$

Diese Differentialgleichung hat eine starke Ähnlichkeit mit der Besselschen Differentialgleichung von § 5, 4, Beispiel 1. Sie geht in diese über, wenn wir noch $t = 2\,\sqrt{c}\,z$ als unabhängige Veränderliche einführen:

$$\frac{d^2 v}{dt^2} + \frac{1}{t}\,\frac{dv}{dt} + v = 0.$$

Es ist also $v = J_0(t) = J_0(2\,\sqrt{c}\,z) = J_0\big(2\,\sqrt{c\,(x - \xi)\,(y - \eta)}\big)$ die Greensche Funktion unserer Aufgabe. Längs der Geraden $y = x$ wird

$$P - Q = \frac{1}{2}\,v\,(u_y - u_x) - \frac{1}{2}\,u\,(v_y - v_x) = -\frac{1}{2}\,J_0\big(2\,\sqrt{c\,(x - \xi)\,(x - \eta)}\big)\,\psi(x) - $$

$$-\frac{1}{2}\,\frac{\sqrt{c}\,(\eta - \xi)\,\varphi(x)}{\sqrt{(x - \xi)\,(x - \eta)}}\,J_0'\big(2\,\sqrt{c\,(x - \xi)\,(x - \eta)}\big)$$

und daher

$$u(\xi, \eta) = \frac{1}{2}\,[\varphi(\xi) + \varphi(\eta)] + \frac{1}{2} \int\limits_{\eta}^{\xi} J_0\big(2\,\sqrt{c\,(x - \xi)\,(x - \eta)}\big)\,\psi(x)\, dx + $$

$$+ \frac{1}{2}\,\sqrt{c}\,(\eta - \xi) \int\limits_{\eta}^{\xi} \frac{J_0'\big(2\,\sqrt{c\,(x - \xi)\,(x - \eta)}\big)\,\varphi(x)}{\sqrt{(x - \xi)\,(x - \eta)}}\, dx.$$

Ist $c = 0$, so wird $J_0(0) = 1$, $J_0'(0) = 0$, und wir kommen wieder auf die Lösung des Beispiels 1.

4. Die Differentialgleichung der schwingenden Saite und die Telegraphengleichung. Eine elastische Saite aus homogenem Material von der Dichte ϱ und der Länge l sei unter der Spannung S an den Enden festgeklemmt. Vernachlässigt wird das Gewicht, die Dicke, die innere und Luftreibung; ferner wird angenommen, daß die Elongation w (transversaler Abstand eines Punktes der Saite von der Ruhelage) klein ist. Setzt man noch $\dfrac{S}{\varrho} = a^2$, so genügt die Bewegung der Saite der Differentialgleichung

$$\frac{\partial^2 w}{\partial t^2} - a^2 \frac{\partial^2 w}{\partial s^2} = 0, \tag{25}$$

wo t die Zeit und s den Abstand eines Punktes der Saite in der Ruhelage vom linken Endpunkt $s = 0$ bedeutet; der rechte Endpunkt ist dann $s = l$. Die Anfangsbedingungen für die Lösung $w = w(s, t)$ sind erstens

$$w(0, t) = w(l, t) = 0 \tag{26}$$

und zweitens

$$w(s, 0) = f(s), \quad \frac{\partial w}{\partial t}(s, 0) = g(s), \quad 0 \leqq s \leqq l, \tag{27}$$

d. h. daß zur Zeit $t = 0$ Lage und Geschwindigkeit der Saite in jedem Punkt vorgeschrieben sind[1]; dabei ist noch $f(0) = f(l) = g(0) = g(l) = 0$.

Ich löse die Gleichung (25) zunächst nach der Methode der partikulären Lösungen von § 13, 4 und setze

$$w(s, t) = u(s)\, v(t); \tag{28}$$

das gibt

$$\frac{u''}{u} = \frac{1}{a^2}\,\frac{v''}{v} = -\lambda$$

oder

$$u'' + \lambda u = 0, \quad v'' + \lambda a^2 v = 0. \tag{29}$$

Die Annahme $\lambda \leqq 0$ führt wegen der Randbedingungen (26) stets auf die triviale Lösung $u \equiv 0$. Für $\lambda > 0$ ist die allgemeine Lösung der ersten Gleichung (29)

$$u = C_1 \cos \sqrt{\lambda}\, s + C_2 \sin \sqrt{\lambda}\, s;$$

für $s = 0$ erhält man daraus $C_1 = 0$, für $s = l$ die Bedingung $C_2 \sin \sqrt{\lambda}\, l = 0$, also $\sqrt{\lambda}\, l = k\pi$; die Randwertaufgabe hat also nur Lösungen, wenn

$$\lambda = \lambda_k = \frac{k^2 \pi^2}{l^2}, \quad k = 0, 1, 2, \ldots \tag{30}$$

ist. Man nennt die λ_k die zur Randwertaufgabe $u(0) = u(l) = 0$ gehörigen *Eigenwerte* und die Lösungen

$$u_k = c_k \sin \frac{k\pi}{l}\, s \tag{31}$$

---

[1] So ist z. B. für die im Punkt $s = s_0$ gezupfte Saite (Gitarre, Mandoline) $f(s) = \dfrac{c}{s_0}\, s$ in $0 \leqq s \leqq s_0$, $f(s) = \dfrac{c}{l - s_0}\,(l - s)$ in $s_0 \leqq s \leqq l$ und $g(s) \equiv 0$; für die im Punkt $s = s_0$ kurz *angeschlagene Saite* (Impulsanregung, Klavier) $f(s) \equiv 0$, $g(s) = 0$ in $0 \leqq s < s_0 - \varepsilon$ und $s_0 + \varepsilon < s \leqq l$, $g(s) = \sigma(\varepsilon)$ in $s_0 - \varepsilon \leqq s \leqq s_0 + \varepsilon$, wobei dann noch der Grenzübergang $\varepsilon \to 0$ so durchgeführt wird, daß $\lim \varepsilon\, \sigma(\varepsilon) = A \neq 0$ wird. Bei der *gestrichenen Saite* (Violine) steht auf der rechten Seite von (25) statt Null eine periodische Störungsfunktion (äußere Kraft).

Die Gleichungen (26) sind *Rand*bedingungen für den räumlichen Teil, die Gleichungen (27) *Anfangs*bedingungen für den zeitlichen Teil des Problems; die ersten sind Bedingungen für die beiden Enden der Saite, die zu jeder Zeit erfüllt sein müssen, die zweiten legen Gestalt und Geschwindigkeit der Saite in einem bestimmten Zeitpunkt $t = 0$ fest. Das ist für physikalische Probleme geradezu typisch; es kommt z. B. nur sehr selten vor, daß über die Lage oder den Bewegungszustand eines physikalischen Objekts zu zwei verschiedenen Zeitpunkten Aussagen gemacht werden.

die *Eigenfunktionen* der Differentialgleichung $u'' + \lambda\, u = 0$. Die zweite Gleichung (29) hat mit diesen Werten $\lambda = \lambda_k$ die allgemeinen Lösungen

$$v_k = A_k \cos \frac{k\,a\,\pi}{l}\, t + B_k \sin \frac{k\,a\,\pi}{l}\, t,$$

so daß, wenn die c_k in die Konstanten A_k und B_k hineingenommen werden,

$$w_k = \left(A_k \cos \frac{k\,a\,\pi}{l}\, t + B_k \sin \frac{k\,a\,\pi}{l}\, t \right) \sin \frac{k\,\pi}{l}\, s \tag{32}$$

wird. Damit kann man aber die Anfangsbedingungen (27) im allgemeinen nicht erfüllen, weil nur zwei Konstante zur Verfügung stehen. Bilden wir aber — die Konvergenz der unendlichen Reihe vorausgesetzt —

$$w(s, t) = \sum_{\nu = 1}^{\infty} w_\nu(s, t) = \sum_{\nu = 1}^{\infty} \left(A_\nu \cos \frac{\nu\,a\,\pi}{l}\, t + B_\nu \sin \frac{\nu\,a\,\pi}{l}\, t \right) \sin \frac{\nu\,\pi}{l}\, s, \tag{33}$$

so folgen aus (28) die Gleichungen

$$f(s) = \sum_{\nu = 1}^{\infty} A_\nu \sin \frac{\nu\,\pi}{l}\, s, \qquad g(s) = \sum_{\nu = 1}^{\infty} \frac{\nu\,a\,\pi}{l}\, B_\nu \sin \frac{\nu\,\pi}{l}\, s. \tag{34}$$

Lassen sich also $f(s)$ und $g(s)$ in absolut konvergente Fourierreihen entwickeln, so sind damit auch die Koeffizienten A_ν und B_ν der Darstellung (33) gegeben und die Reihe (33) ist wegen

$$\left| A_\nu \sin \frac{\nu\,\pi}{l}\, s \right| \le |A_\nu|, \qquad \left| B_\nu \sin \frac{\nu\,\pi}{l}\, s \right| \le |B_\nu|$$

ebenfalls konvergent. Da $f(s)$ und $g(s)$ nur in $[0, l]$ vorgeschrieben sind, kann ihre Definition zunächst durch

$$f(s) = -f(-s), \quad g(s) = -g(-s) \tag{35}$$

für $[-l, 0]$ und dann für alle s durch periodische Fortsetzung

$$f(s + 2\,l) = f(s), \quad g(s + 2\,l) = g(s) \tag{36}$$

erweitert werden. Wegen (35) treten dann, sofern die Fourierentwicklungen überhaupt möglich sind, nur die Sinusglieder auf.

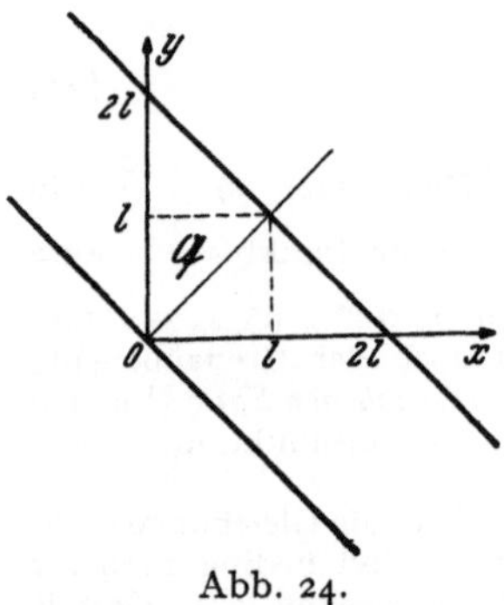

Abb. 24.

Die Lösung der Gleichung (25) mit der Riemannschen Methode erfordert vor allem eine Diskussion der Rand- und Anfangsbedingungen (26) und (27). Die Charakteristiken von (26) sind

$$s \pm a\,t = \text{konst.},$$

die Transformation

$$s + a\,t = x, \quad s - a\,t = y \tag{37}$$

führt (25) über in die Gleichung

$$\frac{\partial^2 z}{\partial x\,\partial y} = 0, \tag{38}$$

wo

$$z(x, y) = w(s, t) = w\left(\frac{x + y}{2}, \frac{x - y}{2\,a} \right) \tag{39}$$

ist. Die Randbedingungen (26) besagen jetzt, daß (Abb. 24)

$$z = 0 \text{ ist längs } x + y = 0 \text{ und } x + y = 2\,l; \tag{40}$$

die Anfangsbedingungen (27) geben wegen

$$\frac{\partial w}{\partial t} = \frac{\partial z}{\partial x}\frac{\partial x}{\partial t} + \frac{\partial z}{\partial y}\frac{\partial y}{\partial t} = a(z_x - z_y),$$

daß längs der Geraden $y = x$

$$z(x, x) = f(x), \quad z_x(x, x) - z_y(x, x) = \frac{1}{a} g(x), \quad 0 \leqq x \leqq l \qquad (41)$$

ist. Aus der ersten Gleichung (41) folgt $z_x(x, x) + z_y(x, x) = f'(x)$, so daß

$$z_x(x, x) = \frac{1}{2} f'(x) + \frac{1}{2a} g(x), \quad z_y(x, x) = \frac{1}{2} f'(x) - \frac{1}{2a} g(x)$$

wird. Setzen wir noch

$$\left.\begin{aligned}
\varphi(x) &= \frac{1}{2} f(x) + \frac{1}{2a} \int\limits_0^x g(x)\, dx, \\
\psi(x) &= \frac{1}{2} f(x) - \frac{1}{2a} \int\limits_0^x g(x)\, dx,
\end{aligned}\right\} \quad 0 \leqq x \leqq l, \qquad (42)$$

so können wir die Anfangsbedingung (41) dahin formulieren, daß längs der Geraden $y = x$, $0 \leqq x \leqq l$

$$z(x, y) = \varphi(x) + \psi(y) \qquad (43)$$

sein soll. Setzt man hier $y = x$, so folgt sofort die erste Gleichung (41) und durch Differentiation dann auch die zweite. Die Bedingung (43) ist aber genau die Anfangsbedingung zweiter Art, wenn für $\mathfrak{C}$ die Gerade $y = x$ in $[0, l]$ genommen wird. Der Rechtecksbereich, in dem durch das Riemannsche Verfahren die Lösung $z(x, y)$ geliefert wird, ist das in Abb. 24 gestrichelt gezeichnete Quadrat $\mathfrak{Q}$ mit der Seitenlänge l, das von den Charakteristiken $x = 0$, $x = l$, $y = 0$, $y = l$ durch den Anfangs- und Endpunkt von $\mathfrak{C}$ begrenzt ist. Die Randbedingungen (40) sind in den Punkten $(0, 0)$ und (l, l) wegen $f(0) = f(l) = 0$ erfüllt, wenn die Lösung der Anfangsbedingung (43) genügt, außerhalb dieser Punkte spielen sie für diese Lösung keine Rolle. Die Lösung selbst ergibt sich wie in Beispiel 1 von Ziffer 3; die Greensche Funktion ist $v(x, y; \xi, \eta) \equiv 1$ und daher

$$\chi(x, y) = \varphi(x) + \psi(y) \qquad (44)$$

die Lösung von (38) zu der Anfangsbedingung (43). Wegen (42) können wir (44) in der Gestalt

$$\chi(x, y) = \frac{1}{2} [f(x) + f(y)] + \frac{1}{2a} \int\limits_y^x g(x)\, dx, \quad 0 \leqq x \leqq l, \quad 0 \leqq y \leqq l \qquad (45)$$

schreiben. Mit dieser Lösung können wir uns aber noch nicht zufrieden geben, weil ihr Gültigkeitsbereich, das Quadrat $\mathfrak{Q}$, noch wesentlich zu klein ist. Wir brauchen ja die Lösung von (1) in dem Halbstreifen, der in der s,t-Ebene durch die Geraden $s = 0$ und $s = l$ für $t \geqq 0$ und durch die Strecke $t = 0$, $0 \leqq s \leqq l$ der s-Achse begrenzt ist. Die Lösung von $\dfrac{\partial^2 z}{\partial x\, \partial y} = 0$ muß also, wenn sie brauchbar sein soll, in der x,y-Ebene in dem Halbstreifen gegeben sein, der durch die Strecke $y = x$, $0 \leqq x \leqq l$ und durch die beiden Halbgeraden $x + y = 0$, $x + y = 2l$, $x \geqq 0$ bzw. $x \geqq l$ begrenzt ist und das Bild des obigen Halbstreifens der s,t-Ebene bei der Transformation (37) ist. Die Begrenzung $\mathfrak{C}$ dieses Halbstreifens hat die unangenehme Eigenschaft, daß sie von jeder Charakteristik in zwei Punkten getroffen wird; es liegt also gerade der am Schluß von Ziffer 3 erwähnte

Fall vor. Anderseits sind aber längs der beiden Geraden $x + y = 0$, $x + y = 2\,l$ durch (40) nur die Funktionswerte $z = 0$ vorgeschrieben und nicht die der Ableitungen z_x und z_y, so daß es möglich sein wird, den Gültigkeitsbereich der Lösung (45) auf den ganzen Halbstreifen auszudehnen. Ich erweitere dazu den Definitionsbereich der Funktionen $f(x)$ und $g(x)$ wie in (35) und (36); damit ist die Funktion $\chi(x, y)$ in (45) aber ebenfalls in der ganzen x,y-Ebene definiert, und es ist bloß noch zu zeigen, daß sie den Randbedingungen (40) genügt, d. h. daß

$$\chi(x, -x) = \chi(x, 2\,l - x) = 0 \tag{46}$$

ist. Nun ist wegen (45)

$$\chi(x, -x) = \frac{1}{2}\,[f(x) + f(-x)] + \frac{1}{2\,a} \int\limits_{-x}^{+x} g(x)\,dx,$$

$$\chi(x, 2\,l - x) = \frac{1}{2}\,[f(x) + f(2\,l - x)] + \frac{1}{2\,a} \int\limits_{2l-x}^{x} g(x)\,dx,$$

wegen (35) und (36) ist

$$f(-x) = -f(x), \quad f(2\,l - x) = f(-x) = -f(x),$$

$$\int\limits_{-x}^{x} g\,dx = 0, \quad \int\limits_{2l-x}^{x} g\,dx = \int\limits_{2l-x}^{-x} g\,dx + \int\limits_{-x}^{+x} g\,dx = 0;$$

die Bedingung (46) ist erfüllt, d. h. $\chi(x, y)$ ist die gesuchte Lösung. Gehen wir noch zu den Variablen s, t zurück, so folgt

$$w(s, t) = \chi(s + a\,t, s - a\,t) = \frac{1}{2}\,[f(s + a\,t) + f(s - a\,t)] + \frac{1}{2\,a} \int\limits_{s-a t}^{s+a t} g(x)\,dx. \tag{47}$$

Von hier aus kommt man wieder zu (33), wenn man annimmt, daß $f(x)$ und $g(x)$ durch gleichmäßig konvergente Fourierreihen darstellbar sind; ist etwa[1]

$$f(x) = \sum_{\nu=1}^{\infty} A_\nu \sin \frac{\nu\,\pi}{l}\,x, \qquad g(x) = \sum_{\nu=1}^{\infty} \frac{\nu\,a\,\pi}{l}\,B_\nu \sin \frac{\nu\,\pi}{l}\,x,$$

so wird

$$f(s \pm a\,t) = \sum_{\nu=1}^{\infty} A_\nu \sin \frac{\nu\,\pi}{l}\,(s \pm a\,t)$$

und daher

$$\frac{1}{2}\,[f(s + a\,t) + f(s - a\,t)] = \sum_{\nu=1}^{\infty} A_\nu \sin \frac{\nu\,\pi}{l}\,s \cos \frac{\nu\,a\,\pi}{l}\,t,$$

sowie

$$\int\limits_{s-a t}^{s+a t} g(x)\,dx = \sum_{\nu=1}^{\infty} \int\limits_{s-a t}^{s+a t} \frac{\nu\,a\,\pi}{l}\,B_\nu \sin \frac{\nu\,\pi}{l}\,x\,dx =$$

$$= -a \sum_{\nu=1}^{\infty} B_\nu \left[\cos \frac{\nu\,\pi}{l}\,(s + a\,t) - \cos \frac{\nu\,\pi}{l}\,(s - a\,t)\right] =$$

$$= 2\,a \sum_{\nu=1}^{\infty} B_\nu \sin \frac{\nu\,\pi}{l}\,s \sin \frac{\nu\,a\,\pi}{l}\,t,$$

was dann sofort (33) gibt.

---

[1] f und g sind nach (35) und (36) ungerade, mit $2\,l$ periodische Funktionen; der Faktor $\dfrac{\nu\,a\,\pi}{l}$ bei den Koeffizienten von $g(x)$ ist belanglos und nur mit Rücksicht auf die folgende Rechnung gesetzt.

Berücksichtigt man bei der Formulierung des Problems noch Größen, die auf die Bewegung einen dämpfenden Einfluß haben, wie Reibungskräfte, elektrische Widerstände u. dgl., so kommt man statt zu (25) zu der allgemeineren Differentialgleichung

$$\frac{\partial^2 w}{\partial t^2} - a^2 \frac{\partial^2 w}{ds^2} + b \frac{\partial w}{\partial t} = 0. \tag{48}$$

Sie ist besonders in der Elektrotechnik von Bedeutung und wird als *Telegraphengleichung* bezeichnet. w ist dabei die Stromstärke in einem linearen Leiter; wenn C die Kapazität, L die Selbstinduktion und R der Widerstand ist, alles pro Längeneinheit verstanden, so ist $a^2 = \frac{1}{CL}$ und $b = \frac{R}{L}$. Die Transformation $x = -\frac{b}{4a}(s + at)$, $y = -\frac{b}{4a}(s - at)$ gibt

$$\overline{w}_{xy} + \overline{w}_x - \overline{w}_y = 0,$$

wo $\overline{w}(x, y) = w(s, t)$ ist; setzt man noch

$$\overline{w} = z \exp(x - y),$$

so folgt schließlich

$$z_{xy} + z = 0.$$

Die Randbedingungen (26) entfallen hier, da man annimmt, daß sich die Leitung nach beiden Seiten ins Unendliche erstreckt; es bleiben nur die Anfangsbedingungen (27) bzw. (43). Damit sind wir aber gerade bei der im zweiten Beispiel von Ziffer 3 behandelten Aufgabe mit $c = 1$ angelangt.

Aufgaben.

1. Man zeige, daß (1) die zu (16) adjungierte Differentialgleichung ist.

2. Man ermittle nach dem Verfahren sukzessiver Approximationen jene Lösung von $s + xp + yq = 0$, die für $y = 0$ die Werte $z = x$ und für $x = 0$ die Werte $z = y$ annimmt.

3. Man ermittle nach der Riemannschen Methode das Integral von

$$\frac{\partial^2 u}{\partial x \, \partial y} + \frac{1}{x} \frac{\partial u}{\partial y} = \frac{1}{xy}$$

zu den Anfangsbedingungen a) $u(x, 1) = \frac{1}{x}$, $u(1, y) = \frac{1}{y}$; b) $u = \frac{1}{x} + \frac{1}{y}$, $u_x = -\frac{1}{x^2}$, $u_y = -\frac{1}{y^2}$ längs $x + y = 1$.

IV. Variationsrechnung.

§ 15. Die Eulersche Differentialgleichung.

1. Problemstellung. Beispiele. Den Gegenstand der Variationsrechnung bildet eine besondere Art von Extremumsaufgaben, die von den bisher behandelten Aufgaben ganz wesentlich verschieden sind. Wir haben die Extrema von Funktionen untersucht und notwendige, in einigen einfacheren Fällen auch hinreichende Bedingungen dafür aufgestellt, daß eine gegebene Funktion für bestimmte Werte der unabhängigen Veränderlichen ein Maximum oder Minimum hat. In der Variationsrechnung handelt es sich durchwegs um Extrema von bestimmten Integralen, deren Wert also nicht von irgendwelchen unabhängigen Veränderlichen, sondern von dem ganzen Verlauf gewisser Funktionen abhängt. Man spricht, um diesen Tatbestand hervorzuheben, gelegentlich von *Funktionenfunktionen*. So etwas liegt schon im einfachsten Fall des bestimmten Integrals

$$\int_a^b f(x) \, dx \tag{1}$$

vor, dessen Wert von dem Verlauf der beschränkten und stückweise stetigen Funktion $y = f(x)$ im Integrationsintervall abhängt, also eine Funktionenfunktion ist. Es hat aber offenbar wenig Sinn, nach einem Extremum eines Integrals der Form (1) zu fragen, denn man kann das Integral (1) durch geeignete Wahl der Funktion $f(x)$ größer oder kleiner machen als jede vorgegebene Zahl A. Es wird zweckmäßig sein, wenn ich Ihnen — so wie das in allen einführenden Darstellungen der Variationsrechnung geschieht — zuerst an einigen typischen Beispielen zeige, um was für Aufgaben es sich handelt. Ich beginne mit zwei klassischen Beispielen, an denen sich die Variationsrechnung entwickelt hat.

1. Die Minimaldrehfläche. Es sind in der Ebene zwei Punkte A und B mit den Koordinaten (a, a_1) und (b, b_1), $a < b$, gegeben, durch die eine Kurve $\mathfrak{C}$ mit der Gleichung $y = y(x)$ so zu legen ist, daß der Inhalt

$$J = 2\pi \int_a^b y \sqrt{1 + y'^2}\, dx \tag{2}$$

der Fläche, die durch die Rotation von $\mathfrak{C}$ um die x-Achse erzeugt wird, ein Minimum wird. Wir sehen, daß das eine wesentlich verwickeltere Aufgabe als (1) ist. Der Integrand in (2) ist eine Funktion der beiden Variablen y und y', für jede bestimmte Wahl der Funktion $y = y(x)$ ergibt sich ein bestimmter Wert von J, und die Frage ist: Wie muß ich die Funktion $y(x)$ wählen, damit J ein Minimum ist?

2. Die Brachistochrone. Wieder ist durch zwei Punkte einer (senkrecht gedachten) Ebene eine Kurve $\mathfrak{C}$ zu legen, jetzt aber so, daß ein Punkt, der sich längs $\mathfrak{C}$ unter dem Einfluß der Schwerkraft bewegt, in der kürzesten Zeit von A nach B gelangt[1]. Legt man das Koordinatensystem so, daß die Schwerkraft in der Richtung der negativen y-Achse wirkt (damit die Aufgabe eine Lösung hat, muß dann $a_1 > b_1$ sein), so ist die Geschwindigkeit im Punkt $P = (x, y)$ von $\mathfrak{C}$ nach einem einfachen Satz der Mechanik (Abb. 25)

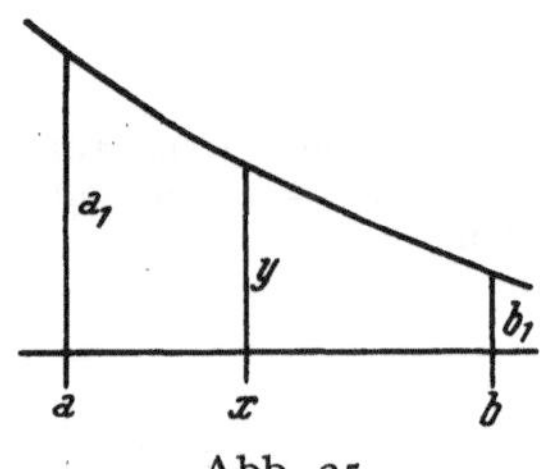

Abb. 25.

$$v = \frac{ds}{dt} = \sqrt{2\,g\,(a_1 - y)},$$

wenn die Anfangsgeschwindigkeit in A Null war. Für die Zeit zwischen A und B folgt dann

$$T = \int_A^B \frac{ds}{v} = \frac{1}{\sqrt{2\,g}} \int_a^b \sqrt{\frac{1 + y'^2}{a_1 - y}}\, dx. \tag{3}$$

Das Variationsproblem

$$T = \int_A^B \frac{ds}{v} = \text{Min.}$$

ist im übrigen zugleich die allgemeine Formulierung des *Fermatschen Prinzips* der kürzesten Lichtzeit, demzufolge ein Lichtstrahl stets in der kürzesten Zeit von A nach B gelangt; $v(x, y)$ ist dabei die Lichtgeschwindigkeit in einem im allgemeinen inhomogenen Medium. In besonderen Fällen (Brechung und Reflexion im homogenen Medium) geht die Aufgabe in eine gewöhnliche Extremumsaufgabe über (Band I, § 14, Aufgabe 11).

3. Die geodätischen Linien. Es soll durch zwei Punkte A und B der Ebene oder des Raums die kürzeste Verbindungslinie $\mathfrak{C}$ gelegt werden. Die Antwort

---

[1] Brachistochrone, aus dem Griechischen $\beta\varrho\alpha\chi\iota\sigma\tau\sigma\varsigma$, kürzester, und $\chi\varrho\sigma\nu\sigma\varsigma$, Zeit, gebildet.

darauf wird Ihnen unmittelbar gegenwärtig sein: Die Lösung ist die Gerade durch A und B. Aber das ist natürlich nur in einem Euklidischen Raum richtig. Da im Fall der Ebene die Länge der Kurve $\mathfrak{C}$ durch das Integral

$$s = \int_a^b \sqrt{1 + y'^2}\, dx \tag{4}$$

gegeben ist, so ergibt sich hier also, vom analytischen Standpunkt aus, eine ganz ähnliche Frage wie in den beiden ersten Beispielen: Es ist eine Funktion $y(x)$ zu ermitteln, für die s ein Minimum wird, und es ist von vornherein durchaus nicht klar, daß die Lösung eine lineare Funktion $y = \alpha x + \beta$ ist, die noch die Randbedingungen (durch A und B zu gehen) erfüllen muß und durch diese Bedingungen eindeutig bestimmt ist. Im Fall des Raums ist

$$s = \int_a^b \sqrt{1 + y'^2 + z'^2}\, dx. \tag{5}$$

Hier liegt also etwas ganz Neuartiges vor: Es sind *zwei* Funktionen $y = y(x)$, $z = z(x)$ so zu ermitteln, daß das Integral (5) ein Minimum wird und die Randbedingungen $y(a) = a_1$, $z(a) = a_2$, $y(b) = b_1$, $z(b) = b_2$ erfüllt sind, wobei (a, a_1, a_2) die Koordinaten von A und (b, b_1, b_2) die von B sind.

Wesentlich schwieriger wird die Antwort, wenn im Raum eine Fläche $\mathfrak{F}$ und auf $\mathfrak{F}$ zwei Punkte A und B gegeben sind und nach der kürzesten, ganz auf $\mathfrak{F}$ verlaufenden Verbindungslinie von A und B gefragt wird. Die Aufgabe führt natürlich wieder auf den Ansatz (5), aber die beiden Funktionen $y(x)$ und $z(x)$ sind nicht mehr völlig beliebig, sondern von vornherein an die Bedingung

$$F(x, y(x), z(x)) = 0 \tag{6}$$

für alle $a \le x \le b$ geknüpft, wobei $F(x, y, z) = 0$ die Gleichung der Fläche $\mathfrak{F}$ ist. Man spricht hier von einem *Variationsproblem mit einer Nebenbedingung*.

Dazu gleich hier noch eine Bemerkung. Wie bei der Diskussion der komplizierteren gewöhnlichen Extremumsaufgaben in Band II, werde ich mich auch im folgenden durchaus auf die Angabe von notwendigen Bedingungen für die Lösung beschränken. Die Kurven, die diesen notwendigen Bedingungen genügen und die als *Extremalen* des betreffenden Variationsproblems bezeichnet werden, müssen dann das betrachtete Integral keineswegs zu einem Maximum oder Minimum machen, sondern sie verleihen ihm bloß einen *stationären* Wert in ähnlichem Sinn wie in Band II, § 14, 1. Die Extremalen des Variationsproblems (5), (6) heißen *geodätische Linien* der Fläche $\mathfrak{F}$. Die kürzesten Verbindungslinien zweier Flächenpunkte sind also jedenfalls geodätische Linien, aber die Umkehrung muß nicht gelten. Auf einer Kugel sind die geodätischen Linien die Hauptkreise (Kreise, die auf der Kugel von Ebenen durch den Kugelmittelpunkt ausgeschnitten werden); aber durch die Punkte A und B sind auf einem Hauptkreis zwei Kreisbogen bestimmt, von denen nur der kürzere ein Minimum des Integrals (5) geben wird. Sind A und B die Endpunkte eines Kugeldurchmessers, dann gibt es unendlich viele Hauptkreise durch A und B, die zwar alle ein Minimum des Integrals (5) geben, aber man sieht, daß in diesem Falle die Randbedingungen die Lösung nicht eindeutig bestimmen.

Man kann das Problem der kürzesten Verbindungslinien auf einer Fläche noch anders formulieren, nämlich ohne auf eine Nebenbedingung wie (6) zu kommen, wenn man $\mathfrak{F}$ in Parameterdarstellung

$$x_i = x_i(u, v), \quad i = 1, 2, 3$$

annimmt; dann ergibt sich an Stelle von (4) das Integral

$$s = \int_\alpha^\beta \sqrt{E\,\dot{u}^2 + 2\,F\,\dot{u}\,\dot{v} + G\,\dot{v}^2}\; dt, \tag{7}$$

das durch geeignete Wahl der beiden Funktionen $u(t)$, $v(t)$ zu einem Minimum zu machen ist. Eine Nebenbedingung scheint hier natürlich nicht mehr auf. Das Variationsproblem unterscheidet sich aber in einer Hinsicht ganz wesentlich von den bisher betrachteten, weil nämlich eine Parameterdarstellung der Lösung gesucht ist. Man spricht demgemäß von *Variationsproblemen in Parameterdarstellung*.

Man kann natürlich auch alle früheren Aufgaben in Parameterdarstellung geben; so wird aus (2), (3) und (5) der Reihe nach

$$J = 2\,\pi \int_\alpha^\beta y\,\sqrt{\dot{x}^2 + \dot{y}^2}\; dt, \qquad J = \frac{1}{\sqrt{2\,g}} \int_\alpha^\beta \sqrt{\frac{\dot{x}^2 + \dot{y}^2}{a_1 - y}}\; dt, \qquad J = \int_\alpha^\beta \sqrt{\dot{x}^2 + \dot{y}^2 + \dot{z}^2}\; dt.$$

4. Das isoperimetrische Problem. Ich komme nun wieder zu einer etwas einfacheren Aufgabe: Es soll durch zwei Punkte A und B der Ebene eine Kurve von gegebener Länge l gelegt werden, die zusammen mit der Strecke AB einen möglichst großen Flächeninhalt umschließt. Natürlich muß dabei l größer sein als der Abstand AB. Legen wir das Koordinatensystem so, daß A der Ursprung und B der Punkt $(a, 0)$ der x-Achse ist $(a < l)$, so ist das Integral

$$J = \int_0^a y\,dx \tag{8}$$

durch Wahl der Funktion $y(x)$ zu einem Maximum zu machen, wobei aber die Funktion $y(x)$ noch der Bedingung

$$\int_0^a \sqrt{1 + y'^2}\; dx = l \tag{9}$$

genügen soll. Wir haben also wieder eine Nebenbedingung, aber von ganz anderer Art als (6), weil jetzt die gesuchte Funktion einem gegebenen Integral einen gegebenen Wert erteilen muß. Sie werden — mit Recht — vermuten, daß die Lösung der Kreisbogen durch die beiden Punkte sein wird. Dieselbe Lösung ergibt sich aber auch, wenn wir nach der kürzesten Kurve $\mathfrak{C}$ durch A und B fragen, die zusammen mit der Strecke AB einen gegebenen Flächeninhalt umschließt. Dabei wäre also das Integral auf der linken Seite von (9) zu einem Minimum zu machen, während das Integral (8) einen vorgegebenen Wert annimmt. Es zeigt sich hier eine Reziprozität, die für derartige Aufgaben ganz charakteristisch ist. Fällt A mit B zusammen, so läuft die Aufgabe darauf hinaus, eine geschlossene Kurve gegebener Länge l zu finden, die einen möglichst großen Flächeninhalt umschließt, oder eine möglichst kurze Kurve, die einen gegebenen Flächeninhalt F umschließt. Mit Rücksicht auf den rein geometrischen Charakter dieser Aufgabe wird man eine Parameterdarstellung $x(t)$, $y(t)$ verwenden und gelangt zu folgender Formulierung der Aufgabe: Es ist entweder

$$J_1 = \oint_{\mathfrak{C}} (x\,dy - y\,dx) = \int_\alpha^\beta (x\,\dot{y} - y\,\dot{x})\; dt$$

zu einem Maximum zu machen unter der Nebenbedingung $J_2 = l$, wo

$$J_2 = \oint ds = \int_\alpha^\beta \sqrt{\dot{x}^2 + \dot{y}^2}\, dt$$

ist, oder J_2 zu einem Minimum unter der Nebenbedingung $J_1 = F$. Die Randbedingungen lauten dabei nur $x(\alpha) = x(\beta)$, $y(\alpha) = y(\beta)$. Ich erwähne, daß man ganz allgemein als isoperimetrische Probleme alle Aufgaben bezeichnet, bei denen von zwei Integralen das eine einen extremen, das andere einen gegebenen festen Wert annehmen soll.

5. *Die Minimalflächen.* Ähnliche Fragen können natürlich auch bei mehrfachen Integralen auftreten. Eine wichtige Verallgemeinerung des ersten Beispiels ist die Aufgabe, unter allen Flächen $\mathfrak{F}$, die durch eine gegebene geschlossene Raumkurve $\mathfrak{C}$ hindurchgehen, jene zu bestimmen, auf der durch $\mathfrak{C}$ ein Flächenstück kleinsten Inhalts begrenzt wird. Es ist also das Doppelintegral

$$J = \iint_{\mathfrak{B}} \sqrt{1 + p^2 + q^2}\, dx\, dy \tag{10}$$

durch geeignete Wahl der Funktion $z = z(x, y)$ zu einem Minimum zu machen. $\mathfrak{B}$ ist dabei der Bereich, der in der x,y-Ebene durch die Projektion $\mathfrak{C}'$ von $\mathfrak{C}$ begrenzt wird. In Parameterdarstellung sind drei Funktionen $x_i(u, v)$ zu ermitteln, für die das Integral

$$J = \iint \sqrt{E\,G - F^2}\, du\, dv$$

ein Minimum wird. Ich erwähne, daß sich die Lösung dieses Variationsproblems auf eine höchst einfache Weise physikalisch realisieren läßt, nämlich mittels einer Seifenblase, die über die aus Draht hergestellte Kurve $\mathfrak{C}$ gespannt wird und die infolge der Oberflächenspannung die Gestalt der Minimalfläche annimmt. Ist $\mathfrak{C}$ eine ebene Kurve, so ist die Lösung trivial, nämlich die Ebene durch $\mathfrak{C}$.

Während in der Theorie der gewöhnlichen Extrema die Existenz der Lösungen durch den Satz von WEIERSTRASS (Band I, § 10 und Band II, § 8) ein für

allemal sichergestellt ist, ist das in der Variationsrechnung durchaus nicht der Fall. Es gibt hier Aufgaben, die sich sinnvoll formulieren lassen, aber doch keine Lösung haben, wie z. B. die folgende: Zwei Punkte der x-Achse sollen durch

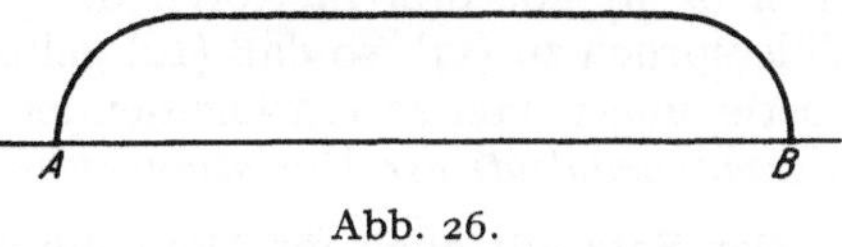
Abb. 26.

eine glatte (d. h. stetig differenzierbare) und möglichst kurze Kurve verbunden werden, die in ihren Endpunkten auf der x-Achse senkrecht steht. Nun ist die Länge jeder zulässigen, d. h. den Bedingungen genügenden Kurve immer größer als die Länge der geraden Verbindungsstrecke und kann dieser beliebig nahekommen; aber die Verbindungsstrecke selbst ist keine Lösung, weil sie den Randbedingungen nicht genügt. Man setze $\mathfrak{C}$ etwa zusammen aus zwei kleinen Viertelkreisen, deren Mittelpunkte auf der x-Achse liegen und einer geraden Strecke (Abb. 26). Ihre Länge $l = \varrho\pi + a - 2\varrho = a + (\pi - 2)\varrho$ unterscheidet sich dann beliebig wenig von a. Es gibt also wohl eine untere Grenze, aber kein Minimum.

In der Frage der Existenz einer Lösung und im Zusammenhang damit in der Aufstellung von hinreichenden Bedingungen liegt die eigentliche und wesentliche Schwierigkeit der Variationsrechnung. Da ich mich aber, wie schon gesagt, im folgenden auf die Diskussion notwendiger Bedingungen, insbesondere auf die Ermittlung von Extremalen beschränken werde, treten für uns diese Fragen in den

Hintergrund. Sie werden sehen, daß die Extremalen als Lösungen von Differentialgleichungen erscheinen und daher ist die Frage nach der Existenz der Extremalen durch unsere Untersuchungen über die Existenz der Lösungen von Differentialgleichungen in den vorhergehenden Kapiteln beantwortet. Anders steht es allerdings mit der Frage, ob es stets Extremalen gibt, die den gegebenen Randbedingungen genügen, was durchaus nicht immer der Fall sein muß, wie schon das obige Beispiel zeigt.

Ich werde im folgenden zunächst alle jene Probleme behandeln, bei denen keine Nebenbedingungen vorliegen. Der Gang der Rechnung ist in allen diesen Fällen im wesentlichen derselbe und immer spielt ein Hilfssatz, den ich in Ziffer 2 beweisen werde, eine entscheidende Rolle.

2. Ein Hilfssatz. Ich beweise folgenden Satz:

Ist die Funktion $\varphi(x)$ stetig in dem abgeschlossenen Intervall $[a, b]$ und

$$\int_a^b \varphi(x)\, v(x)\, dx = 0 \tag{11}$$

für alle in $[a, b]$ stetig differenzierbaren und in den Punkten a und b verschwindenden Funktionen $v(x)$, so ist

$$\varphi(x) \equiv 0 \tag{12}$$

in $[a, b]$.

Wäre nämlich $\varphi(x_0) \neq 0$, etwa $\varphi(x_0) > 0$ an einer Stelle x_0 aus $[a, b]$, so gäbe es wegen der Stetigkeit von $\varphi(x)$ ein in $[a, b]$ enthaltenes Intervall $[\alpha, \beta]$, so daß $\varphi(x) > 0$ ist für alle x aus $[\alpha, \beta]$. Setze ich nun

$$v(x) = (x - \alpha)^2\, (x - \beta)^2 \text{ für } \alpha \leqq x \leqq \beta,$$
$$v(x) = 0 \text{ für } x \leqq \alpha \text{ und } x \geqq \beta,$$

so wird

$$\int_a^b \varphi(x)\, v(x)\, dx = \int_\alpha^\beta \varphi(x)\cdot (x - \alpha)^2\, (x - \beta)^2\, dx > 0,$$

da in (α, β) alle drei Faktoren des Integranden positiv sind. Das ist aber ein Widerspruch zu (11), so daß (12) gelten muß. Dieser Satz ist für unsere weiteren Überlegungen von so entscheidender Bedeutung, daß man ihn oft geradezu als *„Fundamentalsatz der Variationsrechnung"* bezeichnet hat.

Der Satz gilt auch für Doppelintegrale und läßt sich ganz analog beweisen. *Ist $\varphi(x, y)$ stetig in einem abgeschlossenen Bereich $\mathfrak{B}$ und*

$$\iint_\mathfrak{B} \varphi(x, y)\, v(x, y)\, dx\, dy = 0 \tag{13}$$

für alle in $\mathfrak{B}$ stetig differenzierbaren und am Rand $\mathfrak{C}$ von $\mathfrak{B}$ verschwindenden Funktionen $v(x, y)$, so ist $\varphi(x, y) \equiv 0$ in $\mathfrak{B}$. Wäre $\varphi(x_0, y_0) > 0$ an einer Stelle (x_0, y_0) im Inneren von $\mathfrak{B}$, so gäbe es eine Umgebung $\mathfrak{U}$ von (x_0, y_0), so daß $\varphi > 0$ in $\mathfrak{U}$ ist. Ist dann (α, β) ein innerer Punkt von $\mathfrak{U}$ und ϱ so gewählt, daß der Kreisbereich $\mathfrak{K}$

$$(x - \alpha)^2 + (y - \beta)^2 \leqq \varrho^2$$

ganz in $\mathfrak{U}$ liegt, so kann man

$$v(x, y) = [(x - \alpha)^2 + (y - \beta)^2 - \varrho^2]^2 \text{ für alle } x, y \text{ von } \mathfrak{K},$$
$$v(x, y) = 0 \text{ für alle anderen } (x, y) \text{ von } \mathfrak{B}$$

setzen. Dann wird

$$\iint\limits_{\mathfrak{B}} \varphi(x, y)\, v(x, y)\, dx\, dy = \iint\limits_{\mathfrak{K}} \varphi(x, y)\, [(x - \alpha)^2 + (y - \beta)^2 - \varrho^2]^2\, dx\, dy > 0$$

in Widerspruch zu (13).

3. Die Eulersche Differentialgleichung im einfachsten Fall. Die einfachsten Beispiele aus Ziffer 1 sind offenbar (2), (3) und (4); in ihnen ist der Integrand, den man auch als *Grundfunktion* bezeichnet, eine Funktion von y und y' und wird für jede Wahl von $y = y(x)$ eine zusammengesetzte Funktion der unabhängigen Veränderlichen x. Es hätte natürlich wenig Sinn, die Möglichkeit, daß x auch als selbständiges Argument der Grundfunktion auftritt, auszuschließen. Damit kommen wir für diesen einfachsten Fall mit je einer abhängigen und unabhängigen Veränderlichen zu folgender allgemeiner Formulierung des Variationsproblems: *Es sind jene ebenen Kurven $y = y(x)$ zu ermitteln, für die das Integral*

$$J = \int\limits_a^b f(x, y, y')\, dx \tag{14}$$

ein Extremum (Maximum oder Minimum) wird.

Die Grundfunktion $f(x, y, y')$ erscheint zunächst als eine Funktion von drei unabhängigen Variablen x, y, y', von denen die beiden letzteren erst durch Wahl einer weiteren Funktion $y(x)$ zu abhängigen Variablen werden. Die Funktion f sei in dem Rechteck

$$a \leqq x \leqq b, \quad a' < y < b' \tag{15}$$

der x,y-Ebene und für *alle* y' zweimal stetig differenzierbar.

In den drei Beispielen von Ziffer 1 sind der Lösung $y(x)$ noch *Randbedingungen* vorgeschrieben, die darin bestehen, daß die Funktion $y(x)$ an den Intervallgrenzen gegebene Werte $y(a) = a_1$, $y(b) = b_1$ annehmen, d. h. daß die Kurve $y = y(x)$ durch die beiden Punkte $A = (a, a_1)$, $B = (b, b_1)$ hindurchgehen soll. Ich will die Frage dieser Randbedingungen aber zunächst ganz offenlassen, d. h. auch den Fall der sogenannten *freien Endpunkte* in die Untersuchung einbeziehen, wo keine Randbedingungen vorgeschrieben sind.

Ich nehme nun an, wir hätten irgendwie eine Lösung $y = y(x)$ der Aufgabe gefunden. Daß diese Annahme nicht abwegig ist, zeigen uns die Beispiele von Ziffer 1. Die Funktion $y(x)$ sei dabei in $[a, b]$ definiert und zweimal stetig differenzierbar. Das Integral (14) sei für diese Funktion $y(x)$ ein Minimum. Wenn wir von einer Funktion $\varphi(x)$ sagen, sie habe an der Stelle x_0 ein Minimum, so ist $\varphi(x_0) < \varphi(x)$ für alle $x \neq x_0$ einer gewissen Umgebung von x_0. Wir vergleichen also den Funktionswert an der Stelle x_0 mit den Funktionswerten in der Nähe von x_0. In unserem Fall werden wir demnach den Wert des Integrals (13) für die Funktion $y(x)$ mit den Werten zu vergleichen haben, die sich für andere Funktionen $\bar{y}(x)$ ergeben, die „in der Nähe" von $y(x)$ liegen. Nun ist es naheliegend zu sagen, daß eine Kurve $\bar{y}(x)$ in der Nähe einer anderen Kurve $y(x)$ liegt, wenn

$$|\bar{y}(x) - y(x)| < h \tag{16}$$

ist für alle x aus $[a, b]$, wobei h eine beliebige positive Zahl ist. Man nennt jede Kurve $y = \bar{y}(x)$ eine *zulässige Vergleichskurve*, wenn sie der Bedingung (16) genügt, in $[a, b]$ definiert und stetig differenzierbar ist. (Vgl. hierzu Ziffer 4 D.)

Unter der Menge aller zulässigen Vergleichskurven wähle ich nun eine spezielle einparametrige Schar in der Form

$$\bar{y}(x) = y(x) + \varepsilon\, v(x). \tag{17}$$

Dabei ist ε der Scharparameter und $v(x)$ eine beliebige, in $[a, b]$ definierte, stetig differenzierbare Funktion. Die Bedingung (16) wird erfüllt sein, wenn

$$|\varepsilon| < \frac{h}{\operatorname{Max}|v(x)|}$$

ist. Setzen wir $y = \bar{y}(x)$ in (14) ein, so wird J eine stetig differenzierbare Funktion von ε

$$J(\varepsilon) = \int_a^b f(x, y + \varepsilon v, y' + \varepsilon v')\, dx, \tag{18}$$

wobei ich der Einfachheit wegen bei y und v das Argument x nicht geschrieben habe. Da nun $y(x)$ eine Lösung des Variationsproblems ist, muß die *notwendige Bedingung*

$$\boxed{J'(0) = 0} \tag{19}$$

erfüllt sein. Mit der Einführung der speziellen Schar (17) von Vergleichskurven ist es uns gelungen, das Variationsproblem (14) auf eine gewöhnliche Extremumaufgabe zurückzuführen.

Aus (18) folgt

$$J'(\varepsilon) = \int_a^b [f_y(x, y + \varepsilon v, y' + \varepsilon v')\, v + f_{y'}(x, y + \varepsilon v, y' + \varepsilon v')\, v']\, dx$$

und daher für $\varepsilon = 0$ wegen (19)

$$J'(0) = \int_a^b [f_y(x, y, y')\, v + f_{y'}(x, y, y')\, v']\, dx = 0,$$

wobei immer noch $y = y(x)$, $y' = y'(x)$ zu setzen ist. Partielle Integration des zweiten Summanden gibt

$$\int_a^b f_{y'}(x, y, y')\, v'\, dx = [f_{y'}(x, y, y')\, v]_a^b - \int_a^b v \frac{d}{dx} f_{y'}(x, y, y')\, dx,$$

so daß

$$J'(0) = [f_{y'}\, v]_a^b + \int_a^b \left(f_y - \frac{d}{dx} f_{y'}\right) v\, dx = 0 \tag{20}$$

ist. Ich setze nun

$$y(a) = a_1, \quad y(b) = b_1. \tag{21}$$

Sind Randbedingungen vorgeschrieben, so sind a_1 und b_1 gegebene Werte, und es ist völlig selbstverständlich, daß wir dann auch von allen zulässigen Vergleichskurven, also insbesondere auch von den Kurven (17) verlangen werden, daß $\bar{y}(a) = a_1$, $\bar{y}(b) = b_1$ für alle ε ist, was aber die Bedingungen

$$v(a) = v(b) = 0 \tag{22}$$

ergibt.

Sind keine Randbedingungen vorgeschrieben, dann sind a_1 und b_1 in (21) einfach die Ordinaten der Schnittpunkte unserer Lösung $y = y(x)$ mit den beiden Geraden $x = a$ und $x = b$. Die Bedingung (20) muß für jede spezielle Wahl der Funktion $v(x)$ gelten, insbesondere auch dann, wenn wir für $v(x)$ eine

Funktion wählen, die in a und b verschwindet, also den Bedingungen (22) genügt. Dann verschwindet aber der Klammerausdruck in (20) und es bleibt

$$J'(0) = \int_a^b \left(f_y - \frac{d}{dx}\, f_{y'} \right) v\, dx = 0.$$

Jetzt läßt sich der Hilfssatz von Ziffer 2 mit $\varphi(x) = f_y - \frac{d}{dx}\, f_{y'}$ unmittelbar anwenden und gibt

$$\boxed{E_y(f) = f_y - \frac{d}{dx} f_{y'} = 0,} \tag{23}$$

eine Differentialgleichung zweiter Ordnung, der die Lösung $y(x)$ genügen muß und die ausführlich

$$E_y(f) = f_y - f_{xy'} - f_{yy'}\, y' - f_{y'y'}\, y'' = 0 \tag{24}$$

lautet. $E_y(f)$ ist dabei lediglich eine abgekürzte Bezeichnung für die linke Seite der Gleichung (23). Sie heißt die *Eulersche Differentialgleichung* des Variationsproblems (14). Jede Lösung der Eulerschen Differentialgleichung (23) heißt eine *Extremale* des Variationsproblems (14). Da das allgemeine Integral von (23) von zwei willkürlichen Konstanten abhängt, bilden die sämtlichen Extremalen eine zweiparametrige Kurvenschar. Jede Lösung des Variationsproblems muß eine Extremale sein, aber nicht umgekehrt. Wegen (19) können wir sagen, daß jede Extremale dem Integral (14) einen stationären Wert verleiht im Sinn von Band II, § 14, 1. Dabei sei zunächst einmal $f_{y'y'} \neq 0$ angenommen (vgl. Ziffer 4, B und C).

Bei freien Endpunkten, wo $v(a) \neq 0$, $v(b) \neq 0$ sein kann, bleibt von (20) wegen (23) nur mehr

$$J'(0) = f_{y'}(b, y(b), y'(b))\, v(b) - f_{y'}(a, y(a), y'(a))\, v(a) = 0. \tag{25}$$

Ich wähle nun wieder speziellere Vergleichskurven, indem ich einmal $v(b) = 0$, aber $v(a)$ beliebig annehme. Dann folgt aus (25) wegen der Willkürlichkeit von $v(a)$

$$\boxed{f_{y'}(a, y(a), y'(a)) = 0.} \tag{26}$$

Wähle ich aber $v(x)$ so, daß $v(b)$ beliebig, aber $v(a) = 0$ ist, so gibt (25)

$$\boxed{f_{y'}(b, y(b), y'(b)) = 0.} \tag{27}$$

Man sieht, daß es gar keine völlig „freien" Endpunkte einer Lösung $y(x)$ von (14) gibt. Sie muß, wenn in a oder in b keine Randbedingungen vorgeschrieben sind, dort der Bedingung (26) oder (27) — oder beiden, wenn weder in a noch in b Randbedingungen vorgeschrieben sind — genügen. Man nennt (26) und (27) die *natürlichen Randbedingungen*.

Ist z. B. $f = \sqrt{1 + y'^2}$, so sind die Extremalen Gerade $y = \alpha x + \beta$. Die natürlichen Randbedingungen geben $y' = \alpha = 0$, also die auf den Geraden $x = a$ und $x = b$ senkrechten Geraden. Sind weder rechts noch links Randbedingungen vorgeschrieben, so gibt es unendlich viele Extremale $y = \beta$ in Übereinstimmung damit, daß alle diese Geraden kürzeste Verbindungslinien zwischen den beiden Geraden $x = a$ und $x = b$ sind. Ist etwa rechts die Randbedingung $y(b) = b_1$ vorgeschrieben, so ist $\beta = b_1$, es gibt also nur mehr die eine Extremale $y = b_1$, die eben die kürzeste Verbindungslinie des Punktes (b, b_1) mit der Geraden $x = a$ ist.

4. Einige ergänzende Bemerkungen.

A. Ist $y = \bar{y}(x)$ eine zulässige Vergleichskurve, so nennt man

$$\delta y = \bar{y}(x) - y(x)$$

die *Variation* der Kurve $y = y(x)$; im Fall (17) ist $\delta y = \varepsilon\, v(x)$. Die Differenz

$$\Delta J = J(\varepsilon) - J(0)$$

heißt die *totale Variation* und

$$\boxed{\delta J = \varepsilon\, J'(0)}$$

die *erste Variation* des Integrals (14). Entsprechend wird

$$\delta^2 J = \varepsilon^2\, J''(0)$$

als *zweite Variation* von (14) bezeichnet; man kann so fortfahren, sofern nur $J(\varepsilon)$ an der Stelle $\varepsilon = 0$ genügend oft differenzierbar ist. Ich werde aber im folgenden höchstens gelegentlich von einem ,,Variationsproblem $\delta J = 0$'' sprechen, sonst aber von dieser Bezeichnungsweise keinen Gebrauch machen und erwähne sie nur mit Rücksicht auf die historische Entwicklung und zur Erklärung des Namens Variationsrechnung.

B. Die Ordnung der Eulerschen Differentialgleichung erniedrigt sich, wenn

$$f_{y'y'} \equiv 0$$

ist in $\mathfrak{B}$; dann ist aber f in y' linear:

(14) geht über in
$$f(x, y, y') = P(x, y) + Q(x, y)\, y',$$

$$J = \int\limits_a^b [P(x, y)\, dx + Q(x, y)\, dy] \tag{28}$$

und die Eulersche Differentialgleichung ergibt

$$P_y + Q_y\, y' - Q_x - Q_y\, y' = P_y - Q_x = 0. \tag{29}$$

Man kommt also nicht auf eine Differentialgleichung erster Ordnung, sondern auf eine endliche Bedingungsgleichung. Ist (29) keine Identität, so ist (29) eine Gleichung zwischen x und y, also im allgemeinen nur eine Kurve als Extremale und etwa vorgeschriebene Randbedingungen (21) werden im allgemeinen nicht erfüllbar sein. Ist (29) aber identisch Null in einem Bereich $\mathfrak{A}$, so ist der Integrand in (28) in $\mathfrak{A}$ ein vollständiges Differential, das Integral selbst ist vom Weg unabhängig. Sind Randbedingungen vorgeschrieben, so wird (14) für alle A und B verbindenden Kurven konstant, von einem eigentlichen Extremum kann natürlich keine Rede sein.

Dieser Satz ist umkehrbar, d. h. ist (14) für alle Kurven des Rechtecks $a \leqq x \leqq b$, $a' < y < b'$ konstant und ist $y = y(x)$ eine dieser Kurven, so kann man mit dieser Kurve und mit einer willkürlich gewählten stetig differenzierbaren Funktion $v(x)$ wieder die Schar (17) bilden; für genügend kleine ε werden dann alle Kurven (17) dem obigen Rechteck angehören. Voraussetzungsgemäß ist $J(\varepsilon)$ konstant, also insbesondere $J(\varepsilon) = J(0)$ und daher $J'(0) = 0$, d. h. die Kurve $y(x)$ genügt der Eulerschen Differentialgleichung, die somit identisch erfüllt sein muß. Es ist also insbesondere $f_{y'y'} = 0$, womit wir den unmittelbaren Anschluß an die obigen Überlegungen gefunden haben.

C. Ich werde mich im folgenden auf sogenannte *reguläre* Variationsprobleme beschränken, für die überall

$$f_{y'y'} \neq 0 \tag{30}$$

ist. Die Eulersche Differentialgleichung läßt sich dann durch Division durch $f_{y'y'}$ auf die explizite Form $y'' = F(x, y, y')$ bringen.

D. In Ziffer 3 wurde die Lösung $y(x)$ als zweimal, die Vergleichskurve $\bar{y}(x)$ jedoch nur als einmal stetig differenzierbar angenommen, was eine ganz wesentlich schwächere Voraussetzung ist. Man kann sogar Vergleichskurven zulassen, die nur *stückweise glatt* sind, also in endlich vielen Punkten Ecken aufweisen. Denn solche Ecken lassen sich „abrunden", ohne den Wert des Integrals (14) wesentlich zu verändern. Dieses Abrunden besteht darin, daß man die Kurve $\bar{y}(x)$ in der Umgebung jeder Ecke durch einen passenden (d. h. stetigen und mit stetiger Tangente anschließenden) Kreisbogen ersetzt, dessen Radius man dann noch beliebig klein machen kann. Die so veränderte Kurve $\bar{y}_1(x)$ ist glatt und liefert für das Integral (14) einen Wert, der sich beliebig wenig von dem Wert $\bar{J}$ für $y = \bar{y}(x)$ unterscheidet, wenn man die Kreisradien hinreichend klein macht.

E. Nach den Entwicklungen von Ziffer 3 scheint es nun gar nicht schwierig zu sein, auch hinreichende Bedingungen, etwa für ein Minimum des Integrals (14), anzugeben, nämlich in der Form $J'(0) = 0$, $J''(0) > 0$. Zweifellos hat dann die Funktion $J(\varepsilon)$ an der Stelle $\varepsilon = 0$ ein relatives Minimum, man kann aber leicht zeigen, daß der im Grunde sehr naheliegende Schluß nicht zutrifft, daß dann auch (14) für $y = y(x)$ ein relatives Minimum ist im Vergleich mit *allen* zulässigen Vergleichskurven in der Nähe von $y = y(x)$.

Ich betrachte als Beispiel das Grundintegral

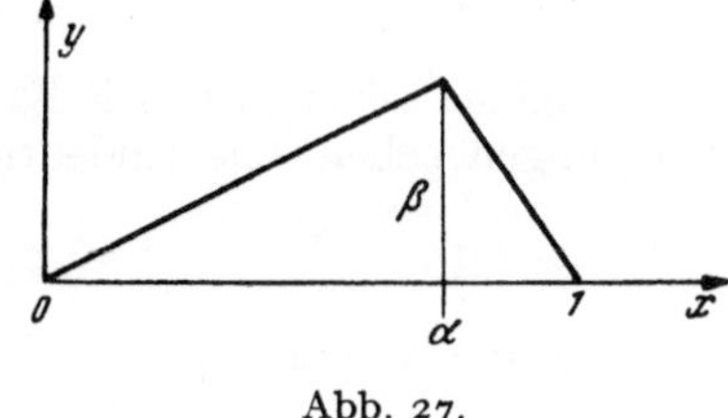

Abb. 27.

$$J = \int_0^1 (y'^2 + y'^3)\, dx$$

mit den Randbedingungen $y(0) = 0$, $y(1) = 0$. Die Extremalen sind, wie man aus (23) sofort entnimmt (vgl. auch im folgenden Ziffer 5), gerade Linien $y = a\,x + b$, von denen $y = 0$ den Randbedingungen genügt. Für diese Kurve ist $y' = 0$ und damit auch $J = 0$.
Ich wähle nun zwei Zahlen α und β, die den Ungleichungen $\dfrac{1}{2} < \alpha < 1$, $0 < \beta < \dfrac{1}{2}$ genügen, und bilde die Funktion

$$y_0(x) = \frac{\beta}{\alpha}\, x \text{ für } 0 \leqq x \leqq \alpha, \quad y_0(x) = \frac{\beta}{\alpha - 1}\,(x - 1) \text{ für } \alpha \leqq x \leqq 1$$

(Abb. 27), die keine zulässige Vergleichskurve ist, aber nach der Bemerkung D durch Abrunden der Ecke leicht in eine zulässige Vergleichskurve $\bar{y}(x)$ verwandelt werden kann. Man kann dabei durch geeignete Wahl des Radius des Abrundungskreises erreichen, daß der Unterschied $|J_0 - \bar{J}|$ der beiden Werte J_0 und $\bar{J}$, die das Integral J für die Kurven $y_0(x)$ und $\bar{y}(x)$ annimmt, beliebig klein wird. Es wird

$$J_1 = \int_0^\alpha (y_0'^2 + y_0'^3)\, dx = \frac{\beta^2}{\alpha} + \frac{\beta^3}{\alpha^2} < 2 \cdot \frac{1}{4} + 4 \cdot \frac{1}{8} = 1$$

und

$$J_2 = \int_\alpha^1 (y_0'^2 + y_0'^3)\, dx = \frac{\beta^2}{1 - \alpha}\left(1 - \frac{\beta}{1 - \alpha}\right);$$

wählt man α hinreichend nahe an 1, so kann man $|J_2|$ beliebig groß und $J_2 < 0$, also sicher auch $J_0 = J_1 + J_2 < 0$ machen, wie immer β gewählt ist. Dasselbe gilt aber dann für das Integral $\bar{J}$, so daß $y = 0$ sicher kein Minimum von J ergibt.

Anderseits ist aber allgemein

$$J''(0) = \int_{x_1}^{x_2} (f_{yy}\, v^2 + 2\, f_{yy'}\, v\, v' + f_{y'y'}\, v'^2)\, dx$$

und daher in unserem Fall wegen $y(x) \equiv 0$

$$J''(0) = \int_0^1 2\, v'^2\, dx > 0.$$

5. Sonderfälle und Beispiele. Ich habe in § 5, 5 einige besondere Fälle von Differentialgleichungen zweiter Ordnung behandelt, die sich elementar integrieren lassen. Diese Sonderfälle gibt es natürlich auch bei der Eulerschen Differentialgleichung, doch kann man hier wegen der besonderen Struktur der letzteren noch einige zusätzliche Aussagen machen.

Hängt $f(x, y, y')$ von y nicht ab, so reduziert sich (23) auf

$$\frac{d}{dx}\, f_{y'} = 0,$$

so daß $f_{y'} =$ konst. ein Zwischenintegral von (23) ist. Hängt f auch von x nicht ab, ist also $f = f(y')$ eine Funktion von y' allein, so folgt weiter, daß $y' = A$ konstant und daher

$$y = A\, x + B$$

die allgemeine Lösung ist. Die Extremalen sind hier gerade Linien und die Randbedingungen geben eine eindeutige Lösung

$$y = a_1 + \frac{b_1 - a_1}{b - a}\, (x - a).$$

Damit ist die Aufgabe (4) von Ziffer 1 in etwas allgemeinerer Form erledigt.

Hängt $f(x, y, y')$ von x nicht ab, so gilt wegen $f_x = 0$ und (23) die Beziehung

$$\frac{d}{dx}\, (f - y'\, f_{y'}) = y' \left(f_y - \frac{d}{dx}\, f_{y'} \right) = 0,$$

d. h. zusammen mit den Geraden $y' = 0$, also $y =$ konst. sind alle Lösungen der Eulerschen Differentialgleichung in dem Zwischenintegral

$$f - y'\, f_{y'} = \text{konst.} \tag{31}$$

enthalten. Von diesem Typus sind die Aufgaben (2) und (3) von Ziffer 1.

Für die Minimaldrehflächen ergibt sich aus (2) wegen (31)

$$y = A\, \sqrt{1 + y'^2}$$

und daraus weiter

$$y = A\, \text{ch}\, \frac{x - B}{A}$$

mit den Integrationskonstanten A und B als Gleichungen der Extremalen. Für die Bestimmung der Konstanten ergeben sich aus den Randbedingungen $P_1 = (x_1, y_1)$, $P_2 = (x_2, y_2)$ (statt $A = (a, a_1)$, $B = (b, b_1)$ wie früher) die Gleichungen

$$y_1 = A\, \text{ch}\, \frac{x_1 - B}{A}, \quad y_2 = A\, \text{ch}\, \frac{x_2 - B}{A}$$

und daraus durch Elimination von B

$$\frac{x_2 - x_1}{A} = \text{arch}\, \frac{y_2}{A} - \text{arch}\, \frac{y_1}{A}.$$

Setzt man hier $1 : A = \xi$, so läßt sich A graphisch als Schnitt der Geraden

$$\eta = (x_2 - x_1)\, \xi$$

mit der Kurve

$$\eta = \text{arch}\, y_2\, \xi - \text{arch}\, y_1\, \xi = \eta_2 - \eta_1$$

ermitteln (man zeichne zuerst die beiden Kurven $y_1\,\xi = \mathrm{ch}\,\eta_1$ und $y_2\,\xi = \mathrm{ch}\,\eta_2$). Wie die Abb. 28 ($y_1 = 1$, $y_2 = 2$; ein zweiter Ast der Kurve liegt symmetrisch zur x-Achse) zeigt, ergeben sich je nach Lage der Geraden zwei, einer oder kein reeller Schnittpunkt, d. h. es gibt entweder zwei, eine oder gar keine Extremale durch die gegebenen Randpunkte. Die Aufgabe zeigt gewisse Ähnlichkeit mit der Bestimmung der Kettenlinie (§ 5, 6), die sich auch als Extremale eines ganz ähnlichen Variationsproblems gewinnen läßt: Man suche die Kurve gegebener Länge durch P_1 und P_2, deren Schwerpunkt möglichst tief liegt. Es ist also wieder (2) zu einem Minimum zu machen, jetzt aber unter der Nebenbedingung (9).

Für die Brachistochrone können wir ohne Einschränkung der Allgemeinheit $P_1 = (0,0)$, $P_2 = (a, -b)$, $a > 0$, $b < 0$ annehmen; dann ergeben (3) und (31)

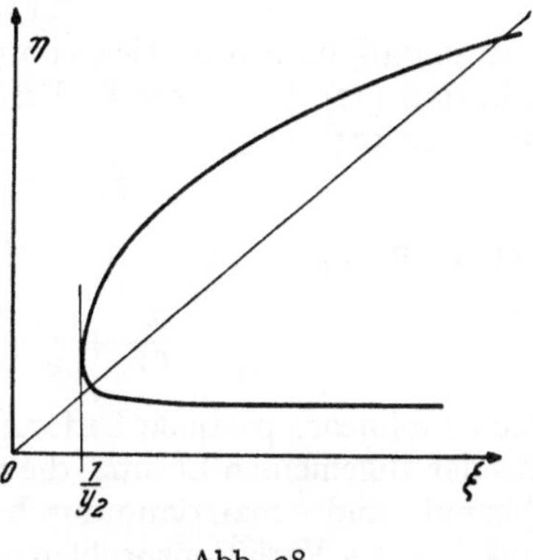

$$\sqrt{\frac{1 + y'^2}{-y}} - \frac{y'^2}{\sqrt{-y\,(1 + y'^2)}} = \frac{1}{A}$$

oder

$$\int \sqrt{\frac{-y}{A^2 + y}}\, dy = x - B;$$

also ist

$$y = -A^2 \cos^2 \frac{t}{2} = -\frac{A^2}{2}\,(1 + \cos t),$$

$$x = \frac{A^2}{2}\,(t + \sin t) + B$$

Abb. 28.

eine Parameterdarstellung der Extremalen, die also gemeine Zykloiden sind (an der x-Achse gespiegelt). Die Randbedingungen ergeben erstens

$$1 + \cos t = 0, \quad \text{also} \quad t = \pi, \quad \frac{A^2}{2}\,\pi + B = 0$$

und zweitens

$$a = \frac{A^2}{2}\,(t + \sin t - \pi), \quad b = \frac{A^2}{2}\,(1 + \cos t);$$

Elimination von A gibt

$$b\,(t - \pi + \sin t) = a\,(1 + \cos t)$$

oder

$$b \sin t - a \cos t = a + b\,\pi - b\,t.$$

Setze ich

$$\sqrt{a^2 + b^2} = \varrho, \quad \frac{a}{\varrho} = \sin \alpha, \quad \frac{b}{\varrho} = \cos \alpha, \quad t - \alpha = \xi, \quad \left(0 < \alpha < \frac{\pi}{2}\right),$$

so ergibt sich der gesuchte Wert von t als Abszisse des Schnittpunkts der Geraden

$$\eta = -b\,\xi + a + b\,(\pi - \alpha)$$

mit der Sinuslinie

$$\eta = \varrho \sin \xi.$$

Zwei Schnittpunkte fallen in $\xi = \pi - \alpha$ $(t = \pi)$ zusammen, es wird ja

$$\eta = \varrho \sin (\pi - \alpha) = \varrho \sin \alpha = a, \quad \eta' = \varrho \cos (\pi - \alpha) = -\varrho \cos \alpha = -b;$$

Die Gerade hat im Intervall $(\pi - \alpha,\ 3\pi - \alpha)$ nur noch einen Schnittpunkt mit der Sinuslinie, d. h. es gibt genau einen Zykloidenbogen durch die beiden Punkte P_1 und P_2. Hat die Gerade rechts von $\xi = 3\pi - \alpha$ noch weitere Schnittpunkte mit der Sinuslinie, so gibt es weitere Lösungen, die aus mehreren Zykloidenbogen zusammengesetzt sind, Lösungen, die allerdings nur theoretisch bei einer völlig reibungsfreien Bewegung möglich sind, bei der der Punkt zunächst über einen ganzen Zykloidenbogen und dann auf dem nächsten Bogen weiter laufen kann.

6. Das inverse Problem der Variationsrechnung. Jedes reguläre Variationsproblem führt auf eine Differentialgleichung zweiter Ordnung für die Extremalen. *Wir stellen uns die Frage*, ob es umgekehrt zu jeder zweiparametrigen Kurvenschar oder, was auf dasselbe hinausläuft, zu jeder gegebenen Differentialgleichung zweiter Ordnung

$$y'' = F(x, y, y') \tag{32}$$

ein Variationsproblem

$$J = \int_a^b f(x, y, y')\, dx = \text{Extremum} \tag{14}$$

gibt, so daß die Extremalen von (14) mit den Lösungen von (32) übereinstimmen, d. h. daß (32) die Eulersche Differentialgleichung (24) von (14) ist. Wegen (32) folgt aus (24)

$$-f_y + f_{x'y} + f_{yy'}\, y' + f_{y'y'}\, F = 0; \tag{33}$$

setzt man $f_{y'y'} = z$, so ergibt sich durch Differentiation von (33) nach y'

$$\frac{\partial z}{\partial x} + y' \frac{\partial z}{\partial y} + F \frac{\partial z}{\partial y'} + F_{y'}\, z = 0, \tag{34}$$

also eine lineare partielle Differentialgleichung erster Ordnung für $z = z(x, y, y')$. Aus der allgemeinen Lösung, die noch von einer willkürlichen Funktion $\Phi(x, y, y')$ abhängt, findet man dann durch zweimalige Integration von $f_{y'y'} = z$ die Grundfunktion des Variationsproblems; die beiden willkürlichen Funktionen von x, y, die bei den letzten Integrationen auftreten, sind noch so zu bestimmen, daß (33) erfüllt ist. *Es gibt unendlich viele Variationsprobleme, deren Extremalen die Lösungen einer gegebenen Differentialgleichung zweiter Ordnung sind.*

Als Beispiel bestimme ich sämtliche Variationsprobleme, deren Extremalen gerade Linien sind. Die Differentialgleichung (32) heißt hier $y'' = 0$, also ist $F \equiv 0$, und (34) wird

$$\frac{\partial z}{\partial x} + y' \frac{\partial z}{\partial y} = 0.$$

Das allgemeine Integral dieser Gleichung ist

$$z = \varphi(x\, y' - y)$$

mit der willkürlichen Funktion φ. Daraus folgt dann[1]

$$f = \int_0^{y'} (y' - t)\, \varphi(x\, t - y)\, dt + y'\, A(x, y) + B(x, y).$$

In (33) eingesetzt, gibt das noch die Bedingung

$$A_x - B_y = 0$$

zwischen A und B, d. h. es ist

$$A = \frac{\partial \psi}{\partial y}, \quad B = \frac{\partial \psi}{\partial x}$$

mit der willkürlichen Funktion $\psi(x, y)$.

Aufgaben.

Man bestimme die Extremalen zu den folgenden Grundfunktionen. Wann ist durch feste Randwerte eine Lösung eindeutig bestimmt, was bedeuten die natürlichen Randbedingungen?

1. $f = x\, y'^3 - 3\, y\, y'^2$.

2. $f = \dfrac{1}{y} \sqrt{1 + y'^2}, \quad y > 0$.

3. $f = \dfrac{1}{2} (y'^2 - y^2)$. Diskussion der festen Randbedingungen nur für den Fall $a = a_1 = 0$.

---

[1] Bd. II, § 16, 3, Beispiel.

4. $f = \sqrt{y}\,\sqrt{1 - y'^2}$. Hier muß neben $y > 0$ auch $|y'| < 1$ sein, so daß die Grundfunktion nicht den in Ziffer 3 angegebenen Voraussetzungen genügt. Warum bleiben trotzdem die Überlegungen von Ziffer 3 gültig? Man beachte, daß durch Integration von $-1 < y' < +1$ von a bis zu einem beliebigen Wert $x > a$

$$-1 < \frac{y - a_1}{x - a} < 1$$

folgt. Was bedeutet das für die Lösbarkeit der Randwertaufgabe (a, a_1), (b, b_1)?

§ 16. Allgemeinere Variationsprobleme. Ergänzungen.

Die Beispiele, die ich Ihnen in der Ziffer 1 des § 15 vorgeführt habe, geben uns Hinweise, wie wir von dem einfachsten bisher behandelten Variationsproblem mit der Grundfunktion $f(x, y, y')$ zu allgemeineren Aufgaben kommen können: In (5) liegt eine Grundfunktion mit zwei abhängigen Veränderlichen $y(x)$, $z(x)$ vor, während in (10) zwei unabhängige Veränderliche x, y vorhanden sind und demgemäß ein Doppelintegral auftritt. Ich werde diese beiden allgemeinen Typen von Variationsproblemen im folgenden behandeln, beginne aber mit einer anderen Verallgemeinerung, die unter unseren Beispielen noch nicht vorgekommen ist:

1. Das Auftreten höherer Ableitungen in der Grundfunktion. Wir betrachten ein Variationsproblem, dessen Grundintegral die Form

$$J = \int_a^b f(x, y, y', y'', \ldots, y^{(n)})\,dx \tag{1}$$

hat. Die Funktion f der $n + 2$ Veränderlichen $x, y, y', \ldots, y^{(n)}$ sei in dem Rechteck $\mathfrak{R}$ der x,y-Ebene $a \leqq x \leqq b$, $a' < y < b'$ und für alle Werte $y', y'', \ldots, y^{(n)}$ definiert und nach allen $n + 2$ Veränderlichen $n + 1$-mal stetig differenzierbar. Gesucht ist eine $2\,n$-mal stetig differenzierbare Funktion $y = y(x)$, die ganz in $\mathfrak{R}$ verläuft, den Randbedingungen

$$y^{(\alpha)}(a) = a_1^{(\alpha)}, \quad y^{(\alpha)}(b) = b_1^{(\alpha)}, \quad \alpha = 0, 1, \ldots, n - 1 \tag{2}$$

genügt und für die das Integral J ein Extremum wird im Vergleich mit allen anderen, denselben Randbedingungen genügenden und ganz in $\mathfrak{R}$ verlaufenden, n-mal stetig differenzierbaren Kurven. Ich beschränke mich also hier von vornherein auf den Fall fester Randbedingungen; die $2\,n$ Größen $a_1^{(\alpha)}$ und $b_1^{(\alpha)}$ sind somit feste gegebene Zahlen.

Ich nehme wieder an, die Kurve $y = y(x)$ sei bereits eine Lösung des Variationsproblems $J = \mathrm{Extr.}$ und wähle unter allen zulässigen Vergleichskurven die einparametrige Schar

$$\bar{y}(x) = y(x) + \varepsilon\,v(x), \tag{3}$$

wo $v(x)$ eine beliebige, in $\mathfrak{R}$ n-mal stetig differenzierbare Funktion ist, die den Randbedingungen

$$v^{(\alpha)}(a) = v^{(\alpha)}(b) = 0, \quad \alpha = 0, 1, \ldots, n - 1 \tag{4}$$

genügt. Der Parameter ε sei dabei auf ein Intervall $|\varepsilon| < h$ so beschränkt, daß alle Kurven $y = \bar{y}(x)$ ganz in $\mathfrak{R}$ verlaufen. Setzt man $\bar{y}(x)$ für y in (1) ein, so wird J eine Funktion von ε:

$$J(\varepsilon) = \int_a^b f(x, y + \varepsilon v, y' + \varepsilon v', \ldots, y^{(n)} + \varepsilon v^{(n)})\,dx \tag{5}$$

und wir erhalten wie in § 15 die notwendige Bedingung

$$J'(0) = 0 \tag{6}$$

dafür, daß (1) für die Kurve $y = y(x)$, die sich aus (3) für $\varepsilon = 0$ ergibt, einen extremen Wert annimmt. Differentiation von (5) nach ε ergibt, wenn ich der Einfachheit wegen $n = 2$ nehme,

$$J'(\varepsilon) = \int\limits_a^b (f_y\, v + f_{y'}\, v' + f_{y''}\, v'')\, dx, \tag{7}$$

wobei die Argumente in $f_y, f_{y'}, f_{y''}$ dieselben sind wie in (5), nur mit $n = 2$. $J'(0)$ ergibt sich daraus für $\varepsilon = 0$, also mit den Argumenten $x, y(x), y'(x), y''(x)$ in $f_y, f_{y'}, f_{y''}$. Partielle Integration des zweiten Summanden ergibt wie in § 15, 3

$$\int\limits_a^b f_{y'}\, v'\, dx = [f_{y'}\, v]_a^b - \int\limits_a^b \frac{d}{dx} f_{y'}\, v\, dx = - \int\limits_a^b \frac{d}{dx} f_{y'}\, v\, dx,$$

da der Klammerausdruck wegen (4) verschwindet. Mit dem dritten Summanden in (7) verfahren wir ähnlich, nur wird hier eine zweimalige partielle Integration nötig:

$$\int\limits_a^b f_{y''}\, v''\, dx = [f_{y''}\, v']_a^b - \int\limits_a^b \frac{d}{dx} f_{y''}\, v'\, dx = - \left[\frac{d}{dx} f_{y''}\, v\right]_a^b + \int\limits_a^b \frac{d^2}{dx^2} f_{y''}\, v\, dx =$$

$$= \int\limits_a^b \frac{d^2}{dx^2} f_{y''}\, v\, dx;$$

die beiden Klammerausdrücke verschwinden wieder wegen (4). Somit wird aus (7) für $\varepsilon = 0$ wegen (6)

$$J'(0) = \int\limits_a^b \left(f_y - \frac{d}{dx} f_{y'} + \frac{d^2}{dx^2} f_{y''}\right) v\, dx = 0$$

und daraus folgt wegen des Hilfssatzes von § 15, 2 die Eulersche Differentialgleichung des Variationsproblems (1) für $n = 2$

$$f_y - \frac{d}{dx} f_{y'} + \frac{d^2}{dx^2} f_{y''} = 0.$$

Im allgemeinen Fall eines beliebigen n ergibt sich die *Eulersche Differentialgleichung* in der leicht nachweisbaren Form

$$\boxed{\; E(f) = f_y - \frac{d}{dx} f_{y'} + \frac{d^2}{dx^2} f_{y''} - + \ldots + (-1)^n \frac{d^n}{dx^n} f_{y^{(n)}} = 0 \;} \tag{8}$$

mit den Randbedingungen (2). Man sieht sofort, daß die Ausführung der Differentiationen — die schon im Fall $n = 2$ zu recht verwickelten Ausdrücken führt — eine Differentialgleichung $2\,n$-ter Ordnung liefert. Das ist auch der Grund für die oben gemachte Voraussetzung, daß $y(x)$ $2\,n$-mal stetig differenzierbar ist.

Als Beispiel sei das Variationsproblem

$$\delta \int\limits_0^1 (y''')^2 = 0$$

vorgelegt mit den Randbedingungen $y(0) = y'(0) = y(1) = y'(1) = 0$, $y''(0) = a$, $y''(1) = b$. Die Eulersche Differentialgleichung (8) wird jetzt

$$- \frac{d^3}{dx^3} 2\, y''' = 0, \quad \text{also} \quad y^{(6)} = 0$$

und gibt die Extremalen

$$y = c_0 + c_1\, x + c_2\, x^2 + c_3\, x^3 + c_4\, x^4 + c_5\, x^5,$$

von denen

$$y = \frac{1}{2}\, x^2\, (1 - x)^2\, [a\, (1 - x) + b\, x]$$

den Randbedingungen genügt.

2. Mehrere unbekannte Funktionen. Vorgelegt sei ein Variationsproblem mit dem Grundintegral

$$J = \int\limits_a^b f(x, y_1, y_2, \ldots, y_n;\ y_1', y_2', \ldots, y_n')\, dx. \tag{9}$$

Die Grundfunktion f sei dabei in dem Bereich (Quader) $\mathfrak{B}$

$$a \leqq x \leqq b, \quad a'_i < y_i < b'_i, \quad i = 1, 2, \ldots, n$$

des R_{n+1} der Variablen x, y_i und für alle Werte der y_i' definiert und zweimal stetig differenzierbar. Gesucht ist eine in $[a, b]$ zweimal stetig differenzierbare Kurve $\mathfrak{C}$

$$y_i = y_i(x), \quad i = 1, 2, \ldots, n$$

des R_{n+1}, die ganz in $\mathfrak{B}$ verläuft und das Integral (9) zu einem Extremum macht im Vergleich mit allen stetig differenzierbaren Kurven $\overline{\mathfrak{C}}$ in einer gewissen Nachbarschaft von $\mathfrak{C}$. Die Überlegung ist ganz ähnlich wie in § 15, 3. Ich nehme an, die Kurve $y_i(x)$ sei bereits eine Lösung des Variationsproblems (9) und wähle unter allen zulässigen Vergleichskurven $\overline{\mathfrak{C}}$ die einparametrige Schar

$$\overline{y}_i(x) = y_i(x) + \varepsilon\, v_i(x), \quad i = 1, 2, \ldots, n, \tag{10}$$

wo die n Funktionen $v_i(x)$ in $[a, b]$ stetig differenzierbar, aber sonst völlig willkürlich sind. Das Integral (9) wird, wenn wir für die y_i und y_i' die Funktionen $\overline{y}_i(x)$ und ihre Ableitungen einsetzen, eine Funktion von ε

$$J(\varepsilon) = \int\limits_a^b f(x, \overline{y}_1, \ldots, \overline{y}_n, \overline{y}_1', \ldots, \overline{y}_n')\, dx. \tag{11}$$

Das gibt sofort die notwendige Bedingung

$$J'(0) = 0 \tag{12}$$

dafür, daß die Kurve $y_i = y_i(x)$ ein Extremum von (9) liefert. Differentiation von (11) nach ε gibt, wenn wir nachträglich $\varepsilon = 0$ setzen, wegen (12)

$$J'(0) = \int\limits_a^b \sum_{i=1}^n \left(\frac{\partial f}{\partial y_i}\, v_i + \frac{\partial f}{\partial y_i'}\, v_i' \right) dx = 0.$$

Partielle Integration der zweiten Glieder jedes Summanden gibt

$$\left[\sum_{i=1}^n \frac{\partial f}{\partial y_i'}\, v_i \right]_a^b + \int\limits_a^b \sum_{i=1}^n \left(\frac{\partial f}{\partial y_i} - \frac{d}{dx}\, \frac{\partial f}{\partial y_i'} \right) v_i\, dx = 0. \tag{13}$$

Ich spezialisiere nun die Schar (10) der Vergleichskurven dadurch, daß ich sie erstens alle durch die beiden Punkte $a, a_i = y_i(a)$ und $b, b_i = y_i(b)$ hindurchgehen lasse, in denen die Kurve $y_i = y_i(x)$ die beiden Hyperebenen $x = a$ und $x = b$ des R_{n+1} schneidet. Dann müssen die Funktionen v_i den Bedingungen

$$v_i(a) = v_i(b) = 0, \quad i = 1, 2, \ldots, n \tag{14}$$

genügen. Zweitens wähle ich eine beliebige natürliche Zahl zwischen 1 und n, etwa i, willkürlich aus und setze alle $v_j(x) \equiv 0$ mit $j \neq i$; nur $v_i(x)$ bleibt willkürlich bis auf die Bedingungen (14). Die Summen in (13) reduzieren sich dann auf einen einzigen Summanden, den i-ten, und auch für diesen verschwinden wegen (14) die eckigen Klammern. Aus dem Hilfssatz § 15, 2 folgt

$$\boxed{E_i(f) = \frac{\partial f}{\partial y_i} - \frac{d}{dx} \frac{\partial f}{\partial y_i'} = 0, \quad i = 1, 2, \ldots, n,} \tag{15}$$

wenn ich das für alle Werte von i durchgeführt denke. (15) sind die *Eulerschen Gleichungen* des Variationsproblems (9); sie sind ein System von n Differentialgleichungen zweiter Ordnung, dem jede Lösung $y_i(x)$ von (9) genügen muß. Ihre Integralkurven im R_{n+1} heißen *Extremalen* von (9), sie bilden eine $2n$-parametrige Kurvenschar. Neben (15) ergeben sich aus (13) für ein willkürliches $v_i(x)$, aber $v_j(x) \equiv 0$ für $j \neq i$, die *natürlichen Randbedingungen*

bzw.

$$\boxed{\left(\frac{\partial f}{\partial y_i'} \right)_a = 0, \quad i = 1, 2, \ldots, n} \tag{16}$$

$$\boxed{\left(\frac{\partial f}{\partial y_i'} \right)_b = 0, \quad i = 1, 2, \ldots, n.} \tag{17}$$

Liegen *feste Randbedingungen* vor, so sind

$$a_i = y_i(a), \quad b_i = y_i(b), \quad i = 1, 2, \ldots, n \tag{18}$$

gegebene Werte, und es ist von vornherein nur nach solchen Lösungen des Variationsproblems (9) gefragt, die diesen Randbedingungen genügen. Dann sind die zulässigen Vergleichskurven von vornherein der Einschränkung (14) zu unterwerfen. Sind nur teilweise feste Randbedingungen vorgeschrieben, etwa nur im Punkt $x = a$ oder nur im Punkt $x = b$, so sind alle in (18) fehlenden Randbedingungen durch die entsprechenden natürlichen Randbedingungen (16) bzw. (17) zu ersetzen.

Die Gleichungen (15) sind ausführlich

$$\frac{\partial f}{\partial y_i} - \frac{\partial^2 f}{\partial x \, \partial y_i'} - \sum_{j=1}^{n} \left(\frac{\partial^2 f}{\partial y_j \, \partial y_i'} \, y_j' + \frac{\partial^2 f}{\partial y_i' \, \partial y_j'} \, y_j'' \right) = 0, \quad i = 1, 2, \ldots, n.$$

Sie lassen sich nach den y_i'' auflösen, wenn die Determinante

$$\text{Det} \, \frac{\partial^2 f}{\partial y_i' \, \partial y_j'} \neq 0 \tag{19}$$

ist. Ich werde im folgenden in der Regel annehmen, daß diese Bedingung erfüllt ist. Allerdings wird uns schon in der nächsten Ziffer ein wichtiger Sonderfall begegnen, bei dem die Determinante auf der linken Seite von (19) identisch verschwindet.

Man kann die Rechnung noch in etwas anderer Weise durchführen, indem man an Stelle von (10) eine n-parametrige Schar von Vergleichskurven

$$\bar{y}_i(x) = y_i(x) + \varepsilon_i v_i(x) \tag{10'}$$

nimmt. An Stelle von (11) tritt dann eine Funktion $J(\varepsilon_1, \ldots, \varepsilon_n)$ der n Parameter ε_i. Die notwendigen Bedingungen (12) lauten

$$\frac{\partial J}{\partial \varepsilon_i}(0, 0, \ldots, 0) = 0 \tag{12'}$$

und an Stelle von (13) ergeben sich n Gleichungen

$$\left[\frac{\partial f}{\partial y_i'} v_i\right]_a^b + \int\limits_a^b \left(\frac{\partial f}{\partial y_i} - \frac{d}{dx}\frac{\partial f}{\partial y_i'}\right) v_i\, dx = 0, \quad i = 1, 2, \ldots, n. \tag{13'}$$

Spezialisiert man die $v_i(x)$ nun so, daß sie den Bedingungen (14) genügen, so folgen daraus und aus dem Hilfssatz von § 15, 2 sofort die n Eulerschen Gleichungen (15) und weiter entweder die natürlichen Randbedingungen (16), (17) oder die festen Randbedingungen (18).

Als Beispiel betrachte ich die in § 15, 1 erwähnte Aufgabe (5) der kürzesten Verbindungslinie zweier Punkte A und B des dreidimensionalen euklidischen Raums, also das Variationsproblem

$$J = \int\limits_a^b \sqrt{1 + y'^2 + z'^2}\, dx;$$

dabei ist y und z statt y_1 und y_2 geschrieben. Die Randbedingungen (18) sind

$$y(a) = a_1, \quad y(b) = b_1, \quad z(a) = a_2, \quad z(b) = b_2. \tag{20}$$

Die Eulerschen Gleichungen (15) geben

$$\frac{d}{dx} f_{y'} = 0, \quad \frac{d}{dx} f_{z'} = 0,$$

also ist

$$f_{y'} = \frac{y'}{\sqrt{1 + y'^2 + z'^2}} = A, \quad f_{z'} = \frac{z'}{\sqrt{1 + y'^2 + z'^2}} = B$$

mit den Integrationskonstanten A und B. Es folgt

$$y'^2 = A^2(1 + y'^2 + z'^2), \quad z'^2 = B^2(1 + y'^2 + z'^2) \tag{21}$$

oder

$$(1 - A^2)\, y'^2 - A^2\, z'^2 = A^2,$$

$$-B^2\, y'^2 + (1 - B^2)\, z'^2 = B^2;$$

die Determinante

$$(1 - A^2)(1 - B^2) - A^2 B^2 = 1 - A^2 - B^2$$

dieses Systems linearer Gleichungen für y'^2 und z'^2 ist sicher von Null verschieden, denn aus (21) folgt

$$A^2 + B^2 = \frac{y'^2 + z'^2}{1 + y'^2 + z'^2} < 1.$$

Somit sind y' und z' konstant, etwa $y' = \alpha$, $z' = \gamma$, und daher

$$y = \alpha x + \beta, \qquad z = \gamma x + \delta,$$

d. h. die Extremalen sind Gerade. Aus (20) lassen sich noch die Konstanten $\alpha, \beta, \gamma, \delta$ berechnen; dann werden

$$y = a_1 + \frac{b_1 - a_1}{b - a}(x - a), \quad z = a_2 + \frac{b_2 - a_2}{b - a}(x - a)$$

die Gleichungen der Geraden durch die beiden Punkte (a, a_1, a_2) und (b, b_1, b_2).

3. Variationsprobleme in Parameterdarstellung. Wie ich schon in der Einleitung (§ 15, 1) bemerkt habe, ist es vor allem bei Aufgaben geometrischer Natur zweckmäßig — meist sogar notwendig —, an Stelle der expliziten Darstellung der betrachteten Kurven die Parameterdarstellung zu verwenden. Der Kreis der einer Behandlung zugänglichen Probleme erweitert sich dadurch ganz wesentlich. Ich habe bei ähnlicher Gelegenheit schon einige Male darauf verwiesen, daß bei der expliziten Darstellung $y = y(x)$ Kurvenpunkte mit einer zur y-Achse parallelen Tangente auszuschließen sind, weil $y' = \infty$ wird, ohne daß diese Punkte aber *geometrisch* irgendwie besonders ausgezeichnet sind. In der Parameterdarstellung $x(t)$, $y(t)$ sind diese Punkte aber durch $\dot{x}(t) = 0$, also durch stationäre Werte der Funktion $x(t)$ zu erfassen, ohne daß eine Singularität in die Rechnung gebracht wird. Unter den Beispielen aus § 15 gibt es einige, bei denen die explizite Darstellung eine durchaus adäquate Behandlung ermöglicht, wie das Problem der Brachistochrone und das der Kettenlinie, weil hier von vornherein eine physikalisch ausgezeichnete Richtung, nämlich die der Schwerkraft, gegeben ist; andere dagegen, wie die meisten isoperimetrischen Probleme, lassen sich in der expliziten Form kaum sinnvoll formulieren. Ich gehe aber trotzdem zunächst von dem expliziten Variationsproblem

$$\delta J = \delta \int_a^b f(x, y, y')\, dx = 0 \tag{22}$$

aus, einerseits, um Ihnen den Anschluß zu erleichtern, anderseits, weil sich auf diese Art recht zwanglos eine wichtige Eigenschaft der Grundfunktion des neuen Variationsproblems ergeben wird. Ich führe in (22) die Substitution $x = x(t)$ durch, wobei $x(t)$ eine in einem Intervall $[\alpha, \beta]$ definierte, zweimal stetig differenzierbare und monotone Funktion mit $x(\alpha) = a$, $x(\beta) = b$ ist. Schreibe ich noch kurz $y(t)$ statt $y(x(t))$, so geht (22) über in

$$\delta J = \delta \int_\alpha^\beta f\left(x, y, \frac{\dot{y}}{\dot{x}}\right) \dot{x}\, dt = 0.$$

Setzen wir

$$f\left(x, y, \frac{\dot{y}}{\dot{x}}\right) \dot{x} = \varphi(x, y; \dot{x}, \dot{y}), \tag{23}$$

so folgt

$$J = \int_\alpha^\beta \varphi(x, y; \dot{x}, \dot{y})\, dt; \tag{24}$$

das ist aber ein Variationsproblem vom Typus (9) mit $n = 2$ und den beiden unbekannten Funktionen $x(t)$, $y(t)$, dessen Grundfunktion noch die wichtige Eigenschaft hat, daß die unabhängige Veränderliche t nicht explizit vorkommt. Die zugehörigen Eulerschen Differentialgleichungen sind

$$E_x(\varphi) = \varphi_x - \frac{d}{dt}\, \varphi_{\dot{x}} = 0, \quad E_y(\varphi) = \varphi_y - \frac{d}{dt}\, \varphi_{\dot{y}} = 0. \tag{25}$$

Aus der Beziehung (23) entnehmen wir eine wichtige Eigenschaft der Funktion φ: Sie ist in den beiden Veränderlichen $\dot{x}$ und $\dot{y}$ *homogen von erster Ordnung*. Damit ist eine Forderung erfüllt, die sich aus der geometrischen Natur der hier betrachteten Aufgaben ergibt, daß nämlich das Grundintegral (24) von der besonderen Wahl des Parameters t unabhängig oder, mit anderen Worten, gegenüber allen — von gewissen Stetigkeits-, Eindeutigkeits- und Differenzierbarkeitsforderungen abgesehen — Transformationen des Parameters *invariant* sein muß. Man spricht demgemäß auch von *invarianten Variationsproblemen* (24). Auf Grund der Homogenität der Grundfunktion φ läßt sich die auffallende Tatsache erklären, daß zu (24) zwei Eulersche Gleichungen gehören, daß die beiden Funktionen $x(t)$ und $y(t)$ aber, etwa bei gegebenen Anfangsbedingungen, nicht eindeutig festgelegt sein können, weil ja der Parameter t und damit auch eine der beiden Funktionen $x(t)$ und $y(t)$ innerhalb weiter Grenzen willkürlich ist. Die Funktion φ genügt ja der Differentialgleichung

$$\varphi_{\dot{x}}\,\dot{x} + \varphi_{\dot{y}}\,\dot{y} = \varphi$$

(Eulersche Differentialgleichung der homogenen Funktionen, Band II, § 10). Differentiation nach t gibt

$$\dot{x}\,\frac{d}{dt}\,\varphi_{\dot{x}} + \dot{y}\,\frac{d}{dt}\,\varphi_{\dot{y}} + \varphi_{\dot{x}}\,\ddot{x} + \varphi_{\dot{y}}\,\ddot{y} = \varphi_x\,\dot{x} + \varphi_y\,\dot{y} + \varphi_{\dot{x}}\,\ddot{x} + \varphi_{\dot{y}}\,\ddot{y}$$

oder wegen (25)

$$\dot{x}\,E_x(\varphi) + \dot{y}\,E_y(\varphi) = 0,$$

d. h. aber, daß die beiden Gleichungen (25) nicht unabhängig sind.

Ich nehme als Beispiel wieder das Problem der kürzesten Linien in der Ebene mit der Grundfunktion $\sqrt{\dot{x}^2 + \dot{y}^2}$ (die Wurzel wie immer positiv genommen, also genauer $\left|\sqrt{\dot{x}^2 + \dot{y}^2}\right|$). Wegen $\varphi_x = \varphi_y = 0$ gibt (25) sofort

$$\frac{\dot{x}}{\sqrt{\dot{x}^2 + \dot{y}^2}} = a, \qquad \frac{\dot{y}}{\sqrt{\dot{x}^2 + \dot{y}^2}} = b$$

mit den zwei Konstanten a und b, $a^2 + b^2 = 1$. Es ist also $\dot{x} : \dot{y} = a : b$ oder

$$\dot{x} = \lambda\,a, \qquad \dot{y} = \lambda\,b,$$

wo λ eine Funktion von t ist, die ich als Ableitung $\dot{\mu}(t)$ einer anderen Funktion μ schreibe, so daß

$$x = a\,\mu(t) + a', \qquad y = b\,\mu(t) + b'$$

mit zwei weiteren Konstanten a' und b' wird. Die Funktion $\mu(t)$ bleibt aber völlig unbestimmt. Die beiden obigen Gleichungen stellen, wie immer $\mu(t)$ gewählt sein mag, eine Gerade der Ebene dar.

Nun noch eine wichtige Bemerkung über die Homogenität der Funktion φ! Definitionsgemäß muß

$$\varphi(x, y;\ \lambda\,\dot{x}, \lambda\,\dot{y}) = \lambda\,\varphi(x, y;\ \dot{x}, \dot{y}) \tag{26}$$

sein. Erproben wir diese Beziehung etwa bei der Grundfunktion $\varphi = \left|\sqrt{\dot{x}^2 + \dot{y}^2}\right|$ des eben diskutierten Beispiels, so folgt

$$\left|\sqrt{\lambda^2\,\dot{x}^2 + \lambda^2\,\dot{y}^2}\right| = |\lambda|\,\left|\sqrt{\dot{x}^2 + \dot{y}^2}\right|,$$

das ist aber dann und nur dann gleich $\lambda\,\left|\sqrt{\dot{x}^2 + \dot{y}^2}\right|$, wenn $|\lambda| = \lambda$, also $\lambda > 0$ ist. Derartige Funktionen φ, für die die Homogenitätsbedingung (26) nur für positive Multiplikatoren λ gilt, nennt man *positiv homogen*. Man beachte aber, daß die Beschränkung auf positive Faktoren λ eine *Erweiterung* des Kreises der zulässigen Grundfunktionen φ bedeutet, denn es ist zwar jede schlechthin homogene Funktion auch positiv homogen, aber, wie das Beispiel zeigt, nicht umgekehrt. Für die Gesamtheit der zulässigen Parameter ergibt sich daraus jedoch eine Einschränkung. Führen wir in (24) durch $t = t(\tau)$ einen neuen Parameter τ ein, wo $t(\tau)$ eine zweimal stetig differenzierbare Funktion ist, so wird

$$\int\limits_{\alpha}^{\beta} \varphi\!\left(x, y;\ \frac{dx}{dt}, \frac{dy}{dt}\right) dt = \int\limits_{\bar{\alpha}}^{\bar{\beta}} \varphi\!\left(x, y;\ \frac{dx}{d\tau}\frac{d\tau}{dt}, \frac{dy}{d\tau}\frac{d\tau}{dt}\right)\frac{dt}{d\tau}\,d\tau$$

dann gleich

$$\int\limits_{\bar{\alpha}}^{\bar{\beta}} \varphi\!\left(x, y;\ \frac{dx}{d\tau}, \frac{dy}{d\tau}\right) d\tau,$$

wenn $\dfrac{d\tau}{dt}$ und damit auch $\dfrac{dt}{d\tau} = 1 : \dfrac{d\tau}{dt}$ positiv ist. Die Funktion $t(\tau)$ und damit auch ihre Umkehrfunktion $\tau(t)$ ist dann im engeren Sinn *monoton wachsend*. Gegenüber derartigen Parametertransformationen ist das Grundintegral invariant. Eine spezielle Parametertransformation ist $t = t(x)$, deren Umkehrung $x = x(t)$ von (22) auf (24) geführt hat; auch $x(t)$ muß monoton wachsend sein, das Intervall $[\alpha, \beta]$ wird umkehrbar eindeutig auf $[a, b]$ abgebildet.

Einige weitere, recht wichtige Eigenschaften der invarianten Variationsprobleme werde ich bei der Diskussion des allgemeinen Falls behandeln, der wir uns jetzt zuwenden wollen. Es handelt sich um Variationsprobleme vom Typus (9), wobei aber die Grundfunktion f erstens nicht explizit von der unabhängigen Veränderlichen x abhängt und zweitens in den Ableitungen der abhängigen Veränderlichen *positiv homogen* von erster Ordnung ist. Ich bezeichne im folgenden die unabhängige Veränderliche mit t statt mit x, die abhängigen mit x_i statt y_i und deute ihre Ableitungen durch darübergesetzte Punkte an. Ferner schreibe ich zur Abkürzung $f(x_1, \ldots, x_n; \dot{x}_1, \ldots, \dot{x}_n) = f(x_h, \dot{x}_h)$, so daß das Grundintegral

$$J = \int\limits_{\alpha}^{\beta} f(x_h, \dot{x}_h)\, dt \tag{27}$$

wird. Schließlich soll für den Rest dieser Ziffer das *Summationsübereinkommen* gelten, wonach über jeden in einem Ausdruck doppelt vorkommenden Index automatisch von 1 bis n zu summieren ist. Lateinische Indizes sind Repräsentanten der Zahlen $1, 2, \ldots, n$. Da $f(x_h, \dot{x}_h)$ in den $\dot{x}_h$ von erster Ordnung positiv homogen ist, gilt für jedes $\lambda > 0$ die Identität

$$f(x_h, \lambda\, \dot{x}_h) = \lambda\, f(x_h, \dot{x}_h); \tag{28}$$

Differentiation nach x_i gibt

$$\frac{\partial f}{\partial x_i}(x_h, \lambda\, \dot{x}_h) = \lambda\, \frac{\partial f}{\partial x_i}(x_h, \dot{x}_h), \tag{29}$$

d. h. die Ableitungen $\dfrac{\partial f}{\partial x_i}$ sind ebenfalls positiv homogen von erster Ordnung. Differentiation von (28) nach $\dot{x}_i$ gibt

$$\frac{\partial f}{\partial \dot{x}_i}(x_h, \lambda\, \dot{x}_h)\, \lambda = \lambda\, \frac{\partial f}{\partial \dot{x}_i}(x_h, \dot{x}_h)$$

oder wegen $\lambda > 0$

$$\frac{\partial f}{\partial \dot{x}_i}(x_h, \lambda\, \dot{x}_h) = \frac{\partial f}{\partial \dot{x}_i}(x_h, \dot{x}_h). \tag{30}$$

Die Ableitungen $\dfrac{\partial f}{\partial \dot{x}_i}$ sind *positiv homogen von der nullten Ordnung*. Nochmalige Differentiation nach $\dot{x}_j$ gibt schließlich

$$\frac{\partial^2 f}{\partial \dot{x}_i\, \partial \dot{x}_j}(x_h, \lambda\, \dot{x}_h) = \lambda^{-1}\, \frac{\partial^2 f}{\partial \dot{x}_i\, \partial \dot{x}_j}(x_h, \dot{x}_h), \tag{31}$$

die zweiten Ableitungen $\dfrac{\partial^2 f}{\partial \dot{x}_i\, \partial \dot{x}_j}$ sind *positiv homogen von der Ordnung -1* usw. Die Eulersche Differentialgleichung der homogenen Funktionen

$$\frac{\partial f}{\partial \dot{x}_j}\, \dot{x}_j = f \tag{32}$$

gibt

$$\frac{\partial^2 f}{\partial \dot{x}_i\, \partial \dot{x}_j}\, \dot{x}_j = 0. \tag{33}$$

Da keinesfalls alle $\dot{x}_j = 0$ sind, folgt aus (33) insbesondere noch

$$\mathrm{Det}\,\frac{\partial^2 f}{\partial \dot{x}_i\,\partial \dot{x}_j} = 0, \tag{34}$$

d. h. wir haben hier gerade den am Schluß von Ziffer 2 ausgeschlossenen Fall vor uns.

Die Eulerschen Differentialgleichungen (15) gehen für das Variationsproblem (27) über in

$$\boxed{E_i(f) = \frac{\partial f}{\partial x_i} - \frac{d}{dt}\,\frac{\partial f}{\partial \dot{x}_i} = 0.} \tag{35}$$

Man bestätigt wie oben im Fall $n = 2$ durch Differentiation von (32) nach t, daß die Gleichungen (35) nicht voneinander unabhängig sind, weil

$$E_i(f)\,\dot{x}_i = 0 \tag{36}$$

ist. Ich erwähne schließlich noch, daß der Übergang von (9) zum homogenen Variationsproblem (27) nur scheinbar eine Spezialisierung ist. Ist nämlich $x_1(t)$ in $[\alpha, \beta]$ monoton wachsend, also $\dot{x}_1 > 0$, so kann man x_1 als Parameter einführen und erhält aus (27), wenn man noch $x_1 = x$, $x_{\alpha+1} = y_\alpha$, $\alpha = 1, 2, \ldots, n-1$ schreibt,

$$J = \int_a^b f(x, y_1, \ldots, y_{n-1}; y_1', \ldots, y'_{n-1})\,dx,$$

wo $a = x(\alpha)$, $b = x(\beta)$ gesetzt ist, also ein Integral der Form (9), nur mit $n-1$ statt n abhängigen Veränderlichen, was aber natürlich völlig belanglos ist.

4. Fortsetzung. Die Normalform der Eulerschen Gleichungen. Wegen (34) ist es hier nicht möglich, die Eulerschen Gleichungen auf die nach den $\ddot{x}_i$ aufgelöste *Normalform*

$$\ddot{x}_i = F_i(x_h, \dot{x}_h) \tag{37}$$

zu bringen. Ich betrachte nun ein Variationsproblem (27), wo f nicht von erster, sondern *von beliebiger Ordnung k positiv homogen* ist. Dann ist die Voraussetzung

$$\mathrm{Det}\,\frac{\partial^2 f}{\partial \dot{x}_i\,\partial \dot{x}_j} \neq 0$$

keine wesentliche Einschränkung der Allgemeinheit und die Normalform (37) ohneweiters herstellbar. Für die Funktion $f(x_h, \dot{x}_h)$ gilt jetzt

$$\frac{\partial f}{\partial \dot{x}_j}\,\dot{x}_j = k\,f.$$

Differentiation nach t gibt

$$\frac{d}{dt}\,\frac{\partial f}{\partial \dot{x}_j}\,\dot{x}_j + \frac{\partial f}{\partial \dot{x}_j}\,\ddot{x}_j = -E_i(f)\,\dot{x}_i + \frac{df}{dt} = k\,\frac{df}{dt},$$

also an Stelle von (36)

$$E_i(f)\,\dot{x}_i = (1-k)\,\frac{df}{dt}; \tag{38}$$

für $k = 1$ gibt das wieder (36). Ist $f(x_h, \dot{x}_h)$ *ein Integral der Eulerschen Differentialgleichungen* $E_i(f) = 0$, so folgt aus (38) für $k \neq 1$, daß f *konstant* ist.

Nehmen wir auf der Kurve $x_i(t)$ eine zulässige Parametertransformation $t = t(\tau)$ vor, so folgt aus

$$\frac{dx_i}{d\tau} = \dot{x}_i\,\frac{dt}{d\tau}$$

(die Punkte bedeuten nach wie vor Ableitungen nach t)

$$f\left(x_h, \frac{dx_h}{d\tau}\right) = f(x_h, \dot{x}_h)\left(\frac{dt}{d\tau}\right)^k.$$

Ich setze nun

$$f\left(x_h, \frac{dx_h}{d\tau}\right) = c^{-k} \cdot \operatorname{sign} f(x_h, \dot{x}_h),$$

wo $c > 0$ eine Konstante ist. Daraus folgt

$$\tau = c \int \sqrt[k]{|f(x_h, \dot{x}_h)|}\, dt + c_1, \tag{39}$$

d. h. wir können auf jeder Kurve, für die $f(x_h, \dot{x}_h) \neq 0$ ist, einen Parameter τ einführen, für den $f\left(x_h, \dfrac{dx_h}{d\tau}\right)$ konstant wird. Dieser Parameter τ ist nach (39) bis auf eine lineare Transformation bestimmt.

Ich betrachte nun neben (27) das Variationsproblem $(p \neq 1)$

$$J_p = \int\limits_\alpha^\beta [f(x_h, \dot{x}_h)]^p\, dt, \tag{40}$$

für das

$$E_i(f^p) = \frac{\partial f^p}{\partial x_i} - \frac{d}{dt}\frac{\partial f^p}{\partial \dot{x}_i} = p\, f^{p-1}\left(\frac{\partial f}{\partial x_i} - \frac{d}{dt}\frac{\partial f}{\partial \dot{x}_i}\right) - p\,(p-1)\, f^{p-2}\frac{\partial f}{\partial \dot{x}_i}\frac{df}{dt} \tag{41}$$

wird. Ist weder f noch f^p von erster Ordnung positiv homogen, so ist nach (38) längs einer Extremalen von (27)

$$\frac{df}{dt} = 0$$

und wegen (41) folgt aus dem Verschwinden von $E_i(f)$ das von $E_i(f^p)$ und umgekehrt, d. h. *jede Extremale von (27) ist auch Extremale von (40) und umgekehrt.*

Ist aber f von erster Ordnung positiv homogen, so können wir den Parameter τ so bestimmen, daß $\dfrac{df}{d\tau} = 0$ wird und somit dasselbe gilt wie oben. Dabei ist bloß vorausgesetzt, daß $f(x_h, \dot{x}_h)$ für die betrachteten Extremalen nicht identisch verschwindet, d. h. daß sie keine sogenannten *Nullextremalen* sind. Durch den Übergang von (27) zu (40) und die Wahl eines Parameters mit $f(x_h, \dot{x}_h) =$ konst. *lassen sich also auch im Fall $p = 1$ die Eulerschen Gleichungen auf die Normalform (37) bringen.*

Als Beispiel nehme ich das Problem der kürzesten Linien im Raum $(n = 3)$

$$J = \int\limits_\alpha^\beta \sqrt{\dot{x}_i\,\dot{x}_i}\, dt$$

mit $f = \sqrt{\dot{x}_i\,\dot{x}_i}$. Ich betrachte daneben das Variationsproblem

$$J_2 = \int\limits_\alpha^\beta \dot{x}_i\,\dot{x}_i\, dt$$

mit $f^2 = \dot{x}_i\,\dot{x}_i$. Für J_2 werden die Eulerschen Differentialgleichungen

$$\frac{d}{dt}\dot{x}_i = 0,$$

also $\dot{x}_i = a_i$ und $f = \sqrt{a_i\, a_i} =$ konst. Die Extremalen sind die Geraden $x_i = a_i\, t + b_i$, der Parameter t stimmt bis auf eine lineare Transformation mit der Bogenlänge s $(a_i\, a_i = 1)$ auf der Geraden überein.

5. Diskontinuierliche Lösungen. Bei manchen Variationsproblemen treten als Lösungen Kurven auf, die nicht, wie wir das bisher immer vorausgesetzt haben, zweimal stetig differenzierbar sind, sondern Ecken aufweisen, also zwar stetig, aber in endlich vielen Punkten nicht differenzierbar sind. Man spricht dann von *diskontinuierlichen Lösungen*. Für die Eckpunkte selbst ergeben sich gewisse Bedingungsgleichungen, die ich nur für den Fall der Ebene herleiten will, wobei ich noch annehme, daß die Lösung $\mathfrak{C}$ mit den Gleichungen $x = x(t)$, $y = y(t)$ des Variationsproblems

$$\delta J = \delta \int_\alpha^\beta \varphi(x, y; \dot{x}, \dot{y})\, dt = 0 \tag{42}$$

an der Stelle t_0, $\alpha < t_0 < \beta$, eine Ecke hat, so daß $\ddot{x}(t)$ und $\dot{y}(t)$ für $t = t_0$ nicht existieren, wohl aber die Grenzwerte

$$\lim_{t \to t_0 - 0} \dot{x}(t) = \dot{x}_0^-, \qquad \lim_{t \to t_0 + 0} \dot{x}(t) = \dot{x}_0^+,$$

und entsprechend für $y(t)$; ich bezeichne im folgenden die links- und rechtsseitigen Grenzwerte beliebiger Funktionen an der Stelle t_0 in analoger Weise. Als Vergleichskurven nehmen wir

$$\overline{x}(t) = x(t) + \varepsilon\, u(t), \quad \overline{y}(t) = y(t) + \eta\, v(t) \tag{43}$$

mit stetig differenzierbaren $u(t)$, $v(t)$ und

$$u(\alpha) = u(\beta) = v(\alpha) = v(\beta) = 0. \tag{44}$$

Die beiden Kurvenbogen $\mathfrak{C}_1$ und $\mathfrak{C}_2$, in die $\mathfrak{C}$ durch den Punkt t_0 zerlegt wird, sind auf jeden Fall Extremalenbogen von (42), denn $\mathfrak{C}$ muß ein Extremum auch gegenüber den Vergleichskurven (43) sein, für die $u(t)$ und $v(t)$ beide entweder in $[\alpha, t_0]$ oder in $[t_0, \beta]$ verschwinden. Die Durchführung der Rechnung für das ganze Intervall $[\alpha, \beta]$ gibt

$$J(\varepsilon, \eta) = \int_\alpha^{t_0} \varphi(\overline{x}, \overline{y}; \dot{\overline{x}}, \dot{\overline{y}})\, dt + \int_{t_0}^\beta \varphi(\overline{x}, \overline{y}; \dot{\overline{x}}, \dot{\overline{y}})\, dt,$$

somit

$$\frac{\partial J}{\partial \varepsilon}(0, 0) = \int_\alpha^{t_0} (\varphi_x\, u + \varphi_{\dot{x}}\, \dot{u})\, dt + \int_{t_0}^\beta (\varphi_x\, u + \varphi_{\dot{x}}\, \dot{u})\, dt = 0$$

und durch partielle Integration der zweiten Summanden in beiden Integralen wegen (25)

$$\frac{\partial J}{\partial \varepsilon}(0, 0) = [\varphi_{\dot{x}}\, u]_\alpha^{t_0} + [\varphi_{\dot{x}}\, u]_{t_0}^\beta = 0.$$

Wegen (44) wird daraus schließlich

$$\boxed{\varphi_{\dot{x}}(x_0, y_0; \dot{x}_0^-, \dot{y}_0^-) = \varphi_{\dot{x}}(x_0, y_0; \dot{x}_0^+, \dot{y}_0^+);} \tag{45 a}$$

aus $\dfrac{\partial J}{\partial \eta}(0, 0) = 0$ folgt analog

$$\boxed{\varphi_{\dot{y}}(x_0, y_0; \dot{x}_0^-, \dot{y}_0^-) = \varphi_{\dot{y}}(x_0, y_0; \dot{x}_0^+, \dot{y}_0^+).} \tag{45 b}$$

Die beiden Bedingungen (45) heißen die *Eckenbedingungen von Erdmann-Weier-*

strass. Sie besagen, daß $\varphi_{\dot{x}}$ und $\varphi_{\dot{y}}$ im Eckpunkt trotz der Unstetigkeit von $\dot{x}$, $\dot{y}$ stetig sein müssen. Für ein Variationsproblem

$$J = \int\limits_a^b f(x, y, y')\, dx$$

gehen die Bedingungen (44) über in

$$(f_{y'})_0^- = (f_{y'})_0^+, \quad (f - y'\, f_{y'})_0^- = (f - y'\, f_{y'})_0^+, \tag{46}$$

denn aus (23) folgt ja

$$\varphi_{\dot{x}} = f - \frac{\dot{y}}{\dot{x}} f_{y'} = f - y'\, f_{y'}, \quad \varphi_{\dot{y}} = f_{y'}. \tag{47}$$

Gibt es mehrere·Ecken, so müssen natürlich in jeder von ihnen die Bedingungen (45) oder (46) erfüllt sein. Die Übertragung auf den Fall mehrerer abhängiger Variabler bietet keinerlei Schwierigkeiten.

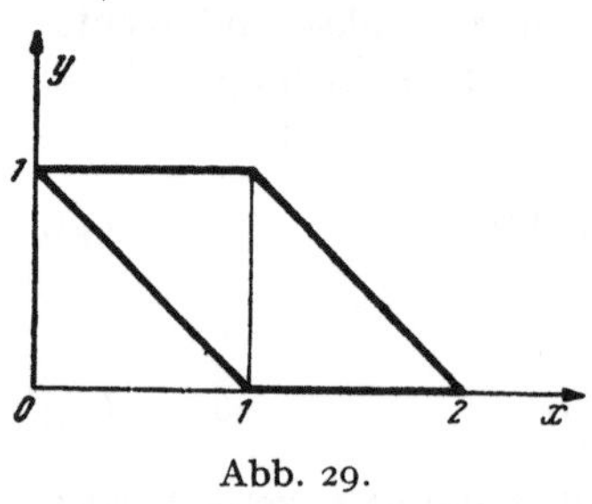

Abb. 29.

Als Beispiel sei

$$J = \int\limits_0^2 y'^2(1 + y')^2\, dx = \text{Min.}$$

mit den Randbedingungen $y(0) = 1$, $y(2) = 0$ vorgelegt. Nach § 15, 5 sind die Extremalen Gerade $y = \alpha\, x + \beta$ und daher ist $y = -\dfrac{1}{2} x + 1$ die den Randbedingungen genügende Extremale. Für sie wird $J = \dfrac{1}{8}$, aber das ist nicht einmal ein relatives Minimum, d. h. im Vergleich mit Kurven in genügend enger Umgebung. Nun ist sicher $J \geqq 0$ und $J = 0$ nur, wenn entweder $y' = 0$ oder $y' = -1$ ist. Wenn sich daher — und das ist bei den obigen Randbedingungen der Fall — die beiden Endpunkte durch einen Polygonzug verbinden lassen, dessen Seiten die Steigungen 0 oder -1 haben, so gibt dieser Polygonzug eine diskontinuierliche Lösung. Die beiden einfachsten diskontinuierlichen Lösungen bestehen aus je zwei Strecken

$$y(x) = 1 \text{ für } 0 \leqq x \leqq 1, \quad y(x) = 2 - x \text{ für } 1 \leqq x \leqq 2,$$

oder

$$y(x) = 1 - x \text{ für } 0 \leqq x \leqq 1, \quad y(x) = 0 \text{ für } 1 \leqq x \leqq 2$$

(Abb. 29). Für beide ist $J = 0$, also ein Minimum.

6. Der allgemeine Fall variabler Endpunkte und die Transversalitätsbedingung. Das Variationsproblem mit freien Enden, das ich in § 15, 3 zugleich mit dem Fall fester Randbedingungen diskutiert habe, läuft darauf hinaus, daß einer oder beide Endpunkte der gesuchten Lösung nicht fixiert, sondern auf den Geraden $x = a$ bzw. $x = b$ variabel sind. Ich komme nun zu der etwas allgemeineren Aufgabe, daß ein Endpunkt, etwa B, auf einer beliebig vorgegebenen glatten Kurve $\mathfrak{S}$ mit der Gleichung $S(x, y) = 0$ beweglich, der andere Endpunkt $A = (a, a_1)$ fest ist. Der Fall, daß beide Endpunkte auf gegebenen Kurven variieren können, ist dann analog zu behandeln. Das Variationsproblem sei in Parameterdarstellung

$$J = \int\limits_\alpha^\beta \varphi(x, y; \dot{x}, \dot{y})\, dt$$

vorgelegt. Ist die Kurve $\mathfrak{C}$ mit der Gleichung $x = x(t)$, $y = y(t)$ eine Lösung, so muß

$$S(x(\beta), y(\beta)) = 0$$

und $x(\alpha) = a$, $y(\alpha) = a_1$ sein. Für die Vergleichskurven

$$\overline{x}(t) = x(t) + \varepsilon\, u(t), \quad \overline{y}(t) = y(t) + \eta\, v(t)$$

müssen in A die Randbedingungen

$$u(\alpha) = v(\alpha) = 0,$$

in B aber die Bedingung

$$F(\varepsilon, \eta) = S(x(\beta) + \varepsilon\, u(\beta),\, y(\beta) + \eta\, v(\beta)) = 0$$

erfüllt sein. Es soll also jetzt

$$J(\varepsilon, \eta) = \int\limits_{\alpha}^{\beta} \varphi(\overline{x}, \overline{y};\, \dot{\overline{x}}, \dot{\overline{y}})\, dt$$

für $\varepsilon = \eta = 0$ stationär sein unter der Nebenbedingung

$$F(\varepsilon, \eta) = 0.$$

Wir lösen die Aufgabe mit Hilfe der Lagrangeschen Multiplikatorenmethode (Band II, § 14, 4) und erhalten die notwendige Bedingung für die Lösung $\varepsilon = \eta = 0$

$$J_\varepsilon(0, 0) + \lambda F_\varepsilon(0, 0) = 0, \quad J_\eta(0, 0) + \lambda F_\eta(0, 0) = 0. \tag{48}$$

Die Rechnung gibt nach dem üblichen Verfahren

$$J_\varepsilon(0, 0) = [\varphi_{\dot{x}}\, u]_\alpha^\beta + \int\limits_{\alpha}^{\beta} \left(\varphi_x - \frac{d}{dt}\varphi_{\dot{x}}\right) u\, dt,$$

$$J_\eta(0, 0) = [\varphi_{\dot{y}}\, v]_\alpha^\beta + \int\limits_{\alpha}^{\beta} \left(\varphi_y - \frac{d}{dt}\varphi_{\dot{y}}\right) v\, dt.$$

Wir können wieder ähnlich wie in § 15, 3 argumentieren, daß die Lösung $\mathfrak{C}$ auch Lösung bleiben muß, wenn wir nur Vergleichskurven zulassen, die durch den Schnittpunkt $x(\beta)$, $y(\beta)$ von $\mathfrak{C}$ und $\mathfrak{S}$ hindurchgehen, woraus sofort folgt, daß die Lösung den Eulerschen Gleichungen (25) genügen muß, so daß die beiden Integrale verschwinden. Bezeichne ich mit $(\Phi)_\beta$ den Wert irgendeiner Funktion Φ im Punkt $x(\beta)$, $y(\beta)$, also für $t = \beta$, $\varepsilon = \eta = 0$, so folgt

$$J_\varepsilon(0, 0) = (\varphi_{\dot{x}}\, u)_\beta, \quad J_\eta(0, 0) = (\varphi_{\dot{y}}\, v)_\beta$$

und wegen

$$F_\varepsilon(0, 0) = (S_x\, u)_\beta, \quad F_\eta(0, 0) = (S_y\, v)_\beta$$

wird aus (47)

$$(\varphi_{\dot{x}} + \lambda S_x)_\beta\, u(\beta) = 0, \quad (\varphi_{\dot{y}} + \lambda S_y)_\beta\, v(\beta) = 0.$$

Da $u(\beta)$ und $v(\beta)$ willkürlich sind, kann man durch $u(\beta)$ und $v(\beta)$ kürzen; eliminiert man dann noch λ, so ergibt sich die sogenannte *Transversalitätsbedingung*

$$\boxed{(\varphi_{\dot{x}}\, S_y - \varphi_{\dot{y}}\, S_x)_\beta = 0} \tag{49}$$

für den Endpunkt $x(\beta)$, $y(\beta)$ der Lösung $\mathfrak{C}$. Sie ist eine Bedingung für die Steigung von $\mathfrak{C}$ in diesem Punkt.

Um die entsprechende Bedingung für den expliziten Fall herzuleiten, haben wir bloß die Gleichungen (23) und (47) zu beachten; setzen wir noch $S(x, y) = y - h(x)$, also $S_x = -h'(x)$, $S_y = 1$, so folgt aus (49)

$$[f + (h' - y')\, f_{y'}]_b = 0, \tag{50}$$

wobei der Index b bedeutet, daß als Argumente $x = b$, $y = h(b)$, $h' = h'(b)$ und $y' = y'(b)$ einzusetzen sind.

Als Beispiel bestimmen wir die kürzeste Verbindungslinie eines Punktes A der Ebene mit einem beliebigen Punkt B der Kurve $y = h(x)$. Hier ist $f(x, y, y') = \sqrt{1 + y'^2}$, also gibt (50) in B

$$\sqrt{1 + y'^2} + (h' - y')\,\frac{y'}{\sqrt{1 + y'^2}} = 0$$

oder

$$y' = -\frac{1}{h'};$$

die Lösung, die natürlich wieder eine Gerade ist, muß die Kurve $y = h(x)$ *senkrecht schneiden*.

7. Extremalenfelder. Ich kehre wieder zu dem einfachsten Variationsproblem

$$\delta \int_a^b f(x, y, y')\, dx = 0 \tag{51}$$

zurück, nehme aber jetzt an, daß die Grundfunktion f in dem Bereich $\mathfrak{G}$

$$a \leqq x \leqq b, \quad a' < y < b', \quad -\infty < y' < +\infty$$

mindestens *dreimal* stetig differenzierbar und daß in $\mathfrak{G}$ überall

$$f_{y'y'} \neq 0$$

sei. Die Eulersche Differentialgleichung schreibe ich unter Einführung einer zweiten abhängigen Veränderlichen p als System erster Ordnung

$$\left.\begin{aligned} y' &= p, \\ p' &= g(x, y, p) = \frac{1}{f_{y'y'}}\,(f_y - f_{xy'} - f_{yy'}\,p), \end{aligned}\right\} \tag{52}$$

wo in den Ableitungen der Grundfunktion überall die Argumente x, y, p an Stelle von x, y, y' einzutragen sind. Dann gehört zu den Anfangsbedingungen $x = a$, $y = a_1$, $p = \alpha$ ein eindeutig bestimmtes System von Lösungen, die sich bis an den Rand von $\mathfrak{G}$ fortsetzen lassen. Ich denke mir im folgenden den Punkt $A = (a, a_1)$ festgehalten und betrachte insbesondere die Abhängigkeit der Lösung von α; ich schreibe sie demgemäß in der Form

$$y = \varphi(x, \alpha), \quad p = \psi(x, \alpha). \tag{53}$$

Nach den Sätzen von § 3, 6 und § 5, 3 sind φ und ψ stetige und stetig differenzierbare Funktionen von α, weil die Funktion $g(x, y, p)$ nach unseren Voraussetzungen über f nach allen Argumenten stetig differenzierbar ist. Ich nehme nun an, daß der Parameter α auf ein geeignet gewähltes Intervall

$$\alpha_1 \leqq \alpha \leqq \alpha_2$$

so beschränkt ist, daß die beiden Funktionen für alle $a \leqq x \leqq b$ existieren und stetige Ableitungen nach α besitzen; nach x sind sie mindestens dreimal stetig differenzierbar. Wegen der ersten Gleichung (52) gilt

$$\varphi_x(x, \alpha) = \psi(x, \alpha),$$

so daß z. B. auch $\varphi_{x\alpha}$ in $[a, b]$ existiert und stetig ist. Die erste Gleichung (53) — die zweite ist für das Folgende uninteressant — stellt eine einparametrige Schar von Extremalen $\mathfrak{C}_\alpha$ des Variationsproblems (51) dar, die alle durch den Punkt $A =$

$= (a, a_1)$ gehen; der Parameter α ist die Steigung der Tangente der Extremalen $\mathfrak{C}_\alpha$ im Punkt A. Es gilt also identisch in α

$$\varphi(a, \alpha) = a_1, \quad \varphi_x(a, \alpha) = \alpha$$

und daher durch Differentiation nach α

$$\varphi_\alpha(a, \alpha) = 0, \quad \varphi_{x\alpha}(a, \alpha) = 1.$$

Ich nehme nun an, daß die Extremalenschar (53) eine Einhüllende $\mathfrak{H}$ besitzt, die sich aus den Bedingungen

$$y = \varphi(x, \alpha), \quad \varphi_\alpha(x, \alpha) = 0$$

in der Form

$$x = \xi(\alpha), \quad y = \eta(\alpha)$$

darstellen läßt. Man nennt den Punkt $\overline{A} = (\xi, \eta)$ den zu A *konjugierten* Punkt auf der Extremalen $\mathfrak{C}_\alpha$ (Abb. 30). Wenn wir jede Extremale $\mathfrak{C}_\alpha$ nur in dem Inter-vall (a, ξ), d. h. genauer den *Extremalen-*
bogen zwischen A und dem konjugierten
Punkt $\overline{A}$ betrachten, so ist durch die
beiden Extremalen $\mathfrak{C}_{\alpha_1}$, $\mathfrak{C}_{\alpha_2}$ und durch die
Einhüllende $\mathfrak{H}$ ein Teilbereich $\mathfrak{A}$ von $\mathfrak{G}$
begrenzt, der von der Extremalenschar (53)
schlicht, d. h. so überdeckt wird, daß durch
jeden Punkt von $\mathfrak{A}$ eine und nur eine
Extremale hindurchgeht. Dabei gehört
aber weder die Einhüllende $\mathfrak{H}$ noch der
Punkt A zum Bereich $\mathfrak{A}$, weil in A und
ebenso längs $\mathfrak{H}$ keine eindeutige Zuordnung

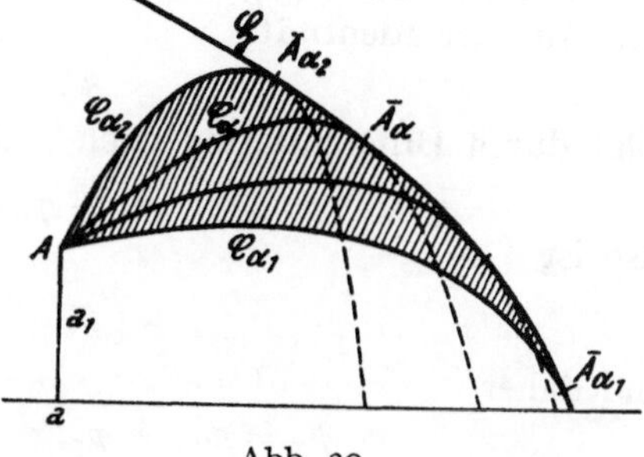

Abb. 30.

zwischen den Punkten und den Kurven $\mathfrak{C}_\alpha$ gegeben ist. Man spricht von einem *Extremalenfeld* im Bereich $\mathfrak{A}$, es ist in der Abb. 30 durch Schraffierung her-vorgehoben. Die Bedeutung dieser Überlegung geht schon aus dem Zusammen-hang mit der Frage nach der eindeutigen Lösbarkeit der Randwertaufgabe des Problems (51) hervor. Soll nämlich die Extremale $\mathfrak{C}_\alpha$ durch die Randbedingungen (a, a_1) und (b, b_1) eindeutig bestimmbar sein, so muß jedenfalls

$$b < \xi(\alpha)$$

sein, d. h. der Punkt $B = (b, b_1)$ muß im Bereich $\mathfrak{A}$ liegen. Ich muß hier aber darauf verzichten, die Theorie der konjugierten Punkte weiter auszuführen; für das Folgende ist allein wesentlich, daß die Schar der Extremalen durch den Punkt A unter den angegebenen Voraussetzungen in einem gewissen Bereich $\mathfrak{A}$ ein Extremalenfeld bildet.

Die Schar (53) muß natürlich keine Einhüllende haben; dann erstreckt sich der Bereich $\mathfrak{A}$ bis an den Rand von $\mathfrak{G}$, eventuell also ins Unendliche. Es kann aber auch vorkommen, daß sich $\mathfrak{H}$ auf einen einzigen Punkt reduziert; dann sind ξ und η konstant und alle Extremalen der Schar schneiden sich nicht nur in A, sondern auch noch in dem konjugierten Punkt $\overline{A} = (\xi, \eta)$. Ich erwähne noch, daß man den Begriff des Extremalenfeldes etwas allgemeiner fassen kann: Jede einparametrige Schar von Extremalen, die einen Bereich $\mathfrak{A}$ der Ebene schlicht überdeckt, heißt in $\mathfrak{A}$ ein Extremalenfeld. Gehen alle Extremalen des Feldes durch einen Punkt A wie oben, so spricht man von einem *uneigentlichen Extremalenfeld*.

Die Funktion $\varphi(x, \alpha)$ ist unter diesen Voraussetzungen bei festem x eine eindeutige und monotone Funktion des Parameters α, so daß in $\mathfrak{A}$ überall

$$\varphi_\alpha(x, \alpha) \neq 0$$

gilt; φ_α verschwindet nur in A und längs der Einhüllenden $\mathfrak{H}$. Dann läßt sich aber die Gleichung $y = \varphi(x, \alpha)$ eindeutig nach α auflösen und gibt

$$\alpha = \alpha(x, y);$$

setzen wir das in $y' = \varphi_x(x, \alpha)$ ein, so folgt

$$\boxed{y' = p(x, y) = \varphi_x(x, \alpha(x, y)).} \tag{54}$$

Die so in $\mathfrak{A}$ definierte Funktion $p(x, y)$ heißt die *Gefällsfunktion* des Extremalenfeldes $\mathfrak{A}$; sie gibt in jedem Punkt $P = (x, y)$ von $\mathfrak{A}$ die Steigung der durch P gehenden Extremalen an. Im Punkt A ist $p(x, y) = p(a, a_1)$ unbestimmt, jedoch gilt längs der Extremalen $\mathfrak{C}_\alpha$

$$\lim_{x \to a + 0} p(x, y) = \alpha.$$

Die Gefällsfunktion $p(x, y)$ ist in $\mathfrak{A}$ stetig differenzierbar; das folgt unmittelbar aus ihrer Definition (54) und aus der Tatsache, daß $\alpha(x, y)$ stetig differenzierbar ist. Aus der Identität

$$\varphi(x, \alpha(x, y)) = y$$

folgt durch Differentiation nach x und y

$$\varphi_x + \varphi_\alpha \alpha_x = 0, \quad \varphi_\alpha \alpha_y = 1,$$

also ist

$$\alpha_x = -\frac{\varphi_x}{\varphi_\alpha}, \quad \alpha_y = \frac{1}{\varphi_\alpha}$$

und daher

$$p_x = \varphi_{xx} + \varphi_{x\alpha} \alpha_x = \frac{1}{\varphi_\alpha} (\varphi_{xx} \varphi_\alpha - \varphi_x \varphi_{x\alpha}),$$

$$p_y = \varphi_{x\alpha} \alpha_y = \frac{\varphi_{x\alpha}}{\varphi_\alpha}.$$

Somit wird

$$y'' = p_x + p_y y' = p_x + p\, p_y = \varphi_{xx}. \tag{55}$$

Aus $E_y(f) = 0$ folgt wegen (54) und (55) die *Beltramische Differentialgleichung*[1]

$$\boxed{f_y - f_{xy'} - f_{yy'}\, p - f_{y'y'} \cdot (p_x + p\, p_y) = 0,} \tag{56}$$

eine partielle Differentialgleichung erster Ordnung für die Gefällsfunktion $p(x, y)$.

8. Der Hilbertsche Unabhängigkeitssatz[2]. In Ziffer 6 habe ich die Transversalitätsbedingung (50) als eine Art verallgemeinerte natürliche Randbedingung für den Fall hergeleitet, daß der Endpunkt (b, b_1) auf einer gegebenen Kurve $S(x, y) = 0$ oder $y = h(x)$ liegt. Wir können dieser Gleichung eine allgemeinere Bedeutung geben, wenn wir y' — selbstverständlich auch als Argument in f und $f_{y'}$ — durch die Gefällsfunktion $p(x, y)$ eines Extremalenfeldes ersetzen und an Stelle von h' wieder y' schreiben; die Argumente x und y bleiben dabei beliebig. Dann ist (50), d. h. jetzt

$$f^*(x, y, p, y') = f(x, y, p) + (y' - p(x, y))\, f_{y'}(x, y, p) = 0 \tag{57}$$

---

[1] Eugenio Beltrami, geb. 1835 in Cremona, gest. 1900 in Rom. Wichtige Beiträge zur Differentialgeometrie und mathematischen Physik.

[2] David Hilbert, geb. 1862 in Königsberg, gest. 1944 in Göttingen, wirkte in Königsberg und Göttingen und war einer der bedeutendsten Mathematiker der letzten Zeit. Von ihm stammen grundlegende Untersuchungen auf fast allen Gebieten der Mathematik. Ich erwähne seine Arbeiten zur Theorie der algebraischen Zahlkörper, der Integralgleichungen, zur Variationsrechnung und über die Grundlagen der Geometrie und Arithmetik.

eine Differentialgleichung erster Ordnung, deren Linienelemente in jedem Punkt (x, y) des Feldes transversal zur Feldrichtung $p(x, y)$ verlaufen. Der *Hilbertsche Unabhängigkeitssatz* besagt, daß

$$f^*(x, y, p, y')\, dx$$

ein totales Differential und daher das Integral

$$J^* = \int f^*(x, y, p, y')\, dx = \int [(f - p\, f_{y'})\, dx + f_{y'}\, dy] \tag{58}$$

in $\mathfrak{A}$ *vom Weg unabhängig ist.* Von einem beliebigen festen Anfangspunkt bis zu einem variablen Endpunkt $P = (x, y)$ erstreckt, definiert J^* eine Funktion $S(x, y)$, und das allgemeine Integral von (57)

$$S(x, y) = c$$

ist eine Kurvenschar in $\mathfrak{A}$, deren Richtung in jedem Punkt transversal zur Feldrichtung $p(x, y)$ ist; sie heißt die Schar der *Transversalen* des Feldes. Der Nachweis ist einfach: Die Integrabilitätsbedingung

$$\frac{\partial}{\partial y} (f - p\, f_{y'}) - \frac{\partial}{\partial x} f_{y'} = 0$$

von (57) ist, wie man sofort nachrechnet, nichts anderes als die Beltramische Differentialgleichung (56) und daher erfüllt.

Erstrecken wir das Integral J^* *längs einer Extremalen,* so ist in (57) $y' = = p(x, y)$, und daher geht J^* über in das Grundintegral J. Ich betrachte nun ein von zwei Extremalen $\mathfrak{C}_\alpha$, $\mathfrak{C}_{\alpha'}$ und von zwei Transversalen $\mathfrak{T}_1$ und $\mathfrak{T}_2$ gebildetes krummliniges Viereck mit den Ecken P_1, P_2, P_3, P_4 in $\mathfrak{A}$ (Abb. 31). Das über die geschlossene, stückweise glatte Kurve $P_1 P_2 P_4 P_3$ erstreckte Integral verschwindet auf Grund des Unabhängigkeitssatzes. Anderseits verschwindet J^* längs der Transversalen $\mathfrak{T}_1$ und $\mathfrak{T}_2$, weil hier (57) identisch Null ist; längs der Extremalen ist aber, wie eben festgestellt, $J^* = J$, also erhalten wir den sogenannten *Kneserschen Transversalensatz*[1]

$$\int_{P_1}^{P_2} f(x, y, y')\, dx = \int_{P_3}^{P_4} f(x, y, y')\, dx, \tag{59}$$

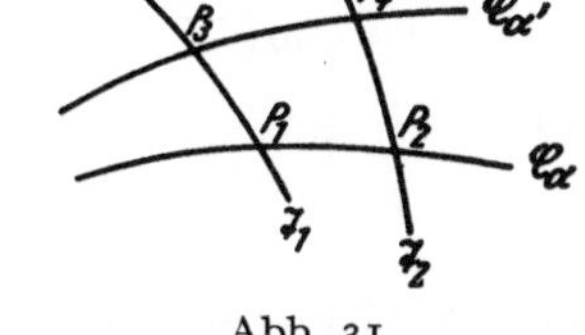

Abb. 31.

d. h. *das Grundintegral J hat für alle von zwei festen Transversalen begrenzten Extremalenbogen denselben Wert.*

9. Die Transversalitätsbedingung bei n abhängigen Veränderlichen. Ich komme nun zu einer Verallgemeinerung der letzten Überlegungen für den Fall von n abhängigen Veränderlichen und beginne mit dem Fall des Variationsproblems (27) in Parameterdarstellung, wobei ich aber jetzt die (in den $\dot{x}_i$ von erster Ordnung positiv homogene) Grundfunktion mit φ statt mit f bezeichne, also

$$J = \int_\alpha^\beta \varphi(x_h, \dot{x}_h)\, dt. \tag{60}$$

Es sei

$$S(x_h) = S(x_1, x_2, \ldots, x_n) = 0$$

---

[1] ADOLF KNESER, geb. 1862 in Grüssow (Mecklenburg), gest. 1930 in Breslau, wirkte in Dorpat und Breslau. Wichtigste Arbeitsgebiete: Variationsrechnung und Integralgleichungen.

die Gleichung einer Hyperfläche $\mathfrak{S}$ des R_n der x_i. Der Punkt A mit $t = \alpha$, $x_i(\alpha) = a_i$ sei fest, der Punkt B mit $t = \beta$, $x_i(\beta) = b_i$ auf $\mathfrak{S}$ variabel. Für die n-parametrige Schar von Vergleichskurven $\overline{x}_i = x_i + \varepsilon_i u_i$ (nicht summieren über i!) ist dann $u_i(\alpha) = 0$, während die $u_i(\beta)$ der Gleichung

$$F(\varepsilon_h) = S(x_h(\beta) + \varepsilon_h\, u_h(\beta)) = 0$$

genügen. Aus $J + \lambda F = \text{Extr.}$ folgen dann die notwendigen Bedingungen

$$\frac{\partial J}{\partial \varepsilon_i} + \lambda\, \frac{\partial F}{\partial \varepsilon_i} = 0$$

für $\varepsilon_i = 0$ und daraus wie in Ziffer 6

$$\left(\frac{\partial \varphi}{\partial \dot{x}_i} + \lambda\, \frac{\partial S}{\partial x_i} \right)_\beta = 0$$

oder

$$\boxed{\left(\frac{\partial \varphi}{\partial \dot{x}_i} \right)_\beta = -\lambda \left(\frac{\partial S}{\partial x_i} \right)_{\beta'}} \tag{61}$$

d. h. im Punkt B muß der Vektor $\dfrac{\partial \varphi}{\partial \dot{x}_i}$ parallel zum Gradienten $\dfrac{\partial S}{\partial x_i}$ der Fläche $\mathfrak{S}$ sein.

Die Transversalitätsbedingung (61) läßt sich ohneweiters auch dem Fall des Variationsproblems (9) anpassen. Ich ersetze n durch $n + 1$, schreibe $x_1{'} = x$, $x_{j+1} = y_j$ ($j = 1, 2, \ldots, n$) und

$$\varphi(x_h, \dot{x}_h) = \dot{x}\, \varphi(x, y_1, \ldots, y_n; 1, y_1{'}, \ldots, y_n{'}) = \dot{x}\, f(x, y_h; y_h{'});$$

dann wird

$$\frac{\partial \varphi}{\partial \dot{x}_1} = \frac{\partial \varphi}{\partial \dot{x}} = f + \dot{x} \sum_{j=1}^{n} \frac{\partial f}{\partial y_j{'}} \left(-\frac{\dot{y}_j}{\dot{x}^2} \right) = f - \sum_{j=1}^{n} y_j{'}\, \frac{\partial f}{\partial y_j{'}}$$

und

$$\frac{\partial \varphi}{\partial \dot{x}_{j+1}} = \frac{\partial f}{\partial y_j{'}}, \quad j = 1, 2, \ldots, n.$$

Damit geht (61) über in die Transversalitätsbedingungen

$$\boxed{\begin{aligned} \left(f - \sum_{j=1}^{n} y_j{'}\, \frac{\partial f}{\partial y_j{'}} \right)_b &= -\lambda \left(\frac{\partial S}{\partial x} \right)_{b'} \\ \left(\frac{\partial f}{\partial y_i{'}} \right)_b &= -\lambda \left(\frac{\partial S}{\partial y_i} \right)_{b'} \quad i = 1, 2, \ldots, n, \end{aligned}} \tag{62}$$

für den auf der Fläche $\mathfrak{S}$ gelegenen Endpunkt B der Extremalen.

Auch der Begriff des Extremalenfeldes läßt sich ohneweiters verallgemeinern. Die Grundfunktion $f(x, y_h; y_h{'})$ sei jetzt dreimal stetig differenzierbar und

$$\text{Det}\, \frac{\partial^2 f}{\partial y_i{'}\, \partial y_j{'}} \neq 0.$$

Das System der Eulerschen Differentialgleichungen kann man dann durch das System erster Ordnung

$$y_i{'} = p_i,$$
$$p_i{'} = g_i(x, y_h, p_h)$$

ersetzen. Zu den Anfangsbedingungen $x = a, y_i = a_i, p_i = \alpha_i$, wobei der Punkt $A = (a, a_h)$ des R_{n+1} fest sei, gehören dann die eindeutig bestimmten Lösungen

$$y_i = \varphi_i(x, \alpha_h), \quad p_i = \psi_i(x, \alpha_h),$$

die nach x dreimal, nach den α_i einmal stetig differenzierbar sind. Wegen $y_i' = p_i$ ist

$$\frac{\partial \varphi_i}{\partial x}(x, \alpha_h) = \psi_i(x, \alpha_h),$$

so daß z. B. auch die Ableitungen $\dfrac{\partial^2 \varphi_i}{\partial x\, \partial \alpha_j}$ existieren und stetig sind. Die Gleichungen

$$y_i = \varphi_i(x, \alpha_h) \tag{63}$$

definieren dann in einem gewissen Bereich $\mathfrak{A}$ des R_{n+1} ein *Extremalenfeld*, d. h. eine n-parametrige Schar von Extremalen von (9), die den Bereich $\mathfrak{A}$ schlicht überdecken. In $\mathfrak{A}$ lassen sich die Gleichungen (63) eindeutig nach den α_i auflösen:

$$\alpha_i = \alpha_i(x, y_h);$$

damit erhalten wir die *Gefällsfunktionen*

$$\boxed{p_i(x, y_h) = \frac{\partial \varphi_i}{\partial x}(x, \alpha_h(x, y_k))} \tag{64}$$

des Extremalenfeldes.

Hier kommen wir aber zu einem wesentlichen Unterschied gegenüber den Ergebnissen von Ziffer 8. Während nämlich im Fall $n = 1$ aus dem Hilbertschen Unabhängigkeitssatz ohneweiters folgt, daß es in jedem Extremalenfeld eine Schar von Transversalen gibt, besteht im allgemeinen Fall ein solcher Satz nicht. Nur unter gewissen Voraussetzungen über die Gefällsfunktionen lassen sich die Überlegungen in analoger Weise weiterführen. Das entsprechend den Transversalitätsbedingungen (62) analog zu (58) gebildete Integral

$$J^* = \int \left[\left(f - \sum_j p_j \frac{\partial f}{\partial y_j'} \right) dx + \sum_j \frac{\partial f}{\partial y_j'} dy_j \right]$$

ist dann und nur dann vom Weg unabhängig, wenn die Integrabilitätsbedingungen

$$\psi_i = \frac{\partial}{\partial y_i} \left(f - \sum_j p_j \frac{\partial f}{\partial y_j'} \right) - \frac{\partial}{\partial x} \frac{\partial f}{\partial y_i'} = 0 \tag{65}$$

und

$$\psi_{ik} = \frac{\partial}{\partial y_k} \frac{\partial f}{\partial y_i'} - \frac{\partial}{\partial y_i} \frac{\partial f}{\partial y_k'} = 0 \tag{66}$$

erfüllt sind. Dabei sind in f und $\dfrac{\partial f}{\partial y_i'}$ die Argumente $x, y_h, p_h(x, y_k)$ einzutragen; die Differentiationszeichen $\dfrac{\partial}{\partial x}, \dfrac{\partial}{\partial y_i}$ und $\dfrac{\partial}{\partial y_k}$ beziehen sich auf diese zusammengesetzten Funktionen von x und y_i. Nun kann man zwar leicht zeigen, daß die Bedingungen $\psi_i = 0$ erfüllt sind, wenn die p_i der zweiten Gruppe von Bedingungen $\psi_{ik} = 0$ genügen, aber nicht mehr. Das Integral J^* ist also dann und nur dann vom Weg unabhängig, wenn die Gefällsfunktionen gewissen zusätzlichen Bedingungen genügen, so daß nicht alle, sondern nur gewisse Extremalenfelder eine Schar von Transversalflächen $S(x, y_h) = c$ besitzen. Ich gebe kurz die zugehörigen Rechnungen:

$$\psi_i = \frac{\partial f}{\partial y_i} - \frac{\partial}{\partial x}\frac{\partial f}{\partial y_i'} - \sum_k p_k \frac{\partial}{\partial y_k}\frac{\partial f}{\partial y_i'} - \sum_k p_k \left(\frac{\partial}{\partial y_i}\frac{\partial f}{\partial y_k'} - \frac{\partial}{\partial y_k}\frac{\partial f}{\partial y_i'}\right);$$

ist also $\psi_{ik} = 0$, so folgt weiter

$$\psi_i = \frac{\partial f}{\partial y_i} - \frac{\partial^2 f}{\partial x\,\partial y_i'} - \sum_k \frac{\partial^2 f}{\partial y_k\,\partial y_i'}\,p_k - \sum_j \frac{\partial^2 f}{\partial y_i'\,\partial y_j'}\left(\frac{\partial p_j}{\partial x} + \sum_k p_k \frac{\partial p_j}{\partial y_k}\right)$$

oder wegen der längs jeder Extremalen gültigen Beziehung

$$\frac{\partial p_j}{\partial x} + \sum_k p_k \frac{\partial p_j}{\partial y_k} = y_j''$$

schließlich

$$\psi_i = E_i(f) = 0.$$

Es bleibt also nur die zweite Gruppe von Integrabilitätsbedingungen $\psi_{ik} = 0$; diesen Differentialgleichungen müssen die Gefällsfunktionen $p_i(x, y_h)$ genügen, damit das Extremalenfeld eine Schar von Transversalflächen besitzt. Ich komme in § 20, 1 auf diese Frage zurück.

Aufgaben.

1. Man ermittle die diskontinuierlichen Lösungen zur Grundfunktion $f = \sqrt{y\,(1 - y'^2)}$ (vgl. Aufgabe 4 von § 15).

2. Alle Grundfunktionen $f(x, y, y')$ zu bestimmen, für die „transversal" gleich „orthogonal" ist.

3. Man bestimme die Extremalenfelder zu den folgenden Grundfunktionen mit dem jeweils angegebenen Anfangspunkt, insbesondere auch die Hüllkurve $\mathfrak{H}$:

a) $f = \dfrac{1}{2}\,(y'^2 - y^2)$, $a = a_1 = 0$ (vgl. § 15, Aufgabe 3).

b) $f = 4\,y + y'^2$, $a = 0$, $a_1 = 1$.

c) $f = y + \sqrt{1 + y'^2}$, $a = a_1 = 0$.

4. Man ermittle die Transversalenscharen für die Aufgaben 3a und 3b.

§ 17. Extrema mehrfacher Integrale.

Alle bisher untersuchten Variationsprobleme beziehen sich auf *eine* unabhängige Veränderliche x oder t. Als letzte wesentliche Verallgemeinerung bleibt also noch der Fall mehrerer unabhängiger Veränderlicher zu untersuchen. Das Grundintegral wird dabei natürlich ein mehrfaches Integral, wie schon das Beispiel (10) von § 15, 1, das Problem der Minimalflächen, zeigt. Ich behandle zunächst den Fall zweier unabhängiger Veränderlicher und gehe dann nur noch kurz auf drei unabhängige Veränderliche ein.

1. Doppelintegrale. Es handelt sich um ein Variationsproblem der Form

$$J = \iint\limits_{\mathfrak{A}} f(x, y, z, p, q)\, dx\, dy. \tag{1}$$

Der abgeschlossene Bereich $\mathfrak{A}$ der x,y-Ebene sei dabei einfach zusammenhängend und von einer stetigen, stückweise glatten, geschlossenen und doppelpunktfreien Kurve $\mathfrak{C}'$ mit der Parameterdarstellung

$$x = x(t), \quad y = y(t), \quad \alpha \leqq t \leqq \beta, \quad x(\alpha) = x(\beta), \quad y(\alpha) = y(\beta) \tag{2}$$

begrenzt. Von der Grundfunktion f setze ich voraus, daß sie für alle x, y aus $\mathfrak{A}$, für alle z eines Intervalls $a' < z < b'$ und für alle Werte von p und q definiert und zweimal stetig differenzierbar ist. Gesucht ist eine in $\mathfrak{A}$ zweimal stetig differenzierbare Fläche $\mathfrak{F}$ mit der Gleichung $z = z(x, y)$, für die J einen stationären Wert annimmt, wenn noch $p = z_x(x, y)$, $q = z_y(x, y)$ gesetzt wird. Dabei können für die Fläche z *Randbedingungen* vorgeschrieben sein, die jetzt darin bestehen, daß die Funktion $z(x, y)$ längs $\mathfrak{C}'$ vorgeschriebene Werte

$$z(t) = z(x(t), y(t)), \quad z(\alpha) = z(\beta) \tag{3}$$

annimmt. Die drei Gleichungen (2) und (3) sind die Parameterdarstellung einer Kurve $\mathfrak{C}$ des Raums, deren Projektion auf die x,y-Ebene die Randkurve $\mathfrak{C}'$ von $\mathfrak{A}$ ist. Wir suchen zunächst die Lösung mit der Randbedingung (3); die Fläche $\mathfrak{F}$ muß dann durch die Kurve $\mathfrak{C}$ gehen. Aus allen zulässigen, stetig differenzierbaren Vergleichsflächen greifen wir wieder eine einparametrige Schar

$$z = \bar{z}(x, y) = z(x, y) + \varepsilon\, v(x, y) \tag{4}$$

heraus; $v(x, y)$ ist dabei eine beliebige, in $\mathfrak{A}$ stetig differenzierbare Funktion, die längs $\mathfrak{C}'$ identisch verschwindet, also

$$v(x(t)), y(t)) = 0, \tag{5}$$

so daß alle Flächen (4) durch $\mathfrak{C}$ hindurchgehen. Tragen wir $\bar{z}$, $\bar{p} = \bar{z}_x$, $\bar{q} = \bar{z}_y$ an Stelle von z, p, q in (1) ein, so wird das Integral eine Funktion von ε

$$J(\varepsilon) = \iint\limits_{\mathfrak{A}} f(x, y, \bar{z}, \bar{p}, \bar{q})\, dx\, dy.$$

Ich nehme an, daß die Fläche $z = z(x, y)$, die in (4) für $\varepsilon = 0$ enthalten ist, bereits eine Lösung unserer Aufgabe ist, dann muß

$$J'(0) = 0 \tag{6}$$

sein. Es ist

$$J'(\varepsilon) = \iint\limits_{\mathfrak{A}} (f_z\, v + f_p\, v_x + f_q\, v_y)\, dx\, dy$$

mit den Argumenten x, y, $\bar{z}$, $\bar{p}$, $\bar{q}$ in f_z, f_p, f_q. Für $\varepsilon = 0$ folgt daraus wegen (6)

$$J'(0) = \iint\limits_{\mathfrak{A}} (f_z\, v + f_p\, v_x + f_q\, v_y)\, dx\, dy = 0 \tag{7}$$

mit den Argumenten x, y, $z = z(x, y)$, $p = z_x(x, y)$, $q = z_y(x, y)$ in f_z, f_p, f_q. Nun ist

$$f_p\, v_x = \frac{\partial}{\partial x}(f_p\, v) - v\, \frac{\partial}{\partial x} f_p, \quad f_q\, v_y = \frac{\partial}{\partial y}(f_q\, v) - v\, \frac{\partial}{\partial y} f_q,$$

wo $\dfrac{\partial}{\partial x}$ und $\dfrac{\partial}{\partial y}$ unter Berücksichtigung von $z = z(x, y)$ zu bilden sind, also mit $r = z_{xx}$, $s = z_{xy}$, $t = z_{yy}$ (nicht zu verwechseln mit dem oben verwendeten Kurvenparameter t!):

$$\frac{\partial}{\partial x} f_p = f_{xp} + f_{zp}\, p + f_{pp}\, r + f_{pq}\, s, \quad \frac{\partial}{\partial y} f_q = f_{yq} + f_{zq}\, q + f_{pq}\, s + f_{qq}\, t.$$

Damit wird aus (7)

$$J'(0) = \iint\limits_{\mathfrak{A}} \left(f_z - \frac{\partial}{\partial x} f_p - \frac{\partial}{\partial y} f_q\right) v\, dx\, dy + \iint\limits_{\mathfrak{A}} \left[\frac{\partial}{\partial x}(f_p\, v) + \frac{\partial}{\partial y}(f_q\, v)\right] dx\, dy = 0. \tag{8}$$

Das zweite Integral läßt sich nach dem Gaußschen Integralsatz (Band II, § 18, 11) umformen:

$$\iint\limits_{\mathfrak{A}} \left[\frac{\partial}{\partial x}(f_p\, v) + \frac{\partial}{\partial y}(f_q\, v)\right] dx\, dy = \oint\limits_{\mathfrak{C}'} v\, (f_p\, dy - f_q\, dx)$$

und verschwindet daher wegen (5). Das erste Integral in (8) ist also für alle zulässigen Funktionen $v(x, y)$ gleich Null; auf Grund des zweiten Hilfssatzes von § 15, 2 gibt das sofort die Eulersche Differentialgleichung des Variationsproblems (I)

$$E_z(f) = f_z - \frac{\partial}{\partial x} f_p - \frac{\partial}{\partial y} f_q = 0, \qquad (9)$$

eine partielle Differentialgleichung zweiter Ordnung für die unbekannte Funktion $z = z(x, y)$. Jede Lösung von (9) heißt wieder eine Extremale oder genauer eine *Extremalfläche* von (I). Ausführlich ist (9)

$$f_z - f_{xp} - f_{yq} - f_{zp} \, p - f_{zq} \, q - f_{pp} \, r - 2 f_{pq} \, s - f_{qq} \, t = 0.$$

Sind keine Randbedingungen vorgeschrieben, so bedeutet (3) zusammen mit (2) die Schnittkurve $\mathfrak{C}$ der lösenden Fläche $z = z(x, y)$ mit dem über $\mathfrak{C}'$ errichteten Zylinder

$$x = x(t), \quad y = y(t);$$

für die zulässigen Vergleichsflächen (4) muß jetzt (5) nicht gelten. Aber selbstverständlich muß $\mathfrak{F}$ Lösung bleiben, auch wenn wir nur Vergleichsflächen durch $\mathfrak{C}$ zulassen, so daß in (8) das erste Integral verschwinden muß. Das zweite formen wir wie oben nach dem Gaußschen Satz um und erhalten wegen der Willkürlichkeit von v, daß längs $\mathfrak{C}'$

$$f_p \, \dot{y} - f_q \, \dot{x} = 0. \qquad (10)$$

(10) ist die *natürliche Randbedingung*, die erfüllt sein muß, wenn keine feste Randbedingung (3) vorgeschrieben ist.

Als Beispiel behandle ich das Beispiel (10) von § 15, 1, also die Aufgabe, durch eine gegebene geschlossene Raumkurve $\mathfrak{C}$ eine Fläche $\mathfrak{F}$ so zu legen, daß $\mathfrak{C}$ auf $\mathfrak{F}$ ein Flächenstück von kleinstem Inhalt ausschneidet. Hier ist

$$f(x, y, z, p, q) = \sqrt{1 + p^2 + q^2}$$

und aus (9) wird nach einfacher Rechnung

$$(1 + q^2) \, r - 2 p q s + (1 + p^2) \, t = 0. \qquad (11)$$

Die Lösungen dieser Gleichung, also die Extremalflächen des Variationsproblems (10) von § 15, 1, heißen *Minimalflächen*. Sie sind geometrisch charakterisiert durch das Verschwinden der *mittleren Krümmung*[1]. Ich gebe in Ziffer 5 noch eine zweite Herleitung dieses Satzes.

2. Das Dirichletsche Problem[2]. Darunter versteht man das Variationsproblem

$$D(z) = \iint\limits_{\mathfrak{A}} (p^2 + q^2) \, dx \, dy = \text{Min.}, \qquad (12)$$

dessen Eulersche Gleichung die Laplacesche Differentialgleichung

$$\Delta z = \frac{\partial^2 z}{\partial x^2} + \frac{\partial^2 z}{\partial y^2} = 0$$

ist; das Dirichletsche Problem führt also auf die sogenannte *erste Randwertaufgabe der Potentialtheorie* für die Ebene, das ist die Aufgabe, eine Lösung

---

[1] Vgl. DUSCHEK-HOCHRAINER, LV 7, Bd. II, § 21. Die dort angegebene Formel (21, 22) für die mittlere Krümmung H geht für $x_1 = x = u$, $x_2 = y = v$, $x_3 = z = z(x, y)$ über in

$$H = \frac{(1 + q^2) \, r - 2 p q s + (1 + p^2) \, t}{2 \sqrt{(1 + p^2 + q^2)^3}}.$$

[2] PETER GUSTAV LEJEUNE DIRICHLET, geb. 1805 in Düren, gest. 1859 in Göttingen, wirkte an den Universitäten in Breslau, Berlin und Göttingen. Sein wichtigstes Arbeitsgebiet war die Zahlentheorie, doch stammen von ihm auch grundlegende Untersuchungen über unendliche Reihen, Funktionen- und Potentialtheorie.

von $\Delta z = 0$ zu ermitteln, die längs $\mathfrak{C}'$ vorgeschriebene Werte $z(t)$ annimmt. Mit dieser Aufgabe werden wir uns im folgenden noch einige Male zu beschäftigen haben. Hier begnüge ich mich mit dem leicht zu gebenden Nachweis, daß eine der Randbedingung genügende Extremalfläche $z(x, y)$ tatsächlich ein Minimum des Integrals (12) liefert (über die Existenz einer solchen Extremalfläche, d. h. über die Lösbarkeit der Randwertaufgabe ist damit natürlich nichts ausgesagt). Ich stelle zunächst fest, daß für jede stetig differenzierbare Funktion $\varphi(x, y)$

$$D(\varphi) \geqq 0$$

ist, wie aus (12) unmittelbar zu entnehmen ist. Es sei $\bar{z}(x, y)$ irgendeine zulässige, d. h. stetig differenzierbare Funktion, die der Randbedingung genügt. Ich setze

$$\bar{z}(x, y) - z(x, y) = w(x, y),$$

$w(x, y)$ verschwindet also längs $\mathfrak{C}'$. Dann wird

$$D(\bar{z}) = D(z + w) = \iint\limits_{\mathfrak{A}} [(z_x + w_x)^2 + (z_y + w_y)^2]\, dx\, dy = D(z) + D(w) +$$
$$+ 2 \iint\limits_{\mathfrak{A}} (z_x w_x + z_y w_y)\, dx\, dy.$$

Nach der ersten Greenschen Formel (26) von Band II, § 18, 12 $(u = w, v = z)$ ist

$$\iint\limits_{\mathfrak{A}} (z_x w_x + z_y w_y)\, dx\, dy = - \iint\limits_{\mathfrak{A}} w\, \Delta z\, dx\, dy + \oint\limits_{\mathfrak{C}'} w(z_x\, dy - z_y\, dx);$$

hier verschwindet das Doppelintegral rechts wegen $\Delta z = 0$ und ebenso das Kurvenintegral, weil $w = 0$ ist längs $\mathfrak{C}'$. Also ist

$$D(\bar{z}) - D(z) = D(w) \geqq 0$$

oder

$$D(\bar{z}) \geqq D(z),$$

d. h. $z(x, y)$ liefert ein Minimum des Integrals (12). Über das Dirichletsche Problem im Raum vgl. die nächste Ziffer.

3. Dreifache Integrale. Ich verzichte auf eine Diskussion des allgemeinen Falls, bei dem n unabhängige Veränderliche vorhanden sind und demgemäß n-fache Integrale auftreten, und beschränke mich auf eine kurze Erörterung des Falls $n = 3$, der auch für die Anwendungen von einer gewissen Bedeutung ist. Ich bezeichne die unabhängigen Veränderlichen mit x_i, nehme lateinische Indizes als Repräsentanten der Zahlen $1, 2, 3$ und setze auch das Summationsübereinkommen wieder in Kraft. Es sei also — mit den üblichen Stetigkeits- und Differenzierbarkeitsvoraussetzungen über die Grundfunktion, die Lösungen und Vergleichsfunktionen — ein Variationsproblem

$$\delta J = \delta \iiint\limits_{\mathfrak{A}} f(x_h, y, y_h)\, dV = 0 \tag{13}$$

vorgelegt. $\mathfrak{A}$ sei ein einfach zusammenhängender Bereich des R_3 der x_i, der durch eine geschlossene, stetige und stückweise glatte Fläche $\mathfrak{F}$ begrenzt ist; $dV = dx_1\, dx_2\, dx_3$ ist das Volumselement und $y_i = \dfrac{\partial y}{\partial x_i}$. Die Fläche $\mathfrak{F}$ sei in Parameterdarstellung durch

$$x_i = x_i(u, v) \tag{14}$$

gegeben; auf $\mathfrak{F}$ seien die Randwerte $y_0(u, v)$ vorgeschrieben. Ist dann $y = y(x_h)$ eine Lösung von (13), so gilt die Identität

$$y(x_h(u, v)) \equiv y_0(u, v).$$

Als Vergleichsfunktionen nehmen wir wieder die Schar

$$\bar{y}(x_h) = y(x_h) + \varepsilon\, v(x_h), \tag{15}$$

wo v eine beliebige stetig differenzierbare, den Randbedingungen

$$v(x_h(u, v)) \equiv 0 \tag{16}$$

genügende Funktion ist. Trägt man $\bar{y}(x_h)$ und $\dfrac{\partial \bar{y}}{\partial x_i}(x_h)$ für y und y_i in (13) ein, so wird J wieder eine Funktion von ε, und für ein Extremum dieser Funktion an der Stelle $\varepsilon = 0$ gilt die notwendige Bedingung $J'(0) = 0$; wir finden wie in Ziffer 1

$$J'(0) = \iiint\limits_{\mathfrak{A}} \left(\frac{\partial f}{\partial y} - \frac{\partial}{\partial x_i} \frac{\partial f}{\partial y_i} \right) v\, dV + \iiint\limits_{\mathfrak{A}} \frac{\partial}{\partial x_i} \left(\frac{\partial f}{\partial y_i} v \right) dV = 0. \tag{17}$$

Das zweite Raumintegral formen wir nach dem Gaußschen Satz (Band II, § 30, 4) um und erhalten

$$\iiint\limits_{\mathfrak{A}} \frac{\partial}{\partial x_i} \left(\frac{\partial f}{\partial y_i} v \right) dV = \iint\limits_{\mathfrak{F}} \frac{\partial f}{\partial y_i} v\, df_i = 0$$

wegen (16). Es muß also für alle zulässigen Funktionen v auch das erste Integral in (17) verschwinden, was wegen der Willkürlichkeit von v die *Eulersche Differentialgleichung*[1]

$$\boxed{\frac{\partial f}{\partial y} - \frac{\partial}{\partial x_i} \frac{\partial f}{\partial y_i} = 0} \tag{18}$$

gibt. Die Differentiation $\dfrac{\partial}{\partial x_i}$ hat sich dabei auch auf die Funktionen $y(x_h)$, $y_i(x_h)$ zu erstrecken, so daß (18) ausführlicher

$$\frac{\partial f}{\partial y} - \frac{\partial^2 f}{\partial x_i\, \partial y_i} - \frac{\partial^2 f}{\partial y\, \partial y_i} \frac{\partial y}{\partial x_i} - \frac{\partial^2 f}{\partial y_i\, \partial y_j} \frac{\partial^2 y}{\partial x_i\, \partial x_j} = 0$$

lautet.

Als Anwendung behandle ich noch das *Dirichletsche Problem im Raum*. Für das Variationsproblem

$$\delta J = \delta \int\limits_{\mathfrak{A}} \frac{\partial y}{\partial x_i} \frac{\partial y}{\partial x_i}\, dV = 0 \tag{19}$$

geht die Eulersche Gleichung (18) über in die Laplacesche Differentialgleichung im Raum

$$\Delta y = \frac{\partial^2 y}{\partial x_i\, \partial x_i} = 0.$$

Man kann wie in Ziffer 2 zeigen, daß jede der Randbedingung $y_0(u, v)$ genügende Extremalfunktion tatsächlich ein Minimum des Integrals (19) liefert.

4. Doppelintegrale in Parameterdarstellung. In sinngemäßer Verallgemeinerung des Ansatzes von § 16, 3 hätte man hier Integrale der Form

$$J = \iint\limits_{\mathfrak{A}} f(x_h, y_h, z_h)\, du\, dv \tag{20}$$

zu betrachten, wo $y_h = \dfrac{\partial x_h}{\partial u}$, $z_h = \dfrac{\partial x_h}{\partial v}$ ist. Ich nehme der Einfachheit wegen wieder $n = 3$, also $h = 1, 2, 3$ (ebenso im folgenden alle lateinischen Indizes). $x_i = x_i(u, v)$ ist dann die Parameterdarstellung einer Fläche des R_3; $\mathfrak{A}$ sei ein

---

[1] Der Hilfssatz § 15, 2 gilt natürlich auch für den Fall von drei unabhängigen Veränderlichen.

einfach zusammenhängender Bereich der u,v-Ebene, $\mathfrak{F}$ der entsprechende Bereich auf der Fläche $x_i(u, v)$ und $\mathfrak{C}$ der Rand von $\mathfrak{F}$, also eine geschlossene Raumkurve. $\mathfrak{C}$ sei fest gegeben, etwa durch die Parameterdarstellung

$$x_i = x_i(t), \quad \alpha \leq t \leq \beta. \tag{21}$$

Gefragt ist nach der Fläche, die durch $\mathfrak{C}$ hindurchgeht und dem Integral J einen stationären Wert erteilt. Ich verzichte auf eine ausführliche Behandlung und gebe nur eine kurze Andeutung über Weg und Ergebnisse[1]. Die Randbedingung (21) ist erfüllt, wenn es zwei Funktionen $u(t)$, $v(t)$ gibt, so daß

$$x_i(u(t), v(t)) \equiv x_i(t) \tag{22}$$

in $[\alpha, \beta]$ gilt. Die Forderung der Parameterinvarianz führt auf eine besondere Art der Abhängigkeit der Grundfunktion von den Ableitungen $\dfrac{\partial x_i}{\partial u}$ und $\dfrac{\partial x_i}{\partial v}$: f muß die Form

$$f\left(x_h, \frac{\partial x_h}{\partial u}, \frac{\partial x_h}{\partial v}\right) = \varphi(x_h, D_h) \tag{23}$$

haben, wobei die D_i die Funktionaldeterminanten

$$D_i = \varepsilon_{ijk} \frac{\partial x_j}{\partial u} \frac{\partial x_k}{\partial v}$$

sind, und φ muß in den D_i positiv homogen von erster Ordnung sein. Der Vektor D_i stimmt bis auf Größe und Orientierung mit dem Normalenvektor ν_i von $\mathfrak{F}$ überein. Es sind dann alle zweimal stetig differenzierbaren Parametertransformationen $u = u(\bar{u}, \bar{v})$, $v = v(\bar{u}, \bar{v})$ mit positiver Funktionaldeterminante

$$\frac{\partial(u, v)}{\partial(\bar{u}, \bar{v})} > 0$$

zulässig. Ist $x_i(u, v)$ eine Lösung von $\delta J = 0$, so kann man als Vergleichsflächen die einparametrige Schar

$$\bar{x}_i(u, v) = x_i(u, v) + \varepsilon\, w_i(u, v) \tag{24}$$

nehmen, wo $w_i(u, v)$ drei willkürliche stetig differenzierbare Funktionen sind, die längs $\mathfrak{C}$ verschwinden, so daß

$$w_i(u(t), v(t)) \equiv 0 \tag{25}$$

gilt; wegen (22) gehen dann alle Flächen (24) durch $\mathfrak{C}$. Der weitere Rechnungsgang verläuft so wie bisher; (24) wird in (20) eingesetzt, die so entstehende Funktion $J(\varepsilon)$ muß der Bedingung $J'(0) = 0$ genügen. Man findet leicht

$$J'(0) = \iint\limits_{\mathfrak{A}} \left(\frac{\partial f}{\partial x_i} w_i + \frac{\partial f}{\partial y_i} \frac{\partial w_i}{\partial u} + \frac{\partial f}{\partial z_i} \frac{\partial w_i}{\partial v}\right) du\, dv = 0.$$

Wegen

$$\frac{\partial f}{\partial x_i} w_i + \frac{\partial f}{\partial y_i} \frac{\partial w_i}{\partial u} + \frac{\partial f}{\partial z_i} \frac{\partial w_i}{\partial v} =$$

$$= \left(\frac{\partial f}{\partial x_i} - \frac{\partial}{\partial u} \frac{\partial f}{\partial y_i} - \frac{\partial}{\partial v} \frac{\partial f}{\partial z_i}\right) w_i + \frac{\partial}{\partial u}\left(\frac{\partial f}{\partial y_i} w_i\right) + \frac{\partial}{\partial v}\left(\frac{\partial f}{\partial z_i} w_i\right)$$

und

$$\iint\limits_{\mathfrak{A}} \left[\frac{\partial}{\partial u}\left(\frac{\partial f}{\partial y_i} w_i\right) + \frac{\partial}{\partial v}\left(\frac{\partial f}{\partial z_i} w_i\right)\right] du\, dv = \oint\limits_{\mathfrak{C}} w_i \left(\frac{\partial f}{\partial y_i} dv - \frac{\partial f}{\partial z_i} du\right) = 0$$

bleibt

$$J'(0) = \iint\limits_{\mathfrak{A}} \left(\frac{\partial f}{\partial x_i} - \frac{\partial}{\partial u} \frac{\partial f}{\partial y_i} - \frac{\partial}{\partial v} \frac{\partial f}{\partial z_i}\right) w_i\, du\, dv = 0.$$

---

[1] Vgl. Bolza: LV 4, § 80, und Duschek-Mayer, LV 8, Bd. 2, V.

Nimmt man nun der Reihe nach $w_1 \neq 0$, $w_2 = w_3 = 0$, dann $w_2 \neq 0$, $w_1 = w_3 = 0$ und $w_3 \neq 0$, $w_1 = w_2 = 0$, so ergeben sich wegen der Willkürlichkeit von w_1, w_2, w_3 sofort die drei Eulerschen Gleichungen

$$E_i(f) = \frac{\partial f}{\partial x_i} - \frac{\partial}{\partial u}\frac{\partial f}{\partial y_i} - \frac{\partial}{\partial v}\frac{\partial f}{\partial z_i} = 0, \tag{26}$$

die wieder nicht unabhängig sind. Man kann zeigen, daß zwischen ihnen zwei identische Relationen bestehen, und zwar existiert eine Funktion φ der x_h und ihrer ersten und zweiten Ableitungen, so daß

$$E_i(f) = v_i\,\varphi \tag{27}$$

ist und die drei Differentialgleichungen (26) mit der einen Differentialgleichung $\varphi = 0$ äquivalent sind.

5. Minimalflächen. Ich wende mich gleich zum Problem der Minimalflächen, das ich für die explizite Darstellung in Ziffer 1 behandelt habe. In Parameterdarstellung ist die Grundfunktion

$$f(x_h, y_h, z_h) = \sqrt{E\,G - F^2} = |\varepsilon_{ijk}\,y_j\,z_k|. \tag{28}$$

Dabei sind

$$E = y_i\,y_i = \frac{\partial x_i}{\partial u}\frac{\partial x_i}{\partial u}, \quad F = y_i\,z_i = \frac{\partial x_i}{\partial u}\frac{\partial x_i}{\partial v}, \quad G = z_i\,z_i = \frac{\partial x_i}{\partial v}\frac{\partial x_i}{\partial v}$$

die Koeffizienten der ersten Grundform der Flächentheorie[1]. Die Art der Abhängigkeit (23) geht aus (28) unmittelbar hervor. Die Vergleichsflächen (24) nehme ich in einer etwas spezielleren Form an, nämlich mit $w_i(u, v) = \sigma(u, v)\,v_i(u, v)$, also

$$\bar{x}_i(u, v) = x_i(u, v) + \varepsilon\,\sigma(u, v)\,v_i(u, v). \tag{29}$$

Dabei ist $v_i(u, v)$ der (normierte) Normalenvektor, während die willkürliche Funktion $\sigma(u, v)$ der jetzt an die Stelle von (25) tretenden Identität

$$\sigma(u(t), v(t)) \equiv 0 \tag{30}$$

in $[\alpha, \beta]$ zu genügen hat. Damit erreichen wir, daß wir an Stelle der drei Differentialgleichungen (26) sofort auf die eine aus (27) folgende Differentialgleichung $\varphi = 0$ kommen. Aus (29) folgt

$$\bar{y}_i = \frac{\partial \bar{x}_i}{\partial u} = y_i + \varepsilon\left(\frac{\partial \sigma}{\partial u}\,v_i + \sigma\,\frac{\partial v_i}{\partial u}\right)$$

und ein analoger Ausdruck für $\bar{z}_i$. Nun sind y_i und z_i die (nicht normierten) Tangentenvektoren der beiden Parameterlinien durch den Punkt (u, v) auf $\mathfrak{F}$, also gelten die Identitäten

$$y_i\,v_i = \frac{\partial x_i}{\partial u}\,v_i = 0, \quad z_i\,v_i = \frac{\partial x_i}{\partial v}\,v_i = 0. \tag{31}$$

Differentiation nach u und v gibt

$$\frac{\partial^2 x_i}{\partial u^2}\,v_i = -\frac{\partial x_i}{\partial u}\frac{\partial v_i}{\partial u} = L, \quad \frac{\partial^2 x_i}{\partial u\,\partial v}\,v_i = -\frac{\partial x_i}{\partial u}\frac{\partial v_i}{\partial v} = -\frac{\partial x_i}{\partial v}\frac{\partial v_i}{\partial u} = M,$$

$$\frac{\partial^2 x_i}{\partial v^2}\,v_i = -\frac{\partial x_i}{\partial v}\frac{\partial v_i}{\partial v} = N. \tag{32}$$

L, M, N sind auf der ganzen Fläche $\mathfrak{F}$ definierte stetige Funktionen der x_h;

---

[1] Vgl. Bd. II, § 19, 2 sowie für das Folgende insbesondere Duschek-Hochrainer, LV 7. Teil 2, § 20 und 21.

sie sind die Koeffizienten der zweiten Grundform der Flächentheorie. Ferner folgt aus der Identität $v_i\, v_i = 1$ durch Differentiation nach u und v

$$v_i\,\frac{\partial v_i}{\partial u} = 0, \quad v_i\,\frac{\partial v_i}{\partial v} = 0. \tag{33}$$

Unter Berücksichtigung von (31) bis (33) folgt

$$\bar E = \bar y_i\,\bar y_i = E - 2\,\varepsilon\,\sigma\,L + \varepsilon^2\,(\ldots)$$

und analog

$$\bar F = \bar y_i\,\bar z_i = F - 2\,\varepsilon\,\sigma\,M + \varepsilon^2\,(\ldots)$$

und

$$\bar G = \bar z_i\,\bar z_i = G - 2\,\varepsilon\,\sigma\,N + \varepsilon^2\,(\ldots).$$

Die Koeffizienten von ε^2 fallen später wieder weg und brauchen daher nicht berechnet zu werden. Weiter wird

$$\bar E\,\bar G - \bar F^2 = E\,G - F^2 - 2\,\varepsilon\,\sigma\,(E\,N - 2\,F\,M + G\,L) + \varepsilon^2\,(\ldots).$$

Aus

$$J(\varepsilon) = \iint_{\mathfrak{U}} \sqrt{\bar E\,\bar G - \bar F^2}\,du\,dv$$

folgt somit

$$J'(\varepsilon) = \iint_{\mathfrak{U}} \frac{1}{\sqrt{\bar E\,\bar G - \bar F^2}}\,[-\sigma\,(E\,N - 2\,F\,M + G\,L) + \varepsilon\,(\ldots)]\,du\,dv,$$

also

$$J'(0) = -\iint_{\mathfrak{U}} \frac{\sigma}{\sqrt{E\,G - F^2}}\,(E\,N - 2\,F\,M + G\,L)\,du\,dv = 0$$

und daher wegen der Willkürlichkeit von $\sigma(u, v)$ auf Grund des Hilfssatzes von § 15, 2

$$\boxed{E\,N - 2\,F\,M + G\,L = 0.} \tag{34}$$

Diese Gleichung stimmt aber, wie man für $x_1 = x = u$, $x_2 = y = v$, $x_3 = z = z(x, y)$ leicht nachrechnet, mit (11) überein. Die mittlere Krümmung in Parameterdarstellung ist

$$H = \frac{E\,N - 2\,F\,M + G\,L}{2\,(E\,G - F^2)}.$$

Aufgaben.

1. Man bestimme die Extremalflächen von $\iint_{\mathfrak{U}} (p^2 - q^2)\,dx\,dy$.

2. Man untersuche die Ausartung der Eulerschen Differentialgleichung (9), die dem in § 15, 4 diskutierten Fall der Ordnungserniedrigung entspricht. Man beachte, daß nach Band II, § 30, 4 das Verschwinden der Divergenz $\dfrac{\partial A_i}{\partial x_i} = 0$ notwendig und hinreichend dafür ist, daß $\iint_{\mathfrak{F}} A_i\,df_i$ nur von der Randkurve $\mathfrak{C}$ von $\mathfrak{F}$ abhängt.

§ 18. Variationsprobleme mit Nebenbedingungen.

1. Isoperimetrische Probleme. Man versteht darunter nicht nur das Beispiel 4 von § 15, 1, das man als isoperimetrisches Problem im engeren Sinn bezeichnet, sondern allgemeiner folgende Aufgabe: Es soll das Integral

$$J = \int_\alpha^\beta f(x, y;\, \dot x, \dot y)\,dt \tag{1}$$

stationär werden, wobei gleichzeitig ein zweites Integral (Nebenbedingung)

$$K = \int\limits_{\alpha}^{\beta} g(x, y; \dot{x}, \dot{y})\, dt \tag{2}$$

einen gegebenen festen Wert l annimmt. Ich beschränke mich auf ebene Probleme. Die Funktionen f und g seien, wie üblich, in einem gewissen Bereich der Ebene zweimal stetig differenzierbar; $x = x(t)$, $y = y(t)$ sei eine Lösung, die den Randbedingungen

$$x(\alpha) = x_1, \quad y(\alpha) = y_1, \quad x(\beta) = x_2, \quad y(\beta) = y_2 \tag{3}$$

genügt. Ich setze die Vergleichskurven als zweiparametrige Kurvenschar[1]

$$\bar{x}(t) = x(t) + \varepsilon\, u(t), \quad \bar{y}(t) = y(t) + \eta\, v(t) \tag{4}$$

an, die in $[\alpha, \beta]$ stetig differenzierbare und bis auf die Randbedingungen

$$u(\alpha) = u(\beta) = v(\alpha) = v(\beta) = 0 \tag{5}$$

völlig willkürliche Funktionen sind. (1) und (2) geht dann über in die gewöhnliche Extremumaufgabe

$$J(\varepsilon, \eta) = \int\limits_{\alpha}^{\beta} f(\bar{x}, \bar{y}; \dot{\bar{x}}, \dot{\bar{y}})\, dt = \text{Extr.}$$

mit der Nebenbedingung

$$K(\varepsilon, \eta) = \int\limits_{\alpha}^{\beta} g(\bar{x}, \bar{y}; \dot{\bar{x}}, \dot{\bar{y}})\, dt = l,$$

die wir nach der Lagrangeschen Multiplikatorenmethode (Band II, § 14, 4) lösen. Wir bilden mit dem konstanten Multiplikator λ

$$H(\varepsilon, \eta) = J(\varepsilon, \eta) + \lambda\, K(\varepsilon, \eta) = \int\limits_{\alpha}^{\beta} [f(\bar{x}, \bar{y}; \dot{\bar{x}}, \dot{\bar{y}}) + \lambda\, g(\bar{x}, \bar{y}; \dot{\bar{x}}, \dot{\bar{y}})]\, dt$$

und untersuchen diese Funktion $H(\varepsilon, \eta)$ auf freie Extrema. Voraussetzungsgemäß ist H für $\varepsilon = \eta = 0$ stationär, wobei noch angenommen sei, daß nicht

$$K_\varepsilon(0, 0) = K_\eta(0, 0) = 0 \tag{6}$$

ist. Das gibt

$$H_\varepsilon(0, 0) = \int\limits_{\alpha}^{\beta} [(f_x + \lambda\, g_x)\, u + (f_{\dot{x}} + \lambda\, g_{\dot{x}})\, \dot{u}]\, dt = 0,$$

$$H_\eta(0, 0) = \int\limits_{\alpha}^{\beta} [(f_y + \lambda\, g_y)\, v + (f_{\dot{y}} + \lambda\, g_{\dot{y}})\, \dot{v}]\, dt = 0.$$

Partielle Integration der beiden zweiten Summanden und Anwendung des Hilfssatzes von § 15, 2 führt auf die *Eulerschen Gleichungen*

$$(f_x + \lambda\, g_x) - \frac{d}{dt}(f_{\dot{x}} + \lambda\, g_{\dot{x}}) = 0, \quad (f_y + \lambda\, g_y) - \frac{d}{dt}(f_{\dot{y}} + \lambda\, g_{\dot{y}}) = 0. \tag{7}$$

Man sieht nun, daß man genau so gut ein Integral

$$J^* = \int\limits_{\alpha}^{\beta} f^*(x, y; \dot{x}, \dot{y})\, dt \tag{8}$$

---

[1] Für den Fall der expliziten Darstellung $J = \int\limits_{x_1}^{x_2} f(x, y, y')\, dx$, $K = \int\limits_{x_1}^{x_2} g(x, y, y')\, dx$ muß man ebenfalls eine zweiparametrige Schar von Vergleichskurven annehmen, um die beiden Bedingungen $\delta J = 0$, $K = l$ erfüllen zu können. Die weitere Rechnung ist dann der im Text gegebenen völlig analog.

mit der Grundfunktion

$$f^*(x, y; \dot{x}, \dot{y}) = f(x, y; \dot{x}, \dot{y}) + \lambda\, g(x, y; \dot{x}, \dot{y}) \tag{9}$$

auf stationäre Werte hätte untersuchen können; die Eulerschen Gleichungen dieses Variationsproblems

$$E_x(f^*) = f_x^* - \frac{d}{dt} f_{\dot{x}}^* = 0, \quad E_y(f^*) = f_y^* - \frac{d}{dt} f_{\dot{y}}^* = 0 \tag{10}$$

sind ja mit (7) identisch. Zu den beiden Gleichungen (7) oder (10) tritt natürlich noch die Nebenbedingung $K = l$ hinzu.

Gilt aber (6), so ist die Kurve $x(t)$, $y(t)$ eine Extremale des Variationsproblems $\int g\, dt = $ Extr. Dann kann aber im allgemeinen die Nebenbedingung (2) für die Vergleichskurven, also

$$\int\limits_\alpha^\beta g(\bar{x}, \bar{y}, \dot{\bar{x}}, \dot{\bar{y}})\, dt = \int\limits_\alpha^\beta g(x, y; \dot{x}, \dot{y})\, dt = l$$

überhaupt nicht erfüllt und $x(t)$, $y(t)$ keine Lösung des isoperimetrischen Problems sein, selbst wenn dann im Fall eines Minimums $J(\varepsilon, \eta) \geqq J(0, 0)$ ist.

Beispiele:

1. *Das isoperimetrische Problem im engeren Sinn.* Ich gehe von den Gleichungen (8) und (9) von § 15, 1 aus und nehme der Einfachheit wegen noch $t = x$ und die Grenzen o und a, ferner $y(0) = y(a) = 0$, was durch geeignete Wahl des Koordinatensystems stets zu erreichen ist. Es wird

$$f^*(x, y, y') = y + \lambda \sqrt{1 + y'^2}$$

und die Eulersche Gleichung

$$f_y^* - \frac{d}{dx} f_{y'}^* = 1 - \lambda \frac{d}{dx} \frac{y'}{\sqrt{1 + y'^2}} = 0.$$

Also ist

$$\frac{d}{dx} \frac{y'}{\sqrt{1 + y'^2}} = \frac{1}{\lambda}, \quad \frac{y'}{\sqrt{1 + y'^2}} = \frac{x - \alpha}{\lambda}$$

und daher weiter

$$y = \int \frac{x - \alpha}{\sqrt{\lambda^2 - (x - \alpha)^2}}\, dx + \beta = \beta - \sqrt{\lambda^2 - (x - \alpha)^2}$$

oder

$$(x - \alpha)^2 + (y - \beta)^2 = \lambda^2.$$

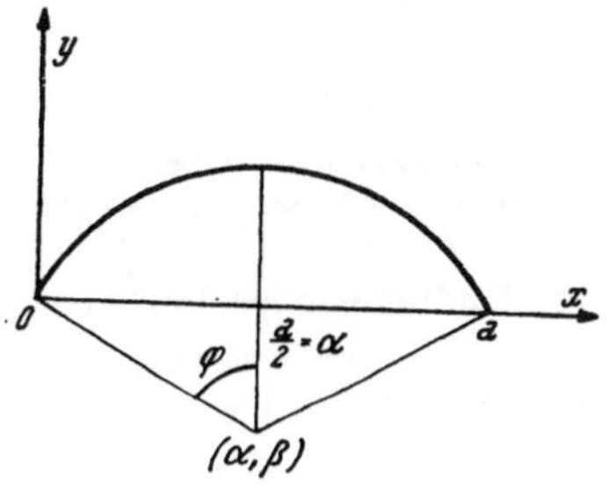

Abb. 32.

Die Extremalen sind Kreise mit dem Radius λ, also ist die Länge des Kreisbogens mit dem Zentriwinkel 2φ gleich $l = 2\varphi\lambda$, während die Randbedingungen

$$\alpha^2 + \beta^2 = \lambda^2, \qquad (a - \alpha)^2 + \beta^2 = \lambda^2,$$

also

$$\alpha = \frac{a}{2}, \qquad \beta^2 = \lambda^2 - \frac{a^2}{4}$$

ergeben, woraus nur für $\lambda \geqq \dfrac{a}{2}$ ein reelles β folgt. Ich nehme $\beta \leqq 0$ (Abb. 32), dann wird

$$\sin \varphi = \frac{a}{2\lambda} = \frac{a}{l}\varphi$$

und aus dieser Gleichung ist φ zu ermitteln; eine von Null verschiedene Lösung gibt es nur, wenn $l > a$ ist. Der Fall $\varphi = 0$ führt auf $\lambda = \infty$, also auf eine Gerade; das ist aber gerade der Fall (6). Es muß dann $l = a$ sein, aber keine Vergleichskurve erfüllt die Nebenbedingung.

2. *Das isoperimetrische Problem für geschlossene Kurven*, auch Problem des Pappus[1].
Es soll

$$J = \oint (x\, dy - y\, dx) = \int_\alpha^\beta (x\, \dot{y} - y\, \dot{x})\, dt$$

ein Maximum sein mit der Nebenbedingung

$$\oint ds = \int_\alpha^\beta \sqrt{\dot{x}^2 + \dot{y}^2}\, dt = l$$

und den Randbedingungen

$$x(\alpha) = x(\beta), \qquad y(\alpha) = y(\beta)$$

(geschlossene Kurven). Für die Vergleichskurven muß entsprechend

$$u(\alpha) = u(\beta), \qquad v(\alpha) = v(\beta)$$

sein. Die bei der partiellen Integration auftretenden Klammerausdrücke verschwinden
zufolge der Weierstraß-Erdmannschen Eckenbedingung[2]. Dabei ist

$$f^*(x, y; \dot{x}, \dot{y}) = x\, \dot{y} - y\, \dot{x} + \lambda \sqrt{\dot{x}^2 + \dot{y}^2}.$$

Es folgt

$$E_x(f^*) = \dot{y} - \frac{d}{dt}\left(-y + \lambda\, \frac{\dot{x}}{\sqrt{\dot{x}^2 + \dot{y}^2}}\right) = \frac{d}{dt}\left(2\, y - \frac{\lambda\, \dot{x}}{\sqrt{\dot{x}^2 + \dot{y}^2}}\right) = 0$$

und

$$E_y(f^*) = -\dot{x} - \frac{d}{dt}\left(x + \lambda\, \frac{\dot{y}}{\sqrt{\dot{x}^2 + \dot{y}^2}}\right) = -\frac{d}{dt}\left(2\, x + \frac{\lambda\, \dot{y}}{\sqrt{\dot{x}^2 + \dot{y}^2}}\right) = 0,$$

also ist

$$2\,(x - a) = -\frac{\lambda\, \dot{y}}{\sqrt{\dot{x}^2 + \dot{y}^2}}, \qquad 2\,(y - b) = \frac{\lambda\, \dot{x}}{\sqrt{\dot{x}^2 + \dot{y}^2}}.$$

Quadrieren und Addieren gibt

$$(x - a)^2 + (y - b)^2 = \frac{\lambda^2}{4}.$$

Die Lösungen sind Kreise mit dem Durchmesser $\lambda = \dfrac{l}{\pi}$, die Konstanten a und b sind aus den
Randbedingungen nicht bestimmbar und bleiben willkürlich, wie das bei der Formulierung
der Aufgabe auch gar nicht anders zu erwarten war.

2. Endliche oder holonome Bedingungsgleichungen[3]. Damit komme ich zu
dem letzten noch unerledigten Beispiel (5), (6) von § 15, 1. Im einfachsten
Fall, der hier in Betracht kommt, handelt es sich darum, das Integral

$$J = \int_a^b f(x, y, z, y', z')\, dx \tag{11}$$

mit einer unabhängigen und zwei abhängigen Veränderlichen zu einem Extremum
zu machen unter der Nebenbedingung

$$g(x, y, z) = 0. \tag{12}$$

---

[1] Nach dem griechischen Mathematiker Pappus, der um die Wende des dritten und vierten
Jahrhunderts in Alexandrien lebte. Auf ihn geht unter anderem der Begriff des Doppel-
verhältnisses zurück.

[2] Es ist z. B.

$$[f_{\dot{x}}^*\, u]_\alpha^\beta = (f_{\dot{x}}^*)_\beta^-\, u(\beta) - (f_{\dot{x}}^*)_\alpha^+\, u(\alpha) = [(f_{\dot{x}}^*)_\beta^- - (f_{\dot{x}}^*)_\alpha^+]\, u(\alpha);$$

zufolge der Eckenbedingung (es ist ja nicht verlangt, daß $\dot{x}(\alpha) = \dot{x}(\beta)$, $\dot{y}(\alpha) = \dot{y}(\beta)$ ist!)
ist aber

$$(f_{\dot{x}}^*)_\beta^- = (f_{\dot{x}}^*)_\alpha^+, \qquad (f_{\dot{y}}^*)_\beta^- = (f_{\dot{y}}^*)_\alpha^+.$$

[3] Über die Bedeutung des Wortes holonom vgl. Ziffer 3.

Die beiden Funktionen f und g seien dabei wieder nach allen Argumenten zweimal stetig differenzierbar; $y = y(x), z = z(x)$ sei eine Lösung der Aufgabe (11), (12). Die Aufgabe läßt sich sofort auf ein Variationsproblem ohne Nebenbedingung zurückführen, wenn man annimmt, daß (12) nach z (oder y) auflösbar ist und wenn man die Lösung $z = \varphi(x, y)$ in (11) einsetzt. Es ergibt sich dann ein Variationsproblem mit der Grundfunktion

$$\bar{f}(x, y, y') = f(x, y, \varphi, y', \varphi_x + \varphi_y y'), \tag{13}$$

das nach § 15, 3 zu behandeln ist. Man kann die Rechnung aber auch hier mit Hilfe der Lagrangeschen Multiplikatorenmethode durchführen. Aus (13) folgt

$$\bar{f}_y = f_y + f_z \varphi_y + f_{z'}(\varphi_{xy} + \varphi_{yy} y') = f_y + f_z \varphi_y + f_{z'} \frac{d}{dx} \varphi_y$$

und

$$\bar{f}_{y'} = f_{y'} + f_{z'} \varphi_y.$$

Die Eulersche Gleichung

$$E_y(\bar{f}) = \bar{f}_y - \frac{d}{dx} \bar{f}_{y'}$$

von (13) gibt also jetzt

$$f_y - \frac{d}{dx} f_{y'} + \left(f_z - \frac{d}{dx} f_{z'}\right) \varphi_y = 0. \tag{14}$$

Ich nehme nun an, daß längs der betrachteten Extremalen nicht zugleich

$$g_y = g_z = 0 \tag{15}$$

ist. Wegen

$$g_y + g_z \varphi_y = 0$$

folgt dann aus (14)

$$\frac{f_y - \dfrac{d}{dx} f_{y'}}{g_y} = \frac{f_z - \dfrac{d}{dx} f_{z'}}{g_z} = - \lambda(x); \tag{16}$$

λ ist die durch den gemeinsamen Wert der beiden Brüche definierte stetige Funktion von x. An Stelle von (16) können wir

$$f_y - \frac{d}{dx} f_{y'} + \lambda g_y = 0, \quad f_z - \frac{d}{dx} f_{z'} + \lambda g_z = 0 \tag{17}$$

schreiben; setzen wir

$$f^*(x, y, z, y', z') = f(x, y, z, y', z') + \lambda(x) g(x, y, z), \tag{18}$$

so stimmen die Gleichungen

$$E_y(f^*) = 0, \quad E_z(f^*) = 0 \tag{19}$$

mit (17) überein, d. h. *die Extremalen des Variationsproblems (11) mit der Nebenbedingung (12) stimmen mit den Extremalen des Variationsproblems (18) überein.* Selbstverständlich ist nachträglich zu (19) noch die Gleichung (12) hinzuzunehmen.

Ich komme nun zu dem oben ausgeschlossenen Fall (15). Längs jeder Kurve $y(x), z(x)$, die der Gleichung (12) genügt, gilt die Identität

$$g_x + g_y y' + g_z z' = 0,$$

aus der wegen (15) auch noch $g_x = 0$ folgt. Längs dieser Kurve sind die Tangentenebenen der Fläche (12) nicht eindeutig bestimmt. Ähnlich wie bei ebenen Kurven nennt man alle Punkte einer Fläche (12), in denen $g_x = g_y = g_z = 0$ ist, singuläre Punkte von (12) (Band II, § 13, 3). Wie man aus der Taylorentwicklung der Funktion g in der Umgebung eines solchen Punktes entnimmt, ist die Fläche in der Umgebung in erster Annäherung durch einen Kegel dargestellt

und hat also im singulären Punkt unendlich viele Tangentenebenen, eben die
Tangentenebenen dieses Kegels. Gibt es aber eine ganze Kurve $\mathfrak{C}$ von singulären
Punkten, wie das gerade in unserem Fall zutrifft, so kann dieser Kegel in jedem
Punkt von $\mathfrak{C}$ in ein Ebenenpaar ausarten, dessen Schnittgerade die Tangente
von $\mathfrak{C}$ ist[1]. In der Nachbarschaft von $\mathfrak{C}$ bildet die Fläche dann eine Art Rinne,
und man kann sich leicht vorstellen, daß etwa ein Punkt, der sich auf der Fläche
unter dem Einfluß irgendwelcher Kräfte bewegt, längs $\mathfrak{C}$ weiterläuft, wenn er
einmal in die Rinne gelangt ist.

Als Beispiel behandle ich die geodätischen Linien einer Fläche

$$g(x_1, x_2, x_3) = 0; \tag{20}$$

sie sind die Extremalen des Variationsproblems ($i = 1,2,3$; Summationsübereinkommen!)

$$\int_\alpha^\beta \sqrt{\dot{x}_i\, \dot{x}_i}\, dt = \text{Min.}$$

mit der Nebenbedingung (20). Ich setze mit dem Multiplikator $\lambda(t)$

$$f^* = \sqrt{\dot{x}_i\, \dot{x}_i} + \lambda\, g(x_1, x_2, x_3)$$

und erhalte die Eulerschen Gleichungen

$$E_i(f^*) = \lambda\, \frac{\partial g}{\partial x_i} - \frac{d}{dt}\, \frac{\dot{x}_i}{\sqrt{\dot{x}_j\, \dot{x}_j}} = 0; \tag{21}$$

$$T_i = \frac{\dot{x}_i}{\sqrt{\dot{x}_j\, \dot{x}_j}}$$

ist der Tangentenvektor der Extremalen; aus $T_i\, T_i = 1$ folgt durch Differentiation $T_i\, \dot{T}_i = 0$,
d. h. $\dot{T}_i$ steht auf T_i senkrecht und hat die Richtung der Hauptnormalen der Extremalen.
Aus (21) wird

$$\dot{T}_i = \lambda\, \frac{\partial g}{\partial x_i},$$

d. h. *die Hauptnormalen der geodätischen Linien stimmen in jedem Punkt mit der Flächennormalen überein*, oder: *die Schmiegebenen der geodätischen Linien gehen durch die zugehörigen
Flächennormalen.* Vgl. hierzu Band II, § 15, 9 oder DUSCHEK-MAYER, LV 8, Band 1, VI.

Die vorstehenden Überlegungen lassen sich ohne Schwierigkeit auf den Fall
von n abhängigen Veränderlichen und m ($< n$) Bedingungsgleichungen übertragen.

3. Anholonome Bedingungsgleichungen. Man versteht darunter Nebenbedingungen, deren linke Seiten auch von den Ableitungen der Veränderlichen
abhängen; im einfachsten Fall tritt an Stelle von (12) eine *Differentialgleichung*

$$g(x, y, z, y', z') = 0. \tag{22}$$

Dabei nehme ich an, daß g nicht die totale Ableitung einer Funktion $\bar{g}(x, y, z)$

$$g(x, y, z, y', z') = \frac{d}{dx}\, \bar{g}(x, y, z) = \bar{g}_x + \bar{g}_y\, y' + \bar{g}_z\, z'$$

ist; in diesem Fall würde sich (22) auf $\bar{g}(x, y, z) - C = 0$, also auf eine endliche

---

[1] Ein einfaches Beispiel für den ersten Fall ist die Fläche, die durch Umdrehung eines
Kreises um eine Sehne entsteht, die kein Durchmesser ist. Die Fläche hat zwei singuläre
Punkte, nämlich die Schnittpunkte der Sehne mit dem Kreis, die beiden Kegel werden bei
der Umdrehung durch die Kreistangenten beschrieben. Ein Beispiel für den zweiten Fall
bekommt man durch Umdrehung des Cartesischen Blattes um die Asymptote, der singuläre
Punkt des Cartesischen Blattes beschreibt einen Kreis, der auf der Drehfläche eine Kurve
von lauter singulären Punkten ist.

oder, wie man im Gegensatz zu (22) sagt, *holonome* Bedingungsgleichung (12) reduzieren. Ich nehme weiter an, (22) lasse sich nach z' auflösen, dann ist $g_{z'} \neq 0$ und

$$z' = \varphi(x, y, z, y').$$

Setze ich

$$f(x, y, z, y', \varphi) = \bar{f}(x, y, z, y'), \tag{23}$$

so gelten die Gleichungen

$$\bar{f}_y = f_y + f_{z'}\,\varphi_y, \quad \bar{f}_z = f_z + f_{z'}\,\varphi_z, \quad \bar{f}_{y'} = f_{y'} + f_{z'}\,\varphi_{y'} \tag{24}$$

und

$$g_y + g_{z'}\,\varphi_y = 0, \quad g_z + g_{z'}\,\varphi_z = 0, \quad g_{y'} + g_{z'}\,\varphi_{y'} = 0. \tag{25}$$

Die Eulerschen Differentialgleichungen des Variationsproblems mit der Grundfunktion (23) sind

$$E_y(\bar{f}) = \bar{f}_y - \frac{d}{dx}\,\bar{f}_{y'} = 0, \quad E_z(\bar{f}) = \bar{f}_z = 0. \tag{26}$$

Die zweite gibt wegen (24) und (25)

$$f_z\,g_{z'} - f_{z'}\,g_z = 0. \tag{27}$$

Sofern diese Gleichung nicht identisch erfüllt ist, gibt sie zusammen mit (22) ein System von zwei Differentialgleichungen für die Funktionen $y(x)$ und $z(x)$, deren Lösungen aber im allgemeinen weder den Randbedingungen noch der ersten Gleichung (26) genügen, also keine Extremalen des Variationsproblems (11), (22) sein werden. Man kann aber (27) durch eine unwesentliche Änderung der Nebenbedingung (22) stets identisch erfüllen. Ersetzt man die Funktion g durch $\bar{g} = u\,g$, wo $u \neq 0$ ist im betrachteten Bereich, so folgt

$$f_z\,\bar{g}_{z'} - f_{z'}\,\bar{g}_z = f_z\,g\,u_{z'} - f_{z'}\,g\,u_z + (f_z\,g_{z'} - f_{z'}\,g_z)\,u = 0.$$

Nimmt man für u eine Lösung dieser partiellen Differentialgleichung erster Ordnung, so ist (27) mit $\bar{g}$ statt g identisch erfüllt.

Aus der ersten Gleichung (26) folgt dann

$$f_y + f_{z'}\,\varphi_y - \frac{d}{dx}(f_{y'} + f_{z'}\,\varphi_{y'}) = f_y - \frac{d}{dx}\,f_{y'} + f_{z'}\Big(\varphi_y - \frac{d}{dx}\,\varphi_{y'}\Big) - \varphi_{y'}\,\frac{d}{dx}\,f_{z'} =$$

$$= f_y - \frac{d}{dx}\,f_{y'} - f_{z'}\Big(\frac{g_y}{g_{z'}} - \frac{d}{dx}\,\frac{g_{y'}}{g_{z'}}\Big) + \frac{g_{y'}}{g_{z'}}\,\frac{d}{dx}\,f_{z'} =$$

$$= f_y - \frac{d}{dx}\,f_{y'} - \frac{f_{z'}}{g_{z'}}\Big(g_y - \frac{d}{dx}\,g_{y'}\Big) + g_{y'}\,\frac{d}{dx}\,\frac{f_{z'}}{g_{z'}} = 0. \tag{28}$$

Ich setze gemäß (27)

$$\lambda(x) = -\frac{f_{z'}}{g_{z'}} = -\frac{f_z}{g_z}. \tag{29}$$

Dann wird aus (28)

$$f_y - \frac{d}{dx}\,f_{y'} + \lambda\Big(g_y - \frac{d}{dx}\,g_{y'}\Big) - g_{y'}\,\frac{d\lambda}{dx} = 0$$

oder

$$(f_y + \lambda\,g_y) - \frac{d}{dx}(f_{y'} + \lambda\,g_{y'}) = 0. \tag{30a}$$

Die analoge Gleichung

$$(f_z + \lambda\,g_z) - \frac{d}{dx}(f_{z'} + \lambda\,g_{z'}) = 0 \tag{30b}$$

ist wegen (29) identisch erfüllt. Man.kann also auch hier an Stelle des Variationsproblems (11) mit der Nebenbedingung (22) das Variationsproblem mit der Grundfunktion

$$f^*(x, y, z, y', z') = f(x, y, z, y', z') + \lambda(x)\, g(x, y, z, y', z')$$

untersuchen; die Eulerschen Gleichungen

$$E_y(f^*) = 0, \quad E_z(f^*) = 0$$

stimmen mit (30) überein.

Die Bemerkung am Schluß von Ziffer 2 gilt unverändert auch im Fall anholonomer Bedingungen, sowie dann, wenn die Bedingungsgleichungen zum Teil holonom, zum Teil anholonom sind.

Dem in § 16, 2 behandelten Variationsproblem

$$J = \int\limits_a^b f(x, y_i, y_i')\, dx \tag{31}$$

läßt sich ein Variationsproblem mit Nebenbedingungen zuordnen, indem man $y_i' = z_i$ setzt und diese Gleichungen als Nebenbedingungen einführt. Man kommt so auf den Lagrangeschen Ansatz

$$f^*(x, y_i, z_i, y_i', z_i') = f(x, y_i, z_i) + \sum_{j=1}^n \lambda_j(x)\, (y_j' - z_j)$$

mit den Eulerschen Gleichungen

$$E_{y_i}(f^*) = \frac{\partial f}{\partial y_i} - \lambda_i' = 0, \tag{32}$$

$$E_{z_i}(f^*) = \frac{\partial f}{\partial z_i} - \lambda_i = 0. \tag{33}$$

Die natürlichen Randbedingungen

$$\left(\frac{\partial f^*}{\partial y_i'}\right)_a = \left(\frac{\partial f^*}{\partial y_i'}\right)_b = 0$$

geben $\lambda_i(a) = \lambda_i(b) = 0$ und daher wegen (33)

$$\left(\frac{\partial f}{\partial z_i}\right)_a = \left(\frac{\partial f}{\partial z_i}\right)_b = 0, \tag{34}$$

was wegen $z_i = y_i'$ mit den natürlichen Randbedingungen von (31) übereinstimmt; die zweite Serie natürlicher Randbedingungen ist von selbst erfüllt, da f^* nicht von z_i' abhängt und daher überall, nicht nur in den Endpunkten

$$\frac{\partial f^*}{\partial z_i'} = 0$$

ist. Das Grundintegral (31) läßt sich wegen (33) längs einer Extremalen in der Form

$$J = \int\limits_a^b f^*\, dx = \int\limits_a^b \left[f + \sum_{j=1}^n \frac{\partial f}{\partial z_j}(y_j' - z_j) \right] dx \tag{35}$$

schreiben; mittels partieller Integration findet man

$$\int\limits_a^b \frac{\partial f}{\partial z_j}\, y_j'\, dx = \left[y_j\, \frac{\partial f}{\partial z_j} \right]_a^b - \int\limits_a^b y_j\, \frac{d}{dx}\, \frac{\partial f}{\partial z_j}\, dx;$$

hier verschwinden die Klammern wegen (34), während wegen (33) und (32)

$$\frac{d}{dx}\frac{\partial f}{\partial z_j} = \frac{d}{dx}\lambda_j = \lambda_j' = \frac{\partial f}{\partial y_j}$$

ist; (35) geht also über in

$$J = \int\limits_a^b \left[f - \sum_{j=1}^n y_j \frac{\partial f}{\partial y_j} - \sum_{j=1}^n z_j \frac{\partial f}{\partial z_j} \right] dx, \tag{36}$$

eine für gewisse Anwendungen in der Dynamik wichtige Form des längs einer Extremalen erstreckten Grundintegrals (31).

Aufgaben.

1. Durch die Punkte A und B ist eine Kurve gegebener Länge $l > AB$ so zu legen, daß der Kurvenschwerpunkt möglichst tief liegt. Anleitung: Man setze $y + \lambda = z$.

2. In der Ebene sei eine Massenverteilung $\varphi(x, y)$ gegeben. Durch die Punkte $(0, 0)$ und $(a, 0)$ ist eine Kurve $\mathfrak{C}$ gegebener Länge $l > a$ so zu legen, daß die Gesamtmasse zwischen x-Achse und $\mathfrak{C}$ möglichst groß wird. Geometrische Charakterisierung der Extremalen.

*3. Durch die Punkte $(\cos \alpha, \pm \sin \alpha, 0)$ der Kugel

$$x = \cos u \sin v, \qquad y = \sin u \sin v, \qquad z = \cos v$$

ist eine Flächenkurve gegebener Länge l zu legen, die mit dem Äquatorbogen $\mathfrak{A}$ durch die beiden Punkte einen möglichst großen Teil der Kugelfläche umschließt (isoperimetrisches Problem auf der Kugel).

§ 19. Allgemeine Koordinaten und allgemeine Räume.

1. Vorbemerkungen. Die Tensorrechnung — im allgemeinen Sinn, also einschließlich der Vektorrechnung verstanden — macht es uns möglich, in recht einfacher Weise Relationen zu gewinnen, deren Invarianz gegenüber den zulässigen Transformationen der Koordinaten unmittelbar gegeben ist. Was ich Ihnen aber in den §§ 15, 27—30 des zweiten Bandes von der Tensorrechnung vermittelt habe, bezog sich ausschließlich auf den euklidischen Raum und auf rechtwinkelige Cartesische Koordinaten, zulässig waren also für uns bisher nur die orthogonalen Koordinatentransformationen. Diese Beschränkung ist aber wenig befriedigend, denn in der Geometrie wie in der Physik ist man sehr oft gezwungen, andere Koordinatensysteme, wie etwa Polarkoordinaten, elliptische Koordinaten od. dgl. zu verwenden, um gewisse Probleme halbwegs einfach formulieren zu können. Es wird daher zweckmäßig sein, die Grundbegriffe der Tensorrechnung so zu fassen, daß sie auch für allgemeine oder krummlinige Koordinaten anwendbar bleiben. Diese Koordinaten habe ich in Band II, § 12, für die Ebene etwas ausführlicher, für den Raum ganz kurz diskutiert. In den §§ 12 und 27 habe ich die allgemeinen linearen Koordinatentransformationen, die die orthogonalen als spezielle Fälle enthalten, untersucht; wir sind dabei nicht nur auf den Begriff der schiefwinkeligen Cartesischen oder affinen Koordinaten gekommen, sondern auch zu einer Verallgemeinerung des Raumbegriffs, vom euklidischen Raum auf den affinen Raum. Die Geometrie des affinen Raums, die affine Geometrie, wie man kurz sagt, findet ihren adäquaten analytischen Ausdruck durch die Einführung affiner Koordinaten, ebenso wie die euklidische Geometrie am besten und zweckmäßigsten in rechtwinkeligen Cartesischen Koordinaten betrieben wird. Man kann natürlich euklidische Geometrie auch in anderen Koordinaten treiben; Polarkoordinaten z. B. sind für die Untersuchung gewisser Beziehungen der euklidischen Geometrie, vor allem für die Untersuchung der Eigenschaften von Kreisen und Kugeln, sehr zweckmäßig, aber wenn man versucht, andere geometrische Sätze in Polarkoordinaten zu formulieren, so wird man in der Regel sehr bald an den hoffnungslos verwickelten Formeln Schiffbruch erleiden. Man versuche etwa, eine Formel für den kürzesten Abstand zweier windschiefer Geraden in räumlichen Polarkoordinaten aufzustellen!

Wenn wir allgemeine krummlinige Koordinaten im euklidischen Raum einführen, so wird es sich zeigen, daß die Tatsache, daß in diesem Raum die bekannten und einfachen Sätze der Elementargeometrie gelten, daß es in ihm Gerade und Ebenen gibt, ganz in den Hintergrund tritt und daß wir, wenn wir von dem absehen, wovon wir ausgegangen sind, nämlich vom euklidischen Raum, einen Raum von viel allgemeinerer Struktur vor uns haben, wie z. B. den affinen Raum bei allgemeinen linearen Transformationen und den projektiven Raum bei linear gebrochenen Transformationen (Band II, § 12, 7). Die im folgenden betrachteten, völlig allgemeinen Transformationen, die nur gewissen Eindeutigkeits- und Differenzierbarkeitsforderungen genügen müssen, führen vom euklidischen Raum zum *Riemannschen Raum* und, wenn wir von jeder Maßbestimmung absehen, zu einem Raum, der als *allgemeiner Raum* schlechthin bezeichnet wird.

2. Allgemeine krummlinige Koordinaten im euklidischen R_3. Die rechtwinkeligen Cartesischen Koordinaten x_i ($i = 1, 2, 3$, auch im folgenden) seien eindeutige und mindestens einmal stetig differenzierbare Funktionen

$$x_i = \varphi_i(u_1, u_2, u_3) \tag{1}$$

der drei unabhängigen Veränderlichen u_i. Damit gehen wir einen Schritt über die Kurven und Flächen des R_3 hinaus, wo die Punktkoordinaten x_i Funktionen eines oder zweier Parameter sind. Halten wir etwa u_1 fest, so hängt der Ortsvektor x_i nur mehr von u_2 und u_3 ab und beschreibt daher eine Fläche, die wir als Fläche $u_1 =$ konst. bezeichnen. Für verschiedene Werte von u_1 bekommen wir eine einparametrige Schar von Flächen. Dasselbe ist der Fall, wenn wir u_2 oder u_3 festhalten. Die Gleichungen (1) definieren daher drei Flächenscharen, von denen ich noch annehme, daß jede von ihnen einen bestimmten Bereich $\mathfrak{B}$ des R_3 schlicht, d. h. so überdeckt, daß durch jeden Punkt von $\mathfrak{B}$ eine und nur eine Fläche jeder Schar hindurchgeht. Es ist dann nicht nur durch drei Zahlen u_i ein bestimmter Punkt P des Raums, sondern auch umgekehrt durch P, d. h. durch die x_i ein geordnetes Zahlentripel u_i eindeutig festgelegt, das die drei durch P hindurchgehenden Flächen der drei Scharen charakterisiert. D. h. mit anderen Worten, daß sich die drei Gleichungen (1) eindeutig nach den u_i auflösen lassen:

$$u_i = \psi_i(x_1, x_2, x_3). \tag{2}$$

Setzt man (2) in (1) ein und umgekehrt, so ergeben sich im ganzen sechs Identitäten, durch deren Differentiation (Summationsübereinkommen!)

$$\frac{\partial x_i}{\partial u_p} \frac{\partial u_p}{\partial x_j} = \delta_{ij} \tag{3}$$

bzw.

$$\frac{\partial u_p}{\partial x_i} \frac{\partial x_i}{\partial u_q} = \delta_{pq} \tag{4}$$

folgt. Sowohl aus (3) wie auch aus (4) folgt weiter, daß für die Funktionaldeterminanten der Funktionen (1) und (2) die Beziehung

$$\frac{\partial(x_1, x_2, x_3)}{\partial(u_1, u_2, u_3)} \cdot \frac{\partial(u_1, u_2, u_3)}{\partial(x_1, x_2, x_3)} = 1 \tag{5}$$

gilt. Es kann somit keine der beiden Funktionaldeterminanten verschwinden. Da, wie eben festgestellt, durch je drei Zahlen u_i ein bestimmter Punkt P

aus $\mathfrak{B}$ und umgekehrt durch jeden Punkt P die drei Zahlen u_i bestimmt sind, nennt man die u_i ebenfalls Koordinaten von P, und zwar *allgemeine* oder *krummlinige Koordinaten* von P. An die Stelle der drei Ebenen $x_i =$ konst., die bei Cartesischen Koordinaten durch P hindurchgehen und die zu den Ebenen $x_1 = 0$, $x_2 = 0$, $x_3 = 0$ parallel sind, treten hier die drei Flächen $u_i =$ konst. durch P.

Je zwei der drei Flächen durch P schneiden sich in einer Kurve, auf der zwei der drei Koordinaten fest sind, während die dritte frei veränderlich ist und als Kurvenparameter in den Gleichungen (1) auftritt. Wir bezeichnen sie kurz als die 1-, 2- und 3-Kurve durch P. Ihre (nicht normierten) Tangentenvektoren sind

$$\frac{\partial x_i}{\partial u_1}, \quad \frac{\partial x_i}{\partial u_2}, \quad \frac{\partial x_i}{\partial u_3}; \tag{6}$$

mit diesen drei Vektoren als Maßvektoren errichten wir in P ein „lokales" affines Koordinatensystem. Ein zweites derartiges Koordinatensystem können wir aus den drei Gradientenvektoren

$$\frac{\partial u_1}{\partial x_i}, \quad \frac{\partial u_2}{\partial x_i}, \quad \frac{\partial u_3}{\partial x_i} \tag{7}$$

der drei Flächen $\psi_i =$ konst. gewinnen. Aus (3) und (4) folgt, daß die beiden Dreibeine (6) und (7) *reziprok* sind (Band II, § 15, 8 D).

Die inneren Produkte der Vektoren (6) sind

$$g_{pq} = \frac{\partial x_i}{\partial u_p} \frac{\partial x_i}{\partial u_q} \tag{8}$$

und die der Vektoren (7)

$$g^{pq} = \frac{\partial u_p}{\partial x_i} \frac{\partial u_q}{\partial x_i}. \tag{9}$$

Es sind also g_{11}, g_{22}, g_{33} die Normen (Längenquadrate) der drei Vektoren (6), g^{11}, g^{22}, g^{33} die Normen der Vektoren (7). Die Größen g_{pq} und g^{pq} haben einige wichtige Eigenschaften, die ich gleich angeben will. Es ist

$$g_{pq} = g_{qp}, \quad g^{pq} = g^{qp} \tag{10}$$

und

$$g_{pr}\, g^{qr} = \frac{\partial x_i}{\partial u_p} \frac{\partial x_i}{\partial u_r} \frac{\partial u_q}{\partial x_j} \frac{\partial u_r}{\partial x_j} = \frac{\partial x_i}{\partial u_p} \frac{\partial u_q}{\partial x_j} \delta_{ij} = \frac{\partial x_i}{\partial u_p} \frac{\partial u_q}{\partial x_i} = \delta_{pq}.$$

Ich schreibe im folgenden statt δ_{ij} auch $\delta_j{}^i$ oder $\delta_i{}^j$, ohne an der Bedeutung dieser Größen etwas zu ändern. Dann ist

$$\boxed{g_{pr}\, g^{qr} = \delta_p{}^q.} \tag{11}$$

Ferner ist wegen (8)

$$\text{Det } g_{pq} = \left[\frac{\partial(x_1,\, x_2,\, x_3)}{\partial(u_1,\, u_2,\, u_3)}\right]^2 > 0, \quad \text{Det } g^{pq} = \left[\frac{\partial(u_1,\, u_2,\, u_3)}{\partial(x_1,\, x_2,\, x_3)}\right]^2 > 0 \tag{12}$$

und wegen (5) auch

$$\text{Det } g_{pq} \cdot \text{Det } g^{pq} = 1. \tag{13}$$

Wegen (12) lassen sich aus (11) die g^{pq} eindeutig berechnen, wenn die g_{pq} gegeben sind und umgekehrt.

Ist $x_i(t)$ eine Kurve in $\mathfrak{B}$, so ist

$$\dot{s}^2 = \dot{x}_i\, \dot{x}_i = \frac{\partial x_i}{\partial u_p} \frac{\partial x_i}{\partial u_q}\, \dot{u}_p\, \dot{u}_q$$

oder wegen (8)

$$\boxed{\dot{s}^2 = g_{pq}\, \dot{u}_p\, \dot{u}_q.} \tag{14}$$

Die Länge des Kurvenbogens zwischen $t = t_0$ und $t = t_1$ ist also in den Koordinaten u_i durch das Integral

$$s = \int\limits_{t_0}^{t_1} \sqrt{g_{pq}\,\dot{u}_p\,\dot{u}_q}\; dt$$

gegeben. Man nennt die g_{pq} die Koordinaten des *Maßtensors* im System u_i, und zwar, um sie von den offenbar ganz analogen Größen g^{pq} zu unterscheiden, den *kovarianten Maßtensor*, während die g^{pq} die Koordinaten des *kontravarianten Maßtensors* sind. Was mit diesen Worten gemeint ist, wird Ihnen gleich deutlich werden.

3. Kontravariante und kovariante Koordinaten eines Vektors. Es sei nun im Punkt P ein Vektor gegeben, dessen Koordinaten im System x_i etwa A_i seien. Wie können wir diesen Vektor im System u_i festlegen, d. h. was werden wir zweckmäßigerweise hier als seine Koordinaten anzusehen haben? Die A_i sind die Projektionen des Vektors auf drei zu den Koordinatenachsen parallele Gerade durch P, d. h. die Projektionen auf die Maßvektoren

$$\overset{p}{e}_i = \delta_{pi}$$

des euklidischen, auf rechtwinkelige Cartesische Koordinaten bezogenen Raums.

An die Stelle des Dreibeins $\overset{p}{e}_i$ treten im System der u_i die beiden reziproken Dreibeine (6) und (7). Es ist also recht naheliegend, zunächst einmal versuchsweise den Vektor A_i jetzt in diesen Dreibeinen darzustellen und die Darstellungszahlen als seine Koordinaten im System u_i zu verwenden. Dabei müssen wir aber den Nachteil in Kauf nehmen, daß wir auf diese Art zu zwei verschiedenen Darstellungen des Vektors im System u_i kommen. Diese beiden Darstellungen sind völlig gleichberechtigt, und wir werden sehen, daß wir sie auch nebeneinander verwenden müssen, da es den Formalismus nur komplizieren würde, wenn wir willkürlich eine der Darstellungen bevorzugten. Noch ein Umstand ist dabei wichtig und sehr zu beachten. Die beiden Dreibeine sind ja nicht wie die $\overset{p}{e}_i$ im ganzen Raum fest, sondern ändern sich von Punkt zu Punkt. Wir müssen also einen ganz bestimmten Punkt P des Raums als Anfangspunkt von A_i wählen und die beiden Dreibeine (6) und (7) in diesem Punkt P, d. h. die beiden lokalen affinen Koordinatensysteme in P zur Darstellung des Vektors A_i benützen. Wir können die Vektoren des Raums jetzt nicht mehr als freie Vektoren ansehen, wie wir das bisher getan haben, sondern müssen sie als gebundene Vektoren, d. h. als Vektoren mit einem ganz bestimmten Anfangspunkt P annehmen und behandeln. Ich bezeichne die Darstellungszahlen von A_i im Dreibein (6) mit B^p, die Darstellungszahlen im Dreibein (7) mit B_p; dann ist[1]

$$A_i = B^1\,\frac{\partial x_i}{\partial u_1} + B^2\,\frac{\partial x_i}{\partial u_2} + B^3\,\frac{\partial x_i}{\partial u_3} = B^p\,\frac{\partial x_i}{\partial u_p} \tag{15}$$

und

$$A_i = B_1\,\frac{\partial u_1}{\partial x_i} + B_2\,\frac{\partial u_2}{\partial x_i} + B_3\,\frac{\partial u_3}{\partial x_i} = B_p\,\frac{\partial u_p}{\partial x_i}. \tag{16}$$

Die B^p sind die Längen der Parallelprojektionen von A_i auf die Vektoren (6), gemessen mit den Längen dieser Vektoren als Maßeinheiten, während die B_p die Längen der Parallelprojektionen von A_i auf die Vektoren (7) sind, gemessen

---

[1] Man verwechsle die hochgestellten Indizes nicht mit Potenzexponenten!

mit den Längen dieser Vektoren als Maßeinheiten. Die B^p heißen *kontravariante*, die B_p *kovariante* Koordinaten von A_i im System u_i. Sie sind nicht unabhängig voneinander; aus (15) und (16) folgt

$$B^p \frac{\partial x_i}{\partial u_p} = B_p \frac{\partial u_p}{\partial x_i}$$

und daraus, wenn wir einmal mit $\frac{\partial x_i}{\partial u_q}$, einmal mit $\frac{\partial u_q}{\partial x_i}$ überschieben, wegen (3) und (4)

$$B^p \frac{\partial x_i}{\partial u_p} \frac{\partial x_i}{\partial u_q} = B_p \frac{\partial u_p}{\partial x_i} \frac{\partial x_i}{\partial u_q} = B_p \delta_q{}^p = B_q$$

und

$$B^p \frac{\partial x_i}{\partial u_p} \frac{\partial u_q}{\partial x_i} = B^p \delta_p{}^q = B^q = B_p \frac{\partial u_p}{\partial x_i} \frac{\partial u_q}{\partial x_i}.$$

Wegen (8) und (9) ist das aber

$$B_q = g_{pq} B^p \tag{17}$$

bzw.

$$B^q = g^{pq} B_p. \tag{18}$$

Die kovarianten Koordinaten lassen sich also durch Überschieben mit dem kontravarianten Maßtensor in die kontravarianten Koordinaten verwandeln und umgekehrt diese durch Überschieben mit dem kovarianten Maßtensor in die kovarianten. Man spricht von einem „hinauf-" oder „hinunterziehen" der Indizes.

Überschiebt man (15) mit $\frac{\partial x_i}{\partial u_q}$, so folgt wegen (8) und (17)

$$B_q = A_i \frac{\partial x_i}{\partial u_q} \tag{19}$$

und entsprechend durch Überschiebung von (16) mit $\frac{\partial u_q}{\partial x_i}$ wegen (9) und (18)

$$B^q = A_i \frac{\partial u_q}{\partial x_i}, \tag{20}$$

Formeln, die die direkte Berechnung der kontravarianten und kovarianten Koordinaten aus den A_i gestatten. Wir kommen überein, die kontravarianten Koordinaten eines Vektors stets mit hochgestellten, die kovarianten Koordinaten aber stets mit gewöhnlichen Indizes rechts unten zu schreiben.

Sind die u_i selbst ebenfalls rechtwinkelige Cartesische Koordinaten, so gehen (1) und (2) über in die Gleichungen einer orthogonalen Transformation

$$x_i = a_{ij} u_j + b_i,$$

bzw.

$$u_j = a_{ij} x_i + c_j$$

mit

$$a_{ik} a_{jk} = a_{ki} a_{kj} = \delta_{ij}$$

und es wird

$$\frac{\partial x_i}{\partial u_p} = \frac{\partial u_p}{\partial x_i} = a_{ip},$$

d. h. es ist $B_p = B^p$, kovariante und kontravariante Koordinaten stimmen in rechtwinkeligen Cartesischen Koordinaten überein. Geometrisch folgt das unmittelbar daraus, daß die beiden Dreibeine (6) und (7) in rechtwinkeligen Cartesischen Koordinaten in ein einziges normiertes Dreibein zusammenfallen. Da wir bis jetzt nur solche Koordinaten verwendet haben, hatten wir es nicht nötig, zweierlei Arten von Vektorkoordinaten zu unterscheiden. Die Schreibweise A_i in rechtwinkeligen Cartesischen Koordinaten hat also nichts mit Kovarianz zu tun, wir könnten hier genau so gut auch A^i schreiben, da stets $A_i = A^i$ ist.

Sehr häufig wird auch gesagt, die B^p seien ein „kontravarianter Vektor" und die B_p ein „kovarianter Vektor". Diese Redeweise ist nicht ganz gerechtfertigt, da sie den Eindruck erweckt, daß es sich um zwei ganz verschiedene Größen handelt, während in Wirklichkeit, wie die Formeln (19) und (20) zeigen, die B_p und B^p nur zwei verschiedene Darstellungen eines und desselben geometrischen Gebildes, nämlich des Vektors schlechthin, sind[1]. Man muß sich diese Tatsache jedenfalls immer vor Augen halten, wenn man die bequemere Redeweise von kontravarianten und kovarianten Vektoren verwendet.

Das Koordinatendifferential dx_i ist in Cartesischen Koordinaten ein Vektor. Seine kovarianten Koordinaten im System u_i sind

$$\frac{\partial x_i}{\partial u_p}\, dx_i;$$

seine kontravarianten Koordinaten

$$\frac{\partial u_p}{\partial x_i}\, dx_i = du_p \tag{21}$$

aber stimmen wieder mit den Koordinatendifferentialen du_p überein. Aus diesem Grund bevorzugt man die Darstellung dieses Vektors durch kontravariante Koordinaten. Allerdings liegt hier eine Ausnahme von der Regel vor, daß die Indizes der kontravarianten Vektorkoordinaten stets rechts oben geschrieben werden[2]. Die Koordinatendifferentiale sind ein geradezu typisches Beispiel für einen kontravarianten Vektor, weil die kovariante Darstellung so gut wie nie benützt wird. Gerade umgekehrt liegen die Dinge beim Gradienten $\frac{\partial \varphi}{\partial x_i}$ eines Skalars. Seine kontravarianten Koordinaten im System u_i sind

$$\frac{\partial u_p}{\partial x_i}\,\frac{\partial \varphi}{\partial x_i},$$

seine kovarianten Koordinaten

$$\frac{\partial x_i}{\partial u_p}\,\frac{\partial \varphi}{\partial x_i} = \frac{\partial \varphi}{\partial u_p} \tag{22}$$

aber sind wieder die Ableitungen des Skalars φ nach den Koordinaten u_p, so daß man hier wieder gerade die letztere Darstellung des Gradienten vorzieht. Der Gradient $\frac{\partial \varphi}{\partial u_p}$ ist ein typisches Beispiel für den kovarianten Vektor.

Wir untersuchen noch das Verhalten der Vektorkoordinaten, wenn wir von den u_i durch die Gleichungen

$$\bar{u}_i = \bar{u}_i(u_1, u_2, u_3), \quad u_i = u_i(\bar{u}_1, \bar{u}_2, \bar{u}_3)$$

---

[1] Nur in ganz allgemeinen Räumen, in denen keine Metrik durch einen Maßtensor gegeben ist, sind kovariante und kontravariante Vektoren wirklich zwei völlig verschiedene Dinge.

[2] Aus diesem Grund werden vielfach in der Literatur die Koordinaten selbst mit u^i statt mit u_i bezeichnet, damit dann die Differentiale den richtigen Index tragen. Aber die Koordinaten u_i selbst sind weder ein kovarianter noch ein kontravarianter Vektor, so daß die ungewohnte Schreibweise u^i mehr zu Mißverständnissen Anlaß geben könnte. Wollte man ganz konsequent sein, so müßte man die Koordinaten selbst etwa mit u^i und die Differentiale mit du^i bezeichnen, was aber auch seine Nachteile hat. Wir wollen daher im folgenden an der gewohnten Schreibweise u_i festhalten und den Nachteil der Ausnahmestellung der Differentiale du_i in Kauf nehmen.

zu einem anderen System allgemeiner Koordinaten $\bar{u}_i$ übergehen. Die Funktionen $\bar{u}_j(u_i)$ und $u_i(\bar{u}_j)$ genügen dabei denselben Voraussetzungen wie früher die Funktionen $x_i(u_j)$ und $u_j(x_i)$; die Flächen $\bar{u}_j = $ konst. sollen also insbesondere den Bereich $\mathfrak{B}$ schlicht überdecken, so daß durch jeden Punkt von $\mathfrak{B}$ eine und nur eine Fläche jeder der drei Scharen hindurchgeht. Für die Koordinaten des Vektors A_i im System $\bar{u}_i$ gilt dann entsprechend (19) und (20)

$$\bar{B}_q = \frac{\partial x_i}{\partial \bar{u}_q} A_i = \frac{\partial x_i}{\partial u_p} \frac{\partial u_p}{\partial \bar{u}_q} A_i = \frac{\partial u_p}{\partial \bar{u}_q} B_p,$$

$$\bar{B}^q = \frac{\partial \bar{u}_q}{\partial x_i} A_i = \frac{\partial \bar{u}_q}{\partial u_p} \frac{\partial u_p}{\partial x_i} A_i = \frac{\partial \bar{u}_q}{\partial u_p} B^p.$$

Damit haben wir die allgemeinen Transformationsgesetze für kovariante und kontravariante Koordinaten gefunden, nämlich

$$\boxed{\bar{B}_q = \frac{\partial u_p}{\partial \bar{u}_q} B_p, \quad \bar{B}^q = \frac{\partial \bar{u}_q}{\partial u_p} B^p.} \tag{23}$$

Überschiebung der beiden Gleichungen mit $\dfrac{\partial \bar{u}_q}{\partial u_r}$ bzw. $\dfrac{\partial u_r}{\partial \bar{u}_q}$ gibt

$$\bar{B}_q \frac{\partial \bar{u}_q}{\partial u_r} = \frac{\partial u_p}{\partial \bar{u}_q} \frac{\partial \bar{u}_q}{\partial u_r} B_p = \delta_r{}^p B_p = B_r,$$

$$\bar{B}^q \frac{\partial u_r}{\partial \bar{u}_q} = \frac{\partial u_r}{\partial \bar{u}_q} \frac{\partial \bar{u}_q}{\partial u_p} B^p = \delta_p{}^r B^p = B^r$$

oder, mit etwas geänderter Bezeichnung der Indizes,

$$\boxed{B_p = \frac{\partial \bar{u}_q}{\partial u_p} \bar{B}_q, \quad B^p = \frac{\partial u_p}{\partial \bar{u}_q} \bar{B}^q.} \tag{24}$$

(23) und (24) sind die Transformationsgesetze kovarianter bzw. kontravarianter Vektorkoordinaten in allgemeinen krummlinigen Systemen. In formaler Hinsicht ist zu bemerken, daß sich die linken bzw. rechten Gleichungen (24) aus (23) durch formale Multiplikation mit dem „Quotienten" $\dfrac{\partial \bar{u}_q}{\partial u_p}$ bzw. $\dfrac{\partial u_p}{\partial \bar{u}_q}$ ohne jede Rücksicht auf die durch die doppelten Indizes angedeutete Summation ergeben.

Mit den Formeln (23) und (24) zeigt es sich, daß unser Versuch, die Vektoren in den krummlinigen Koordinaten u_i durch ihre Projektionen auf die beiden Dreibeine (6) und (7) darzustellen, als gelungen zu betrachten ist. Wir haben damit eine formal einwandfreie Transformationstheorie der Vektorkoordinaten aufgestellt, die die Formeln (15), (16), (19) und (20) als Sonderfälle enthält.

4. Tensoren höherer Stufe in allgemeinen Koordinaten. In ganz entsprechender Weise werden wir die Koordinaten von Tensoren höherer Stufe festzulegen haben. Wir können uns dabei von der Tatsache leiten lassen, daß *das Transformationsgesetz für einen Tensor m-ter Stufe mit dem Transformationsgesetz des Produkts von m Vektoren übereinstimmt*; ein solches Produkt ist ja ein spezieller Tensor m-ter Stufe. Dabei ergibt sich natürlich eine Vielzahl von Möglichkeiten, weil wir jeden einzelnen Index (Vektor) kovariant oder kontravariant schreiben können. Ein Tensor zweiter Stufe, der im rechtwinkeligen System x_i durch die

Koordinaten A_{ij} gegeben ist, kann in dem allgemeinen System u_i durch die Koordinaten

$$B_{pq} = \frac{\partial x_i}{\partial u_p} \frac{\partial x_j}{\partial u_q} A_{ij}$$

oder

$$B_p^{\cdot q} = \frac{\partial x_i}{\partial u_p} \frac{\partial u_q}{\partial x_j} A_{ij}$$

oder

$$B^p_{\cdot q} = \frac{\partial u_p}{\partial x_i} \frac{\partial x_j}{\partial u_q} A_{ij}$$

oder schließlich

$$B^{pq} = \frac{\partial u_p}{\partial x_i} \frac{\partial u_q}{\partial x_j} A_{ij},$$

also auf vier verschiedene Arten festgelegt werden. B_{pq} bzw. B^{pq} heißen rein kovariant bzw. rein kontravariant, während $B_p^{\cdot q}$ und $B^p_{\cdot q}$ als gemischte Koordinaten (oder kurz als gemischte Tensoren) bezeichnet werden. Ist A_{ij} symmetrisch oder alternierend, so gilt dasselbe, wie man aus den obigen Gleichungen entnimmt, für B_{pq} und B^{pq}, während $B_p^{\cdot q} = B^q_{\cdot p}$ bei symmetrischem und $B_p^{\cdot q} = - B^q_{\cdot p}$ bei alternierendem A_{ij} wird. Bei symmetrischem A_{ij} kann man daher die die Stellung der Indizes markierenden Punkte weglassen und kurz $B_p{}^q$ schreiben.

Ist $A_{ij} = \delta_{ij}$ der Maßtensor des euklidischen Raums, so wird nach (8) und (9)

$$B_{pq} = g_{pq}, \quad B^{pq} = g^{pq}, \quad B_q{}^p = \delta_q{}^p.$$

Damit ist der Tensorcharakter der Größen g_{pq} und g^{pq} nachgewiesen. g_{pq} heißt, wie schon erwähnt, der kovariante, g^{pq} der kontravariante und $\delta_p{}^q$ der gemischte Maßtensor.

Ich habe hier für die Cartesischen und allgemeinen Koordinaten desselben Vektors oder Tensors verschiedene Buchstaben A und B verwendet, um die verschiedenen Systeme deutlich voneinander abzuheben. Es ist aber üblich und zweckmäßig, für einen Tensor stets denselben Buchstaben *(Kernbuchstaben)* zu verwenden und die Koordinaten in verschiedenen Systemen durch Querstriche oder Akzente usw. zu unterscheiden. Wir wollen im folgenden diesen Grundsatz auch befolgen. Wir werden uns dabei nur daran gewöhnen müssen, daß die Cartesischen Koordinaten einmal mit oberen, einmal mit unteren Indizes erscheinen. Gilt für alle Vektoren $B_i = B^i$, so können wir sicher sein, daß das zugrunde liegende Koordinatensystem ein rechtwinkelig Cartesisches System ist. Die Gleichungen (19) und (20) gehen in (24) über, wenn wir $\bar{u}$ statt x und $\bar{B}$ statt A schreiben.

Es seien nun $\bar{A}_i$ und $\bar{B}_i$ zwei beliebige Vektoren in rechtwinkeligen Cartesischen Koordinaten $\bar{u}_i = x_i$. Dann ist

$$I = \bar{A}_i \bar{B}_i = \delta_{ij} \bar{A}_i \bar{B}_j$$

ihr inneres Produkt. Der Übergang zu allgemeinen Koordinaten u_i liefert wegen (16)

$$I = \delta_{ij} \frac{\partial u_p}{\partial \bar{u}_i} \frac{\partial u_q}{\partial \bar{u}_j} A_p B_q = \frac{\partial u_p}{\partial \bar{u}_i} \frac{\partial u_q}{\partial \bar{u}_i} A_p B_q,$$

also wegen (9)

$$\boxed{I = g^{pq} A_p B_q.} \tag{25}$$

In völlig gleichberechtigter Weise läßt sich I auch noch durch

$$\boxed{I = A_p\, B^p = A^p\, B_p = g_{pq}\, A^p\, B^q}\tag{26}$$

darstellen. Für $B_i = A_i$ wird daraus[1]

$$(A)^2 = g_{pq}\, A^p\, A^q = A_p\, A^p = g^{pq}\, A_p\, A_q.\tag{27}$$

Alle diese Beispiele zeigen, daß sich Überschiebung und Verjüngung stets nur auf ein Paar verschiedenartiger Indizes beziehen. Wir erkennen daraus die Notwendigkeit, auf die ich schon einmal hingewiesen habe, die verschiedenen Darstellungen der Tensoren durch kovariante, kontravariante oder gemischte Koordinaten nebeneinander in völlig gleichberechtigter Weise zu verwenden.

Ich erwähne in diesem Zusammenhang noch, daß z. B. die Summe $\sum_{p=1}^{3} A_p\, A_p$ in allgemeinen Koordinaten keine Invariante ist, wie man sich an Hand der Gleichungen (24) sofort überlegt.

Die Formeln (25) bis (27) zeigen noch die fundamentale Bedeutung des Maßtensors g_{ij} bzw. g^{ij} zur Berechnung der wichtigsten metrischen Invarianten, der Längen und Winkel.

Nach Einführung der allgemeinen krummlinigen Koordinaten in unserem euklidischen Raum stehen wir zunächst vor einer Reihe völlig neuer Tatsachen. Während wir z. B. früher ohneweiters sagen konnten, daß alle Vektoren mit denselben Koordinaten, aber verschiedenen Anfangspunkten einander gleich sind, müssen wir jetzt neben den Vektorkoordinaten stets auch die Koordinaten des Anfangspunktes angeben; wissen wir ja auch noch gar nicht, wie wir die Koordinaten des parallel verschobenen Vektors in einem anderen Punkt des Raums aus den ursprünglichen berechnen sollen. Die Metrik wird beherrscht von dem symmetrischen, positiv definiten Tensor g_{ij}, dem Maßtensor; wir können mit seiner Hilfe die Bogenlänge einer Kurve berechnen, ebenso die Länge eines Vektors oder den Winkel zweier Vektoren eines Punktes. Aber die Tatsache, daß es sich um einen euklidischen Raum handelt, kommt nicht darin zum Ausdruck, sondern einzig und allein in der Möglichkeit der Einführung eines rechtwinkeligen Cartesischen Koordinatensystems, in dem die geometrischen Formeln erst unser gewohntes Aussehen bekommen. Durch Angabe eines positiv definiten Maßtensors allein sind viel allgemeinere Räume definiert, die sogenannten Riemannschen Räume (Ziffer 6, 8 und 9).

5. Vektoren und Tensoren in allgemeinen Räumen. Ich komme nun zur Definition des allgemeinen Tensorbegriffs in einem beliebigen n-dimensionalen Raum. Zugrunde gelegt sind n unabhängige Variable x_i; jedes bestimmte Wertsystem der x_i heißt Punkt P eines n-dimensionalen Raums R_n und die x_i die Koordinaten von P.[2] Die x_i müssen dabei nicht unbeschränkt variabel sein, sondern können auf einen bestimmten Bereich $\mathfrak{B}$ beschränkt sein, von dem wir annehmen, daß er das umkehrbar eindeutige und stetige Bild einer n-dimensionalen Kugel $y_1^2 + y_2^2 + \cdots + y_n^2 \leqq a^2$ eines auf rechtwinkelige Cartesische Koordinaten bezogenen euklidischen Raums ist.

Neben den x_i heißt auch jedes andere System von n Variablen $\bar{x}_i$ ein *zulässiges Koordinatensystem* im R_n, wenn zwischen den x_i und $\bar{x}_i$ die Gleichungen

---

[1] Man schreibt die Potenz $(A)^2$ mit einer Klammer, um Verwechslungen mit der kontravarianten Koordinate A^2 zu vermeiden.

[2] Lateinische Indizes sind jetzt wie in Band II, § 27, Repräsentanten der n Zahlen $1, 2, \ldots, n$. Das Summationsübereinkommen gilt wie früher, doch ist von 1 bis n zu summieren.

einer umkehrbar eindeutigen und mindestens einmal stetig differenzierbaren Transformation

$$x_i = x_i(\overline{x}_1, \overline{x}_2, \ldots, \overline{x}_n) \tag{28}$$

und (inverse Transformation)

$$\overline{x}_i = \overline{x}_i(x_1, x_2, \ldots, x_n) \tag{29}$$

bestehen. Die Funktionen $\overline{x}_i(x_1, x_2, \ldots, x_n)$ sind dann in allen Punkten von $\mathfrak{B}$, die Funktionen $x_i(\overline{x}_1, \overline{x}_2, \ldots, \overline{x}_n)$ in allen Punkten des transformierten Bereichs $\overline{\mathfrak{B}}$ definiert, eindeutig und mindestens einmal stetig differenzierbar. Derartige Transformationen heißen *zulässige Koordinatentransformationen*. Setzt man (29) in (28) ein und umgekehrt, so ergeben sich Identitäten in den x_i und $\overline{x}_i$, durch deren Differentiation

$$\frac{\partial x_i}{\partial \overline{x}_k} \frac{\partial \overline{x}_k}{\partial x_j} = \delta_j^{\ i} \tag{30}$$

und

$$\frac{\partial \overline{x}_i}{\partial x_k} \frac{\partial x_k}{\partial \overline{x}_j} = \delta_j^{\ i} \tag{31}$$

folgt, wobei die $\delta_i^{\ j} = 1$ oder 0 sind, je nachdem $i = j$ oder $i \neq j$ ist. Für die Funktionaldeterminanten von (28) und (29) folgt daraus

$$\frac{\partial(x_1, x_2, \ldots, x_n)}{\partial(\overline{x}_1, \overline{x}_2, \ldots, \overline{x}_n)} \cdot \frac{\partial(\overline{x}_1, \overline{x}_2, \ldots, \overline{x}_n)}{\partial(x_1, x_2, \ldots, x_n)} = 1; \tag{32}$$

da voraussetzungsgemäß beide Determinanten stetig sind, kann keine verschwinden.

Invarianten, Vektoren und Tensoren sind in diesen allgemeinen Räumen stets an einen bestimmten Punkt gebunden. Ich erkläre zunächst: Eine konstante oder veränderliche, in einem Punkt P des R_n definierte Größe φ heißt eine *Invariante* oder ein *Skalar des Punktes P*, wenn bei jeder zulässigen Koordinatentransformation

$$\boxed{\varphi = \overline{\varphi}}$$

gilt. Eine Invariante hat somit $n + 1$ Bestimmungsstücke, nämlich die n Koordinaten des Punktes P und die Zahl φ selbst.

Es sei nun eine Kurve

$$x_i = x_i(t) \tag{33}$$

im R_n gegeben. Die x_i seien stetig differenzierbar. Für die Ableitungen der Funktionen $x_i(t)$ gilt bei Ausführung einer zulässigen Koordinatentransformation

$$\frac{d\overline{x}_i}{dt} = \frac{\partial \overline{x}_i}{\partial x_j} \frac{dx_j}{dt}. \tag{34}$$

Man nennt jedes in einem Punkt P des R_n definierte System von n Zahlen A^i einen *kontravarianten Vektor des Punktes P* und die A^i seine *Koordinaten*, wenn sie sich bei einer zulässigen Koordinatentransformation wie die Ableitungen

$$\dot{x}_i = \frac{dx_i}{dt}$$

verhalten, d. h. wenn

$$\boxed{\overline{A}^i = \frac{\partial \overline{x}_i}{\partial x_j} A^j} \tag{35}$$

gilt. Ein kontravarianter Vektor hat im ganzen $2n$ Bestimmungsstücke, nämlich die n Koordinaten des Punktes P und die n Vektorkoordinaten A^i. Überschiebung von (35) mit $\dfrac{\partial x_k}{\partial \overline{x}_i}$ gibt wegen (30)

$$\overline{A}^i \frac{\partial x_k}{\partial \overline{x}_i} = \frac{\partial x_k}{\partial \overline{x}_i} \frac{\partial \overline{x}_i}{\partial x_j} A^j = \delta_j^{\ k} A^j = A^k$$

oder mit geänderter Bezeichnung der Indizes

$$\boxed{A^j = \frac{\partial x_j}{\partial \overline{x}_i} \overline{A}^i.} \tag{36}$$

Man beachte, daß (36) aus (35) formal dadurch entsteht, daß man ohne Rücksicht auf die Summation über i oder j mit $\dfrac{\partial x_j}{\partial \overline{x}_i}$ multipliziert, als ob es sich um einen gewöhnlichen Bruch handelte.

Es sei ferner eine Invariante φ des Punktes P gegeben. Die Ableitungen von φ nach den Koordinaten x_i, die auch hier als *Gradient* des Skalars φ bezeichnet werden, transformieren sich bei einer zulässigen Transformation (28), (29) gemäß

$$\frac{\partial \varphi}{\partial \overline{x}_i} = \frac{\partial \varphi}{\partial x_j} \frac{\partial x_j}{\partial \overline{x}_i}. \tag{37}$$

Man nennt jedes in einem Punkt P des R_n definierte System von n Zahlen A_i einen *kovarianten Vektor des Punktes* P und die A_i seine *Koordinaten*, wenn sie sich bei einer zulässigen Transformation so wie ein Gradient verhalten, d. h. wenn

$$\boxed{\overline{A}_i = \frac{\partial x_j}{\partial \overline{x}_i} A_j} \tag{38}$$

gilt. Ein kovarianter Vektor hat im ganzen $2n$ Bestimmungsstücke, nämlich die n Punktkoordinaten von P und die n Vektorkoordinaten A_i. Überschiebung von (38) mit $\dfrac{\partial \overline{x}_i}{\partial x_k}$ gibt

$$\overline{A}_i \frac{\partial \overline{x}_i}{\partial x_k} = \frac{\partial x_j}{\partial \overline{x}_i} \frac{\partial \overline{x}_i}{\partial x_k} A_j = \delta_k^{\ j} A_j = A_k$$

oder mit geänderter Bezeichnung der Indizes

$$\boxed{A_j = \frac{\partial \overline{x}_i}{\partial x_j} \overline{A}_i.} \tag{39}$$

Allgemein heißt ein in einem Punkt P des R_n definiertes System von n^m Zahlen $A_{i_1 i_2 \ldots i_a}^{\ \ \ \ \ \ \ \ \ j_1 j_2 \ldots j_b}$, $(a + b = m)$, ein *Tensor m-ter Stufe*, genau ein *a-fach kovarianter, b-fach kontravarianter Tensor*, wenn sich seine Koordinaten bei Ausführung einer zulässigen Transformation (28), (29) gemäß

$$\overline{A}_{h_1 h_2 \ldots h_a}^{\ \ \ \ \ \ \ \ \ l_1 l_2 \ldots l_b} = \frac{\partial x_{i_1}}{\partial \overline{x}_{h_1}} \frac{\partial x_{i_2}}{\partial \overline{x}_{h_2}} \cdots \frac{\partial x_{i_a}}{\partial \overline{x}_{h_a}} \frac{\partial \overline{x}_{l_1}}{\partial x_{j_1}} \frac{\partial \overline{x}_{l_2}}{\partial x_{j_2}} \cdots \frac{\partial \overline{x}_{l_b}}{\partial x_{j_b}} A_{i_1 i_2 \ldots i_a}^{\ \ \ \ \ \ \ \ \ j_1 j_2 \ldots j_b} \tag{40}$$

transformieren. Die Auflösung nach den $A_{i_1 i_2 \ldots i_a}^{\ \ \ \ \ \ \ \ \ j_1 j_2 \ldots j_b}$ gibt

$$A_{i_1 i_2 \ldots i_a}^{\ \ \ \ \ \ \ \ \ j_1 j_2 \ldots j_b} = \frac{\partial \overline{x}_{h_1}}{\partial x_{i_1}} \frac{\partial \overline{x}_{h_2}}{\partial x_{i_2}} \cdots \frac{\partial \overline{x}_{h_a}}{\partial x_{i_a}} \frac{\partial x_{j_1}}{\partial \overline{x}_{l_1}} \frac{\partial x_{j_2}}{\partial \overline{x}_{l_2}} \cdots \frac{\partial x_{j_b}}{\partial \overline{x}_{l_b}} \overline{A}_{h_1 h_2 \ldots h_a}^{\ \ \ \ \ \ \ \ \ l_1 l_2 \ldots l_b} \tag{41}$$

Die Transformation ist dieselbe wie früher, nur ist jetzt auf die verschiedenartigen Indizes zu achten. *Addieren* kann man nur gleichartige Tensoren eines Punktes; dabei heißen zwei Tensoren jetzt *gleichartig*, wenn sie sowohl in der Zahl der kovarianten wie in der Zahl der kontravarianten Indizes übereinstimmen. Das *Produkt* eines a-fach kovarianten, b-fach kontravarianten und eines c-fach kovarianten, d-fach kontravarianten Tensors eines Punktes P ist ein $(a + c)$-fach kovarianter, $(b + d)$-fach kontravarianter Tensor in P. *Verjüngen* und *überschieben* kann man stets *nur nach einem Paar verschiedenartiger Indizes*, also nach einem kovarianten und einem kontravarianten Index, da nur dann diese Operationen Tensoren wieder in Tensoren überführen. Denn es ist beispielsweise $A_i \cdot B^i$ eine Invariante, die auch hier gern als inneres Produkt der beiden Vektoren A_i und B^i bezeichnet wird. Man findet wegen (30)

$$\overline{A}_i \, \overline{B}^i = \frac{\partial x_j}{\partial \overline{x}_i} \frac{\partial \overline{x}_i}{\partial x_k} A_j \, B^k = \delta_k{}^j A_j \, B^k = A_j \, B^j.$$

Dagegen ist ein Ausdruck der Form $A_i B_i$ keine Invariante; es ist

$$\overline{A}_i \, \overline{B}_i = \frac{\partial x_j}{\partial \overline{x}_i} \frac{\partial x_k}{\partial \overline{x}_i} A_j \, B_k,$$

und dieser Ausdruck ist im allgemeinen $\neq A_i B_i$. Alle Summationen, die sich auf echte Tensorindizes[1] beziehen, laufen stets über einen kovarianten und einen kontravarianten Index, da alle diese Summationen Verjüngungen oder Überschiebungen sind. Alle die oben erwähnten Operationen beziehen sich stets nur auf Tensoren desselben Punktes.

Äquivalent mit der Definition eines Tensors durch sein Transformationsgesetz (40) oder (41) ist die folgende, die ich schon in Band II, § 27, 5 angegeben habe: Die $A_{i_1 i_2 \ldots i_a}^{\;\cdot\;\cdots\cdot\; j_1 j_2 \ldots j_b}$ sind ein Tensor in P, wenn die in den Koordinaten von a kontravarianten Vektoren $\underset{1}{X^i}, \underset{2}{X^i}, \ldots, \underset{b}{X^i}$ und von b kovarianten Vektoren $\underset{1}{Y_j}, \underset{2}{Y_j}, \ldots, \underset{a}{Y_j}$ des Punktes P lineare Form

$$f = A_{i_1 i_2 \ldots i_a}^{\;\cdot\;\cdots\cdot\; j_1 j_2 \ldots j_b} \; \underset{1}{X^{i_1}} \underset{2}{X^{i_2}} \ldots \underset{a}{X^{i_a}} \underset{j_1}{\overset{1}{Y}} \underset{j_2}{\overset{2}{Y}} \ldots \underset{j_b}{\overset{b}{Y}} \tag{42}$$

eine Invariante ist.

Die Begriffe symmetrisch und alternierend übertragen sich unmittelbar auch auf den allgemeinen Fall; sie beziehen sich stets auf *gleichartige* Indizes und ihre Unabhängigkeit vom Koordinatensystem ist analog nachzuweisen wie im euklidischen Fall.

Die Größen $\delta_i{}^j$, die gleich 1 oder 0 sind, je nachdem $i = j$ oder $i \neq j$ ist, sind ein gemischter (d. h. beide Arten von Indizes tragender) *Tensor zweiter Stufe*, der in jedem Punkt in gleicher Weise definiert ist. Zum Nachweis bilden wir

$$\overline{\delta}_i{}^j = \frac{\partial x_l}{\partial \overline{x}_i} \frac{\partial \overline{x}_j}{\partial x_h} \delta_l{}^h = \frac{\partial x_h}{\partial \overline{x}_i} \frac{\partial \overline{x}_j}{\partial x_h},$$

also wegen (30)

$$\overline{\delta}_i{}^j = \delta_i{}^j, \tag{43}$$

---

[1] Echte Tensorindizes sind kovariante oder kontravariante Indizes von Tensoren. Wir lassen aber wie früher das Summationsübereinkommen auch für reine Numerationsindizes gelten. Bemerkt sei noch, daß die Differentialquotienten $\dfrac{\partial x_j}{\partial \overline{x}_i}$ und $\dfrac{\partial \overline{x}_i}{\partial x_j}$ keine Tensoren sind.

was zu beweisen war. Mit Hilfe dieses Tensors läßt sich das innere Produkt eines kovarianten und eines kontravarianten Vektors auch in der Form schreiben:

$$\delta_i{}^j \, A^i \, B_j = A^i \, B_i. \tag{44}$$

Ich erwähne noch, daß die Koeffizienten einer invarianten, in den Vektorkoordinaten X^i quadratischen Form

$$\varphi = A_{ij} \, X^i \, X^j$$

einen symmetrischen Tensor zweiter Stufe bilden und umgekehrt (Band II, § 28, 4).

6. Der Riemannsche Raum. Es sei jetzt in allen Punkten des R_n (genauer in allen Punkten des Bereichs $\mathfrak{B}$) eine invariante, positiv definite quadratische Form

$$\Phi(X, X) = g_{ij} \, X^i \, X^j$$

gegeben. Ein Raum, in dem eine derartige Form Φ definiert ist, heißt *Riemannscher Raum*. Die Koeffizienten g_{ij} seien dabei in $\mathfrak{B}$ definierte, zunächst nur stetige Funktionen der x_i; sie sind nach der Bemerkung am Schluß von Ziffer 5 die Koordinaten eines symmetrischen Tensors zweiter Stufe, des *kovarianten Maßtensors*. Für die Determinante

$$g = \mathrm{Det} \; g_{ij}$$

gilt überall in $\mathfrak{B}$

$$g > 0. \tag{45}$$

Zum Beweis verwende ich die vollständige Induktion. Die Behauptung ist sicher richtig für $n = 1$, denn die „Form“ $g_{11}(A^1)^2$ ist nur dann positiv, wenn $g = g_{11} > 0$ ist. Die Behauptung sei also richtig für $n - 1$; ich zeige, daß sie dann auch für n gilt. Es sei also

$$g_{ik} \, A^i \, A^k > 0$$

für alle kontravarianten Vektoren, die nicht der Nullvektor sind. Ist A^i ein Vektor mit $A^n = 0$, für den aber nicht alle $A^\alpha = 0$ $(\alpha = 1, 2, \ldots, n - 1)$ sind, so wird

$$g_{ik} \, A^i \, A^k = g_{\alpha\beta} \, A^\alpha \, A^\beta > 0, \quad \alpha, \beta = 1, 2, \ldots, n - 1,$$

und es ist voraussetzungsgemäß

$$\bar{g} = \mathrm{Det} \, g_{\alpha\beta} > 0, \quad \alpha, \beta = 1, 2, \ldots, n - 1. \tag{46}$$

Ich bestimme nun $n - 1$ Zahlen p^α $(\alpha = 1, 2, \ldots, n - 1)$, so daß

$$g_{\alpha\beta} \, p^\alpha = - g_{n\beta}, \quad \beta = 1, 2, \ldots, n - 1 \tag{47}$$

wird. Das ist sicher möglich, da die Determinante dieses Systems linearer Gleichungen gerade (46) ist. Wenn ich in der n-reihigen Determinante g die ersten $n - 1$ Zeilen bzw. mit $p^1, p^2, \ldots, p^{n-1}$ multipliziere und zur letzten addiere, so folgt wegen (47), daß in der letzten Zeile mit Ausnahme des letzten Gliedes lauter Nullen stehen, so daß

$$g = \bar{g}(g_{nn} + g_{\alpha n} \, p^\alpha)$$

wird. Ich habe also nur noch zu zeigen, daß auch der zweite Faktor positiv ist. Ich setze $A^\alpha = p^\alpha$, $A^n = 1$ und bilde

$$g_{ik} \, A^i \, A^k = g_{\alpha\beta} \, p^\alpha \, p^\beta + 2 \, g_{\alpha n} \, p^\alpha + g_{nn}$$

oder wegen (47)

$$g_{ik} \, A^i \, A^k = - g_{n\beta} \, p^\beta + 2 \, g_{\alpha n} \, p^\alpha + g_{nn} = g_{\alpha n} \, p^\alpha + g_{nn} > 0,$$

da wegen der Symmetrie von g_{ik} jedenfalls $g_{n\beta}\,p^{\beta} = g_{\beta n}\,p^{\beta} = g_{\alpha n}\,p^{\alpha}$ ist. Damit ist die behauptete Ungleichung (45) bewiesen.

Der *kontravariante Maßtensor* g^{ij} kann jetzt durch die Gleichungen

$$g^{ik}\,g_{jk} = \delta_j{}^i \tag{48}$$

definiert werden, denn (48) ist wegen (45) in jedem Punkt eindeutig lösbar und zwar sind die g^{ij} die durch g dividierten algebraischen Komplemente der g_{ij} in der Determinante g (Band II, § 25, 5). Aus (48) folgt noch

$$g^{ki}\,g_{kj} = \delta_j{}^i. \tag{49}$$

Ich bilde weiter unter Berücksichtigung von (48) und (49)

$$(g^{ik} - g^{ki})\,g_{kj} = g^{ik}\,g_{jk} - g^{ki}\,g_{kj} = \delta_j{}^i - \delta_j{}^i = 0.$$

Daher ist

$$g^{ik} = g^{ki}, \tag{50}$$

d. h. der kontravariante Maßtensor ist ebenfalls symmetrisch.

Wir können nun genau so wie in Ziffer 3 jedem kontravarianten Vektor A^i einen kovarianten zuordnen, den wir mit demselben Kernbuchstaben bezeichnen und der durch

$$A_i = g_{ij}\,A^j \tag{51}$$

definiert ist; ganz entsprechend gehört zu jedem kovarianten Vektor B_i ein kontravarianter

$$B^i = g^{ij}\,B_j. \tag{52}$$

Auf Grund dieser Beziehungen erscheint die Auffassung gerechtfertigt, daß es auch im Riemannschen Raum etwas wie „Vektoren" schlechthin gibt und daß wir jeden Vektor auf zwei Arten, nämlich durch seine kovarianten oder durch seine kontravarianten Koordinaten darstellen können. Es ist daher richtiger, im Riemannschen Raum stets von kovarianten oder kontravarianten Koordinaten eines Vektors zu sprechen statt von kovarianten oder kontravarianten Vektoren, doch werde ich im folgenden darin nicht ganz konsequent sein. In allgemeinen Räumen, in denen kein Maßtensor definiert ist, kann man nur von kovarianten und kontravarianten Vektoren sprechen, Vektoren schlechthin gibt es hier nicht, weil es keinen Maßtensor gibt, mit dem man die Zuordnungen (51) und (52) herstellen könnte. Ganz ähnliche Überlegungen gelten für Tensoren im Riemannschen Raum; die Prozesse (51) und (52) des Herunter- und Hinaufziehens von Indizes lassen sich ja ohneweiters auf beliebige Tensoren übertragen. So kann man z. B. von Tensoren zweiter Stufe schlechthin sprechen, die durch rein kovariante Koordinaten A_{ij}, durch gemischte Koordinaten

$$A_i{}^j = g^{jk}\,A_{ik}$$

oder

$$A^i{}_{\cdot j} = g^{ik}\,A_{kj}$$

oder durch rein kontravariante Koordinaten

$$A^{ij} = g^{ik}\,g^{jl}\,A_{kl}$$

gegeben sein können.

Ich definiere als *Norm* $(A)^2$ eines Vektors A_i (oder A^i)

$$(A)^2 = \Phi(A, A) = g_{ij}\,A^i\,A^j = A^i\,A_i = g^{ij}\,A_i\,A_j. \tag{53}$$

Da g_{ij} positiv definit ist, ist stets

$$(A)^2 \geqq 0,$$

und zwar ist $(A)^2 = 0$ dann und nur dann, wenn $A_i = 0$ (oder $A^i = 0$), der Vektor also der Nullvektor ist. A selbst, die positiv ausgezogene Quadratwurzel aus der Norm, heißt *Länge* und *Betrag* des Vektors A_i. Ist $A = (A)^2 = 1$, so heißt A_i *Einsvektor*.

Der *Winkel* ϑ zweier Vektoren A_i und B_i eines Punktes P, von denen keiner der Nullvektor ist, wird definiert durch die Beziehung

$$A\,B\cos\vartheta = \Phi(A, B) = g_{ij}\,A^i\,B^j = A^i\,B_i = A_i\,B^i = g^{ij}\,A_i\,B_j; \qquad (54)$$

die vier letzten Ausdrücke rechts werden auch hier als *inneres Produkt* der beiden Vektoren bezeichnet. Ich habe noch zu zeigen, daß stets

$$|\cos\vartheta| = \left|\frac{g_{ij}\,A^i\,B^j}{\sqrt{g_{ij}\,A^i\,A^j \cdot g_{hk}\,B^h\,B^k}}\right| \leqq 1$$

ist, da sonst die Definition des Winkels ϑ durch (54) keinen Sinn hätte. Ich bilde mit den Variablen λ und μ die quadratische Form

$$\Phi = g_{ij}(\lambda\,A^i + \mu\,B^i)\,(\lambda\,A^j + \mu\,B^j) =$$
$$= \lambda^2\,g_{ij}\,A^i\,A^j + 2\,\lambda\,\mu\,g_{ij}\,A^i\,B^j + \mu^2\,g_{ij}\,B^i\,B^j;$$

sie ist positiv definit oder (wenn A^i und B^i linear abhängig sind) halbdefinit und daher ist ihre Diskriminante

$$g_{ij}\,A^i\,A^j \cdot g_{hk}\,B^h\,B^k - (g_{ij}\,A^i\,B^j)^2 \geqq 0,$$

woraus die Behauptung unmittelbar folgt.

Beide Vektoren stehen insbesondere aufeinander *senkrecht*, wenn $\cos\vartheta = 0$, also

$$g_{ij}\,A^i\,B^j = A_i\,B^i = A^i\,B_i = g^{ij}A_i\,B_j = 0 \qquad (55)$$

ist. Damit sind im Punkt P alle Grundlagen für den Aufbau einer metrischen Geometrie gegeben. Wir können diese Grundlagen noch ergänzen durch eine allgemeine Inhaltsdefinition. Durch die Gleichungen der Form $(m \leqq n)$

$$x_i = x_i(u_1, u_2, \ldots, u_m) \qquad (56)$$

ist eine m-dimensionale Punktmannigfaltigkeit im R_n gegeben, die, wie man sagt, einen Unterraum R_m des R_n bildet. Für $m = n$ geht (56) über in eine Koordinatentransformation. Ich setze dabei voraus, daß die Matrix[1]

$$\left(\frac{\partial x_i}{\partial u_\alpha}\right)$$

den Rang m hat, d. h. daß nicht alle m-reihigen Determinanten dieser Matrix verschwinden. Jeder solche R_m ist selbst ein m-dimensionaler Riemannscher Raum, wenn der R_n ein Riemannscher Raum ist; es ist ja im R_m

$$\Phi(dx, dx) = g_{ij}\,dx_i\,dx_j = g_{ij}\frac{\partial x_i}{\partial u_\alpha}\frac{\partial x_j}{\partial u_\beta}\,du_\alpha\,du_\beta, \qquad (57)$$

wir werden also die Größen

$$\gamma_{\alpha\beta} = g_{ij}\frac{\partial x_i}{\partial u_\alpha}\frac{\partial x_j}{\partial u_\beta} \qquad (58)$$

als Koordinaten des Maßtensors im R_m zu nehmen haben. Die quadratische Form

$$\psi(du, du) = \gamma_{\alpha\beta}\,du_\alpha\,du_\beta, \qquad (59)$$

---

[1] Griechische Indizes sind im folgenden Repräsentanten der Zahlen $1, 2, \ldots, m$, so wie lateinische die Repräsentanten der Zahlen $1, 2, \ldots, n$ sind, und unterliegen einem entsprechenden Summationsübereinkommen.

die sich wegen (58) aus (57) ergibt, ist positiv definit. Wir erklären als den *Inhalt* oder das *m-dimensionale Volumen* $I_{(m)}$ eines Bereichs $\mathfrak{A}$ des R_m das über $\mathfrak{A}$ erstreckte *m*-fache Integral

$$I_{(m)} = \int\limits_{\mathfrak{A}} \sqrt{\gamma}\, du_1\, du_2 \ldots du_m; \tag{60}$$

dabei ist

$$\gamma = \mathrm{Det}\ \gamma_{\alpha\beta} \tag{61}$$

die Determinante des Maßtensors $\gamma_{\alpha\beta}$ des R_m. Für $m = 1$ $(u_1 = u)$ wird

$$\gamma = \gamma_{11} = g_{ij}\frac{\partial x_i}{\partial u}\frac{\partial x_j}{\partial u} = \left(\frac{ds}{du}\right)^2 \tag{62}$$

die Norm des Tangentenvektors $\dot{x}_i$ der Kurve $x_i(u)$; $I_{(1)} = s$ heißt die *Bogenlänge* der Kurve. Für $m = n$ geht (60), wenn wir $u_i = x_i$ nehmen, über in

$$I_{(n)} = \int\limits_{\mathfrak{A}} \sqrt{g}\, dx_1\, dx_2 \ldots dx_n, \tag{63}$$

das *n-dimensionale Volumen* des Raumteils $\mathfrak{A}$ des R_n.

7. Der Eulersche Vektor eines homogenen Variationsproblems. Ich behaupte, daß die linken Seiten

$$E_i(f) = \frac{\partial f}{\partial x_i} - \frac{d}{dt}\frac{\partial f}{\partial \dot{x}_i}$$

der Eulerschen Gleichungen eines Variationsproblems

$$J = \int\limits_{\alpha}^{\beta} f(x_h;\ \dot{x}_h)\, dt \tag{64}$$

ein kovarianter Vektor sind, den man als *Eulerschen Vektor* bezeichnet, wenn die Grundfunktion

$$f(x_h,\ \dot{x}_h) = \overline{f}(\overline{x}_h,\ \dot{\overline{x}}_h)$$

eine Invariante gegenüber allen zulässigen Koordinatentransformationen (28), (29) ist. Im System der $\overline{x}_i$ ist dann

$$\overline{E}_i(\overline{f}) = \overline{E}_i(f) = \frac{\partial f}{\partial \overline{x}_i} - \frac{d}{dt}\frac{\partial f}{\partial \dot{\overline{x}}_i}.$$

Ist $x_i(t)$ eine zweimal stetig differenzierbare Kurve $\mathfrak{C}$ im System x_i, so ist

$$\overline{x}_i(t) = \overline{x}_i(x_h(t))$$

die Parameterdarstellung von $\mathfrak{C}$ im System $\overline{x}_i$; Differentiation nach t gibt

$$\dot{\overline{x}}_i = \frac{\partial \overline{x}_i}{\partial x_p}\dot{x}_p \quad \text{und} \quad \dot{x}_p = \frac{\partial x_p}{\partial \overline{x}_i}\dot{\overline{x}}_i,$$

sowie

$$\frac{\partial \dot{\overline{x}}_i}{\partial \dot{x}_k} = \frac{\partial \overline{x}_i}{\partial x_p}\frac{\partial \dot{x}_p}{\partial \dot{x}_k} = \frac{\partial \overline{x}_i}{\partial x_p}\delta_{pk} = \frac{\partial \overline{x}_i}{\partial x_k}.$$

Damit erhalten wir

$$\frac{\partial f}{\partial \overline{x}_i} = \frac{\partial f}{\partial x_k}\frac{\partial x_k}{\partial \overline{x}_i} + \frac{\partial f}{\partial \dot{x}_k}\frac{\partial \dot{x}_k}{\partial \overline{x}_i} = \frac{\partial f}{\partial x_k}\frac{\partial x_k}{\partial \overline{x}_i} + \frac{\partial f}{\partial \dot{x}_k}\frac{\partial^2 x_k}{\partial \overline{x}_i\,\partial \overline{x}_l}\dot{\overline{x}}_l$$

und

$$\frac{\partial f}{\partial \dot{\overline{x}}_i} = \frac{\partial f}{\partial \dot{x}_k}\frac{\partial x_k}{\partial \overline{x}_i}.$$

Also wird

$$\overline{E}_i(f) = \frac{\partial f}{\partial x_k} \frac{\partial x_k}{\partial \overline{x}_i} + \frac{\partial f}{\partial \dot{x}_k} \frac{\partial^2 x_k}{\partial \overline{x}_i \partial \overline{x}_l} \dot{\overline{x}}_l - \frac{d}{dt} \frac{\partial f}{\partial \dot{x}_k} \cdot \frac{\partial x_k}{\partial \overline{x}_i} - \frac{\partial f}{\partial \dot{x}_k} \frac{\partial^2 x_k}{\partial \overline{x}_i \partial \overline{x}_l} \dot{\overline{x}}_l =$$

$$= \left(\frac{\partial f}{\partial x_k} - \frac{d}{dt} \frac{\partial f}{\partial \dot{x}_k} \right) \frac{\partial x_k}{\partial \overline{x}_i} = E_k(f) \frac{\partial x_k}{\partial \overline{x}_i}.$$

Die Extremalen von (64) sind durch das Verschwinden des Eulerschen Vektors charakterisiert, was wieder ein Beispiel für die Tatsache ist, daß sich jede geometrische oder physikalische, also vom Koordinatensystem unabhängige Eigenschaft eines Dinges (hier einer Kurve) durch das Verschwinden von Tensoren ausdrückt.

8. Die geodätischen Linien im Riemannschen Raum. Man definiert die geodätischen Linien auch hier als die Extremalen des Variationsproblems der Bogenlänge, die durch (62) gegeben ist. Das Grundintegral ist also jetzt

$$J = \int_\alpha^\beta \sqrt{g_{ij}\, \dot{x}_i\, \dot{x}_j}\, dt, \tag{65}$$

wobei ich den Kurvenparameter wieder mit t statt wie in (62) mit u bezeichne. Die Grundfunktion

$$f(x_h;\, \dot{x}_h) = \sqrt{g_{ij}(x_h)\, \dot{x}_i\, \dot{x}_j}$$

ist von erster Ordnung positiv homogen in den $\dot{x}_i$; gemäß § 16, 4 stimmen die Extremalen von (65) mit den Extremalen des Variationsproblems

$$J_2 = \int_\alpha^\beta g_{ij}\, \dot{x}_i\, \dot{x}_j\, dt$$

überein, wenn wir den Parameter t so bestimmen, daß

$$(f)^2 = g_{ij}\, \dot{x}_i\, \dot{x}_j = (a)^2$$

konstant wird. Ein solcher Parameter ist die Bogenlänge s, für die nach (62)

$$(f)^2 = g_{ij}\, x_i'\, x_j' = 1 \tag{66}$$

wird; Ableitungen nach s seien durch Striche statt durch Punkte gekennzeichnet. Der Eulersche Vektor wird

$$E_k(f^2) = \frac{\partial (f)^2}{\partial x_k} - \frac{d}{ds} \frac{\partial (f)^2}{\partial x_k'} = \frac{\partial g_{ij}}{\partial x_k} x_i'\, x_j' - 2 \frac{d}{ds} (g_{ik}\, x_i') =$$

$$= \left(\frac{\partial g_{ij}}{\partial x_k} - 2 \frac{\partial g_{ik}}{\partial x_j} \right) x_i'\, x_j' - 2 g_{ik}\, x_i''.$$

Ich setze

$$(ij, k) = \frac{1}{2} \left(\frac{\partial g_{ij}}{\partial x_k} - \frac{\partial g_{ik}}{\partial x_j} - \frac{\partial g_{jk}}{\partial x_i} \right)$$

und

$$\begin{Bmatrix} k \\ i\,j \end{Bmatrix} = g^{kl}\, (ij, l);$$

man nennt (ij, k) und $\begin{Bmatrix} k \\ i\,j \end{Bmatrix}$ die Christoffel-Klammern erster und zweiter Art[1].

---

[1] ELWIN BRUNO CHRISTOFFEL, geb. 1829 in Montjoie (= Monschau, Rheinland), gest. 1900 in Straßburg; wirkte in Zürich, Berlin und Straßburg. Arbeitsgebiete: Analysis, Geometrie, Physik und Geodäsie. Die obige Bezeichnung der Klammerausdrücke ist zweckmäßiger als die von CHRISTOFFEL herrührende $\begin{bmatrix} i\,j \\ k \end{bmatrix}$ bzw. $\begin{Bmatrix} i\,j \\ k \end{Bmatrix}$. Die Klammern sind *keine* Tensoren, verhalten sich aber in mancher Hinsicht ähnlich wie rein kovariante, bzw. zweifach kovariante und einfach kontravariante Tensoren dritter Stufe.

Damit wird

$$\frac{1}{2} E_k(f^2) = (ij,\, k)\, x_i{}'\, x_j{}' - g_{ik}\, x_i{}''$$

oder

$$\frac{1}{2} E^k(f^2) = \frac{1}{2}\, g^{kl}\, E_l(f^2) = \binom{k}{i\,j}\, x_i{}'\, x_j{}' - x_k{}'',$$

so daß

$$\boxed{\; x_k{}'' = \binom{k}{i\,j}\, x_i{}'\, x_j{}' \;} \tag{67}$$

die Differentialgleichungen der geodätischen Linien des Riemannschen R_n in der Normalform sind.

Die geodätischen Linien übernehmen im Riemannschen Raum in gewisser Hinsicht die Rolle der Geraden des euklidischen Raums. Durch Punkt und Richtung ist immer, durch zwei Punkte unter gewissen Voraussetzungen (Randwertaufgabe!) eindeutig eine geodätische Linie bestimmt. Die Transversalitätsbedingung (61) von § 16, 9 geht über in

$$g_{ij}\, x_j{}' = \mu\, \frac{\partial S}{\partial x_i},$$

d. h. die geodätische Linie schneidet die Fläche $\mathfrak{S}$ senkrecht.

9. Über die Riemannsche Geometrie. Ich will diese einigermaßen knappen Andeutungen über die Riemannsche Geometrie nicht abschließen, ohne zumindest einige Hinweise auf die wichtigsten, noch offenen Fragen zu geben. Zunächst aber möchte ich Sie darauf aufmerksam machen, daß die Riemannschen Räume durchaus keine so abstrakte Angelegenheit sind, als es aufs erste scheinen mag. Die Geometrie in einem zweidimensionalen Riemannschen Raum läßt sich sehr anschaulich deuten: Sie ist völlig identisch mit dem, was man in der elementaren Flächentheorie, also in der Theorie der Flächen des euklidischen R_3 als „Geometrie auf der Fläche" bezeichnet und die die Gesamtheit aller Aussagen ist, die sich allein aus der ersten Grundform ableiten lassen. Die erste Grundform

$$\left(\frac{ds}{dt}\right)^2 = E\, \dot u^2 + 2\, F\, \dot u\, \dot v + G\, \dot v^2$$

ist für $n = 2$ mit (62) identisch, d. h. es ist

$$E = g_{11}, \quad F = g_{12} = g_{21}, \quad G = g_{22}.$$

Die Parameter (Koordinaten auf der Fläche) werden wir dann zweckmäßig mit u_1, u_2 statt mit u, v bezeichnen. Die Flächentheorie ist also eine Kombination der Geometrie des euklidischen R_3 (mit den Koordinaten x_i, $i = 1, 2, 3$) und eines Riemannschen R_2 (mit den Koordinaten u_α, $\alpha = 1, 2$). Die Geometrie auf der Fläche umfaßt alles das, was vom euklidischen R_3 unabhängig ist (insbesondere nicht die zweite Grundform) und ist daher, wie schon erwähnt, mit der Geometrie des Riemannschen R_2 identisch. Nun zu den für uns noch offenen Fragen:

Erstens: Im euklidischen Raum sieht man Vektoren als identisch an, wenn sie durch Parallelverschiebung auseinander hervorgehen, weil sich bei einer Parallelverschiebung nur die Koordinaten des Anfangspunkts, aber nicht die Vektorkoordinaten selbst ändern. Mit anderen Worten: Verschieben wir einen Vektor A_i längs einer gegebenen Kurve $\mathfrak{C}$ parallel zu sich selbst, so genügen seine Koordinaten den Differentialgleichungen

$$dA_i = 0. \tag{68}$$

Dabei ist noch, was auch aus diesen Differentialgleichungen sofort zu entnehmen ist, die Endlage völlig unabhängig von der Wahl der Kurve $\mathfrak{C}$. Im Riemannschen Raum haben wir aber überhaupt noch keine Möglichkeit, Vektoren in verschiedenen Punkten miteinander zu vergleichen. Wir können höchstens ihre Längen berechnen und miteinander vergleichen, aber nicht mehr. Wir können vor allem nicht von einem Winkel zwischen Vektoren mit verschiedenen Anfangspunkten reden. Nun habe ich oben gesagt, daß die geodätischen Linien hier in gewisser Hinsicht die Rolle der Geraden des euklidischen Raums übernehmen. Die recht triviale Tatsache, daß der Richtungsvektor einer Geraden bei einer Parallelverschiebung längs dieser Geraden stets ihr Richtungsvektor bleibt, könnte uns nun veranlassen, zu erklären, daß der Tangentenvektor längs einer geodätischen Linie $\mathfrak{G}$ stets „parallel" zu sich selbst bleibt (bei einer krummen Linie tritt natürlich der Tangentenvektor an die Stelle des Richtungsvektors einer Geraden) und das zu einer Definition der Parallelverschiebung im Riemannschen Raum zu benützen. Längs einer geodätischen Linie ist wegen (67) jedenfalls

$$dx_k{}' = \begin{pmatrix} k \\ i\ j \end{pmatrix} x_i{}'\, dx_j;$$

man müßte also demgemäß

$$dA^k = \begin{pmatrix} k \\ i\ j \end{pmatrix} A^i\, dx_j \tag{69}$$

als Differentialgleichung der Parallelverschiebung eines Vektors längs einer beliebigen Kurve $x_i = x_i(t)$ nehmen. Das ist ein etwas kühner Ansatz, aber er hat einige sehr vernünftige Konsequenzen: Die Länge eines Vektors bleibt bei der so definierten Parallelverschiebung unverändert und der Winkel zweier Vektoren mit gemeinsamem Anfangspunkt, die beide längs einer Kurve parallel verschoben werden, bleibt ebenfalls ungeändert. Tatsächlich sind (69) die Differentialgleichungen der Parallelverschiebung im Riemannschen Raum; es gibt nämlich noch einen sehr triftigen Grund, sie zu akzeptieren, auf den ich gleich zu sprechen komme.

Zweitens: Ich habe in Band II, § 29 die Tatsache, daß durch Differentiation eines Tensors nach einer Koordinate x_i stets wieder ein Tensor von einer um 1 höheren Stufe entsteht, wegen ihrer entscheidenden Bedeutung als Fundamentalsatz der Tensoranalysis bezeichnet. Aber wenn wir etwa

$$\overline{A}_i = A_k\, \frac{\partial x_k}{\partial \overline{x}_i}$$

nach $\overline{x}_j$ differenzieren, so folgt

$$\frac{\partial \overline{A}_i}{\partial \overline{x}_j} = \frac{\partial A_k}{\partial x_l}\, \frac{\partial x_k}{\partial \overline{x}_i}\, \frac{\partial x_l}{\partial \overline{x}_j} + A_k\, \frac{\partial^2 x_k}{\partial \overline{x}_i\, \partial \overline{x}_j} \tag{70}$$

und das ist nur dann das Transformationsgesetz eines Tensors zweiter Stufe, wenn

$$\frac{\partial^2 x_k}{\partial \overline{x}_i\, \partial \overline{x}_j} = 0$$

ist, d. h. wenn die Transformation $x_k = x_k(\overline{x}_h)$ eine *lineare Transformation* ist. Allgemein gilt der Fundamentalsatz nur für Tensoren nullter Stufe, d. h. für Invarianten, vgl. (22). Man versucht nun, eine allgemeinere Differentiation so zu definieren, daß durch gewisse, möglichst einfache Zusatzglieder, die dann natürlich auch keine Tensoren sein können, die bei einer Transformation auftretenden zweiten Ableitungen der Koordinaten in (70) kompensiert werden. Für diese absolute oder kovariante Differentiation etwa eines kontravarianten Vektors ergibt sich

$$\frac{\mathfrak{d}A^k}{\mathfrak{d}x_j} = \frac{\partial A^k}{\partial x_j} - \begin{pmatrix} k \\ i\ j \end{pmatrix} A^i.$$

Wenn man dann das absolute Differential durch

$$\mathfrak{d}A^k = \frac{\mathfrak{d}A^k}{\mathfrak{d}x_j}\, dx_j$$

definiert, so nimmt die Differentialgleichung der Parallelverschiebung die einfache Form

$$\mathfrak{d}A^k = 0$$

an; der Vergleich mit (68) zeigt, wie zweckmäßig diese Verallgemeinerung ist. Für absolute Ableitungen gilt der Fundamentalsatz der Tensoranalysis völlig unverändert.

Drittens: Wie läßt sich unter den Riemannschen Räumen der euklidische Raum charakterisieren, d. h. wie sieht man es einem auf allgemeine Koordinaten bezogenen Raum an, daß er euklidisch ist? Ich habe oben erwähnt, daß die Parallelverschiebung im euklidischen Raum vom Weg unabhängig ist. Versucht man, im allgemeinen Riemannschen Raum die Bedingungen dafür aufzustellen, so stößt man auf einen Tensor vierter Stufe, den Riemannschen Krümmungstensor, dessen Verschwinden notwendig und hinreichend für die Wegunabhängigkeit der Parallelverschiebung ist. Man kann dann leicht zeigen, daß der euklidische Raum der einzige Riemannsche Raum ist, für den der Krümmungstensor verschwindet. Für $n = 2$ sind alle Koordinaten des Riemannschen Krümmungstensors zufolge allgemeiner Symmetrieeigenschaften entweder Null oder bis auf das Vorzeichen untereinander gleich, so daß im wesentlichen nur eine nicht verschwindende Koordinate, etwa R_{1212} übrig bleibt. Diese hängt aber in höchst einfacher Weise mit der Gaußschen Krümmung K der Fläche zusammen, und zwar ist

$$K = \frac{R_{1212}}{g},$$

wo $g = g_{11}\, g_{22} - g_{12}{}^2 = E\,G - F^2$ die Diskriminante der ersten Grundform der Flächentheorie ist. In der elementaren Flächentheorie ergibt sich die Gaußsche Krümmung zunächst als Funktion der Koeffizienten der ersten und zweiten Grundform, nämlich

$$K = \frac{L\,N - M^2}{E\,G - F^2}.$$

Die Tatsache, daß sich K allein durch die Koeffizienten der ersten Grundform ausdrücken läßt, war vielleicht das wichtigste Ergebnis von GAUSS' differentialgeometrischen Untersuchungen. Er selbst hat die Bedeutung dieses Ergebnisses sehr wohl erkannt und diesen Satz als „*Theorema egregium*" bezeichnet. Die Flächen mit $K = 0$ sind nicht nur die Ebene, sondern alle jene Flächen, die sich auf eine Ebene längentreu abbilden lassen, also Kegel, Zylinder und Torsen (Tangentenflächen von Raumkurven). GAUSS war zu seinen differentialgeometrischen Untersuchungen durch seine Tätigkeit für die Hannoversche Landesvermessung angeregt worden. So kam er zunächst auf das Problem der Erdgestalt, die bekanntlich keine Kugel, sondern einem flachen Drehellipsoid ähnlich ist. Aber GAUSS stellte sich in einer für die mathematische Denkweise ganz typischen Verallgemeinerung sofort die Frage: Was kann man überhaupt über die Gestalt einer beliebigen Fläche auf Grund von Messungen aussagen, die allein auf der Fläche (Geometrie auf der Fläche!) ausgeführt werden? Es ist natürlich, daß er in diesem Zusammenhang seinen Satz über die Krümmung als „außerordentlich" empfand.

Wegen einer ausführlichen Diskussion dieser Fragen verweise ich auf die Literatur[1].

---

[1] DUSCHEK-HOCHRAINER, LV 7, Band 2; ausführlicher bei DUSCHEK-MAYER, LV 8.

10. Die Invarianz der Eulerschen Gleichungen. Alle Invarianzeigenschaften beziehen sich auf bestimmte, wohldefinierte Gruppen von Transformationen, die man als zulässige Transformationen bezeichnet. Daß es sich wirklich um Transformationsgruppen im Sinne von Band II, § 12, 9 handelt, ist in allen bisher betrachteten Fällen so unmittelbar einzusehen, daß ich mir weitere Hinweise ersparen kann. Ich habe in § 16, 3 gezeigt, daß das Grundintegral

$$\int_{\alpha}^{\beta} f(x_h, \dot{x}_h)\, dt \tag{71}$$

eines Variationsproblems in Parameterdarstellung gegenüber allen zulässigen Parametertransformationen invariant ist, wenn die Grundfunktion in den Ableitungen $\dot{x}_i$ von erster Ordnung positiv homogen ist. In Ziffer 7 dieses Paragraphen habe ich gezeigt, daß die Eulerschen Gleichungen des Variationsproblems (71) gegenüber allen zulässigen Transformationen der *abhängigen* Veränderlichen x_i invariant sind. Das Verschwinden eines Tensors ist ja immer eine invariante Beziehung, wegen der Homogenität des Transformationsgesetzes in den Tensorkoordinaten folgt aus dem Verschwinden des Tensors in einem Koordinatensystem, daß er in allen zulässigen Systemen verschwinden muß.

Ich zeige nun noch, daß ganz allgemein die Eulerschen Gleichungen jedes Variationsproblems mit zweimal stetig differenzierbarer Grundfunktion gegenüber gewissen zulässigen Transformationen der *unabhängigen* Veränderlichen invariant sind. Durch eine solche Transformation geht das Grundintegral J des betrachteten Problems in ein anderes Integral $\overline{J}$ über; der Sinn der Invarianzaussage ist dann der, daß *die Extremalen des Problems $\overline{J}$ durch dieselbe Transformation der unabhängigen Veränderlichen aus den Extremalen von J entstehen*. Der Satz ist zweifellos an sich interessant, hat aber noch einige ganz angenehme Konsequenzen, wie Sie gleich sehen werden.

Da es hier nur um die unabhängigen Veränderlichen geht, beschränke ich mich auf Probleme mit einer abhängigen Variablen; die Verallgemeinerung liegt dann auf der Hand. Ich beginne mit dem einfachsten Fall

$$J = \int_{a}^{b} f(x, y, y')\, dx,$$

$$E_y(f) = f_y - \frac{d}{dx} f_{y'}.$$

Ich führe nun die neue unabhängige Veränderliche u durch die Substitution $x = x(u)$, $\dfrac{dx}{du} > 0$ ein und setze

$$f(x, y, y') = f\left(x(u),\, y,\, \frac{dy}{du} \cdot \frac{1}{\frac{dx}{du}}\right) = \varphi\left(u,\, y,\, \frac{dy}{du}\right).$$

Dann geht das Integral J über in

$$\overline{J} = \int_{\alpha}^{\beta} \varphi\left(u,\, y,\, \frac{dy}{du}\right) \frac{dx}{du}\, du,$$

das natürlich wertmäßig mit J übereinstimmt. Nun denken wir uns unsere gewohnte Rechnung durchgeführt: Wir wählen die Schar von Vergleichskurven

$\bar{y} = y + \varepsilon\, v$, setzen $\bar{y}$ für y in J und $\bar{J}$ ein, differenzieren nach ε und setzen $\varepsilon = 0$. Das gibt also wegen $J = \bar{J}$

$$\int_a^b E_y(f)\, v\, dx = \int_\alpha^\beta E_y\!\left(\varphi\,\frac{dx}{du}\right) v\, du = \int_a^b E_y\!\left(\varphi\,\frac{dx}{du}\right)\frac{du}{dx}\, v\, dx;$$

dabei habe ich im letzten Integral wieder x als Veränderliche eingeführt. Wegen der Willkürlichkeit von v gibt das nach dem Hilfssatz von § 15, 2

$$\boxed{E_y(f) = \frac{du}{dx}\, E_y\!\left(\varphi\,\frac{dx}{du}\right),} \tag{72}$$

womit die obige Behauptung bewiesen ist. Bei dem Variationsproblem in Parameterdarstellung und von erster Ordnung positiv homogener Grundfunktion $f(x, y, \dot{x}, \dot{y})$ ist bei der Transformation $t = t(\tau)$ der unabhängigen Veränderlichen (des Parameters) t

$$f\!\left(x, y, \frac{dx}{dt}, \frac{dy}{dt}\right) \equiv \frac{d\tau}{dt}\, f\!\left(x, y, \frac{dx}{d\tau}, \frac{dy}{d\tau}\right)$$

und daher an Stelle von (72)

$$E_y(f(t)) = \frac{d\tau}{dt}\, E_y(f(\tau)).$$

Hier ist das transformierte Variationsproblem mit dem ursprünglichen überhaupt identisch.

Ganz analog gilt für Doppelintegrale

$$J = \iint_{\mathfrak{A}} f(x, y, z, p, q)\, dx\, dy$$

bei der Substitution

$$x = x(u, v), \quad y = y(u, v)$$

mit

$$\frac{\partial(x, y)}{\partial(u, v)} > 0,$$

wenn

$$f(x(u, v),\ y(u, v),\ z, z_u u_x + z_v v_x, z_u u_y + z_v v_y) = \varphi(u, v, z, z_u, z_v)$$

gesetzt wird,

$$\boxed{E_z(f) = \frac{\partial(u, v)}{\partial(x, y)}\, E_z\!\left(\varphi\,\frac{\partial(x, y)}{\partial(u, v)}\right)} \tag{73}$$

sowie schließlich für dreifache Integrale

$$J = \iiint_{\mathfrak{A}} f\!\left(x_h, z, \frac{\partial z}{\partial x_h}\right) dx_1\, dx_2\, dx_3,$$

$(i, j, h = 1, 2, 3;$ Summationsvorschrift!$)$ bei einer Substitution

$$x_i = x_i(u_1, u_2, u_3)$$

mit

$$\frac{\partial(x_1, x_2, x_3)}{\partial(u_1, u_2, u_3)} > 0,$$

wenn

$$f\!\left(x_h(u_1, u_2, u_3), z, \frac{\partial z}{\partial u_i}\,\frac{\partial u_i}{\partial x_h}\right) = \varphi\!\left(u_h, z, \frac{\partial z}{\partial u_h}\right)$$

gesetzt wird,

$$\boxed{E_z(f) = \frac{\partial(u_1, u_2, u_3)}{\partial(x_1, x_2, x_3)}\, E_z\!\left(\varphi\,\frac{\partial(x_1, x_2, x_3)}{\partial(u_1, u_2, u_3)}\right).} \tag{74}$$

11. Transformation von Δz auf allgemeine Koordinaten. Die Formeln (73) und (74) lassen sich dazu benützen, den Laplaceschen Differentialausdruck Δz auf allgemeine und speziell krummlinige Koordinaten zu transformieren. Ich habe in § 17, 2 und 3 gezeigt, daß $\Delta z = 0$ die Eulersche Gleichung des Dirichletschen Variationsproblems ist. Ich nehme gleich den Fall des Raums, weil hier die Verringerung der Rechenarbeit besonders groß ist. Es ist

$$f = \frac{\partial z}{\partial x_i}\,\frac{\partial z}{\partial x_i}$$

und

$$E_z(f) = -2\,\Delta z = -2\,\frac{\partial^2 z}{\partial x_i\,\partial x_i}$$

in rechtwinkeligen Cartesischen Koordinaten x_i. Führe ich durch

$$x_i = x_i(u_h)$$

mit

$$\frac{\partial(x_1,\,x_2,\,x_3)}{\partial(u_1,\,u_2,\,u_3)} > 0$$

allgemeine krummlinige Koordinaten ein, so folgt aus (12)

$$\frac{\partial(x_1,\,x_2,\,x_3)}{\partial(u_1,\,u_2,\,u_3)} = \sqrt{\mathrm{Det}\,g_{pq}} = \sqrt{g} = \frac{1}{\dfrac{\partial(u_1,\,u_2,\,u_3)}{\partial(x_1,\,x_2,\,x_3)}};$$

daher gibt (74)

$$-2\,\Delta z = \frac{1}{\sqrt{g}}\,E_z\!\left(\varphi\,\sqrt{g}\right). \tag{75}$$

Ferner wird

$$\frac{\partial z}{\partial u_i} = \frac{\partial z}{\partial x_j}\,\frac{\partial x_j}{\partial u_i}, \qquad \frac{\partial z}{\partial x_i} = \frac{\partial z}{\partial u_j}\,\frac{\partial u_j}{\partial x_i}$$

und daher wegen (9), wenn ich zur Abkürzung noch $\dfrac{\partial z}{\partial u_i} = q_i$ setze,

$$f = \frac{\partial z}{\partial x_i}\,\frac{\partial z}{\partial x_i} = \frac{\partial z}{\partial u_j}\,\frac{\partial z}{\partial u_k}\,\frac{\partial u_j}{\partial x_i}\,\frac{\partial u_k}{\partial x_i} = g^{jk}\,q_j\,q_k = \varphi(u_h,\,q_h).$$

Da weder φ noch g von z abhängen und g auch von den $q_i = \dfrac{\partial z}{\partial u_i}$ unabhängig ist, gilt

$$\frac{\partial \varphi}{\partial z} = 0, \qquad \frac{\partial \varphi}{\partial q_i} = 2\,g^{ij}\,q_j, \qquad \frac{\partial \sqrt{g}}{\partial z} = 0, \qquad \frac{\partial \sqrt{g}}{\partial q_i} = 0.$$

Somit wird

$$E_z\!\left(\varphi\,\sqrt{g}\right) = \frac{\partial(\varphi\sqrt{g})}{\partial z} - \frac{\partial}{\partial u_i}\,\frac{\partial(\varphi\sqrt{g})}{\partial q_i} = -2\,\frac{\partial}{\partial u_i}\left(\sqrt{g}\,g^{ij}\,\frac{\partial z}{\partial u_j}\right)$$

und aus (75) folgt

$$\boxed{\;\Delta z = \frac{1}{\sqrt{g}}\,\frac{\partial}{\partial u_i}\left(\sqrt{g}\,g^{ij}\,\frac{\partial z}{\partial u_j}\right).\;} \tag{76}$$

Ich spezialisiere diesen Ausdruck zunächst für sogenannte *orthogonale Koordinaten*, bei denen die drei Flächenscharen $u_i = c_i$ ein *dreifach orthogonales Flächensystem* (Band II, § 12, 1) bilden. Dann gilt in jedem Punkt

$$\frac{\partial x_i}{\partial u_j}\,\frac{\partial x_i}{\partial u_k} = 0 \quad \text{für } j \neq k,$$

also

$$g_{23} = g_{31} = g_{12} = 0.$$

Damit wird

$$g = g_{11}\, g_{22}\, g_{33},$$

$$g^{23} = g^{31} = g^{12} = 0, \quad g^{11} = \frac{1}{g_{11}}, \quad g^{22} = \frac{1}{g_{22}}, \quad g^{33} = \frac{1}{g_{33}}$$

und

$$\Delta z = \frac{1}{\sqrt{g_{11}\, g_{22}\, g_{33}}} \left[\frac{\partial}{\partial u_1} \left(\sqrt{\frac{g_{22}\, g_{33}}{g_{11}}} \, \frac{\partial z}{\partial u_1} \right) + \frac{\partial}{\partial u_2} \left(\sqrt{\frac{g_{33}\, g_{11}}{g_{22}}} \, \frac{\partial z}{\partial u_2} \right) + \right.$$
$$\left. + \frac{\partial}{\partial u_3} \left(\sqrt{\frac{g_{11}\, g_{22}}{g_{33}}} \, \frac{\partial z}{\partial u_3} \right) \right]. \tag{77}$$

Für *räumliche Polarkoordinaten*

$$u_1 = r, \quad u_2 = \varphi, \quad u_3 = \vartheta,$$
$$x_1 = r \cos\varphi \sin\vartheta, \quad x_2 = r \sin\varphi \sin\vartheta, \quad x_3 = r \cos\vartheta$$

folgt

$$ds^2 = dr^2 + r^2 \sin^2\vartheta \, d\varphi^2 + r^2 \, d\vartheta^2,$$

also

$$g_{11} = 1, \quad g_{22} = r^2 \sin^2\vartheta, \quad g_{33} = r^2,$$
$$g = r^4 \sin^2\vartheta.$$

Bezeichnen wir die abhängige Veränderliche mit u statt mit z, so ergibt sich

$$\Delta u = \frac{1}{r^2 \sin\vartheta} \left[\frac{\partial}{\partial r} \left(r^2 \sin\vartheta \, \frac{\partial u}{\partial r} \right) + \frac{\partial}{\partial \varphi} \left(\frac{1}{\sin\vartheta} \, \frac{\partial u}{\partial \varphi} \right) + \frac{\partial}{\partial \vartheta} \left(\sin\vartheta \, \frac{\partial u}{\partial \vartheta} \right) \right] \tag{78}$$

oder

$$\boxed{\Delta u = \frac{1}{r^2} \frac{\partial}{\partial r} \left(r^2 \frac{\partial u}{\partial r} \right) + \frac{1}{r^2 \sin^2\vartheta} \frac{\partial^2 u}{\partial \varphi^2} + \frac{1}{r^2 \sin\vartheta} \frac{\partial}{\partial \vartheta} \left(\sin\vartheta \, \frac{\partial u}{\partial \vartheta} \right).} \tag{79}$$

Für *Zylinderkoordinaten*

$$u_1 = r, \quad u_2 = \varphi, \quad u_3 = z,$$
$$x_1 = r \cos\varphi, \quad x_2 = r \sin\varphi, \quad x_3 = z$$

wird

$$g_{11} = 1, \quad g_{22} = r^2, \quad g_{33} = 1, \quad \sqrt{g} = r > 0$$

und

$$\boxed{\Delta u = \frac{1}{r} \frac{\partial}{\partial r} \left(r \, \frac{\partial u}{\partial r} \right) + \frac{1}{r^2} \frac{\partial^2 u}{\partial \varphi^2} + \frac{\partial^2 u}{\partial z^2}.} \tag{80}$$

Aufgabe.

Man transformiere den Laplaceschen Differentialausdruck für die Ebene auf allgemeine krummlinige und insbesondere auf ebene Polarkoordinaten.

§ 20. Die Jacobi-Hamiltonsche Theorie.

1. Variationsprinzipe in der Physik. Zwischen den Differentialgleichungen der Variationsrechnung und den partiellen Differentialgleichungen erster Ordnung besteht ein höchst bemerkenswerter und wichtiger Zusammenhang in dem Sinn, daß man sowohl jedem Variationsproblem eine bestimmte Differentialgleichung erster Ordnung als auch umgekehrt jeder solchen Differentialgleichung gewisse Variationsprobleme zuordnen kann, deren Lösungen entweder überhaupt übereinstimmen oder zumindest in sehr einfacher Weise auseinander hervorgehen.

Entdeckt wurde dieser Zusammenhang von dem englischen Physiker HAMILTON[1] gelegentlich seiner Untersuchungen zur geometrischen Optik. Diese läßt sich bekanntlich auf zwei verschiedene Arten begründen, aus dem Fermatschen Prinzip (§ 15, 1) und aus dem Huygensschen Prinzip. Indem HAMILTON nicht nur den einzelnen Lichtstrahl, sondern das ganze Bündel der von einem leuchtenden Punkt ausgehenden Strahlen betrachtete, gelang es ihm, den Zusammenhang zwischen diesen beiden Prinzipien aufzuzeigen: Die nach dem Huygensschen Prinzip sich ausbildenden Wellenflächen sind gerade die Flächen gleicher Lichtzeit, mit anderen Worten, die Lichtstrahlen sind die Extremalen des Variationsproblems der kürzesten Lichtzeit, die Wellenflächen die zugehörigen Transversalen. Die Übertragung dieser Gedanken auf Probleme der Mechanik — nahegelegt durch die Tatsache, daß das Fermatsche Prinzip der Korpuskulartheorie des Lichts angepaßt ist — führt dann zur Formulierung des seither nach ihm benannten *Hamiltonschen Prinzips*, das sich als ein immer wirksameres Instrument zur Behandlung physikalischer Probleme, zuletzt in der Schrödingerschen Wellenmechanik, erwies. HAMILTONS Ergebnisse hat JACOBI zu einer systematischen Integrationstheorie der sogenannten kanonischen Differentialgleichungen ausgebaut, die im wesentlichen zugleich die Eulerschen Differentialgleichungen des Variationsproblems und die charakteristischen Gleichungen der zugehörigen partiellen Differentialgleichung erster Ordnung sind. Die fundamentale Bedeutung des Zusammenhangs zwischen Variationsrechnung und der Theorie der partiellen Differentialgleichungen erster Ordnung ist allerdings erst durch den Hilbertschen Unabhängigkeitssatz ins rechte Licht gerückt worden.

2. Das ebene Problem. Der besseren Verständlichkeit wegen will ich die Hamilton-Jacobische Theorie zunächst für den einfachsten Fall eines Variationsproblems mit der Grundfunktion $f(x, y, y')$ darlegen; die Entwicklungen schließen unmittelbar an die Ergebnisse von § 16, 7—8 an. Die Funktion f möge den dort angegebenen Voraussetzungen genügen. Der erste, sehr einfache, aber doch entscheidende Schritt besteht darin, daß man an Stelle der Veränderlichen y' durch die Substitution

$$f_{y'}(x, y, y') = z \tag{1}$$

eine neue unabhängige Veränderliche z einführt. Die drei Veränderlichen x, y, z, die jetzt an die Stelle von x, y, y' treten, heißen die *kanonischen Variablen*. Wegen $f_{y'y'} \neq 0$ läßt sich (1) nach y' auflösen

$$y' = \psi(x, y, z). \tag{2}$$

Der zweite Schritt besteht in der Einführung der *Hamiltonschen Funktion*

$$\boxed{H(x, y, z) = z\,\psi(x, y, z) - f(x, y, \psi(x,y,z)).} \tag{3}$$

Für ihre Ableitungen erhalten wir

$$H_x = z\,\psi_x - f_x - f_{y'}\,\psi_x,$$

$$H_y = z\,\psi_y - f_y - f_{y'}\,\psi_y$$

und

$$H_z = \psi + z\,\psi_z - f_{y'}\,\psi_z$$

oder wegen (1)

$$H_x = -f_x, \quad H_y = -f_y, \quad H_z = \psi = y'. \tag{4}$$

---

[1] WILLIAM ROWAN HAMILTON, geb. 1805 in Dublin, gest. 1865 in Dunsink, war Professor der Astronomie in Dublin. Er ist auch der Schöpfer der Quaternionenrechnung, die Vorläufer und Ursprung unserer heutigen Vektorrechnung ist. Quaternionen sind eine Art höherer komplexer Zahlen mit vier Einheiten.

Die Eulersche Differentialgleichung geht über in

$$E_y(f) = f_y - \frac{d}{dx} f_{y'} = - H_y - z' = 0,$$

d. h. zusammen mit der letzten Gleichung (4) erscheint sie äquivalent mit dem System

$$\boxed{y' = H_z, \quad z' = - H_y} \tag{5}$$

gewöhnlicher Differentialgleichungen erster Ordnung, die als die *kanonischen Differentialgleichungen* des Variationsproblems bezeichnet werden. Es ist uns natürlich nichts Neues, daß man eine Differentialgleichung zweiter Ordnung durch ein System von zwei Differentialgleichungen erster Ordnung ersetzen kann; bemerkenswert ist an (5) zunächst nur die besondere symmetrische Form. Es zeigt sich aber, daß die Gleichungen (5) zugleich *die charakteristischen Gleichungen einer bestimmten partiellen Differentialgleichung erster Ordnung sind.* Es sei $p(x, y)$ die Gefällsfunktion des zum Punkt $x = a$, $y = a_1$ gehörigen Extremalenfeldes und $S(x, y) = c$ die zugehörige Transversalenschar; die stetig differenzierbare Funktion $S(x, y)$ wird dabei durch das Hilbertsche Integral J^* definiert. Dann ist

$$S_x = f(x, y, p) - p\, f_{y'}(x, y, p), \quad S_y = f_{y'}(x, y, p). \tag{6}$$

Führen wir•hier wie in (1) und (2) wieder die kanonische Variable z ein, d. h. setzen wir

$$f_{y'}(x, y, p) = z, \quad p = \psi(x, y, z),$$

so wird

$$S_x = - H(x, y, z), \quad S_y = z$$

und daher durch Elimination von z

$$\boxed{S_x + H(x, y, S_y) = 0,} \tag{7}$$

die *Hamilton-Jacobische partielle Differentialgleichung* der Funktion $S(x, y)$. Ihre charakteristischen Gleichungen werden nach § 12, 1[1]

$$\dot{x}(u) = 1, \quad \dot{y}(u) = H_z, \quad \dot{S}(u) = S_x + S_y H_z, \quad \dot{S}_x(u) = - H_x, \quad \dot{S}_y(u) = - H_y.$$

Wegen der ersten Gleichung können wir $x = u$ nehmen, und wenn wir die Ableitungen nach x durch Striche bezeichnen, so ergeben die zweite und letzte Gleichung $y' = H_z$, $\frac{d}{dx} S_y = \frac{d}{dx} z = z' = - H_y$, also gerade die kanonischen Gleichungen (5); die dritte Gleichung geht über in $\frac{dS}{dx} = S_x + S_y\, y'$, die vierte in $\frac{d}{dx} S_x = - H_x$, die wegen (7) und

$$\frac{d}{dx} S_x = - H_x - H_y\, y' - H_z \frac{d}{dx} S_y = - H_x - H_y H_z + H_z H_y = - H_x$$

ebenfalls erfüllt ist. Die charakteristischen Gleichungen von (7) stimmen also mit den kanonischen Differentialgleichungen (5) überein, oder geometrisch:

Die Projektionen der Charakteristiken $y = y(x)$, $z = z(x)$ der Hamilton-Jacobischen Differentialgleichung (7) auf die x,y-Ebene sind die Extremalen $y = y(x)$ des Variationsproblems $\int f\, dx = Extr.$

---

[1] Es ist $z = S$, $p = S_x$, $q = S_y$, $F(x, y, S, S_x, S_y) = S_x + H(x, y, S_y)$ zu setzen; S selbst kommt in der Differentialgleichung nicht vor.

Damit ist die Äquivalenz von Variationsproblem und partieller Differential-gleichung erster Ordnung, von der ich in Ziffer 1 gesprochen habe, nachgewiesen. Die Überlegung hat aber noch einen Schönheitsfehler: Das Extremalenfeld, von dem wir oben zur Herleitung der Differentialgleichung (7) ausgegangen sind, umfaßt nicht alle, sondern nur eine einparametrige Schar von Extremalen. Allerdings wird die Gefällsfunktion $p(x, y)$ wieder eliminiert, so daß anzunehmen ist, daß die Überlegungen für alle möglichen Felder, die man sich durch die verschiedenen Werte von a_1 entstanden denken kann, richtig bleiben, doch bedarf das auf jeden Fall noch einer genaueren Begründung, die uns zugleich den für die Anwendungen entscheidenden Zusammenhang zwischen dem vollständigen Integral der Hamilton-Jacobischen Gleichung (7) und dem allgemeinen Integral der Eulerschen Gleichung des Variationsproblems liefern wird.

3. Fortsetzung. Das vollständige Integral der Hamilton-Jacobischen Differentialgleichung. Ich nehme also in den Anfangsbedingungen (§ 16, 7) auch die Ordinate $y = a_1$ als Veränderliche; um das besser hervorzuheben, setze ich $a_1 = \beta$, so daß wir das allgemeine Integral der Eulerschen Differentialgleichung in der Form

$$y = \varphi(x, \alpha, \beta)$$

schreiben können. Zu jedem festen Wert β aus einem geeignet gewählten Intervall $\beta_1 \leqq \beta \leqq \beta_2$ können wir dann wie früher die Gefällsfunktion

$$p = p(x, y, \beta)$$

und weiter mit Hilfe des Hilbertschen Integrals die Funktion

$$S(x, y, \beta) = \int \{[f(x, y, p) - p\, f_{y'}(x, y, p)]\, dx + f_{y'}(x, y, p)\, dy\} \tag{8}$$

berechnen. Dann ist

$$S = S(x, y, \beta) + \gamma$$

mit den beiden Konstanten β und γ ein vollständiges Integral der Hamilton-Jacobischen Gleichung (7). Dazu habe ich nur zu zeigen, daß die Konstante β in S nicht ebenfalls additiv vorkommt, d. h. daß $S(x, y, \beta)$ nicht die Gestalt

$$\overline{S}(x, y) + g(\beta) \tag{9}$$

hat. Die Funktion S genügt den beiden Gleichungen

$$S_x(x, y, \beta) = f(x, y, p) - p\, f_{y'}(x, y, p), \quad S_y(x, y, \beta) = f_{y'}(x, y, p). \tag{10}$$

Daraus folgt

$$S_{x\beta} = f_{y'}\, p_\beta - p_\beta\, f_{y'} - p\, f_{y'y'}\, p_\beta = - f_{y'y'}\, p\, p_\beta \tag{11}$$

und

$$S_{y\beta} = f_{y'y'}\, p_\beta. \tag{12}$$

Anderseits folgt wie in § 16, 7 aus dem allgemeinen Integral $y = \varphi(x, \alpha, \beta)$ durch Auflösung nach α

$$\alpha = \alpha(x, y, \beta).$$

Die Identität

$$y \equiv \varphi(x, \alpha(x, y, \beta), \beta)$$

gibt durch Differentiation nach β

$$\varphi_\alpha \frac{\partial \alpha}{\partial \beta} + \varphi_\beta = 0. \tag{13}$$

Entsprechend (54) von § 16 ist jetzt

$$p(x, y, \beta) = \varphi_x(x, \alpha(x, y, \beta), \beta)$$

und

$$p_\beta = \varphi_{x\alpha} \frac{\partial \alpha}{\partial \beta} + \varphi_{x\beta}$$

oder wegen (13)

$$p_\beta = \frac{\varphi_\alpha \varphi_{x\beta} - \varphi_\beta \varphi_{x\alpha}}{\varphi_\alpha} = \frac{1}{\varphi_\alpha} \frac{\partial(\varphi, \varphi_x)}{\partial(\alpha, \beta)}.$$

Dieser Ausdruck ist aber sicher von Null verschieden, da $\varphi_\alpha \neq 0$ und stetig und die Funktionaldeterminante

$$\frac{\partial(\varphi, \varphi_x)}{\partial(\alpha, \beta)} \neq 0 \tag{14}$$

ist, weil sonst $\varphi(x, \alpha, \beta)$ nicht das allgemeine Integral der Eulerschen Differentialgleichung sein könnte; da nämlich $f_{y'y'} \neq 0$ ist, läßt sich die letztere auf die Normalform $y'' = \Phi(x, y, y')$ bringen, und diese Gleichung muß sich ergeben, wenn man $y = \varphi(x, \alpha, \beta)$, $y' = \varphi_x(x, \alpha, \beta)$ nach α und β auflöst und diese Werte in $y'' = \varphi_{xx}(x, \alpha, \beta)$ einsetzt. Die Auflösbarkeit der beiden ersten Gleichungen nach α und β bedingt die Ungleichung (14); daraus folgt aber $S_{y\beta} \neq 0$, so daß $S(x, y, \beta)$ sicher nicht die Gestalt (9) hat.

Man kann auch umgekehrt *aus einem vollständigen Integral $S(x, y, \beta) + \gamma$ der Hamilton-Jacobischen Gleichung (7) das allgemeine Integral der Eulerschen Gleichung $E_y(f) = 0$ durch einen reinen Eliminationsprozeß erhalten.* Ich zeige, daß man dazu nur die Gleichung

$$\frac{\partial S(x, y, \beta)}{\partial \beta} = \alpha \tag{15}$$

mit konstantem α nach y aufzulösen hat; das Resultat $y = \varphi(x, \alpha, \beta)$ ist dann das allgemeine Integral von $E_y(f) = 0$.

Es sei also $S(x, y, \beta)$ eine Lösung von (7), die noch von der nicht additiven Konstanten β abhängt (so daß $S + \gamma$ ein vollständiges Integral ist). Aus der Herleitung von (7) aus (6), die einfach die Elimination der Gefällsfunktion p aus (6) ist, folgt, daß S den beiden Gleichungen (6) genügen muß, wobei p einfach ein Parameter ist. Die zweite Gleichung (6), nach p aufgelöst, gibt

$$p = \Phi(x, y, S_y) = p(x, y, \beta),$$

wobei sicher $p_\beta \neq 0$ ist. Es sei weiter $y = \varphi(x, \alpha, \beta)$ die Lösung der Differentialgleichung

$$y' = p(x, y, \beta) \tag{16}$$

mit dem Parameter β und der Integrationskonstanten α. Dann ist

$$y'' = p_x + p_y y' = p_x + p_y p. \tag{17}$$

Aus

$$S_x = f(x, y, p) - p f_{y'}(x, y, p), \quad S_y = f_{y'}(x, y, p) \tag{6}$$

folgt, wenn wir die erste Gleichung nach y, die zweite nach x differenzieren,

$$S_{xy} = f_y - p f_{yy'} - p f_{y'y'} p_y, \quad S_{yx} = f_{xy'} + f_{y'y'} p_x$$

und daher wegen (16) und (17)

$$S_{xy} - S_{yx} = f_y - f_{xy'} - f_{yy'} y' - f_{y'y'} y'' = E_y(f) = 0,$$

d. h. die Lösung $\varphi(x, \alpha, \beta)$ ist das allgemeine Integral der Eulerschen Differentialgleichung unseres Variationsproblems. Es sei nun weiter $y = y(x)$ eine beliebige stetig differenzierbare Kurve $\mathfrak{C}$; dann gilt längs $\mathfrak{C}$ wegen (11) und (12)

$$\frac{d}{dx}\, S_\beta = S_{x\beta} + S_{y\beta}\, y' = f_{y'y'}\, p_\beta\, (y' - p).$$

Ist $\mathfrak{C}$ insbesondere die sich aus (15) durch Auflösung nach y ergebende Kurve $y = \bar\varphi(x, \alpha, \beta)$, so ist

$$\frac{d}{dx}\, S_\beta = \frac{d\alpha}{dx} = 0$$

und wegen $f_{y'y'} \neq 0$, $p_\beta \neq 0$ folgt $y' = p$, d. h. $\bar\varphi(x, \alpha, \beta)$ ist mit der oben betrachteten Lösung $\varphi(x, \alpha, \beta)$ von (16) identisch und somit das allgemeine Integral der Eulerschen Differentialgleichung.

Ich gebe Ihnen ein einfaches Beispiel: $f(x, y, y') = \sqrt{1 + y'^2}$. Die Gleichungen (6) werden

$$S_x = \frac{1}{\sqrt{1 + p^2}}, \qquad S_y = \frac{p}{\sqrt{1 + p^2}}$$

und damit die Hamilton-Jacobische Gleichung (7)

$$S_x - \sqrt{1 - S_y^2} = 0 \tag{18}$$

mit $H(x, y, S_y) = -\sqrt{1 - S_y^2}$. Das allgemeine Integral der Eulerschen Gleichung ist $y = \alpha\, x + \beta$; daraus folgt $\alpha = \dfrac{y - \beta}{x}$ und daher

$$p(x, y, \beta) = \frac{y - \beta}{x}.$$

Das Integral (8) gibt, wenn wir im Punkt $(0, \beta)$ beginnen,

$$S(x, y, \beta) = \int\limits_{(0, \beta)}^{(x, y)} \frac{x\, dx + (y - \beta)\, dy}{\sqrt{x^2 + (y - \beta)^2}} = \sqrt{x^2 + (y - \beta)^2}\, ,$$

so daß

$$S = \sqrt{x^2 + (y - \beta)^2} + \gamma$$

ein vollständiges Integral von (18) ist. Ist umgekehrt das Integral von (7)

$$S(x, y, \beta) = \sqrt{x^2 + (y - \beta)^2}$$

mit der Konstanten β bekannt, so folgt aus

$$S_\beta = -\frac{y - \beta}{\sqrt{x^2 + (y - \beta)^2}} = \alpha$$

durch Auflösung nach y

$$y = \frac{\alpha\, x}{\sqrt{1 - \alpha^2}} + \beta = \bar\alpha\, x + \beta,$$

das allgemeine Integral der Eulerschen Differentialgleichung.

4. Der allgemeine Fall. Die Methode von Caratheodory. Bei dem Versuch, die vorstehenden Überlegungen auf den allgemeinen Fall von n abhängigen Veränderlichen zu übertragen, stößt man auf die Schwierigkeit, auf die ich in § 16, 9 hingewiesen habe: Nicht jede n-parametrige Schar von Extremalen des Variationsproblems

$$\int\limits_a^b f(x, y_h, y_h')\, dx = \text{Extr.} \tag{19}$$

besitzt eine Schar von Transversalflächen, sondern die Gefällsfunktionen $p(x, y_h)$ müssen noch gewissen Integrabilitätsbedingungen genügen. Man kann nun zwar zeigen, daß sich diese Bedingungen stets erfüllen lassen, und die Theorie läßt sich dann wie im Fall $n = 1$ aufbauen. Einfacher scheint hier jedoch ein Weg zu sein, der von Caratheodory[1] angegeben wurde und auf dem im Grund recht einfachen Gedanken beruht, von einer Flächenschar (genauer einparametrigen Schar von Hyperflächen des R_{n+1}) auszugehen und mit ihrer Hilfe ein Extremalenfeld zu konstruieren. Ich setze dabei voraus, daß in einem gewissen Bereich $\mathfrak{B}$ des R_{n+1} alle Funktionen samt ihren im Lauf der Darstellung vorkommenden Ableitungen existieren und stetig sind. Ferner sei in $\mathfrak{B}$

$$\mathrm{Det}\ \frac{\partial^2 f}{\partial y_i'\, \partial y_j'} \neq 0. \tag{20}$$

Es sei also

$$\boxed{S(x, y_h) = \lambda} \tag{21}$$

eine Flächenschar, die den Bereich $\mathfrak{B}$ des R_{n+1} schlicht überdeckt, so daß durch jeden Punkt von $\mathfrak{B}$ eine und nur eine Fläche (21) hindurchgeht, λ also eine eindeutige Funktion des Orts in $\mathfrak{B}$ ist. Analytisch läßt sich dieselbe Flächenschar auf unendlich viele Arten darstellen. Ist nämlich $\varphi(u)$ eine beliebige monotone Funktion, so ist

$$\overline{S} = \varphi(S) = \overline{\lambda}$$

dieselbe Schar wie (21), wie immer $\varphi(u)$ gewählt ist. Weiter sei $\mathfrak{C}$ eine Kurve im R_{n+1} mit den Gleichungen[2]

$$y_i = y_i(x), \tag{22}$$

die die Schar (21) „durchsetzt"; damit ist gemeint, daß die Kurve (22) mit jeder Fläche (21) einen und nur einen Schnittpunkt gemeinsam hat, insbesondere also keine Fläche (21) berührt. Setzt man (22) in (21) ein, so wird

$$\lambda = \lambda(x) = S(x, y_h(x)) \tag{23}$$

eine eindeutige Funktion von x, von der wir ohne Einschränkung der Allgemeinheit annehmen können, daß sie monoton wachsend sei (eventuell muß man S durch $-S$ ersetzen). Dann ist sicher

$$\boxed{\Gamma = \frac{d\lambda}{dx} = \frac{\partial S}{\partial x} + \frac{\partial S}{\partial y_i}\, y_i' > 0,} \tag{24}$$

denn aus der Monotonie von $\lambda(x)$ folgt $\Gamma \geqq 0$, da wir aber auch die Berührung zwischen $\mathfrak{C}$ und S ausgeschlossen haben, muß $\Gamma \neq 0$ sein, was zusammen (24) ergibt; man beachte dabei, daß

$$\frac{\partial S}{\partial x},\ \frac{\partial S}{\partial y_1},\ \ldots,\ \frac{\partial S}{\partial y_n} \tag{25}$$

die Koordinaten des Gradienten von $S(x, y_h)$ und

$$1,\ y_1',\ \ldots,\ y_n' \tag{26}$$

die Koordinaten des Tangentenvektors von $\mathfrak{C}$ im R_{n+1} sind; λ' ist also das innere Produkt dieser beiden Vektoren.

---

[1] Constantin Caratheodory, geb. 1873 in Berlin, gest. 1950 in München, wirkte in Göttingen, Berlin und München. Arbeitsgebiete: Theorie der reellen und komplexen Funktionen, Variationsrechnung.

[2] Ich setze für die folgenden Überlegungen wieder das Indizes- und Summationsübereinkommen in Kraft; jeder lateinische Index ist Repräsentant der Zahlen $1, 2, \ldots, n$, über doppelte Indizes ist automatisch von 1 bis n zu summieren.

Ich betrachte nun das längs der Kurve $\mathfrak{C}$ erstreckte Kurvenintegral

$$J(\lambda) = \int_a^x f(x, y_h, y_h') \, dx. \tag{27}$$

Ist

$$f(x, y_h, y_h') > 0,$$

was im folgenden stets angenommen sei, so folgt

$$\boxed{\frac{dJ}{d\lambda} = \frac{dJ}{dx} \frac{dx}{d\lambda} = \frac{f}{\Gamma} > 0.} \tag{28}$$

Das Integral (27) ist natürlich nicht wegunabhängig; insbesondere hängt $\frac{dJ}{d\lambda}$ im Punkt P nicht nur von den Koordinaten x, y_i von P, sondern auch von der Richtung y_i' der Kurve $\mathfrak{C}$ in P ab. Ich definiere: Die Richtung in P, für die (28) ein Minimum ist, heißt *Richtung des geodätischen Gefälles* in P, der zugehörige (Minimal-)Wert von (28) der *Betrag des geodätischen Gefälles* in P, er hängt nur mehr *vom Punkt P allein* ab. Die Richtung des geodätischen Gefälles ist also ein Vektor, der zu (26) parallel ist und für den

$$\frac{\partial}{\partial y_i'} \frac{f}{\Gamma} = 0$$

oder wegen (24)

$$\frac{1}{\Gamma} \frac{\partial f}{\partial y_i'} - \frac{f}{\Gamma^2} \frac{\partial \Gamma}{\partial y_i'} = \frac{1}{\Gamma^2} \left(\Gamma \frac{\partial f}{\partial y_i'} - f \frac{\partial S}{\partial y_i} \right) = 0,$$

also[1]

$$\boxed{\Gamma \frac{\partial f}{\partial y_i'} - f \frac{\partial S}{\partial y_i} = 0.} \tag{29}$$

Ich nehme an, daß diese Gleichungen nach den y_i' auflösbar sind:

$$y_i' = \psi_i(x, y_h); \tag{30}$$

die Integralkurven dieses Systems gewöhnlicher Differentialgleichungen erster Ordnung heißen die *Gefällskurven* der Schar (21).

Ich betrachte nun an Stelle von (21) die Schar $\overline{S} = \varphi(S)$. Es ist

$$\frac{\partial \overline{S}}{\partial x} = \varphi'(S) \frac{\partial S}{\partial x}, \quad \frac{\partial \overline{S}}{\partial y_i} = \varphi'(S) \frac{\partial S}{\partial y_i};$$

setzt man

$$\overline{\Gamma} = \frac{\partial \overline{S}}{\partial x} + \frac{\partial \overline{S}}{\partial y_i} y_i' = \varphi'(S) \, \Gamma,$$

so folgt

$$\frac{f}{\overline{\Gamma}} = \frac{1}{\varphi'(S)} \frac{f}{\Gamma}. \tag{31}$$

Es sei nun der Betrag des geodätischen Gefälles längs jeder Fläche der Schar (21) konstant; er ist dann nur mehr eine Funktion des Scharparameters λ, und die Flächen (21) heißen *geodätisch äquidistant*. Es wird

$$\frac{f}{\Gamma} = \chi(\lambda) = \chi(S(x, y_h))$$

und wegen (28) $\chi(\lambda) > 0$; aus (31) folgt

$$\frac{f}{\overline{\Gamma}} = \frac{1}{\varphi'(S)} \frac{f}{\Gamma} = \frac{\chi(\lambda)}{\varphi'(\lambda)}.$$

---

[1] Im Fall $n = 1$ stimmt (29), wie man wegen (24) leicht nachrechnet, mit der Transversalitätsbedingung § 16, (50) überein, aber nicht im Fall $n \geq 2$.

Setze ich

$$\varphi(\lambda) = \int \chi(\lambda)\, d\lambda,$$

so wird $f : \overline{\Gamma} = 1$, d. h. *man kann durch geeignete Wahl der Funktion $\varphi(\lambda)$ jede Schar geodätisch äquidistanter Flächen so darstellen, daß der Betrag des geodätischen Gefälles gleich 1 wird.* Die Gleichungen (29) gehen dann über in

$$\boxed{\frac{\partial S}{\partial y_i} = \frac{\partial f}{\partial y_i'},} \tag{32}$$

während (24)

$$\boxed{\frac{\partial S}{\partial x} + \frac{\partial S}{\partial y_i}\, y_i' = f} \tag{33}$$

gibt. Schreibt man (33) unter Berücksichtigung von (32) in der Form

$$\frac{\partial S}{\partial x} = f - \frac{\partial f}{\partial y_i'}\, y_i', \tag{33'}$$

so erkennt man unmittelbar, daß (32) und (33) mit der Transversalitätsbedingung § 16, (62) für $\lambda = -1$ übereinstimmen. Mit der Einführung geodätisch äquidistanter Flächenscharen sind, wie sich gleich des näheren zeigen wird, in einer geometrisch recht anschaulichen Weise die Voraussetzungen erfüllt, die zur Konstruktion eines Extremalenfeldes mit einer Schar von Transversalflächen nötig sind.

5. Einführung kanonischer Variabler und die Hamilton-Jacobische Differentialgleichung. Ich setze analog zu Ziffer 2

$$z_i = \frac{\partial f}{\partial y_i'}(x,\, y_h,\, y_h'); \tag{34}$$

$x,\, y_i,\, z_i$ heißen die *kanonischen Variablen* des Variationsproblems (19). Wegen (20) ist (34) nach den y_i' auflösbar; es sei

$$y_i' = \psi_i(x,\, y_h,\, z_h). \tag{35}$$

Damit wird die *Hamiltonsche Funktion*

$$\boxed{H(x,\, y_h,\, z_h) = z_j\, \psi_j - f(x,\, y_h,\, \psi_h).} \tag{36}$$

Es folgt

$$\frac{\partial H}{\partial x} = z_j\, \frac{\partial \psi_j}{\partial x} - \frac{\partial f}{\partial x} - \frac{\partial f}{\partial y_j'}\, \frac{\partial \psi_j}{\partial x},$$

$$\frac{\partial H}{\partial y_i} = z_j\, \frac{\partial \psi_j}{\partial y_i} - \frac{\partial f}{\partial y_i} - \frac{\partial f}{\partial y_j'}\, \frac{\partial \psi_j}{\partial y_i},$$

$$\frac{\partial H}{\partial z_i} = \psi_i + z_j\, \frac{\partial \psi_j}{\partial z_i} - \frac{\partial f}{\partial y_j'}\, \frac{\partial \psi_j}{\partial z_i},$$

also wegen (34) und (35)

$$\frac{\partial H}{\partial x} = -\frac{\partial f}{\partial x}, \quad \frac{\partial H}{\partial y_i} = -\frac{\partial f}{\partial y_i}, \quad \frac{\partial H}{\partial z_i} = \psi_i = y_i'. \tag{37}$$

Für eine Schar geodätisch äquidistanter Flächen, für die (32) und (33') gilt, folgt aus (34), (35) und (36) sofort die *Hamilton-Jacobische Differentialgleichung*

$$\boxed{\frac{\partial S}{\partial x} + H\left(x,\, y_h,\, \frac{\partial S}{\partial y_h}\right) = 0.} \tag{38}$$

Damit ist jetzt auch umgekehrt *die Existenz geodätisch äquidistanter Flächenscharen* (21) *zu jedem Variationsproblem* (19) *nachgewiesen.*

Mit Hilfe der Gleichungen (37) zeigt man nun wie in Ziffer 2, daß die Eulerschen Gleichungen

$$E_i(f) = \frac{\partial f}{\partial y_i} - \frac{d}{dx}\frac{\partial f}{\partial y_i'} = 0$$

in das System der *kanonischen Differentialgleichungen*

$$\boxed{y_i' = \frac{\partial H}{\partial z_i}, \quad z_i' = -\frac{\partial H}{\partial y_i}} \tag{39}$$

übergehen, die ihrerseits wieder mit den charakteristischen Gleichungen der partiellen Differentialgleichung (38) übereinstimmen. Den sehr einfachen Nachweis, der auf Grund von § 12, 7 wie in Ziffer 2 zu führen ist, übergehe ich. *Die Extremalen des Variationsproblems (19) sind die Projektionen der Charakteristiken der Hamilton-Jacobischen Differentialgleichung auf den durch $z_i = 0$ gegebenen R_{n+1}.*

Nun läßt sich auch die Übereinstimmung mit § 16, 9 leicht nachweisen. Die Gefällsfunktionen

$$y_i' = p_i(x, y_h)$$

des Extremalenfeldes mit der geodätisch äquidistanten und transversalen Flächenschar (21), für die $\Gamma = f$ ist, ergeben sich aus den Gleichungen (32) durch Auflösung nach den y_i'. Dann gilt (32) identisch, die Integrabilitätsbedingungen § 16, (66) gehen über in

$$\psi_{ik} = \frac{\partial^2 S}{\partial y_i\,\partial y_k} - \frac{\partial^2 S}{\partial y_k\,\partial y_i} = 0$$

und sind erfüllt, wenn S eine zweimal stetig differenzierbare Funktion der y_i ist.

Zum Schluß noch eine Bemerkung. Ist die Hamiltonsche Funktion $H(x, y_h, z_h)$ willkürlich, nur mit der Bedingung

$$\mathrm{Det}\,\frac{\partial^2 H}{\partial z_i\,\partial z_j} \neq 0 \tag{40}$$

vorgegeben, so kann man zunächst aus der letzten Gleichung (37) die Variablen $y_i' = \dfrac{\partial H}{\partial z_i}$ definieren; löst man dann diese Gleichungen nach den z_i auf, was wegen (40) möglich ist, so ergibt sich aus (36) die Grundfunktion $f(x, y_h. y_h')$ des Variationsproblems, zu dem die gegebene Hamiltonsche Funktion $H(x, y_h, z_h)$ gehört. Aus (40) folgt auch (20), indem man die Identität

$$z_i = \frac{\partial f}{\partial y_i'}\left(x, y_h, \frac{\partial H}{\partial z_h}\right)$$

nach z_j differenziert; man erhält

$$\delta_{ij} = \frac{\partial^2 f}{\partial y_i'\,\partial y_k'}\,\frac{\partial^2 H}{\partial z_k\,\partial z_j}$$

und daraus sofort nach dem Multiplikationssatz für Determinanten

$$\mathrm{Det}\,\frac{\partial^2 f}{\partial y_i'\,\partial y_j'} \cdot \mathrm{Det}\,\frac{\partial^2 H}{\partial z_i\,\partial z_j} = 1\,;$$

da beide Determinanten stetige Funktionen ihrer Argumente sind, kann keine verschwinden.

6. Das allgemeine Integral der Eulerschen Gleichungen und das vollständige Integral der Hamilton-Jacobischen Gleichung. Die folgenden Überlegungen sind eine unmittelbare Verallgemeinerung der Ergebnisse von Ziffer 3, so daß ich mich dabei kurz fassen kann. Es sei

$$y_i = y_i(x, \alpha_h, \beta_h) \tag{41}$$

das allgemeine Integral der Eulerschen Gleichungen des Variationsproblems (19); setzt man diese Funktionen in (34) ein, so folgt

$$z_i = z_i(x, \alpha_h, \beta_h), \tag{42}$$

und diese Gleichungen sind dann zusammen mit (41) das allgemeine Integral der kanonischen Gleichungen (39). Setzt man (41) und (42) in die Gleichung

$$\frac{dS}{dx} = \frac{\partial S}{\partial x} + \frac{\partial H}{\partial z_i}\frac{\partial S}{\partial y_i} = -H(x, y_h, z_h) + y_i' z_i \tag{43}$$

ein[1], so folgt durch Integration

$$S = \int (-H + y_i' z_i)\, dx + \gamma = \Phi(x, \alpha_h, \beta_h) + \gamma.$$

Löst man jetzt noch (41) nach den $\alpha_i = \alpha_i(x, y_h, \beta_h)$ auf und setzt in Φ ein, so wird

$$\boxed{S = S(x, y_h, \beta_h) + \gamma} \tag{44}$$

ein vollständiges Integral der Hamilton-Jacobischen Gleichung (38).

Kennt man umgekehrt ein Integral $S(x, y_h, \beta_h)$ von (38), das von n Konstanten β_i abhängt und der Bedingung

$$\mathrm{Det}\,\frac{\partial^2 S}{\partial y_i\,\partial \beta_j} \neq 0 \tag{45}$$

genügt ($S + \gamma$ ist dann ein vollständiges Integral der Hamilton-Jacobischen Gleichung), so bekommt man *das allgemeine Integral (41) der Eulerschen Gleichungen von (19), wenn man die Gleichungen*

$$\frac{\partial S}{\partial \beta_i}(x, y_h, \beta_h) = \alpha_i \tag{46}$$

nach den y_i auflöst. Zusammen mit

$$z_i = \frac{\partial S}{\partial y_i}(x, y_h(x, \alpha_k, \beta_k), \beta_h) \tag{47}$$

hat man dann das allgemeine Integral (41), (42) der kanonischen Gleichungen (39).

Der Beweis ist wieder völlig analog zu dem für $n = 1$ in Ziffer 3 gegebenen. Aus den Identitäten

$$\frac{\partial S}{\partial \beta_i}(x, y_h(x, \alpha_k, \beta_k), \beta_h) = \alpha_i$$

folgt durch Differentiation nach x

$$\frac{\partial^2 S}{\partial x\,\partial \beta_i} + \frac{\partial^2 S}{\partial y_j\,\partial \beta_i}\, y_j' = 0;$$

aus (38) folgt, wenn man $S(x, y_h, \beta_h)$ einsetzt und nach β_i differenziert,

$$\frac{\partial^2 S}{\partial x\,\partial \beta_i} + \frac{\partial H}{\partial z_j}\frac{\partial^2 S}{\partial y_j\,\partial \beta_i} = 0.$$

Subtraktion gibt

$$\frac{\partial^2 S}{\partial y_j\,\partial \beta_i}\left(y_j' - \frac{\partial H}{\partial z_j}\right) = 0$$

und wegen (45)

$$y_j' = \frac{\partial H}{\partial z_j}, \tag{48}$$

---

[1] (43) ist nichts anderes als die mittlere der charakteristischen Gleichungen § 12, (58), gebildet für die Hamilton-Jacobische Gleichung (38). Sie ergibt sich aber auch unmittelbar aus $\dfrac{dS}{dx} = \dfrac{\partial S}{\partial x} + \dfrac{\partial S}{\partial y_i}\, y_i'$ unter Berücksichtigung von (32) und (34).

also die erste Gruppe der kanonischen Gleichungen (39). Weiter folgt aus (47) durch Differentiation nach x

$$z_i' = \frac{\partial^2 S}{\partial x\, \partial y_i} + \frac{\partial^2 S}{\partial y_i\, \partial y_j}\, y_j'$$

und aus (38) durch Differentiation nach y_i

$$\frac{\partial^2 S}{\partial x\, \partial y_i} + \frac{\partial H}{\partial y_i} + \frac{\partial H}{\partial z_j}\, \frac{\partial^2 S}{\partial y_i\, \partial y_j} = 0;$$

Subtraktion dieser Gleichungen gibt wegen (48)

$$z_i' = -\frac{\partial H}{\partial y_i} + \frac{\partial^2 S}{\partial y_i\, \partial y_j}\left(y_j' - \frac{\partial H}{\partial z_j}\right) = -\frac{\partial H}{\partial y_i},$$

also die zweite Gruppe der kanonischen Gleichungen (39).

Der Beweis bedarf noch einer Ergänzung. Die Funktionen $y_i(x, \alpha_h, \beta_h)$ und $z_i(x, \alpha_h, \beta_h)$, die sich aus (46) und (47) ergeben, sind nur dann das allgemeine Integral von (39), wenn sie, als Funktionen der Konstanten α_i, β_i angesehen, unabhängig sind, d. h. wenn die Funktionaldeterminante

$$D = \begin{vmatrix}
\dfrac{\partial y_1}{\partial \alpha_1} & \cdots & \dfrac{\partial y_1}{\partial \alpha_n} & \dfrac{\partial y_1}{\partial \beta_1} & \cdots & \dfrac{\partial y_1}{\partial \beta_n} \\[2mm]
\cdots\cdots\cdots & & & \cdots\cdots\cdots & & \\[2mm]
\dfrac{\partial y_n}{\partial \alpha_1} & \cdots & \dfrac{\partial y_n}{\partial \alpha_n} & \dfrac{\partial y_n}{\partial \beta_1} & \cdots & \dfrac{\partial y_n}{\partial \beta_n} \\[2mm]
\dfrac{\partial z_1}{\partial \alpha_1} & \cdots & \dfrac{\partial z_1}{\partial \alpha_n} & \dfrac{\partial z_1}{\partial \beta_1} & \cdots & \dfrac{\partial z_1}{\partial \beta_n} \\[2mm]
\cdots\cdots\cdots & & & \cdots\cdots\cdots & & \\[2mm]
\dfrac{\partial z_n}{\partial \alpha_1} & \cdots & \dfrac{\partial z_n}{\partial \alpha_n} & \dfrac{\partial z_n}{\partial \beta_1} & \cdots & \dfrac{\partial z_n}{\partial \beta_n}
\end{vmatrix} \neq 0 \tag{49}$$

ist. Aus (47) folgt durch Differentiation nach α_j und β_j

$$\frac{\partial z_i}{\partial \alpha_j} = \frac{\partial^2 S}{\partial y_i\, \partial y_k}\, \frac{\partial y_k}{\partial \alpha_j}, \qquad \frac{\partial z_i}{\partial \beta_j} = \frac{\partial^2 S}{\partial y_i\, \partial y_k}\, \frac{\partial y_k}{\partial \beta_j} + \frac{\partial^2 S}{\partial y_i\, \partial \beta_j}.$$

Ich setze diese Werte in die $n+1$-te, $n+2$-te, $\ldots$, $2n$-te Zeile von (49) ein und subtrahiere von der $n+i$-ten Zeile die mit $\dfrac{\partial^2 S}{\partial y_i\, \partial y_1}$ multiplizierte erste Zeile, die mit $\dfrac{\partial^2 S}{\partial y_i\, \partial y_2}$ multiplizierte zweite Zeile usw., schließlich die mit $\dfrac{\partial^2 S}{\partial y_i\, \partial y_n}$ multiplizierte n-te Zeile. Das gibt

$$D = \begin{vmatrix}
\dfrac{\partial y_1}{\partial \alpha_1} & \cdots & \dfrac{\partial y_1}{\partial \alpha_n} & \dfrac{\partial y_1}{\partial \beta_1} & \cdots & \dfrac{\partial y_1}{\partial \beta_n} \\[2mm]
\cdots\cdots\cdots & & & \cdots\cdots\cdots & & \\[2mm]
\dfrac{\partial y_n}{\partial \alpha_1} & \cdots & \dfrac{\partial y_n}{\partial \alpha_n} & \dfrac{\partial y_n}{\partial \beta_1} & \cdots & \dfrac{\partial y_n}{\partial \beta_n} \\[2mm]
0 & \cdots & 0 & \dfrac{\partial^2 S}{\partial y_1\, \partial \beta_1} & \cdots & \dfrac{\partial^2 S}{\partial y_1\, \partial \beta_n} \\[2mm]
\cdots\cdots\cdots & & & \cdots\cdots\cdots & & \\[2mm]
0 & \cdots & 0 & \dfrac{\partial^2 S}{\partial y_n\, \partial \beta_1} & \cdots & \dfrac{\partial^2 S}{\partial y_n\, \partial \beta_n}
\end{vmatrix},$$

also

$$D = \operatorname{Det} \frac{\partial y_i}{\partial \alpha_j} \cdot \operatorname{Det} \frac{\partial^2 S}{\partial y_k\, \partial \beta_h} = \operatorname{Det}\left(\frac{\partial^2 S}{\partial y_k\, \partial \beta_i}\, \frac{\partial y_k}{\partial \alpha_j}\right). \tag{50}$$

Aus (46) folgt durch Differentiation nach α_j

$$\frac{\partial^2 S}{\partial y_k \, \partial \beta_i} \frac{\partial y_k}{\partial \alpha_j} = \frac{\partial \alpha_i}{\partial \alpha_j} = \delta_{ij}$$

und daher $D = 1$. Der Zusammenhang zwischen dem allgemeinen Integral der Eulerschen Gleichungen und dem vollständigen Integral der zugehörigen Hamilton-Jacobischen Gleichung besteht also auch im Fall von n abhängigen Veränderlichen in vollem Umfang.

7. Kanonische Transformationen. Man versteht darunter umkehrbar eindeutige und mindestens dreimal stetig differenzierbare Transformationen

$$x = x(X, Y_h, Z_h), \quad y_i = y_i(X, Y_h, Z_h), \quad z_i = z_i(X, Y_h, Z_h), \qquad (51)$$

deren Funktionaldeterminante somit

$$\frac{\partial(x, y_h, z_h)}{\partial(X, Y_h, Z_h)} \neq 0 \qquad (52)$$

ist und die die kanonischen Gleichungen (39) des Variationsproblems

$$\int f(x, y_h, z_h) \, dx = \int (z_i \, dy_i - H \, dx) \qquad (53)$$

mit der Hamiltonschen Funktion $H(x, y_h, z_h)$ in die kanonischen Gleichungen

$$\frac{dY_i}{dX} = \frac{\partial K}{\partial Z_i}, \qquad \frac{dZ_i}{dX} = -\frac{\partial K}{\partial Y_i} \qquad (54)$$

des transformierten Variationsproblems mit der Hamiltonschen Funktion

$$K(X, Y_h, Z_h) = H(x(X, Y_k, Z_k), y_h(X, Y_k, Z_k), z_h(X, Y_k, Z_k))$$

überführen. Dazu ist notwendig und hinreichend, daß das Integral (53) in das äquivalente Integral

$$\int (Z_i \, dY_i - K \, dX) \qquad (55)$$

übergeht, wobei aber die beiden Integrale (53) und (55) nicht selbst gleich werden, sondern nur zugleich ihr Extremum annehmen müssen, oder genauer: Wenn (53) für gewisse Funktionen $y_i(x)$, $z_i(x)$ ein Extremum wird, so muß (55) für die vermöge (51) daraus entstehenden Funktionen $Y_i(X)$, $Z_i(X)$ ebenfalls ein Extremum sein. Dazu genügt es, wenn

$$\boxed{z_i \, dy_i - H \, dx = Z_i \, dY_i - K \, dX + d\Phi} \qquad (56)$$

wird, wobei $d\Phi$ das totale Differential einer willkürlichen Funktion $\Phi(X, Y_h, Z_h)$ ist; das Integral $\int d\Phi$ ist dann vom Weg unabhängig und liefert zu jedem Integral (53), das zwischen zwei festen Punkten erstreckt ist, einen konstanten Beitrag, der an den Extremumeigenschaften nichts ändert. Die Relation (56) ist eine Identität in den Differentialen dX, dY_i, dZ_i und gibt daher $2n + 1$ Bedingungsgleichungen für die Transformation (51), die man durch Differentiation von (51) und Einsetzen in (56) leicht in der Form

$$\begin{aligned}
Z_i &= z_j \frac{\partial y_j}{\partial Y_i} - H \frac{\partial x}{\partial Y_i} - \frac{\partial \Phi}{\partial Y_i}, \\[2mm]
0 &= z_j \frac{\partial y_j}{\partial Z_i} - H \frac{\partial x}{\partial Z_i} - \frac{\partial \Phi}{\partial Z_i}
\end{aligned} \right\} \qquad (57)$$

und

$$-K = z_j \frac{\partial y_j}{\partial X} - H \frac{\partial x}{\partial X} - \frac{\partial \Phi}{\partial X} \qquad (58)$$

erhält.

Ich beschränke mich im folgenden auf jene für die Anwendung wichtigsten kanonischen Transformationen, die für jedes beliebige Variationsproblem, d. h. *für jede beliebige Wahl der Hamiltonschen Funktion H* gelten. Aus den Gleichungen (57) kann man unmittelbar entnehmen, daß dann

$$\frac{\partial x}{\partial Y_i} = \frac{\partial x}{\partial Z_i} = 0$$

sein muß, d. h. daß die erste Gleichung (51) in $x = x(X)$ übergeht; es ist dann keine wesentliche Einschränkung der Allgemeinheit mehr, wenn wir noch $x = X$ setzen. Die Transformation (51) geht über in

$$y_i = y_i(x, Y_h, Z_h), \quad z_i = z_i(x, Y_h, Z_h) \tag{59}$$

mit den Bedingungsgleichungen

$$\left. \begin{aligned} Z_i &= z_j \frac{\partial y_j}{\partial Y_i} - \frac{\partial \Phi}{\partial Y_i}, \\[2mm] 0 &= z_j \frac{\partial y_j}{\partial Z_i} - \frac{\partial \Phi}{\partial Z_i} \end{aligned} \right\} \tag{57'}$$

und

$$-K = z_j \frac{\partial y_j}{\partial x} - H - \frac{\partial \Phi}{\partial x}. \tag{58'}$$

Die letzte Gleichung dient zur Berechnung der transformierten Hamiltonschen Funktion K. Eine weitere Vereinfachung ergibt sich, wenn man annimmt, daß die rechten Seiten von (59) und die Funktion Φ von x unabhängig sind; dann gibt (58') einfach $K = H$. Sehr viele praktisch wichtige kanonische Transformationen gehören zu diesem Typus.

Die Gleichungen (57') lassen sich in eine sehr aufschlußreiche Form bringen, wenn man die erste Gruppe der Gleichungen (59) nach den Z_i auflöst und an Stelle von x, Y_i, Z_i die x, y_i, Y_i als unabhängige Veränderliche betrachtet. Es sei

$$Z_i = Z_i(x, y_h, Y_h)$$

das Resultat dieser Auflösung; setzt man dann noch

$$\Phi(x, Y_h, Z_h) = V(x, y_h, Y_h)$$

— natürlich ist jetzt auch V eine willkürliche Funktion —, so folgt aus (56)

$$z_i \, dy_i - H \, dx = Z_i \, dY_i - K \, dx + \frac{\partial V}{\partial x} \, dx + \frac{\partial V}{\partial y_i} \, dy_i + \frac{\partial V}{\partial Y_i} \, dY_i$$

und daher an Stelle von (57') und (58')

$$Z_i + \frac{\partial V}{\partial Y_i} = 0, \quad z_i = \frac{\partial V}{\partial y_i} \tag{60}$$

und

$$K = H + \frac{\partial V}{\partial x}. \tag{61}$$

Dadurch ist aber, und zwar allein durch Wahl der Funktion V, eine kanonische Transformation bestimmt; löst man die erste Gruppe der Gleichungen (60) nach den y_i auf, so hat (60) genau die Form (59). Man nennt $V(x, y_h, Y_h)$ die *erzeugende Funktion* der kanonischen Transformation (60).

Die Bedeutung der kanonischen Transformationen liegt darin, daß man in manchen Fällen die transformierten kanonischen Gleichungen leichter integrieren kann als die ursprünglichen. Ein gutes Beispiel für die Auswirkung einer kanonischen Transformation ergibt sich aus dem zweiten Teil des Beweises von Ziffer 6, wenn wir von dem Integral $S(x, y_h, \beta_h)$ der Hamilton-Jacobischen Gleichung ausgehen und als erzeugende Funktion

$$V(x, y_h, Y_h) = S(x, y_h, Y_h)$$

nehmen, also $Y_i = \beta_i$ setzen. Dann gibt (61) wegen (38)

$$K = H + \frac{\partial S}{\partial x} = 0.$$

Die transformierten kanonischen Gleichungen sind also

$$Y_i' = 0, \quad Z_i' = 0$$

oder

$$Y_i = \beta_i, \quad Z_i = -\alpha_i \tag{62}$$

mit den Konstanten α_i und β_i. Die Gleichungen (60) gehen wegen (62) über in

$$\frac{\partial S}{\partial \beta_i}(x, y_h, \beta_h) = \alpha_h, \quad z_i = \frac{\partial S}{\partial y_i}(x, y_h, \beta_h).$$

Die erste Gruppe dieser Gleichungen gibt, nach y_h aufgelöst, $y_h = y_h(x, \alpha_h, \beta_h)$; setzt man diese Funktionen für die y_h in die zweite Gruppe ein, so folgt $z_i = z_i(x, \alpha_h, \beta_h)$, also das allgemeine Integral der ursprünglichen kanonischen Gleichungen (39).

8. Das Hamiltonsche Prinzip in der Dynamik. Es sei ein mechanisches System von n Freiheitsgraden vorgelegt. Im einfachsten Fall besteht ein solches aus v Massenpunkten, die im Raum frei beweglich sind, so daß $n = 3v$ die Zahl der Koordinaten der v Punkte im Raum ist. In einem allgemeineren Fall treten aber zu den Koordinaten irgendwelche Bedingungsgleichungen auf. Ich will hier annehmen, daß es sich um endliche Gleichungen handelt; man spricht dann von einem holonomen System (§ 18, 2). Solche Bedingungsgleichungen können z. B. beinhalten, daß sich gewisse Punkte des Systems auf gegebenen Kurven oder Flächen bewegen; jeder solche Punkt hat dann nur einen bzw. zwei Freiheitsgrade. Ein anderes Beispiel ist der starre Körper, den wir durch drei Punkte, die nicht in einer Geraden liegen, ersetzen können; die drei Punkte haben aber dann feste Abstände voneinander, was drei Bedingungsgleichungen ergibt, so daß der starre Körper nicht 9, sondern nur 6 Freiheitsgrade hat. Das stimmt damit überein, daß jede Bewegung eines starren Körpers im Raum sich aus einer Parallelverschiebung und aus einer Drehung zusammensetzen läßt, die von je drei unabhängigen Parametern abhängen, so daß wir im ganzen sechs unabhängige Parameter oder Freiheitsgrade haben. Nicht holonome Bedingungen ergeben sich z. B. aus rollenden, nicht gleitenden Bewegungen oder aus der Bewegung einer Schneide auf einer Fläche (Schlittschuhläufer).

Wir können also annehmen, daß sich die Ortsvektoren $\mathfrak{x}_\alpha$ ($\alpha = 1, 2, \ldots, v$) als Funktionen von n unabhängigen Parametern darstellen lassen, also[1]

$$\mathfrak{x}_\alpha = \mathfrak{x}_\alpha(q_1, q_2, \ldots, q_n) = \mathfrak{x}_\alpha(q_h). \tag{63}$$

Die Parameter q_i heißen allgemeine oder *generalisierte Koordinaten*, ihre Ableitungen $\dot{q}_i$ nach der Zeit t *generalisierte Geschwindigkeiten*. In allgemeineren Fällen können die Ortsvektoren von der Zeit t auch explizit abhängen; solche Systeme nennt man *rheonom* im Gegensatz zu den *skleronomen* Systemen (63). Rheonome Systeme ergeben sich z. B. durch Führung von Punkten auf bewegten Flächen.

---

[1] Griechische Indizes laufen im folgenden ohne nähere Angabe von 1 bis v, lateinische von 1 bis n. Das Summationsübereinkommen gilt nur für die letzteren.

Aus dem Newtonschen Grundgesetz

$$m_\alpha \ddot{\mathfrak{x}}_\alpha = \mathfrak{K}_\alpha \tag{64}$$

folgt durch innere Multiplikation mit $\dfrac{\partial \mathfrak{x}_\alpha}{\partial q_i}$ und Summation über alle Massenpunkte

$$\sum_\alpha m_\alpha \ddot{\mathfrak{x}}_\alpha \frac{\partial \mathfrak{x}_\alpha}{\partial q_i} = \sum_\alpha \mathfrak{K}_\alpha \frac{\partial \mathfrak{x}_\alpha}{\partial q_i} ; \tag{65}$$

anderseits gibt (63) durch Differentiation nach t

$$\dot{\mathfrak{x}}_\alpha = \frac{\partial \mathfrak{x}_\alpha}{\partial q_i} \dot{q}_i \tag{66}$$

und daher

$$\frac{\partial \dot{\mathfrak{x}}_\alpha}{\partial \dot{q}_i} = \frac{\partial \mathfrak{x}_\alpha}{\partial q_i}.$$

Damit wird

$$\ddot{\mathfrak{x}}_\alpha \frac{\partial \mathfrak{x}_\alpha}{\partial q_i} = \ddot{\mathfrak{x}}_\alpha \frac{\partial \dot{\mathfrak{x}}_\alpha}{\partial \dot{q}_i} = \frac{d}{dt} \left(\dot{\mathfrak{x}}_\alpha \frac{\partial \dot{\mathfrak{x}}_\alpha}{\partial \dot{q}_i} \right) - \dot{\mathfrak{x}}_\alpha \frac{d}{dt} \frac{\partial \mathfrak{x}_\alpha}{\partial q_i}$$

oder

$$\ddot{\mathfrak{x}}_\alpha \frac{\partial \mathfrak{x}_\alpha}{\partial q_i} = \frac{d}{dt} \frac{\partial}{\partial \dot{q}_i} \left(\frac{1}{2} \dot{\mathfrak{x}}_\alpha{}^2 \right) - \frac{\partial}{\partial q_i} \left(\frac{1}{2} \dot{\mathfrak{x}}_\alpha{}^2 \right), \tag{67}$$

da wegen (66)

$$\dot{\mathfrak{x}}_\alpha \frac{d}{dt} \frac{\partial \mathfrak{x}_\alpha}{\partial q_i} = \dot{\mathfrak{x}}_\alpha \frac{\partial^2 \mathfrak{x}_\alpha}{\partial q_i \, \partial q_j} \dot{q}_j = \dot{\mathfrak{x}}_\alpha \frac{\partial \dot{\mathfrak{x}}_\alpha}{\partial q_i}.$$

Nun ist aber

$$T = \frac{1}{2} \sum m_\alpha \dot{\mathfrak{x}}_\alpha{}^2$$

die kinetische Energie des Systems; setzen wir noch

$$\sum \mathfrak{K}_\alpha \frac{\partial \mathfrak{x}_\alpha}{\partial q_i} = Q_i, \tag{68}$$

so geht (65) wegen (67) über in die *Lagrangeschen Bewegungsgleichungen*

$$\boxed{\frac{d}{dt} \frac{\partial T}{\partial \dot{q}_i} - \frac{\partial T}{\partial q_i} = Q_i} \tag{69}$$

in generalisierten Koordinaten.

Die kinetische Energie T geht dabei wegen (66) über in

$$T = \frac{1}{2} \sum m_\alpha \frac{\partial \mathfrak{x}_\alpha}{\partial q_i} \frac{\partial \mathfrak{x}_\alpha}{\partial q_j} \dot{q}_i \dot{q}_j = a_{ij}(q_h) \dot{q}_i \dot{q}_j ; \tag{70}$$

sie ist also eine *quadratische Form* in den $\dot{q}_i$, die nach ihrer Herleitung *positiv definit* ist.

Haben die äußeren Kräfte $\mathfrak{K}_\alpha$ ein Potential $U(x_\alpha, y_\alpha, z_\alpha)$, so daß

$$\mathfrak{K}_\alpha = - \left(\frac{\partial U}{\partial x_\alpha}, \frac{\partial U}{\partial y_\alpha}, \frac{\partial U}{\partial z_\alpha} \right)$$

ist, so folgt aus (68)

$$Q_i = - \sum_\alpha \left(\frac{\partial U}{\partial x_\alpha} \frac{\partial x_\alpha}{\partial q_i} + \frac{\partial U}{\partial y_\alpha} \frac{\partial y_\alpha}{\partial q_i} + \frac{\partial U}{\partial z_\alpha} \frac{\partial z_\alpha}{\partial q_i} \right) = - \frac{\partial U(q_h)}{\partial q_i},$$

wo $U(q_h)$ das Potential als Funktion der q_h bedeutet. Die Funktion

$$L = T - U \tag{71}$$

heißt die *Lagrangesche Funktion* oder das *kinetische Potential* des Systems; mit ihrer Hilfe nehmen die Gleichungen (69) die Form

$$\frac{d}{dt}\frac{\partial L}{\partial \dot{q}_i} - \frac{\partial L}{\partial q_i} = 0 \tag{72}$$

an. Diese Gleichungen sind aber (bis auf das Vorzeichen) die Eulerschen Gleichungen des Variationsproblems

$$\boxed{J = \int\limits_{t_1}^{t_2} L\, dt = \text{Extr.}} \tag{73}$$

Mit diesem Ergebnis läßt sich das *Hamiltonsche Prinzip* formulieren.

Die Bewegung des Systems verläuft zwischen zwei Zeitpunkten t_1 und t_2 stets so, daß die Funktionen $q_i(t)$ das Integral J stationär machen im Vergleich mit allen anderen benachbarten Funktionen $\bar{q}_i(t)$, die im gleichen Zeitintervall von der Anfangslage des Systems zur Endlage führen.

Dabei heißt „benachbart", daß die Kurven $q_i = \bar{q}_i(t)$ in einer gewissen Umgebung der Extremalen $q_i = q_i(t)$ liegen und die Übereinstimmung der Anfangs- und Endlage bedeutet, daß die Randbedingungen $\bar{q}_i(t_1) = q_i(t_1), \bar{q}_i(t_2) = q_i(t_2)$ erfüllt sind. In der Mechanik bezeichnet man die durch $q_i = \bar{q}_i(t)$ beschriebenen Bewegungen als *virtuelle Bewegungen*, um hervorzuheben, daß sie nicht wirklich vorkommen können.

Stellt man das Hamiltonsche Prinzip als Axiom an die Spitze der Entwicklungen, so ergeben sich aus (73) sofort die Lagrangeschen Gleichungen (72) und als Spezialfall die Newtonschen Bewegungsgleichungen (64). Haben wir z. B. nur einen einzigen frei beweglichen Massenpunkt mit der Masse m und den Cartesischen Koordinaten $x_i\,(n = 3)$, so ist

$$q_i = x_i, \quad K_i = -\frac{\partial U}{\partial x_i}, \quad T = \frac{m}{2}\,\dot{x}_i\,\dot{x}_i \tag{74}$$

und aus (72) folgt

$$\frac{d}{dt}\frac{\partial T}{\partial \dot{x}_i} + \frac{\partial U}{\partial x_i} = 0$$

oder

$$m\,\ddot{x}_i = K_i,$$

also die Newtonschen Gleichungen (64) in der einfachsten Form.

Das kinetische Potential L hängt in unserem Fall von der Zeit t nicht explizit ab; wie in § 15, 5 ist daher

$$\frac{\partial L}{\partial \dot{q}_i}\,\dot{q}_i - L = h = \text{konst.}$$

ein Zwischenintegral von (72), das man als *Energieintegral* bezeichnet. Da nach dem Eulerschen Satz über homogene Funktionen

$$\frac{\partial L}{\partial \dot{q}_i}\,\dot{q}_i = \frac{\partial T}{\partial \dot{q}_i}\,\dot{q}_i = 2\,T \tag{75}$$

ist, folgt weiter

$$h = 2\,T - T + U = T + U = \text{konst.},$$

die Gesamtenergie des Systems ist konstant.

Bei rheonomen Systemen, auf die ich trotz ihrer großen Bedeutung nur ganz kurz eingehen kann, treten an Stelle von (63) die Gleichungen

$$\mathfrak{x}_\alpha = \mathfrak{x}_\alpha(t, q_h),$$

an Stelle von (66) erhalten wir

$$\dot{\mathfrak{x}}_\alpha = \frac{\partial \mathfrak{x}_\alpha}{\partial t} + \frac{\partial \mathfrak{x}_\alpha}{\partial q_i}\, \dot{q}_i$$

und an Stelle von (70)

$$T = T_0 + T_1 + T_2,$$

wo T_0 von den $\dot{q}_i$ unabhängig, T_1 eine lineare und T_2 eine quadratische Form in den $\dot{q}_i$ ist, deren Koeffizienten Funktionen von t und den q_i sind. Dieser allgemeinere Fall ist mit den in den vorhergehenden Ziffern entwickelten Methoden erschöpfend zu behandeln; den kanonischen Variablen z_i entsprechen hier die Größen

$$p_i = \frac{\partial L}{\partial \dot{q}_i} = \frac{\partial T}{\partial \dot{q}_i}, \tag{76}$$

die man als *generalisierte Impulse* bezeichnet. Der Name kommt daher, daß im Fall (74) $p_i = m\,\dot{x}_i$ der Impulsvektor des bewegten Punktes wird. An Stelle des Energieintegrals tritt die Hamiltonsche Funktion

$$H(t, q_h, p_h) = p_i\,\dot{q}_i - L,$$

wo die $\dot{q}_i$ mit Hilfe von (76) durch die p_i und q_i auszudrücken sind. Die Funktion

$$S(t, q_h) = \int (p_i\,\dot{q}_i - H)\, dt$$

wird mit einem der geometrischen Optik entnommenen Ausdruck als *Eikonal* bezeichnet.

Wenn das kinetische Potential nur von den Ableitungen $\dot{q}_r$, aber nicht von den Koordinaten q_r selbst abhängt, so reduziert sich die zugehörige Gleichung (72) auf

$$\frac{d}{dt}\frac{\partial L}{\partial \dot{q}_r} = 0,$$

also ist

$$\frac{\partial L}{\partial \dot{q}_r} = \beta_r$$

ein Zwischenintegral von (72). Derartige Koordinaten nennt man *zyklisch* oder *ignorabel*.

9. Die Planetenbewegung und die Keplerschen Gesetze. Als einfaches Anwendungsbeispiel der vorstehenden Überlegungen rechne ich die Bewegung eines Planeten, der von der Sonne nach dem Newtonschen Gravitationsgesetz

$$K = -\gamma\,\frac{M\,m}{r^2} \tag{77}$$

angezogen wird. Da die Geschwindigkeit $\mathfrak{v}$ in irgendeinem Punkt der Bahnkurve mit der Kraft $\mathfrak{K}$ in einer Ebene liegt, handelt es sich um ein ebenes Problem, dessen Integration am einfachsten in Polarkoordinaten $q_1 = r, q_2 = \varphi$ erfolgt. Die Gleichungen (63) lauten hier

$$x = r \cos \varphi, \quad y = r \sin \varphi;$$

wegen

$$\dot{x} = \dot{r} \cos \varphi - r \sin \varphi\, \dot{\varphi}, \quad \dot{y} = \dot{r} \sin \varphi + r \cos \varphi\, \dot{\varphi}$$

wird

$$T = \frac{1}{2}\,m\,v^2 = \frac{1}{2}\,m\,(\dot{x}^2 + \dot{y}^2) = \frac{1}{2}\,m\,(\dot{r}^2 + r^2\,\dot{\varphi}^2).$$

Aus (77) folgt, $\gamma M = k$ gesetzt, das Potential

$$U(r, \varphi) = -\frac{k\,m}{r}$$

und daher

$$L = T - U = \frac{1}{2}\,m\,(\dot{r}^2 + r^2\dot{\varphi}^2) + \frac{k\,m}{r}.$$

L hängt von t nicht explizit ab, also ist

$$T + U = \frac{m}{2}\,(\dot{r}^2 + r^2\dot{\varphi}^2) - \frac{k\,m}{r} = A\,m \tag{78}$$

das Energieintegral; ferner ist φ eine ignorable Koordinate und daher

$$\frac{1}{m}\,\frac{\partial L}{\partial \dot{\varphi}} = r^2\dot{\varphi} = B \tag{79}$$

ein zweites Integral. Aus (79) folgt

$$J = \frac{1}{2}\int\limits_{t_1}^{t_2} r^2\,d\varphi = \frac{1}{2}\,B\,(t_2 - t_1),$$

das *zweite Keplersche Gesetz*: Der von der Sonne zum Planeten gezogene Vektor überstreicht in gleichen Zeitintervallen gleiche Flächen.

Eine einfache Rechnung gibt aus (78) und (79) die Differentialgleichung der Bahnkurve

$$\frac{\dot{r}}{\dot{\varphi}} = \frac{dr}{d\varphi} = \frac{r^2}{B}\sqrt{2\,A + \frac{2\,k}{r} - \frac{B^2}{r^2}},$$

deren Integration

$$r = \frac{B^2}{k + \sqrt{2\,A\,B^2 + k^2}\,\cos(\varphi - \varphi_0)} \tag{80}$$

liefert. Nun ist

$$r = \frac{p}{1 + \varepsilon\cos\varphi} \tag{81}$$

die Gleichung eines Kegelschnitts in Polarkoordinaten, wenn der Ursprung in einen Brennpunkt und die Polarachse in die Richtung der großen Achse verlegt wird, $p = \dfrac{b^2}{a}$ ist der sogenannte Parameter des Kegelschnitts und $\varepsilon = \dfrac{e}{a}$ die numerische Exzentrizität; für eine Ellipse ist $e = \sqrt{a^2 - b^2}$ und $\varepsilon < 1$, für eine Hyperbel ist $e = \sqrt{a^2 + b^2}$ und $\varepsilon > 1$, schließlich für eine Parabel $\varepsilon = 1$ $(a = \infty)$; a und b sind dabei die Halbachsenlängen. Der Vergleich mit (80) zeigt, daß auch diese Gleichung einen Kegelschnitt darstellt, nur ist die große Achse gegen die Polarachse um φ_0 gedreht. Wir können daher ohne Einschränkung der Allgemeinheit $\varphi_0 = 0$ annehmen. Dann geht (80) in (81) über mit

$$p = \frac{B^2}{k}, \quad \varepsilon = \sqrt{\frac{2\,A\,B^2}{k^2} + 1}. \tag{82}$$

Schließen wir die Fälle $\varepsilon \geqq 1$ aus, die nur bei Kometen vorkommen, so haben wir in (80) das *erste Keplersche Gesetz*: Die Planeten bewegen sich auf Ellipsen, in deren einem Brennpunkt die Sonne steht.

Aus (82) und (78) folgt für die Geschwindigkeit

$$v^2 = \dot{r}^2 + r^2\dot{\varphi}^2 = 2\left(A + \frac{k}{r}\right) = k\left(\frac{2}{r} - \frac{1}{a}\right).$$

Wegen (79) und (82) folgt weiter

$$\dot{r}^2 = \frac{k}{a\,r^2}\left[a^2\,\varepsilon^2 - (a-r)^2\right]$$

oder

$$\sqrt{\frac{k}{a}}\,(t-t_0) = \int \frac{r\,dr}{\sqrt{a^2\,\varepsilon^2 - (a-r)^2}}.$$

Die Substitution

$$a - r = a\,\varepsilon\,\cos u$$

gibt nach einfacher Rechnung

$$\sqrt{\frac{k}{a^3}}\,(t-t_0) = u - \varepsilon \sin u.$$

Wächst u um $2\,\pi$, so gibt das gerade einen vollen Umlauf des Planeten; für die Umlaufszeit T ist daher

$$\sqrt{\frac{k}{a^3}}\,T = 2\,\pi$$

oder

$$\frac{T^2}{a^3} = \frac{4\,\pi^2}{k},$$

das *dritte Keplersche Gesetz*: Das Verhältnis $T^2 : a^3$ ist für alle Planeten gleich.

Aufgaben.

1. Es sei $f(x, y, y') = y\,y' + y'^2$. Man bestimme das allgemeine Integral der Eulerschen Gleichung, das vollständige Integral der Jacobi-Hamiltonschen Gleichung und rechne von diesem wieder zurück zum allgemeinen Integral der Eulerschen Gleichung (vgl. das Beispiel in Ziffer 3).

2. Für welche Werte von α und β ist

$$y = Y^\alpha \cos \beta\,Z, \qquad z = Y^\alpha \sin \beta\,Z$$

eine kanonische Transformation?

V. Die regulären Funktionen einer komplexen Variablen.

§ 21. Komplexe Zahlen und Punktmengen in der Ebene.

1. Komplexe Zahlen. Was komplexe Zahlen sind und wie man mit ihnen rechnet, setze ich als bekannt voraus; um aber die folgenden Entwicklungen auf eine sichere Grundlage zu stellen, gebe ich zunächst einen kurzen Überblick über ihre Definition und wichtigsten Eigenschaften. Die komplexen Zahlen[1] lassen sich rein arithmetisch einführen als geordnete Paare reeller Zahlen (x, y). Erklärt man die *Gleichheit* zweier solcher Zahlenpaare

$$(x, y) = (x', y') \tag{1}$$

durch $x = x'$ und $y = y'$, die *Addition* durch

$$(x, y) + (x', y') = (x + x', y + y') \tag{2}$$

und schließlich die *Multiplikation* durch

$$(x, y) \cdot (x', y') = (x\,x' - y\,y',\; x\,y' + y\,x'), \tag{3}$$

---

[1] Genauer: Die *gewöhnlichen* komplexen Zahlen zum Unterschied von den sogenannten höheren komplexen Zahlen, die für uns außer Betracht bleiben können.

so sind in diesen drei Definitionen alle Eigenschaften der komplexen Zahlen enthalten. Man kann ohne Schwierigkeiten zeigen (und ich empfehle Ihnen, die einfache Rechnung durchzuführen), daß Summe und Produkt von Zahlenpaaren dem kommutativen, assoziativen und distributiven Gesetz genügen. Man kann weiter durch die Gleichungen

$$(x_1, y_1) + (x, y) = (x_2, y_2), \tag{4}$$

$$(x_1, y_1) \cdot (x', y') = (x_2, y_2) \tag{5}$$

bei gegebenen (x_1, y_1), (x_2, y_2) und gesuchten (x, y), (x', y') die inversen Rechenoperationen der *Subtraktion* und *Division* (wenn $x_1^2 + y_1^2 \neq 0$ ist) einführen; aus (4) folgt wegen (2) und (1)

$$x = x_2 - x_1, \quad y = y_2 - y_1$$

und aus (5) wegen (3) und (1) zunächst

$$x_1 x' - y_1 y' = x_2, \quad x_1 y' + y_1 x' = y_2.$$

Die Determinante dieser Gleichungen ist

$$\begin{vmatrix} x_1 & -y_1 \\ y_1 & x_1 \end{vmatrix} = x_1^2 + y_1^2;$$

ist also $x_1^2 + y_1^2 \neq 0$, so gibt es die eindeutige Lösung

$$x' = \frac{x_1 x_2 + y_1 y_2}{x_1^2 + y_1^2}, \quad y' = \frac{x_1 y_2 - y_1 x_2}{x_1^2 + y_1^2}.$$

$x_1^2 + y_1^2 = 0$ heißt, da x_1 und y_1 reell sind, $x_1 = y_1 = 0$, also das Zahlenpaar $(0, 0)$, die „komplexe Null". *Durch Null gibt es also auch im Komplexen keine Division.* Daß die Bezeichnung „Null" für das Zahlenpaar $(0, 0)$ gerechtfertigt ist, zeigt auch die Relation

$$(x, y) + (0, 0) = (x, y)$$

entsprechend $x + 0 = x$ im Reellen. Analog ist $(1, 0)$ wegen

$$(x, y) \cdot (1, 0) = (x, y)$$

die „komplexe Eins" entsprechend $x \cdot 1 = x$ im Reellen.

Die Zahlenpaare der Form $(x, 0)$ können wir wegen

$$\left.\begin{aligned} (x_1, 0) + (x_2, 0) &= (x_1 + x_2, 0), \\ (x_1, 0) \cdot (x_2, 0) &= (x_1 x_2, 0) \end{aligned}\right\} \tag{6}$$

mit den reellen Zahlen

$$(x, 0) = x$$

identifizieren. Die Relationen (6) zeigen, daß bei Addition und Multiplikation gemäß (2) und (3) stets wieder Zahlenpaare der Form $(x, 0)$ resultieren, d. h. daß, wie es ja sein muß, Summe und Produkt reeller Zahlen stets wieder reelle Zahlen sind.

Setzt man noch

$$(0, 1) = j, \tag{7}$$

so wird nach (3)

$$j^2 = (0, 1) \cdot (0, 1) = (-1, 0) = -1$$

und

$$(x, y) = (x, 0) + (0, y) = x \cdot (1, 0) + y \cdot (0, 1) = x + y j.$$

Wir kommen also hier auf die uns schon geläufige Schreibweise der komplexen Zahlen mit der reellen, in der Regel gar nicht angeschriebenen Einheit $(1, 0) = 1$

und der *imaginären* Einheit $(0, 1) = j$. Wie üblich, bezeichnen wir die komplexen Zahlen nun noch mit einem einzigen Buchstaben, z. B. $z = (x, y) = x + j\,y$. Die reellen Zahlen $(y = 0)$ sind Sonderfälle der komplexen; eine komplexe Zahl heißt *imaginär*, wenn $y \neq 0$ ist (hier ist also der Gegensatz zu reell) und *rein imaginär*, wenn außerdem $x = 0$ ist.

Ich erinnere noch an die Begriffe der *Norm*

$$N(z) = N(x + j\,y) = x^2 + y^2 \geqq 0$$

($= 0$ nur, wenn $x = y = 0$ ist), des *absoluten Betrags*[1]

$$|z| = + \sqrt{N(z)} = + \sqrt{x^2 + y^2} \geqq 0$$

und der *konjugiert komplexen* Zahl

$$\bar{z} = \overline{x + j\,y} = x - j\,y, \quad \bar{\bar{z}} = \overline{x - j\,y} = x + j\,y.$$

Es gilt

$$z\bar{z} = (x + j\,y)\,(x - j\,y) = x^2 + y^2 = N(z), \tag{8}$$

$$\overline{z_1 + z_2} = \bar{z}_1 + \bar{z}_2, \tag{9}$$

$$\overline{z_1\, z_2} = \bar{z}_1 \cdot \bar{z}_2. \tag{10}$$

Schließlich erwähne ich noch, daß man

$$x = \Re(z)$$

als *Realteil* und

$$y = \Im(z)$$

als *Imaginärteil* der komplexen Zahl $z = x + j\,y$ bezeichnet. Man beachte, daß auch der Imaginärteil eine *reelle* Zahl ist!

2. Die Gaußsche Zahlenebene. Ebenso wie die komplexen Zahlen lassen sich auch die reellen Punkte der Ebene mit den geordneten Paaren reeller Zahlen identifizieren, woraus unmittelbar folgt, daß die komplexen Zahlen sich umkehrbar eindeutig den Punkten einer Ebene zuordnen lassen. Wir führen in der Ebene ein positiv orientiertes, rechtwinkeliges Cartesisches Koordinatensystem ein und ordnen der komplexen Zahl $z = x + j\,y$ den Punkt P mit den Koordinaten (x, y) zu. Geht man durch

$$x = r \cos \varphi, \quad y = r \sin \varphi$$

zu Polarkoordinaten r, φ über, so wird

$$z = r\,(\cos \varphi + j \sin \varphi); \tag{11}$$

dabei ist

$$r = |z|$$

und

$$\varphi = \operatorname{arc} z$$

der Winkel, den der Radiusvektor vom Ursprung zum Punkt z mit der positiven x-Achse einschließt. Wir nennen φ den *Winkel*[2] von z. Ich erinnere weiter an die geometrische Deutung von Addition und Multiplikation komplexer Zahlen, wobei für die letztere die Darstellung (11) maßgebend ist, sowie an die Moivresche Formel

$$(\cos \varphi + j \sin \varphi)^n = \cos n\,\varphi + j \sin n\,\varphi$$

---

[1] Wir wollen übereinkommen, unter $+\sqrt{a}$ bei reellem positivem a stets den positiven und unter $-\sqrt{a}$ den negativen Wert der Wurzel zu verstehen, um die etwas umständliche Schreibweise $\left|\sqrt{a}\right|$ und $-\left|\sqrt{a}\right|$ zu vermeiden.

[2] Sehr oft nennt man φ das *Argument* der komplexen Zahl z und schreibt $\varphi = \arg z$.

und an die Beziehungen, die sich im Zusammenhang damit für die reinen Gleichungen $z^n = a$ (Band I, § 39, 2) ergeben: Die n Wurzeln dieser Gleichung liegen auf dem Kreis mit dem Mittelpunkt o und dem Radius $\varrho = +\sqrt[n]{|a|}$ und bilden die Ecken eines regelmäßigen n-Ecks.

Schließlich noch einige einfache Beziehungen und Definitionen:

Der Abstand zweier Punkte z_1 und z_2 ist $|z_1 - z_2|$.

Für zwei Punkte z_1 und z_2 gelten die Ungleichungen

$$\big||z_1| - |z_2|\big| \leqq |z_1 \pm z_2| \leqq |z_1| + |z_2|,$$

von denen

$$|z_1 + z_2| \leqq |z_1| + |z_2|,$$

die sogenannte *Dreiecksungleichung*, von besonderer Bedeutung ist.

Die Gleichung

$$|z - z_0| = \varrho$$

ist bei festem z_0 und festem positivem reellem ϱ die Gleichung eines Kreises mit dem Mittelpunkt z_0 und dem Radius ϱ; entsprechend genügen der Ungleichung

$$|z - z_0| < \varrho \tag{12}$$

alle Punkte z *im Innern*, der Ungleichung

$$|z - z_0| \leqq \varrho$$

alle Punkte z *im Innern oder auf der Peripherie* und der Ungleichung

$$|z - z_0| > \varrho \tag{13}$$

alle Punkte z *außerhalb* oder im *Äußeren* des obigen Kreises.

Der Ungleichung

$$\Re(z) > 0$$

genügen alle Punkte z der „*rechten Halbebene*", d. h. jenes Teils der z-Ebene, der bei der üblichen Orientierung der Koordinatenachsen rechts von der imaginären Achse liegt, mit Ausschluß dieser Achse selbst.

Das Kreisinnere (12) nennt man eine *Umgebung* des Punktes z_0 und das Kreisäußere (13) eine Umgebung des Punktes $z = \infty$ (vgl. die folgende Ziffer).

3. Die stereographische Projektion, die Riemannsche Zahlenkugel und der Punkt $z = \infty$. Neben der Gaußschen Zahlenebene verwendet man oft noch eine andere, auf RIEMANN zurückgehende geometrische Interpretation der komplexen Zahlen, bei der die komplexen Zahlen umkehrbar eindeutig den Punkten einer Kugel zugeordnet werden. Eine umkehrbar eindeutige Zuordnung der Punkte einer Ebene und der Punkte einer Kugel bekommt man in einfacher Weise durch die *stereographische Projektion*. Sie besteht darin, daß man eine Kugel aus einem ihrer Punkte N auf eine Ebene, in unserem Fall die Gaußsche Zahlenebene ε projiziert, wobei man die Ebene ε parallel zur Tangentenebene der Kugel im Punkt N nimmt. In der Regel legt man den Mittelpunkt der Kugel in den Ursprung von ε und nimmt ihren Radius gleich 1 (Abb. 33). Dadurch erreicht man, daß der Schnittkreis $x^2 + y^2 = 1$ von Kugel und Ebene in sich übergeht, die obere Halbkugel auf das Äußere und die untere Halbkugel auf das Innere dieses Kreises abgebildet wird. Der Punkt N heißt der *Nordpol* und der diametral gegenüberliegende Punkt S der Südpol der Kugel[1]. Diese Abbildung von Kugel und Ebene

---

[1] Eine oft verwendete Variante besteht darin, daß man eine Kugel vom Radius $1/2$ auf die Ebene ε legt, so daß S der Berührungspunkt wird. Der Kreis $x^2 + y^2 = 1$ ist dann wieder die Grenze zwischen den Bildpunkten der nördlichen und südlichen Halbkugel.

ist überall eineindeutig mit alleiniger Ausnahme des Nordpols der Kugel, dem,
wenn wir an unserer, von der analytischen Geometrie her gewohnten Vorstellung von einer unendlich fernen Geraden in der Ebene zunächst festhalten,
alle Punkte dieser unendlich fernen Geraden entsprechen. Wenn es sich aber um die
geometrische Deutung der komplexen Zahlen handelt, trifft man eine andere Festsetzung, die fürs erste ein wenig gekünstelt erscheint, sich aber doch als sehr zweckmäßig erwiesen hat und durch die man eine ausnahmslose Eineindeutigkeit der Abbildung erreicht: Man kommt überein, in der Gaußschen Zahlenebene nur einen
einzigen Punkt $z = \infty$ an Stelle einer unendlich fernen Geraden anzunehmen, und
dieser Punkt $z = \infty$ entspricht dann eineindeutig dem Nordpol der Kugel, die man
als *Riemannsche Zahlenkugel* bezeichnet. Die durch den Punkt $z = \infty$ erweiterte und

in einem gewissen Sinn abgeschlossene
(Ziffer 4) Gaußsche Zahlenebene wird als
volle Zahlenebene bezeichnet. Sie ist ein
umkehrbar-eindeutiges Bild der Riemannschen Zahlenkugel.

Und nun noch eine Bemerkung zur
Klärung der vielleicht ein wenig mysteriösen Angelegenheit des „Punktes $z = \infty$".
Die beiden Koordinaten x und y in der
Gaußschen Zahlenebene sind immer reelle
Zahlen; wenn wir in der Gaußschen
Ebene einen Kreis und eine Gerade
zeichnen, so müssen wir drei Fälle unter-

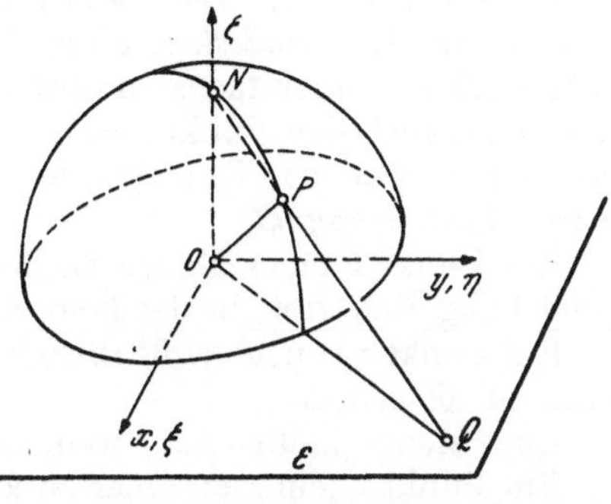
Abb. 33.

scheiden: Die beiden Kurven haben entweder zwei Punkte oder einen Punkt oder
überhaupt keinen Punkt gemeinsam. Dadurch unterscheidet sich die Gaußsche
Zahlenebene ganz wesentlich von der Ebene, die wir sonst bei geometrischen
Untersuchungen zu betrachten gewohnt sind. Wir sagen in der Geometrie ohneweiters, daß eine Gerade einen Kegelschnitt in zwei Punkten schneidet und fügen
höchstens so nebenbei noch hinzu, daß diese Punkte unter Umständen auch zusammenfallen oder *imaginär* sein können; wir sprechen von nullteiligen Kegelschnitten, die überhaupt keine reellen Punkte haben usw., das heißt aber doch,
daß wir in der Geometrie, und zwar vor allem in der sogenannten algebraischen
Geometrie, die sich mit den geometrischen Gebilden befaßt, die durch algebraische
Gleichungen definiert sind, uns nicht auf reelle Punkte beschränken, sondern
durchaus gleichberechtigt auch imaginäre Punkte zulassen und dazu geradezu
gezwungen werden, wenn wir unsere Ergebnisse nicht durch die Notwendigkeit,
ständig alle möglichen Ausnahmefälle aufzählen zu müssen, höchst unübersichtlich machen wollen. Bezeichnen wir die Koordinaten in dieser „komplexen"
Ebene der Geometrie mit z_1 und z_2, die also beide beliebige komplexe Zahlen sind,
so ist $z_1 = x_1 + j\,y_1$, $z_2 = x_2 + j\,y_2$ mit reellen x_1, y_1, x_2, y_2, d. h. die komplexe
Ebene der Geometrie hat *vier* reelle Dimensionen, ist also ein reeller vierdimensionaler Raum. Damit wird uns aber auch klar, was es mit dem „Punkt $z = \infty$"
der Gaußschen Zahlenebene für eine Bewandtnis hat: Die Gaußsche Zahlenebene hat nichts mit der „Ebene" der algebraischen Geometrie zu tun, die im
obigen Sinne eine komplexe Ebene ist, sondern sie ist das reelle Äquivalent der
„Geraden" der Geometrie, die einen und nur einen unendlich fernen Punkt hat,
eben den Punkt $z = \infty$ der Gaußschen Zahlenebene.

4. Punktmengen in der Gaußschen Zahlenebene. Wir betrachten im folgenden
Mengen $\mathfrak{M}$ von komplexen Zahlen oder, was nach dem Vorstehenden damit
völlig gleichbedeutend ist, Mengen von Punkten in der Gaußschen Zahlenebene

oder Mengen, deren Elemente Paare reeller Zahlen sind. In der Regel werden wir die geometrische Interpretation als Punktmengen bevorzugen. Ich stelle wieder die wichtigsten und im folgenden immer wieder gebrauchten Begriffe und Sätze über solche ebene Punktmengen zusammen.

Eine Menge $\mathfrak{M}$ heißt *beschränkt*, wenn sämtliche Punkte von $\mathfrak{M}$ im Innern eines Kreises liegen, also einer Ungleichung $|z - z_0| < \varrho$ genügen. $\mathfrak{M}$ ist dann Teilmenge des Kreisinnern. Selbstverständlich kann man statt des Kreises auch ein Quadrat, ein Rechteck od. dgl. nehmen.

Ein Punkt ζ heißt *Häufungspunkt* einer Menge $\mathfrak{M}$, wenn in jeder Umgebung (Ziffer 2) $\mathfrak{U}(\zeta)$ unendlich viele Punkte von $\mathfrak{M}$ enthalten sind. ζ muß dabei nicht selbst Punkt von $\mathfrak{M}$ sein.

Es gilt der Satz von BOLZANO-WEIERSTRASS: *Jede beschränkte unendliche Punktmenge hat mindestens einen Häufungspunkt.* Der Beweis dieses wichtigen Satzes erfolgt am einfachsten durch eine Rechteckschachtelung (Band II, § 7, 1). Läßt man auch den Punkt $z = \infty$ als uneigentlichen Häufungspunkt zu, so kann man den Satz etwas allgemeiner formulieren: *Jede unendliche Menge hat mindestens einen Häufungspunkt.*

Ein Punkt z einer Menge $\mathfrak{M}$ heißt ein *isolierter Punkt* von $\mathfrak{M}$, wenn es eine Umgebung $\mathfrak{U}(z)$ gibt, in der kein weiterer Punkt von $\mathfrak{M}$ enthalten ist.

Ein Punkt z von $\mathfrak{M}$ heißt *innerer Punkt*, wenn es eine Umgebung $\mathfrak{U}(z)$ gibt, die ganz zu $\mathfrak{M}$ gehört.

Eine Menge heißt *offen*, wenn sie nur aus inneren Punkten besteht.

Ein Punkt z (einerlei, ob er zu $\mathfrak{M}$ gehört oder nicht) heißt *Randpunkt* von $\mathfrak{M}$, wenn in jeder Umgebung von z mindestens ein Punkt von $\mathfrak{M}$ sowie mindestens ein Punkt liegt, der nicht zu $\mathfrak{M}$ gehört.

Eine Menge heißt *abgeschlossen*, wenn sie alle ihre Häufungspunkte enthält.

Aus der Definition des Randpunkts folgt unmittelbar: *Jeder nicht zu $\mathfrak{M}$ gehörige Häufungspunkt von $\mathfrak{M}$ ist ein Randpunkt von $\mathfrak{M}$.*

Die Menge aller Randpunkte einer Menge ist abgeschlossen. Man beachte, daß jeder Häufungspunkt von Randpunkten von $\mathfrak{M}$ wieder Häufungspunkt von $\mathfrak{M}$ sein muß, aber nicht innerer Punkt von $\mathfrak{M}$ sein kann und daher Randpunkt von $\mathfrak{M}$ ist.

Unter einem *Kurvenstück* in der Gaußschen Zahlenebene verstehe ich im folgenden die Menge aller Punkte $z = x + j\,y$, deren Koordinaten x und y in einem abgeschlossenen Intervall $[\alpha, \beta]$ *definierte, stetige und stetig differenzierbare* Funktionen

$$x = x(t), \quad y = y(t)$$

sind. Wir schreiben dafür auch kurz $z = z(t)$. Das bedeutet eine recht erhebliche Einschränkung des Kurvenbegriffs auf die bisher als *glatte Kurven* bezeichneten geometrischen Gebilde. Gemäß dieser Definition ist jedes Kurvenstück rektifizierbar, d. h. es hat eine bestimmte *endliche Länge*. Durch den Parameter t ist jedes Kurvenstück *orientiert*, und zwar nehmen wir jenen Durchlaufungssinn als positiv, der durch wachsende Werte von t festgelegt ist. Der Punkt $t = \alpha$ heißt der *Anfangspunkt*, der Punkt $t = \beta$ der *Endpunkt* des Kurvenstücks.

Unter einer *Kurve* $\mathfrak{C}$ verstehen wir eine Aneinanderreihung einer endlichen Anzahl von Kurvenstücken derart, daß der Anfangspunkt jedes Kurvenstücks (mit Ausnahme des ersten) mit dem Endpunkt des vorhergehenden zusammenfällt. Dabei soll aber darauf verzichtet werden, daß die Tangenten der einzelnen Kurvenstücke stetig ineinander übergehen, $\mathfrak{C}$ ist also nach der bisher verwendeten Terminologie eine stetige und stückweise glatte Kurve. Auch $\mathfrak{C}$ ist dann rektifizierbar und hat eine endliche Länge. Natürlich ist jedes Kurvenstück auch eine Kurve[1].

Ein Kurvenstück heißt *doppelpunktfrei*, wenn für alle Zahlenpaare t', t'' aus $[\alpha, \beta]$ stets

$$z(t') \neq z(t'')$$

ist, höchstens mit der Ausnahme

$$z(\alpha) = z(\beta),$$

wo Anfangs- und Endpunkt des Kurvenstücks zusammenfallen, also ein *geschlossenes* Kurvenstück vorliegt. Beide Begriffe lassen sich auf eine Kurve $\mathfrak{C}$ übertragen, die etwa aus den Kurvenstücken $\mathfrak{C}_1, \mathfrak{C}_2, \ldots, \mathfrak{C}_n$ zusammengesetzt ist. $\mathfrak{C}$ ist doppelpunktfrei, wenn nicht nur alle $\mathfrak{C}_i$ doppelpunktfrei sind, sondern auch kein Stück $\mathfrak{C}_i$ mit einem anderen Stück $\mathfrak{C}_j$ einen Punkt gemeinsam hat (mit Ausnahme der Endpunkte von $\mathfrak{C}_i$, die zugleich Anfangspunkte von $\mathfrak{C}_{i+1}$, $i = 1, 2, \ldots, n-1$, sind). $\mathfrak{C}$ ist geschlossen, wenn der Endpunkt von $\mathfrak{C}_n$ mit dem Anfangspunkt von $\mathfrak{C}_1$ zusammenfällt.

Ich werde im folgenden von allen Kurven, wenn nicht ausdrücklich das Gegenteil zugelassen wird, stets *die Doppelpunktfreiheit voraussetzen*, ohne sie besonders zu erwähnen. Ferner werde ich statt Kurve oder Kurvenstück gelegentlich auch die Worte *Weg* oder *Wegstück* in völlig gleicher Bedeutung verwenden.

Nach dieser Definition des Kurvenbegriffs ist die Menge aller Punkte einer Kurve stets eine beschränkte Menge. Es gibt aber Kurven, wie die (unbegrenzte) Gerade, die Parabel oder die Hyperbel, die sich ins Unendliche erstrecken, also keine beschränkten Mengen sind. Wir werden auch solche Kurven zulassen, müssen also die Definition noch etwas erweitern. Das kann in einer sehr einfachen Weise dadurch geschehen, daß wir von der Gaußschen Zahlenebene auf die Riemannsche Zahlenkugel übergehen. Kurven, die sich in der Ebene ins Unendliche erstrecken, gehen dadurch über in Kurven auf der Zahlenkugel, die durch den Punkt N hindurchgehen, also geometrisch gar nicht besonders vor allen anderen Kurven ausgezeichnet sind. Wenn wir unter einem Kurvenstück auf der Zahlenkugel die Menge aller Raumpunkte (ξ, η, ζ) verstehen, deren Koordinaten in einem abgeschlossenen Intervall $[\alpha, \beta]$ definierte, stetige und stetig differenzierbare Funktionen $\xi = \xi(t)$, $\eta = \eta(t)$, $\zeta = \zeta(t)$ sind, die *in $[\alpha, \beta]$ der Identität*

$$\xi^2 + \eta^2 + \zeta^2 = 1$$

genügen, so können alle weiteren obigen Definitionen zum Kurvenbegriff und alle Folgerungen daraus ungeändert bleiben und wir haben doch die nicht beschränkten Kurven der Zahlenebene mit inbegriffen. Ich mache noch auf die wichtige Konsequenz aufmerksam, daß eine unbegrenzte Gerade der Zahlenebene, da sie auf einen Kreis der Zahlenkugel abgebildet wird, als *geschlossene* Kurve anzusehen ist.

Eine Menge $\mathfrak{M}$ heißt *zusammenhängend*, wenn sie sich nicht als Summe $\mathfrak{M} = \mathfrak{A} + \mathfrak{B}$ zweier nicht leerer Mengen $\mathfrak{A}$ und $\mathfrak{B}$ darstellen läßt, wobei kein Häufungspunkt von $\mathfrak{A}$ zu $\mathfrak{B}$ und umgekehrt gehört. Insbesondere ist jede Kurve $\mathfrak{C}$ eine zusammenhängende Punktmenge. Wir wollen übereinkommen, auch eine aus *einem einzigen Punkt* bestehende Menge noch als zusammenhängend zu bezeichnen.

---

[1] Unter diesen Kurvenbegriff fallen jetzt auch, was wichtig ist, geschlossene oder offene Polygone oder Streckenzüge. Gerade an diesem Sonderfall erkennt man den Grund für die Unterscheidung von Kurve und Kurvenstück: Man kann zwar jede einzelne Seite eines Polygons durch eine Parameterdarstellung der obigen Art beschreiben, aber für zwei Seiten braucht man im allgemeinen zwei verschiedene Darstellungen.

Eine Menge $\mathfrak{M}$ heißt ein *Gebiet*, wenn sie *offen* ist und sich je zwei ihrer Punkte durch eine Kurve verbinden lassen, deren sämtliche Punkte zu $\mathfrak{M}$ gehören. Daraus folgt unmittelbar, daß *jedes Gebiet eine zusammenhängende Menge ist.* Die Menge der Randpunkte eines Gebietes $\mathfrak{G}$ heißt *Rand* oder *Begrenzung* von $\mathfrak{G}$. Durch Hinzunahme des Randes entsteht aus einem Gebiet ein *abgeschlossener Bereich*[1].

Ein Gebiet heißt *einfach zusammenhängend*, wenn sein Rand zusammenhängend (z. B. eine geschlossene Kurve) ist, und *n-fach zusammenhängend* ($n > 1$), wenn sein Rand aus n getrennten zusammenhängenden Mengen (z. B. Kurven oder isolierten Punkten) besteht. Dabei heißen zwei Mengen *getrennt*, wenn ihr Durchschnitt leer ist und keine einen Häufungspunkt der anderen enthält.

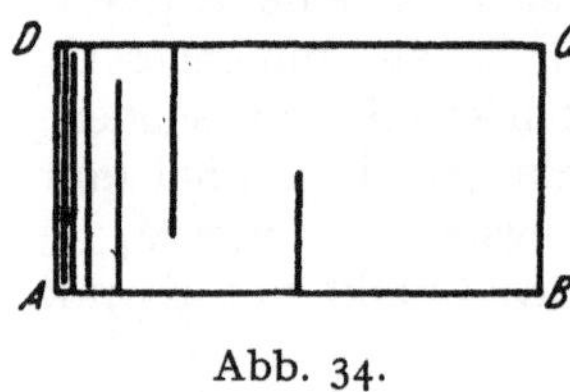
Abb. 34.

Das Kreisgebiet $|z| < a$, $a > 0$, ist einfach, der Kreisring $0 < b < |z| < a$ zweifach zusammenhängend. Ist $b = 0$, so reduziert sich der innere Kreis auf einen Punkt, aber das Gebiet $0 < |z| < a$ bleibt zweifach zusammenhängend.

Die *ganze* Ebene ist ein Gebiet, dessen Rand der eine Punkt $z = \infty$ ist, die *volle* Ebene (Ziffer 3) ist ein *abgeschlossener Bereich* ohne Rand (die volle Zahlenkugel!). Unter einer *Halbebene* versteht man alle Punkte auf einer Seite einer Geraden, z. B. die rechte (linke) Halbebene $\mathfrak{R}(z) > 0$, ($\mathfrak{R}(z) < 0$), die obere (untere) Halbebene $\mathfrak{J}(z) > 0$ ($\mathfrak{J}(z) < 0$).

Daß unter Umständen der Rand eines Gebietes ein recht kompliziertes Gebilde sein kann, das durchaus keine Kurve im obigen Sinn ist, zeigt das folgende Beispiel (Abb. 34): In das Rechteck $ABCD$ sind Einschnitte geführt, die abwechselnd von den Seiten $\overline{AB}$ und $\overline{CD}$ ausgehen, sich gegen die Seite $\overline{AD}$ hin häufen (etwa in den Abständen $\dfrac{1}{2}$, $\dfrac{1}{3}$, $\dfrac{1}{4}$, ... von $\overline{AD}$, wobei $\overline{AB} = 1$ gesetzt ist) und immer länger werden (z. B. mit den Endpunkten auf den Diagonalen $\overline{AC}$ und $\overline{BD}$). Das Gebiet $\mathfrak{G}$ bestehe aus allen Punkten im Innern des Rechtecks mit Ausnahme aller Einschnitte; die Rechteckseiten und die Einschnitte bilden den Rand von $\mathfrak{G}$.

Ohne Beweis erwähne ich den — anschaulich sehr einleuchtenden — *Jordanschen Kurvensatz*[2]: *Jede geschlossene Kurve $\mathfrak{C}$ zerlegt die Menge der nicht auf $\mathfrak{C}$ liegenden Punkte der Ebene in zwei getrennte Gebiete.* Von ihnen ist das eine beschränkt und heißt *Innengebiet* oder *das Innere* von $\mathfrak{C}$, das andere nicht beschränkt und heißt *Außengebiet* oder *das Äußere* von $\mathfrak{C}$.

Ein einfach zusammenhängendes beschränktes Gebiet $\mathfrak{G}$ hat die wichtige Eigenschaft, daß mit jeder in ihm verlaufenden geschlossenen Kurve $\mathfrak{C}$ auch *das Innengebiet von $\mathfrak{C}$ ganz zu $\mathfrak{G}$ gehört.* Daraus folgt weiter, daß *sich jede solche Kurve stetig auf einen beliebigen Punkt ihres Innengebietes zusammenziehen läßt.*

5. Der Borelsche Überdeckungssatz[3]. Wir denken uns um jeden Punkt z einer beliebigen Menge $\mathfrak{M}$ ein offenes Kreisgebiet $\mathfrak{K}_z$ mit beliebigem Radius $r_z > 0$ beschrieben. Die Vereinigungsmenge aller dieser Kreise *überdeckt*, wie man zu sagen pflegt, die Menge $\mathfrak{M}$. Der Borelsche Überdeckungssatz be-

---

[1] Man beachte: „Gebiet" ist jetzt ein bequemerer Ausdruck für „offener Bereich". Das Wort „Bereich" wird wie bisher in einem allgemeineren Sinn verwendet. Ein Bereich $\mathfrak{B}$ entsteht aus einem Gebiet $\mathfrak{G}$, wenn man eine Teilmenge $\mathfrak{R}_1$ des Randes $\mathfrak{R}$ von $\mathfrak{G}$ zu $\mathfrak{G}$ hinzufügt; dabei kann $\mathfrak{R}_1$ leer sein (dann ist $\mathfrak{B} = \mathfrak{G}$) oder auch mit $\mathfrak{R}$ zusammenfallen (dann ist $\mathfrak{B}$ abgeschlossen und wird als *abgeschlossene Hülle* von $\mathfrak{G}$ bezeichnet).

[2] Camille Jordan, geb. 1838, gest. 1922 in Mailand, wirkte in Paris. Wichtige Beiträge zur Analysis.

[3] Emile Borel, geb. 1871 in Saint-Affrique (Dep. Aveyron), lebt in Paris. Arbeitsgebiete: Mengenlehre, reelle und komplexe Funktionen, Wahrscheinlichkeitstheorie.

hauptet nun, daß *zur Überdeckung einer beschränkten und abgeschlossenen Menge* $\mathfrak{M}$
bereits eine endliche Anzahl geeignet ausgewählter Kreise $\mathfrak{K}_z$ *genügt.*

Der Satz ist trivial, wenn $\mathfrak{M}$ selbst endlich ist. Ich nehme nun an, der Satz
sei für die unendliche Menge $\mathfrak{M}$ falsch, d. h. daß zur Überdeckung von $\mathfrak{M}$ unendlich viele Kreise nötig seien. Ich schließe $\mathfrak{M}$ in ein Rechteck $\mathfrak{R}_1$ ein und teile es
durch die Seitensymmetralen in vier kongruente Rechtecke (alle Rechtecke sind
als abgeschlossene Mengen, d. h. mit Einschluß der Seiten zu verstehen), wodurch
auch $\mathfrak{M}$ in vier Teilmengen zerlegt wird. Für mindestens eine dieser Teilmengen
muß der Satz falsch sein; ich wähle eine von ihnen beliebig aus und bezeichne
mit $\mathfrak{R}_2$ das sie enthaltende Teilrechteck. Mit $\mathfrak{R}_2$ verfahre ich wie oben mit $\mathfrak{R}_1$
und komme so zu einer Folge von Rechtecken $\mathfrak{R}_\nu$, deren jedes eine unendliche
Teilmenge von $\mathfrak{M}$ enthält, für die der Satz falsch ist. Diese Rechteckschachtelung
(Band II, § 7, 1) definiere den Punkt z_0 als Grenzpunkt. z_0 ist dann Häufungspunkt von $\mathfrak{M}$ und, da $\mathfrak{M}$ abgeschlossen ist, auch Punkt von $\mathfrak{M}$ und daher mit
einem Kreis $\mathfrak{K}_0$ vom Radius $r_0 > 0$ umgeben. Ich wähle nun ν so groß, daß die
Diagonale von $\mathfrak{R}_\nu$ kleiner als r_0 ist. Dann werden aber alle Punkte von $\mathfrak{R}_\nu$ und
damit auch alle Punkte der in $\mathfrak{R}_\nu$ enthaltenen unendlichen Teilmenge von $\mathfrak{M}$
vom Kreis $\mathfrak{K}_0$ überdeckt, in offenbarem Widerspruch zur Annahme.

6. Punkt- und Zahlenfolgen, unendliche Reihen. Eine unendliche Menge $\mathfrak{M}$
von Punkten der Gaußschen Zahlenebene heißt *abzählbar*, wenn sich ihre Punkte
umkehrbar eindeutig den natürlichen Zahlen zuordnen lassen. Man schreibt $\mathfrak{M}$
dann in der Form $\mathfrak{M} = \{z_1, z_2, \ldots, z_\nu, \ldots\}$ oder kürzer $\mathfrak{M} = \{z_\nu\}$, $\nu = 1, 2, \ldots$.
Eine derart *geordnete* abzählbare Menge heißt *Folge* (Punktfolge, Zahlenfolge).

Ist $\zeta \neq \infty$ der einzige Häufungspunkt der Folge $\{z_\nu\}$, so heißt $\{z_\nu\}$ *konvergent* und ζ ihr *Grenzwert, Grenzpunkt* oder *Limes*; man schreibt

$$\lim_{\nu \to \infty} z_\nu = \zeta.$$

Hat die Folge $\{z_\nu\}$ den einzigen Häufungspunkt $\zeta = \infty$, so heißt $\{z_\nu\}$
bestimmt divergent, und man schreibt

$$\lim_{\nu \to \infty} z_\nu = \infty.$$

Folgen mit zwei und mehr Häufungspunkten heißen *divergent* schlechthin.

Ist $\{z_\nu\}$ konvergent und ζ ihr Grenzwert, so liegen außerhalb jeder Um-
gebung $|z - \zeta| < \varepsilon$ mit beliebigem $\varepsilon > 0$ höchstens endlich viele Punkte z_ν.
Unter diesen Punkten gibt es einen, dessen Index ν ein Maximum $\nu = n$ ist.
Diese Zahl n hängt von ε ab; für alle $\nu > n$ gilt

$$|z_\nu - \zeta| < \varepsilon, \tag{14}$$

und das ist die uns vom Reellen her wohlbekannte notwendige und hinreichende
Bedingung für die Konvergenz einer Folge gegen den Grenzwert ζ. (14) sagt,
daß bei einer konvergenten Folge *fast alle* (d. h. alle bis auf endlich viele) Punkte z_ν
in einer beliebigen Umgebung des Häufungswertes ζ enthalten sind. Unmittelbar
folgt daraus, daß *jede konvergente Folge beschränkt ist*; unter den endlich vielen
Punkten z_ν mit $\nu \leq n$ gibt es einen, dessen Abstand d von ζ ein Maximum ist;
dann liegen aber alle Punkte z_ν im Kreis $|z - \zeta| < d + h$ mit beliebigem $h > 0$.

Eine vom speziellen Wert von ζ unabhängige Konvergenzbedingung ist das
allgemeine Konvergenzprinzip von CAUCHY: *Die Folge* $\{z_\nu\}$ *ist dann und nur dann
konvergent, wenn sich zu jedem $\varepsilon > 0$ eine natürliche Zahl $n = n(\varepsilon)$ angeben läßt,
so daß für alle $\nu > n$ und für alle $\mu > n$*

$$|z_\mu - z_\nu| < \varepsilon \tag{15}$$

gilt. Ich deute den Beweis kurz an, er verläuft fast wörtlich wie im Reellen. Es sei zunächst $\{z_v\}$ konvergent mit dem Grenzwert ζ. Dann ist für alle $v > n_1(\varepsilon)$

$$|z_v - \zeta| < \frac{1}{2}\,\varepsilon$$

und daher für alle $\mu > n_1$

$$|z_\mu - z_v| = |(z_\mu - \zeta) - (z_v - \zeta)| \leq |z_\mu - \zeta| + |z_v - \zeta| < \varepsilon,$$

d. h. die Bedingung (15) ist notwendig. Umgekehrt folgt aus (15), daß die Folge $\{z_v\}$ beschränkt ist, denn fast alle z_v liegen in der Umgebung (15) von z_μ, μ fest. $\{z_v\}$ hat daher mindestens einen Häufungspunkt, kann aber, wieder wegen (15), auch nicht mehr als einen Häufungspunkt haben; hätte nämlich $\{z_v\}$ zwei Häufungspunkte mit endlichem Abstand, so könnte (15) nicht für beliebig kleine ε erfüllt sein.

Die Tatsache, daß das allgemeine Konvergenzprinzip im Komplexen genau so formuliert werden kann wie im Reellen, ist ungemein wichtig. Erinnern wir uns, welche beherrschende Rolle dieser Satz in der Theorie der Zahlenfolgen und unendlichen Reihen im Reellen spielt, so erkennen wir, daß mit seiner Gültigkeit im komplexen Bereich sich alle Begriffe und Sätze über reelle Folgen und Reihen unmittelbar ins Komplexe übertragen lassen, sofern sie nicht mit der linearen Anordnung (natürlichen Größenordnung) der reellen Zahlen wesentlich zusammenhängen. So verliert im Komplexen der wichtige Begriff der Monotonie jeden Sinn, ebenso der der alternierenden Reihe u. dgl. mehr. Ansonsten gelten alle Begriffe und Sätze über Folgen und Reihen mit konstanten Gliedern völlig unverändert auch im Komplexen. Ich erinnere insbesondere an den wichtigen Begriff der absoluten Konvergenz, an die Sätze über Summe, Differenz, Produkt und Quotient unendlicher Reihen, an das Prinzip der Reihenvergleichung und an die einfachen Cauchyschen Konvergenzkriterien (Wurzel- und Quotientenkriterium)[1].

Dagegen können wir vorläufig nichts über Folgen und Reihen mit veränderlichen Gliedern im Komplexen aussagen, weil uns der Funktionsbegriff noch fehlt. Ich komme daher auf diese Reihen später (§ 25) noch ausführlicher zurück und werde nur auf den einfachsten, aber besonders wichtigen Fall der Potenzreihen in Ziffer 8 kurz eingehen.

Zunächst aber noch einige ergänzende Bemerkungen. Es sei $\{z_v\}$ eine konvergente Folge mit dem Grenzwert ζ. Ich setze $z_v = x_v + j\,y_v$, $\zeta = \xi + j\,\eta$. Aus

$$|z_v - \zeta| < \varepsilon, \quad v > n(\varepsilon)$$

folgt

$$(x_v - \xi)^2 + (y_v - \eta)^2 < \varepsilon^2; \tag{16}$$

es sind also auf jeden Fall für $v > n(\varepsilon)$ die beiden Ungleichungen

$$|x_v - \xi| < \varepsilon, \quad |y_v - \eta| < \varepsilon \tag{17}$$

erfüllt, d. h. die reellen Folgen $\{x_v\}$ und $\{y_v\}$ sind konvergent und ihre Grenzwerte sind Real- und Imaginärteil des Grenzwerts ζ der Folge $\{z_v\} = \{x_v + j\,y_v\}$; es ist also

$$\lim_{v \to \infty} x_v = \xi, \quad \lim_{v \to \infty} y_v = \eta.$$

Umgekehrt folgt aus dem Bestehen der Ungleichungen (17) durch Quadrieren und Addieren sofort eine Ungleichung der Form (16); es steht nur rechts $2\,\varepsilon^2$ statt ε^2, was aber ganz unwesentlich ist. D. h. aber, *daß die Konvergenz*

---

[1] Band II, §§ 1 bis 3.

der beiden reellen Folgen $\{x_\nu\}$ und $\{y_\nu\}$ notwendig und hinreichend für die Konvergenz der Folge $\{z_\nu\} = \{x_\nu + j\,y_\nu\}$ ist.

Für Reihen folgt daraus unmittelbar der Satz, daß *eine Reihe*

$$\sum_{\nu=0}^{\infty} w_\nu$$

mit komplexen Gliedern $w_\nu = u_\nu + j\,v_\nu$ dann und nur dann konvergent ist, wenn die beiden reellen Reihen

$$\sum_{\nu=0}^{\infty} u_\nu \quad \text{und} \quad \sum_{\nu=0}^{\infty} v_\nu$$

konvergieren. Dieses Ergebnis ist insofern bemerkenswert, als die Zusammenfassung der Real- und Imaginärteile der einzelnen Reihenglieder eine Umordnung der Reihe bedeutet, die somit auch bei bedingt konvergenten Reihen ohne Einfluß auf die Reihensumme ist. Ferner ist $\sum w_\nu$ *dann und nur dann absolut konvergent, wenn die beiden reellen Reihen $\sum u_\nu$ und $\sum v_\nu$ absolut konvergieren.*

7. Die Abelsche Reihentransformation. Es handelt sich dabei um eine, manchmal auch als *partielle Summation* bezeichnete und an sich recht einfache Umformung einer unendlichen Reihe der Form[1]

$$\sum_{\nu=0}^{\infty} a_\nu\, b_\nu, \tag{18}$$

die aber recht weittragende Konsequenzen hat und in vielen Fällen die Entscheidung über die Konvergenz bedeutend erleichtert. Ich setze

$$\sum_{\nu=0}^{n} a_\nu = A_n; \quad n = 0, 1, 2, \ldots,$$

damit werden die Teilsummen der Reihe (18)

$$\sum_{\nu=0}^{n} a_\nu\, b_\nu = \sum_{\nu=0}^{n} A_\nu\, b_\nu - \sum_{\nu=1}^{n} A_{\nu-1}\, b_\nu = \sum_{\nu=0}^{n} A_\nu\, b_\nu - \sum_{\nu=0}^{n-1} A_\nu\, b_{\nu+1},$$

also

$$\boxed{\sum_{\nu=0}^{n} a_\nu\, b_\nu = \sum_{\nu=0}^{n} A_\nu\, (b_\nu - b_{\nu+1}) + A_n\, b_{n+1}.} \tag{19}$$

Daraus folgt unmittelbar: *Die Reihe (18) ist sicher konvergent, wenn die Reihe*

$$\sum_{\nu=0}^{\infty} A_\nu\, (b_\nu - b_{\nu+1}) \tag{20}$$

konvergiert und der Grenzwert

$$\lim_{n\to\infty} A_n\, b_{n+1} = A \tag{21}$$

existiert.

Mit dieser recht allgemeinen Aussage scheint zunächst nicht viel gewonnen; die Frage nach der Konvergenz der Reihe (18) wird damit ja nur auf die Konvergenz der Reihe (19) und der Folge $\{A_n\, b_{n+1}\}$ verschoben. Tatsächlich läßt

---

[1] In der Form (18) kann man natürlich jede Reihe schreiben; der Erfolg, den man bei der Beurteilung der Konvergenz durch die Transformation erzielen kann, hängt wesentlich davon ab, wie man die Glieder einer gegebenen Reihe als Produkte von je zwei Zahlen darstellt.

sich aber in vielen Fällen über die beiden letzteren leichter entscheiden als über die erste. Das zeigen die folgenden vier recht einfachen Konvergenzkriterien:

1. Kriterium von ABEL: *Die Reihe (18) konvergiert, wenn $\sum a_\nu$ konvergiert und die Folge $\{b_\nu\}$ reell, monoton und beschränkt ist.*

Laut Voraussetzung ist die Folge $\{A_\nu\}$ und nach Band I, § 3, 3 auch die Folge $\{b_\nu\}$ und somit auch die Folge $\{A_\nu b_{\nu+1}\}$ konvergent. Ferner ist die Reihe $\sum(b_\nu - b_{\nu+1})$ konvergent, weil wegen der Konvergenz der Folge $\{b_\nu\}$ für jedes $p \geqq 1$

$$\left| \sum_{\nu=n+1}^{n+p} (b_\nu - b_{\nu+1}) \right| = |b_{n+1} - b_{n+p+1}| < \varepsilon$$

wird, wenn nur n genügend groß, etwa $n > N$ ist (man beachte, daß alle Glieder dieser Reihe wegen der Monotonie der b_ν dasselbe Vorzeichen haben). Wegen der Konvergenz der Folge $\{A_\nu\}$ sind die A_ν beschränkt, etwa $|A_\nu| < M$; für $n > N$ ist daher

$$\left| \sum_{\nu=n+1}^{n+p} A_\nu (b_\nu - b_{\nu+1}) \right| \leqq \sum_{\nu=n+1}^{n+p} |A_\nu|\, |b_\nu - b_{\nu+1}| < M\,\varepsilon, \tag{22}$$

also die Reihe (20) und daher auch die Reihe (18) konvergent.

2. Kriterium von DIRICHLET: *Die Reihe (18) konvergiert, wenn die Reihe $\sum a_\nu$ beschränkte Teilsummen hat und die Folge $\{b_\nu\}$ eine reelle monotone Nullfolge ist.*

Man zeigt wie oben, daß die Reihe (20) konvergiert; aus $b_\nu \to 0$ und der Beschränktheit der A_ν folgt ferner sofort die Konvergenz der Folge $\{A_\nu b_{\nu+1}\}$.

3. Kriterium von DU BOIS-REYMOND[1]: *Die Reihe (18) konvergiert, wenn $\sum(b_\nu - b_{\nu+1})$ absolut und $\sum a_\nu$ wenigstens bedingt konvergiert.*

Da die A_ν dann sicher beschränkt sind, folgt aus der absoluten Konvergenz von $\sum(b_\nu - b_{\nu+1})$ wegen (22) die Konvergenz von (20). Da ferner

$$(b_0 - b_1) + (b_1 - b_2) + \ldots + (b_{\nu-1} - b_\nu) = b_0 - b_\nu$$

und $\sum a_\nu$ voraussetzungsgemäß konvergieren, existieren die Grenzwerte $\lim\limits_{\nu \to \infty} b_\nu$, $\lim\limits_{\nu \to \infty} A_\nu$ und damit auch der Grenzwert (21).

4. Kriterium von DEDEKIND: *Die Reihe (18) konvergiert, wenn $\sum(b_\nu - b_{\nu+1})$ absolut konvergiert, $\lim\limits_{\nu \to \infty} b_\nu = 0$ ist und $\sum a_\nu$ beschränkte Teilsummen hat.*

Die Konvergenz von (20) ergibt sich wie unter 3; wegen $b_\nu \to 0$ ist $|b_\nu| < \varepsilon$ für $\nu > N$ und

$$|A_\nu b_{\nu+1}| < M\,|b_{\nu+1}| < M\,\varepsilon$$

für $\nu > N$, also gilt (21) mit $A = 0$.

Ich gebe einige Beispiele:

1. Ist $\{b_\nu\}$ eine reelle monotone Nullfolge, so ist nach dem Dirichletschen Kriterium $\sum(-1)^\nu b_\nu$ konvergent, weil $\sum(-1)^\nu$ beschränkte Teilsummen hat (Leibnizsches Kriterium für alternierende Reihen, Band II, § 1, 5).

2. Ist $\sum a_\nu$ konvergent, so konvergieren nach dem Abelschen Kriterium auch die Reihen

$$\sum \frac{a_\nu}{\nu}, \quad \sum \frac{a_\nu}{\ln \nu}, \quad \sum \frac{\nu+1}{\nu}\, a_\nu, \quad \sum \sqrt[\nu]{\nu}\, a_\nu, \quad \sum \left(1 + \frac{1}{\nu}\right)^\nu a_\nu;$$

ich überlasse es Ihnen, im einzelnen die Nachweise zu erbringen.

---

[1] PAUL DU BOIS-REYMOND, geb. 1831 in Berlin, gest. 1889 in Freiburg (Breisgau), wirkte in Berlin und Tübingen. Arbeitsgebiet: Analysis.

8. Einige Sätze über Potenzreihen. Da wir die ganzzahligen Potenzen einer komplexen Veränderlichen z auf Grund der Relation

$$z^n = [r(\cos \varphi + j \sin \varphi)]^n = r^n(\cos n\,\varphi + j \sin n\,\varphi)$$

vollständig beherrschen, können wir uns auch ohne Einführung des allgemeinen Funktionsbegriffs im Komplexen mit den Potenzreihen

$$\sum_{v=0}^{\infty} a_v\, z^v \tag{23}$$

mit komplexen Koeffizienten a_v beschäftigen. Ich bemerke zunächst, daß die etwas allgemeinere Form

$$\sum_{v=0}^{\infty} a_v\, (z - z_0)^v$$

durch die Substitution $z - z_0 = z'$, die nur eine Parallelverschiebung des Koordinatensystems in der Gaußschen Ebene bedeutet, auf die Form (23) gebracht werden kann.

Es sei nun ζ eine feste Zahl und die Reihe

$$\sum_{v=0}^{\infty} a_v\, \zeta^v$$

konvergent. Dann gilt der *Fundamentalsatz über Potenzreihen* (Band II, § 5): *Die Reihe (23) konvergiert absolut für jedes z, für das*

$$|z| < |\zeta| \tag{24}$$

ist. Aus der Konvergenz von $\sum a_v\, \zeta^v$ folgt $\lim\limits_{v \to \infty} a_v\, \zeta^v = 0$, die Glieder der Reihe sind beschränkt, etwa

$$|a_v\, \zeta^v| < M.$$

Dann ist aber für ein z mit $|z| < |\zeta|$

$$|a_v\, z^v| = |a_v\, \zeta^v| \left|\frac{z}{\zeta}\right|^v < M \left|\frac{z}{\zeta}\right|^v. \tag{25}$$

Wegen $\left|\dfrac{z}{\zeta}\right| < 1$ ist die geometrische Reihe $\sum\limits_{v=0}^{\infty} M \left|\dfrac{z}{\zeta}\right|^v$ konvergent und wegen (25) die Reihe $\sum a_v\, z^v$ absolut konvergent.

Gibt es anderseits einen Punkt ζ_1, so daß $\sum a_v\, \zeta_1^v$ divergiert, so divergiert $\sum a_v\, z^v$ für alle z, für die $|z| > |\zeta_1|$ ist. Wäre diese Behauptung falsch, d. h. gäbe es ein solches z, für das die Reihe konvergiert, so müßte sie nach dem eben bewiesenen Satz auch an der Stelle ζ_1 konvergieren, in Widerspruch zur Voraussetzung.

Da eine Potenzreihe in irgendeinem Punkt stets entweder konvergent oder divergent ist, ergeben sich nun folgende Möglichkeiten:

1. Es gibt mit Ausnahme von $z = 0$, wo alle Glieder der Reihe mit Ausnahme von a_0 verschwinden und die Reihe selbstverständlich konvergiert und die Summe a_0 hat, überhaupt keinen Punkt $z \neq 0$, für den die Reihe konvergiert. Man nennt die Potenzreihe dann *divergent* schlechthin.

2. Es gibt sowohl Punkte $\zeta \neq 0$, für die die Reihe konvergiert, als auch Punkte ζ_1, für die sie divergiert. Dann ist sicher $|\zeta| \leq |\zeta_1|$ und die reelle Menge $|\zeta|$ hat eine obere, die Menge $|\zeta_1|$ eine untere Grenze, und diese beiden Werte müssen übereinstimmen; der gemeinsame Wert R heißt der *Konvergenzradius* der vor-

gelegten Potenzreihe; sie konvergiert dann im Innern und divergiert im Äußern des *Konvergenzkreises* $|z| = R$.[1] Über ihr Verhalten auf dem Konvergenzkreis selbst läßt sich allgemein nichts aussagen, es gibt sowohl Reihen, die in allen Punkten desselben konvergieren, als auch solche, die dort überall divergieren.

3. Es gibt zwar Punkte ζ, aber keine Punkte ζ_1. Dann konvergiert die Potenzreihe für alle z (selbstverständlich mit Ausnahme von $z = \infty$) und heißt *beständig konvergent*.

Im Fall 1 ist $R = 0$, im Fall 3 setzt man $R = \infty$. Nicht unwichtig ist die Feststellung, daß bei Reihen mit reellen Koeffizienten der Konvergenzradius im Komplexen mit dem im Reellen ermittelten Konvergenzradius übereinstimmt. Sind in $\sum a_\nu x^\nu$ die a_ν reell, x eine reelle Variable und R der Konvergenzradius, so konvergiert die Reihe $\sum a_\nu z^\nu$ mit komplexem z sicher für alle reellen ζ, für die $-R < \zeta < R$ ist, und sie divergiert für alle reellen $\zeta_1 > R$ sowie für alle $\zeta_1 < -R$. Nach dem Fundamentalsatz konvergiert sie also für alle $|z| < |\zeta| < R$, also für alle $|z| < R$, und divergiert für alle $|z| > R$.

Für die Bestimmung von R gilt die in Band II, § 5 aufgestellte Regel

$$\boxed{R = \frac{1}{H}, \quad H = \limsup \sqrt[\nu]{|a_\nu|}}$$

unverändert auch im Komplexen[2].

Aufgaben.

1. Man stelle a) $\dfrac{1}{1-j} + \dfrac{1}{1+j}$,   b) $\dfrac{1+j}{1-j}$,   c) $\sqrt{j}$ in der Form $a + bj$ dar.

2. Es ist zu zeigen, daß $w = (\cos\alpha + j\sin\alpha)\, z$ in der Gaußschen Zahlenebene eine Drehung um den Ursprung durch den Winkel α bedeutet.

3. Rollt ein Kreis vom Radius b auf einem festen Kreis vom Radius a ohne zu gleiten, dann beschreibt jeder Punkt P der Ebene des rollenden Kreises eine Epi- oder Hypozykloide, je nachdem der Kreis außen oder innen auf dem festen Kreis rollt. Der Abstand von P vom Mittelpunkt des rollenden Kreises sei c. Man gebe die Parameterdarstellungen der Epi- und Hypozykloide mit Benützung komplexer Zahlen und der Lösung von Aufgabe 2 an. Sonderfälle a) Kardioide $a = b = c$ (Kreis außen), b) Dreispitzige Steinersche Hypozykloide $b = \dfrac{a}{3} = c$, c) Astroide $b = \dfrac{a}{4} = c$ (Kreis innen), d) Ellipse $b = \dfrac{a}{2}$ (Kreis innen).

4. Es ist mit Hilfe der Ungleichung $|z| \geqq \Re(z)$ und der Identität $\dfrac{a}{a+b} + \dfrac{b}{a+b} = 1$ die Dreiecksungleichung zu beweisen.

5. Die Abbildungsgleichungen der stereographischen Projektion sind aufzustellen. Es ist zu zeigen, daß die Abbildung kreistreu (wobei Gerade als Grenzfälle von Kreisen durch den Punkt $z = \infty$ anzusehen sind) und winkeltreu ist.

6. Gegeben sind zwei Zahlentripel a_1, a_2, a_3 und b_1, b_2, b_3. Was bedeutet die Relation $\dfrac{a_1 - a_2}{a_1 - a_3} = \dfrac{b_1 - b_2}{b_1 - b_3}$ für die beiden Dreiecke mit den Ecken a_i und b_i?

7. Mit Hilfe der Relation aus Aufgabe 6 sind Multiplikation und Division in der Gaußschen Zahlenebene zu deuten.

8. Was bedeutet $a + b = c + d$ für die Bildpunkte in der Zahlenebene?

9. Es ist eine Parameterdarstellung des Randes des Bereichs $|z| < 1$, $\Re(z) > 0$ anzugeben.

10. Es ist der Schnittwinkel zweier Kurven $z = z_1(t_1)$, $z = z_2(t_2)$ zu bestimmen.

---

[1] Im Komplexen ist der Konvergenzradius einer Potenzreihe also wirklich der Radius eines Kreises, so daß die im Reellen einigermaßen gekünstelt anmutende Bezeichnung hier ihre volle Rechtfertigung findet.

[2] Dabei ist unter $\sqrt[\nu]{|a_\nu|}$ der positive reelle Wert der Wurzel gemeint.

11. Die Potenzreihen $\sum a_\nu z^\nu$ und $\sum b_\nu z^\nu$ haben die Konvergenzradien r bzw. ϱ. Was läßt sich über den Konvergenzradius R der Reihen a) $\sum (a_\nu + b_\nu) z^\nu$, b) $\sum (a_\nu - b_\nu) z^\nu$, c) $\sum a_\nu b_\nu z^\nu$, d) $\sum \dfrac{a_\nu}{b_\nu} z^\nu$ (alle $b_\nu \neq 0$) und e) $\sum c_\nu z^\nu$ mit $c_\nu = a_0 b_\nu + a_1 b_{\nu-1} + \cdots + {}+ a_\nu b_0$ (Produktreihe) aussagen?

12. Die Potenzreihe $\sum a_\nu z^\nu$ hat den Radius $r > 0$. Welchen Radius R haben die Reihen a) $\sum a_\nu \nu^p z^\nu$, b) $\sum \dfrac{a_\nu}{\nu^p} z^\nu$, c) $\sum a_\nu \nu! z^\nu$, d) $\sum \dfrac{a_\nu}{\nu!} z^\nu$?

13. Die Reihen a) $\displaystyle\sum_{\nu=0}^{\infty} z^\nu$, b) $\displaystyle\sum_{\nu=0}^{\infty} \dfrac{z^\nu}{\nu}$, c) $\displaystyle\sum_{\nu=0}^{\infty} \dfrac{z^\nu}{\nu^2}$, d) $\displaystyle\sum_{\nu=0}^{\infty} \dfrac{z^{4\nu}}{4\nu}$ konvergieren absolut für $|z| < 1$. Wie steht es mit der Konvergenz am Rand? (Im Fall b setze man $b_\nu = \dfrac{1}{\nu}$, $a_\nu = z^\nu$ und wende das Dirichletsche Kriterium an!)

§ 22. Der Begriff der regulären Funktion.

1. Komplexe Funktionen einer komplexen Veränderlichen. Ich definiere fast wörtlich wie im Reellen (Band I, § 8, 2): *Eine komplexe Veränderliche w heißt eine Funktion einer komplexen Veränderlichen z, geschrieben $w = f(z)$, wenn jedem Wert von z aus einer bestimmten Zahlenmenge $\mathfrak{M}$ ein oder mehrere Werte w zugeordnet sind.* Je nachdem, ob einem Wert von z ein oder mehrere Werte w entsprechen, heißt $f(z)$ *eindeutig* oder *mehrdeutig.* Durch das Zuordnungsgesetz, das den funktionalen Zusammenhang bestimmt, wird der Menge $\mathfrak{M}$ eine Menge $\mathfrak{W}$ von Funktionswerten gegenübergestellt, die als *Wertevorrat* der Funktion $f(z)$ bezeichnet wird.

Sofern es sich nicht um spezielle Funktionen handelt oder ausdrücklich andere Angaben gemacht werden, setze ich im folgenden stets voraus, daß die betrachteten Funktionen *eindeutig* sind und daß die Menge $\mathfrak{M}$ ein *Bereich* (insbesondere ein *Gebiet*, § 1, 4) ist, der dann als *Definitionsbereich* der Funktion bezeichnet wird.

Zerlegen wir die beiden Veränderlichen z und w in Real- und Imaginärteil

so folgt aus
$$z = x + j\,y, \quad w = u + j\,v,$$
$$w = u + j\,v = f(x + j\,y),$$

daß u und v reelle Funktionen der beiden reellen Veränderlichen x und y sein müssen, also

$$\boxed{u = \varphi(x, y), \quad v = \psi(x, y).} \tag{1}$$

Diese beiden reellen Gleichungen zwischen den vier reellen Veränderlichen x, y, u, v sind äquivalent mit der einen Gleichung

$$w = f(z) \tag{2}$$

zwischen den beiden komplexen Veränderlichen z und w. Da die elementaren Rechenoperationen einschließlich ihrer Umkehrungen nicht aus dem Bereich der komplexen Zahlen hinausführen (Band I, § 36, 4), wird die Zerlegung von $f(z)$ in Real- und Imaginärteil (1) bei den Funktionen, die für die Physik und Technik von Bedeutung sind, ohne Schwierigkeiten durchzuführen sein.

Bei den reellen Funktionen $y = f(x)$ gibt es zwei Möglichkeiten geometrischer Deutung (Band I, § 8, 2): durch die Bildkurve und durch die Abbildung des Definitionsbereichs auf den Wertevorrat, die bei reellen Funktionen eine Abbildung linearer Punktmengen ist. Im Komplexen ist praktisch nur die zweite Art der geometrischen Deutung brauchbar. Eine geometrische Deutung hat die

Aufgabe, analytische Zusammenhänge zu veranschaulichen und dadurch dem Verständnis näher zu bringen oder die Anregung zur Entdeckung neuer Zusammenhänge zu vermitteln. Wenn wir in (1) die vier Variablen x, y, u, v als Koordinaten in einem vierdimensionalen Raum ansehen, würden die Gleichungen (1) eine (zweidimensionale) Fläche in diesem Raum bedeuten, die das Analogon zur Bildkurve einer reellen Funktion wäre. Auf diese Art wird aber keinesfalls das für den eben erwähnten Zweck nötige Ausmaß von Anschaulichkeit erreicht. Dagegen können wir x, y einerseits und u, v anderseits als Koordinaten in je einer Gaußschen Zahlenebene ansehen, die wir bzw. als z-Ebene und w-Ebene bezeichnen wollen. Die Funktion $w = f(z)$ bzw. die Gleichungen (1) vermitteln dann eine Abbildung der z-Ebene auf die w-Ebene, genauer eine Abbildung des Definitionsbereichs auf den Wertevorrat der Funktion $w = f(z)$, also eine Abbildung ebener Punktmengen.

Grundsätzlich könnte man wegen der Äquivalenz der Gleichungen (1) und (2) auf eine Diskussion komplexer Funktionen überhaupt verzichten und sich auf die Untersuchung der reellen Abbildungsgleichungen (1) beschränken. Anderseits erschließt aber das Studium der komplexen Funktionen so viele neue und aufschlußreiche Gesichtspunkte, es ermöglicht die Aufstellung einer geschlossenen und für die Anwendungen höchst bedeutungsvollen Theorie einer besonders wichtigen Klasse komplexer Funktionen, daß man im allgemeinen $w = f(z)$ als eine Funktion der einen komplexen Veränderlichen z betrachtet. Ich werde im folgenden allerdings nicht, wie es an sich durchaus möglich wäre, die Theorie der komplexen Funktionen in einer völlig „reinen", d. h. von der Zerlegung (1) unabhängigen Form entwickeln, sondern ich werde mich vor allem bei manchen Beweisen auf bekannte Sätze über reelle Funktionen von zwei Veränderlichen und auf die reellen Abbildungsgleichungen (1) beziehen. Sehr viele Eigenschaften komplexer Funktionen einer komplexen Veränderlichen sind völlig analog, ja geradezu identisch mit denen der reellen Funktionen einer Veränderlichen, und erst bei der Frage der Differentiation und der Entwicklung einer gegebenen Funktion in eine Potenzreihe werden wir auf einen grundlegenden Unterschied stoßen, der für die ganze Theorie der komplexen Funktionen von ausschlaggebender Bedeutung ist. Ich erwähne noch, daß man mit dem Wort „*Funktionentheorie*" immer die Theorie der komplexen Funktionen meint, obwohl natürlich nicht recht einzusehen ist, warum dann eine Theorie der reellen Funktionen keine Funktionentheorie ist.

Ist in (1) $v \equiv 0$, so heißt $u = f(z) = \varphi(x, y)$ eine *reelle Funktion der komplexen Veränderlichen* $z = x + j\,y$; sie läßt sich geometrisch deuten als Fläche eines dreidimensionalen Raums, wenn man x, y, u als Koordinaten nimmt, bezogen etwa auf ein rechtwinkeliges Cartesisches Koordinatensystem.

Ist in (1) $y \equiv 0$, also $z = x$ reell, so wird $w = u + j\,v = \varphi(x) + j\,\psi(x)$ eine *komplexe Funktion der reellen Veränderlichen* x. Man kann sie geometrisch deuten entweder als Kurve $\mathfrak{C}_1$ im Raum der x, u, v oder als Kurve $\mathfrak{C}_2$ der w-Ebene mit x als nicht näher bestimmtem Parameter. Dabei ist $\mathfrak{C}_2$ die Projektion von $\mathfrak{C}_1$ auf die Ebene $x = 0$.

2. Grenzwert einer Funktion. Wie im Reellen sagt man, daß eine Funktion $w = f(z)$ *an einer Stelle z_0 den Grenzwert A* hat, wenn es zu jedem $\varepsilon > 0$ eine Zahl $\delta = \delta(\varepsilon) > 0$ gibt[1], so daß

$$|f(z) - A| < \varepsilon \tag{3}$$

---

[1] ε und δ sind natürlich durch die Ungleichungen $\varepsilon > 0$ und $\delta > 0$ bereits als *reelle* Zahlen festgelegt!

ist für alle z, für die $f(z)$ definiert und

$$0 < |z - z_0| < \delta \tag{4}$$

ist, d. h. daß der Unterschied zwischen Funktionswert $f(z)$ und Grenzwert A beliebig klein wird, wenn nur der Punkt z in einer hinreichend kleinen Umgebung des Punktes z_0 liegt. Wir denken uns in (3) und (4) z_0 und A als feste komplexe Zahlen; $|z - z_0| < \delta$ ist dann die kreisförmige Umgebung $\mathfrak{U}$ von z_0 mit dem Radius δ, während (3), wenn wir $f(z) = w$ setzen, in der Form $|w - A| < \varepsilon$ eine kreisförmige Umgebung $\mathfrak{B}$ des Punktes A der w-Ebene mit dem Radius ε bedeutet. Der Punkt z_0 muß nicht zum Definitionsbereich $\mathfrak{A}$ der Funktion $f(z)$ gehören, wohl aber ein Häufungspunkt desselben sein, z ist in (3) und (4) immer ein Punkt von $\mathfrak{A}$. Alle Punkte z des Durchschnitts $\mathfrak{A}_1$ von $\mathfrak{A}$ und $\mathfrak{U}$ werden vermöge (1) oder (2) abgebildet auf Punkte der Umgebung $\mathfrak{B}$ des Punktes A der w-Ebene, also auf Punkte, deren Abstand von A kleiner als ε ist.

Es sei $\{z_\nu\}$ eine konvergente Folge von Punkten aus $\mathfrak{A}_1$ mit dem Grenzwert $\lim_{\nu \to \infty} z_\nu = z_0$. Ich betrachte die Folge $\{f(z_\nu)\}$; sie hat an der Stelle z_0 den Grenzwert $\lim_{\nu \to \infty} f(z_\nu) = A$, wenn $f(z)$ an der Stelle z_0 den Grenzwert A hat. Denn dann gibt es zu jedem $\varepsilon > 0$ eine Zahl $\delta > 0$, so daß $|f(z_\nu) - A| < \varepsilon$ ist, sobald nur $|z_\nu - z_0| < \delta$ ist; die letzte Ungleichung ist aber wegen der Voraussetzung $z_\nu \to z_0$ für genügend große ν stets erfüllt. Man kann aber auch hier, wie im Reellen, aus der Konvergenz von $f(z_\nu) \to A$ für eine bestimmte Folge $\{z_\nu\}$ *nicht* schließen, daß $f(z)$ an der Stelle z_0 den Grenzwert A hat; nur wenn für jede *beliebige* Folge $\{z_\nu\}$ mit $z_\nu \to z_0$ stets auch $f(z_\nu) \to A$ gilt, ist auch $\lim_{z \to z_0} f(z) = A$.

Im Reellen haben wir gelegentlich rechts- und linksseitigen Grenzwert einer Funktion $f(x)$ an der Stelle x_0 unterschieden. Nur wenn beide existieren und einander gleich sind, existiert auch der Grenzwert $\lim_{x \to x_0} f(x)$ schlechthin. Was entspricht dem im Komplexen? Ich nehme der Einfachheit wegen an, daß der Definitionsbereich $\mathfrak{A}$ von $f(z)$ so beschaffen ist, daß alle Punkte einer gewissen Umgebung von z_0, höchstens mit Ausnahme von z_0 selbst, zu $\mathfrak{A}$ gehören. Es sei nun durch $z = z(t)$, $z_0 = z(t_0)$ ein durch z_0 hindurchgehender Weg $\mathfrak{C}$ in der z-Ebene gegeben. Längs dieses Weges wird $f(z) = f(z(t)) = g(t)$ eine komplexe Funktion des reellen Parameters t. Ich nehme weiter an, daß $\lim_{t \to t_0} g(t) = \Phi$ existiere. Dieser Grenzwert Φ hängt offenbar von der Wahl des Weges $\mathfrak{C}$ ab, von dem wir ja nur voraussetzen, daß er durch z_0 hindurchgeht. Existiert aber $\lim_{z \to z_0} f(z)$ in dem oben gegebenen Sinn (3), (4), dann muß $\Phi = A$ sein für alle Wege durch z_0.

Als Beispiel betrachte ich die Funktion $w = \cos \varphi = \cos (\text{arc } z)$, $z = r\,(\cos \varphi + j \sin \varphi)$ im Punkt $z_0 = 0$. Ein Grenzwert schlechthin existiert nicht, denn wie klein wir auch $|z| = r$ wählen, so kann $w = \cos \varphi$ doch alle Werte zwischen -1 und $+1$ annehmen. Ist $z(t) = x(t) + j\,y(t)$ mit $x(t_0) = y(t_0) = 0$, so wird $\text{arc } z = \arctan \dfrac{y}{x}$ und $\lim\limits_{t \to t_0} w = \lim\limits_{t \to t_0} \cos \varphi = \cos \varphi_0$ hängt ganz wesentlich von der Wahl des Weges $\mathfrak{C}$, insbesondere von dem Winkel φ_0 ab, den die Tangente an $\mathfrak{C}$ im Punkt $z_0 = 0$ mit der reellen Achse einschließt.

3. Stetigkeit und gleichmäßige Stetigkeit. Eine Funktion $w = f(z)$ *ist an der Stelle z_0 stetig*, wenn in z_0 *Grenzwert und Funktionswert übereinstimmen*, wenn also

$$\lim_{z \to z_0} f(z) = f(z_0) \tag{5}$$

ist. Der Funktionswert muß also ebenso wie der Grenzwert existieren, d. h. z_0 muß zum Definitionsbereich $\mathfrak{A}$ von $f(z)$ gehören und zugleich Häufungspunkt von $\mathfrak{A}$ sein. Unabhängig vom Grenzbegriff kann man — wie im Reellen — die Stetigkeit folgendermaßen definieren: Es gehört zu jedem $\varepsilon > 0$ eine Zahl $\delta = \delta(\varepsilon) > 0$, so daß

$$|f(z) - f(z_0)| < \varepsilon$$

ist für alle z aus $\mathfrak{A}$, für die

$$|z - z_0| < \delta$$

ist, d. h. die Funktion ist stetig an der Stelle z_0, wenn zu hinreichend kleinen Unterschieden des Arguments beliebig kleine Unterschiede der Funktionswerte gehören.

Ist ferner $\{z_\nu\}$ eine Folge von Punkten aus $\mathfrak{A}$ mit $z_\nu \to z_0$, so ist

$$\lim_{\nu \to \infty} f(z_\nu) = f(z_0), \tag{6}$$

wenn $f(z)$ in z_0 stetig ist oder

$$\boxed{\lim_{\nu \to \infty} f(z_\nu) = f(\lim_{\nu \to \infty} z_\nu).} \tag{7}$$

Gilt umgekehrt (6) für alle Folgen $\{z_\nu\}$ aus $\mathfrak{A}$ mit $z_\nu \to z_0$, so ist $f(z)$ in z_0 stetig.

Beispiele: 1. $f(z) = z^2$ ist für alle z definiert und stetig. Denn ist $M > |z_0|$, z. B. $M = |z_0| + 1$, und beschränke ich mich auf das Gebiet $|z| < M$, so ist, wenn $\delta \leqq \dfrac{\varepsilon}{2\,M}$ gesetzt wird,

$$|f(z) - f(z_0)| = |z^2 - z_0{}^2| = |z + z_0|\,|z - z_0| < 2\,M\,\delta \leqq \varepsilon,$$

wenn nur $|z - z_0| < \delta \leqq \dfrac{\varepsilon}{2\,M}$ gewählt wird.

2. $f(z) = |z|$, eine reelle Funktion der komplexen Veränderlichen z; es ist $u = + \sqrt{x^2 + y^2}$, $v \equiv 0$. Auch diese Funktion ist für alle z definiert und stetig, weil die reelle Funktion $+ \sqrt{x^2 + y^2}$ stetig ist.

3. $f(z) = 0$ für $z = 0$, $f(z) = \cos \varphi$ für $z = r\,(\cos \varphi + j \sin \varphi)$, $r \neq 0$. Diese reelle Funktion der komplexen Veränderlichen z ist überall definiert, aber an der Stelle $z = 0$ unstetig. Denn in der Nähe von $z = 0$ nimmt $f(z) = \cos \varphi$ alle Werte zwischen -1 und $+1$ an.

4. Die Funktion $f(z)$ mit $f(0) = 0$, $f(z) = \varphi$ für $z = r\,(\cos \varphi + j \sin \varphi)$ mit $r > 0$, $0 \leqq \varphi < 2\pi$ ist in allen Punkten der positiven reellen Halbachse unstetig.

Eine Funktion heißt *stetig in einem Gebiet* $\mathfrak{G}$ (in einem Bereich $\mathfrak{B}$, längs einer Kurve $\mathfrak{C}$), wenn sie in allen Punkten von $\mathfrak{G}$ (bzw. von $\mathfrak{B}$ oder von $\mathfrak{C}$) stetig ist. Ist die Kurve $\mathfrak{C}$ durch eine Parameterdarstellung $z = z(t)$, $\alpha \leqq t \leqq \beta$, gegeben, so ist die Stetigkeit von $f(z)$ längs $\mathfrak{C}$ gleichbedeutend damit, daß die zusammengesetzte Funktion $\varphi(t) = f(z(t))$ der reellen Variablen t im Intervall $[\alpha, \beta]$ stetig ist.

Es sei $f(z)$ in einem Gebiet $\mathfrak{G}$ definiert und ζ ein Randpunkt von $\mathfrak{G}$. Existiert dann $\lim\limits_{z \to \zeta} f(z) = A$, so heißt A der *Randwert* von $f(z)$ an der Stelle ζ; in der Regel schreibt man dann $A = f(\zeta)$. *Ist $f(z)$ stetig im Inneren $\mathfrak{G}$ einer geschlossenen Kurve $\mathfrak{C}$ und nimmt $f(z)$ in jedem Punkte ζ von $\mathfrak{C}$ einen Randwert $f(\zeta)$ an, so bilden diese Randwerte $f(\zeta)$ eine längs $\mathfrak{C}$ stetige Funktion.* Wäre nämlich $f(\zeta)$ unstetig an einer Stelle ζ_0 von $\mathfrak{C}$, so gäbe es eine Zahl $\varepsilon > 0$ und in jeder Umgebung (offener Teilbogen von $\mathfrak{C}$, der ζ_0 enthält) von ζ_0 mindestens einen Punkt ζ von $\mathfrak{C}$, so daß

$$|f(\zeta) - f(\zeta_0)| \geqq \varepsilon \tag{8}$$

ist. Voraussetzungsgemäß gibt es aber zu dem obigen ε eine Zahl $\delta_1 > 0$, so daß

$$|f(z) - f(\zeta_0)| < \frac{\varepsilon}{2}$$

für alle z von $\mathfrak{G}$ gilt, für die $|z - \zeta_0| < \delta_1$ ist. Ich wähle ζ auf $\mathfrak{C}$ nun so, daß auch $|\zeta - \zeta_0| < \delta_1$ ist. Dann gibt es eine Zahl $\delta_2 > 0$, so daß

$$|f(z) - f(\zeta)| < \frac{\varepsilon}{2}$$

für alle z von $\mathfrak{G}$ gilt, für die $|z - \zeta| < \delta_2$ ist. Dann ist aber für jeden Punkt z des — nach unserer Annahme sicher nicht leeren — Durchschnittes von $\mathfrak{G}$, $|z - \zeta_0| < \delta_1$ und $|z - \zeta| < \delta_2$

$$|f(\zeta) - f(\zeta_0)| = |f(z) - f(\zeta_0) - f(z) + f(\zeta)| \leqq |f(z) - f(\zeta_0)| + |f(z) - f(\zeta)| < \frac{\varepsilon}{2} + \frac{\varepsilon}{2} = \varepsilon$$

in Widerspruch zu (8)[1].

Die verschiedenen Sätze über stetige Funktionen im Reellen übertragen sich, da die Definition der Stetigkeit im Komplexen formal dieselbe ist wie im Reellen, unmittelbar auf die komplexen Funktionen, mit Ausnahme jener Sätze, in denen die Größenordnung reeller Zahlen oder (was damit natürlich aufs engste zusammenhängt), die Monotonie eine wesentliche Rolle spielt. Es gelten insbesondere die Sätze, daß Summe, Produkt, Differenz, Quotient (wieder nur, solange der Nenner nicht Null ist) und absoluter Betrag von stetigen Funktionen selbst wieder stetige Funktionen sind. Ich verzichte auf die ausdrücklichen Beweise dieser Sätze, die formal mit den im Reellen gegebenen identisch sind. Nicht übertragbar ist der Zwischenwertsatz und der Satz über die Eindeutigkeit und Stetigkeit der inversen Funktion, der hier besonders bewiesen werden muß (Ziffer 7). Da die Konstante $w = a$ und die Funktion $w = z$, wie man ohneweiters nachweisen kann, in der ganzen z-Ebene stetig sind (die erstere sogar in der vollständigen z-Ebene), so folgt aus diesen Sätzen unmittelbar die Stetigkeit aller rationalen Funktionen von z mit Ausnahme der Nullstellen des Nenners.

Ist eine Funktion $f(z)$ in allen Punkten eines beschränkten Bereichs $\mathfrak{B}$ stetig, so werden die δ-Werte, die zu einem vorgegebenen $\varepsilon > 0$ in verschiedenen Punkten gehören, im allgemeinen nicht nur von ε, sondern auch von der Stelle z_0 von $\mathfrak{B}$ abhängen, an der wir die Stetigkeit nachprüfen. Ist es aber möglich, zu jedem $\varepsilon > 0$ eine von z_0 unabhängige Zahl δ anzugeben, so heißt $f(z)$ in $\mathfrak{B}$ *gleichmäßig stetig*. Auch diese Definition stimmt mit der für reelle Funktionen gegebenen (Band I, § 10, 8) wörtlich überein. Dasselbe gilt für den *Satz von der gleichmäßigen Stetigkeit: Ist $f(z)$ in einem abgeschlossenen und beschränkten Bereich $\mathfrak{B}$ stetig, so ist $f(z)$ in $\mathfrak{B}$ auch gleichmäßig stetig.* Ich behaupte also, daß es unter den angegebenen Voraussetzungen über $\mathfrak{B}$ stets möglich ist, zu einer beliebigen Zahl $\varepsilon > 0$ eine Zahl $\delta = \delta(\varepsilon) > 0$ anzugeben, so daß für irgendzwei Punkte z_1 und z_2 aus $\mathfrak{B}$, für die

$$|z_1 - z_2| < \delta$$

ist, der Unterschied der zugehörigen Funktionswerte

$$|f(z_1) - f(z_2)| < \varepsilon$$

wird. Zum Beweis denken wir uns um jeden Punkt z aus $\mathfrak{B}$ einen Kreis $\mathfrak{K}(z)$ mit dem Radius $r(z)$ derart gelegt, daß für alle Punktepaare z_1 und z_2 aus $\mathfrak{K}(z)$

$$|f(z_1) - f(z_2)| < \varepsilon$$

ist. Ich betrachte nun an Stelle der Kreise $\mathfrak{K}(z)$ die konzentrischen Kreise $\overline{\mathfrak{K}}(z)$ mit dem Radius $\frac{1}{2} r(z)$. Diese Kreise $\overline{\mathfrak{K}}(z)$ überdecken[2] den Bereich $\mathfrak{B}$. Nach dem Überdeckungssatz von § 21, 5 genügen schon endlich viele dieser Kreise, etwa $\overline{\mathfrak{K}}_1, \overline{\mathfrak{K}}_2, \ldots, \overline{\mathfrak{K}}_n$, um den ganzen Bereich $\mathfrak{B}$ zu überdecken. Es sei δ der Radius

---

[1] Vgl. hiezu auch die Aufgabe 2 am Schluß des Paragraphen.
[2] *Was natürlich auch die Kreise $\mathfrak{K}(z)$ tun.*

des kleinsten dieser endlich vielen Kreise. Dieses δ genügt bereits den Bedingungen des Satzes. Ist nämlich $|z_1 - z_2| < \delta$ und liegt z_1 etwa im Kreis $\overline{\mathfrak{K}}_p$ um den Punkt ζ_p mit dem Radius $\varrho_p = \frac{1}{2}\, r(\zeta_p)$, sowie z_2 im Kreis $\overline{\mathfrak{K}}_q$ um den Punkt ζ_q mit dem Radius $\varrho_q = \frac{1}{2}\, r(\zeta_q)$, so ist sicher $\delta \leqq \varrho_p$ und $\delta \leqq \varrho_q$, z_1 und z_2 liegen daher im Kreis $\mathfrak{K}(\zeta_p)$ um ζ_p mit dem Radius $r(\zeta_p) = 2\,\varrho_p$ und daher ist $|f(z_1) - f(z_2)| < \varepsilon$, was zu beweisen war.

Beispiel: Die Funktion $f(z) = \dfrac{1}{1-z}$ ist für alle $z \neq 1$ stetig, insbesondere also auch im Innern des Einheitskreises, d. i. im Gebiet $|z| < 1$. Sie ist in diesem Gebiet aber nicht gleichmäßig stetig; betrachten wir etwa die Folge $z_\nu = 1 - \dfrac{1}{\nu}$, so wird $f(z_\nu) = \nu$ und $|f(z_{\nu+1}) - f(z_\nu)| = 1$, also sicher nicht beliebig klein, obwohl $|z_{\nu+1} - z_\nu| = -\dfrac{1}{\nu+1} + \dfrac{1}{\nu} = \dfrac{1}{\nu(\nu+1)}$ beliebig klein gemacht werden kann.

4. Die Ableitung einer komplexen Funktion. Es seien z und z_0 zwei Punkte des Definitionsbereichs der Funktion $w = f(z)$. Ich bilde den *Differenzenquotienten*

$$\frac{\Delta f(z)}{\Delta z} = \frac{f(z) - f(z_0)}{z - z_0} = \frac{\Delta w}{\Delta z} = \frac{w - w_0}{z - z_0};$$

existiert an der Stelle z_0 der Grenzwert

$$\lim_{z \to z_0} \frac{\Delta f(z)}{\Delta z} = f'(z_0), \tag{9}$$

so heißt $f'(z_0)$ die *Ableitung* von $f(z)$ an der Stelle z_0 und $f(z)$ heißt an der Stelle z_0 *differenzierbar*. Das ist also formal alles wie im Reellen. Schreibt man z an Stelle von z_0 und $z + l$ an Stelle von z, so wird der Differenzenquotient

$$\frac{\Delta f(z)}{\Delta z} = \frac{f(z + l) - f(z)}{l} \tag{10}$$

und die Ableitung

$$\lim_{\Delta z \to 0} \frac{\Delta f(z)}{\Delta z} = \lim_{l \to 0} \frac{f(z + l) - f(z)}{l} = f'(z).$$

Nach Ziffer 2 ist für die Existenz des Grenzwerts (9) notwendig und hinreichend, daß zu jedem $\varepsilon > 0$ eine Zahl $\delta = \delta(\varepsilon) > 0$ gehört, so daß

$$\left| \frac{f(z) - f(z_0)}{z - z_0} - f'(z_0) \right| < \varepsilon$$

wird, sobald nur

$$|z - z_0| < \delta$$

ist. Ist $f'(z)$ eine stetige Funktion von z, so heißt $f(z)$ stetig differenzierbar; ist $f(z)$ in allen Punkten eines Gebiets $\mathfrak{G}$ stetig differenzierbar, so heißt $f(z)$ in $\mathfrak{G}$ *regulär* oder *analytisch*. Randpunkte von $\mathfrak{G}$, in denen $f'(z)$ nicht existiert, sind *singuläre Punkte* von $f(z)$. Ausdrücklich betont sei, daß der Begriff der Regularität stets mit einem Gebiet verknüpft ist. Es gibt keine Regularität in einem einzelnen Punkt oder längs einer Kurve und wenn man von einer Funktion $f(z)$ sagt, sie sei an einer Stelle z_0 regulär, so ist damit immer gemeint, daß $f(z)$ auch *in einer Umgebung von z_0 regulär ist.*

Aus der Differenzierbarkeit an der Stelle z_0 folgt die Stetigkeit von $f(z)$ in z_0, denn durch Multiplikation von (9) mit $\Delta z = z - z_0$ folgt

$$\lim_{z \to z_0} \Delta f(z_0) = \lim_{z \to z_0} [f(z) - f(z_0)] = \lim_{z \to z_0} \Delta z \cdot \lim_{z \to z_0} \frac{\Delta f(z)}{\Delta z} = 0 \cdot f'(z_0) = 0,$$

also

$$\lim_{z \to z_0} f(z) = f(z_0).$$

Die Umkehrung gilt nicht, das zeigt das folgende

Beispiel: $f(z) = \bar{z}$, die Funktion ist in der ganzen z-Ebene stetig. Setzt man $z = x + j y$, $l = h + j k$, so wird der Differenzenquotient

$$\Delta = \frac{1}{l} [f(z + l) - f(z)] = \frac{h - j k}{h + j k}.$$

Nimmt man hier $k = 0$, also $l = h$ reell, so wird

$$\lim_{l \to 0} \Delta = \lim_{h \to 0} 1 = 1;$$

nimmt man aber $h = 0$, also $l = j k$ rein imaginär, so wird

$$\lim_{l \to 0} \Delta = \lim_{k \to 0} - 1 = - 1.$$

Die Funktion $w = \bar{z}$ ist zwar *überall stetig, aber nirgends differenzierbar* (auch nicht für $z = 0$, wie man sofort sieht).

Dieses Ergebnis ist recht merkwürdig und zeigt zum ersten Male einen tiefgehenden Unterschied zwischen reellen und komplexen Funktionen. Im Reellen bereitet es einige Schwierigkeit, eine in einem ganzen Intervall stetige, aber nirgends differenzierbare Funktion zu finden. Hier haben wir diesen Fall bereits bei einer so harmlos aussehenden Funktion wie $w = \bar{z}$ und es wäre keine Schwierigkeit, weitere Beispiele ganz einfacher stetiger, aber nirgends differenzierbarer Funktionen anzugeben (vgl. Aufgabe 5 am Schluß des Paragraphen). Es hat durchaus den Anschein, als ob der Begriff der Differenzierbarkeit im Komplexen viel enger wäre als im Reellen, und diese Vermutung wird sich im folgenden noch bestätigen. Formal ist die Ableitung in beiden Fällen definiert als Grenzwert des Differenzenquotienten, aber die Existenz des Grenzwerts verlangt im Komplexen die Existenz und Gleichheit all der Grenzwerte, die sich auf den verschiedenen Wegen durch den Punkt z_0 ergeben, während im Reellen nur rechts- und linksseitiger Grenzwert übereinstimmen müssen.

Die Regeln über die Differentiation von Summe, Produkt und Quotient übertragen sich ohneweiters vom Reellen ins Komplexe und gelten hier unverändert, dasselbe gilt für die Kettenregel zur Differentiation zusammengesetzter Funktionen. Auf die Differentiation der inversen Funktion komme ich in Ziffer 7 zurück.

Ist $f(z)$ eine Konstante, so ist $f'(z) = 0$, was unmittelbar aus der Definition der Ableitung folgt. Aber es gilt auch umgekehrt: *Ist in einem Gebiet $\mathfrak{G}$ die Funktion $f(z)$ regulär und ist in $\mathfrak{G}$ überall $f'(z) = 0$, so ist $f(z) = a$ konstant.* Der Beweis ergibt sich unmittelbar aus den Cauchy-Riemannschen Differentialgleichungen (11), Ziffer 5.

5. Die Differentialgleichungen von Cauchy-Riemann und Laplace. Der erste Fundamentalsatz der Funktionentheorie. Die Funktion $f(z)$ sei in einer Umgebung eines festgewählten Punktes z definiert und in z differenzierbar, d. h. es existiert der Grenzwert

$$\lim_{l \to 0} \frac{f(z + l) - f(z)}{l},$$

wie immer $l = h + j\,k \to 0$ gehen mag. Ich setze

$$f(z) = f(x + j\,y) = u(x, y) + j\,v(x, y);$$

die partiellen Ableitungen von u und v im Punkt (x, y) existieren dann nach Ziffer 4. Wenn ich $k = 0$, $l = h$ setze, so nähere ich mich dem Punkt z auf einer Parallelen zur reellen Achse, der Differenzenquotient (10) wird dann

$$\frac{\Delta f(z)}{\Delta z} = \frac{u(x + h, y) + j\,v(x + h, y) - u(x, y) - j\,v(x, y)}{h} =$$

$$= \frac{u(x + h, y) - u(x, y)}{h} + j\,\frac{v(x + h, y) - v(x, y)}{h}$$

und geht für $h \to 0$ über in

$$f'(z) = u_x(x, y) + j\,v_x(x, y).$$

Setze ich dagegen $h = 0$, $l = j\,k$, so nähere ich mich dem Punkt z auf einer Parallelen zur imaginären Achse und es wird

$$\frac{\Delta f(z)}{\Delta z} = \frac{u(x, y + k) + j\,v(x, y + k) - u(x, y) - j\,v(x, y)}{j\,k} =$$

$$= -j\,\frac{u(x, y + k) - u(x, y)}{k} + \frac{v(x, y + k) - v(x, y)}{k}.$$

Daraus folgt für $k \to 0$

$$f'(z) = v_y(x, y) - j\,u_y(x, y).$$

Wenn also $f(z)$ im Punkt z differenzierbar sein soll, so müssen diese beiden Ausdrücke für $f'(z)$ übereinstimmen. Das führt sofort auf die Bedingungen

$$\boxed{\;u_x = v_y, \quad u_y = -v_x\;} \tag{11}$$

für den Punkt $z = x + j\,y$. Ist $f(z)$ regulär in einem Gebiet $\mathfrak{G}$, so müssen die Gleichungen (11) in allen Punkten von $\mathfrak{G}$ erfüllt sein.

Die Gleichungen (11) sind die *Cauchy-Riemannschen Differentialgleichungen*; sie spielen in der Theorie der regulären Funktionen eine fundamentale Rolle. Sie sind nach der Herleitung eine notwendige Bedingung für die Differenzierbarkeit einer Funktion in einem Punkt $z = x + j\,y$. Die Frage liegt nahe, ob sie auch hinreichend sind, d. h. ob aus dem Bestehen der Gleichungen (11) in einem Punkt $z = x + j\,y$ auf die Differenzierbarkeit von $f(z) = u(x, y) + j\,v(x, y)$ in diesem Punkt z geschlossen werden kann. Das folgende Beispiel zeigt, daß das nicht der Fall ist.

Es sei $u(x, y) = v(x, y) = \dfrac{x\,y}{\sqrt{x^2 + y^2}}$ für $(x, y) \neq (0, 0)$ und $u(0, 0) = v(0, 0) = 0$. Die in der ganzen z-Ebene definierte Funktion $f(z) = u(x, y) + j\,v(x, y)$ ist dann auch für alle z stetig, wie man leicht nachweist. Ferner ist $u(x, 0) = u(0, y) = 0$ und daher $u_x = u_y = v_x = v_y = 0$ für $(x, y) = (0, 0)$, d. h. die Gleichungen (11) sind im Nullpunkt erfüllt. Trotzdem ist $f(z)$ in $z = 0$ nicht differenzierbar, denn der Differenzenquotient

$$\frac{f(l)}{l} = \frac{h\,k}{\sqrt{h^2 + k^2}} \cdot \frac{1 + j}{h + j\,k}$$

hängt nur von arc l ab und nimmt für die verschiedenen Richtungen durch $z = 0$ im allgemeinen auch verschiedene Werte an; dasselbe gilt für den Grenzwert $l \to 0$, der durchaus wegabhängig ist. Z. B. wird für $h = k = \pm 1$

$$\frac{f(l)}{l} = \pm \frac{1}{\sqrt{2}}.$$

Dagegen gilt der folgende *erste Fundamentalsatz der Funktionentheorie:*

Ist die Funktion $f(z) = u(x, y) + j\,v(x, y)$ in einem Gebiet $\mathfrak{G}$ der z-Ebene definiert, sind ferner Realteil $u(x, y)$ und Imaginärteil $v(x, y)$ in $\mathfrak{G}$ stetig differenzierbar und gelten in $\mathfrak{G}$ die Cauchy-Riemannschen Differentialgleichungen, so ist $f(z)$ in $\mathfrak{G}$ regulär[1].

Die Cauchy-Riemannschen Differentialgleichungen sind also nicht im einzelnen Punkt, wohl aber *in einem Gebiet auch hinreichende Bedingungen* für die Differenzierbarkeit der Funktion, sofern u_x, u_y, v_x, v_y in diesem Gebiet existieren und stetig sind. Zum Beweis setze ich ($l = h + j\,k$)

$$\Delta f = f(z + l) - f(z) = \Delta u + j\,\Delta v;$$

dabei ist nach dem Mittelwertsatz (Band II, § 11, 2)

$$\Delta u = u(x + h, y + k) - u(x, y) =$$
$$= h\,u_x(x + \vartheta h, y + \vartheta k) + k\,u_y(x + \vartheta h, y + \vartheta k), \quad 0 < \vartheta < 1.$$

Die Differenzen

$$\varepsilon_1 = u_x(x + \vartheta h, y + \vartheta k) - u_x(x, y), \quad \varepsilon_2 = u_y(x + \vartheta h, y + \vartheta k) - u_y(x, y)$$

haben wegen der Stetigkeit von $u_x(x, y)$ in $\mathfrak{G}$ den Grenzwert

$$\lim_{(h,\,k)\,\to\,(0,\,0)} \varepsilon_1 = \lim_{(h,\,k)\,\to\,(0,\,0)} \varepsilon_2 = 0.$$

Damit wird

$$\Delta u = h\,u_x(x, y) + h\,\varepsilon_1 + k\,u_y(x, y) + k\,\varepsilon_2;$$

ein analoger Ausdruck ergibt sich für Δv. Somit folgt für den Differenzenquotienten

$$\frac{\Delta f}{l} = \frac{h}{l}\,u_x(x, y) + \frac{k}{l}\,u_y(x, y) + j\,\frac{h}{l}\,v_x(x, y) + j\,\frac{k}{l}\,v_y(x, y) +$$
$$+ \frac{h}{l}\,\varepsilon_1 + \frac{k}{l}\,\varepsilon_2 + j\,\frac{h}{l}\,\varepsilon_3 + j\,\frac{k}{l}\,\varepsilon_4 \tag{12}$$

oder wegen (11) und $h + j\,k = l$

$$\frac{\Delta f}{l} = u_x(x, y) + j\,v_x(x, y) + \frac{h}{l}\,\varepsilon_1 + \frac{k}{l}\,\varepsilon_2 + j\,\frac{h}{l}\,\varepsilon_3 + j\,\frac{k}{l}\,\varepsilon_4.$$

Für $l \to 0$ wird daraus wegen $\varepsilon_i \to 0$

$$\lim_{l\,\to\,0} \frac{\Delta f}{l} = f'(z) = u_x(x, y) + j\,v_x(x, y), \tag{13}$$

d. h. die Ableitung $f'(z)$ existiert in jedem Punkt von $\mathfrak{G}$, $f(z)$ ist in $\mathfrak{G}$ regulär, was zu beweisen war.

---

[1] Wie LOOMANN 1923 gezeigt hat, *folgt* die Stetigkeit der Ableitungen von u und v bereits aus der bloßen Existenz und dem Bestehen der Cauchy-Riemannschen Differentialgleichungen.

An dem Ausdruck auf der rechten Seite von (13) ist die Unsymmetrie auffallend, da die Variable x gegenüber y bevorzugt erscheint. Man beachte aber, daß nach der Kettenregel

$$\frac{\partial}{\partial x} f(z) = f'(z)\, z_x = f'(z) = u_x + j\,v_x$$

und analog

$$\frac{\partial}{\partial y} f(z) = f'(z)\, z_y = j\,f'(z) = u_y + j\,v_y$$

ist, so daß

$$f'(z) = -\,j\,u_y(x,\,y) + v_y(x,\,y) \tag{14}$$

eine mit (13) gleichberechtigte Darstellung für $f'(z)$ ist. Hätten wir in (12) nicht u_y und v_y, sondern u_x und v_x mit Hilfe von (11) eliminiert, so wären wir direkt auf den Ausdruck (14) für $f'(z)$ gekommen.

Sind $u(x,\,y)$ und $v(x,\,y)$ in $\mathfrak{G}$ zweimal stetig differenzierbar (und Sie werden bald sehen, daß das immer der Fall ist, wenn die Voraussetzungen des ersten Fundamentalsatzes erfüllt sind), so folgt aus (11) durch Differentiation

$$u_{xx} = v_{xy}, \qquad u_{xy} = v_{yy}, \qquad u_{xy} = -\,v_{xx}, \qquad u_{yy} = -\,v_{xy}$$

und weiter durch Elimination der gemischten Ableitungen

$$u_{xx} + u_{yy} = 0, \qquad v_{xx} + v_{yy} = 0. \tag{15}$$

Die beiden Funktionen $u(x,\,y)$ und $v(x,\,y)$ genügen jede für sich der *Laplaceschen Differentialgleichung.* Solche Funktionen heißen *harmonische Funktionen* oder *Potentialfunktionen.*

Zwei harmonische Funktionen, die durch die Gleichungen (11) miteinander verknüpft sind, heißen *konjugiert.* Ist eine harmonische Funktion $u(x,\,y)$, also irgendeine Lösung der ersten Gleichung (15) gegeben, so ist die konjugierte Funktion bis auf eine additive Konstante bestimmt; die Integrabilitätsbedingung von

$$\int (v_x\, dx + v_y\, dy) = \int (-\,u_y\, dx + u_x\, dy)$$

ist ja gerade die Gleichung $u_{xx} + u_{yy} = 0$.

6. Zusammenhang mit der Strömungslehre. Es seien $p(x,\,y)$ und $q(x,\,y)$ zwei in einem Gebiet $\mathfrak{G}$ der auf rechtwinkelige Koordinaten $x,\,y$ bezogenen Ebene eindeutige und stetig differenzierbare Funktionen. Wir deuten sie im System $x,\,y$ als Koordinaten eines Vektors (Vektorfeldes) $\mathfrak{v} = \mathfrak{v}(x,\,y)$ und fassen $\mathfrak{v}$ insbesondere als den Geschwindigkeitsvektor einer stationären (d. h. von der Zeit unabhängigen) Strömung einer inkompressiblen Flüssigkeit auf. Ist

$$x = \bar{x} \cos \alpha - \bar{y} \sin \alpha + a, \qquad y = \bar{x} \sin \alpha + \bar{y} \cos \alpha + b \tag{16}$$

der Übergang zu einem anderen rechtwinkeligen Cartesischen System $\bar{x},\,\bar{y}$, so erklären wir den transformierten Vektor im System $\bar{x},\,\bar{y}$ durch

$$\bar{p}(\bar{x},\,\bar{y}) = p(x,\,y) \cos \alpha + q(x,\,y) \sin \alpha, \quad \bar{q}(\bar{x},\,\bar{y}) = -\,p(x,\,y) \sin \alpha + q(x,\,y) \cos \alpha,$$

wo rechts für x und y die Ausdrücke (16) einzutragen sind. Es sei $\mathfrak{C}$ eine ganz in $\mathfrak{G}$ verlaufende geschlossene Kurve mit der Parameterdarstellung $x(s),\,y(s)$, bezogen auf die Bogenlänge als Parameter, so daß wachsendem s der positive Umlaufsinn entspricht. Dann ist

$$\mathfrak{t} = (x',\,y')$$

der im Sinne wachsender s orientierte Tangentenvektor und

$$\mathfrak{n} = (y',\,-\,x')$$

der *nach außen* orientierte Normalenvektor von $\mathfrak{C}$. Da $\mathfrak{v}\,\mathfrak{n}$ die Projektion des Feldvektors auf die Kurvennormale ist, stellt $\mathfrak{v}\,\mathfrak{n}\,ds$ die Flüssigkeitsmenge dar, die in der Zeiteinheit durch das Bogenelement ds von $\mathfrak{C}$ hindurchtritt. Das über $\mathfrak{C}$ erstreckte Integral

$$\oint \mathfrak{v}\,\mathfrak{n}\,ds = \oint (p\,dy - q\,dx)$$

gibt dann den *Fluß des Feldes*, in unserem Fall der Strömung durch die Kurve $\mathfrak{C}$, d. h. die Flüssigkeitsmenge, die in der Zeiteinheit durch $\mathfrak{C}$ hindurch aus dem Innern von $\mathfrak{C}$ nach außen strömt, also — unter Berücksichtigung des Vorzeichens — den Überschuß der austretenden über die eintretende Flüssigkeit. Verschwindet das Integral für alle geschlossenen und ganz in $\mathfrak{G}$ verlaufenden Kurven, so sind ein- und austretende Flüssigkeitsmengen einander gleich und die Strömung wird in $\mathfrak{G}$ als *quellenfrei* bezeichnet. Die notwendige und hinreichende Bedingung dafür ist

$$p_x + q_y = 0. \tag{17}$$

Der Ausdruck $p_x + q_y$ heißt nach Band II, § 29, 2 die *Divergenz* oder *Quelldichte* des Feldes $\mathfrak{v}$.

Ähnlich ist $\mathfrak{v}\,\mathfrak{t}$ die Projektion von $\mathfrak{v}$ auf die Tangente von $\mathfrak{C}$, also $\mathfrak{v}\,\mathfrak{t}\,ds$ die in der Zeiteinheit längs des Bogenelements ds strömende Flüssigkeitsmenge. Das über $\mathfrak{C}$ erstreckte Integral

$$\oint \mathfrak{v}\,\mathfrak{t}\,ds = \oint (p\,dx + q\,dy)$$

heißt die *Zirkulation* des Feldes längs $\mathfrak{C}$ (Band II, § 30, 1). Verschwindet das Integral für alle in $\mathfrak{G}$ verlaufenden geschlossenen Kurven, so heißt das Feld (die Strömung) *wirbelfrei*. Notwendig und hinreichend dafür ist das Bestehen der Gleichung

$$q_x - p_y = 0; \tag{18}$$

der Ausdruck $q_x - p_y$ ist der (im Fall der Ebene wie das äußere Produkt zweier Vektoren skalare) *Rotor* des Feldes. Die beiden Gleichungen (17) und (18) stimmen mit den Cauchy-Riemannschen Differentialgleichungen für die Funktionen q und p überein. Gilt (18), so ist $\mathfrak{v}\,\mathfrak{t}\,ds = du$ das totale Differential einer Funktion $u(x, y)$, die als *Potential* des Feldes (Geschwindigkeitspotential der Strömung) bezeichnet wird[1]. Dann ist

$$p = u_x, \qquad q = u_y;$$

ist das Feld auch quellenfrei, so ist ($\varDelta$ ist hier wieder der Laplacesche Operator)

$$\varDelta u = u_{xx} + u_{yy} = 0,$$

was mit (17) übereinstimmt. Das Vektorfeld $\mathfrak{v} = (p, q)$ oder auch das Skalarfeld $u(x, y)$ wird auch als *Hauptfeld* bezeichnet.

Gilt (17), so existiert eine Funktion $v(x, y)$ mit dem totalen Differential $dv = v_x\,dx + v_y\,dy = \mathfrak{v}\,\mathfrak{n}\,ds;$ v heißt die *Strömungsfunktion* des Feldes. Es ist dann

$$q = -v_x, \qquad p = v_y.$$

Ist das Feld auch wirbelfrei, so gilt

$$\varDelta v = 0.$$

---

[1] In den physikalischen Anwendungen wird oft $-u$ an Stelle von u genommen, also $p = -u_x,\ q = -u_y$.

Sowohl das Vektorfeld $\mathfrak{u} = (-q, p)$ als auch das Skalarfeld $v(x, y)$ wird als *Querfeld* bezeichnet. Gelten (17) und (18) zugleich, also

$$u_x = v_y, \qquad u_y = -v_x,$$

so ist $u + j\,v = f(z)$ eine in $\mathfrak{G}$ reguläre Funktion der komplexen Veränderlichen $z = x + j\,y$, die auch als *komplexes Potential* des Feldes $\mathfrak{v}$ bezeichnet wird. Aus

$$u_x\,v_x + u_y\,v_y = -p\,q + p\,q = 0$$

folgt, daß die Kurven $u = $ konst., $v = $ konst. ein orthogonales Netz bilden. Die Kurven $u = $ konst. sind die Niveaulinien des Hauptfeldes und zugleich die *Feldlinien* (Stromlinien, Kraftlinien) des Querfeldes; die Kurven $v = $ konst. sind umgekehrt die Niveaulinien des Querfeldes und zugleich die Feldlinien des Hauptfeldes. Der Betrag des Feldvektors $\mathfrak{v}$ wird dann[1]

$$|\mathfrak{v}| = \sqrt{p^2 + q^2} = \sqrt{u_x^2 + u_y^2} = \sqrt{u_x^2 + v_x^2} = |u_x + j\,v_x| = |f'(z)| \, ;$$

Punkte, in denen $|f'(z)| = 0$ und damit auch $f'(z) = 0$ ist, werden in der Strömungslehre als *Staupunkte* bezeichnet; in ihnen ist die Strömungsgeschwindigkeit Null. Ich komme in § 27, 6 auf diese Zusammenhänge nochmals zurück.

7. Die inverse Funktion. Ich habe schon in Ziffer 4 darauf verwiesen, daß sich der Satz über die Existenz einer eindeutigen Umkehrfunktion nicht ins Komplexe übertragen läßt, weil beim Beweis im Reellen der Monotoniebegriff eine wesentliche Rolle spielt, der im Komplexen seinen Sinn verliert. Hier gilt der folgende Satz:

Ist die Funktion $w = f(z)$ in einer Umgebung der Stelle z_0 regulär und $f'(z_0) \neq 0$, so existiert in einer gewissen Umgebung von $w_0 = f(z_0)$ eine reguläre und eindeutige Umkehrfunktion $z = \varphi(w)$ und es ist

$$\varphi'(w) = \frac{dz}{dw} = \frac{1}{f'(z)} = \frac{1}{\dfrac{dw}{dz}}.$$

Zum Beweis zerlege ich $w = f(z) = u(x, y) + j\,v(x, y)$ in Real- und Imaginärteil. Die Abbildung

$$u = u(x, y), \qquad v = v(x, y) \tag{19}$$

ist (nach Band II, § 9, 7 und § 12, 3, 4) in einer Umgebung $\mathfrak{U}$ von z_0 umkehrbar eindeutig, wenn in z_0 die Funktionaldeterminante

$$D = \frac{\partial(u, v)}{\partial(x, y)} = u_x\,v_y - u_y\,v_x \neq 0$$

ist. Nun ist wegen (11) und (14)

$$D = u_x^2 + u_y^2 = v_x^2 + v_y^2 = |f'(z)|^2 \, ;$$

daher ist $D \neq 0$ an der Stelle $z_0 = x_0 + j\,y_0$ und wegen der Stetigkeit auch in der Umgebung $\mathfrak{U}$ von z_0. Ist

$$x = x(u, v), \qquad y = y(u, v) \tag{20}$$

---

[1] Die komplexe Zahl $p + j\,q$, die nach Länge, Richtung und Orientierung mit dem Vektor $\mathfrak{v}$ übereinstimmt, stimmt aber wegen

$$p + j\,q = u_x + j\,u_y = u_x - j\,v_x$$

und (13) nicht mit $f'(z) = u_x + j\,v_x$ überein, vielmehr ist $f'(z) = p - j\,q$.

die inverse Abbildung, so ist[1]

$$x_u = \frac{v_y}{D}, \quad x_v = -\frac{u_y}{D} = \frac{v_x}{D}, \quad y_u = -\frac{v_x}{D} = \frac{u_y}{D}, \quad y_v = \frac{u_x}{D}$$

und somit

$$x_u = y_v, \quad x_v = -y_u;$$

diese Relationen sind aber nichts anderes als die Cauchy-Riemannschen Differentialgleichungen für die beiden Funktionen $x(u, v)$ und $y(u, v)$, die daher Real- und Imaginärteil einer analytischen Funktion

$$z = x(u, v) + j\, y(u, v) = \varphi(w)$$

sind. Die Funktion $\varphi(w)$ genügt der Identität

$$\varphi(f(z)) \equiv x(u(x, y), v(x, y)) + j\, y(u(x, y), v(x, y))$$

und ist daher die inverse Funktion von $w = f(z)$. Für die Ableitung $\varphi'(w)$ folgt wegen (13)

$$\varphi'(w) = \frac{dz}{dw} = x_u + j\, y_u = \frac{v_y - j\, v_x}{D} = \frac{1}{v_y + j\, v_x} = \frac{1}{f'(z)}, \tag{21}$$

was zu beweisen war. Die Funktion $z = \varphi(w)$ ist eindeutig, weil $x(u, v)$ und $y(u, v)$ eindeutig sind, und regulär in jenem Gebiet $\overline{\mathfrak{U}}$ (Umgebung von w_0), das sich aus $\mathfrak{U}$ durch die Abbildung (19) oder $w = f(z)$ ergibt und das w_0 als inneren Punkt enthält. Diese Tatsache wird gelegentlich als *Satz von der Gebietstreue* bezeichnet.

Die Abbildung von $\mathfrak{U}$ auf $\overline{\mathfrak{U}}$ ist umkehrbar eindeutig oder, wie man kurz sagt, *schlicht*; auch die Funktion $w = f(z)$ selbst wird dann als (in $\mathfrak{U}$) *schlichte Funktion* bezeichnet. Ich werde in § 25, 4 zeigen, daß der Satz von der Gebietstreue auch dann gilt, wenn $f'(z)$ in einzelnen Punkten von $\mathfrak{G}$ verschwindet.

8. Exponentialfunktion und Logarithmus. Die Reihe

$$f(z) = 1 + \frac{z}{1!} + \frac{z^2}{2!} + \cdots + \frac{z^\nu}{\nu!} + \cdots \tag{22}$$

ist für alle z absolut konvergent, wie man durch Anwendung der Quotientenregel sofort nachweist: Es ist

$$\lim_{\nu \to \infty} \left| \frac{z^{\nu+1}}{(\nu+1)!} : \frac{z^\nu}{\nu!} \right| = \lim_{\nu \to \infty} \frac{|z|}{\nu+1} = 0.$$

Die durch (22) definierte Funktion $f(z)$ ist also in der ganzen z-Ebene definiert. Ich bilde mit zwei beliebigen Werten z_1 und z_2 das Produkt $f(z_1) \cdot f(z_2)$ und ordne rechts nach homogenen Gliedern ($\lambda + \mu = \nu$; Reihenmultiplikation nach Band II, § 2, 3):

$$f(z_1)\, f(z_2) = \sum_{\lambda=0}^{\infty} \sum_{\mu=0}^{\infty} \frac{z_1^\lambda z_2^\mu}{\lambda!\, \mu!} =$$

$$= \sum_{\nu=0}^{\infty} \frac{1}{\nu!} \left[\frac{z_1^\nu}{0!} + \frac{\nu!\, z_1^{\nu-1} z_2}{1!\,(\nu-1)!} + \frac{\nu!\, z_1^{\nu-2} z_2^2}{2!\,(\nu-2)!} + \cdots + \frac{z_2^\nu}{0!} \right] = \sum_{\nu=0}^{\infty} \frac{1}{\nu!} (z_1 + z_2)^\nu,$$

also

$$f(z_1)\, f(z_2) = f(z_1 + z_2). \tag{23}$$

---

[1] Setzt man (19) in (20) ein, so werden diese zu Identitäten in x und y, Differentiation nach x und y gibt

$$1 = x_u u_x + x_v v_x, \qquad 0 = y_u u_x + y_v v_x,$$
$$0 = x_u u_y + x_v v_y, \qquad 1 = y_u u_y + y_v v_y.$$

Auflösung nach x_u, x_v bzw. y_u, y_v gibt zusammen mit (11) die oben folgenden Formeln.

Für $f(z)$ gilt also das Multiplikationstheorem der Exponentialfunktion (Band I, § 22, 3). Für reelle $z = x$ ist ferner $f(x) = e^x$; es liegt daher sehr nahe, die Exponentialfunktion im Komplexen durch $e^z = \exp z = f(z)$, also durch die Reihe (22) zu definieren, die für reelle x mit der uns wohlbekannten reellen Exponentialfunktion übereinstimmt und für die das Multiplikationstheorem gilt. Ich bemerke aber, daß das nicht die einzige Möglichkeit ist, die Exponentialfunktion für komplexe Argumente zu verallgemeinern. Man könnte die reelle Veränderliche x auch durch $x - j\, y = \bar{z}$ oder allgemeiner durch $x + j\, c\, y$ mit beliebigem reellem $c \neq 0$ ersetzen, also z. B.

$$e^z = f(\bar{z}) = 1 + \frac{\bar{z}}{1!} + \frac{\bar{z}^2}{2!} + \cdots$$

definieren; auch diese Funktion stimmt für reelle $z = x$ mit der reellen Exponentialfunktion überein. Es sind aber nicht nur formale Gründe, die uns veranlassen, im Komplexen e^z durch (22) zu definieren, sondern die Tatsache, daß die so definierte komplexe Exponentialfunktion die einzige in der ganzen z-Ebene *reguläre* Funktion ist, die längs der reellen Achse mit der reellen Exponentialfunktion übereinstimmt (§ 26, 2).

Aus der Funktionalgleichung (23) folgt, daß stets $e^z \neq 0$ ist; wäre nämlich $e^a = 0$, so wäre auch $e^z = e^{z-a} \cdot e^a = 0$ für alle z, während z. B. $e^0 = 1$ ist.

Setzt man $z = x + j\, y$ mit reellem x und y, so wird

$$e^z = e^{x+jy} = e^x \cdot e^{jy}. \tag{24}$$

Setzt man für e^{jy} die Reihenentwicklung (22) ein und trennt reelle und imaginäre Glieder, so folgt

$$e^{jy} = \left(1 - \frac{y^2}{2!} + \frac{y^4}{4!} - + \cdots\right) + j\left(\frac{y}{1!} - \frac{y^3}{3!} + \frac{y^5}{5!} - + \cdots\right),$$

also wegen der bekannten Reihenentwicklung für $\cos y$ und $\sin y$ die *Eulersche Formel*

$$\boxed{e^{jy} = \cos y + j \sin y.} \tag{25}$$

Mit ihrer Hilfe läßt sich jede komplexe Zahl z in der oft verwendeten Form

$$z = r\,(\cos \varphi + j \sin \varphi) = r\, e^{j\varphi}$$

mit $r = |z|$, $\varphi = \arg z$ schreiben. (24) ist diese Darstellung von $w = e^z$ durch absoluten Betrag $|e^z| = e^x$ und Winkel $\arg e^z = y$. Da die reelle Exponentialfunktion e^x den Wertevorrat $(0, +\infty)$ hat, d. h. alle Werte zwischen 0 und $+\infty$ annimmt und y willkürlich ist, *besteht der Wertevorrat von e^z mit komplexem z aus allen Punkten der w-Ebene mit Ausnahme der Punkte $w = 0$ (und $w = \infty$).*

Die beständig konvergenten Reihen

$$\cos z = 1 - \frac{z^2}{2!} + \frac{z^4}{4!} - + \cdots = \frac{1}{2}\left(e^{jz} + e^{-jz}\right)$$

und

$$\sin z = \frac{z}{1!} - \frac{z^3}{3!} + \frac{z^5}{5!} - + \cdots = \frac{1}{2j}\left(e^{jz} - e^{-jz}\right)$$

dienen zur Definition der Kreisfunktionen für komplexe z. Die Eulersche Formel (25) gilt auch allgemeiner für beliebige komplexe z

$$e^{jz} = \cos z + j \sin z,$$

doch ist hier die rechte Seite nicht die Zerlegung von e^{jz} in Real- und Imaginärteil!

Aus der Periodizität der Kreisfunktionen folgt, daß auch e^z *periodisch* ist, und zwar gilt wegen (24)

$$e^{z+2k\pi j} = e^{x+j(y+2k\pi)} = e^x[\cos(y+2k\pi) + j\sin(y+2k\pi)] =$$
$$= e^x(\cos y + j\sin y) = e^z$$

mit beliebigem ganzzahligem k; die Periode $2\pi j$ ist rein imaginär. Ist z_0 ein beliebiger Punkt der Gaußschen Zahlenebene (Abb. 35), so nimmt e^z in den Punkten $z_0 + 2k\pi j$ denselben Funktionswert e^{z_0} an wie im Punkt z_0; alle diese Punkte liegen auf der zur imaginären Achse parallelen Geraden durch z_0. In dem Streifen *(Periodenstreifen)* $-\pi < y \leqq \pi$, $y = \Im(z)$, beschreibt daher $w = e^z$ bereits den ganzen Wertevorrat der Funktion e^z, und dasselbe gilt für alle parallelen Streifen $(2k-1)\pi < y \leqq \leqq (2k+1)\pi$. Mit anderen Worten, *die Funktion $w = e^z$ bildet jeden Periodenstreifen umkehrbar eindeutig auf die ganze w-Ebene mit Ausnahme des Punktes $w = 0$ ab.* Beschränkt man x durch $x < a$, a reell, so wird wegen $|w| = |e^z| = e^x$ der Halbstreifen $-\pi < y \leqq \pi$, $x < a$, auf den Kreis $|w| < e^a$ abgebildet und entsprechend das Rechteck $-\pi < y \leqq \pi$, $a < x < b$, auf den Kreisring $e^a < |w| < e^b$.

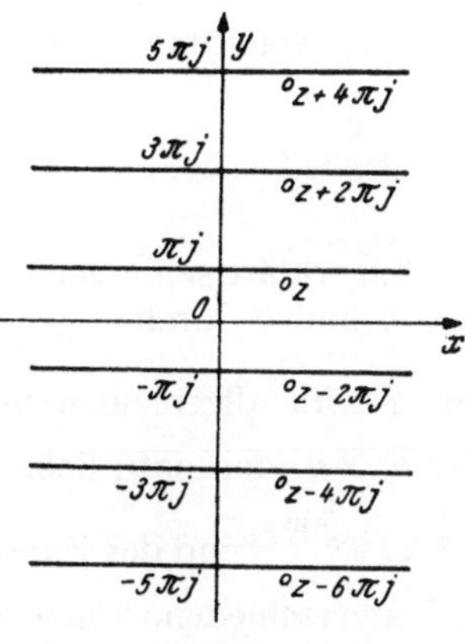

Abb. 35.

Für die Ableitung der Funktion e^z finden wir

$$\frac{de^z}{dz} = \lim_{l\to 0} \frac{e^{z+l} - e^z}{l} = e^z \lim_{l\to 0} \frac{e^l - 1}{l} = e^z \lim_{l\to 0}\left(1 + \frac{l}{2!} + \frac{l^2}{3!} + \cdots\right).$$

Nun ist für $|l| < 1$

$$\left|\frac{l}{2!} + \frac{l^2}{3!} + \cdots\right| < |l| \cdot \left|\frac{1}{2!} + \frac{1}{3!} + \cdots\right| = |l|(e-2) < |l|,$$

d. h. es ist

$$\lim_{l\to 0}\left(\frac{l}{2!} + \frac{l^2}{3!} + \cdots\right) = 0$$

und daher

$$\boxed{\frac{de^z}{dz} = e^z,}$$

also dieselbe Formel wie im Reellen. Insbesondere folgt daraus, daß *e^z in der ganzen z-Ebene regulär ist.*

Die Umkehrfunktion von $z = e^w$ ist der (natürliche) *Logarithmus*

$$w = \ln z.$$

Diese Funktion ist in der ganzen z-Ebene mit Ausnahme des Punktes $z = 0$ definiert und *regulär*, aber nicht eindeutig, sondern *unendlich vieldeutig*, denn einem Punkt z_0 entsprechen in der w-Ebene alle Punkte $w_0 + 2k\pi j$. Man kann die Funktion eindeutig machen, indem man den Wertevorrat etwa durch die Bedingung

$$-\pi < \Im(w) \leqq +\pi$$

einschränkt. Diese Funktion heißt der *Hauptwert* des Logarithmus. Setzt man
$z = r\,e^{j(\varphi + 2\,k\,\pi)}$, so wird

$$\ln z = \ln r + j\,(\varphi + 2\,k\,\pi) = \ln |z| + j\,(\text{arc } z + 2\,k\,\pi). \qquad (26)$$

Dabei kommt man überein, unter $\ln |z|$ den reellen (Haupt-)Wert zu verstehen.
Der Hauptwert von $\ln z$ ist also

$$\ln z = \ln r + j\,\varphi, \quad -\pi < \varphi \leqq +\pi.$$

Für die Ableitung folgt aus (21)

$$\frac{d \ln z}{dz} = \frac{1}{z}.$$

Ich erkläre schließlich noch die allgemeine Potenz a^b mit beliebigen komplexen
$a \neq 0$ und b durch $$a^b = e^{b \ln a}.$$

Sie ist im allgemeinen unendlich vieldeutig, da $\ln a$ unendlich vieldeutig ist.
Ist $b = n$ eine natürliche Zahl, so ist $a^n = e^{n \ln a}$ eindeutig, ist $b = \dfrac{1}{n}$, so ist
$a^{\frac{1}{n}} = e^{\frac{1}{n} \ln a}$ und der Exponent bis auf Vielfache von $\dfrac{2\,\pi\,j}{n}$ bestimmt. Es ergeben
sich n verschiedene Werte, die n verschiedenen n-ten Wurzeln von a. Entsprechen-
des gilt für beliebige rationale Zahlen. In allen anderen Fällen, wenn b reell und
irrational oder imaginär ist, ist a^b stets unendlich vieldeutig. Für $a = e$ nimmt
man allerdings stets den durch die Reihe (22) für $z = b$ eindeutig gegebenen Wert.

Aufgaben.

1. Ist die Funktion $f(z) = e^{-\frac{1}{|z|}}$ im Bereich $0 < |z| < 1$ stetig bzw. gleichmäßig stetig?

* 2. Die Funktion $f(z)$ sei für $|z| < 1$ *gleichmäßig* stetig. Man zeige, daß für jede aus
dem Innern gegen einen Randpunkt ζ konvergente Folge $\{z_\nu\}$ auch $\lim\limits_{\nu \to \infty} f(z_\nu)$ existiert und nur
von ζ, nicht aber von der besonderen Wahl der z_ν abhängt (Ziffer 3).

3. Man zeige, daß $\left| e^z - 1 \right| \leqq e^{|z|} - 1 \leqq |z|\, e^{|z|}$ für alle z gilt.

4. Man zeige, daß für $0 < |z| < 1$ stets $\dfrac{1}{4}\,|z| < \left| e^z - 1 \right| < \dfrac{7}{4}\,|z|$ ist.

5. Man untersuche die Funktionen a) $w = \Re(z)$, b) $w = |z|$, c) $w = |z|^2$, d) $w = e^x + j\,e^y$
auf ihre Differenzierbarkeit.

6. Es gehe $z \to \infty$ längs der Halbgeraden $\text{arc } z = c$. Für welche Werte von c existiert
$\lim\limits_{z \to \infty} e^z$?

7. In welchen Punkten der z-Ebene sind die Funktionen e^z, $\cos z$ und $\sin z$ reell, in welchen
rein imaginär?

8. Man zeige, daß $\cos z$ und $\sin z$ auch im Komplexen keine anderen Nullstellen haben
wie im Reellen.

9. Man berechne $e^{2 + 3j}$, $\cos(2 - j)$ und $\sin(1 - 2j)$.

10. Welche Lösungen haben die Gleichungen a) $\sin z = 10$, b) $\sin z = 2j$, c) $\sin z = 1 + j$,
d) $\cos z = 3$, e) $\cos z = 5j$ und f) $\cos z = 3 + 4j$?

11. Man diskutiere die Funktionen $\arccos z$, $\arcsin z$ und $\arctan z$.

12. Man beweise die Formel

$$(\arcsin z)' = \frac{1}{\sqrt{1 - z^2}}$$

unter Berücksichtigung der Vieldeutigkeit der Funktionen rechts und links.

§ 23. Die konforme Abbildung.

1. Reguläre Funktionen und konforme Abbildung. Es sei $w = f(z)$ eindeutig und regulär in einem Gebiet $\mathfrak{G}$ der z-Ebene sowie $\mathfrak{C}$ eine Kurve in $\mathfrak{G}$ mit der Parameterdarstellung $z = z(t) = x(t) + j\,y(t)$; dann ist, wenn wir Ableitungen nach t durch Punkte bezeichnen,

$$\dot{z} = \dot{x} + j\,\dot{y} = \sqrt{\dot{x}^2 + \dot{y}^2}\,e^{j\alpha} = \dot{s}\,e^{j\alpha}, \tag{1}$$

wo s die von irgendeinem Anfangspunkt aus gezählte Bogenlänge von $\mathfrak{C}$ und α der Winkel der Tangente von $\mathfrak{C}$ mit der positiven x-Achse ist. Entsprechend ist

$$\dot{w} = \dot{u} + j\,\dot{v} = \dot{\sigma}\,e^{j\beta}, \tag{2}$$

wenn σ die Bogenlänge auf der Kurve $\mathfrak{C}'$, in die $\mathfrak{C}$ bei der Abbildung übergeht und β der Winkel der Tangente von $\mathfrak{C}'$ mit der positiven u-Achse in der w-Ebene ist. Anderseits folgt aus der Parameterdarstellung $w = f(z(t))$ von $\mathfrak{C}'$

$$\dot{w} = f'(z)\,\dot{z} = |f'(z)|\,e^{j\,\mathrm{arc}\,f'(z)}\,\dot{z} = |f'(z)|\,\dot{s}\,e^{j\,[\alpha\,+\,\mathrm{arc}\,f'(z)]};$$

der Vergleich mit (2) gibt, sofern $f'(z) \neq 0$ ist im betrachteten Punkt von $\mathfrak{C}$

$$\dot{\sigma} = |f'(z)|\,\dot{s} \tag{3}$$

und

$$\beta = \alpha + \mathrm{arc}\,f'(z). \tag{4}$$

$|f'(z)|$ ist also das Verhältnis der Längen entsprechender Strecken $\dot{\sigma}$ und $\dot{s}$, es hängt nur vom Punkt z, aber nicht von der Richtung der Kurve $\mathfrak{C}$ ab. Dasselbe gilt von der Differenz $\beta - \alpha = \mathrm{arc}\,f'(z)$. Sind also $\mathfrak{C}_1$ und $\mathfrak{C}_2$ zwei Kurven der z-Ebene, α_1 und α_2 die Winkel ihrer Tangenten in einem Schnittpunkt z_0 von $\mathfrak{C}_1$ und $\mathfrak{C}_2$, und ist $f'(z_0) \neq 0$, so gilt für die entsprechenden Winkel in der w-Ebene wegen (4)

$$\beta_1 = \alpha_1 + \mathrm{arc}\,f'(z_0)$$
$$\beta_2 = \alpha_2 + \mathrm{arc}\,f'(z_0)$$

und daher

$$\beta_2 - \beta_1 = \alpha_2 - \alpha_1, \tag{5}$$

d. h. der Winkel entsprechender Richtungen ist bei der Abbildung invariant, die Abbildung ist *winkeltreu* oder *konform*.

Dieser Satz läßt sich umkehren: *Ist*

$$u = u(x, y), \quad v = v(x, y), \quad u_x v_y - u_y v_x \neq 0$$

eine stetig differenzierbare, schlichte (§ 22, 7) und winkeltreue Abbildung eines Gebietes $\mathfrak{G}$ der (x, y)-Ebene auf ein Gebiet $\mathfrak{G}'$ der (u, v)-Ebene, so ist

$$w = u(x, y) + j\,v(x, y) = f(z)$$

eine in $\mathfrak{G}$ reguläre Funktion. Ich habe zu zeigen, daß u und v den Cauchy-Riemannschen Differentialgleichungen § 22, (11) genügen. Zum Beweis sei (a, b) ein Punkt P von $\mathfrak{G}$ und

$$y = b + p\,(x - a), \quad y = b + q\,(x - a)$$

zwei Gerade durch P. Ihr Schnittwinkel in P ist durch

$$\tan \alpha = \frac{q - p}{1 + p\,q} \tag{6}$$

gegeben. Den beiden Geraden entsprechen in der (u, v)-Ebene zwei Kurven

$$u = u[x, b + p\,(x-a)] = \varphi_1(x), \quad v = v[x, b + p\,(x-a)] = \varphi_2(x),$$

bzw.

$$u = u[x, b + q\,(x-a)] = \psi_1(x), \quad v = v[x, b + q\,(x-a)] = \psi_2(x).$$

Für den Winkel ihrer Tangenten, der voraussetzungsgemäß gleich α ist, ergibt sich wegen

$$\varphi_1' = u_x + p\,u_y, \quad \varphi_2' = v_x + p\,v_y; \quad \psi_1' = u_x + q\,u_y, \quad \psi_2' = v_x + q\,v_y$$

nach einfacher Rechnung

$$\tan \alpha = \frac{\varphi_1'\psi_2' - \varphi_2'\psi_1'}{\varphi_1'\psi_1' + \varphi_2'\psi_2'} = \frac{(u_x v_y - u_y v_x)\,(q - p)}{u_x^2 + v_x^2 + (u_x u_y + v_x v_y)\,(p + q) + (u_y^2 + v_y^2)\,p\,q};$$

Der Vergleich mit (6) zeigt, daß

$$u_x^2 + v_x^2 = u_y^2 + v_y^2 = u_x v_y - u_y v_x \text{ und } u_x u_y + v_x v_y = 0 \qquad (7)$$

sein muß, wobei die letzte Gleichung eine Folge der beiden ersten ist. Daraus folgt

$$(u_x - v_y)^2 + (u_y + v_x)^2 = u_x^2 + u_y^2 + v_x^2 + v_y^2 - 2(u_x v_y - u_y v_x) =$$
$$= 2(u_x^2 + v_x^2) - 2(u_x v_y - u_y v_x) = 0 \qquad (8)$$

und daher

$$u_x - v_y = 0, \quad u_y + v_x = 0, \qquad (9)$$

die Cauchy-Riemannschen Differentialgleichungen.

2. Die bilineare Funktion. Man versteht darunter die Funktion[1]

$$w = \frac{a\,z + b}{c\,z + d}; \qquad (10)$$

ich untersuche zuerst einige Sonderfälle.

1. *Die (ganze) lineare Funktion*

$$w = a\,z + b \qquad (11)$$

ist regulär für alle z.

a) $a = 0$ gibt $w = b = $ konst.

b) a reell, $b = 0$;

$$w = a\,z$$

ist eine *Streckung vom Ursprung aus*.

c) $|a| = 1$, d. h. $a = e^{j\alpha}$, $b = 0$;

$$w = e^{j\alpha}\,z$$

---

[1] Man pflegt sonst (10) eine linear gebrochene Funktion zu nennen (vgl. z. B. Band I, § 41, 7, und Band II, § 27, 2). In der Funktionentheorie ist es aber im Gegensatz dazu üblich, (10) kurz als lineare Funktion und (11) dafür speziell als *ganze lineare* Funktion zu bezeichnen. Die Bezeichnung bilinear, die ich nach dem Vorbild englischer Autoren gewählt habe, ist kurz, vermeidet Verwechslungen mit (11) und gibt ein wesentliches Charakteristikum; denn wenn man in (10) den Nenner wegschafft, folgt eine Gleichung der Gestalt

$$\Phi(w, z) = A\,w\,z + B\,w + C\,z + D = 0$$

$(A = c,\ B = d,\ C = -a,\ D = -b)$, deren linke Seite Φ ein besonderes Polynom zweiten Grades in w und z ist, besonders deshalb, weil weder w^2 noch z^2 vorkommen, so daß Φ in *jeder* der beiden Veränderlichen w und z linear ist, mit Koeffizienten, die lineare Polynome in der anderen Veränderlichen sind:

$$\Phi = (A\,z + B)\,w + (C\,z + D) = (A\,w + C)\,z + (B\,w + D);$$

ein derartiges Polynom pflegt man aber ganz allgemein *bilinear* zu nennen (vgl. den Ausdruck *Bilinearform* in Band II, § 27, 5).

bedeutet eine *Drehung um den Ursprung durch den Winkel* α.

d) $a = 1,\ b \neq 0$;

$$w = z + b$$

ist eine *Parallelverschiebung*.

Die Transformation (11) läßt sich stets aus den drei Transformationen der Form b) bis d) zusammensetzen:

$$w = z_1 + b, \quad z_1 = e^{j\alpha} z_2, \quad z_2 = |a|\, z, \text{ also } w = |a|\, e^{j\alpha} z + b.$$

2. *Die Funktion*

$$w = \frac{1}{z} \tag{12}$$

ist regulär für alle $z \neq 0$. Setzt man $z = r\, e^{j\varphi}$, so wird

$$w = \frac{1}{r}\, e^{-j\varphi}.$$

Die Transformation hängt also in einfacher Weise mit der *Transformation durch reziproke Radien* (*Spiegelung am Einheitskreis*, Band II, § 12, 2) zusammen, die wir jetzt in der Form

$$w = \frac{1}{\bar z} = \frac{1}{r}\, e^{j\varphi} \tag{13}$$

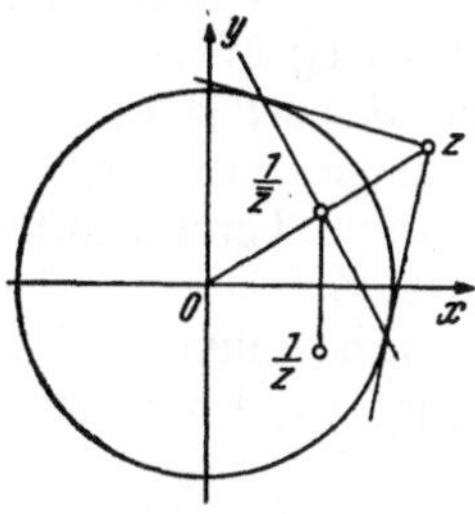

Abb. 36.

schreiben können (Abb. 36). Für $z \to 0$ wird $w \to \infty$ und ebenso $w \to 0$ für $z \to \infty$. Erweitern wir die Definition der Funktion durch diese beiden Wertepaare, so ergibt (12) ein umkehrbar eindeutiges Bild der vollen z-Ebene auf die volle w-Ebene.

Diese Tatsache verwendet man, um *das Verhalten einer beliebigen Funktion* $f(z)$ *an der Stelle* $z = \infty$ zu untersuchen. Man setzt $\frac{1}{z} = \zeta$ und betrachtet $\varphi(\zeta) = f\!\left(\frac{1}{\zeta}\right)$ an der Stelle $\zeta = 0$. $f(z)$ heißt stetig an der Stelle $z = \infty$, wenn $\varphi(\zeta)$ an der Stelle 0 stetig ist. $f(z)$ heißt regulär in $z = \infty$, d. h. genauer in der Umgebung $|z| > R$ von $z = \infty$, wenn $\varphi(\zeta)$ regulär ist in $\zeta = 0$, d. h. genauer in $|\zeta| < \frac{1}{R}$. Es muß also $\varphi'(0)$ existieren und stetig sein; wegen

$$\varphi'(\zeta) = -f'\!\left(\frac{1}{\zeta}\right)\frac{1}{\zeta^2} = -z^2 f'(z)$$

muß $f'(z)$ in $z = \infty$ von *mindestens zweiter Ordnung verschwinden* (vgl. hierzu § 25, 4).

3. *Die allgemeine bilineare Funktion*

$$w = \frac{a z + b}{c z + d}; \tag{10}$$

ich nehme $c \neq 0$ und $a d - b c \neq 0$; sonst wäre (10) im ersten Fall eine lineare Funktion (11), im zweiten wegen $a : c = b : d$ die Konstante $\frac{a}{c}$. (10) ist in der vollen z-Ebene regulär mit Ausnahme der Stelle $z = -\frac{d}{c}$, der $w = \infty$ entspricht; für $z = \infty$ wird $w = \frac{a}{c}$. Wie (12) bildet auch (10) die volle z-Ebene umkehrbar eindeutig auf die volle w-Ebene ab. Ich werde später zeigen, daß die bilinearen Funktionen (10) die allgemeinsten regulären Funktionen mit dieser Eigenschaft sind (§ 25, 10).

(10) besitzt eine eindeutige Umkehrfunktion

$$z = \frac{d w - b}{-c w + a}.$$

Ist neben (10) eine zweite bilineare Funktion

$$\zeta = \frac{a_1\,w + b_1}{c_1\,w + d_1}$$

gegeben, so wird ζ eine bilineare Funktion

$$\zeta = \frac{(a_1\,a + b_1\,c)\,z + (a_1\,b + b_1\,d)}{(c_1\,a + d_1\,c)\,z + (c_1\,b + d_1\,d)} = \frac{a'\,z + b'}{c'\,z + d'}$$

von z. Die bilinearen Funktionen bilden somit eine *Gruppe* (Band II, § 12, 9); die ganzen linearen Funktionen (11) sind eine Untergruppe derselben.

Gelegentlich deutet man die Funktion (10) auch als *Abbildung einer Ebene auf sich selbst*, d. h. man läßt die w-Ebene mit der z-Ebene zusammenfallen, und zwar so, daß auch die reellen und imaginären Achsen zusammenfallen (was in Abb. 36 bereits stillschweigend geschehen ist); ich komme darauf in Ziffer 4 zurück.

Eine bilineare Funktion (10) ist durch drei Paare entsprechender Punkte z_i, w_i ($i = 1, 2, 3$) bestimmt, denn aus

$$w_i = \frac{a\,z_i + b}{c\,z_i + d}$$

lassen sich a, b, c, d bis auf einen gemeinsamen, von Null verschiedenen Faktor bestimmen. Eine einfache Rechnung gibt die gesuchte Transformation in der Gestalt

$$\frac{w - w_2}{w - w_1} : \frac{w_3 - w_2}{w_3 - w_1} = \frac{z - z_2}{z - z_1} : \frac{z_3 - z_2}{z_3 - z_1} = \zeta. \tag{14}$$

ζ ist eine bilineare Funktion von z und von w, daher w eine bilineare Funktion von ζ und somit w eine bilineare Funktion von z (Gruppeneigenschaft der bilinearen Funktionen). Man sieht aus (14) sofort, daß den Werten $z = z_1, z_2, z_3$ die Werte $\zeta = \infty, 0, 1$ und $w = w_1, w_2, w_3$ entsprechen. Man schließt folgendermaßen, daß es nur eine solche Transformation gibt: Gäbe es zwei, so könnte man durch die erste die z-Ebene auf die w-Ebene und durch die inverse der zweiten die w-Ebene wieder auf die z-Ebene abbilden. Das gäbe aber dann eine Abbildung der z-Ebene auf sich mit den drei Fixpunkten z_i, die aber die identische Transformation wäre, wie ich in Ziffer 3 noch zeigen werde; die beiden Transformationen müssen also übereinstimmen.

Unter dem Doppelverhältnis von vier verschiedenen Punkten z_i ($i = 1, 2, 3, 4$) der Gaußschen Zahlenebene versteht man den Ausdruck (vgl. Band II, § 12, 7)

$$D(z_1, z_2, z_3, z_4) = \frac{z_3 - z_1}{z_3 - z_2} : \frac{z_4 - z_1}{z_4 - z_2}.$$

Sind w_i die entsprechenden Punkte der w-Ebene, so folgt aus (14) sofort

$$D(w_1, w_2, w_3, w_4) = D(z_1, z_2, z_3, z_4),$$

das Doppelverhältnis ist eine Invariante der bilinearen Transformation[1].

Das Doppelverhältnis von vier verschiedenen Punkten ist dann und nur dann reell, wenn die Punkte auf einem Kreis oder auf einer Geraden liegen. Es seien

---

[1] Ich habe in Band II a. a. O. gezeigt, daß das Doppelverhältnis eine Invariante der projektiven Transformationen (linear gebrochene Transformationen in zwei Veränderlichen) ist. Aber wenn man in (10) Reelles und Imaginäres trennt, so resultiert *keine projektive*, sondern eine Transformation, in der u und v rationale Funktionen von x und y mit quadratischen Zählern und demselben quadratischen Nenner sind.

zunächst z_1, z_2, z_3 Punkte einer Geraden, dann ist (bis auf Vielfache von π) $\operatorname{arc}(z_2 - z_3) = \operatorname{arc}(z_1 - z_3)$ und daher $\dfrac{z_3 - z_1}{z_3 - z_2}$ reell; D ist dann und nur dann reell, wenn $\dfrac{z_4 - z_1}{z_4 - z_2} = c$ reell ist, aber dann liegt auch $z_4 = \dfrac{z_1 - c z_2}{1 - c}$ auf der Geraden durch z_1 und z_2. Liegen z_1, z_2, z_3 nicht auf einer Geraden, so ist

$$\operatorname{arc}\frac{z_2 - z_3}{z_1 - z_3} = \operatorname{arc}(z_2 - z_3) - \operatorname{arc}(z_1 - z_3) = \alpha$$

der Winkel, unter dem die Strecke $\overline{z_1 z_2}$ von z_3 aus erscheint (Abb. 37) und

$$\operatorname{arc}\frac{z_2 - z}{z_1 - z} - \operatorname{arc}\frac{z_2 - z_3}{z_1 - z_3} = 0, \quad \text{bzw.} \quad \operatorname{arc}\frac{z_1 - z}{z_2 - z} + \operatorname{arc}\frac{z_2 - z_3}{z_1 - z_3} = \pi$$

bis auf Vielfache von 2π die Gleichung des Kreises durch z_1, z_2, z_3 (Abb. 38). Dabei gilt die erste Gleichung für den Kreisbogen zwischen z_1 und z_2, auf dem z_3 liegt, und die zweite für den anderen, durch z_1 und z_2 begrenzten Kreisbogen. Nur für die Punkte z dieses Kreises ist $D(z_1, z_2, z_3, z)$ reell. Gerade und Kreise verhalten sich also in durchaus gleicher Weise; die ersteren sind hier als Grenzfälle von Kreisen anzusehen, die durch den Punkt $z = \infty$ gehen. Es gilt der wichtige Satz: *Die bilinearen Transformationen sind kreistreu.* Statt (14) kann man ja auch

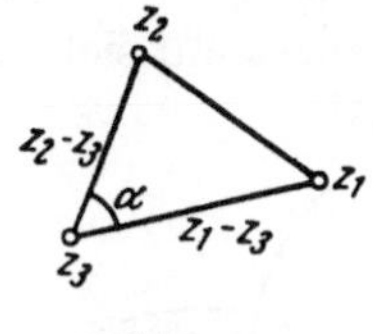

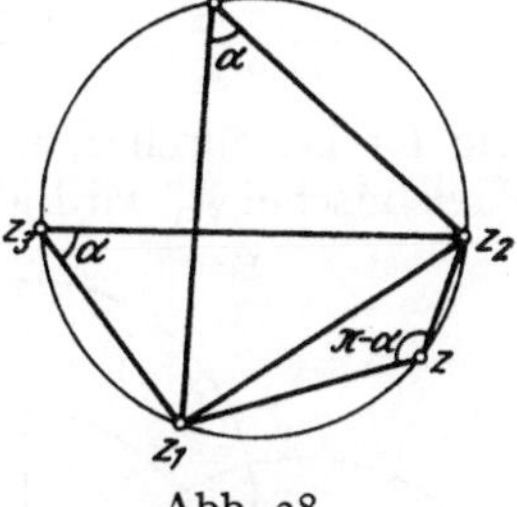

Abb. 37.   Abb. 38.

$$D(z_1, z_2, z_3, z) = D(w_1, w_2, w_3, w)$$

schreiben; liegt z auf dem durch z_1, z_2, z_3 bestimmten Kreis (oder Geraden) $\mathfrak{C}$, so ist D reell und es muß w auf dem durch w_1, w_2, w_3 bestimmten Kreis (oder Geraden) $\mathfrak{C}'$ liegen.

Das Innere eines Kreises wird also bei einer Transformation (10) entweder auf das Innere oder Äußere eines Kreises oder auf eine Halbebene abgebildet. Abbildungen, bei denen ein gegebener Kreis in einen anderen gegebenen Kreis übergeht, können wir dadurch herstellen, daß wir auf beiden Kreisen drei Punkte wählen und einander zuordnen.

Eine wichtige Folgerung ist das sogenannte *Spiegelungsprinzip*: *Zwei Punkte, die zu einem Kreis (oder zu einer Geraden) $\mathfrak{C}$ spiegelbildlich liegen, gehen bei der bilinearen Transformation (10) in zwei Punkte über, die zum Bildkreis $\mathfrak{C}'$ spiegelbildlich liegen.* Alle Kreise durch zwei solche Punkte z_1 und z_2 schneiden $\mathfrak{C}$ orthogonal; da die Abbildung winkeltreu und kreistreu ist, schneiden die Bildkreise durch die entsprechenden Punkte w_1 und w_2 den Bildkreis $\mathfrak{C}'$ von $\mathfrak{C}$ orthogonal, d. h. w_1 und w_2 sind spiegelbildlich zu $\mathfrak{C}'$.

3. Die Fixpunkte der bilinearen Transformationen. Ich deute die Transformation (10) als Abbildung der Ebene auf sich; dann tritt die Frage nach den *Fixpunkten* der Abbildung auf, d. h. nach den Punkten die auf sich selbst abgebildet werden. Für sie gilt die Gleichung $w = z$, also

$$c z^2 + (d - a) z - b = 0.$$

Somit gibt es im allgemeinen zwei Fixpunkte

$$z_{1,\,2} = -\frac{1}{2c}\left[(d - a) \pm \sqrt{(d - a)^2 + 4bc}\right], \quad c \neq 0 \tag{15}$$

die zusammenfallen, wenn

$$(d - a)^2 + 4bc = 0$$

ist. Ist $c = 0$, so ist $z = \infty$ ein Fixpunkt, der zweite ist dann $z = \dfrac{b}{d-a}$; ist außerdem $a = d$, so gibt es nur einen Fixpunkt $z = \infty$. *Eine bilineare Funktion mit mehr als zwei Fixpunkten ist die Identität $w = z$ ($d = a$, $b = c = 0$).*

Die Transformation (12) hat die Fixpunkte $z = \pm 1$, der Kreis $|z| = 1$ geht dabei als ganzer in sich über, aber nicht punktweise wie bei der Spiegelung (13), sondern es vertauschen sich obere und untere Hälfte. Man kann ja die Transformation (12) als Resultat zweier Spiegelungen, am Einheitskreis und an der reellen Achse, auffassen. (11) hat die Fixpunkte $\dfrac{b}{1-a}$ und ∞, die bei der Parallelverschiebung ($a = 1$) in $z = \infty$ zusammenfallen.

Ich komme nun noch zu einer Klassifikation der Transformation (10) nach ihren Fixpunkten. Sind zwei verschiedene Fixpunkte z_1 und z_2 im Endlichen vorhanden, so können wir in (14) $w_1 = z_1$, $w_2 = z_2$ setzen und erhalten

$$\frac{w - z_2}{w - z_1} = k \frac{z - z_2}{z - z_1}, \quad k = \frac{z_3 - z_1}{z_3 - z_2} : \frac{w_3 - z_1}{w_3 - z_2} = D(z_1, z_2, z_3, w_3) \neq 0. \tag{16}$$

Die Kreise durch z_1 und z_2 gehen über in Kreise durch z_1 und z_2, d. h. dieses Kreisbüschel $\mathfrak{K}_1$ wird als Ganzes auf sich selbst abgebildet. Dasselbe gilt für die orthogonalen Kreise $\mathfrak{K}_2$ (Abb. 39).

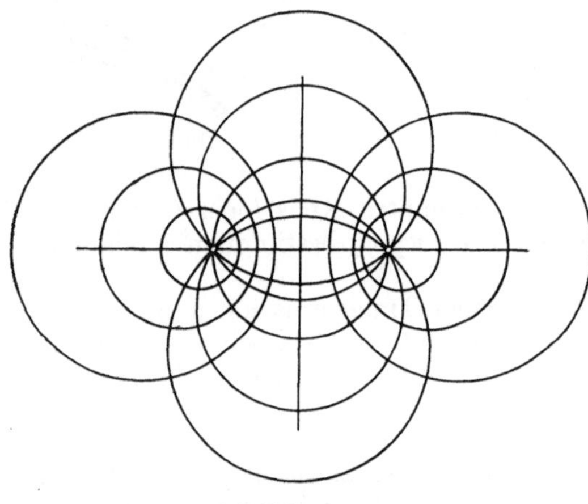

Abb. 39.

Es sind drei Fälle möglich, von denen die beiden ersten Grenzfälle des dritten sind:

A. *Jeder Kreis von $\mathfrak{K}_1$ geht in sich über.* Die Punkte z_1, z_2, z_3, w_3 liegen auf einem Kreis und das Doppelverhältnis k ist *reell*. Eine solche Transformation heißt *hyperbolisch*.

B. *Jeder Kreis von $\mathfrak{K}_2$ geht in sich über.* Ich bilde die z- und w-Ebene, die wir uns ja zusammenfallend denken, durch die Transformation

$$Z = \frac{z - z_2}{z - z_1}, \quad W = \frac{w - z_2}{w - z_1}$$

(das ist tatsächlich nur *eine* Transformation, die für jedes der beiden Variablenpaare angeschrieben wurde) auf eine Z- und W-Ebene ab. Dann geht (16) über in $W = kZ$, die Fixpunkte z_1 und z_2 in die Punkte $Z = \infty$ und $Z = 0$, die Kreise $\mathfrak{K}_1$ gehen über in die Geraden durch 0 und die Kreise $\mathfrak{K}_2$ in die konzentrischen Kreise um 0. Da die letzteren einzeln in sich übergehen, muß die Transformation $W = kZ$ eine Drehung sein, also $|k| = 1$, $k = e^{j\alpha}$. Die Transformation (16) heißt *elliptisch*. Aus (16) folgt

$$\frac{|w - z_2|}{|w - z_1|} = \frac{|z - z_2|}{|z - z_1|},$$

die in der Elementargeometrie als *Satz des Apollonius* bekannte Beziehung. Ist $k = 1$, so ist die Transformation zugleich hyperbolisch und elliptisch — aber dann wird (16) die identische Transformation $w = z$.

C. *Weder jeder Kreis von $\mathfrak{K}_1$ noch jeder Kreis von $\mathfrak{K}_2$ geht in sich über.* Für die Konstante k in (16) gilt $\Im(k) \neq 0$, $|k| \neq 1$. Die Transformation heißt *loxodromisch*.

Liegt einer der Fixpunkte, etwa z_1, im Unendlichen, so geht (16) über in

$$w - z_2 = k\,(z - z_2).$$

Das bedeutet im Fall der hyperbolischen Transformation eine Streckung vom Punkt z_2 aus, im Fall der elliptischen Transformation eine Drehung um z_2, während der dritte Fall eine Drehstreckung liefert, bei der ein System logarithmischer Spiralen um den Punkt z_2 in sich übergeht[1]. Die Bezeichnung loxodromische Transformation rührt daher, daß die logarithmischen Spiralen bei der stereographischen Projektion in Loxodromen auf der Zahlenkugel übergehen, das sind Kurven, die die Meridiane unter gleichen Winkeln schneiden und in der Schiffahrt von einiger Bedeutung sind.

Fallen die beiden Fixpunkte zusammen, so spricht man von einer *parabolischen Transformation*. Setzt man in (16) $z_2 = z_1 + l$, so gibt eine einfache Rechnung

$$\frac{1}{w - z_1} = \frac{k}{z - z_1} + \frac{1 - k}{l};$$

geht hier $l \to 0$ und damit $z_2 \to z_1$, so muß $k \to 1$ gehen; der Grenzwert von $\dfrac{1 - k}{l}$ sei $a \neq 0$. Es folgt

$$\frac{1}{w - z_1} = \frac{1}{z - z_1} + a \tag{17}$$

als Normalform der parabolischen Transformation. Geht hier $z_1 \to \infty$ (Fixpunkte im Unendlichen), so muß $a \to 0$ gehen, dann wird (17) zu

$$w = z + b,$$

eine Parallelverschiebung mit dem einzigen Fixpunkt im Unendlichen.

4. Die Funktion $w = z^2$ und der Begriff der Riemannschen Fläche. Ich setze $z = r\,e^{j\varphi}$ und $w = R\,e^{j\vartheta}$. Dann wird

$$R = r^2 \quad \text{und} \quad \vartheta = 2\,\varphi$$

bei geeigneter Festlegung der Winkel. Die Schar der konzentrischen Kreise $r = \text{konst.}$ geht also in die konzentrischen Kreise $R = \text{konst.}$ der w-Ebene über, während die Winkel φ verdoppelt werden. Läßt man z einen vollen Kreis $r = \text{konst.}$ durchlaufen, indem man φ von $-\pi$ bis $+\pi$ variieren läßt, so variiert ϑ von -2π bis $+2\pi$, d. h. der Bildpunkt w durchwandert den Kreis $R = r^2 = \text{konst.}$ zweimal oder, wie man kurz sagt, einem Umlauf um den Punkt $z = 0$ entsprechen zwei Umläufe um den Punkt $w = 0$. Somit entsprechen einem Wert von w zwei Werte von z, d. h. die Umkehrfunktion $z = \sqrt{w}$ ist zweideutig und nur im Punkt $z = 0$ ($w = 0$) eindeutig. Wir versuchen zunächst, durch eine geeignete Einschränkung eine eindeutige Funktion herzustellen[2]. Das gelingt

---

[1] Ist $k = \varrho\,e^{j\alpha}$, so zerlegt man die Transformation in $w - z_2 = \varrho\,(\zeta - z_2)$ und $\zeta - z_2 = e^{j\alpha}\,(z - z_2)$. Die Überlegung wird deutlicher, wenn man sich diese Transformationen als Bewegungen der Punkte der Ebene darstellt, die stetig von der Anfangslage in die Endlage führen. Man muß dabei natürlich k noch als Funktion der Zeit ansehen; schreibt man ϱ^t an Stelle von ϱ und $e^{j\alpha t}$ an Stelle von $e^{j\alpha}$ und läßt t von 0 bis 1 variieren, so bewegt sich im ersten Fall $w(t) = z_2 + \varrho^t(\zeta - z_2)$ von der Anfangslage $w(0) = \zeta$ aus auf der Verbindungsgeraden von z_2 und ζ bis zum Punkt $w = w(1)$. Ebenso dreht sich im zweiten Fall $\zeta(t)$ um z_2 durch den Winkel α von der Anfangslage $\zeta(0) = z$ bis zur Endlage $\zeta = \zeta(1)$. Die zusammengesetzte Transformation ist dann $w - z_2 = \varrho^t\,e^{j\alpha t}(z - z_2)$; setzt man noch $z - z_2 = r\,e^{j\varphi}$, $w - z_2 = R\,e^{j\Phi}$, so folgt $R = r\,\varrho^t$, $\Phi = \alpha\,t + \varphi$ und durch Elimination von t die Gleichung $R = r\,\varrho^{\frac{\Phi - \varphi}{\alpha}}$ einer logarithmischen Spirale in Polarkoordinaten R, Φ.

[2] Wie das auch im Reellen geschieht, wenn man z. B. die zweideutige Funktion $y = \sqrt{1 - x^2}$ durch die Einschränkung $y \geqq 0$ eindeutig macht.

uns, wenn wir die w-Ebene vom Punkt $w = 0$ aus längs der negativen reellen Achse ($v = 0$, $u \leqq 0$) „aufschneiden", womit gemeint ist, daß es jedem Punkt P, der sich in der w-Ebene bewegt, unmöglich gemacht ist, den Schnitt zu überqueren. Wir denken uns den Schnitt von $w = 0$ gegen $w = \infty$ positiv orientiert (also entgegengesetzt zur Orientierung der reellen Achse) und unterscheiden dementsprechend ein rechtes oder positives und ein linkes oder negatives Ufer des Schnittes. In der so zerschnittenen w-Ebene entspricht jedem Punkt w eindeutig ein bestimmter Punkt z, aber man bekommt nicht alle Punkte der Ebene, sondern offenbar nur die der rechten Halbebene $\Re(z) \geqq 0$. Durch die Zerschneidung beschränken wir den Winkel ϑ auf die Werte $-\pi \leqq \vartheta \leqq +\pi$, wobei für die Punkte w^+ des rechten Ufers $\vartheta = +\pi$, für die Punkte w^- des linken Ufers $\vartheta = -\pi$ ist. Für den Winkel φ ergibt sich aber aus $\vartheta = 2\,\varphi$ die Ungleichung $-\dfrac{\pi}{2} \leqq \varphi \leqq +\dfrac{\pi}{2}$. Nähert sich w einem Punkt $w^+ = R\,e^{j\pi}$ des rechten Ufers, so nähert sich der entsprechende Punkt z dem Punkt $z^+ = r\,e^{j\frac{\pi}{2}} = r\,j$, nähert sich w dem gegenüberliegenden Punkt $w^- = R\,e^{-j\pi}$ des linken Ufers, so nähert sich der entsprechende Punkt z dem Punkt $z^- = r\,e^{-j\frac{\pi}{2}} = -r\,j$, und es ist somit $z^- = -z^+$, d. h. den gegenüberliegenden Punkten der beiden Ufer entsprechen z-Werte mit entgegengesetztem Vorzeichen. Um auch die Bilder der linken Halbebene $\Re(z) < 0$ abbilden zu können, denken wir uns ein zweites Exemplar einer in der gleichen Weise zerschnittenen w-Ebene so unter das erste gelegt, daß die beiden Schnitte zur Deckung kommen. Auf diesem zweiten Blatt der w-Ebene zeichnen wir die Bildpunkte der linken Hälfte der z-Ebene ein; auch diese Zuordnung ist umkehrbar eindeutig, und zwar entsprechen den Punkten z mit $\dfrac{\pi}{2} < \varphi \leqq \pi$ die Punkte der unteren Hälfte, den Punkten z mit $-\dfrac{\pi}{2} > \varphi > -\pi$ die Punkte der oberen Hälfte des zweiten Blattes der w-Ebene. Überschreitet also der Punkt z die imaginäre Achse auf ihrer positiven Hälfte von rechts nach links, so muß der Bildpunkt w vom rechten Ufer des ersten

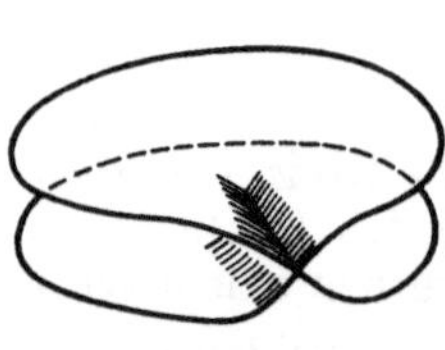
Abb. 40.

Blattes auf das linke Ufer des zweiten Blattes gelangen. Wir vereinfachen diesen Übergang nun dadurch, daß wir diese beiden Ufer aneinanderheften. Überschreitet z die imaginäre Achse auf ihrer negativen Hälfte, wieder von rechts nach links, so muß der Bildpunkt w vom linken Ufer des ersten auf das rechte Ufer des zweiten Blattes gelangen, so daß wir auch diese beiden Ufer aneinanderheften. An Stelle der beiden Schnitte in den beiden Blättern haben wir also jetzt eine Durchdringung, ein „Sich-Kreuzen" der *beiden Blätter* längs der negativen reellen Achse[1] (Abb. 40). Dieses merkwürdige geometrische Gebilde, zu dem wir da gelangt sind, heißt die *Riemannsche Fläche der Funktion* $w = z^2$. Auf ihr wird die Zuordnung der Punkte w und z (nicht der Zahlen, vgl. die Fußnote) umkehrbar eindeutig, jeder stetigen Lagenänderung eines Punktes z entspricht eine stetige

---

[1] Es ist sehr wichtig, sich dabei zweierlei vor Augen zu halten: Erstens, daß nicht die Zahlen w, sondern ihre Bildpunkte zweimal genommen werden, je einer in jedem Blatt. Man hat also gewissermaßen die Zweideutigkeit der Funktion $z = \sqrt{w}$ in eine Zweideutigkeit der Zuordnung der Bildpunkte zu den komplexen Zahlen w verwandelt. Und zweitens, daß die beiden Blätter längs der Durchdringung ganz und gar nichts miteinander zu tun haben, und daß wir anscheinend nur durch das Gefängnis, in das uns unsere bloß dreidimensionale Anschauungswelt sperrt, gezwungen sind, diese Durchdringung überhaupt in Kauf zu nehmen. Auf eine Möglichkeit, sie doch zu vermeiden, komme ich gleich zu sprechen.

Lagenänderung des entsprechenden Punktes w und umgekehrt und man sieht sofort, daß man überhaupt jede Beschränkung der Winkel φ und ϑ fallen lassen kann. Der auffallendste Punkt der Riemannschen Fläche ist der dem Punkt $z = 0$ entsprechende Punkt $w = 0$. Im letzteren hängen die beiden Blätter völlig zusammen, er wird *Windungspunkt* oder *Verzweigungspunkt* der Riemannschen Fläche genannt. Der entsprechende Punkt $z = 0$ der z-Ebene heißt *Kreuzungspunkt*; in ihm verschwindet die Ableitung $\dfrac{dw}{dz} = 2\,z$, während die Umkehrfunktion nicht differenzierbar ist, es ist ja $\dfrac{dz}{dw} = \dfrac{1}{2\sqrt{w}} \to \infty$ für $w \to 0$. $w = 0$ ist eine *singuläre Stelle* der Funktion $z = \sqrt{w}$. Ein zweiter Verzweigungspunkt ist der Punkt $w = \infty$. Das erkennt man am besten, wenn man die w-Ebene durch eine Riemannsche Zahlenkugel (§ 21, 3) ersetzt. Man hat dann die Kugel zweimal zu nehmen, längs des der nega-

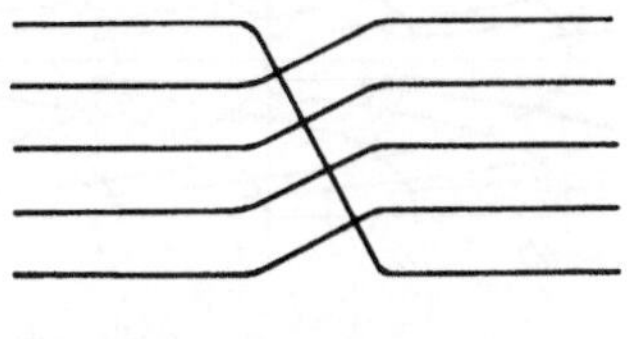

<table>
<tr><td>Abb. 41.</td><td>Abb. 42.</td><td>Abb. 43.</td></tr>
</table>

tiven reellen Achse entsprechenden halben Meridians vom Südpol zum Nordpol aufzuschneiden und die vier Ufer wieder kreuzweise zu verbinden. Dabei entstehen zwei Windungspunkte in Süd- und Nordpol[1].

Die durch $w = z^2$ vermittelte Abbildung ist überall konform mit Ausnahme des Kreuzungspunktes $z = 0$, weil hier $f'(z)$ verschwindet. Zerlegt man in Real- und Imaginärteil, so kommt man zu den reellen Abbildungsgleichungen

$$u = x^2 - y^2, \quad v = 2\,x\,y.$$

Den Geraden $u = $ konst. und $v = $ konst. der w-Ebene entsprechen in der z-Ebene zwei Scharen von gleichseitigen Hyperbeln, die überall orthogonal sind mit Ausnahme des Punktes $x = y = 0$, wo die beiden Geradenpaare, in die die Hyperbeln hier ausarten, einander unter 45° schneiden (Abb. 41). Den Geraden $x = $ konst. und $y = $ konst. entsprechen in der w-Ebene die beiden Scharen konfokaler Parabeln (Abb. 42)

$$v^2 = 4\,x^2\,(x^2 - u) \quad \text{und} \quad v^2 = 4\,y^2\,(y^2 + u).$$

In entsprechender Weise geht man bei der Potenz $w = z^n$ mit positivem, ganzem Exponenten vor. Die Riemannsche Fläche besteht aus n Blättern, die längs der negativen reellen Achse aufgeschnitten und dann in der in Abb. 43 angedeuteten Weise zusammengeheftet sind. Der Punkt $w = 0$ ist ein *Verzweigungs-*

---

[1] Verzichtet man darauf, daß zusammengehörige Punkte der Riemannschen Fläche übereinander liegen, so kann man die Kreuzung der beiden Blätter vermeiden, indem man etwa die innere Kugel an der Ebene spiegelt, in der der Verzweigungsschnitt liegt. Dann gehört zwar zu jedem Punkt des einen Blattes der spiegelbildlich gelegene Punkt des zweiten Blattes, aber die Durchdringung der beiden Blätter ist beseitigt; man hat eine doppelwandige Kugel mit einem schlitzartigen Loch, längs dem innere und äußere Wände zusammenhängen, also eine Art Thermosflasche.

punkt n — 1-ter Ordnung oder *n — 1facher Verzweigungspunkt*; dasselbe gilt für den Punkt $w = \infty$. Einem Umlauf um den Punkt $z = 0$ entsprechen n Umläufe um den Punkt $w = 0$.

5. Logarithmus und allgemeine Potenz. Wir haben in § 22, 8 festgestellt, daß der Logarithmus

$$w = \ln z = \ln r + j\,\varphi, \quad z = r\,e^{j\varphi}$$

eine unendlich vieldeutige Funktion ist. Eine eindeutige Funktion ist der *Hauptwert* mit $-\pi < \varphi \leqq +\pi$. Man kann aber die Eindeutigkeit ohne Einschränkung des Wertevorrats mit Hilfe einer Riemannschen Fläche herstellen. Wir bilden zunächst durch den Hauptwert die z-Ebene auf den Streifen $-\pi < v \leqq +\pi$ der w-Ebene ab, ein zweites Blatt der z-Ebene[1] dann auf den Streifen $\pi < v \leqq 3\pi$ der w-Ebene, ein drittes Blatt auf den Streifen $-3\pi < v \leqq -\pi$ und fahren in dieser Weise nach beiden Richtungen beliebig lang fort. Die Blätter der z-Ebene ordnen wir abwechselnd über und unter

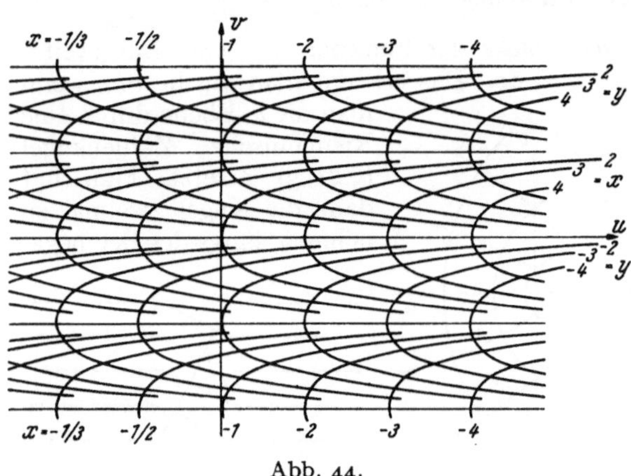

Abb. 44.

dem ersten Blatt an, so daß das Blatt Nummer $2\,\nu$ das Bild des Streifens

$$(2\,\nu - 1)\,\pi < v \leqq (2\,\nu + 1)\,\pi, \quad \nu = 1, 2, 3, \ldots$$

und das Blatt Nummer $2\,\nu + 1$ das Bild des Streifens

$$-(2\,\nu + 1)\,\pi < v \leqq -(2\,\nu - 1)\,\pi, \quad \nu = 0, 1, 2, \ldots$$

wird. Dann schneiden wir die Blätter längs der negativen reellen Achse auf und heften den oberen Rand des ersten Blattes mit dem unteren des zweiten und den unteren des ersten mit dem oberen des dritten wieder zusammen, usw. Wir erhalten auf diese Art eine unendlich vielblättrige Riemannsche Fläche mit einem Windungspunkt unendlicher Ordnung in $z = 0$; man spricht von einer *logarithmischen Verzweigung*. Ein zweiter Windungspunkt unendlicher Ordnung liegt im Punkt $z = \infty$. Aus den Gleichungen

$$u = \ln r = \ln \sqrt{x^2 + y^2}, \quad v = \varphi = \arctan \frac{y}{x}$$

folgt, daß die Kurven $u = $ konst. und $v = $ konst. in der z-Ebene die konzentrischen Kreise um $z = 0$ und die Geraden durch $z = 0$ sind, während die Kurven

$$u = \ln x - \ln \cos v \quad \text{und} \quad u = \ln y - \ln \sin v$$

die Bilder der Geraden $x = $ konst. und $y = $ konst. sind (Abb. 44); die Kurven sind kongruent und gehen auseinander durch Verschiebung parallel zur reellen Achse hervor.

    Die Potenz

$$w = z^\alpha$$

---

[1] Man beachte, daß hier z und nicht w wie in Ziffer 4 die unabhängige Veränderliche der mehrdeutigen Funktion ist.

mit beliebigem komplexem Exponenten erklären wir wie am Schluß von § 22, 8 durch

$$w = e^{\alpha \ln z} = e^{\alpha t};$$

sie ist eine eindeutige Funktion von $t = \ln z$ und daher, wenn α nicht reell und rational ist, unendlich vieldeutig wie der Logarithmus. Auf der Riemannschen Fläche des Logarithmus ist auch z^α eindeutig. $w = e^{\alpha t}$, $z = e^t$ sind eine Parameterdarstellung der Potenz mit eindeutigen Funktionen; t wird daher als *uniformisierender Parameter* bezeichnet. Ist α reell und rational, $\alpha = \dfrac{p}{q}$, mit teilerfremden p und q, $q > 0$, so kommt man nach q Umläufen um den Punkt $z = 0$ zum ersten Male wieder zum Ausgangswert zurück und wir können die unendlich vielblättrige Riemannsche Fläche durch eine q-blättrige von der Art der Abb. 43 ersetzen.

Wir betrachten noch die durch $w = z^\alpha$ vermittelte konforme Abbildung und nehmen zunächst α als reell an. Das System der konzentrischen Kreise um $z = 0$ und ebenso das System der Geraden durch $z = 0$ geht in sich über, der Winkel zwischen zwei Geraden durch $z = 0$ multipliziert sich dabei mit α. Ist α rein imaginär, etwa $\alpha = j$ und setzen wir $z = r\, e^{j\varphi}$, $w = R\, e^{j\vartheta}$, so folgt

$$R = e^{-\varphi}, \qquad \vartheta = \ln r.$$

Den Geraden $\varphi = $ konst. der z-Ebene entsprechen also konzentrische Kreise um $w = 0$ und den Kreisen $r = $ konst. der z-Ebene Halbstrahlen durch $w = 0$. Ist α eine beliebige komplexe Zahl, so werden die Geraden durch 0 und Kreise um 0 der z-Ebene auf zwei orthogonale Scharen logarithmischer Spiralen abgebildet.

Zum Schluß noch eine Bemerkung über die Potenz $w = z^\alpha$ mit reellem α, die bei gewissen Abbildungsaufgaben nützlich sein kann. Wendet man auf z und w je eine linear gebrochene Transformation an, die die Punkte 0 und ∞ in zwei beliebige Punkte z_1, z_2 bzw. w_1, w_2 überführt, so geht $w = z^\alpha$ über in

$$\frac{w' - w_1}{w' - w_2} = k \left(\frac{z' - z_1}{z' - z_2}\right)^\alpha, \quad k \neq 0. \tag{18}$$

Die Geraden durch den Punkt $z = 0$ ($w = 0$) werden auf Kreise durch z_1 und z_2 (Kreise durch w_1 und w_2) abgebildet. Ein Kreisbogenzweieck der z'-Ebene mit den Ecken in z_1 und z_2 und dem Winkel γ wird durch (18) abgebildet auf ein Kreisbogenzweieck mit den Ecken w_1 und w_2 und dem Winkel $\alpha \gamma$.

Aufgaben.

*1. Man untersuche die Funktion

$$w = \frac{1}{2}\left(z + \frac{1}{z}\right)$$

und die durch sie vermittelte konforme Abbildung.

2. Es sind alle bilinearen Funktionen zu ermitteln, die die Halbebene $\Im(z) > 0$ auf den Kreis $|w| < 1$ abbilden. Man bestimme insbesondere darunter die Transformation, die die Punkte $z = \infty, 0, 1$ in die Punkte $w = -1, 1, j$ überführt.

3. Es sind alle bilinearen Transformationen zu ermitteln, die den Einheitskreis in sich überführen. Man bestimme insbesondere darunter jene Transformation, die den gegebenen Punkt z_0, $|z_0| \neq 1$, zum Fixpunkt hat.

4. Man zeige, daß jeder Drehung der Einheitskugel um eine beliebige Achse bei der stereographischen Projektion eine lineare Transformation der Form

$$w = \frac{a\, z + b}{\bar{b}\, z - \bar{a}}$$

entspricht und umgekehrt.

5. Es ist die Halbebene $\Im(z) \geqq 0$ auf den Halbkreis $|w| \leqq 1$, $\Im(w) \geqq 0$ konform abzubilden (Ziffer 5, Schluß).

§ 24. Die Integration der komplexen Funktionen.

1. Der Begriff des bestimmten Integrals und die Integrierbarkeit der stetigen Funktionen. Die komplexe Funktion $f(z)$ sei stetig in einem Gebiet $\mathfrak{G}$, a und b seien zwei Punkte von $\mathfrak{G}$ und $\mathfrak{C}$ eine a und b verbindende, ganz in $\mathfrak{G}$ verlaufende Kurve. Auf $\mathfrak{C}$ wählen wir $n-1$ Punkte $z_1, z_2, \ldots, z_{n-1}$, die zusammen mit $z_0 = a$ und $z_n = b$ die Kurve $\mathfrak{C}$ in n Teilkurven $\mathfrak{C}_\nu$ zerlegen, und auf jedem solchen Bogen $\mathfrak{C}_\nu$ noch einen weiteren beliebigen Punkt ζ_ν. Wir setzen

$$z_\nu - z_{\nu-1} = \Delta z_\nu,$$

$$\mathrm{Max}\,|\Delta z_\nu| = l_n$$

(der Index n bei l gibt die Zahl der Teilbogen $\mathfrak{C}_\nu$ an) und bilden die Summe

$$S_n = \sum_{\nu=1}^{n} f(\zeta_\nu)\,\Delta z_\nu. \tag{1}$$

Wir betrachten weiter eine Folge von Zerlegungen der Kurve $\mathfrak{C}$ mit der Eigenschaft, daß

$$\lim_{n\to\infty} l_n = 0$$

ist; eine solche Folge von Zerlegungen nennen wir eine ausgezeichnete Zerlegungsfolge. Zu jeder Zerlegung dieser Folge bilden wir die zugehörige Summe S_n. Dann existiert unabhängig von der Wahl der ausgezeichneten Zerlegungsfolge und unabhängig von der Wahl der Punkte ζ_ν auf den einzelnen Teilbogen von $\mathfrak{C}$ der Grenzwert

$$\lim_{n\to\infty} S_n = J,$$

der als das *über $\mathfrak{C}$ von a nach b erstreckte bestimmte Integral der Funktion $f(z)$* bezeichnet und

$$J = \int_a^b f(z)\,dz \tag{2}$$

oder

$$J = \int_{\mathfrak{C}} f(z)\,dz \tag{3}$$

geschrieben wird. Zum Beweis zerlege ich die Funktion $f(z)$ in ihren Real- und Imaginärteil

$$f(z) = f(x + j\,y) = u(x, y) + j\,v(x, y)$$

und setze

$$z_\nu = x_\nu + j\,y_\nu, \qquad \zeta_\nu = \xi_\nu + j\,\eta_\nu, \qquad \Delta z_\nu = \Delta x_\nu + j\,\Delta y_\nu.$$

Dann wird

$$S_n = \sum_{\nu=1}^{n} [u(\xi_\nu, \eta_\nu) + j\,v(\xi_\nu, \eta_\nu)]\,(\Delta x_\nu + j\,\Delta y_\nu) =$$

$$= \sum_{\nu=1}^{n} \{[u(\xi_\nu, \eta_\nu)\,\Delta x_\nu - v(\xi_\nu, \eta_\nu)\,\Delta y_\nu] + j\,[v(\xi_\nu, \eta_\nu)\,\Delta x_\nu + u(\xi_\nu, \eta_\nu)\,\Delta y_\nu]\}. \tag{4}$$

Wegen

$$|\Delta x_\nu| \leq |\Delta z_\nu| \leq l_n, \qquad |\Delta y_\nu| \leq |\Delta z_\nu| \leq l_n$$

und wegen der Stetigkeit der beiden Funktionen $u(x, y)$ und $v(x, y)$ konvergieren die vier in (4) auftretenden Summen $\sum_{\nu=1}^{n} u(\xi_\nu, \eta_\nu)\,\Delta x_\nu$ usw. gegen die entsprechenden, über $\mathfrak{C}$ erstreckten reellen Kurvenintegrale (Band II, § 17, 1). Es existiert somit der Grenzwert

$$J = \int\limits_{\mathfrak{C}} \{[u(x, y)\, dx - v(x, y)\, dy] + j\,[v(x, y)\, dx + u(x, y)\, dy]\}, \tag{5}$$

den man kurz auch

$$J = \int\limits_{\mathfrak{C}} [u(x, y) + j\, v(x, y)]\,(dx + j\, dy)$$

schreiben kann, und der mit dem bestimmten Integral (2) oder (3) von $f(z)$ übereinstimmt.

Ist der Integrationsweg $\mathfrak{C}$ durch die Parameterdarstellung $x = x(t)$, $y = y(t)$, $\alpha \leqq t \leqq \beta$ gegeben, wofür man auch kurz

$$z = z(t) = x(t) + j\, y(t)$$

schreibt, so wird

$$\int\limits_{\mathfrak{C}} f(z)\, dz = \int\limits_{\alpha}^{\beta} f(z(t))\,\frac{dz}{dt}\, dt, \tag{6}$$

und zwar unabhängig von der Wahl des Parameters, d. h. das Integral (6) ist invariant gegenüber allen (stetig differenzierbaren) Transformationen $\bar{t} = \varphi(t)$ des Parameters (Band II, § 17, 1).

Beispiele:

1. Für $f(z) = 1$ wird

$$S_n = \sum_{\nu=1}^{n} \Delta z_\nu = (z_1 - z_0) + (z_2 - z_1) + \ldots + (z_n - z_{n-1}) = z_n - z_0 = b - a$$

und daher

$$\int\limits_{a}^{b} dz = b - a,$$

wie immer die a und b verbindende Kurve $\mathfrak{C}$ gewählt wird.

2. Es sei $f(z) = \Re(z) = x$, $a = 0$, $b = 1 + j$ und $\mathfrak{C}$ zunächst die gerade Verbindungslinie der beiden Punkte, also $x = t$, $y = t$, $0 \leqq t \leqq 1$. Es folgt

$$\int\limits_{0}^{1+j} f(z)\, dz = \int\limits_{0}^{1} t\, dt + j \int\limits_{0}^{1} t\, dt = \frac{1}{2}\,(1 + j).$$

Setzt man aber $\mathfrak{C}$ aus den beiden Strecken $y = 0$, $0 \leqq x \leqq 1$ und $x = 1$, $0 \leqq y \leqq 1$ zusammen, so folgt

$$\int\limits_{0}^{1+j} f(z)\, dz = \int\limits_{0}^{1} x\, dx + j \int\limits_{0}^{1} dy = \frac{1}{2} + j.$$

Dieses Integral hängt also vom Integrationsweg ab.

3. Die Funktion $f(z) = (z - z_0)^k$, k ganz, ist in der ganzen z-Ebene (bei $k < 0$ mit Ausnahme des Punktes z_0) stetig. $\mathfrak{C}$ sei ein Kreis mit dem Mittelpunkt z_0 und dem Radius r. Ich setze $x = x_0 + r \cos t$, $y = y_0 + r \sin t$, $0 \leqq t \leqq 2\pi$, so daß

$$\oint\limits_{\mathfrak{C}} f(z)\, dz = \int\limits_{0}^{2\pi} r^k\,(\cos t + j \sin t)^k\cdot r\,(-\sin t + j \cos t)\, dt =$$

$$= j\, r^{k+1} \int\limits_{0}^{2\pi} [\cos (k + 1)\, t + j \sin (k + 1)\, t]\, dt$$

wird. Also ist

$$\oint_{\mathfrak{C}} (z - z_0)^k \, dz = 0, \quad \text{wenn } k \neq -1$$

und

$$\oint_{\mathfrak{C}} \frac{dz}{z - z_0} = 2\,\pi\,j.$$

Beide Integrale sind vom Kreisradius r unabhängig.

2. Einige einfache Integralsätze. Ist $f(z)$ stetig im Gebiet $\mathfrak{G}$ und verlaufen die im folgenden angegebenen Integrationswege ganz in $\mathfrak{G}$, so gilt wie im Reellen

$$\int_a^b f(z) \, dz = - \int_b^a f(z) \, dz, \tag{7}$$

wenn der Integrationsweg $\mathfrak{C}$ in beiden Fällen derselbe ist; nur die Orientierung von $\mathfrak{C}$ ist rechts und links entgegengesetzt. Man schreibt dafür auch

$$\boxed{\int_{\mathfrak{C}} f(z) \, dz = - \int_{-\mathfrak{C}} f(z) \, dz,} \tag{8}$$

wobei man unter $-\mathfrak{C}$ dieselbe Kurve versteht wie $\mathfrak{C}$, jedoch mit entgegengesetzter Orientierung. Schreibt man (8) in der Form

$$\int_{\mathfrak{C}} f(z) \, dz + \int_{-\mathfrak{C}} f(z) \, dz = 0,$$

so bedeutet dies: *Integriert man über eine Kurve $\mathfrak{C}$ einmal in dem einen, das andere Mal in dem anderen Sinn, so ist das Resultat Null.*

Wie im Reellen gilt

$$\boxed{\int_{\mathfrak{C}} c \, f(z) \, dz = c \int_{\mathfrak{C}} f(z) \, dz} \tag{9}$$

mit konstantem c.

Setzt sich die Kurve $\mathfrak{C}$ aus zwei Kurvenbogen $\mathfrak{C}'$ und $\mathfrak{C}''$ zusammen, so schreibt man $\mathfrak{C} = \mathfrak{C}' + \mathfrak{C}''$ (Vereinigungsmenge zweier Mengen) und es gilt

$$\boxed{\int_{\mathfrak{C}'} f(z) \, dz + \int_{\mathfrak{C}''} f(z) \, dz = \int_{\mathfrak{C}} f(z) \, dz} \tag{10}$$

und entsprechend für mehrere Summanden.

Sind $f(z)$ und $g(z)$ zwei in $\mathfrak{G}$ stetige Funktionen, so ist

$$\boxed{\int_{\mathfrak{C}} f(z) \, dz + \int_{\mathfrak{C}} g(z) \, dz = \int_{\mathfrak{C}} [f(z) + g(z)] \, dz} \tag{11}$$

und entsprechend für mehr als zwei Summanden.

Mit den Bezeichnungen von Ziffer 1 ist

$$|S_n| \leq \sum_{\nu=1}^{n} |f(\zeta_\nu)| \, \Delta s_\nu,$$

wo

$$\Delta s_\nu = \sqrt{\Delta x_\nu^2 + \Delta y_\nu^2}$$

gesetzt ist. Da der Integrationsweg $\mathfrak{C}$ unter unseren Voraussetzungen (§ 21, 4) rektifizierbar ist, folgt

$$\boxed{\left| \int_{\mathfrak{C}} f(z) \, dz \right| \leq \int_{\mathfrak{C}} |f(z)| \, ds,} \tag{12}$$

wo ds das Bogenelement von $\mathfrak{C}$ bedeutet. Statt ds schreibt man gelegentlich auch $ds = |dz|$. Ist M das Maximum des absoluten Betrages $|f(z)|$ längs $\mathfrak{C}$, also

$$|f(z)| \leqq M$$

längs $\mathfrak{C}$, so folgt aus (12) weiter

$$\boxed{\left| \int_{\mathfrak{C}} f(z)\, dz \right| \leqq M L,} \qquad (13)$$

wo L die Länge des Integrationswegs $\mathfrak{C}$ bedeutet.

3. Der zweite Fundamentalsatz der Funktionentheorie und das unbestimmte Integral. Es sei nun $f(z)$ *regulär* in dem einfach zusammenhängenden und beschränkten Gebiet $\mathfrak{G}$. Schreibt man das über eine beliebige, ganz in $\mathfrak{G}$ verlaufende Kurve $\mathfrak{C}$ mit den Endpunkten $z = a$ und $z = b$ erstreckte Integral von $f(z)$ in der Form (5), so sind die Integrabilitätsbedingungen der beiden linearen Differentialausdrücke

$$u\, dx - v\, dy \quad \text{und} \quad v\, dx + u\, dy$$

gerade die Cauchy-Riemannschen Differentialgleichungen (§ 22, 5)

$$\frac{\partial u}{\partial y} + \frac{\partial v}{\partial x} = 0 \quad \text{und} \quad \frac{\partial v}{\partial y} - \frac{\partial u}{\partial x} = 0.$$

Daraus folgt der auch als *Cauchyscher Integralsatz* bezeichnete *zweite Fundamentalsatz der Funktionentheorie*:

Ist $f(z)$ regulär in dem einfach zusammenhängenden und beschränkten Gebiet $\mathfrak{G}$ und sind a und b zwei Punkte von $\mathfrak{G}$, so ist das Integral

$$\int_a^b f(z)\, dz$$

unabhängig von der Wahl des Integrationsweges, sofern dieser nur ganz in $\mathfrak{G}$ verläuft.

Eine andere, völlig gleichwertige Fassung des zweiten Fundamentalsatzes ist die folgende:

Ist $f(z)$ regulär in dem einfach zusammenhängenden und beschränkten Gebiet $\mathfrak{G}$, so ist

$$\boxed{\oint f(z)\, dz = 0} \qquad (14)$$

für jeden ganz in $\mathfrak{G}$ verlaufenden geschlossenen Integrationsweg.

Der Cauchysche Fundamentalsatz gibt uns einen ersten Hinweis dafür, wie bedeutungsvoll der Begriff der regulären Funktion ist und wie sehr sich diese Funktionen von den allgemeinen oder selbst von den stetigen Funktionen abheben.

Da die Potenz $(z - z_0)^k$ mit $k \geqq 0$ in der ganzen z-Ebene regulär ist, ergibt sich das Resultat des dritten Beispiels von Ziffer 1 für diese Fälle auf Grund des Cauchyschen Satzes ohne Rechnung und für beliebige geschlossene Kurven, nicht nur für Kreise mit dem Mittelpunkt z_0. Für $k < -1$ zeigt das Beispiel, daß der Cauchysche Satz nicht umkehrbar ist, d. h. daß aus dem Verschwinden des Integrals über geschlossene Kurven nicht ohne weitere Voraussetzung über die Funktion $f(z)$ auf ihre Regularität geschlossen werden kann. Ich werde aber in Ziffer 6 den *Satz von Morera* beweisen, der besagt, daß eine in $\mathfrak{G}$ *stetige* Funktion in $\mathfrak{G}$ auch regulär ist, wenn ihr Integral über jede geschlossene, ganz in $\mathfrak{G}$ verlaufende Kurve verschwindet.

Es sei wieder $f(z)$ regulär in $\mathfrak{G}$, so daß der Cauchysche Fundamentalsatz für die Integrale von $f(z)$ gilt. Ich zeige, daß

$$F(z) = \int_a^z f(\zeta)\, d\zeta \tag{15}$$

bei festem a und in $\mathfrak{G}$ variablem z eine in $\mathfrak{G}$ eindeutige reguläre Funktion der oberen Grenze z ist. Es sei z fest und $z_1 \neq z$ ein zweiter Punkt von $\mathfrak{G}$. Dann ist

$$F(z_1) - F(z) = \int_z^{z_1} f(\zeta)\, d\zeta; \tag{16}$$

setzen wir

$$f(\zeta) = f(z) + \eta,$$

so ist wegen der Stetigkeit von $f(z)$

$$|f(\zeta) - f(z)| = |\eta| < \varepsilon \tag{17}$$

beliebig klein, wenn nur

$$|\zeta - z| < \delta \tag{18}$$

hinreichend klein ist. Wählen wir nun z_1 so, daß $|z_1 - z| < \delta$ ist und daß die gerade Verbindungsstrecke von z nach z_1 ganz in $\mathfrak{G}$ liegt[1], so sind für alle ζ auf dieser Strecke die Ungleichungen (18) und damit auch (17) erfüllt. Aus (16) folgt dann

$$F(z_1) - F(z) = f(z)\, (z_1 - z) + \int_z^{z_1} \eta\, d\zeta$$

und wegen (12)

$$\left| \frac{F(z_1) - F(z)}{z_1 - z} - f(z) \right| < \varepsilon,$$

also wegen § 22, 4

$$\boxed{F'(z) = f(z).} \tag{19}$$

Damit ist nicht nur gezeigt, daß $F(z)$ eine reguläre Funktion ist, sondern auch die Relation

$$\frac{d}{dz} \int_a^z f(\zeta)\, d\zeta = f(z)$$

bewiesen. Man nennt nun auch im Komplexen jede Funktion $F(z)$, für die (19) gilt, ein *unbestimmtes Integral* von $f(z)$, doch ist dieser Begriff hier auf reguläre Funktionen $f(z)$ beschränkt[2]. Unter dieser Einschränkung gilt der *Fundamentalsatz der Integralrechnung* wie im Reellen: *Zwei unbestimmte Integrale derselben Funktion unterscheiden sich durch eine additive Konstante.* Da daher jedes unbestimmte Integral von $f(z)$ bis auf eine additive Konstante durch (15) darstellbar ist, läßt sich der eben bewiesene Satz auch so formulieren: *Jedes unbestimmte Integral einer regulären Funktion ist ebenfalls eine reguläre Funktion.*

Für Gebiete, deren Rand eine geschlossene Kurve ist, läßt sich der Cauchysche Integralsatz verschärfen: *Ist $f(z)$ im Inneren $\mathfrak{G}$ einer geschlossenen Kurve $\mathfrak{C}$ regulär und längs $\mathfrak{C}$ stetig (§ 22, 3), so gilt (14), auch wenn der Inte-*

---

[1] Man beachte, daß $\mathfrak{G}$ ein Gebiet, also eine offene Menge und z daher ein innerer Punkt von $\mathfrak{G}$ ist, so daß ein Kreis um z existiert, der ganz in $\mathfrak{G}$ liegt; wir brauchen also nur z_1 in diesem Kreis zu wählen.

[2] Ist $f(z)$ nicht regulär, so hängt das Integral (15) im allgemeinen nicht nur von z, sondern auch vom Integrationsweg ab!

grationsweg mit dem Rand $\mathfrak{C}$ *von* $\mathfrak{G}$ *zusammenfällt.* Zum Beweis denke man sich $\mathfrak{C}$ durch eine ganz in $\mathfrak{G}$ verlaufende geschlossene Kurve $\overline{\mathfrak{C}}$ approximiert; für $\overline{\mathfrak{C}}$ gilt dann (14). Nun kann man aber $\overline{\mathfrak{C}}$ beliebig nahe an $\mathfrak{C}$ wählen, wegen der Stetigkeit von $f(z)$ längs $\mathfrak{C}$ kann der Unterschied der beiden über $\overline{\mathfrak{C}}$ und $\mathfrak{C}$ erstreckten Integrale beliebig klein gemacht werden, es muß also auch das über $\mathfrak{C}$ erstreckte Integral verschwinden[1].

4. Mehrfach zusammenhängende Gebiete. Der Residuensatz. Jeder Integrationsweg ist eine *orientierte* Kurve. Bei nicht geschlossenen Wegen ist die Orientierung wie in (7) durch die Angabe der Integrationsgrenzen, also durch Anfangs- und Endpunkt festgelegt. Bei geschlossenen Kurven $\mathfrak{C}$ kann man die positive Orientierung auf verschiedene Arten erklären:

a) Sie entspricht der positiven Drehung in der Ebene, die der Drehung des Uhrzeigers entgegenläuft;

b) das Innengebiet von $\mathfrak{C}$ bleibt zur Linken, wenn man $\mathfrak{C}$ im positiven Sinn durchläuft;

c) für jeden Punkt z_0 im Innengebiet von $\mathfrak{C}$ ist

$$\oint_{\mathfrak{C}} \frac{dz}{z - z_0} = + 2\pi j$$

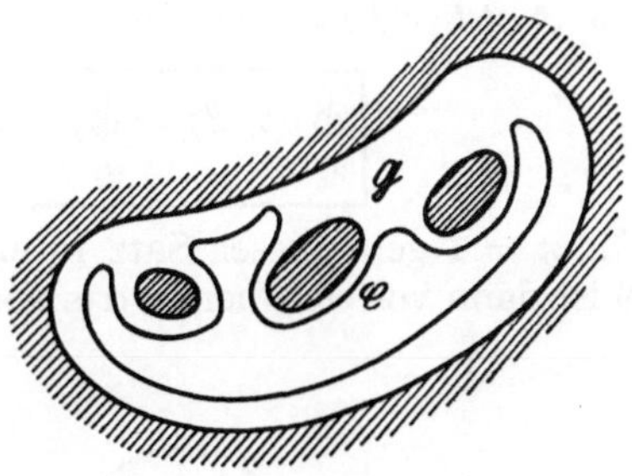

Abb. 45.

(vgl. das dritte Beispiel von Ziffer 1 und den folgenden Satz 2). Die drei Erklärungen sind offenbar völlig äquivalent. Wir wollen — wie schon in Ziffer 2 — übereinkommen, einen Integrationsweg $\mathfrak{C}$ stets im positiven, $-\mathfrak{C}$ im negativen Sinn zu verstehen. Nach dieser Vorbemerkung beweise ich zunächst drei Sätze, die die Verallgemeinerung des Cauchyschen Integralsatzes auf mehrfach zusammenhängende Gebiete betreffen:

Satz 1. *Ist* $\mathfrak{G}$ *ein beliebiges (auch mehrfach zusammenhängendes) Gebiet, so ist für jede in* $\mathfrak{G}$ *reguläre Funktion* $f(z)$

$$\oint f(z)\, dz = 0, \tag{20}$$

wenn der geschlossene Weg $\mathfrak{C}$ *und sein Innengebiet keinen nicht zu* $\mathfrak{G}$ *gehörigen Punkt enthält.* Das ist eine einfache Verallgemeinerung des Cauchyschen Integralsatzes, die unmittelbar aus der in Ziffer 3 gegebenen Herleitung folgt (Abb. 45).

Satz 2. *Sind* $\mathfrak{C}_1$ *und* $\mathfrak{C}_2$ *zwei geschlossene Kurven, die ganz in dem beliebigen Gebiet* $\mathfrak{G}$ *verlaufen, keinen Punkt gemeinsam haben und ein zweifach zusammenhängendes beschränktes Teilgebiet (Ringgebiet) von* $\mathfrak{G}$ *beranden und ist* $f(z)$ *regulär in* $\mathfrak{G}$, *so ist*

$$\boxed{\oint_{\mathfrak{C}_1} f(z)\, dz = \oint_{\mathfrak{C}_2} f(z)\, dz.} \tag{21}$$

---

[1] Dasselbe gilt natürlich, wenn $f(z)$ in allen Punkten von $\mathfrak{C}$ regulär ist, aber dann ist die Aussage deshalb nicht sehr bedeutungsvoll, weil der abgeschlossene Bereich $\mathfrak{B} = \mathfrak{G} + \mathfrak{C}$ dann stets in einem Gebiet $\overline{\mathfrak{G}}$ enthalten ist, das $\mathfrak{B}$ enthält. Definitionsgemäß (§ 22, 4) ist ja eine in einem Punkt reguläre Funktion stets auch in einer gewissen Umgebung dieses Punktes regulär; man kann also alle Punkte von $\mathfrak{C}$ mit Kreisen umgeben, in denen $f(z)$ regulär ist. Nach dem Überdeckungssatz (§ 21, 5) genügt bereits eine endliche Anzahl dieser Kreise, um $\mathfrak{C}$ zu überdecken. Vergrößert man also den Bereich $\mathfrak{B}$ um geeignete Teile dieser Kreisscheiben, so erhält man ein Gebiet $\overline{\mathfrak{G}}$, das $\mathfrak{B}$ und damit auch $\mathfrak{C}$ enthält.

Zum Beweis (Abb. 46) verbinde ich den beliebigen Punkt A_1 von $\mathfrak{C}_1$ mit einem beliebigen Punkt A_2 von $\mathfrak{C}_2$ durch eine Kurve $\mathfrak{C}'$ in $\mathfrak{G}$, die von A_1 nach A_2 positiv orientiert sei und setze in der Form

$$\mathfrak{C} = \mathfrak{C}_1 + \mathfrak{C}' - \mathfrak{C}_2 - \mathfrak{C}'$$

einen geschlossenen Weg zusammen, der den Voraussetzungen des Satzes 1 genügt[1]; es folgt wegen (20) (die Integranden sind weggelassen)

$$\oint_{\mathfrak{C}} = \oint_{\mathfrak{C}_1} + \int_{\mathfrak{C}'} - \oint_{\mathfrak{C}_2} - \int_{\mathfrak{C}'} = 0$$

und daher (21).

Satz 3. *Ist $\mathfrak{G}$ ein $n + 1$-fach zusammenhängendes Gebiet (innerhalb $\mathfrak{C}_0$ und außerhalb $\mathfrak{C}_1, \mathfrak{C}_2, \ldots, \mathfrak{C}_n$), so ist für jede in $\mathfrak{G}$ reguläre und in allen Randpunkten von $\mathfrak{G}$ stetige Funktion $f(z)$*

$$\oint_{\mathfrak{C}_0} f(z)\, dz = \oint_{\mathfrak{C}_1} f(z)\, dz + \oint_{\mathfrak{C}_2} f(z)\, dz + \ldots + \oint_{\mathfrak{C}_n} f(z)\, dz. \tag{22}$$

Für $n = 1$ geht dieser Satz in eine einfache Verallgemeinerung von (21) über: $\mathfrak{G}$ ist dann von vornherein das von $\mathfrak{C}_0$ und $\mathfrak{C}_1$ begrenzte Ringgebiet. Da $f(z)$ in $\mathfrak{G}$

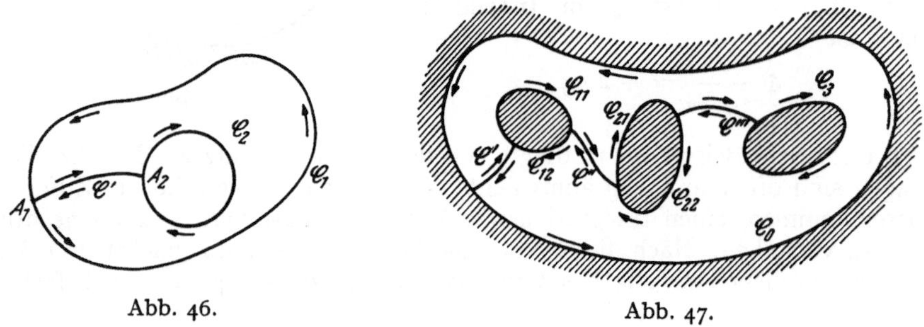

Abb. 46.   Abb. 47.

regulär und in allen Randpunkten, also in allen Punkten von $\mathfrak{C}_0$ und $\mathfrak{C}_1$ stetig ist, ergibt sich aus der verschärften Form des Cauchyschen Satzes (Schluß von Ziffer 3) sofort wieder die Formel (21). Im allgemeinen Fall eines beliebigen n konstruieren wir mit Hilfe von n Kurven $\mathfrak{C}^{(i)}$, die $\mathfrak{C}_{i-1}$ mit $\mathfrak{C}_i$ verbinden (die Kurven $\mathfrak{C}_i$, $i = 1, 2, \ldots, n - 1$, werden dabei in je zwei Teile $\mathfrak{C}_{i1}$ und $\mathfrak{C}_{i2}$ zerlegt, vgl. Abb. 47, $n = 3$), eine geschlossene Kurve

$$\mathfrak{C} = \mathfrak{C}_0 + \mathfrak{C}' - \mathfrak{C}_{11} + \mathfrak{C}'' - \ldots + \mathfrak{C}^{(n)} - \mathfrak{C}_n - \mathfrak{C}^{(n)} - \mathfrak{C}_{n-1,\,2} - \ldots - \mathfrak{C}_{12} - \mathfrak{C}'$$

für die

$$\oint_{\mathfrak{C}} = \oint_{\mathfrak{C}_0} - \oint_{\mathfrak{C}_1} - \oint_{\mathfrak{C}_2} - \ldots - \oint_{\mathfrak{C}_n} = 0$$

und daher (22) gilt. Man denke sich dabei wieder $\mathfrak{G}$ längs der Kurven $\mathfrak{C}^{(i)}$ aufgeschnitten und dadurch in ein einfach zusammenhängendes Gebiet verwandelt, für das der verschärfte Cauchysche Satz gilt.

---

[1] $\mathfrak{C}$ enthält allerdings eine ganze Teilkurve von lauter Doppelpunkten, nämlich die Hilfskurve $\mathfrak{C}'$, die zweimal, aber in verschiedenen Orientierungen, als Bestandteil von $\mathfrak{C}$ auftritt. Man kann in solchen Fällen ohne weiteres $\mathfrak{C}'$ und $-\mathfrak{C}'$ als zwei völlig verschiedene Kurven ansehen; um das einzusehen, denke man sich $\mathfrak{C}'$ und $-\mathfrak{C}'$ zunächst durch zwei getrennte, aber in sehr geringem Abstand verlaufende Kurven ersetzt. Da $f(z)$ in $\mathfrak{G}$ regulär ist, wird das über $\mathfrak{C}$ erstreckte Integral dadurch beliebig wenig verändert und konvergiert gegen den Wert (20), wenn die beiden Ersatzkurven gegen $\mathfrak{C}'$ rücken. Noch deutlicher wird die Sache, wenn man sich das von $\mathfrak{C}_1$ und $\mathfrak{C}_2$ berandete Ringgebiet $\mathfrak{G}'$ längs $\mathfrak{C}'$ aufgeschnitten denkt; dann verwandelt sich $\mathfrak{G}'$ in ein einfach zusammenhängendes, von der Kurve $\mathfrak{C}$ berandetes Gebiet.

Seine wichtigste Anwendung findet (22) dann, wenn $f(z)$ in einem einfach zusammenhängenden und beschränkten Gebiet $\mathfrak{G}$ überall regulär ist mit Ausnahme der Punkte $z_1, z_2, \ldots, z_n$, die dann *singuläre Punkte* von $f(z)$ sind (§ 22, 4). Denken wir uns diese Punkte aus $\mathfrak{G}$ entfernt, so entsteht ein $n + 1$-fach zusammenhängendes Gebiet $\overline{\mathfrak{G}}$, in dem $f(z)$ überall regulär ist. Ich nehme zunächst den Fall $n = 1$, $\overline{\mathfrak{G}}$ ist dann zweifach zusammenhängend. Dann gilt (21) für alle Kurven $\mathfrak{C}_2$, die den Punkt z_1 umschließen, ganz im Innern von $\mathfrak{C}_1$ verlaufen und zusammen mit $\mathfrak{C}_1$ ein zweifach zusammenhängendes Gebiet beranden. Daher ist

$$\oint_{\mathfrak{C}} f(z)\, dz = A_1$$

konstant für alle ganz in $\overline{\mathfrak{G}}$ verlaufenden, den Punkt z_1 umschließenden Kurven $\mathfrak{C}$. Dieser Wert A_1 ist allein durch die Funktion $f(z)$ und den singulären Punkt bestimmt und daher eine für $f(z)$ charakteristische Größe. Die Zahl

$$R_1 = \frac{A_1}{2\,\pi\,j}$$

heißt das *Residuum* von $f(z)$ im singulären Punkt z_1. Im allgemeinen Fall umgeben wir alle n singulären Punkte z_i durch eine ganz in $\overline{\mathfrak{G}}$ verlaufende geschlossene Kurve $\mathfrak{C}_0$ und jeden einzelnen Punkt z_i durch eine weitere Kurve $\mathfrak{C}_i$ so, daß die Kurven $\mathfrak{C}_i$ weder untereinander noch mit $\mathfrak{C}_0$ Punkte gemeinsam haben. Dann gilt nach Satz 3 für diese Kurven (22) oder, wenn wir

$$\frac{1}{2\,\pi\,j}\oint_{\mathfrak{C}_i} f(z)\, dz = \frac{1}{2\,\pi\,j}\, A_i = R_i, \quad i = 1, 2, \ldots, n$$

setzen,

$$\boxed{\frac{1}{2\,\pi\,j}\oint_{\mathfrak{C}_0} f(z)\, dz = \sum_{i=1}^{n} R_i.} \tag{23}$$

(23) ist der Inhalt des von CAUCHY herrührenden *Residuensatzes*: *Liegen im Innern der geschlossenen, ganz im Regularitätsgebiet der Funktion $f(z)$ verlaufenden Kurve $\mathfrak{C}_0$ die n singulären Punkte z_i von $f(z)$, so ist das über $\mathfrak{C}_0$ erstreckte Integral gleich der $2\,\pi\,j$-fachen Summe der Residuen von $f(z)$ in den Punkten z_i.* Die zur Berechnung der Residuen zu verwendenden Kurven $\mathfrak{C}_i$ können dabei weitgehend beliebig angenommen werden. In der Regel wird es am einfachsten sein, für $\mathfrak{C}_i$ einen Kreis mit dem Mittelpunkt z_i und genügend kleinem (so daß keine zwei $\mathfrak{C}_i$ gemeinsame Punkte haben) Radius ϱ_i zu wählen.

Ich erwähne, daß wegen der Konstanz von A_i auch

$$\lim_{\varrho_i \to 0} \oint_{\mathfrak{C}_i} f(z)\, dz = A_i \tag{24}$$

ist; diese Bemerkung wird uns im folgenden einigemal von Nutzen sein. Im übrigen komme ich in § 25, 9 noch einmal auf die Berechnung der Residuen zurück.

Nehmen wir als Beispiel etwa die rationale Funktion $f(z) = \dfrac{1}{z^2 + 1}$, die in der ganzen z-Ebene regulär ist mit Ausnahme der beiden Punkte $z_1 = j$, $z_2 = -j$. Partialbruchzerlegung gibt

$$f(z) = \frac{1}{2\,j}\left(\frac{1}{z - j} - \frac{1}{z + j}\right).$$

$\mathfrak{C}_0$ sei eine geschlossene Kurve, die die beiden Punkte $\pm j$ umschließt, $\mathfrak{C}_1$ und $\mathfrak{C}_2$ zwei Kreise um die beiden singulären Punkte. Dann ist nach Beispiel 3 von Ziffer 1

$$\oint_{\mathfrak{C}_1} f(z)\,dz = \frac{1}{2\,j} \oint_{\mathfrak{C}_1} \frac{dz}{z-j} - \frac{1}{2\,j} \oint_{\mathfrak{C}_1} \frac{dz}{z+j} = \frac{1}{2\,j}\, 2\,\pi\,j - \frac{1}{2\,j} \cdot 0 = \pi,$$

denn wenn $\varrho_1 < 2$ der Radius von $\mathfrak{C}_1$ ist, liegt der Punkt $-j$ außerhalb $\mathfrak{C}_1$ und das zweite Integral gibt den Wert 0. Ebenso ist

$$\oint_{\mathfrak{C}_2} f(z)\,dz = -\frac{1}{2\,j} \oint_{\mathfrak{C}_2} \frac{dz}{z+j} = -\pi$$

und daher

$$\oint_{\mathfrak{C}_0} \frac{dz}{z^2+1} = \pi - \pi = 0.$$

Für die Funktion

$$f(z) = \frac{z}{z^2+1} = \frac{1}{2}\left(\frac{1}{z-j} + \frac{1}{z+j} \right)$$

ergibt sich ähnlich

$$\oint_{\mathfrak{C}_0} \frac{z\,dz}{z^2+1} = 2\,\pi\,j.$$

Wir können damit die Integrale rationaler Funktionen, erstreckt über beliebige geschlossene Kurven, berechnen. Ich erwähne schließlich, daß sich die Sätze auch ohne Schwierigkeiten für Integrationswege mit Doppelpunkten verallgemeinern lassen. So

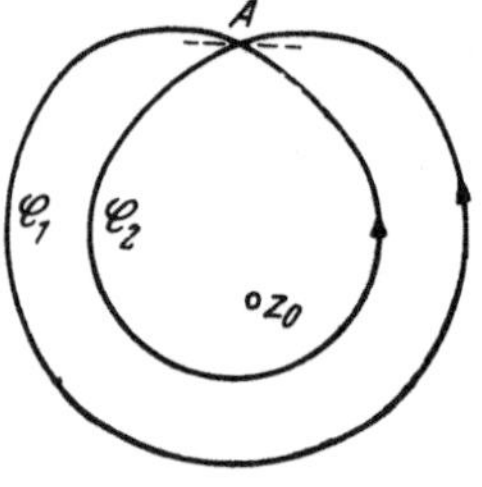

Abb. 48.

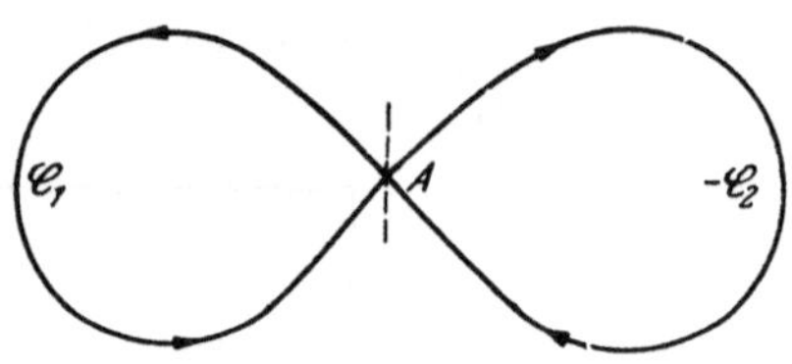

Abb. 49.

lassen sich die beiden Wege der Abb. 48 und 49 in je zwei Teile $\mathfrak{C}_1$ und $\mathfrak{C}_2$ bzw. (entsprechend der Orientierung) $\mathfrak{C}_1$ und $-\mathfrak{C}_2$ zerlegen, wie durch die gestrichelten Linien angedeutet. Ein Umlauf um die Kurve $\mathfrak{C} = \mathfrak{C}_1 + \mathfrak{C}_2$ der Abb. 48 gibt z. B.

$$\oint_{\mathfrak{C}} \frac{dz}{z-z_0} = \oint_{\mathfrak{C}_1} \frac{dz}{z-z_0} + \oint_{\mathfrak{C}_2} \frac{dz}{z-z_0} = 4\,\pi\,j$$

für jeden Punkt z_0, der von $\mathfrak{C}_1$ und $\mathfrak{C}_2$ umschlossen wird. Läßt man $\mathfrak{C}_1$ und $\mathfrak{C}_2$ zusammenfallen, so bleibt dieses Resultat aus Stetigkeitsgründen ungeändert und bedeutet nichts anderes, als daß man über eine doppelpunktfreie, geschlossene Kurve zweimal integriert. Allgemein ist also

$$\oint_{\mathfrak{C}} \frac{dz}{z-z_0} = 2\,n\,\pi\,j$$

bei n Umläufen um den Punkt z_0.

5. Die Cauchysche Integralformel. Ich komme nun zur Herleitung einer Formel, die uns einen weiteren wichtigen Aufschluß über die Bedeutung des Begriffs der regulären Funktion gibt. *Es sei $f(z)$ regulär in dem Gebiet $\mathfrak{G}$ und $\mathfrak{C}$ eine* *ganz in $\mathfrak{G}$ verlaufende geschlossene Kurve, deren Innengebiet keinen nicht zu $\mathfrak{G}$ gehörigen Punkt enthält. Dann gilt für jeden Punkt z im Innern von $\mathfrak{C}$*

$$f^{(n)}(z) = \frac{n!}{2\pi j} \oint_{\mathfrak{C}} \frac{f(\zeta)\, d\zeta}{(\zeta - z)^{n+1}}, \quad n = 0, 1, 2, \ldots \tag{25}$$

Zum Beweis sei zunächst $n = 0$ und $\mathfrak{K}$ ein Kreis vom Radius ϱ mit dem Mittelpunkt z, der bei der folgenden Überlegung *fest* zu denken ist; ϱ sei so klein gewählt, daß $\mathfrak{K}$ ganz im Innern von $\mathfrak{C}$ liegt. Dann ist nach (21), da der Integrand in dem Ringgebiet zwischen $\mathfrak{K}$ und $\mathfrak{C}$ regulär ist,

$$\oint_{\mathfrak{C}} \frac{f(\zeta)}{\zeta - z}\, d\zeta = \oint_{\mathfrak{K}} \frac{f(\zeta)}{\zeta - z}\, d\zeta.$$

Für die Parameterdarstellung

$$\zeta = z + \varrho\, e^{j\varphi}, \quad 0 \leqq \varphi < 2\pi$$

von $\mathfrak{K}$ gilt

$$d\zeta = j\, \varrho\, e^{j\varphi}\, d\varphi, \qquad \frac{d\zeta}{\zeta - z} = j\, d\varphi$$

und daher

$$\oint_{\mathfrak{C}} \frac{f(\zeta)}{\zeta - z}\, d\zeta = j \oint_0^{2\pi} f(z + \varrho\, e^{j\varphi})\, d\varphi.$$

Wegen der Stetigkeit von $f(z)$ ist bei hinreichend kleinem ϱ und für beliebige φ

$$|f(z + \varrho\, e^{j\varphi}) - f(z)| < \varepsilon$$

und daher unter Benützung von (13) wegen $L = 2\pi$

$$\left| \oint_{\mathfrak{C}} \frac{f(\zeta)}{\zeta - z}\, d\zeta - 2\pi j\, f(z) \right| \leqq \int_0^{2\pi} |f(z + \varrho\, e^{j\varphi}) - f(z)|\, d\varphi < 2\pi\, \varepsilon.$$

Also ist

$$\frac{1}{2\pi j} \oint_{\mathfrak{C}} \frac{f(\zeta)}{\zeta - z}\, d\zeta = f(z). \tag{26}$$

Das ist aber die Formel (25) für $n = 0$; unter Benützung von (26) wird weiter

$$\frac{f(z + h) - f(z)}{h} - \frac{1}{2\pi j} \oint_{\mathfrak{C}} \frac{f(\zeta)}{(\zeta - z)^2}\, d\zeta =$$

$$= \frac{1}{2\pi j\, h} \oint_{\mathfrak{C}} f(\zeta) \left[\frac{1}{\zeta - z - h} - \frac{1}{\zeta - z} - \frac{h}{(\zeta - z)^2} \right] d\zeta =$$

$$= \frac{h}{2\pi j} \oint_{\mathfrak{C}} \frac{f(\zeta)\, d\zeta}{(\zeta - z - h)\, (\zeta - z)^2}.$$

Nun ist $f(\zeta)$ längs $\mathfrak{C}$ stetig und daher beschränkt, anderseits hat der Abstand $|z - \zeta|$ des Punktes z von $\mathfrak{C}$, da z im Innern von $\mathfrak{C}$ liegt, eine positive untere Grenze, und dasselbe gilt, wenn

$$|h| < \varepsilon$$

genügend klein gewählt ist, auch für den Abstand $|\zeta - z - h|$ des Punktes $z + h$ von $\mathfrak{C}$. Somit ist der Integrand des letzten Integrals

$$\left| \frac{f(\zeta)}{(\zeta - z - h)(\zeta - z)^2} \right| < M,$$

$$\left| \frac{f(z+h) - f(z)}{h} - \frac{1}{2\pi j} \oint_{\mathfrak{C}} \frac{f(\zeta)}{(\zeta - z)^2}\, d\zeta \right| < \varepsilon M$$

und daher

$$\lim_{h \to 0} \frac{f(z+h) - f(z)}{h} = f'(z) = \frac{1}{2\pi j} \oint_{\mathfrak{C}} \frac{f(\zeta)}{(\zeta - z)^2}\, d\zeta.$$

Das ist aber (25) für $n = 1$. Für beliebige n beweist man (25) rekursiv in analoger Weise. Formal ergibt sich (25) aus (26) auch durch Differentiation unter dem Integralzeichen; ich werde in Ziffer 8 zeigen, daß die Differentiation unter dem Integralzeichen hier tatsächlich erlaubt ist. Zu bemerken wäre noch, daß auch (25) ebenso wie der Cauchysche Integralsatz für den Fall verallgemeinert werden kann, daß $f(z)$ im Innern des von $\mathfrak{C}$ umschlossenen Gebiets $\mathfrak{G}$ regulär, am Rand aber nur stetig ist.

Gemäß § 22, 4 heißt eine komplexe Funktion in einem Gebiet regulär, wenn sie in jedem Punkt von $\mathfrak{G}$ eine stetige Ableitung besitzt. Die Formel (25) zeigt darüber hinaus die höchst überraschende und bedeutungsvolle Tatsache, daß *jede in $\mathfrak{G}$ reguläre Funktion in $\mathfrak{G}$ Ableitungen beliebiger Ordnung besitzt, die selbst wieder reguläre Funktionen sind*; die k-te Ableitung ist regulär, weil nach (25) die $k + 1$-te Ableitung existiert und stetig ist. Bei einer reellen Funktion $f(x)$ kann man bekanntlich aus der Existenz und Stetigkeit von $f'(x)$ keineswegs auch nur auf die Existenz von $f''(x)$ schließen. Die Formel (25) zeigt aber noch mehr: *Daß die Werte von $f(z)$ selbst und ebenso die der Ableitungen im Innern der Kurve $\mathfrak{C}$ allein durch die Werte $f(\zeta)$ längs des Randes $\mathfrak{C}$ eindeutig bestimmt sind.* Um die Integrale (25) zu berechnen, brauchen wir ja nur *die Werte $f(\zeta)$ längs der Kurve $\mathfrak{C}$ zu kennen.*

Dieses Ergebnis legt die folgende Frage nahe: Es sei eine längs der geschlossenen Kurve $\mathfrak{C}$ definierte stetige Funktion $\varphi(\zeta)$ gegeben. Dann ist

$$g(z) = \frac{1}{2\pi j} \oint \frac{\varphi(\zeta)}{\zeta - z}\, d\zeta \tag{27}$$

eine im Innern von $\mathfrak{C}$ reguläre Funktion, deren Ableitungen durch

$$g^{(n)}(z) = \frac{n!}{2\pi j} \oint \frac{\varphi(\zeta)}{(\zeta - z)^{n+1}}\, d\zeta$$

gegeben sind; der Nachweis dafür läßt sich genau so erbringen wie oben. Gilt aber dann längs $\mathfrak{C}$ auch $g(\zeta) = \varphi(\zeta)$? Diese Frage ist ohne weitere Voraussetzungen über $\varphi(\zeta)$ zu verneinen, wie das folgende Beispiel zeigt:

Es sei $\mathfrak{C}$ der Einheitskreis und $\varphi(\zeta) = \dfrac{1}{\zeta}$. Dann ist

$$g(z) = \frac{1}{2\pi j} \oint \frac{d\zeta}{\zeta(\zeta - z)} = \frac{1}{2\pi j} \oint \left(\frac{1}{z(\zeta - z)} - \frac{1}{z\zeta} \right) d\zeta = 0$$

für alle $|z| < 1$ und daher auch $\lim\limits_{z \to \zeta} g(z) = 0$ und nicht $= \dfrac{1}{\zeta}$.

Das Beispiel gibt uns einen gewissen Hinweis, welchen Bedingungen die Funktion $\varphi(\zeta)$ notwendigerweise wird genügen müssen, damit $\lim_{z \to \zeta} g(z) = \varphi(\zeta)$ wird. Ist z ein Punkt des Außengebietes von $\mathfrak{C}$, so folgt für die Funktion $\varphi(\zeta) = \dfrac{1}{\zeta}$ des obigen Beispiels

$$\frac{1}{z} \oint \frac{d\zeta}{\zeta - z} = 0, \quad \text{aber} \quad \frac{1}{z} \oint \frac{d\zeta}{\zeta} = \frac{2\pi j}{z},$$

also $g(z) = -\dfrac{1}{z}$ außerhalb von $\mathfrak{C}$, d. h. für $|z| > 1$. Anderseits verschwindet aber das Integral (26) im ganzen Außengebiet von $\mathfrak{C}$; es ist also zu vermuten, daß dasselbe auch für die durch (27) definierte Funktion z gelten muß. Ich komme darauf in § 28 zurück.

6. Folgerungen aus der Integralformel. Für die beiden harmonischen Funktionen $u(x, y)$ und $v(x, y)$, den Real- und Imaginärteil von $f(z)$, die wir in $\mathfrak{G}$ ursprünglich als stetig differenzierbar angenommen haben und die den Cauchy-Riemannschen Differentialgleichungen genügen, ergibt sich aus (25) ebenfalls die *Existenz und Stetigkeit der Ableitungen beliebiger Ordnung*. Jede von ihnen genügt also von selbst, ohne weitere Voraussetzung, der Laplaceschen Differentialgleichung $\Delta u = 0$ und $\Delta v = 0$. Ist umgekehrt eine harmonische Funktion $u(x, y)$, also eine Lösung der Differentialgleichung $\Delta u = 0$ gegeben, so kann man mit Hilfe der Cauchy-Riemannschen Differentialgleichungen die (bis auf eine additive Konstante eindeutig bestimmte) konjugierte harmonische Funktion $v(x, y)$ und damit eine reguläre komplexe Funktion $f(z) = u(x, y) + j\, v(x, y)$ bilden. D. h. aber, daß jede Lösung der Gleichung $\Delta u = 0$ stetige Ableitungen beliebiger Ordnung besitzt. Ich werde in § 25, 3 zeigen, daß jede reguläre Funktion $f(z)$ in eine, in einem gewissen Kreis konvergente Potenzreihe entwickelbar ist; dasselbe gilt dann auch für die beiden harmonischen Funktionen $u(x, y)$ und $v(x, y)$[1]. Man nennt (vgl. § 4, 3) eine reelle Funktion regulär oder analytisch, wenn sie durch eine konvergente Potenzreihe darstellbar ist; somit sind *harmonische Funktionen stets reguläre Funktionen*. Die Theorie der harmonischen Funktionen erweist sich somit als völlig äquivalent zur Theorie der regulären komplexen Funktionen. Man könnte nun vermuten, daß sich aus (26) auch eine Lösung der ersten *Randwertaufgabe der Potentialtheorie* gewinnen läßt, d. h. der Aufgabe, jene Lösung der elliptischen Differentialgleichung zweiter Ordnung $\Delta u = 0$ zu ermitteln, die auf der gegebenen Kurve $\mathfrak{C}$ gegebene, längs $\mathfrak{C}$ stetige Randwerte u_0 annimmt. Aber erstens haben wir noch keine Möglichkeit, um aus u_0 die Randwerte v_0 der konjugierten Funktion zu ermitteln und zweitens zeigt die Bemerkung am Schluß von Ziffer 5, daß, selbst wenn wir uns diese Werte v_0 irgendwie verschafft hätten, die zur Funktion $\varphi(\zeta) = u_0 + j\, v_0$ nach (27) berechnete Funktion $g(z)$ keineswegs die Randwerte $\varphi(\zeta)$ und daher auch $u(x, y) = \Re\, g(z)$ nicht die Randwerte u_0 wirklich annehmen muß. Ich komme darauf in § 28 zurück.

Es entspricht durchaus der Bedeutung der Integralformel (25), daß sich aus ihr eine Reihe wichtiger Eigenschaften der regulären Funktionen herleiten lassen. Ich beginne mit dem schon in Ziffer 3 erwähnten *Satz von* MORERA, der Umkehrung des Cauchyschen Integralsatzes:

Ist $f(z)$ in dem einfach zusammenhängenden Gebiet $\mathfrak{G}$ stetig und ist für jede geschlossene, ganz in $\mathfrak{G}$ verlaufende Kurve $\mathfrak{C}$

$$\oint f(z)\, dz = 0,$$

so ist $f(z)$ in $\mathfrak{G}$ regulär.

---

[1] Man beachte, daß im Reellen die Existenz und Stetigkeit aller Ableitungen einer Funktion noch nicht für die Entwickelbarkeit in eine (konvergente) Potenzreihe genügt!

Aus der Voraussetzung folgt, daß die Funktion

$$F(z) = \int\limits_a^z f(z)\, dz,$$

wenn a und z Punkte von $\mathfrak{G}$ sind, in $\mathfrak{G}$ eindeutig und regulär ist; die Eindeutigkeit von $F(z)$ folgt daraus, daß das Integral rechts vom Weg unabhängig ist, die Regularität aus der Existenz und Stetigkeit der Ableitung $F'(z) = f(z)$. Nach (25) existiert aber auch die zweite Ableitung $F''(z) = f'(z)$; da sie in $\mathfrak{G}$ stetig ist, ist $f(z)$ in $\mathfrak{G}$ stetig differenzierbar und daher regulär.

Wenden wir (26) auf einen im Regularitätsgebiet $\mathfrak{G}$ von $f(z)$ gelegenen Kreis $\mathfrak{K}$ vom Radius ϱ mit dem Mittelpunkt z an, so folgt (vgl. den Beweis in Ziffer 5)

$$f(z) = \frac{1}{2\,\pi} \int\limits_0^{2\pi} f(z + \varrho\, e^{j\varphi})\, d\varphi. \tag{28}$$

$f(z)$ ist also gleich dem arithmetischen Mittel[1] *der Funktionswerte auf dem Umfang eines Kreises um z (Satz vom arithmetischen Mittel).*

Da $\mathfrak{K}$ ganz in $\mathfrak{G}$ liegt, ist $f(z)$ auf $\mathfrak{K}$ stetig, $|f(z)|$ somit eine in $[0,2\pi]$ stetige (reelle) Funktion von φ; $|f(z)|$ hat daher auf $\mathfrak{K}$ nach dem Satz von Weierstrass ein Maximum M. Aus (28) folgt

$$|f(z)| \leqq M, \tag{29}$$

und das ist schon eine recht bemerkenswerte Aussage: Die reelle Funktion $|f(z)|$ kann im Mittelpunkt eines Kreises, der ganz im Regularitätsbereich von $f(z)$ liegt, keinen größeren Wert annehmen als auf dem Rand. Es gilt aber eine wesentlich schärfere Aussage, die kurz als *Satz vom Maximum* bezeichnet wird:

Ist $f(z)$ regulär in dem beschränkten Gebiet $\mathfrak{G}$ und auf dem Rand von $\mathfrak{G}$ stetig, so nimmt $|f(z)|$ sein Maximum am Rand und, wenn $f(z)$ in $\mathfrak{G}$ nicht konstant ist, auch nur am Rand an.

Für eine nicht konstante Funktion $f(z)$ gilt also

$$|f(z)| < M \tag{30}$$

für alle Punkte z von $\mathfrak{G}$, wenn M das Maximum von $|f(z)|$ am Rand von $\mathfrak{G}$ ist. Ich nehme nun an, daß $|f(z)|$ sein Maximum M *im Inneren* von $\mathfrak{G}$ annimmt, d. h., daß es in $\mathfrak{G}$ einen Punkt z_0 gibt mit $|f(z_0)| = M$. Ist $f(z)$ und damit auch $|f(z)|$ in $\mathfrak{G}$ nicht konstant[2], so gibt es nach der Definition des Maximums einer (nicht konstanten) reellen Funktion in jeder Umgebung von z_0 einen Punkt z mit $f(z) < M$ und daher einen ganz in $\mathfrak{G}$ liegenden Kreis um z_0 mit dem Radius ϱ_0, auf dem $|f(z)|$ in mindestens einem Punkt und daher wegen der Stetigkeit in einem ganzen Stück der Peripherie kleiner als M ist, so daß

$$\frac{1}{2\,\pi} \int\limits_0^{2\pi} |f(z_0 + \varrho_0\, e^{j\varphi})|\, d\varphi < M$$

---

[1] Mittelwert einer Funktion im Sinne Band I, § 17, 2.

[2] Daß aus der Konstanz von $|f(z)|$ auch die von $f(z)$ folgt (die Umkehrung ist trivial), kann man folgendermaßen einsehen: Differenziert man die Gleichung $u^2 + v^2 = \text{konst.}$, so erhält man mit Hilfe der Cauchy-Riemannschen Differentialgleichungen die Relationen

$$u\,u_x + v\,v_x = 0, \qquad v\,u_x - u\,v_x = 0,$$

so daß entweder die Determinante $u^2 + v^2 = 0$ (also $u = v = 0$) oder $u_x = v_x = u_y = v_y = 0$ sein muß.

wird in Widerspruch zu der aus (28) folgenden Ungleichung

$$M = |f(z_0)| \leqq \frac{1}{2\pi} \int_0^{2\pi} |f(z_0 + \varrho_0\, e^{j\,\varphi})|\, d\varphi.$$

Ein völlig analoger Satz gilt auch für das *Minimum*, wenn $f(z)$ nicht konstant ist und in $\mathfrak{G}$ *nirgends verschwindet*. Denn dann ist $1:f(z)$ eine reguläre Funktion; ist $1:m$ das Maximum von $1:|f(z)|$ am Rand von $\mathfrak{G}$, also m das Minimum von $|f(z)|$, so ist

$$\boxed{|f(z)| > m} \tag{31}$$

für alle Punkte von $\mathfrak{G}$ (Satz vom Minimum). Beide Sätze werden gelegentlich auch als das *Prinzip vom Maximum und Minimum* bezeichnet.

Wendet man die Ungleichung (30) auf (25) an, so kommt man zu einer schon von CAUCHY angegebenen wichtigen Abschätzung für die Werte der Ableitungen einer regulären Funktion im Innern einer geschlossenen Kurve $\mathfrak{C}$

$$\boxed{|f^{(n)}(z)| \leqq \frac{n!\, M\, L}{2\,\pi\, \delta^{n+1}};} \tag{32}$$

dabei ist δ das Minimum der Abstände des Punktes z von den Punkten von $\mathfrak{C}$, L die Länge von $\mathfrak{C}$ und $M = \mathrm{Max}\, |f(z)|$ längs $\mathfrak{C}$. Ist $\mathfrak{C}$ insbesondere ein Kreis vom Radius ϱ mit dem Mittelpunkt z, so folgt aus (32) wegen $\delta = \varrho$ und $L = 2\,\pi\,\varrho$

$$\boxed{|f^{(n)}(z)| \leqq \frac{n!\, M}{\varrho^n}} \tag{33}$$

und insbesondere für $n = 1$

$$|f'(z)| \leqq \frac{M}{\varrho}. \tag{34}$$

Aus dieser Ungleichung folgt der wichtige *Satz von* LIOUVILLE: *Ist $f(z)$ in der ganzen z-Ebene regulär und beschränkt, so ist $f(z)$ konstant.* Denn dann kann man den Radius ϱ beliebig groß und somit $|f'(z)|$ beliebig klein machen, es ist also $f'(z) \equiv 0$ und $f(z)$ konstant, was zu beweisen war.

Eine weitere Folgerung aus dem Satz vom Maximum ist das sogenannte *Schwarzsche Lemma: Es sei $f(z)$ regulär für $|z| < 1$ und $f(0) = 0$. Ist dann $M(\varrho) = Max\, |f(z)|$ in $|z| \leqq \varrho < 1$, so ist*

$$\left| \frac{f(z)}{z} \right| \leqq \frac{M}{\varrho}$$

in $|z| < \varrho$; das Gleichheitszeichen kann nur gelten, wenn $\dfrac{f(z)}{z}$ konstant, also $f(z)$ eine lineare Funktion ist. Zum Beweis denken wir uns $f(z)$ in eine Potenzreihe entwickelt[1]; wegen $f(0) = 0$ wird

$$f(z) = a_1 z + a_2 z^2 + \cdots,$$

woraus auch die Regularität von $\dfrac{f(z)}{z} = a_1 + a_2 z + \cdots$ folgt. Nach dem Satz vom Maximum nimmt die Funktion $|f(z)|$ ihr Maximum $M(\varrho)$ auf dem Rand $|z| = \varrho$ an. Ebenso nimmt aber $\left| \dfrac{f(z)}{z} \right|$ in $|z| \leqq \varrho$ ihr Maximum auf dem Rand $|z| = \varrho$ an, also ist $\left| \dfrac{f(z)}{z} \right| \leqq \dfrac{M}{\varrho}$ und das Gleichheitszeichen kann in einem Punkt

---

[1] *Über die Möglichkeit dieser Entwicklung vgl.* § 25, 3.

mit $|z| < \varrho$ nur gelten, wenn $\dfrac{f(z)}{z} = a_1$ konstant, also $f(z) = a_1 z$ ist. Ist insbesondere $\lim\limits_{\varrho \to 1} M(\varrho) = 1$, also $|f(z)| \leqq 1$ für $|z| < 1$, so ist $\left|\dfrac{f(z)}{z}\right| \leqq \dfrac{1}{\varrho}$ für $|z| \leqq \varrho$ und daher für $\varrho \to 1$

$$|f(z)| \leqq |z|,$$

eine etwas speziellere Form des Schwarzschen Lemmas. Es muß dann $|a_1| = 1$, also $a_1 = e^{j\alpha}$ mit reellem α sein.

Mit Hilfe des Schwarzschen Lemmas läßt sich zeigen, *daß jede schlichte Abbildung, die den Einheitskreis in sich überführt, bilinear ist.* Es sei $w = f(z)$ eine schlichte Abbildung von $|z| < 1$ auf $|w| < 1$ und z_0 der Punkt mit $|z_0| < 1$, der in $w = 0$ übergeht. Die bilineare Transformation

$$z = \frac{\zeta + z_0}{1 + \bar{z}_0 \zeta}$$

führt den Einheitskreis in sich (§ 23, Aufgabe 3), den Punkt $\zeta = 0$ in den Punkt $z = z_0$ und daher

$$w = f\left(\frac{\zeta + z_0}{1 + \bar{z}_0 \zeta}\right) = g(\zeta)$$

den Punkt $\zeta = 0$ in den Punkt $w = 0$ über, d. h. es ist $g(0) = 0$. Wegen $|w| = |g(\zeta)| < 1$ ist $\lim\limits_{\varrho \to 1} M(\varrho) = 1$ und daher auch

$$\lim_{\varrho \to 1} \frac{M(\varrho)}{\varrho} = 1,$$

also nach dem Schwarzschen Lemma $|g(\zeta)| \leqq |\zeta|$. Weiter ist wegen der Schlichtheit der Abbildung auch $\zeta = \varphi(w)$ eine reguläre Funktion für $|w| < 1$ und $\varphi(0) = 0$. Somit ist $|\varphi(w)| \leqq |w|$ oder $|\zeta| \leqq |g(\zeta)|$, also $|g(\zeta)| = |\zeta|$ und $g(\zeta) = a\zeta$ mit $|a| = 1$. Dann ist aber $f(z)$ eine bilineare Funktion von z.

7. Isolierte singuläre Punkte. Es sei $f(z)$ regulär in einer Umgebung $\mathfrak{U}$ der Stelle $z = a$ mit Ausnahme des Punktes a selbst, so daß a eine isolierte singuläre Stelle von $f(z)$ ist. $\mathfrak{U}$ sei ein zweifach zusammenhängendes Gebiet der Form $0 < |z - a| < \varrho$. Es bestehen dann folgende Möglichkeiten:

1. Es ist

$$\boxed{\lim_{z \to a} f(z) = \infty,}$$

d. h. es gehört zu jeder beliebig großen Zahl $A > 0$ eine Zahl δ mit $0 < \delta < \varrho$, so daß

$$|f(z)| > A$$

ist, wenn nur

$$0 < |z - a| < \delta$$

ist. Dann heißt die Unendlichkeitsstelle a ein *Pol* der Funktion $f(z)$.

2. $f(z)$ sei beschränkt in $\mathfrak{U}$, also

$$|f(z)| < B \tag{35}$$

für alle z aus $\mathfrak{U}$. Dann gilt der *Satz von* RIEMANN: *Ist $f(z)$ in der Umgebung einer Stelle $z = a$ mit Ausnahme des Punktes a selbst regulär und beschränkt, so existiert der Grenzwert*

$$\lim_{z \to a} f(z) = A.$$

Es handelt sich also hier um eine *hebbare Unstetigkeit* im Sinn von Band I, § 10, 1[1]. Die Funktion

$$f_1(z) = f(z), \quad z \neq a, \quad f_1(a) = A,$$

die sich von $f(z)$ nur durch die Änderung oder Ergänzung des Funktionswertes an der Stelle a unterscheidet, ist dann in $\mathfrak{U}$ mit Einschluß des Punktes $z = a$ regulär. Zum Beweis sei $z \neq a$ ein beliebiger Punkt von $\mathfrak{U}$, $\mathfrak{K}_1$ ein Kreis in $\mathfrak{U}$ mit dem Mittelpunkt a und vom Radius $\varrho_1 > |z - a|$ (so daß z im Innern von $\mathfrak{K}_1$ liegt) und $\mathfrak{K}_2$ ein konzentrischer Kreis vom Radius $\varrho_2 < |z - a|$ (so daß z im Äußeren von $\mathfrak{K}_2$ liegt). Dann ist nach der Integralformel (26)

$$f(z) = \frac{1}{2\pi j} \oint_{\mathfrak{K}_1} \frac{f(\zeta)}{\zeta - z} \, d\zeta - \frac{1}{2\pi j} \oint_{\mathfrak{K}_2} \frac{f(\zeta)}{\zeta - z} \, d\zeta = J_1 - J_2. \tag{36}$$

Für J_2 gilt wegen (35) und $|\zeta - z| = |\zeta - a - z + a| \geqq |z - a| - \varrho_2 > 0$

$$|J_2| < \frac{B \varrho_2}{|z - a| - \varrho_2}.$$

Dieser Ausdruck kann aber durch geeignete Wahl von ϱ_2 beliebig klein gemacht werden, so daß J_2 verschwindet. Die somit durch

$$f_1(z) = \frac{1}{2\pi j} \oint_{\mathfrak{K}_1} \frac{f(\zeta)}{\zeta - z} \, dz$$

definierte Funktion ist aber auch im Punkt $z = a$ regulär und stimmt für alle $z \neq a$ mit der ursprünglichen Funktion $f(z)$ überein.

3. Alle singulären Punkte, die weder Pole noch hebbare Unstetigkeiten sind, nennt man mit WEIERSTRASS *wesentlich singuläre Stellen*[2]. Ich mache ausdrücklich darauf aufmerksam, daß sich die hier gegebene Klassifikation der singulären Punkte auf *eindeutige* Funktionen bezieht, die hier allein zur Diskussion stehen. Bei mehrdeutigen Funktionen haben wir in den Verzweigungspunkten (§ 23, 4 und 5) Singularitäten völlig anderer Art kennengelernt. Über das Verhalten einer Funktion in der Nähe einer wesentlich singulären Stelle gibt der folgende *Satz von* WEIERSTRASS Aufschluß: *In jeder Umgebung einer isolierten wesentlich singulären Stelle a kommt f(z) jedem vorgegebenen Wert beliebig nahe.* Es sei C eine beliebige komplexe Zahl. Zu zeigen ist, daß zwei positive Zahlen ε und δ beliebig angenommen werden können, so daß es in der Umgebung $|z - a| < \delta$ von a mindestens einen Punkt $z \neq a$ gibt, für den

$$|f(z) - C| < \varepsilon$$

ist. Gäbe es keinen solchen Punkt z, so müßte für alle $0 < |z - a| < \delta$

$$\left| \frac{1}{f(z) - C} \right| \leqq \frac{1}{\varepsilon}$$

sein; die Funktion $1 : [f(z) - C]$ würde also alle Voraussetzungen des eben bewiesenen Riemannschen Satzes erfüllen und hätte daher an der Stelle a einen Grenzwert A. Ist $A = 0$, so ist $\lim_{z \to a} f(z) = \infty$, d. h. a ist ein Pol von $f(z)$; ist $A \neq 0$, so genügt auch $f(z)$ den Voraussetzungen des Riemannschen Satzes und

---

[1] Auch hier zeigt sich wieder ein tiefgehender Unterschied gegenüber den reellen Funktionen. Ich verweise nur auf die Beispiele $\sin \dfrac{1}{x}$ und $\operatorname{sign} x$; beide sind für $x \neq 0$ beschränkt, stetig und stetig differenzierbar, aber bei keiner existiert der Grenzwert $\lim_{x \to 0} f(x)$.

[2] Pole werden mitunter auch als *außerwesentlich singuläre* Stellen bezeichnet.

hat in a eine hebbare Unstetigkeit. Daß es Funktionen mit wesentlich singulären Stellen gibt, zeigt das folgende Beispiel:

Es sei $f(z) = e^{\frac{1}{z}}$; diese Funktion ist in der ganzen z-Ebene regulär mit Ausnahme von $z = 0$. Die Gleichung

$$e^{\frac{1}{z}} = C$$

läßt sich nach z ohne weiteres auflösen, und zwar häufen sich die Lösungen z_ν in der Nähe des Nullpunkts:

$$z_\nu = \frac{1}{\ln C} = \frac{1}{\ln |C| + (\gamma + 2\,\nu\,\pi)\,j}.$$

Je größer ν ist, desto näher liegt z_ν an o. Für $C = $ o ist die Gleichung nicht lösbar, $e^{\frac{1}{z}}$ nimmt also in der Nähe von $z = $ o alle Werte wirklich an mit Ausnahme des Wertes $C = $ o, aber sie kommt diesem beliebig nahe, denn längs der negativen reellen Achse ist (Band I, § 22, Aufgabe 4)

$$\lim_{z\,\to\,0} e^{\frac{1}{z}} = \lim_{x\,\to\,0-0} e^{\frac{1}{x}} = \text{o}.$$

Die Behauptung des Weierstraßschen Satzes ist also sicher erfüllt. $e^{\frac{1}{z}}$ nimmt darüber hinaus in jeder Umgebung von $z = $ o jeden Wert $C \neq $ o wirklich (und sogar unendlich oft) an.

Die letzte Bemerkung über die Funktion $e^{\frac{1}{z}}$ gilt allgemein für jede wesentlich singuläre Stelle einer sonst regulären Funktion. PICARD hat gezeigt, daß es höchstens *einen* Wert geben kann, den eine Funktion in der Umgebung einer wesentlich singulären Stelle nicht annimmt.

Ich erwähne noch, daß man die Definition der wesentlich singulären Stelle noch etwas erweitern kann, indem man zuläßt, daß $f(z)$ in jeder Umgebung von $z = a$ Pole besitzt, so daß $z = a$ eine Häufungsstelle von Polen und daher keine *isolierte singuläre Stelle* ist. Man spricht dann von einer *wesentlich singulären Stelle zweiter Art*; für sie gilt der Weierstraßsche Satz unverändert, während der Satz von PICARD dahin zu modifizieren ist, daß es *zwei* Werte geben kann, die $f(z)$ in der Umgebung von $z = a$ nicht annimmt. Auf einen Beweis des Picardschen Satzes muß ich hier verzichten.

8. Integrale mit einem Parameter. Es sei $f(z, \zeta)$ eine Funktion der beiden komplexen Variablen z und ζ; der Variabilitätsbereich von ζ sei eine Kurve $\mathfrak{C}$, der von z ein Gebiet $\mathfrak{G}$. Für jeden Wert ζ auf $\mathfrak{C}$ sei $f(z, \zeta)$ als Funktion von z in $\mathfrak{G}$ regulär und für jeden Punkt z in $\mathfrak{G}$ sei $f(z, \zeta)$ eine stetige Funktion von ζ[1]. Ich behaupte, daß dann

$$F(z) = \int_{\mathfrak{C}} f(z, \zeta)\,d\zeta \tag{37}$$

eine in $\mathfrak{G}$ reguläre Funktion von z ist. Dieser Satz ist, wie man sofort sieht, eine Verallgemeinerung der Integralformel (27), die sich daraus für $f(z, \zeta) = \dfrac{1}{2\,\pi\,j}\,\dfrac{\varphi(\zeta)}{\zeta - z}$ ergibt. $F(z)$ ist in (37) durch ein bestimmtes Integral dargestellt, dessen Integrand außer von der Integrationsveränderlichen noch von dem komplexen Parameter z abhängt.

Es sei $\mathfrak{C}$ durch die Parameterdarstellung

$$\zeta = \zeta(t) = \xi(t) + j\,\eta(t), \quad a \leqq t \leqq b$$

---

[1] $\mathfrak{C}$ und $\mathfrak{G}$ stehen, da z und ζ unabhängige Veränderliche sind, in keinerlei Zusammenhang.

mit Hilfe des reellen Parameters t gegeben; die beiden reellen Funktionen $\xi(t)$ und $\eta(t)$ sind für alle t aus $[a, b]$ stetig und mit Ausnahme von höchstens endlich vielen Punkten stetig differenzierbar. Ich setze $(z = x + j\,y)$

$$f(z, \zeta) = u(x, y, t) + j\,v(x, y, t);$$

für jedes ζ auf $\mathfrak{C}$, d. h. für jedes t aus $[a, b]$ sind u und v als Funktionen von x und y stetig differenzierbar und genügen den Cauchy-Riemannschen Differentialgleichungen

$$u_x = v_y, \quad u_y = -v_x. \tag{38}$$

Der Integrand in (37) wird

$$f(z, \zeta)\,d\zeta = (u + j\,v)\,(\dot\xi + j\,\dot\eta)\,dt = [(u\,\dot\xi - v\,\dot\eta) + j(u\,\dot\eta + v\,\dot\xi)]\,dt =$$
$$= [\bar u(x, y, t) + j\,\bar v(x, y, t)]\,dt$$

und daher

$$F(z) = U(x, y) + j\,V(x, y) = \int_a^b [\bar u(x, y, t) + j\,\bar v(x, y, t)]\,dt, \tag{39}$$

also

$$U(x, y) = \int_a^b \bar u(x, y, t)\,dt, \quad V(x, y) = \int_a^b \bar v(x, y, t)\,dt. \tag{40}$$

Die reellen Funktionen U und V sind durch reelle Integrale dargestellt, deren Integranden außer von der Integrationsveränderlichen t von den beiden Parametern x und y abhängen. Auf diese Integrale lassen sich die Sätze von Band II, § 16 unmittelbar übertragen. Mit u und v sind auch $\bar u$ und $\bar v$ stetig differenzierbare Funktionen von x, y; aus

$$\bar u_x = u_x\,\dot\xi - v_x\,\dot\eta, \qquad \bar u_y = u_y\,\dot\xi - v_y\,\dot\eta,$$
$$\bar v_x = u_x\,\dot\eta + v_x\,\dot\xi, \qquad \bar v_y = u_y\,\dot\eta + v_y\,\dot\xi$$

folgt wegen (38)

$$\bar u_x - \bar v_y = (u_x - v_y)\,\dot\xi - (u_y + v_x)\,\dot\eta = 0,$$
$$\bar u_y + \bar v_x = (u_x - v_y)\,\dot\eta + (u_y + v_x)\,\dot\xi = 0,$$

d. h. $\bar u$ und $\bar v$ genügen ebenfalls den Cauchy-Riemannschen Differentialgleichungen. Auf Grund der eben erwähnten Sätze über die Integrale (40) ist ferner

$$U_x = \int_a^b \bar u_x\,dt, \quad \text{usw.,}$$

d. h. U und V sind in $\mathfrak{G}$ stetige und stetig differenzierbare Funktionen von x, y, die den Cauchy-Riemannschen Differentialgleichungen $U_x = V_y$, $U_y = -V_x$ genügen, und $F(z)$ ist eine in $\mathfrak{G}$ reguläre Funktion von z.

Ferner gilt

$$\int_{\mathfrak{C}_1} F(z)\,dz = \int_{\mathfrak{C}_1} dz \int_{\mathfrak{C}} f(z, \zeta)\,d\zeta = \int_{\mathfrak{C}} d\zeta \int_{\mathfrak{C}_1} f(z, \zeta)\,dz \tag{41}$$

für jede ganz in $\mathfrak{G}$ verlaufende Kurve $\mathfrak{C}_1$ (Integration unter dem Integralzeichen) und

$$F^{(n)}(z) = \int_{\mathfrak{C}} \frac{\partial^n f(z, \zeta)}{\partial z^n}\,d\zeta \tag{42}$$

(Differentiation unter dem Integralzeichen). Den einfachen, mittels der Darstellung (39) ohneweiters zu ergebenden Nachweis übergehe ich. Auf Grund dieses Satzes kann man aus der Cauchyschen Formel (26) die Formeln (25) für $n = 1, 2, \ldots$ direkt durch Differentiation unter dem Integralzeichen gewinnen.

9. Zur Berechnung bestimmter Integrale.

Die Integrale reeller Funktionen kann man nur in Ausnahmefällen elementar berechnen, d. h. durch elementare Funktionen ausdrücken. Mitunter lassen sich jedoch bestimmte Integrale durch mehr oder minder komplizierte Methoden, manchmal auch durch recht elegante Kunstgriffe ermitteln; ein Beispiel dafür, nämlich die Berechnung von $\int\limits_0^\infty e^{-x^2} dx$,

finden Sie in Band I, § 30, 4, und in Band II, § 18, 10. Nun hatte man schon lange vor CAUCHY eine ganze Reihe bestimmter Integrale dadurch ermittelt,

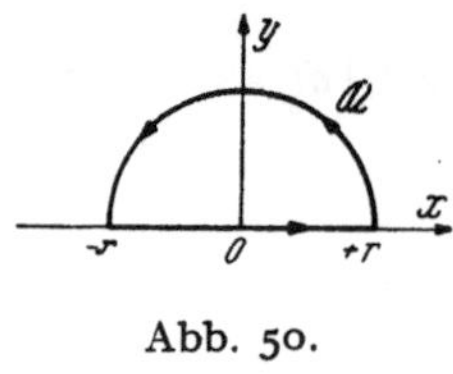

Abb. 50.

daß man recht unbedenklich mit imaginären Größen operierte; unbedenklich deshalb, weil diese Verfahren damals noch jeder Begründung entbehrten. Die Absicht, diese Begründung nachzutragen, hat dann CAUCHY zu seinen grundlegenden funktionentheoretischen Untersuchungen geführt. Alle Verfahren, reelle Integrale auf dem Umweg über das Komplexe zu ermitteln, laufen auf eine Anwendung des Cauchyschen Integralsatzes und des Residuensatzes hinaus. In der Regel handelt es sich dabei um uneigentliche Integrale mit unendlichem Integrationsintervall, so daß noch gewisse Grenzübergänge durchzuführen sind. Die folgende Überlegung ist für viele derartige Aufgaben typisch:

Die Funktion $f(z)$ sei in der oberen Halbebene $\Im(z) = y \geqq 0$ regulär mit Ausnahme von endlich oder abzählbar unendlich vielen singulären Stellen, die nicht auf der reellen Achse liegen und keinen Häufungspunkt im Endlichen haben. Weiter sei die Kurve $\mathfrak{C}$ (Abb. 50) zusammengesetzt aus dem Halbkreis $\mathfrak{K}$ mit $|z| = r$, $\Im(z) \geqq 0$ (der durch keinen der singulären Punkte gehen darf) und der Strecke $[-r, +r]$ der reellen Achse. Dann ist nach dem Residuensatz

$$\oint\limits_{\mathfrak{C}} f(z)\, dz = \int\limits_{-r}^{+r} f(x)\, dx + \int\limits_{\mathfrak{K}} f(z)\, dz = 2\pi j \sum_v R_v,$$

wo R_v das Residuum von $f(z)$ im singulären Punkt z_v ist und die Summe über alle im Innern von $\mathfrak{C}$ gelegenen singulären Punkte zu erstrecken ist. Wir lassen nun den Kreisradius r eine monotone Folge positiver Zahlen $r_1, r_2, \ldots$ mit $\lim\limits_{v \to \infty} r_v = \infty$ so durchlaufen, daß keiner der Halbkreise $\mathfrak{K}_v$ durch einen singulären Punkt von $f(z)$ hindurchgeht. Ist dann

$$\lim\limits_{v \to \infty} \int\limits_{\mathfrak{K}_v} f(z)\, dz = 0, \tag{43}$$

so folgt

$$\int\limits_{-\infty}^{+\infty} f(x)\, dx = 2\pi j \sum_v R_v, \tag{44}$$

vorausgesetzt, daß im Fall unendlich vieler singulärer Stellen die nach steigenden r_v geordnete Reihe $\sum\limits_{v=1}^{\infty} R_v$ konvergiert.

Nach Band I, § 27, 3 ist das uneigentliche Integral in (44) sicher konvergent, wenn

$$|f(x)| \leqq \frac{A}{|x|^{1+\alpha}} \tag{45}$$

mit $A > 0$, $\alpha > 0$ für genügend große $|x|$ gilt. Gilt diese Ungleichung nicht nur längs der reellen Achse, sondern in der ganzen Halbebene $\mathfrak{J}(z) \geqq 0$ für alle z, für die $|z|$ genügend groß ist, so ist auch (43) erfüllt; wegen (13) ist ja dann

$$\left| \int_{\mathfrak{K}_\nu} f(z)\, dz \right| \leqq \frac{A}{r_\nu^{1+\alpha}}\, \pi\, r_\nu = \frac{A\,\pi}{r_\nu^{\alpha}} \to 0.$$

Abb. 51.

Beispiele:

1. Die Funktion

$$f(z) = \frac{z\, e^{jz}}{z^2 + k^2},$$

$k > 0$ reell, hat in der oberen Halbebene die einzige singuläre Stelle kj. Das Residuum berechnen wir mit Hilfe des kleinen Kreises $\mathfrak{K}_0$ (Abb. 51) um kj, $z = kj + \varrho\, e^{j\varphi}$, $0 \leqq \varphi < 2\pi$, $\varrho < 2k$ (warum?). Gemäß (24) wird

$$\lim_{\varrho \to 0} \oint_{\mathfrak{K}_0} f(z)\, dz = \lim_{\varrho \to 0} \int_0^{2\pi} \frac{j\left(kj + \varrho\, e^{j\varphi}\right) e^{-k + \varrho j(\cos\varphi + j\sin\varphi)}}{2kj + \varrho\, e^{j\varphi}}\, d\varphi = \int_0^{2\pi} \frac{1}{2}\, j\, e^{-k}\, d\varphi = j\,\pi\, e^{-k}.$$

Daß man den Grenzübergang unter dem Integralzeichen durchführen kann, folgt aus der gleichmäßigen Stetigkeit des Integranden im Bereich $0 \leqq \varrho \leqq h$, $0 \leqq \varphi \leqq 2\pi$. Das Residuum im Punkt kj ist also $\dfrac{1}{2}\, e^{-k}$. Somit wird mit $r > k$

$$\oint_{\mathfrak{C}} f(z)\, dz = \int_{-r}^{+r} f(x)\, dx + \int_{\mathfrak{K}} f(z)\, dz = j\,\pi\, e^{-k},$$

$$\int_{-r}^{+r} \frac{x\, e^{jx}}{x^2 + k^2}\, dx = \int_{-r}^{+r} \frac{x\,(\cos x + j\sin x)}{x^2 + k^2}\, dx = 2\,j \int_0^r \frac{x\sin x}{x^2 + k^2}\, dx$$

und $\left(z = r\, e^{j\varphi} \text{ auf } \mathfrak{K}\right)$

$$\left| \int_{\mathfrak{K}} f(z)\, dz \right| \leqq \int_0^\pi \left| \frac{r\, e^{j\varphi}\, e^{jr(\cos\varphi + j\sin\varphi)}\, j\, r\, e^{j\varphi}}{r^2\, e^{2j\varphi} + k^2} \right| d\varphi \leqq \frac{r^2}{r^2 - k^2} \int_0^\pi e^{-r\sin\varphi}\, d\varphi,$$

da $\left| r^2\, e^{2j\varphi} + k^2 \right| \geqq r^2 - k^2$ ist. Nun ist $h(\varphi) = \dfrac{\sin\varphi}{\varphi}$, $0 < \varphi \leqq \dfrac{\pi}{2}$, $h(0) = 1$ wegen $h'(\varphi) = \dfrac{\varphi\cos\varphi - \sin\varphi}{\varphi^2} < 0$ monoton abnehmend und daher $h(\varphi) \geqq h\!\left(\dfrac{\pi}{2}\right) = \dfrac{2}{\pi}$ in $\left[0, \dfrac{\pi}{2}\right]$, also $\sin\varphi \geqq \dfrac{2\,\varphi}{\pi}$ und

$$\int_0^\pi e^{-r\sin\varphi}\, d\varphi = 2 \int_0^{\frac{\pi}{2}} e^{-r\sin\varphi}\, d\varphi \leqq 2 \int_0^{\frac{\pi}{2}} e^{-\frac{2r\varphi}{\pi}}\, d\varphi = \frac{\pi}{r}\left(1 - e^{-r}\right). \tag{46}$$

Also ist

$$\lim_{r \to \infty} \int_{\mathfrak{K}} f(z)\, dz = 0$$

und

$$\int_0^\infty \frac{x\sin x}{x^2 + k^2}\, dx = \frac{\pi}{2}\, e^{-k}.$$

Man überlegt leicht, daß die Formel auch für $k < 0$ gilt, man hat nur überall k durch $|k|$ zu ersetzen. Also ist für beliebige reelle k

$$\int_0^\infty \frac{x \sin x}{x^2 + k^2}\, dx = \frac{\pi}{2}\, e^{-|k|}. \tag{47}$$

Für $k = 0$ folgt daraus insbesondere

$$\int_0^\infty \frac{\sin x}{x} = \frac{\pi}{2}. \tag{48}$$

2. Für den in Abb. 52 angedeuteten Weg wird

$$\oint_{\mathfrak{C}} e^{-z^2}\, dz = \int_0^r e^{-x^2}\, dx + \int_0^{\frac{\pi}{4}} e^{-r^2(\cos 2\varphi + j \sin 2\varphi)}\, j\, r\, e^{j\varphi}\, d\varphi + \int_{r e^{j\frac{\pi}{4}}}^0 e^{-z^2}\, dz = J_1 + J_2 + J_3 = 0.$$

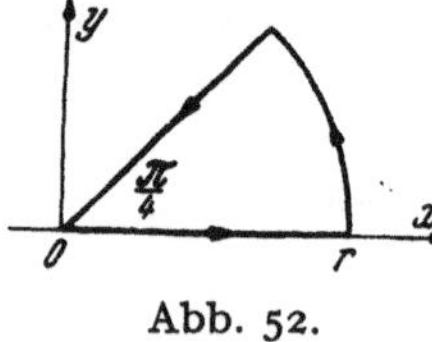

Abb. 52.

Für das zweite Integral erhält man durch die Substitution $2\varphi = \dfrac{\pi}{2} - \vartheta$ und unter Benützung von (46)

$$|J_2| \leq \int_0^{\frac{\pi}{4}} r\, e^{-r^2 \cos 2\varphi}\, d\varphi = \frac{r}{2} \int_0^{\frac{\pi}{2}} e^{-r^2 \sin \vartheta}\, d\vartheta \leq \frac{\pi}{4\, r}\left(1 - e^{-r^2}\right);$$

das dritte Integral geht durch die Substitution $z = e^{j\frac{\pi}{4}} t = \dfrac{1 + j}{\sqrt{2}}\, t$ über in

$$J_3 = - e^{j\frac{\pi}{4}} \int_0^r e^{-t^2} j\, dt = - e^{j\frac{\pi}{4}}\left(\int_0^r \cos t^2\, dt - j \int_0^r \sin t^2\, dt\right).$$

Für $r \to \infty$ wird

$$J_1 = \int_0^\infty e^{-x^2}\, dx = \frac{1}{2}\sqrt{\pi}$$

(Band II, § 18, 10),

$$\lim_{r \to \infty} J_2 = 0$$

und daher

$$\int_0^\infty \cos t^2\, dt = \int_0^\infty \sin t^2\, dt = \frac{1}{2}\sqrt{\frac{\pi}{2}}, \tag{49}$$

die sogenannten *Fresnelschen Integrale*, die in der geometrischen Optik von Bedeutung sind.

3. *Die Stoßfunktion.* Ich erstrecke das Integral

$$\oint \frac{1}{z}\, e^{jz}\, dz = 0$$

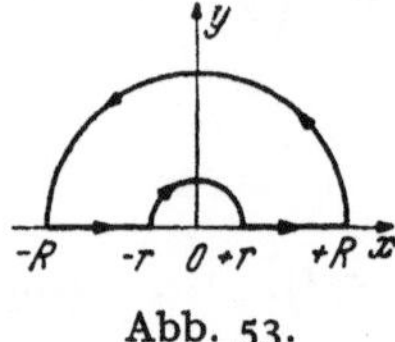

Abb. 53.

über die in Abb. 53 angegebene Kurve. Man zeigt leicht (vgl. die folgende Aufgabe 4), daß

$$\lim_{R \to \infty} \int_{\mathfrak{R}_1} \frac{1}{z}\, e^{jz}\, dz = 0,$$

somit verschwindet für $R \to \infty$ auch das Integral über den hakenförmigen Rest des Weges, der sich längs der reellen Achse von $-\infty$ bis $+\infty$ mit Umkreisung des Ursprungs erstreckt. Man schreibt dafür in einfacher Symbolik

$$\int_{\curvearrowright} \frac{1}{z}\, e^{jz}\, dz = 0 \tag{50}$$

und bezeichnet (50) als *Hakenintegral*[1]. Setzt man $z = j\,\zeta$ ($\zeta = -j\,z$), so geht (50) bei dieser Drehung durch $\dfrac{3\,\pi}{2}$ über in ein längs der imaginären Achse von oben nach unten (man sagt: von $+j\,\infty$ nach $-j\,\infty$) erstrecktes Hakenintegral, das man sinngemäß

$$\int \frac{1}{\zeta}\, e^{-\zeta}\, d\zeta = 0$$

schreibt. Änderung des Durchlaufungssinns des Integrationswegs gibt weiter

$$\int \frac{1}{\zeta}\, e^{-\zeta}\, d\zeta = 0. \tag{51}$$

Ich betrachte anderseits ein zu (50) ähnliches Integral, erstreckt über einen an der reellen Achse gespiegelten Integrationsweg, was sich natürlich nur bei dem kleinen Halbkreis auswirkt. Es wird

$$\int \frac{1}{z}\, e^{j\,z}\, dz = \int \frac{1}{z}\, e^{j\,z}\, dz + \oint \frac{1}{z}\, e^{j\,z}\, dz = 2\,\pi\,j; \tag{52}$$

das erste Integral ist wieder (50) und verschwindet, das zweite (voller Umlauf um $z = 0$) gibt $2\,\pi\,j$ (vgl. wieder die Aufgabe 4). Setze ich in (52) $j\,z = \zeta$, so wird bei dieser Drehung durch $\dfrac{\pi}{2}$

$$\int \frac{1}{\zeta}\, e^{\zeta}\, d\zeta = 2\,\pi\,j. \tag{53}$$

Ich ersetze nun in (51) und (53) ζ durch $t\,\zeta$, was bei $t > 0$ eine Streckung im Verhältnis $1 : t$ vom Ursprung aus bedeutet, die nur den Radius des kleinen Halbkreises verändert und daher den Wert des Integrals ungeändert läßt; beide so erhaltenen Formeln kann man dann in eine zusammenfassen:

$$F(t) = \frac{1}{2\,\pi\,j} \int \frac{1}{\zeta}\, e^{t\,\zeta}\, d\zeta = \begin{cases} 0, & \text{wenn } t < 0 \\ 1, & \text{wenn } t > 0; \end{cases}$$

für $t = 0$ wird

$$F(0) = \frac{1}{2\,\pi\,j} \int \frac{1}{\zeta}\, d\zeta.$$

Hier gibt das Integral über den Halbkreis nach § 24, 1, Beispiel 3, den Wert $\pi\,j$, das Integral über ein den Ursprung nicht enthaltendes Intervall $[a, b]$ der y-Achse wird, wenn wir $\zeta = j\,y$ setzen,

$$\int_{ja}^{jb} \frac{1}{\zeta}\, d\zeta = \int_{a}^{b} \frac{1}{y}\, dy = \ln \frac{b}{a},$$

also wird

$$\int_{-jR}^{-jr} \frac{1}{\zeta}\, d\zeta + \int_{jr}^{jR} \frac{1}{\zeta}\, d\zeta = \ln \frac{r}{R} + \ln \frac{R}{r} = 0$$

und dieser Wert bleibt für $R \to \infty$. Daher wird $F(0) = \dfrac{1}{2}$ und somit insgesamt

$$F(t) = \frac{1}{2\,\pi\,j} \int \frac{1}{\zeta}\, e^{t\,\zeta}\, d\zeta = \begin{cases} 0, & \text{wenn } t < 0, \\ \dfrac{1}{2}, & \text{wenn } t = 0, \\ 1, & \text{wenn } t > 0. \end{cases}$$

Deutet man t als Zeit, so stellt die Funktion

$$\Phi(t) = c\,F(t - t_0)$$

eine Größe dar, die zur Zeit $t = t_0$ von 0 über den Wert $\dfrac{c}{2}$ auf den Wert c springt. Sie wird

---

[1] In einem anderen Sinn als in § 2, 2.

als *Stoßfunktion* bezeichnet und z. B. in der Elektrotechnik zur Darstellung plötzlich auftretender Strom- oder Spannungsstöße verwendet.

Aufgaben.

1. Man berechne $\int_{-j}^{+j} |z|\, dz$ über folgende Wege: a) die gerade Verbindungsstrecke, b) die linke und c) die rechte Hälfte des Einheitskreises.

2. Man berechne $\oint (z - z_0)^k\, dz$ über ein Quadrat mit dem Mittelpunkt z_0 und achsenparallelen Seiten.

3. Man berechne $\int_{+1}^{-1} \dfrac{dz}{\sqrt{z}}$, wo $\sqrt{z}$ jener eindeutige Zweig (Hauptwert) ist, der für $z = +1$ den Wert $+1$ annimmt, a) längs der oberen und b) längs der unteren Hälfte des Einheitskreises.

4. Man berechne das Integral $\oint \dfrac{1}{z}\, e^{jz}\, dz$ über den in Abb. 53 angedeuteten Weg und lasse $r \to 0$ und $R \to \infty$ gehen. Man kommt so ebenfalls zum Integral (48).

5. Man berechne wie im Beispiel 1 von Ziffer 9 das Integral $\oint \dfrac{e^{zj}}{z^2 + k^2}\, dz$, $k \neq 0$ reell.

6. Die Funktion $f(z) = \dfrac{z^{\alpha - 1}}{1 + z}$, $0 < \alpha < 1$, hat zwei singuläre Stellen, 0 und -1. Man berechne das Integral über die in Abb. 54 angegebene Kurve ($r > 1$) und lasse dann $\varrho \to 0$, $r \to \infty$ gehen. Zu beachten ist, daß $z^{\alpha - 1}$ auf dem oberen und unteren Rand längs der positiven reellen Achse nicht dieselben Werte hat! ($z^{\alpha - 1} = r^{\alpha - 1}\, e^{j(\alpha - 1)\varphi}$ gibt $z^{\alpha - 1} = x^{\alpha - 1}$ für $\varphi \to 0$, aber $z^{\alpha - 1} = x^{\alpha - 1}\, e^{2\alpha\pi j}$ für $\varphi \to 2\pi$, wenn man x an Stelle von r schreibt).

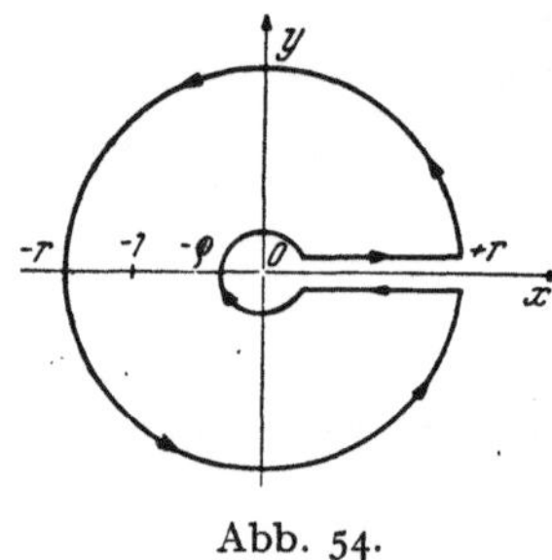

Abb. 54.

7. Ist
$$f(x) = \frac{a_0 + a_1 x + \ldots + a_m x^m}{b_0 + b_1 x + \ldots + b_n x^n}$$
eine rationale Funktion mit reellen Koeffizienten, deren Nenner keine reellen Nullstellen hat, und ist $a_m \neq 0$, $b_n \neq 0$, $n \geq m + 2$, so ist das reelle Integral
$$\int_{-\infty}^{+\infty} f(x)\, dx = 2\pi j\, S,$$
wo S die Summe der Residuen der in der oberen Halbebene gelegenen Pole von $f(z)$ ist.

§25. Reihen und Reihenentwicklungen.

1. Konvergenz und gleichmäßige Konvergenz. Es sei $f_\nu(z)$, $\nu = 0, 1, 2, \ldots$ eine Folge eindeutiger Funktionen, die in einem gemeinsamen Gebiet $\mathfrak{G}$ definiert sind; dann ist

$$s_n(z) = \sum_{\nu = 0}^{n} f_\nu(z) \tag{1}$$

die *n*-te *Teilsumme* der unendlichen Reihe

$$\sum_{\nu = 0}^{\infty} f_\nu(z). \tag{2}$$

Diese Reihe heißt *konvergent im Punkt z* von $\mathfrak{G}$, wenn

$$\lim_{n \to \infty} s_n(z) = s(z) \tag{3}$$

existiert, d. h. wenn die Folge der Teilsummen (mit dem Argument z) konvergent ist. Die Menge $\mathfrak{M}$ aller Punkte z, in welchen (2) konvergent ist, heißt die *Konvergenzmenge* der Reihe (2); man schreibt

$$s(z) = \sum_{\nu=0}^{\infty} f_\nu(z), \tag{4}$$

die Summe $s(z)$ der unendlichen Reihe ist dann für alle Punkte von $\mathfrak{M}$ definiert. Ist $\mathfrak{M}$ leer, so heißt (2) *divergent*. Mit diesen Feststellungen ist der Anschluß an die Sätze von § 21, 6 gefunden. Notwendig und hinreichend für die Konvergenz der Reihe ist nach dem allgemeinen Konvergenzprinzip von CAUCHY, daß sich für jedes z aus $\mathfrak{M}$ und zu jeder (reellen) Zahl $\varepsilon > 0$ eine nicht nur von ε, sondern im allgemeinen auch von z abhängige natürliche Zahl $n = n(\varepsilon, z)$ angeben läßt, so daß für jedes $p > 0$

$$|f_{\nu+1}(z) + f_{\nu+2}(z) + \cdots + f_{\nu+p}(z)| < \varepsilon \tag{5}$$

wird, sobald nur $\nu > n$ ist.

Läßt man in (5) $p \to \infty$ gehen, so folgt

$$|s(z) - s_\nu(z)| = |R_\nu(z)| < \varepsilon \tag{6}$$

für $\nu > n$; auch das ist eine notwendige und hinreichende Bedingung für die Konvergenz von (2). Der Beweis verläuft wie im Reellen (Band II, § 1, 3). Der Ausdruck

$$R_n(z) = \sum_{\nu=n+1}^{\infty} f_\nu(z) = s(z) - s_n(z)$$

heißt der *Rest* der Reihe (2).

Ist die Menge der Zahlen $n(\varepsilon, z)$ bei festgehaltenem ε für alle Punkte einer Teilmenge $\mathfrak{M}'$ von $\mathfrak{M}$ (die natürlich auch mit $\mathfrak{M}$ selbst zusammenfallen kann), beschränkt, ist also $n(\varepsilon, z) \leq N$, so gilt (5) für alle Punkte z von $\mathfrak{M}'$, sobald $\nu > N$ ist, und die Reihe (2) heißt *gleichmäßig konvergent* in $\mathfrak{M}'$. N hängt dabei nicht mehr von z ab[1].

Die Reihe (2) heißt ferner *absolut konvergent* im Punkt z, wenn die (reelle) Reihe

$$\sum |f_\nu(z)|$$

konvergiert. Aus der absoluten Konvergenz folgt wegen

$$|f_{\nu+1}(z) + \cdots + f_{\nu+p}(z)| \leq |f_{\nu+1}(z)| + \cdots + |f_{\nu+p}(z)| \tag{7}$$

die Konvergenz, aber nicht umgekehrt. Das ist also alles wie im Reellen; auch die Begriffe der bedingten und unbedingten Konvergenz lassen sich wie im Reellen einführen, und es gilt auch hier, daß jede absolut konvergente Reihe auch unbedingt konvergiert und umgekehrt.

Das wichtige *Kriterium von* WEIERSTRASS für die gleichmäßige Konvergenz (Band II, § 4, 1) einer Reihe (2) gilt unverändert auch im Komplexen: *Die Reihe (2) konvergiert gleichmäßig und absolut in einer Teilmenge $\mathfrak{M}'$ von $\mathfrak{M}$, wenn für alle z aus $\mathfrak{M}'$*

$$|f_\nu(z)| \leq c_\nu \tag{8}$$

---

[1] Da jede endliche Menge (der Punkt $z = \infty$ scheidet dabei natürlich aus) beschränkt ist, spricht man von gleichmäßiger Konvergenz nur dann, wenn $\mathfrak{M}'$ und damit auch $\mathfrak{M}$ *unendliche* Mengen sind.

ist und $\sum\limits_{\nu=0}^{\infty} c_\nu$ *konvergent ist.* Voraussetzungsgemäß gibt es zu jedem $\varepsilon > 0$ eine Zahl N, so daß für alle $p > 0$, ganz

$$c_{\nu+1} + \cdots + c_{\nu+p} < \varepsilon$$

ist, wenn nur $\nu > N$ ist; wegen (8) ist aber dann für alle z aus $\mathfrak{M}'$

$$|s_{\nu+p}(z) - s_\nu(z)| < \varepsilon$$

für $\nu > N$; N hängt hier sicher nicht von z ab.

Ferner gilt: *Sind alle $f_\nu(z)$ stetig in den Punkten von $\mathfrak{M}$ und ist (2) gleichmäßig konvergent in $\mathfrak{M}$, so ist auch die Summe (4) eine stetige Funktion in $\mathfrak{M}$.* Ich bilde unter Benützung von (6) für zwei Punkte z und z_0 aus $\mathfrak{M}$

$$|s(z) - s(z_0)| = |s_n(z) - s_n(z_0) + R_n(z) - R_n(z_0)| \leqq$$
$$\leqq |s_n(z) - s_n(z_0)| + |R_n(z)| + |R_n(z_0)|.$$

Wegen der gleichmäßigen Konvergenz gibt es eine Zahl N, so daß für $n > N$ sowohl $|R_n(z)| < \dfrac{\varepsilon}{3}$ als auch $|R_n(z_0)| < \dfrac{\varepsilon}{3}$ wird. Ferner ist $s_n(z)$ als Summe von endlich vielen stetigen Funktionen selbst stetig, es gibt also zu der gegebenen Zahl $\varepsilon > 0$ ein $\delta > 0$, so daß mit festem $n > N$

$$|s_n(z) - s_n(z_0)| < \frac{\varepsilon}{3}$$

für $|z - z_0| < \delta$ ist. Damit wird aber

$$|s(z) - s(z_0)| < \varepsilon.$$

Ist $\mathfrak{M}$ insbesondere eine Kurve $\mathfrak{C}$, d. h. sind längs $\mathfrak{C}$ alle $f_\nu(z)$ stetig und ist die Reihe (2) gleichmäßig konvergent, so ist auch $s(z)$ stetig längs $\mathfrak{C}$ und es ist

$$\lim_{n \to \infty} \int_{\mathfrak{C}} s_n(z)\, dz = \int_{\mathfrak{C}} s(z)\, dz = \int_{\mathfrak{C}} \lim_{n \to \infty} s_n(z)\, dz \tag{9}$$

oder

$$\int_{\mathfrak{C}} s(z)\, dz = \sum_{\nu=0}^{\infty} \int_{\mathfrak{C}} f_\nu(z)\, dz, \tag{10}$$

d. h. man darf *bei einer gleichmäßig konvergenten Funktionenfolge Limes- und Integralzeichen vertauschen*, bzw. *eine gleichmäßig konvergente Reihe gliedweise integrieren*; die Reihe, die sich durch die Integration der einzelnen Glieder ergibt, stellt dann das Integral der Summenfunktion der ursprünglichen Reihe dar. Der Beweis von (9) folgt unmittelbar aus der Abschätzung

$$\left| \int_{\mathfrak{C}} s(z)\, dz - \int_{\mathfrak{C}} s_n(z)\, dz \right| = \left| \int_{\mathfrak{C}} [s(z) - s_n(z)]\, dz \right| \leqq \int_{\mathfrak{C}} |R_n(z)|\, ds < \varepsilon\, L$$

für $n > N$, wenn L die Länge von $\mathfrak{C}$ ist; (10) ist aber eine unmittelbare Folge von (9).

2. Gleichmäßig konvergente Reihen regulärer Funktionen. Die Funktionen $f_\nu(z)$ seien in einem einfach zusammenhängenden und beschränkten Gebiet $\mathfrak{G}$ regulär und *in jedem abgeschlossenen Teilbereich $\mathfrak{B}$ von $\mathfrak{G}$ gleichmäßig konvergent*. Dann gelten für die Reihe (4) die beiden letzten Sätze von Ziffer 1, d. h. die Summe $s(z)$ ist in $\mathfrak{G}$ stetig und für jede ganz in $\mathfrak{G}$ gelegene Kurve $\mathfrak{C}$ gilt (10). Ferner ist für jede *geschlossene*, ganz in $\mathfrak{G}$ verlaufende Kurve $\mathfrak{C}$

$$\oint_{\mathfrak{C}} s(z)\, dz = \sum_{\nu=0}^{\infty} \oint_{\mathfrak{C}} f_\nu(z)\, dz = 0,$$

da die $f_\nu(z)$ in $\mathfrak{G}$ regulär sind und daher der Cauchysche Integralsatz gilt. Nach dem Satz von MORERA (§ 24, 6) ist also die Summe $s(z)$ *regulär in* $\mathfrak{G}$.

Für alle Punkte z im Innern von $\mathfrak{C}$ gilt weiter

$$s(z) = \frac{1}{2\pi j} \oint_{\mathfrak{C}} \frac{s(\zeta)}{\zeta - z}\, d\zeta = \frac{1}{2\pi j} \oint_{\mathfrak{C}} \sum_{\nu=0}^{\infty} \frac{f_\nu(\zeta)}{\zeta - z}\, d\zeta = \frac{1}{2\pi j} \sum_{\nu=0}^{\infty} \oint_{\mathfrak{C}} \frac{f_\nu(\zeta)}{\zeta - z}\, d\zeta;$$

daß die Summe rechts gleichmäßig konvergent ist, sieht man leicht ein: Ist ϱ die untere Grenze der Abstände des Punktes z von den Punkten ζ von $\mathfrak{C}$, so wird

$$\left| s_{n+p}(z) - s_n(z) \right| = \left| \sum_{\nu=n+1}^{n+p} f_\nu(z) \right| = \left| \frac{1}{2\pi j} \oint \frac{\sum\limits_{\nu=n+1}^{n+p} f_\nu(\zeta)}{\zeta - z}\, d\zeta \right| \leqq \frac{1}{2\pi} \frac{L\,\varepsilon}{\varrho}.$$

Ganz ähnlich zeigt man

$$s^{(n)}(z) = \frac{n!}{2\pi j} \sum_{\nu=0}^{\infty} \oint \frac{f_\nu(\zeta)}{(\zeta - z)^{n+1}}\, d\zeta = \sum_{\nu=0}^{\infty} f_\nu^{(n)}(z), \quad n = 0, 1, 2, \ldots, \qquad (11)$$

d. h. die durch gliedweise Differentiation aus (4) entstandene Reihe ist wieder gleichmäßig konvergent in jedem abgeschlossenen Bereich[1], der ganz im Innern von $\mathfrak{G}$ liegt, und stellt dort die entsprechende Ableitung der Summenfunktion der ursprünglichen Reihe dar.

Man kann die obige Voraussetzung noch einschränken, indem man annimmt, daß die $f_\nu(z)$ in einem einfach zusammenhängenden und beschränkten Gebiet $\mathfrak{G}$ regulär und auf dem Rand $\mathfrak{C}$ von $\mathfrak{G}$ stetig sind und daß die Reihe (2) auf $\mathfrak{C}$ gleichmäßig konvergiert. Dann ist die Reihe auch in $\mathfrak{G}$ gleichmäßig konvergent und ihre Summenfunktion ist in $\mathfrak{G}$ regulär (*Konvergenzsatz von* WEIERSTRASS), denn die Konvergenz in $\mathfrak{G}$ ergibt sich ohneweiters aus dem Satz vom Maximum (§ 24, 6), demzufolge auch $\left| s_{n+p}(z) - s_n(z) \right|$ sein Maximum auf dem Rand $\mathfrak{C}$ erreicht.

Als Beispiel betrachte ich die *Riemannsche* ζ-*Funktion*

$$\zeta(z) = \sum_{\nu=1}^{\infty} \frac{1}{\nu^z},$$

die vor allem in der Zahlentheorie (Verteilung der Primzahlen) eine große Rolle spielt. Die rechte Seite ist ein Sonderfall der allgemeinen *Dirichletschen Reihe* $\sum \dfrac{a_\nu}{\nu^z}$ (Aufgabe 7 am Schluß des Paragraphen). Wegen $\left| \nu^z \right| = \left| e^{z \ln \nu} \right| = e^{x \ln \nu} = \nu^x$, $z = x + j\,y$, ist die Reihe nach Band II, § 3, 4 *für* $x = \Re(z) > 1$ *absolut konvergent*. Es sei z ein fester Wert mit $x = \Re(z) < 1$. Ich betrachte die divergente (harmonische) Reihe

$$\sum_{\nu=1}^{\infty} \frac{1}{\nu} = \sum_{\nu=1}^{\infty} \frac{1}{\nu^z} \frac{1}{\nu^{1-z}},$$

auf die ich das Kriterium von DU BOIS-REYMOND (§ 21, 7) mit $a_\nu = \dfrac{1}{\nu^z}$, $b_\nu = \dfrac{1}{\nu^{1-z}}$ anwende. Es wird

$$\left| b_\nu - b_{\nu+1} \right| = \left| \frac{1}{\nu^{1-z}} - \frac{1}{(\nu+1)^{1-z}} \right| = \frac{1}{\left| (\nu+1)^{1-z} \right|} \left| \left(\frac{\nu+1}{\nu} \right)^{1-z} - 1 \right| <$$

$$< \frac{1}{\nu^{1-x}} \left| e^{(1-z)\ln\left(1+\frac{1}{\nu}\right)} - 1 \right|.$$

---

[1] Man kann jeden abgeschlossenen Teilbereich $\mathfrak{B}$ von $\mathfrak{G}$ durch eine Kurve $\mathfrak{C}$ umgeben, die ganz in $\mathfrak{G}$ liegt und $\mathfrak{B}$ umschließt, ohne mit $\mathfrak{B}$ einen Punkt gemeinsam zu haben, so daß alle Punkte von $\mathfrak{B}$ im Innern von $\mathfrak{C}$ liegen.

Wegen $x < 1$ ist dabei $1 - x = \alpha > 0$, ferner folgt aus $e^\beta > 1 + \beta$, $\beta > 0$, sofort $\ln\left(1 + \dfrac{1}{\nu}\right) < \dfrac{1}{\nu}$, so daß schließlich unter Benützung des Ergebnisses der Aufgabe 3 von § 22 $\left(\left|e^z - 1\right| \leq \left|z\right| e^{\left|z\right|}\right)$

$$\left|b_\nu - b_{\nu+1}\right| < \frac{1}{\nu^\alpha}\,\frac{\left|1 - z\right|}{\nu}\,2^{\left|1-z\right|} \leq \frac{A}{\nu^{\alpha+1}}$$

folgt. Die Reihe $\sum (b_\nu - b_{\nu+1})$ ist daher absolut konvergent. Somit kann $\sum \dfrac{1}{\nu^z}$ mit $\Re(z) < 1$ nicht konvergieren, da nach dem Kriterium von DU BOIS-REYMOND sonst auch $\sum \dfrac{1}{\nu}$ konvergent wäre. Man kann zeigen, daß die Reihe $\sum \dfrac{1}{\nu^z}$ auch für $\Re(z) = 1$ divergent ist, worauf ich aber hier nicht weiter eingehe. Es folgt also, daß $\sum \dfrac{1}{\nu^z}$ *in der Halbebene* $\Re(z) > 1$ *konvergent und in jeder Halbebene* $\Re(z) \geq 1 + \delta$, $\delta > 0$ *absolut und gleichmäßig konvergent ist.*

Die Anwendung der vorstehenden Sätze auf *Potenzreihen*

$$s(z) = \sum_{\nu=0}^{\infty} a_\nu (z - z_0)^\nu \tag{12}$$

gibt:

Eine Potenzreihe konvergiert absolut und gleichmäßig im Innern und auf dem Rand eines jeden zum Konvergenzkreis $\Re$ (§ 21, 8) konzentrischen kleineren Kreises, und ihre Summe $s(z)$ ist dort eine reguläre Funktion, deren Ableitungen sich durch gliedweise Differentiation der Reihe berechnen lassen; diese abgeleiteten Reihen haben denselben Konvergenzradius wie die ursprüngliche. Ebenso bekommt man das über eine beliebige, im Innern von $\Re$ gelegene Kurve $\mathfrak{C}$ erstreckte Integral durch gliedweise Integration, und auch diese Reihe ist in $\Re$ konvergent.

Aus (12) folgt also

$$s^{(n)}(z) = \sum_{\nu=n}^{\infty} \nu\,(\nu - 1) \ldots (\nu - n + 1)\, a_\nu\, (z - z_0)^{\nu - n} =$$

$$= \sum_{\nu=0}^{\infty} (\nu + 1)\,(\nu + 2) \ldots (\nu + n)\, a_{\nu+n}\, (z - z_0)^\nu$$

und daher

$$s^{(n)}(z_0) = n!\, a_n$$

oder

$$\boxed{a_n = \frac{1}{n!}\, s^{(n)}(z_0) = \frac{1}{2\pi j} \int_{\Re_0} \frac{s(\zeta)}{(\zeta - z_0)^{n+1}}\, d\zeta,} \tag{13}$$

wo $\Re_0$ den Kreis $|z - z_0| = \varrho < r$ und r den Konvergenzradius der Reihe bedeutet. Es lassen sich also auch umgekehrt die Koeffizienten der Reihe (12) aus ihrer Summenfunktion berechnen. Aus (13) folgt noch

$$|a_n| \leq \frac{1}{2\pi}\,\frac{M}{\varrho^{n+1}}\,2\pi\varrho = \frac{M}{\varrho^n}, \tag{14}$$

wenn M das Maximum von $|s(z)|$ auf $\Re_0$ ist, eine oft verwendete Abschätzungsformel für die Koeffizienten einer Potenzreihe.

Über das Verhalten einer Potenzreihe am Rande des Konvergenzkreises sagen uns die Beispiele der Aufgabe 11 von § 21, daß hier alle Möglichkeiten bestehen und daß es daher eine allgemeine Aussage nicht geben kann. In manchen Fällen gibt der folgende Satz Aufschluß:

Ist die Reihe $\sum a_\nu z^\nu$ in einem Punkt ζ, $|\zeta| = r$ am Rand des Konvergenzkreises absolut konvergent, so konvergiert sie für alle z, für die $|z| \leq r$, absolut und gleichmäßig.

Aus

$$|a_\nu z^\nu| = |a_\nu|\,|z|^\nu \leq |a_\nu|\,|\zeta|^\nu$$

und dem Kriterium von WEIERSTRASS (Ziffer 1) folgt die Behauptung.

3. Der dritte Fundamentalsatz der Funktionentheorie. Die große Bedeutung der Potenzreihen für die Theorie der regulären Funktionen beruht auf der gleich zu beweisenden Tatsache, daß sich jede reguläre Funktion durch eine konvergente Potenzreihe darstellen oder, wie man auch sagt, in eine Potenzreihe entwickeln läßt. Da umgekehrt (vgl. Ziffer 2) jede (konvergente) Potenzreihe eine reguläre Funktion darstellt, sind die beiden Begriffe ,,reguläre Funktion'' und ,,Potenzreihe'' geradezu äquivalent. Daher war es möglich, daß WEIERSTARSS seine Theorie auf der Definition der regulären Funktion durch konvergente Potenzreihen aufbauen konnte, während wir in § 22 die Cauchy-Riemannschen Differentialgleichungen als Ausgangspunkt genommen haben. Der folgende Entwicklungssatz — *der dritte Fundamentalsatz der Funktionentheorie* — liefert uns jetzt den Anschluß an die Weierstraßsche Theorie:

Ist $f(z)$ eine in dem Gebiet $\mathfrak{G}$ reguläre Funktion und z_0 ein Punkt von $\mathfrak{G}$, so gibt es eine und nur eine Potenzreihe

$$\sum_{\nu=0}^{\infty} a_\nu\,(z - z_0)^\nu,$$

die in einem gewissen Kreis $\mathfrak{K}$ um z_0 konvergiert und in $\mathfrak{K}$ die Funktion $f(z)$ darstellt, d. h. daß

$$f(z) = \sum_{\nu=0}^{\infty} a_\nu\,(z - z_0)^\nu \tag{15}$$

die Summenfunktion der Reihe ist.

Die Potenzreihe (15) ist dabei nichts anderes als die *Taylorsche Reihe* der Funktion $f(z)$, im Sinn von Band I, §§ 28 und 29, d. h. es ist

$$a_\nu = \frac{1}{\nu!}\,f^{(\nu)}(z_0). \tag{16}$$

Es sei $\mathfrak{K}$ ein Kreis um z_0, dessen Radius r so bestimmt ist, daß sein Inneres

$$|z - z_0| < r$$

ganz in $\mathfrak{G}$ liegt, und $\mathfrak{K}_0$ ein konzentrischer Kreis $|z - z_0| = \varrho < r$. Dann ist, wenn z im Innern von $\mathfrak{K}_0$ liegt,

$$f(z) = \frac{1}{2\pi j} \oint_{\mathfrak{K}_0} \frac{f(\zeta)}{\zeta - z}\,d\zeta = \frac{1}{2\pi j} \oint_{\mathfrak{K}_0} \frac{f(\zeta)}{\zeta - z_0}\,\frac{1}{1 - \dfrac{z - z_0}{\zeta - z_0}}\,d\zeta.$$

Nun ist

$$\left|\frac{z - z_0}{\zeta - z_0}\right| = \frac{|z - z_0|}{\varrho} < 1$$

wegen $|z - z_0| < \varrho$. Daher läßt sich der zweite Faktor des Integranden in eine für alle z in $\Re_0$ gleichmäßig konvergente geometrische Reihe

$$\frac{1}{1 - \dfrac{z - z_0}{\zeta - z_0}} = \sum_{\nu = 0}^{\infty} \left(\frac{z - z_0}{\zeta - z_0}\right)^{\nu}$$

entwickeln, und es folgt wegen § 24 (25)

$$f(z) = \sum_{\nu = 0}^{\infty} \frac{(z - z_0)^{\nu}}{2\,\pi\,j} \oint_{\Re_0} \frac{f(\zeta)}{(\zeta - z_0)^{\nu+1}}\, d\zeta = \sum_{\nu = 0}^{\infty} \frac{f^{(\nu)}(z_0)}{\nu!}\,(z - z_0)^{\nu},$$

also gerade die Taylorentwicklung (15), (16). Da ϱ beliebig nahe an r gewählt werden kann, *konvergiert die Entwicklung im Innern des Kreises* $\Re$.

Daß die Entwicklung (15), (16) die einzige Darstellung von $f(z)$ durch eine Potenzreihe ist, folgt aus dem *Eindeutigkeitssatz*:

Haben die beiden Potenzreihen $\sum\limits_{\nu = 0}^{\infty} a_{\nu}\,(z - z_0)^{\nu}$ *und* $\sum\limits_{\nu = 0}^{\infty} b_{\nu}\,(z - z_0)^{\nu}$ *positive Konvergenzradien und stimmen sie für alle Punkte einer konvergenten Folge* z_{α}, $\alpha = 1, 2, \ldots$, *mit dem Grenzwert* $\lim\limits_{\alpha \to \infty} z_{\alpha} = z_0$ *überein, so sind sie identisch, d. h. es ist* $a_{\nu} = b_{\nu}$, $\nu = 0, 1, 2, \ldots$

Voraussetzungsgemäß ist für alle $\alpha = 1, 2, \ldots$

$$a_0 + a_1\,(z_{\alpha} - z_0) + a_2\,(z_{\alpha} - z_0)^2 + \cdots = b_0 + b_1\,(z_{\alpha} - z_0) + b_2\,(z_{\alpha} - z_0)^2 + \cdots \quad (17)$$

Für $z_{\alpha} \to z_0$ folgt $a_0 = b_0$; ich nehme an, ich hätte die Behauptung bereits für die ersten m Koeffizienten bewiesen, dann folgt nach Division durch $(z_{\alpha} - z_0)^m$

$$a_m + a_{m+1}\,(z_{\alpha} - z_0) + \cdots = b_m + b_{m+1}\,(z_{\alpha} - z_0) + \cdots$$

und daraus für $z_{\alpha} \to z_0$ auch die Gleichheit der $m + 1$-ten Koeffizienten $a_m = b_m$.

Der Kreis $\Re$ mit dem Mittelpunkt z_0, den ich beim Beweis des Entwicklungssatzes benützt habe, unterliegt nur der einen Bedingung, daß sein Inneres ganz zum Regularitätsgebiet $\mathfrak{G}$ von $f(z)$ gehört. Ich wähle für $\Re$ den größten Kreis, der dieser Bedingung genügt; seine Peripherie hat dann mit dem Rand $\mathfrak{C}$ von $\mathfrak{G}$ mindestens einen Punkt gemeinsam. Dann muß aber, wie man sofort einsieht, $\Re$ mit dem in § 21, 8 erklärten Konvergenzkreis der Entwicklung (15) übereinstimmen.

Daraus folgt noch, daß *auf dem Rand des Konvergenzkreises einer Potenzreihe mindestens ein singulärer Punkt der durch die Reihe dargestellten Funktion* $f(z)$ *liegen muß.* Andernfalls gäbe es zu jedem Punkt auf $\Re$ eine kreisförmige Umgebung, in der $f(z)$ noch regulär wäre, also nach dem Überdeckungssatz (§ 21, 5) eine endliche Anzahl solcher Umgebungen, die $\Re$ überdecken, und daher einen Kreis $\Re_1$, der $\Re$ enthält und in dem $f(z)$ regulär wäre. Dann würde aber die Entwickelung (15) von $f(z)$ in $\Re_1$ konvergieren, d. h. $\Re$ wäre nicht der Konvergenzkreis.

4. Nullstellen, a-Stellen und Kreuzungspunkte. Es sei in der Entwicklung (15) $a_0 = a_1 = \ldots = a_{k-1} = 0$ und $a_k \neq 0$, $k > 0$, also a_k der erste nicht verschwindende Koeffizient. Dann ist

$$f(z) = (z - z_0)^k\, g(z)$$

und

$$g(z) = a_k + a_{k+1}\,(z - z_0) + a_{k+2}\,(z - z_0)^2 + \cdots$$

eine in $\mathfrak{K}$ reguläre Funktion mit $g(z_0) = a_k \neq 0$. Man nennt z_0 eine *k-fache Null-stelle* oder *Nullstelle k-ter Ordnung* von $f(z)$.

Wegen der Stetigkeit von $g(z)$ gibt es dann einen Kreis $\mathfrak{K}'$ um z_0 vom Radius $\varrho > 0$, in dem $g(z)$ und daher (mit Ausnahme von z_0) auch $f(z)$ überall $\neq 0$ ist. Daraus folgt ein wichtiger Satz:

Ist $f(z)$ regulär und nicht konstant in einem Gebiet $\mathfrak{G}$, so können sich die Null-stellen von $f(z)$ in $\mathfrak{G}$ nirgends häufen.

Oder, etwas anders ausgedrückt: *Eine in einem beschränkten, abgeschlossenen Bereich $\mathfrak{B}$ reguläre und nicht konstante Funktion hat in $\mathfrak{B}$ nur eine endliche Zahl von Nullstellen.*

Denn andernfalls hätten die Nullstellen nach dem Satz von BOLZANO-WEIER-STRASS mindestens einen Häufungspunkt in $\mathfrak{B}$. Für ein Gebiet muß der letzte Satz nicht gelten; ein Randpunkt von $\mathfrak{G}$ kann ohne weiteres Häufungspunkt der Nullstellen von $f(z)$ sein.

Nennt man in Verallgemeinerung des Begriffs Nullstelle eine Stelle des Regularitätsgebiets einer Funktion $f(z)$ eine a-Stelle, wenn $f(z_0) = a$ ist, so gelten die obigen Sätze unverändert, wenn man in ihnen das Wort „Nullstelle" durch „a-Stelle" ersetzt. Im übrigen folgen die Sätze auch aus dem Eindeutig-keitssatz: Haben die a-Stellen einer Funktion $f(z)$ eine Häufungsstelle z_0 und ist $f(z)$ in z_0 regulär, so kann man aus ihnen eine konvergente Folge z_α mit $z_\alpha \to z_0$ auswählen; die Entwicklung von $f(z)$ in der Umgebung von z_0 stimmt dann in allen Punkten dieser Folge mit der Entwicklung von $g(z) = a$ überein, weshalb auch $f(z) = a$, also konstant sein muß.

In einer Nullstelle z_0 höherer als erster Ordnung ist auch die Ableitung $f'(z_0) = 0$; hier ist also die inverse Funktion entweder überhaupt nicht definiert oder zumindest nicht eindeutig. Allgemein nennt man (vgl. § 23, 4) eine Stelle z_0, in der $f'(z_0) = 0$ ist, einen *Kreuzungspunkt* der Funktion $w = f(z)$, und zwar insbesondere einen n-fachen Kreuzungspunkt, wenn alle Ableitungen bis ein-schließlich zur n-ten verschwinden, während die $n + 1$-te Ableitung von Null verschieden ist. Dann hat die Taylorentwicklung die Gestalt

$$f(z) = f(z_0) + (z - z_0)^{n+1} \frac{f^{(n+1)}(z_0)}{(n+1)!} [1 + h(z)], \quad f^{(n+1)}(z_0) \neq 0,$$

die Funktion $f(z) - f(z_0)$ hat also an der Stelle z_0 eine $n + 1$-fache Nullstelle. Aus den Überlegungen von § 23, 4 folgt unmittelbar, daß sich der Winkel zwischen zwei Kurven durch einen n-fachen Kreuzungspunkt bei der Abbildung $w = f(z)$ mit $n + 1$ multipliziert. Die Funktion

$$g(z) = \sqrt[n+1]{f(z) - f(z_0)} = c\,(z - z_0) \sqrt[n+1]{1 + h(z)}$$

ist dann in der Umgebung von z_0 bis auf eine $n + 1$-te Einheitswurzel als Faktor eindeutig und regulär, denn $\sqrt[n+1]{1 + h(z)}$ ist in der Umgebung von $z = z_0$ etwa durch die binomische Reihe eindeutig und regulär definierbar, während c eine beliebige $n + 1$-te Einheitswurzel als Faktor enthalten kann.

Die Funktion $g(z)$ hat in $z = z_0$ eine einfache Nullstelle; daher ist $g'(z_0) \neq 0$ und die durch $g(z)$ vermittelte Abbildung der Umgebung von z_0 ist nach § 22, 7 schlicht und daher auch gebietstreu. Da die Potenz jedenfalls ein Gebiet wieder in ein Gebiet überführt, folgt, daß auch die Umgebung eines Kreuzungspunktes wieder auf ein Gebiet, wenn auch nicht mehr eindeutig (schlicht) abgebildet wird. Damit ist der in § 22, 7 formulierte Satz von der Gebietstreue von der Voraus-setzung $f'(z) \neq 0$ befreit. Ich erinnere dabei an den eben bewiesenen Satz, daß eine reguläre Funktion in einem beschränkten Bereich nur eine endliche Zahl von Nullstellen und daher auch nur eine endliche Zahl von Kreuzungspunkten haben kann.

5. Der Abelsche Stetigkeitssatz. Dieser recht tiefliegende und wichtige Satz besagt, daß *eine Potenzreihe, die in einem Punkt ζ auf dem Rand ihres Konvergenzkreises konvergiert, in ζ auch stetig ist*; eine gewisse Präzisierung dieser Aussage wird sich aus dem Beweis ergeben. Der Satz ist eine Verschärfung des letzten Satzes von Ziffer 2, da hier nicht die absolute Konvergenz in ζ vorausgesetzt wird. Sein Beweis gründet sich auf die Abelsche Reihentransformation (§ 21, 7), deren Anwendung durch folgende Annahmen, die keinerlei Einschränkung der Allgemeinheit bedeuten, vereinfacht wird:

Erstens: Es ist der Konvergenzradius $r = 1$ und $\zeta = 1$.

Zweitens: Es ist $\lim\limits_{n \to \infty} A_n = \lim\limits_{n \to \infty} \sum\limits_{\nu=0}^{n} a_\nu = 0$.

Ist nämlich $r \neq 1$ und $\zeta \neq 1$, so transformiert man die Reihe durch $z = \zeta\,\bar{z}$ in eine Potenzreihe in $\bar{z}$, die den Radius 1 hat und für die der Punkt $z = \zeta$ in den Punkt $\bar{z} = 1$ übergeht; ist $\lim\limits_{n\to\infty} A_n = A \neq 0$, so betrachtet man an Stelle der Reihe $\sum a_\nu z^\nu$ die Reihe $\sum a_\nu z^\nu - A$, bei der nur das erste Glied verändert ist. Es ist also zu zeigen, daß $\lim\limits_{z \to 1} \sum a_\nu z^\nu = 0$ ist.

Setzt man $b_\nu = z^\nu$, so gibt die Abelsche Transformation wegen $b_\nu - b_{\nu+1} = (1 - z)\, z^\nu$ und $A = 0$

$$\sum_{\nu=0}^{\infty} a_\nu z^\nu = (1 - z) \sum_{\nu=0}^{\infty} A_\nu z^\nu;$$

die Reihe rechts konvergiert sicher für $|z| < 1$, muß aber für $z = 1$ nicht konvergieren. Es sei nun n so gewählt, daß für $\nu > n$

$$|A_\nu| < \varepsilon \cos \alpha$$

ist, wo $\varepsilon > 0$ beliebig und $0 < \alpha < \dfrac{\pi}{2}$ ist. Dann wird

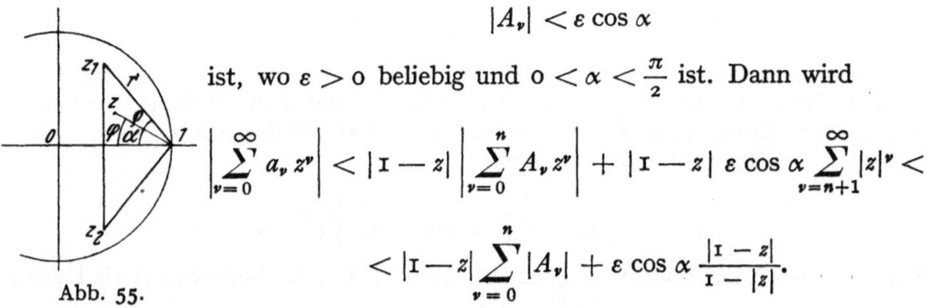

$$\left| \sum_{\nu=0}^{\infty} a_\nu z^\nu \right| < |1 - z| \left| \sum_{\nu=0}^{n} A_\nu z^\nu \right| + |1 - z|\, \varepsilon \cos \alpha \sum_{\nu=n+1}^{\infty} |z|^\nu <$$

$$< |1 - z| \sum_{\nu=0}^{n} |A_\nu| + \varepsilon \cos \alpha\, \frac{|1 - z|}{1 - |z|}.$$

Abb. 55.

Da der erste Teil beliebig klein ist, wenn nur z hinreichend nahe an 1 liegt, bleibt nur der zweite Teil, d. h. der Ausdruck $\dfrac{|1 - z|}{1 - |z|}$ abzuschätzen. Zu diesem Zweck nehme ich ein gleichschenkeliges Dreieck mit den Ecken 1, $z_1 = 1 - r e^{-j\alpha}$, $z_2 = 1 - r e^{j\alpha}$, $r < 1$ (Abb. 55). z sei ein Punkt im Innern oder auf dem Rand dieses Dreiecks. Ich setze $z = 1 - \varrho\, e^{-j\varphi}$, $-\alpha \leq \varphi \leq +\alpha$, $0 < \varrho < \cos \alpha$. Dann wird $|1 - z| = \varrho$, $1 - |z|^2 = 2\varrho \cos \varphi - \varrho^2$ und daher

$$\frac{|1 - z|}{1 - |z|} = \frac{\varrho\,(1 + |z|)}{1 - |z|^2} < \frac{2}{2 \cos \varphi - \varrho} < \frac{2}{\cos \alpha},$$

also wird

$$\left| \sum_{\nu=0}^{\infty} a_\nu z^\nu \right| < |{\scriptstyle\rm I} - z| \sum_{\nu=0}^{n} |A_\nu| + 2\,\varepsilon < 3\,\varepsilon,$$

wenn wir z so nahe an ${\scriptstyle\rm I}$ nehmen, daß

$$|{\scriptstyle\rm I} - z| < \frac{\varepsilon}{\sum\limits_{\nu=0}^{n} |A_\nu|}$$

gilt. Man sieht also, daß der Beweis eine gewisse Einschränkung für die Art und Weise liefert, wie sich der Punkt z dem Punkt ${\scriptstyle\rm I}$ nähert; diese Annäherung kann nicht völlig beliebig sein, sondern muß im Innern eines Dreiecks der angegebenen Art erfolgen, so daß z. B. Annäherungswege, die den Kreis $|z| = {\scriptstyle\rm I}$ von innen her berühren, ausgeschlossen sind. Tatsächlich hat man gezeigt, daß auf solchen Wegen durchaus nicht $\lim\limits_{z \to 1} \sum a_\nu z^\nu = {\scriptstyle\rm o}$ gelten muß. Präziser als eingangs wäre der Abelsche Stetigkeitssatz also folgendermaßen zu formulieren:

Ist die Potenzreihe $\sum a_\nu z^\nu$ konvergent für $|z| < r$ und konvergiert sie auch noch in dem am Rand gelegenen Punkt ζ, so ist sie in jedem abgeschlossenen Dreieck mit den Ecken ζ, z_1, z_2 stetig, wenn z_1 und z_2 im Innern des Konvergenzkreises liegen.

Daß man hier ein beliebiges Dreieck ζ, z_1 und z_2 nehmen kann, ist leicht einzusehen: Im Innern des Konvergenzkreises ist die Reihe sicher eine stetige Funktion von z, weil sie dort sogar regulär ist; man kann sich also auf jenen Teil des Dreiecks beschränken, der rechts von einer Geraden $\Re(z) = a$ liegt mit einem reellen a, das zwar kleiner als r, aber nahe an r liegt. Jedes solche Teildreieck läßt sich aber ohneweiters in ein zur reellen Achse symmetrisches Dreieck ζ, z_1', z_2' einbetten (Abb. 56).

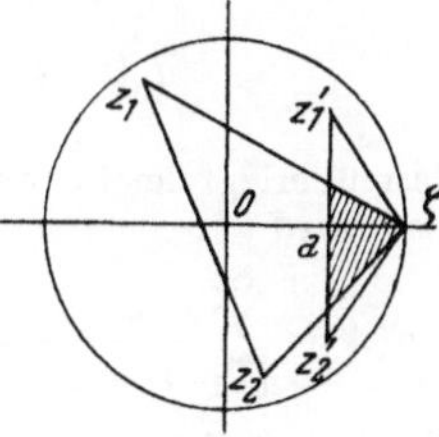

Abb. 56.

6. Der Weierstraßsche Doppelreihensatz. Es seien die Glieder der gleichmäßig konvergenten Reihe

$$F(z) = \sum_{\mu=0}^{\infty} f_\mu(z) \tag{18}$$

alle mindestens im Kreis $\Re\ |z - z_0| < r$ regulär, so daß $F(z)$ nach Ziffer 2 eine mindestens in $\Re$ reguläre Funktion ist. Die Entwicklungen

$$f_\mu(z) = \sum_{\nu=0}^{\infty} a_{\mu\nu} (z - z_0)^\nu, \quad \mu = {\scriptstyle\rm o},\ {\scriptstyle\rm I},\ 2,\ \ldots \tag{19}$$

und

$$F(z) = \sum_{\nu=0}^{\infty} A_\nu (z - z_0)^\nu \tag{20}$$

sind dann in $\Re$ konvergent. Setzt man (19) in (18) ein, so entsteht rechts die Doppelreihe

$$F(z) = \sum_{\mu=0}^{\infty} \sum_{\nu=0}^{\infty} a_{\mu\nu}(z - z_0)^\nu =$$

$$= a_{00} + a_{01}(z - z_0) + a_{02}(z - z_0)^2 + \ldots + a_{0\nu}(z - z_0)^\nu + \ldots$$
$$+ a_{10} + a_{11}(z - z_0) + a_{12}(z - z_0)^2 + \ldots + a_{1\nu}(z - z_0)^\nu + \ldots$$
$$+ a_{\mu 0} + a_{\mu 1}(z - z_0) + a_{\mu 2}(z - z_0)^2 + \ldots + a_{\mu\nu}(z - z_0)^\nu + \ldots$$
$$+ \ldots$$

Ich behaupte, daß die Reihen der untereinander stehenden Koeffizienten konvergent sind und die Koeffizienten der Reihe (20) ergeben, d. h. daß

$$a_{0\nu} + a_{1\nu} + \ldots + a_{\mu\nu} + \ldots = \sum_{\mu=0}^{\infty} a_{\mu\nu} = A_\nu \qquad (21)$$

ist. Das ist der Inhalt des Weierstraßschen Doppelreihensatzes, der also, kurz ausgedrückt, besagt, daß man unter den angegebenen Voraussetzungen *die unendlich vielen Potenzreihen (19) gliedweise summieren „darf"*. Der Beweis ist höchst einfach: Da die Reihe (18) in $\Re$ gleichmäßig konvergiert, gilt für die Ableitungen (gliedweise Differentiation) nach Ziffer 2

$$F^{(\nu)}(z) = \sum_{\mu=0}^{\infty} f_\mu^{(\nu)}(z), \quad \nu = 0, 1, 2, \ldots \qquad (22)$$

Anderseits lassen sich nach (16) die Koeffizienten der Reihen (19) und (20) berechnen,

$$a_{\mu\nu} = \frac{1}{\nu!} f_\mu^{(\nu)}(z_0), \quad A_\nu = \frac{1}{\nu!} F^{(\nu)}(z_0),$$

was zusammen mit (22) sofort die Behauptung ergibt.

Als Beispiel betrachte ich die Reihen

$$f_\mu(z) = \frac{z^\mu}{1 - z^\mu} = z^\mu + z^{2\mu} + \ldots = \sum_{\nu=1}^{\infty} z^{\nu\mu}, \quad \mu = 1, 2, \ldots$$

Man überlegt leicht, daß A_ν gleich der Anzahl der Teiler von ν (1 und ν mitgezählt) ist. Also wird

$$F(z) = \sum_{\mu=1}^{\infty} \frac{z^\mu}{1 - z^\mu} = z + 2\,z^2 + 2\,z^3 + 3\,z^4 + 2\,z^5 + 4\,z^6 + 2\,z^7 + 4\,z^8 + 3\,z^9 + \ldots$$

Alle Reihen konvergieren für $|z| < 1$.

7. Die Laurentsche Entwicklung. Die bisherigen Untersuchungen haben sich durchwegs auf eindeutige Funktionen bezogen, die mindestens im Innern eines Kreises $\Re$ überall regulär waren. Das wichtigste Ergebnis war, daß sich jede solche Funktion in eine im Innern von $\Re$ gleichmäßig konvergente Potenzreihe entwickeln läßt, deren Koeffizienten durch die Formel (16) gegeben sind, während auf dem Rand von $\Re$ mindestens eine singuläre Stelle der Funktion liegt. Ich erinnere daran, daß diese singulären Stellen nichts mit der Konvergenz der Reihe zu tun haben; es kann ebenso gut sein, daß die Reihe in einer regulären Stelle auf dem Rand divergiert, wie daß sie in einer singulären Stelle konvergiert. Ich komme nun allgemeiner zur Untersuchung von Funktionen mit isolierten singulären Punkten. Ist z_0 ein solcher, so gibt es einen Kreis $\Re_1$ um z_0 mit dem Radius r_1, in dem die Funktion $f(z)$ überall mit Ausnahme von z_0 regulär ist. Ich umgebe ferner z_0 mit einem zweiten Kreis $\Re_0$ vom Radius $r_0 < r_1$, so daß $f(z)$ in dem zweifach zusammenhängenden Ringbereich mit dem Rand $\Re_0 + \Re_1$ überall regulär ist.

Das Instrument zur Untersuchung solcher isolierter singulärer Stellen ist die Laurentsche Reihe[1], die eine Verallgemeinerung der Potenzreihe in dem Sinn ist, daß auch negative Potenzen vorkommen. Man schreibt eine Laurentsche Reihe in der Form

$$\sum_{\nu=-\infty}^{+\infty} a_\nu (z - z_0)^\nu = \sum_{\nu=0}^{\infty} a_\nu (z - z_0)^\nu + \sum_{\nu=1}^{\infty} a_{-\nu} (z - z_0)^{-\nu}, \qquad (23)$$

---

[1] M. P. HERMANN LAURENT, geb. 1841 in Echternach, gest. 1901 in Paris, wirkte in Paris. Arbeitsgebiete: Analysis und Algebra.

wobei rechts die positiven und die negativen Potenzen in je einer Reihe zusammengefaßt sind. Man nennt die Laurentreihe konvergent, wenn die beiden Teilreihen konvergent sind; der Wert (die Summe) der Laurentreihe ist die Summe der Werte (Summen) der beiden Reihen rechts. Die erste dieser beiden Reihen ist eine gewöhnliche Potenzreihe, die im Innern des Kreises

$$|z - z_0| < r_1 = \frac{1}{\limsup \sqrt[\nu]{|a_\nu|}}$$

konvergiert und im Äußern divergiert. In der zweiten Reihe setze ich

$$\frac{1}{z - z_0} = \zeta$$

und erhalte die Potenzreihe

$$\sum_{\nu=1}^{\infty} a_{-\nu} (z - z_0)^{-\nu} = \sum_{\nu=1}^{\infty} a_{-\nu} \zeta^\nu, \tag{24}$$

die im Innern des Kreises

$$|\zeta| < r' = \frac{1}{\limsup \sqrt[\nu]{|a_{-\nu}|}}$$

konvergiert und im Äußern divergiert. Führen wir wieder z ein, so heißt das, daß die zweite Reihe rechts in (23) für

$$|z - z_0| > r_0 = \frac{1}{r'} = \limsup \sqrt[\nu]{|a_{-\nu}|},$$

also *im Äußern* des Kreises $|z - z_0| > r_0$ konvergiert und im Innern $|z - z_0| < r_0$ divergiert. Ist also $r_0 < r_1$, so konvergiert die Laurentreihe (23) im Kreisring

$$r_0 < |z - z_0| < r_1; \tag{25}$$

ist $r_0 > r_1$, so ist (23) divergent, ist $r_0 = r_1$, so kann (23) höchstens auf dem Kreis konvergieren.

Wegen (24) folgt also im Fall $r_0 < r_1$ aus den Sätzen über Potenzreihen: *Die Laurentreihe (23) konvergiert in jedem abgeschlossenen konzentrischen Kreisring*

$$r_0 + \varepsilon \leqq |z - z_0| \leqq r_1 - \varepsilon, \quad \varepsilon > 0 \tag{26}$$

gleichmäßig und absolut; ihre Summe ist daher eine im Kreisring (25) reguläre Funktion

$$s(z) = \sum_{-\infty}^{+\infty} a_\nu (z - z_0)^\nu, \tag{27}$$

deren Ableitungen sich durch gliedweise Differentiation

$$s^{(k)}(z) = \sum_{-\infty}^{+\infty} \nu (\nu - 1) \ldots (\nu - k + 1) a_\nu (z - z_0)^{\nu - k} \tag{28}$$

der Reihe (27) ergeben.

Ich komme zur Umkehrung und zeige, *daß sich jede in einem Kreisring (25) reguläre Funktion $f(z)$ hier in eine Laurentreihe (23) entwickeln läßt,* d. h. daß $f(z) = s(z)$ ist. Ich bestimme mit Hilfe zweier Zahlen ϱ_1 und ϱ_0 ein in (25) enthaltenes abgeschlossenes Ringgebiet

$$r_0 < \varrho_0 \leqq |z - z_0| \leqq \varrho_1 < r_1$$

und zerlege dieses kleinere Ringgebiet durch zwei Halbstrahlen arc $(z - z_0) = \alpha$ und arc $(z - z_0) = \alpha + \pi$ in zwei abgeschlossene, einfach zusammenhängende Teilbereiche $\mathfrak{B}_1$ und $\mathfrak{B}_2$. z sei ein fest gewählter Punkt im Innern eines dieser Bereiche, etwa im Innern von $\mathfrak{B}_1$. Sind $\mathfrak{C}_1$ und $\mathfrak{C}_2$ die (positiv orientierten) Randkurven von $\mathfrak{B}_1$ und $\mathfrak{B}_2$ (Abb. 57), so ist

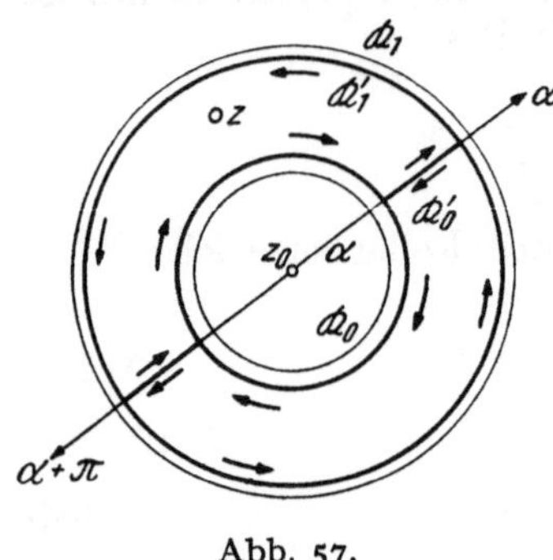

Abb. 57.

$$\frac{1}{2\pi j} \oint_{\mathfrak{C}_1} \frac{f(\zeta)\, d\zeta}{\zeta - z} = f(z)$$

und

$$\frac{1}{2\pi j} \oint_{\mathfrak{C}_2} \frac{f(\zeta)\, d\zeta}{\zeta - z} = 0.$$

Nun haben $\mathfrak{C}_1$ und $\mathfrak{C}_2$ die beiden Strecken mit arc $(z - z_0) = \alpha$ bzw. $= \alpha + \pi$ gemeinsam, die jedoch in entgegengesetztem Sinn durchlaufen werden. Addiere ich daher die beiden obigen Integrale, so fallen die Integrale über diese beiden Strecken weg und es bleiben die Integrale über die beiden Kreise $\mathfrak{K}_0'$ $(|z - z_0| = \varrho_0)$ und $\mathfrak{K}_1'$ $(|z - z_0| = \varrho_1)$, von denen der erste in negativem, der zweite in positivem Sinn durchlaufen wird. Also ist

$$f(z) = \frac{1}{2\pi j} \left[\oint_{\mathfrak{K}_1'} \frac{f(\zeta)\, d\zeta}{\zeta - z} - \oint_{\mathfrak{K}_0'} \frac{f(\zeta)\, d\zeta}{\zeta - z} \right]. \tag{29}$$

Nun ist für $\mathfrak{K}_1'$ $|\zeta - z_0| > |z - z_0|$ und daher

$$\frac{1}{\zeta - z} = \frac{1}{(\zeta - z_0)\left(1 - \dfrac{z - z_0}{\zeta - z_0}\right)} = \sum_{\nu=0}^{\infty} \frac{(z - z_0)^\nu}{(\zeta - z_0)^{\nu+1}}$$

gleichmäßig konvergent, also

$$\frac{1}{2\pi j} \oint_{\mathfrak{K}_1'} \frac{f(\zeta)\, d\zeta}{\zeta - z} = \frac{1}{2\pi j} \sum_{\nu=0}^{\infty} (z - z_0)^\nu \oint_{\mathfrak{K}_1'} \frac{f(\zeta)\, d\zeta}{(\zeta - z_0)^{\nu+1}} = \sum_{\nu=0}^{\infty} a_\nu (z - z_0)^\nu. \tag{30}$$

Entsprechend ist für $\mathfrak{K}_0'$ $|\zeta - z_0| < |z - z_0|$ und daher

$$\frac{1}{\zeta - z} = - \frac{1}{(z - z_0)\left(1 - \dfrac{\zeta - z_0}{z - z_0}\right)} = -\sum_{\nu=1}^{\infty} \frac{(\zeta - z_0)^{\nu-1}}{(z - z_0)^\nu}$$

gleichmäßig konvergent, also

$$\frac{1}{2\pi j} \oint_{\mathfrak{K}_0'} \frac{f(\zeta)\, d\zeta}{\zeta - z} = -\frac{1}{2\pi j} \sum_{\nu=1}^{\infty} \frac{1}{(z - z_0)^\nu} \oint_{\mathfrak{K}_0'} (\zeta - z_0)^{\nu-1} f(\zeta)\, d\zeta =$$

$$= -\sum_{\nu=1}^{\infty} a_{-\nu} (z - z_0)^{-\nu}. \tag{31}$$

Für die Koeffizienten der Reihen folgt aus (30) und (31)

$$a_\nu = \frac{1}{2\pi j} \oint_{\mathfrak{K}_1'} \frac{f(\zeta)\, d\zeta}{(\zeta - z_0)^{\nu+1}}, \qquad a_{-\nu} = \frac{1}{2\pi j} \oint_{\mathfrak{K}_0'} (\zeta - z_0)^{\nu-1} f(\zeta)\, d\zeta.$$

Diese Formeln sind aber völlig unabhängig von den Radien der beiden Kreise, die nur im Innern des Kreisringes (25) liegen müssen; man kann daher für diese

Ausdrücke $\varrho_0 = \varrho_1 = \varrho$ nehmen. Ist dann $\Re$ der Kreis $|\zeta - z_0| = \varrho$, so lassen sich die beiden Ausdrücke in einen zusammenziehen:

$$\boxed{a_\nu = \frac{1}{2\,\pi\,j} \oint\limits_{\Re} \frac{f(\zeta)\,d\zeta}{(\zeta - z_0)^{\nu+1}}, \quad \nu = 0,\, \pm 1,\, \pm 2,\, \dots} \tag{32}$$

in völliger Analogie zu (13). Aus (29) folgt dann für die Darstellung für $f(z)$

$$f(z) = \frac{1}{2\,\pi\,j} \sum_{-\infty}^{+\infty} (z - z_0)^\nu \oint\limits_{\mathfrak{C}} \frac{f(\zeta)\,d\zeta}{(\zeta - z_0)^{\nu+1}} = \sum_{-\infty}^{+\infty} a_\nu\,(z - z_0)^\nu.$$

Für die Koeffizienten gelten analoge Abschätzungen wie bei der Taylorreihe; ist $M(\varrho)$ das Maximum von $|f(\zeta)|$ auf dem Kreis $|z - z_0| = \varrho$, so gibt (32)

$$|a_\nu| \leqq \frac{M(\varrho)}{\varrho^\nu}, \quad \nu = 0,\, \pm 1,\, \pm 2,\, \dots \tag{33}$$

also dieselbe Formel wie (14), nur in allgemeinerer Bedeutung.

8. Pole und wesentlich singuläre Stellen einer Funktion. Bei einer in $\Re_1$, $0 < |z - z_0| < r_1$ konvergenten Laurentschen Reihe können wir folgende Fälle unterscheiden:

1. Es verschwinden alle Koeffizienten mit negativem Index. Dann ist die Laurentreihe eine gewöhnliche Potenzreihe, die auch in z_0 konvergiert, und es wird

$$s(z_0) = a_0.$$

Da für $z \neq z_0$ in $\Re_1$ überall $f(z) = s(z)$ regulär ist, ist $f(z)$ in $\Re_1$ auch beschränkt, und daher existiert (vgl. den Satz von RIEMANN, § 24, 7) $\lim_{z \to z_0} f(z) = \lim_{z \to z_0} s(z) = a_0$. Ist $f(z_0) \neq a_0$, so ist z_0 eine hebbare Unstetigkeit, die wir durch die Definition $f(z_0) = a_0$ beseitigen können. Dann wird aber $f(z)$ im ganzen Kreis $|z - z_0| < r_1$ [dasselbe gilt natürlich, wenn von vornherein $f(z_0) = a_0$ ist] einschließlich des Punktes z_0 *regulär*.

2. Es gibt nur eine endliche Anzahl von negativen Koeffizienten. Ich behaupte, daß z_0 dann ein *Pol* von $f(z)$ ist. Es sei a_{-k}, $k > 0$, der erste nicht verschwindende Koeffizient der Laurentreihe, also

$$f(z) = \frac{a_{-k}}{(z - z_0)^k} + \frac{a_{-k+1}}{(z - z_0)^{k-1}} + \dots + \frac{a_{-1}}{z - z_0} + a_0 + a_1\,(z - z_0) + \dots$$

oder

$$f(z) = \frac{1}{(z - z_0)^k}\,g(z), \tag{34}$$

wo

$$g(z) = a_{-k} + a_{-k+1}\,(z - z_0) + a_{-k+2}\,(z - z_0)^2 + \dots$$

eine in $\Re_1$ reguläre Funktion ist, die wegen $g(z_0) = a_{-k} \neq 0$ in z_0 nicht verschwindet. Daher gibt es eine Umgebung von z_0, in der überall $g(z) \neq 0$ ist und insbesondere einen Kreis $|z - z_0| < \varrho$, $\varrho > 0$, so daß

$$|g(z) - a_{-k}| = |a_{-k+1}(z - z_0) + a_{-k+2}(z - z_0)^2 + \dots| < \frac{1}{2}\,|a_{-k}|,$$

daher

$$|g(z)| > |a_{-k}| - \frac{1}{2}\,|a_{-k}| = \frac{1}{2}\,|a_{-k}|$$

und

$$|f(z)| > \frac{|a_{-k}|}{2\,|z - z_0|^k}$$

gilt. Das heißt aber wegen $k > 0$

$$\lim_{z \to z_0} f(z) = \infty,$$

was zu beweisen war. Genauer folgt aus (34)

$$\lim_{z \to z_0} [f(z)\,(z - z_0)^k] = a_{-k};$$

man sagt, $f(z)$ werde an der Stelle $z = z_0$ unendlich von der Ordnung k [d. h. wie $(z - z_0)^{-k}$] und nennt z_0 einen *Pol k-ter Ordnung* von $f(z)$. Die Glieder mit negativen Potenzen, also

$$H(z, z_0) = \frac{a_{-k}}{(z - z_0)^k} + \cdots + \frac{a_{-1}}{z - z_0} \tag{35}$$

nennt man den *Hauptteil von $f(z)$ für den Pol z_0*.

Es sei weiter r so gewählt, daß $g(z) \neq 0$ ist für $|z - z_0| < r$. Dann wird

$$\frac{1}{f(z)} = \frac{(z - z_0)^k}{g(z)} = (z - z_0)^k\,[b_0 + b_1\,(z - z_0) + \cdots] \tag{36}$$

mit

$$b_0 = \frac{1}{a_{-k}} \neq 0.$$

Die Potenzreihe (36) konvergiert sicher für $|z - z_0| < r$, in diesem Kreis ist $\frac{1}{f(z)}$ regulär und verschwindet im Punkt z_0 wie $(z - z_0)^k$, hat also in z_0 eine Nullstelle k-ter Ordnung. Aus den Sätzen über die Nullstellen regulärer Funktionen, die ich in Ziffer 4 bewiesen habe, folgt damit:

Hat $f(z)$ in z_0 eine Nullstelle k-ter Ordnung, so hat $\frac{1}{f(z)}$ in z_0 einen Pol k-ter Ordnung und umgekehrt.

Hat $f(z)$ in einem Gebiet $\mathfrak{G}$ keine anderen Singularitäten als Pole, so können sich diese ebenso wie die Nullstellen in $\mathfrak{G}$ nirgends häufen und in jedem abgeschlossenen und beschränkten Teilbereich $\mathfrak{B}$ von $\mathfrak{G}$ kann $f(z)$ nur eine endliche Anzahl von Polen und Nullstellen haben.

3. Es gibt in der Laurentreihe von $f(z)$ unendlich viele negative Potenzen. Dann muß z_0 nach der Klassifikation von § 24, 7 eine wesentlich singuläre Stelle sein.

Wie man sieht, wird die Entscheidung über die Art eines singulären Punktes mit Hilfe der Laurentschen Entwicklung höchst einfach.

Beispiele:

1. $f(z) = \cot z = \dfrac{\cos z}{\sin z} = \dfrac{1 - \dfrac{z^2}{2!} + \dfrac{z^4}{4!} - + \cdots}{z - \dfrac{z^3}{3!} + \dfrac{z^5}{5!} - + \cdots} = \dfrac{1}{z} + a_0 + a_1 z + \cdots$

Der Ursprung ist ein Pol erster Ordnung.

2. $f(z) = \dfrac{1}{z}\,e^z = \dfrac{1}{z}\left(1 + z + \dfrac{z^2}{2!} + \cdots\right) = \dfrac{1}{z} + 1 + \dfrac{z}{2!} + \cdots$

Der Ursprung ist auch hier ein Pol erster Ordnung.

3. $f(z) = e^{\frac{1}{z}}$; $\dfrac{1}{z} = \zeta$ gesetzt gibt $e^\zeta = 1 + \zeta + \dfrac{\zeta^2}{2!} + \cdots$, also

$$e^{\frac{1}{z}} = 1 + \frac{1}{z} + \frac{1}{2!\,z^2} + \cdots.$$

Der Ursprung ist eine wesentlich singuläre Stelle.

4. $f(z) = \sqrt{z}$. Hier ist der Ursprung ein Verzweigungspunkt der *zweideutigen* Funktion $\sqrt{z}$. Macht man die Funktion eindeutig, indem man $z = r\,e^{j\varphi},\ r > 0$ setzt und φ auf das Intervall $-\pi < \varphi \leq \pi$ beschränkt, so werden

$$f_1(z) = +\sqrt{r}\,e^{\dfrac{j\varphi}{2}} \quad\text{und}\quad f_2(z) = -\sqrt{r}\,e^{\dfrac{j\varphi}{2}}$$

zwar eindeutige Funktionen in der ganzen z-Ebene, aber diese Ebene ist durch die negative reelle Achse „aufgeschnitten"; längs dieser sind die beiden Funktionen unstetig. Es ist zwar z. B. $f_1(-1) = e^{j\frac{\pi}{2}} = j$, aber $\lim\limits_{z \to -1} f_1(z) = -j$, wenn man sich dem Punkt $z = -1$ von unten her, etwa auf dem Kreis $r = 1,\ \varphi \to -\pi$ nähert. Die Frage der Entwicklung von $f_1(z)$ in eine Potenz- oder Laurentreihe in $z = 0$ wird sinnlos, weil es keine Umgebung dieses Punktes gibt, in der $f_1(z)$ regulär wäre. Dagegen ist sowohl $f_1(z)$ wie $f_2(z)$ in der Umgebung jedes anderen Punktes regulär und kann in eine Potenzreihe entwickelt werden, z. B. ist

$$\sqrt{z} = 1 + \frac{1}{2}(z-1) - \frac{1}{2^3}(z-1)^2 + \frac{1}{2^4}(z-1)^3 - \frac{5}{2^7}(z-1)^4 + \frac{7}{2^8}(z-1)^5 - + \cdots$$

konvergent für $|z - 1| < 1$. Das gilt natürlich auch für die von $z = 0$ verschiedenen Punkte der negativen reellen Achse, wenn man die Definition der beiden Zweige $f_1(z)$ und $f_2(z)$ dadurch abändert, daß man die z-Ebene längs einer anderen Geraden oder Kurve aufschneidet, die den Punkt $z = 0$ mit dem Punkt $z = \infty$ verbindet.

9. Folgerungen. I. *Ermittlung der Residuen mit Hilfe von Laurentreihen.* Hat $f(z)$ in z_0 eine isolierte singuläre Stelle, so folgt aus (32) für $\nu = -1$

$$\boxed{\ \frac{1}{2\pi j}\oint f(z)\,dz = a_{-1},\ }\tag{37}$$

d. h. *der Koeffizient der ersten negativen Potenz der Laurententwicklung in z_0 ist das Residuum von $f(z)$ in z_0.* Da es oft gelingt, die Koeffizienten einer Laurententwicklung in einfacherer Weise zu finden als mit Hilfe der Integraldarstellung, ergibt sich daraus in vielen Fällen eine bequeme Bestimmung des Residuums einer Funktion in einer singulären Stelle.

Das gilt besonders dann, wenn es sich um einen Pol erster Ordnung handelt; dann ist in der Umgebung von z_0

$$f(z) = \frac{a_{-1}}{z - z_0} + \sum_{\nu=0}^{\infty} a_\nu (z - z_0)^\nu$$

und daher

$$\boxed{\ \lim_{z \to z_0} (z - z_0)\,f(z) = a_{-1},\ }$$

das Residuum von $f(z)$ in z_0. In allen anderen Fällen wird man, um das Residuum zu ermitteln, die Entwicklung von $f(z)$ in eine Laurentreihe wirklich vornehmen, kann sich aber bei der Rechnung natürlich von vornherein auf die Ermittlung des Koeffizienten von $(z - z_0)^{-1}$ beschränken.

2. *Zahl der Nullstellen und Pole einer Funktion.* Es sei nun z_0 eine α-fache (α positiv, ganz) Nullstelle der in z_0 regulären Funktion $f(z)$. Dann ist in einer Umgebung von z_0

$$f(z) = a_\alpha (z - z_0)^\alpha + a_{\alpha+1}(z - z_0)^{\alpha+1} + \cdots$$

mit $a_\alpha \neq 0$ und

$$f'(z) = \alpha\, a_\alpha (z - z_0)^{\alpha-1} + (\alpha + 1)\,a_{\alpha+1}(z - z_0)^\alpha + \cdots.$$

Also ist

$$\frac{f'(z)}{f(z)} = \frac{\alpha}{z - z_0} + b_0 + b_1(z - z_0) + \cdots$$

und nach (37)

$$\frac{1}{2\pi j}\oint_{\mathfrak{C}_0} \frac{f'(z)}{f(z)}\,dz = \alpha,\tag{38}$$

wobei $\mathfrak{C}_0$ den Punkt z_0 umschließt und eine in der Umgebung von z_0 verlaufende geschlossene und keine weitere Nullstelle einschließende Kurve ist. α ist also das Residuum der Funktion $f'(z) : f(z)$ im Punkt z_0. Ähnlich findet man, wenn z_0 ein β-facher (β positiv, ganz) Pol der sonst in der Umgebung von z_0 regulären Funktion $f(z)$ ist,

$$f(z) = a_{-\beta}(z - z_0)^{-\beta} + a_{-\beta+1}(z - z_0)^{-\beta+1} + \cdots$$

mit $a_{-\beta} \neq 0$,

$$f'(z) = -\beta\, a_{-\beta}(z - z_0)^{-\beta-1} - (\beta - 1)\, a_{-\beta+1}(z - z_0)^{-\beta} - \cdots$$

und

$$\frac{f'(z)}{f(z)} = -\frac{\beta}{z - z_0} + c_0 + c_1(z - z_0) + \cdots.$$

Aus (37) folgt

$$\frac{1}{2\pi j} \oint_{\mathfrak{C}_0} \frac{f'(z)}{f(z)}\, dz = -\beta. \tag{39}$$

Es sei nun $f(z)$ in dem abgeschlossenen Bereich $\mathfrak{B}$ mit der Randkurve $\mathfrak{C}$ mit Ausnahme von endlich vielen Polen im Innern von $\mathfrak{C}$ regulär; ferner habe $f(z)$ im Innern von $\mathfrak{C}$ die Nullstellen $z_1, z_2, \ldots, z_k$ mit den Vielfachheiten $\alpha_1, \alpha_2, \ldots, \alpha_k$ und die Pole $z_1', z_2', \ldots, z_h'$ mit den Vielfachheiten $\beta_1, \beta_2, \ldots, \beta_h$. Dann ist

$$\boxed{\frac{1}{2\pi j} \oint_{\mathfrak{C}} \frac{f'(z)}{f(z)}\, dz = N - P,} \tag{40}$$

wo $N = \alpha_1 + \alpha_2 + \cdots + \alpha_k$ die Anzahl der entsprechend ihrer Vielfachheit gezählten Nullstellen und $P = \beta_1 + \beta_2 + \cdots + \beta_h$ die Anzahl der entsprechend ihrer Vielfachheit gezählten Pole von $f(z)$ innerhalb der Kurve $\mathfrak{C}$ ist.

(40) folgt unmittelbar aus (38) und (39), da man $\mathfrak{C}$ durch $h + k$ kleine Kreise um die Nullstellen und Pole ersetzen kann.

3. Der Satz von ROUCHÉ: *Sind $f(z)$ und $g(z)$ in einem einfach zusammenhängenden und beschränkten Gebiet $\mathfrak{G}$ regulär und ist längs der ganz in $\mathfrak{G}$ liegenden geschlossenen Kurve $\mathfrak{C}$ überall*

$$f(z) \neq 0 \quad und \quad |f(z)| > |g(z)|,$$

so haben die Funktionen $f(z)$ und $f(z) + g(z)$ im Innern von $\mathfrak{C}$ gleich viele Nullstellen.

Zum Beweis betrachte ich das Integral

$$\oint_{\mathfrak{C}} \left(\frac{f' + g'}{f + g} - \frac{f'}{f} \right) dz = \oint_{\mathfrak{C}} \frac{\left(1 + \dfrac{g}{f}\right)'}{1 + \dfrac{g}{f}}\, dz,$$

das also gleich der Differenz von Anfangs- und Endwert von $\ln\left(1 + \dfrac{g}{f}\right)$ bei einer Durchlaufung von $\mathfrak{C}$ im positiven Sinn ist. Wegen $\left|\dfrac{g}{f}\right| < 1$ liegt der Wert von $w = 1 + \dfrac{g}{f}$ längs $\mathfrak{C}$ ganz im Kreis $|w - 1| < 1$, in dem der Logarithmus eindeutig ist. Das Integral verschwindet, und da voraussetzungsgemäß weder f noch g im Innern von $\mathfrak{C}$ Pole hat, ist damit wegen (40) der Satz von ROUCHÉ bewiesen.

10. **Einteilung der Funktionen.** Ich knüpfe an die Bemerkung in § 23, 2 an und erkläre: *Die Funktion $f(z)$ ist an der Stelle $z = \infty$ regulär, bzw. hat*

dort einen Pol oder eine wesentlich singuläre Stelle, je nachdem die Funktion $\varphi(\zeta) = f\left(\dfrac{1}{\zeta}\right), \zeta = \dfrac{1}{z}$, *an der Stelle* $\zeta = 0$ *regulär ist, bzw. einen Pol oder eine wesentlich singuläre Stelle hat.*

Der Satz von LIOUVILLE (§ 24, 6) läßt sich jetzt etwas anders formulieren: *Ist die Funktion* $f(z)$ *in der vollen Ebene regulär, so ist sie eine Konstante.*

Bei der folgenden Klassifikation beschränke ich mich von vornherein auf Funktionen, die nur isolierte Singularitäten und im Endlichen keine wesentlich singuläre Stelle haben.

Die einfachste Klasse von Funktionen sind — von den Konstanten abgesehen — offenbar die, die nur im Punkt $z = \infty$ eine singuläre Stelle haben; sie werden als *ganze Funktionen* bezeichnet. Man unterscheidet: *ganze rationale Funktionen* oder *Polynome*, die überall regulär sind und im Punkt $z = \infty$ einen *Pol* haben, und *ganze transzendente Funktionen*, die überall regulär sind und im Punkt $z = \infty$ eine wesentlich singuläre Stelle haben.

Die Reihenentwicklung $f(z) = \sum a_\nu z^\nu$ ist daher *beständig konvergent*. Sie bricht im ersten Fall nach einer endlichen Zahl von Gliedern ab, d. h. es sind alle $a_\nu = 0$ für $\nu > n$; ist dabei $a_n \neq 0$, so ist n der *Grad* oder die *Ordnung* des Polynoms $f(z)$. Setzt man $z = \dfrac{1}{\zeta}$, so wird

$$\varphi(\zeta) = f\left(\frac{1}{\zeta}\right) = \sum \frac{a_\nu}{\zeta^\nu} = a_0 + \frac{a_1}{\zeta} + \cdots + \frac{a_\nu}{\zeta^\nu} + \cdots,$$

$\zeta = 0$ $(z = \infty)$ ist also im ersten Fall ein Pol, im zweiten eine wesentlich singuläre Stelle. Ich komme auf die ganzen Funktionen in § 29 noch ausführlicher zurück.

Die nächste Klasse wird von den *rationalen Funktionen* gebildet, die *in der vollen Ebene keine anderen Singularitäten als Pole haben.* Daraus folgt aber schon, daß es nur endlich viele Pole geben kann, denn andernfalls hätten diese eine Häufungsstelle, die dann wesentlich singulär sein müßte (§ 24, 7); das gilt natürlich auch dann, wenn die Häufungsstelle der Punkt $z = \infty$ ist. Es seien $z_1, z_2, \ldots, z_p$ die endlich vielen im Endlichen gelegenen Pole (gibt es keine solchen, dann ist die Funktion ein Polynom) und

$$f(z) = g_\nu(z) + \frac{A_{\nu 1}}{z - z_\nu} + \frac{A_{\nu 2}}{(z - z_\nu)^2} + \cdots + \frac{A_{\nu k_\nu}}{(z - z_\nu)^{k_\nu}} = g_\nu(z) + H_\nu(z) \qquad (41)$$

die Laurententwicklung in der Umgebung des Pols z_ν mit der Ordnung k_ν; $H_\nu(z)$, der *Hauptteil* (Ziffer 8), ist eine rationale Funktion, die im Unendlichen regulär ist, während $g_\nu(z)$ eine in z_ν reguläre Funktion ist. Die Funktion

$$g(z) = f(z) - H_1(z) - H_2(z) - \cdots - H_p(z)$$

ist dann eine ganze Funktion, und zwar, da sie im Unendlichen höchstens einen Pol haben soll, eine ganze rationale Funktion. Setzt man in

$$f(z) = g(z) + H_1(z) + H_2(z) + \cdots + H_p(z) \qquad (42)$$

für die $H_\lambda(z)$ die Ausdrücke (41) ein, so geht (42) bis auf die Bezeichnung der Veränderlichen z statt x in die *Partialbruchzerlegung* (2) von Band I, § 41, 2 der rationalen Funktionen über; bei echt gebrochenen Funktionen, die im Unendlichen verschwinden, ist $g(z) \equiv 0$, während unecht gebrochene im Punkt $z = \infty$ entweder einen von Null verschiedenen Wert (wenn Zähler und Nenner denselben Grad haben) annehmen oder einen Pol haben. Es folgt weiter, daß wie im Reellen jede rationale Funktion als Quotient zweier Polynome darstellbar ist.

Die letzte der hier zu behandelnden Funktionenklassen besteht aus jenen Funktionen, die in der vollständigen Ebene unendlich viele Pole haben, deren dann notwendig vorhandener Häufungspunkt im Unendlichen liegt und eine wesentlich singuläre Stelle zweiter Art (§ 24, 7) ist. Sie werden als *meromorphe Funktionen* bezeichnet (§ 31); zu ihnen gehören die Fakultät (§ 32) und die elliptischen Funktionen (§§ 33—35).

Als Anwendung beweise ich noch den Satz: *Wenn eine Funktion $w = f(z)$ die volle z-Ebene umkehrbar eindeutig und konform auf die volle w-Ebene abbildet, so ist sie eine bilineare Funktion.* $f(z)$ kann nur einen Pol z_0 haben; ich setze $z = z_0 + \dfrac{1}{\zeta}$, dann hat $g(\zeta) = f\!\left(z_0 + \dfrac{1}{\zeta}\right)$ nur einen Pol für $\zeta = \infty$ und ist daher eine ganze rationale Funktion. Wäre $g(\zeta)$ nicht linear, so hätte $g'(\zeta)$ eine Nullstelle (Fundamentalsatz der Algebra, § 29, 1), also $g(\zeta)$ einen Kreuzungspunkt, in dessen Umgebung keine eindeutige Umkehrung (Ziffer 4) existiert. Also ist $g(\zeta) = a + b\,\zeta$ und daher $f(z) = g\!\left(\dfrac{1}{z - z_0}\right) = a + \dfrac{b}{z - z_0} = \dfrac{a\,z - a\,z_0 + b}{z - z_0}$ eine bilineare Funktion.

Aufgaben.

1. Gibt es eine in $z = 0$ reguläre Funktion, die in den Punkten $z = \dfrac{1}{\nu}$, $\nu = 1, 2, \ldots$, die Werte

a) $0, 1, 0, 1, \ldots$ \qquad b) $\dfrac{1}{2}, \dfrac{1}{2}, \dfrac{1}{4}, \dfrac{1}{4}, \dfrac{1}{6}, \dfrac{1}{6}, \ldots$ \qquad c) $\dfrac{1}{2}, \dfrac{2}{3}, \dfrac{3}{4}, \dfrac{4}{5}, \ldots$

annimmt?

2. $f(z)$ sei regulär in einer Umgebung von z_0 und habe in z_0 eine Nullstelle von der Ordnung α. Wie verhält sich

$$F(z) = \int_{z_0}^{z} f(z)\, dz$$

in z_0?

3. Es sind die folgenden Funktionen in Potenzreihen $\sum a_\nu (z - z_0)^\nu$ zu entwickeln; dabei ist überall $z_0 = 0$, nur bei i) $z_0 = 2$ zu nehmen. Bei den Funktionen a) bis c) und e) begnüge man sich mit der Berechnung der Glieder bis z^5:

a) $\exp \dfrac{z}{1 - z}$; \quad b) $\sin \dfrac{z}{1 - z}$; \quad c) $\sqrt{\cos z}$; \quad d) $\sin^2 z$ und $\cos^2 z$; \quad e) $\ln (1 + e^z)$; \quad f) $\dfrac{z}{e^z - 1}$

(Band II, § 5, 4), g) $\dfrac{e^z}{1 + e^z}$, $\ln \cos z$ und $\dfrac{z}{\sin z}$ (alle drei unter Benützung des Resultats von f).

h) $\dfrac{1}{\cos z}$ (hier mache man den Ansatz $\sum (-1)^\nu \dfrac{E_{2\nu}}{(2\nu)!} z^{2\nu}$ und leite eine Rekursionsformel für die *Eulerschen Zahlen* $E_{2\nu}$ ab!);

i) $\sum \dfrac{1}{\nu^z}$ mit $z_0 = 2$;

*j) $\sum \dfrac{a_\nu z^\nu}{1 - z^\nu}$, insbesondere auch für $a_\nu = 1$ und $a_\nu = \varphi(\nu)$, wo $\varphi(1) = 1$ und $\varphi(\nu)$ für $\nu > 1$ die Anzahl der zu ν teilerfremden natürlichen Zahlen $< \nu$ bedeutet (Weierstraßscher Doppelreihensatz!).

4. Die Funktionen $f_\nu(z)$ und $g_\nu(z)$ seien für $\nu = 0, 1, 2, \ldots$ in einem Gebiet $\mathfrak{G}$ regulär und $s_n(z) = \sum_{\nu=0}^{n} f_\nu(z)$. Ist dann in $\mathfrak{G}$ sowohl die Folge $\{s_\nu(z) g_{\nu+1}(z)\}$ als auch die Reihe $\sum_{\nu=0}^{\infty} s_\nu(z) [g_\nu(z) - g_{\nu+1}(z)]$ gleichmäßig konvergent, so ist in $\mathfrak{G}$ auch die Reihe $\sum_{\nu=0}^{\infty} f_\nu(z)\, g_\nu(z)$ gleichmäßig konvergent.

5. Man zeige, daß die Reihe

$$\frac{1}{2} + \sum_{\nu=1}^{\infty} \left(\frac{1}{1+z^\nu} - \frac{1}{1+z^{\nu-1}} \right)$$

zwei verschiedene Konvergenzgebiete hat, in denen sie zwei verschiedene Funktionen darstellt.

6. Konvergenzgebiet der Reihen $\sum\limits_{\nu=1}^{\infty} f_\nu(z)$ mit

a) $f_\nu(z) = \dfrac{z^\nu}{1-z^\nu}$;   b) $f_\nu(z) = \dfrac{1}{\nu^2}\dfrac{z^\nu}{1-z^\nu}$;   c) $f_\nu(z) = \dfrac{\sin \nu z}{\nu}$;

d) $f_\nu(z) = \dfrac{(-1)^\nu}{z+\nu}$ (man fasse je zwei aufeinanderfolgende Glieder zusammen!).

*7. Man zeige mit Hilfe des Satzes der Aufgabe 4, daß die allgemeine Dirichletsche Reihe $\sum\limits_{\nu=1}^{\infty} \dfrac{a_\nu}{\nu^z}$, wenn sie für $z = z_0$ beschränkte Teilsummen hat, in jedem beschränkten Teilbereich der Halbebene $\Re(z) \geqq \Re(z_0) + \delta$, $\delta > 0$, gleichmäßig konvergiert. Sonderfall $a_\nu = (-1)^{\nu-1}$.

8. Die Funktion $f(z)$ sei in dem von den beiden geschlossenen Kurven $\mathfrak{C}_1$ (außen) und $\mathfrak{C}_2$ (innen) begrenzten Gebiet $\mathfrak{G}$ regulär. Man zeige, daß zwei bis auf eine additive Konstante bestimmte Funktionen $f_1(z)$ und $f_2(z)$ existieren, so daß $f(z) = f_1(z) + f_2(z)$ in $\mathfrak{G}$ ist und $f_1(z)$ im Innern von $\mathfrak{C}_1$, $f_2(z)$ im Äußern von $\mathfrak{C}_2$ (einschließlich $z = \infty$) regulär ist.

9. Man verallgemeinere den Satz von Aufgabe 8 für den Fall, daß $\mathfrak{G}$ ein p-fach zusammenhängendes Gebiet ist.

10. $f(z) = \sum\limits_{-\infty}^{+\infty} a_\nu z^\nu$ und $g(z) = \sum\limits_{-\infty}^{+\infty} b_\nu z^\nu$ seien zwei im selben Kreisring $\mathfrak{R}$ konvergente Laurentreihen. Wie lautet die Laurentreihe des Produkts $f(z)\, g(z)$?

11. Die folgenden Funktionen sind in den angegebenen Kreisgebieten in Laurentreihen zu entwickeln:

a) $\dfrac{1}{(z-a)(z-b)}$, $a \neq 0$, $|a| < |b|$, für $|a| < |z| < |b|$ und für alle $|z| > b$;

b) $\sqrt{(z-a)(z-b)}$ für alle $|z| > b$;   c) $\exp c\left(z + \dfrac{1}{z}\right)$, $0 < |z| < +\infty$;

d) $\exp \dfrac{1}{z-1}$ für $|z| > 1$.

12. Für die folgenden Funktionen ist die Art der Singularität in den angegebenen Stellen festzustellen; soweit es sich um isolierte singuläre Punkte handelt, sind die Residuen zu ermitteln[1];

a) $\sqrt{(z-a)(z-b)}$ in $z = a, b, \infty$ (wie sieht die Riemannsche Fläche dieser Funktion aus?);

b) $\dfrac{1}{\sin z}$ in $z = k\pi$ und $z = \infty$;

c) $\cot z$ in $z = k\pi$ und $z = \infty$;

d) $\exp\left(-\dfrac{1}{z^2}\right)$ in $z = 0$ und $z = \infty$ (wie verhält sich die reelle Funktion $\exp\left(-\dfrac{1}{x^2}\right)$ in $x = 0$?);

e) $\sin \dfrac{1}{1-z}$ in $z = 1$ und $z = \infty$;   f) $\dfrac{1}{1-e^z}$ in $z = 2k\pi j$ und $z = \infty$;

g) $\dfrac{1-e^z}{1+e^z}$ in $z = (2k+1)\pi j$ und $z = \infty$;   h) $\dfrac{1}{\sin z - \cos z}$ in $z = \dfrac{\pi}{4}$;

i) $\dfrac{z}{(z-1)(z-2)^2}$ in $z = 1$ und $z = 2$.

---

[1] Eine wesentlich singuläre Stelle zweiter Art, § 24, 7, ist keine isolierte singuläre Stelle, so daß der Begriff des Residuums seinen Sinn verliert!

13. Im Punkt z_0 habe die Funktion $f(z)$ eine Nullstelle der Ordnung α und die Funktion $g(z)$ einen Pol der Ordnung β. Wie verhalten sich die Funktionen

$$f \pm g, \quad f \cdot g, \quad \frac{f}{g} \quad \text{und} \quad \frac{g}{f}$$

in z_0?

14. Man zeige, daß die Ableitung einer bis auf isolierte Singularitäten regulären Funktion überall das Residuum Null hat.

15. Man bestimme die Residuen der Funktion $\varphi(z)\,\dfrac{f'(z)}{f(z)}$ in einem Punkt z_0, wenn $\varphi(z)$ in z_0 regulär und $f(z)$ in z_0 eine Nullstelle der Ordnung α oder einen Pol der Ordnung β hat.

16. Man berechne das Integral $\oint \tan \pi z\, dz$, wenn der Integrationsweg der Kreis $|z| = v$, $v = 1, 2, \ldots$ ist.

17. Man berechne das Integral

$$\oint_{\mathfrak{C}} \frac{f(z)\, dz}{(z - z_1)\,(z - z_2)\,\ldots\,(z - z_n)},$$

wenn $\mathfrak{C}$ der Kreis $|z| = R$, die z_v alle verschieden sind, $|z_v| < R$ für alle z_v gilt und $f(z)$ in $|z| \leqq R$ regulär ist.

18. Man berechne das Integral $\oint \dfrac{\cot z\, dz}{z\,(z - 1)}$ über den Kreis $|z| = 2$.

§ 26. Der Begriff der analytischen Fortsetzung und das vollständige analytische Gebilde.

1. Der Identitätssatz für reguläre Funktionen. Die beiden Funktionen $f_1(z)$ und $f_2(z)$ seien in einem beschränkten Gebiet $\mathfrak{G}$ eindeutig und regulär, ferner sei $\{z_v\}$ eine konvergente Folge von Punkten aus $\mathfrak{G}$, deren Grenzpunkt $\lim\limits_{v \to \infty} z_v = z_0$ ebenfalls zu $\mathfrak{G}$ gehört. Stimmen dann f_1 und f_2 in allen Punkten z_v, $v = 1, 2, \ldots$ überein, *so sind die beiden Funktionen in $\mathfrak{G}$ überhaupt identisch*, d. h. für alle Punkte z von $\mathfrak{G}$ ist $f_1(z) = f_2(z)$. Ich denke mir f_1 und f_2 in der Umgebung von z_0 in Potenzreihen entwickelt; diese beiden Reihen konvergieren dann mindestens in dem größten Kreis $\mathfrak{K}_0$, der noch ganz in $\mathfrak{G}$ liegt. Nach dem Identitätssatz für Potenzreihen (§ 25, 3) stimmen die Reihen und damit auch die beiden Funktionen in $\mathfrak{K}_0$ überein. Für den weiteren Beweis brauchen wir noch einen einfachen Hilfssatz:

Liegt die Kurve $\mathfrak{C}$ in einem beschränkten Gebiet $\mathfrak{G}$, so gibt es eine Zahl $\varrho > 0$ derart, daß der mit dem Radius ϱ um einen beliebigen Punkt von $\mathfrak{C}$ beschriebene Kreis ganz in $\mathfrak{G}$ liegt.

Da $\mathfrak{C}$ in $\mathfrak{G}$ liegt, sind alle Punkte von $\mathfrak{C}$ innere Punkte von $\mathfrak{G}$, es gibt daher zu jedem Punkt z von $\mathfrak{C}$ einen Kreis mit dem Radius ϱ_z, der ganz in $\mathfrak{G}$ liegt. Ich denke mir nun zu jedem Punkt z von $\mathfrak{C}$ einen Kreis mit dem Radius $\frac{1}{2}\varrho_z$ beschrieben. Nach dem Überdeckungssatz (§ 21, 5) genügt eine endliche Anzahl dieser Kreise, um $\mathfrak{C}$ ganz zu überdecken. Ist ϱ der Radius des kleinsten unter diesen Kreisen, so genügt diese Zahl bereits den Bedingungen des Hilfssatzes. Der Satz gilt übrigens auch, wenn an Stelle von $\mathfrak{C}$ eine beliebige beschränkte und abgeschlossene Punktmenge genommen wird.

Ich setze den Beweis des Identitätssatzes fort und zeige, daß $f_1(\zeta) = f_2(\zeta)$ auch für einen beliebigen Punkt ζ aus $\mathfrak{G}$ gilt. Ich verbinde ζ mit z_0 durch eine ganz in $\mathfrak{G}$ verlaufende Kurve $\mathfrak{C}$ und teile $\mathfrak{C}$ durch die Punkte $z_0, z_1, \ldots, z_n = \zeta$ so in Teilkurven, daß für die Abstände $|z_v - z_{v-1}| < \varrho$ gilt, wo ϱ die nach dem

Hilfssatz zu bestimmende Zahl ist. Um jeden Punkt z_ν konstruiere ich den größten, ganz in $\mathfrak{G}$ liegenden Kreis $\mathfrak{K}_\nu$, die Radien aller dieser Kreise sind dann $\geqq \varrho$ und daher enthält jeder von ihnen den Mittelpunkt des folgenden. Ich denke mir weiter die beiden Funktionen f_1 und f_2 in jedem der Punkte z_ν in Potenzreihen entwickelt, die dann jeweils mindestens in $\mathfrak{K}_\nu$ konvergieren. In $\mathfrak{K}_0$ war $f_1 \equiv f_2$, also insbesondere auch im Punkt z_1 (der in $\mathfrak{K}_0$ liegt) und einer Umgebung von z_1, also ist nach dem Identitätssatz für Potenzreihen $f_1 \equiv f_2$ auch in $\mathfrak{K}_1$, usw. Der n-te Schritt dieser Überlegung gibt $f_1(\zeta) = f_2(\zeta)$, was zu beweisen war. Eine derartige Menge von Kreisen $\mathfrak{K}_\nu$ nennt man gelegentlich auch eine *Kreiskette*.

Eine andere Formulierung des Identitätssatzes ist die folgende: *Sind die beiden Funktionen $f_1(z)$ und $f_2(z)$ in einem Gebiet $\mathfrak{G}$ regulär und stimmen sie samt ihren Ableitungen in einem einzigen Punkt von $\mathfrak{G}$ überein, so sind sie in $\mathfrak{G}$ identisch.* Der Beweis ergibt sich unmittelbar aus der Formel (16) von § 25, 3 für die Koeffizienten der Potenzreihenentwicklungen im Punkt z_0.

2. Der Begriff der analytischen Fortsetzung und der Monodromiesatz. Es seien jetzt zwei eindeutige Funktionen $f_1(z)$ und $f_2(z)$ vorgelegt, die in verschiedenen Gebieten $\mathfrak{G}_1$ und $\mathfrak{G}_2$ regulär sind; der Durchschnitt $\mathfrak{G}_{12}$ von $\mathfrak{G}_1$ und $\mathfrak{G}_2$ sei nicht leer[1] und mindestens in einem Teilgebiet von $\mathfrak{G}_{12}$ sei $f_1(z) \equiv f_2(z)$, wozu nach Ziffer 1 genügt, daß f_1 und f_2 in den Punkten einer unendlichen Menge mit einem Häufungspunkt in $\mathfrak{G}_{12}$ übereinstimmen. Man nennt dann die beiden Funktionen *analytisch äquivalent*[2] oder die eine die *analytische Fortsetzung* der anderen, genauer, f_2 die

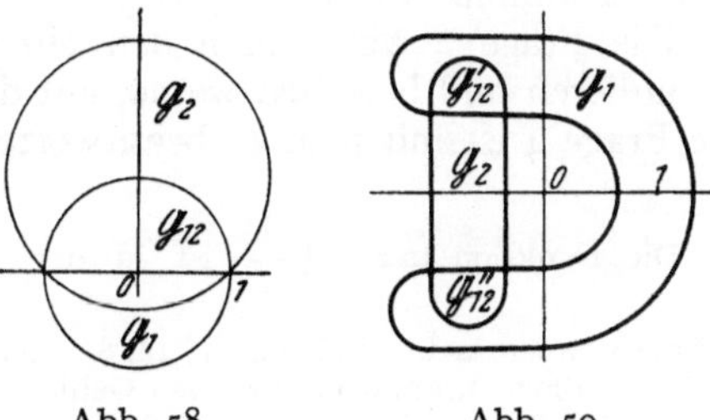

Abb. 58.   Abb. 59.

analytische Fortsetzung von f_1 in dem nicht zu $\mathfrak{G}_1$ gehörigen Teil von $\mathfrak{G}_2$ und umgekehrt f_1 die analytische Fortsetzung von f_2 in dem nicht zu $\mathfrak{G}_2$ gehörigen Teil von $\mathfrak{G}_1$.

Als Beispiel betrachte ich die beiden Funktionen

$$f_1(z) = \sum_{\nu=0}^{\infty} z^\nu \text{ in } |z| < 1, \quad f_2(z) = \frac{1}{1-j} \sum_{\nu=0}^{\infty} \left(\frac{z-j}{1-j} \right)^\nu \text{ in } |z-j| < |1-j| = \sqrt{2}; \text{ die beiden}$$

Konvergenzkreise (Abb. 58) $\mathfrak{G}_1$ und $\mathfrak{G}_2$ haben ein Kreisbogenzweieck $\mathfrak{G}_{12}$ gemeinsam. Beide Funktionen sind Entwicklungen derselben Funktion $f(z) = \dfrac{1}{1-z}$.

Aus der Definition der analytischen Fortsetzung ergeben sich eine ganze Reihe von Fragen:

1. Ist auf einer beschränkten unendlichen Menge $\mathfrak{M}$ (z. B. in einem Gebiet) eine Funktion $f_1(z)$ definiert, wann existiert in einem Gebiet $\mathfrak{G}$, das eine unendliche Teilmenge von $\mathfrak{M}$ enthält, eine Funktion $f(z)$, die analytische Fortsetzung von $f_1(z)$ ist?

2. Ist eine solche Fortsetzung eindeutig oder nicht?

---

[1] $\mathfrak{G}_{12}$ ist eine offene Menge. Denn ist z_0 ein Punkt von $\mathfrak{G}_{12}$, so gibt es eine kreisförmige Umgebung von z_0, die ganz zu $\mathfrak{G}_1$ gehört, und eine kreisförmige Umgebung, die ganz zu $\mathfrak{G}_2$ gehört. Die kleinere dieser beiden Umgebungen gehört dann ganz zu $\mathfrak{G}_{12}$, d. h. z_0 ist ein innerer Punkt von $\mathfrak{G}_{12}$.

[2] Nach HORNICH, LV 16, S. 124.

3. Wie findet man, wenn in einem Gebiet eine Funktion gegeben ist, alle möglichen Fortsetzungen in anschließende Gebiete?

4. Wenn der Durchschnitt $\mathfrak{G}_{12}$ der beiden Gebiete $\mathfrak{G}_1$ und $\mathfrak{G}_2$ nicht zusammenhängend ist, sondern aus zwei getrennten Gebieten $\mathfrak{G}_{12}'$ und $\mathfrak{G}_{12}''$ (Abb. 59) besteht und wenn $f_1 = f_2$ ist in $\mathfrak{G}_{12}'$, müssen f_1 und f_2 auch in $\mathfrak{G}_{12}''$ übereinstimmen? Diese Frage hängt offenbar eng mit der zweiten Frage zusammen.

Die erste Frage läßt sich allgemein überhaupt nicht beantworten. Das zeigt schon Aufgabe 1 zu § 25, wo in den Punkten $z_\nu = \dfrac{1}{\nu}$ Funktionswerte auf drei verschiedene Arten vorgeschrieben waren, mit anderen Worten, auf der Menge $\{z_\nu\}$ drei Funktionen definiert waren. In den beiden ersten Fällen waren diese Funktionen nicht regulär erklärbar, im dritten ist die Funktion $f(z) = \dfrac{1}{1+z}$ auch in $z = 0$ regulär und nimmt für $z = \dfrac{1}{\nu}$ die vorgeschriebenen Werte an; es ist leicht einzusehen, daß diese Funktion auch die einzig mögliche Lösung ist, weil die Annahme einer zweiten, von $f(z)$ verschiedenen Funktion $g(z)$, für die ebenfalls $g(z_\nu) = f_1(z_\nu)$ ist, sofort auf einen Widerspruch zum Identitätssatz von Ziffer 1 führen würde.

Die Frage 2 wird durch den Monodromiesatz beantwortet, den ich gleich formulieren und beweisen werde, auf die Frage 3 komme ich in Ziffer 3 zurück, die Frage 4 ist mit nein zu beantworten, wie das folgende Beispiel zeigt:

Die Funktion $\ln z = \displaystyle\int_1^z \dfrac{d\zeta}{\zeta}$ ist in der ganzen Ebene mit Ausnahme des Nullpunkts definiert, aber nicht eindeutig (§ 22, 8). Sie ist nach dem Cauchyschen Fundamentalsatz in dem einfach zusammenhängenden Gebiet $\mathfrak{G}_1$ der Abb. 59 eindeutig. Setze ich sie aber über $\mathfrak{G}_{12}'$ in das Gebiet $\mathfrak{G}_2$ fort, indem ich den Integrationsweg über $\mathfrak{G}_{12}'$ in das Gebiet $\mathfrak{G}_2$ führe, so komme ich in $\mathfrak{G}_{12}''$ zu Funktionswerten, die nicht mehr mit den ursprünglichen, in $\mathfrak{G}_1$ erklärten, übereinstimmen, sondern um $2\pi j$ vermehrt sind. Ich komme darauf in Ziffer 4 zurück.

Der schon erwähnte *Monodromiesatz* lautet:

Ist $\mathfrak{G}$ ein einfach zusammenhängendes und beschränktes Gebiet und ist in einem nicht leeren Teilgebiet $\mathfrak{G}_1$ von $\mathfrak{G}$ eine eindeutige reguläre Funktion $f_1(z)$ gegeben, so läßt sich $f_1(z)$, wenn überhaupt, so nur auf eine einzige Art in das Gebiet $\mathfrak{G}$ analytisch fortsetzen. Mit anderen Worten: Wenn es in $\mathfrak{G}$ eine eindeutige, reguläre Funktion $f(z)$ gibt, die in $\mathfrak{G}_1$ mit $f_1(z)$ übereinstimmt, so ist $f(z)$ *die einzige derartige Funktion.* Der Beweis ergibt sich wieder unmittelbar aus dem Identitätssatz von Ziffer 1. Daß der Satz für mehrfach zusammenhängende Gebiete nicht gelten muß, folgt aus dem obigen Beispiel[1].

Identitätssatz und Monodromiesatz geben uns neben den Cauchyschen Formeln den besten Aufschluß über den ungemein starken inneren Zusammenhang der Werte einer regulären Funktion. Wenn wir von einer in einem Gebiet $\mathfrak{G}$ regulären Funktion nur die Werte in einer beschränkten, konvergenten, samt ihrem Grenzpunkt ganz in $\mathfrak{G}$ gelegenen Punktfolge kennen, so ist dadurch der Gesamtverlauf von $f(z)$ in $\mathfrak{G}$ bereits eindeutig festgelegt. Das gilt insbesondere auch dann, wenn die Werte von $f(z)$ längs eines beliebig kleinen Kurvenstücks $\mathfrak{C}$

---

[1] In Ziffer 1 war die Voraussetzung des einfachen Zusammenhangs deshalb nicht nötig, weil $f(z)$ von vornherein als *eindeutige* Funktion in $\mathfrak{G}$ definiert war. Ist $\mathfrak{G}$ z. B. das zweifach zusammenhängende Gebiet $\mathfrak{G}_1 + \mathfrak{G}_2$ der Abb. 59, so ist es eben gleichgültig, ob $f_1(z)$ aus $\mathfrak{G}_1$ über $\mathfrak{G}_{12}'$ oder über $\mathfrak{G}_{12}''$ in das Gebiet $\mathfrak{G}_2$ hinein fortgesetzt wird, d. h. ob die in Ziffer 1 verwendete Kreiskette durch den oberen oder unteren Teil von $\mathfrak{G}$ läuft. Man muß auf jeden Fall zu denselben Funktionswerten $f(z)$ in $\mathfrak{G}_2$ kommen.

gegeben sind. Ist $\mathfrak{C}$ insbesondere ein Intervall $[a, b]$ der reellen Achse und sind $\varphi(x)$ die (nicht notwendig reellen) den Punkten dieses Intervalls zugeordneten Funktionswerte, so läßt sich die Funktion $\varphi(x)$, wenn überhaupt, so nur auf eine Art „ins Komplexe" fortsetzen, d. h. *wenn es eine Funktion $f(z)$ gibt, die in einem Gebiet, das das Intervall $[a, b]$ der reellen Achse enthält, regulär und eindeutig ist, und wenn $f(x) = \varphi(x)$ in $[a, b]$ gilt, so ist die Funktion $f(z)$ die einzige mit diesen Eigenschaften.*

3. Die analytische Fortsetzung durch Potenzreihen. Das einfachste und praktisch fast allein wirksame Instrument zur Ermittlung der möglichen Fortsetzung eines gegebenen Funktionselements sind die Potenzreihen, und zwar vor allem wegen der Automatik der Gebietsbestimmung, die durch den Satz, daß auf dem Rand des Konvergenzkreises mindestens ein singulärer Punkt der durch die Potenzreihe dargestellten Funktion liegt (§ 25, 3), gegeben ist. Dieser Umstand dürfte für WEIERSTRASS wohl auch ausschlaggebend gewesen sein, gerade die Potenzreihen als Funktionselemente für den Aufbau seiner Theorie der regulären Funktionen zu verwenden.

Die Durchführung der Rechnung beruht auf der sogenannten *Umbildung* einer gegebenen Potenzreihe, einem im Prinzip höchst einfachen Vorgang. Es sei etwa das Funktionselement

$$f(z) = \sum_{\nu = 0}^{\infty} a_\nu z^\nu \tag{1}$$

gegeben, die Reihe rechts konvergiere im Innern eines Kreises $\mathfrak{K}_1$, also für $|z| < r$. Ich setze $z = (z - a) + a$, wo a ein Punkt im Innern des Kreises $|z| < r$, also $|a| < r$ ist. Wegen

$$z^\nu = [(z - a) + a]^\nu = \sum_{\mu = 0}^{\nu} \binom{\nu}{\mu} (z - a)^\mu a^{\nu - \mu}$$

wird

$$f(z) = \sum_{\nu = 0}^{\infty} a_\nu \sum_{\mu = 0}^{\nu} \binom{\nu}{\mu} (z - a)^\mu a^{\nu - \mu}.$$

Solange nun $|z| \leq |z - a| + |a| < r$ ist, können wir die Reihe nach Potenzen von $(z - a)$ umordnen und erhalten (man beachte dabei, daß stets $\mu \leq \nu$ ist!)

$$f(z) = \sum_{\mu = 0}^{\infty} (z - a)^\mu \sum_{\nu = \mu}^{\infty} a_\nu \binom{\nu}{\mu} a^{\nu - \mu} = \sum_{\mu = 0}^{\infty} (z - a)^\mu \frac{f^{(\mu)}(a)}{\mu!}. \tag{2}$$

Diese Reihe konvergiert *sicher* für $|z - a| < r - |a|$, d. h. innerhalb des größten Kreises um a, dessen Inneres ganz in $|z| < r$ liegt. Es kann aber vorkommen, daß die Reihe (2) in einem größeren Kreis $\mathfrak{K}_2$ konvergiert, der dann ein Stück über den Kreis $\mathfrak{K}_1$ hinausragt. Dann *ist die Reihe (2) eine analytische Fortsetzung der Reihe (1)* über den Kreis $\mathfrak{K}_1$ hinaus.

Dieses Verfahren der Umbildung läßt sich wiederholen. Nimmt man einen Punkt a' im Innern von $\mathfrak{K}_2$, aber im Äußern von $\mathfrak{K}_1$ und entwickelt $f(z)$ wie oben nach Potenzen von $(z - a')$, so kann der Konvergenzkreis $\mathfrak{K}_3$ der neuen Reihe wieder über $\mathfrak{K}_2$ hinausragen usw. Man kommt so zu einer Kreiskette wie in Ziffer 1, die ein Gebiet $\mathfrak{G}$ definiert, in dem durch die verschiedenen Reihenentwicklungen eine reguläre Funktion $f(z)$ erklärt wird, die jedenfalls nach dem Monodromiesatz eindeutig ist, wenn $\mathfrak{G}$ einfach zusammenhängt und beschränkt ist.

Da auf dem Rand von $\mathfrak{K}_1$ mindestens ein singulärer Punkt von $f(z)$ liegt, läßt sich die Reihe (1) jedenfalls nicht in beliebiger Richtung analytisch fortsetzen, d. h. es gibt sicher einen Punkt a, für den das Innere von $\mathfrak{K}_2$ ganz im Innern von $\Re_1$ liegt, so daß $\Re_2$ den Kreis $\Re_1$ von innen berührt. Der Berührungspunkt P ist dann ein singulärer Punkt von $f(z)$. Man vergleiche hierzu das erste Beispiel von Ziffer 2, wo $+\,\mathrm{I}$ ein singulärer Punkt von $f(z) = \dfrac{\mathrm{I}}{\mathrm{I}-z}$ ist[1]. Das folgende Beispiel zeigt, daß es unter Umständen auch überhaupt unmöglich sein kann, eine Potenzreihe über den Rand ihres Konvergenzkreises $\Re$ hinaus fortzusetzen. Das ist offenbar dann der Fall, wenn alle Punkte von $\Re$ singuläre Punkte der durch die Reihe dargestellten Funktion sind. $\Re$ heißt dann die natürliche Grenze von $f(z)$, genauer ihres Regularitätsgebiets.

Es sei

$$f(z) = \sum_{\nu=1}^{\infty} z^{\nu\,!} = z + z^2 + z^6 + z^{24} + \cdots.$$

Der Konvergenzkreis $\Re$ ist $|z| = \mathrm{I}$. Ich zeige, daß $f(z)$ in allen Punkten der Form $z_0 = \exp\dfrac{p}{q}\,\pi\,j$, mit positiven ganzen p und q, singulär ist; diese Punkte liegen aber auf $\Re$ überall dicht[2]. Ist λ reell und $0 < \lambda < \mathrm{I}$, so liegt $z = \lambda\,z_0$ im Innern von $\Re$. Dann ist

$$f(z) = \sum_{\nu=1}^{q-1} z^{\nu\,!} + \sum_{\nu]=q}^{\infty} \lambda^{\nu\,!},$$

weil $z^{\nu\,!} = \lambda^{\nu\,!}$ für $\nu \geqq q$ ist. Ist A eine beliebig große natürliche Zahl und setze ich $n = 2\,q + A$, so wird

$$|f(z)| > \sum_{\nu=q}^{n} \lambda^{\nu\,!} - \sum_{\nu=1}^{q-1} |z|^{\nu\,!} > (n - q + \mathrm{I})\,\lambda^{n\,!} - (q - \mathrm{I}),$$

für $\lambda \to \mathrm{I}$, also $z \to z_0$ geht die rechte Seite gegen $n - 2\,q + 2 = A + 2$, d. h. aber, daß $|f(z)|$ bei radialer Annäherung an z_0 über alle Grenzen geht, $f(z)$ also in z_0 nicht stetig ist.

Durch wiederholte analytische Fortsetzung wird man also, solange die Wiederholung des Verfahrens überhaupt möglich ist, immer wieder zu neuen Gebieten kommen, in denen die neuen *Funktionselemente*, wie man die durch die einzelnen Entwicklungen definierten Funktionen zu nennen pflegt, regulär sind. Die Gesamtheit der Funktionselemente, die man erhält, wenn man sich alle möglichen analytischen Fortsetzungen ausgeführt denkt, heißt die *vollständige reguläre Funktion* $f(z)$, die zu einem beliebigen der Funktionselemente, durch die sie definiert ist, gehört. Man spricht auch von einem *analytischen Gebilde*, besonders im Hinblick auf die schrittweise Konstruktion der vollständigen Funktion aus einem Element mit Hilfe der analytischen Fortsetzung. Im einfachsten Fall besteht dieses analytische Gebilde aus einem einfach zusammenhängenden Gebiet $\mathfrak{G}$ und einer in $\mathfrak{G}$ definierten eindeutigen und regulären Funktion $f(z)$.

Ich erwähne noch, daß die Frage der analytischen Fortsetzbarkeit einer Potenzreihe über den Rand ihres Konvergenzkreises hinaus nichts mit der Frage der Konvergenz auf dem Rand zu tun hat. Die Reihe $\sum z^\nu$ ist in keinem Punkt

---

[1] Man kann nicht direkt von $\mathfrak{G}_1$ (Rand $\Re_1$) zu $\mathfrak{G}_2$ (Rand $\Re_2$) kommen, da der Mittelpunkt von $\Re_2$ nicht im Innern, sondern auf der Peripherie von $\Re_1$ liegt; man muß hier einen weiteren Kreis, etwa mit dem Mittelpunkt $\dfrac{\mathrm{I}}{2}\,j$ dazwischenschalten, also im ganzen zwei Umbildungen der ersten Reihe $\sum z^\nu$ vornehmen.

[2] Eine Menge $\mathfrak{M}$ heißt überall dicht in einem Bereich $\mathfrak{B}$, wenn jeder Punkt von $\mathfrak{B}$ Häufungspunkt von $\mathfrak{M}$ ist (vgl. auch Band I, §, 2, 2). Die nicht in der Form z_0 darstellbaren Punkte von $\Re$ sind als Häufungspunkte singulärer Punkte natürlich selbst auch singuläre Punkte von $f(z)$.

von $|z| = 1$ konvergent und trotzdem überall mit Ausnahme von $z = 1$ über den Rand hinaus fortsetzbar, während die in allen Punkten von $|z| = 1$ konvergente Reihe $\sum \dfrac{z^\nu}{\nu^2}$ über den Punkt $z = 1$ hinaus nicht fortsetzbar ist (vgl. die Aufgabe 1 am Schluß dieses Paragraphen); $z = 1$ muß daher ein singulärer Punkt der durch diese Reihe dargestellten Funktion sein.

4. Mehrdeutige Funktionen und Riemannsche Flächen. In § 23, 4—5 habe ich die Riemannschen Flächen einiger mehrdeutiger Funktionen, wie $\ln z$ oder $\sqrt{z}$ eingeführt und sie vor allem zur Veranschaulichung des Funktionsverlaufs benützt. Die analytische Fortsetzung und der Begriff des analytischen Gebildes zeigen, daß die Riemannschen Flächen eine tiefere Bedeutung als die eines bloß heuristischen Hilfsmittels haben, da wir beim Studium des analytischen Gebildes mehrdeutiger Funktionen mit einer gewissen Zwangsläufigkeit zur Konstruktion der zugehörigen Riemannschen Flächen geführt werden.

Ich beginne mit einem einfachen und schon oft verwendeten Beispiel (Ziffer 2 und § 23, 5)

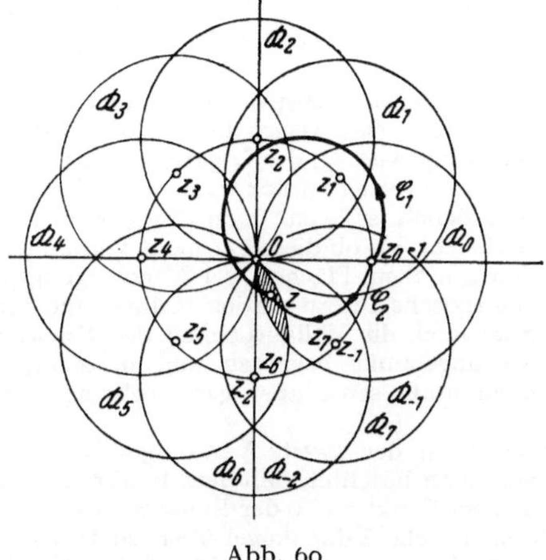

Abb. 60.

$$\ln z = \int_1^z \frac{d\zeta}{\zeta}. \tag{3}$$

Diese Funktion ist in jedem einfach zusammenhängenden, die Punkte $z = 0$ und $z = \infty$ nicht, wohl aber den Punkt $z = 1$ enthaltenden Gebiet, also z. B. in der ganzen, längs der negativen reellen Achse aufgeschnittenen Ebene regulär und wird als Hauptwert des Logarithmus bezeichnet. Potenzreihenentwicklung um den Punkt $z_0 = 1$ gibt

$$f_0(z) = \int_1^z \sum_{\nu=0}^\infty (-1)^\nu (\zeta - 1)^\nu \, d\zeta = \sum_{\nu=0}^\infty \frac{(-1)^\nu}{\nu + 1} (z - 1)^{\nu+1} \; ; \tag{4}$$

diese Reihe konvergiert für $|z - 1| < 1$, ich nehme sie als erstes Element der zu konstruierenden Gesamtfunktion (die natürlich nicht aus dem Hauptwert allein besteht). Weitere Elemente $f_1(z)$, $f_2(z)$, ... kann man durch Umbildung dieser und der folgenden Reihen erhalten; ich nehme etwa nacheinander die Punkte $z_1 = e^{\frac{\pi}{4} j} = \dfrac{1 + j}{\sqrt{2}}$, $z_2 = e^{\frac{\pi}{2} j} = j$, $z_3 = e^{\frac{3\pi}{4} j} = \dfrac{-1 + j}{\sqrt{2}}$, $z_4 = e^{\pi j} = -1$, usw. (also die achten Einheitswurzeln) als Mittelpunkte der weiteren Funktionselemente (Abb. 60). Jeder dieser Mittelpunkte z_ν liegt im Konvergenzkreis $|z - z_{\nu-1}| < 1$ der vorhergehenden Entwicklung. Wir denken uns alle diese Kreisscheiben aus Papier ausgeschnitten, in der richtigen Lage auf die z-Ebene gelegt und in den gemeinsamen Gebieten aufeinandergeklebt[1]. Der Kreis um $z_5 = -\dfrac{1 + j}{\sqrt{2}}$ hat als erster ein in der Abb. 60 schraffiertes Kreisbogenzweieck mit dem Kreis um z_0 gemeinsam, in dem aber $f_5(z) \neq f_0(z)$, und zwar $f_5(z) = f_0(z) + 2\pi j$ ist. Diese beiden verschiedenen Werte ergeben sich unmittelbar, wenn man das Integral (3) für den Punkt z des Zweiecks einmal über den Weg $\mathfrak{C}_1$ und einmal über den Weg $\mathfrak{C}_2$ berechnet; es ist ja

$$\int_{\mathfrak{C}_1} \frac{d\zeta}{\zeta} - \int_{\mathfrak{C}_2} \frac{d\zeta}{\zeta} = 2\pi j,$$

---

[1] Nach KNOPP, LV 24, Band II, Seite 87.

weil die Kurve $\mathfrak{C}_1 - \mathfrak{C}_2$ einen vollen Umlauf um den Punkt $z = 0$ ergibt. Ich werde also die Kreisscheibe Nr. 5 und ebenso die folgenden nicht mehr mit der Scheibe Nr. 0 zusammenkleben, sondern als zweites Blatt der sich auf diese Art ergebenden Riemannschen Fläche lose aufliegen lassen. Die Scheibe Nr. 6 wird wieder mit der Scheibe Nr. 5 usw. zusammengeklebt. In gleicher Weise setzen wir (4) durch Umbildung in der entgegengesetzten Richtung analytisch fort, zunächst durch Umbildung für den Mittelpunkt $z_{-1} = z_7 = \dfrac{1 - j}{\sqrt{2}}$ usw., die entsprechenden Scheiben Nr. -1, -2, ... werden im gemeinsamen Gebiet an die Scheiben Nr. 0, bzw. Nr. -1 usw. geklebt. Auf diese Art erhalten wir zunächst den „innersten" Teil der in § 23, 5 beschriebenen Riemannschen Fläche der Gesamtfunktion $\ln z$, den wir dann nach außen hin beliebig fortsetzen können, so daß sich schließlich die ganze, über der z-Ebene aufgebaute, unendlich vielblättrige Riemannsche Fläche ergibt. Das analytische Gebilde, also die in der z-Ebene unendlich vieldeutige Funktion Logarithmus, ist auf der unendlich vielblättrigen Riemannschen Fläche eindeutig.

Als nächstes Beispiel betrachte ich die Funktion $w = \sqrt[n]{z}$, n positiv ganz. Da $\sqrt[n]{z} = e^{\frac{1}{n}\ln z}$ ist, kommt man wegen der Periodizität der Exponentialfunktion, wenn man etwa wieder vom Hauptwert (3) des Logarithmus ausgeht, nach n Umläufen wieder zu den ursprünglichen Funktionswerten zurück, man wird also das n-te Blatt mit dem ersten verbinden, was aber nur möglich ist, wenn man dieses n-te Blatt durch die vorhergehenden $n - 1$ Blätter hindurchzieht, als ob diese gar nicht vorhanden wären. Diese Durchkreuzungen der Blätter der Riemannschen Flächen bei Verzweigungspunkten endlicher Ordnung sind nur durch die geometrische Interpretation bedingt und für die Riemannsche Fläche unwesentlich[1]. Damit hängt auch die Willkürlichkeit des *Verzweigungsschnittes* zusammen, der nur in einem Verzweigungspunkt beginnen und in einem anderen Verzweigungspunkt gleicher Ordnung enden muß, sonst aber ganz beliebig angenommen werden kann. Im Fall der Funktion $w = \sqrt[n]{z}$ ist der zweite Verzweigungspunkt der Punkt $z = \infty$, was man sofort übersieht, wenn man beachtet, daß dem Punkte $z = \infty$ ebenso eindeutig der Punkt $w = \infty$ entspricht wie dem Punkt $z = 0$ der Punkt $w = 0$. Geht man durch stereographische Projektion auf die Riemannsche Zahlenkugel über, so fallen die beiden Verzweigungspunkte in den Süd- und Nordpol der n-fach überdeckten Zahlenkugel; die n Blätter hat man sich längs einer beliebigen, die beiden Verzweigungspunkte verbindenden Kurve, z. B. längs des der negativen reellen Achse entsprechenden Halbmeridians aufgeschnitten und dann entsprechend der Abb. 43 (S. 313) wieder kreuzweise miteinander verbunden zu denken.

Als letztes Beispiel nehme ich die Funktion

$$w = c \sqrt{(z - c_1)(z - c_2)(z - c_3)(z - c_4)}, \tag{5}$$

wobei c eine beliebige Konstante und die Nullstellen c_i, $i = 1, 2, 3, 4$ des Radikanden alle verschieden sind. Die Riemannsche Fläche ist jedenfalls zweiblättrig mit den Verzweigungspunkten c_i. Wir wählen in jedem Blatt vier Halbstrahlen $\mathfrak{g}_i$, die von den Punkten c_i ausgehen und einander nicht schneiden. Längs dieser Halbstrahlen schneiden wir dann beide Blätter auf und verbinden sie kreuzweise. Man sieht sofort, daß auf dieser Riemannschen Fläche w eindeutig wird. Bei einem vollen Umlauf um einen der Verzweigungspunkte gelangt man aus dem einen Blatt in das andere und w wechselt sein Vorzeichen. Bei einem Umlauf um zwei Verzweigungspunkte kommt man aber wieder in das

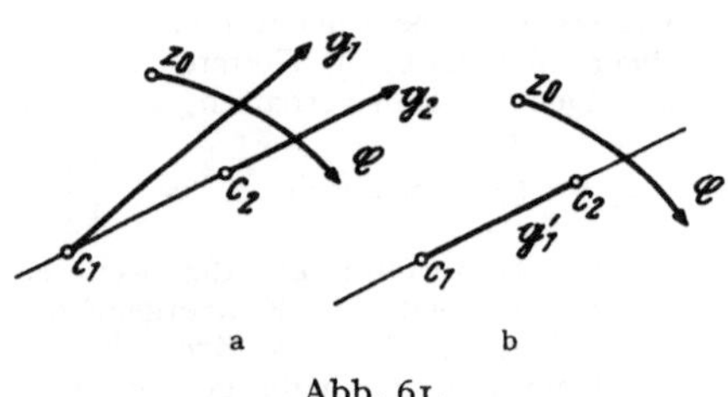

Abb. 61.

ursprüngliche Blatt und damit auch zum selben Wert von w zurück, von dem man ausgegangen ist, weil man ja dabei zwei Verzweigungsschnitte gekreuzt hat. Das legt folgende Überlegung nahe: Ich wähle den von c_2 ausgehenden Halbstrahl $\mathfrak{g}_2$ so, daß er der Verbindungsgeraden von c_1 und c_2 angehört, aber nicht durch c_1 geht, und drehe den von c_1 ausgehenden Halbstrahl $\mathfrak{g}_1$ so, daß er nahe am Punkt c_2 vorbei (Abb. 61 a) und schließlich durch c_2 hindurchgeht (Abb. 61 b). $\mathfrak{C}$ sei eine Kurve, die von einem Punkt z_0 etwa des oberen Blattes ausgeht und die Halbstrahlen (Verzweigungsschnitte) $\mathfrak{g}_1$ und $\mathfrak{g}_2$ schneidet. In der ersten Lage (Abb. 61 a) kommt der die Kurve $\mathfrak{C}$ durchlaufende Punkt z beim Passieren von $\mathfrak{g}_1$ in das untere und beim Passieren von $\mathfrak{g}_2$ wieder in das obere

---

[1] Vgl. die Fußnote S. 312.

Blatt zurück. In der zweiten Lage (Abb. 61 b) der beiden Halbstrahlen bleibt aber z während seines ganzen Weges im oberen Blatt, die beiden Durchdringungen der beiden Flächen heben einander gerade auf, was auch anschaulich völlig klar ist. Man kann also die beiden Verzweigungsschnitte $\mathfrak{g}_1$ und $\mathfrak{g}_2$ der Abb. 61 a durch den einen Verzweigungsschnitt $\mathfrak{g}_1'$ der Abb. 61 b, der nur die beiden Punkte c_1 und c_2 verbindet, ersetzen. Ebenso kann man nun auch mit den Punkten c_3 und c_4 verfahren und die beiden Schnitte $\mathfrak{g}_3$ und $\mathfrak{g}_4$ durch einen Verzweigungsschnitt $\mathfrak{g}_2'$ ersetzen, der diese beiden Punkte miteinander verbindet. Der Punkt $z = \infty$ ist *kein* Verzweigungspunkt.

Ich lasse nun noch $c_4 \to \infty$ rücken und setze dabei die Konstante $c = \dfrac{c'}{\sqrt{-c_4}}$, wo c' eine neue Konstante ist. Wegen

$$c\sqrt{z - c_4} = c'\sqrt{\frac{z - c_4}{-c_4}} = c'\sqrt{1 - \frac{z}{c_4}} \to c'$$

wird aus (5)

$$w = c'\sqrt{(z - c_1)(z - c_2)(z - c_3)}.$$

Hier steht unter der Wurzel ein Polynom dritten Grades, Verzweigungspunkte sind c_1, c_2, c_3 und $z = \infty$, als Verzweigungsschnitte kann man die Strecke von c_1 nach c_2 und eine von c_3 ausgehende Halbgerade nehmen. Im allgemeinen Fall

$$w = c\sqrt{(z - c_1)(z - c_2)\ldots(z - c_n)}$$

ist $z = \infty$ nur dann Verzweigungspunkt, wenn n ungerade ist. Die Riemannsche Fläche der Funktion

$$w = \sqrt{a_0 z^n + a_1 z^{n-1} + \ldots + a_n}$$

heißt für $n > 4$ *hyperelliptisch*, für $n = 4$ oder 3 *elliptisch*.

5. Das Prinzip der Stetigkeit. Ich komme zu einer Ausdehnung des Prinzips der analytischen Fortsetzung, die dahin geht, daß die Ketten von Gebieten, in denen die einzelnen Funktionselemente definiert sind, einander nicht überlappen, sondern nur längs gewisser Kurvenstücke aneinandergrenzen.

Die beiden Funktionen $f_1(z)$ und $f_2(z)$ seien regulär und eindeutig in den Gebieten $\mathfrak{G}_1$ bzw. $\mathfrak{G}_2$, die längs eines glatten Kurvenbogens $\mathfrak{C}_0$ aneinandergrenzen. f_1 und f_2 seien ferner längs $\mathfrak{C}_0$ stetig und es sei $f_1(\zeta) = f_2(\zeta)$ für alle Punkte ζ von $\mathfrak{C}_0$. Dann ist f_2 die analytische Fortsetzung von f_1 und umgekehrt.

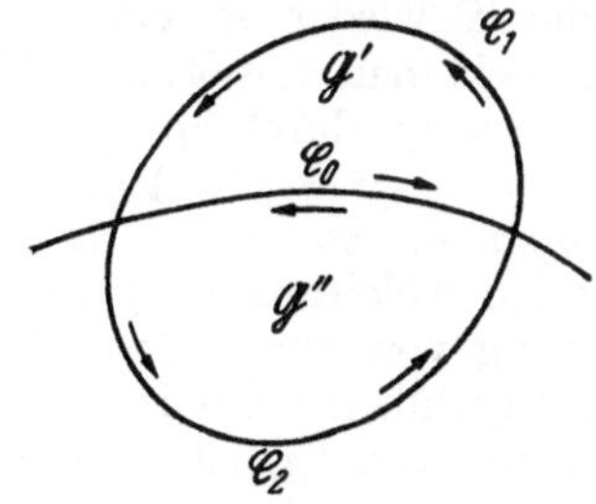

Abb. 62.

Das heißt, kurz gesagt, daß jede stetige Fortsetzung auch eine analytische Fortsetzung ist. Es sei $\mathfrak{C}$ (Abb. 62) eine geschlossene Kurve, deren Innengebiet $\mathfrak{G}$ durch den Bogen $\mathfrak{C}_0$ in zwei zu $\mathfrak{G}_1$ bzw. $\mathfrak{G}_2$ gehörige Teile $\mathfrak{G}'$ und $\mathfrak{G}''$ zerlegt wird. Ich bezeichne mit $\mathfrak{C}_1$ und $\mathfrak{C}_2$ die in $\mathfrak{G}_1$ bzw. $\mathfrak{G}_2$ liegenden Teile von $\mathfrak{C}$; bei geeigneter Orientierung von $\mathfrak{C}_0$ sind dann $\mathfrak{C}_1 + \mathfrak{C}_0$ und $\mathfrak{C}_2 - \mathfrak{C}_0$ die geschlossenen Randkurven von $\mathfrak{G}'$ und $\mathfrak{G}''$. Schließlich bezeichne ich mit $f(z)$ die in $\mathfrak{G}_1 + \mathfrak{G}_2 + \mathfrak{C}_0$ definierte Funktion, die in $\mathfrak{G}_1$ gleich $f_1(z)$, in $\mathfrak{G}_2$ gleich $f_2(z)$ und längs $\mathfrak{C}_0$ gleich $f_1(\zeta) = f_2(\zeta)$ ist. Dann ist nach dem Cauchyschen Satz in der am Schluß von § 24, 5 gegebenen Formulierung

$$\frac{1}{2\pi j} \oint_{\mathfrak{C}_1 + \mathfrak{C}_0} \frac{f(\zeta)\,d\zeta}{\zeta - z}$$

in $\mathfrak{G}'$ gleich $f_1(z)$, außerhalb $\mathfrak{G}'$ aber gleich Null und entsprechend

$$\frac{1}{2\pi j} \oint_{\mathfrak{C}_2 - \mathfrak{C}_0} \frac{f(\zeta)\,d\zeta}{\zeta - z}$$

in $\mathfrak{G}''$ gleich $f_2(z)$, außerhalb $\mathfrak{G}''$ gleich Null. Addition der beiden Ausdrücke ergibt somit, da sich die beiden Integrale über $\mathfrak{C}_0$ aufheben,

$$f(z) = \frac{1}{2\pi j} \oint_{\mathfrak{C}} \frac{f(\zeta)\, d\zeta}{\zeta - z};$$

dieses Integral ist aber nach dem erwähnten Satz eine im ganzen Gebiet reguläre Funktion, womit der obige Satz, der als *Prinzip der Stetigkeit* bezeichnet wird, bewiesen ist.

Als unmittelbare Folgerung ergibt sich, daß *eine in einem Gebiet reguläre Funktion identisch verschwindet, wenn sie längs eines glatten Kurvenstücks die stetigen Randwerte Null hat* oder, etwas anders ausgedrückt, daß *zwei im selben Gebiet reguläre Funktionen, die längs eines glatten Bogens dieselben stetigen Randwerte haben, miteinander identisch sind.*

6. Das Schwarzsche Spiegelungsprinzip. Ich habe am Schluß von § 23, 2 das *Spiegelungsprinzip* für bilineare Funktionen erwähnt: *Zwei Punkte, die zu einem Kreis oder zu einer Geraden $\mathfrak{C}$ spiegelbildlich liegen, gehen bei einer bilinearen Transformation*

$$w = \frac{a\,z + b}{c\,z + d}, \quad a\,d - b\,c \neq 0$$

in zwei Punkte über, die zum Bildkreis oder zur Bildgeraden $\mathfrak{C}'$ von $\mathfrak{C}$ spiegelbildlich liegen. Dieser Satz läßt sich auf beliebige Funktionen $w = f(z)$ in folgender Weise ausdehnen:

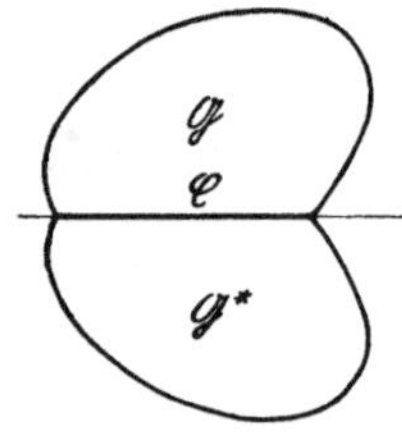

Abb. 63.

Die Funktion $f(z)$ sei in einem Gebiet $\mathfrak{G}$ regulär, dessen Rand einen Kreisbogen oder eine gerade Strecke $\mathfrak{C}$ enthält; längs $\mathfrak{C}$ sei $f(z)$ stetig. Bei der Abbildung $w = f(z)$ gehe $\mathfrak{C}$ wieder in einen Kreisbogen oder in eine gerade Strecke $\mathfrak{C}'$ über. Spiegelt man nun $\mathfrak{G}$ an $\mathfrak{C}$ (Abb. 63) und ordnet man dem Spiegelbild z^* von z den aus $w = f(z)$ durch Spiegelung an $\mathfrak{C}'$ entstehenden Wert w^* zu, so ist *die so definierte Funktion $w^* = f^*(z^*)$ in dem gespiegelten Gebiet $\mathfrak{G}^*$ regulär und die analytische Fortsetzung von $f(z)$.* Die Funktion $f^*(z^*)$ ist in $\mathfrak{G}^*$ regulär, weil sie dort eine stetige Ableitung hat; um das einzusehen, braucht man sich nur den zur Ableitung von $f^*(z^*)$ führenden Grenzprozeß durch Spiegelung aus einem an $f(z)$ durchgeführten Grenzprozeß entstanden denken. Daß f^* die analytische Fortsetzung von $f(z)$ ist, folgt unmittelbar aus dem Stetigkeitsprinzip von Ziffer 5, weil f und f^* längs $\mathfrak{C}$ übereinstimmen und stetig sind. Man kann dann die auf diese Art in dem Gebiet $\mathfrak{G} + \mathfrak{C} + \mathfrak{G}^*$ erklärte reguläre Funktion mit $f(z)$ bezeichnen, so daß $f(z) = f^*(z)$ in jedem Punkt z in $\mathfrak{G}^*$ ist.

Um dieses wichtige Prinzip deutlicher zu machen, betrachte ich noch den Sonderfall, daß $\mathfrak{C}$ und $\mathfrak{C}'$ Stücke der reellen Achsen der z- und w-Ebene sind. Durch Spiegelung an der reellen Achse geht z über in den konjugiert komplexen Punkt $z^* = \bar{z}$. Für die Funktion $w = u + j\,v = f(z) = \varphi(x, y) + j\,\psi(x, y)$ gilt dann

$$w^* = \overline{w} = u - j\,v = \varphi(x, y) - j\,\psi(x, y).$$

Anderseits ist aber auch

$$\overline{w} = f(\bar{z}) = \varphi(x, -y) + j\,\psi(x, -y),$$

so daß

$$\varphi(x, y) = \varphi(x, -y)$$

eine gerade Funktion von y und

$$\psi(x, y) = -\psi(x, -y)$$

eine ungerade Funktion von y ist. Daraus folgt insbesondere $\psi(x, 0) \equiv 0$; für reelle $z = x$, $y = 0$ wird daher

$$w = \varphi(x, 0) + j\,\psi(x, 0) = \varphi(x, 0) = u$$

ebenfalls reell, wie es ja sein muß, da $\mathfrak{C}'$ voraussetzungsgemäß ein Stück der reellen Achse der w-Ebene ist.

Der allgemeinere Fall des Schwarzschen Prinzips läßt sich auf diesen zurückführen, indem man die Kreisbogen $\mathfrak{C}$ durch lineare Transformationen auf Stücke der reellen Achsen der Bildebenen abbildet, wodurch sich ein zweiter Beweis des Satzes ergibt.

Aufgaben.

1. Man zeige durch Umbildung der Reihe $\displaystyle\sum_{\nu=1}^{\infty} \frac{z^\nu}{\nu^2}$ für den Mittelpunkt $z = \dfrac{1}{2}$, daß der Punkt $z = 1$ ein singulärer Punkt der durch die Reihe dargestellten Funktion ist.

2. Die Reihe $\sum a_\nu z^\nu$ habe auf dem Rand des Konvergenzkreises einen Pol erster Ordnung z_0 als einzige singuläre Stelle. Man zeige, daß dann

$$\lim_{\nu \to \infty} \frac{a_\nu}{a_{\nu+1}} = z_0 \quad \text{und daher} \quad \lim_{\nu \to \infty} \left| \frac{a_\nu}{a_{\nu+1}} \right| = r$$

ist (man beachte, daß $f(z) - \dfrac{c}{z - z_0}$ in z_0 regulär ist, wenn c das Residuum im Pol z_0 bedeutet).

3. Ist die reelle, für alle x definierte Funktion $f(x) = +\sqrt{x^2} = |x|$ ins Komplexe fortsetzbar?

4. Welche ein- oder mehrdeutige Funktionen sind durch

$$\text{a) } \sqrt{e^z}, \quad \text{b) } \sqrt{\cos z}, \quad \text{c) } \cos\sqrt{z}, \quad \text{d) } \sin\sqrt{z}, \quad \text{e) } \ln e^z, \quad \text{f) } \ln\sin z, \quad \text{g) } \frac{\sin\sqrt{z}}{\sqrt{z}}$$

definiert?

5. Welche Werte kann das Integral $\displaystyle\int_0^z \frac{d\zeta}{\sqrt{1 - \zeta^2}}$ annehmen, wenn als Wert der Wurzel im Anfangspunkt $z = 0$ des Integrationswegs $+1$ genommen wird und wenn der Weg von $z = 0$ unter Vermeidung der Punkte $z = \pm 1$ zum Punkt z_0 ($\neq \pm 1$) führt? Hat das Integral auch noch für $z_0 = \pm 1$ oder $z_0 = \infty$ einen Sinn? (Man untersuche zuerst den Verlauf der Funktion $w = \sqrt{1 - z^2}$ und konstruiere ihre Riemannsche Fläche!).

6. Man konstruiere die Riemannschen Flächen der folgenden Funktionen:

$$\text{a) } \sqrt{(z - a)(z - b)}, \quad \text{b) } \sqrt[3]{z - a}, \quad \text{c) } \sqrt[3]{(z - a)^2}, \quad \text{d) } \sqrt[3]{(z - a)(z - b)},$$

$$\text{e) } \sqrt[3]{(z - a)(z - b)(z - c)}, \quad \text{f) } \sqrt[3]{\frac{z - a}{z - b}}.$$

§ 27. Weiteres über die konforme Abbildung.

1. Die konforme Abbildung zweier Gebiete. Die Funktion $f(z)$ sei in dem *abgeschlossenen*, einfach zusammenhängenden Bereich $\mathfrak{B}$ regulär und der Rand $\mathfrak{C}$ von $\mathfrak{B}$ werde durch $w = f(z)$ auf eine geschlossene Kurve $\mathfrak{C}'$ der w-Ebene umkehrbar eindeutig abgebildet. Ich behaupte, daß dann *der Bereich $\mathfrak{B}$ schlicht auf den von $\mathfrak{C}'$ umschlossenen Bereich $\mathfrak{B}'$ abgebildet wird*. Dieser Satz ist also eine Ausdehnung des Satzes von der Gebietstreue (§ 22, 7), der sich in seiner bisherigen Fassung nur auf hinreichend kleine Umgebungen zweier entsprechender Punkte z und w bezogen hat, während hier eine Aussage „im großen", d. h. über Gebiete beliebiger Ausdehnung vorliegt.

Es sei zum Beweis w_0 ein beliebiger Punkt im Innern von $\mathfrak{C}'$. Dann ist[1]

$$\oint_{\mathfrak{C}'} \frac{dw}{w - w_0} = 2\,\pi\,j.$$

Die Substitution $w = f(z)$ führt das Integral, da $\mathfrak{C}$ und $\mathfrak{C}'$ voraussetzungsgemäß eineindeutig abgebildet werden, über in

$$\oint_{\mathfrak{C}} \frac{f'(z)\,dz}{f(z) - w_0} = 2\,\pi\,j.$$

Nach § 25, 9 hat also $f(z) - w_0$ im Innern von $\mathfrak{C}$ genau eine Nullstelle, d. h. $f(z)$ nimmt den Wert w_0 genau einmal an, es gibt einen und nur einen Punkt im Innern von $\mathfrak{C}$, so daß $w_0 = f(z_0)$ ist. Ist umgekehrt z_1 ein beliebiger Punkt *im Innern* von $\mathfrak{C}$, so liegt auch $w_1 = f(z_1)$ im Innern von $\mathfrak{C}'$; läge nämlich w_1 im Äußern von $\mathfrak{C}'$, so wäre

$$\oint_{\mathfrak{C}'} \frac{dw}{w - w_1} = 0$$

in Widerspruch dazu, daß w_1 von $f(z)$ im Innern von $\mathfrak{C}$ angenommen wird, also

$$\oint_{\mathfrak{C}} \frac{f'(z)\,dz}{f(z) - w_1} \neq 0$$

ist; auf dem Rand von $\mathfrak{C}'$ kann schließlich w_1 auf Grund des Satzes von der Gebietstreue nicht liegen. Die Funktion $w = f(z)$ vermittelt somit tatsächlich eine schlichte Abbildung von $\mathfrak{B}$ auf $\mathfrak{B}'$.

Der Satz läßt sich noch verallgemeinern auf den Fall, daß $f(z)$ nur im Innern von $\mathfrak{C}$, also in dem von $\mathfrak{C}$ umschlossenen Gebiet $\mathfrak{G}$ regulär ist, wenn nur $f(z)$ und $f'(z)$ auf dem Rand von $\mathfrak{C}$ stetig sind. Der Beweis verläuft wörtlich wie oben (vgl. die Verschärfung des Cauchyschen Fundamentalsatzes am Schluß von § 24, 3). Über eine weitere Verallgemeinerung vgl. die Aufgabe 1 am Schluß des Paragraphen.

2. Der Riemannsche Abbildungssatz. Die konforme Abbildung spielt bei der Behandlung vieler physikalischer und technischer Probleme vor allem dann eine ganz entscheidende Rolle, wenn es sich um die Lösung von Randwertaufgaben bei komplizierter geformten Rändern handelt. Ich erwähne als Beispiel die Strömung der Luft am Tragflügel eines Flugzeugs und die Ausbildung der magnetischen Felder zwischen Rotor und Stator elektrischer Maschinen, die ja zur Aufnahme der Wicklungen in der Regel mit Nuten versehen sind, also recht komplizierte Formen aufweisen. Nun habe ich zwar in § 23 eine Reihe wichtiger konformer Abbildungen diskutiert und einige weitere wichtige Sonderfälle werde ich in den folgenden Ziffern behandeln, aber die Frage über die Möglichkeiten, die sich in dieser Hinsicht überhaupt eröffnen, ist noch offen. Ich meine damit die Frage, unter welchen Voraussetzungen sich zwei gegebene Gebiete konform aufeinander abbilden lassen. Die allgemeinste Antwort darauf gibt der Riemannsche Abbildungssatz, der besagt, daß zwei einfach zusammenhängende Gebiete, sofern ihre Ränder nicht aus einem einzigen Punkt bestehen, stets konform aufeinander abgebildet werden können. In der Regel wird dieser Satz etwas präziser folgendermaßen formuliert:

---

[1] Ich erinnere an den Jordanschen Kuriensatz § 21, 4 und an die Definition des **Innengebietes** (Umlaufsinn des Randes) von § 24, 4.

Jedes Gebiet $\mathfrak{G}$ der Ebene, dessen Rand zusammenhängend ist und mindestens zwei Punkte enthält, läßt sich durch eine in $\mathfrak{G}$ reguläre Funktion schlicht auf das Innere des Einheitskreises abbilden.

Dabei ist es nur scheinbar eine Spezialisierung, wenn das eine Gebiet als Einheitskreis angenommen ist. Sind $\mathfrak{G}_1$ und $\mathfrak{G}_2$ zwei beliebige, den Voraussetzungen des Satzes genügende Gebiete, von denen das eine in einer z-Ebene, das andere in einer w-Ebene liegt, so gibt es zwei Funktionen $\zeta = f(z)$ und $\zeta = \varphi(w)$, die $\mathfrak{G}_1$ und $\mathfrak{G}_2$ schlicht auf den Einheitskreis der ζ-Ebene abbilden; ist dann $w = g(\zeta)$ die Umkehrfunktion von $\zeta = \varphi(w)$, so bildet die zusammengesetzte Funktion $w = g(f(z))$ das Gebiet $\mathfrak{G}_1$ auf $\mathfrak{G}_2$ ab.

Auf den nicht ganz einfachen Beweis des Satzes will ich hier verzichten[1]. Nur eine Bemerkung über die Voraussetzungen sei noch beigefügt. Gebiete mit zusammenhängendem Rand sind sicher einfach zusammenhängend. Wenn verlangt wird, daß der Rand mindestens zwei Punkte enthält, so ist damit sowohl die volle wie die ganze z-Ebene ausgeschlossen, da der Rand leer ist, bzw. aus dem Punkt $z = \infty$ besteht. Allgemeiner scheidet jede „punktierte" Ebene aus, die aus der vollen Ebene durch Herausnahme eines einzigen Punkts entsteht (den man dann stets durch eine lineare Transformation in den Punkt $z = \infty$ bringen kann). Diese Voraussetzungen sind aber auf Grund des Satzes von LIOUVILLE (§ 24, 6) völlig selbstverständlich, denn es gibt keine in der ganzen Ebene reguläre und beschränkte Funktion; eine Funktion $f(z)$ aber, die ein Gebiet auf das Innere des Einheitskreises abbildet, genügt selbstverständlich der Ungleichung $|f(z)| < 1$.

Schließlich erwähne ich noch, daß die die Abbildung von $\mathfrak{G}$ auf den Einheitskreis vermittelnde Funktion $w = f(z)$ eindeutig festgelegt ist, wenn man verlangt, daß ein gegebener Punkt z_0 in den Punkt $w = 0$ und eine gegebene Richtung durch z_0 in die Richtung der reellen Achse übergeht; gäbe es zwei solche Funktionen $w_1 = f_1(z)$ und $w_2 = f_2(z)$ und ist $z = \varphi(w_2)$ die Umkehrung der letzteren, so bildet $w_1 = f_1(\varphi(w_2))$ den Einheitskreis schlicht auf sich ab und ist daher nach § 24, 6 bilinear; da aber außerdem der Nullpunkt und die Richtung der reellen Achse fest bleibt, ist $w_1 = w_2$.

3. Konforme Abbildung eines Polygons auf die Halbebene. Ich betrachte das Integral

$$\zeta = g(z) = \int_{z_0}^{z} (z - a_1)^{-\alpha_1} (z - a_2)^{-\alpha_2} \ldots (z - a_n)^{-\alpha_n} \, dz. \tag{1}$$

Dabei seien $a_1 < a_2 < \ldots < a_n$ beliebige reelle Zahlen, die α_i ebenfalls reell, jedoch den Bedingungen $-1 < \alpha_i < +1$, $\alpha_i \neq 0$, $i = 1, 2, \ldots, n$, und

$$\alpha_1 + \alpha_2 + \ldots + \alpha_n = 2 \tag{2}$$

unterworfen. In der oberen Halbebene $y \geqq 0$ sei $-\pi < \operatorname{arc}(z - a_i) \leqq \pi$ festgelegt, so daß

$$(z - a_i)^{-\alpha_i} = \exp\left[-\alpha_i \ln(z - a_i)\right] = \exp\left[-\alpha_i \ln|z - a_i| - j\,\alpha_i \operatorname{arc}(z - a_i)\right]$$

ist. Dann ist $g(z)$ in der Halbebene $y \geqq 0$ eindeutig und mit Ausnahme der n Punkte a_i regulär; für $z = \infty$ erkennt man die Regularität sofort mittels der Substitution $z = \dfrac{1}{z_1}$. Aus (1) folgt

$$\ln g'(z) = -\alpha_1 \ln(z - a_1) - \alpha_2 \ln(z - a_2) - \ldots - \alpha_n \ln(z - a_n) \tag{3}$$

und

$$\operatorname{arc} g'(z) = -\alpha_1 \operatorname{arc}(z - a_1) - \alpha_2 \operatorname{arc}(z - a_2) - \ldots - \alpha_n \operatorname{arc}(z - a_n).$$

---

[1] Vgl. etwa HORNICH, LV 16, S. 165, oder HURWITZ-COURANT, LV 17, S. 394.

Durchläuft der Punkt $z = x$ die reelle Achse im positiven Sinn, so ist in $(-\infty, a_1)$

$$\text{arc } (x - a_1) = \ldots = \text{arc } (x - a_n) = \pi,$$

in (a_1, a_2)

$$\text{arc } (x - a_1) = 0, \quad \text{arc } (x - a_2) = \ldots = \text{arc } (x - a_n) = \pi,$$

wobei der Punkt a_1 durch einen kleinen Halbkreis in der oberen Halbebene $y > 0$ zu umgehen ist. Entsprechendes gilt in allen folgenden Punkten $a_2, \ldots, a_n$. arc $g'(z)$ ist daher in jedem Intervall $(-\infty, a_1), (a_1, a_2), \ldots, (a_n, +\infty)$ konstant

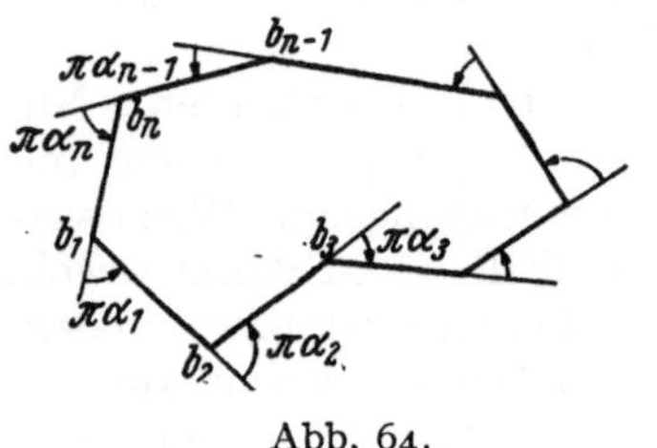

Abb. 64.

und dasselbe gilt nach § 23, (4) auch für arc ζ. Somit entspricht jedem dieser Intervalle in der ζ-Ebene ein Stück einer Geraden, und wenn z die x-Achse von $-\infty$ bis $+\infty$ durchläuft, beschreibt ζ einen Streckenzug $\mathfrak{P}_0$ in der ζ-Ebene. Beim Passieren von a_i (auf einem kleinen Halbkreis in der Halbebene $y > 0$) nimmt arc $(z - a_i)$ von π auf 0 ab, arc ζ' ändert sich also um $(-\pi)(-\alpha_i) = \alpha_i \pi$; das ist aber der Außenwinkel des Streckenzugs $\mathfrak{P}_0$ im Punkt $\zeta = b_i =$

$= g(a_i)$. Die Summe der Außenwinkel ist wegen (2) gleich $\sum \alpha_i \pi = 2\pi$, es ist also, wenn $\zeta_\infty = g(\infty)$ der dem Punkt $z = \infty$ entsprechende Punkt der ζ-Ebene ist, arc $(\zeta_\infty - b_n) = \text{arc } (b_1 - \zeta_\infty)$ und der Streckenzug ist ein geschlossenes Polygon mit den n Ecken $b_1, b_2, \ldots, b_n$ und den Außenwinkeln $\alpha_1 \pi, \alpha_2 \pi, \ldots, \alpha_n \pi$ (Abb. 64). $\mathfrak{P}_0$ ist konvex, wenn alle α_i positiv sind; zu negativen α_i gehören erhabene Winkel, die wir zulassen wollen, jedoch mit der Einschränkung, daß $\mathfrak{P}_0$ keine Überschneidungen (Doppelpunkte!) besitzt. Ich behaupte nun, daß die Funktion $\zeta = g(z)$ die schlichte und konforme Abbildung der oberen Hälfte $y > 0$ der z-Ebene auf das Innere des Polygons $\mathfrak{P}_0$ ist. Das folgt schon daraus, daß beim Durchlaufen der reellen Achse der z-Ebene im positiven Sinn die obere Halbebene ebenso zur Linken bleibt wie beim entsprechenden Durchlaufen von $\mathfrak{P}_0$ im positiven Sinn — eben wegen (2) — das Innere von $\mathfrak{P}_0$. Deutlicher sieht man das, wenn man das Integral

$$\frac{1}{2\pi j} \oint_{\mathfrak{P}_0} \frac{d\zeta}{\zeta - \zeta_0} = 1,$$

wo ζ_0 ein beliebiger Punkt im Innern von $\mathfrak{P}_0$ ist, durch $\zeta = g(z)$ in das über die reelle Achse erstreckte Integral

$$\frac{1}{2\pi j} \int_{-\infty}^{+\infty} \frac{g'(z)}{g(z) - \zeta_0} \, dz = 1$$

transformiert; nach § 25, 9 gibt dieses Integral gerade die Zahl der Nullstellen von $g(z) - \zeta_0$ in der oberen Halbebene $y > 0$ an; also nimmt $g(z)$ den Wert ζ_0 in der Halbebene $y > 0$ genau einmal an.

An Stelle von (1) betrachte ich nun etwas allgemeiner die Funktion

$$w = A \zeta + B = f(z) = A g(z) + B \tag{4}$$

mit beliebigen komplexen Konstanten $A \neq 0$ und B. Ich zerlege die Transformation (4) in $w_1 = |A| \zeta$ und $w = e^{j\alpha} w_1 + B$ mit $A = |A| e^{j\alpha}$; die erste bedeutet nach § 23, 2 eine Streckung vom Ursprung aus, also eine Ähnlichkeitstransformation, die zweite eine Bewegung in der w-Ebene (Drehung durch α um $w_1 = 0$ und Parallelverschiebung längs B). Das Polygon $\mathfrak{P}_0$ geht also durch (4) in ein ähnliches, aber im allgemeinen nicht ähnlich gelegenes Polygon $\mathfrak{P}$ über, dessen Außenwinkel dieselben sind wie die von $\mathfrak{P}_0$. Den Anfangspunkt z_0 kann ich noch in einen der Punkte a_i, etwa a_n verlegen, doch ist dann noch zu erklären, was im Fall $\alpha_n > 0$ unter dem Integral

$$\int\limits_{a_n}^{z} g'(z)\, dz \tag{5}$$

zu verstehen ist. Ist $z = x_0 > a_n$, so ist (5) ein reelles uneigentliches Integral, das aber wegen $\alpha_n < 1$ konvergiert (Band I, § 27, 2). Das über einen beliebigen, die Punkte a_n und z verbindenden Weg $\mathfrak{C}$ zu erstreckende Integral (6) erkläre ich nun durch

$$\int\limits_{a_n}^{z} g'(z)\, dz = \int\limits_{a_n}^{x_0} g'(x)\, dx + \int\limits_{x_0}^{z} g'(z)\, dz,$$

wobei das zweite Integral rechts über eine beliebige, x_0 mit z verbindende Kurve $\mathfrak{C}'$ zu erstrecken ist (Abb. 65). Im übrigen ist das reelle Integral

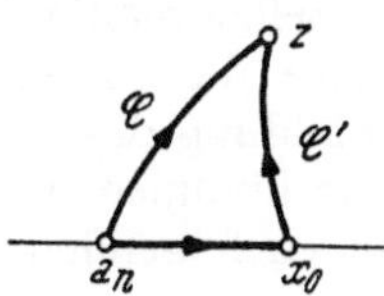

Abb. 65.

$$\int\limits_{a_i}^{a_{i+1}} g'(x)\, dx$$

immer ein uneigentliches, wenn α_i oder α_{i+1} oder beide positiv sind; es ist aber in unserem Fall, wo $\alpha_i < 1$ und $\alpha_{i+1} < 1$ ist, immer konvergent. Ist α_i und α_{i+1} negativ, so liegt überhaupt kein uneigentliches Integral vor.

Aus (1) und (4) folgt

$$\boxed{\; w = f(z) = A \int\limits_{a_n}^{z} (z - a_1)^{-\alpha_1}\,(z - a_2)^{-\alpha_2} \ldots (z - a_n)^{-\alpha_n}\, dz + B \;} \tag{6}$$

als allgemeiner Ausdruck der Abbildungsfunktion, die die obere Halbebene $\Im(z) > 0$ auf das Innere eines Polygons $\mathfrak{P}$ mit den Ecken $b_i = f(a_i)$ und den Außenwinkeln $\alpha_i \pi$ abbildet.

Ich gebe noch einige Hinweise über die Bestimmung der a_i bei gegebenen b_i und α_i, die in konkreten Fällen nützlich sein können. Wegen $b_n = f(a_n)$ und $\int\limits_{a_n}^{a_n} g'(z)\, dz = 0$ ist $B = b_n$; ferner wird

$$b_1 = f(a_1) = A \left[\, \int\limits_{a_n}^{+\infty} g'(x)\, dx + \int\limits_{-\infty}^{a_1} g'(x)\, dx \,\right] + b_n, \tag{7}$$

wodurch A bestimmt ist. Man sieht, daß a_n und a_1 (allgemeiner zwei beliebige der n Zahlen a_i) willkürlich angenommen werden können. Weiter ist a_2 so zu wählen, daß

$$b_2 = f(a_2) = b_1 + A \int\limits_{a_1}^{a_2} g'(x)\, dx \tag{8}$$

wird; es ist ja schon arc $(b_2 - b_1) = $ arc $(b_1 - b_n) + \alpha_1 \pi$, so daß es sich nur mehr um die Seitenlänge $|b_2 - b_1|$ handelt usw. Man kann außerdem noch einen der Punkte $a_i = \infty$ nehmen. Dazu genügt es, in (6) $\dfrac{1}{z - a_i}$ an Stelle von z als Veränderliche einzuführen oder, einfacher, etwa $A = A'(-a_1)^{\alpha_1}$ zu setzen $(i = 1)$ und dann $a_1 \to \infty$ gehen zu lassen. Führt man den Grenzübergang unter dem Integralzeichen durch — die gleichmäßige Konvergenz ist leicht nachzuweisen —, so wird der erste Faktor

$$\lim_{a_1 \to \infty} \left(\frac{z - a_1}{- a_1}\right)^{-\alpha_1} = \left[\lim_{a_1 \to \infty} \left(1 - \frac{z}{a_1}\right)\right]^{-\alpha_1} = 1 \tag{9}$$

und (6) geht über in

$$w = f(z) = A' \int_{a_n}^{z} (z - a_2)^{-\alpha_2} \ldots (z - a_n)^{-\alpha_n}\, dz + B. \tag{10}$$

Selbstverständlich kann man durch eine bilineare Transformation die obere Hälfte der z-Ebene auf das Innere des Einheitskreises abbilden und so zu einer Abbildung des Polygons auf den Einheitskreis entsprechend dem Riemannschen Satz kommen, vgl. das folgende Beispiel. Sonderfälle von (6) werde ich in den beiden folgenden Ziffern behandeln.

Als Beispiel gebe ich die Abbildung eines regelmäßigen n-Ecks auf das Innere des Einheitskreises. Die Ecken b_i können wir in der Form $b_i = e^{\frac{2 i \pi}{n} j}$, $i = 1, 2, \ldots, n$, annehmen; ferner ist $\alpha_i = \dfrac{2}{n}$. Es ist sehr naheliegend, zu versuchen, von (6) durch eine bilineare Transformation so auf den Einheitskreis zu gehen, daß die Ecken b_i Fixpunkte der zusammengesetzten Transformation werden. Eine derartige bilineare Transformation ist nach § 23, Aufgabe 2, mit $\alpha = 0$, $z_0 = j$

$$\zeta = \frac{z - j}{z + j};$$

daraus folgt

$$z = j\,\frac{1 + \zeta}{1 - \zeta}, \qquad dz = 2 j\,\frac{d\zeta}{(1 - \zeta)^2}$$

und

$$z - a_i = - (j + a_i)\,\frac{\zeta - a_i'}{\zeta - 1}, \qquad a_i' = \frac{a_i - j}{a_i + j} = e^{j\beta_i}.$$

Nimmt man also $\beta_i = \dfrac{2 i \pi}{n}$, so wird $a_i' = b_i$ und

$$a_i = - \cot \frac{i \pi}{n}.$$

Damit geht (6) über in

$$w = f(\zeta) = \overline{A} \int \left[\frac{(\zeta - b_1)(\zeta - b_2) \ldots (\zeta - b_n)}{(\zeta - 1)^n}\right]^{-\frac{2}{n}} \frac{d\zeta}{(\zeta - 1)^2} + B$$

und für $\overline{A} = 1$, $B = 0$

$$w = f(\zeta) = \int \frac{d\zeta}{\sqrt[n]{(\zeta^n - 1)^2}}. \tag{11}$$

4. Die Abbildung eines Dreiecks. Für $n = 3$ geht (6) mit $A = 1$, $B = 0$, Einführung der Innenwinkel $\alpha \pi = (1 - \alpha_1) \pi$ usw. und mit etwas geänderten Bezeichnungen über in

$$w = f(z) = \int_{c}^{z} (z - a)^{\alpha - 1} (z - b)^{\beta - 1} (z - c)^{\gamma - 1}\, dz = \int_{c}^{z} h(z)\, dz, \tag{12}$$

dabei ist $a < b < c$, $\alpha + \beta + \gamma = 1$ und daher jede der drei (positiven!) Zahlen α, β, γ kleiner als 1, es gibt beim Dreieck keine erhabenen Winkel (von Ausnahmefällen abgesehen, vgl. Aufgabe 3). Nach Ziffer 3 hat das Bilddreieck in der w-Ebene dann die in Abb. 66 angegebene Lage, wobei $p = f(a)$ reell und positiv ist, $q = f(b)$ einen positiven Imaginärteil hat und $r = f(c) = 0$ ist. Die Integrale

$$p = \int\limits_c^a h(x)\,dx = \int\limits_c^{+\infty} h(x)\,dx + \int\limits_{-\infty}^a h(x)\,dx, \quad q - p = \int\limits_a^b h(x)\,dx, \quad q = -\int\limits_b^c h(x)\,dx$$

geben nach Länge und Richtung die Seiten des Dreiecks.

Ich wiederhole: Die Funktion (12) bildet die obere Halbebene $\Im(z) > 0$ schlicht auf das Innere des Dreiecks Abb. 66 der w-Ebene ab. Die analytische Fortsetzung nach dem Spiegelungsprinzip gibt nun Folgendes: Die Spiegelung der z-Ebene an einer der drei Strecken $\overline{ab}$, $\overline{bc}$, $\overline{ca} = \overline{c \infty a}$ gibt eine Spiegelung des Dreiecks an einer der drei Strecken $\overline{pq}$, $\overline{qr}$, $\overline{rp}$; die Spiegelung an $\overline{ab}$ definiert die Funktion $f(z)$ in der ganzen, von b bis ∞ und von $-\infty$ bis a aufgeschnittenen Ebene, so daß ich, um zu einer eindeutigen Darstellung zu kommen, die untere Hälfte der z-Ebene bereits in 3 Exemplaren brauche, die bzw. längs $\overline{ab}$, $\overline{bc}$ und $\overline{c \infty a}$ mit $\Im(z) > 0$ zusammenhängen. Wiederholte Spiegelungen führen also zu einer unendlich vielblättrigen Riemannschen Fläche mit logarithmischen Verzweigungen in den Punkten a, b, c; die Verzweigungsschnitte werden wir am einfachsten

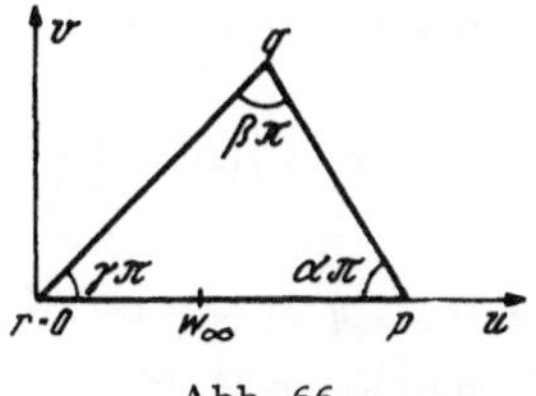

Abb. 66.

in die reellen Strecken $\overline{ab}$ und $\overline{bc}$ legen. Anderseits führen aber die wiederholten Spiegelungen des Dreiecks in der w-Ebene im allgemeinen nicht zu einer einfachen Überdeckung derselben, sondern zu einer Riemannschen Fläche der inversen Funktion $z = \varphi(w)$ mit Verzweigungspunkten in den Ecken p, q, r und in den aus ihnen durch die Spiegelungen entstehenden Punkten.

Es gibt aber Fälle, in denen man mit der einfachen w-Ebene auskommt, d. h. daß $\varphi(w)$ eine eindeutige Funktion wird. Das wird offenbar dann der Fall sein, wenn sich die durch wiederholte abwechselnde Spiegelungen des Dreiecks an den von einer Ecke ausgehenden Seiten entstehende Figur bereits auf der einfachen Ebene wieder schließt (bei rationalen α, β, γ wird das im allgemeinen auf endlich vielen Blättern der w-Ebene der Fall sein), d. h. wenn man nach einer geraden Anzahl von solchen Spiegelungen (nur dann kommt man ja zu einem kongruenten Dreieck) in der einfachen Ebene wieder zum ursprünglichen Dreieck zurückkommt. Dann muß der volle Winkel 2π ein gerades Vielfaches von $\alpha\pi$, $\beta\pi$ und $\gamma\pi$ sein, also $\alpha\pi . 2\lambda = 2\pi$ und

$$\alpha = \frac{1}{\lambda}, \qquad \beta = \frac{1}{\mu}, \qquad \gamma = \frac{1}{\nu}$$

mit positiven ganzen λ, μ, ν. Wegen $\alpha + \beta + \gamma = 1$ ist

$$\frac{1}{\lambda} + \frac{1}{\mu} + \frac{1}{\nu} = 1;$$

ich nehme noch $\lambda \leqq \mu \leqq \nu$, um die Lösung dieser diophantischen Gleichung zu erleichtern. Eine Lösung ist sofort zu erraten: $\lambda = \mu = \nu = 3$; bei jeder anderen Lösung muß $\lambda < 3$ sein; für $\lambda = 2$ folgt

$$\frac{1}{\mu} + \frac{1}{\nu} = \frac{1}{2},$$

also entweder $\mu = \nu = 4$ oder $\mu = 3$, $\nu = 6$ oder schließlich als Grenzfall $\mu = 2$, $\nu = \infty$. Für $\lambda = 1$ ergibt sich nur der Grenzfall $\mu = \nu = \infty$. Beide Grenzfälle sind zwar durch die ursprüngliche Voraussetzung $\beta > 0$, $\gamma > 0$ ausgeschlossen und führen auf keine Dreiecke im eigentlichen Sinn, sondern auf einen Halbstreifen mit zwei rechten Winkeln bzw. auf einen Parallelstreifen mit einem gestreckten Winkel und zwei Winkeln Null. Im ganzen ergeben sich also folgende Möglichkeiten:

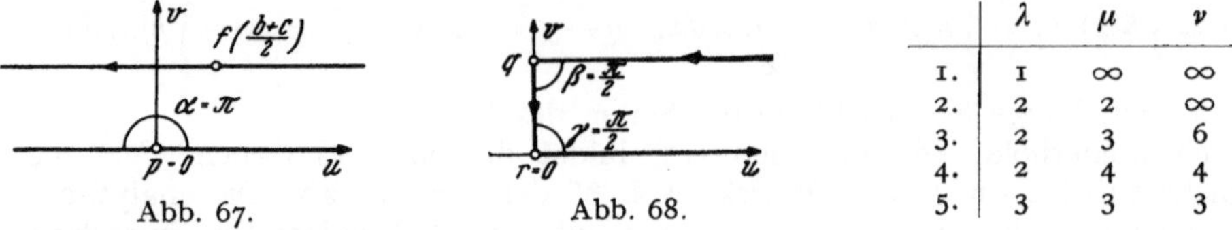

	λ	μ	ν
1.	1	∞	∞
2.	2	2	∞
3.	2	3	6
4.	2	4	4
5.	3	3	3

Abb. 67.   Abb. 68.

Im ersten Fall muß man nur beachten, daß der Integrand in den Punkten b und c Pole erster Ordnung hat; man wird daher den Anfangspunkt in einen von b, c verschiedenen Punkt verlegen. Es ergeben sich der Reihe nach folgende Integrale:

$$\text{1. } \quad w = f(z) = \int\limits_{a}^{z} \frac{dz}{(z-b)\,(z-c)} = \frac{1}{c-b}\left(\ln\frac{z-c}{z-b} - \ln\frac{a-c}{a-b}\right);$$

$p = 0, \; q = r = \infty$ (Abb. 67). Ist $z = x$ reell und $b < x < c$, so wird w imaginär, z. B. für $x = \dfrac{b+c}{2}$

$$f\left(\frac{b+c}{2}\right) = \frac{1}{c-b}\left(\pi\,j - \ln\frac{a-c}{a-b}\right);$$

$$\text{2. } \quad w = f(z) = \int\limits_{c}^{z} \frac{dz}{(z-a)\,\sqrt{(z-b)\,(z-c)}};$$

$$p = \infty, \quad q = \int\limits_{c}^{b} \frac{dx}{(x-a)\,\sqrt{(x-b)\,(x-c)}} = \frac{j\,\pi}{\sqrt{(b-a)\,(c-a)}}, \; r = 0 \text{ (Abb. 68)};$$

$$\text{3. } \quad w = \int\limits_{c}^{z} \frac{dz}{\sqrt[6]{(z-a)^3\,(z-b)^4\,(z-c)^5}}, \quad \text{insbesondere } w = \int\limits_{0}^{z} \frac{dz}{\sqrt[6]{z^5\,(1-z)^3}};$$

$$\text{4. } \quad w = \int\limits_{c}^{z} \frac{dz}{\sqrt[4]{(z-a)^2\,(z-b)^3\,(z-c)^3}}, \quad \text{insbesondere } w = \int\limits_{0}^{z} \frac{dz}{\sqrt[4]{z^3\,(1-z)^2}};$$

$$\text{5. } \quad w = \int\limits_{c}^{z} \frac{dz}{\sqrt[3]{(z-a)^2\,(z-b)^2\,(z-c)^2}}, \quad \text{insbesondere } w = \int\limits_{0}^{z} \frac{dz}{\sqrt[3]{z^2\,(1-z)^2}}.$$

Die Fälle 3 bis 5 definieren höhere transzendente Funktionen. Die angegebenen Sonderfälle ergeben sich bis auf konstante Faktoren für $a = 1, b = \infty$, $c = 0$, was durch eine bilineare Transformation stets erreichbar ist und den positiven Durchlaufungssinn auf der reellen Achse der z-Ebene ungeändert läßt. Diese Transformation läßt sich natürlich auch im Fall (12) ohneweiters durchführen und gibt (α, β statt γ, α geschrieben)

$$w = \int\limits_{0}^{z} z^{\alpha-1}(1-z)^{\beta-1}dz. \tag{13}$$

5. Die Abbildung eines Rechtecks. Um die Ermittlung der Abbildungsfunktion zu erleichtern, nehme ich das Rechteck in der w-Ebene in der speziellen
Lage der Abb. 69 an; ω_1 und ω_2 sind dabei zwei positive Zahlen. Da eine Spiegelung
an der imaginären Achse das Rechteck in sich überführt, werden die entsprechenden
Punkte auf der reellen Achse der z-Ebene sym-
metrisch zum Ursprung liegen. Dem Punkt $\dfrac{\omega_1}{2}$
entspreche also der Punkt $z = 1$, dem Punkt $\dfrac{\omega_1}{2} +$
$+ j\,\omega_2$ der Punkt $z = \dfrac{1}{k} > 1$, $0 < k < 1$; dann
entsprechen den Punkten $-\dfrac{\omega_1}{2}$ und $-\dfrac{\omega_1}{2} + j\,\omega_2$

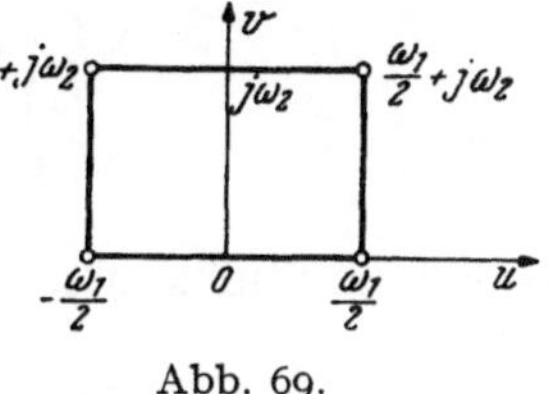

Abb. 69.

die Punkte $z = -1$ und $z = -\dfrac{1}{k}$. Aus Symmetriegründen entspricht ferner der
Punkt $w = 0$ dem Punkt $z = 0$ und der Punkt $w = j\,\omega_2 = w_\infty$ dem Punkt $z = \infty$.
Wegen $\alpha_i = \dfrac{1}{2}$ ergibt sich damit schon die Abbildungsfunktion

$$w = f(z) = \frac{1}{k}\int\limits_0^z \frac{dz}{\sqrt{(z^2 - 1)\left(z^2 - \dfrac{1}{k^2}\right)}} = \int\limits_0^z \frac{dz}{\sqrt{(1 - z^2)(1 - k^2 z^2)}} = \int\limits_0^z h(z)\,dz, \quad (14)$$

wo der Anfangspunkt der Bequemlichkeit halber in den Punkt $z = 0$ verlegt ist.
Zur Kontrolle rechnen wir noch: Erstens

$$J_1 = \frac{1}{k}\int\limits_0^1 \frac{dx}{\sqrt{\left(x + \dfrac{1}{k}\right)(x + 1)(x - 1)\left(x - \dfrac{1}{k}\right)}} = \frac{\omega_1}{2},$$

der Integrand ist reell und gibt bei positiv ausgezogener Wurzel (Hauptwert!)
einen positiven Wert $\dfrac{\omega_1}{2}$; zweitens

$$\int\limits_0^{\frac{1}{k}} h(x)\,dx = \frac{\omega_1}{2} + \frac{j}{k}\int\limits_1^{\frac{1}{k}} \frac{dx}{\sqrt{\left(x + \dfrac{1}{k}\right)(x + 1)(x - 1)\left(\dfrac{1}{k} - x\right)}} =$$

$$= \frac{\omega_1}{2} + j\,J_2 = \frac{\omega_1}{2} + j\,\omega_2,$$

man beachte hier die Multiplikation mit $e^{j\frac{\pi}{2}} = j$, der Integrand ist in $1 < x < \dfrac{1}{k}$
reell und positiv, J_2 gibt also einen positiven Wert ω_2; drittens

$$J_3 = \frac{1}{k}\int\limits_{\frac{1}{k}}^{\infty} \frac{dx}{\sqrt{\left(x + \dfrac{1}{k}\right)(x + 1)(x - 1)\left(x - \dfrac{1}{k}\right)}},$$

die Substitution $x = \dfrac{1}{k\,t}$ gibt

$$J_3 = -\frac{1}{k} \int_1^0 \frac{dt}{k\, t^2 \sqrt{\left(\frac{1}{k\,t}+\frac{1}{k}\right)\left(\frac{1}{k\,t}+1\right)\left(\frac{1}{k\,t}-1\right)\left(\frac{1}{k\,t}-\frac{1}{k}\right)}} =$$

$$= \frac{1}{k} \int_0^1 \frac{dt}{\sqrt{(1+t)\left(\frac{1}{k}+t\right)\left(\frac{1}{k}-t\right)(1-t)}} = \frac{\omega_1}{2},$$

so daß (Multiplikation von J_3 mit $e^{j\frac{\pi}{2}} \cdot e^{j\frac{\pi}{2}} = j^2 = -1$) richtig

$$J_1 + j\,J_2 - J_3 = \frac{\omega_1}{2} + j\,\omega_2 - \frac{\omega_1}{2} = j\,\omega_2$$

ist; viertens

$$J_4 = \frac{1}{k} \int_0^{-1} \frac{dx}{\sqrt{\left(x+\frac{1}{k}\right)(x+1)(1-x)\left(\frac{1}{k}-x\right)}},$$

die Substitution $x = -t$ gibt

$$J_4 = -\frac{1}{k} \int_0^1 \frac{dt}{\sqrt{\left(-t+\frac{1}{k}\right)(-t+1)(1+t)\left(\frac{1}{k}+t\right)}} = -J_1 = -\frac{\omega_1}{2}$$

und schließlich fünftens

$$\frac{1}{k} \int_0^{-\frac{1}{k}} h(x)\,dx = J_4 + \int_{-1}^{-\frac{1}{k}} h(x)\,dx = -\frac{\omega_1}{2} + j\,\omega_2.$$

Damit ist gezeigt, daß die Abbildung (14) tatsächlich allen Annahmen entspricht.

Ich bezeichne die Seiten unseres Rechtecks mit a, b, c, d (a und c haben die Länge ω_1, b und d die Länge ω_2) und die entsprechenden Strecken auf der x-Achse mit a', b', c', d' (Abb. 70 und 71). Jeder Spiegelung des Rechtecks an einer seiner Seiten, etwa a, entspricht eine Spiegelung der oberen Halbebene $\Im(z) > 0$ an der entsprechenden Strecke a', das doppelte Rechteck I und II der Abb. 70 wird also

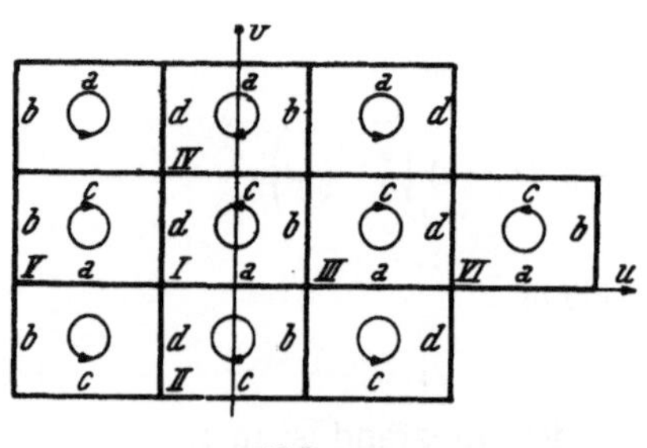

Abb. 70.

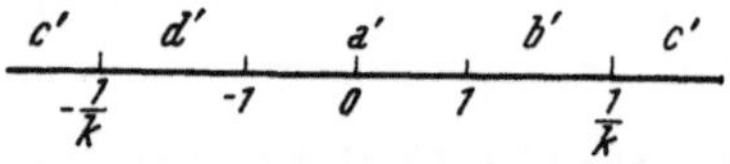

Abb. 71.

auf die ganze, von $-\infty$ bis -1 und von $+1$ bis $+\infty$ aufgeschnittene z-Ebene abgebildet. Den Rechtecken II bis V der Abb. 70 entsprechen also vier Blätter der unteren Halbebene, die mit der oberen Halbebene bzw. längs der Strecken a', b', c', d' zusammenhängen. Setzen wir diese Spiegelungen fort, so ergibt sich ähnlich wie in den fünf Sonderfällen von Ziffer 4 eine schlichte Überdeckung der w-Ebene mit unendlich vielen Rechtecken, der eine unendlich oft abgebildete zweiblättrige Riemannsche Fläche mit den Verzweigungspunkten ± 1, $\pm\frac{1}{k}$ entspricht; dabei handelt es sich um Verzweigungspunkte erster Ordnung, die in diesen vier Punkten übereinanderliegen (man betrachte vier Rechtecke der Abb. 70 mit einer gemeinsamen Ecke). Die Umkehrfunktion $z = \varphi(w)$ ist also in der ganzen w-Ebene eindeutig. Die zweimalige Spiegelung von I nach rechts führt über III nach VI, einem zu I gleichsinnig kongruenten Rechteck, das sich also aus I auch durch die Parallelverschiebung $w^* = w + 2\,\omega_1$ ergibt. Ebenso ist eine zweimalige Spiegelung von I nach oben äquivalent mit einer Parallelverschiebung $w^{**} = w + 2\,j\,\omega_2$ von I. Durch jede zweimalige Spiegelung und allgemeiner durch eine beliebige gerade Anzahl von Spiegelungen kommt man also immer wieder zu denselben Werten z. Für die Umkehrfunktion $z = \varphi(w)$ gilt also

$$\varphi\,(w + 2\,\omega_1) = \varphi\,(w + 2\,j\,\omega_2) = \varphi(w)$$

oder allgemeiner

$$\varphi\,(w + 2\,m\,\omega_1 + 2\,n\,j\,\omega_2) = \varphi(w), \quad m, n = 0, \pm 1, \pm 2, \ldots \tag{15}$$

Die Funktion $\varphi(w)$ ist also eine periodische Funktion, aber mit zwei verschiedenen Perioden $2\,\omega_1$ und $2\,j\,\omega_2$; man spricht von einer *doppeltperiodischen Funktion*. Unsere eindeutige doppeltperiodische Funktion $z = \varphi(w)$ ist eines der einfachsten Beispiele einer *elliptischen Funktion* (§ 34, 6).

6. Ebene Felder. Ich habe in § 22, 6 schon kurz auf den engen Zusammenhang hingewiesen, der zwischen den grundlegenden Eigenschaften der regulären Funktionen und der Strömungslehre besteht. Es ist klar, daß man den Feldvektor eines ebenen Feldes auch anders deuten kann als als Geschwindigkeit einer Strömung. Allerdings gibt das Strömungsfeld eine besonders anschauliche Deutung und die Feldtheorie hat sich vornehmlich an dieser speziellen Deutung entwickelt; viele Ausdrücke, wie Wirbel, Zirkulation, Fluß usw. weisen deutlich auf diesen Ursprung der Feldtheorie hin. Die Anwendungsmöglichkeiten der Theorie erstrecken sich aber selbstverständlich auch auf beliebige andere physikalische Felder, wie z. B. auf die elektrischen und magnetischen Felder. Während die Behandlung der räumlichen Felder am besten mit den Methoden der Tensoranalysis erfolgt (Band II, §§ 29 und 30), hat man bei den ebenen Feldern auch noch alle Möglichkeiten offen, die sich aus dem Zusammenhang mit der Theorie der komplexen Funktionen ergeben.

Ein Feld, das in der vollen Ebene quellenfrei ist, verschwindet (Satz von LIOUVILLE, § 24, 6); sein Potential ist konstant und kann insbesondere gleich Null genommen werden, da ja das Potential stets nur bis auf eine willkürliche Konstante bestimmt ist. Wenn wir von diesem völlig trivialen Fall absehen, wird es also in einem Feld stets Quellen geben; man unterscheidet

a) Quellgebiete, in denen die Divergenz eine Funktion des Ortes ist, die höchstens in einzelnen Punkten oder längs einzelner Linien verschwindet;

b) isolierte Quellinien, längs welcher die Divergenz unendlich ist, während in der Umgebung das Feld quellenfrei ist, die Divergenz also verschwindet, und schließlich

c) isolierte Quellpunkte, in denen ebenfalls die Divergenz unendlich ist, während sie in der Umgebung verschwindet.

Ähnliches gilt für die Wirbel eines Feldes, auch hier unterscheidet man Wirbelgebiete, Wirbellinien und Wirbelpunkte; da aber die Wirbel des Hauptfeldes Quellen des Querfeldes sind und umgekehrt, ihre Eigenschaften also unmittelbar aus denen der Quellen folgen, kann man sich ihre nähere Untersuchung ersparen.

Ich beschränke mich im folgenden auf isolierte Quellpunkte. Grundlegend für die Untersuchung bestimmter Felder ist das sogenannte *Superpositionsprinzip*, das eine unmittelbare Folge der Linearität der Laplaceschen Differentialgleichung

$\Delta u = 0$ ist: Das von mehreren Quellpunkten (oder Quellinien bzw. Quellflächen) erzeugte Feld ergibt sich durch additive Überlagerung der durch die einzelnen Quellen erzeugten Felder, d. h. durch Addition ihrer Potentiale. Hat man einen einzigen Quellpunkt in $z = 0$, so nimmt man das komplexe Potential des durch ihn erzeugten Feldes in der Form ($z = r\,e^{j\varphi}$)

$$f(z) = A \ln z = A\,(\ln r + j\,\varphi) \qquad (16)$$

mit reellem A an[1]; dann ist

$$u = A \ln r = A \ln \sqrt{x^2 + y^2}, \quad v = A\,\varphi = A \arctan \frac{y}{x}.$$

Schreibt man

$$f(z) = A \int \frac{dz}{z},$$

so folgt aus

$$A \oint_{\mathfrak{C}} \frac{dz}{z} = 2\,\pi\,A\,j,$$

wenn $\mathfrak{C}$ den Nullpunkt umschlingt, daß der Fluß des von der Quelle erzeugten Feldes durch $\mathfrak{C}$ gleich $q = 2\,\pi\,A$, also für alle Kurven $\mathfrak{C}$ konstant ist. Man nennt q

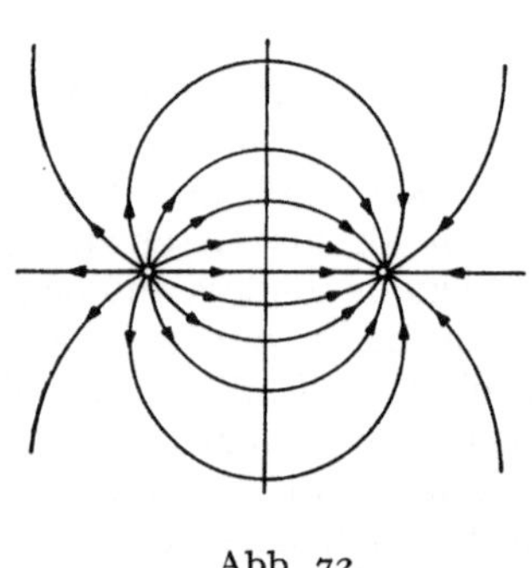

Abb. 72.

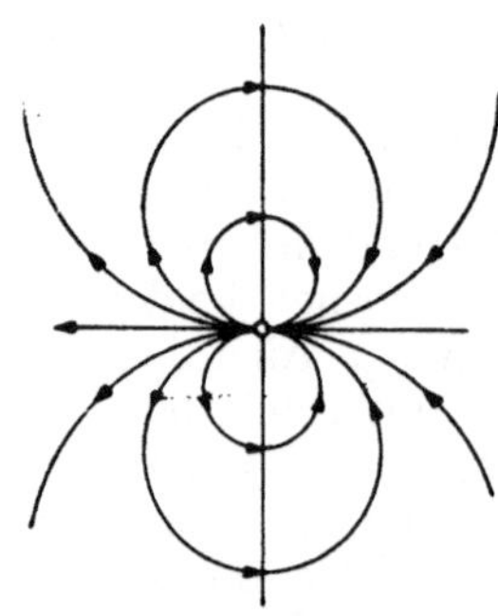

Abb. 73.

die *Ergiebigkeit* der Quelle. Die Feldlinien sind die Geraden durch die Quelle $z = 0$, die bei $q > 0$ von $z = 0$ weg nach außen, bei $q < 0$ aber zum Punkt $z = 0$ hin orientiert sind; die Niveaulinien sind die Kreise um $z = 0$. Quellen negativer Ergiebigkeit nennt man auch *Senken*.

Hat man im Punkt $z = -a$, $a > 0$, reell, eine Quelle der Ergiebigkeit $q > 0$ und im Punkt $z = a$ eine Senke der Ergiebigkeit $-q$, so entsteht durch Superposition der beiden Felder das komplexe Potential

$$f(z) = \frac{q}{2\,\pi} \ln (z + a) - \frac{q}{2\,\pi} \ln (z - a) = \frac{q}{2\,\pi} \ln \frac{z + a}{z - a}, \qquad (17)$$

setzt man $z + a = r_1\,e^{j\varphi_1}$, $z - a = r_2\,e^{j\varphi_2}$, so wird

$$f(z) = \frac{q}{2\,\pi} \left[\ln \frac{r_1}{r_2} + j\,(\varphi_1 - \varphi_2) \right]$$

und daher

$$u = \frac{q}{2\,\pi} \ln \frac{r_1}{r_2}, \quad v = \frac{q}{2\,\pi}\,(\varphi_1 - \varphi_2) = -\frac{q}{2\,\pi}\,\varphi,$$

wo $\varphi = \varphi_2 - \varphi_1$ der Winkel ist, den die beiden Radien im Punkt z miteinander einschließen. Die Feldlinien sind also Kreise durch die Punkte $-a$ und a (Abb. 72), orientiert von $-a$ nach a; die Niveaulinien sind die dazu orthogonalen Kreise.

---

[1] Es ist experimentell leicht zu zeigen, daß die Stromlinien einer Punktquelle P die Geraden durch P und die Niveaulinien die konzentrischen Kreise mit dem Mittelpunkt P sind; das führt aber nach § 23, 5 sofort auf (16).

Ich lasse nun $a \to 0$ gehen; dabei möge zugleich $q \to \infty$ gehen, und zwar so, daß das *Moment* $M = 2\,a\,q > 0$ konstant bleibt. Das Resultat ist ein sogenannter *Dipol* (Doppelquelle) vom Moment M, der physikalisch natürlich stets nur näherungsweise durch zwei sehr nahe aneinanderliegende Quellen von entgegengesetzt gleicher Ergiebigkeit realisierbar ist. Die beiden Kreisbüschel gehen in parabolische Büschel über, Feld- und Niveaulinien sind Kreise, die im Ursprung die x-Achse bzw. die y-Achse berühren (Abb. 73).

Wegen (Entwicklung nach Potenzen von a)

$$\ln \frac{z+a}{z-a} = \frac{2\,a}{z} + \frac{2\,a^3}{z^3} + \cdots$$

wird aus (17)

$$\lim_{a \to 0} f(z) = \frac{M}{4\,\pi} \lim_{a \to 0} \frac{1}{a}\left(\frac{2\,a}{z} + \frac{2\,a^3}{z^3} + \cdots\right) = \frac{M}{2\,\pi\,z} \tag{18}$$

und

$$u = \frac{M\,x}{2\,\pi\,(x^2 + y^2)}\,, \qquad v = \frac{-M\,y}{2\,\pi\,(x^2 + y^2)}\,.$$

Ein Feld heißt *homogen*, wenn der Feldvektor im ganzen Bereich konstant ist; die Feldlinien sind parallele Gerade, orientiert in der Richtung des Feldvektors, die Niveaulinien die dazu senkrechten, ebenfalls untereinander parallelen Geraden[1]. Ein homogenes Feld läßt sich durch das komplexe Potential $c\,z$ beschreiben, $c = (c\,z)'$ ist dann der konstante Feldvektor.

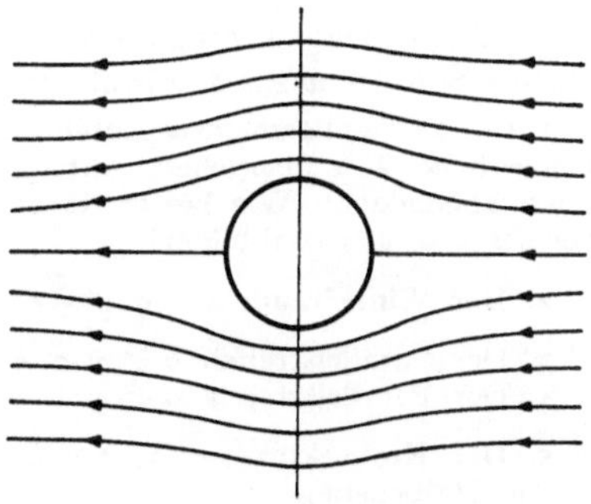

Die Überlagerung des Dipolfeldes (18) mit dem homogenen Feld $c\,z$, $c > 0$, reell, gibt

Abb. 74.

$$f(z) = c\,z + \frac{M}{2\,\pi\,z} = \left(c\,r + \frac{M}{2\,\pi\,r}\right)\cos\varphi + j\left(c\,r - \frac{M}{2\,\pi\,r}\right)\sin\varphi, \tag{19}$$

also

$$u = \left(c\,r + \frac{M}{2\,\pi\,r}\right)\cos\varphi, \qquad v = \left(c\,r - \frac{M}{2\,\pi\,r}\right)\sin\varphi.$$

Für die Stromlinie $v = 0$ ist entweder $\sin\varphi = 0$ oder $c\,r - \dfrac{M}{2\,\pi\,r} = 0$, daher

$$r = \sqrt{\frac{M}{2\,\pi\,c}} = r_0 \tag{20}$$

Diese Stromlinie setzt sich also aus der x-Achse und einem Kreis um den Ursprung mit dem Radius r_0 zusammen. Das Zustandekommen dieses Kreises erklärt sich daraus, daß die Geschwindigkeit der Dipolströmung (18) längs der x-Achse gleich $-\dfrac{M}{2\,\pi\,x^2}$ ist, also, wie Abb. 73 zeigt, im Ursprung unendlich ist und links und rechts davon asymptotisch gegen Null geht. Es wird also zwei symmetrisch zum Ursprung gelegene Punkte geben, wo diese Geschwindigkeit entgegengesetzt gleich der nach rechts gerichteten Geschwindigkeit c der Parallelströmung ist. Derartige Punkte mit der Strömungsgeschwindigkeit Null heißen *Staupunkte*; sie ergeben sich aus $c = \dfrac{M}{2\,\pi\,x^2}$ sofort mit $x = \pm r_0$. Die resultierende Strömung, die als *Ausweichströmung* bezeichnet wird, zeigt Abb. 74.

---

[1] Ein homogenes Feld ergibt sich entweder aus (17) für $a \to \infty$, wo jetzt $\dfrac{q}{a}$ konstant sein muß, oder als Feld von zwei parallelen geraden Quellinien mit entgegengesetzt gleicher Quelldichte (Ergiebigkeit pro Längeneinheit).

Ich erwähne noch, daß man aus (16) bei rein imaginärem A oder aus dem Querfeld mit reellem A eine reine Wirbelströmung erhält, deren Feldlinien Kreise um $z = 0$ sind. Superponiert man eine solche Wirbelströmung, für die der Kreis (20) ebenfalls eine Stromlinie ist, dem Feld (19), so ergeben sich weitere Ausweichströmungen um einen Kreis, die für verschiedene Anwendungen von Bedeutung sind. Strömungen um kompliziertere Gebilde, z. B. um das Profil der Tragfläche eines Flugzeugs, kann man dadurch behandeln, daß man das Profil konform auf einen Kreis abbildet und dann wie oben vorgeht. Auf die Bedeutung der konformen Abbildung für die Behandlung zahlreicher physikalischer und technischer Probleme habe ich schon hingewiesen. Im Grund handelt es sich dabei um die Lösung von Randwertaufgaben der Laplaceschen Differentialgleichung $\Delta u = 0$ und ihrer Verallgemeinerungen.

Aufgaben.

Mit Ausnahme von Aufgabe 8 sind alle im folgenden angegebenen Gebiete auf die obere Hälfte $v > 0$ der w-Ebene abzubilden ($z = x + j\,y = r\,e^{j\varphi}$, $w = u + j\,v$).

1. $r < 1$, die allgemeinste Abbildung und der Sonderfall, bei dem die Punkte $z = -1, 1, j$ in $w = 0, \infty, -1$ übergehen. Auf welches Gebiet der w-Ebene wird der Halbkreis $r < 1$, $y > 0$ abgebildet? Wie lautet die Transformation, die diesen Halbkreis auf die Viertelebene $u > 0$, $v > 0$ abbildet?

2. Der Winkelraum $0 < \varphi < \dfrac{\pi}{\alpha}$, $\alpha > 0$.

3. Der Parallelstreifen $0 < y < a$, $a > 0$, reell.

4. Der Parallelstreifen $0 < y - x < 1$.

5. Der Kreissektor $r < 1$, $0 < \varphi < \dfrac{\pi}{\alpha}$; Sonderfall $\alpha = 1$ (Abbildung des Halbkreises auf die Halbebene).

6. Das symmetrische Kreisbogenzweieck mit den Ecken a, b und dem Winkel $\dfrac{\pi}{\alpha}$.

7. Der Halbstreifen $x > 0$, $0 < y < \pi$ (vergleiche Ziffer 4).

*8. Das aus dem Halbstreifen $u \geqq 0$, $-d < v < 0$ und dem Quadranten $u < 0$, $-d < v < \infty$ ($d > 0$) zusammengesetzte Gebiet (Abb. 75) der w-Ebene auf die obere Hälfte $y > 0$ der z-Ebene abzubilden.

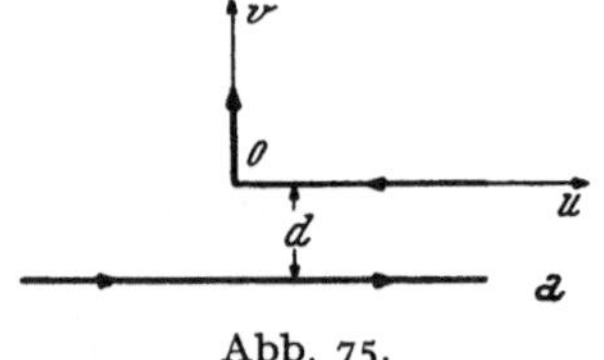

Abb. 75.

9. Das sichelförmige Gebiet zwischen zwei Kreisen mit den Radien a und $b > a$, deren Mittelpunkte auf der positiven x-Achse liegen und die einander im Ursprung berühren.

10. Das Innere einer Parabel.

11. Das Innere einer Ellipse.

12. Das Innere eines Hyperbelastes.

13. Das Äußere einer Hyperbel.

§ 28. Das Poissonsche Integral und die erste Randwertaufgabe der Potentialtheorie.

1. Das Poissonsche Integral. Wir sind in § 24, 5—6 auf zwei wichtige, aber bis jetzt unbeantwortete Fragen gestoßen. Erstens: Läßt sich aus der Tatsache, daß auf Grund der Cauchyschen Formel die Werte einer regulären Funktion im Innern $\mathfrak{G}$ einer geschlossenen Kurve eindeutig durch die Randwerte bestimmt sind, durch Trennung von reellem und imaginären Teil eine reelle reguläre Funktion $u(x, y)$ definieren, und zweitens: wenn das der Fall ist, inwieweit stimmen die Randwerte dieser Funktion $u(x, y)$ mit den vorgegebenen reellen Randwerten überein, so daß $u(x, y)$ eine Lösung der ersten Randwertaufgabe der Potentialtheorie ist? Ich werde im folgenden die Antwort auf diese beiden Fragen und damit die Lösung der ersten Randwertaufgabe für ein Kreisgebiet $\mathfrak{G}$ geben. Die erste Frage ist dabei verhältnismäßig einfach mittels einer von POISSON angegebenen Umformung der Cauchyschen Formel zu beantworten.

Es sei $\mathfrak{C}$ der Kreis $|\zeta| = R$ und z ein Punkt im Innern von $\mathfrak{C}$, also $|z| < R$. Dann ist nach der Cauchyschen Formel § 24, (26)

$$f(z) = \frac{1}{2\pi j} \oint_{\mathfrak{C}} \frac{f(\zeta)\,d\zeta}{\zeta - z}, \tag{1}$$

wenn $f(z)$ eine im Innern von $\mathfrak{C}$ reguläre und auf $\mathfrak{C}$ selbst stetige Funktion ist. Für den an $\mathfrak{C}$ gespiegelten Punkt

$$z^* = \frac{R^2}{\bar{z}}$$

gilt

$$0 = \frac{1}{2\pi j} \oint_{\mathfrak{C}} \frac{f(\zeta)\,d\zeta}{\zeta - z^*}, \tag{2}$$

da z^* im Äußern von $\mathfrak{C}$ liegt und der Integrand somit im Innern von $\mathfrak{C}$ überall regulär und längs $\mathfrak{C}$ stetig ist. Setzen wir

$$\zeta = R\,e^{j\vartheta}, \quad f(\zeta) = u(\vartheta) + j\,v(\vartheta),$$

so folgt aus (1)

$$f(z) = \frac{1}{2\pi} \int_0^{2\pi} \frac{u(\vartheta) + j\,v(\vartheta)}{\zeta - z}\, R\,e^{j\vartheta}\,d\vartheta = \frac{1}{2\pi} \int_0^{2\pi} \frac{\zeta}{\zeta - z}\,[u(\vartheta) + j\,v(\vartheta)]\,d\vartheta \tag{3}$$

und aus (2)

$$0 = \frac{1}{2\pi} \int_0^{2\pi} \frac{\zeta}{\zeta - z^*}\,[u(\vartheta) + j\,v(\vartheta)]\,d\vartheta.$$

Gehen wir hier zu den konjugierten Werten über, wobei $\bar{\zeta} = \dfrac{R^2}{\zeta}$ und $\bar{z}^* = \dfrac{R^2}{z}$ ist, so wird

$$0 = \frac{1}{2\pi} \int_{2\pi}^{0} \frac{\dfrac{R^2}{\zeta}}{\dfrac{R^2}{\zeta} - \dfrac{R^2}{z}}\,[u(\vartheta) - j\,v(\vartheta)]\,d\vartheta$$

oder

$$0 = \frac{1}{2\pi} \int_0^{2\pi} \frac{z}{\zeta - z}\,[u(\vartheta) - j\,v(\vartheta)]\,d\vartheta.$$

Addition zu (3) gibt

$$f(z) = \frac{1}{2\pi} \int_0^{2\pi} \frac{\zeta + z}{\zeta - z}\,u(\vartheta)\,d\vartheta + \frac{j}{2\pi} \int_0^{2\pi} v(\vartheta)\,d\vartheta. \tag{4}$$

Setzt man wie gewöhnlich $\Re(f(z)) = u(x, y)$, so ist der Realteil von (4)

$$u(x, y) = \frac{1}{2\pi} \int_0^{2\pi} \Re\!\left(\frac{\zeta + z}{\zeta - z}\right) u(\vartheta)\,d\vartheta \tag{5}$$

und für $z = r\,e^{j\varphi}$

$$u(x, y) = \frac{1}{2\pi} \int_0^{2\pi} \Re\!\left(\frac{R\,e^{j\vartheta} + r\,e^{j\varphi}}{R\,e^{j\vartheta} - r\,e^{j\varphi}}\right) u(\vartheta)\,d\vartheta,$$

was nach einer einfachen Umformung endgültig

$$\boxed{u(x, y) = \frac{1}{2\pi} \int_0^{2\pi} \frac{(R^2 - r^2)\,u(\vartheta)\,d\vartheta}{R^2 + r^2 - 2\,R\,r\cos(\varphi - \vartheta)}} \tag{6}$$

gibt. Das Integral rechter Hand heißt *Poissonsches Integral*. Die Formel (6) stellt zunächst einmal den Zusammenhang zwischen den Werten einer vorgegebenen harmonischen Funktion $u(x, y)$ im Innern des Kreises $\mathfrak{C}$ und ihren Randwerten dar. Sie definiert darüber hinaus, wenn die Randwerte $u(\vartheta)$ als stetige Funktionen des Winkels ϑ gegeben sind, eine im Innern von $\mathfrak{C}$ harmonische Funktion $u(x, y)$. Die Frage ist aber noch offen, ob diese Funktion $u(x, y)$ auch die gegebenen Randwerte wirklich annimmt, d. h. ob für jeden beliebigen Punkt (R, ϑ_0) des Randes die Beziehung

$$\lim_{(r,\,\varphi)\,\to\,(R,\,\vartheta_0)} u(r, \varphi) = u(\vartheta_0) \tag{7}$$

gilt, wobei links an Stelle von x, y die Argumente r, φ (Polarkoordinaten) genommen sind, also $u(r \cos \varphi, r \sin \varphi)$ — nicht ganz konsequent — kurz mit $u(r, \varphi)$ bezeichnet ist. Erst wenn (7) bewiesen ist, und zwar für eine beliebige gegebene stetige Funktion $u(\vartheta)$, $0 \leq \vartheta \leq 2\pi$, $u(0) = u(2\pi)$, stellt (6) wirklich die Lösung der ersten Randwertaufgabe für den Kreis dar.

Ich erwähne noch, daß sich für den Imaginärteil $v(x, y) = \mathfrak{J}(f(z))$ von (4) in ähnlicher Weise

$$v(x, y) = \frac{1}{2\pi} \int_0^{2\pi} \left[\mathfrak{J}\left(\frac{\zeta + z}{\zeta - z} \right) u(\vartheta) + v(\vartheta) \right] d\vartheta$$

oder, wie man leicht nachrechnet,

$$v(x, y) = \frac{1}{\pi} \int_0^{2\pi} \frac{R\,r \sin(\varphi - \vartheta)\,u(\vartheta)\,d\vartheta}{R^2 + r^2 - 2\,R\,r \cos(\varphi - \vartheta)} + C \tag{8}$$

ergibt, wo

$$C = \frac{1}{2\pi} \int_0^{2\pi} v(\vartheta)\,d\vartheta$$

der Mittelwert von v längs der Kreisperipherie ist.

2. Die Randwerte einer harmonischen Funktion. Ich schreibe (6) in der Form

$$u(r, \varphi) = \int_0^{2\pi} F(r, \varphi, \vartheta)\,u(\vartheta)\,d\vartheta, \tag{9}$$

wo

$$F(r, \varphi, \vartheta) = \frac{1}{2\pi} \frac{R^2 - r^2}{R^2 + r^2 - 2\,R\,r \cos(\varphi - \vartheta)} \tag{10}$$

ist. Die Funktion $F(r, \varphi, \vartheta)$ hat folgende Eigenschaften: Es ist für $r < R$

$$F(r, \varphi, \vartheta) > 0; \tag{11}$$

ferner folgt aus (9) für $u(x, y) \equiv 1$

$$\int_0^{2\pi} F(r, \varphi, \vartheta)\,d\vartheta = 1 \tag{12}$$

und schließlich gilt für beliebige ϑ_0 ($0 < \vartheta_0 < 2\pi$) und für hinreichend kleine $\delta > 0$

$$\lim_{(r,\,\varphi)\,\to\,(R,\,\vartheta_0)} \int_{\vartheta_0 - \delta}^{\vartheta_0 + \delta} F(r, \varphi, \vartheta)\,d\vartheta = 1. \tag{13}$$

Zum Beweis betrachte ich das über den Rest von $\mathfrak{C}$ erstreckte Integral

$$J = \int_0^{\vartheta_0 - \delta} F\,d\vartheta + \int_{\vartheta_0 + \delta}^{2\pi} F\,d\vartheta; \tag{14}$$

da F eine stetige Funktion ihrer Argumente ist, solange nicht zugleich $r = R$ und $\varphi = \vartheta + 2\,k\,\pi$ ($k = 0, \pm 1, \pm 2, \ldots$ beliebig) ist, und da

$$F(r, \varphi, \vartheta) = 0$$

für $r = R$, $\varphi \neq \vartheta + 2\,k\,\pi$ gilt, ist sicher

$$\lim_{(r,\,\varphi)\,\to\,(R,\,\vartheta_0)} J = 0.$$

Wegen (12) ist aber

$$\int_{\vartheta_0 - \delta}^{\vartheta_0 + \delta} F\, d\vartheta = 1 - J,$$

woraus jetzt unmittelbar (13) folgt.

Es sei weiter

$$M = \mathrm{Max}\,|u(\vartheta_1) - u(\vartheta_2)|$$

für beliebige ϑ_1, ϑ_2 und

$$M_\delta = \mathrm{Max}\,|u(\vartheta_1) - u(\vartheta_2)|,$$

wenn ϑ_1 und ϑ_2 der Beschränkung

$$|\vartheta_1 - \vartheta_2| \leqq 2\,\delta$$

mit $0 < \delta < \pi$ unterworfen sind. $u(\vartheta)$ ist dabei eine beliebige, im Intervall $0 \leqq \vartheta \leqq 2\,\pi$ definierte stetige Funktion mit $u(0) = u(2\,\pi)$, die wir außerhalb dieses Intervalls durch periodische Fortsetzung erklären, und ϑ_0 ein beliebiger fester Wert von ϑ. Multiplikation von (12) mit $u(\vartheta_0)$ gibt

$$u(\vartheta_0) = \int_0^{2\pi} F(r, \varphi, \vartheta)\, u(\vartheta_0)\, d\vartheta;$$

durch Subtraktion dieser Gleichung von (9) folgt weiter wegen (11)

$$|u(r, \varphi) - u(\vartheta_0)| \leqq \int_0^{2\pi} F(r, \varphi, \vartheta)\, |u(\vartheta) - u(\vartheta_0)|\, d\vartheta.$$

Das Integral rechts zerlege ich wie oben in (13) und (14); dann ist

$$\int_{\vartheta_0 - \delta}^{\vartheta_0 + \delta} F(r, \varphi, \vartheta)\, |u(\vartheta) - u(\vartheta_0)|\, d\vartheta \leqq M_\delta \int_{\vartheta_0 - \delta}^{\vartheta_0 + \delta} F(r, \varphi, \vartheta)\, d\vartheta$$

und wegen (12) das Restintegral

$$|J| \leqq M \left[1 - \int_{\vartheta_0 - \delta}^{\vartheta_0 + \delta} F(r, \varphi, \vartheta)\, d\vartheta \right].$$

Nun ist bei genügend kleinem δ wegen der Stetigkeit von $u(\vartheta)$

$$M_\delta < \varepsilon$$

und wegen (13) auch

$$|J| < \varepsilon,$$

also

$$|u(r, \varphi) - u(\vartheta_0)| < 2\,\varepsilon,$$

wenn r genügend nahe an R und φ genügend nahe an ϑ_0 gewählt wird. Somit gilt (7), und die durch (9) definierte Funktion $u(r, \varphi)$ konvergiert überall gegen die vorgegebenen Randwerte $u(\vartheta)$. Diese Konvergenz ist, wie man unmittelbar sieht, sogar eine gleichmäßige.

3. Das Maximum-Minimum-Prinzip und die Reihenentwicklung harmonischer Funktionen. Der enge Zusammenhang zwischen den komplexen regulären Funktionen und den harmonischen Funktionen bringt es mit sich, daß alle Sätze über die ersteren ein reelles Gegenstück bei den letzteren haben. So ist die schon erwähnte Tatsache, daß die harmonischen Funktionen (im Reellen) regulär sind, also in der Umgebung jedes Punktes in konvergente Potenzreihen entwickelt werden können, eine unmittelbare Folge der Entwickelbarkeit der regulären komplexen Funktionen. Der Begriff der analytischen Fortsetzung läßt sich demgemäß ebenfalls übertragen; man spricht hier von einer *harmonischen Fortsetzung*.

Die Poissonsche Formel ist, wie die ganze Herleitung zeigt, im Grunde dasselbe wie die Cauchysche Integralformel, ins Reelle übertragen. Mitunter lassen sich die Sätze über die harmonischen Funktionen sogar noch etwas allgemeiner formulieren als die entsprechenden Sätze über die komplexen Funktionen. Das gilt z. B. für das Prinzip vom Maximum und Minimum von § 24, 6, das hier folgendermaßen formuliert werden kann:

Eine nicht konstante, in einem Gebiet $\mathfrak{G}$ harmonische und am Rand von $\mathfrak{G}$ zumindest stetige Funktion nimmt ihr Maximum und Minimum stets nur am Rand von $\mathfrak{G}$ an.

Hier handelt es sich also um eine Aussage über die Funktion selbst, nicht nur über ihren absoluten Betrag. Ist $\mathfrak{G}$ ein Kreis, so folgt der Satz unmittelbar aus der Poissonschen Formel (6); denn ist $M = \mathrm{Max}\; u(\vartheta)$ für $0 \leqq \vartheta \leqq 2\pi$, so ist wegen (9), (11) und (12)

$$u(x, y) \leqq M \int_0^{2\pi} F(r, \varphi, \vartheta)\, d\vartheta = M.$$

Der entsprechende Satz über das Minimum ergibt sich, wenn man u durch $-u$ ersetzt. Die Verallgemeinerung für beliebige Gebiete erfolgt wie in § 24, 6; hätte nämlich $u(x, y)$ ein Maximum in einem inneren Punkt (x_0, y_0) von $\mathfrak{G}$, so würde die Anwendung des Satzes auf ein Kreisgebiet mit dem Mittelpunkt (x_0, y_0) in diesem Kreisgebiet und weiter mit Hilfe der eben erwähnten harmonischen Fortsetzung die Konstanz im ganzen Gebiet $\mathfrak{G}$ ergeben.

Die Lösbarkeit der ersten Randwertaufgabe für beliebige einfach zusammenhängende Gebiete $\mathfrak{G}$ und stetige Randwerte ist durch den Riemannschen Abbildungssatz § 27, 2 gesichert. Aus dem Maximum-Minimum-Prinzip folgt die Eindeutigkeit der Lösung: Gibt es zwei Lösungen $u_1(x, y)$ und $u_2(x, y)$, so hat die Differenz $u_1 - u_2$ die Randwerte Null und ist daher selbst identisch gleich Null im ganzen Gebiet $\mathfrak{G}$.

Aus dem Poissonschen Integral läßt sich schließlich eine Reihenentwicklung für $u(r, \varphi)$ herleiten, die vor allem wegen ihres Zusammenhangs mit der Fourierreihe bemerkenswert ist. Die Reihe

$$\frac{1}{2\pi}\, \Re\!\left(\frac{\zeta + z}{\zeta - z}\right) = \frac{1}{2\pi}\, \Re\!\left(1 + 2\,\frac{z}{\zeta} + 2\,\frac{z^2}{\zeta^2} + \cdots\right)$$

ist sicher gleichmäßig konvergent für jedes Punktepaar z, ζ mit $|z| \leqq R_1 < R$, $|\zeta| = R$. Damit wird aus (5)

$$u(r, \varphi) = \frac{1}{2\pi} \int_0^{2\pi} \left[1 + 2 \sum_{\nu=1}^{\infty} \Re\!\left(\frac{z}{\zeta}\right)^{\nu}\right] u(\vartheta)\, d\vartheta. \tag{15}$$

Dabei ist

$$\Re\!\left(\frac{z}{\zeta}\right)^{\nu} = \left(\frac{r}{R}\right)^{\nu} \cos\nu\,(\varphi - \vartheta) = \left(\frac{r}{R}\right)^{\nu} (\cos\nu\,\varphi \cos\nu\,\vartheta + \sin\nu\,\varphi \sin\nu\,\vartheta).$$

Setzt man

$$a_\nu = \frac{1}{\pi R^\nu} \int\limits_0^{2\pi} u(\vartheta) \cos \nu\,\vartheta\,d\vartheta, \qquad b_\nu = \frac{1}{\pi R^\nu} \int\limits_0^{2\pi} u(\vartheta) \sin \nu\,\vartheta\,d\vartheta, \quad \nu = 0, 1, \ldots, \quad (16)$$

so erhält man durch die wegen der gleichmäßigen Konvergenz zulässige gliedweise Integration von (15)

$$u(r, \varphi) = \frac{a_0}{2} + \sum_{\nu=1}^{\infty} r^\nu \, (a_\nu \cos \nu\,\varphi + b_\nu \sin \nu\,\varphi).$$

Diese Reihe konvergiert in jedem Kreis $r \leq R_1 < R$ und für beliebige φ absolut und gleichmäßig. Für $r \to R$ geht sie in die Fourierreihe der Funktion $u(\vartheta)$ über, die natürlich, da $u(\vartheta)$ nur als stetig vorausgesetzt wurde, nicht zu konvergieren braucht.

VI. Spezielle Funktionen.

§ 29. Ganze Funktionen.

1. Ganze rationale Funktionen und der Fundamentalsatz der Algebra. Ich erinnere an die Definition der ganzen Funktion (§ 25, 10): Es sind die in der ganzen z-Ebene regulären Funktionen mit höchstens einer singulären Stelle in $z = \infty$. Ist diese singuläre Stelle ein Pol n-ter Ordnung, so ist $f(z)$ eine ganze rationale Funktion (ein Polynom) n-ter Ordnung; ist $z = \infty$ eine wesentlich singuläre Stelle, so ist $f(z)$ eine ganze transzendente Funktion. Die Potenzreihe einer ganzen Funktion

$$f(z) = \sum_{\nu=0}^{\infty} a_\nu z^\nu \qquad (1)$$

ist beständig, d. h. in der ganzen z-Ebene konvergent. Da sie zugleich die Laurentsche Entwicklung für den Punkt $z = \infty$ darstellt, folgt unmittelbar, daß $z = \infty$ ein Pol n-ter Ordnung ist, wenn $a_n \neq 0$, $a_{n+1} = a_{n+2} = \ldots = 0$ ist, $f(z)$ sich also auf ein Polynom reduziert. Enthält die Potenzreihe (1) aber unendlich viele Glieder, so ist $z = \infty$ eine wesentlich singuläre Stelle.

Der Satz von LIOUVILLE (§ 24, 6), demzufolge eine in der ganzen z-Ebene reguläre und beschränkte Funktion konstant ist, läßt sich, da jede in der ganzen z-Ebene reguläre Funktion eine ganze Funktion ist, auch dahin formulieren, daß *eine überall beschränkte ganze Funktion konstant ist*, was umgekehrt bedeutet, daß *eine nicht konstante ganze Funktion außerhalb jedes Kreises beliebig große Werte annimmt*; sind also R und G zwei beliebige positive Zahlen, so gibt es stets Punkte z, für die

$$|z| > R \quad \text{und} \quad |f(z)| > G$$

ist. Für eine ganze rationale Funktion ($a_n \neq 0$, $n > 0$)

$$P(z) = a_0 + a_1 z + \ldots + a_n z^n \qquad (2)$$

läßt sich dieser Satz verschärfen: *Ist $n \geq 1$ und G eine beliebige positive Zahl, so gibt es ein $R > 0$, so daß für alle z mit $|z| > R$ stets $|P(z)| > G$ ist.* Zum Beweis sei $|z| = r$; dann ist

$$|P(z)| = r^n \left| \frac{a_0}{z^n} + \frac{a_1}{z^{n-1}} + \ldots + a_n \right| \geq r^n \left| |a_n| - \frac{|a_{n-1}|}{r} - \ldots - \frac{|a_0|}{r^n} \right| \geq$$

$$\geq \frac{r^n}{2} |a_n| > G,$$

wenn nur $r > R$ hinreichend groß ist; wegen $a_n \neq 0$ ist ja dann sicher

$$\frac{|a_{n-1}|}{r} + \ldots + \frac{|a_0|}{r^n} < \frac{|a_n|}{2}.$$

Daraus folgt aber sofort der Fundamentalsatz der Algebra, sogar in der allgemeineren Form: *Eine nicht konstante ganze rationale Funktion (2) nimmt jeden Wert mindestens einmal an.* Wäre nämlich $P(z) \neq c$ bei beliebigem c für alle z, so wäre $\dfrac{1}{P(z) - c}$ überall regulär; da

$$\lim_{z \to \infty} \frac{1}{P(z) - c} = \lim_{z \to \infty} \frac{1}{z^n \left(a_n + \dfrac{a_{n-1}}{z} + \ldots + \dfrac{a_0 - c}{z^n}\right)} = 0$$

ist, wäre $\dfrac{1}{P(z) - c}$ in der ganzen Ebene beschränkt und daher gegen die Voraussetzung konstant. Der Fundamentalsatz der Algebra folgt daraus für $c = 0$; ein anderer Beweis ergibt sich aus dem Satz von ROUCHÉ (§ 25, 9; vgl. die Aufgabe 9 am Schluß des Paragraphen). Für ganze transzendente Funktionen gilt der Satz nicht (§ 24, 7).

Hat $P(z)$ die Nullstelle z_1, so ist nach § 25, 4

$$P(z) = (z - z_1)^{k_1} P_1(z),$$

wo $P_1(z)$ ein Polynom vom Grad $n - k_1 \geqq 0$ ist; ist $n - k_1 > 0$, so hat $P_1(z)$ eine Nullstelle z_2 $(\neq z_1)$, so daß

$$P(z) = (z - z_1)^{k_1} (z - z_2)^{k_2} P_2(z)$$

ist usw.; schließlich folgt (Band I, § 37, 2)

$$P(z) = a_n (z - z_1)^{k_1} (z - z_2)^{k_2} \ldots (z - z_r)^{k_r}, \quad k_1 + \ldots + k_r = n, \qquad (3)$$

d. h. ein Polynom n-ten Grades hat genau n Nullstellen, wenn man eine Nullstelle k-ter Ordnung k-mal zählt.

2. Ganze transzendente Funktionen. Es ist recht naheliegend, eine ähnliche Darstellung wie (3) auch für ganze transzendente Funktionen zu versuchen. Dabei muß man sich aber vor Augen halten, daß es ganze transzendente Funktionen ohne Nullstellen gibt, wie z. B. e^z. Hat eine ganze transzendente Funktion unendlich viele Nullstellen, so können sich diese im Endlichen nicht häufen (§ 25, 4). An Stelle von (3) ergibt sich dann ein unendliches Produkt, das im allgemeinen nicht konvergent sein wird[1]. WEIERSTRASS hat aber gezeigt, daß es durch Hinzufügung gewisser weiterer Faktoren stets möglich ist, die Konvergenz des unendlichen Produkts herzustellen. Bevor ich an die Formulierung und den Beweis des Weierstraßschen Produktsatzes gehe, müssen wir uns mit den wichtigsten Eigenschaften der unendlichen Produkte vertraut machen, was in der folgenden Ziffer geschehen soll.

Dagegen lassen sich die ganzen transzendenten Funktionen, die höchstens endlich viele Nullstellen haben, sofort erledigen. Ich habe eben e^z als Beispiel für eine ganze Funktion ohne Nullstellen erwähnt. Allgemeiner ist auch $e^{g(z)}$, wo $g(z)$ eine beliebige ganze Funktion ist, eine ganze Funktion ohne Nullstellen, und das ist auch bereits der allgemeinste Ausdruck für eine solche Funktion. Es gilt nähmlich:

---

[1] Ich habe in Band II, § 6, 8, die Darstellung von $\sin \pi x$ durch ein unendliches Produkt hergeleitet. Diese Darstellung gilt unverändert auch im Komplexen, vgl. die folgenden Ziffern.

Jede ganze Funktion ohne Nullstellen läßt sich in der Form $e^{g(z)}$ darstellen, wo $g(z)$ eine geeignet gewählte ganze Funktion ist. Zum Beweis sei

$$f(z) = \sum_{\nu=0}^{\infty} a_\nu z^\nu$$

eine gegebene ganze Funktion ohne Nullstellen. Zu zeigen ist, daß es stets eine ganze Funktion

$$g(z) = \sum_{\nu=0}^{\infty} b_\nu z^\nu$$

gibt, so daß $f(z) = e^{g(z)}$ ist. Wegen $f(z) \neq 0$ ist insbesondere $a_0 = f(0) \neq 0$, ich kann also $b_0 = \ln a_0$ wählen; ferner sind $\dfrac{1}{f(z)}$ und $f'(z)$ überall reguläre, also ganze Funktionen, und dasselbe gilt von

$$\frac{f'(z)}{f(z)} = \sum_{\nu=0}^{\infty} c_\nu z^\nu ;$$

die Reihe rechts ist beständig konvergent. Dasselbe gilt dann aber auch von der Reihe

$$b_0 + c_0 z + \frac{c_1}{2} z^2 + \cdots + \frac{c_{\nu-1}}{\nu} z^\nu + \cdots$$

die somit eine ganze Funktion $g(z)$ darstellt, für die $g'(z) = \dfrac{f'(z)}{f(z)}$ oder $f(z)\, g'(z) = f'(z)$ ist. Somit ist

$$\frac{d}{dz}\left[f(z)\, e^{-g(z)} \right] = \left[f'(z) - f(z)\, g'(z) \right] e^{-g(z)} = 0,$$

$f(z)\, e^{-g(z)}$ konstant, und zwar $= 1$, wie man für $z = 0$ erkennt, und $f(z) = e^{g(z)}$.

Sind $f(z)$ und $f_0(z)$ zwei ganze Funktionen mit denselben Nullstellen (auch der Ordnung nach!), so ist $f(z) : f_0(z)$ eine ganze Funktion ohne Nullstellen. Daraus folgt unmittelbar:

Ist $f_0(z)$ eine gegebene und $g(z)$ eine beliebige ganze Funktion, so ist

$$f(z) = e^{g(z)} f_0(z) \tag{4}$$

die allgemeinste ganze Funktion mit denselben Nullstellen wie $f_0(z)$.

Nimmt man $f_0(z) \equiv 1$, so ergibt sich der zuerst bewiesene Satz, d. h. $f(z)$ ist die allgemeinste ganze Funktion ohne Nullstellen. Nimmt man $f_0(z) \equiv P(z)$, Gleichung (3), so wird (4) die allgemeinste ganze Funktion, die in den Punkten z_α Nullstellen der Ordnung k_α, $\alpha = 1, 2, \ldots, r$, hat.

3. Unendliche Produkte. Es ist sehr naheliegend, bei der Erklärung eines unendlichen Produkts

$$u_1 u_2 \ldots u_\nu \ldots = \prod_{\nu=1}^{\infty} u_\nu, \tag{5}$$

dessen Faktoren u_ν alle von Null verschieden, aber sonst beliebige komplexe Zahlen sind, ähnlich vorzugehen wie bei den unendlichen Reihen. Man führt die *Teilprodukte*

$$p_n = u_1 u_2 \ldots u_n = \prod_{\nu=1}^{n} u_\nu \tag{6}$$

ein und nennt das unendliche Produkt (5) *konvergent*, wenn der Grenzwert

$$\lim_{n\to\infty} p_n = \lim_{n\to\infty} (u_1 u_2 \ldots u_n) = p \tag{7}$$

existiert und *von Null verschieden* ist; p heißt der *Wert* des unendlichen Produkts (5). An dieser Definition sind die beiden Beschränkungen $u_\nu \neq 0$ und $p \neq 0$ recht auffallend, weil sie kein Analogon bei den unendlichen Reihen haben. Die erste kann man nachträglich wieder aufheben, indem man erklärt, daß ein unendliches Produkt, in welchem höchstens endlich viele Faktoren verschwinden, dann konvergent sein soll, wenn das aus den von Null verschiedenen Faktoren gebildete Produkt konvergent ist. Den Wert eines solchen Produkts wird man selbstverständlich $p = 0$ setzen. Die zweite Einschränkung geht tiefer; sie hängt wie die erste mit der besonderen Rolle zusammen, die die Null nun einmal als Faktor in Produkten spielt. Diese Einschränkung läßt aber eine wichtige Eigenschaft der Produkte von endlich vielen Faktoren auch für unendliche Produkte bestehen; es gilt

Satz 1: *Ein konvergentes unendliches Produkt ist dann und nur dann gleich Null, wenn mindestens ein Faktor verschwindet.*

Dieser Satz würde nicht gelten, wenn $p_n \to 0$ zugelassen wäre. Auf Grund unserer Definition ist z. B.

$$1 \cdot \frac{1}{2} \cdot \frac{1}{3} \ldots \frac{1}{\nu} \ldots \to 0$$

überhaupt nicht konvergent; man sagt, es *divergiert gegen Null*. Bei den folgenden Untersuchungen seien alle $u_\nu \neq 0$ angenommen.

Aus der Definition folgt ferner für jedes konvergente Produkt

$$\boxed{\lim_{n \to \infty} u_n = \lim_{n \to \infty} \frac{p_n}{p_{n-1}} = 1.} \tag{8}$$

Die dabei verwendete Regel für den Grenzwert eines Quotienten (Band I, § 3, 4) ist wieder nur unter der Voraussetzung $p \neq 0$ anwendbar.

Die Forderung $p \neq 0$ verschafft uns aber noch einen sehr wesentlichen Vorteil, nämlich, daß das Konvergenzproblem unmittelbar auf die entsprechende Frage bei unendlichen Reihen zurückgeführt werden kann. Aus (6) folgt nämlich

$$\ln p_n = \ln u_1 + \ln u_2 + \ldots + \ln u_n;$$

ist nun die unendliche Reihe

$$\sum_{\nu=1}^{\infty} \ln u_\nu = s \tag{9}$$

konvergent mit der Summe s, so ist wegen der Stetigkeit des Logarithmus und der Exponentialfunktion

$$p = \lim_{n \to \infty} p_n = \lim_{n \to \infty} \exp(\ln p_n) = \exp(\lim_{n \to \infty} \ln p_n),$$

also

$$\boxed{p = e^s} \tag{10}$$

und umgekehrt

$$s = \lim_{n \to \infty} \ln p_n = \ln \lim_{n \to \infty} p_n = \ln p;$$

es gilt also wegen $p \neq 0$

Satz 2: *Das Produkt (5) und die Reihe (9) sind stets zugleich konvergent und divergent.*

Zu beachten ist, daß man in (9) wenigstens von einem gewissen Faktor an die *Hauptwerte* der Logarithmen nehmen muß; denn wenn die Reihe konvergieren soll, müssen die Imaginärteile der Logarithmen mit wachsendem ν gegen Null gehen.

Das allgemeine Konvergenzprinzip (§ 21, 6) gibt, wenn man es auf (7) anwendet, zunächst die Bedingung, daß bei genügend großem n und beliebigem $k > 0$

$$|p_{n+k} - p_n| = |p_n| \, |u_{n+1} u_{n+2} \cdots u_{n+k} - 1| < \varepsilon$$

notwendig und hinreichend für die Konvergenz des unendlichen Produkts ist. Hier hat $|p_n|$ einen festen, von Null verschiedenen und im übrigen völlig willkürlichen Wert (da man, ohne die Konvergenz des Produkts zu verändern, eine endliche Anzahl von Faktoren beliebig verändern kann). Es muß daher

$$|u_{n+1} u_{n+2} \cdots u_{n+k} - 1| < \varepsilon \tag{11}$$

sein und es gilt

Satz 3: *Notwendig und hinreichend für die Konvergenz des unendlichen Produkts (5) ist, daß es zu jedem $\varepsilon > 0$ eine natürliche Zahl N gibt, so daß für alle $n > N$ und beliebige $k > 0$ die Bedingung (11) erfüllt ist.*

Für die Reihe (9) gilt die entsprechende Bedingung

$$|\ln u_{n+1} + \ln u_{n+2} + \cdots + \ln u_{n+k}| = |\ln u_{n+1} u_{n+2} \cdots u_{n+k}| < \varepsilon',$$

die wegen der Stetigkeit des Logarithmus bei geeignet gewähltem ε mit (11) äquivalent ist, womit Satz 2 neuerlich nachgewiesen ist.

Wegen der Relation (8), die eine notwendige Bedingung für die Konvergenz des unendlichen Produkts und mit $\ln u_n \to 0$ äquivalent ist, setzt man oft $u_\nu = 1 + c_\nu$ und schreibt an Stelle von (5)

$$\prod_{\nu=1}^{\infty} (1 + c_\nu); \tag{12}$$

man nennt die c_ν *Glieder* des unendlichen Produkts. Hier zeigt sich ein bemerkenswerter Zusammenhang mit der Reihe

$$\sum_{\nu=1}^{\infty} c_\nu; \tag{13}$$

es gilt der

Satz 4: *Das Produkt (12) mit nicht negativen reellen Gliedern ist dann und nur dann konvergent, wenn die Reihe (13) konvergiert.*

Wegen $c_\nu \geqq 0$ ist die Folge $\{p_n\}$ monoton wachsend und daher konvergent, wenn die p_n beschränkt sind (Band I, § 3, 3). Zu zeigen ist also, daß die p_n dann und nur dann beschränkt sind, wenn die Teilsummen

$$\sigma_n = c_1 + c_2 + \cdots + c_n \tag{14}$$

der Reihe (13) beschränkt sind. Nun ist stets $1 + c_\nu \leqq e^{c_\nu}$ und daher $p_n \leqq e^{\sigma_n}$; anderseits ist aber auch

$$p_n = (1 + c_1)(1 + c_2) \cdots (1 + c_n) =$$
$$= 1 + c_1 + c_2 + \cdots + c_n + c_1 c_2 + \cdots + c_{n-1} c_n + \cdots \geqq \sigma_n,$$

die p_n sind zugleich mit den σ_n beschränkt und umgekehrt.

Man definiert: Das Produkt (12) heißt *absolut konvergent*, wenn

$$\prod_{\nu=1}^{\infty} (1 + |c_\nu|)$$

konvergiert[1]. Aus dieser Definition folgen zwei wichtige Sätze:

Satz 5: *Konvergiert $\prod\limits_{\nu=1}^{\infty} (1 + |c_\nu|)$, so konvergiert auch $\prod\limits_{\nu=1}^{\infty} (1 + c_\nu)$, d. h. jedes absolut konvergente Produkt ist auch konvergent schlechthin.*

Man beachte dabei

$$|(1 + c_{n+1}) (1 + c_{n+2}) \ldots (1 + c_{n+k}) - 1| \leqq$$
$$\leqq (1 + |c_{n+1}|) (1 + |c_{n+2}|) \ldots (1 + |c_{n+k}|) - 1.$$

Aus Satz 4 ergibt sich

Satz 6: *Das Produkt (12) ist dann und nur dann absolut konvergent, wenn die Reihe (13) absolut konvergiert,* und

Satz 7: *In einem absolut konvergenten Produkt darf man die Reihenfolge der Faktoren beliebig verändein, das kommutative Gesetz gilt ohne Einschränkung.*

Für das Folgende ist noch eine Bemerkung über die Gültigkeit des assoziativen Gesetzes wichtig:

Satz 8: *In einem konvergenten Produkt darf man aufeinanderfolgende Faktoren in beliebiger Weise zu einem einzigen Faktor durch Klammern zusammenfassen, dagegen darf man umgekehrt Klammern nur dann auflösen, wenn das so entstehende neue Produkt wieder konvergent ist.*

So ist z. B. $\prod\limits_{\nu=1}^{\infty} u_\nu$ mit $u_\nu = 1$ in trivialer Weise konvergent; setzt man aber $u_\nu = \nu \cdot \dfrac{1}{\nu}$,

so wird $1 \cdot \dfrac{1}{1} \cdot 2 \cdot \dfrac{1}{2} \cdot 3 \cdot \dfrac{1}{3} \ldots$ divergent, weil die Folge der Teilprodukte $1, 1, 2, 1, 3, 1, 4, 1, \ldots$ divergiert.

$\prod\limits_{\nu=2}^{\infty} \left(1 - \dfrac{1}{\nu^2}\right)$ ist absolut konvergent (mit dem Wert $\dfrac{1}{2}$, wie man leicht findet), weil

$\sum \left| -\dfrac{1}{\nu^2} \right| = \sum \dfrac{1}{\nu^2}$ konvergiert, aber sowohl $\prod \left(1 - \dfrac{1}{\nu}\right)$ wie auch $\prod \left(1 + \dfrac{1}{\nu}\right)$ sind divergent (gegen Null bzw. gegen ∞). Das durch Auflösung der Klammern entstehende Produkt $\dfrac{1}{2} \cdot \dfrac{3}{2} \cdot \dfrac{2}{3} \cdot \dfrac{4}{3} \cdot \dfrac{3}{4} \cdot \dfrac{5}{4} \ldots$ ist zwar noch konvergent, aber nicht absolut konvergent und die Umordnung daher nicht zulässig.

Die Entscheidung über die Konvergenz einer Reihe der Form (9) wird unter Umständen nicht einfach sein. In manchen Fällen gibt der folgende Satz eine wirksame Hilfe:

Satz 9: *Die Reihe*

$$\sum_{\nu=1}^{\infty} \ln (1 + c_\nu)$$

ist konvergent, wenn $\sum c_\nu$ konvergiert und $\sum c_\nu^2$ absolut konvergiert.

Zum Beweis setze ich

$$\ln (1 + c_\nu) = c_\nu + h_\nu c_\nu^2, \tag{15}$$

dann ist

$$h_\nu = \frac{1}{c_\nu^2} [\ln (1 + c_\nu) - c_\nu]$$

---

[1] Es scheint zunächst naheliegender, ein Produkt $\prod u_\nu$ dann absolut konvergent zu nennen, wenn $\prod |u_\nu|$ konvergiert; eine solche Definition hätte aber wenig Sinn, weil dann jedes konvergente Produkt auch absolut konvergent wäre.

und wegen $c_\nu \to 0$ gilt

$$h_\nu = \frac{1}{c_\nu{}^2}\left(c_\nu - \frac{c_\nu{}^2}{2} + \frac{c_\nu{}^3}{3} - + \cdots - c_\nu\right) = -\frac{1}{2} + \frac{c_\nu}{3} - + \cdots \to -\frac{1}{2},$$

die Folge $\{h_\nu\}$ ist also beschränkt, etwa $|h_\nu| < H$. Wegen (15) genügt es, die Konvergenz von $\sum h_\nu c_\nu{}^2$ nachzuweisen; da voraussetzungsgemäß $\sum |c_\nu|^2$ konvergiert, kann man N so bestimmen, daß

$$|c_{n+1}|^2 + \cdots + |c_{n+k}|^2 < \varepsilon$$

ist für alle $n > N$ und beliebige k. Dann ist aber

$$|h_{n+1} c^2{}_{n+1} + \cdots + h_{n+k} c^2{}_{n+k}| < H\,(|c_{n+1}|^2 + \cdots + |c_{n+k}|^2) < H\,\varepsilon,$$

was zu beweisen war.

Ich komme nun zu den Produkten mit veränderlichen Faktoren $u_\nu = u_\nu(z)$, bzw. $u_\nu = 1 + f_\nu(z)$. Die Menge $\mathfrak{M}$ aller Punkte z, in denen alle Funktionen $f_\nu(z)$ definiert sind und in denen das Produkt

$$f(z) = \prod_{\nu=1}^{\infty} (1 + f_\nu(z)) \tag{16}$$

konvergiert, heißt *Konvergenzmenge* von (16). Insbesondere heißt (16) *gleichmäßig konvergent* in $\mathfrak{M}$, wenn $\mathfrak{M}$ eine unendliche Menge ist (vgl. § 25, 1) und wenn zu jedem $\varepsilon > 0$ eine Zahl n gehört, so daß für $\nu > n$ und beliebige $k > 0$

$$|(1 + f_{\nu+1}(z)) \cdots (1 + f_{\nu+k}(z)) - 1| < \varepsilon$$

ist für alle Punkte z von $\mathfrak{M}$. Daraus folgt, daß $1 + f_\nu(z) \neq 0$ ist für alle z von $\mathfrak{M}$, wenn nur ν hinreichend groß ist. Es gilt

Satz 10: *Die durch das unendliche Produkt (16) dargestellte Funktion $f(z)$ ist regulär in einem Gebiet $\mathfrak{G}$, wenn in $\mathfrak{G}$ alle Glieder $f_\nu(z)$ definiert und regulär sind und wenn das Produkt (16) in jedem ganz in $\mathfrak{G}$ enthaltenen abgeschlossenen Teilbereich gleichmäßig konvergiert.*

Dieser Satz folgt wieder unmittelbar aus dem Zusammenhang zwischen dem Produkt (16) und der Reihe[1]

$$\varphi(z) = \sum_{\nu=1}^{\infty} \ln\,(1 + f_\nu(z)), \tag{17}$$

denn aus der gleichmäßigen Konvergenz des Produkts (16) folgt die der Reihe (17) und die Regularität der durch (17) dargestellten Funktion $\varphi(z)$; dann ist aber

$$f(z) = \exp \varphi(z) \tag{18}$$

und für die Ableitung von $f(z)$ folgt aus (17) und (18)

$$\boxed{\frac{f'(z)}{f(z)} = \sum_{\nu=1}^{\infty} \frac{f_\nu'(z)}{1 + f_\nu(z)}.} \tag{19}$$

4. Der Weierstraßsche Produktsatz. Wie in Ziffer 2 ausgeführt wurde, handelt es sich um die Aufgabe, eine ganze Funktion zu ermitteln, die in den gegebenen Punkten $z_1, z_2, \ldots, z_\nu, \ldots$ Nullstellen hat. Gibt es nur endlich viele Nullstellen, so ist die Frage durch die Formeln (3) und (4) bereits völlig erledigt. Gibt es unendlich viele, so folgt zunächst einmal, daß sie eine *abzählbare Menge* bilden müssen mit $z_\nu \to \infty$, weil sich die Nullstellen einer ganzen Funktion im Endlichen nirgends

---

[1] Die Summe ist dabei nur über jene ν zu erstrecken, für die in $\mathfrak{G}$ überall $1 + f_\nu(z) \neq 0$ ist.

häufen können. Ich nehme zunächst an, daß es sich um lauter einfache Nullstellen handelt. Es sei $a \neq 0$ eine dieser Nullstellen; dann ist für $|z| < |a|$

$$\ln\left(1 - \frac{z}{a}\right) = -\frac{z}{a} - \frac{z^2}{2\,a^2} - \cdots$$

und, wenn n eine beliebige natürliche Zahl bedeutet,

$$g(z, a, n) = \left(1 - \frac{z}{a}\right) \exp\left(\frac{z}{a} + \frac{z^2}{2\,a^2} + \cdots + \frac{z^n}{n\,a^n}\right) =$$

$$= \exp\left(-\frac{z^{n+1}}{(n+1)\,a^{n+1}} - \cdots\right) = \exp Z \tag{20}$$

eine ganze Funktion mit der einzigen Nullstelle $z = a$. Aus dem letzten Ausdruck folgt für $|z| < \frac{1}{2}\,|a|$

$$|Z| < \frac{1}{2^{n+1}} + \frac{1}{2^{n+2}} + \cdots = \frac{1}{2^n} \to 0;$$

Setze ich also

$$g(z, a, n) = 1 + f(z),$$

so ist für $|z| < \frac{1}{2}\,|a|$

$$|f(z)| = |g(z, a, n) - 1| = |\exp Z - 1| \leqq \exp|Z| - 1 < \exp\frac{1}{2^n} - 1 \to 0$$

($\S\,22$, Aufgabe 3) und daher

$$|g(z, a, n)| < \exp\frac{1}{2^n} \to 1.$$

Ich nehme nun weiter an, daß alle Nullstellen $z_\nu \neq 0$ sind, bilde das unendliche Produkt

$$g(z) = \overset{\infty}{\underset{\nu=1}{\Pi}}\, g(z, z_\nu, n_\nu) = \overset{\infty}{\underset{\nu=1}{\Pi}}\left(1 - \frac{z}{z_\nu}\right) \exp\left[\frac{z}{z_\nu} + \frac{1}{2}\left(\frac{z}{z_\nu}\right)^2 + \cdots + \frac{1}{n_\nu}\left(\frac{z}{z_\nu}\right)^{n_\nu}\right] \tag{21}$$

und zeige, daß durch geeignete Wahl der Zahlen n_ν erreicht werden kann, daß (21) *in jedem abgeschlossenen Bereich* $\mathfrak{B}$ *gleichmäßig konvergiert.* Die Exponentialfunktionen in (21) sind also die in Ziffer 2 erwähnten *konvergenzerzeugenden Faktoren.* Es sei $|z| = R$ ein Kreis, der $\mathfrak{B}$ enthält. Wegen $z_\nu \to \infty$ gibt es eine Zahl N, so daß $|z_\nu| > 2\,R$ ist für $\nu > N$. Dann gilt für $|z| \leqq R < \frac{1}{2}\,|z_\nu|$

$$g(z, z_\nu, n_\nu) = 1 + f_\nu(z)$$

mit

$$|f_\nu(z)| < \exp\frac{1}{2^{n_\nu}} - 1.$$

Nehme ich etwa $n_\nu = \nu$, so ist $\sum_\nu |f_\nu(z)|$ konvergent, daher konvergiert das Produkt (21) nach Satz 6 von Ziffer 3 absolut und gleichmäßig für $|z| \leqq R$ und nach Satz 10 ist $g(z)$ eine in $|z| \leqq R$ reguläre Funktion.

Im allgemeinen wird man bei der Bildung der konvergenzerzeugenden Faktoren mit Zahlen n_ν auskommen, die wesentlich kleiner als ν sind. Eine genauere Abschätzung des Exponenten rechts in (20) gibt für $|z| \leqq R < \frac{1}{2}\,|z_\nu|$

$$\left|\frac{z^{n_\nu+1}}{(n_\nu + 1)\,z_\nu^{n_\nu+1}} + \cdots\right| < \frac{1}{n_\nu + 1}\left|\frac{R}{z_\nu}\right|^{n_\nu+1}\left(1 + \frac{1}{2} + \frac{1}{4} + \cdots\right) =$$

$$= \frac{2}{n_\nu + 1}\left|\frac{R}{z_\nu}\right|^{n_\nu+1},$$

so daß es genügt, die n_ν so zu wählen, daß

$$\sum_{\nu=1}^{\infty} \frac{1}{n_\nu + 1} \left| \frac{R}{z_\nu} \right|^{n_\nu+1} \tag{22}$$

für jedes R konvergiert. So kann man z. B. alle $n_\nu = 0$ setzen, wenn die $|z_\nu|$ so rasch wachsen, daß die Reihe $\sum_{\nu=1}^{\infty} \frac{1}{|z_\nu|}$ konvergiert, das Produkt

$$g(z) = \prod_{\nu=1}^{\infty} \left(1 - \frac{z}{z_\nu} \right)$$

ist dann bereits konvergent. Die Gültigkeit der Darstellung (21) läßt sich nun auch ohneweiters auf die bisher ausgeschlossenen Fälle ausdehnen:

Erstens: Haben die Nullstellen z_ν die Ordnung k_ν, $k_\nu > 0$, ganz, so hat man in (21) bloß k_ν einfachen Nullstellen den Wert z_ν zu erteilen, wobei die zugehörigen n_ν gleich genommen werden können.

Zweitens: Ist $z = 0$ eine k_0-fache Nullstelle, so hat man in (21) noch den Faktor z^{k_0} beizufügen. Ist dann $g_0(z)$ eine beliebige ganze Funktion, so ist nach (4)

$$g(z) = \exp g_0(z) \cdot z^{k_0} \prod_{\nu=1}^{\infty} \left\{ \left(1 - \frac{z}{z_\nu} \right) \exp \left[\frac{z}{z_\nu} + \frac{1}{2} \left(\frac{z}{z_\nu} \right)^2 + \cdots + \frac{1}{n_\nu} \left(\frac{z}{z_\nu} \right)^{n_\nu} \right] \right\}^{k_\nu}$$

$$\tag{23}$$

der *allgemeinste Ausdruck für eine ganze Funktion, die in den Punkten z_ν Nullstellen der Ordnung k_ν hat*, und das ist der Inhalt des *Weierstraßschen Produktsatzes.*

Es sei als Beispiel eine ganze Funktion anzugeben, die in den Punkten $0, \pm 1, \pm 2, \ldots$ Nullstellen erster Ordnung hat. Wir können alle $n_\nu = 1$ setzen, denn dann wird aus (22) die für jedes R konvergente Reihe

$$\frac{1}{2} R^2 \sum_{\nu=1}^{\infty} \frac{1}{\nu^2}.$$

Aus (23) folgt, wenn wir die positiven und negativen Nullstellen getrennt aufschreiben,

$$g(z) = \exp g_0(z) \cdot z \cdot \prod_{\nu=1}^{\infty} \left(1 - \frac{z}{\nu} \right) \exp \frac{z}{\nu} \cdot \prod_{\nu=1}^{\infty} \left(1 + \frac{z}{\nu} \right) \exp \left(- \frac{z}{\nu} \right), \tag{24}$$

also

$$g(z) = \exp g_0(z) \cdot z \cdot \prod_{\nu=1}^{\infty} \left(1 - \frac{z^2}{\nu^2} \right). \tag{25}$$

Eine ganze Funktion mit diesen Nullstellen ist $\sin \pi z$. Wir stellen die Frage, wie die Funktion $g_0(z)$ zu bestimmen ist, damit $g(z) = \sin \pi z$ wird. Eine derartige Frage ergibt sich immer, wenn zwei analytische Ausdrücke $f_1(z)$ und $f_2(z)$ vorliegen, von denen man vermutet, daß sie dieselbe Funktion darstellen oder in einer einfachen Beziehung zueinander stehen; die Antwort auf solche Fragen ist oft recht schwierig zu finden[1]. Aus (19) und (25) folgt mit $g(z) = \sin \pi z$

$$\pi \cot \pi z = g_0'(z) + \frac{1}{z} + \sum_{\nu=1}^{\infty} \left(\frac{1}{z - \nu} + \frac{1}{z + \nu} \right). \tag{26}$$

---

[1] Knopp, LV 23, Band 2, S. 27.

Nochmalige Differentiation gibt

$$-\frac{\pi^2}{\sin^2 \pi z} = g_0''(z) - \frac{1}{z^2} - \sum_{\nu=1}^{\infty}{}' \left(\frac{1}{(z-\nu)^2} + \frac{1}{(z+\nu)^2} \right) = g_0''(z) - \sum_{\nu=-\infty}^{+\infty}{}' \frac{1}{(z-\nu)^2}$$

oder

$$g_0''(z) = \sum_{\nu \neq -\infty}^{+\infty} \frac{1}{(z-\nu)^2} - \frac{\pi^2}{\sin^2 \pi z}.$$

Die Funktion rechts genügt der Identität

$$\varphi(z) + \varphi\left(z + \frac{1}{2}\right) = 4\,\varphi(2\,z), \tag{27}$$

denn einerseits ist

$$\frac{\pi^2}{\sin^2 \pi z} + \frac{\pi^2}{\sin^2 \pi \left(z + \frac{1}{2}\right)} = \frac{\pi^2}{\sin^2 \pi z \cos^2 \pi z} = \frac{4\,\pi^2}{\sin^2 2\,\pi z},$$

so daß (27) von der Funktion $\varphi_1(z) = \dfrac{\pi^2}{\sin^2 \pi z}$ erfüllt wird. Anderseits ist

$$\sum \frac{1}{(z-\nu)^2} = \sum \frac{4}{(2z-2\nu)^2}, \qquad \sum \frac{1}{\left(z + \frac{1}{2} - \nu\right)^2} = \sum \frac{4}{[2z-(2\nu-1)]^2};$$

$2\,\nu$ durchläuft in der ersten Summe alle geraden, $2\,\nu - 1$ in der zweiten alle ungeraden Zahlen, in beiden Summen zusammen werden also alle ganzen Zahlen durchlaufen, so daß auch

$$\varphi_2(z) = \sum_{\nu=-\infty}^{+\infty} \frac{1}{(z-\nu)^2}$$

und damit auch die Differenz $g_0''(z) = \varphi_2(z) - \varphi_1(z)$ der Gleichung (27) genügt. Nun ist aber weiter jede für $|z| \leqq 2$ reguläre Funktion, die der Gleichung (27) genügt, identisch gleich Null. Sind nämlich M_1, M_2 und M_3 die Maxima ihrer Beträge auf den Kreisen um Null mit den Radien 1, $\dfrac{3}{2}$ bzw. 2, so ist nach dem Satz vom Maximum $M_1 \leqq M_2 \leqq M_3$, nach (27) aber zugleich $4\,M_3 \leqq M_1 + M_2$, also $4\,M_3 \leqq 2\,M_3$ und daher $M_3 = 0$, also $g_0''(z) \equiv 0$ und $g_0'(z) = c$. Wegen (26) ist dann

$$c = \pi \cot \pi z - \frac{1}{z} - \sum_{\nu=1}^{\infty} \frac{2z}{z^2 - \nu^2}; \tag{28}$$

vertauscht man z mit $-z$, so folgt $c = 0$, also $g_0(z)$ und $e^{g_0(z)}$ konstant und

$$\sin \pi z = C \cdot z \cdot \prod_{\nu=1}^{\infty} \left(1 - \frac{z^2}{\nu^2}\right).$$

Aus

$$\lim_{z \to 0} \frac{\sin \pi z}{z} = C$$

folgt schließlich $C = \pi$ und damit

$$\sin \pi z = \pi z \prod_{\nu=1}^{\infty} \left(1 - \frac{z^2}{\nu^2}\right) \tag{29}$$

in Übereinstimmung mit Band II, § 6, 8.

Aufgaben.

1. Die folgenden Produkte sollen auf ihre Konvergenz untersucht und ihre Werte ermittelt werden:

a) $\displaystyle\prod_{\nu=1}^{\infty} \left(1 + \frac{1}{\nu^2}\right)$,   b) $\displaystyle\prod_{\nu=1}^{\infty} \left(1 + \frac{1}{\nu\,(\nu+2)}\right)$,   c) $\displaystyle\prod_{\nu=2}^{\infty} \left(1 - \frac{2}{\nu\,(\nu+2)}\right)$,   d) $\displaystyle\prod_{\nu=2}^{\infty} \frac{\nu^3 - 1}{\nu^3 + 1}$.

2. Man zeige, daß die Reihe

$$c_1 + c_2\,(1 - c_1) + c_3\,(1 - c_1)\,(1 - c_2) + \ldots + c_\nu\,(1 - c_1)\,(1 - c_2)\ldots(1 - c_{\nu-1}) + \ldots$$

konvergiert, wenn $0 < c_\nu < 1$ ist.

3. Für welche z sind die folgenden Produkte absolut konvergent?

$$\text{a) } \prod_{\nu=1}^{\infty}(1 - z^\nu), \qquad \text{b) } \prod_{\nu=0}^{\infty}(1 + z^{2^\nu}), \qquad \text{c) } \prod_{\nu=2}^{\infty}\left(1 - \frac{1}{\nu^z}\right).$$

$$\text{d) } \prod_{\nu=0}^{\infty}(1 + c_\nu\,z), \qquad \text{wenn } \sum_{\nu=0}^{\infty}|c_\nu| \text{ konvergiert.}$$

4. Wert des Produkts von Aufgabe 3 b.

5. Aus der Produktdarstellung von $\sin \pi z$ (Ziffer 4, Beispiel) leite man unendliche Produkte mit lauter rationalen Faktoren für $\sqrt{2}$ und $\sqrt{3}$ her.

6. Es sind Produktentwicklungen für die beiden ganzen Funktionen $e^z - 1$ und $\cos \pi z$ herzuleiten.

7. Man zeige, daß eine ganze Funktion, die jeden Wert genau einmal annimmt, eine lineare Funktion ist.

8. Man zeige, daß eine ganze Funktion, deren Umkehrfunktion wieder ganz ist, eine lineare Funktion ist.

9. Man beweise den Fundamentalsatz der Algebra mit Hilfe des Satzes von ROUCHÉ (§ 25, 9). Anleitung:

$$f(z) = a_n\,z^n,\ (a_n \neq 0),\ g(z) = a_0 + a_1\,z + \ldots + a_{n-1}\,z^{n-1}.$$

§ 30. Periodische Funktionen.

1. Die Perioden regulärer Funktionen. Eine in der ganzen Ebene bis auf isolierte singuläre Stellen reguläre (ich beschränke mich damit von vornherein auf den für uns allein wichtigen Fall) Funktion $f(z)$ heißt *periodisch*, wenn es eine Zahl $\omega \neq 0$ gibt, so daß mit jedem z auch $z + \omega$ zum Regularitätsbereich gehört und

$$\boxed{f(z + \omega) \equiv f(z)} \tag{1}$$

ist; jede solche Zahl ω heißt eine *Periode* von $f(z)$ und $f(z)$ selbst eine mit ω *periodische Funktion*. Ersetzt man in (1) z durch $z \pm \omega$, so folgt, daß auch $2\,\omega$ und $-\omega$ Perioden von $f(z)$ sind und allgemein, daß *mit ω auch alle Zahlen $n\,\omega$ mit beliebigem ganzem n Perioden von $f(z)$ sind.* Ist ω' eine zweite Periode von $f(z)$, die mit keiner der Zahlen $n\,\omega$ übereinstimmt, so sind auch alle Zahlen $n\,\omega + n'\,\omega'$ mit beliebigen ganzen n und n' Perioden von $f(z)$ usw. Die Menge aller *Periodenpunkte*

$$z = n\,\omega + n'\,\omega' + \ldots \tag{2}$$

kann keinen Häufungspunkt z_0 im Endlichen haben, denn da $f(z)$ in allen Periodenpunkten denselben Wert a hat, wäre z_0 ein Häufungswert von a-Stellen, was aber nur möglich ist, wenn $f(z)$ konstant ist; diesen Fall wollen wir aber ausschließen, da sonst die Gleichung (1) in höchst trivialer Weise, und zwar für alle ω, erfüllt wäre. Zu den Werten (2) gehört auch der Punkt $z = 0$; dann gibt es einen Kreis $\Re$ um $z = 0$, so daß kein weiterer Periodenpunkt im Innern, aber mindestens einer am Rand von $\Re$ liegt. Es sei $z = \omega_1$ der erste dieser Punkte, den man erreicht, wenn man $\Re$ im positiven Sinn, vom Schnittpunkt mit der reellen Achse ausgehend, durchläuft (Abb. 76). Die Periodenpunkte $n_1\,\omega_1$, n_1 ganz, liegen alle auf der durch die Punkte $z = 0$ und $z = \omega_1$ bestimmten Geraden $\mathfrak{g}_1$. Auf $\mathfrak{g}_1$ kann es keine weiteren Periodenpunkte geben; ein solcher wäre ja sicher in der Form $\lambda\,\omega_1$ mit reellem λ darstellbar und dann wäre[1] $(\lambda - [\lambda])\,\omega_1$ gegen die Voraussetzung ein Periodenpunkt im Innern von $\mathfrak{K}$. Sind mit den Punkten $n_1\,\omega_1$ alle Periodenpunkte erschöpft, was bedeuten würde, daß in (2) alle Perioden $\omega, \omega', \ldots$ ganzzahlige Vielfache von ω_1 sind, so heißt die Funktion $f(z)$ *einfach periodisch*, und eine Zahl ω mit der Eigenschaft, daß durch $n\,\omega$, n ganz, alle Periodenpunkte von $f(z)$ dargestellt werden, heißt eine *primitive Periode* von $f(z)$; ω muß dabei, wie man leicht einsieht, entweder mit der oben erhaltenen Zahl ω_1 oder mit $-\omega_1$ übereinstimmen.

Gibt es aber noch weitere Periodenpunkte, so suche ich unter diesen wieder einen, der dem Ursprung möglichst naheliegt und verfahre dazu wie oben, wobei jetzt die schon erledigten Punkte $n_1\,\omega_1$ auf $\mathfrak{g}_1$ außer Betracht bleiben. Der so ermittelte Punkt ω_2 liegt dann auf einem Kreis $\mathfrak{K}'$ mit dem Radius $|\omega_2| \geqq |\omega_1|$

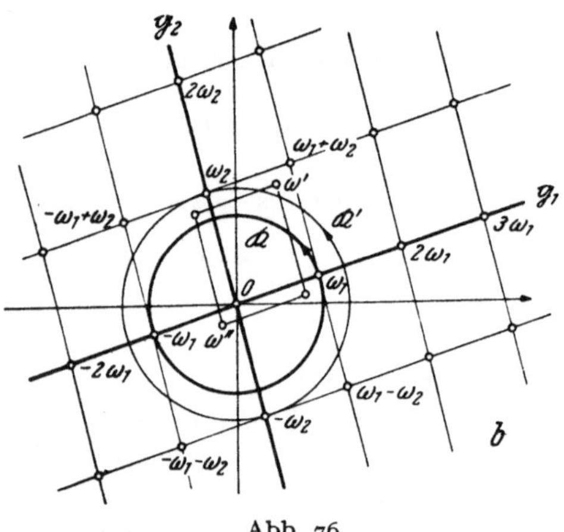

Abb. 76.

(d. h. $\mathfrak{K}'$ kann mit $\mathfrak{K}$ zusammenfallen) und es sei arc $\omega_2 >$ arc ω_1, alle Winkel zwischen 0 und $2\,\pi$ genommen (Abb. 76). Ich behaupte, daß es außer den Periodenpunkten

$$z = n_1\,\omega_1 + n_2\,\omega_2, \qquad (3)$$

wo n_1 und n_2 beliebige ganze Zahlen sind, *keine weiteren Periodenpunkte mehr geben kann*. Gäbe es nämlich noch einen in (3) nicht enthaltenen Periodenpunkt, so wäre er in der Form

$$\lambda_1\,\omega_1 + \lambda_2\,\omega_2$$

mit reellen λ_1 und λ_2 darstellbar; dann wäre aber

$$\omega' = (\lambda_1 - [\lambda_1])\,\omega_1 + (\lambda_2 - [\lambda_2])\,\omega_2$$

ein Periodenpunkt, der im Parallelogramm $0, \omega_1, \omega_1 + \omega_2, \omega_2$ liegt; nach unserer Konstruktion kann er nicht im Innern des Kreises $\mathfrak{K}'$ liegen, dann liegt aber der Periodenpunkt

$$\omega'' = \omega' - \omega_1 - \omega_2$$

sicher im Innern von $\mathfrak{K}'$ gegen unsere Annahme (Abb. 76). Daher gilt:

Eine eindeutige, nicht konstante und bis auf isolierte Singularitäten reguläre Funktion kann nicht mehr als zwei linear unabhängige Perioden haben.

Dabei nennt man n komplexe Zahlen ω_i *linear unabhängig*, wenn es keine reellen Zahlen λ_i gibt, die nicht alle gleich Null sind und für die

$$\lambda_1\,\omega_1 + \lambda_2\,\omega_2 + \ldots + \lambda_n\,\omega_n = 0$$

ist; es ist also derselbe Begriff wie bei den Vektoren der Ebene. Wie bei diesen kann man zeigen, daß kein $\omega_i = 0$ sein kann, wenn die ω_i linear unabhängig sind und daß *je drei komplexe Zahlen linear abhängig sind*.

Funktionen mit zwei unabhängigen Perioden ω_1 und ω_2 nennt man *doppelt periodisch* und die beiden Zahlen ω_1 und ω_2 *ein primitives Periodenpaar* von $f(z)$, wenn durch (3) mit ganzen Zahlen n_1 und n_2 alle Periodenpunkte von $f(z)$ dar-

---

[1] $[\lambda]$ ist die größte in λ enthaltene ganze Zahl, $\lambda - 1 < [\lambda] \leqq \lambda$.

gestellt werden. Die nach dem obigen Verfahren ermittelten Perioden ω_1 und ω_2 sind sicher ein primitives Periodenpaar, aber nicht das einzige. Ist

$$\omega_1' = n_{11}\,\omega_1 + n_{12}\,\omega_2, \quad \omega_2' = n_{21}\,\omega_1 + n_{22}\,\omega_2 \tag{4}$$

mit ganzen n_{ij} $(i, j = 1, 2)$ ein anderes primitives Periodenpaar, wobei $\varDelta = n_{11}\,n_{22} - n_{12}\,n_{21} \neq 0$ ist, so folgt durch Auflösung nach ω_1 und ω_2

$$\omega_1 = \frac{n_{22}}{\varDelta}\,\omega_1' - \frac{n_{12}}{\varDelta}\,\omega_2', \quad \omega_2 = -\frac{n_{21}}{\varDelta}\,\omega_1' + \frac{n_{11}}{\varDelta}\,\omega_2',$$

und hier müssen die Koeffizienten wieder ganze Zahlen sein, was offenbar dann und nur dann der Fall sein wird, wenn

$$\varDelta = \pm 1 \tag{5}$$

ist.

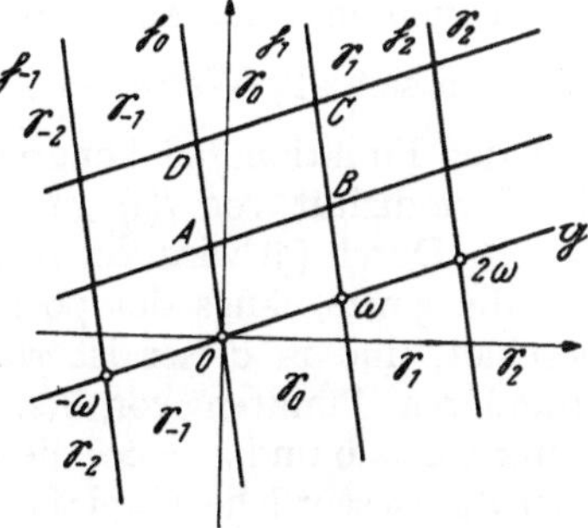

Sind ω_1 und ω_2 ein primitives Periodenpaar von $f(z)$, c ein beliebiger Punkt der Ebene, z. B. $c = 0$, und legt man durch die Punkte $c + n_1\,\omega_1$ Parallele zu $\mathfrak{g}_2$, durch die Punkte $c + n_2\,\omega_2$ Parallele zur Verbindungsgeraden $\mathfrak{g}_1$ von 0 und ω_2, so wird die ganze Ebene in *Periodenparallelogramme* zerlegt (Abb. 76). Aus (5) folgt, daß alle Periodenparallelogramme, wie immer man die primitiven Perioden ω_1 und ω_2 wählt, *denselben Flächeninhalt* haben.

Abb. 77.

2. Einfach periodische Funktionen. Es sei $f(z)$ eine einfach periodische Funktion mit der primitiven Periode ω und c ein beliebiger Punkt auf der durch $z = 0$ und $z = \omega$ bestimmten Geraden $\mathfrak{g}$, z. B. der Punkt $c = 0$. Wir legen durch die Punkte $c + n\,\omega$, n ganz, parallele Gerade $\mathfrak{h}_n$, auf denen keine singulären Punkte von $f(z)$ liegen, die nicht mit $\mathfrak{g}$ zusammenfallen und daher die Ebene in Streifen, die sogenannten *Periodenstreifen* $\mathfrak{S}_n$ zerlegen (Abb. 77). Wir greifen willkürlich einen dieser Streifen heraus und nennen ihn den *Anfangsstreifen* von $f(z)$; es sei das etwa der durch die Geraden $\mathfrak{h}_0$ und $\mathfrak{h}_1$ bestimmte Streifen $\mathfrak{S}_0$. Treffen wir noch eine Vereinbarung über die Ränder, indem wir etwa die Gerade $\mathfrak{h}_n$ zu $\mathfrak{S}_n$ rechnen, $\mathfrak{h}_{n+1}$ aber nicht, so entspricht jedem Punkt z der Ebene genau ein Punkt

$$z' = z + n\,\omega \tag{6}$$

im Anfangsstreifen. Alle Punkte z_n, die aus einem beliebigen Punkt z_0 durch $z_n = z_0 + n\,\omega$ entstehen, heißen untereinander *kongruent*, insbesondere sind die Punkte z und z' in (6) kongruent. Kennt man das Verhalten einer einfach periodischen Funktion im Anfangsstreifen, so kennt man ihr Verhalten in der ganzen z-Ebene, es genügt daher, sich auf den Anfangsstreifen zu beschränken.

Das wichtigste Beispiel einer einfach periodischen Funktion ist die Exponentialfunktion e^z mit der primitiven Periode $2\,\pi\,j$; ein Periodenstreifen ist der Streifen

$$0 \leqq \Im(z) < 2\,\pi, \tag{7}$$

der in der Regel als Anfangsstreifen genommen wird. Die folgenden Überlegungen zeigen, wie fundamental die Rolle ist, die die Exponentialfunktion unter den einfach periodischen Funktionen spielt.

Ich setze zur Abkürzung

$$\gamma = \frac{2\,\pi\,j}{\omega}, \tag{8}$$

wo ω die Periode der einfach periodischen Funktion $f(z)$ ist, und führe durch

$$\zeta = e^{\gamma z}, \quad z = \frac{1}{\gamma} \ln \zeta \tag{9}$$

eine neue unabhängige Veränderliche ζ ein. Dann wird

$$f(z) = f\left(\frac{1}{\gamma} \ln \zeta\right) = \varphi(\zeta) = \varphi(e^{\gamma z}), \tag{10}$$

und wir untersuchen an Stelle von $f(z)$ die Funktion $\varphi(\zeta)$. Es scheint zunächst, da $\ln \zeta$ unendlich vieldeutig ist, als ob durch diesen Übergang zur Veränderlichen ζ nur Komplikationen hereingebracht würden. Nun entstehen aber alle Werte von $\ln \zeta$ aus einem derselben durch Addition von $n \cdot 2\pi j$, also unterscheiden sich alle Werte von $\frac{1}{\gamma} \ln \zeta$ wegen (8) durch $n \omega$ und sind daher hinsichtlich der Funktion $f(z)$ kongruent, d. h. die Vieldeutigkeit von $\ln \zeta$ wird durch die Periodizität von $f(z)$ gerade kompensiert, $\varphi(\zeta)$ ist eine *eindeutige* Funktion von ζ. Durch (9) wird der Anfangsstreifen (7) der z-Ebene umkehrbar eindeutig auf die ganze, längs der positiven reellen Achse aufgeschnittenen ζ-Ebene abgebildet, und in dieser ist $\varphi(\zeta)$ überall regulär mit Ausnahme der Stellen, die singulären Punkten von $f(z)$ entsprechen und eventuell mit Ausnahme der Punkte $z = 0$ und $z = \infty$, die singuläre Punkte von $\ln \zeta$ sind. Damit ergibt sich aber die wesentliche Vereinfachung, die durch den Übergang von z zu ζ erreicht wird: Ist z_0 ein singulärer Punkt von $f(z)$, so sind auch alle zu z_0 kongruenten Punkte singuläre Punkte von $f(z)$; dieser ganzen Schar von singulären Punkten von $f(z)$ entspricht in der ζ-Ebene nur *ein einziger* singulärer Punkt $\zeta_0 = e^{\gamma z_0}$ von $\varphi(\zeta)$.

Auf diese Art ergeben sich für $\cos z$ und $\sin z$ wegen $\omega = 2\pi$, $\gamma = j$, $\zeta = e^{jz}$ die Darstellungen

$$\cos z = \frac{1}{2}\left(\zeta + \frac{1}{\zeta}\right), \quad \sin z = \frac{1}{2j}\left(\zeta - \frac{1}{\zeta}\right)$$

und für $\tan z$ und $\cot z$ wegen $\omega = \pi$, $\gamma = 2j$, $\zeta = e^{2jz}$ die Darstellungen

$$\tan z = \frac{1}{j}\frac{\zeta - 1}{\zeta + 1}, \quad \cot z = j\frac{\zeta + 1}{\zeta - 1};$$

bei $\tan z$ entspricht den Polen $z = \frac{\pi}{2} + n\pi$ der eine Pol $\zeta = -1$, bei $\cot z$ den Polen $n\pi$ der eine Pol $\zeta = 1$.

In allen diesen Fällen ist $\varphi(\zeta)$ eine *rationale* Funktion; es ist also zu vermuten, daß die einfach periodischen Funktionen, für die $\varphi(\zeta)$ rational ist, nicht nur besonders einfache, sondern auch besonders wichtige Eigenschaften haben werden. Bevor ich — in Ziffer 3 — darauf näher eingehe, will ich noch eine wichtige Folgerung aus der Darstellung (10) über die Möglichkeit einer Reihenentwicklung der einfach periodischen Funktionen ziehen.

Da $f(z)$ voraussetzungsgemäß bis auf isolierte singuläre Stellen überall regulär ist, können wir aus dem Anfangsstreifen durch zwei Parallele zur Geraden $\mathfrak{g}$ ein Parallelogramm $ABCD$ (Abb. 77) so herausschneiden, daß im Innern und auf den Seiten AD und BC keine singulären Stellen von $f(z)$ liegen. Dieses Parallelogramm wird dann durch (9) auf einen Kreisring $r_1 < \zeta < r_2$ der ζ-Ebene abgebildet. In diesem Kreisring ist $\varphi(\zeta)$ eindeutig und regulär und läßt sich daher in eine Laurentreihe

$$\varphi(\zeta) = \sum_{\nu = -\infty}^{\nu = +\infty} c_\nu \zeta^\nu$$

entwickeln. Daraus folgt für $f(z)$ die Entwicklung

$$f(z) = \sum_{\nu=-\infty}^{\nu=+\infty} c_\nu\, e^{\gamma\nu z}, \tag{11}$$

die im Parallelogramm $ABCD$ und wegen der Periodizität von $f(z)$ auch in allen kongruenten Parallelogrammen und daher in einem *zu* g *parallelen Streifen absolut und gleichmäßig konvergiert.* Von (11) kommt man einerseits zur Taylorschen Entwicklung für einen beliebigen inneren Punkt z_0 des Streifens, wenn man $e^{\gamma\nu z}$ in z_0 in eine Potenzreihe entwickelt und dann den Weierstraßschen Doppelreihensatz (§ 25, 6) anwendet; anderseits durch die bekannte Umformung (vgl. Band II, § 6, 2)

$$f(z) = c_0 + \sum_{\nu=1}^{\infty} (c_\nu\, e^{\gamma\nu z} + c_{-\nu}\, e^{-\gamma\nu z}) = \frac{a_0}{2} + \sum_{\nu=1}^{\infty} \left(a_\nu \cos\frac{2\pi\nu}{\omega} z + b_\nu \sin\frac{2\pi\nu}{\omega} z\right)$$

mit

$$c_\nu + c_{-\nu} = a_\nu, \quad j\,(c_\nu - c_{-\nu}) = b_\nu$$

zu einer Entwicklung, die für eine *reelle Funktion* $f(x)$ *mit der reellen Periode* ω unmittelbar in die Fourierentwicklung von $f(x)$ übergeht. Die Voraussetzung, nämlich die Regularität der reellen Funktion $f(x)$, ist hier allerdings wesentlich enger als die in Band II, § 6 gegebenen hinreichenden Bedingungen für die gleichmäßige Konvergenz der Fourierreihe; diese engere Voraussetzung ist aber umgekehrt wieder notwendig für die Fortsetzbarkeit der reellen Funktion $f(x)$ ins Komplexe.

3. Fortsetzung: Die rationalen Funktionen von $e^{\gamma z}$. Ich bezeichne diese Funktionen im folgenden kurz als *Funktionen der Klasse* $\Re$; zu ihr gehören neben der Exponentialfunktion $e^z = \zeta$, wie wir in Ziffer 2 gesehen haben, auch die Winkelfunktionen. Alle diese Funktionen besitzen ein *algebraisches Additionstheorem*, d. h. $f(z_1 + z_2)$ läßt sich algebraisch durch $f(z_1)$ und $f(z_2)$ ausdrücken, wobei z_1 und z_2 zwei beliebige Werte der unabhängigen Veränderlichen sind. Z. B. ist

$$e^{z_1 + z_2} = e^{z_1} \cdot e^{z_2},$$

$$\sin(z_1 + z_2) = \sin z_1 \sqrt{1 - \sin^2 z_2} + \sin z_2 \sqrt{1 - \sin^2 z_1}$$

usw. Ist allgemein $f(z) = R(\zeta)$, wo R eine rationale Funktion von ζ ist, und setzen wir $e^{\gamma z_1} = \zeta_1$, $e^{\gamma z_2} = \zeta_2$, so ist

$$f(z_1) = R(\zeta_1), \quad f(z_2) = R(\zeta_2), \quad f(z_1 + z_2) = R(\zeta_1 \cdot \zeta_2).$$

Eliminiert man aus diesen drei in ζ_1 und ζ_2 rationalen Gleichungen diese beiden Größen, so folgt, daß sich $f(z_1 + z_2)$ algebraisch durch $f(z_1)$ und $f(z_2)$ ausdrücken läßt, d. h. *jede Funktion der Klasse* $\Re$ *besitzt ein algebraisches Additionstheorem.*

Sind weiter $f_1(z)$ und $f_2(z)$ zwei Funktionen der Klasse $\Re$ mit *derselben Periode* ω, so gilt

$$f_1(z) = R_1(\zeta), \quad f_2(z) = R_2(\zeta)$$

und durch Elimination von $\zeta = e^{\gamma z}$ folgt, daß *zwischen je zwei Funktionen der Klasse* $\Re$ *mit derselben Periode eine algebraische Beziehung besteht.*

Ist $f(z) = R(\zeta)$ eine Funktion der Klasse $\Re$, so ist

$$f'(z) = R'(\zeta)\,\frac{d\zeta}{dz} = \gamma\,\zeta\,R'(\zeta)$$

wieder eine Funktion der Klasse $\Re$ mit derselben Periode ω wie $f(z)$. Die Anwendung des letzten Satzes gibt: *Jede Funktion* $w = f(z)$ *der Klasse* $\Re$ *genügt einer algebraischen Differentialgleichung der Gestalt*

$$\frac{dw}{dz} = F(w), \tag{12}$$

in der die unabhängige Veränderliche z *nicht vorkommt;* $F(w)$ *bedeutet dabei eine* algebraische Funktion von w. Aus (12) folgt noch

$$z = \int\limits_{w_0}^{w} \frac{dw}{F(w)} = \varphi(w),$$

d. h. *jede Funktion der Klasse* $\Re$ *ist die Umkehrung des Integrals* $z = \varphi(w)$ *einer algebraischen Funktion.*

Es ist z. B.

$$\sin^2 z + \cos^2 z = 1$$

die algebraische Beziehung zwischen den beiden Funktionen $\sin z$ und $\cos z$,

$$\frac{dw}{dz} = \sqrt{1 - w^2}$$

die algebraische Differentialgleichung der Funktion $\sin z$ und

$$z = \arcsin w = \int\limits_{0}^{w} \frac{dw}{\sqrt{1 - w^2}}$$

ihre Umkehrfunktion.

4. Fortsetzung: Das Verhalten an den Enden des Periodenstreifens. Da eine einfach periodische Funktion $f(z)$ jeden Wert c, den sie überhaupt annimmt, in jedem Periodenstreifen mindestens einmal und insgesamt daher unendlich oft annimmt, ist der Punkt $z = \infty$ als Häufungsstelle von c-Stellen ein *wesentlich singulärer Punkt* von $f(z)$. Nähert man sich dem Punkt $z = \infty$ in bestimmter Weise, so kann $f(z)$ sehr wohl bestimmten Grenzwerten zustreben; das wird insbesondere der Fall sein, wenn z sich dem Punkt $z = \infty$ auf einem ganz im Innern eines Periodenstreifens, insbesondere des Anfangsstreifens verlaufenden Weg nähert. Mit Hilfe der durch (9) und (10) eingeführten Funktion $\varphi(\zeta)$ läßt sich das Verhalten von $f(z)$ an den Enden des Periodenstreifens leicht überblicken, da den beiden Enden wegen (9) die Punkte $\zeta = 0$ und $\zeta = \infty$ der ζ-Ebene entsprechen. Hat $\varphi(\zeta)$ außerhalb von $\zeta = 0$ und $\zeta = \infty$ keine anderen Singularitäten als Pole, so ist $f(z)$ im Endlichen bis auf Pole regulär.

Für die *Funktionen der Klasse* $\Re$ ergeben sich wieder eine Reihe einfacher Eigenschaften. Man sieht sofort, daß eine nicht konstante, im Periodenstreifen reguläre Funktion $f(z)$ *nicht an beiden Enden beschränkt* sein kann; denn dann wäre die Funktion $\varphi(\zeta) = R(\zeta)$ in der ganzen Ebene, höchstens mit Ausnahme von $\zeta = 0$ und $\zeta = \infty$ regulär und in der Umgebung dieser Punkte beschränkt, also nach dem Satz von RIEMANN (§ 24, 7) auch in 0 und ∞ regulär und gegen die Voraussetzung konstant. Ist $f(z)$ an einem Ende des Periodenstreifens beschränkt, so ist $R(\zeta)$ in dem entsprechenden Punkt, etwa $\zeta = 0$, regulär, so daß $\lim\limits_{\zeta \to 0} R(\zeta)$ existiert. Dann hat auch $f(z)$ einen endlichen Grenzwert a, wenn sich z gegen das entsprechende Ende des Periodenstreifens bewegt, und man sagt, $f(z)$ *nimmt dort den Wert a an,* und zwar mit derselben Ordnung, mit der $R(\zeta) - a$ für $\zeta = 0$ verschwindet. Entsprechendes gilt für den Punkt $\zeta = \infty$.

Ist $f(z)$ an einem Ende des Streifens nicht beschränkt, so ist dort $\lim\limits_{z \to \infty} f(z) = \infty$, und man sagt, $f(z)$ *habe dort einen Pol.* Denn wenn $R(\zeta)$ bei $\zeta = 0$ (oder $\zeta = \infty$) nicht beschränkt ist, so muß $R(\zeta)$ als rationale Funktion in $\zeta = 0$ einen Pol haben. Die Ordnung dieses Pols sieht man dann auch als Ordnung des Pols von $f(z)$ am entsprechenden Ende des Streifens an.

Ein unmittelbares Ergebnis dieses Satzes ist, daß *eine einfach periodische Funktion dann und nur dann zur Klasse $\Re$ gehört, wenn sie im Periodenstreifen einschließlich seiner Enden keine anderen Singularitäten als Pole besitzt.*

5. **Doppelt periodische Funktionen.** Es sei jetzt $f(z)$ eine doppelt periodische Funktion und ω_1, ω_2 ein primitives Periodenpaar von $f(z)$. Denkt man sich durch alle Punkte $c + n_1 \omega_1$ Parallele zu $\mathfrak{g}_2$ und durch alle Punkte $c + n_2 \omega_2$ Parallele zu $\mathfrak{g}_1$ gezeichnet, so wird die ganze Ebene in ein Netz von Parallelogrammen aufgeteilt, dessen Gitterpunkte im Fall $c = 0$ die Perioden $n_1 \omega_1 + n_2 \omega_2$ sind, im Falle $c \neq 0$ gehen die Gitterpunkte aus diesen durch die Parallelverschiebung $z' = z + c$ hervor. Man wird c immer so wählen, daß auf den Seiten der Parallelogramme keine singulären Stellen von $f(z)$ liegen, was sicher möglich ist, weil sich diese im Endlichen nirgends häufen. Alle Punkte $z_0 + n_1 \omega_1 + n_2 \omega_2$ heißen zu z_0 und untereinander kongruent (insbesondere sind alle Gitterpunkte des Parallelogrammnetzes untereinander kongruent) und $f(z)$ hat in kongruenten Punkten denselben Wert bzw. dieselbe Singularität. Jedes Parallelogramm des Netzes heißt ein *Periodenparallelogramm*, eines von ihnen, etwa das Parallelogramm mit den Ecken $c, c + \omega_1, c + \omega_1 + \omega_2, c + \omega_2$, nennt man das *Fundamentalparallelogramm* von $f(z)$; dabei *rechnet man nur den Punkt c und die beiden von c ausgehenden Seiten, aber ohne ihre anderen Endpunkte, zum Fundamentalparallelogramm,* damit ihm keine zwei kongruenten Punkte angehören. Entsprechendes gilt für alle übrigen Periodenparallelogramme. Kennt man den Verlauf von $f(z)$ im Fundamentalparallelogramm, so kennt man ihn in der ganzen Ebene. Wir werden also im folgenden doppelt periodische Funktionen immer nur im Fundamentalparallelogramm untersuchen.

Die wichtigste Klasse doppelt periodischer Funktionen sind die *elliptischen Funktionen*, die im Sinn des letzten Satzes von Ziffer 4 den einfach periodischen Funktionen der Klasse $\Re$ entsprechen: Es sind jene doppelt periodischen Funktionen, die *im Periodenparallelogramm keine anderen Singularitäten haben als Pole.* Nach der Definition von § 25, 10 kann man auch sagen: *Die elliptischen Funktionen sind die meromorphen doppelt periodischen Funktionen.* Der Name elliptische Funktion hat ausschließlich historische Gründe und kommt daher, daß die Rektifikation der Ellipse auf ein Integral führt, das man ebenso wie seine Umkehrfunktion als elliptisch bezeichnet hat. Die elliptischen Funktionen sind sowohl in der reinen wie in der angewandten Mathematik von größter Bedeutung geworden und besitzen eine ausgedehnte Theorie (es gibt eine ganze Reihe mehrbändiger Werke darüber), deren Entwicklung von ABEL und JACOBI begonnen und insbesondere von LIOUVILLE und WEIERSTRASS gefördert wurde.

Hier beschränke ich mich darauf, einen sehr einfachen Satz anzuführen, der als *erster Satz von* LIOUVILLE über doppelt periodische Funktionen bezeichnet wird: *Es gibt keine nicht konstante doppelt periodische ganze Funktion.* Denn eine ganze Funktion ist in jedem beschränkten Bereich, also insbesondere im Fundamentalparallelogramm und daher in der ganzen Ebene beschränkt; eine solche Funktion ist aber nach dem Satz von LIOUVILLE (§ 24, 6) konstant.

Aufgaben.

1. Es gibt keine nicht konstante periodische *rationale* Funktion.

2. Eine einfach periodische Funktion der Klasse $\Re$ nimmt im Periodenstreifen einschließlich seiner Enden jeden Wert (auch den Wert ∞) gleich oft an.

3. Was bedeutet es für die in Ziffer 2 eingeführte Funktion $\varphi(\zeta)$, wenn $f(z)$ eine doppelt periodische Funktion ist?

§ 31. Die meromorphen Funktionen.

1. Teilbruchreihen. Nach § 25, 10 heißt eine Funktion $f(z)$ meromorph, wenn sie in der ganzen Ebene bis auf Pole, die sich im Endlichen nirgends häufen, regulär ist. Die meromorphen Funktionen sind also einerseits eine Verallgemeinerung der ganzen Funktionen, da jetzt im Endlichen auch Pole zugelassen sind, und anderseits eine Verallgemeinerung der rationalen Funktionen, da jetzt eine wesentlich singuläre Stelle im Punkt $z = \infty$, bzw. unendlich viele Pole mit einer Häufungsstelle im Unendlichen, die dann wieder wesentlich singulär ist, zugelassen sind. Umgekehrt sind natürlich sowohl die ganzen als auch die rationalen Funktionen Sonderfälle der meromorphen Funktionen.

Ich gehe bei der Untersuchung von den rationalen Funktionen aus und erinnere daran, daß jede rationale Funktion $R(z)$ mit den Polen $z_1, z_2, \ldots, z_p$ eine Teilbruchzerlegung (§ 25, 10) gestattet, d. h. eine Darstellung der Form

$$R(z) = g_0(z) + H_1(z) + H_2(z) + \cdots + H_p(z), \tag{1}$$

wo $g_0(z)$ eine ganze rationale Funktion (ein Polynom) und

$$H_\nu(z) = \frac{A_{\nu 1}}{z - z_\nu} + \frac{A_{\nu 2}}{(z - z_\nu)^2} + \cdots + \frac{A_{\nu k_\nu}}{(z - z_\nu)^{k_\nu}}, \quad \nu = 1, 2, \ldots, p \tag{2}$$

der zum Pol z_ν gehörige Hauptteil von $f(z)$ ist; die positive ganze Zahl k_ν ist dabei die Ordnung des Pols z_ν. Aus der Teilbruchzerlegung (1) folgt:

Satz 1: *Jede rationale Funktion ist als Quotient zweier ganzer rationaler Funktionen darstellbar.*

Satz 2: *Zwei rationale Funktionen mit denselben Polen und denselben Hauptteilen unterscheiden sich höchstens durch eine additive ganze rationale Funktion.*

Satz 3: *Es gibt stets rationale Funktionen mit vorgeschriebenen Polen und Hauptteilen. Man bekommt eine spezielle rationale Funktion dieser Art als Summe der gegebenen Hauptteile und die allgemeinste durch Addition einer willkürlichen ganzen rationalen Funktion.*

Es sei nun $f(z)$ eine meromorphe Funktion. Ist z_ν ein Pol von $f(z)$, so gilt in einem Kreisring $\Re$ um z_ν nach § 25, 7 die Laurententwicklung

$$f(z) = H_\nu(z) + P_\nu(z),$$

wo die durch (2) gegebene rationale Funktion $H_\nu(z)$ nach § 25, 8 wieder der zum Pol z_ν der Ordnung k_ν gehörige Hauptteil von $f(z)$ und $P_\nu(z)$ eine innerhalb des äußeren Kreises des Ringes $\Re$ konvergente Potenzreihe ist.

Wir wollen prüfen, inwieweit sich die drei obigen Sätze über rationale Funktionen auf meromorphe Funktionen übertragen lassen. Beim ersten Satz ist das sehr einfach; ist nämlich $g(z)$ eine ganze Funktion, die überall dort, wo die meromorphe Funktion $f(z)$ Pole hat, Nullstellen derselben Ordnung besitzt — eine solche Funktion $g(z)$ kann nach § 29 ohneweiters angegeben werden —, so ist $f(z) \cdot g(z)$ überall regulär, also eine ganze Funktion $h(z)$, und daher gilt

$$f(z) = \frac{h(z)}{g(z)};$$

jede meromorphe Funktion ist als Quotient zweier ganzer Funktionen darstellbar.

Hat die meromorphe Funktion $f(z)$ *nur endlich viele Pole* z_1, z_2, $\ldots$, z_p mit den Hauptteilen (2), so ist die Differenz $f(z) - R(z)$, wo $R(z)$ die durch (1) erklärte rationale Funktion ist, eine ganze Funktion, und zwar eine ganze transzendente Funktion, wenn $f(z)$ nicht selbst rational ist. Für solche Funktionen gelten die obigen Sätze 2 und 3, wenn man dort „rational" durch „meromorph" und „ganz rational" durch „ganz" ersetzt. Insbesondere ist also die allgemeinste meromorphe Funktion mit den obigen Polen durch

$$f(z) = g(z) + H_1(z) + H_2(z) + \cdots + H_p(z) \tag{3}$$

gegeben. Hat die meromorphe Funktion aber unendlich viele Pole, so steht man vor einer durchaus ähnlichen Aufgabe wie in § 29. Für $p \to \infty$ geht (3) in eine unendliche Reihe über, die im allgemeinen nicht konvergieren wird. Aber man kann die Aufgabe auch in ähnlicher Weise lösen, indem man zu den Gliedern $H_\nu(z)$ gewisse Glieder hinzufügt, die die Reihe konvergent machen und daher als *konvergenzerzeugende Glieder* bezeichnet werden.

2. Der Satz von Mittag-Leffler[1]. Die Pole z_ν, die jetzt eine unendliche Folge mit $z_\nu \to \infty$ bilden, und die zugehörigen Hauptteile $H_\nu(z)$ seien gegeben. Kommt unter den Polen der Punkt $z = 0$ mit dem Hauptteil $H_0(z)$ vor, so lassen wir ihn vorläufig beiseite. Die $H_\nu(z)$ mit $\nu \geq 1$ sind dann in der Umgebung des Nullpunkts regulär und die Potenzreihen

$$H_\nu(z) = a_{\nu 0} + a_{\nu 1} z + \cdots + a_{\nu \mu} z^\mu + \cdots \tag{4}$$

sind für alle $|z| < |z_\nu|$ konvergent und z. B. für $|z| \leq \frac{1}{2} |z_\nu|$ gleichmäßig konvergent. Daher gibt es natürliche Zahlen n_ν so, daß für die Teilsummen der ersten n_ν Glieder

$$s_\nu(z) = a_{\nu 0} + a_{\nu 1} z + \cdots + a_{\nu n_\nu - 1} z^{n_\nu - 1}$$

der Reihen (4) die Ungleichungen[2]

$$|H_\nu(z) - s_\nu(z)| < \varepsilon_\nu \tag{5}$$

erfüllt sind, sobald $|z| \leq \frac{1}{2} |z_\nu|$ ist. Die ε_ν sind dabei beliebig wählbare positive Zahlen; wir wählen sie so, daß die Reihe $\sum\limits_{\nu=1}^{\infty} \varepsilon_\nu$ konvergent, z. B. $\varepsilon_\nu = \frac{1}{2^\nu}$ ist. Ich bilde nun die Reihe

$$H(z) = \sum_{\nu=1}^{\infty} [H_\nu(z) - s_\nu(z)] \tag{6}$$

und behaupte, daß sie in *jedem* Kreis $|z| \leq R$, $R > 0$ beliebig, nach Ausschluß der darin enthaltenen Pole *gleichmäßig konvergiert*. Wegen $z_\nu \to \infty$, gibt es eine natürliche Zahl N, so daß für $\nu > N$ stets $|z_\nu| > 2R$ oder $R < \frac{1}{2} |z_\nu|$ ist; zerlege ich (6) in der Form

$$H(z) = \sum_{\nu=1}^{N} (H_\nu - s_\nu) + \sum_{\nu=N+1}^{\infty} (H_\nu - s_\nu),$$

so ist die erste Summe rechts eine rationale Funktion mit den Polen z_1, z_2, $\ldots$, z_N, während die zweite wegen (5) und wegen der Konvergenz von $\sum \varepsilon_\nu$ eine für

---

[1] MAGNUS GUSTAV MITTAG-LEFFLER, geb. 1846 in Stockholm, gest. 1927 in Djursholm bei Stockholm; schwedischer Mathematiker, Schüler von WEIERSTRASS. Wichtige Arbeiten zur Funktionentheorie.

[2] Die Ausdrücke $H_\nu(z) - s_\nu(z) = a_{\nu n_\nu} z^{n_\nu} + \cdots$ sind die Reste der Reihen (4), beginnend jeweils mit dem n_ν-ten Glied.

$|z| \leqq R$ reguläre Funktion darstellt. Wegen der Willkürlichkeit von R ist das aber gerade der Inhalt der Behauptung. Somit ist

$$f_0(z) = H_0(z) + \sum_{\nu=1}^{\infty} [H_\nu(z) - s_\nu(z)] \tag{7}$$

eine meromorphe Funktion, die in den gegebenen Punkten $z_0 = 0, z_1, z_2, \ldots$ *Pole mit vorgeschriebenen Hauptteilen* $H_\nu(z)$ *hat*; kommt $z_0 = 0$ nicht unter den Polen vor, so ist natürlich $H_0(z) \equiv 0$ zu setzen. Damit ist der erste Teil des Satzes 3 von Ziffer 1 für meromorphe Funktionen verallgemeinert. Die Verallgemeinerung von Satz 2 und des zweiten Teils von Satz 3 ergibt sich daraus unmittelbar:

Zwei meromorphe Funktionen mit denselben Polen und denselben Hauptteilen unterscheiden sich höchstens durch eine ganze Funktion.

Was noch zu zeigen bleibt, ist nur eine andere Formulierung dieses Satzes: Ist $f_0(z)$ die durch (7) definierte meromorphe Funktion, so ist

$$f(z) = f_0(z) + g(z),$$

wo $g(z)$ eine willkürliche ganze Funktion ist, *die allgemeinste meromorphe Funktion mit den vorgeschriebenen Polen* z_ν *und Hauptteilen* $H_\nu(z)$, und das ist, zusammen mit (7) und (2), der Inhalt des *Satzes von* Mittag-Leffler.

Ich erwähne noch, daß man die Reihe (7) auch *Teilbruchreihe* oder *Partialbruchreihe* bezeichnet.

3. Funktionen mit lauter einfachen Polen. Dieser in vielen Anwendungen des Satzes von Mittag-Leffler vorkommende Fall verdient eine kurze Sonderbetrachtung. Es ist hier

$$H_\nu(z) = \frac{a_\nu}{z - z_\nu},$$

a_ν also das Residuum von $f(z)$ im Pol z_ν. Die Entwicklung (4) wird

$$H_\nu(z) = - \frac{a_\nu}{z_\nu} \frac{1}{1 - \dfrac{z}{z_\nu}} = - \frac{a_\nu}{z_\nu} - \frac{a_\nu}{z_\nu^2} z - \frac{a_\nu}{z_\nu^3} z^2 - \cdots$$

und daher

$$f_0(z) = \frac{a_0}{z} + \sum_{\nu=1}^{\infty} \left(\frac{a_\nu}{z - z_\nu} + \frac{a_\nu}{z_\nu} + \frac{a_\nu}{z_\nu^2} z + \cdots + \frac{a_\nu}{z_\nu^{n_\nu}} z^{n_\nu - 1} \right) \tag{8}$$

oder, durch Summierung der in jedem Glied auftretenden *endlichen* geometrischen Reihe,

$$f_0(z) = \frac{a_0}{z} + \sum_{\nu=1}^{\infty} \left(\frac{z}{z_\nu} \right)^{n_\nu} \frac{a_\nu}{z - z_\nu}. \tag{9}$$

Wegen $z_\nu \to \infty$ ist $1 - \dfrac{z}{z_\nu} \to 1$, also $\left| 1 - \dfrac{z}{z_\nu} \right| > \dfrac{1}{2}$ für genügend große ν und daher

$$\left| \frac{a_\nu}{z - z_\nu} \right| = \left| \frac{a_\nu}{z_\nu} \right| \cdot \frac{1}{\left| 1 - \dfrac{z}{z_\nu} \right|} < 2 \left| \frac{a_\nu}{z_\nu} \right|.$$

Somit konvergiert die Reihe (9) nach Abtrennung einer geeigneten Zahl von Gliedern in $|z| \leq R$ (Ziffer 2) gleichmäßig, wenn

$$\sum \left(\frac{z}{z_\nu}\right)^{n_\nu} \frac{a_\nu}{z_\nu}$$

für jedes z absolut konvergiert. Nimmt man hier alle $n_\nu = n$ (fest), so folgt

$$z^n \sum \frac{a_\nu}{z_\nu^{\,n+1}},$$

d. h. *man kann in (9) alle $n_\nu = n$ setzen, wenn die Reihe*

$$\sum \frac{|a_\nu|}{|z_\nu|^{n+1}} \tag{10}$$

konvergiert. Das gibt insbesondere für $n = 0$, also $s_\nu(z) \equiv 0$, die Bedingung, daß

$$\sum \left| \frac{a_\nu}{z_\nu} \right| \tag{11}$$

konvergiert; für $n = 1$, $s_\nu(z) = -\dfrac{a_\nu}{z_\nu}$ konstant, die Bedingung, daß

$$\sum \frac{|a_\nu|}{|z_\nu|^2} \tag{12}$$

konvergiert usw.

4. Die Partialbruchentwicklung von $\cot \pi z$. Die Funktion hat in den Punkten $z_\nu = 0, \pm 1, \pm 2, \ldots$ einfache Pole mit den Residuen $a_\nu = \dfrac{1}{\pi}$, wie man aus

$\lim\limits_{z \to \nu} \dfrac{(z - \nu)\cos \pi z}{\sin \pi z} = \dfrac{1}{\pi}$ entnimmt (§ 25, 9). Ich trenne die Entwicklungen für die positiven ($z_\nu = \nu$) und negativen ($z_\nu = -\nu$) Pole. Aus (12) folgt, daß man in jeder Entwicklung alle $n_\nu = 1$ nehmen kann, also wird, wenn man den gemeinsamen Faktor π nach links nimmt,

$$\pi \cot \pi z = g_0(z) + \frac{1}{z} + \sum_{\nu=1}^{\infty} \left(\frac{1}{z - \nu} + \frac{1}{\nu} \right) + \sum_{\nu=1}^{\infty} \left(\frac{1}{z + \nu} - \frac{1}{\nu} \right) =$$

$$= g_0(z) + \frac{1}{z} + \sum_{\nu=1}^{\infty} \left(\frac{1}{z - \nu} + \frac{1}{z + \nu} \right),$$

wo die ganze Funktion $g_0(z)$ noch zu bestimmen ist. Der letzte Ausdruck stimmt aber schon vollständig mit (26) von § 29 überein, wo nur $g_0'(z)$ an Stelle von $g_0(z)$ steht; nun war dort $g_0'(z) = 0$ ermittelt worden, also folgt hier

$$\pi \cot \pi z = \frac{1}{z} + 2z \sum_{\nu=1}^{\infty} \frac{1}{z^2 - \nu^2} \tag{13}$$

in Übereinstimmung mit Band II, § 6, 8. Weitere Beispiele derartiger Partialbruchentwicklungen folgen in den nächsten Paragraphen.

5. Herleitung des Weierstraßschen Produktsatzes aus dem Satz von Mittag-Leffler. Der Zusammenhang zwischen der Produktentwicklung von $\sin \pi z$ und der Partialbruchentwicklung von $\cot \pi z = \dfrac{1}{\pi}(\ln \sin \pi z)'$ legt die Frage nahe, *ob nicht zwischen den allgemeinen Sätzen, dem Weierstraßschen Produktsatz* und dem Satz von MITTAG-LEFFLER ein ähnlicher Zusammenhang besteht. Ich will im folgenden nur ganz kurz andeuten, wie man den ersteren aus dem letzteren herleiten kann (umgekehrt kann man *nicht* schließen). Aus dem Satz über die Zahl der Nullstellen einer regulären Funktion von § 25, 9 folgt für eine ganze Funktion $g(z)$, daß

$$f(z) = \frac{g'(z)}{g(z)}$$

eine meromorphe Funktion ist, die in den Nullstellen z_ν von $g(z)$ Pole mit den Residuen k_ν hat, wo k_ν die Ordnung der Nullstelle z_ν ist und für die daher die Entwicklung (8) mit $a_\nu = k_\nu$ gilt. Wegen der gleichmäßigen Konvergenz darf man gliedweise integrieren und erhält bis auf eine additive Konstante

$$\int f(z)\,dz = \ln g(z) =$$

$$= a_0 \ln z + k_\nu \sum_{\nu=1}^{\infty}{}' \left[\ln\left(1 - \frac{z}{z_\nu}\right) + \frac{z}{z_\nu} + \frac{z^2}{2\,z_\nu^2} + \cdots + \frac{z^{n_\nu}}{n_\nu z_\nu^{n_\nu}}\right],$$

wobei in der Summe der Anfangspunkt der Integration in den Punkt $z = 0$ verlegt wurde, oder

$$g(z) = z^{a_0} \prod_{\nu=1}^{\infty} \left[\left(1 - \frac{z}{z_\nu}\right) \exp\left(\frac{z}{z_\nu} + \frac{z^2}{2\,z_\nu^2} + \cdots + \frac{z^{n_\nu}}{n_\nu z_\nu^{n_\nu}}\right)\right]^{k_\nu}$$

in Übereinstimmung (bis auf den Faktor $e^{g_0(z)}$) mit der Gleichung (23) von § 29.

Aufgaben.

Man gebe die Partialbruchreihen folgender Funktionen an:

$$1. \quad \tan\frac{\pi z}{2}; \qquad 2. \quad \frac{1}{\sin \pi z}; \qquad 3. \quad \frac{1}{e^z - 1}.$$

§ 32. Die Fakultät $z!$

1. Die Darstellungen von Euler und Gauß. Die Funktion, mit der wir uns in diesem Paragraphen beschäftigen wollen, ist eine der merkwürdigsten höheren transzendenten Funktionen. Ihre Entdeckung geht auf die Aufgabe zurück, die Folge der Faktoriellen $n!$, $n = 0, 1, 2, \ldots$ durch eine möglichst einfache (zunächst als reell angenommene) Funktion zu interpolieren. Eine Lösung dieser Aufgabe stammt von EULER und lautet:

$$z! = \int_0^{\infty} t^z e^{-t}\,dt. \tag{1}$$

Dabei ist $t^z = e^{z \ln t}$ durch den Hauptwert von $\ln t$ eindeutig definiert; der Integrationsweg ist die positive reelle Achse der t-Ebene. Das uneigentliche Integral — oft als *Eulersches Integral zweiter Art* bezeichnet — ist für jedes reelle $z \geqq -1 + \varepsilon$, $\varepsilon > 0$, gleichmäßig konvergent. Partielle Integration gibt

$$\int_0^{\infty} t^z e^{-t}\,dt = z \int_0^{\infty} t^{z-1} e^{-t}\,dt,$$

also die *Funktionalgleichung*

$$z! = z\,(z - 1)!, \tag{2}$$

während (1) für $z = 0$ zu

$$0! = 1$$

wird. Somit stimmt für jede positive ganze Zahl $z = n$ die Funktion (1) mit $n!$ überein. Es zeigt sich weiter, daß die durch (1) definierte Funktion $z!$ ins Komplexe fortsetzbar ist und eine zumindest im Gebiet $\Re(z) > -1$ reguläre Funktion der komplexen Veränderlichen z ist; ich komme darauf in Ziffer 3 zurück.

Die Bedeutung der Funktion $z!$ geht aber weit über diese an sich recht interessante, aber doch ganz spezielle Interpolationsaufgabe hinaus; man stößt auf sie bei den verschiedensten Problemen der reinen und angewandten Mathematik. EULER gab ihr den Namen *Gammafunktion* und schrieb $\Gamma(z + 1)$; Name und Symbol haben sich seither in der Literatur erhalten, und erst in der letzten Zeit ist man, vor allem in den angelsächsischen Ländern, dazu übergegangen, ganz einfach $z!$ auch dann zu schreiben, wenn z nicht eine natürliche Zahl, sondern eine komplexe Veränderliche ist, und kurz *Fakultät* zu sagen, wie man gelegentlich auch n-Fakultät statt n-Faktorielle sagt[1].

Eine zweite Lösung der Interpolationsaufgabe stammt von GAUSS:

$$z! = \lim_{v \to \infty} \frac{v!\, v^z}{(z + 1)\,(z + 2) \ldots (z + v)}; \tag{3}$$

der Ausdruck hinter dem Limeszeichen ist eindeutig, wenn man in $v^z = e^{z \ln v}$ für $\ln v$ den reellen Hauptwert nimmt. Man findet aus (3) sofort $0! = 1$ und

$$\frac{z!}{(z - 1)!} = z \lim_{v \to \infty} \frac{v}{z + v} = z,$$

also gilt wieder (2) und damit für $z = n$ positiv ganz, $z! = n!$. Ich werde in Ziffer 4 zeigen, daß die beiden Ausdrücke (1) und (3) nicht nur für $z = n$, sondern für beliebige komplexe z [zumindest mit $\Re(z) > -1$] übereinstimmen.

2. Die Darstellung von $\frac{1}{z!}$ durch ein unendliches Produkt. Der reziproke Wert des Ausdrucks hinter dem Limeszeichen in (3) läßt sich in der Form

$$\frac{(z + 1)\,(z + 2) \ldots (z + v)}{v!\, v^z} = e^{a_v z} \left[(1 + z)\, e^{-z}\right] \left[\left(1 + \frac{z}{2}\right) e^{-\frac{z}{2}}\right] \ldots \left[\left(1 + \frac{z}{v}\right) e^{-\frac{z}{v}}\right] \tag{4}$$

schreiben, wo

$$a_v = 1 + \frac{1}{2} + \ldots + \frac{1}{v} - \ln v \tag{5}$$

ist. Ich zeige, daß $\lim\limits_{v \to \infty} a_v = C$ ist, wo $C > 0$ die sogenannte *Eulersche Konstante* ist. Aus

$$\frac{1}{v + 1} < \int_v^{v+1} \frac{dx}{x} < \frac{1}{v},$$

---

[1] Es ist wirklich nicht recht einzusehen, wozu man hier ein neues Symbol braucht. Im Lauf der Entwicklung der Mathematik ist es oft genug vorgekommen, daß man die Bedeutung eines Symbols weit über den ursprünglichen Umfang ausgedehnt hat, ohne deshalb ein neues Symbol zu verwenden. Daß man dann noch zusätzlich $\Gamma(z + 1)$ für $z!$ schrieb, ist nur geeignet, Anfänger und Leute, die nicht täglich mit der Funktion zu tun haben, in überflüssige Verwirrung zu setzen. Auch sehr ehrwürdige Gewohnheiten soll man — nicht nur in der Mathematik — aufgeben, wenn sie unzweckmäßig sind. Im übrigen ist auch im deutschen Sprachgebiet der Name Fakultät und die Bezeichnung $z!$ durch die sehr verbreiteten Funktionentafeln von JAHNKE und EMDE (LV 18) sanktioniert worden.

was sich aus der geometrischen Bedeutung des Integrals sofort ergibt, folgt, wenn

$$b_\nu = \frac{1}{\nu} - \int\limits_{\nu}^{\nu+1} \frac{dx}{x}$$

gesetzt wird,

$$0 < b_\nu < \left(\frac{1}{\nu} - \frac{1}{\nu+1}\right).$$

Daher ist $\sum\limits_{\nu=1}^{\infty} b_\nu = C$ konvergent und wegen $\sum\limits_{\nu=1}^{\infty}\left(\frac{1}{\nu} - \frac{1}{\nu+1}\right) \to 1$ ist $0 < C < 1$. Aus

$$b_1 + b_2 + \ldots + b_{\nu-1} = 1 + \frac{1}{2} + \ldots + \frac{1}{\nu-1} - \int\limits_{1}^{\nu} \frac{dx}{x} \to C$$

folgt wegen $\frac{1}{\nu} \to 0$ und $\int\limits_{1}^{\nu} \frac{dx}{x} = \ln \nu$ die Beziehung (5). Die Rechnung gibt

$$C = 0{\cdot}5772156649\ldots . \tag{6}$$

Aus (3) und (4) folgt

$$\boxed{\frac{1}{z!} = e^{Cz} \prod_{\nu=1}^{\infty}\left[\left(1 + \frac{z}{\nu}\right) e^{-\frac{z}{\nu}}\right].} \tag{7}$$

Das unendliche Produkt ist für alle z konvergent und stellt eine ganze Funktion dar, die in den Punkten $z = -\nu$, $\nu = 1, 2, \ldots$ Nullstellen erster Ordnung hat[1]. Daraus folgt, daß umgekehrt $z!$ eine meromorphe Funktion ist, *die nirgends verschwindet und in den Punkten $z = -1, -2, \ldots$ Pole erster Ordnung hat.*

3. **Folgerungen.** Dividiert man (3) durch $z!$, so folgt

$$\lim_{\nu \to \infty} \frac{\nu!\,\nu^z}{z!\,(z+1)\,(z+2)\ldots(z+\nu)} = 1$$

oder, durch wiederholte Anwendung von (2),

$$\boxed{\lim_{\nu \to \infty} \frac{\nu!\,\nu^z}{(z+\nu)!} = 1.} \tag{8}$$

Aus (3) folgt auch

$$(-z)! = \lim_{\nu \to \infty} \frac{\nu!}{\nu^z\,(1-z)\,(2-z)\ldots(\nu-z)}, \tag{9}$$

also

$$z!\,(-z)! = \lim_{\nu \to \infty} \frac{(\nu!)^2}{(1-z^2)\,(4-z^2)\ldots(\nu^2-z^2)} = \frac{1}{\prod\limits_{\nu=1}^{\infty}\left(1 - \frac{z^2}{\nu^2}\right)}$$

und daher nach § 29, (29)

$$\boxed{z!\,(-z)! = \frac{\pi z}{\sin \pi z}} \tag{10}$$

oder

$$(z-1)!\,(-z)! = \frac{\pi}{\sin \pi z},$$

---

[1] Vgl. dazu das Beispiel am Schluß von § 29, wo eine ganz ähnliche Entwicklung angegeben ist. Insbesondere stimmt das zweite Produkt in (24) bis auf den Faktor e^{Cz} bereits mit dem obigen Produkt (7) überein.

was für $z = \dfrac{1}{2}$

$$\boxed{\left(-\frac{1}{2}\right)! = + \sqrt{\pi}}\tag{11}$$

gibt, da aus (9) unmittelbar $\left(-\dfrac{1}{2}\right)! > 0$ abzulesen ist.

Ferner ergibt sich aus (2) eine einfache Berechnung der Residuen $\overset{v}{a}_{-1}$ von $z!$ in den Polen $-v$, $v = 0, 1, \ldots$ Nach § 25, 9 ist

$$\overset{v}{a}_{-1} = \lim_{z \to -v} (z + v)\, z!;$$

aus (2) folgt

$$z! = \frac{(z + v)!}{(z + 1)(z + 2)\ldots(z + v)},$$

daher ist

$$\lim_{z \to -v} (z + v)\, z! = \frac{0!}{(-v + 1)(-v + 2)\ldots(-1)},$$

also

$$\boxed{\overset{v}{a}_{-1} = \frac{(-1)^{v-1}}{(v - 1)!}.}\tag{12}$$

Schließlich folgt aus (12) die Partialbruchreihe

$$\boxed{z! = g_0(z) + \sum_{v=1}^{\infty} \frac{(-1)^{v-1}}{(v-1)!}\,\frac{1}{z + v},}\tag{13}$$

wo $g_0(z)$ eine ganze Funktion ist.

4. Identität der Ausdrücke von Euler und Gauß[1]. Die Funktionalgleichung (2) genügt noch nicht, um die reguläre Funktion, die für $z = v$ die Werte $v!$ annimmt, *eindeutig* zu bestimmen; so ist z. B. $f(z) = z! + A \sin \pi z$, wo $z!$ durch (3) definiert ist, bei beliebigem A ebenfalls eine Funktion mit $f(v) = v!$. Das ist kein Widerspruch zum Identitätssatz von § 26, 1, weil der dort benützte Grenzpunkt z_0 jetzt $z_0 = \infty$ ist (es ist ja $z_v = v$) und der Identitätssatz für Potenzreihen nicht angewendet werden kann. Es genügt aber eine sehr einfache zusätzliche Forderung an die in Rede stehende Funktion $f(z)$, z. B. die, daß sie in dem Streifen $0 \leqq \Re(z) < 1$ beschränkt ist. Für die durch (3) definierte Funktion $z!$ trifft das zu, wie man sofort sieht; denn wegen $|z + v| = |x + j y + v| \geqq x + v$, $x \geqq 0$, $v \geqq 0$, ganz, ist

$$\left| \frac{v!\, v^z}{(z + 1)(z + 2)\ldots(z + v)} \right| \leqq \frac{v!\, v^x}{(x + 1)(x + 2)\ldots(x + v)},$$

so daß für $v \to \infty$

$$|z!| \leqq x! \leqq M,$$

wenn $M = \operatorname{Max} x!$ für $0 \leqq x \leqq 1$ ist. Es gilt der Satz:

Ist $f(z)$ in $0 \leqq \Re(z) < 1$ regulär und beschränkt und gilt für jedes z die Beziehung

$$f(z) = z\, f(z - 1),\tag{14}$$

so unterscheidet sich $f(z)$ nur durch einen Zahlenfaktor von $z!$. Ist außerdem $f(0) = 1$, so ist $f(z) \equiv z!$.

---

[1] *Der folgende Beweis geht auf H. WIELANDT zurück, vgl. KNOPP, LV 23, Band II, S. 47.*

Ist $0 \leq \Re(z-1) < 1$, so ist $1 \leq \Re(z) < 2$ und aus (14) folgt, daß $f(z)$ auch in $1 \leq \Re(z) < 2$ regulär ist; dieser Schluß läßt sich für den nächsten Streifen $2 \leq \Re(z) < 3$ wiederholen und es folgt, daß $f(z)$ für alle $\Re(z) \geq 0$ regulär ist. Anderseits folgt aus

$$f(z) = \frac{f(z+1)}{z+1} = \frac{f(z+2)}{(z+1)(z+2)} = \cdots = \frac{f(z+\nu)}{(z+1)(z+2)\cdots(z+\nu)},$$

daß $f(z)$, abgesehen vom Punkt $z = -\nu$, auch im Streifen $-\nu \leq \Re(z) < -\nu+1$ regulär ist und in $z = -\nu$ einen Pol erster Ordnung mit dem Residuum $\dfrac{(-1)^{\nu-1}}{(\nu-1)!} f(0)$, $\nu = 1, 2, \ldots$ hat (was man ebenso zeigt wie in Ziffer 3 für $z!$). Ich nehme nun an, daß $f(0) = 1$ sei; dann ist

$$g(z) = f(z) - z! \tag{15}$$

nach § 31, Ziffer 2, eine *ganze* Funktion, die ebenfalls der Funktionalgleichung (14), d. h.

$$g(z) = z\, g(z-1) \tag{16}$$

genügt. Dann ist auch

$$s(z) = g(z-1)\, g(-z)$$

eine ganze Funktion, die aber außerdem *periodisch mit der Periode 2* ist. Denn es ist

$$s(z+1) = g(z)\, g(-z-1) = z\, g(z-1)\, \frac{g(-z)}{-z} = -s(z)$$

und daher

$$s(z+2) = -s(z+1) = s(z).$$

Ferner ist $s(z)$ *beschränkt.* Denn wegen (16) ist in den beiden Halbstreifen $0 \leq x \leq 1,\ |y| \geq 1$

$$|g(z-1)| = \left| \frac{g(z)}{z} \right| \leq \frac{A}{|y|} \leq A,$$

wenn $|g(z)| \leq A$ in $0 \leq x \leq 1$ ist. Da $g(z-1)$ als ganze Funktion aber sicher auch in dem Rechteck $0 \leq x \leq 1,\ |y| \leq 1$ beschränkt ist, ist $g(z-1)$ beschränkt in dem ganzen Streifen $0 \leq x \leq 1$, etwa $|g(z-1)| \leq B$. Dann ist dort aber auch $|g(-z)| \leq B$ (aus $0 \leq x \leq 1$ folgt sowohl $-1 \leq x-1 \leq 0$ wie $-1 \leq -x \leq 0$) und daher

$$|s(z)| = |g(z-1)|\, |g(-z)| \leq B^2.$$

Diese Beziehung gilt wegen $s(z+1) = -s(z)$ auch in $1 \leq x \leq 2$ und wegen der Periodizität von $s(z)$ *in der ganzen Ebene.* Eine beschränkte ganze Funktion ist aber nach § 29, 1 konstant; wegen $g(0) = f(0) - 0! = 0$ ist $s(0) = 0$, also $s(z) \equiv 0$ und wegen der Regularität von $g(z)$ auch $g(z) \equiv 0$, also $f(z) \equiv z!$, was zu beweisen war.

Nimmt man für $f(z)$ insbesondere das Eulersche Integral auf der rechten Seite von (1), so ergibt sich aus dem eben bewiesenen Satz sofort die Identität der beiden Definitionen der Funktion $z!$ von EULER und GAUSS. Den Nachweis, daß das Eulersche Integral eine für $\Re(z) \geq -1+\varepsilon$ reguläre und beschränkte Funktion ist, übergehe ich.

Ich erwähne noch, daß man die Definition (1) auch für den Fall $\Re(z) < -1$ ausdehnen kann; ist nämlich $n > \Re(-z)$, so gibt wiederholte Anwendung von (2)

$$z! = \frac{1}{(z+1)(z+2)\cdots(z+n-1)} \int\limits_0^\infty t^{z+n-1} e^{-t}\, dt$$

mit dem für $\Re(z) \geq -n+\varepsilon$ gleichmäßig konvergenten Integral rechts.

5. Darstellung von $z!$ durch ein Kurvenintegral. Eine für alle z gültige Darstellung von $z!$ bekommt man mit Hilfe eines Kurvenintegrals in der komplexen t-Ebene. Es sei $\mathfrak{C}$ die aus dem Halbkreis $|t| = \varrho$, $\mathfrak{R}(t) \leqq 0$ und den beiden Halbgeraden $\mathfrak{J}(t) = \pm \varrho$, $\mathfrak{R}(t) \geqq 0$ bestehende Kurve (Abb. 78) der t-Ebene. Wir schneiden die t-Ebene längs der reellen Achse von 0 nach $+\infty$ auf, wählen für $t^z = e^{z \ln t}$ jenen Wert, für den auf dem oberen Rand des Schnitts $\ln t$ den (reellen) Hauptwert hat und bilden das Integral

$$f(z) = \oint_{\mathfrak{C}} t^z\, e^{-t}\, dt. \qquad (17)$$

$\mathfrak{C}$ ist dabei als geschlossene Kurve anzusehen, die sich ins Unendliche erstreckt; da aber e^{-t} für $\mathfrak{R}(t) \to +\infty$ stärker verschwindet als jede Potenz von t, ist $f(z)$

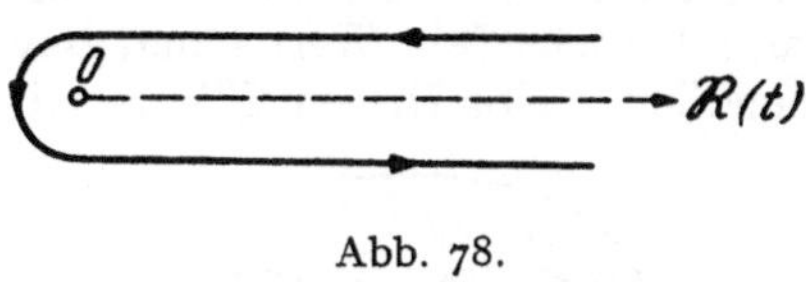

Abb. 78.

eine für alle z reguläre und von ϱ unabhängige Funktion. Ist $\mathfrak{R}(z) > -1$, so verschwindet für $\varrho \to 0$ das über den Halbkreis erstreckte Integral, und es bleibt

$$f(z) = \int_{\infty}^{0} t^z\, e^{-t}\, dt + \int_{0}^{\infty} e^{z\,(\ln t + 2\pi j)}\, e^{-t}\, dt = (e^{2\pi j z} - 1) \int_{0}^{\infty} t^z\, e^{-t}\, dt = (e^{2\pi j z} - 1)\, z!;$$

hier steht links die für alle z reguläre Funktion (17), rechts eine nur für $\mathfrak{R}(z) > -1$ reguläre Funktion; nach dem Prinzip der analytischen Fortsetzung ist

$$\boxed{z! = \frac{1}{e^{2\pi j z} - 1} \oint_{\mathfrak{C}} t^z\, e^{-t}\, dt,} \qquad (18)$$

eine für alle z gültige Darstellung. Da das Integral für $z = 0, 1, 2, \ldots$ von erster Ordnung verschwindet, erkennt man wieder die Pole von $z!$ in den Punkten $z = -1, -2, \ldots$.

6. Das Eulersche Integral erster Art. Ich knüpfe an die Dreiecksabbildung von § 27, 4 an, und zwar insbesondere an die einfachere Form (13)

$$f(z) = \int_{0}^{z} z^{\alpha - 1}\, (1 - z)^{\beta - 1}\, dz;$$

für $z = 1$ stellt dieses Integral im wesentlichen die Seite $\overline{rp}$ des Dreiecks der Abb. 66 (S. 373) dar und wird dann in etwas geänderter Schreibweise eine Funktion

$$B(x, y) = \int_{0}^{1} t^x\, (1 - t)^y\, dt \qquad (19)$$

der beiden Exponenten x und y. Man nennt (19) das *Eulersche Integral erster Art* oder auch die *Betafunktion*[1]. Sie ist zunächst für reelle $x > -1$, $y > -1$ definiert, läßt sich aber ins Komplexe fortsetzen und stellt, wie ich ohne Beweis anführe, eine für alle $\mathfrak{R}(x) > -1$, $\mathfrak{R}(y) > -1$ *reguläre Funktion* jeder der beiden komplexen Variablen x und y dar.

Wir suchen ähnlich wie in Ziffer 5 eine für alle x und y gültige Darstellung der Betafunktion. Wir konstruieren auf der Riemannschen Fläche der Funktion

---

[1] In der Regel schreibt man $B(x, y) = \int_{0}^{1} t^{x-1}\, (1 - t)^{y-1}\, dt$; die Bezeichnung (19) ist in Anlehnung an (1) gewählt.

$t^x(1-t)^y$ (§ 27) die Kurve (Doppelschlinge) $\mathfrak{C}$ gemäß Abbildung 79; da $\mathfrak{C}$ die beiden singulären Punkte o und 1 jetzt zweimal, und zwar im entgegengesetzten Sinn, umkreist, kommt man bei einem Durchlauf von $\mathfrak{C}$, etwa vom Punkt P aus, wieder zu dem ursprünglichen Wert in P zurück. Wir bilden das Integral

$$f(x, y) = \oint_{\mathfrak{C}} t^x(1-t)^y \, dt,$$

das für alle x, y definiert und eine reguläre Funktion jeder dieser komplexen Variablen ist. Sein Wert hängt davon ab, in welchem Blatt der im allgemeinen unendlich vielblättrigen Fläche wir den Anfangspunkt P gewählt haben. Ist

Abb. 79.   Abb. 80.

$\mathfrak{R}(x) > -1$ und $\mathfrak{R}(y) > -1$, so können wir $\mathfrak{C}$ in der in Abb. 80 angedeuteten Weise auf die Strecke $\overline{0\,1}$ zusammenziehen; da bei einem Umlauf um o und 1 sich der Integrand mit $e^{2\pi j x}$, bzw. $e^{2\pi j y}$ multipliziert, ergibt sich

$$f(x, y) = \int_0^1 + e^{2\pi j y}\int_1^0 + e^{2\pi j (y+x)}\int_0^1 + e^{2\pi j (y+x-y)}\int_1^0 =$$

$$= (e^{2\pi j x} - 1)(e^{2\pi j y} - 1)\int_0^1 t^x (1-t)^y \, dt,$$

so daß wir in

$$B(x, y) = \frac{1}{(e^{2\pi j x} - 1)(e^{2\pi j y} - 1)} \oint_{\mathfrak{C}} t^x(1-t)^y \, dt \tag{20}$$

eine für alle x, y gültige Darstellung der Betafunktion haben. Über die Pole gilt eine analoge Bemerkung wie in Ziffer 5. Ist z. B. x positiv ganz oder Null, so ist $t = 0$ kein singulärer Punkt des Integranden, $\mathfrak{C}$ läßt sich ohne Änderung des Integrals über den Punkt o hinwegziehen und gibt dann eine geschlossene Kurve, die den Punkt 1 nicht mehr im Innern enthält, so daß das Integral über $\mathfrak{C}$ verschwindet. Daher sind — bei festem y — nur die Punkte $x = -1, -2, \ldots$ Pole von $B(x, y)$, und Entsprechendes gilt für die Veränderliche y bei festem x. Ist insbesondere $y = n$ positiv ganz, so folgt aus (19) durch partielle Integration

$$B(x, n) = \frac{n}{x+1} B(x+1, n-1) = \frac{n!}{(x+1)(x+2)\ldots(x+n)},$$

d. h. $B(x, n)$ ist eine *rationale Funktion* mit n Polen erster Ordnung in $x = -1, -2, \ldots, -n$. Entsprechendes gilt für $B(n, y)$.

Die Funktion $B(x, y)$ läßt sich durch $x!$ und $y!$ ausdrücken. Ich setze zunächst in (19) $t = \dfrac{s}{1+s}$; das gibt

$$B(x, y) = \int_0^\infty \left(\frac{s}{1+s}\right)^x \left(\frac{1}{1+s}\right)^y \frac{ds}{(1+s)^2} = \int_0^\infty s^x (1+s)^{-x-y-2} \, ds. \tag{21}$$

Ersetze ich nun noch in (1) t durch $s\,t$, $s > 0$, so folgt

$$z! = s^{z+1} \int\limits_0^\infty t^z\, e^{-st}\, dt \tag{22}$$

und daraus für $z = x + y + 1$ und $s + 1$ statt s

$$(x + y + 1)!\,(1 + s)^{-x-y-2} = \int\limits_0^\infty t^{x+y+1}\, e^{-(s+1)t}\, dt.$$

Multipliziere ich diese Gleichung mit s^x und integriere nach s von 0 bis ∞, so wird weiter, wenn ich rechts noch die Integrationen vertausche, was wegen der gleichmäßigen Konvergenz der Integrale zulässig ist,

$$(x + y + 1)!\, B(x, y) = \int\limits_0^\infty t^y\, e^{-t}\, t^{x+1}\, dt \int\limits_0^\infty s^x\, e^{-st}\, ds$$

und daher wegen (21) und (22)

$$(x + y + 1)!\, B(x, y) = y!\, x!,$$

also

$$\boxed{B(x, y) = \frac{x!\, y!}{(x + y + 1)!} = B(y, x)} \tag{23}$$

und z. B. wegen (10)

$$B(x, -x) = \frac{\pi\, x}{\sin \pi\, x}.$$

Aufgaben.

1. Man zeige, daß die Funktion $g_0(z)$ in (13) durch

$$g_0(z) = \int\limits_1^\infty e^{-t}\, t^z\, dt$$

gegeben ist.

2. Partialbruchreihen der Funktionen $\psi(z) = \dfrac{d}{dz} \ln z!$ und $\displaystyle\int\limits_0^1 \dfrac{1 - t^z}{1 - t}\, dt$.

3. Man beweise die Formel

$$B(z - 1, n - z) = \binom{n - z}{n} \frac{\pi}{\sin \pi z}.$$

4. Man beweise den *Verdopplungssatz*

$$z!\left(z - \frac{1}{2}\right)! = 2^{-2z} \sqrt{\pi}\, (2z)!,$$

indem man in (23) $x = y = z$ setzt und die Substitution $t = \dfrac{1 + u}{2}$ durchführt.

5. Aus (1) und (23) lassen sich durch einfache Umformungen und Substitutionen eine ganze Reihe von Formeln für bestimmte Integrale herleiten:

a) $\displaystyle\int\limits_0^1 \left(\ln \frac{1}{t}\right)^z dt$, $\Re(z) > -1$;

b) $\displaystyle\int\limits_0^\infty e^{-\alpha t^n}\, t^z\, dt$, n positiv ganz (insbesondere $n = 2$), $\alpha > 0$ reell;

c) $\displaystyle\int\limits_0^{\frac{\pi}{2}} \sin^\alpha u \cos^\beta u\, du$, $\Re(\alpha) > -1$, $\Re(\beta) > -1$;

d) $\displaystyle\int\limits_0^1 (1 - t^\alpha)^\beta\, dt$, $\alpha > 0$ reell, $\Re(\beta) > -1$, insbesondere $\beta = -\frac{1}{2}$.

6. Man berechne das Integral (17) mit $-1 < \Re(z) < 0$, wenn $\mathfrak{C}$ das Rechteck 0, a, $a + bj$, bj mit $a > 0$, $b > 0$ ist, zeige, daß es verschwindet und gehe dann zuerst mit a und dann $b \to +\infty$. Für reelle $z = x$ ergeben sich zwei reelle Integralformeln, die die Fresnelschen Integrale § 24, (49) als Sonderfälle enthalten.

§ 33. Die elliptischen Funktionen.

1. Allgemeine Eigenschaften. Ich wiederhole die Definition von § 30, 5: *Die elliptischen Funktionen sind die meromorphen doppelt periodischen Funktionen.* Wie in § 30 bezeichne ich mit ω_1, ω_2 ein primitives Periodenpaar. Zum Periodenparallelogramm $\mathfrak{P}$ mit den Ecken α, $\alpha + \omega_1$, $\alpha + \omega_1 + \omega_2$, $\alpha + \omega_2$ gehören *der Eckpunkt α und die beiden von α ausgehenden Seiten, jedoch ohne ihre anderen Endpunkte*; α ist dabei eine willkürliche, aber fest gewählte komplexe Zahl. Da eine elliptische Funktion $f(z)$ in $\mathfrak{P}$ nur eine endliche Zahl von Polen hat, kann α insbesondere so angenommen werden, daß auf dem Rand von $\mathfrak{P}$ kein singulärer Punkt von $f(z)$ liegt. Das Periodenparallelogramm mit $\alpha = 0$ heißt das *Fundamentalparallelogramm*. Zufolge der Festsetzung über die Zugehörigkeit der Seiten zu $\mathfrak{P}$ gehört zu jedem Punkt der Ebene ein und nur ein kongruenter Punkt im Periodenparallelogramm. Man sagt, daß zwei elliptische Funktionen zum selben Periodenparallelogramm gehören, wenn sie bei geeigneter Auswahl (vgl. § 30, 1) dasselbe primitive Periodenpaar haben.

Unter der *Ordnung* einer elliptischen Funktion $f(z)$ versteht man die Summe der Ordnungen der im Periodenparallelogramm gelegenen Pole von $f(z)$. Den *ersten Satz von* LIOUVILLE (§ 30, 5) kann man dann folgendermaßen formulieren:

Satz 1: *Eine elliptische Funktion nullter Ordnung ist eine Konstante.* Unmittelbar einzusehen ist der

Satz 2: *Gehören die beiden elliptischen Funktionen $f(z)$ und $g(z)$ zum selben Periodenparallelogramm $\mathfrak{P}$, so gilt das auch für die Funktionen*

$$f(z) \pm g(z), \quad f(z) \cdot g(z), \quad \frac{f(z)}{g(z)}, \quad f'(z).$$

Aus Satz 1 folgt (vgl. auch § 31, 2)

Satz 3: *Haben zwei zum selben Periodenparallelogramm gehörige elliptische Funktionen dort dieselben Pole mit denselben Hauptteilen, so ist ihre Differenz eine Konstante.*

Ich wähle das Periodenparallelogramm $\mathfrak{P}$ der elliptischen Funktion $f(z)$, d. h. die obige Konstante α so, daß auf dem Rand $\mathfrak{C}$ von $\mathfrak{P}$ kein singulärer Punkt von $f(z)$ liegt. Dann ist

$$\oint_{\mathfrak{C}} f(z)\, dz = \int_{\alpha}^{\alpha+\omega_1} f(z)\, dz + \int_{\alpha+\omega_1}^{\alpha+\omega_1+\omega_2} f(z)\, dz + \int_{\alpha+\omega_1+\omega_2}^{\alpha+\omega_2} f(z)\, dz + \int_{\alpha+\omega_2}^{\alpha} f(z)\, dz; \tag{1}$$

setzt man hier im zweiten Integral $z = u + \omega_1$, im dritten $z = u + \omega_2$, so wird wegen $f(u + \omega_j) = f(u)$, $j = 1, 2$,

$$\int_{\alpha+\omega_1}^{\alpha+\omega_1+\omega_2} f(z)\, dz = \int_{\alpha}^{\alpha+\omega_2} f(u)\, du, \qquad \int_{\alpha+\omega_1+\omega_2}^{\alpha+\omega_2} f(z)\, dz = \int_{\alpha+\omega_1}^{\alpha} f(u)\, du$$

und somit

$$\oint_{\mathfrak{C}} f(z)\, dz = 0;$$

das gibt den *zweiten Satz von* LIOUVILLE:

Satz 4: *Die Summe der Residuen der im Periodenparallelogramm gelegenen Pole einer elliptischen Funktion ist stets gleich Null.*

Dieser Satz gilt, nebenbei bemerkt, für jedes Parallelogramm, dessen Ecken Periodenpunkte sind. Eine unmittelbare Folge von Satz 4 ist

Satz 5: *Es gibt keine elliptische Funktion erster Ordnung.*

Denn $f(z)$ hätte im Periodenparallelogramm nur einen Pol erster Ordnung; ist R sein Residuum, so müßte $R = 0$ sein, was natürlich nicht möglich ist. Aus Satz 2 und 4 sowie aus § 25, (40) folgt der *dritte Satz von* LIOUVILLE:

Satz 6: *Die Anzahl der im Periodenparallelogramm einer elliptischen Funktion gelegenen Nullstellen ist gleich der Anzahl ihrer Pole, also gleich ihrer Ordnung.*

Wendet man diesen Satz auf die Funktion $f(z) - c$ an, so gelangt man zu der allgemeineren Aussage:

Satz 7: *Eine elliptische Funktion n-ter Ordnung nimmt im Periodenparallelogramm jeden Wert genau n-mal an.*

Es seien nun $a_1, a_2, \ldots, a_n$ die Nullstellen und $b_1, b_2, \ldots, b_n$ die Pole einer elliptischen Funktion n-ter Ordnung $f(z)$ im Periodenparallelogramm $\mathfrak{P}$; mehrfache Nullstellen und Pole können dadurch berücksichtigt werden, daß entsprechend der Vielfachheit gewisse a_ν oder b_ν untereinander gleich sind. Dann hat $\dfrac{f'(z)}{f(z)}$ im Punkt a_ν das Residuum 1, im Punkt b_ν das Residuum -1; ist $\mathfrak{C}$ der Rand von $\mathfrak{P}$, so folgt (vgl. auch Aufgabe 15 von § 25)

$$\oint_{\mathfrak{C}} z \, \frac{f'(z)}{f(z)} \, dz = 2 \pi j \left(\sum a_\nu - \sum b_\nu \right).$$

Zerlegt man anderseits das Integral wie in (1) in vier Teilintegrale und führt dieselben Substitutionen durch wie dort, so ergibt sich für das zweite und dritte Teilintegral

$$\int_{\alpha+\omega_1}^{\alpha+\omega_1+\omega_2} z \, \frac{f'(z)}{f(z)} \, dz = \int_{\alpha}^{\alpha+\omega_2} u \, \frac{f'(u)}{f(u)} \, du + \omega_1 \int_{\alpha}^{\alpha+\omega_2} \frac{f'(u)}{f(u)} \, du,$$

bzw.

$$\int_{\alpha+\omega_1+\omega_2}^{\alpha+\omega_2} z \, \frac{f'(z)}{f(z)} \, dz = \int_{\alpha+\omega_1}^{\alpha} u \, \frac{f'(u)}{f(u)} \, du + \omega_2 \int_{\alpha+\omega_1}^{\alpha} \frac{f'(u)}{f(u)} \, du$$

und somit

$$\oint_{\mathfrak{C}} z \, \frac{f'(z)}{f(z)} \, dz = \omega_1 \left[\ln f(u)\right]_\alpha^{\alpha+\omega_2} - \omega_2 \left[\ln f(u)\right]_\alpha^{\alpha+\omega_1} = 2 \pi j \, (n_1 \omega_1 + n_2 \omega_2),$$

da sich wegen der Periodizität von $f(z)$ die Logarithmen an den Endpunkten einer Seite von $\mathfrak{P}$ nur durch ganzzahlige Vielfache von $2 \pi j$ unterscheiden können, die hier mit $2 n_1 \pi j$, bzw. $-2 n_2 \pi j$ geschrieben sind. Damit haben wir den

Satz 8: *Sind $a_1, a_2, \ldots, a_n$ die Nullstellen und $b_1, b_2, \ldots, b_n$ die Pole einer elliptischen Funktion, so ist stets*

$$\boxed{\sum a_\nu - \sum b_\nu = n_1 \omega_1 + n_2 \omega_2,} \tag{2}$$

also gleich einer Periode.

2. Die Weierstraßsche $\wp$-Funktion. Da es nach den Sätzen 1 und 5 keine nichtkonstanten elliptischen Funktionen nullter und erster Ordnung gibt, werden die einfachsten elliptischen Funktionen von zweiter Ordnung sein, also entweder einen Pol zweiter Ordnung mit dem Residuum Null (Satz 4) oder zwei Pole erster Ordnung mit entgegengesetzt gleichen Residuen haben. Die erste Annahme führt auf die von WEIERSTRASS angegebene und mit $\wp(z)$ bezeichnete[1] elliptische Funktion, Beispiele für die zweite sind die elliptischen Funktionen JACOBIS (§ 35).

Ich konstruiere mit Hilfe des Satzes von MITTAG-LEFFLER (§ 31, 2) eine meromorphe Funktion, die in den Gitterpunkten

$$z_\nu = n_1\,\omega_1 + n_2\,\omega_2$$

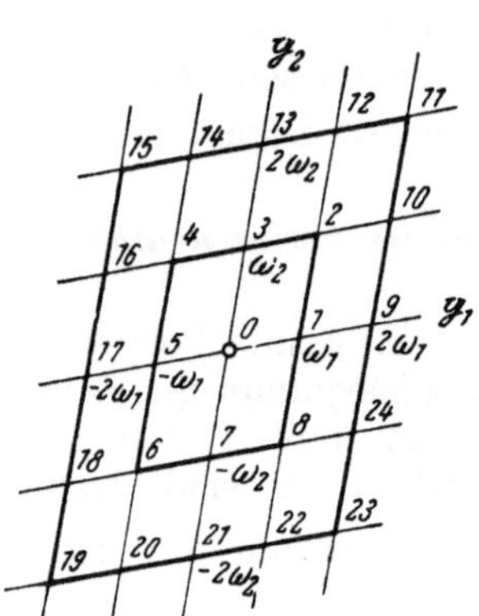

Abb. 81.

Pole zweiter Ordnung mit den Hauptteilen

$$H_\nu(z) = \frac{1}{(z-z_\nu)^2}, \qquad \nu = 0, 1, \ldots$$

hat[2]. Es folgt

$$H_\nu(z) = \frac{1}{z_\nu{}^2}\,\frac{1}{\left(1-\dfrac{z}{z_\nu}\right)^2} = \frac{1}{z_\nu{}^2} + 2\,\frac{z}{z_\nu{}^3} + 3\,\frac{z^2}{z_\nu{}^4} + \cdots \tag{3}$$

und es genügt, im Satz von MITTAG-LEFFLER alle $n_\nu = 1$ zu nehmen, sich also auf die konstanten Glieder $s_\nu = \dfrac{1}{z_\nu{}^2}$ zu beschränken, um die Konvergenz der Partialbruchreihe herzustellen. Denn dann ist

$$H_\nu(z) - s_\nu(z) = \frac{1}{(z-z_\nu)^2} - \frac{1}{z_\nu{}^2} = \frac{z\,(2\,z_\nu - z)}{z_\nu{}^2\,(z-z_\nu)^2};$$

für alle $|z| \leq R$, $R > 0$ beliebig, und für alle hinreichend großen ν, für die $|z_\nu| > 2\,R$ ist, gilt

$$|H_\nu(z) - s_\nu(z)| \leq \frac{R\,(2\,|z_\nu| + R)}{|z_\nu|^2\,(|z_\nu| - R)^2} < \frac{3\,R\,|z_\nu|}{|z_\nu|^2\left(\dfrac{1}{2}\,|z_\nu|\right)^2} = \frac{12\,R}{|z_\nu|^3} = \varepsilon_\nu;$$

Ich zeige allgemeiner, daß die Reihe $\sum'\dfrac{1}{z_\nu{}^n}$ für $n \geq 3$ absolut konvergiert; ist nämlich h die kleinere der beiden Höhen des Periodenparallelogramms, so ist der absolute Betrag der $8\,p$ Gitterpunkte auf dem p-ten Parallelogramm der Abb. 81 sicher $\geq p\,h$ und daher liefern diese $8\,p$ Gitterpunkte zur Reihe $\sum\dfrac{1}{|z_\nu|^n}$ einen Beitrag, der $\leq \dfrac{8\,p}{(p\,h)^n} = \dfrac{8}{h^n}\cdot\dfrac{1}{p^{n-1}}$ ist; die Reihe $\sum\limits_{p=1}^{\infty}\dfrac{1}{p^{n-1}}$ ist aber für $n \geq 3$ konvergent. Somit konvergiert auch die Reihe $\sum \varepsilon_\nu$ und daher ist nach § 31, (7)

$$\boxed{\wp(z) = \frac{1}{z^2} + \sum_{\nu=1}^{\infty}\left[\frac{1}{(z-z_\nu)^2} - \frac{1}{z_\nu{}^2}\right]} \tag{4}$$

eine meromorphe Funktion der verlangten Art. Zu zeigen ist noch, daß $\wp(z)$ doppelt periodisch ist. Ich stelle zunächst fest, daß (4) eine *gerade Funktion*

---

[1] „Pe-Funktion", das Zeichen $\wp$ ist ein stilisiertes p.

[2] n_1 und n_2 sind beliebige ganze Zahlen; die Zuordnung zu den Indizes ν möge wie in Abb. 81 geschehen, also $z_0 = 0$, $z_1 = \omega_1$, $z_2 = \omega_1 + \omega_2$, $z_3 = \omega_2$, $z_4 = -\omega_1 + \omega_2$, $z_5 = -\omega_1$, $z_6 = -\omega_1 - \omega_2$, $z_7 = -\omega_2$, $z_8 = \omega_1 - \omega_2$, $z_9 = 2\omega_1$, $z_{10} = 2\omega_1 + \omega_2$ usw. Man geht also der Reihe nach um die ineinanderliegenden, in Abb. 81 stärker hervorgehobenen Parallelogramme, die aus 4, 16, ..., 4^p, ... Periodenparallelogrammen bestehen, im positiven Sinn herum; auf dem p-ten Parallelogramm liegen dabei genau $8\,p$ Gitterpunkte.

ist. Ersetzt man nämlich z durch $-z$ und z_ν durch $-z_\nu$, so geht (4) in sich über, während die Summe in (4) nach wie vor über *alle* Periodenpunkte $z_\nu = n_1\,\omega_1 + n_2\,\omega_2$ zu erstrecken ist; auf die Reihenfolge kommt es ja wegen der gleichmäßigen Konvergenz der Partialbruchreihe nicht an.

Ich zeige nun weiter, daß die Ableitung $\wp'(z)$ eine doppelt periodische Funktion ist. Wegen der gleichmäßigen Konvergenz können wir die Reihe (4) gliedweise differenzieren; das gibt

$$\wp'(z) = -\frac{2}{z^3} - 2 \sum_{\nu=1}^{\infty} \frac{1}{(z - z_\nu)^3}$$

oder wegen $z_0 = 0$

$$\wp'(z) = -2 \sum_{\nu=0}^{\infty} \frac{1}{(z - z_\nu)^3} = -2 \sum_{n_1,\, n_2} \frac{1}{(z - n_1\,\omega_1 - n_2\,\omega_2)^3},$$

wobei in der letzten Summe n_1 und n_2 unabhängig voneinander alle ganzen Zahlen durchlaufen. Mit n_1 durchläuft aber auch $n_1 - 1$ alle ganzen Zahlen, so daß

$$\wp'(z + \omega_1) = -2 \sum_{n_1,\, n_2} \frac{1}{[z - (n_1 - 1)\,\omega_1 - n_2\,\omega_2]^3} = \wp'(z)$$

ist. Ebenso zeigt man, daß auch

$$\wp'(z + \omega_2) = \wp'(z)$$

ist, d. h. $\wp'(z)$ hat die Perioden ω_1 und ω_2, und zwar ist das ein primitives Periodenpaar.

Jetzt können wir aber leicht schließen, daß auch $\wp(z)$ *eine doppelt periodische Funktion* mit dem primitiven Periodenpaar ω_1, ω_2 ist. Denn aus

$$\wp'(z + \omega_j) - \wp'(z) = 0, \quad j = 1, 2$$

folgt durch Integration

$$\wp(z + \omega_j) - \wp(z) = c_j.$$

Setzt man $z = -\frac{1}{2}\,\omega_j$, so folgt

$$\wp\!\left(\frac{1}{2}\,\omega_j\right) - \wp\!\left(-\frac{1}{2}\,\omega_j\right) = c_j = 0,$$

da $\wp(z)$ gerade ist.

3. Die Differentialgleichung der $\wp$-Funktion. Die Funktion $\wp(z)$ läßt sich in der Umgebung jedes ihrer Pole in eine Laurentreihe entwickeln; für den Nullpunkt hat diese Entwicklung wegen $\wp(z) = \wp(-z)$ und (4) die Form

$$\wp(z) = \frac{1}{z^2} + c_2\,z^2 + c_4\,z^4 + c_6\,z^6 + \cdots; \tag{5}$$

daß $c_0 = 0$ ist, folgt unmittelbar aus (4). Die Koeffizienten ergeben sich dabei nach dem Weierstraßschen Doppelreihensatz (§ 25, 6) und wegen (3) als

$$c_{n-2} = (n - 1) \sum{}' \frac{1}{z_\nu^n}. \tag{6}$$

Die Reihe rechts ist nach Ziffer 2 für $n \geq 3$ absolut konvergent; man kann daher an Stelle von (6) auch

$$c_{n-2} = (n - 1) \sum_{n_1,\, n_2}{}' \frac{1}{(n_1\,\omega_1 + n_2\,\omega_2)^n}$$

schreiben, wobei die Summe über alle ganzzahligen Werte n_1, n_2 mit Ausnahme von $n_1 = n_2 = 0$ (was durch den Akzent am $\sum$ angedeutet sein soll) in beliebiger Reihenfolge zu erstrecken ist. Man sieht auch sofort, daß tatsächlich alle c_n mit ungeradem n verschwinden, denn da, wie schon oben festgestellt, mit z_ν auch $-z_\nu$ ein Gitterpunkt ist, heben sich bei ungeradem n immer je zwei Glieder der Reihe (6) auf, ihre Summe ist also Null. Setzt man nach WEIERSTRASS

$$
\begin{aligned}
g_2 &= 20\,c_2 = 60 \sideset{}{'}\sum_{n_1,\,n_2} \frac{1}{(n_1\,\omega_1 + n_2\,\omega_2)^4}, \\
g_3 &= 28\,c_4 = 140 \sideset{}{'}\sum_{n_1,\,n_2} \frac{1}{(n_1\,\omega_1 + n_2\,\omega_2)^6},
\end{aligned}
\tag{7}
$$

so lauten die ersten Glieder von (5)

$$
\wp(z) = \frac{1}{z^2} + \frac{g_2}{20}\,z^2 + \frac{g_3}{28}\,z^4 + \cdots;
\tag{8}
$$

daraus folgt

$$
\wp'(z) = -\frac{2}{z^3} + \frac{g_2}{10}\,z + \frac{g_3}{7}\,z^3 + \cdots.
\tag{9}
$$

Die Funktion

$$
\Phi(z) = (\wp'(z))^2 - 4\,(\wp(z))^3 + g_2\,\wp(z) + g_3
$$

ist nach Satz 2 von Ziffer 1 eine elliptische Funktion. Trägt man die Entwicklungen (8) und (9) ein, so gibt eine einfache Rechnung, daß die Koeffizienten aller nicht positiven Potenzen von z verschwinden, also muß nach Satz 1 von Ziffer 1

$$
\Phi(z) \equiv 0
$$

sein, mit anderen Worten: *Die Funktion $\wp(z)$ genügt der algebraischen Differentialgleichung*

$$
\wp'^2 = 4\,\wp^3 - g_2\,\wp - g_3;
\tag{10}
$$

die beiden nach (7) nur von den Perioden ω_1 und ω_2 abhängigen Konstanten g_2 und g_3 nennt man mit WEIERSTRASS die *Invarianten der $\wp$-Funktion*.

Der obige Satz ist von grundlegender Bedeutung für die Theorie der elliptischen Funktionen. Er ist völlig analog zu dem in § 30, 3 bewiesenen Satz über die einfach periodischen Funktionen der Klasse $\mathfrak{R}$, folgt aber nicht aus diesem, weil $\wp(z)$, als einfach periodische Funktion angesehen, unendlich viele Pole in jedem Periodenstreifen hat und daher keineswegs von der Klasse $\mathfrak{R}$ ist. Setzt man $w = \wp(z)$, so folgt aus der Differentialgleichung (10) oder

$$
\frac{dw}{dz} = \sqrt{4\,w^3 - g_2\,w - g_3}
$$

durch Trennung der Veränderlichen die zur Anfangsbedingung $z = 0$, $w = \infty$ gehörige Lösung

$$
z = \int_\infty^w \frac{dw}{\sqrt{4\,w^3 - g_2\,w - g_3}}
\tag{11}
$$

als Umkehrfunktion von $w = \wp(z)$. Jedes Integral

$$
\int F(t,\,w)\,dw,
$$

wo

$$
t^2 = a_0 + a_1\,w + a_2\,w^2 + a_3\,w^3 + a_4\,w^4
\tag{12}
$$

und F eine rationale Funktion von t und w ist, also insbesondere auch (11), heißt ein *elliptisches Integral*, solange das Polynom (12) keine mehrfachen Nullstellen hat und a_3 und a_4 nicht beide Null sind[1]. Ich zeige noch, daß die Wurzeln e_1, e_2, e_3 der Gleichung

$$4\, w^3 - g_2\, w - g_3 = 0 \tag{13}$$

alle verschieden sind. Aus (10) folgt, daß die e_i die Werte von $\wp(z)$ an den Nullstellen von $\wp'(z)$ sind; die letzteren lassen sich aber leicht bestimmen. Da $\wp'(z)$ eine ungerade Funktion ist, ist insbesondere $\wp'\!\left(-\dfrac{1}{2}\,\omega_j\right) = -\,\wp'\!\left(\dfrac{1}{2}\,\omega_j\right)$; wegen der Periodizität aber auch $\wp'\!\left(-\dfrac{1}{2}\,\omega_j\right) = \wp'\!\left(\dfrac{1}{2}\,\omega_j\right)$ und daher, da $\dfrac{1}{2}\,\omega_j$ kein Pol ist,

$$\wp'\!\left(\frac{1}{2}\,\omega_j\right) = 0, \quad j = 1, 2.$$

Ebenso zeigt man, daß auch

$$\wp'\!\left(\frac{\omega_1 + \omega_2}{2}\right) = 0$$

ist. Somit sind $\dfrac{\omega_1}{2}$, $\dfrac{\omega_2}{2}$ und $\dfrac{\omega_1 + \omega_2}{2}$ drei Nullstellen von $\wp'(z)$ im Fundamentalparallelogramm. Es sind das aber nach Ziffer 1, Satz 6 auch alle, da $\wp'(z)$ eine elliptische Funktion dritter Ordnung mit Polen dritter Ordnung in den Gitterpunkten z_ν ist. Also sind

$$e_1 = \wp\!\left(\frac{\omega_1}{2}\right), \quad e_2 = \wp\!\left(\frac{\omega_1 + \omega_2}{2}\right), \quad e_3 = \wp\!\left(\frac{\omega_2}{2}\right) \tag{14}$$

die Wurzeln von (13). Daß sie alle verschieden sind, folgt daraus, daß $\wp(z)$ eine Funktion zweiter Ordnung ist, im Periodenparallelogramm also jeden Wert genau zweimal annimmt, somit an einer Stelle z', wo $\wp'(z') = 0$ ist, den Wert $A = \wp(z')$ zweimal (A-Stelle zweiter Ordnung) und daher sonst nirgends im Periodenparallelogramm annimmt. Man kann zeigen, daß (11) bei beliebig gewählten Invarianten g_2 und g_3, wenn nur $27\, g_3{}^2 - g_2{}^3 \neq 0$ ist[2], *stets die Umkehrung einer elliptischen Funktion ist*.

4. Die Funktionen $\zeta(z)$ und $\sigma(z)$. Aus (4) folgt für einen alle Gitterpunkte $z_\nu \neq 0$ vermeidenden Integrationsweg

$$\int\limits_0^z \left[\wp(z) - \frac{1}{z^2}\right] dz = \sum_{\nu=1}^\infty \left(-\frac{1}{z - z_\nu} - \frac{1}{z_\nu} - \frac{z}{z_\nu{}^2}\right).$$

Setzt man

$$\boxed{\;\zeta(z) = \frac{1}{z} + \sum_{\nu=1}^\infty \left(\frac{1}{z - z_\nu} + \frac{1}{z_\nu} + \frac{z}{z_\nu{}^2}\right) = \frac{1}{z} + \sum_{\nu=1}^\infty \frac{z^2}{z_\nu{}^2\,(z - z_\nu)},\;} \tag{15}$$

so ist

$$\zeta'(z) = -\,\wp(z) \tag{16}$$

---

[1] Andernfalls würde es sich nur um eine quadratische Irrationalität handeln, die stets auf elementare Funktionen führt (Band I, § 41, 5).

[2] $27\, g_3{}^2 - g_2{}^3$ ist bis auf einen Zahlenfaktor die Diskriminante der kubischen Gleichung (13), vgl. Band I, § 39, 3.

und die durch (15) definierte *Weierstraßsche ζ-Funktion*[1] ist eine *ungerade mero-morphe Funktion mit Polen erster Ordnung in den Punkten* $z_\nu = n_1\omega_1 + n_2\omega_2$ und den Residuen 1. Die ζ-Funktion kann nach Ziffer 1, Satz 5, keine elliptische Funktion sein. Wegen (16) muß aber

$$\zeta(z + \omega_j) = \zeta(z) + \eta_j, \quad j = 1, 2 \tag{17}$$

mit konstanten η_1, η_2 gelten. Nun ist, wenn $\mathfrak{C}$ wieder der Rand des Perioden-parallelogramms $\mathfrak{P}$ mit den Ecken α, $\alpha + \omega_1$, $\alpha + \omega_1 + \omega_2$, $\alpha + \omega_2$, $\alpha \neq z_\nu$, ist,

$$\oint_{\mathfrak{C}} \zeta(z)\,dz = 2\pi j, \tag{18}$$

da in $\mathfrak{P}$ genau ein Pol erster Ordnung mit dem Residuum 1 liegt[2]. Zerlegt man das Integral wie bei der Herleitung von Satz 4 in Ziffer 1 in vier Teile und führt beim zweiten und dritten Teilintegral dieselbe Substitution durch wie dort, so folgt wegen (17)

$$\int_{\alpha+\omega_1}^{\alpha+\omega_1+\omega_2} \zeta(z)\,dz = \int_{\alpha}^{\alpha+\omega_2} \zeta(u + \omega_1)\,du = \int_{\alpha}^{\alpha+\omega_2} \zeta(u)\,du + \eta_1\omega_2$$

und

$$\int_{\alpha+\omega_1+\omega_2}^{\alpha+\omega_2} \zeta(z)\,dz = \int_{\alpha+\omega_1}^{\alpha} \zeta(u + \omega_2)\,du = \int_{\alpha+\omega_1}^{\alpha} \zeta(u)\,du - \eta_2\omega_1.$$

Somit gibt (18) die *Legendresche Relation*

$$\boxed{\eta_1\omega_2 - \eta_2\omega_1 = 2\pi j.} \tag{19}$$

Aus (15) folgt, wieder für einen beliebigen, nur alle Gitterpunkte $z_\nu \neq 0$ vermeidenden Integrationsweg

$$\int_0^z \left[\zeta(z) - \frac{1}{z}\right] dz = \sum_{\nu=1}^{\infty} \left[\ln\left(1 - \frac{z}{z_\nu}\right) + \frac{z}{z_\nu} + \frac{z^2}{2\,z_\nu^2}\right]; \tag{20}$$

die Werte der Logarithmen hängen dabei von der Wahl des Integrationsweges ab. Setzt man also

$$\boxed{\sigma(z) = z\,\prod_{\nu=1}^{\infty}\left[\left(1 - \frac{z}{z_\nu}\right)\exp\left(\frac{z}{z_\nu} + \frac{z^2}{2\,z_\nu^2}\right)\right],} \tag{21}$$

so ist

$$\frac{\sigma'(z)}{\sigma(z)} = \frac{d\ln\sigma(z)}{dz} = \zeta(z) \tag{22}$$

und insbesondere

$$\sigma'(0) = 1, \tag{23}$$

wie man an Hand von (21) leicht überlegt. Die durch (21) definierte, *in der ganzen z-Ebene reguläre Weierstraßsche σ-Funktion hat in den Gitterpunkten* $z_\nu = n_1\omega_1 + n_2\omega_2$ *je eine einfache Nullstelle*. Wegen (22) folgt aus (17)

$$\frac{d}{dz}\ln\frac{\sigma(z + \omega_j)}{\sigma(z)} = \eta_j, \quad \ln\frac{\sigma(z + \omega_j)}{\sigma(z)} = \eta_j\,z + \ln c_j$$

und daher

$$\sigma(z + \omega_j) = c_j\exp(\eta_j\,z)\cdot\sigma(z), \quad j = 1, 2 \tag{24}$$

---

[1] Nicht zu verwechseln mit der in § 25, 2 erwähnten Riemannschen ζ-Funktion
$$\zeta(z) = \sum_{\nu=1}^{\infty}\frac{1}{\nu^z}.$$

[2] Ich spreche weiterhin vom Periodenparallelogramm, obwohl $\zeta(z)$ nicht elliptisch ist.

mit den Konstanten c_1 und c_2. Nun entnimmt man aus (21) sofort, daß $\sigma(z)$ eine *ungerade Funktion* ist, denn wenn man z durch $-z$ und z_ν durch $-z_\nu$ ersetzt, so multipliziert sich der Faktor vorn mit -1, während das unendliche Produkt ungeändert bleibt. Setzt man in (24) $z = -\frac{1}{2}\omega_j$, so folgt daher $c_j = -\exp\left(\frac{1}{2}\eta_j\omega_j\right)$, so daß (24) zu

$$\sigma(z + \omega_j) = -\exp\left[\eta_j\left(z + \frac{1}{2}\omega_j\right)\right] \cdot \sigma(z), \quad j = 1, 2 \tag{25}$$

wird.

5. Die allgemeine Darstellung der elliptischen Funktionen durch die σ-Funktion.
Es sei $f(z)$ wie in Ziffer 1, Satz 8, eine beliebige elliptische Funktion mit den einfachen Nullstellen $a_1, a_2, \ldots, a_n$ und den einfachen Polen $b_1, b_2, \ldots, b_n$ im Periodenparallelogramm. Ich bilde die Funktion

$$g(z) = \frac{\sigma(z-a_1)\,\sigma(z-a_2)\,\ldots\,\sigma(z-a_n)}{\sigma(z-b_1)\,\sigma(z-b_2)\,\ldots\,\sigma(z-b_n)}\,\exp\alpha z = \prod_{\nu=1}^{n}\frac{\sigma(z-a_\nu)}{\sigma(z-b_\nu)}\,\exp\alpha z,$$

die offenkundig eine meromorphe Funktion mit denselben Nullstellen und Polen, alle in derselben Vielfachheit wie bei $f(z)$, ist. Wegen (25) ist

$$g(z + \omega_j) = \prod_{\nu=1}^{n}\frac{\sigma(z+\omega_j-a_\nu)}{\sigma(z+\omega_j-b_\nu)}\,\exp\alpha(z+\omega_j) = g(z)\exp\left[\eta_j\left(\sum b_\nu - \sum a_\nu\right) + \alpha\,\omega_j\right],$$
$$j = 1, 2.$$

Daher ist $g(z)$ dann und nur dann periodisch, wenn

$$\eta_1\left(\sum b_\nu - \sum a_\nu\right) + \alpha\,\omega_1 = -2\,n_2\,\pi\,i, \quad \eta_2\left(\sum b_\nu - \sum a_\nu\right) + \alpha\,\omega_2 = 2\,n_1\,\pi\,j$$

mit ganzen n_1 und n_2 ist. Wegen (19) gibt das erstens die Bedingung (2) und zweitens $\alpha = n_1\eta_1 + n_2\eta_2$; sind sie erfüllt, so ist $\frac{f(z)}{g(z)}$ eine elliptische Funktion ohne Pole und daher eine Konstante, also ist

$$\boxed{f(z) = C\prod_{\nu=1}^{n}\frac{\sigma(z-a_\nu)}{\sigma(z-b_\nu)}\,\exp\left(n_1\eta_1 + n_2\eta_2\right)z} \tag{26}$$

die allgemeinste Darstellung einer elliptischen Funktion mit den Nullstellen a_ν und den Polen b_ν. Damit ist zugleich der als *Abelsches Theorem* bezeichnete Satz bewiesen:

Damit die n Punkte a_ν die Nullstellen und die n Punkte b_ν die Pole einer elliptischen Funktion mit dem primitiven Periodenpaar ω_1, ω_2 sind, ist notwendig und hinreichend, daß die Differenz

$$\boxed{\sum a_\nu - \sum b_\nu = n_1\omega_1 + n_2\omega_2,} \tag{27}$$

also gleich einer Periode ist.

6. Folgerungen. Aus dem Abelschen Theorem und der Darstellung (26) ergeben sich eine Reihe von Folgerungen, die für die Theorie der elliptischen Funktionen von fundamentaler Bedeutung sind und den allgemeinen Teil dieser Theorie zu einem vollständigen Abschluß bringen, ähnlich wie die allgemeine Theorie der einfach periodischen Funktionen der Klasse $\mathfrak{R}$ durch die Sätze von § 30, 3 abgeschlossen ist.

Es sei w eine zweite unabhängige Variable, der ich aber zunächst einen festen Wert erteile. Die Funktion

$$f(z) = \wp(z) - \wp(w)$$

ist eine elliptische Funktion zweiter Ordnung mit den Nullstellen $a_1 = w$, $a_2 = -w$ und den Polen $b_1 = b_2 = 0$ im Periodenparallelogramm $\mathfrak{P}$. (27) ist mit $n_1 = n_2 = 0$ erfüllt, also ist[1]

$$\wp(z) - \wp(w) = C\,\frac{\sigma(z-w)\,\sigma(z+w)}{\sigma^2(z)}.$$

Multiplikation mit z^2 und Grenzübergang $z \to 0$ gibt wegen

$$\frac{\sigma(z)}{z} \to \sigma'(0) = 1,\quad z^2\,\wp(z) \to 1,\quad \sigma(-w) = -\sigma(w)$$

den Wert

$$C = -\frac{1}{\sigma^2(w)}$$

der Konstanten, so daß

$$\wp(z) - \wp(w) = -\frac{\sigma(z-w)\,\sigma(z+w)}{\sigma^2(z)\cdot\sigma^2(w)} \tag{28}$$

wird. Logarithmische Differentiation nach z und w gibt wegen (22)

$$\frac{\wp'(z)}{\wp(z)-\wp(w)} = \zeta(z+w) + \zeta(z-w) - 2\,\zeta(z),$$

$$\frac{-\wp'(w)}{\wp(z)-\wp(w)} = \zeta(z+w) - \zeta(z-w) - 2\,\zeta(w)$$

und durch Addition folgt

$$\zeta(z+w) = \zeta(z) + \zeta(w) + \frac{1}{2}\,\frac{\wp'(z)-\wp'(w)}{\wp(z)-\wp(w)} \tag{29}$$

oder wegen (16)

$$\boxed{\zeta(z+w) = \zeta(z) + \zeta(w) + \frac{1}{2}\,\frac{\zeta''(z)-\zeta''(w)}{\zeta'(z)-\zeta'(w)},} \tag{30}$$

das *Additionstheorem der ζ-Funktion*. Differenziert man (29) nach z und w, so folgt

$$\wp(z+w) = \wp(z) - \frac{1}{2}\,\frac{\partial}{\partial z}\,\frac{\wp'(z)-\wp'(w)}{\wp(z)-\wp(w)},$$

$$\wp(z+w) = \wp(w) - \frac{1}{2}\,\frac{\partial}{\partial w}\,\frac{\wp'(z)-\wp'(w)}{\wp(z)-\wp(w)};$$

hier lassen sich die zweiten Ableitungen $\wp''$ wegen (10) durch $\wp$ ausdrücken; Differentiation von (10) gibt $2\,\wp'\,\wp'' = 12\,\wp^2\,\wp' - g_2\,\wp'$, also

$$\wp'' = 6\,\wp^2 - \frac{1}{2}\,g_2 \tag{31}$$

und eine einfache Rechnung — Addition der beiden Gleichungen für $\wp(z+w)$ — gibt das *Additionstheorem der $\wp$-Funktion*

$$\boxed{\wp(z+w) = -\wp(z) - \wp(w) + \frac{1}{4}\left[\frac{\wp'(z)-\wp'(w)}{\wp(z)-\wp(w)}\right]^2.} \tag{32}$$

Aus (31) erkennt man noch, daß *sich alle höheren Ableitungen von $\wp(z)$ ganz und rational durch $\wp(z)$ und $\wp'(z)$ ausdrücken lassen.*

---

[1] $\sigma^2(z)$ ist so zu verstehen wie $\sin^2 z$, also als $[\sigma(z)]^2$.

Für $w \to z$ wird aus (29) und (32)

$$\zeta(2z) = 2\,\zeta(z) + \frac{1}{2}\frac{\wp''(z)}{\wp'(z)}, \qquad \wp(2z) = -2\,\wp(z) + \frac{1}{4}\left(\frac{\wp''(z)}{\wp'(z)}\right)^2 \tag{33}$$

und aus (28) nach Division durch $\sigma(z-w)$ wegen $\sigma'(0) = 1$

$$\sigma(2z) = -\sigma^4(z)\,\wp'(z). \tag{34}$$

Es sei a ein Pol einer beliebigen elliptischen Funktion $f(z)$ mit dem Hauptteil

$$H_a(z) = \frac{a_{-1}}{z-a} + \frac{a_{-2}}{(z-a)^2} + \cdots + \frac{a_{-k}}{(z-a)^k}.$$

Dann hat

$$\varphi_a(z) = a_{-1}\,\zeta(z-a) + a_{-2}\,\wp(z-a) -$$

$$- \frac{a_{-3}}{2}\,\wp'(z-a) + \cdots + (-1)^{k-2}\frac{a_{-k}}{(k-1)!}\,\wp^{(k-2)}(z-a) \tag{35}$$

im Punkt a denselben Hauptteil und die Funktion

$$\Phi(z) = \sum_a \varphi_a(z),$$

erstreckt über sämtliche im Periodenparallelogramm gelegene Pole von $f(z)$, stimmt mit $f(z)$ in den Polen und den zugehörigen Hauptteilen überein. Aus (17) folgt

$$\Phi(z + \omega_j) = \sum_a a_{-1}\,\eta_j + \Phi(z);$$

da nach Ziffer 1, Satz 4, $\sum_a a_{-1} = 0$ ist, gilt

$$\Phi(z + \omega_j) = \Phi(z), \quad j = 1, 2,$$

d. h. $\Phi(z)$ ist eine elliptische Funktion. Nach Ziffer 1, Satz 3, ist also

$$f(z) = C + \Phi(z) = C + \sum_a \varphi_a(z); \tag{36}$$

man nennt (36) die *Partialbruchzerlegung* der elliptischen Funktion $f(z)$.

In den Ausdrücken (35) können wir nach der oben im Anschluß an (31) gemachten Bemerkung alle Ableitungen $\wp^{(k)}$ ganz und rational durch $\wp$ und $\wp'$ ausdrücken; wenden wir noch auf $\zeta(z-a)$, $\wp(z-a)$ und $\wp'(z-a)$ die Additionstheoreme (30), (32) und das sich aus letzterem durch Differentiation nach z ergebende Additionstheorem von $\wp'(z)$ an, so fällt $\zeta(z)$ vollständig heraus, da es nur additiv mit dem Faktor $\sum_a a_{-1} = 0$ auftritt. Damit ist gezeigt:

Jede elliptische Funktion läßt sich als rationale Funktion von $\wp(z)$ und $\wp'(z)$ darstellen.

Sind $f_1(z)$ und $f_2(z)$ zwei elliptische Funktionen mit demselben primitiven Periodenpaar, so gilt demnach

$$f_1(z) = R_1(\wp, \wp'), \qquad f_2(z) = R_2(\wp, \wp');$$

eliminiert man aus diesen beiden Gleichungen und aus (10) $\wp$ und $\wp'$, so ergibt sich:

Zwischen je zwei elliptischen Funktionen mit demselben primitiven Periodenpaar besteht eine algebraische Gleichung mit konstanten Koeffizienten.

Daraus folgt insbesondere (Ziffer 1, Satz 2):

Jede elliptische Funktion genügt einer algebraischen Differentialgleichung $F(w, w') = 0$.

Schließlich ist $\wp(z + w)$ nach (32) eine rationale Funktion von $\wp(z)$, $\wp'(z)$, $\wp(w)$ und $\wp'(w)$; eliminiert man daraus $\wp'(z)$ und $\wp'(w)$ mittels (10), so folgt, daß zwischen $\wp(z + w)$, $\wp(z)$ und $\wp(w)$ eine algebraische Gleichung

$$F(\wp(z + w),\ \wp(z),\ \wp(w)) = 0 \tag{37}$$

besteht. Ist $f(z)$ eine beliebige elliptische Funktion und bilden wir $\wp(z)$ mit demselben primitiven Periodenpaar, so bestehen nach dem vorletzten Satz drei Gleichungen der Form

$$G(f(z + w),\ \wp(z + w)) = 0,\quad G(f(z),\ \wp(z)) = 0,\quad G(f(w),\ \wp(w)) = 0;$$

eliminiert man aus ihnen und (37) $\wp(z + w)$, $\wp(z)$ und $\wp(w)$, so folgt:

Jede elliptische Funktion besitzt ein algebraisches Additionstheorem.

Wie man sieht, spielt bei den elliptischen Funktionen die $\wp$-Funktion eine ähnliche Rolle wie die Exponentialfunktion bei den einfach periodischen Funktionen der Klasse $\mathfrak{R}$.

7. Das elliptische Gebilde. Ich knüpfe an das Integral (11) an. In Übereinstimmung mit der Erklärung von § 26, 3 versteht man unter dem *elliptischen Gebilde*

$$\tau^2 = 4\,w^3 - g_2\,w - g_3 \tag{38}$$

die Gesamtheit aller Wertepaare (w, τ), die dieser Gleichung genügen. Man nennt (38) insbesondere auch das *Weierstraßsche Gebilde*, auf das allgemeine elliptische Gebilde (12) komme ich noch zurück. Statt von einem Gebilde spricht man auch von der *algebraischen Kurve* (38) in der Ebene der Variablen w und τ, die von dritter Ordnung ist, und von *Punkten* der Kurve oder Stellen des Gebildes statt von Wertepaaren (w, τ). Setzt man

$$w = \wp(z),\quad \tau = \wp'(z), \tag{39}$$

so sind sämtliche Stellen (einschließlich $w = \infty$, $\tau = \infty$) des Gebildes (oder Punkte der Kurve) (38) durch die beiden eindeutigen Funktionen (39) dargestellt; (39) ist eine Parameterdarstellung des Gebildes (der Kurve) (38), also einer mehrdeutigen Funktion durch eindeutige Funktionen. Man sagt, man habe die mehrdeutige Funktion durch die Darstellung (39) bzw. durch den Parameter z *uniformisiert*[1]. Dabei genügt es, den Variabilitätsbereich von z auf ein Periodenparallelogramm zu beschränken; die Punkte desselben sind umkehrbar eindeutig auf die Stellen des Gebildes (38) bezogen.

Etwas allgemeiner als bisher definiere ich jetzt: *Eine Fläche $\mathfrak{F}$ heißt Riemannsche Fläche des Gebildes (12), wenn die Punkte der Fläche umkehrbar eindeutig den Stellen des Gebildes zugeordnet sind, und zwar so, daß einer stetigen Lagenänderung eines Punktes auf $\mathfrak{F}$ eine stetige Änderung des zugehörigen Wertepaares (w, t) entspricht und umgekehrt.*

Nun wäre nach dieser Definition offenbar schon das Periodenparallelogramm der Funktion $\wp(z)$ eine Riemannsche Fläche des Gebildes (38), wenn die Stetigkeit der Zuordnung nicht an den Rändern gestört wäre; denn wenn sich (Abb. 82a) der Punkt z etwa dem Punkt *2* (oder *4*) des Randes von innen her nähert, so muß z beim Passieren des Randes von der Lage *2* in die Lage *1* (bzw. von *4* in *3*) springen, was gewiß keine stetige Lagenänderung ist. Wir können diese Unstetigkeit aber beseitigen, indem wir uns das Parallelogramm aus biegsamem und dehnbarem Material hergestellt denken und es zunächst durch eine geeignete Dehnung in

---

[1] Vgl. auch § 23, 5. Genau dasselbe liegt z. B. in dem einfachen Fall der Darstellung des Kreises $w^2 + t^2 - 1 = 0$ mit Hilfe der Winkelfunktionen $w = \cos z$, $t = \sin z$ vor. Ich empfehle Ihnen, die folgenden Ausführungen auf dieses Beispiel zu übertragen.

die Form eines Rechteckes bringen (Abb. 82b). Dann verbiegen wir das Rechteck zu einem Zylinder, und zwar so, daß die Seite ad mit der Seite bc zusammenfällt (Abb. 82c); dabei fallen auch die Punkte 3 und 4 in einen einzigen Punkt zusammen. Diesen Zylinder verbiegen wir schließlich zu einem Torus, wodurch auch die beiden Punkte 1 und 2 sowie alle vier Punkte a, b, c, d zur Deckung gelangen (Abb. 82d). Dieser Torus ist nach der oben gegebenen Definition eine

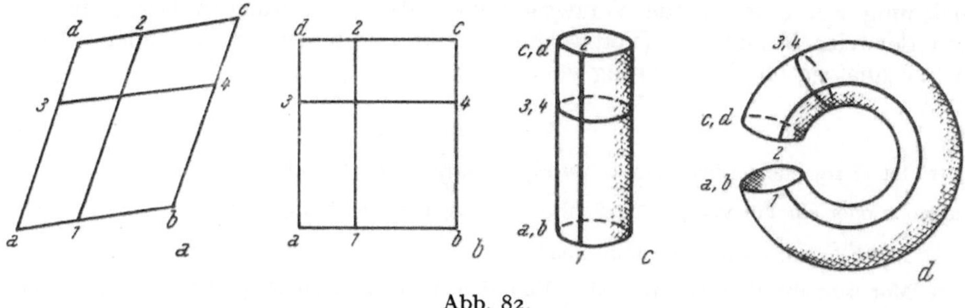

Abb. 82.

Riemannsche Fläche des Gebildes (38); man bezeichnet sie als die *zweite Hauptform*. Sie sieht zunächst völlig verschieden von dem aus, was wir bisher unter der Riemannschen Fläche von (38) verstanden haben und zum Unterschied als *erste Hauptform* bezeichnen wollen (vgl. insbesondere das letzte Beispiel von § 26, 4): Die Nullstellen e_1, e_2, e_3 der rechten Seite von (38), zu denen noch der Punkt $w = \infty$ hinzutritt, sind Verzweigungspunkte; wir denken uns die w-Ebene

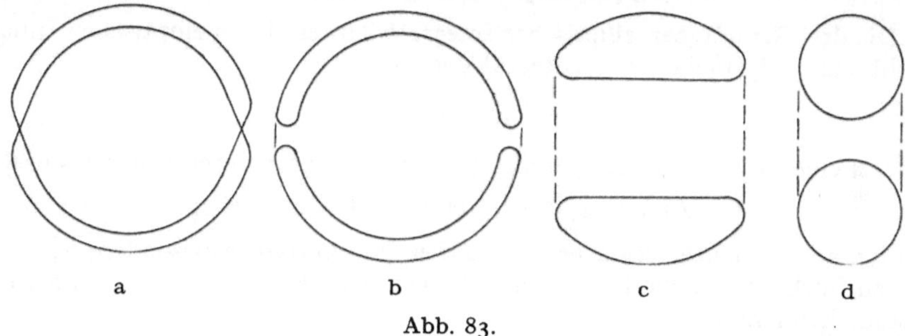

Abb. 83.

doppelt, führen von e_1 nach e_2 und von e_3 nach ∞ Verzweigungsschnitte, die einander nicht kreuzen, und heften die beiden Blätter längs dieser Verzweigungsschnitte kreuzweise aneinander. Man sieht nun leicht, daß sich diese Fläche durch eine stetige Transformation in den Torus überführen läßt. Wir gehen zunächst durch die stereographische Projektion zur Riemannschen Zahlenkugel über, die natürlich wieder doppelt zu nehmen ist, und verschieben die Verzweigungsschnitte so, daß sie Teile desselben Hauptkreises der Kugel werden; die Abb. 83a stellt einen Schnitt senkrecht zu diesem Hauptkreis dar. Spiegeln wir die innere Kugel an der Ebene dieses Hauptkreises, so verwandeln sich die Verzweigungsschnitte in schlitzartige Löcher, längs welcher innere und äußere Kugel zusammenhängen, Abb. 83b[1]. Von diesem Gebilde kommt man durch stetige Deformationen auf eine Fläche ähnlich der in Abb. 83c angedeuteten und weiter zum Torus der Abb. 83d. Die beiden Formen der Riemannschen Fläche sind somit völlig gleichwertig.

---

[1] **Vgl.** die Fußnote S. 413.

Das Integral (11) geht durch die Substitution $w = \wp(z)$ über in

$$\int_{\infty}^{w} \frac{dw}{\tau} = \int_{0}^{z} \frac{\wp'(z)\,dz}{\wp'(z)} = \int_{0}^{z} dz = z.$$

Bei dem allgemeinen elliptischen Gebilde (12) liegen natürlich genau dieselben Verhältnisse vor, nur daß, solange nicht $a_4 = 0$, also $w = \infty$ eine Wurzel der Gleichung $\tau = 0$ ist, beide Verzweigungsschnitte im Endlichen liegen und je zwei der vier Nullstellen (Verzweigungspunkte) miteinander verbinden. Eine zu (39) analoge Uniformisierung von (12) folgt in § 34, 3.

Aufgaben.

1. Ist $\widetilde{\omega}$ irgendeine Periode der *ungeraden* elliptischen Funktion $f(z)$, so ist $\frac{1}{2}\,\widetilde{\omega}$ eine Nullstelle oder ein Pol von $f(z)$, und zwar von ungerader Ordnung.

2. Ist $e^{\wp(z)}$ eine elliptische Funktion?

3. Man schreibt die Weierstraßschen Funktionen, um die Abhängigkeit von den Perioden hervorzuheben, oft

$$\wp(z|\omega, \omega'), \quad \zeta(z|\omega, \omega'), \quad \sigma(z|\omega, \omega'),$$

wo $\omega = \frac{1}{2}\,\omega_1,\ \omega' = \frac{1}{2}\,\omega_2$ die Halbperioden sind. Man zeige, daß $\wp(z|\omega, \omega')$, $\wp'(z|\omega, \omega')$ und $\zeta(z|\omega, \omega')$ homogene Funktionen der Argumente z, ω, ω' vom Grad $-2, -3, -1$ sind.

4. Es sind die ersten Glieder der Reihenentwicklungen von $\wp(z)$, $\zeta(z)$ und $\sigma(z)$, ausgedrückt durch g_2 und g_3, zu berechnen.

§ 34. Elliptische Integrale.

1. Die drei Grundtypen elliptischer Integrale. Unter einem elliptischen Integral versteht man allgemein jedes Integral der Form

$$\int R(z, t)\,dz, \tag{1}$$

wo $R(z, t)$ eine rationale Funktion und (in etwas anderer Bezeichnung als in § 33)

$$t^2 = F(z) = a_0\,z^4 + a_1\,z^3 + a_2\,z^2 + a_3\,z + a_4 \tag{2}$$

ein Polynom mit lauter *einfachen Nullstellen* ist, so daß insbesondere a_0 und a_1 nicht zugleich verschwinden[1]. Da alle geraden Potenzen von t Polynome in z sind, kann man

$$R(z, t) = \frac{A(z) + B(z)\,t}{C(z) + D(z)\,t}$$

schreiben, wo A, B, C, D Polynome sind. Führt man die rationalen Funktionen

$$\psi(z) = \frac{A\,C - B\,D\,t^2}{C^2 - D^2\,t^2}, \quad \varphi(z) = \frac{(B\,C - AD)\,t^2}{C^2 - D^2\,t^2}$$

ein, so wird, wie man leicht nachrechnet, aus (1)

$$\int R(z, t)\,dz = \int \psi(z)\,dz + \int \frac{\varphi(z)}{t}\,dz.$$

Hier ist das $\int \psi(z)\,dz$ als Integral einer rationalen Funktion uninteressant, so daß wir uns im folgenden auf Integrale der Form

$$\int \frac{\varphi(z)}{t}\,dz \tag{3}$$

____

[1] Vgl. die Fußnote [1] S. 419. $a_0 = a_1 = 0$ würde eine doppelte Nullstelle im Unendlichen bedeuten.

mit einer rationalen Funktion $\varphi(z)$ beschränken können. $\varphi(z)$ zerlegen wir in Partialbrüche. Dadurch wird (3) eine Summe von Integralen der Form

$$\int \frac{z^k}{t}\, dz, \quad \int \frac{dz}{(z-c)^k\, t};$$

wir können beide in der Form

$$J_k = \int \frac{(z-c)^k}{t}\, dz \tag{4}$$

schreiben, wenn k eine beliebige *ganze* Zahl ist. Wir ordnen t^2 nach Potenzen von $z-c$; das gibt

$$t^2 = b_0\,(z-c)^4 + b_1\,(z-c)^3 + b_2\,(z-c)^2 + b_3\,(z-c) + b_4 \tag{5}$$

mit

$$b_{4-i} = \frac{1}{i!}\, F^{(i)}(c), \quad i = 0, 1, 2, 3, 4. \tag{6}$$

Multiplizieren wir die Identität

$$\frac{b_0\,(z-c)^4 + \ldots + b_4}{t} = t$$

mit $(z-c)^n$, so folgt durch Integration

$$b_0 J_{n+4} + b_1 J_{n+3} + b_2 J_{n+2} + b_3 J_{n+1} + b_4 J_n = \int (z-c)^n t\, dz;$$

partielle Integration der rechten Seite gibt, wenn $n \neq -1$ ist,

$$\int (z-c)^n t\, dz = \frac{(z-c)^{n+1}}{n+1}\, t - \frac{1}{2\,(n+1)} \int (z-c)^{n+1} \frac{(t^2)'}{t}\, dz =$$

$$= \frac{(z-c)^{n+1}}{n+1}\, t - \frac{1}{2\,(n+1)}\,(4\, b_0 J_{n+4} + 3\, b_1 J_{n+3} + 2\, b_2 J_{n+2} + b_3 J_{n+1})$$

und somit

$$(2\,n+6)\, b_0 J_{n+4} + (2\,n+5)\, b_1 J_{n+3} + (2\,n+4)\, b_2 J_{n+2} + (2\,n+3)\, b_3 J_{n+1} +$$

$$+ (2\,n+2)\, b_4 J_n = 2\,(z-c)^{n+1} t, \tag{7}$$

eine Rekursionsformel für das Integral (4), die, wie man sofort sieht, auch für $n = -1$ gilt. Man kommt dadurch in jedem Fall zu einem der vier Schlußintegrale J_2, J_1, J_0, J_{-1}. Ist c eine Nullstelle von t^2, also $b_4 = 0$, so enthält (7) nur vier Glieder, und man kommt mit den Schlußintegralen J_1, J_0, J_{-1} aus. Dasselbe tritt ein, wenn t^2 ein Polynom dritten Grades, also $b_0 = 0$ ist. Man kann aber auch im allgemeinen Fall J_2 ganz und rational durch diese drei Integrale ausdrücken, wenn man eine Nullstelle z_0 von t^2 kennt; man ordnet $(z-c)^2$ in J_2 nach Potenzen von $z-z_0$ und wendet (7) mit $c = z_0$ an; (7) enthält dann wieder nur vier Glieder. Damit haben wir das Ergebnis:

Die Berechnung des elliptischen Integrals (1) läßt sich, abgesehen von der Integration rationaler Funktionen, auf die Berechnung von Integralen der Form

$$\int \frac{dz}{t}, \quad \int \frac{z\, dz}{t}, \quad \int \frac{dz}{(z-c)\, t}$$

zurückführen. Dabei kann das zweite als Sonderfall $c = \infty$ des dritten angesehen werden, indem an Stelle des Faktors $\dfrac{1}{z-c}$ mit einem Pol bei $z = c$ der Faktor z mit einem Pol im Unendlichen tritt.

Das Integral
$$\int \frac{dz}{t} \tag{8}$$

heißt *elliptisches Integral erster Gattung*; das Integral

$$\int \frac{dz}{(z-c)\,t} \tag{9}$$

heißt *elliptisches Integral zweiter oder dritter Gattung, je nachdem c eine Nullstelle von $t^2 = F(z)$ ist oder nicht.*

Ist $F(z)$ ein *Polynom dritten Grades* ($b_0 = 0$), so ist

$$\int \frac{z\,dz}{t} \tag{10}$$

ein Integral zweiter Gattung, weil dann $z = \infty$ als Nullstelle von $F(z)$ anzusehen ist. Ist $b_0 \neq 0$, so ist (10) ein *Integral dritter Gattung*.

Diese Klassifikation der elliptischen Integrale erscheint fürs erste recht formal, hat aber doch tiefere Gründe. Das Integral erster Gattung ist, von einem geeignet gewählten Anfangswert bis zu einem beliebigen Punkt z erstreckt, eine in der ganzen Ebene reguläre Funktion von z, das Integral zweiter Gattung hat einen Pol erster Ordnung und das Integral dritter Gattung zwei logarithmische Singularitäten. Entscheidend dafür sind natürlich die Verzweigungspunkte des elliptischen Gebildes, bzw. die Nullstelle c des Nenners. Setzt man

$$F(z) = a_0 (z - z_1)(z - z_2)(z - z_3)(z - z_4),$$

so gibt die Substitution $z - z_1 = u^2$ und die Reihenentwicklung des Integranden für das Integral erster Gattung in der Umgebung von $u = 0$

$$\int \frac{dz}{t} = \int (C_0 + C_1 u^2 + C_2 u^4 + \ldots)\,du = C_0 u + \frac{1}{3} C_1 u^3 + \frac{1}{5} C_2 u^5 + \ldots.$$

Das Integral ist an der Stelle $u = 0$, d. h. $z = z_1$ regulär (und ebenso natürlich an den anderen Verzweigungspunkten). Beim Integral zweiter Gattung ergibt sich, wenn $c = z_1$ genommen ist,

$$\int \frac{dz}{(z - z_1)\,t} = \int \frac{du}{u^2}(C_0 + C_1 u^2 + C_2 u^4 + \ldots) = \frac{C_0}{u} + C_1 u + \frac{1}{3} C_2 u^3 + \ldots,$$

also ein Pol an der Stelle $z = z_1$. Beim Integral dritter Gattung schließlich gibt die Substitution $z - c = u$ ($u = 0$ ist kein Verzweigungspunkt!)

$$\int \frac{dz}{(z - c)\,t} = \int \frac{du}{u}(C_0 + C_1 u + C_2 u^2 + \ldots) = C_0 \ln u + C_1 u + \frac{1}{2} C_2 u^2 + \ldots,$$

also in jedem der beiden Blätter der Riemannschen Fläche eine logarithmische Singularität. Alle angegebenen Reihenentwicklungen konvergieren in einer gewissen Umgebung von $u = 0$, die außer $u = 0$ keinen Verzweigungspunkt enthält. Entsprechende Überlegungen gelten für die Form (10) des Integrals zweiter oder dritter Gattung; die Substitution ist hier $z = \dfrac{1}{u^2}$ bzw. $z = \dfrac{1}{u}$.

2. Bilineare Transformationen. Die bisherigen Überlegungen haben gezeigt, wie man durch Umformungen des Integranden das allgemeine elliptische Integral (1) auf gewisse einfache Grundtypen reduzieren kann. Dabei ist die Veränderliche z und damit auch die Gestalt des Polynoms $F(z)$ unverändert geblieben. Wir können nun weiter versuchen, durch geeignete Substitutionen die Funktion $F(z)$

auf einfachere Formen zu bringen. Es ist sehr naheliegend, hier zunächst einmal den Versuch mit bilinearen Transformationen

$$z = \frac{\alpha\,\zeta + \beta}{\gamma\,\zeta + \delta}, \quad \Delta = \alpha\,\delta - \beta\,\gamma \neq 0 \tag{11}$$

zu machen. Dann wird

$$dz = \frac{\Delta\,d\zeta}{(\gamma\,\zeta + \delta)^2}$$

und aus (2)

$$F(z) = \frac{\alpha_0\,\zeta^4 + \alpha_1\,\zeta^3 + \alpha_2\,\zeta^2 + \alpha_3\,\zeta + \alpha_4}{(\gamma\,\zeta + \delta)^4}\,\Delta^2 = \Phi(\zeta)\,\frac{\Delta^2}{(\gamma\,\zeta + \delta)^4}$$

(der konstante Faktor Δ^2 ist nur der Einfachheit halber herausgehoben), so daß

$$\int \frac{dz}{\sqrt{F(z)}} = \int \frac{d\zeta}{\sqrt{\Phi(\zeta)}}$$

wird, d. h.:

Eine bilineare Transformation führt ein Integral erster Gattung wieder in ein Integral erster Gattung über.

Ist c und der vermöge (11) entsprechende Wert c' endlich, so folgt wegen

$$c = \frac{\alpha\,c' + \beta}{\gamma\,c' + \delta}$$

$$\frac{1}{z - c} = \frac{A}{\zeta - c'} + B$$

mit

$$A = \frac{(\gamma\,c' + \delta)^2}{\Delta}, \quad B = \frac{(\gamma\,c' + \delta)\,\gamma}{\Delta}$$

und daher

$$\int \frac{dz}{(z - c)\,\sqrt{F(z)}} = A \int \frac{d\zeta}{(\zeta - c')\,\sqrt{\Phi(\zeta)}} + B \int \frac{d\zeta}{\sqrt{\Phi(\zeta)}}.$$

Nun ist c' dann und nur dann eine Nullstelle von $\Phi(\zeta)$, wenn c eine Nullstelle von $F(z)$ ist, also gilt:

Ein Integral zweiter (dritter) Gattung geht bei einer bilinearen Transformation in eine Linearkombination eines Integrals zweiter (dritter) Gattung und eines Integrals erster Gattung über.

3. Die Weierstraßschen Normalformen. Es gelingt nun sehr leicht, mit Hilfe einer bilinearen Transformation von (2) zu der Weierstraßschen Form

$$t^2 = 4\,z^3 - g_2\,z - g_3, \quad g_2^3 - 27\,g_3^2 \neq 0$$

zu kommen. Ich führe die Transformation in drei Schritten durch. Zunächst ist, wenn $a_0 \neq 0$ ist, eine Nullstelle in den Punkt $z = \infty$ zu verlegen; dieser erste Schritt entfällt, wenn $a_0 = 0$ ist. Zweitens ist — am einfachsten durch eine Parallelverschiebung — die Beziehung $e_1 + e_2 + e_3 = 0$ für die Nullstellen zu erfüllen und drittens ist dem Koeffizienten von z^3 der Wert 4 zu erteilen.

Es sei c eine Nullstelle von (2), also

$$F(c) = 0, \quad F'(c) \neq 0.$$

Dann wird in (5)

$$b_0 = a_0, \quad b_1 = 4\,a_0\,c + a_1, \quad b_2 = 6\,a_0\,c^2 + 3\,a_1\,c + a_2,$$

$$b_3 = 4\,a_0\,c^3 + 3\,a_1\,c^2 + 2\,a_2\,c + a_3, \quad b_4 = 0$$

und die Substitution

$$\frac{1}{z - c} = z', \quad dz = -\frac{dz'}{z'^2}$$

gibt für das Integral erster Gattung, auf das ich mich zunächst beschränke,

$$\int \frac{dz}{\sqrt{F(z)}} = -\int \frac{dz'}{\sqrt{b_0 + b_1\, z' + b_2\, z'^2 + b_3\, z'^3}}.$$

Setze ich hier, indem ich den zweiten und dritten Schritt gleich zusammenziehe (vgl. Band I, § 39, I),

$$z' = \frac{4}{b_3}\, v - \frac{b_2}{3\, b_3} = \frac{4}{b_3}\left(v - \frac{b_2}{12}\right),$$

so gibt eine einfache Rechnung (bis auf das Vorzeichen)

$$\int \frac{dz}{\sqrt{F(z)}} = \int \frac{dv}{\tau} \tag{12}$$

mit

$$\tau^2 = 4\, v^3 - g_2\, v - g_3 \tag{13}$$

und

$$g_2 = -\frac{1}{4}\left(b_1\, b_3 - \frac{b_2^2}{3}\right), \qquad g_3 = -\frac{1}{16}\left(b_0\, b_3^2 - \frac{b_1\, b_2\, b_3}{3} + \frac{2\, b_2^3}{27}\right).$$

Von hier führt dann wie in § 33, 7 die Substitution

$$v = \wp(u), \quad \tau = \wp'(u)$$

zur Uniformisierung von (13) und damit zu der von (2). Ziehen wir alle Transformationen in eine zusammen, so folgt, daß das elliptische Gebilde (2) durch

$$\boxed{\; z = \varphi(u) = \frac{3\, b_3}{12\, \wp(u) - b_2} + c, \quad t = \varphi'(u) = -\frac{36\, b_3\, \wp'(u)}{[12\, \wp(u) - b_2]^2} \;} \tag{14}$$

uniformisiert wird. Das Integral auf der rechten Seite von (12), d. h.

$$u = \int \frac{dv}{\tau} = \int \frac{dv}{\sqrt{4\, v^3 - g_2\, v - g_3}} \tag{15}$$

ist die Weierstraßsche Normalform des elliptischen Integrals erster Gattung.

Die Normalform des Integrals zweiter Gattung können wir in der Form (10) annehmen, da eine Nullstelle von (13) im Unendlichen liegt; es folgt somit

$$\int \frac{v\, dv}{\tau} = \int \frac{v\, dv}{\sqrt{4\, v^3 - g_2\, v - g_3}}$$

als *die Weierstraßsche Normalform des Integrals zweiter Gattung.* Die Substitution $v = \wp(u)$ gibt hier

$$\int \frac{v\, dv}{\tau} = \int \frac{\wp(u)\, \wp'(u)\, du}{\wp'(u)} = \int \wp(u)\, du = -\zeta(u). \tag{16}$$

Schließlich wird

$$\int \frac{dv}{(v - v_0)\, \tau} = \int \frac{dv}{(v - v_0)\, \sqrt{4\, v^3 - g_2\, v - g_3}}, \tag{17}$$

wo v_0 keine Nullstelle von τ^2 ist, *die Weierstraßsche Normalform des Integrals dritter Gattung.* Mitunter wird an Stelle von (17) eine andere Normalform genommen, die eine unmittelbare Zurückführung auf die σ-Funktion gestattet. Ich gehe dazu von der Gleichung § 33, (29) aus, in der ich $z = u$, $w = -a$ setze:

$$\frac{1}{2}\frac{\wp'(u) + \wp'(a)}{\wp(u) - \wp(a)} = \zeta(u - a) - \zeta(u) + \zeta(a).$$

Integration nach u gibt bei geeigneter Verfügung über die Integrationskonstante

$$\frac{1}{2}\int \frac{\wp'(u) + \wp'(a)}{\wp(u) - \wp(a)}\, du = \ln \sigma(a - u) - \ln \sigma(u) + u\, \zeta(a) - \ln \sigma(a)$$

oder, $\wp(u) = v$, $\wp'(u) = \tau$, $\wp(a) = v_0$, $\wp'(a) = \tau_0$ gesetzt,

$$\frac{1}{2} \int \frac{\tau + \tau_0}{v - v_0} \frac{dv}{\tau} = \ln \frac{\sigma(a - u)}{\sigma(u)\,\sigma(a)} + u\,\frac{\sigma'(a)}{\sigma(a)}; \tag{18}$$

und das ist die zweite Gestalt des Weierstraßschen Normalintegrals dritter Gattung; für das Integral (17) folgt daraus

$$\int \frac{dv}{(v - v_0)\,\tau} = \frac{2}{\tau_0}\left[\ln \frac{\sigma(a - u)}{\sigma(u)\,\sigma(a)} + u\,\frac{\sigma'(a)}{\sigma(a)}\right] - \frac{1}{\tau_0}\ln\,(v - v_0).$$

In den Formeln (15) bis (18) sind die am Schluß von Ziffer 1 angegebenen Eigenschaften unmittelbar abzulesen: u ist in der ganzen Ebene regulär, $\zeta(u)$ hat in $u = 0$ einen Pol erster Ordnung und (18) logarithmische Singularitäten in $u = 0$ und $u = a$.

4. Bestimmte Integrale. Wir wollen uns hier noch Aufschluß darüber verschaffen, wie ein bestimmtes elliptisches Integral

$$\int\limits_{z_1}^{z_2} R(z,\,t)\,dz$$

von der Wahl des die beiden Punkte z_1 und z_2 verbindenden Integrationswegs $\mathfrak{C}$ abhängt. Nach den bisherigen Ergebnissen können wir uns dabei auf die Untersuchung der drei Weierstraßschen Normalintegrale

$$J_1 = \int\limits_{z_1}^{z_2} \frac{dv}{\tau}, \qquad J_2 = \int\limits_{z_1}^{z_2} \frac{v\,dv}{\tau}, \qquad J_3 = \frac{1}{2}\int\limits_{z_1}^{z} \frac{\tau + \tau_0}{v - v_0}\,\frac{dv}{\tau}$$

beschränken. Die Punkte z deuten wir dabei auf der gemäß § 33, 7 konstruierten zweiten Hauptform der Riemannschen Fläche, also auf dem durch Zusammenbiegen aus dem Periodenparallelogramm entstandenen Torus $\mathfrak{T}$. Wir markieren auf $\mathfrak{T}$ die beiden, aus den kongruenten Rändern $\mathfrak{C}_1^+$ und $\mathfrak{C}_1^-$, bzw. $\mathfrak{C}_2^+$ und $\mathfrak{C}_2^-$ entstandenen Kurven $\mathfrak{C}_1$ und $\mathfrak{C}_2$ (Abb. 84), auf denen wir dementsprechend zwei Ufer oder Seiten, eine positive und eine negative, unterscheiden. Einen Punkt z von $\mathfrak{C}_1$ (oder $\mathfrak{C}_2$) bezeichnen wir dann mit z^+ oder z^-, je nachdem wir ihn zum positiven oder negativen Ufer von $\mathfrak{C}_1$ (oder $\mathfrak{C}_2$)

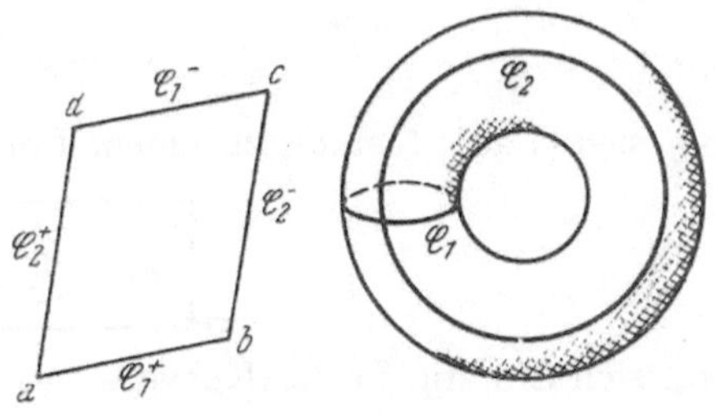

Abb. 84.

zählen. Die Punkte des Periodenparallelogramms bezeichne ich mit u, und wenn ihre Zuordnung zu den Punkten von $\mathfrak{T}$ hervorgehoben werden soll, mit $u(z)$. Für einen Punkt z von $\mathfrak{C}_1$ ist dann

$$u(z^-) - u(z^+) = \omega_2$$

und für einen Punkt von $\mathfrak{C}_2$

$$u(z^-) - u(z^+) = \omega_1.$$

Schneidet der Integrationsweg $\mathfrak{C}$ keine der beiden Kurven $\mathfrak{C}_1$ und $\mathfrak{C}_2$ auf $\mathfrak{T}$, so ist jedenfalls

$$J_1 = \int\limits_{z_1}^{z_2} \frac{dv}{\tau} = \int\limits_{u(z_1)}^{u(z_2)} du = u(z_2) - u(z_1)$$

und für jede geschlossene Kurve $\mathfrak{C}$ mit dieser Eigenschaft

$$J_1 = \oint \frac{dv}{\tau} = 0.$$

Ganz anders liegen die Dinge aber, wenn $\mathfrak{C}$ eine oder beide Kurven $\mathfrak{C}_1$ und $\mathfrak{C}_2$ schneidet. Betrachten wir den in Abb. 85 angedeuteten Fall eines einzigen Schnittpunkts von $\mathfrak{C}$ mit $\mathfrak{C}_2$, so wird

$$J_1 = \int_{z_1}^{z_2} \frac{dv}{\tau} = \int_{z_1}^{z^-} \frac{dv}{\tau} + \int_{z^+}^{z_2} \frac{dv}{\tau} = u(z^-) - u(z_1) + u(z_2) - u(z^+),$$

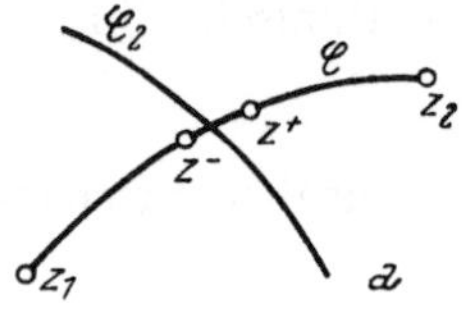

Abb. 85.

also

$$J_1 = u(z_2) - u(z_1) + \omega_1.$$

Kreuzt $\mathfrak{C}$ die Kurve $\mathfrak{C}_2$ im entgegengesetzten Sinn, also vom positiven zum negativen Ufer hin, so wird

$$J_1 = u(z_2) - u(z_1) - \omega_1.$$

Ebenso ist bei einer Kreuzung mit $\mathfrak{C}_1$

$$J_1 = u(z_2) - u(z_1) \pm \omega_2$$

und allgemein

$$J_1 = u(z_2) - u(z_1) + n_1 \omega_1 + n_2 \omega_2,$$

wo die ganze Zahl n_1 angibt, um wieviel öfter der Integrationsweg $\mathfrak{C}$ die Kurve $\mathfrak{C}_2$ von der negativen zur positiven Seite hin kreuzt als umgekehrt und analog n_2 für die Kreuzungen von $\mathfrak{C}$ mit $\mathfrak{C}_1$. Für eine geschlossene Kurve wird also

$$J_1 = n_1 \omega_1 + n_2 \omega_2$$

und insbesondere immer dann

$$J_1 = \oint \frac{dv}{\tau} = 0, \tag{19}$$

wenn sich $\mathfrak{C}$ auf $\mathfrak{T}$ stetig zu einem Punkt zusammenziehen läßt,

$$\boxed{J_1 = \oint \frac{dv}{\tau} = \omega_1,} \tag{20}$$

wenn sich $\mathfrak{C}$ stetig in die Kurve $\mathfrak{C}_1$ überführen läßt, und

$$\boxed{J_1 = \oint \frac{dv}{\tau} = \omega_2,} \tag{21}$$

wenn sich $\mathfrak{C}$ stetig in die Kurve $\mathfrak{C}_2$ überführen läßt. Alle anderen Kreuzungspunkte müssen einander bei geschlossenen Kurven $\mathfrak{C}$ gerade aufheben, wie man leicht überlegt. Einer Integration über $\mathfrak{C}_1$ entspricht im Periodenparallelogramm eine Integration über $\mathfrak{C}_1^+$ von a nach b, einer Integration über $\mathfrak{C}_2$ eine Integration über $\mathfrak{C}_2^+$ von a nach d.

Für das Integral zweiter Gattung ergibt sich unter Berücksichtigung von (16) und § 33, (17) ähnlich

$$J_2 = \int_{z_1}^{z_2} \frac{v\,dv}{\tau} = \zeta(u(z_1)) - \zeta(u(z_2)) - n_1 \eta_1 - n_2 \eta_2 \tag{22}$$

und

$$\oint \frac{v\,dv}{\tau} = 0,\ -\eta_1,\ -\eta_2, \tag{23}$$

je nachdem sich der Integrationsweg $\mathfrak{C}$ auf einen Punkt, auf die Kurve $\mathfrak{C}_1$ oder auf die Kurve $\mathfrak{C}_2$ zusammenziehen läßt.

Im Fall des Integrals dritter Gattung markieren wir im Periodenparallelogramm die beiden Punkte $u = 0$ und $u = a$, die nach (18) singuläre Punkte des Integrals sind, und schneiden die Ebene längs einer 0 und a verbindenden Kurve $\mathfrak{C}_3$ auf, wobei wir annehmen können, daß keiner der beiden Punkte auf dem Rand des Periodenparallelogramms liegt. Schneidet der Integrationsweg $\mathfrak{C}$ dann keine der drei Kurven $\mathfrak{C}_1$, $\mathfrak{C}_2$, $\mathfrak{C}_3$, so ist

$$J_3 = \int_{u(z_1)}^{u(z_2)} \{\zeta(u - a) - \zeta(u) + \zeta(a)\}\,du = \left[\ln \frac{\sigma(a - u)}{\sigma(u)\,\sigma(a)} + u\,\zeta(a)\right]_{u(z_1)}^{u(z_2)}, \tag{24}$$

wo die rechts stehende Differenz eindeutig ist, da in dem längs $\mathfrak{C}_3$ aufgeschnittenen Periodenparallelogramm der Logarithmus eindeutig ist. Eine Kreuzung mit $\mathfrak{C}_3$ gibt für einen geschlossenen Integrationsweg

$$J_3 = \pm 2\,\pi j,$$

da der Weg von z^+ nach z^- einen der beiden Pole des Integranden $\zeta(u - a) - \zeta(u) + \zeta(a)$ umschließt und in diesen die Residuen -1 bzw. $+1$ sind. Für eine Kreuzung mit der Kurve $\mathfrak{C}_j$ folgt aus § 33, (25) — man beachte dabei, daß man daraus eine Formel für $\sigma(z - \omega_j)$ erhält, indem man z durch $z - \omega_j$ ersetzt —

$$J_3 = -a\,\eta_j + \zeta(a)\,\omega_j + 2\,k_j\,\pi j = \Omega_j + 2\,k_j\,\pi j, \quad j = 1, 2$$

mit ganzen k_j (mit Rücksicht auf die Vieldeutigkeit des Logarithmus) und daher allgemein

$$J_3 = \overline{J}_3 + 2\,n\,\pi j + n_1\,\Omega_1 + n_2\,\Omega_2,$$

wo $\overline{J}_3$ das Integral (24) bedeutet. Für geschlossene Wege ergibt sich also

$$J_3 = 2\,\varepsilon\,\pi j + \Omega, \tag{25}$$

wo $\Omega = 0$, $= \Omega_1$ oder $= \Omega_2$ ist, je nachdem sich $\mathfrak{C}$ auf einen Punkt, auf $\mathfrak{C}_1$ oder auf $\mathfrak{C}_2$ zusammenziehen läßt, und $\varepsilon = 0$ oder $= \pm 1$ ist, je nachdem keine oder eine Kreuzung mit $\mathfrak{C}_3$ erfolgt (oder allgemeiner, je nachdem die Zahl der Kreuzungen mit $\mathfrak{C}_3$ gerade oder ungerade ist).

Bei den Normalintegralen verfügt man in der Regel dadurch über die Integrationskonstante, daß man den Anfangspunkt der Integration in einen bestimmten Punkt u_0 bzw. $v_0 = \wp(u_0)$ verlegt. Eine spezielle Annahme, die in allen Fällen zu verhältnismäßig einfachen und übersichtlichen Ergebnissen führt, ist z. B. $u_0 = \frac{1}{2}\,\omega_2$, also nach § 33, (14) $v_0 = \wp\left(\frac{1}{2}\,\omega_2\right) = e_3$, und ich lege sie den folgenden Rechnungen zugrunde[1]. Ich setze also

$$J_1 = \int_{e_3}^{v} \frac{dv}{\tau}, \qquad J_2 = \int_{e_3}^{v} \frac{v\,dv}{\tau}, \qquad J_3 = \int_{e_3}^{v} \frac{dv}{(v - v_0)\,\tau}. \tag{26}$$

---

[1] Ich bemerke aber ausdrücklich, daß diese Normierung der Integrationskonstanten nicht allgemein gebräuchlich ist. Beim Integral erster Gattung nimmt man meist $u_0 = 0$ und verlegt damit den Anfangspunkt in den Pol von $\wp(u)$, so daß das erste Integral (26) die Form

$$\overline{J}_1 = \int_{\infty}^{v} \frac{dv}{\tau} \tag{I}$$

Die Integrale (20), (21) und (23) gehen, wenn man die Kurven $\mathfrak{C}_1$ und $\mathfrak{C}_2$ als Bilder von Strecken der u-Ebene nimmt, die zu den Seiten des Periodenparallelogramms parallel sind, über in[1]

$$\int\limits_{u_0}^{u_0+\omega_1} du = \omega_1, \quad \int\limits_{u_0}^{u_0+\omega_2} du = \omega_2, \quad \int\limits_{u_0}^{u_0+\omega_1} \wp(u)\, du = -\eta_1, \quad \int\limits_{u_0}^{u_0+\omega_2} \wp(u)\, du = -\eta_2. \tag{27}$$

5. Die Normalintegrale von Riemann und Legendre.[2] Ich knüpfe an die Weierstraßschen Normalintegrale an. e_1, e_2, e_3 seien wieder die Nullstellen von

$$\tau^2 = 4\,v^3 - g_2\,v - g_3 = 4\,(v - e_1)\,(v - e_2)\,(v - e_3)$$

mit

$$e_1 + e_2 + e_3 = 0.$$

Die Substitution

$$v = e_3 + (e_2 - e_3)\,\zeta \tag{28}$$

führt das erste Integral (26), wie man leicht nachrechnet, über in[3]

$$J_1 = \int\limits_{e_3}^{v} \frac{dv}{\tau} = \frac{1}{\sqrt{e_1 - e_3}}\, J_1' \tag{29}$$

mit

$$J_1' = \frac{1}{2} \int\limits_{0}^{\zeta} \frac{d\zeta}{\sqrt{\zeta\,(1 - \zeta)\,(1 - \lambda\,\zeta)}} \tag{30}$$

und

$$\lambda = \frac{e_2 - e_3}{e_1 - e_3}. \tag{31}$$

Die Punkte $v = e_1, e_2, e_3, \infty$ werden durch (28) auf die Punkte $\zeta = \frac{1}{\lambda}, 1, 0, \infty$ abgebildet; ihr Doppelverhältnis ist $\frac{1}{\lambda}$. Permutiert man e_1, e_2, e_3, so ergeben sich im ganzen sechs verschiedene Werte $\frac{1}{\lambda}, \lambda, \frac{\lambda}{\lambda - 1}, \frac{\lambda - 1}{\lambda}, 1 - \lambda$ und $\frac{1}{1 - \lambda}$, die sich in besonderen Fällen auf drei, nämlich $-1, \frac{1}{2}, 2$, oder zwei, nämlich $\frac{1}{2}(1 \pm j\,\sqrt{3})$ reduzieren können. Im ersten, dem *harmonischen Fall*, ist $e_1 = 0$,

____

annimmt. Der Vorteil dieser Normierung liegt darin, daß die Substitution $v = \wp(u)$ hier auf $\int\limits_{0}^{u} du$, im obigen Integral J_1 aber auf $\int\limits_{\frac{1}{2}\omega_2}^{u} du = u - \frac{1}{2}\,\omega_2$ führt. Ich werde auf die Annahme (I) in § 35 zurückkommen, weil sich sonst der Zusammenhang zwischen der $\wp$-Funktion und den Jacobischen Funktionen nicht in der üblichen Gestalt ergibt, erwähne aber schon hier, daß man dann an Stelle von (28) die Substitution

$$v = e_3 + (e_1 - e_3)\,\frac{1}{\zeta}$$

verwenden muß, die bis auf einen [völlig bedeutungslosen, weil $\wp(u)$ geradeist] Vorzeichenwechsel bei $u = \overline{J}_1$ wieder auf dieselben Relationen (29), (30) und (31) führt.

[1] Setzt man $u_0 = 0$, so kann man für die Wege der beiden ersten Integrale die von o ausgehenden Seiten des Periodenparallelogramms nehmen; bei dem Integral zweiter Gattung $\int \wp(u)\, du$ kann man aber für die untere Grenze keinesfalls o nehmen!

[2] Adrien Marie Legendre, geb. in Paris 1752, gest. ebenda 1833, wirkte in Paris. Bedeutende Untersuchungen zur Zahlen- und Funktionentheorie, insbesondere über elliptische Funktionen.

[3] Die Vorzeichen der Wurzeln $\sqrt{e_1 - e_3}$ usw. lasse ich vorläufig offen; eine Normierung erfolgt in § 35, Ziffer 2 und 3.

$e_2 = - e_3$; im zweiten, dem *äquianharmonischen Fall*, sind e_1, e_2, e_3 die Ecken eines gleichseitigen Dreiecks mit dem Mittelpunkt im Ursprung.

Da e_1, e_2 und e_3 alle verschieden sind, ist λ weder o noch I oder ∞. Der Wert von λ hängt, wie eben festgestellt, noch von der Numerierung der e_i ab, die man stets so wählen kann, daß $|e_2 - e_3| \leqq |e_1 - e_3|$ und somit $|\lambda| \leqq$ I ist; außer im äquianharmonischen Fall kann man sogar stets $|\lambda| <$ I erreichen.

Für das zweite Integral (26) gibt (28)

$$J_2 = \int_{e_3}^{v} \frac{v\,dv}{\tau} = \frac{\mathrm{I}}{2\sqrt{e_1 - e_3}} \int_{0}^{\zeta} \frac{[e_3 + (e_2 - e_3)\,\zeta]\,d\zeta}{\sqrt{\zeta\,(\mathrm{I} - \zeta)\,(\mathrm{I} - \lambda\,\zeta)}}$$

oder

$$J_2 = \frac{\mathrm{I}}{\sqrt{e_1 - e_3}}\,(e_3\,J_1' + (e_2 - e_3)\,J_2') \tag{32}$$

mit

$$J_2' = \frac{\mathrm{I}}{2} \int_{0}^{\zeta} \frac{\zeta\,d\zeta}{\sqrt{\zeta\,(\mathrm{I} - \zeta)\,(\mathrm{I} - \lambda\,\zeta)}} \tag{33}$$

und schließlich für das dritte Integral (26)

$$J_3 = \int_{e_3}^{v} \frac{dv}{(v - v_0)\,\tau} = \frac{\mathrm{I}}{2\sqrt{e_1 - e_3}} \int_{0}^{\zeta} \frac{d\zeta}{[e_3 - v_0 + (e_2 - e_3)\,\zeta]\,\sqrt{\zeta\,(\mathrm{I} - \zeta)\,(\mathrm{I} - \lambda\,\zeta)}}$$

oder

$$J_3 = \frac{\mathrm{I}}{\sqrt{e_1 - e_3}\,(e_3 - v_0)}\,J_3', \tag{34}$$

wo

$$J_3' = \frac{\mathrm{I}}{2} \int_{0}^{\zeta} \frac{d\zeta}{(\mathrm{I} + n\,\zeta)\,\sqrt{\zeta\,(\mathrm{I} - \zeta)\,(\mathrm{I} - \lambda\,\zeta)}} \tag{35}$$

und

$$n = \frac{e_2 - e_3}{e_3 - v_0} \tag{36}$$

(im allgemeinen natürlich keine ganze Zahl) ist. Da $v_0 \neq e_1, e_2, e_3, \infty$ ist, muß $n \neq 0, -\lambda, -\mathrm{I}, \infty$ sein. Die drei Integrale (30), (33) und (35) sind die *Riemannschen Normalintegrale*.

Die — nicht lineare — Substitution $\zeta = x^2$ führt von hier weiter auf die Legendreschen Normalintegrale. Es wird, wenn wir noch $\lambda = k^2$ schreiben,

$$\boxed{J_1' = F(x; k) = \int_{0}^{x} \frac{dx}{\sqrt{(\mathrm{I} - x^2)\,(\mathrm{I} - k^2\,x^2)}}} \tag{37}$$

das *Legendresche Normalintegral erster Gattung*,

$$J_2' = \int_{0}^{x} \frac{x^2\,dx}{\sqrt{(\mathrm{I} - x^2)\,(\mathrm{I} - k^2\,x^2)}} = \frac{\mathrm{I}}{k^2}\,[F(x; k) - E(x; k)], \tag{38}$$

wo

$$\boxed{E(x; k) = \int_{0}^{x} \sqrt{\frac{\mathrm{I} - k^2\,x^2}{\mathrm{I} - x^2}}\,dx,} \tag{39}$$

das *Legendresche Normalintegral zweiter Gattung* ist, und schließlich

$$J_3' = \Pi(x; k, n) = \int\limits_0^x \frac{dx}{(1 + n\,x^2)\,\sqrt{(1 - x^2)\,(1 - k^2\,x^2)}} \tag{40}$$

das *Legendresche Normalintegral dritter Gattung*. Setzt man noch $x = \sin\varphi$, so wird aus (37) und (39)

$$F(\varphi, k) = \int\limits_0^\varphi \frac{d\varphi}{\sqrt{1 - k^2 \sin^2\varphi}}, \qquad E(\varphi, k) = \int\limits_0^\varphi \sqrt{1 - k^2 \sin^2\varphi}\; d\varphi; \tag{41}$$

auch diese Integrale werden als *Legendresche Normalintegrale* bezeichnet.

Die Legendreschen Normalintegrale sind vor allem auf den für die Anwendungen wichtigen Fall zugeschnitten, wo k und damit alle Nullstellen (Verzweigungspunkte) des *Legendreschen Gebildes*

$$y^2 = (1 - x^2)\,(1 - k^2\,x^2) \tag{42}$$

reell sind. Wegen (31) bedeutet das für die Nullstellen e_i von τ^2, daß sie *auf einer Geraden liegen*; bei geeigneter Numerierung kann man dann stets erreichen, daß $0 < \lambda = k^2 < 1$ und somit bei positivem k auch $0 < k < 1$ wird. Sind die e_i selbst reell, so nimmt man $e_1 > e_2 > e_3$. Bei reellem k ist (37) das in § 27, 5 untersuchte Integral, das die Abbildung eines Rechtecks auf die obere Hälfte der x-Ebene vermittelt. Die Seiten des Rechtecks sind die Perioden der Umkehrfunktion von (37), der elliptischen Funktion

$$x = \operatorname{sn} F$$

JACOBIS (§ 35); von ihnen ist die eine reell, die andere rein imaginär. Ich erwähne noch, daß man k den *Modul*,

$$\varphi = \arcsin x = \operatorname{am} F$$

die *Amplitude*[1] und n den *Parameter* des elliptischen Integrals nennt;

$$k' = \sqrt{1 - k^2}$$

heißt der zu k *komplementäre Modul*; bei reellem k, $0 < k < 1$, ist auch k' reell und > 0 zu nehmen.

Die nur von k abhängigen Größen

$$\boldsymbol{K} = F\!\left(\frac{\pi}{2}, k\right) = \int\limits_0^1 \frac{dx}{\sqrt{(1 - x^2)\,(1 - k^2\,x^2)}} = \int\limits_0^{\frac{\pi}{2}} \frac{d\varphi}{\sqrt{1 - k^2 \sin^2\varphi}} \tag{43}$$

und

$$\boldsymbol{E} = E\!\left(\frac{\pi}{2}, k\right) = \int\limits_0^1 \sqrt{\frac{1 - k^2\,x^2}{1 - x^2}}\; dx = \int\limits_0^{\frac{\pi}{2}} \sqrt{1 - k^2 \sin^2\varphi}\; d\varphi \tag{44}$$

heißen die *vollständigen elliptischen Integrale erster und zweiter Gattung*. Die mit dem komplementären Modul k' gebildeten Integrale werden mit

$$\boldsymbol{K}' = F\!\left(\frac{\pi}{2}, k'\right), \quad \boldsymbol{E}' = E\!\left(\frac{\pi}{2}, k'\right) \tag{45}$$

bezeichnet.

---

[1] Daraus folgt $x = \sin\varphi = \sin \operatorname{am} F = \operatorname{sn} F$; daher die Bezeichnung „Sinus amplitudinis" für $\operatorname{sn} F$.

6. Die Perioden der Weierstraßschen und Legendreschen Normalintegrale[1].
Man kann von den beiden ersten Formeln (27) aus mit Hilfe der in Ziffer 5 angegebenen Substitutionen die Perioden der Funktion $\wp(u)$ durch Legendresche
Integrale ausdrücken. Ich greife dabei aber, besonders mit Rücksicht auf die
spätere Berechnung der Perioden von sn u, nochmals auf die Darstellungen (20)
und (21) durch Kurvenintegrale zurück. Nimmt
man die Riemannsche Fläche des Weierstraßschen
Gebildes in der ersten Hauptform, also als zweiblättrige Fläche mit den Verzweigungspunkten e_1,
e_2, e_3, ∞ und den Verzweigungsschnitten zwischen
e_1 und ∞ bzw. e_2 und e_3, so kann man, wie aus
der Konstruktion der Abb. 83 hervorgeht, die
beiden Kurven $\mathfrak{C}_1$ und $\mathfrak{C}_2$ wie in Abb. 86 legen;
$\mathfrak{C}_1$ umschlingt die beiden Punkte e_2 und e_3
und liegt ganz im oberen Blatt, $\mathfrak{C}_2$ umschlingt

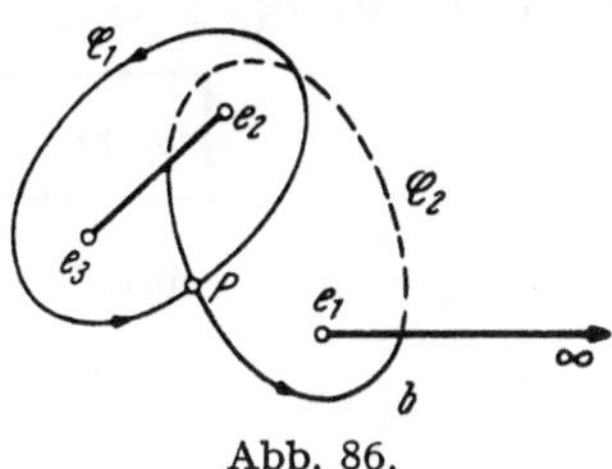

Abb. 86.

die beiden Punkte e_1 und e_2 und liegt, da sie die beiden Verzweigungsschnitte
kreuzt, teils im oberen und teils im unteren Blatt. $\mathfrak{C}_1$ und $\mathfrak{C}_2$ haben genau einen
Schnittpunkt P im oberen Blatt. Zieht man beide Kurven auf die geradlinigen
Verbindungsstrecken der umschlungenen Punkte, ergänzt durch kleine Kreise
um diese Punkte, zusammen, so ergibt sich[2]

$$\omega_1 = \oint_{\mathfrak{C}_1} \frac{dv}{\tau} = 2\int_{e_3}^{e_2} \frac{dv}{\tau}, \qquad \omega_2 = \oint_{\mathfrak{C}_2} \frac{dv}{\tau} = 2\int_{e_2}^{e_1} \frac{dv}{\tau}. \tag{46}$$

Dabei ist zu beachten, daß sich bei einem Umlauf um einen Verzweigungspunkt
τ mit $e^{j\pi} = -1$ multipliziert, so daß z. B.

$$\oint_{\mathfrak{C}_1} \frac{dv}{\tau} = \int_{e_3}^{e_2} \frac{dv}{\tau} - \int_{e_2}^{e_3} \frac{dv}{\tau} = 2\int_{e_3}^{e_2} \frac{dv}{\tau}$$

wird. Ähnlich beim zweiten Integral und im folgenden. Die aus (28) und $\zeta = x^2$
zusammengesetzte Substitution

$$v = e_3 + (e_2 - e_3)\, x^2 \tag{47}$$

gibt für die Integrale (46)

$$\omega_1 = \frac{2}{\sqrt{e_1 - e_3}} \int_0^1 \frac{dx}{y}, \qquad \omega_2 = \frac{2}{\sqrt{e_1 - e_3}} \int_1^{\frac{1}{k}} \frac{dx}{y}, \tag{48}$$

wo y durch (42) erklärt ist. Das zweite Integral geht durch die weitere Substitution $(k'^2 = 1 - k^2)$

$$x = (1 - k'^2\, t^2)^{-\frac{1}{2}}$$

über in[3]

---

[1] Wenn man von Perioden eines elliptischen Integrals spricht, so meint man natürlich
die Perioden der Umkehrfunktion. Die Integrale selbst sind keine periodischen Funktionen.

[2] Im Periodenparallelogramm entsprechen diesen beiden Kurven die seitenparallelen
Geraden durch den Mittelpunkt $\frac{1}{2}(\omega_1 + \omega_2)$; im ersten Integral (27) ist also $u_0 = \frac{\omega_2}{2}$, im
zweiten $u_0 = \frac{\omega_1 + \omega_2}{2}$ genommen, während die Endpunkte $u_1 = \frac{\omega_1 + \omega_2}{2}$ bzw. $u_1 =$
$= \frac{\omega_1}{2} + \omega_2$ sind; man beachte, daß P beim Zusammenziehen der Kurven gegen e_2 rückt!

[3] Das Vorzeichen ist so gewählt, daß bei reellem k, $0 < k < 1$, die Übereinstimmung
mit § 27, 5 hergestellt ist.

$$\int\limits_{1}^{\frac{1}{k}} \frac{dx}{y} = j \int\limits_{0}^{1} \frac{dt}{\sqrt{(1 - t^2)(1 - k'^2 t^2)}}, \tag{49}$$

so daß aus (48) wegen (43) und (45) schließlich (bei geeigneter Normierung der Wurzeln, vgl. § 35, 3)

$$\boxed{\omega_1 \sqrt{e_1 - e_3} = 2\,K, \quad \omega_2 \sqrt{e_1 - e_3} = 2\,j\,K'} \tag{50}$$

wird.

Aus (23) folgt ähnlich

$$\eta_1 = -\oint\limits_{\mathfrak{C}_1} \frac{v\,dv}{\tau} = -2\int\limits_{e_3}^{e_2} \frac{v\,dv}{\tau}, \quad \eta_2 = -\oint\limits_{\mathfrak{C}_2} \frac{v\,dv}{\tau} = -2\int\limits_{e_2}^{e_1} \frac{v\,dv}{\tau}; \tag{51}$$

im ersten Integral gibt (47) wegen (32), (33), (38) und $k^2 = \dfrac{e_2 - e_3}{e_1 - e_3}$

$$\eta_1 = -\frac{2}{\sqrt{e_1 - e_3}} \left[e_3 \int\limits_{0}^{1} \frac{dx}{y} + \frac{e_2 - e_3}{k^2} \left(\int\limits_{0}^{1} \frac{dx}{y} - \int\limits_{0}^{1} \sqrt{\frac{1 - k^2 x^2}{1 - x^2}}\, dx \right) \right],$$

also

$$\eta_1 = -\frac{2}{\sqrt{e_1 - e_3}} \left[e_1\,K - (e_1 - e_3)\,E \right]. \tag{52}$$

Das zweite Integral (51) wird

$$\eta_2 = -\frac{2}{\sqrt{e_1 - e_3}} \left[e_3 \int\limits_{1}^{\frac{1}{k}} \frac{dx}{y} + (e_2 - e_3) \int\limits_{1}^{\frac{1}{k}} \frac{x^2\,dx}{y} \right].$$

Hier ist wegen (49) und (45)

$$\int\limits_{1}^{\frac{1}{k}} \frac{dx}{y} = j\,K',$$

während das zweite Integral durch die Substitution

$$x = \frac{1}{k}\,(1 - k'^2 t^2)^{\frac{1}{2}}$$

zu

$$\int\limits_{1}^{\frac{1}{k}} \frac{x^2\,dx}{y} = \frac{j}{k^2} \int\limits_{0}^{1} \sqrt{\frac{1 - k'^2 t^2}{1 - t^2}}\, dt = \frac{j}{k^2}\,E'$$

wird; also ist

$$\eta_2 = -\frac{2\,j}{\sqrt{e_1 - e_3}} \left[e_3\,K' + (e_1 - e_3)\,E' \right]. \tag{53}$$

Tragen wir nun (50), (52) und (53) noch in die Legendresche Relation (19) von § 33 ein, so folgt nach einfacher Rechnung

$$\boxed{E\,K' + K\,E' - K\,K' = \frac{\pi}{2},} \tag{54}$$

die von Legendre ursprünglich entdeckte Form dieser wichtigen Gleichung.

Ich komme nun noch zur Berechnung der Perioden des Legendreschen Integrals erster Gattung, d. h. genauer seiner Umkehrfunktion $x = \operatorname{sn} F$. Die Riemannsche Fläche des Legendreschen Gebildes (42)

$$y^2 = (\mathrm{I} - x^2)\,(\mathrm{I} - k^2\,x^2)$$

ist zweiblättrig mit vier Verzweigungspunkten $\pm\,\mathrm{I}$, $\pm\dfrac{\mathrm{I}}{k}$. Die Verzweigungs-

schnitte können wir von I nach $\dfrac{\mathrm{I}}{k}$ und von

$-\dfrac{\mathrm{I}}{k}$ nach $-\mathrm{I}$ führen[1]. Auf dieser Fläche

operieren wir nun genau so wie oben auf der Riemannschen Fläche des Weierstraßschen Gebildes. Wir legen zwei Kurven $\mathfrak{C}_1$ und $\mathfrak{C}_2$ mit genau einem Schnittpunkt um je ein Paar von Verzweigungspunkten, etwa so wie in Abb. 87 angegeben. Dann müssen sich die beiden Perioden ω_1' und ω_2' des Legendreschen Gebildes entsprechend (46) durch

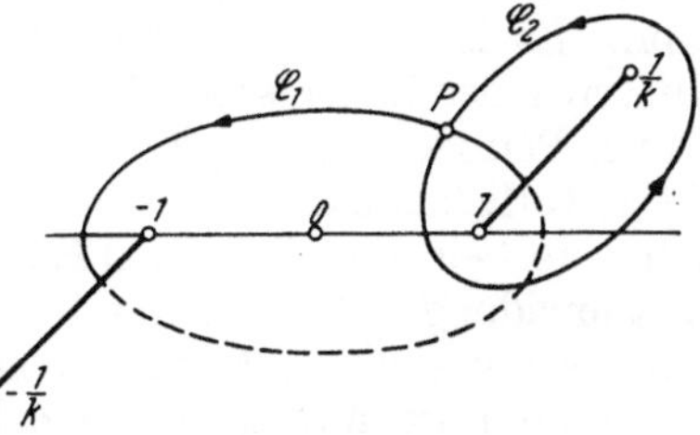

Abb. 87.

$$\omega_1' = \oint_{\mathfrak{C}_1} \frac{dx}{y} = 2\int_{-1}^{+1} \frac{dx}{y} = 4\int_{0}^{1} \frac{dx}{y}, \qquad \omega_2' = \oint_{\mathfrak{C}_2} \frac{dx}{y} = 2\int_{1}^{\frac{1}{k}} \frac{dx}{y}$$

darstellen lassen; wegen (43) und (49) ergeben sich also die Perioden

$$\boxed{\omega_1' = 4\,K, \qquad \omega_2' = 2\,j\,K'} \tag{55}$$

der Funktion $x = \operatorname{sn} F$.

Zum Schluß noch eine Bemerkung über die beiden Kurven $\mathfrak{C}_1$ und $\mathfrak{C}_2$. Kehrt man die Konstruktion der Abb. 84 um, indem man den Torus längs der beiden Kurven $\mathfrak{C}_1$ und $\mathfrak{C}_2$ zerschneidet und aufbiegt, so kommt man wieder zum Periodenparallelogramm der Funktion $\wp(u)$ zurück. Für $\mathfrak{C}_1$ und $\mathfrak{C}_2$ kann man dabei zwei beliebige Kurven nehmen, die sich durch eine stetige Änderung auf dem Torus weder auf einen Punkt zusammenziehen noch ineinander überführen lassen. Man spricht dann von einer *kanonischen Zerschneidung* der Riemannschen Fläche. Die beiden Kurven einer kanonischen Zerschneidung lassen sich aber noch anders charakterisieren: Sie haben offenbar die Eigenschaft, daß durch diese Zerschneidung die Riemannsche Fläche stetig in ein einfach zusammenhängendes Flächenstück übergeführt wird. Zwei solche Kurven haben stets einen und nur einen Punkt gemeinsam. Der erste Schnitt beginnt in einem Punkt der Fläche und führt wieder zu diesem Punkt zurück, durch ihn wird der Torus nach entsprechender Verbiegung entweder in einen Zylinder oder in einen ebenen Kreisring verwandelt, je nachdem wir den Schnitt längs der Kurve $\mathfrak{C}_1$ oder $\mathfrak{C}_2$ der Abb. 84 führen. Der zweite Schnitt beginnt in einem

---

[1] Macht man im allgemeinen elliptischen Gebilde $t^2 = a_0\,(z - c_1)\,(z - c_2)\,(z - c_3)\,(z - c_4)$ mit den Verzweigungspunkten c_i, die alle verschieden und zunächst $\neq 0$, $\neq \infty$ angenommen seien und den Verzweigungsschnitten von c_1 nach c_2 und von c_3 nach c_4 (vgl. § 26,4), die Substitution $z = x^2$, so geht es in ein hyperelliptisches Gebilde mit 8 Verzweigungspunkten $\pm\sqrt{c_i}$ und vier Verzweigungsschnitten über. In unserem Fall gehen wir zunächst durch (28) von der Riemannschen Fläche $\mathfrak{F}_W$ des Weierstraßschen Gebildes zur Riemannschen Fläche $\mathfrak{F}_R$ des Riemannschen Gebildes $\tau_1^2 = \zeta\,(\mathrm{I} - \zeta)\,(\mathrm{I} - \lambda\,\zeta)$ über, konstante Faktoren lasse ich dabei weg. Hier führen wir den einen Verzweigungsschnitt von I nach $\dfrac{\mathrm{I}}{\lambda}$, den anderen von 0 nach ∞. Setzen wir $\zeta = x^2$, so ergibt sich $y_1^2 = x^2\,(\mathrm{I} - x^2)\,(\mathrm{I} - \lambda\,x^2)$; hier sind aber die Punkte 0 und ∞ keine Verzweigungen mehr, und an Stelle eines hyperelliptischen Gebildes ergibt sich wieder ein elliptisches.

Randpunkt und endet in einem anderen Randpunkt. Damit dieser Schnitt die Fläche nicht in zwei getrennte Teile zerlegt, muß sie zwei verschiedene getrennte Randkurven haben und der Schnitt in einem Punkt der einen Randkurve beginnen und in einem Punkt der anderen Randkurve enden. Der Schnitt längs $\mathfrak{C}_1$ bzw. $\mathfrak{C}_2$ verwandelt den Zylinder bzw. den Kreisring in ein einfach zusammenhängendes, d. h. von einer einzigen Randkurve begrenztes Stück der Ebene, das dann stets in das Periodenparallelogramm übergeführt werden kann. Es ist nun recht einleuchtend, daß die Integrale, die über die beiden Kurven einer kanonischen Zerschneidung erstreckt werden, und nur diese, die beiden Perioden des zugehörigen elliptischen Gebildes liefern müssen. Dasselbe gilt natürlich auch für die erste Hauptform der Riemannschen Fläche. Man sieht sofort ein, daß die beiden Kurven $\mathfrak{C}_1$ und $\mathfrak{C}_2$ der Abb. 86 und 87 zu kanonischen Zerschneidungen führen, durch die die Fläche nicht in getrennte Teile zerlegt wird. Am besten überträgt man sich dazu die zweiblättrigen Flächen samt ihren Verzweigungsschnitten auf die Zahlenkugel. Ich muß mich hier mit diesen sehr knappen Andeutungen begnügen; sie gehören zu einer geometrischen Disziplin, der *Topologie*, die man ähnlich, wie ich es in Band II, § 12, 9 für die projektive, affine und metrische Geometrie gezeigt habe, als die Invariantentheorie der umkehrbar eindeutigen und stetigen Transformationen des Raumes erklären kann. In dieser sehr allgemeinen Geometrie gibt es keine festen Formen mehr, sondern im wesentlichen nur mehr gewisse invariante Zusammenhangsverhältnisse. Kreisscheibe und Kreisring sind ebenso wie Kugel und Torus topologisch verschieden, aber Kugel und Würfel sind topologisch dasselbe.

7. Das mathematische Pendel. Die Ermittlung der reibungsfreien Bewegung eines Massenpunktes P von der Masse m, der mit einem gewichtslosen Faden an einem festen Punkt M aufgehängt ist, unter dem Einfluß der Schwerkraft ist das klassische Problem des mathematischen Pendels. Es läßt sich unter der Annahme kleiner Elongationen in erster Annäherung elementar lösen, die strenge Lösung führt auf ein elliptisches Integral. Mit den Bezeichnungen der Abb. 88 ist

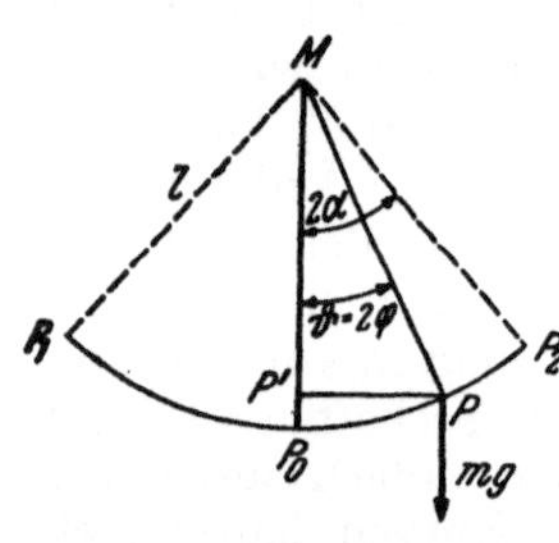

Abb. 88.

$$T = \frac{m}{2}\left(\frac{d\,l\,\vartheta}{dt}\right)^2 = \frac{1}{2}\,m\,l^2\,\dot\vartheta^2$$

die kinetische und

$$U = m\,g\,l\,(1 - \cos\vartheta)$$

die potentielle Energie des Punktes P. Nach dem Satz von der Konstanz der Gesamtenergie (§ 20, 8) ist also

$$T + U = m\,l^2\left[\frac{1}{2}\,\dot\vartheta^2 + \frac{g}{l}\,(1 - \cos\vartheta)\right] = \text{konst.}$$

oder

$$\frac{1}{2}\,\dot\vartheta^2 + \frac{g}{l}\,(1 - \cos\vartheta) = 2\,h; \tag{56}$$

ist $v_0 = l\,\dot\vartheta_0$ die Geschwindigkeit von P in der Lage P_0, so folgt aus (56) für $\vartheta = 0$, $\dot\vartheta = \dot\vartheta_0$

$$v_0^2 = 4\,l^2\,h.$$

Setzt man $\vartheta = 2\,\varphi$, so geht (56) über in

$$\dot\varphi^2 + \frac{g}{l}\sin^2\varphi = h. \tag{57}$$

Ich nehme nun an, daß die Bewegung zur Zeit $t = 0$ im Punkt P_0 ($\varphi = 0$) mit der Anfangsgeschwindigkeit $v_0 = 2\, l\, \dot\varphi_0$ beginnt. Dann folgt, wenn ich noch

setze, aus (57)

$$\frac{v_0{}^2}{4\,g\,l} = k^2, \quad h = \frac{g}{l}\, k^2$$

$$\dot\varphi = \sqrt{\frac{g}{l}}\, \sqrt{k^2 - \sin^2 \varphi}$$

und

$$t = \sqrt{\frac{l}{g}} \int\limits_0^\varphi \frac{d\varphi}{\sqrt{k^2 - \sin^2 \varphi}}. \tag{58}$$

Ist hier $k^2 \geqq 1$, also $v_0 \geqq 2\, \sqrt{g\,l}$, so ist (58) ein elliptisches Integral erster Gattung in der Legendreschen Normalform

$$t = \frac{1}{k} \sqrt{\frac{l}{g}} \int\limits_0^\varphi \frac{d\varphi}{\sqrt{1 - \dfrac{1}{k^2} \sin^2 \varphi}} = \frac{1}{k} \sqrt{\frac{l}{g}}\, F\left(\varphi,\, \frac{1}{k}\right)$$

oder

$$\sin \varphi = \operatorname{sn}\left(k\, t \sqrt{\frac{g}{l}}\right)$$

eine periodische Bewegung, bei der φ alle Werte annimmt, so daß P einen vollen Kreis beschreibt[1].

Der wichtige Fall der eigentlichen Pendelbewegung ist also $k < 1$. Dann ist aber (58) noch keine Normalform eines elliptischen Integrals, sondern muß noch umgeformt werden. Ich setze $k = \sin \alpha$ (2α ist dann der maximale Ausschlag des Pendels) und

$$\sin \varphi = k \sin \psi.$$

Dann wird aus (58)

$$t = \sqrt{\frac{l}{g}} \int\limits_0^\psi \frac{d\psi}{\sqrt{1 - k^2 \sin^2 \psi}} = \sqrt{\frac{l}{g}}\, F(\psi,\, k).$$

Die Schwingungsdauer wird somit

$$T = 2 \sqrt{\frac{l}{g}}\, \boldsymbol{K}.$$

Da für sehr kleine Schwingungen näherungsweise $T = \pi \sqrt{\dfrac{l}{g}}$ ist, muß $\boldsymbol{K} = \dfrac{\pi}{2}$ für $k = 0$ sein, was sich in § 35 bestätigen wird.

8. Zur Überführung elliptischer Integrale in die Legendresche Normalform. Mit Hilfe der in Ziffer 3 und 5 angegebenen Transformationen kann man die Integrale (8) bis (10) — wie immer die Nullstellen c_i von (2), d. h. von

$$t^2 = F(z) = a_0\, z^4 + a_1\, z^3 + a_2\, z^2 + a_3\, z + a_4, \tag{59}$$

---

[1] Ist $k = 1$, so wird $\tan\left(\dfrac{\varphi}{2} + \dfrac{\pi}{4}\right) = \exp\left(\sqrt{\dfrac{g}{l}}\, t\right)$, d. h. P erreicht nach unendlich langer Zeit den höchsten Punkt seines Bahnkreises (der Faden muß dabei natürlich als starr angenommen werden), es gibt keine periodische Bewegung. Ist $k > 1$, so erreicht P den höchsten Punkt nach der Zeit $\dfrac{1}{2}\, T = \dfrac{1}{k} \sqrt{\dfrac{l}{g}}\, \boldsymbol{K}\left(\dfrac{1}{k}\right)$, hat dort die (Minimal-)Geschwindigkeit $v = 2\, \sqrt{g\,l}\, \sqrt{k^2 - 1}$, läuft auf der Kreisbahn weiter, bis er im Punkt P_0 die Maximalgeschwindigkeit $v = 2\, k\, \sqrt{g\,l}$ erreicht hat usw.

in der z-Ebene liegen, sie müssen nur alle verschieden sein — auf die Legendre-schen Normalintegrale bringen; der Modul k wird dabei allerdings im allgemeinen nicht reell und < 1 ausfallen. Wenn $F(z)$ ein *reelles* Polynom vierten oder dritten Grades ist (die Koeffizienten sind dann bis auf einen gemeinsamen Faktor alle reell), kann man auf einem direkteren Weg zu den Legendreschen Normalintegralen kommen. Dieser Fall ist gerade für die Anwendungen wichtig. Beim Polynom vierten Grades sind drei Fälle zu unterscheiden:

1. Alle Wurzeln c_i von $t^2 = 0$ sind reell.
2. Zwei Wurzeln reell, die beiden anderen konjugiert imaginär.
3. Zwei Paare von konjugiert imaginären Wurzeln.

Wir versuchen, durch eine bilineare Transformation $z = \dfrac{\alpha x + \beta}{\gamma x + \delta}$ die Wurzeln c_i in Punkte $\pm a$, $\pm b$ zu bringen, etwa so, daß c_1, c_2, c_3, c_4 (in dieser Reihenfolge) in $-b, -a, a, b$ übergehen. Setzt man die Transformation in der Form

$$\frac{z - c_2}{z - c_3} = \varrho \, \frac{x + a}{x - a} \tag{60}$$

an, so wird für $z = c_1$

$$\frac{c_1 - c_2}{c_1 - c_3} = \varrho \, \frac{-b + a}{-b - a} = \varrho \, \frac{b - a}{b + a} \tag{61}$$

und für $z = c_4$

$$\frac{c_4 - c_2}{c_4 - c_3} = \varrho \, \frac{b + a}{b - a}. \tag{62}$$

Division gibt

$$\left(\frac{b + a}{b - a} \right)^2 = \frac{c_4 - c_2}{c_4 - c_3} : \frac{c_1 - c_2}{c_1 - c_3} = \lambda; \tag{63}$$

λ ist also das Doppelverhältnis $D(c_2\, c_3\, c_4\, c_1)$. Multiplikation von (61) und (62) gibt

$$\varrho^2 = \frac{c_1 - c_2}{c_1 - c_3} \cdot \frac{c_4 - c_2}{c_4 - c_3}. \tag{64}$$

Man bekommt ϱ aus (64), a und b aus (63), wobei man noch über eine der beiden Zahlen willkürlich verfügen, z. B. $a = 1$ setzen kann. Dann geht $F(z)$ über in

$$C\,(1 - x^2)\,(b^2 - x^2) = C'\,(1 - x^2)\,(1 - k^2\,x^2),$$

wenn $b = \dfrac{1}{k}$ gesetzt wird; k wird aber im allgemeinen nicht reell sein. Ich komme nun zu den einzelnen Fällen.

1. Ich nehme $c_1 < c_2 < c_3 < c_4$. Dann wird

$$\lambda = \frac{c_4 - c_2}{c_4 - c_3} \cdot \frac{c_3 - c_1}{c_2 - c_1} > 1,$$

da jeder der beiden Faktoren >1 ist. Ziehen wir aus (63) die Wurzel positiv, so wird mit $a = 1$

$$\frac{b + 1}{b - 1} = 1 + \varepsilon > 1,$$

also $b > 1$ und $0 < k = \dfrac{1}{b} < 1$. Man kommt also hier direkt auf eines der Legendreschen Normalintegrale[1].

2. Es seien c_2 und c_3 reell, c_1 und c_4 konjugiert imaginär. Man zeigt leicht, daß $|\lambda| = 1$, also mit $a = 1$

$$\left| \frac{b + 1}{b - 1} \right| = 1$$

---

[1] $\displaystyle \int \frac{x\,dx}{\sqrt{(1 - x^2)\,(1 - k^2\,x^2)}}$ ist elementar; Substitution $x^2 = u$.

ist, $b = j\,c$ muß rein imaginär sein. $F(z)$ geht über in

$$C\,(\mathrm{I} - x^2)\,(-c^2 - x^2) = C'\,(\mathrm{I} - x^2)\,(\mathrm{I} + k^2\,x^2),$$

es ergeben sich also Legendresche Integrale mit rein imaginärem Modul; ich komme darauf in § 35 noch zurück.

3. Nehme ich $\Im(c_1) > 0$, $\Im(c_2) > 0$, $c_4 = \bar{c}_1$, $c_3 = \bar{c}_2$, was stets möglich ist, so wird $\lambda > \mathrm{I}$ reell. Ich setze $\sqrt{\lambda} = \mathrm{I} + \varepsilon > \mathrm{I}$; dann wird mit $a = \mathrm{I}$

$$b = \mathrm{I} + \frac{2}{\varepsilon} > \mathrm{I}$$

und $F(z)$ geht wieder über in $(b = \frac{\mathrm{I}}{k})$

$$C\,(\mathrm{I} - x^2)\,(\mathrm{I} - k^2\,x^2),$$

wegen $0 < k^2 < \mathrm{I}$ also wieder über in die Legendreschen Normalintegrale mit reellem Modul. Wählt man $a = j$ statt $a = \mathrm{I}$, so wird auch b rein imaginär, $b = \frac{j}{k}$, und $F(z)$ geht über in

$$C\,(\mathrm{I} + x^2)\,(\mathrm{I} + k^2\,x^2),$$

aber hier führt die Substitution $x = j\,t$ wieder auf die Legendreschen Integrale mit reellem Modul.

Ist $a_0 = 0$ und daher

$$t^2 = F(z) = a_1\,(z - c_1)\,(z - c_2)\,(z - c_3)$$

vom dritten Grad, so gibt die Substitution

$$z = c_3 + (c_2 - c_3)\,x^2$$

für das Integral (8)

$$\int \frac{dz}{t} = C \int \frac{dx}{\sqrt{(\mathrm{I} - x^2)\,(\mathrm{I} - k^2\,x^2)}}$$

mit

$$C = \frac{2}{\sqrt{a_1\,(c_1 - c_3)}}, \qquad k^2 = \frac{c_2 - c_3}{c_1 - c_3}.$$

Sind alle drei Wurzeln reell und etwa $c_1 > c_2 > c_3$, so ist k^2 reell und $< \mathrm{I}$; ist eine reell, die beiden anderen konjugiert imaginär, so wird auch k^2 imaginär.

Ich behandle als Beispiel noch zwei klassische Aufgaben, nämlich die Rektifikation von Ellipse und Hyperbel. Im ersten Fall sei $a > b$ und $x = a \sin\varphi$, $y = b \cos\varphi$ eine Parameterdarstellung; dann ist

$$s = \int_0^{\varphi} \sqrt{\dot{x}^2 + \dot{y}^2}\, d\varphi$$

die vom Punkt $x = 0$, $y = b$ aus gezählte Bogenlänge. Es folgt

$$s = a \int_0^{\varphi} \sqrt{\mathrm{I} - \frac{a^2 - b^2}{a^2}\,\sin^2\varphi}\, d\varphi = a\,E\left(\varphi,\, \frac{\sqrt{a^2 - b^2}}{a}\right),$$

wenn $k = \dfrac{\sqrt{a^2 - b^2}}{a} < \mathrm{I}$ die numerische Exzentrizität ist. Ich habe schon erwähnt, daß von diesem Problem her die Bezeichnung elliptische Funktionen, elliptische Integrale sowie der Buchstabe E für Integrale zweiter Gattung stammt.

Für die Hyperbel ist $x = a\operatorname{ch}\psi$, $y = b\operatorname{sh}\psi$ eine Parameterdarstellung; es folgt für die von $x = a$, $y = 0$ aus gezählte Bogenlänge

$$s = \int_0^{\psi} \sqrt{\dot{x}^2 + \dot{y}^2}\, d\psi = b \int_0^{\psi} \sqrt{\mathrm{I} + \frac{a^2 + b^2}{b^2}\,\operatorname{sh}^2\psi}\, d\psi.$$

Die Substitution $\psi = j\,\varphi$, $\operatorname{sh} j\,\varphi = j \sin \varphi$ gibt

$$s = j\,b \int\limits_0^{\varphi} \sqrt{1 - \frac{a^2 + b^2}{b^2} \sin^2 \varphi}\; d\varphi;$$

der Modul ist zwar reell, aber > 1; da der komplementäre Modul $k' = \sqrt{1 - k^2}$ rein imaginär wird, handelt es sich hier um ein Beispiel zum obigen Fall 2. Man kann hier ähnlich wie in Ziffer 7 vorgehen, doch wird die Rechnung wesentlich umständlicher und soll daher übergangen werden, zumal ich, wie angekündigt, in § 35, 8 darauf zurückkomme.

§ 35. Die ϑ-Funktionen und die elliptischen Funktionen Jacobis.

1. Überblick. Die Weierstraßschen σ-Funktionen. Es ist zunächst nicht recht einzusehen, weshalb man sich nach der Feststellung der beherrschenden Rolle der Weierstraßschen $\wp$-Funktion und nach der Zurückführung des allgemeinen elliptischen Integrals auf die drei Weierstraßschen Normalformen überhaupt noch mit anderen elliptischen Funktionen befaßt. Es ist aber leider so, daß die Weierstraßschen Reihenentwicklungen, etwa (8) und (9) von § 33 sowie die entsprechenden Reihen für $\zeta(z)$ und $\sigma(z)$ sehr langsam konvergieren und daher für das numerische Rechnen wenig geeignet sind. Dazu kommt, daß die Legendreschen Normalformen der elliptischen Integrale, was ich schon erwähnt habe und was auch das Beispiel von § 34, 7 zeigt, viel besser an die Probleme der mathematischen Physik angepaßt sind als die entsprechenden Weierstraßschen Darstellungen. Das wertvollste Recheninstrument stellen zweifellos die von Jacobi eingeführten sogenannten ϑ-Funktionen dar, die keine elliptischen, sondern ganze transzendente Funktionen sind und in der Jacobischen Theorie eine ähnliche Rolle spielen wie die σ-Funktion in der Weierstraßschen. Diese ϑ-Funktionen besitzen außerdem sehr rasch konvergierende Reihenentwicklungen, und schließlich ergeben sich aus ihnen in einfacher Weise die elliptischen Funktionen Jacobis, deren erste ich als Umkehrung des Legendreschen elliptischen Integrals erster Gattung bereits in § 34, 5 erwähnt habe.

Ich gebe zunächst eine Zusammenstellung der im folgenden verwendeten *Bezeichnungen*, soweit sie von den bisher verwendeten abweichen[1]:

$$\omega = \frac{\omega_1}{2}, \quad \omega' = \frac{\omega_2}{2}, \quad \tau = \frac{\omega_2}{\omega_1} = \frac{\omega'}{\omega}, \quad q = \exp(\tau\,\pi\,j), \left.\begin{array}{l}\\[2ex]\\[2ex]\end{array}\right\} \quad (1)$$

$$\eta = \frac{\eta_1}{2}, \quad \eta' = \frac{\eta_2}{2}, \quad v = \frac{u}{2\,\omega}, \quad z = \exp(v\,\pi\,j) = \exp\frac{u\,\pi\,j}{2\,\omega}.$$

Dabei ist stets

$$\Im(\tau) = \Im\left(\frac{\omega'}{\omega}\right) > 0$$

angenommen, was nichts anderes bedeutet, als daß das Periodenparallelogramm im Sinn $0, 2\,\omega, 2\,\omega + 2\,\omega', 2\,\omega'$ positiv orientiert ist. Daraus folgt, wenn $\tau = \varrho + \sigma j$ gesetzt wird,

$$|q| = |e^{\tau\,\pi j}| = e^{-\sigma\,\pi} < 1,$$

was für die Konvergenz der im folgenden aufzustellenden Reihen von entscheidender Bedeutung ist.

Die Legendresche Relation § 33, (19) lautet mit den Bezeichnungen (1)

$$\boxed{\eta\,\omega' - \eta'\,\omega = \frac{\pi}{2}\,j.} \qquad (2)$$

---

[1] Die hier verwendete Bezeichnung stimmt mit ganz wenigen Ausnahmen mit der von Hurwitz-Courant (LV 17) überein und weicht auch nur geringfügig von der des Tabellenwerks von Jahnke und Emde (LV 18) ab.

Der Übergang zur Jacobischen Theorie wird durch die Einführung der Weierstraßschen Funktionen $\sigma_1(u)$, $\sigma_2(u)$ und $\sigma_3(u)$, die man gelegentlich auch als die *Nebensigma* bezeichnet, wesentlich erleichtert. Setzen wir in § 33, (28), d. h.

$$\wp(u) - \wp(a) = -\frac{\sigma(u+a)\,\sigma(u-a)}{\sigma^2(u)\,\sigma^2(a)}$$

für a eine *halbe Periode*

$$a = \tilde{\omega} = n\,\omega + n'\,\omega',$$

wo n und n' ganz, aber nicht beide gerade sind, und berücksichtigen wir § 33, (25), das heißt

$$\sigma(u + 2\,\tilde{\omega}) = -\exp\left[2\,\tilde{\eta}\,(u + \tilde{\omega})\right]\sigma(u), \quad \tilde{\eta} = n\,\eta + n'\,\eta',$$

so folgt (mit $u - \tilde{\omega}$ statt u)

$$\wp(u) - \wp(\tilde{\omega}) = \frac{\exp(2\,\tilde{\eta}\,u)\,\sigma^2(\omega - u)}{\sigma^2(u)\,\sigma^2(\tilde{\omega})} = \left(\frac{\exp(\tilde{\eta}\,u)\,\sigma(\tilde{\omega} - u)}{\sigma(u)\,\sigma(\tilde{\omega})}\right)^2. \tag{3}$$

Hier nehme ich nun der Reihe nach $(n, n') = (1, 0)$, $(1, 1)$, $(0, 1)$, d. h.

$$\tilde{\omega} = \omega, \quad \tilde{\omega} = \omega + \omega', \quad \tilde{\omega} = \omega'$$

und setze

$$\boxed{\begin{array}{c} \sigma_1(u) = \exp(\eta\,u)\,\dfrac{\sigma(\omega - u)}{\sigma(\omega)}, \quad \sigma_2(u) = \exp\left[(\eta + \eta')\,u\right]\dfrac{\sigma(\omega + \omega' - u)}{\sigma(\omega + \omega')}, \\[2ex] \sigma_3(u) = \exp(\eta'\,u)\,\dfrac{\sigma(\omega' - u)}{\sigma(\omega')}. \end{array}} \tag{4}$$

Die drei damit definierten Funktionen $\sigma_i(u)$ sind *ganze Funktionen* und, wie man aus[1]

$$\exp(-\tilde{\eta}\,u)\,\sigma(u + \tilde{\omega}) = \exp(\tilde{\eta}\,u)\,\sigma(\tilde{\omega} - u)$$

entnimmt, *gerade Funktionen*. Ferner ist

$$\sigma_1(0) = \sigma_2(0) = \sigma_3(0) = 1. \tag{5}$$

Wegen § 33, (14) oder

$$\wp(\omega) = e_1, \quad \wp(\omega + \omega') = e_2, \quad \wp(\omega') = e_3$$

folgt aus (3)

$$\boxed{\wp(u) - e_i = \frac{\sigma_i^2(u)}{\sigma^2(u)}, \quad i = 1, 2, 3,} \tag{6}$$

woraus man noch entnimmt, daß jede der drei Funktionen $\wp(u) - e_i$ nur *zweifache Nullstellen* und *zweifache Pole* besitzt. Aus der Differentialgleichung § 33, (10) der $\wp$-Funktion, die man auch

$$\wp'^2 = 4\,(\wp - e_1)\,(\wp - e_2)\,(\wp - e_3)$$

schreiben kann, folgt wegen (6) noch

$$\wp'(u) = -2\,\frac{\sigma_1(u)\,\sigma_2(u)\,\sigma_3(u)}{\sigma^3(u)}; \tag{7}$$

das Minuszeichen muß hier stehen, weil, wie aus der Reihenentwicklung § 33, (9) hervorgeht, $\wp'(u)$ bei kleinem, positiv reellem u negativ, die σ-Funktionen nach (5) und § 33, (21) aber positiv sind.

---

[1] Aus § 33, (25) oder

$$\sigma(z + 2\,\tilde{\omega}) = -\exp\left[2\,\tilde{\eta}\,(z + \tilde{\omega})\right]\sigma(z)$$

folgt für $z + \tilde{\omega} = u$

$$\sigma(u + \tilde{\omega}) = -\exp(2\,\tilde{\eta}\,u)\,\sigma(u - \tilde{\omega}) = \exp(2\,\tilde{\eta}\,u)\,\sigma(\tilde{\omega} - u)$$

und daraus durch Multiplikation mit $\exp(-\tilde{\eta}\,u)$ die obige Beziehung.

2. Die vier ϑ-Funktionen. Wir versuchen, aus der Funktion $\sigma(u)$ durch Hinzufügen eines geeigneten Faktors eine mit $2\,\omega$ periodische Funktion zu erhalten. Nach § 33, (25) ist

$$\sigma(u+2\omega) = -\exp\left[2\eta\,(u+\omega)\right]\sigma(u), \quad \sigma(u+2\omega') = -\exp\left[2\eta'(u+\omega')\right]\sigma(u).$$

Anderseits genügt die Funktion — vgl. (1) —

$$\psi(u) = \exp\left(\frac{\eta\,u^2}{2\,\omega} - \frac{\pi\,u}{2\,\omega}\,j\right) = \frac{1}{z}\exp\frac{\eta\,u^2}{2\,\omega} \tag{8}$$

der Identität

$$\psi(u+2\,\omega) = -\exp\left[2\,\eta\,(u+\omega)\right]\psi(u),$$

so daß

$$\varphi(u) = \frac{\sigma(u)}{\psi(u)} = z\exp\left(-\frac{\eta\,u^2}{2\,\omega}\right)\sigma(u) \tag{9}$$

bereits die verlangte Eigenschaft hat. Ferner wird wegen (2)

$$\varphi(u+2\,\omega') = -\exp\left[-\frac{u+\omega'}{\omega}\,\pi\,j + \frac{\omega'}{\omega}\,\pi\,j\right]\varphi(u) = -\exp\left(-\frac{u\,\pi\,j}{\omega}\right)\varphi(u)$$

oder

$$\varphi(u+2\,\omega') = -z^{-2}\,\varphi(u). \tag{10}$$

$\varphi(u)$ ist eine ganze, einfach periodische Funktion mit der primitiven Periode $2\,\omega$; nach § 30, 2 (z, ζ und ω sind der Reihe nach durch u, z^2 und $2\,\omega$ zu ersetzen) läßt sich die ganze Funktion $\varphi(u)$ in eine *in der ganzen Ebene* mit Ausnahme von $z=0$ und $z=\infty$ *konvergente* Laurentreihe

$$\varphi(u) = \sum_{\nu=-\infty}^{+\infty} c_\nu\,z^{2\nu}$$

entwickeln; in (10) eingesetzt, folgt mit $q = \exp\tau\pi\,j = \exp\left(\frac{\omega'}{\omega}\pi\,j\right)$, vgl. (1),

$$\varphi(u+2\,\omega') = \sum_\nu c_\nu\,q^{2\nu}z^{2\nu} = -\sum_\nu c_\nu\,z^{2\nu-2} = -\sum_\nu c_{\nu+1}z^{2\nu}$$

und daraus durch Koeffizientenvergleich $c_{\nu+1} = -q^{2\nu}c_\nu$ oder $c_\nu = -q^{2(\nu-1)}c_{\nu-1}$ oder, zunächst für $\nu>0$

$$c_\nu = (-1)^\nu q^{2+4+\cdots+2(\nu-1)}c_0 = (-1)^\nu q^{\nu(\nu-1)}c_0 =$$

$$= (-1)^\nu q^{\left(\nu-\frac{1}{2}\right)^2}q^{-\frac{1}{4}}c_0,$$

was auch für $\nu \le 0$ richtig bleibt. Setzt man noch $q^{-\frac{1}{4}}c_0 = j\,C$, so folgt

$$\varphi(u) = j\,C\sum_{\nu=-\infty}^{+\infty}(-1)^\nu q^{\left(\nu-\frac{1}{2}\right)^2}z^{2\nu}.$$

Ich erkläre nun die *erste Jacobische ϑ-Funktion*

$$\vartheta_1(v) = \vartheta_1\left(\frac{u}{2\,\omega}\right) = \frac{1}{C}z^{-1}\varphi(u) = j\sum_{\nu=-\infty}^{+\infty}(-1)^\nu q^{\left(\nu-\frac{1}{2}\right)^2}z^{2\nu-1}. \tag{11}$$

Damit wird aus (9)

$$\sigma(u) = \exp\frac{\eta\,u^2}{2\,\omega}z^{-1}\varphi(u) = C\exp\frac{\eta\,u^2}{2\,\omega}\,\vartheta_1(v).$$

Dividiere ich durch $u = 2\,\omega\,v$ und lasse dann $u \to 0$, also auch $v \to 0$ gehen, so folgt wegen $\dfrac{\vartheta_1(v)}{v} \to \vartheta_1'(0)$

$$\sigma'(0) = 1 = C\,\frac{\vartheta_1'(0)}{2\,\omega},$$

also
$$\sigma(u) = 2\,\omega\,\exp\frac{\eta\,u^2}{2\,\omega}\cdot\frac{\vartheta_1(v)}{\vartheta_1'(0)}, \quad v = \frac{u}{2\,\omega}. \tag{12}$$

Die Reihe (11) läßt sich noch — wie in § 30, 2 — etwas umformen:

$$\vartheta_1(v) = j\left[\sum_{\nu=1}^{\infty}(-1)^{\nu}q^{\left(\nu-\frac{1}{2}\right)^2}z^{2\nu-1} + \sum_{\nu=0}^{\infty}(-1)^{\nu}q^{\left(\nu+\frac{1}{2}\right)^2}z^{-2\nu-1}\right] =$$

$$= j\left[\sum_{\nu=1}^{\infty}(-1)^{\nu}q^{\left(\nu-\frac{1}{2}\right)^2}z^{2\nu-1} + \sum_{\nu=1}^{\infty}(-1)^{\nu-1}q^{\left(\nu-\frac{1}{2}\right)^2}z^{-2\nu+1}\right] =$$

$$= j\sum_{\nu=1}^{\infty}(-1)^{\nu}q^{\left(\nu-\frac{1}{2}\right)^2}\left[\exp\left((2\,\nu-1)\,v\,\pi\,j\right) - \exp\left(-(2\,\nu-1)\,v\,\pi\,j\right)\right],$$

also

$$\boxed{\vartheta_1(v) = 2\sum_{\nu=1}^{\infty}(-1)^{\nu+1}q^{\left(\nu-\frac{1}{2}\right)^2}\sin(2\,\nu-1)\,\pi\,v} \tag{13}$$

oder

$$\vartheta_1(v) = 2\left(q^{\frac{1}{4}}\sin\pi\,v - q^{\frac{9}{4}}\sin 3\,\pi\,v + q^{\frac{25}{4}}\sin 5\,\pi\,v - + \ldots\right).$$

Die Funktion $\vartheta_1(v)$ ist eine *ganze und ungerade Funktion von v, periodisch mit der Periode 2* und hängt außer von v auch noch vom Periodenverhältnis $\tau = \dfrac{\omega'}{\omega}$ ab, was man gegebenenfalls durch die Schreibweise

$$\vartheta_1(v) = \vartheta_1(v|\tau)$$

hervorhebt.

Hat $\tilde{\omega} = n\,\omega + n'\,\omega'$, $\tilde{\eta} = n\,\eta + n'\,\eta'$ dieselbe Bedeutung wie in Ziffer 1, so folgt aus (12) oder

$$\sigma(u) = C\exp\frac{\eta\,u^2}{2\,\omega}\,\vartheta_1\left(\frac{u}{2\,\omega}\right)$$

in einfacher Rechnung

$$\exp(\tilde{\eta}\,u)\,\frac{\sigma(\tilde{\omega}-u)}{\sigma(\tilde{\omega})} = \frac{C}{\sigma(\tilde{\omega})}\exp\left(\tilde{\eta}\,u + \frac{\eta(\tilde{\omega}-u)^2}{2\,\omega}\right)\vartheta_1\left(\frac{\tilde{\omega}-u}{2\,\omega}\right) =$$

$$= \tilde{C}\exp\frac{\eta\,u^2}{2\,\omega}\exp\left(\frac{\omega\,\tilde{\eta} - \eta\,\tilde{\omega}}{\omega}\,u\right)\vartheta_1\left(\frac{\tilde{\omega}-u}{2\,\omega}\right),$$

wo $\tilde{C}$ eine nur von $\tilde{\omega}$ abhängige Konstante ist. Wegen (2) ist

$$\omega\,\tilde{\eta} - \eta\,\tilde{\omega} = \omega\,(n\,\eta + n'\,\eta') - \eta\,(n\,\omega + n'\,\omega') = n'\,(\omega\,\eta' - \eta\,\omega') = -n'\,\frac{\pi}{2}\,j,$$

so daß weiter

$$\exp(\tilde{\eta}\,u)\,\frac{\sigma(\tilde{\omega}-u)}{\sigma(\tilde{\omega})} = \tilde{C}\exp\frac{\eta\,u^2}{2\,\omega}\,z^{-n'}\,\vartheta_1\left(\frac{\tilde{\omega}-u}{2\,\omega}\right)$$

ist. Setze ich hier wieder der Reihe nach $(n, n') = (1, 0)$, $(1, 1)$ und $(0, 1)$, so ergibt sich wegen (4)

$$\begin{aligned}
\sigma_1(u) &= C_1\exp\frac{\eta\,u^2}{2\,\omega}\,\vartheta_1\left(\frac{1}{2} - v\right), \\[4pt]
\sigma_2(u) &= C_2\exp\frac{\eta\,u^2}{2\,\omega}\,z^{-1}\vartheta_1\left(\frac{1}{2} + \frac{\tau}{2} - v\right), \\[4pt]
\sigma_3(u) &= C_3\exp\frac{\eta\,u^2}{2\,\omega}\,z^{-1}\vartheta_1\left(\frac{\tau}{2} - v\right).
\end{aligned} \right\} \tag{14}$$

Ersetzt man in (11) v durch $v - \tfrac{1}{2}$ und damit z durch $-j\,z$, so folgt

$$\vartheta_1\!\left(\tfrac{1}{2} - v\right) = -\,\vartheta_1\!\left(v - \tfrac{1}{2}\right) = -j\sum_{\nu=-\infty}^{+\infty}(-1)^\nu q^{\left(\nu-\frac{1}{2}\right)^2}(-j\,z)^{2\nu-1} =$$

$$= \sum_{\nu=-\infty}^{+\infty} q^{\left(\nu-\frac{1}{2}\right)^2} z^{2\nu-1}. \tag{15}$$

Ersetzt man hier weiter v durch $v - \tfrac{\tau}{2}$ und damit z durch $z\,q^{-\frac{1}{2}}$, so folgt

$$\vartheta_1\!\left(\tfrac{1}{2} + \tfrac{\tau}{2} - v\right) = \sum_{\nu=-\infty}^{+\infty} q^{\left(\nu-\frac{1}{2}\right)^2} q^{-\nu+\frac{1}{2}} z^{2\nu-1} = q^{-\frac{1}{4}} z \sum_{\nu=-\infty}^{+\infty} q^{(\nu-1)^2} z^{2\nu-2} =$$

$$= q^{-\frac{1}{4}} z \sum_{\nu=-\infty}^{+\infty} q^{\nu^2} z^{2\nu} \tag{16}$$

und schließlich, wenn man noch v durch $v + \tfrac{1}{2}$ und damit z durch $j\,z$ ersetzt,

$$\vartheta_1\!\left(\tfrac{\tau}{2} - v\right) = q^{-\frac{1}{4}} j\,z \sum_{\nu=-\infty}^{+\infty}(-1)^\nu\, q^{\nu^2} z^{2\nu}. \tag{17}$$

Man definiert drei weitere ϑ-Funktionen durch

$$
\boxed{
\begin{aligned}
\vartheta_2(v) &= \vartheta_2(v|\tau) = \vartheta_1\!\left(\tfrac{1}{2} - v\right) = \sum q^{\left(\nu-\frac{1}{2}\right)^2} z^{2\nu-1}, \\[2mm]
\vartheta_3(v) &= \vartheta_3(v|\tau) = q^{\frac{1}{4}} z^{-1}\, \vartheta_1\!\left(\tfrac{1}{2} + \tfrac{\tau}{2} - v\right) = \sum q^{\nu^2} z^{2\nu}, \\[2mm]
\vartheta_0(v) &= \vartheta_0(v|\tau) = -j\, q^{\frac{1}{4}} z^{-1}\, \vartheta_1\!\left(\tfrac{\tau}{2} - v\right) = \sum (-1)^\nu\, q^{\nu^2} z^{2\nu}.
\end{aligned}
}
\tag{18}
$$

Die Reihenentwicklungen (18) lassen sich wie (13) zusammenfassen; es wird

$$
\left.
\begin{aligned}
\vartheta_2(v) &= 2\sum_{\nu=1}^{\infty} q^{\left(\nu-\frac{1}{2}\right)^2} \cos(2\nu-1)\pi v = \\
&= 2\left(q^{\frac{1}{4}}\cos\pi v + q^{\frac{9}{4}}\cos 3\pi v + q^{\frac{25}{4}}\cos 5\pi v + \dots\right), \\[2mm]
\vartheta_3(v) &= 1 + 2\sum_{\nu=1}^{\infty} q^{\nu^2}\cos 2\nu\pi v = \\
&= 2\left(\tfrac{1}{2} + q\cos 2\pi v + q^4\cos 4\pi v + q^9\cos 6\pi v + \dots\right), \\[2mm]
\vartheta_0(v) &= 1 + 2\sum_{\nu=1}^{\infty} (-1)^\nu q^{\nu^2}\cos 2\nu\pi v = \\
&= 2\left(\tfrac{1}{2} - q\cos 2\pi v + q^4\cos 4\pi v - q^9\cos 6\pi v + - \dots\right).
\end{aligned}
\right\}
\tag{19}
$$

$\vartheta_2(v)$, $\vartheta_3(v)$, $\vartheta_0(v)$ *sind gerade Funktionen, $\vartheta_2(v)$ ist mit 2, $\vartheta_3(v)$ und $\vartheta_0(v)$ mit 1 periodisch.* Statt ϑ_0 schreibe ich im folgenden gelegentlich auch ϑ_4.

Aus (14) folgt noch

$$\sigma_1(u) = C_1 \exp\frac{\eta\,u^2}{2\,\omega}\,\vartheta_2(v), \quad \sigma_2(u) = C_2\exp\frac{\eta\,u^2}{2\,\omega}\,\vartheta_3(v), \quad \sigma_3(u) = C_3\exp\frac{\eta\,u^2}{2\,\omega}\,\vartheta_0(v).$$

Die Konstanten lassen sich wegen (5) einfacher als bei $\vartheta_1(v)$ berechnen; man hat nur $u = v = 0$ zu nehmen und erhält

$$\sigma_1(u) = \exp\frac{\eta\,u^2}{2\,\omega}\frac{\vartheta_2(v)}{\vartheta_2(0)}, \quad \sigma_2(u) = \exp\frac{\eta\,u^2}{2\,\omega}\frac{\vartheta_3(v)}{\vartheta_3(0)}, \quad \sigma_3(u) = \exp\frac{\eta\,u^2}{2\,\omega}\frac{\vartheta_0(v)}{\vartheta_0(0)}. \tag{20}$$

Statt (6) kann man wegen (12) schließlich noch

$$\sqrt{\wp(u) - e_i} = \frac{\sigma_i(u)}{\sigma(u)} = \frac{1}{2\,\omega}\frac{\vartheta_1{}'}{\vartheta_{i+1}}\frac{\vartheta_{i+1}(v)}{\vartheta_1(v)}, \quad i = 1, 2, 3, \quad \vartheta_4 = \vartheta_0 \tag{21}$$

schreiben; die Wurzeln $\sqrt{\wp(u) - e_i}$ sind damit als *eindeutige* Funktionen von u festgelegt. Dabei ist, wie üblich, bei den sogenannten *Nullwerten* der ϑ-Funktion und ihren Ableitungen *das Argument o weggelassen*, also

$$\vartheta_i = \vartheta_i(0), \quad \vartheta_i{}' = \vartheta_i{}'(0), \quad i = 1, 2, 3, 0.$$

geschrieben.

Ich gebe zum Schluß noch zwei Tabellen. Die erste stellt eine Erweiterung der Formeln (18) dar, zur Abkürzung ist $h = q^{-\frac{1}{4}}z^{-1} = \exp\left[-\left(\frac{\tau}{4} + v\right)\pi j\right]$, $k = q^{-1}z^{-2} = \exp\left[-(\tau + 2\,v)\,\pi j\right]$ gesetzt.

I. Verwandlungstabelle der ϑ-Funktionen.

Funktion	Argument $v' =$					
	$v + \dfrac{1}{2}$	$v + \dfrac{\tau}{2}$	$v + \dfrac{1}{2} + \dfrac{\tau}{2}$	$v + 1$	$v + \tau$	$v + 1 + \tau$
$\vartheta_1(v')$	$\vartheta_2(v)$	$j\,h\,\vartheta_0(v)$	$h\,\vartheta_3(v)$	$-\vartheta_1(v)$	$-k\,\vartheta_1(v)$	$k\,\vartheta_1(v)$
$\vartheta_2(v')$	$-\vartheta_1(v)$	$h\,\vartheta_3(v)$	$-j\,h\,\vartheta_0(v)$	$-\vartheta_2(v)$	$k\,\vartheta_2(v)$	$-k\,\vartheta_2(v)$
$\vartheta_3(v')$	$\vartheta_0(v)$	$h\,\vartheta_2(v)$	$j\,h\,\vartheta_1(v)$	$\vartheta_3(v)$	$k\,\vartheta_3(v)$	$k\,\vartheta_3(v)$
$\vartheta_0(v')$	$\vartheta_3(v)$	$j\,h\,\vartheta_1(v)$	$h\,\vartheta_2(v)$	$\vartheta_0(v)$	$-k\,\vartheta_0(v)$	$-k\,\vartheta_0(v)$

Es ist also z. B.

$$\vartheta_1\left(v + \frac{1}{2}\right) = \vartheta_2(v), \quad \vartheta_3(v + \tau) = k\,\vartheta_3(v), \quad \vartheta_2\left(v + \frac{1}{2} + \frac{\tau}{2}\right) = -j\,h\,\vartheta_0(v) \quad \text{usw.}$$

Die folgende Tabelle gibt die Nullstellen und die ihnen entsprechenden Werte von $z^2 = \exp(2\,v\,\pi j)$. Nach (12) hat $\vartheta_1(v)$ dieselben Nullstellen $v = n + n'\tau$ wie $\sigma(u) = \sigma(2\,\omega\,v)$, die übrigen ergeben sich aus der Tabelle I.

II. Tabelle der Nullstellen der ϑ-Funktionen.

	v	$z^2 = \exp(2\,v\,\pi j)$
ϑ_1	$n + n'\tau$	$q^{2n'}$
ϑ_2	$n + n'\tau + \dfrac{1}{2}$	$-q^{2n'}$
ϑ_3	$n + n'\tau + \dfrac{1}{2} + \dfrac{\tau}{2}$	$-q^{2n'+1}$
ϑ_0	$n + n'\tau + \dfrac{\tau}{2}$	$q^{2n'+1}$

3. Einige Folgerungen.

A. Reihenentwicklungen für die Nullwerte der ϑ-Funktionen. Aus der Reihe, die sich aus (13) durch Differentiation nach v ergibt, sowie aus (19) folgen für $v = 0$ die sehr rasch konvergenten Reihen

$$
\left.
\begin{aligned}
\vartheta_1' &= 2\pi \sum_{\nu=1}^{\infty} (-1)^{\nu+1} (2\nu-1)\, q^{\left(\nu-\frac{1}{2}\right)^2} = 2\pi \left(q^{\frac{1}{4}} - 3 q^{\frac{9}{4}} + 5 q^{\frac{25}{4}} - + \ldots \right), \\
\vartheta_2 &= 2 \sum_{\nu=1}^{\infty} q^{\left(\nu-\frac{1}{2}\right)^2} = 2 \left(q^{\frac{1}{4}} + q^{\frac{9}{4}} + q^{\frac{25}{4}} + \ldots \right), \\
\vartheta_3 &= 1 + 2 \sum_{\nu=1}^{\infty} q^{\nu^2} = 2 \left(\frac{1}{2} + q + q^4 + q^9 + \ldots \right), \\
\vartheta_0 &= 1 + 2 \sum_{\nu=1}^{\infty} (-1)^{\nu} q^{\nu^2} = 2 \left(\frac{1}{2} - q + q^4 - q^9 + - \ldots \right).
\end{aligned}
\right\} \quad (22)
$$

B. Die Differentialgleichung der ϑ-Funktionen. Differenziert man (13) zweimal nach v und einmal nach τ — man beachte, daß $q = \exp \tau \pi j$ ist —, so stimmen die beiden Reihen, wie man unmittelbar sieht, bis auf einen konstanten Faktor überein. Das gibt eine Differentialgleichung für $\vartheta_1(v|\tau)$, der aber wegen der Relationen (18) auch die übrigen ϑ-Funktionen genügen müssen. Man findet leicht

$$
\boxed{\;\frac{\partial^2 \vartheta(v|\tau)}{\partial v^2} = 4\pi j\, \frac{\partial \vartheta(v|\tau)}{\partial \tau}.\;} \quad (23)
$$

C. Die Berechnung der e_i. Setzt man in (21) $u = \omega$ und daher $v = \frac{1}{2}$, so folgt

$$
\sqrt{e_1 - e_i} = \frac{1}{2\omega} \frac{\vartheta_1'}{\vartheta_{i+1}} \frac{\vartheta_{i+1}\!\left(\frac{1}{2}\right)}{\vartheta_1\!\left(\frac{1}{2}\right)}, \quad i = 1, 2, 3, \quad \vartheta_4 = \vartheta_0,
$$

und für $u = \omega + \omega'$, $v = \frac{1}{2} + \frac{\tau}{2}$

$$
\sqrt{e_2 - e_i} = \frac{1}{2\omega} \frac{\vartheta_1'}{\vartheta_{i+1}} \frac{\vartheta_{i+1}\!\left(\frac{1}{2} + \frac{\tau}{2}\right)}{\vartheta_1\!\left(\frac{1}{2} + \frac{\tau}{2}\right)}.
$$

Unter Benützung der Tabelle I ergibt sich somit

$$
\sqrt{e_1 - e_2} = \frac{\vartheta_1' \vartheta_0}{2\omega \vartheta_2 \vartheta_3}, \quad \sqrt{e_1 - e_3} = \frac{\vartheta_1' \vartheta_3}{2\omega \vartheta_0 \vartheta_2}, \quad \sqrt{e_2 - e_3} = \frac{\vartheta_1' \vartheta_2}{2\omega \vartheta_0 \vartheta_3}, \quad (24)
$$

womit *die Vorzeichen dieser Wurzeln endgiltig festgelegt* sind. Nimmt man noch $e_1 + e_2 + e_3 = 0$ dazu, so lassen sich die e_i leicht durch die Nullwerte ausdrücken. Es gibt aber wesentlich einfachere Formeln, die man aus (21) und den Reihenentwicklungen der ϑ-Funktionen bekommen kann. Ich schreibe die letzteren als Taylorsche Reihen

$$
\vartheta_1(v) = \vartheta_1'\, v + \frac{1}{6} \vartheta_1'''\, v^3 + \ldots,
$$

$$
\vartheta_{i+1}(v) = \vartheta_{i+1} + \frac{1}{2} \vartheta''_{i+1}\, v^2 + \ldots,
$$

so daß (21)

$$
\sqrt{\wp(2\omega v) - e_i} = \frac{1}{2\omega} \frac{1 + \frac{1}{2} \frac{\vartheta''_{i+1}}{\vartheta_{i+1}} v^2 + \ldots}{v \left(1 + \frac{1}{6} \frac{\vartheta_1'''}{\vartheta_1'} v^2 + \ldots\right)} =
$$

$$
= \frac{1}{2\omega v} \left[1 + \left(\frac{\vartheta''_{i+1}}{\vartheta_{i+1}} - \frac{1}{3} \frac{\vartheta_1'''}{\vartheta_1'} \right) \frac{v^2}{2} + \ldots \right]
$$

geschrieben werden kann. Quadriert man, so ist nach § 33, (8) das konstante Glied links $-e_i$, also

$$-e_i = \frac{1}{4\,\omega^2}\left(\frac{\vartheta_{i+1}''}{\vartheta_{i+1}} - \frac{1}{3}\frac{\vartheta_1'''}{\vartheta_1'}\right);\tag{25}$$

wegen $e_1 + e_2 + e_3 = 0$ folgt daraus

$$\frac{\vartheta_1'''}{\vartheta_1'} = \frac{\vartheta_2''}{\vartheta_2} + \frac{\vartheta_3''}{\vartheta_3} + \frac{\vartheta_0''}{\vartheta_0}.$$

Differenziert man (23) noch einmal nach v, so ergibt sich für $v = 0$

$$\vartheta''_{i+1} = 4\,\pi\,j\,\frac{\partial\vartheta_{i+1}}{\partial\tau}, \qquad \vartheta_1''' = 4\,\pi\,j\,\frac{\partial\vartheta_1'}{\partial\tau},\tag{26}$$

somit wird

$$\frac{1}{\vartheta_1'}\frac{\partial\vartheta_1'}{\partial\tau} = \frac{1}{\vartheta_2}\frac{\partial\vartheta_2}{\partial\tau} + \frac{1}{\vartheta_3}\frac{\partial\vartheta_3}{\partial\tau} + \frac{1}{\vartheta_0}\frac{\partial\vartheta_0}{\partial\tau}$$

und durch Integration

$$\vartheta_1' = A\,\vartheta_2\,\vartheta_3\,\vartheta_0.$$

Die Konstante A ergibt sich aus (22), wobei es genügt, die Anfangsglieder zu vergleichen:

$$2\,\pi\left(q^{\frac{1}{4}} + \ldots\right) = A\left(2\,q^{\frac{1}{4}} + \ldots\right)(1 + \ldots)(1 + \ldots);$$

also ist $A = \pi$ und

$$\boxed{\vartheta_1' = \pi\,\vartheta_2\,\vartheta_3\,\vartheta_0.}\tag{27}$$

Jetzt wird aus (24)

$$\sqrt{e_1 - e_2} = \frac{\pi}{2\,\omega}\,\vartheta_0^2, \qquad \sqrt{e_1 - e_3} = \frac{\pi}{2\,\omega}\,\vartheta_3^2, \qquad \sqrt{e_2 - e_3} = \frac{\pi}{2\,\omega}\,\vartheta_2^2,\tag{28}$$

während aus (25) wegen (26)

$$e_i = \frac{j\,\pi}{\omega^2}\left(\frac{1}{3}\frac{d\ln\vartheta_1'}{d\tau} - \frac{d\ln\vartheta_{i+1}}{d\tau}\right)\tag{29}$$

folgt. Für die Diskriminante[1]

$$\Delta = g_2^3 - 27\,g_3^2 = 16\,(e_1 - e_2)^2\,(e_1 - e_3)^2\,(e_2 - e_3)^2\tag{30}$$

ergibt sich aus (28) und (27)

$$\sqrt[4]{\Delta} = \frac{\pi}{4\,\omega^3}\,\vartheta_1'^2.\tag{31}$$

4. Die elliptischen Funktionen Jacobis. Ich habe in § 34, 5 die Jacobische Funktion $\operatorname{sn}t$ als Umkehrfunktion des Legendreschen Normalintegrals erster Gattung

$$t = F(\varphi, k) = \int_0^{x=\sin\varphi}\frac{dx}{\sqrt{(1 - x^2)(1 - k^2 x^2)}} = \int_0^{\varphi}\frac{d\varphi}{\sqrt{1 - k^2\sin^2\varphi}}\tag{32}$$

---

[1] Ist $f(x)$ ein Polynom in x, so entsteht die Diskriminante Δ durch Elimination von x aus $f(x) = 0$ und $f'(x) = 0$. $\Delta = 0$ ist somit die Bedingung für gemeinsame Wurzeln von $f(x) = 0$ und $f'(x) = 0$ und daher die Bedingung für mehrfache Wurzeln von $f(x)$. Δ ist ein Polynom in den Wurzeln, das verschwindet, wenn zwei Wurzeln einander gleich sind und das somit alle Faktoren $e_i - e_k$, $i \neq k$, enthalten muß. Aus Symmetriegründen müssen diese Faktoren quadratisch auftreten, so daß sich für den Fall eines kubischen Polynoms gerade die Gleichung (30) ergibt, die aus $e_1 + e_2 + e_3 = 0$, $g_2 = -4\,(e_2 e_3 + e_3 e_1 + e_1 e_2)$, $g_3 = 4\,e_1 e_2 e_3$ unmittelbar zu bestätigen ist.

eingeführt; es ist also $\operatorname{sn} t = x = \sin \varphi$. Neben $\operatorname{sn} t$ verwendet man seit JACOBI noch zwei Funktionen; man kann ihre Definition in der Gestalt

$$\boxed{\operatorname{sn} t = \sin \varphi, \quad \operatorname{cn} t = \cos \varphi, \quad \operatorname{dn} t = \sqrt{1 - k^2 \sin^2 \varphi}} \tag{33}$$

schreiben. Daraus folgen unmittelbar die Relationen

$$\boxed{\operatorname{sn}^2 t + \operatorname{cn}^2 t = 1, \quad \operatorname{dn}^2 t + k^2 \operatorname{sn}^2 t = 1,} \tag{34}$$

die die Verwandtschaft mit den Winkelfunktionen zeigen. Die Funktionen (33) stehen in einem einfachen Zusammenhang mit der Weierstraßschen $\wp$-Funktion. Ich gehe von dem Integral[1]

$$u = \int_{\infty}^{\wp} \frac{d\wp}{\tau}, \quad \tau^2 = 4\wp^3 - g_2 \wp - g_3 \tag{35}$$

aus; die Substitution

$$\wp(u) = e_3 + \frac{e_1 - e_3}{\sin^2 \varphi} \tag{36}$$

gibt bis auf das wegen $\wp(-u) = \wp(u)$ unwesentliche Vorzeichen

$$u = \frac{1}{\sqrt{e_1 - e_3}} \int_0^{\varphi} \frac{d\varphi}{\sqrt{1 - k^2 \sin^2 \varphi}}, \quad k^2 = \frac{e_2 - e_3}{e_1 - e_3}. \tag{37}$$

Es ist also[2]

$$\boxed{t = u \sqrt{e_1 - e_3}.} \tag{38}$$

Aus (36), (33) und (21) folgen eine Reihe wichtiger Relationen, die die Funktionen $\operatorname{sn} t$, $\operatorname{cn} t$, $\operatorname{dn} t$ mit der $\wp$-, den σ- und ϑ-Funktionen verknüpfen:

$$\boxed{\begin{aligned}
\operatorname{sn} t &= \sqrt{\frac{e_1 - e_3}{\wp(u) - e_3}} = \sqrt{e_1 - e_3}\, \frac{\sigma(u)}{\sigma_3(u)} = 2\,\omega \sqrt{e_1 - e_3}\, \frac{\vartheta_0}{\vartheta_1'} \frac{\vartheta_1(v)}{\vartheta_0(v)}, \\
\operatorname{cn} t &= \sqrt{\frac{\wp(u) - e_1}{\wp(u) - e_3}} = \frac{\sigma_1(u)}{\sigma_3(u)} = \frac{\vartheta_0}{\vartheta_2} \frac{\vartheta_2(v)}{\vartheta_0(v)}, \\
\operatorname{dn} t &= \sqrt{\frac{\wp(u) - e_2}{\wp(u) - e_3}} = \frac{\sigma_2(u)}{\sigma_3(u)} = \frac{\vartheta_0}{\vartheta_3} \frac{\vartheta_3(v)}{\vartheta_0(v)};
\end{aligned}} \tag{39}$$

man entnimmt, daß $\operatorname{sn}^2 t$, $\operatorname{cn}^2 t$ und $\operatorname{dn}^2 t$ dieselben Perioden $2\,\omega$, $2\,\omega'$ haben wie $\wp(u)$ und daß z. B. $\operatorname{sn}^2 t$ den Doppelpol $t = \omega' \sqrt{e_1 - e_3} = j\,K'$, die Doppelnullstelle $t = 0$ und den Wert 1 für $t = \omega \sqrt{e_1 - e_3} = K$ hat; ähnliches ergibt sich für $\operatorname{cn}^2 t$ und $\operatorname{dn}^2 t$. $\operatorname{sn} t$ ist eine *ungerade*, $\operatorname{cn} t$ und $\operatorname{dn} t$ sind *gerade* Funktionen mit $\operatorname{cn} 0 = \operatorname{dn} 0 = 1$.

---

[1] Vgl. für das Folgende die Fußnote Seite 433.

[2] Man kann die folgenden Relationen vereinfachen, wenn man über die Nullstellen e_i von τ^2 in geeigneter Weise verfügt; zwischen ihnen bestehen zwei Gleichungen

$$e_1 + e_2 + e_3 = 0, \quad e_2 - e_3 = k^2 (e_1 - e_3),$$

so daß man noch eine dritte Bedingung hinzunehmen kann, für die man entsprechend (38) zweckmäßigerweise

$$e_1 - e_3 = 1$$

nimmt. Dann wird $t = u$ und

$$e_1 = \frac{2 - k^2}{3}, \quad e_2 = \frac{2k^2 - 1}{3}, \quad e_3 = -\frac{1 + k^2}{3}.$$

Aus (28) folgt ferner

$$k = \sqrt{\frac{e_2 - e_3}{e_1 - e_3}} = \frac{\vartheta_2^2}{\vartheta_3^2}, \quad k' = \sqrt{1 - k^2} = \sqrt{\frac{e_1 - e_2}{e_1 - e_3}} = \frac{\vartheta_0^2}{\vartheta_3^2},$$

so daß man

$$\sqrt{k} = \frac{\vartheta_2}{\vartheta_3}, \quad \sqrt{k'} = \frac{\vartheta_0}{\vartheta_3}$$

eindeutig festlegen kann. Die letzten Glieder der Gleichungen (39) kann man damit auch

$$\operatorname{sn} t = \frac{1}{\sqrt{k}} \frac{\vartheta_1(v)}{\vartheta_0(v)}, \quad \operatorname{cn} t = \sqrt{\frac{k'}{k}} \frac{\vartheta_2(v)}{\vartheta_0(v)}, \quad \operatorname{dn} t = \sqrt{k'} \frac{\vartheta_3(v)}{\vartheta_0(v)} \tag{40}$$

schreiben; bei der Herleitung der ersten Gleichung wurden auch (27) und (28) benutzt.

Die Perioden der Funktion $\operatorname{sn} t$ haben wir bereits in § 34, (55) mit $4K, 2jK'$ ermittelt; die Perioden von $\operatorname{cn} t$ und $\operatorname{dn} t$ kann man aus der folgenden Tabelle III ablesen, die sich wegen (40) unmittelbar aus der Tabelle I ergibt. In Tabelle IV sind die Perioden, Nullstellen, Pole und Residuen der Funktionen $\operatorname{sn} t$, $\operatorname{cn} t$, $\operatorname{dn} t$ zusammengestellt. Ich empfehle Ihnen, diese Tabellen selbst nachzurechnen.

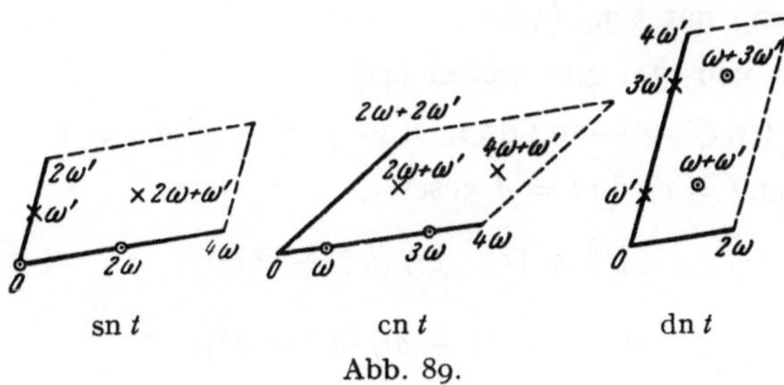

Abb. 89.

Tabelle III. Verwandlungstabelle der Funktionen $\operatorname{sn} t$, $\operatorname{cn} t$, $\operatorname{dn} t$.

$t' =$	$t+K$	$t+jK'$	$t+K+jK'$	$t+2K$	$t+2jK'$	$t+2K+2jK'$
$\operatorname{sn} t'$	$\operatorname{cd} t$	$\dfrac{1}{k} \operatorname{ns} t$	$\dfrac{1}{k} \operatorname{dc} t$	$-\operatorname{sn} t$	$\operatorname{sn} t$	$-\operatorname{sn} t$
$\operatorname{cn} t'$	$-k' \operatorname{sd} t$	$-\dfrac{1}{k} \operatorname{ds} t$	$-j\dfrac{k'}{k} \operatorname{nc} t$	$-\operatorname{cn} t$	$-\operatorname{cn} t$	$\operatorname{cn} t$
$\operatorname{dn} t'$	$k' \operatorname{nd} t$	$-j \operatorname{cs} t$	$j k' \operatorname{sc} t$	$\operatorname{dn} t$	$-\operatorname{dn} t$	$-\operatorname{dn} t$

Dabei ist zur Abkürzung $\dfrac{1}{\operatorname{sn} t} = \operatorname{ns} t, \dfrac{\operatorname{sn} t}{\operatorname{cn} t} = \operatorname{sc} t$ usw. geschrieben.

Tabelle IV. Perioden, Nullstellen, Pole und Residuen der Funktionen $\operatorname{sn} t$, $\operatorname{cn} t$, $\operatorname{dn} t$ im Periodenparallelogramm.

	Perioden	Nullstellen	Pole	Residuen
$\operatorname{sn} t$	$4K, 2jK'$	$0, 2K$	$jK', 2K+jK'$	$\dfrac{1}{k}, -\dfrac{1}{k}$
$\operatorname{cn} t$	$4K, 2K+2jK'$	$K, 3K$	$2K+jK', 4K+jK'$	$\dfrac{j}{k}, -\dfrac{j}{k}$
$\operatorname{dn} t$	$2K, 4jK'$	$K+jK', K+3jK'$	$jK', 3jK'$	$-j, j$

Vergleiche dazu die Abb. 89, die die Periodenparallelogramme, Nullstellen (Kreise) und Pole (Kreuze) der Funktionen $\operatorname{sn} t$, $\operatorname{cn} t$, $\operatorname{dn} t$ zeigt ($\omega = K$, $\omega' = jK'$).

5. Weitere Formeln für die elliptischen Funktionen Jacobis.

A. Die Differentialgleichungen. Aus (7) und (39) folgt, wenn wir die Vorzeichen von $\sqrt{\wp(u) - e_i}$ durch (21) festlegen,

$$\wp'(u) = -2\sqrt{\wp(u) - e_1}\,\sqrt{\wp(u) - e_2}\,\sqrt{\wp(u) - e_3} = -2\sqrt{(e_1 - e_3)^3}\,\frac{\operatorname{cn} t \operatorname{dn} t}{\operatorname{sn}^3 t}$$

und aus (36) oder

$$\wp(u) = e_3 + \frac{e_1 - e_3}{\operatorname{sn}^2 t}$$

durch Differentiation nach u wegen (38)

$$\wp'(u) = -2\sqrt{(e_1 - e_3)^3}\,\frac{(\operatorname{sn} t)'}{\operatorname{sn}^3 t},$$

also

$$(\operatorname{sn} t)' = \operatorname{cn} t \operatorname{dn} t \tag{41}$$

oder wegen (34), $\operatorname{sn} t = x$ gesetzt,

$$x'^2 = (1 - x^2)(1 - k^2 x^2) \tag{42}$$

in Übereinstimmung mit § 34, (37).

Differentiation von (34) gibt wegen (41)

$$(\operatorname{cn} t)' = -\operatorname{sn} t \operatorname{dn} t, \quad (\operatorname{dn} t)' = -k^2 \operatorname{sn} t \operatorname{cn} t \tag{43}$$

und wegen (34), $\operatorname{cn} t = c$, $\operatorname{dn} t = d$ gesetzt,

$$c'^2 = (1 - c^2)(k'^2 + k^2 c^2) \tag{44}$$

und

$$d'^2 = -(1 - d^2)(k'^2 - d^2). \tag{45}$$

Diese Gleichungen sind für die Berechnung gewisser elliptischer Integrale sehr nützlich.

Aus (41) und (43) ergeben sich leicht die Taylorreihen

$$\operatorname{sn}(t, k) = t - (1 + k^2)\frac{t^3}{3!} + (1 + 14 k^2 + k^4)\frac{t^5}{5!} - \cdots,$$

$$\operatorname{cn}(t, k) = 1 - \frac{t^2}{2!} + (1 + 4 k^2)\frac{t^4}{4!} - (1 + 44 k^2 + 16 k^4)\frac{t^6}{6!} + \cdots,$$

$$\operatorname{dn}(t, k) = 1 - k^2\frac{t^2}{2!} + k^2 (4 + k^2)\frac{t^4}{4!} - k^2 (16 + 44 k^2 + k^4)\frac{t^6}{6!} + \cdots$$

B. Die Additionstheoreme. Es sei s ein fester Wert, der der Bedingung $s \neq n\,K + n'\,j\,K'$ für alle ganzen Zahlen n, n' genügt und daher weder mit einer Nullstelle noch mit einem Pol einer der drei Jacobischen Funktionen zusammenfällt. Die Funktionen

$$\varphi_1(t) = \operatorname{sn} t \operatorname{sn}(t + s), \quad \varphi_2(t) = \operatorname{cn} t \operatorname{cn}(t + s), \quad \varphi_3(t) = \operatorname{dn} t \operatorname{dn}(t + s)$$

haben (Tabelle III) *alle* die Perioden $2\,K$ und $2\,j\,K'$ und im Periodenparallelogramm die Pole $t = j\,K'$, $t = -s + j\,K'$, sind also elliptische Funktionen zweiter Ordnung mit denselben beiden Polen. Daher sind die Funktionen $\varphi_2(t) + A\,\varphi_1(t)$ und $\varphi_3(t) + B\,\varphi_1(t)$ Konstante, wenn A und B so gewählt werden, daß $t = j\,K'$ kein Pol dieser beiden Funktionen mehr ist. Es bestehen dann zwei Identitäten

$$\left.\begin{aligned}\operatorname{cn} t \operatorname{cn}(t + s) + A \operatorname{sn} t \operatorname{sn}(t + s) &= A', \\ \operatorname{dn} t \operatorname{dn}(t + s) + B \operatorname{sn} t \operatorname{sn}(t + s) &= B'.\end{aligned}\right\} \tag{46}$$

Für $t = 0$ folgt daraus $A' = \mathrm{cn}\, s$, $B' = \mathrm{dn}\, s$. Differenzieren wir (46) nach t und setzen dann $t = 0$, so folgt aus (41) und (43) noch $A = \mathrm{dn}\, s$ und $B = k^2 \mathrm{cn}\, s$, so daß (46) endgültig

$$\left.\begin{aligned}
\mathrm{cn}\, t\, \mathrm{cn}\, (t + s) + \mathrm{dn}\, s\, \mathrm{sn}\, t\, \mathrm{sn}\, (t + s) &= \mathrm{cn}\, s, \\
\mathrm{dn}\, t\, \mathrm{dn}\, (t + s) + k^2 \mathrm{cn}\, s\, \mathrm{sn}\, t\, \mathrm{sn}\, (t + s) &= \mathrm{dn}\, s
\end{aligned}\right\} \quad (47)$$

werden; sie gelten aus Stetigkeitsgründen natürlich auch für die oben ausgeschlossenen Werte von s. Ersetzen wir in (47) t und s durch $-t$ und $t + s$, so folgt

$$\left.\begin{aligned}
\mathrm{cn}\, t\, \mathrm{cn}\, s - \mathrm{dn}\, (t + s)\, \mathrm{sn}\, t\, \mathrm{sn}\, s &= \mathrm{cn}\, (t + s), \\
\mathrm{dn}\, t\, \mathrm{dn}\, s - k^2 \mathrm{cn}\, (t + s)\, \mathrm{sn}\, t\, \mathrm{sn}\, s &= \mathrm{dn}\, (t + s);
\end{aligned}\right\} \quad (48)$$

aus diesen beiden Gleichungen lassen sich $\mathrm{cn}\, (t + s)$ und $\mathrm{dn}\, (t + s)$ berechnen; setzt man $\mathrm{cn}\, (t + s)$ in die erste Gleichung (47) ein, so hat man auch $\mathrm{sn}\, (t + s)$ und damit die *Additionstheoreme*

$$\left.\begin{aligned}
\mathrm{sn}\, (t + s) &= \frac{\mathrm{sn}\, t\, \mathrm{cn}\, s\, \mathrm{dn}\, s + \mathrm{sn}\, s\, \mathrm{cn}\, t\, \mathrm{dn}\, t}{1 - k^2 \mathrm{sn}^2 t\, \mathrm{sn}^2 s}, \\
\mathrm{cn}\, (t + s) &= \frac{\mathrm{cn}\, t\, \mathrm{cn}\, s - \mathrm{sn}\, t\, \mathrm{sn}\, s\, \mathrm{dn}\, t\, \mathrm{dn}\, s}{1 - k^2 \mathrm{sn}^2 t\, \mathrm{sn}^2 s}, \\
\mathrm{dn}\, (t + s) &= \frac{\mathrm{dn}\, t\, \mathrm{dn}\, s - k^2 \mathrm{sn}\, t\, \mathrm{cn}\, t\, \mathrm{sn}\, s\, \mathrm{cn}\, s}{1 - k^2 \mathrm{sn}^2 t\, \mathrm{sn}^2 s}.
\end{aligned}\right\} \quad (49)$$

C. Die Winkelfunktionen als Grenzfälle. Lassen wir $k \to 0$ und damit $k' \to 1$ gehen, so folgt aus (32) $t = \varphi$ und aus (33)

$$\mathrm{sn}\, (t, 0) = \sin t, \quad \mathrm{cn}\, (t, 0) = \cos t, \quad \mathrm{dn}\, (t, 0) = 1. \quad (50)$$

Damit gehen (34), (41) bis (45) und (49) in bekannte Formeln für die Winkelfunktionen über. Anderseits wird $e_2 = e_3$, daher folgt aus (21) $\sigma_2(u) \equiv \sigma_3(u)$ und $\vartheta_0(v) \equiv \vartheta_3(v)$; aus (14) kann man dann schließen, daß $\vartheta_1(v)$ konstant sein und wegen $\vartheta_1(0) = 0$ identisch verschwinden muß. Aus der Entwicklung (13) folgt weiter $q = 0$ und daher wird wegen (1), wenn wir $\tau = \alpha + \beta j$ nehmen, $e^{\alpha \pi j} e^{-\beta \pi} \to 0$, also $\beta \to +\infty$, $\omega' \to \infty$, $K' \to \infty$ und $K = \dfrac{\pi}{2}$, weil ja die Periode von $\mathrm{sn}\, t$ in die Periode von $\sin t$ übergeht.

Lassen wir dagegen $k' \to 0$, also $k \to 1$ gehen, so folgt ähnlich

$$\mathrm{sn}\, t = \mathrm{th}\, t, \quad \mathrm{cn}\, t = \mathrm{dn}\, t = \frac{1}{\mathrm{ch}\, t};$$

es wird $K = \infty$ und $K' = \dfrac{\pi}{2}$; ich überlasse es Ihnen, das nachzurechnen.

D. Weitere Formeln.

Halbes Argument:

$$\mathrm{sn}^2 \frac{t}{2} = \frac{1 - \mathrm{cn}\, t}{1 + \mathrm{dn}\, t}, \quad \mathrm{cn}^2 \frac{t}{2} = \frac{\mathrm{dn}\, t + \mathrm{cn}\, t}{1 + \mathrm{dn}\, t}, \quad \mathrm{dn}^2 \frac{t}{2} = \frac{k'^2 + k^2 \mathrm{cn}\, t + \mathrm{dn}\, t}{1 + \mathrm{dn}\, t}. \quad (51)$$

Reziproker Modul:

$$\mathrm{sn}\, (t, k) = \frac{1}{k} \mathrm{sn}\left(k t, \frac{1}{k}\right), \quad \mathrm{cn}\, (t, k) = \mathrm{dn}\left(k t, \frac{1}{k}\right), \quad \mathrm{dn}\, (t, k) = \mathrm{cn}\left(k t, \frac{1}{k}\right). \quad (52)$$

Rein imaginärer Modul:

$$\varkappa^2 = \frac{k^2}{1 + k^2}, \quad \varkappa'^2 = \frac{1}{1 + k^2}, \quad t' = \frac{t}{\varkappa'},$$

$$\mathrm{sn}\, (t, j k) = \varkappa' \frac{\mathrm{sn}\, (t', \varkappa)}{\mathrm{dn}\, (t', \varkappa)}, \quad \mathrm{cn}\, (t, j k) = \frac{\mathrm{cn}\, (t', \varkappa)}{\mathrm{dn}\, (t', \varkappa)}, \quad \mathrm{dn}\, (t, j k) = \frac{1}{\mathrm{dn}\, (t', \varkappa)}. \quad (53)$$

Integrale:

$$\int\limits_0^t \operatorname{sn} t \, dt = \frac{1}{k} \ln \frac{\operatorname{dn} t - k \operatorname{cn} t}{1 - k} = \frac{1}{k} \operatorname{arch} \frac{1}{k'} - \frac{1}{k} \operatorname{arch} \frac{\operatorname{dn} t}{k'}, \tag{54}$$

$$\int\limits_0^t \operatorname{cn} t \, dt = \frac{1}{k} \arccos \operatorname{dn} t = \frac{1}{k} \arcsin (k \operatorname{sn} t), \tag{55}$$

$$\int\limits_0^t \operatorname{dn} t \, dt = \arcsin \operatorname{sn} t. \tag{56}$$

Dabei ergeben sich die Gleichungen (51), wenn man in (47) und (48) $s = t$ setzt, t statt $2 t$ schreibt und nach $\operatorname{sn}^2 \frac{t}{2}$ auflöst. Auf (52) und (53) komme ich in Ziffer 7 noch zurück, (54) bis (56) sind durch Differentiation leicht zu bestätigen.

6. Lineare Transformationen der Perioden. Es handelt sich dabei um spezielle lineare Transformationen der Perioden (Halbperioden)

$$\overline{\omega} = \alpha \, \omega + \beta \, \omega', \quad \overline{\omega}' = \gamma \, \omega + \delta \, \omega' \tag{57}$$

mit *ganzzahligen* Koeffizienten und der Determinante

$$\alpha \, \delta - \beta \, \gamma = 1. \tag{58}$$

Da sich bei einer solchen Transformation die Gesamtheit der Periodenpunkte nicht ändert (mit 2ω, $2 \omega'$ ist dann nach § 30, 1 auch $2 \overline{\omega}$, $2 \overline{\omega}'$ ein primitives Periodenpaar), folgt aus den Entwicklungen (4), (15) und (21) von § 33, weil sich nur die Reihenfolge der Summanden vertauscht, daß *die Funktionen* $\wp(u)$, $\zeta(u)$ *und* $\sigma(u)$ *gegenüber einer linearen Transformation der Perioden invariant sind*; dasselbe gilt von den Invarianten g_2 und g_3. Ich schreibe im folgenden, um die Abhängigkeit von den Perioden hervorzuheben,

$$\wp(u|\omega, \omega'), \quad \zeta(u|\omega, \omega'), \quad \sigma(u|\omega, \omega').$$

Aus § 33, (17) folgt für $z = -\omega$, bzw. $z = -\omega'$ wegen $\zeta(-z) = -\zeta(z)$

$$\zeta(\omega) = -\zeta(\omega) + 2 \eta, \quad \zeta(\omega') = -\zeta(\omega') + 2 \eta',$$

also

$$\eta = \zeta(\omega|\omega, \omega'), \quad \eta' = \zeta(\omega'|\omega, \omega').$$

Gehen η und η' bei der Transformation (57) in $\overline{\eta}$, $\overline{\eta}'$ über, so ist

$$\overline{\eta} = \zeta(\overline{\omega}|\overline{\omega}, \overline{\omega}') = \zeta(\overline{\omega}|\omega, \omega') = \zeta(\alpha \, \omega + \beta \, \omega'|\omega, \omega') = \alpha \, \eta + \beta \, \eta',$$

$$\overline{\eta}' = \zeta(\overline{\omega}'|\overline{\omega}, \overline{\omega}') = \zeta(\overline{\omega}'|\omega, \omega') = \zeta(\gamma \, \omega + \delta \, \omega'|\omega, \omega') = \gamma \, \eta + \delta \, \eta',$$

d. h. *die Zahlen* η, η' *transformieren sich ebenso* wie ω, ω'. Aus

$$e_1 = \wp(\omega), \quad e_2 = \wp(\omega + \omega'), \quad e_3 = \wp(\omega')$$

folgt ferner, daß die Nullstellen e_1, e_2, e_3 bei der Transformation (57) *eine Permutation erfahren*.

Die Transformation (57) ist durch die Matrix (Tensor zweiter Stufe in der Ebene)

$$S = \begin{pmatrix} \alpha & \beta \\ \gamma & \delta \end{pmatrix}$$

der Koeffizienten eindeutig bestimmt. Man schreibt daher (57) symbolisch

$$(\overline{\omega}, \overline{\omega}') = S(\omega, \omega');$$

die Operation S auf den „Vektor" (ω, ω') angewendet, gibt den Vektor $(\bar{\omega}, \bar{\omega}')$[1]. Ist dann

$$(\bar{\bar{\omega}}, \bar{\bar{\omega}}') = T(\bar{\omega}, \bar{\omega}')$$

eine zweite Transformation, so folgt

$$(\bar{\bar{\omega}}, \bar{\bar{\omega}}') = T(\bar{\omega}, \bar{\omega}') = T\,S(\omega, \omega'),$$

die im allgemeinen nicht kommutativen Produkte von Transformationen sind also stets *von rechts nach links zu lesen*. Wir betrachten nun die beiden speziellen linearen Transformationen

$$A = \begin{pmatrix} 1 & 0 \\ 1 & 1 \end{pmatrix}, \quad B = \begin{pmatrix} 0 & 1 \\ -1 & 0 \end{pmatrix}$$

oder $\bar{\omega} = \omega$, $\bar{\omega}' = \omega + \omega'$, bzw. $\bar{\omega} = \omega'$, $\bar{\omega}' = -\omega$, für die (58) gilt. Man kann zeigen, daß sich jede lineare Transformation (57) mit der Determinante 1 aus den beiden Transformationen A und B zusammensetzen, d. h. in der Form

$$S = \ldots A^m\,B\,A^l\,B\,A^k$$

darstellen läßt. Daß dabei B immer nur in der ersten Potenz auftritt, kommt daher, daß $B^2 = \begin{pmatrix} -1 & 0 \\ 0 & -1 \end{pmatrix}$ nicht wesentlich verschieden von der identischen Transformation $I = \begin{pmatrix} 1 & 0 \\ 0 & 1 \end{pmatrix}$ ist. Den Beweis übergehe ich, da er für das Folgende nicht von Bedeutung ist.

7. Die Transformation der elliptischen Funktionen. Wir wollen untersuchen, wie sich die Funktionen sn u, cn u, dn u und die mit ihnen verknüpften Größen bei den Transformationen A und B der Perioden verhalten. Ich bezeichne alle Größen, die sich auf die transformierten Perioden beziehen, mit Querstrichen; von den folgenden Formeln, die durch einen senkrechten Strich geteilt sind, bezieht sich die linke Hälfte auf die Transformation A, die rechte auf B. Für A gilt zunächst

$$\bar{e}_1 = \wp(\bar{\omega}) = \wp(\omega) = e_1, \quad \bar{e}_2 = \wp(\bar{\omega} + \bar{\omega}') = \wp(2\,\omega + \omega') = \wp(\omega') = e_3,$$
$$\bar{e}_3 = \wp(\bar{\omega}') = \wp(\omega + \omega') = e_2$$

und ähnlich für B; also ist

$$\bar{e}_1 = e_1, \quad \bar{e}_2 = e_3, \quad \bar{e}_3 = e_2 \quad | \quad \bar{e}_1 = e_3, \quad \bar{e}_2 = e_2, \quad \bar{e}_3 = e_1. \tag{59}$$

Wegen der Invarianz von $\wp(u)$ und $\sigma(u)$ folgt aus (21), daß sich die $\sigma_i(u)$ ebenso wie die e_i permutieren, also

$$\bar{\sigma}_1 = \sigma_1, \quad \bar{\sigma}_2 = \sigma_3, \quad \bar{\sigma}_3 = \sigma_2 \quad | \quad \bar{\sigma}_1 = \sigma_3, \quad \bar{\sigma}_2 = \sigma_2, \quad \bar{\sigma}_3 = \sigma_1. \tag{60}$$

---

[1] Multipliziert man (57) mit 2 und setzt wieder $2\,\omega = \omega_1$, $2\,\omega' = \omega_2$, so kann man (57) auch $\bar{\omega}_j = \alpha_{ji}\,\omega_i$ schreiben, wo über den doppelt vorkommenden Index i zu summieren ist. S ist also jetzt der Tensor α_{ij}. Ist dann $\bar{\bar{\omega}}_k = \beta_{kj}\,\bar{\omega}_j$ eine zweite Transformation, so ist

$$\bar{\bar{\omega}}_k = \beta_{kj}\,\bar{\omega}_j = \beta_{kj}\,\alpha_{ji}\,\omega_i = \gamma_{ki}\,\omega_i$$

das Produkt der beiden Transformationen $S = \alpha_{ij}$ und $T = \beta_{ij}$; für die Determinante der zusammengesetzten Transformation folgt

$$\mathrm{Det}\,\gamma_{ij} = \mathrm{Det}\,\beta_{ij} \cdot \mathrm{Det}\,\alpha_{ij},$$

die Determinante der zusammengesetzten Transformation ist das Produkt der Determinanten der beiden ursprünglichen Faktoren. Die Matrix $\gamma_{ki} = \beta_{kj}\,\alpha_{ji}$ heißt das Produkt der beiden Matrizen α_{ij} und β_{ij}; das Matrizenprodukt resultiert also aus dem allgemeinen Tensorprodukt durch eine Überschiebung. Man nennt demgemäß dann auch die zusammengesetzte Transformation das Produkt der beiden ursprünglichen. Näheres darüber in Band II, § 27. Für uns ist wichtig, daß die Produkttransformation der Bedingung (58) genügt, wenn die beiden Faktoren es tun.

Weiter ergibt sich[1]

$$\sqrt{\bar{e}_1 - \bar{e}_2} = \sqrt{e_1 - e_3} \quad\Big|\quad \sqrt{\bar{e}_1 - \bar{e}_2} = -j\sqrt{e_2 - e_3},$$
$$\sqrt{\bar{e}_1 - \bar{e}_3} = \sqrt{e_1 - e_2} \quad\Big|\quad \sqrt{\bar{e}_1 - \bar{e}_3} = -j\sqrt{e_1 - e_3}, \qquad (61)$$
$$\sqrt{\bar{e}_2 - \bar{e}_3} = j\sqrt{e_2 - e_3} \quad\Big|\quad \sqrt{\bar{e}_2 - \bar{e}_3} = -j\sqrt{e_1 - e_2}$$

und daher wegen $k = \sqrt{\dfrac{e_2 - e_3}{e_1 - e_3}}, \quad k' = \sqrt{\dfrac{e_1 - e_2}{e_1 - e_3}}$

$$\bar{k} = j\frac{k}{k'}, \quad \bar{k}' = \frac{1}{k'} \quad\Big|\quad \bar{k} = k', \quad \bar{k}' = k. \qquad (62)$$

Aus § 34, (50) folgt schließlich

$$\overline{K} = k'K, \quad \overline{K}' = k'(K' - jK) \quad\Big|\quad \overline{K} = K', \quad \overline{K}' = K. \qquad (63)$$

Damit kommen wir zu den elliptischen Funktionen sn u usw. selbst; ich schreibe sie sn (u, k) usw., um die Abhängigkeit vom Modul hervorzuheben. Tragen wir (38) in (39) ein, so wird

$$\mathrm{sn}\left(\sqrt{e_1 - e_3}\, u, k\right) = \sqrt{e_1 - e_3}\,\frac{\sigma(u)}{\sigma_3(u)};$$

für die Substitution A folgt somit aus (60), (61) und (62)

$$\mathrm{sn}\left(\sqrt{e_1 - e_2}\, u, j\frac{k}{k'}\right) = \sqrt{e_1 - e_2}\,\frac{\sigma(u)}{\sigma_2(u)}$$

oder

$$\mathrm{sn}\left(k'\sqrt{e_1 - e_3}\, u, j\frac{k}{k'}\right) = k'\sqrt{e_1 - e_3}\,\frac{\sigma(u)}{\sigma_3(u)}\,\frac{\sigma_3(u)}{\sigma_2(u)},$$

also wegen (38) und der dritten Gleichung (39)

$$\mathrm{sn}\left(k't, j\frac{k}{k'}\right) = k'\frac{\mathrm{sn}\,t}{\mathrm{dn}\,t}.$$

Ähnliche Formeln ergeben sich für die Funktionen cn u und dn u sowie auf Grund der Transformation B. Alle diese Formeln sind in der folgenden Tabelle 5 zusammengestellt, die noch die entsprechenden Formeln für die drei Transformationen

$$C = A\,B\,A, \qquad D = C\,B, \qquad E = B\,C$$

enthält. Sie lauten ausgeschrieben:

$$(C)\quad \begin{aligned}\bar{\omega} &= \omega + \omega',\\ \bar{\omega}' &= \omega',\end{aligned} \qquad (D)\quad \begin{aligned}\bar{\omega} &= -\omega + \omega',\\ \bar{\omega}' &= -\omega,\end{aligned} \qquad (E)\quad \begin{aligned}\bar{\omega} &= \omega',\\ \bar{\omega}' &= -\omega - \omega'.\end{aligned} \qquad (64)$$

Mit diesen Transformationen sind sämtliche Permutationen der Wurzeln e_i erschöpft, da diese für C, D und E der Reihe nach $(2, 1, 3)$, $(2, 3, 1)$ und $(3, 1, 2)$

---

[1] Die Vorzeichen der Wurzeln sind durch (21), d. h.

$$\sqrt{\wp(u) - e_i} = \frac{\sigma_i(u)}{\sigma(u)}$$

und die Definition (4) der Funktionen $\sigma_i(u)$ eindeutig festgelegt. Unter Benützung von § 33, (25) und (2) erhält man z. B.

$$\sqrt{\bar{e}_2 - \bar{e}_3} = \frac{\sigma_2(2\omega + \omega')}{\sigma(2\omega + \omega')} = \exp\left[(\eta + \eta')(2\omega + \omega') - 2(\omega + \omega')\eta\right]\frac{\sigma(\omega)}{\sigma(\omega')\,\sigma(\omega + \omega')} =$$
$$= -j\exp\left[\eta'(\omega + \omega')\right]\frac{\sigma(\omega)}{\sigma(\omega')\,\sigma(\omega + \omega')} = j\frac{\sigma_3(\omega + \omega')}{\sigma(\omega + \omega')} = j\sqrt{e_2 - e_3}.$$

lauten. Man schließt daraus, daß mit diesen fünf Transformationen alle Möglichkeiten erschöpft sind, die sich für die e_i überhaupt aus linearen Transformationen (57), (58) ergeben, weil ja keine solche Transformation etwas anderes als eine Permutation der e_i bewirken kann[1].

Tabelle V. Transformation der Funktionen sn u, cn u, dn u.

S	$\bar{t}$	$\bar{k}$	$\bar{k}'$	$\bar{K}$	sn $(\bar{t}, \bar{k})$	cn $(\bar{t}, \bar{k})$	dn $(\bar{t}, \bar{k})$
A	$k' t$	$j\dfrac{k}{k'}$	$\dfrac{1}{k'}$	$k' K$	k' sd (t, k)	cd (t, k)	nd (t, k)
B	$-j t$	k'	k	K'	$-j$ sc (t, k)	nc (t, k)	dc (t, k)
C	$k t$	$\dfrac{1}{k}$	$-j\dfrac{k'}{k}$	$k (K + j K')$	k sn (t, k)	dn (t, k)	cn (t, k)
D	$-j k' t$	$\dfrac{1}{k'}$	$-j\dfrac{k}{k'}$	$k' (K' + j K)$	$-j k'$ sc (t, k)	dc (t, k)	nd (t, k)
E	$-j k t$	$-j\dfrac{k'}{k}$	$\dfrac{1}{k}$	$k K'$	$-j k$ sd (t, k)	nd (t, k)	cd (t, k)

Dabei ist wieder $\dfrac{1}{\operatorname{sn} t} = \operatorname{ns} t$, $\dfrac{\operatorname{sn} t}{\operatorname{cn} t} = \operatorname{sc} t$ usw. geschrieben.

Vertauscht man in den Formeln der zweiten Zeile k und k' und ersetzt man t durch $-t$, so folgen daraus die Formeln für ein rein imaginäres Argument:

$$\operatorname{sn}(j t, k) = j\,\frac{\operatorname{sn}(t, k')}{\operatorname{cn}(t, k')}, \quad \operatorname{cn}(j t, k) = \frac{1}{\operatorname{cn}(t, k')}, \quad \operatorname{dn}(j t, k) = \frac{\operatorname{dn}(t, k')}{\operatorname{cn}(t, k')}.$$

In der dritten Zeile stehen die Formeln (52) für den reziproken Modul. Die Formeln (53) für einen rein imaginären Modul ergeben sich aus der ersten Zeile, wenn man $\dfrac{k}{k'} = \varkappa$ setzt und t statt $k' t$ schreibt. Zur vollen Übereinstimmung mit (53) ist dann $\varkappa$ mit k, $\varkappa'$ mit k' zu vertauschen.

8. Die Transformation der Legendreschen Normalintegrale. Aus

$$F(\varphi, k) = t = \sqrt{e_1 - e_3}\, u, \quad \sin \varphi = \operatorname{sn}(t, k)$$

folgt durch die Transformation A

$$F(\bar{\varphi}, \bar{k}) = k' F(\varphi, k);$$

dabei ist $\bar{k} = j\dfrac{k}{k'}$ und

$$\sin \bar{\varphi} = \operatorname{sn}(\bar{t}, \bar{k}) = k'\,\frac{\operatorname{sn}(t, k)}{\operatorname{dn}(t, k)},$$

$$\cos \bar{\varphi} = \operatorname{cn}(\bar{t}, \bar{k}) = \frac{\operatorname{cn}(t, k)}{\operatorname{dn}(t, k)},$$

also

$$\tan \bar{\varphi} = k'\,\frac{\operatorname{sn}(t, k)}{\operatorname{cn}(t, k)} = k'\,\frac{\sin \varphi}{\cos \varphi} = k' \tan \varphi.$$

---

[1] Ich erwähne, daß man neben den Transformationen (57) mit der Bedingung (58) auch solche Transformationen (57) betrachtet, bei denen statt (58)

$$\alpha \delta - \beta \gamma = n,$$

n positiv ganz gilt, die man als Transformationen n-ter Ordnung bezeichnet. Näheres darüber z. B. bei Hurwitz-Courant, LV 17.

Ähnlich finden wir für B

$$F(\overline{\varphi}, k') = -j\, F(\varphi, k)$$

mit

$$\tan \overline{\varphi} = -j \sin \varphi.$$

Etwas umständlicher ist die Rechnung beim Integral zweiter Gattung. Ich knüpfe an § 34, (26) an. Ich mache — anders als in § 34, (16) — mit Rücksicht auf die jetzt geltende Festsetzung (35) die Substitution $v = \wp(u + \omega')$ und erhalte wegen $\zeta(\omega') = \eta'$

$$\int_{e_3}^{v} \frac{v\, dv}{\tau} = \int_{0}^{u} \wp(u + \omega')\, du = -\zeta(u + \omega') + \eta';$$

anderseits war aber nach § 34, (32), (37) und (38)

$$\int_{e_3}^{v} \frac{v\, dv}{\tau} = \frac{1}{\sqrt{e_1 - e_3}} \left[e_3\, F(\varphi, k) + \frac{e_2 - e_3}{k^2} (F(\varphi, k) - E(\varphi, k)) \right]$$

oder wegen $e_2 - e_3 = k^2 (e_1 - e_3)$

$$\int_{e_3}^{v} \frac{v\, dv}{\tau} = \frac{1}{\sqrt{e_1 - e_3}} \left[e_1\, F(\varphi, k) - (e_1 - e_3)\, E(\varphi, k) \right],$$

so daß wegen $F(\varphi, k) = \sqrt{e_1 - e_3}\, u$

$$E(\varphi, k) = \frac{1}{\sqrt{e_1 - e_3}} (e_1\, u + \zeta(u + \omega') - \eta') \tag{65}$$

wird. Bei der Transformation A ergibt sich daher

$$E(\overline{\varphi}, \overline{k}) = \frac{1}{\sqrt{e_1 - e_2}} (e_1\, u + \zeta(u + \omega + \omega') - \eta - \eta').$$

Aus § 33, (29) folgt für $z = u + \omega'$, $w = \omega$

$$\zeta(u + \omega + \omega') = \zeta(u + \omega') + \eta + \frac{1}{2} \frac{\wp'(u + \omega')}{\wp(u + \omega') - e_1},$$

ferner ist nach (6) und (7)

$$\wp' = -2 \sqrt{(\wp - e_1)(\wp - e_2)(\wp - e_3)},$$

also wird weiter

$$E(\overline{\varphi}, \overline{k}) = \frac{1}{k'} \left(E(\varphi, k) - \sqrt{\frac{[\wp(u + \omega') - e_2]\,[\wp(u + \omega') - e_3]}{(e_1 - e_3)\,[\wp(u + \omega') - e_1]}} \right)$$

oder wegen (39) und Tabelle III (einer Vermehrung von u um ω' entspricht eine Vermehrung von t um $j\,K'$)

$$E(\overline{\varphi}, \overline{k}) = \frac{1}{k'} \left(E(\varphi, k) - \frac{\mathrm{dn}(t + j\,K')}{\mathrm{sn}(t + j\,K')\,\mathrm{cn}(t + j\,K')} \right) = \frac{1}{k'} \left(E(\varphi, k) - k^2 \frac{\mathrm{sn}\,t\,\mathrm{cn}\,t}{\mathrm{dn}\,t} \right),$$

also schließlich

$$E(\overline{\varphi}, \overline{k}) = \frac{1}{k'}\, E(\varphi, k) - \frac{k^2}{k'} \frac{\sin \varphi \cos \varphi}{\sqrt{1 - k^2 \sin^2 \varphi}} \tag{66}$$

mit

$$\overline{k} = j\,\frac{k}{k'}, \quad \tan \overline{\varphi} = k' \tan \varphi.$$

Die Ergebnisse der durchaus analogen Rechnungen für die Transformationen B, C, D und E sind in der folgenden Tabelle 6 zusammengestellt.

Tabelle VI. Transformation der Legendreschen Normalintegrale.
$$(\Delta = \sqrt{1 - k^2 \sin^2 \varphi}).$$

S	$\bar{k}$	$\sin \bar{\varphi}$	$\cos \bar{\varphi}$	$F(\bar{\varphi}, \bar{k})$	$E(\bar{\varphi}, \bar{k})$
A	$j\,\dfrac{k}{k'}$	$k'\,\dfrac{\sin \varphi}{\Delta}$	$\dfrac{\cos \varphi}{\Delta}$	$k'\,F(\varphi, k)$	$\dfrac{1}{k'}\left(E(\varphi, k) - k^2\,\dfrac{\sin 2\varphi}{2\,\Delta}\right)$
B	k'	$-j \tan \varphi$	$\dfrac{1}{\cos \varphi}$	$-j\,F(\varphi, k)$	$j\,(E(\varphi, k) - F(\varphi, k) - \Delta \tan \varphi)$
C	$\dfrac{1}{k}$	$k \sin \varphi$	Δ	$k\,F(\varphi, k)$	$\dfrac{1}{k}\,(E(\varphi, k) - k'^2\,F(\varphi, k))$
D	$\dfrac{1}{k'}$	$-j\,k' \tan \varphi$	$\dfrac{\Delta}{\cos \varphi}$	$-j\,k'\,F(\varphi, k)$	$\dfrac{j}{k'}\,(E(\varphi, k) - k'^2\,F(\varphi, k) - \Delta \tan \varphi)$
E	$-j\,\dfrac{k'}{k}$	$-j\,k\,\dfrac{\sin \varphi}{\Delta}$	$\dfrac{1}{\Delta}$	$-j\,k\,F(\varphi, k)$	$\dfrac{j}{k}\left(E(\varphi, k) - F(\varphi, k) - k^2\,\dfrac{\sin 2\varphi}{2\,\Delta}\right)$

Als Beispiel komme ich nochmals auf die Rektifikation der Hyperbel (§ 34, 8) zurück. Das letzte Resultat war

$$s = j\,b \int_0^\varphi \sqrt{1 - \frac{a^2 + b^2}{b^2}\,\sin^2 \varphi}\; d\varphi.$$

Ich schreibe $\bar{\varphi}$ statt φ, setze $\bar{k} = \dfrac{\sqrt{a^2 + b^2}}{b} = \dfrac{1}{k'}$, also $k = \dfrac{a}{\sqrt{a^2 + b^2}}$ und verwende die Zeile D der obigen Tabelle VI. Es folgt

$$s = \sqrt{a^2 + b^2}\,(E(\varphi, k) - k'^2\,F(\varphi, k) - \sqrt{1 - k^2 \sin^2 \varphi}\,\tan \varphi),$$

wobei $\sin \bar{\varphi} = -j\,k' \tan \varphi$ oder wegen $\bar{\varphi} = -j\,\psi$

$$\tan \varphi = \frac{1}{k'}\,\mathrm{sh}\,\psi = \frac{y}{k'\,b}.$$

9. Die Landensche Transformation.

Ich gehe von dem Integral

$$J = \int_0^\pi \frac{d\vartheta}{\sqrt{a^2 + 2\,a\,b \cos \vartheta + b^2}}, \qquad a + b \neq 0 \tag{67}$$

aus. Die Substitution $\vartheta = 2\,\varphi$ und eine einfache Umformung gibt mit $k = \dfrac{2\,\sqrt{a\,b}}{a + b}$

$$J = \frac{2}{a + b} \int_0^{\frac{\pi}{2}} \frac{d\varphi}{\sqrt{1 - k^2 \sin^2 \varphi}} = \frac{2}{a + b}\,K\!\left(\frac{2\,\sqrt{a\,b}}{a + b}\right). \tag{68}$$

Man kann nun J auch mittels der Substitution

$$\frac{a \sin \vartheta}{a \cos \vartheta + b} = \tan \psi$$

oder

$$a \sin (\vartheta - \psi) = b \sin \psi \tag{69}$$

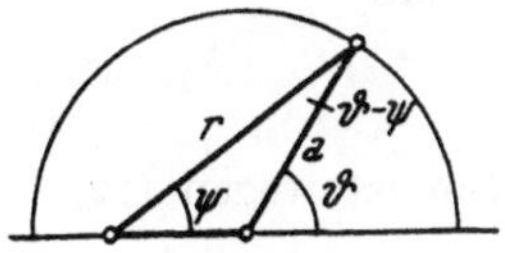

Abb. 90.

rechnen. Man vergleiche dazu die Abb. 90; r ist die Quadratwurzel im Nenner des Integranden von (67). Differentiation gibt

$$a \cos (\vartheta - \psi) = r\,\frac{d\psi}{d\vartheta}$$

und daher wegen (69)

$$J = \int\limits_0^\pi \frac{d\vartheta}{r} = \frac{1}{a} \int\limits_0^\pi \frac{d\psi}{\cos(\vartheta - \psi)} = \frac{1}{a} \int\limits_0^{\frac{\pi}{2}} \frac{d\psi}{\sqrt{1 - \frac{b^2}{a^2}\sin^2\psi}} = \frac{2}{a} K\left(\frac{b}{a}\right).$$

Also ist

$$K\left(\frac{b}{a}\right) = \frac{a}{a+b} K\left(\frac{2\sqrt{ab}}{a+b}\right). \tag{70}$$

Wegen $k = \dfrac{2\sqrt{ab}}{a+b}$ wird

$$k' = \sqrt{1-k^2} = \frac{a-b}{a+b}, \quad \frac{1-k'}{1+k'} = \frac{b}{a}, \quad \frac{1+k'}{2} = \frac{a}{a+b},$$

so daß (70) auch

$$\boxed{K(k) = \frac{2}{1+k'} K\left(\frac{1-k'}{1+k'}\right)} \tag{71}$$

geschrieben werden kann. (71) ist die *Landensche Transformation* des vollständigen Integrals erster Gattung K, sie ist eine Transformation zweiter Ordnung[1].

Ich setze $\bar{k} = \dfrac{1-k'}{1+k'}$, dann wird, wenn $k < 1$ eine reelle positive Zahl ist,

$$\bar{k} = \frac{1-k'}{1+k'} = \frac{1-k'^2}{(1+k')^2} = \frac{k^2}{(1+k')^2} < k^2 < k.$$

Für die Folge

$$k_0 = k, \quad k_1 = \bar{k}, \quad k_2 = \bar{k}_1, \ldots, k_{n+1} = \bar{k}_n, \ldots$$

ist also

$$k_1 < k^2, \quad k_2 < k_1^2 < k^4, \quad k_3 < k_2^2 < k^8, \ldots, \quad k_n < k^{2^n}, \ldots$$

so daß

$$\lim_{n\to\infty} k_n = 0 \tag{72}$$

mit einer wegen $k_n < k^{2^n}$ offenbar sehr guten Konvergenz ist. Für die Folge der komplementären Moduln $k_0' = k'$, $k_1' = \bar{k}_0'$, $\ldots$, $k'_{n+1} = \bar{k}_n'$, $\ldots$ gilt $k_n' = \sqrt{1 - k_n^2} \to 1$.

Aus (71) folgt

$$K(k) = \frac{2}{1+k'} K(k_1), \qquad K(k_1) = \frac{2}{1+k_1'} K(k_2), \ldots,$$

so daß

$$K(k) = K(k_n) \prod_{\nu=0}^{n-1} \frac{2}{1+k_\nu'}.$$

Nun ist wegen (72)

$$\lim_{n\to\infty} K(k_n) = K(0) = \frac{\pi}{2},$$

so daß

$$\lim_{n\to\infty} \prod_{\nu=0}^{n-1} \frac{2}{1+k_\nu'} = \frac{2}{\pi} K(k)$$

---

[1] Vgl. die Fußnote Seite 459.

wird, d. h. das Produkt $\prod\limits_{\nu=0}^{\infty} \dfrac{2}{1 + k_\nu{}'}$ ist konvergent und es ist

$$K(k) = \frac{\pi}{2} \prod_{\nu=0}^{\infty} \frac{2}{1 + k_\nu{}'}. \tag{73}$$

Ferner ist

$$k'_{n+1} = \sqrt{1 - k^2_{n+1}} = \sqrt{1 - \bar{k}_n{}^2} = \sqrt{1 - \left(\frac{1 - k_n{}'}{1 + k_n{}'}\right)^2} = \frac{2\sqrt{k_n{}'}}{1 + k_n{}'}.$$

Setze ich $k_n{}' = \dfrac{b_n}{a_n}$, wo a_n und b_n zwei positive Zahlen sind, so wird

$$k'_{n+1} = \frac{b_{n+1}}{a_{n+1}} = \frac{2\sqrt{\dfrac{b_n}{a_n}}}{1 + \dfrac{b_n}{a_n}} = \frac{2\sqrt{a_n b_n}}{a_n + b_n};$$

ich kann daher

$$a_{n+1} = \frac{a_n + b_n}{2}, \quad b_{n+1} = \sqrt{a_n b_n} \tag{74}$$

setzen. Wähle ich also für a_0 und b_0 zwei positive Zahlen, so daß $\dfrac{b_0}{a_0} = k' =$
$= \sqrt{1 - k^2}$ ist, so sind durch (74) zwei Zahlenfolgen $\{a_\nu\}$ und $\{b_\nu\}$ definiert, die
wegen $\lim\limits_{n\to\infty} k_n{}' = \lim\limits_{n\to\infty} \dfrac{b_n}{a_n} = 1$ einen gemeinsamen Grenzwert

$$\lim_{n\to\infty} a_n = \lim_{n\to\infty} b_n = M(a_0, b_0) \tag{75}$$

haben. $M(a_0, b_0)$ ist das *arithmetisch-geometrische Mittel* der Zahlen a_0 und b_0, vgl. Band I, § 4, 8. Es folgt

$$\frac{2}{1 + k_n{}'} = \frac{2}{1 + \dfrac{b_n}{a_n}} = \frac{a_n}{\dfrac{1}{2}(a_n + b_n)} = \frac{a_n}{a_{n+1}},$$

also

$$\prod_{\nu=0}^{n-1} \frac{2}{1 + k_\nu{}'} = \frac{a_0}{a_1} \frac{a_1}{a_2} \cdots \frac{a_{n-1}}{a_n} = \frac{a_0}{a_n}$$

und daher aus (73) und (75)

$$K(k) = \frac{\pi}{2} \lim_{n\to\infty} \frac{a_0}{a_n} = \frac{\pi\, a_0}{2\, M(a_0, b_0)}.$$

Nehme ich noch speziell $a_0 = 1$, $b_0 = k' = \sqrt{1 - k^2}$, so wird

$$\boxed{K(k) = \frac{\pi}{2\, M(1, \sqrt{1 - k^2})}.} \tag{76}$$

Wegen der besonders raschen Konvergenz der Folgen (75) gibt die Formel (76) ein sehr bequemes Mittel zur Berechnung des vollständigen elliptischen Integrals K bei gegebenem Modul k; wegen $K' = K'(k) = K(k')$ findet man ebenso K', damit $\tau = j\dfrac{K'}{K}$, $q = \exp(j\pi\tau)$, womit die ϑ-Reihen und weiter die Funktionen $\operatorname{sn} u$, $\operatorname{cn} u$ und $\operatorname{dn} u$ berechnet werden können.

Aufgaben.

1. Es sind die Integrale

$$J_1 = \int_0^x \frac{dx}{\sqrt{1+x^4}}, \quad J_2 = \int_x^1 \frac{dx}{\sqrt{1+x^4}}, \quad J_3 = \int_x^\infty \frac{dx}{\sqrt{1+x^4}}, \quad J_4 = \int_1^x \frac{dx}{\sqrt{x^4-1}},$$

$$J_5 = \int_x^1 \frac{dx}{\sqrt{1-x^4}}, \quad J_6 = \int_x^\infty \frac{dx}{\sqrt{x^3-1}}, \quad J_7 = \int_1^x \frac{dx}{\sqrt{x^3-1}}, \quad J_8 = \int_x^1 \frac{dx}{\sqrt{1-x^3}},$$

$$J_9 = \int_{-\infty}^x \frac{dx}{\sqrt{1-x^3}}$$

auf die entsprechende Legendresche Normalform zu bringen.

2. Es sind sämtliche Formeln der Tabellen I bis VI nachzurechnen.

Anhang.

Lösungen der Aufgaben.

§ 1.

1. $y'' + \omega^2 y = 0.$ 2. $y''' = 0.$

3. Zweimalige Differentiation von $A\,x^2 + B\,y^2 + C = 0$ gibt

$$A\,x + B\,y\,y' = 0, \qquad A + B\,(y'^2 + y\,y'') = 0$$

und somit

$$x\,(y'^2 + y\,y'') - y\,y' = 0.$$

4. Am einfachsten: Kreise sind Kurven konstanter Krümmung, also ist die Differentialgleichung $\varkappa' = 0$ oder etwas ausführlicher

$$\left(\frac{y''}{\sqrt{(1+y'^2)^3}}\right)' = 0.$$

5. Man kann die allgemeine Parabelgleichung in der Form $(A\,x + B\,y)^2 - 2\,C\,(A\,x + B\,y) - D\,x - E = 0$ schreiben; Auflösung nach $A\,x + B\,y$ gibt

$$A\,x + B\,y = C + \sqrt{C^2 + D\,x + E} = C + W.$$

Viermalige Differentiation gibt

$$A + B\,y' = \frac{D}{2\,W}, \quad B\,y'' = -\frac{D^2}{4\,W^3}, \quad B\,y''' = \frac{3\,D^3}{8\,W^5}, \quad B\,y^{IV} = -\frac{15\,D^4}{16\,W^7};$$

aus den letzten drei Gleichungen folgt

$$\frac{y'''}{y''} = -\frac{3\,D}{2\,W^2}, \quad \frac{y^{IV}}{y'''} = -\frac{5\,D}{2\,W^2}$$

und daher

$$3\,y''\,y^{IV} - 5\,y'''^2 = 0.$$

6. Differenziert man die allgemeine Kegelschnittgleichung $A\,x^2 + 2\,B\,x\,y + C\,y^2 + 2\,D\,x + 2\,E\,y + F = 0$ fünfmal, so enthalten die drei letzten Gleichungen nur mehr die Konstanten B, C und E, und zwar linear und homogen; die Bedingung für die Existenz einer nicht trivialen Lösung ist das Verschwinden der Koeffizientendeterminante, was nach einigen einfachen Umformungen die Differentialgleichung $9\,y''^2\,y^V - 45\,y''\,y'''\,y^{IV} + 40\,y'''^3 = 0$ gibt.

7. Jede solche Drehfläche läßt sich in der Form $z = \varphi(r) = \varphi(\sqrt{x^2 + y^2})$ schreiben; Differentiation nach x und y gibt

$$\frac{\partial z}{\partial x} = \varphi'(r)\,\frac{\partial r}{\partial x} = \varphi'(r)\,\frac{x}{r}, \qquad \frac{\partial z}{\partial y} = \varphi'(r)\,\frac{\partial r}{\partial y} = \varphi'(r)\,\frac{y}{r}$$

und daher die Differentialgleichung

$$y\,\frac{\partial z}{\partial x} - x\,\frac{\partial z}{\partial y} = 0.$$

§ 2.

1.

	Allgemeines Integral	Partikuläres Integral	Singuläres Integral
a)	$y = Cx$	$y = x$	—
b)	$x^2 - y^2 = C$	$x^2 - y^2 = 0$	—
c)	$y^2 = -2x^2 \ln|x| + Cx^2$	$y^2 = x^2(1 - 2\ln|x|)$	—
d)	$x^2 - y^2 = Cx$	$x^2 - y^2 = 0$	—
e)	$(x - y + 2)^4 = C(x + 5y + 2)$	$(x - y + 2)^4 = 8(x + 5y + 2)$	—
f)	$8y - 4x + \ln(8y + 4x + 5) = C$	$8y - 4x + \ln(8y + 4x + 5) = \ln 5$	—
g)	$(1 + x^2)y = \sin x + C$	$(1 + x^2)y = \sin x + 1$	—
h)	$x = y(\ln|x| + C)$	$x = y(\ln|x| - 1)$	—
i)	$y^2 = C e^{-2x} - 1$	$y^2 = e^{-2x} + 1$	—
j)	$y = C(x + 1 - C)$	$y = x$	$y = \dfrac{1}{4}(x + 1)^2$
k)	$y = Cx - \sin C$	$y = \pm\left(\dfrac{\pi}{2}x - 1\right)$	$y = x\arccos x - \sqrt{1 - x^2}$
l)	$2y = x^2 + C,\; y = C e^{-x} - x + 1$	$2y = x^2,\; y = -e^{-x} - x + 1$	—

2. $y = x + Cx^2$.   3. $y + \sqrt{x^2 + y^2} = C$.

4. Man findet $y = \dfrac{\bar{y}}{f}$ und $\bar{y} = z - \dfrac{1}{2}\left(\dfrac{f'}{f} + g\right)$. Damit wird $z' = z^2 + \varphi(x)$, wo

$$\varphi(x) = hf - \frac{1}{4}\left(\frac{f'}{f} + g\right)^2 + \frac{1}{2}\left(\frac{f'}{f} + g\right)'$$

ist.

5. $x = -\dfrac{1}{2}(y^2 + 1) + C e^{2y}$; die Differentialgleichung enthält den Faktor $y + 1$, da y' für $y = -1$ unbestimmt wird, ist $y = -1$ ebenfalls eine Lösung der Differentialgleichung.

6. Die partielle Differentialgleichung für den integrierenden Faktor ist $\dfrac{\partial}{\partial y}(\mu f) = 0$, also $\mu f = \varphi(x)$ oder $f(x, y) = \varphi(x)\,\dfrac{1}{\mu(y)} = \varphi(x)\,\psi(y)$. Ist umgekehrt $f(x, y) = \varphi(x)\,\psi(y)$, so ist $\mu(y) = \dfrac{1}{\psi(y)}$ ein integrierender Faktor.

8. $x^2 + n y^2 = C$.   9. $(x - c)^2 + y^2 = c^2 - a^2,\; |c| > |a|$.

10. Die Differentialgleichung der Schar ist $(a^2 - b^2)\,y' = (x y' - y)(x + y y')$ und geht in sich über, wenn man y' durch $-\dfrac{1}{y'}$ ersetzt.

§ 3.

I. a) keiner;　　b) P, weder L noch C;　　c) P und L, nicht C;　　d) allen.

2. c) $x_0 = y_0 = 0$,　$a = b = 1$,　$A \geqq \sqrt{2}$,　$M \geqq 1$,　$\alpha \leqq \dfrac{1}{\sqrt{2}}$;

　　d) $x_0 = y_0 = 0$,　$a = \infty$,　$b = 1$,　$A \geqq 1$,　$M \geqq 2$,　$\alpha \leqq 1$.

3. Die Gleichung wird homogen, wenn man $y = z^2$ setzt; das allgemeine Integral ist $y = c - \sqrt{c^2 + x^4}$. Wählt man das Vorzeichen der Wurzel positiv, so wird $y(0) = 0$ für alle $c > 0$; für den Punkt $(0, 0)$ ist die Lipschitzbedingung nicht erfüllt.

4. Die Lösungen beider Differentialgleichungen unterscheiden sich im Punkt x höchstens um $\dfrac{e^{2|x|} - 1}{2}$, also ist $A = \dfrac{e^4 - 1}{2} = 26 \cdot 8$.

5. Zu jedem $\dfrac{f(x, y_1) - f(x, y_2)}{y_1 - y_2}$ gibt es nach dem ersten Mittelwertsatz der Differentialrechnung ein gleich großes $f_y(x, y_1 + \vartheta(y_2 - y_1))$. Umgekehrt kann jedes $f_y(x, y)$ beliebig genau durch Differenzenquotienten aus der nächsten Umgebung angenähert werden.

§ 4.

2. Man erhält die Differentialgleichung $y' = 2 x y + 1$ und

$$\Theta(x) = \frac{2}{\sqrt{\pi}} e^{-x^2} x \left[1 + \frac{1}{3} (2 x^2) + \frac{1}{3 \cdot 5} (2 x^2)^2 + \frac{1}{3 \cdot 5 \cdot 7} (2 x^2)^3 + \dots \right].$$

4. $y_3 = \dfrac{1}{3} x^3 - \dfrac{x^7}{3^2 \cdot 7} + \dfrac{2 x^{11}}{3^2 \cdot 7 \cdot 11} - \dfrac{x^{15}}{3^5 \cdot 5 \cdot 7^2} + - \dots$.

5. Die $y_n(x)$ sind Näherungslösungen der Differentialgleichung $y'(y^2 + 1) = x^2$. Die durch $(0, 0)$ bestimmte Lösung heißt $y^3 + 3 y = x^3$.

§ 5.

I. a) $y'' = e^{-y} y'$ oder $z'' = - z' e^z$, $y = \ln \dfrac{B e^{Ax} + 1}{A}$, $z = \ln \dfrac{A B e^{Ax}}{B e^{Ax} + 1}$.

Kürzerer Weg: $\dfrac{dy}{dz} = e^y e^z$ führt auf die Lösung $e^{y+z} - A e^y + 1 = 0$.

　　b) Durch Elimination von y': $x z' + z + x = 0$, $z = - \dfrac{x}{2} + \dfrac{B}{x}$,

$$y = - \frac{x}{2} - \frac{B}{x} + A.$$

2. a) $y_3 = \dfrac{x^2}{2} + \dfrac{x^5}{30} + \dfrac{x^6}{48} - \dfrac{x^7}{140}$,

$$z_3 = 1 - \frac{x^2}{2} + \frac{x^3}{6} + \frac{x^4}{8} - \frac{x^5}{12} - \frac{x^6}{144} + \frac{9 x^7}{560} - \frac{x^8}{320}.$$

　　b) Die Gleichung ist äquivalent dem System

$$y' = z, \quad z' = 6 y - 3 x z, \quad x = 0, \quad y = 1, \quad z = 1.$$

Man findet: $y_4 = 1 + x + 3 x^2 + \dfrac{1}{2} x^3 - \dfrac{3}{8} x^5 + \dfrac{3}{5} x^6 - \dfrac{9}{112} x^7$,

$$z_4 = 1 + 6 x + \frac{3}{2} x^2 - \frac{3}{8} x^4 - \frac{9}{5} x^5 + \frac{93}{80} x^6 - \frac{54}{35} x^7 + \frac{27}{128} x^8.$$

3. a) $y = \dfrac{x^2}{2} + \dfrac{x^5}{30} + \dfrac{x^6}{48} - \dfrac{x^7}{140} + \dfrac{7\,x^8}{2880} + \cdots$,

$$z = 1 - \dfrac{x^2}{2} + \dfrac{x^3}{6} + \dfrac{x^4}{8} - \dfrac{x^5}{12} - \dfrac{x^6}{720} + \dfrac{x^7}{42} - \dfrac{323\,x^8}{40\,320} + \cdots;$$

b) $y = 1 + x + 3\,x^2 + \dfrac{1}{2}\,x^3 - \dfrac{3}{40}\,x^5 + \dfrac{9}{560}\,x^7 - \dfrac{3}{896}\,x^9 + \cdots$.

Rekursionsformel für die Koeffizienten: $(v + 2)\,(v + 1)\,a_{v+2} = -\,3\,(v - 2)\,a_v$. Die sukzessiven Differentiationen führen hier ebenfalls zu einer recht einfachen Koeffizientenermittlung.

4. a) $a_0 = 1,\ a_1 = 0,\ a_2 = 0,\ a_{v+2} = -\,\dfrac{a_{v-1}}{(v+1)\,(v+2)}$,

$$y = 1 - \dfrac{1}{6}\,x^3 + \dfrac{1}{180}\,x^6 - \dfrac{1}{12\,960}\,x^9 + \cdots;$$

b) $a_0 = 1,\ a_1 = -\,2,\ a_{v+1} = -\,\dfrac{(v+2)\,a_v}{(v+1)^2}$;

$$y = 1 - 2\,x + \dfrac{3}{2!}\,x^2 - \dfrac{4}{3!}\,x^3 + \cdots = \sum_{v=0}^{\infty} (-1)^v\,\dfrac{(v+1)}{v!}\,x^v.$$

5. a) $y = -\ln(x + A) + B$;

b) $\left[(y - B)^2 - \dfrac{1}{9}\,(2\,x + A)^3\right]\left[(y - B)^2 - \dfrac{1}{36}\,(4\,x + A)^3\right] = 0$;

c) $x = \displaystyle\int \dfrac{dy}{\sqrt{y^4 + A}} + B$;\qquad d) $y = \sqrt{A\,(x + B)^2 + \dfrac{1}{A}}$;

e) $y = A$ und $y = \sqrt{A}\,\tan\dfrac{\sqrt{A}}{2}\,(x + B)$, wenn $A > 0$

$$\text{oder}\quad y = -\,\dfrac{\sqrt{-A}}{\operatorname{th}\dfrac{\sqrt{-A}}{2}\,(x + B)},\quad \text{wenn } A < 0;$$

f) $y = A$ und $x = B + \displaystyle\int \dfrac{dy}{\ln y + A}$.

§ 6.

1. Setzt man $y = u \exp\left(-\dfrac{1}{2}\displaystyle\int f\,dx\right)$, so wird

$$u'' + u\left[g(x) - \dfrac{1}{2}\,f'(x) - \dfrac{1}{4}\,f^2(x)\right] = 0.$$

2. Es wird $W(x) = -\,9\,x^{-3}$, die Funktionen sind linear unabhängig.

3. Nach (19) wird $x^3\,y''' + 3\,x^2\,y'' - 2\,x\,y' + 2\,y = 0$.

4. $y = A\,x + B\cos x + C\sin x$.

5. $y = \dfrac{A + B\,x}{\cos x} + B\sin x$.

6. $y = \dfrac{x^3}{2} + A\,x + B\cos x + C\sin x$.

7. $P(x) = \displaystyle\sum_{v=0}^{n} c_{n-v}\,x^v$ in die Differentialgleichung eingesetzt, gibt $c_v = \binom{n}{v}\binom{a+v}{v}\,v!$ mit $c_0 = 1$ (zulässige Annahme). Ein zweites partikuläres Integral $y_2(x)$ ergibt sich nach dem Reduktionsverfahren:

$$y_2(x) = P(x) \int \frac{e^x\, x^{a+n}}{[P(x)]^2}\, dx.$$

8. $y = \dfrac{1}{\sqrt{x}}\, [A + B \operatorname{arch} (2\,x - 1)].$

§ 7.

1. a) $y = e^x\,(A \cos x + B \sin x) + e^{-x}\,(C \cos x + D \sin x);$

   b) $y = (A + B\,x) \cos x + (C + D\,x) \sin x.$

2. a) $y = (A + B\,x)\, e^{-x} + x^2 - 4\,x + 6;$

   b) $y = A\, e^x + B \cos x + C \sin x + x\,(e^x + \cos x + \sin x);$

   c) $y = A\, e^{-x} + B\, e^{-2x} + (e^{-x} + e^{-2x}) \ln (1 + e^x);$

   d) $y = A \cos x + B \sin x + \sin x \ln \tan \dfrac{x}{2}.$

3. a) $y = A \cos 2\,x + B \sin 2\,x + \dfrac{x^2 \sin 2\,x}{8} + \dfrac{x \cos 2\,x}{16};$

   b) $y = \left(A + B\,x + \dfrac{x^2}{2} + \dfrac{x^3}{6} + \dfrac{x^4}{12}\right) e^x;$

   c) $y = A + B\, e^x + C\, e^{-x} + \dfrac{x}{2}\, e^x.$

4. a) $y = -\dfrac{1}{2}\,(x + 2) \sin x + \dfrac{1}{2}\,(x - 1) \cos x + A + B\, e^x;$

   b) $y = -\dfrac{\sin 2\,x}{3} + A \cos x + B \sin x;$

   c) $y = \dfrac{x^2}{4} + \dfrac{x}{2} + \dfrac{3}{8} + A\, e^{2x} + B\,x\, e^{2x};$

   d) $y = A\, e^{-5x} + B\, e^{-8x};$

   e) $y = e^{-3x}\,(A \cos 5\,x + B \sin 5\,x).$

5. a) $y = A\, e^{2x} + B\, e^x + x\, e^{2x};$

   b) $y = \dfrac{x}{2}\, e^x + A\, e^x + B\, e^{-x};$

   c) $y = -\dfrac{5}{2}\,x \cos x + A \sin x + B \cos x.$

6. a) $y = A \cos (2 \ln x) + B \sin (2 \ln x);$

   b) $y = A\,x + \dfrac{B}{x^2} + C\,x^3 + \left(x - \dfrac{8}{x}\right) \cos x + \left(-4 + \dfrac{8}{x^2}\right) \sin x;$

   c) Das ist keine Eulersche Gleichung; setzt man aber $y'' + y = u$, so
folgt $x\,u' - u = 0$ und $y = A\,x + B \cos x + C \sin x$ (vgl. § 6, Aufgabe 4).

§ 8.

1. $y = A \cos n\,x + B \sin n\,x + \dfrac{\cos m\,x}{n^2 - m^2}$

und für $n = m$

$$y = A \cos n\,x + B \sin n\,x + \dfrac{x \sin n\,x}{2\,n}.$$

2. $y = A\, e^x + B\, e^{-x} - \dfrac{2}{\pi} \sum_{\nu=0}^{\infty} \dfrac{\sin (2\,\nu + 1)\,x}{(2\,\nu + 1)\,(2\,\nu^2 + 2\,\nu + 1)};$ die Fourierentwicklung der Störungsfunktion ist (Band II, § 6, 7)

$$h(x) = \dfrac{4}{\pi} \sum_{\nu=0}^{\infty} \dfrac{\sin (2\,\nu + 1)\,x}{2\,\nu + 1}.$$

§ 9.

1. Das Fundamentalsystem $\overset{1}{y_1} = 1$, $\overset{1}{y_2} = x$; $\overset{2}{y_1} = x$, $\overset{2}{y_2} = 1$ ist leicht zu erraten, ansonsten führt ein Potenzreihenansatz sofort dazu. Somit ist

$$y_1 = A\,x + B, \quad y_2 = B\,x + A$$

die allgemeine Lösung.

2. Der Potenzreihenansatz führt auf die Lösung $\overset{1}{\eta_1} = 1 + x^2$, $\overset{1}{\eta_2} = x$ des homogenen Systems. Reduktion nach (15) gibt $u_1 = \dfrac{1}{x\,(x^2 + 1)}$, $u_2 = \dfrac{1}{x^2 + 1}$ und damit $\overset{2}{\eta_1} = \dfrac{1}{x}$, $\overset{2}{\eta_2} = \dfrac{2}{x^2 + 1}$, also

$$\eta_1 = A\,(x^2 + 1) + \frac{B}{x}, \quad \eta_2 = A\,x + \frac{2\,B}{x^2 + 1}$$

als allgemeine Lösung des homogenen Systems. Eine partikuläre Lösung des inhomogenen Systems ergibt sich daraus durch Variation der Konstanten:

$$\overset{0}{y_1} = (x^2 + 1)\ln(x^2 + 1) + \frac{1}{x}\ln x + \frac{1}{3} + \frac{3\,x}{2},$$

$$\overset{0}{y_2} = x\ln(x^2 + 1) + \frac{2\ln x}{x^2 + 1} + 2 - \frac{1}{3}\,x + \frac{2\,x - 9}{3\,(x^2 + 1)}$$

wobei die rationalen Glieder mit Hilfe von η_1 und η_2 noch etwas vereinfacht wurden.

3. $y_1 = A\,e^{-x} + B\,e^{-2x} + C\,e^{3x},$

$y_2 = A\,e^{-x} + \dfrac{2}{5}\,B\,e^{-2x} + \dfrac{1}{5}\,C\,e^{3x},$

$y_3 = A\,e^{-x} + \dfrac{4}{5}\,B\,e^{-2x} - \dfrac{3}{5}\,C\,e^{3x}.$

4. $y_1 = (A + B\,x)\,e^{-4x} + \dfrac{25}{128} - \dfrac{x}{16} + \dfrac{3\,x^2}{16} - \dfrac{1}{36}\,e^{2x},$

$y_2 = -(A + B + B\,x)\,e^{-4x} + \dfrac{11}{128} - \dfrac{x}{16} + \dfrac{x^2}{16} + \dfrac{7}{36}\,e^{2x}.$

5. $y_1 = (A + B\,x)\,e^{-4x} + \dfrac{4}{25}\,e^x - \dfrac{1}{36}\,e^{2x},$

$y_2 = -(A + B + B\,x)\,e^{-4x} + \dfrac{1}{25}\,e^x + \dfrac{7}{36}\,e^{2x}.$

6. $y_1 = \left(5\,A + \dfrac{2}{5}\,B + 5\,B\,x\right)e^{2x} + C\,e^{3x} + \dfrac{27}{2}\,e^x -$

$\qquad - \dfrac{1}{432}\,(588\,x + 443)\,e^{-x} + \dfrac{31}{12}\,x^2 + \dfrac{115}{18}\,x + \dfrac{1189}{216},$

$y_2 = \left(A - \dfrac{4}{5}\,B + B\,x\right)e^{2x} + 5\,e^x - \dfrac{1}{27}\,(24\,x + 13)\,e^{-x} + \dfrac{5}{4}\,x^2 +$

$\qquad + \dfrac{5}{2}\,x + \dfrac{15}{8},$

$y_3 = -(4\,A + B + 4\,B\,x)\,e^{2x} - C\,e^{3x} - \dfrac{19}{2}\,e^x +$

$\qquad + \dfrac{1}{432}\,(348\,x + 283)\,e^{-x} - \dfrac{11}{6}\,x^2 - \dfrac{79}{18}\,x - \dfrac{419}{108}.$

7. $y_1 = A\cos\left(\sqrt{2}\,x + \alpha\right) + B\cos\left(\sqrt{3}\,x + \beta\right) + \cos 2\,x - 2\sin 2\,x + \cos x,$

$y_2 = -A\cos\left(\sqrt{2}\,x + \alpha\right) - \dfrac{A}{2\sqrt{2}}\sin\left(\sqrt{2}\,x + \alpha\right) - B\cos\left(\sqrt{3}\,x + \beta\right) -$

$\qquad - \dfrac{B}{\sqrt{3}}\sin\left(\sqrt{3}\,x + \beta\right) - \dfrac{5}{2}\cos 2\,x + \sin 2\,x - \cos x.$

§ 10.

1. Die Funktionaldeterminante $\varDelta = \begin{vmatrix} 2\,x & -2\,y \\ 1 & 1 \end{vmatrix} = 2\,(x+y)$ verschwindet in allen Punkten der Geraden $x+y=0$ ($v=0$). Die Kurven $u=$ konst. sind gleichseitige Hyperbeln, die Kurven $v=$ konst. eine Schar paralleler Geraden. Die beiden Kurven $u=0$ und $v=0$ haben die ganze Gerade $v=0$, d. h. $x+y=0$ gemeinsam, im übrigen ist die inverse Abbildung

$$x = \frac{v^2+u}{2\,v}, \qquad y = \frac{v^2-u}{2\,v}$$

eindeutig.

2. Vgl. Band II, § 12, Aufgabe 2. Die Funktionaldeterminante $\varDelta = 2\,(x^2+y^2)$ verschwindet nur für $x=y=0$, die inverse Abbildung

$$x = \frac{1}{\sqrt{2}}\sqrt{\sqrt{u^2+v^2}+u}, \qquad y = \frac{1}{\sqrt{2}}\sqrt{\sqrt{u^2+v^2}-u}$$

ist nur im Punkt $(0,0)$ eindeutig, aber sonst überall zweideutig, dem Punkt (u,v) entsprechen zwei Punkte (x,y) und $(-x,-y)$.

3. Die Funktionaldeterminante $\varDelta = 3\,(x^2+y^2)$ verschwindet wieder nur im Punkt $x=y=0$; die inverse Abbildung ist überall eindeutig (eliminiert man y, so ergibt sich für x die kubische Gleichung $2\,x^3 - 3\,v\,x^2 + 3\,v^2\,x - v^3 - u = 0$, die für alle u, v nur eine reelle Wurzel hat.

4. Für die Einhüllende $\mathfrak{H}$ gelten die Gleichungen (25), d. h.

$$(\xi - x)\,p + (\eta - y)\,q = \zeta - z$$

und [Differentiation nach u unter Berücksichtigung von (30)]

$$(\xi - x)\,\dot{p} + (\eta - y)\,\dot{q} = 0.$$

Setzt man mit einem Parameter v

$$\xi = x + v\,\dot{q}$$
$$\eta = y - v\,\dot{p}$$
$$\zeta = z + v\,(p\,\dot{q} - q\,\dot{p}),$$

so hat man bereits (mit den Parametern u, v) eine Parameterdarstellung der Einhüllenden $\mathfrak{H}$. Da v nur linear vorkommt, ist $\mathfrak{H}$ eine Regelfläche (die Kurven $u=$ konst. sind Gerade). $v=0$ ist die gegebene Kurve $\mathfrak{C}$. Für den Normalenvektor von $\mathfrak{H}$ längs $\mathfrak{C}$ erhält man

$$\mathfrak{n} = \begin{vmatrix} \mathfrak{i} & \mathfrak{j} & \mathfrak{k} \\ \dot{x} & \dot{y} & \dot{z} \\ \dot{q} & -\dot{p} & p\,\dot{q}-q\,\dot{p} \end{vmatrix} = (\dot{x}\,p + \dot{y}\,q)\,(p\,\mathfrak{i} + q\,\mathfrak{j} - \mathfrak{k});$$

$\mathfrak{n}$ hat also die Richtung $(p, q, -1)$, die Tangentenebenen von $\mathfrak{H}$ längs $\mathfrak{C}$ sind gerade die Flächenelemente (28).

§ 11.

1. $y = \varPhi(z) - x\,z; \quad z = \frac{1}{2}\left(x + \sqrt{x^2+4\,y}\right), \quad \varPhi(z) = z^2.$

2. Die charakteristischen Gleichungen sind $\dot{x} = x,\ \dot{y} = y,\ \dot{z} = x^2+y^2,\ \dot{w} = 0$; man erhält sofort

$$x = A\,e^u, \qquad y = B\,e^u, \qquad z = \frac{1}{2}\,(A^2+B^2)\,e^{2\,u} + C = \frac{1}{2}\,(x^2+y^2) + C, \qquad w = D$$

mit den Konstanten A, B, C, D. Somit sind

$$\varphi_1 = \frac{y}{x} \quad \text{und} \quad \varphi_2 = \frac{1}{2}(x^2 + y^2) - z$$

ein Fundamentalsystem,

$$w = \Phi\left(\frac{y}{x}, \frac{1}{2}(x^2 + y^2) - z\right)$$

das allgemeine Integral. Durch die Anfangs-$\mathfrak{B}_2$

$$x = v_1, \quad y = v_2, \quad z = 0, \quad w = v_1 + v_2$$

geht die Integral-$\mathfrak{B}_3$

$$x = v_1 e^u, \quad y = v_2 e^u, \quad z = \frac{1}{2}(v_1^2 + v_2^2)(e^{2u} - 1), \quad w = v_1 + v_2.$$

Elimination der Parameter u, v_1, v_2 gibt

$$w = \frac{x + y}{\sqrt{x^2 + y^2}}\sqrt{x^2 + y^2 - 2z}.$$

3. $z = e^{-y}\Phi(x e^y) - y + 1$; $\quad z = x - y + 1$, $\quad \Phi(A) = A$.

4. $\Phi(y^2 - 2yz - z^2, \ x^2 + y^2 + z^2) = 0$; $\quad z = \dfrac{x^2 + 2y^2}{2y}$, $\quad \Phi(A, B) = A + B$.
Die charakteristischen Gleichungen sind $\dot{x} = \dfrac{1}{x}(z^2 - 2yz - y^2)$, $\dot{y} = y + z$,
$\dot{z} = y - z$. Die beiden letzten Gleichungen geben $\dfrac{dz}{dy} = \dfrac{y - z}{y + z}$, also
$y^2 - 2yz - z^2 = A$. Multipliziert man die charakteristischen Gleichungen mit x,
bzw. y und z, und addiert man alle drei, so folgt $x\dot{x} + y\dot{y} + z\dot{z} = 0$,
also $x^2 + y^2 + z^2 = B$.

§ 12.

1a. Anfangsstreifen: $x_0 = 0$, $y_0 = v$, $z_0 = 2v$, $p_0 = 0$, $q_0 = 2$; wegen $\dot{u} = 1$
kann man x als unabhängige Veränderliche nehmen:

$$y' = -x \cos x q, \quad z' = p - x q \cos x q, \quad p' = q \cos x q, \quad q' = 0,$$

also $q = 2$, $p = \sin 2x$ und aus $y' = -x \cos 2x$, $\quad z' = \sin 2x - 2x \cos 2x$,

$$y = -\frac{1}{4}\cos 2x - \frac{x}{2}\sin 2x + v + \frac{1}{4}, \quad z = -\cos 2x - x \sin 2x + 2v + 1.$$

Elimination von v gibt

$$z = 2y + \sin^2 x.$$

1b. Aus der letzten charakteristischen Gleichung $\dot{q} = 0$ folgt, daß $q = a$
ein Vorintegral ist. Aus $\dfrac{\partial z}{\partial x} = \sin a x$ folgt $z = -\dfrac{1}{a}\cos a x + \varphi(y)$, durch
Differentiation nach y $q = a = \varphi'(y)$, also $\varphi(y) = ay + b$ und daher das vollständige Integral

$$z = -\frac{1}{a}\cos a x + a y + b.$$

Zum Anfangsstreifen $0, v, 2v, 0, 2$ gehören die Werte $a = 2$, $b = 2v + \dfrac{1}{2} - 2v = \dfrac{1}{2}$,
also $z = -\dfrac{1}{2}\cos 2x + 2y + \dfrac{1}{2} = \sin^2 x + 2y$.

2a. Anfangsstreifen: $x_0 = 0$, $\quad y_0 = v$, $\quad z_0 = (1 + v)^2$, $\quad p_0 = \sqrt{6}(1 + v)$,
$q_0 = 2(1 + v)$. Charakteristische Gleichungen: $\dot{x} = 2p$, $\dot{y} = -2q$, $\dot{z} = 2(p^2 - q^2) = 4z$
$\dot{p} = 2p$, $\dot{q} = 2q$, also ist $p = \sqrt{6}(1 + v)e^{2u}$, $q = 2(1 + v)e^{2u}$, dann

$$x = \sqrt{6}\,(1 + v)\,(e^{2u} - 1), \quad y = (1 + v)\,(3 - 2\,e^{2u}) - 1, \quad z = (1 + v^2)\,e^{4u}$$

und somit

$$z = \left(\sqrt{\frac{3}{2}}\,x + y + 1\right)^2.$$

2b. Aus den charakteristischen Gleichungen $\dot{x} = 2\,p$, $\dot{y} = -2\,q$, $\dot{p} = 2\,p$, $\dot{q} = 2\,q$ folgen sofort die Vorintegrale $p - x = a$, $q + y = b$ und daher das vollständige Integral

$$z = \frac{1}{2}\,[(a + x)^2 - (b - y)^2].$$

Für den Anfangsstreifen 0, v, $(1 + v)^2$, $\sqrt{6}\,(1 + v)$, $2\,(1 + v)$ wird $a = \sqrt{6}\,(1 + v)$, $b = 2 + 3\,v$, also $z = \frac{1}{2}\,[(\sqrt{6} + \sqrt{6}\,v + x)^2 - (2 + 3\,v - y)^2]$. Differentiation nach v gibt $v = \sqrt{\frac{2}{3}}\,x + y$, also z wie oben.

3a. Anfangsstreifen: $x_0 = v$, $y_0 = 0$, $z_0 = a^3\,v + b$, $p_0 = a^3$, $q_0 = a^2$. Charakteristische Gleichungen: $\dot{x} = 2\,a^3$, $\dot{y} = -3\,a^4$, $\dot{z} = -a^6$, $\dot{p} = \dot{q} = 0$; das gibt sofort $x = 2\,a^3\,u + v$, $y = -3\,a^4\,u$, $z = -a^6\,u + a^3\,v + b$ oder

$$z = a^3\,x + a^2\,y + b.$$

3b. Aus $\dot{p} = 0$ folgt $p = A$, $z = A\,x + \varphi(y)$, $q = \varphi'(y) = A^{\frac{2}{3}}$, $\varphi(y) = A^{\frac{2}{3}}\,y + B$ und daher das vollständige Integral $z = A\,x + A^{\frac{2}{3}}\,y + B$. Für den Anfangsstreifen v, 0, $a^3\,v + b$, a^3, a^2 wird $A = a^3$, $B = b$, somit z wie oben.

4a. Anfangsstreifen: $x_0 = v$, $y_0 = z_0 = p_0 = 0$, $q_0 = \frac{1}{v}$. Die charakteristischen Gleichungen $\dot{x} = \frac{1}{x}\,e^p$, $\dot{y} = -1$, $\dot{z} = \frac{p}{x}\,e^p - q$, $\dot{p} = \frac{1}{x^2}\,e^p$, $\dot{q} = 1$ geben sofort $y = -u$, $q = u + \frac{1}{v}$; aus der ersten und vierten Gleichung folgt $\frac{\dot{x}}{x} = \dot{p}$, also $p = \ln \frac{x}{v}$, $\dot{x} = \frac{1}{v}$, $x = \frac{u}{v} + v$, $p = \ln \left(\frac{u}{v^2} + 1\right)$; die dritte Gleichung wird

damit $\dot{z} = \frac{1}{v}\,\ln \left(\frac{u}{v^2} + 1\right) - u - \frac{1}{v}$, $\quad z = \frac{1}{v} \int\limits_0^u \ln \left(\frac{u}{v^2} + 1\right) du - \frac{u^2}{2} - \frac{u}{v}$ oder

$z = \left(\frac{u}{v} + v\right) \ln \left(\frac{u}{v^2} + 1\right) - 2\,\frac{u}{v} - \frac{1}{2}\,u^2$. Elimination von u, v gibt die Integralfläche

$$z = x \ln \frac{2\,x}{x + \sqrt{x^2 + 4\,y}} - \frac{1}{2}\,y^2 - x + \sqrt{x^2 + 4\,y}.$$

4b. Aus den charakteristischen Gleichungen $\dot{x} = \frac{1}{x}\,e^p$, $\dot{y} = -1$, $\dot{p} = \frac{1}{x^2}\,e^p$, $\dot{q} = 1$ folgt $\dot{y} + \dot{q} = 0$, also $y + q = a$ als Vorintegral. $q = a - y$ gibt integriert $z = a\,y - \frac{1}{2}\,y^2 + \varphi(x)$, aus der Differentialgleichung findet man dann $\frac{1}{x}\,e^{\varphi'(x)} = a$, $\varphi'(x) = \ln a + \ln x$, $\varphi(x) = x \ln a + x \ln x - x + b$ und damit das vollständige Integral

$$z = x \ln a + x \ln x - x + a\,y - \frac{1}{2}\,y^2 + b.$$

Für den Anfangsstreifen v, 0, 0, 0, $\frac{1}{v}$ wird $a = \frac{1}{v}$, $b = v$, also

$$z = -x \ln v + x \ln x - x + \frac{y}{v} - \frac{1}{2}\,y^2 + v,$$

durch Differentiation nach v

$$0 = -\frac{x}{v} - \frac{y}{v^2} + 1,$$

also $v = \frac{1}{2}\left(x + \sqrt{x^2 + 4\,y}\right)$ und z wie oben.

5a. Anfangsstreifen: $0,\ v,\ e^{-2v},\ -\frac{1}{2}\,e^{-2v},\ -2\,e^{-2v}$. Charakteristische Gleichungen: $\dot{x} = q,\ \dot{y} = p,\ \dot{z} = 2\,p\,q = 2\,z^2,\ \dot{p} = 2\,p\,z,\ \dot{q} = 2\,q\,z$; die dritte gibt $\frac{\dot{z}}{z^2} = 2,\ -\frac{1}{z} = 2\,u - e^{2v},\ z = \dfrac{1}{e^{2v} - 2\,u}$, die beiden letzten $p\,\dot{q} - q\,\dot{p} = 0$, $q = 4\,p$. Aus der Differentialgleichung bekommt man $4\,p^2 = z^2,\ p = -\dfrac{z}{2} =$

$$= -\frac{1}{2\,e^{2v} - 4\,u},\ q = -\frac{2}{e^{2v} - 2\,u}.$$ Die erste Gleichung $\dot{x} = q$ gibt also $x =$

$$= -2\int_0^u \frac{du}{e^{2v} - 2\,u} = \ln(1 - 2\,u\,e^{-2v}). \quad \text{Aus } \dot{y} = p = \frac{1}{4}\,q = \frac{1}{4}\,\dot{x} \text{ folgt } y =$$

$$= \frac{1}{4}\,x + v. \text{ Somit wird } 1 - 2\,u\,e^{-2v} = e^x,\ e^{2v} - 2\,u = e^{x+2v} = e^{x + 2\,y - \frac{x}{2}} =$$

$$= e^{\frac{x}{2} + 2\,y} \text{ und daher } z = e^{-\frac{x}{2} - 2\,y}.$$

5b. Ein Vorintegral ist $\frac{q}{p} = a^2,\ q = a^2\,p$, daraus $a^2\,p^2 = z^2,\ p = \frac{z}{a},\ \frac{dz}{z} = \frac{dx}{a}$,

$\ln z = \frac{x}{a} + \ln \varphi(y),\ z = \varphi(y)\,e^{\frac{x}{a}}$. Zur Bestimmung von $\varphi(y)$: $p = \frac{1}{a}\,z,\ q =$

$= \varphi'(y)\,e^{\frac{x}{a}} = a^2\,p = a\,z = a\,\varphi(y)\,e^{\frac{x}{a}}$, also $\frac{\varphi'}{\varphi} = a$ und $\varphi = b\,e^{a\,y}$. Vollständiges

Integral: $z = b\,e^{\frac{x}{a} + a\,y}$. Für $a = -2,\ b = 1$ ergibt sich daraus die Integralfläche durch die Anfangskurve $x = 0$ wie oben.

§ 13.

1. a) Man findet für $x > 0$ (elliptischer Fall) die Charakteristiken $y \pm \frac{2}{3}\sqrt{x^3}\,j = c$; setzt man $\xi = y,\ \eta = \frac{2}{3}\sqrt{x^3}$, so folgt die transformierte Gleichung

$$x\left(z_{\xi\xi} + z_{\eta\eta} + \frac{1}{3\,\eta}\,z_\eta\right) = 0.$$

Ist $x < 0$ (hyperbolischer Fall), so werden die Charakteristiken $y \pm \frac{2}{3}\sqrt{-x^3} = c$ (Neilsche Parabeln); die Transformation $\xi = y + \frac{2}{3}\sqrt{-x^3}$, $\eta = y - \frac{2}{3}\sqrt{-x^3}$ gibt die Gleichung

$$x\left[4\,z_{\xi\eta} + \frac{2}{3\,(\xi - \eta)}\,(z_\xi - z_\eta)\right] = 0.$$

b) Hyperbolische Gleichung; Charakteristiken $x\,y = A,\ \frac{y}{x} = B$; die Transformation $\xi = x\,y,\ \eta = \frac{y}{x}$ gibt die Gleichung

$$-2\,\eta\,(2\,\xi\,z_{\xi\eta} - z_\eta) = 0.$$

c) Elliptische Gleichung; Charakteristiken $x^2 \pm j\,y^2 = C$, die Transformation $\xi = x^2,\ \eta = y^2$ gibt die Gleichung

$$4\,\xi\,\eta\left(z_{\xi\xi} + z_{\eta\eta} + \frac{1}{2\,\xi}\,z_\xi + \frac{1}{2\,\eta}\,z_\eta\right) = 0.$$

d) Parabolische Gleichung; Charakteristiken $x\,e^y = C$, die Transformation $\xi = x$, $\eta = x\,e^y$ gibt

$$\xi^2\,z_{\xi\xi} - \eta\,z_\eta = 0.$$

2. Wegen $1 - 4\,\lambda + 3\,\lambda^2 = 0$, $\lambda = 1,\ \frac{1}{3}$, wird nach (22) die Lösung

$$z = \varphi(x + y) + \psi(3\,x + y).$$

Für $x = z = 0$ folgt

$$\varphi(y) + \psi(y) = 0,$$

also $\psi(y) = -\varphi(y)$ und daher

$$z = \varphi(x + y) - \varphi(3\,x + y).$$

Nun muß noch

$$1 = \varphi(2\,x) - \varphi(4\,x)$$

sein; die Konstanz der rechten Seite kann durch $\varphi(x) = C \ln x$ erreicht werden; das gibt $1 = C \ln \frac{1}{2}$ oder $C = -\frac{1}{\ln 2}$ und damit endgültig

$$z = \frac{1}{\ln 2}\ln \frac{3\,x + y}{x + y}.$$

3. Am einfachsten mit Hilfe eines Ansatzes für die Störungsfunktionen x, bzw. $\cos m\,x \cos n\,y$, wie bei den gewöhnlichen linearen Differentialgleichungen zu behandeln.

a) $z = \varphi(y + a\,x) + \psi(y - a\,x) + \dfrac{x^3}{6}$;

b) $z = \varphi(x + j\,y) + \psi(x - j\,y) - \dfrac{\cos m\,x \cos n\,y}{m^2 + n^2}$.

4. $z = x^{-\frac{y^2}{2}}\left[\displaystyle\int x^{\frac{y^2}{2}}\,\frac{x + \varphi(y)}{(\ln x)^y}\,dy + \psi(x)\right]$.

5. Die Rechnung wird sogar einfacher als in Ziffer 6, besonders wenn man die Summenzeichen wegläßt und dafür das Summationsübereinkommen für doppelte Indizes in Kraft setzt. Mit

$$P_i = a_{ij}\,v\,\frac{\partial u}{\partial x_j} - u\,\frac{\partial(a_{ij}\,v)}{\partial x_j} + b_i\,u\,v$$

wird

$$v\,L(u) = \frac{\partial P_i}{\partial x_i} + u\,M(v),$$

wo

$$M(v) = \frac{\partial^2(a_{ij}\,v)}{\partial x_i\,\partial x_j} - \frac{\partial(b_i\,v)}{\partial x_i} + c\,v$$

der adjungierte Differentialausdruck ist. (34) geht über in $v\,L(u) - u\,M(v) = \dfrac{\partial P_i}{\partial x_i}$. $L(u)$ ist selbst adjungiert, wenn

$$b_i = \frac{\partial a_{ij}}{\partial x_j}.$$

§ 14.

2. Man findet leicht $\varphi_0 = x + y$, $\varphi_1 = (x + y)\left(1 - \frac{1}{2}\,x\,y\right)$, $\varphi_2 = (x + y)\cdot$

$\cdot\left(1 - \frac{1}{2}\,x\,y + \frac{1}{4}\,x^2\,y^2\right)$, kann dann den Ansatz $\varphi_n = (x + y)\displaystyle\sum_{\nu=0}^{n} a_\nu\,x^\nu\,y^\nu$ versuchen, φ_{n+1} rechnen und damit a_n zunächst durch eine Rekursionsformel bestimmen. Es folgt

$$z = (x + y) \sum_{\nu=0}^{\infty} (-1)^{\nu} \frac{1 \cdot 3 \cdots (2\nu - 1)}{\nu!(\nu+1)!} \, x^{\nu} y^{\nu} = (x + y) \sum_{\nu=0}^{\infty} (-1)^{\nu} \frac{(2\nu)! \, x^{\nu} y^{\nu}}{2^{\nu}(\nu!)^3 (\nu+1)}.$$

3. Für die Greensche Funktion v haben wir die Anfangsbedingungen $\bar{f}(x) = \frac{x}{\xi}$, $\bar{g}(y) = 1$; die adjungierte Differentialgleichung ist $\frac{\partial^2 v}{\partial x \, \partial y} - \frac{\partial}{\partial y} \frac{v}{x} = \frac{\partial}{\partial y}\left(\frac{\partial v}{\partial x} - \frac{v}{x}\right) = 0$, daraus folgt $v = x \, \psi(y) + \varphi(x)$; die Anfangsbedingungen sind erfüllt für $\psi(y) = \frac{1-\xi}{\xi}$, $\varphi(x) = x$, also ist

$$v(x, y; \xi, \eta) = \frac{x}{\xi}.$$

a) Aus (20) folgt

$$u(\xi, \eta) = \frac{1}{\xi} + \int_1^{\eta} \frac{1}{\xi}\left(-\frac{1}{y^2}\right) dy + \int_1^{\xi}\int_1^{\eta} \frac{1}{xy} \frac{x}{\xi} \, dx \, dy = \frac{1}{\xi\eta} + \frac{\xi-1}{\xi} \ln |\eta|.$$

b) Aus (22) folgt $(\alpha = 1 - \eta, \; \beta = 1 - \xi)$

$$u(\xi, \eta) = \frac{1}{2\,\eta\,(1-\eta)} \frac{1-\eta}{\xi} + \frac{1}{2\,\xi(1-\xi)} - \int_{\eta}^{1-\xi} \frac{1}{2} \frac{x}{\xi}\left(-\frac{1}{y^2}\right) dy +$$

$$+ \int_{1-\eta}^{\xi} \left[\frac{1}{2} \frac{x}{\xi}\left(-\frac{1}{x^2}\right) + \left(\frac{1}{x} + \frac{1}{y}\right)\left(\frac{1}{\xi} - \frac{1}{2\xi}\right)\right] dx + \int\int \frac{1}{xy} \frac{x}{\xi} \, dx \, dy =$$

$$= \frac{1}{2\,\xi\,\eta} + \frac{1}{2\,\xi\,(1-\xi)} + \frac{1}{2\,\xi}\int_{\eta}^{1-\xi} \frac{1-y}{y^2} \, dy + \frac{1}{2\,\xi}\int_{1-\eta}^{\xi} \frac{dx}{y} + \frac{1}{\xi}\int_{1-\eta}^{\xi} dx \int_{1-x}^{\eta} \frac{dy}{y} =$$

$$= \frac{1}{\xi\,\eta} + \ln\left|\frac{\eta}{1-\xi}\right| + \frac{\xi+\eta-1}{\xi}.$$

§ 15.

1. Die Eulersche Differentialgleichung gibt $-6\,(x\,y' - y)\,y'' = 0$, also entweder $y = A\,x + B$ oder wegen $x\,y' - y = x^2\left(\frac{y}{x}\right)'$ noch die Lösungen $\frac{y}{x} = $ konst., die aber für $B = 0$ in dem obigen allgemeinen Integral enthalten sind. Die Randwertaufgabe ist immer eindeutig lösbar.

2. Aus (31) folgt ein erstes Integral

$$y\,\sqrt{1 + y'^2} = B$$

und daraus

$$y = \sqrt{B^2 - (x - A)^2}$$

als allgemeines Integral. Die Extremalen sind also Halbkreise mit den Mittelpunkten auf der x-Achse. Die Randwertaufgabe ist immer eindeutig lösbar, wenn nur $a_1 > 0$, $b_1 > 0$ ist. Die natürlichen Randbedingungen geben $y'(a) = 0$, $y'(b) = 0$. Es gibt also keine Lösungen, wenn weder in a noch in b feste Randwerte vorgeschrieben sind, weil es keinen Halbkreis mit dem Mittelpunkt auf der x-Achse gibt, der beide Geraden $x = a$ und $x = b$ senkrecht schneidet. Dagegen gibt es eine eindeutig bestimmte Lösung, wenn nur ein Rand frei ist, z. B. $x = b$. Der Halbkreis durch (a, a_1) mit $a_1 > 0$, der auf $x = b$ senkrecht steht, hat seinen Mittelpunkt in $(b, 0)$.

3. Aus (31) oder, was hier fast noch einfacher ist, aus $E_y(f) = 0$ folgt sofort

$$y = A \sin (x - \alpha).$$

Die Extremalen durch (o, o) bilden eine einparametrige Schar $y = A \sin x$. Ist $b_1 = 0$, so ergibt sich entweder nur die Lösung $y = 0$ oder, wenn $b = k\pi$ ist, unendlich viele Lösungen $y = A \sin x$ mit beliebigem A. Ist $b_1 \neq 0$, so ist die Lösung immer eindeutig bestimmt. Die natürlichen Randbedingungen sind wieder $y'(a) = 0$, $y'(b) = 0$; wegen $y' = A \cos (x - \alpha)$ folgt, wenn beide Ränder frei sind, entweder $y = 0$ oder unendlich viele Lösungen, wenn $b = a + k\pi$ ist. Ist nur $a = a_1 = 0$ vorgeschrieben, so gibt es am freien Rand b nur eine Lösung, wenn $b = \dfrac{\pi}{2} + k\pi$ ist.

4. Erfüllt die Kurve $y(x)$ die beiden Bedingungen $y > 0$ und $-1 < y' < +1$, so wird bei genügend kleinem ε auch die Vergleichskurve $\bar{y}(x) = y(x) + \varepsilon v(x)$ diesen Bedingungen genügen, so daß durch die Beschränkung der Ableitung keine zusätzliche Beschränkung der zulässigen Funktionen erfolgt und die Überlegungen von Ziffer 3 ihre Gültigkeit behalten. Das allgemeine Integral der Eulerschen Gleichungen ist, wie man leicht nachrechnet,

$$y = \beta - \frac{(x - \alpha)^2}{4\beta}$$

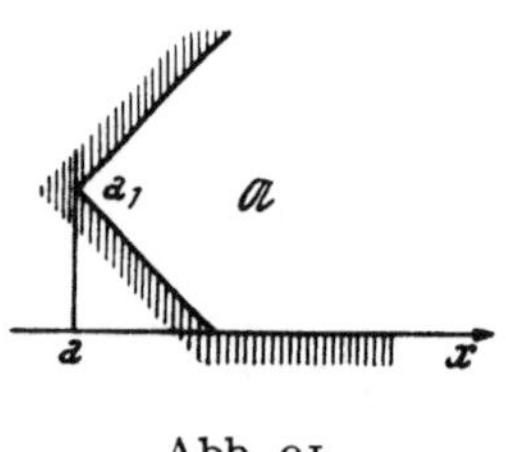

Abb. 91.

mit den Konstanten α, β; die Extremalen sind also Parabeln, deren Brennpunkte auf der x-Achse liegen und deren Achsen der negativen y-Achse parallel sind. Denken wir uns den Anfangspunkt (a, a_1) beliebig mit $a_1 > 0$ angenommen, so bedeutet die schon im Text der Aufgabe angegebene Ungleichung, daß alle zulässigen Kurven in dem in Abb. 91 angedeuteten, sich ins Unendliche erstreckenden Bereich $\mathfrak{A}$ liegen müssen. Die Randwertaufgabe ist dann, wie man ohne besondere Schwierigkeit zeigen kann, immer lösbar, wenn

$$-1 < \frac{b_1 - a_1}{b - a} < +1$$

ist, der Punkt (b, b_1) also auch im Bereich $\mathfrak{A}$ liegt. Die natürlichen Randbedingungen sind wieder $y'(a) = 0$, $y'(b) = 0$; sie lassen sich nicht an beiden, sondern nur an einem Rand erfüllen; auf dem anderen Rand muß ein fester Wert für y vorgeschrieben sein. Der Scheitel der Parabel liegt dann stets auf dem freien Rand. Vgl. hierzu auch Aufgabe 1 von § 16.

§ 16.

1. Jeder die Punkte $A = (a, a_1)$ und $B = (b, b_1)$, $(a_1 > 0$, B im Bereich $\mathfrak{A}$, Abb. 91) verbindende Streckenzug mit Steigungen $+1$ oder -1 gibt eine diskontinuierliche Lösung.

2. Die Funktion f genügt der Differentialgleichung $f - \dfrac{1 + y'^2}{y'} f_{y'} = 0$; da x und y explizit nicht vorkommen, kann diese Gleichung als gewöhnliche Differentialgleichung gelöst werden: $\dfrac{df}{dy'} = f \dfrac{y'}{1 + y'^2}$ oder $f = C \sqrt{1 + y'^2}$, wo aber C keine Konstante, sondern eine willkürliche Funktion von x, y ist, also

$$f(x, y, y') = \varphi(x, y) \sqrt{1 + y'^2}.$$

3a. $\varphi(x, \alpha) = \alpha \sin x$. Die Hüllkurve reduziert sich auf den Punkt $(\pi, 0)$, der auf allen Extremalen (Sinuslinien) zum Ursprung konjugiert ist. Das Feld besteht aus allen Sinuslinien $y = \alpha \sin x$, die den Bereich (Streifen) $\mathfrak{A}$ zwischen $x = 0$ und $x = \pi$ schlicht und lückenlos überdecken.

3b. $\varphi(x, \alpha) = x^2 + \alpha x + 1$. Keine Hüllkurve, die Parabeln überdecken die ganze Ebene mit Ausnahme des Punktes $A = (0, 1)$ schlicht.

3c. Die Extremalen sind Kreise vom Radius 1. Nimmt man $\varphi(x, \alpha) =$
$$= \frac{1}{\sqrt{1 + \alpha^2}} - \sqrt{1 - \left(x + \frac{\alpha}{\sqrt{1 + \alpha^2}}\right)^2}$$
und alle Wurzeln positiv, so sind die Extremalen Halbkreise, die aus $y = \sqrt{2 x - x^2} \leq 0$ durch Drehung um den Ursprung entstehen. Die Hüllkurve ist der Kreis $x^2 + y^2 = 4$, der Bereich $\mathfrak{A}$ das Innere dieses Kreises mit Ausnahme des Ursprungs. Auf jedem Halbkreis ist der diametral gegenüberliegende Punkt zum Ursprung konjugiert.

4a. $p(x, y) = y \cot x$, $\quad S(x, y) = \frac{1}{2} y^2 \cot x$, d. h. $y = \beta \sqrt{\tan x}$.

4b. $p(x, y) = \dfrac{x^2 + y - 1}{x}$, $\quad S(x, y) = 2 x (1 + y) - \dfrac{x^3}{3} + \dfrac{1}{x} (1 - y)^2 = \beta$.

§ 17.

1. Die Eulersche Differentialgleichung wird
$$\frac{\partial^2 z}{\partial x^2} - \frac{\partial^2 z}{\partial y^2} = 0;$$
sie hat die allgemeine Lösung
$$z = \varphi(x + y) + \psi(x - y),$$
wo $\varphi(u)$ und $\psi(v)$ zwei willkürliche Funktionen sind (§ 13).

2. Wenn die Eulersche Differentialgleichung (9) höchstens von erster Ordnung sein soll, so müssen die Koeffizienten von r, s, t verschwinden; das gibt $f_{pp} = f_{pq} = f_{qq} = 0$, die Grundfunktion ist also linear in p, q:
$$f(x, y, z, p, q) = P(x, y, z) p + Q(x, y, z) q + R(x, y, z).$$
Das Grundintegral
$$J = \int f(x, y, z, p, q) \, dx \, dy$$
läßt sich dann ohneweiters in der Form $(x = x_1, y = x_2, z = x_3)$
$$J = \int A_i \, df_i$$
schreiben; für die Parameterdarstellung $x_1 = u$, $x_2 = v$, $x_3 = z(u, v)$ ist
$$\frac{\partial x_i}{\partial u} = (1, 0, p), \quad \frac{\partial x_i}{\partial v} = (0, 1, q)$$
(Band II, § 30, 2 bis 4) und daher
$$df_i = \varepsilon_{ijk} \frac{\partial x_j}{\partial u} \frac{\partial x_k}{\partial v} \, du \, dv = (-p, -q, 1) \, dx \, dy.$$
Somit ist
$$P(x, y, z) = -A_1(x_1, x_2, x_3), \; Q(x, y, z) = -A_2(x_1, x_2, x_3), \; R(x, y, z) = A_3(x_1, x_2, x_3).$$
und die Integrabilitätsbedingung $\dfrac{\partial A_i}{\partial x_i} = 0$ geht über in
$$-\frac{\partial P}{\partial x} - \frac{\partial Q}{\partial y} + \frac{\partial R}{\partial z} = 0$$
oder
$$\frac{\partial R}{\partial z} = \frac{\partial P}{\partial x} + \frac{\partial Q}{\partial y}.$$

§ 18.

1. Die Schwerpunktsordinate ist nach Band I, § 34, 3

$$\eta = \frac{1}{l} \int_a^b y \sqrt{1 + y'^2} \, dx;$$

l ist dabei die gegebene Länge des Kurvenbogens. Also ist

$$J = \int_a^b y \sqrt{1 + y'^2} \, dx$$

unter der Nebenbedingung

$$K = \int_a^b \sqrt{1 + y'^2} \, dx = l$$

zu einem Minimum zu machen. Es ist somit

$$f^* = (y + \lambda) \sqrt{1 + y'^2};$$

setzt man $y + \lambda = z$, $y' = z'$ (λ ist konstant), so wird

$$f^* = z \sqrt{1 + z'^2}.$$

Das ist aber die Grundfunktion des Variationsproblems der Minimaldrehfläche (§ 15, 1 und 5) mit den Extremalen

$$z = A \operatorname{ch} \frac{x - B}{A}.$$

In unserem Fall ist

$$y = A \operatorname{ch} \frac{x - B}{A} - \lambda,$$

also Kettenlinien, wie nicht anders zu erwarten (§ 5, 6).

Zur Konstantenbestimmung haben wir die drei Gleichungen

$$a_1 = A \operatorname{ch} \frac{a - B}{A} - \lambda, \quad b_1 = A \operatorname{ch} \frac{b - B}{A} - \lambda, \quad \operatorname{sh} \frac{b - B}{A} - \operatorname{sh} \frac{a - B}{A} = \frac{l}{A}.$$

Setzt man

$$\frac{a - B}{A} = \alpha, \quad \frac{b - B}{A} = \beta, \quad \text{also} \quad A = \frac{b - a}{\beta - \alpha},$$

so folgt

$$b_1 - a_1 = A (\operatorname{ch} \beta - \operatorname{ch} \alpha) = 2 A \operatorname{sh} \frac{\beta - \alpha}{2} \operatorname{sh} \frac{\beta + \alpha}{2},$$

$$l = A (\operatorname{sh} \beta - \operatorname{sh} \alpha) = 2 A \operatorname{sh} \frac{\beta - \alpha}{2} \operatorname{ch} \frac{\beta + \alpha}{2} \tag{A}$$

und daher

$$\operatorname{th} \frac{\beta + \alpha}{2} = \frac{b_1 - a_1}{l}.$$

Diese Gleichung hat wegen $\left| \dfrac{b_1 - a_1}{l} \right| < 1$ genau eine Lösung $\dfrac{\beta + \alpha}{2} = \gamma$. Dann folgt aus (A) für $\delta = \dfrac{\beta - \alpha}{2}$ die Gleichung

$$\operatorname{sh} \delta = C \delta$$

mit

$$C = \frac{l}{(b - a) \operatorname{ch} \gamma} = \frac{l}{b - a} \sqrt{1 - \operatorname{th}^2 \gamma} = \frac{\sqrt{l^2 - (b_1 - a_1)^2}}{b - a} > 1,$$

so daß sich zwei Werte ($\delta \neq 0$) $\delta_1 > 0$ und $\delta_2 = -\delta_1$ ergeben. Zum negativen δ_2 gehört eine nach oben konvexe Kettenlinie, die sicher keine Lösung gibt.

2. Es sei $\mathfrak{A}$ der von der x-Achse und der Lösung $\mathfrak{C}$ begrenzte Bereich. Dann ist

$$J = \iint_{\mathfrak{A}} \varphi(x, y)\, dx\, dy = \text{Max.}$$

mit der Nebenbedingung

$$K = \int_0^a \sqrt{1 + y'^2}\, dx = l.$$

Es ist

$$J = \int_0^a dx \int_0^{y(x)} \varphi(x, t)\, dt,$$

also

$$f^* = \int_0^y \varphi(x, t)\, dt - \lambda \sqrt{1 + y'^2},$$

$$E_y(f^*) = \varphi(x, y) - \lambda \frac{d}{dx} \frac{y'}{\sqrt{1 + y'^2}} = 0$$

oder

$$\varphi(x, y) - \lambda \frac{y''}{\sqrt{(1 + y'^2)^3}} = 0,$$

die *Krümmung* der Extremalen ist also

$$\varkappa = \frac{\varphi(x, y)}{\lambda}.$$

3.　　　$J = \iint_{\mathfrak{B}} \sin v\, du\, dv = \text{Max.,} \quad K = \int_{\mathfrak{C}} \sqrt{\sin^2 v\, du^2 + dv^2} = l.$

Dabei ist $\mathfrak{B}$ das Gebiet der u,v-Ebene, das von den beiden $\mathfrak{A}$ und $\mathfrak{C}$ entsprechenden Kurven $\mathfrak{A}'$ und $\mathfrak{C}'$ umschlossen wird. Verwandelt man J nach dem Gaußschen Satz (Band II, § 18, 11, $F_u = 0$, $G_v = \sin v$, also z. B. $F = 0$, $G = -\cos v$) in ein Kurvenintegral, so liefert das längs $\mathfrak{A}'$ erstreckte Integral einen konstanten Beitrag, so daß man an Stelle von J das Grundintegral

$$J_1 = \int_{-\alpha}^{+\alpha} \cos v\, du$$

setzen kann. Da u in den Integranden von J_1 und K nicht vorkommt, ist es zweckmäßig, v als unabhängige Variable zu nehmen; die Eulersche Gleichung ist also

$$E_u(f^*) = E_u\big(u' \cos v + \lambda \sqrt{u'^2 \sin^2 v + 1}\big) = 0$$

zu schreiben; wegen $f_u^* = 0$ bleibt $\dfrac{d}{dv} f_{u'}^* = 0$, also

$$f_{u'}^* = \cos v + \lambda \frac{u' \sin^2 v}{\sqrt{u'^2 \sin^2 v + 1}} = A.$$

Auflösung nach u' gibt

$$u' = \frac{\cos v - A}{\sin v \sqrt{(\lambda^2 - A^2) + 2A \cos v - (\lambda^2 + 1) \cos^2 v}}.$$

Die Substitution $\cos v = t$ führt auf ein Integral einer quadratischen Irrationalität, das sich elementar integrieren läßt (Band I, § 41, 5). Die Rechnung ist etwas umständlich, das Resultat läßt sich in der Form

$$\cos u = \frac{1 - A \cos v}{\sqrt{1 + \lambda^2 - A^2} \sin v}$$

schreiben oder, da $u\left(\dfrac{\pi}{2}\right) = \pm\,\alpha$, also $\cos\alpha = 1 : \sqrt{1 + \lambda^2 - A^2}$ ist,

$$\cos u \sin v + A \cos\alpha \cos v = \cos\alpha.$$

Setzen wir noch $A \cos\alpha = \cot\beta$, so folgt weiter

$$x \sin\beta + z \cos\beta = \cos\alpha \sin\beta; \tag{A}$$

die Extremalen sind Kreise auf der Kugel, die von den Ebenen (A) ausgeschnitten werden. Der Parameter β ist der Winkel zwischen der Normalen von (A) und der z-Achse und ist noch aus $K = l$ zu bestimmen.

§ 19.

Mit $g_{11} = E$, $g_{12} = g_{21} = F$, $g_{22} = G$, $W^2 = E G - F^2$ erhält man

$$\varDelta z = \frac{1}{W}\left[\frac{\partial}{\partial u}\left(\frac{G}{W}\frac{\partial z}{\partial u} - \frac{F}{W}\frac{\partial z}{\partial v}\right) - \frac{\partial}{\partial v}\left(\frac{F}{W}\frac{\partial z}{\partial u} - \frac{E}{W}\frac{\partial z}{\partial v}\right)\right],$$

für orthogonale Koordinaten ist $F = 0$ und

$$\varDelta z = \frac{1}{\sqrt{EG}}\left[\frac{\partial}{\partial u}\left(\sqrt{\frac{G}{E}}\,\frac{\partial z}{\partial u}\right) + \frac{\partial}{\partial v}\left(\sqrt{\frac{E}{G}}\,\frac{\partial z}{\partial v}\right)\right],$$

für Polarkoordinaten $u = r$, $v = \varphi$ schließlich

$$\varDelta z = \frac{1}{r}\frac{\partial}{\partial r}\left(r\,\frac{\partial z}{\partial r}\right) + \frac{1}{r^2}\frac{\partial^2 z}{\partial\varphi^2}.$$

§ 20.

1. Das allgemeine Integral der Eulerschen Gleichung ist $y = \alpha\,x + \beta$, die Jacobi-Hamiltonsche Gleichung heißt

$$\frac{\partial S}{\partial x} + \frac{1}{4}\left(\frac{\partial S}{\partial y} - y\right)^2 = 0$$

und ihr vollständiges Integral ist

$$S(x, y, \beta) + \gamma = \frac{1}{2}y^2 + \frac{(y - \beta)^2}{x} - \frac{1}{2}\beta^2 + \gamma.$$

2. Die Gleichungen (57') sind für $n = 1$

$$Z = z\,\frac{\partial y}{\partial Y} - \frac{\partial\varPhi}{\partial Y}, \qquad 0 = z\,\frac{\partial y}{\partial Z} - \frac{\partial\varPhi}{\partial Z}.$$

Differenziert man die erste nach Z, die zweite nach Y und subtrahiert, so folgt $\alpha\,\beta\,Y^{2\,\alpha - 1} = 1$, also $\alpha = \dfrac{1}{2}$, $\beta = 2$. Die Transformation wurde von H. POINCARÉ[1] angegeben.

§ 21.

1. a) 1; b) j; c) $\pm\dfrac{1}{\sqrt{2}}(1 + j)$, denn aus $\sqrt{j} = a + b\,j$ folgt $j = a^2 - b^2 + 2\,a\,b\,j$,

daher $a^2 - b^2 = 0$, $2\,a\,b = 1$ und somit entweder $a = b = \pm\dfrac{1}{\sqrt{2}}$ oder $a = -\,b$,

$a^2 = -\dfrac{1}{2}$, was unbrauchbar ist, da a reell sein muß.

---

[1] HENRI POINCARÉ, französischer Mathematiker, geb. 1854 in Nancy, gest. 1912 in Paris. Bedeutende Arbeiten auf dem Gebiet der Differentialgleichungen und der Himmelsmechanik.

2. Setzt man $z = x + j\,y$, $w = u + j\,v$, so folgt

$$u + j\,v = (x + j\,y)\,(\cos\alpha + j\sin\alpha) = x\cos\alpha - y\sin\alpha + j\,(x\sin\alpha + y\cos\alpha)$$

und daraus durch Trennung in Real- und Imaginärteil

$$u = x\cos\alpha - y\sin\alpha, \quad v = x\sin\alpha + y\cos\alpha,$$

die bekannte Formel für die Drehung der Ebene um $(0, 0)$ durch α.

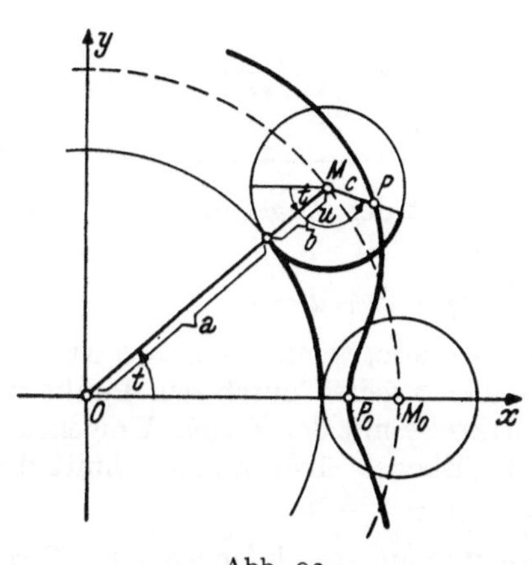

Abb. 92.

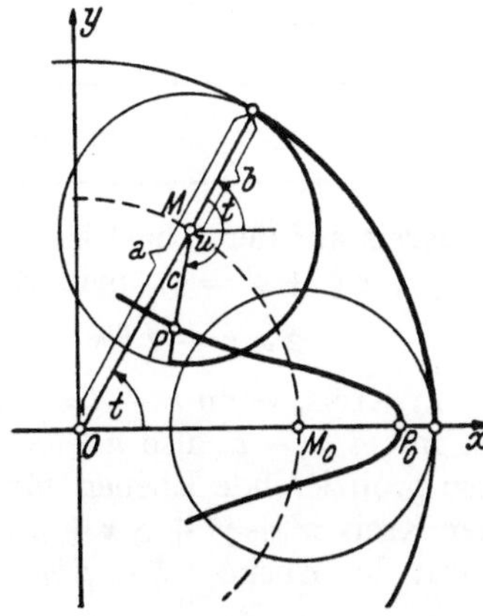

Abb. 93.

3. Man hat die Ebene, in der die Bewegung vor sich geht, als Gaußsche Zahlenebene aufzufassen. $P = z$ bedeutet, daß der Punkt P der Bildpunkt der komplexen Zahl z ist. Dann ist für die Epizykloide (Abb. 92) $M = (a + b)\,(\cos t + j\sin t)$ und wegen $u = \dfrac{a}{b}t$

$$\overline{MP} = P - M = c\,[\cos(\pi + t + u) + j\sin(\pi + t + u)] =$$

$$= -c\left(\cos\frac{a+b}{b}t + j\sin\frac{a+b}{b}t\right)$$

und daher

$$z = M + (P - M) = (a + b)\cos t - c\cos\frac{a+b}{b}t +$$

$$+ j\left[(a + b)\sin t - c\sin\frac{a+b}{b}t\right].$$

Ganz ähnlich ergibt sich für die Hypozykloide (Abb. 93)

$$z = (a - b)\cos t + c\cos\frac{a-b}{b}t + j\left[(a - b)\sin t - c\sin\frac{a-b}{b}t\right].$$

4. Aus $\dfrac{|a|}{|a+b|} \geq \Re\!\left(\dfrac{a}{a+b}\right)$, $\dfrac{|b|}{|a+b|} \geq \Re\!\left(\dfrac{b}{a+b}\right)$ folgt durch Addition

$$\frac{|a| + |b|}{|a+b|} \geq \Re\!\left(\frac{a}{a+b} + \frac{b}{a+b}\right) = 1, \text{ also } |a| + |b| \geq |a+b|.$$

5. Es sei $N = (0, 0, 1)$ der Nordpol, $P = (\xi, \eta, \zeta)$ ein beliebiger Punkt der Kugel und $Q = (x, y, 0)$ der entsprechende Punkt der Ebene ε (Abb. 33, S. 279). Da N, P und Q auf einer Geraden liegen, sind die Vektoren $\overrightarrow{NP} = (\xi, \eta, \zeta - 1)$ und $\overrightarrow{NQ} = (x, y, -1)$ linear abhängig, d. h. $\overrightarrow{NQ} = \lambda\,\overrightarrow{NP}$ oder

$$x = \lambda\,\xi, \quad y = \lambda\,\eta, \quad -1 = \lambda\,(\zeta - 1). \tag{A}$$

Elimination von λ gibt sofort die Abbildungsgleichungen

$$x = \frac{\xi}{1-\zeta}, \quad y = \frac{\eta}{1-\zeta}.$$

Die Umkehrung bekommt man am einfachsten, wenn man die letzte Gleichung (A) in der Form $\lambda - 1 = \lambda\,\zeta$ schreibt, dann alle drei Gleichungen quadriert und addiert; wegen $\xi^2 + \eta^2 + \zeta^2 = 1$ folgt $x^2 + y^2 + (\lambda - 1)^2 = \lambda^2$ oder $x^2 + y^2 + 1 = 2\,\lambda$, also $\left(\zeta = \dfrac{2\,\lambda - 2}{2\,\lambda}\right)$

$$\xi = \frac{2\,x}{x^2 + y^2 + 1}, \quad \eta = \frac{2\,y}{x^2 + y^2 + 1}, \quad \zeta = \frac{x^2 + y^2 - 1}{x^2 + y^2 + 1}.$$

Ein Kreis auf der Kugel ist gegeben als Schnitt der Kugel mit einer Ebene $a\,\xi + b\,\eta + c\,\zeta + d = 0$. Sein Bild in der Ebene ε ist

$$2\,a\,x + 2\,b\,y + (c + d)\,(x^2 + y^2) - c + d = 0;$$

das ist ein Kreis, wenn $c + d \neq 0$ ist und eine Gerade, wenn $c + d = 0$ ist; alle Ebenen mit $d = -c$, also $a\,\xi + b\,\eta + c\,\zeta - c = 0$ gehen durch den Punkt N, sind also projizierende Ebenen für ihre Schnittkreise mit der Kugel. Umgekehrt geht der Kreis $x^2 + y^2 + \alpha\,x + \beta\,y + \gamma = 0$ der Ebene ε über in den Schnitt der Kugel mit der Ebene $\alpha\,\xi + \beta\,\eta + (1 - \gamma)\,\zeta + \gamma + 1 = 0$.

Um die Winkeltreue nachzuweisen, überlegt man am einfachsten so: Zwei Kugeltangenten t_1 und t_2 in P werden durch ihre Verbindungsebenen ε_1 und ε_2 mit N auf die Ebene ε projiziert, ihre Bilder $t_1{}'$ und $t_2{}'$ sind die Schnittgeraden von ε_1 und ε_2 mit ε. Parallel zu ihnen sind die Schnittgeraden $t_1{}''$ und $t_2{}''$ von ε_1 und ε_2 mit der Tangentenebene der Kugel in N. Dann ist der Winkel zwischen t_1 und t_2 gleich dem Winkel zwischen $t_1{}''$ und $t_2{}''$ und dieser wieder gleich dem Winkel zwischen $t_1{}'$ und $t_2{}'$. (Man betrachte die Tangentenebene in P und ihren Schnitt mit der Tangentenebene in N).

6. Die Dreiecke sind ähnlich.

7. Multiplikation: $a_1 = b_1 = 0$, $b_3 = 1$, $(a_2 = b_2\,a_3)$; Division: $a_1 = b_1 = 0$, $b_3 = 1$, $(b_2 = a_2 : a_3)$; vgl. Band I, § 36, 2.

8. a, b, c, d sind die Ecken eines Parallelogramms.

9. $z = \cos t + j \sin t$, $\quad -\dfrac{\pi}{2} \leqq t \leqq +\dfrac{\pi}{2}$ und $z = -j\,t$, $\quad -1 \leqq t \leqq +1$.

10. Setzt man $z_i(t_i) = x_i(t_i) + j\,y_i(t_i)$, $(i = 1, 2)$, so sind die Richtungen der beiden Kurven gegeben durch

$$\alpha = \arctan \frac{\dot{y}_1}{\dot{x}_1} = \operatorname{arc} \dot{z}_1, \quad \beta = \arctan \frac{\dot{y}_2}{\dot{x}_2} = \operatorname{arc} \dot{z}_2$$

und somit ihr Winkel $\varphi = \alpha - \beta = \operatorname{arc} \dot{z}_1 - \operatorname{arc} \dot{z}_2 = \operatorname{arc} \dfrac{\dot{z}_1}{\dot{z}_2}$, wo in $\dot{z}_1$ und $\dot{z}_2$ die Parameterwerte t_1 bzw. t_2 im Schnittpunkt einzutragen sind.

11. a) und b) $R \geqq \operatorname{Min}(r, \varrho)$. Man nehme z. B. $a_\nu = 1$, $b_\nu = -1 + \dfrac{1}{\nu!}$. Dann ist $r = \varrho = 1$, aber im Fall a) $R = \infty$.

c) $R \geqq r\,\varrho$, denn für ein beliebiges $\varepsilon > 0$ ist von einem gewissen ν an

$$\sqrt[\nu]{|a_\nu|} \leqq \frac{1}{r} + \varepsilon, \quad \sqrt[\nu]{|b_\nu|} \leqq \frac{1}{\varrho} + \varepsilon;$$

also

$$\sqrt[\nu]{|a_\nu\, b_\nu|} \leqq \frac{1}{r\varrho} + \varepsilon\left(\frac{1}{r} + \frac{1}{\varrho}\right) + \varepsilon^2 = \frac{1}{r\varrho} + \varepsilon'$$

und daher

$$\lim\sup \sqrt[\nu]{|a_\nu\, b_\nu|} \leqq \frac{1}{r\varrho}, \quad R \geqq r\varrho.$$

d) $R \leqq \dfrac{r}{\varrho}$, denn für ein beliebiges $\varepsilon > 0$ ist unendlich oft

$$\sqrt[\nu]{|a_\nu|} > \frac{1}{r} - \varepsilon$$

und von einem gewissen ν an stets

$$\sqrt[\nu]{|b_\nu|} < \frac{1}{\varrho} + \varepsilon,$$

also unendlich oft

$$\sqrt[\nu]{\left|\frac{a_\nu}{b_\nu}\right|} > \frac{\dfrac{1}{r} - \varepsilon}{\dfrac{1}{\varrho} + \varepsilon} = \frac{\varrho}{r} - \varepsilon'$$

und daher

$$\lim\sup \sqrt[\nu]{\left|\frac{a_\nu}{b_\nu}\right|} \geqq \frac{\varrho}{r}, \quad R \leqq \frac{r}{\varrho}.$$

e) $R \geqq \mathrm{Min}\,(r, \varrho)$; mehr läßt sich allgemein nicht sagen, wie man sofort sieht, wenn man etwa die geometrische Reihe $\sum z^\nu$ mit sich selbst bzw. mit der Reihe für $(1 - z)\, e^z$ multipliziert.

12. a) und b) $R = r$, weil $\sqrt[\nu]{\nu} \to 1$.

c) $R = 0$, wenn $r < +\infty$, denn es ist unendlich oft $\sqrt[\nu]{|a_\nu|} > \dfrac{1}{r} - \varepsilon$ und $\sqrt[\nu]{\nu!} \to \infty$, also $\lim\sup \sqrt[\nu]{|a_\nu\, \nu!|} = +\infty$; ist $r = +\infty$, so kann man über R nichts aussagen.

d) $R = \infty$, weil von einem gewissen ν an stets $\sqrt[\nu]{|a_\nu|} < \dfrac{1}{r} + \varepsilon$ ist und $\sqrt[\nu]{\nu!} \to \infty$ geht, also $\lim\sup \sqrt[\nu]{\left|\dfrac{a_\nu}{\nu!}\right|} = 0$ ist.

13. a) In allen Punkten von $|z| = 1$ divergent, da $z^\nu = \cos \nu\, \varphi + j \sin \nu\, \varphi$ nirgends (für kein φ) gegen Null geht.

b) Divergent für $z = 1$, in allen anderen Punkten von $|z| = 1$ sicher nicht absolut konvergent; für $z = -1$ ergibt sich die alternierende Reihe $\sum \dfrac{(-1)^\nu}{\nu} = \ln 2$. Für die Anwendung des Dirichletschen Kriteriums ist zu zeigen, daß die Teilsummen

$$A_n = \sum_{\nu=0}^{n} z^\nu = \frac{1 - z^{n+1}}{1 - z}$$

beschränkt sind; setzt man $z = e^{j\alpha}$, $-\pi \leqq \alpha \leqq +\pi$, so folgt

$$|A_n| = \left|\frac{1 - z^{n+1}}{1 - z}\right| \leqq \frac{2}{|1 - z|} = \frac{1}{\sin\dfrac{\alpha}{2}},$$

d. h. die A_n sind für alle $\alpha \neq 0$ beschränkt und die Reihe für alle $z \neq 1$ am Rand bedingt konvergent.

c) In allen Punkten von $|z| = 1$ absolut konvergent.

d) Divergent für $z = \pm 1$ und $z = \pm j$, in allen anderen Punkten bedingt konvergent.

§ 22.

1. $f(z)$ ist in $0 < |z| < 1$ stetig, da dort $|z|$ nirgends verschwindet. Die gleichmäßige Stetigkeit zeigt man so: Setzt man $f(0) = 0$, so ist $f(z)$ auch stetig für $z = 0$, weil für $\dfrac{1}{|z|} = t$ der Grenzwert $\lim\limits_{t \to \infty} e^{-t} = 0$ ist. Wegen der Stetigkeit von $f(z)$ für $|z| < 2$ ist $f(z)$ also im ganzen abgeschlossenen Bereich $|z| \leqq 1$ stetig und daher dort gleichmäßig stetig, was dann natürlich auch für den Teilbereich $0 < |z| < 1$ gilt.

2. Nach der Definition der gleichmäßigen Stetigkeit ist $|f(z'') - f(z')| < \varepsilon$ für zwei beliebige Punkte z' und z'' des Gebietes, für die $|z' - z''| < \delta(\varepsilon)$ ist. Es sei nun $\{z_\nu\}$ eine Folge mit $|z_\nu| < 1$ und $z_\nu \to \zeta$, $|\zeta| = 1$. Dann gibt es eine natürliche Zahl n, so daß $|z_\nu - \zeta| < \dfrac{\delta}{2}$ ist für $\nu > n$. Sind μ und $\nu > n$, so ist

$$|z_\nu - z_\mu| \leqq |z_\nu - \zeta| + |z_\mu - \zeta| < \delta$$

und daher

$$|f(z_\nu) - f(z_\mu)| < \varepsilon,$$

die Folge $\{f(z_\nu)\}$ somit konvergent nach dem allgemeinen Konvergenzprinzip. Ebenso existiert auch für eine zweite Folge $\{z_\nu'\}$ mit $z_\nu' \to \zeta$ der Grenzwert $\lim\limits_{\nu \to \infty} f(z_\nu')$. Dann ist aber auch $z_1, z_1', z_2, z_2', \ldots$ eine Folge mit dem Grenzwert ζ und daher ist auch die Folge $f(z_1), f(z_1'), f(z_2), f(z_2'), \ldots$ konvergent. Die beiden Folgen $f(z_\nu)$ und $f(z_\nu')$ sind aber Teilfolgen derselben Folge und haben daher denselben Grenzwert, der somit nur vom Punkt ζ abhängt und der in Ziffer 3 definierte Randwert $f(\zeta)$ ist.

3. Es ist $|e^z - 1| \leqq |z| + \dfrac{|z|^2}{2!} + \cdots = e^{|z|} - 1 = |z| \left(1 + \dfrac{|z|}{2!} + \dfrac{|z|^2}{3!} + \cdots\right) \leqq$
$\leqq |z| \left(1 + |z| + \dfrac{|z|^2}{2!} + \cdots\right) = |z| e^{|z|}.$

4. Für $0 < |z| < 1$ ist sicher

$$|e^z - 1| < |z| \left(1 + \dfrac{1}{2!} + \dfrac{1}{3!} + \cdots\right) = (e - 1)|z| < \dfrac{7}{4}|z|$$

und

$$|e^z - 1| > |z| \left(1 - \dfrac{1}{2!} - \dfrac{1}{3!} - \cdots\right) = (3 - e)|z| > \dfrac{1}{4}|z|.$$

5. a) $w = \Re(z) = x$. Der Differenzenquotient

$$\frac{\Delta f}{l} = \frac{x + h - x}{h + jk} = \frac{h}{h + jk} = \frac{1}{1 + j\dfrac{k}{h}}$$

ist wesentlich abhängig von $\dfrac{k}{h}$, w ist nirgends differenzierbar. Oder: $u = x$, $v = 0$, $u_x = 1$, $v_y = 0$; die Cauchy-Riemannschen Differentialgleichungen sind nicht erfüllt.

b) $f(z) = |z|$, $z = r e^{j\varphi}$, $l = \varrho e^{j\vartheta}$. Der Differenzenquotient

$$\frac{|z + l| - |z|}{l} = \frac{\sqrt{r^2 + \varrho^2 + 2 r \varrho \cos(\vartheta - \varphi)} - r}{\varrho} e^{-j\vartheta}$$

geht bei festem ϑ für $\varrho \to 0$ über in

$$\cos(\vartheta - \varphi)\, e^{-j\vartheta},$$

was noch von ϑ abhängt; $f(z) = |z|$ ist nirgends differenzierbar.

c) $\qquad \dfrac{\Delta f}{l} = \dfrac{(x+h)^2 + (y+k)^2 - x^2 - y^2}{h + jk} = 2\,\dfrac{hx + ky}{h+jk} + \dfrac{h^2 + k^2}{h+jk}.$

Ist $(x, y) \neq (0, 0)$, so ist der Grenzwert des ersten Summanden unbestimmt; ist $x = y = 0$, so wird $\dfrac{\Delta f}{l} = \dfrac{h^2 + k^2}{h+jk} = h - jk \to 0$ für $l \to 0$. w ist nur im Punkt $z = 0$ differenzierbar.

d) $\qquad\qquad \dfrac{\Delta f}{l} = \dfrac{e^x(e^h - 1) + j\,e^y(e^k - 1)}{h + jk};$

für $k = 0$ wird $\dfrac{\Delta f}{l} = e^x\,\dfrac{e^h - 1}{h} \to e^x$, für $h = 0$ wird $\dfrac{\Delta f}{l} = e^y\,\dfrac{e^k - 1}{k} \to e^y$, w kann also höchstens für $x = y$ differenzierbar sein. Wegen

$$\frac{\Delta f}{l} = \frac{e^x}{h + jk}\left[\left(h + \frac{h^2}{2} + \cdots\right) + j\left(k + \frac{k^2}{2} + \cdots\right)\right] =$$

$$= e^x\left[1 + \frac{h^2 + j\,k^2}{2\,(h + jk)} + \cdots\right] \to e^x$$

ist w längs der Geraden $y = x$ differenzierbar.

6. Aus $e^z = e^x(\cos y + j\sin y)$, $|e^z| = e^x$ folgt, daß e^z, $z \to \infty$, für $x > 0$, also $-\dfrac{\pi}{2} < c < \dfrac{\pi}{2}$ gegen ∞, für $x < 0$, also $\dfrac{\pi}{2} < c < \dfrac{3}{2}\pi$, gegen 0 geht. Für $x = 0$, $c = \pm\dfrac{\pi}{2}$ gibt es keinen Grenzwert.

7. $e^z = e^x(\cos y + j\sin y)$ ist reell, wenn $\sin y = 0$, also $y = k\pi$, und rein imaginär, wenn $\cos y = 0$, also $y = (2k+1)\dfrac{\pi}{2}$ ist.

$\cos z = \cos x\,\mathrm{ch}\,y - j\sin x\,\mathrm{sh}\,y$ ist reell, wenn entweder $y = 0$ oder $x = k\pi$, und rein imaginär, wenn $x = (2k+1)\dfrac{\pi}{2}$ ist.

$\sin z = \sin x\,\mathrm{ch}\,y + j\cos x\,\mathrm{sh}\,y$ ist reell, wenn entweder $y = 0$ oder $x = (2k+1)\dfrac{\pi}{2}$, und rein imaginär, wenn $x = k\pi$ ist.

8. $\cos z = \cos x\,\mathrm{ch}\,y - j\sin x\,\mathrm{sh}\,y = 0$ hat wegen $\mathrm{ch}\,y > 0$ nur die Lösungen $y = 0$, $x = (2k+1)\dfrac{\pi}{2}$; ebenso hat $\sin z$ nur die Nullstellen $y = 0$, $x = k\pi$ (vgl. die Lösung der Aufgabe 7).

9. $e^{2+3j} = e^2(\cos 3 + j\sin 3) = -7{\cdot}3151 + 1{\cdot}0427\,j;$

$\qquad \cos(2 - j) = \cos 2\cos j + \sin 2\sin j = \cos 2\,\mathrm{ch}\,1 + j\sin 2\,\mathrm{sh}\,1 =$

$$= -0{\cdot}64216 + 1{\cdot}0686\,j;$$

$\qquad \sin(1 - 2j) = \sin 1\,\mathrm{ch}\,2 - j\cos 1\,\mathrm{sh}\,2 = 3{\cdot}1658 - 1{\cdot}9596\,j.$

10. a) $z = x + jy$, $\sin x\,\mathrm{ch}\,y = 10$, $\cos x\,\mathrm{sh}\,y = 0$. $y = 0$ gibt keine Lösung (wegen $\mathrm{ch}\,0 = 1$ müßte $\sin x = 10$ sein, was unmöglich ist). Also folgt aus der zweiten Gleichung $x = \dfrac{\pi}{2} + k\pi$, aus der ersten wegen $\mathrm{ch}\,y > 0$, $\sin x > 0$, so daß für x nur die Werte $\dfrac{\pi}{2} + 2k\pi$ in Betracht kommen, für die $\sin x = 1$ ist. $\mathrm{ch}\,y = 10$ gibt $y = \pm 2{\cdot}9932$, also ist $z = \dfrac{\pi}{2} + 2k\pi \pm 2{\cdot}9932\,j.$

b) $z = 2 k \pi + 1{\cdot}4437\,j$ oder $z = (2 k + 1)\pi - 1{\cdot}4437\,j$.

c) $z = 0{\cdot}6662 + 2 k \pi + 1{\cdot}060\,j$ oder $z = 2{\cdot}4754 + 2 k \pi - 1{\cdot}060\,j$.

d) $z = 2 k \pi \pm 1{\cdot}7627\,j$.

e) $z = (4 k + 1)\dfrac{\pi}{2} - 2{\cdot}3124\,j$ oder $z = (4 k - 1)\dfrac{\pi}{2} + 2{\cdot}3124\,j$.

f) $z = 0{\cdot}9368 + 2 k \pi - 2{\cdot}3055\,j$ oder $z = -0{\cdot}9368 + 2 k \pi + 2{\cdot}3055\,j$.

11. Die Darstellungen (Band I, § 36, 5)

$$\arccos z = -j \ln\left(z + j\sqrt{1 - z^2}\right), \qquad \arcsin z = -j \ln\left(\sqrt{1 - z^2} + j\,z\right),$$

$$\arctan z = -\frac{1}{2}\,j \ln \frac{1 + j\,z}{1 - j\,z}$$

zeigen, daß die Funktionen unendlich vieldeutig sind, was wir schon im Reellen festgestellt haben. Das Auftreten der zweideutigen Quadratwurzel, bzw. des Faktors $\dfrac{1}{2}$ bei $\arctan z$ bewirkt, daß wir $\operatorname{arc} w$ auf ein Intervall von der Länge π (und nicht 2π wie beim Logarithmus) zu beschränken haben, um eindeutige Funktionen (Hauptwerte) zu erhalten. Setzt man z. B.

$$z = x + j\,y = \sin w = \sin(u + j\,v) = \sin u\,\operatorname{ch} v + j\,\cos u\,\operatorname{sh} v,$$

also

$$x = \sin u\,\operatorname{ch} v, \qquad y = \cos u\,\operatorname{sh} v, \tag{A}$$

so folgt, daß die Geraden $u = $ konst., bzw. $v = $ konst. der w-Ebene auf die beiden Scharen konfokaler Hyperbeln und Ellipsen

$$\frac{x^2}{\sin^2 u} - \frac{y^2}{\cos^2 u} = 1, \qquad \frac{x^2}{\operatorname{ch}^2 v} + \frac{y^2}{\operatorname{sh}^2 v} = 1 \tag{B}$$

mit den Brennpunkten $z = \pm 1$ abgebildet werden. Durch einen Punkt (x, y) der z-Ebene geht je eine Hyperbel und Ellipse von (B). Aus (A) folgt unmittelbar, daß man mit der Beschränkung $-\dfrac{\pi}{2} \leqq u \leqq \dfrac{\pi}{2}$ eine umkehrbar eindeutige Abbildung der z-Ebene auf diesen Streifen der w-Ebene erhält. Die Punkte $z = \pm 1$ sind Verzweigungspunkte (§ 23, Aufgabe 1).

12. Die Ableitung $\dfrac{d \ln \zeta}{d\zeta} = \dfrac{1}{\zeta}$ ist eindeutig, also hat (Aufgabe 11)

$$\frac{d \arcsin z}{dz} = -j \cdot \frac{\dfrac{-z}{\sqrt{1 - z^2}} + j}{\sqrt{1 - z^2} + j\,z} = \frac{1}{\sqrt{1 - z^2}}$$

nur mehr die Zweideutigkeit der Quadratwurzel.

§ 23.

1. $w = \dfrac{1}{2}\left(z + \dfrac{1}{z}\right)$ hat Pole in $z = 0$ und $z = \infty$. Die Umkehrfunktion $z = w + \sqrt{w^2 - 1}$ ist zweideutig mit den Verzweigungspunkten $w = \pm 1$, ihnen entsprechen die Kreuzungspunkte $z = \pm 1$. Die Riemannsche Fläche besteht aus zwei Blättern, die man längs der Strecke $v = 0$, $-1 \leqq u \leqq + 1$ aufschneidet und kreuzweise verbindet. Setzt man $w = u + j\,v$, $z = r\,e^{j\varphi}$, so wird

$$u = \frac{1}{2}\left(r + \frac{1}{r}\right)\cos\varphi, \qquad v = \frac{1}{2}\left(r - \frac{1}{r}\right)\sin\varphi.$$

Den Kreisen $r = $ konst. der z-Ebene entsprechen Ellipsen in der w-Ebene mit den Halbachsen $\dfrac{1}{2}\left(r + \dfrac{1}{r}\right)$, $\dfrac{1}{2}\left(r - \dfrac{1}{r}\right)$ und den Brennpunkten $w = \pm 1$; dabei entspricht den beiden Kreisen mit den Radien r und $\frac{1}{r}$ jeweils dieselbe Ellipse in der w-Ebene. Dem Kreis $r = 1$ entspricht die Strecke zwischen den beiden Verzweigungspunkten. Den Geraden (*nicht* Halbgeraden) $\varphi =$ konst. der z-Ebene entsprechen die Hyperbeln

$$\frac{u^2}{\cos^2 \varphi} - \frac{v^2}{\sin^2 \varphi} = 1$$

mit den Halbachsen $|\cos \varphi|$, $|\sin \varphi|$ und denselben Brennpunkten $w = \pm 1$. Wir haben also wie in § 22, Aufgabe 11 ein System konfokaler Ellipsen und Hyperbeln.

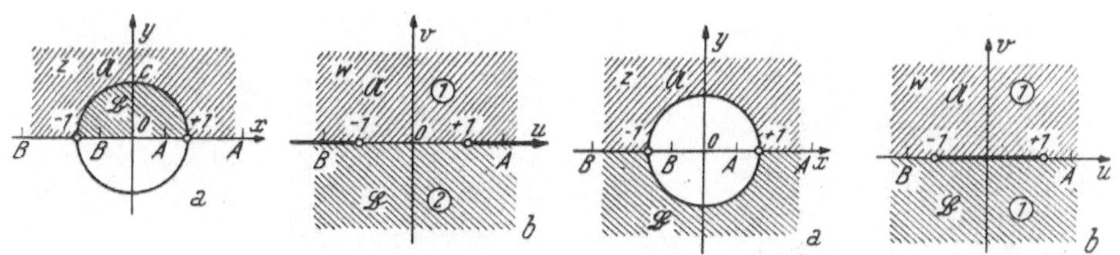

Abb. 94.   Abb. 95.

Der Geraden $\varphi = 0$ entspricht dabei das Stück der reellen Achse $v = 0$ von $w = +1$ über $w = \infty$ nach $w = -1$. Die beiden Geraden $\varphi = \alpha$ und $\varphi = -\alpha$ (oder besser $\varphi = \pi - \alpha$, wenn wir uns auf $0 \leqq \varphi < 2\pi$, $r > 0$, $0 \leqq \alpha < \pi$ beschränken)

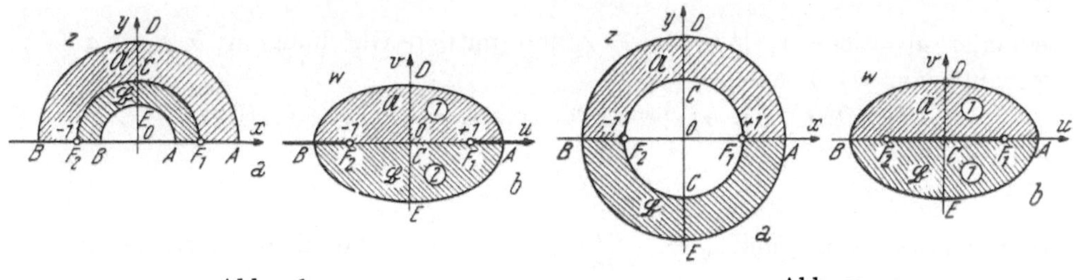

Abb. 96.   Abb. 97.

geben dieselbe Hyperbel. Die Abb. 94 bis 99 geben die Abbildungen einiger Bereiche der z- und w-Ebene. Dabei bedeutet ① das obere, ② das untere Blatt der Riemannschen Fläche. Längs der stark gezeichneten Strecken sind die

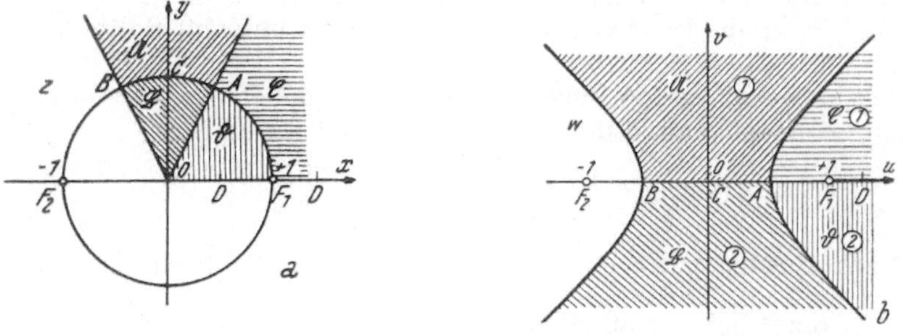

Abb. 98.

Figuren den Zusammenhangverhältnissen entsprechend aufzuschneiden (in Abb. 94 hängt ① mit ② längs $-1 \leqq u \leqq +1$ zusammen, aber nicht außerhalb dieser Strecke; in Abb. 95 ist das gerade umgekehrt).

Bemerkt sei noch, daß die Diskussion der trigonometrischen und zyklometrischen Funktionen (§ 22, Aufgabe 11) mit Hilfe dieser Überlegungen etwas übersichtlicher gestaltet werden kann. Setzt man z. B. $\zeta = e^{jz}$ in $w = \cos z = \frac{1}{2}(e^{jz} + e^{-jz})$ ein so wird $w = \frac{1}{2}\left(\zeta + \frac{1}{\zeta}\right)$.

2. Damit $w = \dfrac{a\,z + b}{c\,z + d}$ die reelle Achse $\Im(z) = y = 0$ auf den Kreis $|w| = 1$ abbildet, muß $|a\,x + b| = |c\,x + d|$ unabhängig von x, also ($a = a_1 + j\,a_2$ usw.)

$$a_1^2 + a_2^2 = c_1^2 + c_2^2, \quad a_1 b_1 + a_2 b_2 = c_1 d_1 + c_2 d_2, \quad b_1^2 + b_2^2 = d_1^2 + d_2^2$$

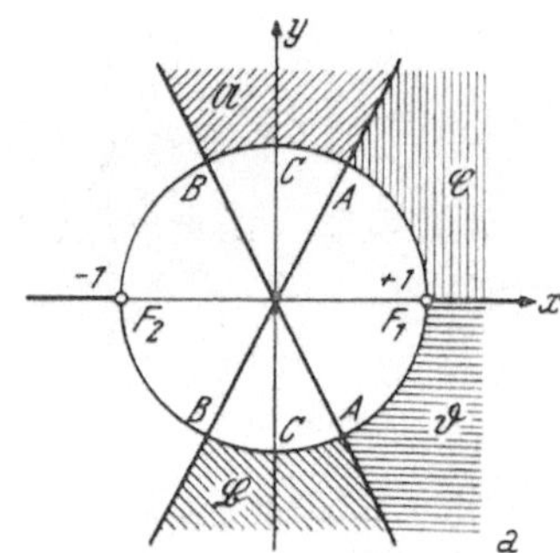
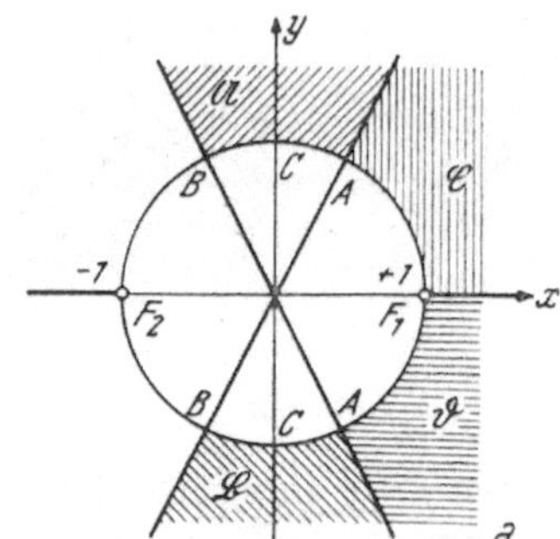

Abb. 99.

sein oder $|a| = |c| = r_1$, $|b| = |d| = r_2$ und (mittlere Gleichung) arc b — arc $a =$ $= \pm$ (arc d — arc c) $= \delta$. Das gibt

$$a = r_1 e^{j\,\mathrm{arc}\,a}, \quad b = r_2 e^{j\,(\mathrm{arc}\,a + \delta)}, \quad c = r_1 e^{j\,\mathrm{arc}\,c}, \quad d = r_2 e^{j\,(\mathrm{arc}\,c \pm \delta)}$$

und

$$w = e^{j\alpha}\,\frac{z - z_0}{z - \bar{z}_0},$$

wo $\alpha = $ arc a — arc c und $z_0 = -\dfrac{r_2}{r_1} e^{j\delta}$ gesetzt ist. Man sieht sofort, daß in d der Winkel δ mit entgegengesetztem Vorzeichen wie in b zu nehmen ist, weil w sonst konstant würde. Für z_0 muß schließlich $\Im(z_0) > 0$ gelten, damit der Bereich $\Im(z) > 0$ auf $|w| < 1$ abgebildet wird, denn es ist $|w| = \dfrac{|z - z_0|}{|z - \bar{z}_0|} < 1$, wenn der Abstand $|z - z_0|$ von z und z_0 kleiner ist als der Abstand $|z - \bar{z}_0|$ von z und $\bar{z}_0$, und das ist für $\Im(z) > 0$ dann und nur dann der Fall, wenn auch $\Im(z_0) > 0$ ist, also beide Punkte in der oberen ($\bar{z}_0$ also dann in der unteren) Hälfte der z-Ebene liegen.

Sollen insbesondere den Punkten $z = \infty$, 0, 1 die Punkte $w = -1$, 1, j entsprechen, so findet man leicht $\alpha = \pi$, $z_0 = j$ und daher

$$w = -\frac{z - j}{z + j}.$$

3. Nach Aufgabe 2 ist $w = e^{j\alpha}\dfrac{\zeta - z_0}{\zeta - \bar{z}_0}$ die allgemeinste lineare Transformation, die $\Im(\zeta) > 0$ auf $|w| < 1$ abbildet; $\zeta = -j\dfrac{z - 1}{z + 1}$ (inverse Transformation der am Schluß von Aufgabe 3 angegebenen) ist eine spezielle Transformation, die $|z| < 1$ auf $\Im(\zeta) > 0$ abbildet, daher ist

$$w = \frac{a\,z + b}{\bar{b}\,z + \bar{a}}$$

mit $a = \lambda e^{j\frac{\alpha}{2}}(z_0 + j)$, $b = \lambda e^{j\frac{\alpha}{2}}(z_0 - j)$, $(\lambda \neq 0$, beliebig reell), die allgemeinste lineare Transformation, die $|z| < 1$ auf $|w| < 1$ abbildet, wenn nur $|b| < |a|$ ist; denn man beachte, daß es genügt, wenn $z = 0$ einem Punkt mit $|w| < 1$ entspricht, für $z = 0$ wird aber $w = \dfrac{b}{\bar{a}}$ und es ist $|w| < 1$, wenn $|b| < |\bar{a}| = |a|$ ist. Vgl. hierzu § 24, 6.

Ist z_0 ein Fixpunkt, so gibt eine einfache Rechnung

$$w = \frac{[k + j(1 + z_0\bar{z}_0)]\,z - 2j z_0}{2j\bar{z}_0 z + k - j(1 + z_0\bar{z}_0)}$$

mit beliebigem reellem k; der zweite Fixpunkt ist dann $\dfrac{1}{\bar{z}_0}$.

4. Den Schnittpunkten (ξ_0, η_0, ζ_0) und $(-\xi_0, -\eta_0, -\zeta_0)$ der Drehachse mit der Kugel entsprechen zwei Fixpunkte der Transformation. Ist der eine z_0, so findet man leicht aus den Formeln von § 21, Aufgabe 5, den zweiten als $-\dfrac{1}{\bar{z}_0}$. Aus (16) folgt dann

$$\frac{w - z_0}{\bar{z}_0 w + 1} = k\,\frac{z - z_0}{\bar{z}_0 z + 1}$$

mit $|k| = 1$ (elliptische Transformation; die Kreise auf der Kugel in Ebenen senkrecht zur Drehachse gehen einzeln in sich über) oder

$$w = \frac{(z_0\bar{z}_0 + k)\,z + (1 - k)\,z_0}{(1 - k)\,\bar{z}_0 z + 1 + k z_0\bar{z}_0},$$

erweitert man den Bruch rechts mit $\sqrt{\bar{k}} = \dfrac{1}{\sqrt{k}}$, so folgt

$$w = \frac{a z + b}{-\bar{b}\,z + \bar{a}}$$

als allgemeinster Ausdruck für die gesuchte Transformation.

5. Aus (18) folgt sofort $\dfrac{w - 1}{w + 1} = k\sqrt{\dfrac{z - 1}{z + 1}}$; k bestimmt man so, daß die Punkte $z = 0$ und $w = 0$ einander entsprechen; das gibt $k = j$ und

$$w = \frac{\sqrt{z + 1} + j\sqrt{z - 1}}{\sqrt{z + 1} - j\sqrt{z - 1}}.$$

§ 24.

1. a) $z = j t$, $\quad -1 \leq t \leq +1$, $\quad |z| = |t|$, $\quad dz = j\,dt$,

$$J_1 = j \int_{-1}^{+1} |t|\,dt = 2j \int_0^1 t\,dt = j.$$

b) $z = \cos t + j\sin t$, $\quad \dfrac{3\pi}{2} \geq t \geq \dfrac{\pi}{2}$, $\quad |z| = 1$, $\quad J_2 = \int_{t=\frac{3\pi}{2}}^{t=\frac{\pi}{2}} dz = -[z]_{t=\frac{3\pi}{2}}^{t=\frac{\pi}{2}} = 2j$.

c) $z = \cos t + j\sin t$, $\quad -\dfrac{\pi}{2} \leq t \leq \dfrac{\pi}{2}$, $\quad |z| = 1$, $\quad J_3 = \int_{t=-\frac{\pi}{2}}^{t=+\frac{\pi}{2}} dz = [z]_{t=-\frac{\pi}{2}}^{t=+\frac{\pi}{2}} = 2j$.

2. Ist $2\,a > 0$ die Seite des Quadrats, so wird

$$J = \int_{-a}^{+a} (t - j\,a)^k\, dt + j \int_{-a}^{+a} (a + j\,t)^k\, dt - \int_{-a}^{+a} (j\,a - t)^k\, dt - j \int_{-a}^{+a} (- a - j\,t)^k\, dt.$$

Ist $k + \mathrm{I} \neq 0$, so findet man leicht $J = 0$; ist $k = -\mathrm{I}$, so folgt

$$J = 4 \int_{-a}^{+a} \frac{dt}{t - a\,j} = 4\,[\ln (t - a\,j)]_{-a}^{+a} = 4 \ln \frac{\mathrm{I} - j}{-\,\mathrm{I} - j} = 4 \ln j = 2\,\pi\,j.$$

3. In beiden Fällen ist $z = e^{j\varphi}$, $\dfrac{\mathrm{I}}{\sqrt{z}} = e^{-\frac{j\varphi}{2}}$, $dz = j\,e^{j\varphi}\,d\varphi$,

a) $\quad J_1 = j \displaystyle\int_0^{\pi} e^{\frac{j\varphi}{2}}\, d\varphi = 2 \left[e^{\frac{j\varphi}{2}} \right]_0^{\pi} = 2\,(j - \mathrm{I});$

b) $\quad J_2 = j \displaystyle\int_0^{-\pi} e^{\frac{j\varphi}{2}}\, d\varphi = 2 \left[e^{\frac{j\varphi}{2}} \right]_0^{-\pi} = -\,2\,(j + \mathrm{I}).$

4. Für die vier Teile, aus denen sich die geschlossene Kurve der Abb. 53 (S. 336) zusammensetzt, findet man der Reihe nach:

$$J_1 = \int_{r}^{R} \frac{e^{j\,x}}{x}\, dx = \int_{r}^{R} \frac{\cos x}{x}\, dx + j \int_{r}^{R} \frac{\sin x}{x}\, dx,$$

$$J_2 = j \int_0^{\pi} e^{-R\sin t + j\,R\cos t}\, dt,$$

$$J_3 = \int_{-R}^{-r} \frac{e^{j\,x}}{x}\, dx = - \int_{r}^{R} \frac{e^{-j\,x}}{x}\, dx = - \int_{r}^{R} \frac{\cos x}{x}\, dx + j \int_{r}^{R} \frac{\sin x}{x}\, dx,$$

$$J_4 = j \int_{\pi}^{0} e^{-r\sin t + j\,r\cos t}\, dt = -\,j \int_0^{\pi} e^{-r\sin t + j\,r\cos t}\, dt,$$

$$J_1 + J_2 + J_3 + J_4 = 0.$$

Wegen (46) wird

$$|J_2| \leqq \int_0^{\pi} e^{-R\sin t}\, dt \leqq \frac{\pi}{R}\,(\mathrm{I} - e^{-R}),$$

also ist

$$\lim_{R \to \infty} J_2 = 0;$$

da der Integrand von J_4 in $0 \leqq r \leqq h$, $0 \leqq \varphi \leqq \pi$ gleichmäßig stetig ist, folgt

$$\lim_{r \to 0} J_4 = -\,j\,\pi,$$

daher ist

$$2\,j \int_0^{\infty} \frac{\sin x}{x}\, dx - j\,\pi = 0,$$

woraus wieder (48) folgt.

5. Die Rechnung ist ganz ähnlich wie die in Beispiel 1 von Ziffer 9 gegebene, es folgt

$$\int_0^\infty \frac{\cos x\, dx}{x^2 + k^2} = \frac{\pi\, e^{-|k|}}{2\,|k|}, \quad k \neq 0.$$

6. Ich rechne zunächst das Residuum R an der Stelle -1, die im Innern des Integrationswegs Abb. 54 (S. 338) liegt, und setze dazu $z = -1 + \varrho\, e^{j\varphi}$

$$R = \frac{1}{2\pi j} \oint \frac{z^{\alpha-1}}{1+z}\, dz = \frac{1}{2\pi} \int_0^{2\pi} (-1 + \varrho\, e^{j\varphi})^{\alpha-1}\, d\varphi =$$

$$= (-1)^{\alpha-1} = (e^{j\pi})^{\alpha-1} = -e^{\alpha \pi j},$$

wobei wieder $\varrho \to 0$ genommen ist. Das Integral über den inneren Kreis um $z = 0$ wird, $z = \varrho\, e^{j\varphi}$ gesetzt,

$$j \int_0^{2\pi} \frac{\varrho^\alpha e^{j\alpha\varphi}}{1 + \varrho\, e^{j\varphi}}\, d\varphi = 0$$

für $\varrho \to 0$, das Integral über den äußeren Kreis wird für $z = r\, e^{j\varphi}$, $r > 1$

$$|J| = \left| \int_0^{2\pi} \frac{r^\alpha e^{j\alpha\varphi}}{1 + r\, e^{j\varphi}}\, d\varphi \right| \leq \int_0^{2\pi} \frac{r^\alpha}{r-1}\, d\varphi = \frac{2\pi}{r^{1-\alpha} - r^{-\alpha}}$$

und daher

$$\lim_{r \to \infty} J = 0.$$

Es bleiben also noch die beiden Integrale über die Intervalle $[\varrho, r]$ der x-Achse. Nach der Bemerkung im Text der Aufgabe ist ihre Summe gleich

$$(1 - e^{2\alpha\pi j}) \int_\varrho^r \frac{x^{\alpha-1}}{1+x}\, dx.$$

Somit wird für $r \to \infty$ und $\varrho \to 0$

$$\int_0^\infty \frac{x^{\alpha-1}}{1+x}\, dx = -\frac{2\pi j\, e^{\alpha\pi j}}{1 - e^{2\alpha\pi j}} = -\frac{2\pi j}{e^{-\alpha\pi j} - e^{\alpha\pi j}} = \frac{\pi}{\sin \alpha\pi}.$$

7. Die Behauptung folgt unmittelbar aus (44).

§ 25.

1. a) Nein; die gesuchte Funktion hätte in der Nähe von $z = 0$ unendlich viele Nullstellen, müßte also $\equiv 0$ sein, anderseits hätte sie unendlich viele 1-Stellen, müßte also zugleich $\equiv 1$ sein.

b) Nein; denn für die unendlich vielen Stellen $z = \dfrac{1}{2\nu}$ würde die gesuchte Funktion $\equiv z$ sein, die in den Punkten $z = \dfrac{1}{2\nu+1}$ aber gleich $\dfrac{1}{2\nu+1}$ und nicht gleich $\dfrac{1}{2\nu}$ ist.

c) $f(z) = \dfrac{1}{z+1}$.

2. Aus $f(z) = a_\alpha (z - z_0)^\alpha + \dots$, $a_\alpha \neq 0$, folgt, daß

$$F(z) = \frac{a_\alpha}{\alpha + 1} (z - z_0)^{\alpha+1} + \dots$$

in z_0 eine Nullstelle der Ordnung $\alpha + 1$ hat.

3. a) $\exp \dfrac{z}{1-z} = \sum\limits_{\nu=0}^{\infty} \dfrac{1}{\nu!} \left(\dfrac{z}{1-z}\right)^\nu = 1 + \sum\limits_{\nu=1}^{\infty}\left[\sum\limits_{\mu=1}^{\nu}\binom{\nu-1}{\mu-1}\dfrac{1}{\mu!}\right]z^\nu =$

$$= 1 + z + \frac{3}{2} z^2 + \frac{13}{6} z^3 + \frac{73}{24} z^4 + \frac{501}{120} z^5 + \dots;$$

b) $\sin \dfrac{z}{1-z} = z + z^2 + \dfrac{5}{6} z^3 + \dfrac{1}{2} z^4 + \dfrac{1}{120} z^5 + \dots;$

c) $\sqrt{\cos z} = \left[1 - \left(\dfrac{z^2}{2} - \dfrac{z^4}{24} + - \dots\right)\right]^{\frac{1}{2}} = 1 - \dfrac{z^2}{4} - \dfrac{z^4}{96} + \dots;$

d) $\sin^2 z = \dfrac{1}{2}(1 - \cos 2z) = \dfrac{1}{2}\sum\limits_{\nu=1}^{\infty}(-1)^{\nu+1}\dfrac{2^{2\nu}}{(2\nu)!}z^{2\nu}$, $|z| < +\infty$,

$$\cos^2 z = \frac{1}{2}(1 + \cos 2z) = \frac{1}{2} + \frac{1}{2}\sum\limits_{\nu=0}^{\infty}(-1)^{\nu}\frac{2^{2\nu}}{(2\nu)!}z^{2\nu}, \quad |z| < +\infty.$$

e) $\ln(1 + e^z) = \ln 2 + \dfrac{z}{2} + \dfrac{z^2}{8} - \dfrac{z^4}{192} + \dots$ [man zeigt leicht, daß $\ln(1 + e^z) -$

$- \dfrac{z}{2}$ eine gerade Funktion ist!];

f) $\dfrac{z}{e^z - 1} = \sum\limits_{\nu=0}^{\infty}\dfrac{B_\nu}{\nu!}z^\nu$ (Band II, § 5, 4), $|z| < +\infty;$

g) $\dfrac{e^z}{1 + e^z} = \dfrac{1}{z}\dfrac{2z}{e^{2z} - 1} - \dfrac{1}{z}\dfrac{z}{e^z - 1} + 1 = \dfrac{1}{2} + \sum\limits_{\nu=1}^{\infty}\dfrac{(2^{2\nu} - 1)B_{2\nu}}{(2\nu)!}z^{2\nu-1};$

wegen $z \cot z = jz + \dfrac{2jz}{e^{2jz} - 1}$ und $\tan z = \cot z - 2\cot 2z$ wird

$$\ln \cos z = -\int\limits_0^z \tan z \, dz = \sum\limits_{\nu=1}^{\infty}(-1)^\nu \frac{2^{2\nu}(2^{2\nu} - 1)B_{2\nu}}{2\nu(2\nu)!}z^{2\nu},$$

$$\frac{z}{\sin z} = z\left(\cot z + \tan \frac{z}{2}\right) = \sum\limits_{\nu=0}^{\infty}(-1)^{\nu+1}\frac{2(2^{2\nu-1} - 1)B_{2\nu}}{(2\nu)!}z^{2\nu}.$$

h) Der Ansatz gibt

$$\left(1 - \frac{z^2}{2!} + \frac{z^4}{4!} - + \dots\right)\left(E_0 - \frac{E_2}{2!}z^2 + \frac{E_4}{4!}z^4 - + \dots\right) \equiv 1;$$

daher ist $E_0 = 1$ und ($\nu \geq 1$)

$$E_0 + \binom{2\nu}{2}E_2 + \binom{2\nu}{4}E_4 + \dots + \binom{2\nu}{2\nu}E_{2\nu} = 0;$$

die $E_{2\nu}$ sind alle ganz, insbesondere ist

$$E_2 = -1, \quad E_4 = 5, \quad E_6 = -61, \quad E_8 = 1385, \dots.$$

i) Da $\zeta(z) = \sum\limits'\dfrac{1}{\nu^z}$ nach Ziffer 2 in der Halbebene $\Re(z) \geq 1 + \delta$, $\delta > 0$,

gleichmäßig konvergiert, ist die n-te Ableitung

$$\zeta^{(n)}(z) = (-1)^n \sum_{\nu=1}^{\infty} \frac{(\ln \nu)^n}{\nu^z}$$

in der obigen Halbebene ebenfalls gleichmäßig konvergent und daher

$$\zeta(z) = \sum_{n=0}^{\infty} a_n (z-2)^n \text{ mit } a_n = \frac{(-1)^n}{n!} \sum_{\nu=1}^{\infty} \frac{(\ln \nu)^n}{\nu^2}, \ |z-2| < 1.$$

Nach Band II, § 6, 7, Beispiel 2, $(x = \pi)$, ist $a_0 = \dfrac{\pi^2}{6}$; alle anderen Koeffizienten lassen sich nicht in geschlossener Form angeben.

j) $\displaystyle\sum_{\nu=1}^{\infty} \frac{a_\nu z^\nu}{1 - z^\nu} = \sum_{\nu=1}^{\infty} a_\nu \sum_{n=1}^{\infty} z^{n\nu} = a_1 (z + z^2 + z^3 + \ldots) +$

$$+ a_2 (z^2 + z^4 + z^6 + \ldots) + a_3 (z^3 + z^6 + \ldots) + a_4 (z^4 + \ldots) +$$

$$+ a_5 (z^5 + \ldots) + \ldots = \sum_{k=1}^{\infty} b_k z^k, \quad |z| < 1;$$

dabei ist $b_k = \sum_h a_h$, wenn in dieser Summe h sämtliche Teiler von k, einschließlich 1 und k, durchläuft, also

$$b_1 = a_1, \quad b_2 = a_1 + a_2, \quad b_3 = a_1 + a_3, \quad b_4 = a_1 + a_2 + a_4, \quad b_5 = a_1 + a_5,$$
$$b_6 = b_1 + b_2 + b_3 + b_6$$

usw. Ist insbesondere $a_\nu = 1$, so wird $b_k = \tau(k)$ gleich der *Anzahl* der Teiler von k (Ziffer 6, Beispiel). Ist $a_\nu = \varphi(\nu)$, so wird $b_k = \sum_h \varphi(h) = k$ und daher

$$\sum_{\nu=1}^{\infty} \frac{\varphi(\nu) z^\nu}{1 - z^\nu} = \sum_{k=1}^{\infty} k z^k = \frac{z}{(1-z)^2}.$$

4. Der Beweis ergibt sich unmittelbar aus § 21, 7.

5. Die Summe der Reihe ist, da sich je zwei aufeinanderfolgende Glieder wegheben, gleich $\lim\limits_{\nu \to \infty} \dfrac{1}{1 + z^\nu} = 1$, wenn $|z| < 1$, bzw. $= 0$, wenn $|z| > 1$ ist.

6. a) Ist $|z| < 1$, so ist für genügend große ν sicher $\left| \dfrac{1}{1 - z^\nu} \right| < 2$ und daher $\left| \dfrac{z^\nu}{1 - z^\nu} \right| < 2|z|^\nu$ und die Reihe ist konvergent; für $|z| > 1$ geht $\dfrac{z^\nu}{1 - z^\nu} \to -1$ und die Reihe ist divergent; für $|z| = 1$ werden für jede Einheitswurzel $z = e^{2\pi \frac{p}{q} j}$, also in einer längs $|z| = 1$ überall dichten Punktmenge, unendlich viele Glieder sinnlos.

b) Wie in a) für $|z| < 1$ konvergent. Ist $|z| > 1$, so wird sich $\left| \dfrac{z^\nu}{1 - z^\nu} \right|$ für genügend große ν beliebig wenig von 1 unterscheiden, so daß die Reihe auch für alle $|z| > 1$ konvergiert. Im Fall $|z| = 1$ gilt dasselbe wie in *a*).

c) Konvergent für *reelle* z (Band II, § 6), divergent für alle *imaginären* $z = x + j y$ mit $y \neq 0$. Denn wegen

$$\sin \nu z = \frac{1}{2j} (e^{j\nu x - \nu y} - e^{-j\nu x + \nu y})$$

wird
$$|\sin \nu z| \geqq \tfrac{1}{2}\left(e^{\nu|y|} - e^{-\nu|y|}\right),$$

so daß $\tfrac{1}{\nu}\sin \nu z$ mit wachsendem ν nicht gegen Null geht.

d) Ist $\nu > 2\,|z|$, also $|z| < \tfrac{\nu}{2}$ und $|z + \nu| > \nu - \tfrac{\nu}{2} = \tfrac{\nu}{2}$, so wird
$$\left|\frac{(-1)^{\nu}}{z+\nu} + \frac{(-1)^{\nu+1}}{z+\nu+1}\right| = \left|\frac{1}{(z+\nu)(z+\nu+1)}\right| < \frac{4}{\nu(\nu+1)};$$

wegen $\lim_{\nu\to\infty} f_\nu(z) = 0$ bei festem z konvergiert die Reihe für alle $z \neq -1, -2, \ldots$

7. Man setzt $f_\nu(z) = \dfrac{a_\nu}{\nu^{z_0}}$, $g_\nu(z) = \dfrac{1}{\nu^{z-z_0}}$. Da die $f_\nu(z)$ gar nicht von z abhängen, die Teilsummen $s_n = \sum \dfrac{a_\nu}{\nu^{z_0}}$ aber voraussetzungsgemäß für alle n beschränkt sind, gilt $|s_\nu| \leqq A$ sicher gleichmäßig für alle z. Setzt man $\Re(z) - \Re(z_0) = \varrho \geqq \delta > 0$, so wird
$$|g_\nu(z)| = \frac{1}{|\nu^{z-z_0}|} = \frac{1}{\nu^{\varrho}} \leqq \frac{1}{\nu^{\delta}} \to 0,$$

so daß $\lim_{\nu\to\infty} s_\nu(z)\, g_{\nu+1}(z) = 0$ gleichmäßig im Bereich $\mathfrak{B}$ mit $\Re(z) \geqq \Re(z_0) + \delta$ gilt. Wegen
$$|g_\nu(z) - g_{\nu+1}(z)| = \left|\frac{1}{\nu^{z-z_0}} - \frac{1}{(\nu+1)^{z-z_0}}\right| \leqq \frac{1}{\nu^{\delta}}\left|e^{(z-z_0)\ln\left(1+\frac{1}{\nu}\right)} - 1\right| \leqq \frac{\varrho^B}{\nu^{1+\delta}}$$

(man vergleiche die ähnliche Abschätzung in Ziffer 2) ist $\sum s_\nu(z)\,[g_\nu(z) - g_{\nu+1}(z)]$ in jedem, etwa durch $|z - z_0| \leqq r$, $r > \delta > 0$ begrenzten abgeschlossenen Teilbereich $\mathfrak{B}'$ von $\mathfrak{B}$ gleichmäßig konvergent und daher gilt dasselbe für die Reihe $\sum\limits_{\nu=1}^{\infty} \dfrac{a_\nu}{\nu^{z}}$. Für $a_\nu = (-1)^{\nu-1}$ kann man $z_0 = 0$ nehmen, die Teilsummen s_n sind dann abwechselnd gleich 0 oder 1, also sicher beschränkt. Die Reihe $\sum \dfrac{(-1)^{\nu-1}}{\nu^{z}}$ konvergiert somit absolut in jedem abgeschlossenen Bereich $\Re(z) \geqq \delta$, $|z| \leqq r$, $r > \delta > 0$ (Abb. 100).

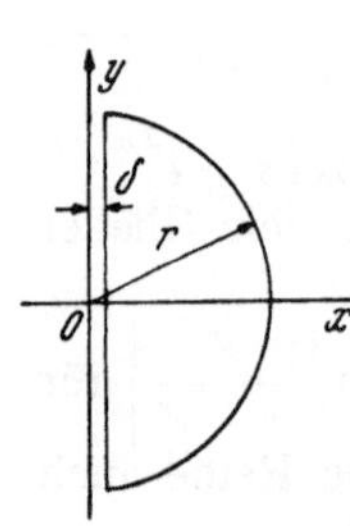

Abb. 100.

8. Ist $\mathfrak{B}$ ein abgeschlossener zweifach zusammenhängender Bereich, der ganz im Ringgebiet $\mathfrak{G}$ liegt, so kann man in $\mathfrak{G}$ zwei geschlossene Kurven $\mathfrak{C}_1{}'$ und $\mathfrak{C}_2{}'$ so wählen, daß $\mathfrak{C}_1{}'$ den Bereich $\mathfrak{B}$ und $\mathfrak{C}_2, \mathfrak{C}_2{}'$ aber nur $\mathfrak{C}_2$ umschließt. Für ein z aus $\mathfrak{B}$ ist dann
$$f(z) = \frac{1}{2\pi j}\oint_{\mathfrak{C}_1{}'}\frac{f(\zeta)}{\zeta - z}\,d\zeta - \frac{1}{2\pi j}\oint_{\mathfrak{C}_2{}'}\frac{f(\zeta)}{\zeta - z}\,d\zeta = f_1(z) + f_2(z).$$

Hat man eine andere Darstellung
$$f(z) = g_1(z) + g_2(z),$$

so ist jedenfalls
$$f_1(z) - g_1(z) = g_2(z) - f_2(z)$$

innerhalb $\mathfrak{C}_1$ und außerhalb $\mathfrak{C}_2$ einschließlich $z = \infty$ regulär und daher eine Konstante (Satz von Liouville, Ziffer 10).

9. Ist $\mathfrak{C}_1$ der äußere Rand, $\mathfrak{C}_2, \ldots, \mathfrak{C}_p$ die inneren Ränder (geschlossene, einander weder treffende noch umschließende Kurven) von $\mathfrak{G}$, so findet man analog

$$f(z) = f_1(z) + f_2(z) + \cdots + f_p(z),$$

wo $f_1(z)$ im Innern von $\mathfrak{C}_1$, $f_i(z)$ im Äußern von $\mathfrak{C}_i$ $(i = 2, \ldots, p)$ einschließlich $z = \infty$ regulär ist. Ist

$$f(z) = g_1(z) + g_2(z) + \cdots + g_p(z)$$

eine andere Darstellung, so ist

$$f_1(z) - g_1(z) = g_2(z) - f_2(z) + \cdots + g_p(z) - f_p(z) = c$$

konstant, ebenso

$$f_2(z) - g_2(z) = c + f_3(z) - g_3(z) + \cdots + f_p(z) - g_p(z)$$

usw.

10. Setzt man $\displaystyle c_\nu = \sum_{\mu=-\infty}^{+\infty} a_\mu\, b_{\nu-\mu} = z^{-\nu} \sum_{\mu=-\infty}^{+\infty} (a_\mu\, z^\mu)\, (b_{\nu-\mu}\, z^{\nu-\mu})$, $\nu = 0, \pm 1, \pm 2, \ldots$, so wird

$$f(z)\, g(z) = \sum_{-\infty}^{+\infty} c_\nu\, z^\nu.$$

11. a) Für $|a| < |z| < |b|$ setzt man

$$\frac{1}{(z-a)(z-b)} = \frac{1}{a-b}\left(\frac{1}{z-a} + \frac{1}{b-z}\right) = \frac{1}{a-b}\left(\frac{1}{z}\frac{1}{1-\dfrac{a}{z}} + \frac{1}{b}\frac{1}{1-\dfrac{z}{b}}\right) =$$

$$= \frac{1}{a-b}\left[\frac{1}{z} + \frac{a}{z^2} + \frac{a^2}{z^3} + \cdots + \frac{1}{b} + \frac{z}{b^2} + \frac{z^2}{b^3} + \cdots\right],$$

für $|z| > |b|$

$$\frac{1}{(z-a)(z-b)} = \frac{1}{a-b}\left(\frac{1}{z-a} - \frac{1}{z-b}\right) = \frac{1}{a-b}\left(\frac{a-b}{z^2} + \frac{a^2-b^2}{z^3} + \cdots\right).$$

b) $\displaystyle \sqrt{(z-a)(z-b)} = \pm z\left(1 - \frac{a}{z}\right)^{\frac{1}{2}}\left(1 - \frac{b}{z}\right)^{\frac{1}{2}} =$

$$= \pm z\left[1 - \binom{\frac{1}{2}}{1}\frac{a}{z} + \binom{\frac{1}{2}}{2}\frac{a^2}{z^2} - + \cdots\right]\left[1 - \binom{\frac{1}{2}}{1}\frac{b}{z} + \binom{\frac{1}{2}}{2}\frac{b^2}{z^2} - + \cdots\right]$$

$$= \pm\left(z - c_0 + \frac{c_1}{z} - \frac{c_2}{z^2} + - \cdots\right)$$

mit

$$c_{\nu-1} = \binom{\frac{1}{2}}{\nu}a^\nu + \binom{\frac{1}{2}}{\nu-1}\binom{\frac{1}{2}}{1}a^{\nu-1}b + \cdots + \binom{\frac{1}{2}}{\nu}b^\nu.$$

c) $\displaystyle \exp c\left(z + \frac{1}{z}\right) = e^{cz}\, e^{\frac{c}{z}} = \left(1 + cz + \frac{c^2 z^2}{2!} + \cdots\right)\left(1 + \frac{c}{z} + \frac{c^2}{2!\, z^2} + \cdots\right) =$

$$= \sum_{-\infty}^{+\infty} c_\nu\, z^\nu = c_0 + \sum_{\nu=1}^{\infty} c_\nu\left(z^\nu + \frac{1}{z^\nu}\right)$$

mit

$$c_\nu = c_{-\nu} = \sum_{\mu=0}^{\infty} \frac{c^{\nu+\mu}}{(\nu+\mu)!}\frac{c^\mu}{\mu!},\quad \nu \geqq 0.$$

d) Vgl. Aufgabe 3 a; setzt man $z = \dfrac{1}{\zeta}$, so wird

$$\exp \frac{1}{1-z} = \exp \frac{\zeta}{1-\zeta} = 1 + \frac{1}{z} + \frac{3}{2\,z^2} + \frac{13}{6\,z^3} + \frac{73}{24\,z^4} + \ldots.$$

12. a) In $z = a$ und $z = b$ Verzweigungspunkte erster Ordnung (die Riemannsche Fläche besteht aus zwei Blättern, die längs einer die Punkte a und b verbindenden Kurve aufgeschnitten und kreuzweise wieder zusammengeheftet sind), in $z = \infty$ auf jedem der beiden Blätter ein Pol erster Ordnung mit dem Residuum 1.

b) In $z = k\,\pi$ Pole erster Ordnung mit den Residuen $(-1)^k$, in $z = \infty$ eine wesentlich singuläre Stelle zweiter Art.

c) In $z = k\,\pi$ Pole erster Ordnung mit dem Residuum 1, in $z = \infty$ eine wesentlich singuläre Stelle zweiter Art.

d) In $z = 0$ wesentlich singulär mit dem Residuum 0, in $z = \infty$ regulär und $= 1$. Die reelle Funktion $f(x) = \exp\left(-\dfrac{1}{x^2}\right)$, $(x \neq 0)$, $f(0) = 0$ ist dagegen in $x = 0$ stetig und hat stetige Ableitungen beliebiger Ordnung, die aber alle verschwinden.

e) In $z = 1$ wesentlich singulär mit dem Residuum -1, in $z = \infty$ regulär mit einer Nullstelle erster Ordnung.

f) In $z = 2\,k\,\pi\,j$ Pole erster Ordnung mit dem Residuum -1, in $z = \infty$ eine wesentlich singuläre Stelle zweiter Art.

g) In $z = (2\,k+1)\,\pi\,j$ Pole erster Ordnung mit dem Residuum -1, in $z = \infty$ eine wesentlich singuläre Stelle zweiter Art.

h) Wegen $\sin z - \cos z = \sqrt{2}\,\sin\left(z - \dfrac{\pi}{4}\right)$ in $z = \dfrac{\pi}{4}$ ein Pol erster Ordnung mit dem Residuum $\dfrac{1}{\sqrt{2}}$.

i) In $z = 1$ und $z = 2$ Pole erster bzw. zweiter Ordnung mit den Residuen 1 und -1.

13. $f \pm g$ hat in z_0 einen Pol der Ordnung β; $f \cdot g$ eine Nullstelle der Ordnung $\alpha - \beta$, einen Pol der Ordnung $\beta - \alpha$ oder eine reguläre Stelle mit $f \cdot g \neq 0$, je nachdem $\alpha > \beta$, $\alpha < \beta$ oder $\alpha = \beta$ ist; $\dfrac{f}{g}$ eine Nullstelle der Ordnung $\alpha + \beta$; $\dfrac{g}{f}$ einen Pol der Ordnung $\alpha + \beta$.

14. In der Umgebung einer isolierten singulären Stelle z_0 ist jedenfalls

$$f(z) = \ldots + \frac{a_{-2}}{(z-z_0)^2} + \frac{a_{-1}}{z-z_0} + a_0 + a_1\,(z-z_0) + a_2\,(z-z_0)^2 + \ldots$$

und daher

$$f'(z) = \ldots - \frac{2\,a_{-2}}{(z-z_0)^3} - \frac{a_{-1}}{(z-z_0)^2} + a_1 + 2\,a_2\,(z-z_0) + \ldots;$$

hier hat $1 : (z-z_0)$ den Koeffizienten 0 und somit $f'(z)$ in z_0 das Residuum 0.

15. Aus $\varphi(z) = \varphi(z_0) + (z-z_0)\,\varphi'(z_0) + \ldots$, $\dfrac{f'(z)}{f(z)} = \dfrac{\alpha}{z-z_0} + \ldots$ im Fall einer Nullstelle z_0, bzw. $\dfrac{f'(z)}{f(z)} = -\dfrac{\beta}{z-z_0} + \ldots$ im Fall eines Poles z_0, folgt das Residuum $\alpha\,\varphi(z_0)$, bzw. $-\beta\,\varphi(z_0)$.

16. $\displaystyle\oint \tan \pi z\,dz = -4\,\nu\,j$, da in den Punkten $\pm \dfrac{2\,\nu-1}{2}$ Pole erster Ordnung mit den Residuen $-\dfrac{1}{\pi}$ liegen.

17.
$$\frac{1}{2\pi j}\oint_{\mathfrak{C}}\frac{f(z)\,dz}{(z-z_1)\ldots(z-z_n)}=$$
$$=\frac{f(z_1)}{(z_1-z_2)\ldots(z_1-z_n)}+\frac{f(z_2)}{(z_2-z_1)(z_2-z_3)\ldots(z_2-z_n)}+\frac{f(z_n)}{(z_n-z_1)\ldots(z_n-z_{n-1})}.$$

18. Der Integrand hat im Innern des Kreises $|z|=2$ einen Pol zweiter Ordnung in $z=0$ und einen Pol erster Ordnung in $z=1$. Aus

$$\frac{1}{z(z-1)}=-\frac{1}{z}-1-z-z^2-\ldots,\qquad \cot z=\frac{1}{z}-\frac{z}{3}-\frac{z^3}{45}-\ldots$$

folgt

$$\frac{\cot z}{z(z-1)}=-\frac{1}{z^2}-\frac{1}{z}-1-z+\frac{1}{3}+\frac{z}{3}+\ldots=-\frac{1}{z^2}-\frac{1}{z}-\frac{2}{3}-\frac{2z}{3}-\ldots.$$

Das Residuum in $z=0$ ist also -1, das in $z=1$ ist $\cot 1$ und daher

$$\oint\frac{\cot z}{z(z-1)}\,dz=2\pi j\,(\cot 1-1)=-2{\cdot}2488\,j.$$

§ 26.

1. Die Koeffizienten der neuen Reihe sind $a_\nu=\dfrac{1}{\nu!}f^{(\nu)}\!\left(\dfrac{1}{2}\right)$. Aus $f(z)=\displaystyle\sum_{\nu=1}^{\infty}\frac{z^\nu}{\nu^2}$

folgt $f'(z)=\displaystyle\sum_{\nu=1}^{\infty}\frac{1}{\nu}z^{\nu-1}=-\frac{1}{z}\ln(1-z)$. Anwendung der Leibnizschen Formel

für die höheren Ableitungen eines Produkts gibt nach einfacher Rechnung

$$a_{\nu+1}=\frac{f^{(\nu+1)}\!\left(\frac{1}{2}\right)}{(\nu+1)!}=(-1)^\nu\frac{2^{\nu+1}}{\nu+1}\left[\ln 2-1+\frac{1}{2}-+\ldots+(-1)^\nu\frac{1}{\nu}\right]$$

Der Betrag des Klammerausdruckes liegt sicher zwischen

$$\frac{1}{\nu+1}-\frac{1}{\nu+2}=\frac{1}{(\nu+1)(\nu+2)}>\frac{1}{(\nu+2)^2}\text{ und }\frac{1}{\nu+1};$$

wegen

$$\sqrt[\nu+1]{\frac{1}{\nu+1}}\to 1,\quad \sqrt[\nu+1]{\frac{1}{(\nu+2)^2}}\to 1$$

geht auch der Klammerausdruck gegen 1. Daher ist

$$\lim\sqrt[\nu+1]{|a_{\nu+1}|}=2,$$

und somit $r=\dfrac{1}{2}$. Da der Kreis $\left|z-\dfrac{1}{2}\right|=\dfrac{1}{2}$ den Kreis $|z|=1$ von innen berührt, muß $z=1$ ein singulärer Punkt sein. Trotzdem sind die Reihen im Punkt $z=1$ konvergent.

2. Man setze $f(z)-\dfrac{c}{z-z_0}=\sum b_\nu z^\nu$, diese Reihe konvergiert dann in einem Kreis $|z|<R$, mit $R>|z_0|=r$. Es folgt

$$f(z)=\frac{c}{z-z_0}+\sum{}'b_\nu z^\nu=\sum\left(-\frac{c}{z_0^{\nu+1}}+b_\nu\right)z^\nu,$$

also ist

$$a_\nu=-\frac{c}{z_0^{\nu+1}}+b_\nu$$

und daher

$$\frac{a_\nu}{a_{\nu+1}}=\frac{-c+b_\nu z_0^{\nu+1}}{-c+b_{\nu+1}z_0^{\nu+2}}z_0\to z_0.$$

3. Nein, denn für $x > 0$ ist $f(x) = x$ und durch $w = z$ fortsetzbar, für $x < 0$ ist $f(x) = -x$ und durch $w = -z$ fortsetzbar. Daher kann $|x|$ nicht durch eine komplexe Funktion fortgesetzt werden. Kürzer: $|x|$ ist in $x = 0$ nicht differenzierbar.

4. a) Zwei eindeutige Funktionen $w_1 = e^{\frac{z}{2}}$ und $w_2 = -e^{\frac{z}{2}}$, deren Werte also auf zwei völlig getrennt verlaufenden Blättern darzustellen sind.

b) Eine zweideutige Funktion, die auf einer zweiblättrigen Riemannschen Fläche mit Verzweigungspunkten in $(2k+1)\frac{\pi}{2}$, $k = 0, \pm 1, \pm 2, \ldots$ darzustellen ist.

c) Eine eindeutige Funktion, da $\cos t$ gerade ist.

d) Eine zweideutige Funktion, die auf einer zweiblättrigen Riemannschen Fläche mit Verzweigungspunkten in $k^2\pi^2$, $k = 0, 1, 2, \ldots$ darzustellen ist.

e) Unendlich viele eindeutige Funktionen $w = z + 2k\pi j$, $k = 0, \pm 1, \pm 2, \ldots$.

f) Eine unendlich vieldeutige Funktion mit logarithmischen Verzweigungspunkten in $0, \pm\pi, \pm 2\pi, \ldots$.

g) Eine eindeutige Funktion (Potenzreihenentwicklung!).

5. Die Funktion $w = \sqrt{1 - z^2}$ ist auf der zweiblättrigen Riemannschen Fläche mit den Verzweigungspunkten ± 1 eindeutig. Für den Verzweigungsschnitt $\mathfrak{V}$, längs dem sich die beiden Blätter kreuzen, können wir die gerade Strecke von -1 nach $+1$ oder, was mit Rücksicht auf das Folgende zweckmäßiger ist, den Bogen $\mathfrak{V}$ (Abb. 101) nehmen.

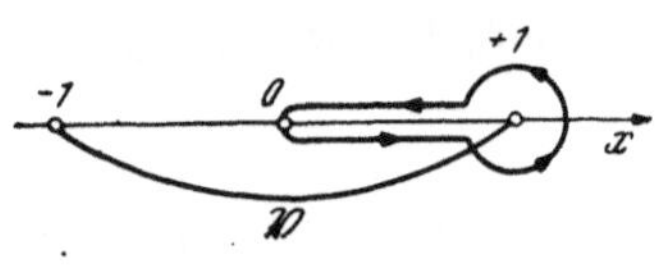

Abb. 101.

Es sei $\mathfrak{C}_0$ ein bestimmter Weg von 0 nach z_0 und J_0 der sich für $\mathfrak{C}_0$ ergebende Wert des Integrals. Jeder andere Weg $\mathfrak{C}$ kann in der Form $(\mathfrak{C} - \mathfrak{C}_0) + \mathfrak{C}_0$ geschrieben werden. $\mathfrak{C} - \mathfrak{C}_0$ ist dann ein geschlossener, von 0 nach 0 führender Weg, der keinen, einen oder beide Punkte ± 1, eventuell auch mehrmals umschließt und daher durch eine Anzahl von Schleifen ersetzt werden kann, die von 0 bis in die Nähe von $+1$ (oder -1) führen, diesen Punkt einmal umkreisen und dann wieder nach 0 zurückführen. Hat dieser kleine Kreis den Radius ϱ, so folgt für das längs der Schleife erstreckte Integral

$$\int\limits_0^{1-\varrho} \frac{dx}{\sqrt{1-x^2}} + \oint \frac{dz}{\sqrt{1-z^2}} - \int\limits_{1-\varrho}^{0} \frac{dx}{\sqrt{1-x^2}} = 2\int\limits_0^1 \frac{dx}{\sqrt{1-x^2}} = \pi$$

für den Punkt $+1$; wie man leicht findet (indem man $1 - z = \varrho\, e^{j\varphi}$ setzt), verschwindet das mittlere Integral für $\varrho \to 0$; da der Kreis aber jedenfalls den Verzweigungsschnitt $\mathfrak{V}$ kreuzt, gelangt man aus dem oberen Blatt in das untere oder umgekehrt, so daß die Wurzel ihr Vorzeichen wechselt, daher das Minuszeichen beim dritten Integral. Man sieht auch, daß es völlig gleichgültig ist, ob man die Schleife im positiven oder negativen Sinn um den Punkt $+1$ herumführt. Eine Schleife um -1 gibt analog

$$2\int\limits_0^{-1} \frac{dx}{\sqrt{1-x^2}} = -\pi.$$

Je zwei nacheinander durchlaufene Schleifen geben also entweder 2π, 0 oder -2π. Besteht die geschlossene Kurve $\mathfrak{C} - \mathfrak{C}_0$ also aus einer geraden Anzahl von

Schleifen, so wird das Integral $2 k \pi$, besteht sie aus einer ungeraden Anzahl, so ergibt sich $(2 k + 1) \pi$, $k = 0$, ± 1, ± 2, ... Im ersten Fall kommt man in den Punkt o mit dem Anfangswert der Wurzel zurück, im zweiten Fall mit dem entgegengesetzten. Daher ist der Wert des längs $\mathfrak{C}$ genommenen Integrals entweder $2 k \pi + J_0$ oder $(2 k + 1) \pi - J_0$. Für $z_0 = \pm 1$ wird $J_0 = \pm \dfrac{\pi}{2}$, wenn man die Strecke $(0, 1)$ oder $(0, -1)$ als Integrationsweg nimmt, für $z_0 = \infty$ ist das Integral divergent.

6. a) Zweiblättrige Fläche mit Verzweigungspunkten in a und b, der Verzweigungsschnitt führt am einfachsten geradlinig von a nach b.

b) Setzt man $z - a = r e^{j\varphi}$, so wird $w = \sqrt[3]{z - a} = \sqrt[3]{r}\, e^{j\frac{\varphi}{3}}$. Die Fläche ist dreiblättrig mit Verzweigungspunkten in a und ∞, die wir durch einen geradlinigen Verzweigungsschnitt parallel zur reellen Achse verbinden. Sind w_1 die Werte der Funktion im ersten (obersten) Blatt, so sind $w_2 = w_1 e^{\frac{2\pi}{3} j}$ die im zweiten und $w_3 = w_1 e^{\frac{4\pi}{3} j}$ die im dritten. Beim Passieren des Verzweigungsschnittes kommt man aus dem ersten in das zweite, aus dem zweiten in das dritte und aus dem dritten wieder in das erste Blatt zurück, was man durch $\begin{pmatrix} 1 & 2 & 3 \\ 2 & 3 & 1 \end{pmatrix}$ andeuten kann.

c) Dreiblättrige Fläche wie in b) mit Verzweigungspunkten in $z = a$ und $z = \infty$; längs des Verzweigungsschnittes hängen die Blätter gemäß $\begin{pmatrix} 1 & 2 & 3 \\ 3 & 1 & 2 \end{pmatrix}$ zusammen.

d) Dreiblättrige Fläche mit Verzweigungspunkten in a, b, ∞. Wir verbinden a mit b und b mit ∞ durch geradlinige Schnitte. Längs der Strecke $\overline{a\, b}$ sind die Blätter wieder gemäß $\begin{pmatrix} 1 & 2 & 3 \\ 2 & 3 & 1 \end{pmatrix}$, längs $\overline{b\, \infty}$ gemäß $\begin{pmatrix} 1 & 2 & 3 \\ 3 & 1 & 2 \end{pmatrix}$ zu verbinden. Beim Umkreisen von b, beginnend etwa in einem Punkt des ersten Blattes (Abb. 102), kommt man beim ersten Umlauf zunächst über $\overline{b\, \infty}$ vom ersten ins dritte, dann über $\overline{a\, b}$ vom dritten ins zweite Blatt, beim zweiten Umlauf weiter über $\overline{b\, \infty}$ vom zweiten ins erste und über $\overline{a\, b}$ vom ersten ins dritte Blatt, schließlich beim dritten Umlauf über $\overline{b\, \infty}$ vom dritten ins zweite und über $\overline{a\, b}$ vom zweiten zurück ins erste Blatt.

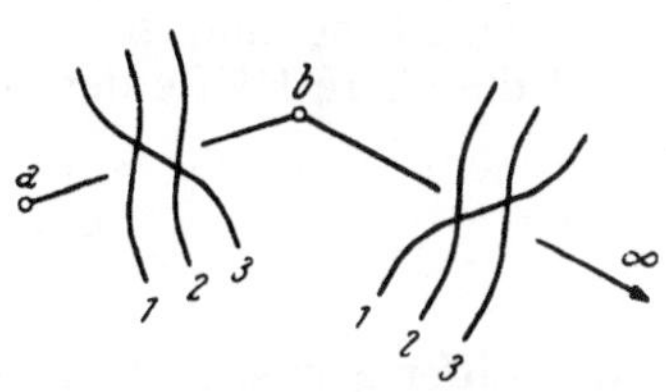

Abb. 102.

e) Wie unter d, nur ist der Punkt ∞ durch den Punkt c zu ersetzen. $z = \infty$ ist in allen drei Blättern ein Pol erster Ordnung.

f) Verzweigungspunkte nur in a und b, ∞ ist kein Verzweigungspunkt! Schnitt von a nach b mit Verbindung der Blätter gemäß $\begin{pmatrix} 1 & 2 & 3 \\ 2 & 3 & 1 \end{pmatrix}$.

§ 27.

1. $w = \dfrac{\bar{a} z - a b}{z - b}$ mit $|b| = 1$, $\Im(a) > 0$ (§ 23, Aufgabe 2). Sonderfall $w = j \dfrac{1 + z}{1 - z}$, wodurch der Halbkreis $r < 1$, $y > 0$ auf den zweiten Quadranten $u < 0$, $v > 0$ der w-Ebene abgebildet wird. Die Abbildung des Halbkreises auf

den ersten Quadranten wird daher durch $w = \dfrac{1 + z}{1 - z}$ vermittelt (Drehung durch $-\dfrac{\pi}{2}$, d. h. Multiplikation mit $-j$).

2. $w = z^\alpha$ (§ 23, 4).

3. $w = e^{\frac{\pi}{a} z}$ (§ 22, 8).

4. $w = e^{(1 - j)\pi z}$; Drehung durch $-\dfrac{\pi}{4}$, dann Aufgabe 3 mit $a = \dfrac{1}{\sqrt{2}}$.

5. $w = \left(\dfrac{1 + z^\alpha}{1 - z^\alpha}\right)^2$; $w_1 = z^\alpha$ bildet nach Aufgabe 2 den Sektor auf den Halbkreis $|w_1| < 1$, $\mathfrak{J}(w_1) > 0$ ab; $w_2 = \dfrac{1 + w_1}{1 - w_1}$ nach Aufgabe 1 diesen Halbkreis auf den ersten Quadranten der w_2-Ebene und schließlich $w = w_2{}^2$ diesen nach Aufgabe 2 auf $v > 0$ ab.

6. $w = j\left(\dfrac{z - a}{b - z}\right)^\alpha$, $w_1 = \dfrac{z - a}{b - z}$ führt die Punkte $z = a$, $z = b$ in die Punkte $w_1 = 0$, $w_1 = \infty$ über und die Symmetrale $z = \dfrac{a + b t}{1 + t}$, $0 \le t \le \infty$ in die positive reelle Achse $w_1 = t$ der w_1-Ebene, so daß das Zweieck auf den Winkelraum $-\dfrac{\pi}{2\,\alpha} < \varphi < \dfrac{\pi}{2\,\alpha}$ abgebildet wird. $w_2 = w_1{}^\alpha$ bildet diesen Winkelraum auf die rechte Hälfte $u_2 > 0$ der w_2-Ebene und $w = j\,w_2$ $\left(\text{Drehung durch } \dfrac{\pi}{2}\right)$ diese auf die obere Hälfte der w-Ebene ab.

7. $w = \left(\dfrac{e^z - 1}{e^z + 1}\right)^2 = \dfrac{\operatorname{ch} z - 1}{\operatorname{ch} z + 1}$; $w_1 = e^z$ bildet den Halbstreifen auf das Äußere des Halbkreises $|w_1| = 1$, $v_1 > 0$ [also auf das Gebiet $|w_1| > 1$, $\mathfrak{J}(w_1) > 0$] ab; $w_2 = -\dfrac{1}{w_1}$ dieses Gebiet weiter auf das Innere desselben Halbkreises der w_2-Ebene, $w_3 = \dfrac{1 + w_2}{1 - w_2}$ (Aufgabe 1) diesen Halbkreis auf den ersten Quadranten der w_3-Ebene und schließlich $w = w_3{}^2$ den ersten Quadranten der w_3-Ebene auf die obere Hälfte der w-Ebene. Geht man von dem Integral

$$w = A \int_c^z \frac{dz}{(z - a)\,\sqrt{(z - b)\,(z - c)}} + B$$

der Ziffer 4 aus, so kann man zunächst mit $a \to \infty$ gehen; man setzt dazu $A = -a\,A'$ und erhält

$$w = A' \int_c^z \frac{dz}{\sqrt{(z - b)\,(z - c)}} + B;$$

für $b = 0$, $c = 1$, $A' = 1$, $B = 0$ folgt

$$w = \int_1^z \frac{dz}{\sqrt{z\,(z - 1)}} = \operatorname{arch}(2z - 1);$$

hier ergibt sich für $z = x \to \infty$ auch $w \to \infty$, da das reelle uneigentliche Integral divergiert, für $z = 1$ wird $w = 0$ und für $z = 0$

$$w = -\int_0^1 \frac{dx}{\sqrt{x\,(x - 1)}} = -\frac{1}{j}\int_0^1 \frac{dx}{\sqrt{x\,(1 - x)}} = j\,\pi.$$

Geht man zur inversen Funktion über, so folgt $w = \frac{1}{2}(1 + \operatorname{ch} z)$; hier stimmt aber die Zuordnung der Ränder noch nicht mit dem ersten Resultat überein; ich setze also $\zeta = \frac{1}{2}(1 + \operatorname{ch} z)$, $w = \frac{\operatorname{ch} z - 1}{\operatorname{ch} z + 1}$, so daß die Punkte $w = 0, 1, \infty$ den Punkten $\zeta = 1, \infty, 0$ entsprechen; die Transformation $w = 1 - \frac{1}{\zeta}$ stellt diese Zuordnung her und führt die obere Hälfte der ζ- und w-Ebene ineinander über, wie man sich leicht überzeugt.

8. Das Gebiet ist als ausgeartetes Dreieck (Ziffer 4) mit $p = q = \infty$, $r = 0$ aufzufassen; man nehme $a = \infty$, $b = 0$, $c = 1$ als entsprechende Punkte der z-Ebene. Die Außenwinkel dieses Dreiecks sind der Reihe nach $\frac{3\pi}{2}, \pi, -\frac{\pi}{2}$, so daß die Abbildungsfunktion

$$w = A \int\limits_1^z \frac{\sqrt{z-1}}{z}\, dz + B$$

wird. Wegen $w(1) = 0$ ist $B = 0$; die Konstante A ist noch so zu bestimmen, daß die Streifenbreite gleich d wird. Es folgt

$$w = 2A \left(\sqrt{z-1} - \arctan \sqrt{z-1} \right);$$

ist $z = x$ reell und $x = -t < 0$, so wird $\sqrt{x-1} = j\sqrt{t+1}$ und (Band I, § 36, 5)

$$w = 2Aj \left(\sqrt{t+1} + \frac{1}{2} \ln \frac{1 - \sqrt{t+1}}{1 + \sqrt{t+1}} \right) =$$

$$= 2Aj \left[\sqrt{t+1} + \ln\left(1 - \sqrt{t+1}\right) - \ln \sqrt{t} - \frac{\pi}{2}j \right].$$

Voraussetzungsgemäß ist hier $\Im(w) = -d$ konstant, daher muß $A = -\frac{d}{\pi}j$ sein. Somit folgt endgültig

$$w = -\frac{dj}{\pi} \int\limits_1^z \frac{\sqrt{z-1}}{z}\, dz = \frac{2dj}{\pi} \left(\arctan \sqrt{z-1} - \sqrt{z-1} \right).$$

Die Abbildung ist in der Elektrotechnik (Feldausbildung an den Kanten von Elektromagneten) von Bedeutung.

9. $w = \exp \frac{2ab\pi j}{b-a} \left(\frac{1}{z} - \frac{1}{2b} \right)$. Die beiden Kreise lassen sich durch $z = a(1 + e^{j\alpha})$, $z = b(1 + e^{j\beta})$ darstellen, wobei α und β auf das Intervall $[-\pi, +\pi]$ zu beschränken sind. Durch $w_1 = \frac{1}{z}$ geht die Sichel in den Streifen $\frac{1}{2b} < \Re(w_1) < \frac{1}{2a}$ über, durch $w_2 = w_1 - \frac{1}{2b}$ dieser in den Streifen $0 < \Re(w_2) < \frac{1}{2a} - \frac{1}{2b}$, durch $w_3 = j w_2$ weiter in den Streifen $0 < \Im(w_3) < \frac{1}{2a} - \frac{1}{2b}$ und schließlich durch $w = \exp \frac{2ab\pi}{b-a} w_3$ (Aufgabe 3) in $v > 0$.

10. $w = \exp \frac{\pi \sqrt{z}}{c} j$; nach § 23, 4 bildet $w_1 = \sqrt{z}$ das längs der negativen x-Achse aufgeschnittene Innere der Parabel $y^2 = 4c^2(c^2 - x)$ mit dem Scheitel $z = c^2$ und dem Brennpunkt $z = 0$ (Abb. 103) auf den Streifen $0 < u_1 < c$, $c > 0$ ab, $w_2 = j w_1$ diesen auf den Streifen $0 < v_2 < c$ und schließlich $w = \exp \frac{\pi}{c} w_2$

nach Aufgabe 3 diesen auf die Halbebene $v > 0$. Der untere Parabelbogen wird dabei auf die Strecke $(-\infty, -1)$, der obere auf $(-1, 0)$ und die negative x-Achse (oberer Rand) auf $(0, 1)$ und (unterer Rand) auf $(1, \infty)$ der u-Achse abgebildet (Abb. 104).

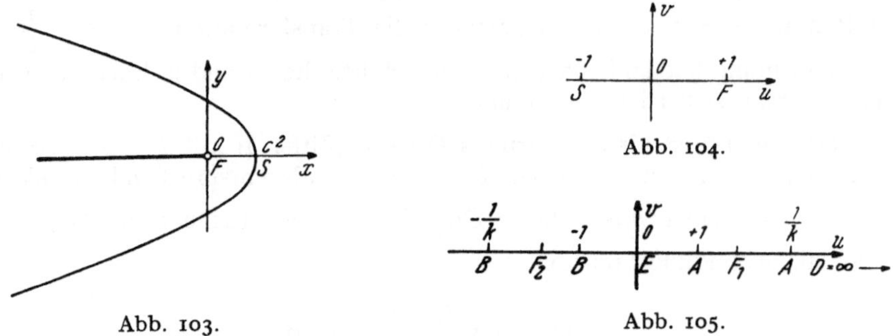

Abb. 104.

Abb. 103.

Abb. 105.

11. Bezeichnet man die Umkehrfunktion des elliptischen Integrals § 27, (14) mit $z = \varphi(w; \omega_1, \omega_2)$, so wird die gesuchte Abbildung entweder durch

$$w = \varphi\!\left(\ln\left(z + \sqrt{z^2 - 1}\right); 2\ln c, \pi\right)$$

oder durch

$$w = \varphi\!\left(j\ln\left(z + \sqrt{z^2 - 1}\right); 2\pi, \ln c\right)$$

vermittelt, je nachdem man von der Ellipse der Abbildung 96b oder 97b (§ 23, Aufgabe 1) ausgeht. Die Funktion $w_1 = \varrho\, e^{j\vartheta} = z + \sqrt{z^2 - 1}$ bildet die Ellipse Abb. 96b mit den Brennpunkten ± 1 und den Halbachsen $a = \frac{1}{2}\left(c + \frac{1}{c}\right)$, $b = \frac{1}{2}\left(c - \frac{1}{c}\right)$, $c > 1$ reell, auf den halben Kreisring der Abb. 96a ab; $w_2 = \ln w_1 = \ln \varrho + j\,\vartheta = u_2 + j\,v_2$ diesen Halbring auf das Rechteck mit den Ecken $\ln c,\ \ln c + j\,\pi,\ -\ln c + j\,\pi,\ -\ln c$ und $w = \varphi(w_2; 2\ln c, \pi)$ dieses Rechteck auf die Halbebene $v > 0$. Über die Ränderzuordnung vgl. Abb. 105.

Die Ellipse der Abb. 97b geht durch

$$w_1 = z + \sqrt{z^2 - 1} = \varrho\, e^{j\vartheta}$$

über in den Kreisring $1 < \varrho < c,\ -\pi < \vartheta < \pi$ der Abb. 97a; schneiden wir die Ellipse und den Kreisring von B bis F_2 auf, so wird dieser aufgeschnittene Ring durch $w_1 = \ln \varrho + j\,\vartheta = u_2 + j\,v_2$ auf das Rechteck $0 < u_2 < \ln c,\ -\pi < v_2 < \pi$ abgebildet; $w_3 = j\,w_2$ dreht dieses Rechteck durch $\frac{\pi}{2}$ und bringt es in die in Abb. 69 (S. 375) gezeichnete Lage; dieses Rechteck wird schließlich durch $w = \varphi(w_3; 2\pi, \ln c)$ auf $v > 0$ abgebildet.

12. $w = \left(z + \sqrt{z^2 - 1}\right)^{\frac{\pi}{\alpha}}$; $w_1 = z + \sqrt{z^2 - 1} = \varrho\, e^{j\vartheta}$ bildet das von der Hyperbel $\vartheta = \alpha,\ 0 < \alpha < \frac{\pi}{2}$ begrenzte und längs der positiven x-Achse von $+1$ bis ∞ aufgeschnittene Innere $\mathfrak{C} + \mathfrak{D}$ der Hyperbel Abb. 98b auf den Kreissektor $0 < \vartheta < \alpha$ der Abb. 98a ab, also $w = w_1^{\frac{\pi}{\alpha}}$ diesen Sektor auf $v > 0$.

Ränderzuordnung gemäß Abb. 106, wobei der obere Teil der Hyperbel auf $(-\infty, -1)$, der untere auf $(-1, 0)$ und die x-Achse $(x \geqq 1)$ auf $(0, 1)$ (oberer Rand) und $(1, \infty)$ (unterer Rand) abgebildet wird.

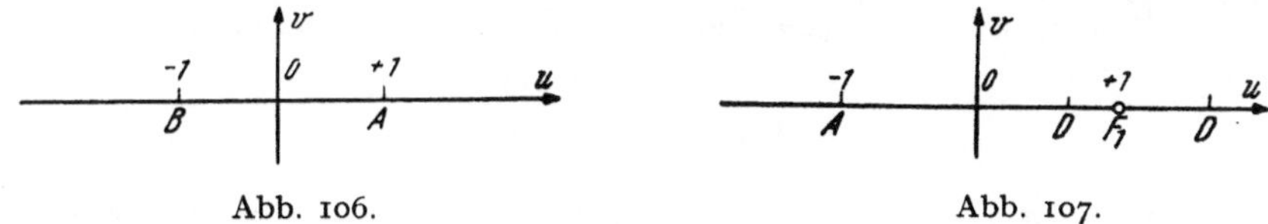

Abb. 106.   Abb. 107.

13. $w = \left[e^{-j\alpha}\left(z + \sqrt{z^2 - 1}\right)\right]^{\frac{\pi}{\pi - 2\alpha}}$; ähnlich wie bei Aufgabe 12, $w_1 = = z + \sqrt{z^2 - 1} = \varrho\, e^{j\vartheta}$, aber jetzt $\alpha < \vartheta < \pi - \alpha$ (Abb. 98); $w_2 = e^{-j\alpha}\, w_1$ dreht diesen Sektor so, daß seine untere Begrenzung in die positive u_2-Achse

fällt, so daß schließlich $w = w_2^{\frac{\pi}{\pi - 2\alpha}}$ nach Aufgabe 2 die Abbildung auf $v > 0$ herstellt. Ränderzuordnung gemäß Abb. 107; $(-\infty, -1)$ und $(-1, 0)$ sind die Bilder der oberen bzw. unteren Hälfte des linken, $(0, 1)$ und $(1, \infty)$ die Bilder der unteren bzw. oberen Hälfte des rechten Hyperbelastes.

§ 29.

1. Nach Ziffer 3, Satz 5, sind alle Produkte absolut konvergent.

a) $\displaystyle\prod_{v=1}^{\infty}\left(1 + \frac{1}{v^2}\right) = \frac{\sin \pi j}{\pi j} = \frac{e^{\pi} - e^{-\pi}}{2\pi}$, Ziffer 4, Beispiel.

b) $\displaystyle\prod_{v=1}^{\infty}\left(1 + \frac{1}{v(v+2)}\right) = \prod_{v=1}^{\infty}\frac{(v+1)^2}{v(v+2)} = \lim_{v \to \infty}\frac{2 \cdot 2}{1 \cdot 3} \cdot \frac{3 \cdot 3}{2 \cdot 4} \cdots \frac{(v+1)(v+1)}{v(v+2)} =$

$\displaystyle= \lim_{v \to \infty} 2\,\frac{v+1}{v+2} = 2.$

c) $\displaystyle\prod_{v=2}^{\infty}\left(1 - \frac{2}{v(v+1)}\right) = \prod_{v=2}^{\infty}\frac{(v-1)(v+2)}{v(v+1)} =$

$\displaystyle= \lim_{v \to \infty}\frac{1 \cdot 4}{2 \cdot 3} \cdot \frac{2 \cdot 5}{3 \cdot 4} \cdots \frac{(v-1)(v+2)}{v(v+1)} = \lim_{v \to \infty}\frac{1}{3}\,\frac{v+2}{v} = \frac{1}{3}.$

d) $\displaystyle\prod_{v=2}^{\infty}\frac{v^3 - 1}{v^3 + 1} = \prod_{v=2}^{\infty}\frac{(v-1)(v^2 + v + 1)}{(v+1)(v^2 - v + 1)} =$

$\displaystyle= \lim_{v \to \infty}\frac{1 \cdot 7}{3 \cdot 3} \cdot \frac{2 \cdot 13}{4 \cdot 7} \cdots \frac{(v-1)(v^2 + v + 1)}{(v+1)(v^2 - v + 1)} = \lim_{v \to \infty}\frac{2}{3}\,\frac{v^2 + v + 1}{v^2 - v + 1} = \frac{2}{3}.$

2. Ist s_n die n-te Teilsumme der Reihe, so ergibt sich durch schrittweises Zusammenfassen

$$1 - s_n = (1 - c_1)(1 - c_2) \cdots (1 - c_n) > 0,$$

also $s_n < 1$ und damit die Konvergenz der Reihe.

3. a) und b) $|z| < 1$, c) $\Re(z) > 1$. d) Die ganze Ebene, weil $\sum |c_v z| = = |z| \sum |c_v|$ für alle z konvergiert.

4. Multipliziert man das v-te Teilprodukt mit $1 - z$, so folgt für $|z| < 1$

$$(1 - z)(1 + z)(1 + z^2)(1 + z^4) \cdots (1 + z^{2^v}) = 1 - z^{2^{v+1}} \to 1, \quad \text{also ist}$$

$$\prod_{v=0}^{\infty}(1 + z^{2^v}) = \frac{1}{1 - z}.$$

5. Z. B. $\sqrt{2} = 2 \sin \dfrac{\pi}{4} = 2\,\dfrac{\pi}{4}\,\Pi\left(1 - \dfrac{1}{(4\,\nu)^2}\right)$, $1 = \sin\dfrac{\pi}{2} = \dfrac{\pi}{2}\,\Pi\left(1 - \dfrac{1}{(2\,\nu)^2}\right)$,

durch Division

$$\sqrt{2} = \Pi\,\frac{(4\,\nu)^2 - 1}{(4\,\nu)^2 - 4} = \Pi\,\frac{(4\,\nu - 1)\,(4\,\nu + 1)}{(4\,\nu - 2)\,(4\,\nu + 2)} = \frac{3 \cdot 5 \cdot 7 \cdot 9 \cdot 11 \cdot 13 \ldots}{2 \cdot 6 \cdot 6 \cdot 10 \cdot 10 \cdot 14 \ldots} =$$

$$= \frac{2 \cdot 2 \cdot 6 \cdot 6 \cdot 10 \cdot 10 \cdot 14 \ldots}{1 \cdot 3 \cdot 5 \cdot 7 \cdot 9 \cdot 11 \cdot 13 \ldots}$$

und

$$\sqrt{3} = 2 \sin\frac{\pi}{3} = \frac{2\,\pi}{3}\,\Pi\left(1 - \frac{1}{(3\,\nu)^2}\right) = \frac{4}{3}\,\Pi\,\frac{(6\,\nu)^2 - 4}{(6\,\nu)^2 - 9} = \frac{4}{3}\,\Pi\,\frac{(6\,\nu - 2)\,(6\,\nu + 2)}{(6\,\nu - 3)\,(6\,\nu + 3)} =$$

$$= 2\,\frac{2 \cdot 4 \cdot 8 \cdot 10 \cdot 14 \ldots}{3 \cdot 3 \cdot 9 \cdot 9 \cdot 15 \ldots} = 2\,\frac{4 \cdot 8 \cdot 10 \cdot 14 \ldots}{5 \cdot 7 \cdot 11 \cdot 13 \ldots}\ \text{(das letzte mit } \frac{1}{2} = \sin\frac{\pi}{6}\text{ gerechnet).}$$

6. $e^z - 1 = e^{\frac{z}{2}}\left(e^{\frac{z}{2}} - e^{-\frac{z}{2}}\right) = 2\,i\,e^{\frac{z}{2}} \sin\dfrac{z}{2\,i} = e^{\frac{z}{2}} \cdot z \cdot \overset{\infty}{\underset{\nu=1}{\Pi}}\left(1 + \dfrac{z^2}{4\,\nu^2\,\pi^2}\right)$,

$$\cos \pi\,z = \frac{\sin 2\,\pi\,z}{2 \sin \pi\,z} = \overset{\infty}{\underset{\nu=1}{\Pi}}\left(1 - \frac{4\,z^2}{(2\,\nu - 1)^2}\right).$$

7. Wäre $f(z)$ eine ganze transzendente Funktion, so würde sie nach dem Satz von WEIERSTRASS (§ 24, 7) über das Verhalten einer Funktion in der Nähe einer wesentlich singulären Stelle außerhalb eines Kreises $\Re$ mit beliebig großem Radius jedem Wert beliebig nahekommen, d. h. der Wertevorrat $\mathfrak{W}$ von $f(z)$ außerhalb $\Re$ wäre überall dicht und der Wertevorrat innerhalb $\Re$ könnte dann höchstens die komplementäre Menge von $\mathfrak{W}$ (d. h. alle nicht zu $\mathfrak{W}$ gehörigen Zahlen) sein, was aus Stetigkeitsgründen nicht möglich ist. $\mathfrak{W}$ ist daher eine ganze rationale Funktion mit einer einzigen Nullstelle, also eine ganze lineare Funktion. Noch einfacher wird der Beweis, wenn man sich auf den a. a. O. angeführten Satz von PICARD stützt.

8. Ist $w = f(z)$ ganz und die inverse Funktion $z = \varphi(w)$ ebenfalls ganz, so nimmt $f(z)$ jeden Wert genau einmal an und ist daher nach Aufgabe 7 linear.

9. Wegen $a_n \neq 0$ ist bei genügend großem R sicher $|f(z)| > |g(z)|$ für alle $|z| = R$, $f(z)$ hat im Kreis $|z| < R$ die n-fache Nullstelle $z = 0$ und daher $f(z) + g(z)$ in $|z| < R$ genau n Nullstellen.

§ 30.

1. Für eine periodische Funktion ist $z = \infty$ wesentlich singulär, für eine rationale Funktion nicht. Oder: Eine periodische Funktion nimmt im Gegensatz zu einer rationalen Funktion jeden Wert unendlich oft an.

2. Die Funktion $\varphi(\zeta) = R(\zeta)$ nimmt als rationale Funktion jeden Wert (auch ∞) gleich oft an, sofern man natürlich jede a-Stelle der Ordnung α genau α-mal als a-Stelle zählt. Dasselbe gilt dann für $f(z)$ im Periodenstreifen.

3. Sind $\omega = \omega_1$ und ω_2 die beiden Perioden von $f(z)$ und $f(z) = f(z + \omega) = \varphi(\zeta)$, so ist $e^{\gamma\,(z+\omega_2)} = e^{\gamma\,\omega_2}\,e^{\gamma\,z} = \mu\,\zeta$ und daher $f(z + \omega_2) = \varphi(\mu\,\zeta) = f(z) = \varphi(\zeta)$, $\varphi(\zeta)$ hat die „*multiplikative Periode*" μ.

§ 31.

1. $\pi \tan\dfrac{\pi\,z}{2} = \overset{\infty}{\underset{\nu=0}{\sum}}\dfrac{4\,z}{(2\,\nu + 1)^2 - z^2}$, am einfachsten aus $\tan\dfrac{\pi\,z}{2} = \cot\dfrac{\pi\,z}{2} -$

$- 2 \cot \pi\,z.$

2. $\dfrac{\pi}{\sin \pi z} = \dfrac{1}{z} + \sum_{\nu=1}^{\infty} (-1)^{\nu-1} \dfrac{2z}{\nu^2 - z^2}$, aus $\dfrac{1}{\sin \pi z} = \cot \pi z + \tan \dfrac{\pi z}{2}$.

3. $\dfrac{1}{e^z - 1} = -\dfrac{1}{2} + \dfrac{j}{2} \cot \dfrac{jz}{2} = -\dfrac{1}{2} + \dfrac{1}{z} + \sum_{\nu=1}^{\infty} \dfrac{2z}{z^2 + 4\pi^2 \nu^2}$.

§ 32.

1. $z! = \int_0^1 t^z e^{-t}\, dt + \int_1^\infty t^z e^{-t}\, dt$; im ersten Integral entwickle man e^{-t} in eine Potenzreihe:

$$\int_0^1 t^z e^{-t}\, dt = \int_0^1 \sum_{\nu=1}^\infty \frac{(-1)^{\nu-1}}{(\nu-1)!} t^{z+\nu-1}\, dt = \sum_{\nu=1}^\infty \frac{(-1)^{\nu-1}}{(\nu-1)!} \frac{1}{z+\nu} = z! - g_0(z).$$

2. Aus der Produktdarstellung (7) folgt

$$\psi(z) = -\frac{d}{dz} \ln \frac{1}{z!} = -C + \sum_{\nu=1}^\infty \left(\frac{1}{\nu} - \frac{1}{\nu+z} \right);$$

für das Integral ergibt sich

$$\int_0^1 (1 - t^z) \sum_{\nu=0}^\infty t^\nu\, dt = \sum_{\nu=0}^\infty \int_0^1 (t^\nu - t^{\nu+z})\, dt = \sum_{\nu=0}^\infty \left(\frac{1}{\nu+1} - \frac{1}{\nu+z+1} \right) =$$

$$= \sum_{\nu=1}^\infty \left(\frac{1}{\nu} - \frac{1}{\nu+z} \right) = C + \psi(z).$$

3. Folgt sofort aus $(n-z)! = (n-z)(n-1-z) \ldots (1-z)(-z)!$

4. Aus (23) ergibt sich zunächst auf die angegebene Weise

$$B(z, z) = \frac{(z!)^2}{(2z+1)!} = 2^{-2z-1} \int_{-1}^1 (1 - u^2)^z\, du = 2^{-2z} \int_0^1 (1 - u^2)^z\, du$$

und daraus durch die zweite Substitution $u = \sqrt{s}$ weiter $B(z, z) = 2^{-2z-1} B\left(-\dfrac{1}{2}, z\right)$ und daraus wegen (11) der Verdopplungssatz.

5. a) In (1) $e^{-t} = u$ gesetzt, gibt sofort $\displaystyle\int_0^1 \left(\ln \frac{1}{u} \right)^z du = z!$

b) Die Substitution $\alpha t^n = u$ gibt nach einfacher Rechnung

$$\int_0^\infty e^{-\alpha t^n} t^z\, dt = \frac{\dfrac{z+1}{n}!}{(z+1)\sqrt[n]{\alpha^{z+1}}}$$

und für $n = 2$

$$\int_0^\infty e^{-\alpha t^2} t^z\, dt = \frac{\left(\dfrac{z-1}{2}\right)!}{2\sqrt{\alpha^{z+1}}} = \frac{\sqrt{\pi}\, z!}{(2\sqrt{\alpha})^{z+1} \dfrac{z}{2}!};$$

den letzten Ausdruck mit Hilfe des Verdopplungssatzes (Aufgabe 4).

c) Setzt man in (23) $t = \sin^2 u$, so folgt mit $2x + 1 = \alpha$, $2y + 1 = \beta$ leicht

$$\int_0^{\frac{\pi}{2}} \sin^\alpha u \cos^\beta u \, du = \frac{\dfrac{\alpha-1}{2}! \, \dfrac{\beta-1}{2}!}{2 \dfrac{\alpha+\beta}{2}!} = \frac{\pi \, \alpha! \, \beta!}{2^{\alpha+\beta+1} \dfrac{\alpha}{2}! \, \dfrac{\beta}{2}! \, \dfrac{\alpha+\beta}{2}!}$$

wieder mit Hilfe des Verdopplungssatzes.

d) Die Substitution $t^\alpha = u$ führt das Integral, wenn $\Re(\alpha) > 0$ ist, über in

$$\frac{1}{\alpha} \int_0^1 u^{\frac{1}{\alpha}-1} (1-u)^\beta \, du = \frac{\dfrac{1}{\alpha}! \, \beta!}{\left(\dfrac{1}{\alpha}+\beta\right)!};$$

für $\beta = -\dfrac{1}{2}$ wird

$$\int_0^1 \frac{dt}{\sqrt{1-t^\alpha}} = \sqrt{\pi} \, \frac{\dfrac{1}{\alpha}!}{\left(\dfrac{1}{\alpha}-\dfrac{1}{2}\right)!} = \frac{\sqrt[\alpha]{4}\left(\dfrac{1}{\alpha}!\right)^2}{\dfrac{2}{\alpha}!}.$$

6. Schließt man zunächst den Punkt $t = 0$ durch einen kleinen Viertelkreis aus, so ist das Integral über die dadurch aus dem Rechteck entstehende geschlossene Kurve nach dem Cauchyschen Fundamentalsatz gleich Null; da das Integral über den Viertelkreis für $\varrho \to 0$ selbst gegen Null geht, verschwindet auch das Integral über das Rechteck, für das also

$$\int_0^a t^z e^{-t} \, dt + j \int_0^b (a + tj)^z e^{-a-tj} \, dt + \int_a^0 (t + bj)^z e^{-t-bj} \, dt + j \int_b^0 (tj)^z e^{-tj} \, dt = 0$$

gilt. Für $a \to \infty$ geht das zweite Integral wegen des Faktors e^{-a} gegen Null, während das erste und dritte Integral konvergiert; für $b \to \infty$ geht wegen $\Re(z) < 0$, wie man leicht überlegt, das dritte Integral ebenfalls gegen Null. Es bleibt also

$$z! = j \, e^{\frac{\pi}{2} jz} \int_0^\infty t^z e^{-tj} \, dt;$$

ist hier $z = x$ reell, so findet man durch Trennung von Reellem und Imaginärem

$$\int_0^\infty t^x \cos t \, dt = -x! \sin \frac{\pi}{2} x, \quad \int_0^\infty t^x \sin t \, dt = x! \cos \frac{\pi}{2} x$$

und daraus für $x = -\dfrac{1}{2}$ mittels der Substitution $t = u^2$ die Fresnelschen Integrale.

§ 33.

1. Aus $f(\tilde{\omega} - z) = f(-z) = -f(z)$ folgt für $z = \dfrac{\tilde{\omega}}{2}$, daß $f\left(\dfrac{\tilde{\omega}}{2}\right) = -f\left(\dfrac{\tilde{\omega}}{2}\right)$ ist, und daher entweder $f\left(\dfrac{\omega}{2}\right) = 0$ oder $f\left(\dfrac{\tilde{\omega}}{2}\right) = \infty$. Wegen $f\left(z' + \dfrac{\tilde{\omega}}{2}\right) = -f\left(-z' - \dfrac{\tilde{\omega}}{2}\right) = -f\left(-z' + \dfrac{\tilde{\omega}}{2}\right)$ ist $f(z)$ auch eine ungerade Funktion von $z' = z - \dfrac{\tilde{\omega}}{2}$, so daß die Laurententwicklung an der Stelle $\dfrac{1}{2}\tilde{\omega}$ nur ungerade Potenzen hat.

2. Nein, $e^{\wp(z)}$ ist zwar doppelt periodisch, hat aber in den Gitterpunkten wesentlich singuläre Stellen.

3. Folgt wegen $z_\nu = 2\,n_1\,\omega + 2\,n_2\,\omega'$ unmittelbar aus den Entwicklungen (4) und (15).

4. $\wp(u) = \dfrac{1}{u^2} + \dfrac{g_2\,u^2}{20} + \dfrac{g_3\,u^4}{28} + \dfrac{g_2{}^2\,u^6}{1200} + \dfrac{3\,g_2\,g_3\,u^8}{6160} + \cdots,$

$\zeta(u) = \dfrac{1}{u} - \dfrac{g_2\,u^3}{60} - \dfrac{g_3\,u^5}{140} - \dfrac{g_2{}^2\,u^7}{8400} - \cdots,$

$\sigma(u) = u - \dfrac{g_2\,u^5}{240} - \dfrac{g_3\,u^7}{840} - \dfrac{g_2{}^2\,u^9}{161\,280} - \cdots.$

§ 35.

1. Es handelt sich durchaus um Integrale erster Gattung der Form $A\,F(\varphi, k)$; in der folgenden Tabelle sind die Werte von A, φ und k für alle neun Integrale angegeben:

	A	$\cos\varphi$	k
J_1		$\dfrac{1 - x^2}{1 + x^2}$	
J_2	$\dfrac{1}{2}$	$\dfrac{\sqrt{2}\,x}{\sqrt{1 + x^4}}$	$\dfrac{1}{\sqrt{2}}$
J_3		$\dfrac{x^2 - 1}{x^2 + 1}$	
J_4	$\dfrac{1}{\sqrt{2}}$	$\dfrac{1}{x}$	
J_5		x	
J_6		$\dfrac{x - 1 - \sqrt{3}}{x - 1 + \sqrt{3}}$	$\dfrac{\sqrt{2 - \sqrt{3}}}{2}$
J_7	$\dfrac{1}{\sqrt[4]{3}}$	$\dfrac{-x + 1 + \sqrt{3}}{x - 1 + \sqrt{3}}$	
J_8		$\dfrac{x - 1 + \sqrt{3}}{-x + 1 + \sqrt{3}}$	$\dfrac{\sqrt{2 + \sqrt{3}}}{2}$
J_9		$\dfrac{x - 1 + \sqrt{3}}{x - 1 - \sqrt{3}}$	

Literaturverzeichnis.

1. BIEBERBACH, L.: Theorie der Differentialgleichungen, 3. Aufl. Berlin 1930.

2. — Einführung in die konforme Abbildung, 4. Aufl. Leipzig 1949.

3. BLISS, G. A.: Lectures on the calculus of Variations. Chicago 1946.

4. BOLZA, O.: Vorlesungen über Variationsrechnung. Leipzig 1909.

5. COLLATZ, L.: Numerische Behandlung von Differentialgleichungen. Berlin 1951.

6. COURANT, R. und D. HILBERT: Methoden der mathematischen Physik. 2 Bde., 2. bzw. 1. Aufl. Berlin 1931/37.

7. DUSCHEK, A. und A. HOCHRAINER: Grundzüge der Tensorrechnung in analytischer Darstellung. 2 Teile, 2. bzw. 1. Aufl. Wien 1948/50 (Teil 3 in Vorbereitung).

8. DUSCHEK, A. und W. MAYER: Lehrbuch der Differentialgeometrie. 2 Bde. Leipzig 1930.

9. FRANK, PH. und R. MISES: Die Differential- und Integralgleichungen der Mechanik und Physik, 2 Bde., 2. Aufl. Braunschweig 1930/35. Nachdruck New York 1942.

10. GRÜSS, G.: Variationsrechnung. Leipzig 1938.

11. HOHEISL, G.: Gewöhnliche Differentialgleichungen, 4. Aufl. Berlin 1951.

12. — Partielle Differentialgleichungen, 3. Aufl. Berlin 1951.

13. — Aufgabensammlung zu den gewöhnlichen und partiellen Differentialgleichungen, 2. Aufl. Berlin 1952.

14. HORN, J.: Gewöhnliche Differentialgleichungen, 5. Aufl. Berlin 1948.

15. — Partielle Differentialgleichungen, 4. Aufl. Berlin 1949.

16. HORNICH, H.: Lehrbuch der Funktionentheorie. Wien 1950.

17. HURWITZ, A. und R. COURANT: Vorlesungen über allgemeine Funktionentheorie und elliptische Funktionen, 3. Aufl. Berlin 1929.

18. JAHNKE, E. und F. EMDE: Tafeln höherer Funktionen, 5. Aufl. Leipzig 1952.

19. JEFFREYS, H. and B. S.: Methods of Mathematical Physics. Cambridge 1946.

20. KAMKE, E.: Differentialgleichungen reeller Funktionen. Leipzig 1930.

21. — Differentialgleichungen, Lösungsmethoden und Lösungen. 2 Bde. 2. bzw. 1. Aufl. Leipzig 1943/44.

22. Knopp, K.: Elemente der Funktionentheorie, 3. Aufl. Berlin 1949.

23. — Funktionentheorie. 2 Bde. 7. Aufl. Berlin 1949.

24. — Aufgabensammlung zur Funktionentheorie. 2 Bde. 4. Aufl. Berlin 1949.

25. MADELUNG, E.: Die mathematischen Hilfsmittel des Physikers, 4. Aufl. Berlin 1950.

26. MAGNUS, W. und F. OBERHETTINGER: Formeln und Sätze für die speziellen Funktionen der mathematischen Physik, 2. Aufl. Berlin 1948.

27. — — Anwendung der elliptischen Funktionen in Physik und Technik. Berlin 1949.

28. OSGOOD, W. F.: Lehrbuch der Funktionentheorie, 5. Aufl. Leipzig 1928.

29. SAUER, R.: Anfangswertprobleme bei partiellen Differentialgleichungen. Berlin 1952.

30. WHITTAKER, E. T. und G. N. WATSON: A Course of Modern Analysis. 4th ed. Cambridge 1952.

Namenverzeichnis.

(Biographische Notizen.)

Sachverzeichnis.

Manzsche Buchdruckerei, Wien IX.